国外电子与通信教材系列

数字信号处理

——原理、算法与应用（第五版）

Digital Signal Processing: Principles, Algorithms, and Applications, Fifth Edition

［美］John G. Proakis　　Dimitris G. Manolakis　著

余翔宇　　刘琲贝　　马碧云　等译

电子工业出版社

Publishing House of Electronics Industry

北京·BEIJING

内 容 简 介

本书全面系统地阐述了离散时间信号、系统和现代数字信号处理的基本原理。全书共 15 章，内容包括绪论、离散时间信号与系统、z 变换及其在 LTI 系统分析中的应用、信号的频率分析、LTI 系统的频域分析、信号的采样与重建、离散傅里叶变换的性质和应用、DFT 的高效计算：FFT 算法、离散时间系统的实现、数字滤波器设计、多采样率数字信号处理、多采样率数字滤波器组和小波、线性预测与最优线性滤波器、自适应滤波器和功率谱估计。全书理论联系实际，并且提供了大量精心设计的习题。

本书可作为电子工程、计算机工程、计算机科学、地球物理、气象、生物医学工程、遥感等学科高年级本科生与研究生一学期或两学期离散系统和数字信号处理的教材，也可供其他科技人员参考。

版权贸易合同登记号　图字：01-2022-3548

图书在版编目（CIP）数据

数字信号处理：原理、算法与应用：第五版/（美）约翰·G. 普罗克斯（John G. Proakis），（美）迪米特里·G. 马诺莱克斯（Dimitris G. Manolakis）著；余翔宇等译. —北京：电子工业出版社，2023.5
书名原文：Digital Signal Processing: Principles, Algorithms, and Applications, Fifth Edition
国外电子与通信教材系列
ISBN 978-7-121-45466-0

Ⅰ.①数… Ⅱ.①约… ②迪… ③余… Ⅲ.①数字信号处理－高等学校－教材 Ⅳ.①TN911.72

中国国家版本馆 CIP 数据核字（2023）第 068911 号

责任编辑：谭海平
印　　刷：三河市鑫金马印装有限公司
装　　订：三河市鑫金马印装有限公司
出版发行：电子工业出版社
　　　　　北京市海淀区万寿路 173 信箱　　邮编：100036
开　　本：787×1 092　1/16　印张：47.5　字数：1372.5 千字
版　　次：2013 年 6 月第 1 版（原著第 4 版）
　　　　　2023 年 5 月第 2 版（原著第 5 版）
印　　次：2023 年 5 月第 1 次印刷
定　　价：139.00 元

凡所购买电子工业出版社图书有缺损问题，请向购买书店调换。若书店售缺，请与本社发行部联系，联系及邮购电话：（010）88254888，88258888。

质量投诉请发邮件至 zlts@phei.com.cn，盗版侵权举报请发邮件至 dbqq@phei.com.cn。

本书咨询联系方式：（010）88254552，tan02@phei.com.cn。

译者序

John G. Proakis 教授是信息与通信领域的国际知名学者，其编著的《数字通信》是该领域的经典教材。John G. Proakis 教授与 Dimitris G. Manolakis 教授合作编著的《数字信号处理——原理、算法与应用》在信号处理领域也具有巨大的影响力，该书第三版的英文版最早由中国电力出版社于 2004 年引入国内，随后电子工业出版社于 2007 年出版了该书第四版的英文版。目前，该书已更新至第五版，电子工业出版社也第一时间将该书引入国内，及时向国内读者分享作者的最新成果。感谢电子工业出版社的邀请，使我们有幸能够成为该书的译者，历经前后近两年的翻译，本书终于在 2023 年上半年面世，得以供广大读者学习参考。

本书翻译的工作由余翔宇组织，刘琲贝老师初译了第 12 章，马碧云老师初译了全书的习题、计算机习题和部分例题，其他部分均由余翔宇初译并最终统稿。余伯庸先生协助完成了译稿的排版、公式的录入等烦杂工作。梅雨婷、褚泽晖和叶晓晖等同学试读了本书的初译稿，给出了不少修改建议。在翻译过程中，对部分疑惑通过电子邮件与 John G. Proakis 教授进行了讨论，在得到及时回复的同时，修正了目前发现的所有问题。

本书的翻译工作得到了华南理工大学 2022 年度本科精品教材专项建设项目的支持，并且得到了华南理工大学电子与信息学院领导与相关院系同事的帮助，电子工业出版社的编辑为本书的出版付出了辛勤的劳动，在此一并表示感谢。

由于译者水平有限，书中疏漏及错误在所难免，欢迎各位读者批评指正。

前　言

本书是在我们过去几年"数字信号处理"本科生和研究生课程教学的基础上编写的，内容包括离散时间信号、系统和现代数字信号处理的基本原理，读者对象是电子工程、计算机工程、计算机科学、地球物理、气象等学科的学生，既适合一学期或两学期"离散系统和数字信号处理"的本科生课程，又适合一学期"数字信号处理"的一年级研究生课程。

我们假设学生修习了高级微积分（包括常微分方程）和连续时间信号线性系统的本科生课程，包括拉普拉斯变换的介绍。书中的第 4 章介绍了周期和非周期信号的傅里叶级数与傅里叶变换，但我们预计许多学生可能在之前的课程中学过这些内容。学习第 13 章至第 15 章时，事先了解一些概率和随机过程的知识会有所帮助。全书理论联系实际，并且提供了大量精心设计的习题。

第五版中增加了关于多采样率数字滤波器组和小波的新章节，修改了现有的章节，增加了几个新主题，包括短时傅里叶变换、稀疏快速傅里叶变换（FFT）算法、ARMA 模型参数估计和混响滤波器。

第 1 章的内容包括数字信号处理系统的基本原理、数字信号处理相对于模拟信号处理的优势、信号的分类。

第 2 章的内容包括时域线性时不变（移不变）离散时间系统和离散时间信号的特征与分析，卷积和的推导，根据冲激响应的持续时间将系统分类为有限冲激响应（FIR）和无限冲激响应（IIR），由常系数差分方程描述的线性时不变（LTI）系统，LTI 系统在信号平滑中的应用，以及离散时间相关性。

第 3 章的内容包括 z 变换、双边 z 变换和单边 z 变换，逆 z 变换的方法，z 变换在线性时不变系统分析中的应用，以及系统的重要性质（如因果性和稳定性都与 z 域特性有关）。

第 4 章的内容包括频域中的信号分析，连续时间信号和离散时间信号中频率的概念，连续时间信号和离散时间信号的傅里叶级数与傅里叶变换。

第 5 章的内容包括 LTI 离散系统的频域表征，周期信号和非周期信号的响应，多种类型的离散时间系统（包括谐振器、陷波器、梳状滤波器、全通滤波器和振荡器），一些简单的 FIR 和 IIR 滤波器的设计，最小相位、混合相位和最大相位系统的概念以及反卷积问题。

第 6 章的内容包括连续时间信号的采样和从其样本重建信号，带通信号的采样和重建，离散时间信号的采样，模数（A/D）和数模（D/A）转换，过采样 A/D 和 D/A 转换器的处理。

第 7 章的内容包括离散傅里叶变换（DFT）及其性质和应用，使用 DFT 进行线性滤波的两种方法，使用 DFT 执行信号的频率分析，短时傅里叶变换，离散余弦变换。

第 8 章的内容包括 DFT 的有效计算，基 2、基 4 和分裂基快速傅里叶变换（FFT）算法，FFT 算法在卷积和相关计算中的应用，使用线性滤波计算 DFT 的两种方法（戈泽尔算法和调频 z 变换），稀疏 FFT 算法。

第 9 章的内容包括 IIR 和 FIR 系统的实现（直接型、级联型、并联型、格型和格梯型实现），FIR 和 IIR 系统数字实现中的量化效应。

第 10 章的主要内容包括数字 FIR 和 IIR 滤波器的设计方法（离散时间的直接方法和通过各种变换将模拟滤波器转换为数字滤波器的方法）。

第 11 章的内容包括采样率转换及其在多采样率数字信号处理中的应用，包括通过整数和有理因子描述抽取和插值，通过任意因子进行采样率转换的方法，通过多相滤波器结构实现的方法。

第 12 章的内容包括多采样率数字滤波器组和小波，双通道正交镜像滤波器（QMF）组和多通道滤波器组，双通道和多通道滤波器组的 FIR 滤波器的设计，小波和离散小波变换，离散小波变换的构造以及小波和滤波器组之间的联系。

第 13 章的内容包括线性预测和最佳线性（维纳）滤波器，求解正规方程的 Levinson-Durbin 算法，AR 格型和 ARMA 格梯型滤波器。

第 14 章的内容包括基于 LMS 算法和递归最小二乘（RLS）算法的单通道自适应滤波器，直接型 FIR 和格型 RLS 算法以及滤波器结构。

第 15 章的内容包括功率谱估计［非参数和基于模型（参数）的方法］，基于特征分解的方法（包括 MUSIC 和 ESPRIT）。对于之前接触过离散系统的学生，可以快速复习第 1 章到第 5 章，然后学习第 6 章到第 10 章，这是一学期的高级课程。

对于数字信号处理的一年级研究生课程，前六章回顾了离散时间系统。学生可以快速阅读这些章节，然后学习第 7 章至第 11 章，接着学习第 12 章至第 15 章中的选定主题。书中包含了大量的例子，提供了 500 多道习题，包括计算机习题，且提供部分习题答案。计算机习题可以使用 MATLAB 或 Python 的软件包进行数值求解。包含大量习题解答的 *Student Manual for Digital Signal Processing with MATLAB* 可在 www.pearsonhighered.com/engineering-resources 处找到。

部分习题答案

感谢如下同事对本书的评阅和建议：W. E. Alexander、G. Arslan、Y. Bresler、J. Deller、F. DePiero、V. Ingle、J. S. Kang、C. Keller、H. Lev-Ari、L. Merakos、W. Mikhael、P. Monticciolo、C. Nikias、M. Schetzen、E. Serpedin、T. M. Sulliivan、H. Trussell、S. Wilson 和 M. Zoltowski；感谢以下教员审阅本书的第四版并对新版的编写提出建议：D. Bukofzer、A. Dogandzic、E. Doering、E. Greco、R. Jordan、D. Krusienski、H. Lev-Ari、S. Nelatury 和 M. Azimi-Sadjadi；感谢 H. Lev-Ari 和 T. Q. Nguyen 准备和审阅了关于滤波器组和小波的新内容；感谢 C. Nikias 准备了 15.6.6 节中的数值结果。最后，感谢我们的研究生 A. L. Kok、J. Lin、E. Sozer、S. Srinidhi、Z. Li 和 Y. Xiang 协助绘制了几幅插图及编写了习题解答手册。

John G. Proakis

Dimitris G. Manolakis

目 录

第1章 绪 论

数字信号处理是在过去五十年中快速发展的科学和工程领域之一，而这要归因于数字计算机技术与集成电路制造取得的重要进展。五十年前的数字计算机和相关数字硬件，体积相对庞大且价格昂贵，其应用仅限于非实时（离线）科学计算和商业领域。从**中规模集成电路**（Medium-Scale Integration，MSI）到**大规模集成电路**（Large-Scale Integration，LSI），再到现在的**超大规模集成电路**（Very-Large-Scale Integration，VLSI），集成电路技术的迅猛发展促进了功能强大的、体积更小的、速度更快的、价格更便宜的数字计算机和专用数字硬件技术的发展。这些便宜且相对快速的数字电路，使得构建执行复杂数字信号处理功能与任务的尖端数字系统成为可能，而这些任务通常过于复杂且开销很大，以致无法由模拟电路或模拟信号处理系统来实现。因此，很多传统上由模拟方法实现的信号处理任务，如今都可由廉价且可靠的数字硬件来实现。

这里并不是说数字信号处理适用于所有信号处理问题。事实上，带宽极宽的许多信号需要实时处理。对于这类信号，模拟信号处理或者光信号处理是唯一可行的处理方法。然而，对于存在数字电路且速度快到足以进行信号处理的场合，通常要优先考虑使用数字电路。

除了能够产生更廉价、更可靠的系统进行信号处理，数字电路还有其他一些优点，特别是数字处理硬件允许可编程操作。借助于软件，人们可以更容易地修改由硬件实现的信号处理功能。因此，数字硬件及其相关软件在系统设计方面提供了更大的灵活性。同时，与模拟电路和模拟信号处理系统相比，采用数字硬件与软件通常可以实现更高的精度。基于上述原因，在过去的五十年里，数字信号处理理论与应用取得了爆炸性增长。

本书介绍处理数字信号的基本分析工具和技术，重点介绍数字信号处理系统以及计算技术方面的分析与设计。

1.1 信号、系统及信号处理

信号定义为随时间、空间或其他自变量变化而变化的物理量。数学上，信号描述为一个或多个自变量的函数。例如，函数

$$s_1(t) = 5t, \quad s_2(t) = 20t^2 \tag{1.1.1}$$

描述了两个信号，前者随自变量 t（时间）线性变化，后者随 t 的二次方变化。又如，函数

$$s(x, y) = 3x + 2xy + 10y^2 \tag{1.1.2}$$

描述了一个有两个自变量 x 与 y 的信号，其中 x 与 y 可以表示平面上的两个空间坐标。

由式（1.1.1）和式（1.1.2）描述的信号属于这样一类信号——这类信号是通过指定自变量的函数依赖关系来准确定义的。然而，在某些情况下，这样的一种函数关系是未知的，或者过于复杂，以致没有任何实际用途。

例如，某个语音信号（见图 1.1.1）不能通过诸如式（1.1.1）这样的表达式进行函数化描述。一般来说，一段语音可被非常准确地表示为具有不同振幅（幅度）与频率的几个正弦函数之和，即

$$\sum_{i=1}^{N} A_i(t) \sin\left[2\pi F_i(t)t + \theta_i(t)\right] \tag{1.1.3}$$

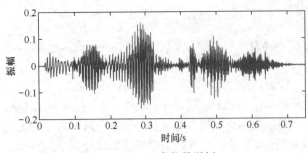

图 1.1.1　语音信号举例

式中，$\{A_i(t)\}$，$\{F_i(t)\}$ 和 $\{\theta_i(t)\}$ 分别是正弦函数的（可能时变的）振幅集、频率集与相位集。实际上，要解释该语音信号的任何一个短时分段承载的信息内容或消息，一种方法是测量该信号短时分段中包含的振幅、频率与相位。

自然信号的另一个例子是**心电图**（Electrocardiogram, ECG）。这类信号将患者心脏条件的信息提供给医生。类似地，**脑电图**（Electroencephalogram, EEG）信号提供了脑行为的信息。

语音、心电图与脑电图信号是一些作为单个自变量（这里是时间）的函数的承载信息的信号例子。用两个自变量的函数来描述信号的例子是图像信号。在这种情况下，自变量是空间坐标。这些只是在实际中遇到的无数自然信号的几个例子。

与自然信号相关的是产生这些信号的方式。例如，语音信号通过压迫气流穿过声带而产生。图像是感光胶片对某个场景或某个物体曝光得到的。这样，信号生成通常就与对某种激励或力的响应的**系统**相联系。在语音信号中，由声带与声道构成的系统也称**声腔**。与该系统相联系的激励称为**信源**。因此，我们有语音源、图像源及其他类型的信源。

系统也可定义为对某个信号进行某种运算的物理设备。例如，用于降低承载信息的信号的噪声与干扰的滤波器称为**系统**。在这种情况下，滤波器对信号进行一些运算，达到从承载信息的信号中降低（滤除）噪声与干扰的效果。

让一个信号经过一个系统（如滤波）后，我们就说处理了该信号。在这种情况下，对信号的处理包括从所需信号中滤除噪声与干扰。系统通常由其对信号进行的运算来表征。例如，如果对信号的运算是线性的，系统就是线性的；如果对信号的运算是非线性的，系统就是非线性的；以此类推。这类运算通常称为**信号处理**。

将系统的定义推广到不仅包括物理设备，而且包括对信号进行运算的软件实现，无疑会带来方便。当我们在一台数字计算机上对信号进行数字处理时，对信号进行的运算是由一个软件程序指定的数学运算组成的。在这种情况下，程序就代表系统在**软件**上的实现。因此，就有了一个在数字计算机上通过一系列数学运算来实现的某个系统，也就是说，我们有了用软件实现的一个数字信号处理系统。例如，一台数字计算机可以通过编程来进行数字滤波。对信号的数字处理也可通过配置数字**硬件**（逻辑电路）以进行期望的特定运算来实现。在这样一个实现中，我们用一台物理设备来执行特定的运算。从更广泛的意义上讲，一个数字系统可以用数字硬件与软件的组合来实现，其中的每部分都执行自己的规定运算集。

本书介绍如何通过数字方法（包括软件或硬件）进行信号处理。因为实际工作中遇到的很多信号是模拟信号，所以还介绍将模拟信号转换成数字信号以便于处理的问题。因此，我们将主要讨论数字系统。由这样一个系统进行的运算通常可在数学上规定。通过进行相应数学运算的程序来实现系统的方法或规则集称为**算法**。通常，以软件或硬件形式实现一个系统以完成所需运算与计算的方法或算法有很多。实际上，我们感兴趣的是设计能够有效计算、快速且容易实现的算法。因此，我们学习数字信号处理的一个重要主题是，讨论一些用于实现诸如滤波、相关和谱分析等运算的高效算法。

1.1.1 数字信号处理系统的基本组成

我们在科学与工程上遇到的大多数信号本质上是模拟信号。也就是说，信号是连续变量（如时间或空间）的函数，其取值范围是连续的。这类信号可被合适的模拟系统（如滤波器、频谱分析仪或倍频器）直接处理，以改变信号的特征或提取某些需要的信息。在这种情况下，我们说信号是以模拟形式直接处理的，如图 1.1.2 所示。输入信号与输出信号均以模拟形式存在。

如图 1.1.3 所示，数字信号处理提供了处理模拟信号的另一种方法。要进行数字化处理，在模拟输入信号与数字信号处理器之间就需要一个接口，这个接口称为**模数（A/D）转换器**。模数转换器的输出是数字信号，该信号适合作为数字信号处理器的输入。

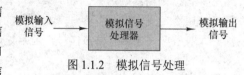

图 1.1.2　模拟信号处理

图 1.1.3　数字信号处理系统的框图

数字信号处理器可以是通过编程来对输入信号进行期望运算的大型可编程数字计算机，可以是小型微处理器，也可以是通过配置来对输入信号执行规定运算集的硬连线数字处理器。一方面，可编程数字计算机能够通过修改软件来灵活地改变信号处理运算，而硬连线数字处理器则难以重新配置。因此，人们普遍使用可编程的信号处理器。另一方面，定义信号处理运算后，可以优化运算的硬连线实现，得到更廉价的信号处理器，且运算速率通常要快于可编程数字计算机。在像语音通信这类数字信号处理器的数字输出以模拟形式传输给用户的应用中，必须提供另一个从数字域到模拟域的接口，这类接口称为**数模（D/A）转换器**。因此，信号是以模拟形式提供给用户的，如图 1.1.3 中的框图所示。然而，还有另一些包含信号分析的实际应用，在这类应用中，所需信息是以数字形式传输的，不需要数模转换器。例如，在雷达信号的数字处理中，从雷达信号中提取的信息（如飞机的方位与速度）可以简单地在计算机终端上显示，在这种情况下不需要数模转换器。

1.1.2 数字信号处理相对于模拟信号处理的优势

如前面简单提及的那样，很多理由使人们更愿意对模拟信号进行数字信号处理，而不在模拟域直接对模拟信号进行处理。首先，数字可编程系统仅通过修改程序就可以灵活地重新配置数字信号处理运算，而重新配置模拟系统通常意味着重新设计硬件，重新进行测试和校验，以观察其是否能正确工作。

精度因素在确定信号处理器的形式方面同样起重要作用。模拟电路元件的容差使得系统设计者很难控制模拟信号处理系统的精度，而数字系统可以很好地控制精度。这些需求又导致在模数转换器和数字信号处理器中根据字长、浮点与定点算术运算等因素来指定精度要求。

数字信号很容易无损坏地存储在磁性介质（如磁盘或磁带）中，而不会出现模数转换过程中引入的信号保真度退化或损失问题。因此，信号是可以传输的，且可在远程实验室中离线处理。数字信号处理方法同时还使得更复杂信号处理算法的实现成为可能。通常很难对模拟形式的信号进行精确的数学运算，但是这些相同的运算可以在数字计算机上使用软件以常规的方式实现。

在某些情况下，信号处理系统的数字实现要比对应的模拟实现便宜。较低的成本可能是因为数字硬件更便宜，也可能是因为数字实现能够灵活地进行修改。

这些优点使得数字信号处理已在广泛学科领域的实际系统中应用。例如，数字信号处理技术已在如下领域应用：电话信道上的语音处理和信号传输，图像处理与传输，地震学与地球物理学，石油开采，核爆检测，外太空信号处理等，后续章节将介绍其中的一些应用。

然而，如指出的那样，数字实现也有其局限性。局限性之一是模数转换器与数字信号处理器的运算速度。我们将会看到，带宽极宽的信号需要快采样率模数转换器与快速数字信号处理器。因此，对于一些大带宽模拟信号，数字处理方法已经超出了数字硬件的技术发展水平。

1.2 信号的分类

当处理信号或分析系统对信号的响应时，所用的方法严重依赖于特定信号的特征属性。有些技术只适用于特定类别的信号。因此，关于信号处理的任何研究都应该始于特定应用中的信号分类。

1.2.1 多通道信号与多维信号

如 1.1 节解释的那样，信号是由具有一个或多个自变量的函数描述的。函数值（即因变量）可以是实标量、复量或矢量。例如，信号 $s_1(t) = A\sin 3\pi t$ 是一个实信号，而信号 $s_2(t) = Ae^{j3\pi t} = A\cos 3\pi t + jA\sin 3\pi t$ 是一个复信号。

在一些应用中，信号由多个信源或多个传感器产生。这样的信号也可用矢量表示。图 1.2.1 显示了由地震产生的地面加速度矢量信号的三个分量。这个加速度由三类基本弹性波导致。第一类基本弹性波是主波（P），也称**纵波**，它在岩体内纵向传播；第二类基本弹性波是次波（S），也称**横波**，在岩体内横向传播；第三类基本弹性波靠近地表传播，因此称为**面波**。如果时间函数 $s_k(t)$，$k = 1, 2, 3$ 表示来自第 k 个传感器的电信号，$p = 3$ 的信号集就可由矢量 $\boldsymbol{S}_3(t)$ 表示为

$$\boldsymbol{S}_3(t) = \begin{bmatrix} s_1(t) \\ s_2(t) \\ s_3(t) \end{bmatrix}$$

我们称这样的信号矢量为**多通道信号**。例如，实际中常用 3 导联与 12 导联心电图，它们分别产生 3 通道与 12 通道信号。

下面我们将注意力转到自变量。如果信号是单个自变量的函数，就称该信号为**一维信号**；如果信号是 M 个自变量的函数，就称该信号为 $\boldsymbol{M}$ **维信号**。

图 1.2.2 所示的图片是二维信号的一个例子，因为每个点的强度或亮度 $I(x, y)$ 是两个自变量的函数。另一方面，亮度是时间的函数，黑白电视画面可以表示为 $I(x, y, t)$，因此电视画面可视为三维信号。相比之下，彩色电视画面可以由三个强度函数 $I_r(x, y, t)$, $I_g(x, y, t)$ 和 $I_b(x, y, t)$ 来描述，这三个强度函数是三原色（红色、绿色、蓝色）的时间函数。因此，彩色电视画面是一个可由如下矢量表示的三通道三维信号：

$$\boldsymbol{I}(x, y, t) = \begin{bmatrix} I_r(x, y, t) \\ I_g(x, y, t) \\ I_b(x, y, t) \end{bmatrix}$$

本书主要介绍单通道一维实信号或复信号（简称**信号**）。在数学表达式中，这些信号被描述为单

个自变量的函数。虽然自变量不一定是时间，但在实际中常用 t 作为自变量。在许多情况下，本书中推导得到的用于一维单通道信号的信号处理运算与算法，均可推广到多通道与多维信号。

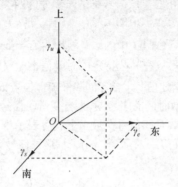

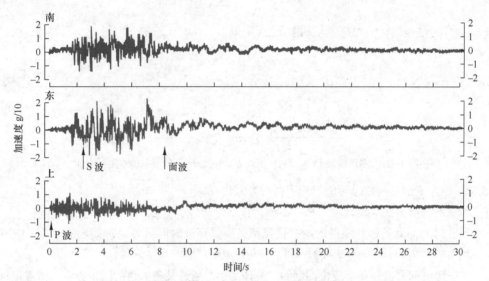

图 1.2.1　在离震中几千米的地点测量的地面加速度的三个分量（摘自 *Earthquakes*, by B. A. Bold, ©1988 by W. H. Freeman and Company，经出版商许可转载）

图 1.2.2　二维信号举例

1.2.2 连续时间信号与离散时间信号

根据时间（自）变量的特征和取值，信号可进一步分为四类。**连续时间信号**或**模拟信号**是定义在每个时间值上且在连续区间 (a,b) 上取值的信号，其中 a 可以是 $-\infty$，b 可以是 ∞。数学上，这些信号可描述为一个连续变量的函数。图 1.1.1 中的语音波形 $x_1(t) = \cos\pi t$ 和信号 $x_2(t) = e^{-|t|}, -\infty < t < \infty$ 都是模拟信号的例子。**离散时间信号**只在某些特定的时间值上定义。这些时间值不需要是等距的，但在实际中为了计算方便和易于数学处理，常常等间隔取值。信号 $x(t_n) = e^{-|t_n|}$，$n = 0, \pm 1, \pm 2, \cdots$ 是离散时间信号的一个例子。如果以离散时间的序号 n 为自变量，信号值就变成一个整数变量（即一个数字序列）的函数。这样，一个离散时间信号在数学上就可表示为一个实数字序列或复数字序列。为了强调信号的离散时间特性，我们用 $x(n)$ 而非 $x(t)$ 表示这种信号。如果时刻 t_n 是等间隔的（即 $t_n = nT$），也可使用记号 $x(nT)$。例如，序列

$$x(n) = \begin{cases} 0.8^n, & n \geqslant 0 \\ 0, & \text{其他} \end{cases} \tag{1.2.1}$$

是一个离散时间信号，它的图形表示如图 1.2.3 所示。

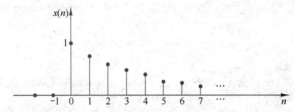

图 1.2.3 离散时间信号 $x(n) = 0.8^n, n \geqslant 0$ 和 $x(n) = 0, n < 0$ 的图形表示

在应用中，离散时间信号可能以如下两种方式出现。

1. 在离散时刻处选择模拟信号的一个值。这个过程称为**采样**，详见第 6 章中的讨论。在规则的时间间隔处进行测量的所有仪器都能提供离散时间信号。例如，图 1.2.3 中的信号 $x(n)$ 可以通过对模拟信号 $x(t) = 0.8^t, t \geqslant 0$ 和 $x(t) = 0, t < 0$ 每秒采样一次获得。

2. 在一段时间内累积某个变量。例如，统计每小时通过某条街道的汽车数量，或者记录每天的黄金价格，得到一个离散时间信号。图 1.2.4 显示了沃尔夫（Wölfer）太阳黑子数量的图形，这个离散时间信号的每个样本都提供了在一年内观测到的太阳黑子数。

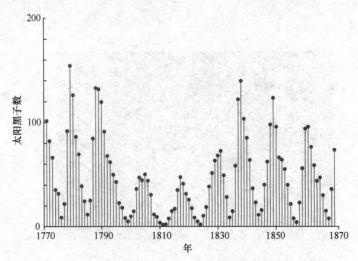

图 1.2.4 沃尔夫年太阳黑子数（1770—1869）

1.2.3 连续值信号与离散值信号

连续时间信号或离散时间信号的值可以是连续的，也可以是离散的。如果一个信号在一个有限或无限范围内取所有可能的值，就称其为**连续值信号**。另外，如果信号只从一个可能取值的有限集上取值，就称其为**离散值信号**。一般来说，这些信号是等距的，因此可以表示为两个连续值之间的距离的整数倍。具有离散值的离散时间信号称为**数字信号**。图 1.2.5 显示了取 4 个可能值之一的数字信号。

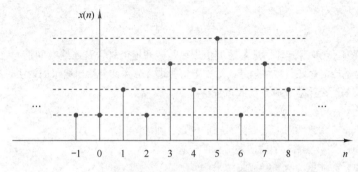

图 1.2.5　取 4 个可能值之一的数字信号

要对一个信号进行数字化处理，该信号在时间上就必须是离散的，并且取值也是离散的（即它必须是数字信号）。如果待处理信号是以模拟形式存在的（见第 6 章），首先就要在离散时刻对模拟信号采样，得到离散时间信号，然后将值量化到某个离散值集上。将连续值信号转换为离散值信号的过程称为**量化**，量化基本上是逼近处理。量化可通过舍入和截尾简单地完成。例如，如果数字信号中允许的信号值是从 0 到 15 的整数，连续信号值就被量化到这些值上。因此，如果量化过程是通过截尾进行的，信号值 8.58 就近似为 8，而如果量化过程是通过舍入到最接近的整数进行的，信号值 8.58 就近似为 9。

1.2.4 确定性信号与随机信号

信号的数学分析与处理需要信号本身存在可用的数学描述。这种常被称为**信号模型**的数学描述引出了信号的另一种重要分类。可被显式数学方程、数据表或者定义好的规则唯一描述的任何信号，称为**确定性信号**。确定性信号用来强调这样一个事实，即信号过去、现在和将来的所有取值都可以准确地知道，不存在任何不确定性。

然而，在很多实际应用中，有些信号不能被显式数学方程表达到任意合理的精度，抑或这样的描述太过复杂而不实用。缺乏这样一种关系表明这类信号在时间上是以不可预测的方式演变的。我们称这类信号为**随机信号**。噪声发生器的输出、图 1.2.1 中的地震信号和图 1.1.1 中的语音信号都是随机信号的例子。

概率论与随机过程为随机信号的理论分析提供了数学框架。13.1 节将给出按本书所需修改的这种方法的一些基本元素。

要强调的是，我们不总能清晰地将**真实世界**的信号分类为确定性信号或随机信号。有时，两种方法均能得到对信号表示进行深入研究的有用结果；有时，错误的分类可能导致错误的结果，因为有些数学工具只适用于确定性信号或者随机信号。当我们介绍特定的数学工具时，这一点会变得更清晰。

1.3 小结

本章介绍了用数字信号处理方法取代模拟信号处理方法的动机，给出了数字信号处理系统的基本元素，定义了将模拟信号转换为便于处理的数字信号所需要的运算。

数字信号处理的实际应用非常广泛。Oppenheim (1978)一书介绍了数字信号处理在语音处理、图像处理、雷达信号处理、声呐信号处理和地球物理信号处理中的应用。

习　　题

1.1 按照是一维信号还是多维信号、是单通道信号还是多通道信号、是连续时间信号还是离散时间信号、（在振幅上）是模拟信号还是数字信号，对如下信号进行分类，并给出简单的说明。

(a) 纽约证券交易所公用事业股票的收市价格。

(b) 一部彩色电影。

(c) 运动中的汽车方向盘相对于汽车参考帧的位置。

(d) 运动中的汽车方向盘相对于地面参考帧的位置。

(e) 一个小孩每月的体重与身高的测量结果。

第 2 章　离散时间信号与系统

第 1 章介绍了一些重要的信号，本章介绍对信号处理来说很重要的一些基本信号，这些离散时间信号被用作描述更复杂信号的基函数或构件。

本章讨论一般意义下离散时间系统的特性，重点讨论线性时不变（Linear Time-Invariant，LTI）系统。我们将定义并推导出线性时不变系统的一些重要时域性质，得到称为**卷积公式**的一个重要方程，这个方程可让我们求出线性时不变系统对任意给定输入信号的输出。除了卷积公式，我们将引入差分方程作为描述一个线性时不变系统的输入-输出关系的另一种方法。此外，我们还将介绍线性时不变系统的递归与非递归实现。

强调研究线性时不变系统的重要性的目的如下：首先，大量数学技术可用于分析线性时不变系统；其次，许多实际系统要么是线性时不变系统，要么可用线性时不变系统来逼近。我们还将介绍两个信号的相关，因为它在数字信号处理应用中非常重要，并且与卷积公式非常相似。本章还将定义信号的自相关与互相关，并给出它们的性质。

2.1　离散时间信号

如第 1 章所述，离散时间信号 $x(n)$ 是自变量为整数的函数，其图形表示如图 2.1.1 所示。注意，离散时间信号在两个连续样本之间的时刻**无定义**。同样，当 n 不是整数时，认为 $x(n)$ 等于零是不正确的。简言之，信号 $x(n)$ 对于非整数的 n 值没有定义。

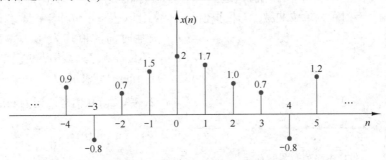

图 2.1.1　一个离散时间信号的图形表示

下面假设对所有整数 n，$-\infty < n < \infty$，离散时间信号都有定义。我们照例称 $x(n)$ 为信号的第 n 个样本，即使信号 $x(n)$ 本身是时间离散的（不是通过对模拟信号进行采样得到的）。如果 $x(n)$ 确实是通过对模拟信号 $x_a(t)$ 采样得到的，则 $x(n) \equiv x_a(nT)$，其中 T 是采样周期（两个连续样本间的时间）。

除了如图 2.1.1 所示的离散时间信号或序列的图形表示，还有更方便使用的其他一些表示，如下所示。

1. 函数表示，如

$$x(n) = \begin{cases} 1, & n = 1, 3 \\ 4, & n = 2 \\ 0, & \text{其他} \end{cases} \tag{2.1.1}$$

2. 表格表示，如

$$\begin{array}{c|ccccccccc} n & \cdots & -2 & -1 & 0 & 1 & 2 & 3 & 4 & 5 & \cdots \\ \hline x(n) & \cdots & 0 & 0 & 0 & 1 & 4 & 1 & 0 & 0 & \cdots \end{array}$$

3. 序列表示，时间原点（$n=0$）用符号 ↑ 标示的无限长信号或序列可以表示为

$$x(n) = \{\cdots, 0, \underset{\uparrow}{0}, 1, 4, 1, 0, 0, \cdots\} \tag{2.1.2}$$

当 $n < 0$ 时，值为零的序列 $x(n)$ 可以表示为

$$x(n) = \{\underset{\uparrow}{0}, 1, 4, 1, 0, 0, \cdots\} \tag{2.1.3}$$

当 $n < 0$ 时，值为零的序列 $x(n)$ 的时间原点可认为是序列的第一个（最左边的）点。

一个有限长序列可以表示为

$$x(n) = \{3, -1, \underset{\uparrow}{-2}, 5, 0, 4, -1\} \tag{2.1.4}$$

而当 $n < 0$ 时 $x(n) = 0$ 的有限长序列可以表示为

$$x(n) = \{\underset{\uparrow}{0}, 1, 4, 1\} \tag{2.1.5}$$

式（2.1.4）中的信号（在时间上）由 7 个样本或点组成，因此称为一个 **7 点序列**；类似地，由式（2.1.5）给出的序列是一个 4 点序列。

2.1.1 一些基本的离散时间信号

研究离散时间信号与系统时，有些基本信号经常出现并且作用非常重要，如下所示。

1. 单位样本序列，记为 $\delta(n)$，定义为

$$\delta(n) \equiv \begin{cases} 1, & n = 0 \\ 0, & n \neq 0 \end{cases} \tag{2.1.6}$$

如果用文字描述，单位样本序列就是这样一个信号：除了 $n = 0$ 时的值为 1，其他时刻的值均为 0。这个信号有时称为**单位冲激**。与模拟信号 $\delta(t)$ 相比（也称单位冲激，除了 $t = 0$ 时的值为 1，其他时间的值均为 0，并且具有单位面积），单位样本序列数学上更简单。图 2.1.2 所示为 $\delta(n)$ 的图形表示。

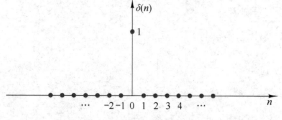

图 2.1.2 单位样本序列的图形表示

2. 单位阶跃信号，记为 $u(n)$，定义为

$$u(n) \equiv \begin{cases} 1, & n \geq 0 \\ 0, & n < 0 \end{cases} \tag{2.1.7}$$

图 2.1.3 所示为单位阶跃信号的图形表示。

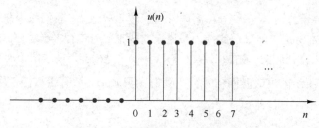

图 2.1.3 单位阶跃信号的图形表示

3. 单位斜坡信号，记为 $u_r(n)$，定义为

$$u_r(n) \equiv \begin{cases} n, & n \geq 0 \\ 0, & n < 0 \end{cases} \tag{2.1.8}$$

图 2.1.4 所示为单位斜坡信号的图形表示。

4．指数信号，是形为

$$x(n) = a^n, \quad \text{所有 } n \qquad (2.1.9)$$

的一个序列。如果参数 a 是实数，$x(n)$ 就是一个实信号。图 2.1.5 所示为参数 a 不同时 $x(n)$ 的图形表示。

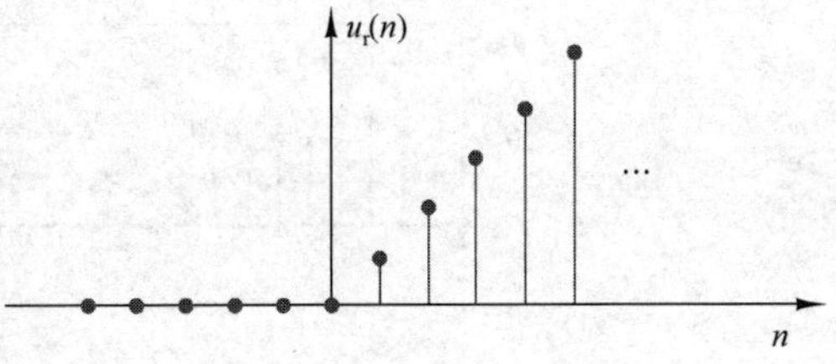

当参数 a 是复值时，它可表示为

$$a \equiv re^{j\theta}$$

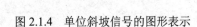

图 2.1.4　单位斜坡信号的图形表示

其中 r 与 θ 现在是参数，于是可将 $x(n)$ 表示为

$$x(n) = r^n \, e^{j\theta n} = r^n \left(\cos\theta n + j\sin\theta n \right) \qquad （2.1.10）$$

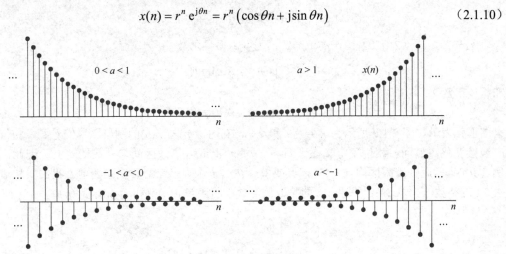

图 2.1.5　指数信号的图形表示

$x(n)$ 现在是复的，因此可以分别画出其实部（n 的函数）

$$x_R(n) \equiv r^n \cos\theta n \qquad (2.1.11)$$

和虚部（n 的函数）

$$x_I(n) \equiv r^n \sin\theta n \qquad (2.1.12)$$

来图形化表示。图 2.1.6 所示为 $r = 0.9$ 和 $\theta = \pi/10$ 时 $x_R(n)$ 与 $x_I(n)$ 的图形。可以看到，信号 $x_R(n)$ 与 $x_I(n)$ 是阻尼（随指数衰减）余弦函数与阻尼正弦函数。角度变量 θ 就是前面用（归一化）频率变量 ω 表示的正弦信号频率。显然，$r = 1$ 时阻尼消失，且 $x_R(n)$、$x_I(n)$ 和 $x(n)$ 的振幅固定为 1。

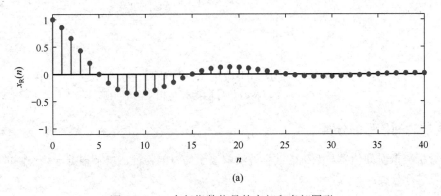

(a)

图 2.1.6　一个复指数信号的实部和虚部图形

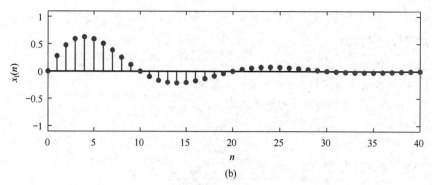

(b)

图 2.1.6　一个复指数信号的实部和虚部图形（续）

另外，由式（2.1.10）给出的信号 $x(n)$ 还可由振幅函数

$$|x(n)| = A(n) \equiv r^n \qquad (2.1.13)$$

和相位函数

$$\angle x(n) = \phi(n) \equiv \theta n \qquad (2.1.14)$$

来图形化表示。图 2.1.7 所示为 $r = 0.9$ 和 $\theta = \pi/10$ 时 $A(n)$ 与 $\phi(n)$ 的图形。我们看到，相位函数随 n 线性变化。然而，相位仅定义在区间 $-\pi < \theta \leqslant \pi$ 上或者等效区间 $0 \leqslant \theta < 2\pi$ 上。因此，根据惯例，$\phi(n)$ 通常画在有限区间 $-\pi < \theta \leqslant \pi$ 上或 $0 \leqslant \theta < 2\pi$ 上。换言之，在画图前，我们要从 $\phi(n)$ 中减去 2π 的整数倍。从 $\phi(n)$ 中减去 2π 的整数倍等效于将函数 $\phi(n)$ 解释为 $\phi(n)$ 模 2π。

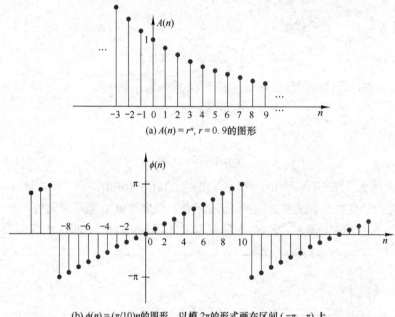

(a) $A(n) = r^n$, $r = 0.9$ 的图形

(b) $\phi(n) = (\pi/10)n$ 的图形，以模 2π 的形式画在区间 $(-\pi, \pi)$ 上

图 2.1.7　一个复指数信号的振幅与相位函数图形

2.1.2　离散时间信号的分类

用于分析离散时间信号与系统的数学方法取决于信号的特征。本节根据一些不同的特征对离散时间信号进行分类。

能量信号与功率信号。 信号 $x(n)$ 的能量 E 定义为

$$E \equiv \sum_{n=-\infty}^{\infty} |x(n)|^2 \tag{2.1.15}$$

因为使用了 $x(n)$ 的幅度平方值，所以这个定义既适用于复信号又适用于实信号。信号的能量可以是有限的，也可以是无限的。如果 E 是有限的（$0<E<\infty$），就称 $x(n)$ 为**能量信号**。有时，我们给 E 加下标 x（即 E_x），以强调 E_x 是信号 $x(n)$ 的能量。

能量无限的许多信号，其平均功率是有限的。离散时间信号 $x(n)$ 的平均功率定义为

$$P = \lim_{N\to\infty} \frac{1}{2N+1} \sum_{n=-N}^{N} |x(n)|^2 \tag{2.1.16}$$

如果在有限区间 $-N \leqslant n \leqslant N$ 上将 $x(n)$ 的信号能量定义为

$$E_N \equiv \sum_{n=-N}^{N} |x(n)|^2 \tag{2.1.17}$$

信号能量 E 就表示为

$$E \equiv \lim_{N\to\infty} E_N \tag{2.1.18}$$

所以 $x(n)$ 的平均功率可以表示为

$$P \equiv \lim_{N\to\infty} \frac{1}{2N+1} E_N \tag{2.1.19}$$

显然，若 E 有限，则 $P=0$；若 E 无限，则平均功率 P 可能有限也可能无限；若 P 有限（且非零），则称该信号为**功率信号**。下例说明了这样一个信号。

【**例 2.1.1**】求单位阶跃序列的功率与能量。单位阶跃信号的平均功率为

$$P = \lim_{N\to\infty} \frac{1}{2N+1} \sum_{n=0}^{N} u^2(n) = \lim_{N\to\infty} \frac{N+1}{2N+1} = \lim_{N\to\infty} \frac{1+1/N}{2+1/N} = \frac{1}{2}$$

因此，单位阶跃序列是一个功率信号，其能量无限。

类似地，可以证明复指数序列 $x(n) = A\mathrm{e}^{\mathrm{j}\omega_0 n}$ 的平均功率为 A^2，因此是功率信号。但是，单位斜坡序列既不是功率信号，又不是能量信号。

周期信号与非周期信号。当且仅当

$$x(n+N) = x(n), \quad \text{所有 } n \tag{2.1.20}$$

时，信号 $x(n)$ 才是周期为 N（$N>0$）的周期信号。使式（2.1.20）成立的最小 N 值称为（基本）周期。如果没有满足式（2.1.20）的 N 值，该信号就称为**非周期信号**。

我们发现，当 f_0 为有理数时，形如

$$x(n) = A\sin 2\pi f_0 n \tag{2.1.21}$$

的正弦信号是周期信号，即 f_0 可表示为

$$f_0 = k/N \tag{2.1.22}$$

式中，k 和 N 是整数。

如果周期信号 $x(n)$ 在单个周期内即区间 $0 \leqslant n \leqslant N-1$ 上取有限值，那么 $x(n)$ 在该周期内的能量是有限的。然而，对于区间 $-\infty < n < \infty$，周期信号的能量是无限的。另一方面，周期信号的平均功率是有限的，且等于单个周期内的平均功率。因此，如果 $x(n)$ 是基本周期为 N 的周期信号并且取有限值，那么其功率为

$$P = \frac{1}{N} \sum_{n=0}^{N-1} |x(n)|^2 \tag{2.1.23}$$

因此，周期信号是功率信号。

对称（偶）信号与反对称（奇）信号。 如果

$$x(-n) = x(n) \qquad (2.1.24)$$

实信号 $x(n)$ 就称为**对称（偶）信号**；如果

$$x(-n) = -x(n) \qquad (2.1.25)$$

实信号 $x(n)$ 就称为**反对称（奇）信号**。

我们注意到，如果 $x(n)$ 是奇信号，则 $x(0) = 0$。图 2.1.8 所示为奇、偶对称信号的例子。

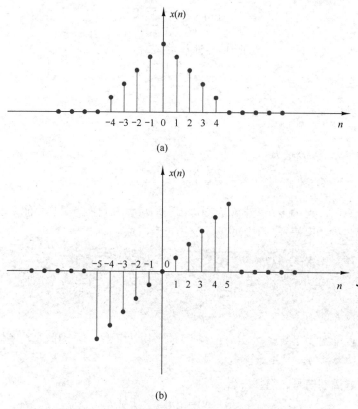

(a)

(b)

图 2.1.8　(a)偶对称信号与(b)奇对称信号的例子

我们想要说明的是，任何信号都可表示为两个信号分量之和，其中一个分量是偶信号，另一个分量是奇信号。偶信号分量是将 $x(n)$ 和 $x(-n)$ 相加后再除以 2 得到的，即

$$x_e(n) = \frac{1}{2}\left[x(n) + x(-n)\right] \qquad (2.1.26)$$

显然，$x_e(n)$ 满足对称条件［即式（2.1.24）］。类似地，按照关系

$$x_o(n) = \frac{1}{2}\left[x(n) - x(-n)\right] \qquad (2.1.27)$$

可得奇信号分量 $x_o(n)$。同样，$x_o(n)$ 满足式（2.1.25），因此确实是奇信号。现在将式（2.1.26）和式（2.1.27）定义的两个信号分量相加，就得到 $x(n)$，即

$$x(n) = x_e(n) + x_o(n) \qquad (2.1.28)$$

因此，任何信号均可以表示为式（2.1.28）。

2.1.3　离散时间信号的简单操作

本节介绍涉及自变量和信号振幅（因变量）的一些简单修改或操作。

自变量（时间）的变换。将自变量 n 替换为 $n-k$（其中 k 是整数），可对信号 $x(n)$ 进行时移。如果 k 是一个正整数，时移的结果就是让信号延迟 k 个时间单位；如果 k 是一个负整数，时移的结果就是让信号超前 $|k|$ 个时间单位。

【例 2.1.2】 信号 $x(n)$ 如图 2.1.9(a)所示，画出信号 $x(n-3)$ 与 $x(n+2)$ 的图形表示。

解：信号 $x(n-3)$ 是通过将 $x(n)$ 延迟 3 个时间单位得到的，如图 2.1.9(b)所示；信号 $x(n+2)$ 是通过将 $x(n)$ 超前 2 个时间单位得到的，如图 2.1.9(c)所示。注意，延迟对应于信号在时间轴上右移，超前意味着在时间轴上左移。

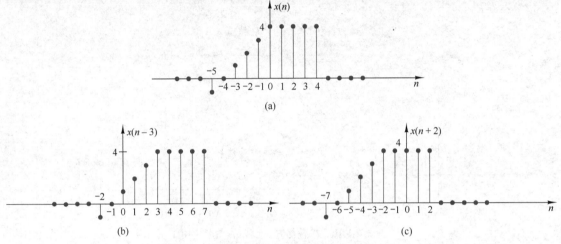

图 2.1.9　一个信号及其延迟与超前副本的图形表示

如果信号 $x(n)$ 存储在磁带或磁盘中，或者存储在计算机的内存中，引入时延或超前来修改时基就很简单。如果信号不是存储好的，而是由某些物理现象实时产生的，就不能在时间上超前该信号，因为这一运算涉及还没有产生的信号样本。尽管通常可以在已产生的信号样本中插入一定的时延，但是在物理上无法看到未来的信号样本。因此，在实时信号处理应用中，超前信号的时基运算在物理上是不可实现的。

时基的另一种有用修改是将自变量 n 替换为 $-n$，运算结果是信号关于时间原点 $n=0$ 的**折叠**或反射。

【例 2.1.3】 画出信号 $x(-n)$ 与 $x(-n+2)$ 的图形表示，其中 $x(n)$ 是在图 2.2.10(a)所示的信号。

解：新信号 $y(n)=x(-n)$ 如图 2.1.10(b)所示。注意，$y(0)=x(0)$，$y(1)=x(-1)$，$y(2)=x(-2)$，… 。同样，$y(-1)=x(1)$，$y(-2)=x(2)$，… 。因此，$y(n)$ 是 $x(n)$ 关于原点 $n=0$ 的反射或折叠，信号 $y(n)=x(-n+2)$ 是延迟两个时间单位后的 $x(-n)$，最后的信号如图 2.1.10(c)所示。验证图 2.1.10(c)所示结果是否正确的一种简单方法是计算样本，如 $y(0)=x(2)$，$y(1)=x(1)$，$y(2)=x(0)$，$y(-1)=x(3)$，… 。

注意，信号的折叠和时延（或超前）不满足交换律。如果将时延运算记为 TD，将折叠运算记为 FD，就可以写出

$$\mathrm{TD}_k[x(n)]=x(n-k),\qquad k>0$$
$$\mathrm{FD}[x(n)]=x(-n)$$

（2.1.29）

现在，

$$\mathrm{TD}_k\{\mathrm{FD}[x(n)]\}=\mathrm{TD}_k[x(-n)]=x(-n+k)$$

（2.1.30）

而

$$\text{FD}\{\text{TD}_k[x(n)]\} = \text{FD}[x(n-k)] = x(-n-k) \qquad （2.1.31）$$

注意，在 $x(n-k)$ 和 $x(-n+k)$ 中，因为 n 与 k 的符号不同，所以结果是右移了 k 个样本的信号 $x(n)$ 和 $x(-n)$，对应于时延。

修改自变量的第三种方法是将 n 替换为 μn，其中 μ 是一个整数。我们将这种时间基修改称为**时间缩放**或**下采样**。

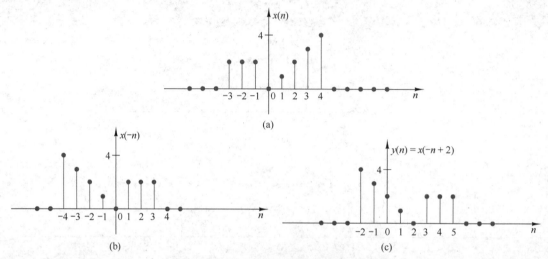

图 2.1.10　折叠与时移运算的图形说明

【**例 2.1.4**】给出信号 $y(n) = x(2n)$ 的图形表示，其中 $x(n)$ 是图 2.1.11(a)所示的信号。

解：观察发现，信号 $y(n)$ 是由 $x(n)$ 从 $x(0)$ 开始每隔一个样本取一个样本得到的。因此，$y(0) = x(0)$，$y(1) = x(2)$，$y(2) = x(4)$，$\cdots$，$y(-1) = x(-2)$，$y(-2) = x(-4)$，以此类推。换言之，我们跳过了 $x(n)$ 中的奇数样本而保留了偶数样本。得到的信号如图 2.1.11(b)所示。

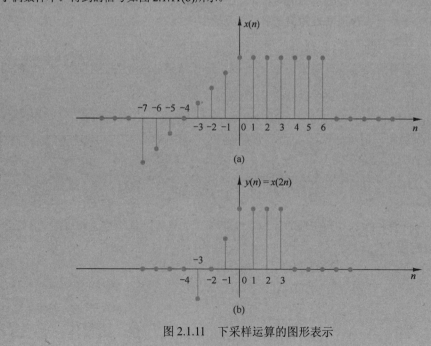

图 2.1.11　下采样运算的图形表示

若信号 $x(n)$ 原本是对模拟信号 $x_a(t)$ 采样得到的，则 $x(n) = x_a(nT)$，其中 T 是采样间隔。现在，$y(n) = x(2n) = x_a(2Tn)$，例 2.1.4 中的时间缩放运算等效于将采样率从 $1/T$ 变为 $1/2T$，即采样率降为原来的 1/2。这就是**下采样**运算。

序列的相加、相乘与缩放。 振幅修改包括离散时间信号的**相加、相乘**和**缩放**。

以常数 A 对信号进行**振幅缩放**是通过将每个信号样本的值乘以 A 实现的。因此，我们有

$$y(n) = Ax(n), \quad -\infty < n < \infty$$

两个信号 $x_1(n)$ 与 $x_2(n)$ 的和是信号 $y(n)$，它在任意时刻的值等于这两个信号在该时刻的值的和，即

$$y(n) = x_1(n) + x_2(n), \quad -\infty < n < \infty$$

类似地，在样本对样本的基础上，两个信号的**乘积**定义为

$$y(n) = x_1(n)x_2(n), \quad -\infty < n < \infty$$

2.2 离散时间系统

在许多数字信号处理应用中，人们希望设计出对离散时间信号实现某些指定运算的装置或算法。这类装置或算法称为离散时间系统。具体来说，**离散时间系统**就是一个装置或算法，它根据某种明确定义的规则对称为**输入**或**激励**的离散时间信号进行运算，产生称为系统**输出**或**响应**的另一个离散时间信号。通常，我们将系统视为对输入信号 $x(n)$ 进行某种运算或某组运算以产生输出信号 $y(n)$。我们说，输入信号 $x(n)$ 被该系统**变换**成信号 $y(n)$，并将 $x(n)$ 与 $y(n)$ 的一般关系表示为

$$y(n) \equiv \Im[x(n)] \tag{2.2.1}$$

式中，符号 $\Im$ 表示系统为生成 $y(n)$ 而对 $x(n)$ 进行的变换（也称**算子**）或处理。图 2.2.1 以图形方式描述了式（2.2.1）中的数学关系。

图 2.2.1　一个离散时间系统的框图表示

描述系统特性和系统为产生 $y(n)$ 而对 $x(n)$ 所做的运算的方法还有很多。本章将介绍系统的时域特性。首先介绍系统的输入-输出描述。输入-输出描述关注系统的终端性质，而忽略系统的详细内部结构或实现。2.5 节和第 9 章将讨论离散时间系统的实现，并描述实现它的不同结构。

2.2.1　系统的输入-输出描述

离散时间系统的输入-输出描述由数学表达式或规则组成，而数学表达式或规则显式地定义了输入信号与输出信号的关系（**输入-输出关系**）。系统的精确内部结构要么未知，要么被忽略。因此，与系统交互的唯一方法是使用其输入终端与输出终端（假定系统对用户而言是一个黑盒）。为了说明这一理念，我们使用图 2.2.1 描述的图形表示以及式（2.2.1）中的一般输入-输出关系，或者记为

$$x(n) \xrightarrow{\Im} y(n) \tag{2.2.2}$$

这仅说明 $y(n)$ 是系统 $\Im$ 对激励 $x(n)$ 的响应。下例说明了几个不同的系统。

【例 2.2.1】求如下系统对输入信号 $x(n) = \begin{cases} |n|, & -3 \leqslant n \leqslant 3 \\ 0, & \text{其他} \end{cases}$ 的响应。

(a) $y(n) = x(n)$（恒等系统）

(b) $y(n) = x(n-1)$（单位延迟系统）

(c) $y(n) = x(n+1)$（单位超前系统）

(d) $y(n) = \frac{1}{3}[x(n+1) + x(n) + x(n-1)]$（滑动平均滤波器）

(e) $y(n) = $ 中值$\{x(n+1), x(n), x(n-1)\}$（中值滤波器）

(f) $y(n) = \sum\limits_{k=-\infty}^{n} x(k) = x(n) + x(n-1) + x(n-2) + \cdots$（累加器） $\qquad$ (2.2.3)

解： 首先，我们直接求出输入信号的样本值：
$$x(n) = \{\cdots, 0, 3, 2, 1, 0, 1, 2, 3, 0, \cdots\}$$

然后，利用输入-输出关系求出每个系统的输出。

(a) 在这种情况下，输出信号与输入信号完全一样，这种系统就是**恒等**系统。

(b) 该系统仅将输入信号延迟一个样本。因此，系统的输出为
$$y(n) = \{\cdots, 0, 3, 2, 1, 0, 1, 2, 3, 0, \cdots\}$$

(c) 在这种情况下，系统将输入"超前"一个样本。例如，在 $n = 0$ 时刻，输出值 $y(0) = x(1)$。该系统对给定输入的响应为
$$y(n) = \{\cdots, 0, 3, 2, 1, 0, 1, 2, 3, 0, \cdots\}$$

(d) 该系统在任何时刻的输出都是当前样本值、最近过去的样本值和最近将来的样本值的均值。例如，在 $n = 0$ 时刻，输出为
$$y(0) = \frac{1}{3}[x(-1) + x(0) + x(1)] = \frac{1}{3}[1 + 0 + 1] = \frac{2}{3}$$

对 n 的每个值重复这个计算过程，得到输出信号为
$$y(n) = \{\cdots, 0, 1, \tfrac{5}{3}, 2, 1, \tfrac{2}{3}, 1, 2, \tfrac{5}{3}, 1, 0, \cdots\}$$

(e) 在时刻 n，系统选择三个输入样本 $x(n-1)$、$x(n)$ 和 $x(n+1)$ 的中值作为输出。因此，系统对输入信号 $x(n)$ 的响应为
$$y(n) = \{0, 2, 2, 1, 1, 1, 2, 2, 0, 0, 0, \cdots\}$$

(f) 该系统本质上是一个**累加器**，计算从过去到现在的所有输入值的总和。系统对给定输入的响应为
$$y(n) = \{\cdots, 0, 3, 5, 6, 6, 7, 9, 12, 12, \cdots\}$$

观察发现，对于例 2.2.1 中的几个系统，$n = n_0$ 时的输出不仅取决于 $n = n_0$ 时的输入值 $x(n_0)$，而且取决于 $n = n_0$ 之前和之后的系统输入值。例如，对于例题中的累加器，我们发现 $n = n_0$ 时的输出不仅取决于 $n = n_0$ 时的输入，而且取决于 $n = n_0 - 1$ 和 $n = n_0 - 2$ 时的 $x(n)$。通过简单的代数运算，累加器的输入-输出关系可写为

$$y(n) = \sum_{k=-\infty}^{n} x(k) = \sum_{k=-\infty}^{n-1} x(k) + x(n) = y(n-1) + x(n) \qquad (2.2.4)$$

这证明了术语**累加器**的正确性。实际上，系统是将当前的输入值与先前的输出值相加（累加）计算出当前的输出值的。

进一步观察这个看上去非常简单的系统，还可以得到一些有趣的结论。假设 $n \geqslant n_0$ 时的输入信号为 $x(n)$，我们希望求出 $n \geqslant n_0$ 时系统的输出 $y(n)$。对于 $n = n_0, n_0 + 1, \cdots$，由式（2.2.4）得
$$y(n_0) = y(n_0 - 1) + x(n_0), \quad y(n_0 + 1) = y(n_0) + x(n_0 + 1), \quad \cdots$$

现在，$y(n_0)$ 的计算依赖于 $y(n_0 - 1)$，于是我们在计算 $y(n_0)$ 时就遇到了问题。然而，

$$y(n_0 - 1) = \sum_{k=-\infty}^{n_0-1} x(k)$$

即 $y(n_0 - 1)$ 汇总了在时刻 n_0 之前已作用到系统的所有输入对系统产生的影响。因此，当 $n \geq n_0$ 时，系统在 $n = n_0$ 时刻对输入 $x(n)$ 的响应，是该输入及之前已作用到系统的所有输入的联合结果。因此，$n \geq n_0$ 时的 $y(n)$ 并不是由 $n \geq n_0$ 时的输入 $x(n)$ 唯一确定的。

求 $n \geq n_0$ 时的 $y(n)$ 所需的额外信息是**初始条件** $y(n_0 - 1)$，该值汇总了所有之前的输入对系统的影响。因此，初始条件 $y(n_0 - 1)$ 与 $n \geq n_0$ 时的输入序列 $x(n)$ 共同唯一确定了 $n \geq n_0$ 时的输出序列 $y(n)$。

如果累加器在 n_0 之前没有激励，初始条件就为 $y(n_0 - 1) = 0$。在这种情况下，我们说系统是**初始松弛的**。因为 $y(n_0 - 1) = 0$，所以输出序列 $y(n)$ 只依赖于 $n \geq n_0$ 时的输入序列 $x(n)$。

习惯上假设每个系统在 $n = -\infty$ 时都是松弛的。在这种情况下，若 $n = -\infty$ 时的输入为 $x(n)$，对应的输出 $y(n)$ 就由这个给定的输入**单独且唯一**地确定。

【例 2.2.2】 式（2.2.30）所描述的累加器被序列 $x(n) = nu(n)$ 激励，求如下条件下的输出：**(a)**系统是初始松弛的 $[y(-1) = 0]$；**(b)**初始条件为 $y(-1) = 1$。

解： 系统的输出定义为

$$y(n) = \sum_{k=-\infty}^{n} x(k) = \sum_{k=-\infty}^{-1} x(k) + \sum_{k=0}^{n} x(k) = y(-1) + \sum_{k=0}^{n} x(k) = y(-1) + \frac{n(n+1)}{2}$$

(a) 系统是初始松弛的，即 $y(-1) = 0$，于是有

$$y(n) = \frac{n(n+1)}{2}, \quad n \geq 0$$

(b) 初始条件为 $y(-1) = 1$，于是有

$$y(n) = 1 + \frac{n(n+1)}{2} = \frac{n^2 + n + 2}{2}, \quad n \geq 0$$

2.2.2　离散时间系统的框图表示

这时，引入离散时间系统的框图表示是有用的。为此，我们需要定义一些可以相互连接以形成复杂系统的基本构件。

加法器。图 2.2.2 显示了将两个信号序列相加以形成另一个（和）序列 $[$记为 $y(n)]$ 的系统（加法器）。注意，相加并不需要存储任何一个序列。换言之，相加运算是**无记忆的**。

常数乘法器。这一运算显示在图 2.2.3 中，仅表示对输入 $x(n)$ 应用一个缩放因子。注意，该运算也是无记忆的。

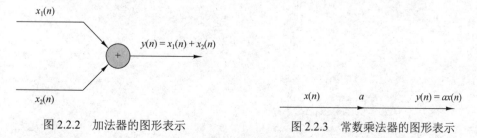

图 2.2.2　加法器的图形表示　　　　图 2.2.3　常数乘法器的图形表示

信号乘法器。图 2.2.4 显示了将两个信号序列相乘以形成另一个（积）序列 $[$图中记为 $y(n)]$ 的系统。和前面两种情况一样，相乘运算可认为是无记忆的。

单位延迟元件。单位延迟是一个特殊的系统，只将通过它的信号延迟一个样本。图 2.2.5 显示了这样的系统。如果输入信号是 $x(n)$，则输出为 $x(n-1)$。实际上，样本 $x(n-1)$ 在时刻 $n-1$ 就存储在内存中，在时刻 n 从内存中回调，形成

$$y(n) = x(n-1)$$

因此，该构件需要内存。第 3 章将用符号 z^{-1} 表示单位延迟，以使这一点变得更明显。

单位超前元件。与单位延迟不同，单位超前元件将输入 $x(n)$ 向前时移一个样本以产生 $x(n+1)$。图 2.2.6 显示了这一运算，其中运算符 z 表示单位超前。观察发现，因为实际上涉及信号的未来，所以任何超前物理上实时是不可能的。另一方面，如果将信号存储在计算机的内存中，就可在任意时间回调任何样本。在这样的非实时应用中，有可能在时间上将信号 $x(n)$ 超前。

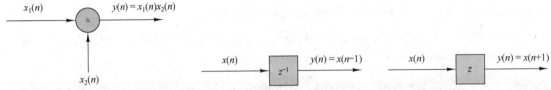

图 2.2.4　信号乘法器的图形表示　　图 2.2.5　单位延迟元件的图形表示　　图 2.2.6　单位超前元件的图形表示

【例 2.2.3】 利用上面介绍的构件，画出由输入-输出关系

$$y(n) = \tfrac{1}{4} y(n-1) + \tfrac{1}{2} x(n) + \tfrac{1}{2} x(n-1) \tag{2.2.5}$$

描述的离散时间系统的框图表示，其中 $x(n)$ 是系统的输入，$y(n)$ 是系统的输出。

解：按照式（2.2.5），先将输入 $x(n)$ 乘以 0.5，将之前的输入 $x(n-1)$ 乘以 0.5，后将两个乘积相加，再加上之前的输出 $y(n-1)$ 的 1/4，就得到了输出 $y(n)$。图 2.2.7(a)显示了该系统的框图实现。对式（2.2.5）做简单的重新排列，即

$$y(n) = \tfrac{1}{4} y(n-1) + \tfrac{1}{2} \left[x(n) + x(n-1) \right] \tag{2.2.6}$$

就得到了图 2.2.7(b)所示的框图实现。注意，从输入-输出或者外部描述的"观点"来处理"该系统"时，我们并不关心系统是如何实现的；而如果采用系统的内部描述，我们就可准确地了解系统的构件是如何配置的。根据这样一个实现，我们发现，如果系统中存在的所有**延迟**的输出在 $n = n_0$ 时为零（所有内存均被充零），这个系统在 $n = n_0$ 时就是**松弛系统**。

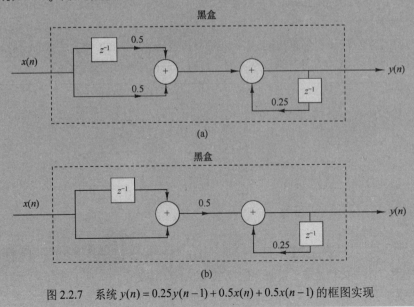

图 2.2.7　系统 $y(n) = 0.25 y(n-1) + 0.5 x(n) + 0.5 x(n-1)$ 的框图实现

2.2.3 离散时间系统的分类

在分析或设计系统时，需要根据系统满足的一般性质对它们进行分类。实际上，在本章和后续各章中推导的用于分析与设计离散时间系统的数学技术严重依赖于所考虑系统的一般特性。因此，我们有必要推导出用来描述系统一般特性的许多性质或分类。

要强调的是，如果一个系统具有给定的性质，该性质就必须对系统所有可能的输入信号成立。如果一个性质只对某些输入成立，而对其他信号不成立，系统就不具有该性质。因此，一个反例就足以证明一个系统不具有某种性质。然而，要证明系统具有某个性质，就必须证明该性质对所有可能的输入信号都成立。

静态系统与动态系统。如果一个离散时间系统在任意时刻 n 的输出最多只依赖于同一时刻的输入样本，而与过去或将来的输入样本无关，就称该系统为**静态系统**或**无记忆系统**。在其他情况下，就称该系统为**动态系统**或**有记忆系统**。如果系统在时刻 n 的输出完全由从 $n-N(N \geqslant 0)$ 到 n 的区间上的输入样本确定，就称该系统具有长为 N 的**记忆**。如果 $N=0$，系统就是静态的。如果 $0 < N < \infty$，就称系统具有**有限记忆**。反之，如果 $N = \infty$，就称系统具有**无限记忆**。

由输入-输出关系

$$y(n) = ax(n) \tag{2.2.7}$$

$$y(n) = nx(n) + bx^3(n) \tag{2.2.8}$$

描述的系统都是静态系统或无记忆系统。注意，在计算当前的输出时，无须存储任何过去的输入或输出。另一方面，由输入-输出关系

$$y(n) = x(n) + 3x(n-1) \tag{2.2.9}$$

$$y(n) = \sum_{k=0}^{n} x(n-k) \tag{2.2.10}$$

$$y(n) = \sum_{k=0}^{\infty} x(n-k) \tag{2.2.11}$$

描述的系统是动态系统或有记忆系统。式（2.2.9）与式（2.2.10）描述的系统具有有限记忆，而式（2.2.11）描述的系统具有无限记忆。

观察发现，静态或者无记忆系统通常由形如

$$y(n) = \Im[x(n), n] \tag{2.2.12}$$

的输入-输出方程描述。这类系统不包括延迟元件（记忆）。

时不变系统与时变系统。我们可将系统的一般类别细分为两大类：时不变系统与时变系统。如果系统的输入-输出特性不随时间变化，就称该系统为**时不变系统**。为了详细说明，假设有一个处于松弛状态下的系统 $\Im$，当它被输入信号 $x(n)$ 激励时，产生输出信号 $y(n)$。因此，我们记

$$y(n) = \Im[x(n)] \tag{2.2.13}$$

现在假设同样的输入信号延迟 k 个单位时间后产生了 $x(n-k)$，并再次作用到同一个系统。若系统的特性不随时间变化，该松弛系统的输出就是 $y(n-k)$，即输出对 $x(n)$ 的响应是相同的，只是它与输入都延迟了 k 个时间单位。这就引出了时不变系统或者平移不变系统的如下定义。

定义。对任何输入信号 $x(n)$ 与任意时移 k，当且仅当

$$x(n) \xrightarrow{\ \Im\ } y(n)$$

意味着

$$x(n-k) \xrightarrow{\ \Im\ } y(n-k) \tag{2.2.14}$$

时，松弛系统 $\Im$ 才是**时不变系统**或**移不变系统**。

要确定一个给定的系统是否是时不变系统，需要执行前述定义规定的检验。大体上，我们用一个任意的输入序列 $x(n)$ 来激励系统，并产生一个输出［记为 $y(n)$］。接着，将输入序列延迟 k 个时间单位并且重新计算输出。一般来说，输出可记为

$$y(n,k) = \Im[x(n-k)]$$

现在，如果对所有可能的 k 值有 $y(n,k) = y(n-k)$，该系统就是时不变系统；然而，即使只有一个 k 值使得 $y(n,k) \neq y(n-k)$，该系统也是时变系统。

【例2.2.4】 确定图 2.2.8 所示的系统是时不变系统还是时变系统。

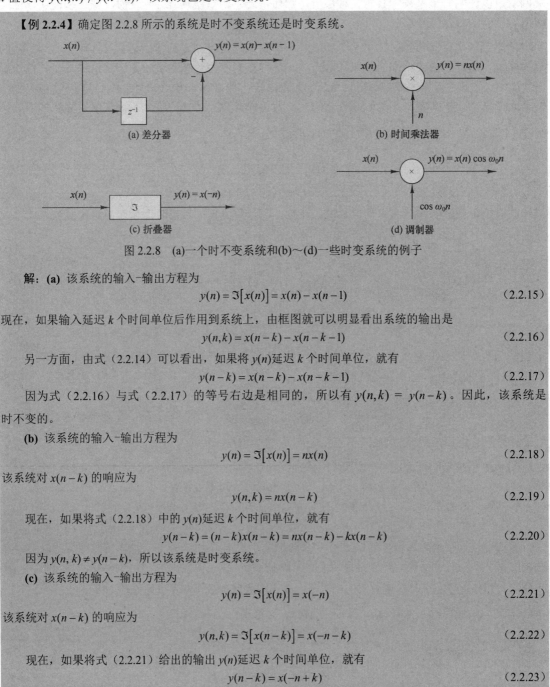

图 2.2.8　(a)一个时不变系统和(b)~(d)一些时变系统的例子

解：(a) 该系统的输入-输出方程为

$$y(n) = \Im[x(n)] = x(n) - x(n-1) \tag{2.2.15}$$

现在，如果输入延迟 k 个时间单位后作用到系统上，由框图就可以明显看出系统的输出是

$$y(n,k) = x(n-k) - x(n-k-1) \tag{2.2.16}$$

另一方面，由式（2.2.14）可以看出，如果将 $y(n)$ 延迟 k 个时间单位，就有

$$y(n-k) = x(n-k) - x(n-k-1) \tag{2.2.17}$$

因为式（2.2.16）与式（2.2.17）的等号右边是相同的，所以有 $y(n,k) = y(n-k)$。因此，该系统是时不变的。

(b) 该系统的输入-输出方程为

$$y(n) = \Im[x(n)] = nx(n) \tag{2.2.18}$$

该系统对 $x(n-k)$ 的响应为

$$y(n,k) = nx(n-k) \tag{2.2.19}$$

现在，如果将式（2.2.18）中的 $y(n)$ 延迟 k 个时间单位，就有

$$y(n-k) = (n-k)x(n-k) = nx(n-k) - kx(n-k) \tag{2.2.20}$$

因为 $y(n,k) \neq y(n-k)$，所以该系统是时变系统。

(c) 该系统的输入-输出方程为

$$y(n) = \Im[x(n)] = x(-n) \tag{2.2.21}$$

该系统对 $x(n-k)$ 的响应为

$$y(n,k) = \Im[x(n-k)] = x(-n-k) \tag{2.2.22}$$

现在，如果将式（2.2.21）给出的输出 $y(n)$ 延迟 k 个时间单位，就有

$$y(n-k) = x(-n+k) \tag{2.2.23}$$

因为 $y(n,k) \neq y(n-k)$，所以该系统是时变系统。

(d) 该系统的输入–输出方程为

$$y(n) = x(n)\cos\omega_0 n \qquad (2.2.24)$$

该系统对 $x(n-k)$ 的响应为

$$y(n,k) = x(n-k)\cos\omega_0 n \qquad (2.2.25)$$

将式（2.2.24）中的表达式延迟 k 个时间单位后与式（2.2.25）相比，就会发现该系统是时变系统。

线性系统与非线性系统。系统的一般分类还可细分为线性系统与非线性系统。满足**叠加原理**的系统就是线性系统。简单地说，叠加原理要求系统对信号加权和的响应，等于系统对每个输入信号的响应（输出）的加权和。因此，我们就得到如下关于线性的定义。

定义。当且仅当对任意输入序列 $x_1(n)$ 与 $x_2(n)$ 及任意常数 a_1 与 a_2 有

$$\Im[a_1 x_1(n) + a_2 x_2(n)] = a_1 \Im[x_1(n)] + a_2 \Im[x_2(n)] \qquad (2.2.26)$$

系统 $\Im$ 才是线性的。图 2.2.9 给出了叠加原理的图形表示。

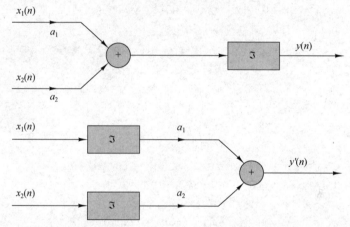

图 2.2.9　叠加原理的图形表示，当且仅当 $y(n) = y'(n)$ 时系统 $\Im$ 才是线性系统

式（2.2.26）体现的叠加原理可分为两部分。首先，假设 $a_2 = 0$，式（2.2.26）简化为

$$\Im[a_1 x_1(n)] = a_1 \Im[x_1(n)] = a_1 y_1(n) \qquad (2.2.27)$$

式中，$y_1(n) = \Im[x_1(n)]$。式（2.2.27）体现了线性系统的**相乘性质**或**缩放性质**。也就是说，如果系统对输入 $x_1(n)$ 的响应为 $y_1(n)$，系统对 $a_1 x_1(n)$ 的响应就是 $a_1 y_1(n)$。因此，输入缩放多少，对应的输出也缩放多少。

其次，假设在式（2.2.26）中有 $a_1 = a_2 = 1$，则有

$$\Im[x_1(n) + x_2(n)] = \Im[x_1(n)] + \Im[x_1(n)] = y_1(n) + y_2(n) \qquad (2.2.28)$$

这个关系式体现了线性系统的**相加性质**。相加性质与相乘性质构成了应用于线性系统的叠加原理。

通过归纳，式（2.2.26）体现的线性条件可扩展到任意加权线性组合的信号。通常，我们有

$$x(n) = \sum_{k=1}^{M-1} a_k x_k(n) \xrightarrow{\ \Im\ } y(n) = \sum_{k=1}^{M-1} a_k y_k(n) \qquad (2.2.29)$$

式中，

$$y_k(n) = \Im[x_k(n)], \quad k = 1, 2, \cdots, M-1 \qquad (2.2.30)$$

由式（2.2.27）可以发现，若 $a_1 = 0$，则 $y(n) = 0$。换言之，当松弛线性系统的输入为零时，其输出也为零。若系统对零输入产生非零输出，该系统就可能是非松弛系统或非线性系统。如果

一个松弛系统不满足上述定义给出的叠加原理，就称其为**非线性系统**。

【例 2.2.5】判断由如下输入-输出方程描述的系统是线性系统还是非线性系统。

(a) $y(n) = nx(n)$　　**(b)** $y(n) = x(n^2)$　　**(c)** $y(n) = x^2(n)$　　**(d)** $y(n) = Ax(n) + B$　　**(e)** $y(n) = e^{x(n)}$

解：(a) 对两个输入序列 $x_1(n)$ 与 $x_2(n)$，对应的输出为

$$y_1(n) = nx_1(n), \quad y_2(n) = nx_2(n) \tag{2.2.31}$$

两个输入序列的线性组合的输出是

$$y_3(n) = \Im[a_1 x_1(n) + a_2 x_2(n)] = n[a_1 x_1(n) + a_2 x_2(n)] = a_1 nx_1(n) + a_2 nx_2(n) \tag{2.2.32}$$

另一方面，式（2.2.31）中两个输出的线性组合的输出是

$$a_1 y_1(n) + a_2 y_2(n) = a_1 nx_1(n) + a_2 nx_2(n) \tag{2.2.33}$$

因为式（2.2.32）和式（2.2.33）的等号右边相同，所以该系统是线性系统。

(b) 类似于(a)问，我们求出系统对两个输入信号 $x_1(n)$ 与 $x_2(n)$ 的响应：

$$y_1(n) = x_1(n^2), \quad y_2(n) = x_2(n^2) \tag{2.2.34}$$

系统对 $x_1(n)$ 和 $x_2(n)$ 的线性组合的输出为

$$y_3(n) = \Im[a_1 x_1(n) + a_2 x_2(n)] = a_1 x_1(n^2) + a_2 x_2(n^2) \tag{2.2.35}$$

最后，式（2.2.34）中两个输出的线性组合的输出为

$$a_1 y_1(n) + a_2 y_2(n) = a_1 x_1(n^2) + a_2 x_2(n^2) \tag{2.2.36}$$

比较式（2.2.35）和式（2.2.36），可知该系统是线性系统。

(c) 系统的输出是输入的平方（具有这种输入-输出特性的电子设备称为**平方律设备**）。根据前面的讨论可知，这样的系统明显是无记忆系统。下面证明该系统是非线性系统。

系统对两个单独的输入信号的响应为

$$y_1(n) = x_1^2(n), \quad y_2(n) = x_2^2(n) \tag{2.2.37}$$

系统对这两个输入信号的线性组合的响应为

$$y_3(n) = \Im[a_1 x_1(n) + a_2 x_2(n)] = [a_1 x_1(n) + a_2 x_2(n)]^2 = a_1^2 x_1^2(n) + 2a_1 a_2 x_1(n) x_2(n) + a_2^2 x_2^2(n) \tag{2.2.38}$$

另一方面，如果系统是线性的，它将产生式（2.2.37）中两个输出的线性组合，即

$$a_1 y_1(n) + a_2 y_2(n) = a_1 x_1^2(n) + a_2 x_2^2(n) \tag{2.2.39}$$

因为式（2.2.38）给出的系统的实际输出与式（2.2.39）不同，所以该系统是非线性系统。

(d) 假设系统分别被 $x_1(n)$ 与 $x_2(n)$ 激励，则相应的输出为

$$y_1(n) = Ax_1(n) + B, \quad y_2(n) = Ax_2(n) + B \tag{2.2.40}$$

系统对 $x_1(n)$ 与 $x_2(n)$ 的线性组合的输出是

$$y_3(n) = \Im[a_1 x_1(n) + a_2 x_2(n)] = A[a_1 x_1(n) + a_2 x_2(n)] + B = Aa_1 x_1(n) + a_2 Ax_2(n) + B \tag{2.2.41}$$

另一方面，如果系统是线性的，它对 $x_1(n)$ 与 $x_2(n)$ 的线性组合的输出就应是 $y_1(n)$ 与 $y_2(n)$ 的线性组合：

$$a_1 y_1(n) + a_2 y_2(n) = a_1 Ax_1(n) + a_1 B + a_2 Ax_2(n) + a_2 B \tag{2.2.42}$$

显然，式（2.2.41）与式（2.2.42）不同，因此，该系统不满足线性检验。

该系统不满足线性检验的原因不是系统是非线性系统（该系统实际上是由线性方程描述的），而是存在常数 B。因此，输出不但依赖于输入激励，而且依赖于参数 $B \neq 0$。对于 $B \neq 0$，系统不是松弛的。如果令 $B = 0$，系统现在就是松弛的且满足线性检验。

(e) 注意到由输入-输出方程

$$y(n) = e^{x(n)} \tag{2.2.43}$$

描述的系统是非松弛的。如果 $x(n) = 0$，则 $y(n) = 1$，这表明系统是非线性系统。实际上，这就是应用线性检验得到的结论。

因果系统与非因果系统。我们首先从因果离散时间系统的定义开始。

定义。如果一个系统在任意时刻 n 的输出 $[y(n)]$ 仅依赖于当前的输入与过去的输入

$\left[\, x(n),x(n-1),x(n-2),\cdots\, \right]$，而与将来的输入 $\left[\, x(n+1),x(n+2),\cdots\, \right]$ 无关，就称该系统为**因果系统**。数学上，因果系统的输出满足方程

$$y(n) = F\left[x(n),x(n-1),x(n-2),\cdots \right] \tag{2.2.44}$$

式中，$F[\cdot]$ 是任意函数。

如果一个系统不满足这个定义，就称其为**非因果系统**。这样一个系统的输出不仅依赖于当前的输入和过去的输入，而且依赖于将来的输入。

显然，在实时信号处理应用中，我们是无法观测到信号的将来值的，因此，非因果系统物理上是不可实现（不能实现）的。另一方面，如果信号已被记录下来以便离线处理（非实时），就有可能实现非因果系统，因为信号的所有值在处理时都是可用的。这是地球物理信号与图像处理中的常见情形。

【例 2.2.6】判断由如下输入-输出方程描述的系统是因果系统还是非因果系统。

(a) $y(n) = x(n) - x(n-1)$ **(b)** $y(n) = \sum_{k=-\infty}^{n} x(k)$ **(c)** $y(n) = ax(n)$ **(d)** $y(n) = x(n) + 3x(n+4)$

(e) $y(n) = x(n^2)$ **(f)** $y(n) = x(2n)$ **(g)** $y(n) = x(-n)$

解：(a)问、(b)问和(c)问所描述的系统明显是因果系统，因为其输出只依赖于当前与过去的输入。另一方面，(d)问、(e)问和(f)问所描述的系统明显是非因果系统，因为其输出依赖于输入的将来值。(g)问中的系统也是非因果系统，因为 $n = -1$ 时输出为 $y(-1) = x(1)$，即 $n = -1$ 时的输出信号依赖于 $n = 1$ 时的输入。

稳定系统与不稳定系统。实际应用一个系统时，稳定性是必须要考虑的一个重要性质。不稳定系统常常表现出不稳定的性质和极端的性质，且在实际实现时引发溢出。下面从数学上定义稳定系统，2.3.6 节将介绍该定义对线性时不变系统的意义。

定义 当且仅当每个有界输入产生有界输出时，任意一个松弛系统才称为有界输入-有界输出（BIBO）稳定系统。

输入序列 $x(n)$ 和输出序列 $y(n)$ 有界的这个条件如果用数学语言表述，就是对所有 n，存在某些有限数（如 M_x 与 M_y）满足

$$|x(n)| \leqslant M_x < \infty, \qquad |y(n)| \leqslant M_y < \infty \tag{2.2.45}$$

如果对某些有界输入序列 $x(n)$，输出是无界（无限）的，该系统就是不稳定系统。

【例 2.2.7】考虑由输入-输出方程

$$y(n) = y^2(n-1) + x(n)$$

描述的一个非线性系统。我们选择有界信号

$$x(n) = C\delta(n)$$

作为输入序列，式中 C 是一个常数。同时，假设 $y(-1) = 0$。于是，输出序列为

$$y(0) = C, \ y(1) = C^2, \ y(2) = C^4, \ \cdots, \ y(n) = C^{2n}$$

显然，当 $1 < |C| < \infty$ 时，输出是无界的。因为有界输入导致无界输出，所以系统是 BIBO 不稳定系统。

2.2.4 离散时间系统的互连

多个离散时间系统通过互连可以形成更大的系统。系统互连有两种基本方法——级联（串联）和并联，如图 2.2.10 所示。注意，这两个互连的系统是不同的。

在级联中，第一个系统的输出为

$$y_1(n) = \mathfrak{I}_1[x(n)] \tag{2.2.46}$$

第二个系统的输出为

$$y(n) = \mathfrak{I}_2[y_1(n)] = \mathfrak{I}_2\{\mathfrak{I}_1[x(n)]\} \tag{2.2.47}$$

观察发现系统 $\mathfrak{I}_1$ 和 $\mathfrak{I}_2$ 可以组合为一个总系统：

$$\mathfrak{I}_c \equiv \mathfrak{I}_2\mathfrak{I}_1 \tag{2.2.48}$$

因此，我们可将组合而成的系统的输出表示为

$$y(n) = \mathfrak{I}_c[x(n)]$$

一般来说，运算 $\mathfrak{I}_1$ 与 $\mathfrak{I}_2$ 执行的顺序非常重要，即对任意系统有

$$\mathfrak{I}_2\mathfrak{I}_1 \neq \mathfrak{I}_1\mathfrak{I}_2$$

然而，如果系统 $\mathfrak{I}_1$ 与 $\mathfrak{I}_2$ 是线性时不变的，(a) $\mathfrak{I}_c$ 就是时不变的，且有(b) $\mathfrak{I}_2\mathfrak{I}_1 = \mathfrak{I}_1\mathfrak{I}_2$，即系统处理信号的顺序并不重要，$\mathfrak{I}_2\mathfrak{I}_1$ 与 $\mathfrak{I}_1\mathfrak{I}_2$ 产生相同的输出序列。

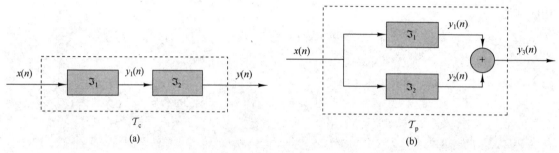

图 2.2.10　系统的(a)级联和(b)并联

(a)的证明如下，(b)的证明将在 2.3.4 节给出。为了证明时不变性，假设 $\mathfrak{I}_1$ 与 $\mathfrak{I}_2$ 是时不变的，于是有

$$x(n-k) \xrightarrow{\mathfrak{I}_1} y_1(n-k) \quad 和 \quad y_1(n-k) \xrightarrow{\mathfrak{I}_2} y(n-k)$$

因此有 $x(n-k) \xrightarrow{\mathfrak{I}_c=\mathfrak{I}_2\mathfrak{I}_1} y(n-k)$，所以 $\mathfrak{I}_c$ 是时不变的。

在并联中，系统 $\mathfrak{I}_1$ 的输出是 $y_1(n)$，系统 $\mathfrak{I}_2$ 的输出是 $y_2(n)$。因此，整个并联系统的输出为

$$y_3(n) = y_1(n) + y_2(n) = \mathfrak{I}_1[x(n)] + \mathfrak{I}_2[x(n)] = (\mathfrak{I}_1 + \mathfrak{I}_2)[x(n)] = \mathfrak{I}_p[x(n)]$$

式中，$\mathfrak{I}_p = \mathfrak{I}_1 + \mathfrak{I}_2$。

一般来说，我们可用系统的并联和级联来构建更大且更复杂的系统；反之，出于分析与实现目的，我们可将一个大系统分解成若干小系统。后面将采用这些思想设计与实现数字滤波器。

2.3　离散时间线性时不变系统的分析

2.2 节根据许多特性或类别（线性、因果性、稳定性、时不变性）对系统进行了分类。下面分析线性时不变（LTI）系统，首先说明这类系统在时域中可由其对单位样本序列的响应来表征，然后说明任意输入信号都可分解并表示为单位样本序列的加权和。因为系统的线性与时不变性，所以系统对任意输入信号的响应可用系统的单位样本响应来表示。我们还将给出关联系统的单位样本响应、任意输入信号和输出信号的一般表达式——**卷积和**或者**卷积公式**。这样，我们就可求出线性时不变系统对任意输入信号的输出。

2.3.1　分析线性系统的技术

分析线性系统对给定输入信号的行为或响应的基本方法有两种。一种方法是直接求解形如下式的系统输入-输出方程：

$$y(n) = F\left[y(n-1), y(n-2), \cdots, y(n-N), x(n), x(n-1), \cdots, x(n-M)\right]$$

式中，$F[\cdot]$表示中括号内各个量的某个函数。特别地，对一个线性时不变系统，其输入-输出关系的一般形式为

$$y(n) = -\sum_{k=1}^{N} a_k y(n-k) + \sum_{k=0}^{M} b_k x(n-k) \tag{2.3.1}$$

式中，$\{a_k\}$与$\{b_k\}$是说明该系统的常数参数，它们与$x(n)$和$y(n)$无关。式（2.3.1）中的输入-输出关系称为**差分方程**，代表了描述离散时间线性时不变系统的特性的一种方法。

分析线性系统对给定输入信号的响应的方法是，首先将输入信号分解成多个基本信号之和。选择基本信号时，要使系统对每个信号分量的响应易于求解。然后利用系统的线性性质，将系统对各个基本信号的响应相加，以得到系统对给定输入信号的总响应。这种方法将在本节中描述。

为了详细说明，假设输入信号$x(n)$可以分解为基本信号分量$\{x_k(n)\}$的加权和，使得

$$x(n) = \sum_k c_k x_k(n) \tag{2.3.2}$$

式中，$\{c_k\}$是信号$x(n)$分解后的振幅集（权系数）。现在，假设系统对基本信号分量$x_k(n)$的响应为$y_k(n)$，于是有

$$y_k(n) \equiv \Im\left[x_k(n)\right] \tag{2.3.3}$$

假设系统是松弛的，由线性系统的缩放性质，得系统对$c_k x_k(n)$的响应为$c_k y_k(n)$。

最后，系统对输入$x(n)$的总响应为

$$y(n) = \Im[x(n)] = \Im\left[\sum_k c_k x_k(n)\right] = \sum_k c_k \Im\left[x_k(n)\right] = \sum_k c_k y_k(n) \tag{2.3.4}$$

在式（2.3.4）中，我们用到了线性系统的相加性质。

虽然基本信号的选择很大程度上是任意的，但是主要依赖于所考虑输入信号的类别。如果对输入信号的性质不加限制，就可证明将输入信号分解为单位样本（冲激）序列的加权和是运算方便的和十分普遍的。另一方面，如果将讨论限制在输入信号的一个子集上，就或许存在其他的基本信号集使得求解输出的运算更方便。例如，如果输入信号$x(n)$是周期为N的周期信号，数学上方便的基本信号集就是指数信号集

$$x_k(n) = \mathrm{e}^{\mathrm{j}\omega_k n}, \quad k = 0, 1, \cdots, N-1 \tag{2.3.5}$$

式中，频率$\{\omega_k\}$是谐相关的，即

$$\omega_k = \left(\frac{2\pi}{N}\right)k, \quad k = 0, 1, \cdots, N-1 \tag{2.3.6}$$

频率 $2\pi/N$ 称为**基本频率**，所有高频成分都是基本频率成分的倍数。输入信号的这个子类将在后面详细讨论。

为了将输入信号分解成单位样本序列的加权和，必须首先求解系统对单位样本序列的响应，然后利用线性系统的缩放性质或相乘性质来求解系统对给定输入信号的输出。下面介绍详细的推导过程。

2.3.2　将离散时间信号分解为冲激

假设有一个希望分解为单位样本序列之和的任意信号 $x(n)$。为了用到前节中的记号，我们将基本信号 $x_k(n)$选为

$$x_k(n) = \delta(n-k) \tag{2.3.7}$$

式中，k 表示单位样本序列的延迟。为了处理持续时间无限范围内具有非零值的任意信号 $x(n)$，单位冲激集合也要是无限的，以包含无限数量的延迟。

下面假设让两个序列 $x(n)$ 和 $\delta(n-k)$ 相乘。$\delta(n-k)$ 的值除了在 $n=k$ 处为 1，在其他处为 0，因此相乘的结果是另一个序列，这个序列的值除了在 $n=k$ 处为 $x(k)$，在其他处为 0，如图 2.3.1 所示。因此，

$$x(n)\delta(n-k) = x(k)\delta(n-k) \tag{2.3.8}$$

是一个除了在 $n=k$ 处的值为 $x(k)$，在其他处的值为 0 的序列。如果重复 $x(n)$ 与 $\delta(n-m)$ 的相乘过程，其中 m 是另一个延迟（$m \neq k$），结果就是除了在 $n=m$ 处的值为 $x(m)$，在其他处的值为 0 的一个序列。因此，

$$x(n)\delta(n-m) = x(m)\delta(n-m) \tag{2.3.9}$$

换言之，信号 $x(n)$ 与延迟 k 个单位时间的单位冲激 $\left[\delta(n-k)\right]$ 相乘，本质上是取信号 $x(n)$ 在单位冲激不为零的位置的延迟值 $x(k)$。因此，如果在所有可能的延迟即 $-\infty < k < \infty$ 处重复进行相乘运算，并将所有的乘积序列相加，那么结果也是等于 $x(n)$ 的一个序列，即

$$x(n) = \sum_{k=-\infty}^{\infty} x(k)\delta(n-k) \tag{2.3.10}$$

要强调的是，式（2.3.10）的等号右边是无数个缩放后的单位样本序列之和，其中单位样本序列 $\delta(n-k)$ 的幅值为 $x(k)$。因此，式（2.3.10）的等号右边给出了任意信号 $x(n)$ 到多个时移单位样本序列的加权（缩放）和的解或分解。

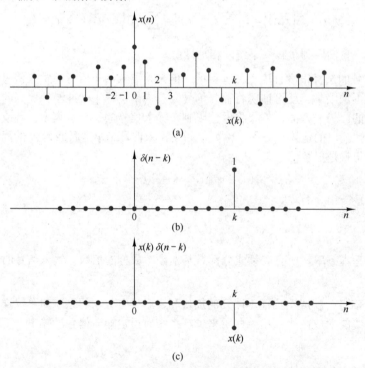

图 2.3.1　信号 $x(n)$ 与一个平移后的单位样本序列相乘

【例 2.3.1】将有限长序列 $x(n) = \{2,4,0,3\}$ 分解为多个冲激序列的加权和。

解：因为 $x(n)$ 在 $n = -1, 0, 2$ 时的值非零，所以需要 $k = -1, 0, 2$ 处的三个冲激。由式（2.3.10）得

$$x(n) = 2\delta(n+1) + 4\delta(n) + 3\delta(n-2)$$

2.3.3 线性时不变系统对任意输入的响应：卷积和

将任意输入信号 $x(n)$ 分解为冲激的加权和后，就可求任何松弛系统对任意输入信号的响应。首先，我们用符号 $h(n,k)$, $-\infty < k < \infty$ 表示系统对输入单位样本序列在 $n = k$ 处的响应 $y(n,k)$ ，即

$$y(n,k) \equiv h(n,k) = \Im[\delta(n-k)] \tag{2.3.11}$$

在式（2.3.11）中，我们注意到 n 是时间序号，k 是显示了输入冲激的位置的参数。如果输入端的冲激的缩放因子或缩放倍数是 $c_k \equiv x(k)$ ，系统的响应就是相应的缩放输出，即

$$c_k h(n,k) = x(k)h(n,k) \tag{2.3.12}$$

最后，如果输入是表示为冲激的加权和的任意信号 $x(n)$ ，即

$$x(n) = \sum_{k=-\infty}^{\infty} x(k)\delta(n-k) \tag{2.3.13}$$

系统对 $x(n)$ 的响应就是相应输出的加权和，即

$$y(n) = \Im[x(n)] = \Im\left[\sum_{k=-\infty}^{\infty} x(k)\delta(n-k)\right] = \sum_{k=-\infty}^{\infty} x(k)\Im[\delta(n-k)] = \sum_{k=-\infty}^{\infty} x(k)h(n,k) \tag{2.3.14}$$

显然，式（2.3.14）由线性系统的叠加性质得到，且称为**叠加求和**。

观察发现，式（2.3.14）是线性系统对任意输入序列 $x(n)$ 的响应公式，这个公式既是 $x(n)$ 的函数，也是系统对单位冲激 $\delta(n-k)$ 的响应 $h(n,k)$, $-\infty < k < \infty$ 的函数。在推导式（2.3.14）时，我们用到了系统的线性性质，但没有用到系统的时不变性质。因此，式（2.3.14）适用于任何松弛线性（时变）系统。

另外，如果系统是时不变系统，式（2.3.14）就可大大简化。实际上，如果线性时不变系统对单位样本序列 $\delta(n)$ 的响应为 $h(n)$ ，即

$$h(n) \equiv \Im[\delta(n)] \tag{2.3.15}$$

那么根据时不变特性，系统对延迟单位样本序列 $\delta(n-k)$ 的响应为

$$h(n-k) = \Im[\delta(n-k)] \tag{2.3.16}$$

因此，式（2.3.14）简化为

$$y(n) = \sum_{k=-\infty}^{\infty} x(k)h(n-k) \tag{2.3.17}$$

现在，我们观察到，松弛线性时不变系统的性质完全可由单个函数 $h(n)$ ［系统对单位样本序列 $\delta(n)$ 的响应］描述。相比之下，时变线性系统的输出的一般描述需要无数个单位样本响应函数 $h(n,k)$ ，因为每个可能的延迟都需要一个单位样本响应函数。

式（2.3.17）称为**卷积和**，它以输入信号 $x(n)$ 和单位样本（冲激）响应 $h(n)$ 的函数形式给出了线性时不变系统的响应 $y(n)$ 。我们说，输入 $x(n)$ 与冲激响应 $h(n)$ 的卷积运算产生输出 $y(n)$ 。下面以数学与图形方法来说明由给定输入 $x(n)$ 和系统冲激响应 $h(n)$ 计算响应 $y(n)$ 的过程。

假设要计算系统在某个时刻（如 $n = n_0$ ）的输出值。根据式（2.3.17），在 $n = n_0$ 时刻的响应为

$$y(n_0) = \sum_{k=-\infty}^{\infty} x(k)h(n_0-k) \tag{2.3.18}$$

首先，我们发现求和的序号为 k ，所以输入信号 $x(k)$ 与冲激响应 $h(n_0-k)$ 都是 k 的函数。其次，我们发现序列 $x(k)$ 和 $h(n_0-k)$ 乘在一起形成了积序列。输出 $y(n_0)$ 就是积序列的所有值之和。序列 $h(n_0-k)$ 是由 $h(k)$ 经过如下过程得到的：首先，将 $h(k)$ 关于 $k = 0$（时间原点）折叠，得到序

列 $h(-k)$；然后，将折叠后的序列平移 n_0 得到 $h(n_0-k)$。总之，计算 $x(k)$ 与 $h(k)$ 的卷积的过程包括如下四个步骤。

1. **折叠**。将 $h(k)$ 关于 $k=0$ 折叠，得到 $h(-k)$。
2. **平移**。如果 n_0 是正数（负数），就将 $h(-k)$ 右（左）移 n_0，得到 $h(n_0-k)$。
3. **相乘**。将 $x(k)$ 乘以 $h(n_0-k)$，得到积序列 $v_{n_0}(k) \equiv x(k)h(n_0-k)$。
4. **求和**。将积序列 $v_{n_0}(k)$ 的所有值相加，得到时刻 $n=n_0$ 的输出值。

注意，以上步骤得到的只是系统在某个时刻（如 $n=n_0$）的响应。一般来说，我们需要计算系统在所有时刻 $-\infty < n < \infty$ 的响应，因此在求和时要对所有可能的时移 $-\infty < n < \infty$ 重复执行步骤 2 到步骤 4。

为了更好地理解计算卷积和的步骤，下面通过例题用图形方法演示这个过程。

【例 2.3.2】 一个线性时不变系统的冲激响应为

$$h(n) = \{1, \underset{\uparrow}{2}, 1, -1\} \tag{2.3.19}$$

求系统对如下输入信号的响应：

$$x(n) = \{\underset{\uparrow}{1}, 2, 3, 1\} \tag{2.3.20}$$

解：我们按照式（2.3.17）来计算卷积，但会在计算中使用序列的图形作为辅助。在图 2.3.2(a) 中，我们画出了输入信号序列 $x(k)$ 和系统的冲激响应 $h(k)$，且为了与式（2.3.17）一致，我们用 k 作为时间序号。

计算卷积和的第一步是折叠 $h(k)$。折叠的序列 $h(-k)$ 如图 2.3.2(b) 所示。根据式（2.3.17），现在计算 $n=0$ 时的输出，即

$$y(0) = \sum_{k=-\infty}^{\infty} x(k)h(-k) \tag{2.3.21}$$

因为时移 $n=0$，所以直接使用 $h(-k)$ 而不必平移它。积序列

$$v_0(k) \equiv x(k)h(-k) \tag{2.3.22}$$

也如图 2.3.2(b) 所示。最后，积序列的各项之和为

$$y(0) = \sum_{k=-\infty}^{\infty} v_0(k) = 4$$

下面求系统在 $n=1$ 时的响应。根据式（2.3.17）有

$$y(1) = \sum_{k=-\infty}^{\infty} x(k)h(1-k) \tag{2.3.23}$$

序列 $h(1-k)$ 仅是折叠后的序列 $h(-k)$ 右移一个时间单位的结果，图 2.3.2(c) 画出了这个序列。图 2.3.2(c) 还画出了积序列

$$v_1(k) = x(k)h(1-k) \tag{2.3.24}$$

最后，积序列中的所有值之和为

$$y(1) = \sum_{k=-\infty}^{\infty} v_1(k) = 8$$

类似地，首先将 $h(-k)$ 右移两个时间单位，并形成积序列 $v_2(k) = x(k)h(2-k)$，然后将积序列的所有项相加，得到 $y(2) = 8$。将 $h(-k)$ 进一步右移，并乘以相应的序列，然后将得到的积序列的所有值相加，得到 $y(3) = 3$，$y(4) = -2$，$y(5) = -1$。对于 $n>5$，因为积序列包含的值全为零，我们发现 $y(n) = 0$。于是，就得到了 $n>0$ 时的响应 $y(n)$。

接着计算 $n<0$ 时的 $y(n)$ 值。从 $n=-1$ 开始，有

$$y(-1) = \sum_{k=-\infty}^{\infty} x(k)h(-1-k) \tag{2.3.25}$$

现在，序列 $h(-1-k)$ 仅是折叠后的序列 $h(-k)$ 左移一个时间单位的结果。得到的序列如图 2.3.2(d)所示。相应的积序列也如图 2.3.2(d)所示。最后，将积序列的所有值相加得

$$y(-1) = 1$$

从图 2.3.2 可以看出，$h(-1-k)$ 的进一步左移都得到全零的积序列，因此有

$$y(n) = 0, \quad n \leqslant -2$$

于是系统在 $-\infty < n < \infty$ 上的整个响应为

$$y(n) = \{\cdots, 0, 0, 1, 4, 8, 8, 3, -2, -1, 0, 0, \cdots\} \tag{2.3.26}$$

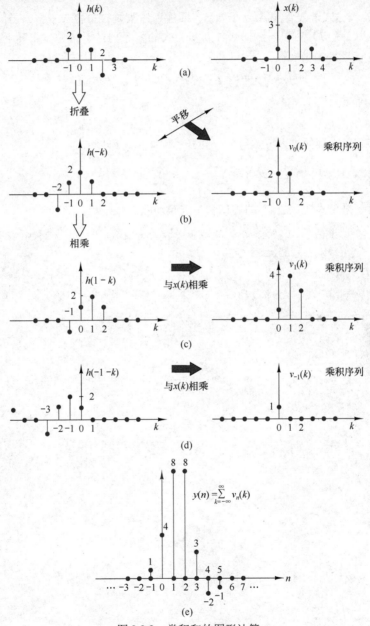

图 2.3.2　卷积和的图形计算

例 2.3.2 说明了卷积和的计算，并且利用序列的图形帮助说明了计算过程中的各个步骤。

在给出另一道例题之前，我们希望证明卷积运算满足交换律，即卷积运算与两个序列中的哪

个序列被折叠和被平移无关。事实上，如果从式（2.3.17）开始，通过定义一个新序号 $m=n-k$ 将求和变量从 k 变为 m，那么 $k=n-m$，同时式（2.3.17）变为

$$y(n) = \sum_{m=-\infty}^{\infty} x(n-m)h(m) \qquad (2.3.27)$$

因为 m 是哑序号，我们可以将 m 直接替换为 k，得到

$$y(n) = \sum_{k=-\infty}^{\infty} x(n-k)h(k) \qquad (2.3.28)$$

式（2.3.28）中的表达式未改变冲激响应 $h(k)$，而输入序列则被折叠与平移。虽然式（2.3.28）中的输出 $y(n)$ 与式（2.3.17）的相同，但两种卷积公式的积序列是不同的。实际上，如果将两个积序列分别定义为

$$v_n(k) = x(k)h(n-k) \quad \text{和} \quad w_n(k) = x(n-k)h(k)$$

就可以很容易地证明

$$v_n(k) = w_n(n-k)$$

因为两个序列以不同的排列方式包含了同样的样本值，所以有

$$y(n) = \sum_{k=-\infty}^{\infty} v_n(k) = \sum_{k=-\infty}^{\infty} w_n(n-k)$$

这里建议读者采用式（2.3.28）的卷积和公式重做例 2.3.2。

【例 2.3.3】一个松弛线性时不变系统的冲激响应为 $h(n)=a^n u(n),|a|<1$，当输入是单位阶跃序列即 $x(n)=u(n)$ 时，求系统的输出 $y(n)$。

解：因 $h(n)$ 与 $x(n)$ 都是无限长序列，故使用式（2.3.28）给出的卷积公式。在该式中，被折叠的是 $x(k)$。序列 $h(k)$、$x(k)$ 和 $x(-k)$ 如图 2.3.3 所示。积序列 $v_0(k)$、$v_1(k)$ 和 $v_2(k)$ 对应于 $x(-k)h(k)$、$x(1-k)h(k)$ 和 $x(2-k)h(k)$，分别如图 2.3.3(c)、(d) 和 (e) 所示。因此，输出为

$$y(0)=1, \quad y(1)=1+a, \quad y(2)=1+a+a^2$$

显然，当 $n>0$ 时，输出为

$$y(n) = 1+a+a^2+\cdots+a^n = \frac{1-a^{n+1}}{1-a} \qquad (2.3.29)$$

当 $n<0$ 时，积序列全为零，因此有

$$y(n)=0, \quad n<0$$

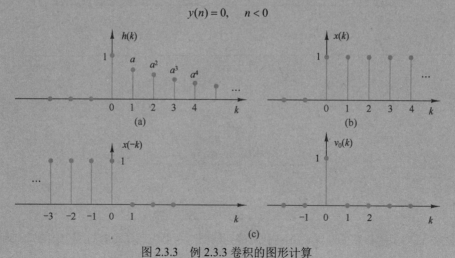

图 2.3.3 例 2.3.3 卷积的图形计算

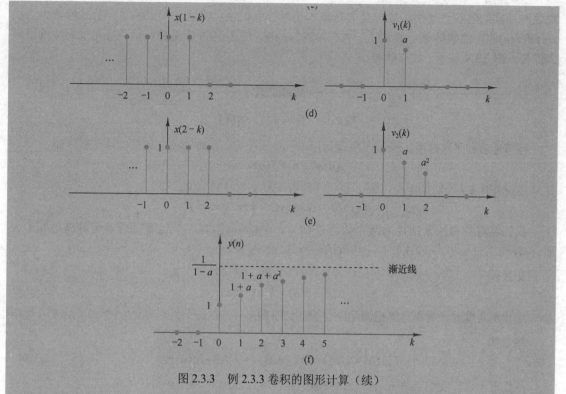

图 2.3.3　例 2.3.3 卷积的图形计算（续）

图 2.3.3(f)显示了 $0 < a < 1$ 时 $y(n)$ 的图形。注意，作为 n 的函数，输出是指数上升的。因为 $|a| < 1$，所以当 n 趋于无穷大时，最终的输出值为

$$y(\infty) = \lim_{n \to \infty} y(n) = \frac{1}{1-a} \tag{2.3.30}$$

　　总之，卷积公式为计算松弛线性时不变系统对任意输入信号 $x(n)$ 的响应提供了一种方法。我们可以采用两种等价形式之一 [式（2.3.17）或式（2.3.28）]，其中 $x(n)$ 是系统的输入信号，$h(n)$ 是系统的冲激响应，$y(n)$ 是系统对输入信号 $x(n)$ 的响应（输出）。卷积公式的计算包括 4 个步骤：**折叠**由式（2.3.17）确定的冲激响应或由式（2.3.28）确定的输入序列，产生 $h(-k)$ 或 $x(-k)$；将折叠后的序列**平移** n 个时间单位，产生 $h(n-k)$ 或 $x(n-k)$；将这两个序列**相乘**，产生积序列 $x(k)h(n-k)$ 或 $x(n-k)h(k)$；最后，将积序列的所有值**相加**，产生系统在时刻 n 的输出 $y(n)$。要得到 $y(n)$，$-\infty < n < \infty$，折叠运算仅执行一次，而另三种运算要对所有可能的平移 $-\infty < n < \infty$ 重复执行。

2.3.4　卷积的性质和线性时不变系统的互连

　　本节介绍卷积的一些重要性质，并用互连的线性时不变系统来解释这些性质。要强调的是，这些性质对所有输入信号都成立。

　　使用一个星号（*）表示卷积运算以简化记号是很方便的。于是，我们有

$$y(n) = x(n) * h(n) \equiv \sum_{k=-\infty}^{\infty} x(k)h(n-k) \tag{2.3.31}$$

　　在这种记法中，星号后面的序列 [冲激响应 $h(n)$] 被折叠与平移，系统的输入为 $x(n)$。另一方面，也可证明

$$y(n) = h(n) * x(n) \equiv \sum_{k=-\infty}^{\infty} h(k)x(n-k) \tag{2.3.32}$$

在这种形式的卷积公式中，被折叠的是输入信号。我们也可将这种形式的卷积公式解释为互换 $x(n)$ 和 $h(n)$ 的角色的结果。换言之，我们可将 $x(n)$ 视为系统的冲激响应，而将 $h(n)$ 视为激励或输入信号。图 2.3.4 显示了这一解释。

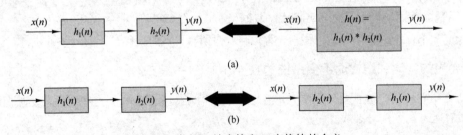

图 2.3.4　卷积交换律的解释

恒等性质和平移性质。 我们还注意到，单位样本序列 $\delta(n)$ 对卷积来说是恒等元素，即

$$y(n) = x(n) * \delta(n) = x(n)$$

如果将 $\delta(n)$ 平移 k 个时间单位，那么卷积序列也平移 k 个时间单位，即

$$x(n) * \delta(n-k) = y(n-k) = x(n-k)$$

我们可将卷积抽象地视为两个信号序列 $[x(n)$ 和 $h(n)]$ 的数学运算，而该运算满足许多性质。式（2.3.31）与式（2.3.32）中体现的性质称为交换律。

交换律

$$x(n) * h(n) = h(n) * x(n) \tag{2.3.33}$$

从数学角度看，卷积运算也满足结合律，如下所示。

结合律

$$[x(n) * h_1(n)] * h_2(n) = x(n) * [h_1(n) * h_2(n)] \tag{2.3.34}$$

从物理上讲，我们可将 $x(n)$ 解释为冲激响应是 $h_1(n)$ 的线性时不变系统的输入信号。这个系统的输出 $[$记为 $y_1(n)]$ 成为冲激响应是 $h_2(n)$ 的第二个线性时不变系统的输入。于是，输出为

$$y(n) = y_1(n) * h_2(n) = [x(n) * h_1(n)] * h_2(n)$$

这恰好是式（2.3.34）中的等号左边。因此，式（2.3.34）的等号左边对应于级联的两个线性时不变系统。现在，式（2.3.34）的等号右边表明输入 $x(n)$ 作用到一个等价系统，这个等价系统的冲激响应 $[$记为 $h(n)]$ 等于两个冲激响应的卷积，即

$$h(n) = h_1(n) * h_2(n) \qquad \text{和} \qquad y(n) = x(n) * h(n)$$

此外，因为卷积运算满足交换律，所以互换响应分别为 $h_1(n)$ 与 $h_2(n)$ 的两个系统的顺序不会改变整个输入-输出关系。图 2.3.5 以图形方式解释了结合律和交换律。

(a)

(b)

图 2.3.5　卷积(a)结合律和(b)交换律的含义

【**例 2.3.4**】已知两个线性时不变系统的冲激响应分别为

$$h_1(n) = \left(\frac{1}{2}\right)^n u(n) \qquad \text{和} \qquad h_2(n) = \left(\frac{1}{4}\right)^n u(n)$$

求这两个系统级联后的冲激响应。

解： 为了求这两个系统级联后的总冲激响应，只需对 $h_1(n)$ 和 $h_2(n)$ 执行卷积运算。于是有

$$h(n) = \sum_{k=-\infty}^{\infty} h_1(k) h_2(n-k)$$

式中，$h_2(n)$被折叠与平移。定义积序列为

$$v_n(k) = h_1(k)h_2(n-k) = \left(\tfrac{1}{2}\right)^k \left(\tfrac{1}{4}\right)^{n-k}$$

当$k \geq 0$且$n-k \geq 0$或$n \geq k \geq 0$时，上式非零。当$n < 0$时，对所有的k有$v_n(k) = 0$，因此有

$$h(n) = 0, \quad n < 0$$

对于$n \geq k \geq 0$，在所有k值上将积序列$v_n(k)$的值相加，得到

$$h(n) = \sum_{k=0}^{n} \left(\tfrac{1}{2}\right)^k \left(\tfrac{1}{4}\right)^{n-k} = \left(\tfrac{1}{4}\right)^n \sum_{k=0}^{n} 2^k = \left(\tfrac{1}{4}\right)^n \left(2^{n+1} - 1\right) = \left(\tfrac{1}{2}\right)^n \left[2 - \left(\tfrac{1}{2}\right)^n\right], \quad n \geq 0$$

由上面的讨论很容易推知两个以上系统的级联也满足结合律。因此，如果级联L个冲激响应分别为$h_1(n), h_2(n), \cdots, h_L(n)$的线性时不变系统，就会得到一个等价的线性时不变系统，这个系统的冲激响应等于前面各个冲激响应的$L-1$重卷积，即

$$h(n) = h_1(n) * h_2(n) * \cdots * h_L(n) \tag{2.3.35}$$

交换律意味着执行卷积的顺序不重要。反过来，任何线性时不变系统都可分解为各个子系统的级联。分解的实现方法将在后面介绍。

卷积运算满足的另一个性质是分配律，如下所示。

分配律

$$x(n) * \left[h_1(n) + h_2(n)\right] = x(n) * h_1(n) + x(n) * h_2(n) \tag{2.3.36}$$

从物理上讲，分配律意味着如果两个冲激响应分别为$h_1(n)$与$h_2(n)$的线性时不变系统受到相同输入信号$x(n)$的激励，两个响应之和就等于冲激响应为

$$h(n) = h_1(n) + h_2(n)$$

的总系统的响应。因此，这个总系统可视为两个线性时不变系统的并联，如图2.3.6所示。

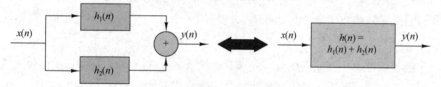

图 2.3.6　卷积分配律的解释：两个并联的线性时不变系统可被$h(n) = h_1(n) + h_2(n)$的单个系统替换

我们很容易就可将式（2.3.36）推广到两个以上线性时不变系统并联的情形。因此，冲激响应分别为$h_1(n), h_2(n), \cdots, h_L(n)$且受相同输入$x(n)$激励的$L$个线性时不变系统的并联，等效于冲激响应为

$$h(n) = \sum_{j=1}^{L} h_j(n) \tag{2.3.37}$$

的一个总系统。

反过来，任何线性时不变系统都可分解为多个子系统的并联。

2.3.5　因果线性时不变系统

在2.2.3节中，我们将因果系统定义为时刻n的输出仅依赖于当前与过去的输入而不依赖于将来的输入的系统。换言之，系统在某个时刻n（如$n = n_0$）的输出仅依赖于$n \leq n_0$时的$x(n)$值。

对于线性时不变系统，因果性可以转化为冲激响应的条件。为了确定这一关系，我们考虑$n = n_0$时刻的输出由卷积公式

$$y(n_0) = \sum_{k=-\infty}^{\infty} h(k)x(n_0 - k)$$

给出的一个线性时不变系统。假设我们将这个求和分成两部分，一部分包括当前与过去的输入值 $[n \leqslant n_0$ 时的 $x(n)]$，另一部分包括将来的输入值 $[n > n_0$ 时的 $x(n)]$。因此，我们有

$$y(n_0) = \sum_{k=0}^{\infty} h(k)x(n_0 - k) + \sum_{k=-\infty}^{-1} h(k)x(n_0 - k)$$

$$= [h(0)x(n_0) + h(1)x(n_0 - 1) + h(2)x(n_0 - 2) + \cdots] + [h(-1)x(n_0 + 1) + h(-2)x(n_0 + 2) + \cdots]$$

观察发现，第一个求和中的各项是 $x(n_0)$，$x(n_0 - 1)$，$\cdots$，即输入信号的当前与过去值；第二个求和中的各项是输入信号分量 $x(n_0 + 1)$，$x(n_0 + 2)$，$\cdots$。现在，如果 $n = n_0$ 时刻的输出仅依赖于当前和过去的输入，系统的冲激响应就必须满足条件

$$h(n) = 0, \quad n < 0 \tag{2.3.38}$$

因为 $h(n)$ 是松弛线性时不变系统对时刻 $n = 0$ 的单位冲激响应，所以当 $n < 0$ 时 $h(n) = 0$ 是因果性的充分必要条件。因此，**一个 LTI 系统是因果的，当且仅当其脉冲响应对于 n 的负值为零。**

对于因果系统，因为 $n < 0$ 时 $h(n) = 0$，所以可以修改卷积公式中的求和限来反映这个约束。这样，我们就得到两个等价的形式：

$$y(n) = \sum_{k=0}^{\infty} h(k)x(n - k) \tag{2.3.39}$$

$$y(n) = \sum_{k=-\infty}^{n} x(k)h(n - k) \tag{2.3.40}$$

如先前指出的那样，因为在任意给定的时刻 n 无法获取输入信号的将来值，所以因果性在实时信号处理中是必需的。在计算当前的输出时，只有输入信号的当前值和过去值是可用的。

我们有时称 $n < 0$ 时值为零的序列为**因果序列**，而称 $n < 0$ 和 $n > 0$ 时值不为零的序列为**非因果序列**。术语因果序列和非因果序列意味着，这样的一个序列可能是因果或非因果系统的单位样本响应。

如果一个因果线性时不变系统的输入是因果序列 $[n < 0$ 时 $x(n) = 0]$，卷积公式中的求和限就可进一步限制。在这种情况下，卷积公式的两个等价形式变为

$$y(n) = \sum_{k=0}^{n} h(k)x(n - k) \tag{2.3.41}$$

$$y(n) = \sum_{k=0}^{n} x(k)h(n - k) \tag{2.3.42}$$

观察发现，在这种情况下，两个等价形式的求和限是一样的，且上限随时间增长。显然，因为 $n < 0$ 时 $y(n) = 0$，所以因果系统对因果输入序列的响应也是因果的。

【**例 2.3.5**】用其阶跃响应 $s(n) = h(n) * u(n)$ 和输入 $x(n)$，表示冲激响应为 $h(n)$ 的线性时不变系统的输出 $y(n)$。

解： 因为 $\delta(n) = u(n) - u(n-1)$ 或 $u(n) = u(n-1) + \delta(n)$，所以

$$s(n) = h(n) * u(n) = h(n) * [\delta(n) + u(n-1)]$$

$$= h(n) * \delta(n) + h(n) * u(n-1)$$

$$= h(n) + s(n-1)$$

最后一个等式成立的原因是，$\delta(n)$ 是卷积的恒等元素，且系统是时不变的。因此，

$$h(n) = s(n) - s(n-1)$$

用 $s(n)$ 表示的系统的输出为

$$y(n) = h(n) * x(n) = [s(n) - s(n-1)] * x(n)$$

2.3.6 线性时不变系统的稳定性

如前面所指出的，稳定性是在系统的任何实际实现中必须考虑的一个非常重要的性质。我们定义任意松弛系统为 BIBO 稳定系统，当且仅当对任何有界输入 $x(n)$，其输出序列 $y(n)$ 是有界的。

对所有 n，如果 $x(n)$ 是有界的，就存在一个常数 M_x 使得

$$|x(n)| \leqslant M_x < \infty$$

类似地，如果输出是有界的，就存在一个常数 M_y 使得

$$|y(n)| < M_y < \infty$$

现在，我们将这样一个有界序列 $x(n)$ 输入线性时不变系统，以研究系统特性的稳定性的含义。为此，我们再次运用卷积公式

$$y(n) = \sum_{k=-\infty}^{\infty} h(k)x(n-k)$$

对等式两边取绝对值，得到

$$|y(n)| = \left| \sum_{k=-\infty}^{\infty} h(k)x(n-k) \right|$$

因为各项之和的绝对值通常不大于各项的绝对值之和，所以有

$$|y(n)| \leqslant \sum_{k=-\infty}^{\infty} |h(k)||x(n-k)|$$

如果输入是有界的，就存在一个有限数 M_x 使得 $|x(n)| \leqslant M_x$。用这个上界替换上式中的 $x(n)$，得到

$$|y(n)| \leqslant M_x \sum_{k=-\infty}^{\infty} |h(k)|$$

从这个表达式可以看出，如果系统的冲激响应满足条件

$$S_h \equiv \sum_{k=-\infty}^{\infty} |h(k)| < \infty \tag{2.3.43}$$

那么输出是有界的。也就是说，**如果一个线性时不变系统的冲激响应是绝对可加的，它就是稳定的**。这是保证系统稳定的充分必要条件。实际上，我们还将证明，如果 $S_h = \infty$，就存在有界输入使得输出是无界的。选择有界输入为

$$x(n) = \begin{cases} \dfrac{h^*(-n)}{|h(-n)|}, & h(n) \neq 0 \\ 0, & h(n) = 0 \end{cases}$$

式中，$h^*(n)$ 是 $h(n)$ 的复共轭。只要证明有一个 n 值使得 $y(n)$ 是无界的就足够了。对于 $n = 0$，有

$$y(0) = \sum_{k=-\infty}^{\infty} x(-k)h(k) = \sum_{k=-\infty}^{\infty} \frac{|h(k)|^2}{|h(k)|} = S_h$$

因此，如果 $S_h = \infty$，一个有界输入就产生了无界输出，因为 $y(0) = \infty$。

式（2.3.43）中的条件表明，随着 n 趋近于无穷大，冲激响应 $h(n)$ 变为零。因此，如果在 $n > n_0$ 之外将输入设为零，那么随着 n 趋近于无穷大，系统的输出变为零。为了证明这一点，假设 $n < n_0$ 时 $|x(n)| < M_x$，且当 $n \geqslant n_0$ 时 $x(n) = 0$。于是，系统在 $n = n_0 + N$ 时的输出为

$$y(n_0 + N) = \sum_{k=-\infty}^{N-1} h(k)x(n_0 + N - k) + \sum_{k=N}^{\infty} h(k)x(n_0 + N - k)$$

但是，因为 $n \geqslant n_0$ 时 $x(n) = 0$，所以第一个和式为零。对于剩下的部分，我们取输出的绝对值，即

$$\left| y(n_0 + N) \right| = \left| \sum_{k=N}^{\infty} h(k) x(n_0 + N - k) \right| \leqslant \sum_{k=N}^{\infty} \left| h(k) \right| \left| x(n_0 + N - k) \right| \leqslant M_x \sum_{k=N}^{\infty} \left| h(k) \right|$$

现在，随着 N 趋近于无穷大，我们有

$$\lim_{N \to \infty} \sum_{k=N}^{\infty} \left| h(n) \right| = 0$$

并因此有

$$\lim_{N \to \infty} \left| y(n_0 + N) \right| = 0$$

这个结果表明，输入系统的任何有限长激励，都会产生"瞬态"输出；也就是说，当系统稳定时，振幅随时间衰减并最终消失。

【例 2.3.6】 一个线性时不变系统的冲激响应为 $h(n) = a^n u(n)$，求使得该系统稳定的参数 a 的值域。

解： 首先，我们注意到该系统是因果的，因此，式（2.3.43）中求和的下标从 $k = 0$ 开始。于是有

$$\sum_{k=0}^{\infty} \left| a^k \right| = \sum_{k=0}^{\infty} \left| a \right|^k = 1 + \left| a \right| + \left| a \right|^2 + \cdots$$

显然，如果 $\left| a \right| < 1$，该几何级数就收敛为

$$\sum_{k=0}^{\infty} \left| a \right|^k = \frac{1}{1 - \left| a \right|}$$

否则，该几何级数将发散。因此，如果 $\left| a \right| < 1$，该系统就是稳定的；否则，它就是不稳定的。实际上，为了使系统稳定，当 n 趋近于无穷大时，$h(n)$ 必须指数衰减为零。

【例 2.3.7】 一个线性时不变系统的冲激响应为

$$h(n) = \begin{cases} a^n, & n \geqslant 0 \\ b^n, & n < 0 \end{cases}$$

求使得该系统稳定的 a 与 b 的值域。

解： 该系统是非因果的。由式（2.3.43）给出的稳定条件，得出

$$\sum_{n=-\infty}^{\infty} \left| h(n) \right| = \sum_{n=0}^{\infty} \left| a \right|^n + \sum_{n=-\infty}^{-1} \left| b \right|^n$$

例 2.3.6 中已确定 $\left| a \right| < 1$ 时的第一个和式是收敛的。第二个和式可以如下处理：

$$\sum_{n=-\infty}^{-1} \left| b \right|^n = \sum_{n=1}^{\infty} \frac{1}{\left| b \right|^n} = \frac{1}{\left| b \right|} \left(1 + \frac{1}{\left| b \right|} + \frac{1}{\left| b \right|^2} + \cdots \right) = \beta \left(1 + \beta + \beta^2 + \cdots \right) = \frac{\beta}{1 - \beta}$$

为了使几何级数收敛，$\beta = \dfrac{1}{\left| b \right|}$ 必须小于 1。因此，当 $\left| a \right| < 1$ 和 $\left| b \right| > 1$ 两者均满足时，该系统是稳定的。

2.3.7　具有有限长与无限长冲激响应的系统

到目前为止，我们已经按照系统的冲激响应 $h(n)$ 描述了线性时不变系统。然而，我们还可方便地将这类线性时不变系统细分为两类：具有有限冲激响应（Finite-duration Impulse Response，FIR）的系统与具有无限冲激响应（Infinite-duration Impulse Response，IIR）的系统。因此，一个有限冲激响应系统的冲激响应在某些有限时间区间之外的值为零。不失一般性，我们仅关注 FIR 系统，以便

$$h(n) = 0, \quad n < 0 \quad \text{和} \quad n \geqslant M$$

这样一个系统的卷积公式可以简化为

$$y(n) = \sum_{k=0}^{M-1} h(k)x(n-k)$$

观察发现，任意时刻 n 的输出是输入信号样本 $x(n)$, $x(n-1)$,…, $x(n-M+1)$ 的加权线性组合，所以可以得到这个表达式的一个有用解释。换言之，系统仅以冲激响应 $h(k)$, $k=0$, 1,…, $M-1$ 的值对最近的 M 个信号样本进行了加权，并对 M 个积进行了求和。实际上，该系统像窗口一样，在形成输出时只看到最近 M 个输入信号样本。系统忽略或者"忘记"了之前的所有输入样本 $[x(n-M)$, $x(n-M-1)$,…$]$。因此，我们说一个 FIR 系统具有长度为 M 个样本的有限记忆。

相反，一个 IIR 线性时不变系统具有无限长冲激响应。根据卷积公式，其输出为

$$y(n) = \sum_{k=0}^{\infty} h(k)x(n-k)$$

式中假设系统是因果的，但该假设不是必需的。现在，系统输出是输入信号样本 $x(n)$, $x(n-1)$, $x(n-2)$,… [按冲激响应 $h(k)$] 加权的线性组合。因为加权后的和包括当前的样本与过去的所有输入样本，所以我们说系统具有无限记忆。

后续几章将详细介绍 FIR 系统和 IIR 系统的特性。

2.4 由差分方程描述的离散时间系统

到目前为止，我们介绍了以单位样本响应 $h(n)$ 为特征的线性时不变系统。反过来，$h(n)$ 可让我们通过卷积和

$$y(n) = \sum_{k=-\infty}^{\infty} h(k)x(n-k) \tag{2.4.1}$$

求出系统对任何给定输入序列 $x(n)$ 的输出 $y(n)$。另外，我们已经证明任何线性时不变系统都可由式（2.4.1）中的输入-输出关系来表征。此外，式（2.4.1）中的卷积和公式给出了实现系统的一种方式。对于 FIR 系统，这样的一个实现包括相加、相乘以及有限数量的内存位置。因此，正如卷积和公式所示的那样，FIR 系统很容易直接实现。

对于 IIR 系统，这样的一个实现需要无限数量的内存位置、相乘和相加，而由卷积可知其实际实现显然是不可能的。于是就出现了一个问题：不用卷积和的形式是否有可能实现 IIR 系统？所幸的是，答案是肯定的，本节将介绍实现 IIR 系统的一些计算高效且实用的方法。在一般类别的 IIR 应系统中，差分方程更便于描述这类离散时间系统。IIR 系统在许多实际应用中非常有用，包括数字滤波器的实现、物理现象与物理系统的建模等。

2.4.1 递归与非递归离散时间系统

如上面指出的那样，卷积和公式仅用输入信号就清楚地表示了线性时不变系统的输出。然而，如这里所说，情况不一定是这样的。许多系统的输出不但需要使用当前与过去的输入值来表示，而且需要使用过去的输出值来表示。下面的问题说明了这一点。

假设我们希望计算信号 $x(n)$ 在区间 $0 \leqslant k \leqslant n$ 上的**累积平均**，其定义为

$$y(n) = \frac{1}{n+1} \sum_{k=0}^{n} x(k), \quad n = 0,1,\cdots \tag{2.4.2}$$

如式（2.4.2）所示，计算 $y(n)$ 需要储存所有输入样本 $x(k)$, $0 \leqslant k \leqslant n$。因为 n 是增加的，所以存储需求会随着时间线性增长。

然而，直觉告诉我们使用之前的输出值 $y(n-1)$ 可以高效地计算 $y(n)$。事实上，对式（2.4.2）进行简单的代数重排，就可得到

$$(n+1)y(n) = \sum_{k=0}^{n-1} x(k) + x(n) = ny(n-1) + x(n)$$

因此有

$$y(n) = \frac{n}{n+1} y(n-1) + \frac{1}{n+1} x(n) \qquad (2.4.3)$$

现在将前一个输出值 $y(n-1)$ 乘以 $n/(n+1)$，将当前输入 $x(n)$ 乘以 $1/(n+1)$，再将两个积相加，

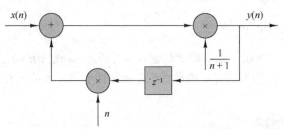

图 2.4.1　一个递归累积平均系统的实现

就可递归地计算累积平均 $y(n)$。因此，利用式（2.4.3）计算 $y(n)$ 需要两个乘法器、一个加法器和一个内存位置，如图 2.4.1 所示。这是**递归系统**的一个例子。一般来说，n 时刻的输出 $y(n)$ 取决于一定数量的过去输出值 $y(n-1)$，$y(n-2)$，… 的系统称为**递归系统**。

为了更详细地说明式（2.4.3）中递归系统的计算，假设该过程从 $n=0$ 开始，并在时间上向前进行。于是，根据式（2.4.3），得到

$$y(0) = x(0)，\qquad y(1) = \tfrac{1}{2} y(0) + \tfrac{1}{2} x(1)，\qquad y(2) = \tfrac{2}{3} y(1) + \tfrac{1}{3} x(2)$$

以此类推。如果某人对该计算感到厌倦而希望在某个时刻（如 $n=n_0$）将问题转给他人，他需要向后者提供的唯一信息就是过去的值 $y(n_0-1)$ 和新的输入样本 $x(n)$，$x(n+1)$，…。因此，后者从

$$y(n_0) = \frac{n_0}{n_0+1} y(n_0-1) + \frac{1}{n_0+1} x(n_0)$$

开始，按时间继续下去直到某个时刻（如 $n=n_1$）感到厌倦时，再将该计算负荷转给他人，同时提供关于值 $y(n_1-1)$ 的信息，以此类推。

在该讨论中，我们希望指出的一点是，如果有人要计算式（2.4.3）中的系统对 $n=n_0$ 时的输入信号 $x(n)$ 的响应（这时是累积平均），就需要 $y(n_0-1)$ 值以及 $n \geq n_0$ 时的输入样本 $x(n)$。$y(n_0-1)$ 项称为式（2.4.3）中的系统的**初始条件**，它包含计算 $n \geq n_0$ 时系统对输入信号 $x(n)$ 的响应的所有信息，而与过去出现的值无关。

下例说明了如何用一个（非线性）递归系统来计算一个数的平方根。

【例 2.4.1】平方根算法

许多计算机或者计算器都利用迭代算法

$$s_n = \frac{1}{2}\left(s_{n-1} + \frac{A}{s_{n-1}}\right)，\qquad n = 0,1,\cdots$$

来计算正数 A 的平方根。式中，s_{n-1} 是 $\sqrt{A}$ 的初始猜测（估计）。迭代收敛时，有 $s_n \approx s_{n-1}$，于是，很容易得到 $s_n \approx \sqrt{A}$。

下面考虑递归系统

$$y(n) = \frac{1}{2}\left[y(n-1) + \frac{x(n)}{y(n-1)} \right] \qquad (2.4.4)$$

其实现如图 2.4.2 所示。若用振幅为 A 的阶跃信号 $[x(n) = Au(n)]$ 激励该系统，并用初始条件 $y(-1)$ 来估计 $\sqrt{A}$，则随着 n 的增加，系统的响应 $y(n)$ 将趋向于 $\sqrt{A}$。注意，与式（2.4.3）中的系统相反，我们并不需要

精确地指定初始条件，粗略估计就足以得到合适的系统性能。例如，令 $A = 2$, $y(-1) = 1$，就可得到 $y(0)=3/2$, $y(1) = 1.4166667$, $y(2) = 1.4142157$。类似地，对于 $y(-1) = 1.5$，有 $y(0) = 1.416667$, $y(1) = 1.4142157$。请将这些值与 $\sqrt{2}$ 的近似值 1.4142136 进行比较。

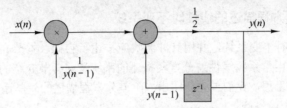

图 2.4.2　平方根系统的实现

前面介绍了两个简单的递归系统，这两个系统的输出 $y(n)$ 都由前一个输出值 $y(n-1)$ 和当前输入 $x(n)$ 确定，因此这两个系统都是因果系统。一般来说，我们可以用公式表示更复杂的因果递归系统——这个系统的输出 $y(n)$ 是多个过去输出值以及当前和过去输入的函数。这个系统应该具有有限数量的延迟，或者等价地需要有限数量的内存位置来实际实现。因此，一个实际可实现的因果递归系统的输出通常可以表示为

$$y(n) = F\left[y(n-1), y(n-2), \cdots, y(n-N), x(n), x(n-1), \cdots, x(n-M)\right] \qquad (2.4.5)$$

式中，$F[\cdot]$ 表示其参数的某个函数。这是一个递归方程，它指定了按照前几个输出值以及当前和过去的输入来计算系统输出的步骤。

相比之下，如果 $y(n)$ 仅依赖于当前与过去的输入，那么

$$y(n) = F\left[x(n), x(n-1), \cdots, x(n-M)\right] \qquad (2.4.6)$$

我们称这样一个系统为**非递归系统**。需要补充说明的是，2.3.7 节中由卷积和公式描述的因果 FIR 系统具有式（2.4.6）的形式。事实上，因果 FIR 系统的卷积和为

$$y(n) = \sum_{k=0}^{M} h(k)x(n-k) = h(0)x(n) + h(1)x(n-1) + \cdots + h(M)x(n-M)$$
$$= F\left[x(n), x(n-1), \cdots, x(n-M)\right]$$

式中，$F[\cdot]$ 是当前与过去输入的线性加权和，冲激响应值 $h(n)$，$0 \leqslant n \leqslant M$ 则构成加权系数。因此，2.3.7 节中由卷积公式描述的因果线性时不变 FIR 系统是非递归的。非递归系统与递归系统之间的基本差异如图 2.4.3 所示。简单观察该图就可发现，两个系统之间的基本差异在于递归系统中的反馈回路，反馈回路将系统的输出反馈到输入。这个反馈回路包含一个延迟元件。因为缺少这个延迟会迫使系统用 $y(n)$ 来计算 $y(n)$，而对离散时间系统来说这是不可能的，所以该延迟的存在对于系统的实现是至关重要的。

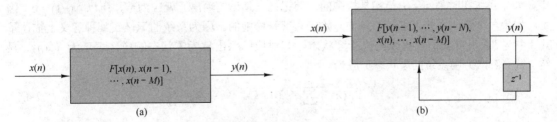

图 2.4.3　因果可实现(a)非递归系统和(b)递归系统的基本形式

反馈回路的存在，或者式（2.4.5）的递归特性引出了递归系统与非递归系统之间的另一个重要差异。例如，假设我们要计算一个系统在 $n = 0$ 时的输出 $y(n_0)$。如果系统是递归的，为了计算 $y(n_0)$，首先就需要计算之前的所有值 $y(0), y(1), \cdots, y(n_0-1)$。相反，如果是非递归的，就可立即计

算输出 $y(n_0)$，而不需要知道 $y(n_0-1)$, $y(n_0-2),\cdots$。总之，递归系统的输出应该按照顺序 $[y(0),y(1), y(2),\cdots]$ 计算，而非递归系统的输出可以按照任意顺序 $[y(200), y(15), y(3), y(300),\cdots]$ 计算。这个特征在一些实际应用中是可取的。

2.4.2　由常系数差分方程描述的线性时不变系统

2.3 节介绍了线性时不变系统，并用其冲激响应描述了它们。本节介绍由常系数差分方程描述的线性时不变系统。由常系数线性差分方程描述的系统是前一节介绍的递归与非递归系统的子类。为了说明这个重要思想，我们首先介绍由一阶差分方程描述的简单递归系统。

假设有一个递归系统，其输入-输出方程为

$$y(n) = ay(n-1) + x(n) \tag{2.4.7}$$

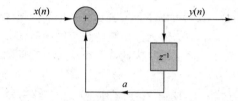

图 2.4.4　一个简单递归系统的框图实现

式中，a 是一个常数。图 2.4.4 画出了该系统的框图实现。将该系统与由输入-输出方程（2.4.3）描述的累积平均系统进行比较，会发现式（2.4.7）中的系统具有常系数（与时间无关），而式（2.4.3）中的系统具有时变系数。如将要看到的那样，式（2.4.7）是线性时不变系统的输入-输出方程，而式（2.4.3）描述了一个线性时变系统。

现在，假设系统的输入信号是 $x(n)$ 且 $n \geq 0$。对于 $n < 0$ 的输入信号，我们不做假设，但假定存在初始条件 $y(-1)$。因为式（2.4.7）隐式地描述了系统输出，所以我们必须求解该方程以获得系统输出的显式表达式。我们从 $y(0)$ 开始，计算 $n \geq 0$ 时 $y(n)$ 的连续值。于是，我们有

$$y(0) = ay(-1) + x(0)$$

$$y(1) = ay(0) + x(1) = a^2 y(-1) + ax(0) + x(1)$$

$$y(2) = ay(1) + x(2) = a^3 y(-1) + a^2 x(0) + ax(1) + x(2)$$

$$\vdots$$

$$y(n) = ay(n-1) + x(n) = a^{n+1} y(-1) + a^n x(0) + a^{n-1} x(1) + \cdots + ax(n-1) + x(n)$$

归纳得到

$$y(n) = a^{n+1} y(-1) + \sum_{k=0}^{n} a^k x(n-k), \quad n \geq 0 \tag{2.4.8}$$

式（2.4.8）中等号右边给出的系统响应 $y(n)$ 包含两部分。第一部分包含 $y(-1)$ 项，它是系统初始条件 $y(-1)$ 的结果；第二部分是系统对输入信号 $x(n)$ 的响应。

如果系统在时刻 $n = 0$ 最初是松弛的，其记忆（延迟的输出）就应为零，所以 $y(-1) = 0$。因此，如果一个递归系统以零初始条件开始，它就是松弛的。因为系统的记忆在某种意义上描述了其"状态"，所以我们说该系统位于零状态，其对应的输出称为**零状态响应**，表示为 $y_{zs}(n)$。显然，式（2.4.7）中系统的零状态响应为

$$y_{zs}(n) = \sum_{k=0}^{n} a^k x(n-k), \quad n \geq 0 \tag{2.4.9}$$

有趣的是，我们观察到式（2.4.9）是一个包括输入信号与冲激响应

$$h(n) = a^n u(n) \tag{2.4.10}$$

的卷积和。我们还观察到，由式（2.4.7）中的一阶差分方程描述的系统是因果系统，所以式（2.4.9）中卷积和的下限为 $k = 0$。此外，条件 $y(-1) = 0$ 意味着可以假设输入信号是因果的，

因为 $k > n$ 时有 $x(n-k) = 0$，所以式（2.4.9）中的卷积和的上限为 n。实际上，我们得出了一个结论：由式（2.4.7）中的一阶差分方程描述的松弛递归系统是线性时不变 IIR 系统，其冲激响应由式（2.4.10）给出。

现在，假设由式（2.4.7）描述的系统最初是非松弛的 $[y(-1) \neq 0]$，且对所有 n，输入 $x(n) = 0$。于是，具有零输入的系统的输出称为**零输入响应**或**自然响应**，记为 $y_{zi}(n)$。由式（2.4.7）以及 $x(n) = 0, -\infty < n < \infty$，我们得到

$$y_{zi}(n) = a^{n+1}y(-1), \quad n \geq 0 \tag{2.4.11}$$

我们观察到，在未被激励也能产生输出的意义上，具有非零初始条件的递归系统是非松弛的。注意，零输入响应是由系统的记忆产生的。

总之，通过将输入信号设为零，使之与输入无关，就得到了零输入响应。这仅取决于系统的性质和初始条件。因此，零输入响应是系统自身的一个特性，也称系统的**自然响应**或**自由响应**。另一方面，零状态响应取决于系统的性质和输入信号。因为输出是施加输入信号后强迫产生的响应，所以常称系统的**强迫响应**。一般来说，系统的总响应可表示为 $y(n) = y_{zi}(n) + y_{zs}(n)$。

由式（2.4.7）中的一阶差分方程描述的系统，可能是由线性常系数差分方程描述的一般类型的递归系统中最简单的递归系统。这样一个方程的一般形式为

$$y(n) = -\sum_{k=1}^{N} a_k y(n-k) + \sum_{k=0}^{M} b_k x(n-k) \tag{2.4.12}$$

或者

$$\sum_{k=0}^{N} a_k y(n-k) = \sum_{k=0}^{M} b_k x(n-k), \quad a_0 \equiv 1 \tag{2.4.13}$$

整数 N 称为差分方程的**阶**或系统的阶。式（2.4.12）中等号右边的负号是为了方便引入的，目的是让我们在表示式（2.4.13）中的差分方程时不出现任何负号。

式（2.4.12）将系统在时刻 n 的输出直接表示为过去的输出 $y(n-1), y(n-2), \cdots, y(n-N)$ 以及过去与当前的输入信号样本的加权和。观察发现，为了求 $n \geq 0$ 时的 $y(n)$，我们需要所有 $n \geq 0$ 时的输入 $x(n)$ 以及初始条件 $y(-1), y(-2), \cdots, y(-N)$。换言之，为了计算当前与将来的输出，初始条件归纳了所有需要知道的系统响应的过去历史。

在这一点上，我们在由线性常系数差分方程描述的递归系统的上下文中，重述了线性、时不变和稳定的性质。如我们看到的那样，递归系统可能是松弛的，也可能是非松弛的，具体依赖于初始条件。因此，这些性质的定义必须考虑初始条件的存在。

我们从线性的定义开始。如果一个系统满足如下三个要求：

1. 总响应等于零输入响应与零状态响应之和 $[y(n) = y_{zi}(n) + y_{zs}(n)]$。
2. 叠加原理适用于零状态响应（**零状态线性**）。
3. 叠加原理适用于零输入响应（**零输入线性**）。

它就是线性的。不满足以上**所有三个**单独要求的系统是非线性系统。显然，对于松弛系统，有 $y_{zi}(n) = 0$，因此，要求 2 即 2.2.4 节给出的线性定义是充分的。

下面通过一个简单的例子来说明这些要求的应用。

【例 2.4.2】 确定由差分方程 $y(n) = ay(n-1) + x(n)$ 定义的递归系统是否是线性的。

解： 联立式（2.4.9）与式（2.4.11）可得到式（2.4.8），后者可以表示为

$$y(n) = y_{zi}(n) + y_{zs}(n)$$

因此满足线性的第一个要求。

为了检查第二个要求，假设 $x(n) = c_1 x_1(n) + c_2 x_2(n)$。于是由式（2.4.9）得

$$y_{zs}(n) = \sum_{k=0}^{n} a^k \left[c_1 x_1(n-k) + c_2 x_2(n-k) \right] = c_1 \sum_{k=0}^{n} a^k x_1(n-k) + c_2 \sum_{k=0}^{n} a^k x_2(n-k) = c_1 y_{zs}^{(1)}(n) + c_2 y_{zs}^{(2)}(n)$$

因此，$y_{zs}(n)$满足叠加原理，于是系统是零状态线性的。

下面设 $y(-1) = c_1 y_1(-1) + c_2 y_2(-1)$，由式（2.4.11）得

$$y_{zi}(n) = a^{n+1} \left[c_1 y_1(-1) + c_2 y_2(-1) \right] = c_1 a^{n+1} y_1(-1) + c_2 a^{n+1} y_2(-1) = c_1 y_{zi}^{(1)}(n) + c_2 y_{zi}^{(2)}(n)$$

因此，系统是零输入线性的。因为该系统满足线性的所有三个条件，所以是线性的。

例 2.4.2 中用于说明由一阶差分方程描述的系统的线性特性的过程虽然冗长乏味，但可以直接应用于由式（2.4.13）给出的常系数差分方程描述的一般递归系统。因此，由式（2.4.13）中的线性差分方程描述的系统也满足线性定义的所有三个条件，因此是线性的。

下一个问题是由式（2.4.13）中的线性常系数差分方程描述的因果线性系统是否是时不变的。处理由输入-输出数学关系显式描述的系统时，这很容易。显然，因为系数 a_k 与 b_k 是常数，所以式（2.4.13）描述的系统是时不变的。另一方面，如果这些系数中的一个或多个取决于时间，系统就是时变的，因为它的特性是按时间的函数变化的。因此，我们得出结论：**由线性常系数差分方程描述的递归系统是线性时不变的**。

最后的议题是由式（2.4.13）中的线性常系数差分方程描述的系统的稳定性问题。2.3.6 节中介绍了松弛系统的有界输入-有界输出（BIBO）稳定性概念。对于可能的非线性非松弛系统，其 BIBO 稳定性需要细心观察。然而，在由式（2.4.13）中的线性常系数差分方程描述的线性时不变递归系统的情况下，只需说明这样的系统是 BIBO 稳定的，当且仅当对每个有界输入与每个有界初始条件，系统的总响应是有界的。

【例 2.4.3】 判断由式（2.4.7）中给出的差分方程描述的线性时不变递归系统是否是稳定的。

解：假设输入信号 $x(n)$ 在振幅上是有界的，即对所有 $n \geq 0$ 有 $|x(n)| \leq M_x < \infty$。由式（2.4.8），有

$$|y(n)| \leq |a^{n+1} y(-1)| + \left| \sum_{k=0}^{n} a^k x(n-k) \right|, \qquad n \geq 0$$

$$\leq |a|^{n+1} |y(-1)| + M_x \sum_{k=0}^{n} |a|^k, \qquad n \geq 0$$

$$\leq |a|^{n+1} |y(-1)| + M_x \frac{1 - |a|^{n+1}}{1 - |a|} = M_y, \qquad n \geq 0$$

如果 n 是有限的，界 M_y 也是有限的，且输出是有界的，而与 a 值无关。然而，随着 $n \to \infty$，仅当 $|a| < 1$ 时界 M_y 才能保持有限，因为当 $n \to \infty$ 时，$|a|^n \to 0$。于是，$M_y = M_x / (1 - |a|)$。

因此，只有当 $|a| < 1$ 时，系统才是稳定的。

对于例 2.4.3 中的简单一阶系统，我们可用系统参数 a（$|a| < 1$）表示 BIBO 稳定的条件。然而，要强调的是，对于高阶系统，这一任务将变得更加困难。所幸的是，如后续章节所述，研究递归系统的稳定性时，存在其他简单且高效的方法。

下面以一阶递归系统的阶跃响应为例来考虑稳定系统响应的渐近特性。我们首先注意到，在式（2.4.9）中设 $x(n) = u(n)$ 就能轻松地得到式（2.4.7）所示系统的零状态阶跃响应。实际上，如例 2.3.3 所示，我们有

$$y_{zs}(n) = \frac{1-a^{n+1}}{1-a}, \quad n \geqslant 0 \qquad (2.4.14)$$

因此，系统的总阶跃响应为

$$y(n) = y_{zi}(n) + y_{zs}(n) = a^{n+1}y(-1) + \frac{1-a^{n+1}}{1-a}, \quad n \geqslant 0 \qquad (2.4.15)$$

对于一个稳定系统，当 $|a| < 1$ 时，有

$$y_{ss}(n) = \lim_{n \to \infty} y(n) = \frac{1}{1-a}, \quad n \geqslant 0 \qquad (2.4.16)$$

因为随着 n 趋于无穷大，系统响应的这个分量不会变为零，所以称为系统的**稳态响应**。只要输入存在，这个响应就存在。随着 $n \to \infty$ 而逐渐消失的剩余分量

$$y_{tr}(n) = \frac{-a^{n+1}}{1-a} + a^{n+1}y(-1), \quad n \geqslant 0 \qquad (2.4.17)$$

称为系统的**瞬态响应**。这表明一个线性时不变系统的阶跃响应可用两种不同的方式分解如下：

$$y(n) = \underbrace{\frac{1}{1-a}}_{y_{ss}(n)} + \underbrace{\frac{-a^{n+1}}{1-a} + a^{n+1}y(-1)}_{y_{tr}(n)} = \underbrace{\frac{1}{1-a} + \frac{-a^{n+1}}{1-a}}_{y_{zs}(n)} + \underbrace{a^{n+1}y(-1)}_{y_{zi}(n)} \qquad (2.4.18)$$

一般来说，我们有

$$y_{zi}(n) \neq y_{tr}(n) \qquad (2.4.19)$$

$$y_{ss}(n) \neq y_{zs}(n) \qquad (2.4.20)$$

如果系统稳定，则有 $y_{ss}(n) = \lim_{n \to \infty} y_{zs}(n)$。图 2.4.5 画出了 $0 < a < 1$ 与 $-1 < a < 0$ 时的情况。重要的是，注意到 $-1 < a < 0$ 时冲激响应的振荡会影响瞬态响应。为了确保正确缩放输出信号，我们使用差分方程

$$y(n) = ay(n-1) + (1-a)x(n) \qquad (2.4.21)$$

代替式 (2.4.7)。瞬态响应的指数衰减是任何稳定线性时不变系统的典型特征。

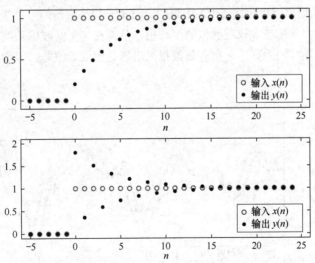

图 2.4.5　一个一阶递归系统的瞬态与稳态响应图示，$a = 0.8$（上图）和 $a = -0.8$（下图）

2.4.3　线性时不变系统在信号平滑中的应用

在一些涉及从信源收集数据的信号处理应用中，可能需要让数据通过一个平滑滤波器，以便揭示原始信号中不明显的潜在模式。在实践中应用的平滑滤波算法有几类。本节介绍用于表示道

琼斯工业平均指数每周收盘价的数据的两种数据平滑算法。

滑动平均平滑。平滑数据最简单、使用最广泛的滤波器之一是由差分方程

$$y(n) = \frac{1}{2L+1} \sum_{k=-L}^{L} x(n-k) \tag{2.4.22}$$

定义的对称或中心有限冲激响应滑动平均器。这个平滑滤波器将权重 $1/(2L+1)$ 分配给以当前样本为中心的 $2L+1$ 个样本，而所有其他样本的权重为零。将式（2.4.22）与式（2.4.1）进行比较可知，对称滑动平均（Symmetric Moving Average，SMA）有限冲激响应滤波器是冲激响应为

$$h_{sma}(n) = \frac{1}{2L+1}, \quad -L \leq n \leq L \tag{2.4.23}$$

的一个非因果线性时不变系统。显然，每出现一个新样本，就会加到用来计算滑动平均的总和中，而最早的样本则会被丢弃。用来计算 $y(n)$ 与 $y(n+1)$ 的样本集之间相差一个输入样本，我们期望即使 $x(n)$ 与 $x(n+1)$ 非常不同仍有 $y(n) \approx y(n+1)$，因此滑动平均要比原始信号更平滑，且平滑度随滤波器跨度 $M = 2L+1$ 的增大而增加。为了避免边缘或边界效应，我们从 $n = L-1$ 到 $n = N-L-1$ 计算输出。

如果式（2.4.22）中求和的上下限是从 $k=0$ 到 $k=M-1$，则得到一个冲激响应为

$$h_{ma}(n) = \frac{1}{M}, \quad 0 \leq n \leq M-1 \tag{2.4.24}$$

的因果滑动平均平滑器，其中滤波器的长度 M 可以是偶数或奇数（常选为 $M = 2L+1$）。

分析人员使用滑动平均图来评估股价趋势。图 2.4.6 显示了采用对称滑动平均与滑动平均（均为 $M=31$ 周）的道琼斯工业平均（Dow Jones Industrial Average，DJIA）指数周值的时间序列图。滑动平均图平滑了周与周之间的变化曲线并显示了较慢的模式。注意到因果滑动平均的输出延迟了 $L=15$ 周，延迟原因将在例 5.1.2 中说明。滑动平均滤波器的一个明显缺点是，异常或错误的数据点或异常值将支配包含该观测值的平均值，从而在等于滤波器长度的时间跨度内污染移动平均值。用于被污染时间序列的一个有效数据平滑器是中值滤波器，即输出是滤波器范围内观测的中值的滤波器。

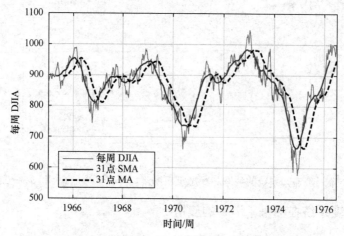

图 2.4.6　每周的道琼斯工业平均指数，$M=31$ 时的一个
SMA 平滑版，以及 $M=31$ 时的一个 MA 平滑版

一阶指数平滑。在式（2.4.23）的滑动平均滤波器中，所有样本都是等权重的，因此它们对均值的影响相同。得到对过程变化反应更快的平滑器的另一种方法是，使用方程

$$y(n) = \sum_{k=0}^{n} ba^k x(n-k) = bx(n) + bax(n-1) + \cdots + ba^n x(0) \tag{2.4.25}$$

将几何递减的权重应用于之前的观测值，式中 $b > 0$ 且 $0 < a < 1$。冲激响应为 $h(n) = ba^n u(n)$。当 a 接近 1 时，权重下降缓慢，且大量样本对输出产生显著影响，结果更平滑。为了使式（2.4.25）中的平滑器成为一个平均平滑器，权重之和必须为 1，即

$$\sum_{k=0}^{n} ba^k = b \frac{1-a^{n+1}}{1-a} = 1 \tag{2.4.26}$$

对于大 n 值，有 $a^{n+1} \approx 0$，这表明 $b = 1-a$。式（2.4.25）中的指数平滑器可用递归形式表示为

$$y(n) = ay(n-1) + (1-a)x(n) \tag{2.4.27}$$

式（2.4.27）中的一阶指数平滑器通常表示为如下形式：

$$y(n) = \lambda x(n) + (1-\lambda)y(n-1), \quad \lambda = 1-a \tag{2.4.28}$$

在这个表达式中，折现因子 λ 表示施加到最后一个观测值上的权重，而 $(1-\lambda)$ 表示施加到之前观测值被平滑后的值上的权重。为了避免初始瞬态效应，设 $y(0) = x(0)$，并从计算 $y(1)$ 开始。图 2.4.7 显示了每周道琼斯工业平均指数及 $\lambda = 0.1$ 时的指数平滑形式。后续几章中将讨论 λ 的影响及其选择。

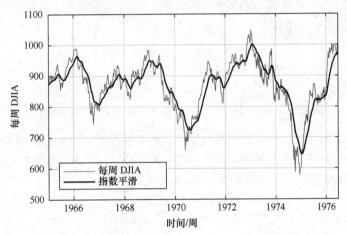

图 2.4.7　道琼斯工业平均指数及 $\lambda = 0.1$ 时的指数平滑版

2.5　离散时间系统的实现

前面对离散时间系统的介绍，主要集中于由常系数线性差分方程描述的线性时不变系统的时域特性与分析。在接下来的两章中，我们将推导在频域中描述与分析线性时不变系统的特性的其他方法。下面要介绍的两个重要主题是这些系统的设计与实现。

在实际中，系统设计与实现通常是一起处理的，而不是分开处理的。一般来说，系统设计受实现方法和实现约束（如成本、硬件限制、尺寸限制和功率需求）的限制。到目前为止，我们还未开发处理这些复杂问题所需的分析与设计工具。然而，针对由线性常系数差分方程描述的线性时不变系统的某些基本实现方法，我们已经阐明了足够的背景知识。

2.5.1　线性时不变系统的实现结构

本节介绍由线性常系数方程描述的系统的实现结构，其他结构将在第 9 章中介绍。

首先，考虑一阶系统

$$y(n) = -a_1 y(n-1) + b_0 x(n) + b_1 x(n-1)$$ （2.5.1）

其实现如图 2.5.1(a)所示。这种实现对输入与输出信号样本采用单独的延迟（存储器），且称为**直接 I 型结构**。注意，该系统可视为两个线性时不变系统的级联。第一个系统是由式

$$v(n) = b_0 x(n) + b_1 x(n-1)$$ （2.5.2）

描述的非递归系统；第二个系统是由式

$$y(n) = -a_1 y(n-1) + v(n)$$ （2.5.3）

描述的递归系统。

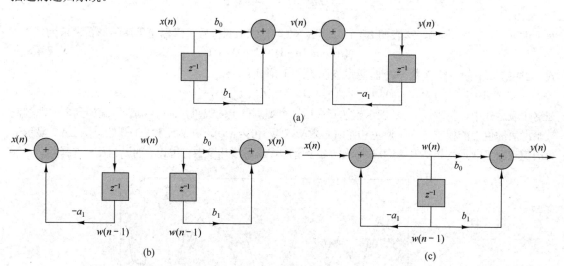

图 2.5.1　从(a)直接 I 型实现转换为(c)直接 II 型实现的步骤

然而，如 2.3.4 节所述，交换级联的线性时不变系统的顺序，整个系统的响应保持不变。因此，如果交换递归与非递归系统的顺序，就得到由式（2.5.1）描述的系统实现的另一种结构。得到的系统如图 2.5.1(b)所示。由该图形，得到两个差分方程：

$$w(n) = -a_1 w(n-1) + x(n)$$ （2.5.4）
$$y(n) = b_0 w(n) + b_1 w(n-1)$$ （2.5.5）

这提供了用来计算由式（2.5.1）给出的单个差分方程描述的系统输出的另一种算法。换言之，两个差分方程［即式（2.5.4）与式（2.5.5）］等效于单个差分方程即（2.5.1）。

进一步观察图 2.5.1 可以发现两个延迟元件包含相同的输入 $w(n)$，所以输出 $w(n-1)$ 也相同。因此，这两个元件可以合并为一个延迟器，如图 2.5.1(c)所示。与直接 I 型结构不同，这种新的实现方式对于辅助量 $w(n)$ 只需要一个延迟器，因此就存储需求而言它更加高效。这种新实现方式称为**直接 II 型结构**并在实际中得到了广泛应用。

这些结构可以很容易地推广到由差分方程

$$y(n) = -\sum_{k=1}^{N} a_k y(n-k) + \sum_{k=0}^{M} b_k x(n-k)$$ （2.5.6）

描述的一般线性时不变递归系统。图 2.5.2 画出了该系统的直接 I 型结构，该结构需要 $M+N$ 个延迟器和 $N+M+1$ 个乘法器，可视为非递归系统

$$v(n) = \sum_{k=0}^{M} b_k x(n-k)$$ （2.5.7）

和递归系统

$$y(n) = -\sum_{k=1}^{N} a_k y(n-k) + v(n) \qquad (2.5.8)$$

的级联。

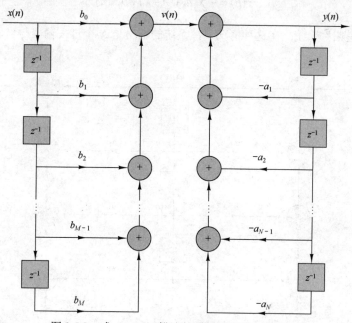

图 2.5.2　式（2.5.6）描述的系统的直接 I 型结构

类似于对一阶系统所做的那样，颠倒这两个系统的顺序，就得到了图 2.5.3 所示的 $N > M$ 时的直接 II 型结构。这个结构是递归系统

$$w(n) = -\sum_{k=1}^{N} a_k w(n-k) + x(n) \qquad (2.5.9)$$

和其后面的非递归系统

$$y(n) = \sum_{k=0}^{M} b_k w(n-k) \qquad (2.5.10)$$

的级联。

观察发现，如果 $N \geqslant M$，该结构需要的延迟器的数量就等于系统的阶数 N。然而，如果 $M > N$，需要的存储就由 M 指定。通过修改图 2.5.3，可以很容易处理这种情况。因此，直接 II 型结构需要 $M + N - 1$ 个乘法器和 $\max\{M, N\}$ 个延迟器。因为式（2.5.6）描述的系统的实现需要最少数量的延迟器，所以该结构有时也称**规范型**。

如果令系统参数 $a_k = 0, k = 1, \cdots, N$，就会出现式（2.5.6）的特殊情况。于是，系统的输入-输出关系就简化为

$$y(n) = \sum_{k=0}^{M} b_k x(n-k) \qquad (2.5.11)$$

这是一个非递归线性时不变系统。该系统只看到了最近 $M + 1$ 个输入信号样本，并在进行相加运算之前从集合 $\{b_k\}$ 中选择适当的系数 b_k 对每个样本进行加权。换言之，系统的输出基本上是输入信号的**加权滑动平均**。因此，它有时也称**滑动平均**（Moving Average，MA）系统。这样的系统是冲激响应 $h(k)$ 等于系数 b_k 即

$$h(k) = \begin{cases} b_k, & 0 \leqslant k \leqslant M \\ 0, & \text{其他} \end{cases} \tag{2.5.12}$$

的 FIR 系统。如果回到式（2.5.6）并令 $M = 0$，一般线性时不变系统就简化为由差分方程

$$y(n) = -\sum_{k=1}^{N} a_k y(n-k) + b_0 x(n) \tag{2.5.13}$$

描述的一个"纯递归"系统。在这种情况下，系统的输出是 N 个过去输出与当前输入的加权线性组合。

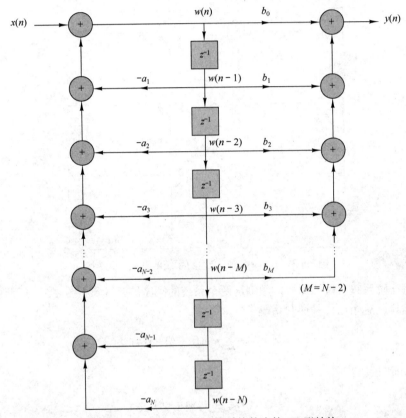

图 2.5.3　式（2.5.6）描述的系统的直接 II 形结构

　　由二阶差分方程描述的线性时不变系统是由式（2.5.6）或式（2.5.10）或式（2.5.13）描述的更一般系统的一个重要子类。后面在讨论量化效应时，我们将解释其重要性。目前可以说，二阶系统通常是实现高阶系统的构件。

　　最一般的二阶系统由差分方程

$$y(n) = -a_1 y(n-1) - a_2 y(n-2) + b_0 x(n) + b_1 x(n-1) + b_2 x(n-2) \tag{2.5.14}$$

描述。这由式（2.5.6）通过令 $N = 2$ 和 $M = 2$ 得到。实现该系统的直接 II 型结构如图 2.5.4(a)所示。如果令 $a_1 = a_2 = 0$，式（2.5.14）就简化为

$$y(n) = b_0 x(n) + b_1 x(n-1) + b_2 x(n-2) \tag{2.5.15}$$

这是由式（2.5.11）描述的 FIR 系统的一种特殊情况。实现该系统的结构如图 2.5.4(b)所示。最后，如果令式（2.5.14）中的 $b_1 = b_2 = 0$，就得到由差分方程

$$y(n) = -a_1 y(n-1) - a_2 y(n-2) + b_0 x(n) \tag{2.5.16}$$

描述的完全二阶递归系统。这是式（2.5.13）的一种特殊情况。实现该系统的结构如图 2.5.4(c)所示。

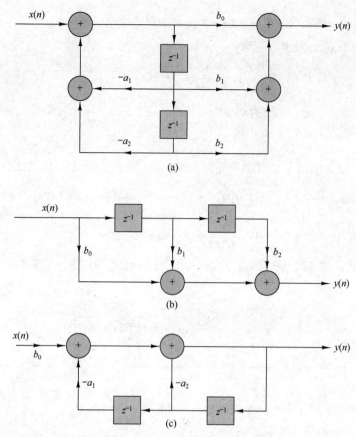

图 2.5.4 实现二阶系统的结构：(a)一般二阶系统；(b)FIR 系统；(c)"纯递归系统"

2.5.2 FIR 系统的递归与非递归实现

根据系统的冲激响应 $h(n)$ 是有限的还是无限的，我们已能够区分 FIR 系统与 IIR 系统。我们还能够区分递归与非递归系统。基本上，一个因果递归系统由形如

$$y(n) = F\left[y(n-1),\cdots,y(n-N),x(n),\cdots,x(n-M) \right] \qquad (2.5.17)$$

的输入-输出方程描述。特别地，线性时不变系统则由差分方程

$$y(n) = -\sum_{k=1}^{N} a_k y(n-k) + \sum_{k=0}^{M} b_k x(n-k) \qquad (2.5.18)$$

描述。另一方面，因果非递归系统并不依赖于输出的过去值，所以它由形如

$$y(n) = F\left[x(n),x(n-1),\cdots,x(n-M) \right] \qquad (2.5.19)$$

的输入-输出方程描述。特别地，线性时不变系统由式（2.5.18）中的差分方程描述，其中 $a_k = 0$，$k = 1, 2, \cdots, N$。

前面说过，FIR 系统通常可以按非递归方式实现。实际上，如果式（2.5.18）中的 $a_k = 0$，$k = 1, 2, \cdots, N$，就得到一个其输入-输出方程为

$$y(n) = \sum_{k=0}^{M} b_k x(n-k) \qquad (2.5.20)$$

的系统。这是一个非递归 FIR 系统。如式（2.5.12）指出的那样，该系统的冲激响应等于系数 $\{b_k\}$。因此，每个 FIR 系统可以非递归地实现。另一方面，任何 FIR 系统也可递归地实现。虽然

后面会给出该表述的一般证明，但现在用一个简单的例子来说明这一点。

假设我们用一个输入-输出方程形如

$$y(n) = \frac{1}{M+1} \sum_{k=0}^{M} x(n-k) \tag{2.5.21}$$

的 FIR 系统来计算输入信号 $x(n)$ 的**滑动平均**。显然，这个系统是一个冲激响应为

$$h(n) = \frac{1}{M+1}, \quad 0 \leqslant n \leqslant M$$

的 FIR 系统。图 2.5.5 画出了该系统的非递归实现结构。现在，假设将式（2.5.21）表示为

$$y(n) = \frac{1}{M+1} \sum_{k=0}^{M} x(n-1-k) + \frac{1}{M+1} \big[x(n) - x(n-1-M) \big] \tag{2.5.22}$$

$$= y(n-1) + \frac{1}{M+1} \big[x(n) - x(n-1-M) \big]$$

式（2.5.22）就代表了该 FIR 系统的一个递归实现。这个滑动平均系统的递归实现结构如图 2.5.6 所示。

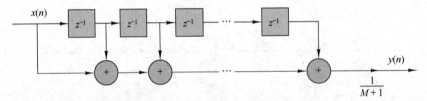

图 2.5.5　FIR 滑动平均系统的非递归实现

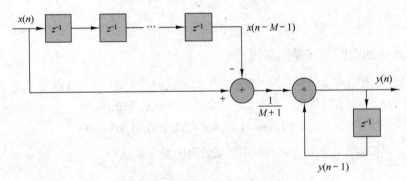

图 2.5.6　FIR 滑动平均系统的递归实现

总之，我们可将术语 FIR 和 IIR 视为区分某类线性时不变系统的一般特征，而将术语**递归**与**非递归**视为实现系统的结构描述。

2.6　离散时间信号的相关

与卷积非常相似的一种数学运算是相关。类似于卷积，相关运算也涉及两个信号序列。然而，与卷积不同的是，计算两个信号的相关的目的是衡量两个信号的相似度，由此提取很大程度上依赖于应用的某些信息。信号的相关常在雷达、声呐、数字通信、地质学以及其他科学和工程领域中遇到。

具体地说，假设我们要比较两个信号序列 $x(n)$ 与 $y(n)$。在雷达和主动声呐应用中，$x(n)$ 可以表示被采样的发射信号，而 $y(n)$ 可以表示在模数转换器输出端被采样的接收信号。如果空中的目

标被雷达或声呐搜索到，接收信号 $y(n)$ 中就包含发射信号被目标反射并被加性噪声污染的延迟副本。图 2.6.1 描述了雷达信号接收问题。

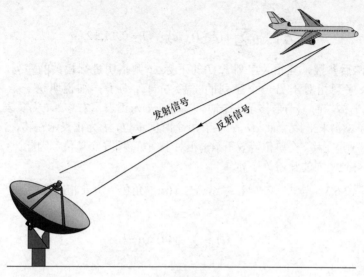

图 2.6.1　雷达目标检测

接收到的信号序列表示为

$$y(n) = \alpha x(n-D) + w(n) \tag{2.6.1}$$

式中，α 是衰减因子，表示信号 $x(n)$ 在双程传输中的损失；D 是双程延迟，假设它是采样间隔的整数倍；$w(n)$ 表示由天线拾取的加性噪声以及接收机前端的电子设备和放大器产生的任何噪声。另一方面，如果雷达与声呐在空间中未搜索到目标，接收的信号 $y(n)$ 中就只包含噪声。

有了这两个信号序列，即称为参考信号或发射信号的 $x(n)$ 与接收信号 $y(n)$，雷达与声呐检测问题就是比较 $y(n)$ 与 $x(n)$ 来确定是否出现目标，如果出现，就要求解时延 D 并计算到目标的距离。在实际中，信号 $x(n-D)$ 会被加性噪声严重污染，以至于在视觉上检测信号 $y(n)$ 并不能揭示是否存在从目标反射回来的期望信号。相关为我们提供了从 $y(n)$ 中提取这个重要信息的方法。

数字通信是经常使用相关的另一个领域。在数字通信中，从一点发射到另一点的信息通常要先转换为二进制形式（0 与 1 的序列），再发送到指定的接收器。为了发射 0，我们可以发射信号序列 $x_0(n), 0 \leq n \leq L-1$；为了发射 1，我们可以发射信号序列 $x_1(n), 0 \leq n \leq L-1$，其中 L 是表示两个序列之一中的样本数的某个整数。通常，$x_1(n)$ 被选为 $x_0(n)$ 的负值。目标接收器接收到的信号可以表示成

$$y(n) = x_i(n) + w(n), \quad i = 0,1, \quad 0 \leq n \leq L-1 \tag{2.6.2}$$

式中，$x_0(n)$ 或者 $x_1(n)$ 是否为 $y(n)$ 的信号分量目前是不确定的，$w(n)$ 表示加性噪声及任何通信系统中的其他固有干扰。要再次说明的是，这类噪声源于接收器前端的电子元件。在任何情况下，接收机都知道可能的发射序列 $x_0(n)$ 与 $x_1(n)$，且面临将接收的信号 $y(n)$ 与 $x_0(n)$ 和 $x_1(n)$ 进行比较来确定这两个信号中的哪个能更好地匹配 $y(n)$ 的任务。这个比较过程就是通过下一小节将要描述的相关运算来完成的。

2.6.1　互相关与自相关序列

假设有两个实信号序列 $x(n)$ 与 $y(n)$，且每个序列的能量都是有限的。$x(n)$ 与 $y(n)$ 的**互相关**是一个序列 $r_{xy}(l)$，它定义为

$$r_{xy}(l) = \sum_{n=-\infty}^{\infty} x(n)y(n-l), \qquad l = 0, \pm 1, \pm 2, \cdots \tag{2.6.3}$$

或等效定义为

$$r_{xy}(l) = \sum_{n=-\infty}^{\infty} x(n+l)y(n), \qquad l = 0, \pm 1, \pm 2, \cdots \tag{2.6.4}$$

序号 l 是时移或**滞后**参数，互相关序列 $r_{xy}(l)$ 的下标 xy 则指明进行相关的序列。x 在 y 之前的下标顺序表示一个序列相对于另一个序列的平移方向。为了详细说明这一点，在式（2.6.3）中，序列 $x(n)$ 未平移，而 $y(n)$ 平移了 l 个时间单位，l 为正表示右移，l 为负表示左移。同样，在式（2.6.4）中，$y(n)$ 未平移，而 $x(n)$ 平移了 l 个时间单位，l 为正表示左移，l 为负表示右移。然而，$x(n)$ 相对于 $y(n)$ 左移 l 个单位等效于 $y(n)$ 相对于 $x(n)$ 右移 l 个单位，因此计算式（2.6.3）与计算式（2.6.4）将得到相同的互相关序列。

如果颠倒式（2.6.3）与式（2.6.4）中 $x(n)$ 与 $y(n)$ 的角色，就要相应地颠倒序号 xy，得到互相关序列

$$r_{yx}(l) = \sum_{n=-\infty}^{\infty} y(n)x(n-l) \tag{2.6.5}$$

或者等效地得到

$$r_{yx}(l) = \sum_{n=-\infty}^{\infty} y(n+l)x(n) \tag{2.6.6}$$

比较式（2.6.3）与式（2.6.6）或者比较式（2.6.4）与式（2.6.5），可以得出

$$r_{xy}(l) = r_{yx}(-l) \tag{2.6.7}$$

因此，$r_{yx}(l)$ 正是 $r_{xy}(l)$ 的折叠副本，而折叠是相对于 $l=0$ 的。因此，$r_{yx}(l)$ 和 $r_{xy}(l)$ 提供了关于 $x(n)$ 和 $y(n)$ 的相似性的相同信息。

【例 2.6.1】 求如下序列的互相关序列 $r_{xy}(l)$：
$$x(n) = \{\cdots, 0, 0, 2, -1, 3, 7, \underset{\uparrow}{1}, 2, -3, 0, 0, \cdots\}$$
$$y(n) = \{\cdots, 0, 0, 1, -1, 2, -2, \underset{\uparrow}{4}, 1, -2, 5, 0, 0, \cdots\}$$

解：用式（2.6.3）中的定义计算 $r_{xy}(l)$。对于 $l=0$，有
$$r_{xy}(0) = \sum_{n=-\infty}^{\infty} x(n)y(n)$$

积序列 $v_0(n) = x(n)y(n)$ 为
$$v_0(n) = \{\cdots, 0, 0, 2, 1, 6, -14, \underset{\uparrow}{4}, 2, 6, 0, 0, \cdots\}$$

因此对所有的 n 值，和为
$$r_{xy}(0) = 7$$

对于 $l > 0$，仅将 $y(n)$ 相对于 $x(n)$ 右移 l 个单位，然后计算积序列 $v_l(n) = x(n)\,y(n-l)$，最后对积序列的所有值求和，得到
$$r_{xy}(1) = 13, \ r_{xy}(2) = -18, \ r_{xy}(3) = 16, \ r_{xy}(4) = -7, \ r_{xy}(5) = 5, \ r_{xy}(6) = -3, \ r_{xy}(l) = 0, \ l \geqslant 7$$

对于 $l < 0$，将 $y(n)$ 相对于 $x(n)$ 左移 l 个单元，然后计算积序列 $v_l(n) = x(n)y(n-l)$，最后对积序列的所有值求和，得到互相关序列的值：
$$r_{xy}(-1) = 0, \ r_{xy}(-2) = 33, \ r_{xy}(-3) = -14, \ r_{xy}(-4) = 36, \ r_{xy}(-5) = 19, \ r_{xy}(-6) = -9, \ r_{xy}(-7) = 10, \ r_{xy}(l) = 0, l \leqslant -8$$

因此，$x(n)$ 和 $y(n)$ 的互相关序列为
$$r_{xy}(l) = \{10, -9, 19, 36, -14, 33, 0, \underset{\uparrow}{7}, 13, -18, 16, -7, 5, -3\}$$

计算两个序列的互相关与计算它们的卷积之间的相似性很明显。计算卷积时，其中一个序列先被折叠，后被平移，再乘以另一个序列来形成这次平移的积序列，最后将积序列的所有值相加。计算两个序列的互相关时，除了折叠运算，其他的运算相同：平移一个序列，将两个序列相乘，再对积序列的所有值求和。因此，如果我们有一个能够进行卷积运算的程序，那么将序列 $x(n)$ 与折叠后的序列 $y(-n)$ 作为程序的输入，就可计算互相关。而 $x(n)$ 与 $y(-n)$ 的卷积则产生互相关 $r_{xy}(l)$，即

$$r_{xy}(l) = x(l) * y(-l) \tag{2.6.8}$$

观察发现，缺少折叠运算将使得互相关运算不满足交换律。在 $y(n) = x(n)$ 的特殊情况下，我们得到 $x(n)$ 的**自相关**，它定义为序列

$$r_{xx}(l) = \sum_{n=-\infty}^{\infty} x(n)x(n-l) \tag{2.6.9}$$

或

$$r_{xx}(l) = \sum_{n=-\infty}^{\infty} x(n+l)x(n) \tag{2.6.10}$$

处理有限序列时，习惯上将自相关与互相关表示为有限和形式。特别地，如果 $x(n)$ 与 $y(n)$ 是长为 N 的因果序列［当 $n < 0$ 和 $n \geq N$ 时，$x(n) = y(n) = 0$］，互相关序列与自相关序列就可表示为

$$r_{xy}(l) = \sum_{n=l}^{N-|k|-1} x(n)y(n-l) \tag{2.6.11}$$

和

$$r_{xx}(l) = \sum_{n=i}^{N-|k|-1} x(n)x(n-l) \tag{2.6.12}$$

式中，$l \geq 0$ 时有 $i = l$ 和 $k = 0$，$l < 0$ 时有 $i = 0$ 和 $k = l$。

2.6.2 自相关与互相关序列的性质

下面给出自相关序列和互相关序列的许多重要性质。为了得出这些性质，假设有两个能量有限的序列 $x(n)$ 与 $y(n)$，这两个序列的线性组合为

$$ax(n) + by(n-l)$$

其中，a 与 b 是任意常数，l 是某个时移。这个信号的能量为

$$\sum_{n=-\infty}^{\infty} [ax(n) + by(n-l)]^2 = a^2 \sum_{n=-\infty}^{\infty} x^2(n) + b^2 \sum_{n=-\infty}^{\infty} y^2(n-l) + 2ab \sum_{n=-\infty}^{\infty} x(n)y(n-l) \tag{2.6.13}$$

$$= a^2 r_{xx}(0) + b^2 r_{yy}(0) + 2ab r_{xy}(l)$$

首先，注意到 $r_{xx}(0) = E_x$ 和 $r_{yy}(0) = E_y$，它们分别是 $x(n)$ 与 $y(n)$ 的能量。显然，

$$a^2 r_{xx}(0) + b^2 r_{yy}(0) + 2ab r_{xy}(l) \geq 0 \tag{2.6.14}$$

现在，假设 $b \neq 0$，将式（2.6.14）除以 b^2 得到

$$r_{xx}(0)\left(\frac{a}{b}\right)^2 + 2r_{xy}(l)\left(\frac{a}{b}\right) + r_{yy}(0) \geq 0$$

我们将这个方程视为系数是 $r_{xx}(0)$，$2r_{xy}(l)$ 和 $r_{yy}(0)$ 的二次方程。因为这个二次方程是非负的，所以方程的判别式一定是非正的，即

$$4\left[r_{xy}^2(l) - r_{xx}(0)r_{yy}(0)\right] \leq 0$$

因此，互相关序列满足条件

$$\left|r_{xy}(l)\right| \leqslant \sqrt{r_{xx}(0)r_{yy}(0)} = \sqrt{E_x E_y} \qquad (2.6.15)$$

在 $y(n) = x(n)$ 的特殊情况下，式（2.6.15）简化为

$$\left|r_{xx}(l)\right| \leqslant r_{xx}(0) = E_x \qquad (2.6.16)$$

这意味着信号的自相关序列在零滞后处有最大值。这个结果与一个零时移信号与其自身完全匹配的概念是一致的。对于互相关序列，式（2.6.15）给出了其值的上界。

注意，缩放互相关运算中的任意一个信号或两个信号，互相关序列的形状不发生变化，而只相应地缩放互相关序列的振幅。因为缩放不重要，所以实际中通常将自相关和互相关序列归一化到区间−1 至 1 上。对于自相关序列，除以 $r_{xx}(0)$ 即可归一化。因此，归一化的自相关序列定义为

$$\rho_{xx}(l) = \frac{r_{xx}(l)}{r_{xx}(0)} \qquad (2.6.17)$$

类似地，归一化的互相关序列定义为

$$\rho_{xy}(l) = \frac{r_{xy}(l)}{\sqrt{r_{xx}(0)r_{yy}(0)}} \qquad (2.6.18)$$

现在，有 $\left|\rho_{xx}(l)\right| \leqslant 1$ 和 $\left|\rho_{xy}(l)\right| \leqslant 1$，因此这些序列与信号的缩放无关。

最后，如说明的那样，互相关序列满足性质

$$r_{xy}(l) = r_{yx}(-l)$$

令 $y(n) = x(n)$，由这个关系式可以得到自相关序列的重要性质：

$$r_{xx}(l) = r_{xx}(-l) \qquad (2.6.19)$$

所以自相关函数是偶函数。因此，只需要计算 $l \geqslant 0$ 时的 $r_{xx}(l)$。

【例 2.6.2】计算信号 $x(n) = a^n u(n), 0 < a < 1$ 的自相关序列。

解：因为 $x(n)$ 是无限长信号，其自相关序列也是无限长的。我们要区分两种情况。

当 $l \geqslant 0$ 时，从图 2.6.2 有

$$r_{xx}(l) = \sum_{n=1}^{\infty} x(n)x(n-l) = \sum_{n=1}^{\infty} a^n a^{n-l} = a^{-l} \sum_{n=1}^{\infty} (a^2)^n$$

因为 $a < 1$，无限级数是**收敛的**，所以有

$$r_{xx}(l) = \frac{1}{1-a^2} a^{|l|}, \qquad l \geqslant 0$$

当 $l < 0$ 时，有

$$r_{xx}(l) = \sum_{n=0}^{\infty} x(n)x(n-l) = a^{-l} \sum_{n=0}^{\infty} (a^2)^n = \frac{1}{1-a^2} a^{-l}, \qquad l < 0$$

但当 l 为负时，$a^{-l} = a^{|l|}$，因此 $r_{xx}(l)$ 的这两个关系式可以合并为

$$r_{xx}(l) = \frac{1}{1-a^2} a^{|l|}, \qquad -\infty < l < \infty \qquad (2.6.20)$$

序列 $r_{xx}(l)$ 如图 2.6.2(d) 所示。可以看出

$$r_{xx}(-l) = r_{xx}(l)$$

和

$$r_{xx}(0) = \frac{1}{1-a^2}$$

因此，归一化的自相关序列为

$$\rho_{xx}(l) = \frac{r_{xx}(l)}{r_{xx}(0)} = a^{|l|}, \qquad -\infty < l < \infty \tag{2.6.21}$$

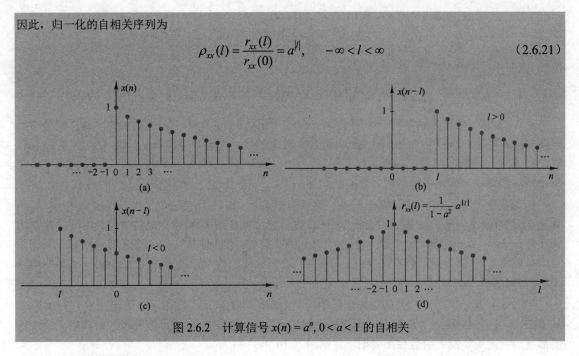

图 2.6.2　计算信号 $x(n) = a^n, 0 < a < 1$ 的自相关

2.6.3　周期序列的相关

2.6.1 节定义了能量信号的自相关和互相关序列，本节考虑功率信号尤其是周期信号的自相关序列。

设 $x(n)$ 和 $y(n)$ 是两个功率信号，它们的互相关序列定义为

$$r_{xy}(l) = \lim_{M \to \infty} \frac{1}{2M+1} \sum_{n=-M}^{M} x(n)y(n-l) \tag{2.6.22}$$

如果 $x(n) = y(n)$，就得到一个功率信号的自相关序列的定义为

$$r_{xx}(l) = \lim_{M \to \infty} \frac{1}{2M+1} \sum_{n=-M}^{M} x(n)x(n-l) \tag{2.6.23}$$

特别地，如果 $x(n)$ 与 $y(n)$ 都是两个周期为 N 的周期信号，式（2.6.22）与式（2.6.23）中无限大区间上的平均就等于单个周期的平均，式（2.6.22）与式（2.6.23）就简化为

$$r_{xy}(l) = \frac{1}{N} \sum_{n=0}^{N-1} x(n)y(n-l) \tag{2.6.24}$$

和

$$r_{xx}(l) = \frac{1}{N} \sum_{n=0}^{N-1} x(n)x(n-l) \tag{2.6.25}$$

显然，$r_{xy}(l)$ 与 $r_{xx}(l)$ 都是周期为 N 的周期相关序列。因子 $1/N$ 可视为归一化缩放因子。

在一些实际应用中，相关用于从可能已被随机干扰污染的物理信号中识别周期。例如，考虑形如

$$y(n) = x(n) + w(n) \tag{2.6.26}$$

的信号序列 $y(n)$。式中，$x(n)$ 是周期序列，其周期 N 未知；$w(n)$ 是加性随机干扰。假设我们观测 $y(n)$ 的 M 个（$0 \leqslant n \leqslant M-1$，$M \gg N$）样本。为了实用性，我们假设当 $n < 0$ 和 $n \geqslant M$ 时，$y(n) = 0$。现在，使用归一化因子 $1/M$，$y(n)$ 的自相关序列为

$$r_{yy}(l) = \frac{1}{M} \sum_{n=0}^{M-1} y(n)y(n-l) \qquad (2.6.27)$$

将式（2.6.26）中的 $y(n)$ 代入式（2.6.27），得

$$r_{yy}(l) = \frac{1}{M} \sum_{n=0}^{M-1} \left[x(n)+w(n) \right]\left[x(n-l)+w(n-l) \right] = r_{xx}(l) + r_{xw}(l) + r_{wx}(l) + r_{ww}(l) \qquad (2.6.28)$$

式（2.6.28）等号右边的第一个因子是 $x(n)$ 的自相关序列。因为 $x(n)$ 是周期的，其自相关序列具有相同的周期，所以在 $l = 0, N, 2N, \cdots$ 处含有较大的峰。然而，当时移 l 趋近 M 时，实际只有 M 个样本的有限数据记录，以至于许多积 $x(n)x(n-l)$ 都为零，峰的幅度将下降，因此我们应该避免计算较大滞后（如 $l > M/2$）的 $r_{yy}(l)$。

因为我们希望 $x(n)$ 与 $w(n)$ 完全无关，所以期望信号 $x(n)$ 与加性随机干扰 $w(n)$ 的互相关 $r_{xw}(l)$ 与 $r_{wx}(l)$ 相对很小。最后，式（2.6.28）等号右边最后一项是随机序列 $w(n)$ 的自相关序列。这个相关序列在 $l = 0$ 处必定有一个峰值，但由于它的随机特性，我们期望 $r_{ww}(l)$ 快速衰减为零。因此，我们只期望 $l > 0$ 时 $r_{xx}(l)$ 有较大的峰值。这个性质可让我们检测出淹没在干扰 $w(n)$ 中的周期信号 $x(n)$ 并确定其周期。

图 2.6.3 显示了用自相关从物理信号中检测隐藏周期的例子，图中画出了当 $0 \leqslant l \leqslant 20$ 时，从 1770 年至 1869 年这一百年内，沃尔夫太阳黑子数的（归一化的）自相关序列，其中 l 的任何值都对应于一年。图中明显存在周期，周期约为 10 年到 11 年。

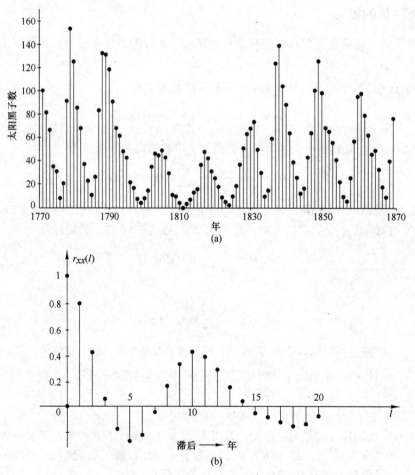

图 2.6.3 识别沃尔夫黑子数的周期：(a)每年的沃尔夫黑子数；(b)归一化的自相关序列

【例 2.6.3】 设信号序列 $x(n) = \sin(\pi/5)n, 0 \le n \le 99$ 被加性噪声序列 $w(n)$ 污染，加性噪声的值是逐样本独立选择的，且在区间 $(-\Delta/2, \Delta/2)$ 上均匀分布，其中 Δ 是分布的参数。观测序列为 $y(n) = x(n) + w(n)$。计算自相关序列 $r_{yy}(l)$ 并求信号 $x(n)$ 的周期。

解： 假设信号序列 $x(n)$ 有一个未知的周期，且我们由受噪声污染的观测值 $\{y(n)\}$ 求出该周期。尽管 $x(n)$ 的周期是 10，但我们只有长为 $M = 100$ 的有限长序列 [10 个周期的 $x(n)$]。序列 $w(n)$ 中的噪声功率电平 P_w 由参数 Δ 确定。我们仅指出 $P_w = \Delta^2/12$。信号功率电平为 $P_x = 1/2$。因此，信噪比（Signal-to-Noise Ratio, SNR）定义为

$$\frac{P_x}{P_w} = \frac{1/2}{\Delta^2/12} = \frac{6}{\Delta^2}$$

信噪比在对数坐标中通常表示为 $10 \lg (P_x/P_w)$，单位为分贝（dB）。

图 2.6.4 画出了噪声序列 $w(n)$ 的一个样本及 SNR = 1dB 时的观测序列 $y(n) = x(n) + w(n)$。自相关序列 $r_{yy}(l)$ 如图 2.6.4(c) 所示。观察发现，嵌在 $y(n)$ 中的周期信号 $x(n)$ 产生了一个周期为 $N = 10$ 的自相关函数 $r_{xx}(l)$。加性噪声的影响是增大了 $l = 0$ 处的峰值，而当 $l \ne 0$ 时，相关序列 $r_{ww}(l) \approx 0$，因为 $w(n)$ 的值是独立产生的。这样的噪声通常称**白噪声**，这种噪声的存在说明了 $l = 0$ 时存在大峰值的原因。因为 $x(n)$ 的周期性，所以在 $l = \pm 10, \pm 20, \cdots$ 处存在幅度稍小但几乎相等的峰。

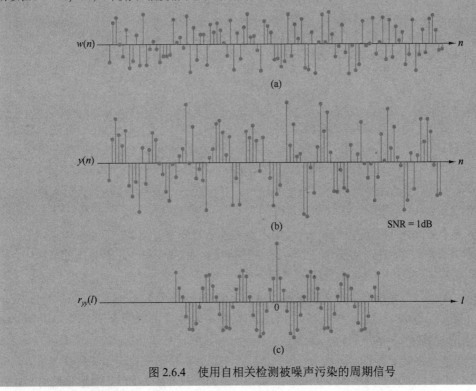

图 2.6.4 使用自相关检测被噪声污染的周期信号

2.6.4 输入-输出相关序列

本节推导线性时不变系统在"相关域"中的两个输入-输出关系。假设一个自相关为 $r_{xx}(l)$ 的信号 $x(n)$ 作用到冲激响应应为 $h(n)$ 的线性时不变系统上后，产生输出信号

$$y(n) = h(n) * x(n) = \sum_{k=-\infty}^{\infty} h(k)x(n-k)$$

输出与输入信号之间的互相关为

$$r_{yx}(l) = y(l) * x(-l) = h(l) * \left[x(l) * x(-l) \right]$$

或

$$r_{yx}(l) = h(l) * r_{xx}(l) \tag{2.6.29}$$

上式中用到了式（2.6.8）和卷积的性质。因此，系统的输入与输出之间的互相关，就是冲激响应与输入序列的自相关之间的卷积。换句话说，$r_{yx}(l)$可视为输入序列为 $r_{xx}(l)$ 时，线性时不变系统的输出。如果用 $-l$ 代替式（2.6.29）中的 l，就可以得到

$$r_{xy}(l) = h(-l) * r_{xx}(l)$$

在式（2.6.8）中令 $x(n) = y(n)$ 并利用卷积的性质，可以得到输出信号的自相关。于是有

$$\begin{aligned} r_{yy}(l) &= y(l) * y(-l) = \left[h(l) * x(l) \right] * \left[h(-l) * x(-l) \right] \\ &= \left[h(l) * h(-l) \right] * \left[x(l) * x(-l) \right] \\ &= r_{hh}(l) * r_{xx}(l) \end{aligned} \tag{2.6.30}$$

如果系统是稳定的，冲激响应 $h(n)$ 的自相关 $r_{hh}(l)$ 就存在。此外，稳定性可以保证系统不改变输入信号的类型（能量或功率）。当 $l = 0$ 时，计算式（2.6.30）得到

$$r_{yy}(0) = \sum_{k=-\infty}^{\infty} r_{hh}(k) r_{xx}(k) \tag{2.6.31}$$

上式以自相关形式给出了输出信号的能量（或功率）。这些关系对能量与功率信号都成立。能量和功率信号的这些关系式的直接推导以及它们对复信号的推广，留给读者作为练习。

2.7 小结

本章介绍了离散时间信号与系统的时域特性，重点描述了设计与实现数字信号处理系统时广泛应用的一类线性时不变系统（LTI）；此外，通过单位冲激响应 $h(n)$ 描述了线性时不变系统，推导了卷积和，即用来计算以 $h(n)$ 描述的系统对任何给定输入序列 $x(n)$ 的响应 $y(n)$ 的公式。

我们还介绍了由常系数线性差分方程描述的线性时不变系统，这种系统是到目前为止在数字信号处理理论与应用中最重要的线性时不变系统。

根据 $h(n)$ 是有限长的还是无限长的，线性时不变系统一般分为 FIR（有限冲激响应）系统和 IIR（无限冲激响应）系统。本章简要介绍了这些系统的实现。此外，对于 FIR 系统的实现，介绍了递归与非递归实现。对于 IIR 系统，则只能递归实现。

关于离散时间信号与系统的参考文献很多，包括 McGillem and Cooper (1984)、Oppenheim and Willsky (1983)、Siebert (1986) 等。关于线性常系数差分方程的参考文献包括 Hildebrand (1952)、Levy and Lessman (1961) 等。

本章的最后一个主题是离散时间信号的相关，这个主题在数字信号处理尤其是数字通信、雷达检测与估计、声呐、地理物理等应用中非常重要。对相关序列进行处理时，要避免使用统计学的概念。相关仅定义为用两个序列之间的数学运算来产生另一个序列，当两个序列不同时产生的序列称为**互相关序列**，当两个序列相同时产生的序列称为**自相关序列**。

在用到相关的实际应用中，序列中的一个（或两个）序列被噪声及其他可能的干扰污染。在这种情况下，噪声序列称为**随机序列**，并用统计学术语描述，相应的相关序列就成为噪声及任何其他干扰的统计特性的函数。

序列的统计特性及其相关将在第 13 章中介绍。关于相关的概率与统计学概念，可以参阅 Davenport (1970)、Helstrom (1990)、Peebles (1987) 和 Stark and Woods (1994) 等。

2.1　一个离散时间信号定义为

$$x(n)=\begin{cases} 1+n/3, & -3 \leqslant n \leqslant -1 \\ 1, & 0 \leqslant n \leqslant 3 \\ 0, & \text{其他} \end{cases}$$

(a) 求信号 $x(n)$ 的值并画出其图形。

(b) (i)先将 $x(n)$ 折叠再延迟 4 个样本，(ii)先将 $x(n)$ 延迟 4 个样本再折叠所得信号，画出信号的图形。

(c) 画出信号 $x(-n+4)$ 的图形。

(d) 比较(b)问与(c)问的结果并推导由 $x(n)$ 得到 $x(-n+k)$ 的规律。

(e) 能用信号 $\delta(n)$ 和 $u(n)$ 表示信号 $x(n)$ 吗？

2.2　离散时间信号 $x(n)$ 如图 P2.2 所示，画出并仔细标出下面的每个信号。

(a) $x(n-2)$；　　　**(b)** $x(4-n)$；　　**(c)** $x(n+2)$；　　**(d)** $x(n)u(2-n)$；

(e) $x(n-1)\delta(n-3)$；　**(f)** $x(n^2)$；　　**(g)** $x(n)$ 的偶部；　**(h)** $x(n)$ 的奇部。

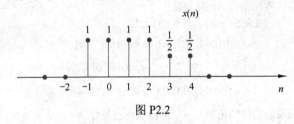

图 P2.2

2.3　证明：**(a)** $\delta(n)=u(n)-u(n-1)$；**(b)** $u(n)=\sum_{k=-\infty}^{n}\delta(k)=\sum_{k=0}^{\infty}\delta(n-k)$。

2.4　证明任何信号都可分解为奇分量与偶分量。该分解唯一吗？用信号 $x(n)=\{2,3,4,5,6\}$ 说明你的论点。

2.5　证明实能量（功率）信号的能量（功率）等于其偶分量与奇分量的能量（功率）之和。

2.6　考虑系统 $y(n)=\Im[x(n)]=x(n^2)$。

(a) 确定系统是否是时不变的。

(b) 假定信号

$$x(n)=\begin{cases} 1, & 0 \leqslant n \leqslant 3 \\ 0, & \text{其他} \end{cases}$$

作用于该系统，清楚说明(a)问的结果。(1)画出信号 $x(n)$；(2)求并画出信号 $y(n)=\Im[x(n)]$；(3)画出信号 $y_2'(n)=y(n-2)$；(4)求并画出信号 $x_2(n)=x(n-2)$；(5)求并画出信号 $y_2(n)=\Im[x_2(n)]$；(6)比较信号 $y_2(n)$ 与 $y(n-2)$，你能得出什么结论？

(c) 对系统 $y(n)=x(n)-x(n-1)$ 重做(b)问。能用该结果给出系统的时不变性的一些结论吗？为什么？

(d) 对系统 $y(n)=\Im[x(n)]=nx(n)$ 重做(b)问和(c)问。

2.7　一个离散时间系统可以是(1)静态的或者动态的，(2)线性的或者非线性的，(3)时不变的或者时变的，(4)因果的或者非因果的，(5)稳定的或者不稳定的。对照上面的性质对如下系统进行分析。

(a) $y(n)=\cos[x(n)]$；　　　**(b)** $y(n)=\sum_{k=-\infty}^{n+1}x(k)$；　　**(c)** $y(n)=x(n)\cos(\omega_0 n)$；　**(d)** $y(n)=x(-n+2)$；

(e) $y(n)=\text{Trun}[x(n)]$，其中 $\text{Trun}[x(n)]$ 表示通过截尾得到的 $x(n)$ 的整数部分；

(f) $y(n)=\text{Round}[x(n)]$，其中 $\text{Round}[x(n)]$ 表示通过舍入得到的 $x(n)$ 的整数部分。

注意：(e)问与(f)问中的系统分别是实现截尾和舍入的量化器。

2.8　两个离散时间系统 $\Im_1$ 与 $\Im_2$ 级联为一个新系统 $\Im$，如图 P2.8 所示，证明或者反驳下面的观点。

(a) 若 $\Im_1$ 与 $\Im_2$ 是线性的，则 $\Im$ 也是线性的（两个线性系统的级联也是线性的）。

(b) 若 $\Im_1$ 与 $\Im_2$ 是时不变的，则 $\Im$ 也是时不变的。

(c) 若 $\Im_1$ 与 $\Im_2$ 是因果的，则 $\Im$ 也是因果的。

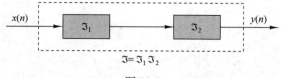

图 P2.8

(d) 若 $\Im_1$ 与 $\Im_2$ 是线性时不变的，则 $\Im$ 也是线性时不变的。

(e) 若 $\Im_1$ 与 $\Im_2$ 是线性时不变的，则互换 $\Im_1$ 与 $\Im_2$ 的顺序不改变系统 $\Im$。

(f) 除了 $\Im_1$ 与 $\Im_2$ 现在是时变的，(e)问中的其他条件不变（**提示**：举例说明）。

(g) 若 $\Im_1$ 与 $\Im_2$ 是非线性的，则 $\Im$ 也是非线性的。

(h) 若 $\Im_1$ 与 $\Im_2$ 是稳定的，则 $\Im$ 也是稳定的。

(i) 举例说明(c)与(h)反之不成立。

2.9 假设 $\Im$ 是 BIBO 稳定的线性时不变松弛系统，其输入为 $x(n)$，输出为 $y(n)$。证明：

(a) 若 $x(n)$是周期为 N 的周期信号［对所有 $n \geqslant 0$ 有 $x(n) = x(n+N)$］，则输出 $y(n)$是具有同样周期的周期信号。

(b) 若 $x(n)$有界且趋于某个常数，则输出也趋于一个常数。

(c) 若 $x(n)$是能量信号，则输出 $y(n)$也是能量信号。

2.10 在时不变系统的运算中，观测到了如下输入-输出对：

$$x_1(n) = \{\underset{\uparrow}{1}, 0, 2\} \overset{\Im}{\longleftrightarrow} y_1(n) = \{0, 1, 2\}$$

$$x_2(n) = \{\underset{\uparrow}{0}, 0, 3\} \overset{\Im}{\longleftrightarrow} y_2(n) = \{\underset{\uparrow}{0}, 1, 0, 2\}$$

$$x_3(n) = \{0, 0, 0, 1\} \overset{\Im}{\longleftrightarrow} y_3(n) = \{1, \underset{\uparrow}{2}, 1\}$$

你能总结出关于该系统的线性结论吗？系统的冲激响应是什么？

2.11 在时不变系统的运算中，观测到了如下输入-输出对：

$$x_1(n) = \{-1, \underset{\uparrow}{2}, 1\} \overset{\Im}{\longleftrightarrow} y_1(n) = \{1, \underset{\uparrow}{2}, -1, 0, 1\}$$

$$x_2(n) = \{1, \underset{\uparrow}{-1}, -1\} \overset{\Im}{\longleftrightarrow} y_2(n) = \{-1, \underset{\uparrow}{1}, 0, 2\}$$

$$x_3(n) = \{0, \underset{\uparrow}{1}, 1\} \overset{\Im}{\longleftrightarrow} y_3(n) = \{\underset{\uparrow}{1}, 2, 1\}$$

你能总结出关于该系统的时不变性的结论吗？

2.12 对于一个系统，唯一存在的信息就是信号的 N 个输入-输出对，即 $y_i(n) = \Im[x_i(n)], i = 1, 2, \cdots, N$。

(a) 如果已知系统是线性的，那么根据以上信息，哪类输入信号能够求解出输出？

(b) 如果已知系统是时不变的，再次回答上述问题。

2.13 证明对某个常数 M_h，一个松弛线性时不变系统 BIBO 稳定的充要条件是 $\sum\limits_{n=-\infty}^{\infty} |h(n)| \leqslant M_h < \infty$。

2.14 证明：

(a) 当且仅当对任何输入 $x(n)$ 有 $x(n) = 0$，$n < n_0 \Rightarrow y(n) = 0$，$n < n_0$ 时，该松弛线性系统是因果的。

(b) 当且仅当 $h(n) = 0$，$n < 0$ 时，一个松弛线性时不变系统是因果的。

2.15 **(a)** 证明对于任何实常数或复常数 a 及任何有限整数 M 与 N，有

$$\sum_{n=M}^{N} a^n = \begin{cases} \dfrac{a^M - a^{N+1}}{1-a}, & a \neq 1 \\ N - M + 1, & a = 1 \end{cases}$$

(b) 证明若 $|a| < 1$，则 $\sum\limits_{n=0}^{\infty} a^n = \dfrac{1}{1-a}$。

2.16 **(a)** 如果 $y(n) = x(n) * h(n)$，证明 $\sum_y = \sum_x \sum_h$，式中 $\sum_x = \sum\limits_{n=-\infty}^{\infty} x(n)$。

(b) 计算下列信号的卷积 $y(n) = x(n) * h(n)$，并用(a)问中的证明检查结果的正确性。

(1) $x(n) = \{1, 2, 4\}, h(n) = \{1, 1, 1, 1, 1\}$；　　　　**(2)** $x(n) = \{1, 2, -1\}, h(n) = x(n)$；

(3) $x(n) = \{0, 1, -2, 3, -4\}, h(n) = \{\frac{1}{2}, \frac{1}{2}, 1, \frac{1}{2}\}$；　　**(4)** $x(n) = \{1, 2, 3, 4, 5\}, h(n) = \{1\}$；

(5) $x(n) = \{1, -2, 3\}, h(n) = \{0, 0, 1, 1, 1, 1\}$

2.17 计算并画出图 P2.17 中几对信号的卷积 $x(n) * h(n)$ 与 $h(n) * x(n)$。

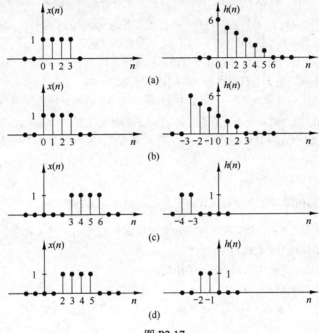

图 P2.17

2.18 求并画出信号

$$x(n) = \begin{cases} \frac{1}{3}n, & 0 \leqslant n \leqslant 6 \\ 0, & \text{其他} \end{cases} \quad \text{和} \quad h(n) = \begin{cases} 1, & -2 \leqslant n \leqslant 2 \\ 0, & \text{其他} \end{cases}$$

的卷积 $y(n)$：**(a)** 用图形方式；**(b)** 用解析方法。

2.19 计算信号

$$x(n) = \begin{cases} \alpha^n, & -3 \leqslant n \leqslant 5 \\ 0, & \text{其他} \end{cases} \quad \text{和} \quad h(n) = \begin{cases} 1, & 0 \leqslant n \leqslant 4 \\ 0, & \text{其他} \end{cases}$$

的卷积 $y(n)$。

2.20 考虑如下三个运算。

(a) 两个整数相乘：131 和 122。

(b) 计算信号的卷积：$\{1, 3, 1\} * \{1, 2, 2\}$。

(c) 多项式相乘：$1 + 3z + z^2$ 和 $1 + 2z + 2z^2$。

(d) 用数字 1.31 与 12.2 重做(a)问。

(e) 评价你的结果。

2.21 计算下面几对信号的卷积 $y(n) = x(n) * h(n)$。

(a) $x(n) = a^n u(n), h(n) = b^n u(n), \ a \neq b$ 且 $a = b$；

(b) $x(n) = \begin{cases} 1, & n = -2, 0, 1 \\ 2, & n = -1 \\ 0, & \text{其他} \end{cases}, \quad h(n) = \delta(n) - \delta(n-1) + \delta(n-4) + \delta(n-5)$；

(c) $x(n) = u(n+1) - u(n-4) - \delta(n-5), \quad h(n) = [u(n+2) - u(n-3)] \cdot (3 - |n|)$；

(d) $x(n) = u(n) - u(n-5), \quad h(n) = u(n-2) - u(n-8) + u(n-11) - u(n-17)$。

2.22 设 $x(n)$ 是冲激响应为 $h_i(n)$ 的离散时间滤波器的输入信号，$y_i(n)$ 是相应的输出。

(a) 计算并在所有图形上以相同的尺度画出以下情况的 $x(n)$ 与 $y_i(n)$：
$$x(n) = \{1, 4, 2, 3, 5, 3, 3, 4, 5, 7, 6, 9\}$$
$$h_1(n) = \{1, 1\}, \quad h_2(n) = \{1, 2, 1\}, \quad h_3(n) = \{\tfrac{1}{2}, \tfrac{1}{2}\}, \quad h_4(n) = \{\tfrac{1}{4}, \tfrac{1}{2}, \tfrac{1}{4}\}, \quad h_5(n) = \{\tfrac{1}{4}, -\tfrac{1}{2}, \tfrac{1}{4}\}$$

在一幅图上画出 $x(n)$，$y_1(n)$ 和 $y_2(n)$，在另一幅图上画出 $x(n)$，$y_3(n)$，$y_4(n)$ 和 $y_5(n)$。

(b) $y_1(n)$ 与 $y_2(n)$ 之间有什么区别？$y_3(n)$ 与 $y_4(n)$ 之间有什么区别？

(c) 评价 $y_2(n)$ 与 $y_4(n)$ 的平滑度，影响其平滑的因素是什么？

(d) 比较 $y_4(n)$ 与 $y_5(n)$，它们有什么区别？你能解释吗？

(e) 若 $h_6(n) = \{\tfrac{1}{2}, -\tfrac{1}{2}\}$，计算 $y_6(n)$。在同一幅图上画出 $x(n)$，$y_2(n)$ 和 $y_6(n)$，并评价结果。

2.23 将冲激响应为 $h(n)$ 的线性时不变系统的输出 $y(n)$ 表示为阶跃响应 $s(n) = h(n)*u(n)$ 和输入 $x(n)$ 的函数。

2.24 离散时间系统 $y(n) = ny(n-1) + x(n), n \geq 0$ 处于静止状态 $[y(-1) = 0]$，检验该系统是否是线性时不变的和 BIBO 稳定的。

2.25 考虑信号 $\gamma(n) = a^n u(n), 0 < a < 1$。

(a) 证明任何序列 $x(n)$ 都可以分解为 $x(n) = \sum_{n=-\infty}^{\infty} c_k \gamma(n-k)$ 并用 $x(n)$ 表示 c_k。

(b) 根据线性和时不变性的性质，用输入 $x(n)$ 和信号 $y(n) = \Im[x(n)]$ 来表示输出 $g(n) = \Im[\gamma(n)]$，其中 $\Im[\cdot]$ 是一个线性时不变系统。

(c) 将冲激响应 $h(n) = \Im[\delta(n)]$ 表示成 $g(n)$ 的函数。

2.26 计算由二阶差分方程 $x(n) - 3y(n-1) - 4y(n-2) = 0$ 描述的系统的零输入响应。

2.27 求冲激响应为 $h_1(n) = a^n[u(n) - u(n-N)]$ 和 $h_2(n) = [u(n) - u(n-M)]$ 的两个线性时不变系统的级联的冲激响应。

2.28 设 $x(n), N_1 \leq n \leq N_2$ 和 $h(n), M_1 \leq n \leq M_2$ 是两个有限长信号。

(a) 求它们的卷积的长度范围 $L_1 \leq n \leq L_2$，用 N_1, N_2, M_1 与 M_2 表示。

(b) 计算左边部分重叠、全部重叠及右边部分重叠情况下的极值，为方便起见，设 $h(n)$ 的长度比 $x(n)$ 的短。

(c) 通过计算信号
$$x(n) = \begin{cases} 1, & -2 \leq n \leq 4 \\ 0, & \text{其他} \end{cases} \quad \text{和} \quad h(n) = \begin{cases} 2, & -1 \leq n \leq 2 \\ 0, & \text{其他} \end{cases}$$
的卷积来说明你的结果的正确性。

2.29 求由差分方程

(a) $y(n) = 0.6y(n-1) - 0.08y(n-2) + x(n)$ 和 **(b)** $y(n) = 0.7y(n-1) - 0.1y(n-2) + 2x(n) - x(n-2)$

描述的系统的冲激响应与单位阶跃响应。

2.30 考虑冲激响应为
$$h(n) = \begin{cases} \left(\tfrac{1}{2}\right)^n, & 0 \leq n \leq 4 \\ 0, & \text{其他} \end{cases}$$

的一个系统。求产生输出序列 $y(n) = \{1, 2, 2.5, 3, 3, 3, 2, 1, 0, \cdots\}$ 的输入 $x(n), 0 \leq n \leq 8$。

2.31 考虑如图 P2.31 所示的线性时不变系统的级联。

(a) 用 $h_1(n), h_2(n), h_3(n)$ 和 $h_4(n)$ 表示整体的冲激响应。

(b) 当 $h_1(n) = \{\tfrac{1}{2}, \tfrac{1}{4}, \tfrac{1}{2}\}$，$h_2(n) = h_3(n) = (n+1)u(n)$，$h_4(n) = \delta(n-2)$ 时，求 $h(n)$。

(c) 如果 $x(n) = \delta(n+2) + 3\delta(n-1) - 4\delta(n-3)$，求(b)问中的系统的响应。

2.32 考虑图 P2.32 中的系统，其中 $h(n) = a^n u(n)$，$-1 < a < 1$，求激励为 $x(n) = u(n+5) - u(n-10)$ 时系统的响应 $y(n)$。

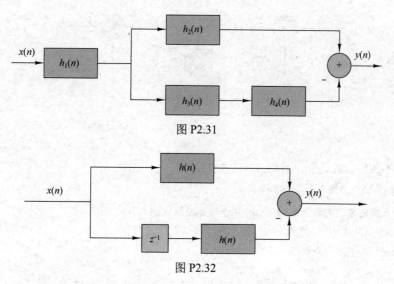

图 P2.31

图 P2.32

2.33 计算并画出系统 $y(n) = \dfrac{1}{M}\displaystyle\sum_{k=0}^{M-1} x(n-k)$ 的阶跃响应。

2.34 求使得冲激响应为 $h(n) = \begin{cases} a^n, & n \geq 0,\ n\ \text{为偶数} \\ 0, & \text{其他} \end{cases}$ 的线性时不变系统稳定的参数 a 的值域。

2.35 求冲激响应为 $h(n) = a^n u(n)$ 的系统对输入信号 $x(n) = u(n) - u(n-10)$ 的响应。（**提示**：利用例 2.3.5 中的线性和时不变性质可以快速得出答案。）

2.36 求由冲激响应 $h(n) = (0.5)^n u(n)$ 描述的（松弛）系统对如下输入信号的响应：
$$x(n) = \begin{cases} 1, & 0 \leq n < 10 \\ 0, & \text{其他} \end{cases}$$

2.37 求由冲激响应 $h(n) = (0.5)^n u(n)$ 描述的（松弛）系统对输入信号**(a)** $x(n) = 2^n u(n)$ 和 **(b)** $x(n) = u(-n)$ 的响应。

2.38 冲激响应分别为 $h_1(n) = \delta(n) - \delta(n-1), h_2(n) = h(n), h_3(n) = u(n)$ 的三个系统级联在一起。

    (a) 整个系统的冲激响应 $h_c(n)$ 是什么？**(b)** 级联的顺序对整个系统有影响吗？

2.39 **(a)** 证明并以图形方式解释关系式 $x(n)\delta(n-n_0) = x(n_0)\delta(n-n_0)$ 和 $x(n) * \delta(n-n_0) = x(n-n_0)$ 的区别。

    (b) 证明由卷积和描述的离散时间系统是线性时不变且松弛的。

    (c) 由 $y(n) = x(n-n_0)$ 描述的系统的冲激响应是什么？

2.40 两个信号 $s(n)$ 与 $v(n)$ 之间的关系由差分方程 $s(n) + a_1 s(n-1) + \cdots + a_N s(n-N) = b_0 v(n)$ 描述。设计如下情形的框图实现：**(a)** 当激励为 $v(n)$ 时产生 $s(n)$ 的系统；**(b)** 当激励为 $s(n)$ 时产生 $v(n)$ 的系统；**(c)** (a)问与(b)问中的系统级联后的冲激响应是什么？

2.41 采用递归求解差分方程的方法计算由差分方程 $y(n) + \frac{1}{2} y(n-1) = x(n) + 2x(n-2)$ 描述的系统对输入 $x(n) = \{1, 2, \underset{\uparrow}{3}, 4, 2, 1\}$ 的零状态响应。

2.42 求如下线性时不变系统的直接 II 型实现：
    (a) $2y(n) + y(n-1) - 4y(n-3) = x(n) + 3x(n-5)$；**(b)** $y(n) = x(n) - x(n-1) + 2x(n-2) - 3x(n-4)$。

2.43 考虑图 P2.43 所示一个离散时间系统。

    (a) 计算其冲激响应的前 10 个样本。

    (b) 找出输入-输出关系。

    (c) 将输入 $x(n) = \{\underset{\uparrow}{1}, 1, 1, \cdots\}$ 作用到该系统上，计算输出的前 10 个样本。

    (d) 根据(c)问给出的输入，用卷积计算输出的前 10 个样本。

    (e) 这个系统是因果的吗？是稳定的吗？

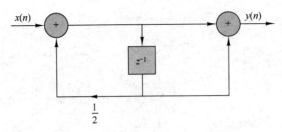

图 P2.43

2.44 考虑由差分方程 $y(n) = ay(n-1) + bx(n)$ 描述的系统。

(a) 用 a 表示 b，使得 $\sum_{n=-\infty}^{\infty} h(n) = 1$。

(b) 计算系统的零状态阶跃响应 $s(n)$，并选择 b 使得 $s(\infty) = 1$。

(c) 比较(a)问与(b)问中得到的 b 值，你发现了什么？

2.45 考虑如图 P2.45 所示的离散时间系统。

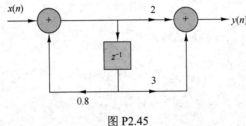

图 P2.45

(a) 求其冲激响应。

(b) 求其逆系统的一个实现，逆系统的意思是，当以 $y(n)$ 作为输入时，该系统产生 $x(n)$ 作为输出。

2.46 考虑如图 P2.46 所示的离散时间系统。

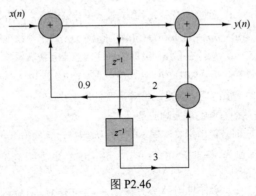

图 P2.46

(a) 计算系统的冲激响应的前 6 个值。

(b) 计算系统零状态阶跃响应的前 6 个值。

(c) 求系统的冲激响应的解析表达式。

2.47 计算并画出如下系统在 $n = 0, 1, \cdots, 9$ 时的冲激响应：

(a) 图 P2.47(a)；**(b)** 图 P2.47(b)；**(c)** 图 P2.47(c)。

(d) 将以上系统按有限冲激响应或无限冲激响应分类。

(e) 求(c)问中系统的冲激响应的显式表达式。

2.48 考虑图 P2.48 所示的系统。

(a) 计算并画出它们的冲激响应 $h_1(n)$, $h_2(n)$ 和 $h_3(n)$。

(b) 是否可能选择这些系统的系数，使得 $h_1(n) = h_2(n) = h_3(n)$？

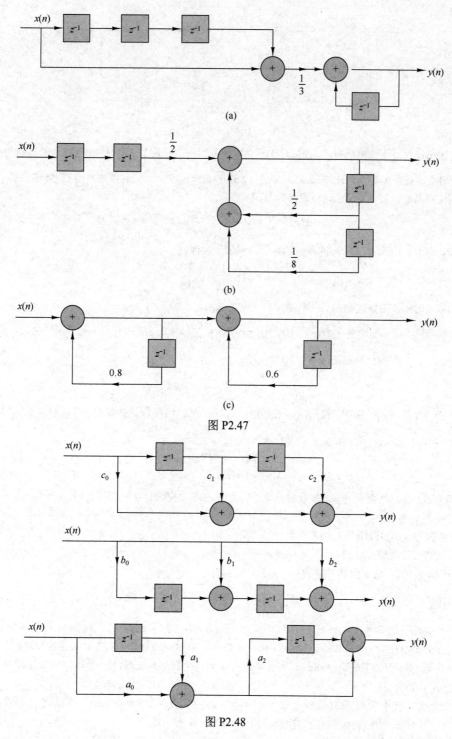

(a)

(b)

(c)

图 P2.47

图 P2.48

2.49 考虑如图 P2.49 所示的系统。

(a) 求其冲激响应 $h(n)$; **(b)** 证明 $h(n)$ 等于信号 $h_1(n) = \delta(n) + \delta(n-1)$ 和 $h_2(n) = (0.5)^n u(n)$ 的卷积。

2.50 计算并画出以下几对信号的卷积 $y_i(n)$ 及相关序列 $r_i(n)$，并说明得到的结果。

(a) $x_1(n) = \{\underset{\uparrow}{1}, 2, 4\}$, $h_1(n) = \{\underset{\uparrow}{1}, 1, 1, 1, 1\}$; **(b)** $x_2(n) = (0, 1, -2, 3, -4)$, $h_2(n) = \{\frac{1}{2}, 1, \underset{\uparrow}{2}, 1, \frac{1}{2}\}$;

(c) $x_3(n) = \{\underset{\uparrow}{1}, 2, 3, 4\}$, $h_3(n) = \{\underset{\uparrow}{4}, 3, 2, 1\}$; **(d)** $x_4(n) = \{\underset{\uparrow}{1}, 2, 3, 4\}$, $h_4(n) = \{\underset{\uparrow}{1}, 2, 3, 4\}$。

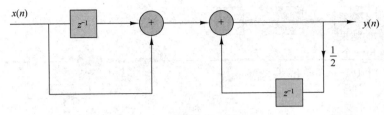

图 P2.49

2.51 一个因果线性时不变系统对输入 $x(n) = \{\underset{\uparrow}{1}, 3, 3, 1\}$ 的零状态响应为 $y(n) = \{\underset{\uparrow}{1}, 4, 6, 4, 1\}$，求其冲激响应。

2.52 证明将描述直接 II 型结构的式（2.5.9）和式（2.5.10）的等效代入，可得描述直接 I 型结构的式（2.5.6）。

2.53 证明任何离散时间信号 $x(n)$ 均可表示为

$$x(n) = \sum_{k=-\infty}^{\infty} \big[x(k) - x(k-1) \big] u(n-k)$$

式中，$u(n-k)$ 是延迟 k 个时间单位的单位阶跃信号，即

$$u(n-k) = \begin{cases} 1, & n \geqslant k \\ 0, & \text{其他} \end{cases}$$

2.54 证明线性时不变系统的输出可用其单位阶跃响应 $s(n)$ 表示如下：

$$y(n) = \sum_{k=-\infty}^{\infty} \big[s(k) - s(k-1) \big] x(n-k) = \sum_{k=-\infty}^{\infty} \big[x(k) - x(k-1) \big] s(n-k)$$

2.55 对下面的信号序列计算相关序列 $r_{xx}(l)$ 和 $r_{xy}(l)$：

$$x(n) = \begin{cases} 1, & n_0 - N \leqslant n \leqslant n_0 + N \\ 0, & \text{其他} \end{cases} \qquad y(n) = \begin{cases} 1, & -N \leqslant n \leqslant N \\ 0, & \text{其他} \end{cases}$$

2.56 求下列信号的自相关序列：**(a)** $x(n) = \{\underset{\uparrow}{1}, 2, 1, 1\}$；**(b)** $y(n) = \{\underset{\uparrow}{1}, 1, 2, 1\}$。你能得出什么结论？

2.57 如下信号 $x(n)$ 的归一化自相关序列是什么？

$$x(n) = \begin{cases} 1, & -N \leqslant n \leqslant N \\ 0, & \text{其他} \end{cases}$$

2.58 某扬声器产生的声音信号 $s(t)$ 被反射系数分别为 r_1 和 r_2 的两面墙壁反射，信号 $x(t)$ 由靠近扬声器的麦克风记录，采样后为 $x(n) = s(n) + r_1 s(n-k_1) + r_2 s(n-k_2)$，其中 k_1 与 k_2 是两个回波的延迟。

(a) 求信号 $x(n)$ 的自相关 $r_{xx}(l)$。

(b) 能够通过观测 $r_{xx}(l)$ 得到 r_1, r_2, k_1 和 k_2 吗？

(c) 如果 $r_2 = 0$，情况会是怎样的？

计算机习题

CP2.1 产生并画出如下序列：**(a)** $x(n) = (0.8)^n \cos(0.3\pi n), 0 \leqslant n \leqslant 25$；**(b)** $x(n) = 10(0.6)^n [u(n) - u(n-10)]$。

CP2.2 产生并画出序列 $x(n) = 10\cos(0.4\pi n), -30 \leqslant n \leqslant 30$，该序列是周期的吗？如果是，其周期是多少？

CP2.3 将序列 $x(n) = (0.5)^n \cos(0.4\pi n), -10 \leqslant n \leqslant 10$ 分解为一个偶序列 $x_e(n)$ 与一个奇序列 $x_o(n)$ 之和，并画出 $x_o(n), x_e(n)$ 和 $x(n)$。

CP2.4 一个线性时不变系统由差分方程 $y(n) = 4y(n-1) + 4y(n-2) + x(n) - x(n-1)$ 描述。生成并画出当 $0 \leqslant n \leqslant 50$ 时系统的冲激响应。注意必须设 $y(-1) = y(-2) = 0$。

CP2.5 生成如下序列并计算 $x(n)$ 的能量：

$$x(n) = \begin{cases} \left(\dfrac{1}{2}\right)^n, & 0 \leqslant n \leqslant 10 \\ 3^n, & -1 \leqslant n \leqslant -10 \end{cases}$$

CP2.6 在范围 $0 \leqslant n \leqslant 50$ 内生成并画出冲激响应为

$$h_1(n) = \left(\tfrac{1}{2}\right)^n [u(n) - u(n-20)] \text{ 和 } h_2(n) = \left(\tfrac{1}{4}\right)^n [u(n) - u(n-20)]$$

的两个线性时不变系统的级联的冲激响应 $h(n)$。求 $h(n)$ 的能量并将结果与 $h_1(n)$ 与 $h_2(n)$ 的能量进行比较，并评论你的结果。

CP2.7 计算并画出一个线性时不变系统的输出的卷积，其中输入信号为 $x(n)=u(n)-u(n-10)$，冲激响应为 $h(n)=(0.8)^n[u(n)-u(n-15)]$，求输出序列 $y(n)$ 的持续时间并将其与输入序列的持续时间及冲激响应的持续时间联系起来。

CP2.8 一个线性时不变系统由差分方程 $y(n)=\frac{1}{2}y(n-1)-\frac{1}{4}y(n-2)+x(n)+2x(n-1)+x(n-3)$ 描述。

(a) 计算并画出 $0\leqslant n\leqslant 100$ 时系统的冲激响应，并由冲激响应确定系统的稳定性；

(b) 系统的输入为 $x(n)=[10+2\cos(0.3\pi n)+5\sin(0.6\pi n)]u(n)$，计算并画出 $0\leqslant n\leqslant 200$ 时的响应 $y(n)$。

CP2.9 产生在区间 $(-1,1)$ 上均匀分布的 $N=1000$ 个随机数，组成序列 $w(n)$。该序列通过由递归差分方程

$$y(n)=0.95y(n-1)+w(n),\ n\leqslant 0, y(-1)=0$$

描述的一个线性时不变系统。计算并画出自相关序列 $r_{yy}(m), r_{ww}(m)$ 及互相关序列 $r_{yw}(m)$。

CP2.10 产生在区间 $(-1,1)$ 上均匀分布的 $N=100$ 个随机变量，组成序列 $w(n)$，画出序列 $w(n)$。求序列 $w(n)$ 的均值与方差：

$$\hat{w}=\frac{1}{N}\sum_{n=1}^{N}w(n)\quad \text{和}\quad \hat{\sigma}^2=\frac{1}{N}\sum_{n=1}^{N}\left[w(n)-\hat{w}\right]^2$$

注意：$\hat{w}$ 与 $\hat{\sigma}^2$ 分别是 $w(n)$ 的真实均值与方差的估计。将 $\hat{w}$ 和 $\hat{\sigma}^2$ 与它们的期望值进行比较。

CP2.11 重做 CP2.10，但现在通过将序列 $w(n)$ 乘以整数 3，对序列中的每个随机数进行缩放。将缩放后序列的均值、方差估计值与原序列的进行比较，对结果进行讨论，并解析地求缩放因子对 $\hat{w}$ 和 $\hat{\sigma}^2$ 的影响。

CP2.12 **使用对映信令的二进制通信。** 在数字通信系统中，通过使用信号波形

$$s_0(t)=A,\quad 0\leqslant t\leqslant T_b$$

发射数据比特 "0"，使用信号波形 $-s_0(t)$ 发射数据比特 "1"，可在（有线和无线）通信信道中传输二进制数据。这类数字传输称为对映信令。被传输信号通常会被加性噪声 $n(t)$ 干扰，因此被恢复的信号为

$$x(t)=\pm s_0(t)+n(t),\quad 0\leqslant t\leqslant T_b$$

二进制数据可以通过将接收到的信号与发射信号 $s_0(t)$ 进行互相关运算来恢复。$x(t)$ 与 $s_0(t)$ 的互相关可在离散时间进行。假设 $x(t)$ 与 $s_0(t)$ 的 20 个样本以采样间隔 $T_s=T_b/20$ 取出，于是 $x(t)$ 与 $s_0(t)$ 的互相关变为

$$r_{xs}(kT_s)=\sum_{n=1}^{k}x(nT_s)s_0(nT_s),\quad 1\leqslant k\leqslant 20$$

当 **(a)** $s_0(t)$ 是被发射的信号，**(b)** $-s_0(t)$ 是被发射的信号时，对 $1\leqslant k\leqslant 20$ 计算并画出 $r_{xs}(kT_s)$。$x(nT_s)$ 中的加性噪声样本是统计独立的高斯随机变量，均值为 0，方差分别为 $\sigma^2=0, \sigma^2=0.1, \sigma^2=1$。信号的振幅 A 可设为 1。就加性噪声方差（噪声功率）对相关器输出的影响，评价你的结果。

CP2.13 **使用正交信令的二进制通信。** 本题与 CP2.12 类似，不同之处是用来发射比特的信号 $s_0(t)$ 和 $s_1(t)$ 在区间 $0\leqslant t\leqslant T_b$ 上是正交的，即

$$\int_0^{T_b}s_0(t)s_1(t)\mathrm{d}t=0$$

特别地，假设信号为

$$s_0(t)=A,\quad 0\leqslant t\leqslant T_b;\qquad s_1(t)=\begin{cases}A,&0\leqslant t\leqslant T_b/2\\-A,&T_b/2\leqslant t\leqslant T_b\end{cases}$$

接收到的信号可以表示为

$$x(t)=s_i(t)+n(t),\quad i=0,1,\quad 0\leqslant t\leqslant T_b$$

在接收端，使用输出为

$$r_{xs_0}(kT_s)=\sum_{n=1}^{k}x(nT_s)s_0(nT_s),\quad 1\leqslant k\leqslant 20$$

$$r_{xs_1}(kT_s)=\sum_{n=1}^{k}x(nT_s)s_1(nT_s),\quad 1\leqslant k\leqslant 20$$

的两个互相关器，这里的采样间隔与 CP2.12 中的相同。

当(a)被发射信号为 $s_0(t)$，(b)被发射信号为 $s_1(t)$时，计算并画出 $1 \leq k \leq 20$ 时两个相关器的输出。$x(nT_s)$ 中的加性噪声的样本是均值为 0、方差为 $\sigma^2 = 0$，$\sigma^2 = 0.1$，$\sigma^2 = 1$ 的统计高斯随机变量，信号的振幅 A 可设为 1。就加性噪声方差（噪声功率）对相关器输出的影响，评价你的结果。

CP2.14 **线性时不变系统的实现。**考虑由差分方程

$$y(n) = -a_1 y(n-1) - a_2 y(n-2) + b_0 x(n)$$

描述的递归离散时间系统，式中 $a_1 = -0.8$，$a_2 = 0.64$，$b_0 = 0.866$。

(a) 编写程序计算并画出该系统的冲激响应 $h(n), 0 \leq n \leq 49$。

(b) 编写程序计算并画出该系统的零状态响应 $s(n), 0 \leq n \leq 100$。

(c) 定义其冲激响应 $h_{\text{FIR}}(n)$ 为

$$h_{\text{FIR}}(n) = \begin{cases} h(n), & 0 \leq n \leq 19 \\ 0, & \text{其他} \end{cases}$$

的一个 FIR 系统。其中，$h(n)$是(a)问中算得的冲激响应。编写程序计算并画出其阶跃响应。

(d) 比较(b)问与(c)问中的结果，并解释它们的相似性与差异。

CP2.15 编写计算机程序计算 $0 \leq n \leq 99$ 时图 CP2.15 中的系统的总冲激响应 $h(n)$。系统 $\Im_1$，$\Im_2$，$\Im_3$ 和 $\Im_4$ 如下所示，画出 $0 \leq n \leq 99$ 时的 $h(n)$。

$\Im_1 : h_1(n) = \{1, \frac{1}{2}, \frac{1}{4}, \frac{1}{8}, \frac{1}{16}, \frac{1}{32}\}$; $\qquad\qquad \Im_2 : h_2(n) = \{1, 1, 1, 1, 1\}$

$\Im_3 : y_3(n) = \frac{1}{4} x(n) + \frac{1}{2} x(n-1) + \frac{1}{4} x(n-2)$; $\quad \Im_4 : y(n) = 0.9 y(n-1) - 0.81 y(n-2) + v(n) + v(n-1)$

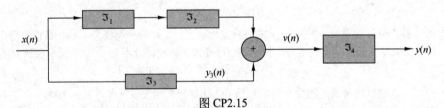

图 CP2.15

CP2.16 **雷达时延估计。**设 $x_a(t)$是雷达系统的发送信号，$y_a(t)$是接收信号，其中

$$y_a(t) = a x_a(t - t_d) + v_a(t)$$

且 $v_a(t)$是加性随机噪声。根据采样定理，信号 $x_a(t)$ 与 $y_a(t)$在接收端被采样，然后经过数字化处理，以求时延及目标距离。所得离散时间信号为

$$x(n) = x_a(nT), \quad y(n) = y_a(nT) = a x_a(nT - DT) + v_a(nT) \triangleq a x(n-D) + v(n)$$

(a) 解释如何通过计算互相关序列 $r_{xy}(l)$ 来测量时延 D。

(b) 设 $x(n)$是 13 点巴克序列 $x(n) = \{+1, +1, +1, +1, +1, -1, -1, +1, +1, -1, +1, -1, +1\}$ 且 $v(n)$是均值为零、方差为 $\sigma^2 = 0.01$ 的高斯随机序列。编写程序生成序列 $y(n), 0 \leq n \leq 199$，其中 $a = 0.9$，$D = 20$。画出信号 $x(n), y(n), 0 \leq n \leq 199$。

(c) 计算并画出互相关序列 $r_{xy}(l), 0 \leq l \leq 59$，根据图形估计延迟 D 的值。

(d) 对 $\sigma^2 = 0.1$ 和 $\sigma^2 = 1$，重做(b)问与(c)问。

第3章　z变换及其在 LTI 系统分析中的应用

变换技术是信号和线性时不变（LTI）系统分析中的重要工具。本章介绍 z 变换，推导其性质，并说明其在线性时不变系统的分析与描述中的重要性。

z 变换在离散时间信号与线性时不变系统分析中所起的作用，就如同拉普拉斯变换在连续时间信号与线性时不变系统分析中的一样。例如，我们将看到，在 z 域（复 z 平面）中，两个时域信号的卷积等于它们的对应 z 变换的乘积。这个性质大大简化了线性时不变系统对不同信号的响应的分析。另外，通过其零极点位置，z 变换提供了表征一个线性时不变系统及其对不同信号的响应的一种方法。

3.1 节给出 z 变换的定义；3.2 节给出 z 变换的重要性质；3.3 节根据零极点图，使用 z 变换来表征信号；3.4 节介绍求信号的 z 变换的逆的方法，以得到信号的时域表示；3.5 节应用 z 变换分析线性时不变系统；3.6 节介绍单边 z 变换，并用它来求解具有非零初始条件的线性差分方程。

3.1　z 变换

本节介绍离散时间信号的 z 变换，研究其收敛性质并简单讨论逆 z 变换。

3.1.1　正 z 变换

离散时间信号 $x(n)$ 的 z 变换定义为幂级数

$$X(z) \equiv \sum_{n=-\infty}^{\infty} x(n)z^{-n} \tag{3.1.1}$$

式中，z 是复变量。因为式（3.1.1）将时域信号 $x(n)$ 变换到复平面来表示 $X(z)$，所以式（3.1.1）有时也称**正 z 变换**。逆过程［从 $X(z)$ 得到 $x(n)$］称为**逆 z 变换**，将在 3.1.2 节中简述，并在 3.4 节中详述。

为方便起见，我们将信号 $x(n)$ 的 z 变换记为

$$X(z) \equiv Z\{x(n)\} \tag{3.1.2}$$

而将 $x(n)$ 与 $X(z)$ 之间的关系记为

$$x(n) \xleftarrow{\ z\ } X(z) \tag{3.1.3}$$

因为 z 变换是一个无限幂级数，所以仅对那些使级数收敛的 z 值存在。$X(z)$ 的**收敛域**（Region Of Convergence，ROC）是使 $X(z)$ 取有限值的所有 z 值的集合。因此，当我们提及 z 变换时，应该同时指明它的收敛域。

下面用一些简单的例子来说明这些概念。

【例 3.1.1】 求以下有限长信号的 z 变换：

(a) $x_1(n) = \{\underset{\uparrow}{1}, 2, 5, 7, 0, 1\}$　　(b) $x_2(n) = \{1, 2, \underset{\uparrow}{5}, 7, 0, 1\}$　　(c) $x_3(n) = \{0, 0, 1, 2, 5, 7, 0, 1\}$

(d) $x_4(n) = \{2, 4, \underset{\uparrow}{5}, 7, 0, 1\}$　　(e) $x_5(n) = \delta(n)$　　(f) $x_6(n) = \delta(n-k), k > 0$　　(g) $x_7(n) = \delta(n+k), k > 0$

解： 由定义式（3.1.1）有

(a) $X_1(z) = 1 + 2z^{-1} + 5z^{-2} + 7z^{-3} + z^{-5}$，收敛域是除 $z = 0$ 外的整个 z 平面。

(b) $X_2(z) = z^2 + 2z + 5 + 7z^{-1} + z^{-3}$，收敛域是除 $z = 0$ 和 $z = \infty$ 外的整个 z 平面。

(c) $X_3(z) = z^{-2} + 2z^{-3} + 5z^{-4} + 7z^{-5} + z^{-7}$，收敛域是除 $z = 0$ 外的整个 z 平面。

(d) $X_4(z) = 2z^2 + 4z + 5 + 7z^{-1} + z^{-3}$，收敛域是除 $z = 0$ 与 $z = \infty$ 外的整个 z 平面。

(e) $X_5(z) = 1$ ［即 $\delta(n) \xleftrightarrow{z} 1$］，收敛域是整个 z 平面。

(f) $X_6(z) = z^{-k}$ ［即 $\delta(n-k) \xleftrightarrow{z} z^{-k}$］，$k > 0$，收敛域是除 $z = 0$ 外的整个 z 平面。

(g) $X_7(z) = z^k$ ［即 $\delta(n+k) \xleftrightarrow{z} z^k$］，$k > 0$，收敛域是除 $z = \infty$ 外的整个 z 平面。

由这些例子很容易看出，**有限长信号**的收敛域是整个 z 平面，但是可能不包括点 $z = 0$ 和/或 $z = \infty$。因为 $z = \infty$ 时 z^k $(k > 0)$ 变得无界，而 $z = 0$ 时 z^{-k} $(k > 0)$ 变得无界，所以这些点被排除。

从数学角度看，z 变换只是信号的另一种表示。例 3.1.1 很好地说明了这一点，我们看到在一个给定的变换中，z^{-n} 的系数是信号在时间 n 的值。换言之，z 的指数包含用来识别信号样本所需的时间信息。

在许多情况下，我们都能用闭式表达式将 z 变换表示为有限级数或无限级数的和。在这些情况下，z 变换提供了信号的另一种紧凑表示。

【例 3.1.2】 求信号 $x(n) = (0.5)^n u(n)$ 的 z 变换。

解：信号 $x(n)$ 由无数的非零值组成：

$$x(n) = \left\{1, (0.5), (0.5)^2, (0.5)^3, \cdots, (0.5)^n, \cdots\right\}$$

信号 $x(n)$ 的 z 变换是无限幂级数

$$X(z) = 1 + 0.5z^{-1} + (0.5)^2 z^{-2} + (0.5)^n z^{-n} + \cdots = \sum_{n=0}^{\infty} (0.5)^n z^{-n} = \sum_{n=0}^{\infty} (0.5z^{-1})^n$$

这是一个无限几何级数。回顾可知

$$1 + A + A^2 + A^3 + \cdots = \frac{1}{1-A}, \qquad |A| < 1$$

因此，当 $|0.5z^{-1}| < 1$ 时，或者等价地当 $|z| > 0.5$ 时，$X(z)$ 收敛于

$$X(z) = \frac{1}{1 - 0.5z^{-1}}, \qquad \text{收敛域：} |z| > 0.5$$

我们看到在这种情况下，z 变换提供了信号 $x(n)$ 的另一种紧凑表示。

下面将复变量 z 表示成下面的极坐标形式：

$$z = r\,\mathrm{e}^{j\theta} \tag{3.1.4}$$

式中，$r = |z|$，$\theta = \measuredangle z$。于是，$X(z)$ 可表示为

$$X(z)\big|_{z=r\mathrm{e}^{j\theta}} = \sum_{n=-\infty}^{\infty} x(n) r^{-n}\,\mathrm{e}^{-j\theta n}$$

在 $X(z)$ 的收敛域内，$|X(z)| < \infty$。但是，

$$|X(z)| = \left| \sum_{n=-\infty}^{\infty} x(n) r^{-n}\,\mathrm{e}^{-j\theta n} \right| \leqslant \sum_{n=-\infty}^{\infty} \left| x(n) r^{-n}\,\mathrm{e}^{-j\theta n} \right| = \sum_{n=-\infty}^{\infty} \left| x(n) r^{-n} \right| \tag{3.1.5}$$

因此，如果序列 $x(n)r^{-n}$ 绝对可和，$|X(z)|$ 就是有限的。

求 $X(z)$ 的收敛域的问题，等效于求使得序列 $x(n)r^{-n}$ 绝对可和的 r 值的范围。为了详尽阐述，下面将式（3.1.5）表示为

$$|X(z)| \leqslant \sum_{n=-\infty}^{-1} \left| x(n) r^{-n} \right| + \sum_{n=0}^{\infty} \left| \frac{x(n)}{r^n} \right| \leqslant \sum_{n=1}^{\infty} \left| x(-n) r^n \right| + \sum_{n=0}^{\infty} \left| \frac{x(n)}{r^n} \right| \tag{3.1.6}$$

若 $X(z)$ 在复平面上的某个区域收敛，则式（3.1.6）中的两个求和在该区域上必定是有限的。若式（3.1.6）中的第一个求和收敛，则一定存在足够小的 r 值使得积序列 $x(-n)r^n$，$1 \leqslant n < \infty$ 绝对可和。因此，第一个求和的收敛域由半径为 r_1 的圆内的所有点组成，其中 $r_1 < \infty$，如图 3.1.1(a)所示。另一方面，若式（3.1.6）中的第二个求和收敛，则一定存在足够大的 r 值使得积序列 $x(n)/r^n$，$0 \leqslant n < \infty$ 绝对可和。因此，第二个求和的收敛域由半径 $r > r_2$ 的圆外的所有点组成，如图 3.1.1(b)所示。

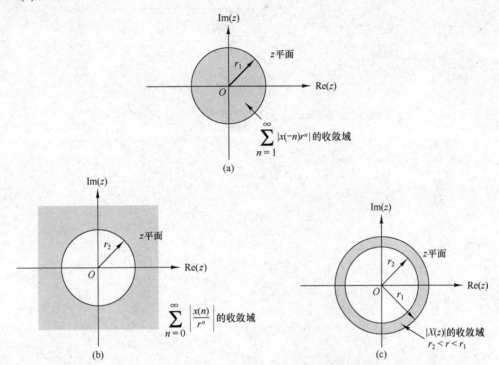

图 3.1.1　$X(z)$ 的收敛域及其对应的因果和非因果分量

因为 $X(z)$ 的收敛要求式（3.1.6）中的两个求和都是有限的，所以 $X(z)$ 的收敛域通常被指定为 z 平面上的一个环形区域 $r_2 < r < r_1$，这是两个求和都有限的共同区域。这个区域如图 3.1.1(c)所示。另一方面，如果 $r_2 > r_1$，两个求和就没有共同的收敛域，因此 $X(z)$ 也不存在。

下面的例子说明了这些重要的概念。

【例 3.1.3】 求信号 $x(n) = \alpha^n u(n) = \begin{cases} \alpha^n, & n \geqslant 0 \\ 0, & n < 0 \end{cases}$ 的 z 变换。

解：由定义式（3.1.1）有

$$X(z) = \sum_{n=0}^{\infty} \alpha^n z^{-n} = \sum_{n=0}^{\infty} \left(\alpha z^{-1} \right)^n$$

如果 $\left| \alpha z^{-1} \right| < 1$ 或者 $|z| > |\alpha|$，该幂级数就收敛于 $\dfrac{1}{1 - \alpha z^{-1}}$。因此，就有 z 变换对

$$x(n) = \alpha^n u(n) \xleftrightarrow{z} X(z) = \frac{1}{1 - \alpha z^{-1}}, \quad \text{收敛域：} |z| > |\alpha| \tag{3.1.7}$$

收敛域是半径为 $|\alpha|$ 的圆的外部。图 3.1.2 显示了信号 $x(n)$ 及其对应的收敛域。注意，一般来说，α 不一定是实数。

如果在式（3.1.7）中设 $\alpha = 1$，就得到单位阶跃信号的 z 变换：

$$x(n) = u(n) \xleftrightarrow{z} X(z) = \frac{1}{1-z^{-1}}, \qquad 收敛域: |z| > 1 \tag{3.1.8}$$

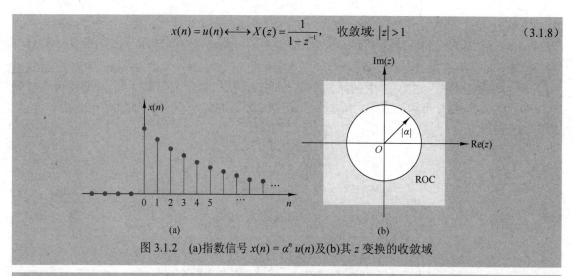

图 3.1.2　(a)指数信号 $x(n) = \alpha^n u(n)$ 及(b)其 z 变换的收敛域

【**例 3.1.4**】求信号 $x(n) = -\alpha^n u(-n-1) = \begin{cases} 0, & n \geqslant 0 \\ -\alpha^n, & n \leqslant -1 \end{cases}$ 的 z 变换。

解： 由定义式（3.1.1）有

$$X(z) = \sum_{n=-\infty}^{-1} (-\alpha^n) z^{-n} = -\sum_{l=1}^{\infty} (\alpha^{-1} z)^l$$

式中，$l = -n$。使用公式

$$A + A^2 + A^3 + \cdots = A(1 + A + A^2 + \cdots) = \frac{A}{1-A}$$

并且假设 $|\alpha^{-1} z| < 1$ 或者 $|z| < |\alpha|$，当 $|A| < 1$ 时，有

$$X(z) = -\frac{\alpha^{-1} z}{1 - \alpha^{-1} z} = \frac{1}{1 - \alpha z^{-1}}$$

因此，

$$x(n) = -\alpha^n u(-n-1) \xleftrightarrow{z} X(z) = -\frac{1}{1 - \alpha z^{-1}}, \qquad 收敛域: |z| < |\alpha| \tag{3.1.9}$$

收敛域现在是半径为 $|\alpha|$ 的圆的内部，如图 3.1.3 所示。

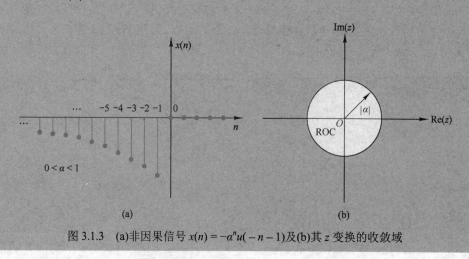

图 3.1.3　(a)非因果信号 $x(n) = -\alpha^n u(-n-1)$ 及(b)其 z 变换的收敛域

　　例 3.1.3 与例 3.1.4 说明了两个非常重要的问题。第一个问题是 z 变换的唯一性。由式（3.1.7）和式（3.1.9）可知，因果信号 $\alpha^n u(n)$ 与非因果信号 $-\alpha^n u(-n-1)$ 具有相同的 z 变换闭式表达式，即

$$Z\{\alpha^n u(n)\} = Z\{-\alpha n u(-n-1)\} = \frac{1}{1-\alpha z^{-1}}$$

这意味着 z 变换的闭式表达式不能唯一地规定时域信号。只有给出闭式表达式并规定收敛域后，才能解决这个模糊性。总之，**离散时间信号 $x(n)$ 由其 z 变换 $X(z)$ 及 $X(z)$ 的收敛域共同确定**。在本书中，术语"z 变换"指闭式表达式及对应的收敛域。例 3.1.3 也说明了这一点，即因果信号的收敛域是半径为 r_2 的圆的外部，而非因果信号的收敛域是半径为 r_1 的圆的内部。下例考虑 $-\infty < n < \infty$ 时的一个非零序列。

【例 3.1.5】 求信号 $x(n) = \alpha^n u(n) + b^n u(-n-1)$ 的 z 变换。

解： 由定义式（3.1.1）有

$$X(z) = \sum_{n=0}^{\infty} \alpha^n z^{-n} + \sum_{n=-\infty}^{-1} b^n z^{-n} = \sum_{n=0}^{\infty} (\alpha z^{-1})^n + \sum_{l=1}^{\infty} (b^{-1}z)^l$$

当 $|\alpha z^{-1}| < 1$ 或者 $|z| > |\alpha|$ 时，第一个幂级数收敛；当 $|b^{-1}z| < 1$ 或者 $|z| < |b|$ 时，第二个幂级数收敛。

为了求 $X(z)$ 的收敛性，下面考虑两种不同的情况。

情况 1 $|b| < |\alpha|$：如图 3.1.4(a) 所示，两个收敛域不重叠，我们找不到使两个幂级数同时收敛的 z 值。显然，这种情况下 $X(z)$ 不存在。

情况 2 $|b| > |\alpha|$：如图 3.1.4(b) 所示，z 平面上有一个环形区域，两个幂级数在该区域中同时收敛。因此，有

$$X(z) = \frac{1}{1-\alpha z^{-1}} - \frac{1}{1-bz^{-1}} = \frac{b-\alpha}{\alpha+b-z-\alpha b z^{-1}} \tag{3.1.10}$$

$X(z)$ 的收敛域是 $|\alpha| < |z| < |b|$。

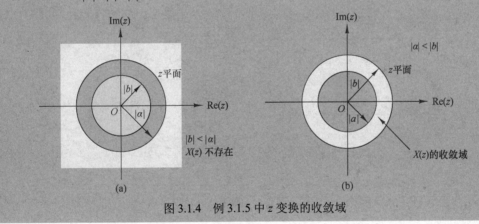

图 3.1.4 例 3.1.5 中 z 变换的收敛域

这个例子表明，如果无限长双边信号具有收敛域，该收敛域就是 z 平面上的一个环（环形区域）。由例 3.1.1、例 3.1.3、例 3.1.4 和例 3.1.5 可知，信号的收敛域取决于信号的长度（有限或无限）及信号是否是因果的、非因果的或双边的。表 3.1 中归纳了这些事实。

双边信号的第一种特殊情况是信号的右边无限长而左边为零 [当 $n < n_0 < 0$ 时 $x(n) = 0$]，第二种特殊情况是信号的左边无限长而右边为零 [当 $n > n_1 > 0$ 时 $x(n) = 0$]，第三种特殊情况是信号的左边和右边都是有限长的 [当 $n < n_0 < 0$ 和 $n > n_1 > 0$ 时 $x(n) = 0$]。这些类型的信号有时称为**右边信号、左边信号和有限长双边信号**。这里将求三类信号的收敛域留给读者作为练习（见习题 3.5）。

最后，我们注意到由式（3.1.1）定义的 z 变换有时称为**双边 z 变换或双向 z 变换**，用以区别由

$$X^+(z) = \sum_{n=0}^{\infty} x(n)z^{-n} \tag{3.1.11}$$

给出的**单边 z 变换**。单边 z 变换将在 3.6 节中介绍。在本书中，z 变换仅指由式（3.1.1）定义的双边 z 变换。"双边"一词仅在避免模糊的情况下使用。显然，若 $x(n)$ 是因果的 [当 $n < 0$ 时 $x(n) = 0$]，则单边 z 变换与双边 z 变换相同。在其他任何情况下，它们都是不同的。

表 3.1　信号的特征族及对应的收敛域

| 信号 | 收敛域 |

有限长度信号

因果 —— 除 $z = 0$ 外的整个 z 平面

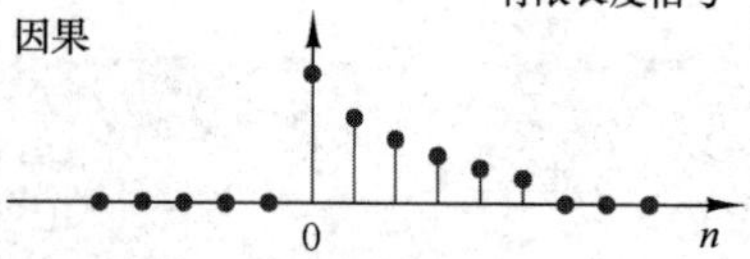

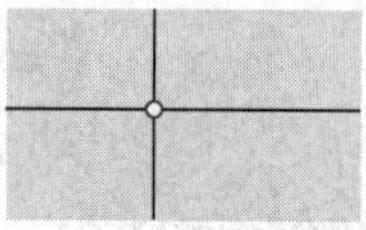

反因果 —— 除 $z = \infty$ 外的整个 z 平面

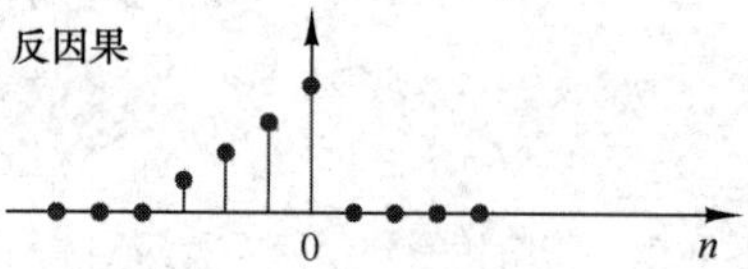

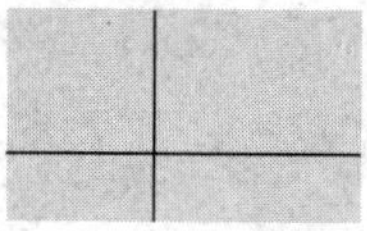

双边 —— 除 $z = 0$ 及 $z = \infty$ 外的整个 z 平面

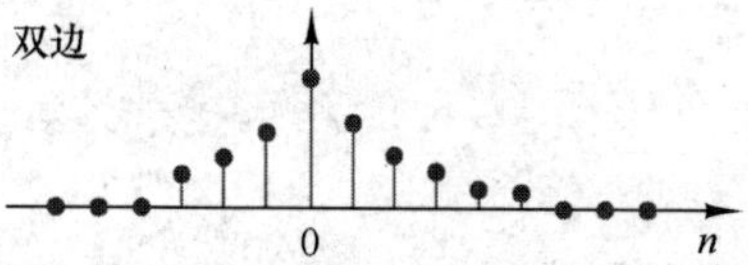

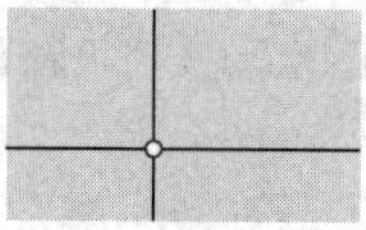

无限长度信号

因果 —— $|z| > r_2$

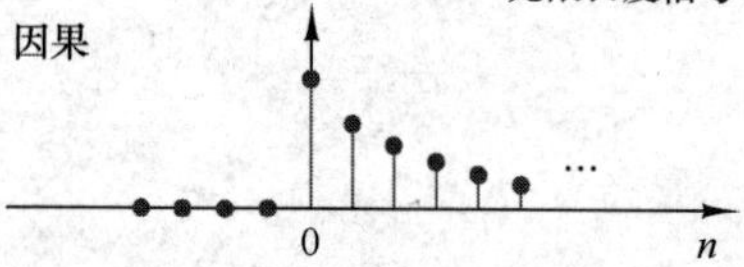

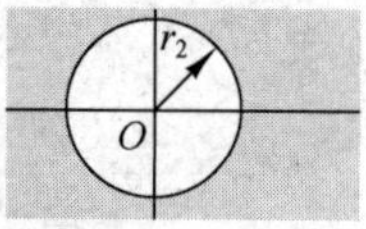

反因果 —— $|z| < r_1$

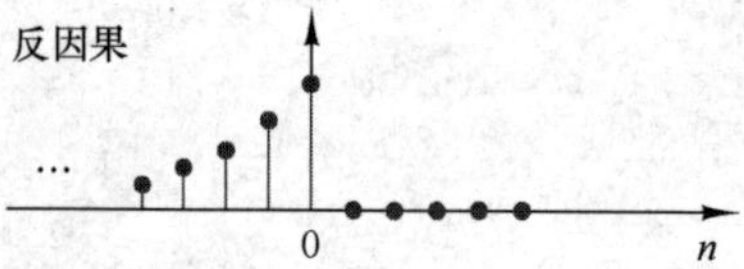

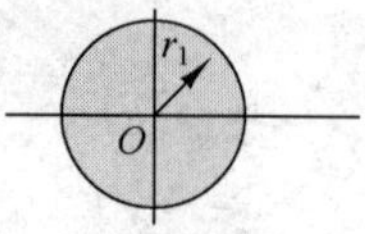

双边 —— $r_2 < |z| < r_1$

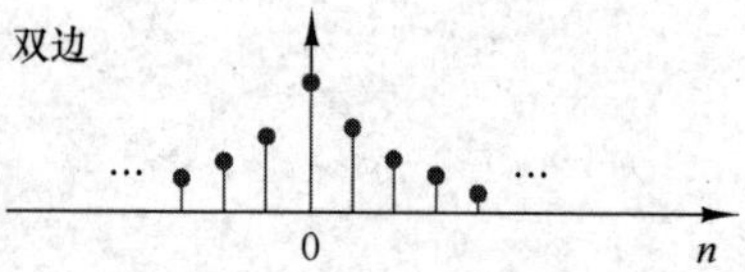

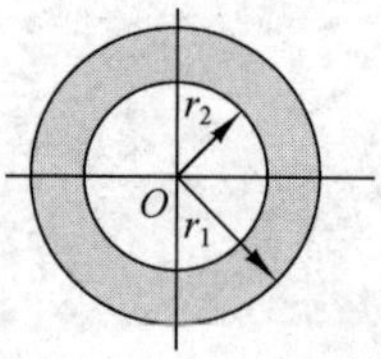

3.1.2　逆 z 变换

我们通常要用一个信号的 z 变换 $X(z)$ 来求出该信号序列。从 z 域到时域的变换过程称为**逆 z 变换**。利用复变函数中的**柯西积分定理**可以推导由 $X(z)$ 得到 $x(n)$ 的逆方程。

首先，由式（3.1.1）定义的 z 变换是

$$X(z) = \sum_{k=-\infty}^{\infty} x(k) z^{-k} \tag{3.1.12}$$

假设我们在式（3.1.12）的两边同时乘以 z^{n-1}，并对式子两边做围线积分，围线是在 $X(z)$ 的收敛域内围绕原点的闭合曲线，如图 3.1.5 所示。因此，我们有

$$\oint_C X(z)z^{n-1}\,\mathrm{d}z = \oint_C \sum_{k=-\infty}^{\infty} x(k)z^{n-1-k}\,\mathrm{d}z \qquad (3.1.13)$$

式中，C 是在 $X(z)$ 的收敛域内逆时针方向取的围线。因为级数在围线上收敛，所以可以交换式（3.1.13）中等号右边的积分与求和顺序，交换顺序后式（3.1.13）变成

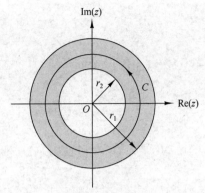

$$\oint_C X(z)z^{n-1}\,\mathrm{d}z = \sum_{k=-\infty}^{\infty} x(k)\oint_C z^{n-1-k}\,\mathrm{d}z \qquad (3.1.14)$$

现在调用柯西积分定理，该定理说

$$\frac{1}{2\pi\mathrm{j}}\oint_C z^{n-1-k}\,\mathrm{d}z = \begin{cases} 1, & k=n \\ 0, & k\neq n \end{cases} \qquad (3.1.15)$$

图 3.1.5　用于式（3.1.13）中积分的围线 C

式中，C 是环绕原点的围线。应用式（3.1.15）可将式（3.1.14）中等号的右边简化为 $2\pi\mathrm{j}x(n)$，因此所需的逆公式是

$$x(n) = \frac{1}{2\pi\mathrm{j}}\oint_C X(z)z^{n-1}\,\mathrm{d}z \qquad (3.1.16)$$

虽然式（3.1.16）中的围线积分提供了由 z 变换求序列 $x(n)$ 的逆公式，但我们不会直接使用式（3.1.16）来求逆 z 变换。我们的处理只涉及在 z 域上具有有理 z 变换（z 变换是两个多项式之比）的信号与系统。对于这类 z 变换，我们将开发一种更简单的求逆方法，这种方法源于式（3.1.16）并且采用查找表。

3.2　z 变换的性质

z 变换是研究离散时间信号与系统的强大工具。z 变换的强大要归因于其具有的一些重要性质。本节研究 z 变换的一些性质。

在接下来的介绍中，当我们组合几个 z 变换时，总体变换的收敛域至少是各个变换的收敛域的交集，这一点在后面讨论具体例子时将变得更明显。

线性。 如果

$$x_1(n)\overset{z}{\longleftrightarrow}X_1(z) \quad 和 \quad x_2(n)\overset{z}{\longleftrightarrow}X_2(z)$$

那么对于任意常数 a_1 与 a_2，有

$$x(n) = a_1x_1(n) + a_2x_2(n) \overset{z}{\longleftrightarrow} X(z) = a_1X_1(z) + a_2X_2(z) \qquad (3.2.1)$$

该性质的证明可以由线性的定义直接得出，留给读者作为练习。

线性性质很容易推广到任意数量的信号。基本上，这表明多个信号的线性组合的 z 变换，与这些信号的 z 变换的线性组合是相同的。因此，线性性质有助于我们将一个信号表示为 z 变换已知的多个基本信号之和，以求出该信号的 z 变换。

【例 3.2.1】 求信号 $x(n)=[3(2^n)-4(3^n)]u(n)$ 的 z 变换及其收敛域。

解： 如果定义信号

$$x_1(n)=2^nu(n) \quad 和 \quad x_2(n)=3^nu(n)$$

那么 $x(n)$ 可以写成

$$x(n)=3x_1(n)-4x_2(n)$$

根据式（3.2.1），其 z 变换为

$$X(z)=3X_1(z)-4X_2(z)$$

由式（3.1.7），回顾可知

$$\alpha^n u(n) \overset{z}{\longleftrightarrow} \frac{1}{1-\alpha z^{-1}}, \qquad 收敛域：|z| > |\alpha| \tag{3.2.2}$$

在式（3.2.2）中设 $\alpha = 2$ 和 $\alpha = 3$，得到

$$x_1(n) = 2^n u(n) \overset{z}{\longleftrightarrow} X_1(z) = \frac{1}{1-2z^{-1}}, \qquad 收敛域：|z| > 2$$

$$x_2(n) = 3^n u(n) \overset{z}{\longleftrightarrow} X_2(z) = \frac{1}{1-3z^{-1}}, \qquad 收敛域：|z| > 3$$

$X_1(z)$ 与 $X_2(z)$ 的收敛域的交集是 $|z| > 3$。因此，总体变换 $X(z)$ 是

$$X(z) = \frac{3}{1-2z^{-1}} - \frac{4}{1-3z^{-1}}, \qquad 收敛域：|z| > 3$$

【例 3.2.2】求信号 **(a)** $x(n) = (\cos \omega_0 n)u(n)$ 和 **(b)** $x(n) = (\sin \omega_0 n)u(n)$ 的 z 变换。

解：(a) 使用欧拉恒等式，将信号 $x(n)$ 表示为

$$x(n) = (\cos \omega_0 n)u(n) = \frac{1}{2} e^{j\omega_0 n} u(n) + \frac{1}{2} e^{-j\omega_0 n} u(n)$$

于是，式（3.2.1）表明

$$X(z) = \frac{1}{2} Z\left\{ e^{j\omega_0 n} u(n) \right\} + \frac{1}{2} Z\left\{ e^{-j\omega_0 n} u(n) \right\}$$

在式（3.2.2）中设 $\alpha = e^{\pm j\omega_0}$（$|\alpha| = |e^{\pm j\omega_0}| = 1$），可得

$$e^{j\omega_0 n} u(n) \overset{z}{\longleftrightarrow} \frac{1}{1-e^{j\omega_0} z^{-1}}, 收敛域：|z| > 1 \quad 和 \quad e^{-j\omega_0 n} u(n) \overset{z}{\longleftrightarrow} \frac{1}{1-e^{-j\omega_0} z^{-1}}, 收敛域：|z| > 1$$

于是有

$$X(z) = \frac{1}{2} \frac{1}{1-e^{j\omega_0} z^{-1}} + \frac{1}{2} \frac{1}{1-e^{-j\omega_0} z^{-1}}, \qquad 收敛域：|z| > 1$$

经过一些简单的代数运算，就得到了期望的结果，即

$$(\cos \omega_0 n)u(n) \overset{z}{\longleftrightarrow} \frac{1-z^{-1}\cos \omega_0}{1-2z^{-1}\cos \omega_0 + z^{-2}}, \qquad 收敛域：|z| > 1 \tag{3.2.3}$$

(b) 由欧拉恒等式有

$$x(n) = (\sin \omega_0 n)u(n) = \frac{1}{2j}\left[e^{j\omega_0 n} u(n) - e^{-j\omega_0 n} u(n) \right]$$

因此有

$$X(z) = \frac{1}{2j}\left(\frac{1}{1-e^{j\omega_0} z^{-1}} - \frac{1}{1-e^{-j\omega_0} z^{-1}} \right), \qquad 收敛域：|z| > 1$$

最终得

$$(\sin \omega_0 n)u(n) \overset{z}{\longleftrightarrow} \frac{z^{-1}\sin \omega_0}{1-2z^{-1}\cos \omega_0 + z^{-2}}, \qquad 收敛域：|z| > 1 \tag{3.2.4}$$

时移。如果

$$x(n) \overset{z}{\longleftrightarrow} X(z)$$

那么

$$x(n-k) \overset{z}{\longleftrightarrow} z^{-k} X(z) \tag{3.2.5}$$

除了当 $k > 0$ 时 $z = 0$ 及 $k < 0$ 时 $z = \infty$ 这两种情况，$z^{-k}X(z)$ 的收敛域与 $X(z)$ 的相同。这个性质可以直接由 z 变换的定义式（3.1.1）证明。

线性与时移性质是使得 z 变换对分析离散时间线性时不变系统非常有用的关键特征。

【例 3.2.3】 运用时移性质，根据例 3.1.1 中 $x_1(n)$ 的 z 变换求信号 $x_2(n)$ 与 $x_3(n)$ 的 z 变换。

解： 容易看出

$$x_2(n) = x_1(n+2) \quad \text{和} \quad x_3(n) = x_1(n-2)$$

于是，由式（3.2.5）得

$$X_2(z) = z^2 X_1(z) = z^2 + 2z + 5 + 7z^{-1} + z^{-3}$$

和

$$X_3(z) = z^{-2} X_1(z) = z^{-2} + 2z^{-3} + 5z^{-4} + 7z^{-5} + z^{-7}$$

注意，因为与 z^2 相乘，所以 $X_2(z)$ 的收敛域不包含点 $z = \infty$，即使它包含在 $X_1(z)$ 的收敛域中。

例 3.2.3 提供了理解时移性质的另一种方式。实际上，如果我们回想起 z^{-n} 的系数是在时间 n 处的样本值，就马上可以知道将一个信号延迟 k（$k>0$）个样本 $[x(n) \rightarrow x(n-k)]$ 对应于 z 变换的所有项乘以 z^{-k}。z^{-n} 的系数成为 $z^{-(n+k)}$ 的系数。

【例 3.2.4】 求如下信号的 z 变换：

$$x(n) = \begin{cases} 1, & 0 \leqslant n \leqslant N-1 \\ 0, & \text{其他} \end{cases} \tag{3.2.6}$$

解： 使用定义式（3.1.1）可以得到该信号的 z 变换。实际上，

$$X(z) = \sum_{n=0}^{N-1} 1 \cdot z^{-n} = 1 + z^{-1} + \cdots + z^{-(N-1)} = \begin{cases} N, & z = 1 \\ \dfrac{1 - z^{-N}}{1 - z^{-1}}, & z \neq 1 \end{cases} \tag{3.2.7}$$

因为 $x(n)$ 是有限长的，所以其收敛域是除 $z = 0$ 外的整个 z 平面。

下面使用线性与时移性质推导出上述变换。注意，$x(n)$ 可用两个阶跃信号来表示：

$$x(n) = u(n) - u(n-N)$$

使用式（3.2.1）和式（3.2.5），有

$$X(z) = Z\{u(n)\} - Z\{u(n-N)\} = (1 - z^{-N})Z\{u(n)\} \tag{3.2.8}$$

然而，由式（3.1.8）有

$$Z\{u(n)\} = \frac{1}{1 - z^{-1}}, \quad \text{收敛域：} |z| > 1$$

联立上式与式（3.2.8），就得到了式（3.2.7）。

例 3.2.4 有助于说明关于几个 z 变换的组合的收敛域的一个重要问题。若几个信号的线性组合是有限长的，其 z 变换的收敛域就由组合信号的有限长性质唯一决定，而不由各个变换的收敛域决定。

z 域中的缩放。 如果

$$x(n) \overset{z}{\longleftrightarrow} X(z), \quad \text{收敛域：} r_1 < |z| < r_2$$

那么对于任意常数 a，无论其是实数还是复数，都有

$$a^n x(n) \overset{z}{\longleftrightarrow} X(a^{-1}z), \quad \text{收敛域：} |a|r_1 < |z| < |a|r_2 \tag{3.2.9}$$

证明 由定义式（3.1.1）有

$$Z\{a^n x(n)\} = \sum_{n=-\infty}^{\infty} a^n x(n) z^{-n} = \sum_{n=-\infty}^{\infty} x(n)(a^{-1}z)^{-n} = X(a^{-1}z)$$

因为 $X(z)$ 的收敛域是 $r_1 < |z| < r_2$，所以 $X(a^{-1}z)$ 的收敛域是

$$r_1 < |a^{-1}z| < r_2 \quad \text{或} \quad |a|r_1 < |z| < |a|r_2$$

为了更好地理解缩放性质的意义与含义，我们将 a 和 z 写为极坐标形式 $a = r_0\,\mathrm{e}^{\mathrm{j}\omega_0}$ 和 $z = r\,\mathrm{e}^{\mathrm{j}\omega}$，并引入一个新的复变量 $w = a^{-1}z$。于是，有 $Z\{x(n)\} = X(z)$ 和 $Z\{a^n x(n)\} = X(w)$。容易看出

$$w = a^{-1}z = \left(\frac{1}{r_0}r\right)\mathrm{e}^{\mathrm{j}(\omega-\omega_0)}$$

变量的这一变化导致 z 平面收缩（$r_0 > 1$）或扩展（$r_0 < 1$），同时伴随有 z 平面的旋转（若 $\omega_0 \neq 2k\pi$，见图 3.2.1）。这就解释了 $|a| < 1$ 时新变换的收敛域有变化的原因。$|a| = 1$ 即 $a = \mathrm{e}^{\mathrm{j}\omega_0}$ 的情况特别令人感兴趣，因为它仅对应于 z 平面的旋转。

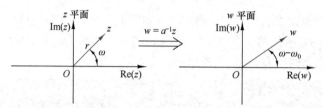

图 3.2.1　通过变换 $w = a^{-1}z$，$a = r_0\,\mathrm{e}^{\mathrm{j}\omega_0}$ 将 z 平面映射到 w 平面

【例 3.2.5】求信号 (a) $x(n) = a^n(\cos\omega_0 n)u(n)$ 和 (b) $x(n) = a^n(\sin\omega_0 n)u(n)$ 的 z 变换。

解：(a) 由式（3.2.3）和式（3.2.9）易得

$$a^n(\cos\omega_0 n)u(n) \xleftrightarrow{z} \frac{1 - az^{-1}\cos\omega_0}{1 - 2az^{-1}\cos\omega_0 + a^2 z^{-2}}, \qquad |z| > |a| \tag{3.2.10}$$

(b) 类似地，由式（3.2.4）和式（3.2.9）有

$$a^n(\sin\omega_0 n)u(n) \xleftrightarrow{z} \frac{az^{-1}\sin\omega_0}{1 - 2az^{-1}\cos\omega_0 + a^2 z^{-2}}, \qquad |z| > |a| \tag{3.2.11}$$

时间反转。 如果

$$x(n) \xleftrightarrow{z} X(z), \qquad \text{收敛域：} r_1 < |z| < r_2$$

那么

$$x(-n) \xleftrightarrow{z} X(z^{-1}), \qquad \text{收敛域：} \frac{1}{r_2} < |z| < \frac{1}{r_1} \tag{3.2.12}$$

证明　由定义式（3.1.1）有

$$Z\{x(-n)\} = \sum_{n=-\infty}^{\infty} x(-n)z^{-n} = \sum_{l=-\infty}^{\infty} x(l)(z^{-1})^{-l} = X(z^{-1})$$

式中进行了变量替换 $l = -n$。$X(z^{-1})$ 的收敛域为

$$r_1 < |z^{-1}| < r_2 \qquad \text{或} \qquad \frac{1}{r_2} < |z| < \frac{1}{r_1}$$

注意，$x(n)$ 的收敛域是 $x(-n)$ 的收敛域的倒数。这表明若 z_0 位于 $x(n)$ 的收敛域内，则 $1/z_0$ 位于 $x(-n)$ 的收敛域内。

式（3.2.12）的直观证明如下。当我们折叠一个信号时，z^{-n} 的系数变成 z^n 的系数。因此，折叠一个信号等同于在 z 变换公式中用 z^{-1} 替换 z。换言之，时域中的反射对应于 z 域中的倒数。

【例 3.2.6】求信号 $x(n) = u(-n)$ 的 z 变换。

解：由式（3.1.8）可知

$$u(n) \xleftrightarrow{z} \frac{1}{1 - z^{-1}}, \qquad \text{收敛域：} |z| > 1$$

应用式（3.2.12）易得

$$u(-n) \xleftrightarrow{\ z\ } \frac{1}{1-z}, \qquad \text{收敛域：} |z| < 1 \tag{3.2.13}$$

z 域中的微分。 如果

$$x(n) \xleftrightarrow{\ z\ } X(z)$$

那么

$$nx(n) \xleftrightarrow{\ z\ } -z\frac{\mathrm{d}X(z)}{\mathrm{d}z} \tag{3.2.14}$$

证明 式（3.1.1）两边微分，有

$$\frac{\mathrm{d}X(z)}{\mathrm{d}z} = \sum_{n=-\infty}^{\infty} x(n)(-n)z^{-n-1} = -z^{-1}\sum_{n=-\infty}^{\infty}[nx(n)]z^{-n} = -z^{-1}Z\{nx(n)\}$$

注意，两个变换有相同的收敛域。

【例 3.2.7】求信号 $x(n) = na^n u(n)$ 的 z 变换。

解： 信号 $x(n)$ 可以表示为 $nx_1(n)$，其中 $x_1(n) = a^n u(n)$。由式（3.2.2）有

$$x_1(n) = a^n u(n) \xleftrightarrow{\ z\ } X_1(z) = \frac{1}{1-az^{-1}}, \qquad \text{收敛域：} |z| > |a|$$

于是，应用式（3.2.14）得

$$na^n u(n) \xleftrightarrow{\ z\ } X(z) = -z\frac{\mathrm{d}X_1(z)}{\mathrm{d}z} = \frac{az^{-1}}{(1-az^{-1})^2}, \qquad \text{收敛域：} |z| > |a| \tag{3.2.15}$$

在式（3.2.15）中设 $a = 1$，就可求得单位斜坡信号的 z 变换：

$$nu(n) \xleftrightarrow{\ z\ } \frac{z^{-1}}{(1-z^{-1})^2}, \qquad \text{收敛域：} |z| > 1 \tag{3.2.16}$$

【例 3.2.8】求 $x(n)$，其 z 变换为 $X(z) = \log(1+az^{-1})$，$|z| > |a|$。

解： 取 $X(z)$ 的一阶导数得

$$\frac{\mathrm{d}X(z)}{\mathrm{d}z} = \frac{-az^{-2}}{1+az^{-1}}$$

于是有

$$-z\frac{\mathrm{d}X(z)}{\mathrm{d}z} = az^{-1}\left[\frac{1}{1-(-a)z^{-1}}\right], \qquad |z| > |a|$$

中括号内的项的逆 z 变换是 $(-a)n$。乘以 z^{-1} 意味着延时一个样本（时移性质），得到 $(-a)^{n-1}u(n-1)$。最后，由微分性质有

$$nx(n) = a(-a)^{n-1}u(n-1) \qquad \text{或} \qquad x(n) = (-1)^{n+1}\frac{a^n}{n}u(n-1)$$

两个序列的卷积。 如果

$$x_1(n) \xleftrightarrow{\ z\ } X_1(z), \qquad x_2(n) \xleftrightarrow{\ z\ } X_2(z)$$

那么

$$x(n) = x_1(n) * x_2(n) \xleftrightarrow{\ z\ } X(z) = X_1(z)X_2(z) \tag{3.2.17}$$

$X(z)$ 的收敛域至少是 $X_1(z)$ 的收敛域与 $X_2(z)$ 的收敛域的交集。

证明 $x_1(n)$ 与 $x_2(n)$ 的卷积被定义为

$$x(n) = \sum_{k=-\infty}^{\infty} x_1(k)x_2(n-k)$$

$x(n)$ 的 z 变换为

$$X(z) = \sum_{n=-\infty}^{\infty} x(n) z^{-n} = \sum_{n=-\infty}^{\infty} \left[\sum_{k=-\infty}^{\infty} x_1(k) x_2(n-k) \right] z^{-n}$$

交换求和顺序并且应用式（3.2.5）中的时移性质得

$$X(z) = \sum_{k=-\infty}^{\infty} x_1(k) \left[\sum_{n=-\infty}^{\infty} x_2(n-k) z^{-n} \right] = X_2(z) \sum_{k=-\infty}^{\infty} x_1(k) z^{-k} = X_2(z) X_1(z)$$

【例 3.2.9】计算信号 $x_1(n) = \{1, -2, 1\}$ 和 $x_2(n) = \begin{cases} 1, & 0 \le n \le 5 \\ 0, & \text{其他} \end{cases}$ 的卷积 $x(n)$。

解： 由式（3.1.1）有

$$X_1(z) = 1 - 2z^{-1} + z^{-2}, \quad X_2(z) = 1 + z^{-1} + z^{-2} + z^{-3} + z^{-4} + z^{-5}$$

根据式（3.2.17），让 $X_1(z)$ 与 $X_2(z)$ 相乘，得到

$$X(z) = X_1(z) X_2(z) = 1 - z^{-1} - z^{-6} + z^{-7}$$

因此，

$$x(n) = \{1, -1, 0, 0, 0, 0, -1, 1\}$$

注意，采用如下方法也可得到相同的结果。因为

$$X_1(z) = (1 - z^{-1})^2, \quad X_2(z) = \frac{1 - z^6}{1 - z^{-1}}$$

所以

$$X(z) = (1 - z^{-1})(1 - z^{-6}) = 1 - z^{-1} - z^{-6} + z^{-7}$$

这里鼓励读者直接使用卷积和公式（时域法）显式地求得相同的结果。

卷积性质是 z 变换最强大的性质之一，因为它将（时域中）两个信号的卷积转换成了这两个信号的变换的乘积。使用 z 变换计算两个信号的卷积的步骤如下。

1． 计算待卷积信号的 z 变换：

$$\begin{aligned} X_1(z) &= Z\{x_1(n)\} \\ X_2(z) &= Z\{x_2(n)\} \end{aligned} \qquad （时域 \to z 域）$$

2． 将两个 z 变换相乘：

$$X(z) = X_1(z) X_2(z) \qquad （z 域）$$

3． 求 $X(z)$ 的逆 z 变换：

$$x(n) = Z^{-1}\{X(z)\} \qquad （z 域 \to 时域）$$

在许多情况下，与直接求卷积和相比，以上过程计算上更容易。

两个序列的相关。 如果

$$x_1(n) \overset{z}{\longleftrightarrow} X_1(z), \qquad x_2(n) \overset{z}{\longleftrightarrow} X_2(z)$$

那么

$$r_{x_1 x_2}(l) = \sum_{n=-\infty}^{\infty} x_1(n) x_2(n-l) \overset{z}{\longleftrightarrow} R_{x_1 x_2}(z) = X_1(z) X_2(z^{-1}) \qquad （3.2.18）$$

证明 回顾可知

$$r_{x_1 x_2}(l) = x_1(l) * x_2(-l)$$

应用卷积和时间反转性质得

$$R_{x_1 x_2}(z) = Z\{x_1(l)\} Z\{x_2(-l)\} = X_1(z) X_2(z^{-1})$$

$R_{x_1 x_2}(z)$ 的收敛域至少是 $X_1(z)$ 的收敛域与 $X_2(z^{-1})$ 的收敛域的交集。

与卷积的情况一样，根据式（3.2.18）让多项式相乘，然后求结果的逆变换，更易求得两个信号的互相关。

【例 3.2.10】求信号 $x(n) = a^n u(n)$，$-1 < a < 1$ 的自相关序列。

解：因为一个信号的自相关序列是其与自身的相关，所以由式（3.2.18）可得

$$R_{xx}(z) = Z\{r_{xx}(l)\} = X(z)X(z^{-1})$$

由式（3.2.2）有

$$X(z) = \frac{1}{1 - az^{-1}}, \quad 收敛域：|z| > |a| \quad （因果信号）$$

使用式（3.2.15）得到

$$X(z^{-1}) = \frac{1}{1 - az}, \quad 收敛域：|z| < \frac{1}{|a|} \quad （非因果信号）$$

于是有

$$R_{xx}(z) = \frac{1}{1 - az^{-1}} \frac{1}{1 - az} = \frac{1}{1 - a(z + z^{-1}) + a^2}, \quad 收敛域：|a| < |z| < \frac{1}{|a|}$$

因为 $R_{xx}(z)$ 的收敛域是一个环，所以 $r_{xx}(l)$ 是一个双边信号，即使 $x(n)$ 是因果信号。

为了求 $r_{xx}(l)$，我们发现当 $b = 1/a$ 时，例 3.1.5 中的序列的 z 变换是 $(1 - a^2)R_{xx}(z)$，因此有

$$r_{xx}(l) = \frac{1}{1 - a^2} a^{|l|}, \quad -\infty < l < \infty$$

这里鼓励读者将该方法与 2.6 节中同一问题的时域求解法进行比较。

两个序列相乘。 如果

$$x_1(n) \xleftrightarrow{z} X_1(z), \qquad x_2(n) \xleftrightarrow{z} X_2(z)$$

那么

$$x(n) = x_1(n)x_2(n) \xleftrightarrow{z} X(z) = \frac{1}{2\pi j} \oint_C X_1(v) X_2(z/v) v^{-1} \mathrm{d}v \qquad (3.2.19)$$

式中，C 是环绕原点且位于 $X_1(v)$ 与 $X_2(1/v)$ 的共同收敛域内的围线。

证明 $x_3(n)$ 的 z 变换是

$$X(z) = \sum_{n=-\infty}^{\infty} x(n)z^{-n} = \sum_{n=-\infty}^{\infty} x_1(n)x_2(n)z^{-n}$$

用逆变换

$$x_1(n) = \frac{1}{2\pi j} \oint_C X_1(v) v^{n-1} \mathrm{d}v$$

替换 $X(z)$ 中的 $x_1(n)$，并交换求和与积分的顺序，可得

$$X(z) = \frac{1}{2\pi j} \oint_C X_1(v) \left[\sum_{n=-\infty}^{\infty} x_2(n)(z/v)^{-n} \right] v^{-1} \mathrm{d}v$$

中括号内的求和就是变换 $X_2(z)$ 在 z/v 处的值，所以有

$$X(z) = \frac{1}{2\pi j} \oint_C X_1(v) X_2(z/v) v^{-1} \mathrm{d}v$$

这就是所求的结果。

为了得到 $X(z)$ 的收敛域，我们发现，如果当 $r_{1l} < |v| < r_{1u}$ 时 $X_1(v)$ 收敛，而当 $r_{2l} < |z| < r_{2u}$ 时 $X_2(z)$ 收敛，则 $X_2(z/v)$ 的收敛域为

$$r_{2l} < \left| \frac{z}{v} \right| < r_{2u}$$

因此，$X(z)$ 的收敛域至少是

$$r_{1l} r_{2l} < |z| < r_{1u} r_{2u} \qquad (3.2.20)$$

尽管我们不会马上用到这个性质，但是随后证明它是有用的，尤其是在基于"窗口"技术设计滤波器时（此时，我们用一个有限长的"窗口"乘以一个无限冲激响应系统的冲激响应，"窗口"的作用是对无限冲激响应系统的冲激响应截尾）。

对于复序列 $x_1(n)$ 与 $x_2(n)$，我们可将积序列定义为 $x(n) = x_1(n)x_2^*(n)$。于是，对应的复卷积积分变成

$$x(n) = x_1(n)x_2^*(n) \overset{z}{\longleftrightarrow} X(z) = \frac{1}{2\pi \mathrm{j}} \oint_C X_1(v) X_2^*(z^*/v^*) v^{-1} \, \mathrm{d}v \qquad (3.2.21)$$

式（3.2.21）的证明留给读者作为练习。

帕塞瓦尔关系。 如果 $x_1(n)$ 和 $x_2(n)$ 是复序列，那么

$$\sum_{n=-\infty}^{\infty} x_1(n)x_2^*(n) = \frac{1}{2\pi \mathrm{j}} \oint_C X_1(v) X_2^*(1/v^*) v^{-1} \, \mathrm{d}v \qquad (3.2.22)$$

假设 $r_{1l} r_{2l} < 1 < r_{1u} r_{2u}$，其中 $r_{1l} < |z| < r_{1u}$ 和 $r_{2l} < |z| < r_{2u}$ 是 $X_1(z)$ 与 $X_2(z)$ 的收敛域。通过求 $z = 1$ 时式（3.2.21）中 $X(z)$ 的值，可以直接证明式（3.2.22）。

初值定理。 如果 $x(n)$ 是因果的 $[$ 当 $n < 0$ 时 $x(n) = 0]$，那么

$$x(0) = \lim_{z \to \infty} X(z) \qquad (3.2.23)$$

证明 因为 $x(n)$ 是因果的，所以由式（3.1.1）有

$$X(z) = \sum_{n=0}^{\infty} x(n)z^{-n} = x(0) + x(1)z^{-1} + x(2)z^{-2} + \cdots$$

显然，随着 $z \to \infty$，有 $z^{-n} \to 0$，因为 $n > 0$，于是得到式（3.2.23）。

为了方便查阅，本节介绍的 z 变换的性质已归纳于表 3.2 中。罗列这些性质的顺序与本书介绍它们的顺序是一样的。共轭性质与帕塞瓦尔关系留给读者作为练习。

表 3.2　z 变换的性质

性　质	时　域	z 域	收敛域
记号	$x(n)$	$X(z)$	ROC: $r_2 < |z| < r_1$
	$x_1(n)$	$X_1(z)$	ROC$_1$
	$x_2(n)$	$X_2(z)$	ROC$_2$
线性	$a_1 x_1(n) + a_2 x_2(n)$	$a_1 X_1(z) + a_2 X_2(z)$	至少是 ROC$_1$ 和 ROC$_2$ 的交集
时移	$x(n-k)$	$z^{-k} X(z)$	与 $X(z)$ 的相同，除了 $k > 0$ 时的 $z = 0$ 和 $k < 0$ 时的 $z = \infty$
z 域中的缩放	$a^n x(n)$	$X(a^{-1}z)$	$|a| r_2 < |z| < |a| r_1$
时间反转	$x(-n)$	$X(z^{-1})$	$\dfrac{1}{r_1} < |z| < \dfrac{1}{r_2}$
共轭	$x^*(n)$	$X^*(z^*)$	ROC
实部	$\mathrm{Re}\{x(n)\}$	$\frac{1}{2}[X(z) + X^*(z^*)]$	包括 ROC
虚部	$\mathrm{Im}\{x(n)\}$	$\frac{1}{2}\mathrm{j}[X(z) - X^*(z^*)]$	包括 ROC
z 域中的微分	$nx(n)$	$-z\dfrac{\mathrm{d}X(z)}{\mathrm{d}z}$	$r_2 < |z| < r_1$

性　质	时　域	z 域	收敛域
卷积	$x_1(n)*x_2(n)$	$X_1(z)X_2(z)$	至少是 ROC$_1$ 和 ROC$_2$ 的交集
相关	$r_{x_1x_2}(l) = x_1(l)x_2(-l)$	$R_{x_1x_2}(z) = X_1(z)X_2(z^{-1})$	至少是 $X_1(z)$ 和 $X_1(z)$ 的交集
初值定理	若 $x(n)$ 是因果的	$x(0) = \lim\limits_{z \to \infty} X(z)$	
相乘	$x_1(n)x_2(n)$	$\dfrac{1}{2\pi \mathrm{j}} \oint_C X_1(v) X_2(z/v) v^{-1}\,\mathrm{d}v$	至少是 $r_{1l}r_{2l} < \lvert z \rvert < r_{1u}r_{2u}$
帕塞瓦尔关系	$\sum\limits_{n=-\infty}^{\infty} x_1(n)x_2^*(n) = \dfrac{1}{2\pi \mathrm{j}} \oint_C X_1(v) X_2^*(1/v^*) v^{-1}\,\mathrm{d}v$		

前面推导出了在实际应用中遇到的大多数 z 变换。为便于查阅，表 3.3 中归纳了这些 z 变换对。这些 z 变换都是**有理函数**（z^{-1} 的多项式的比值）。显然，有理 z 变换不仅会在各种重要信号的 z 变换中出现，而且会在由常系数差分方程表征的离散时间线性时不变系统的描述中出现。

表 3.3 　一些常见的 z 变换对

	信号 $x(n)$	z 变换 $X(z)$	收敛域
1	$\delta(n)$	1	所有 z
2	$u(n)$	$\dfrac{1}{1-z^{-1}}$	$\lvert z \rvert > 1$
3	$a^n u(n)$	$\dfrac{1}{1-az^{-1}}$	$\lvert z \rvert > \lvert a \rvert$
4	$na^n u(n)$	$\dfrac{az^{-1}}{(1-az^{-1})^2}$	$\lvert z \rvert > \lvert a \rvert$
5	$-a^n u(-n-1)$	$\dfrac{1}{1-az^{-1}}$	$\lvert z \rvert < \lvert a \rvert$
6	$-na^n u(-n-1)$	$\dfrac{az^{-1}}{(1-az^{-1})^2}$	$\lvert z \rvert < \lvert a \rvert$
7	$(\cos \omega_0 n)u(n)$	$\dfrac{1-z^{-1}\cos\omega_0}{1-2z^{-1}\cos\omega_0+z^{-2}}$	$\lvert z \rvert > 1$
8	$(\sin \omega_0 n)u(n)$	$\dfrac{z^{-1}\sin\omega_0}{1-2z^{-1}\cos\omega_0+z^{-2}}$	$\lvert z \rvert > 1$
9	$(a^n\cos \omega_0 n)u(n)$	$\dfrac{1-az^{-1}\cos\omega_0}{1-2az^{-1}\cos\omega_0+a^2 z^{-2}}$	$\lvert z \rvert > \lvert a \rvert$
10	$(a^n\sin \omega_0 n)u(n)$	$\dfrac{az^{-1}\sin\omega_0}{1-2az^{-1}\cos\omega_0+a^2 z^{-2}}$	$\lvert z \rvert > \lvert a \rvert$

3.3　有理 z 变换

3.2 节指出，一类重要的 z 变换 $X(z)$ 是有理函数，即它是 z^{-1}（或 z）的两个多项式之比。本节讨论这类有理 z 变换的重要问题。

3.3.1　极点与零点

z 变换 $X(z)$ 的**零点**是使得 $X(z) = 0$ 的 z 值，z 变换 $X(z)$ 的**极点**是使得 $X(z) = \infty$ 的 z 值。如果 $X(z)$ 是一个有理函数，则

$$X(z) = \frac{B(z)}{A(z)} = \frac{b_0 + b_1 z^{-1} + \cdots + b_M z^{-M}}{a_0 + a_1 z^{-1} + \cdots + a_N z^{-N}} = \frac{\sum_{k=0}^{M} b_k z^{-k}}{\sum_{k=0}^{N} a_k z^{-k}} \tag{3.3.1}$$

如果 $a_0 \neq 0$ 且 $b_0 \neq 0$，就可以通过分解出 $b_0 z^{-M}$ 项与 $a_0 z^{-N}$ 项来避免 z 的负幂指数：

$$X(z) = \frac{B(z)}{A(z)} = \frac{b_0 z^{-M}}{a_0 z^{-N}} \frac{z^M + (b_1/b_0) z^{M-1} + \cdots + b_M/b_0}{z^N + (a_1/a_0) z^{N-1} + \cdots + a_N/a_0}$$

因为 $B(z)$ 与 $A(z)$ 是 z 的多项式，所以可以表示为因式分解的形式：

$$X(z) = \frac{B(z)}{A(z)} = \frac{b_0}{a_0} z^{-M+N} \frac{(z-z_1)(z-z_2)\cdots(z-z_M)}{(z-p_1)(z-p_2)\cdots(z-p_N)} = G z^{N-M} \frac{\displaystyle\prod_{k=1}^{M}(z-z_k)}{\displaystyle\prod_{k=1}^{N}(z-p_k)} \tag{3.3.2}$$

式中，$G \equiv b_0/a_0$。于是，$X(z)$ 在 $z = z_1, z_2, \cdots, z_m$（分子多项式的根）处有 M 个有限的零点，在 $z = p_1, p_2, \cdots, p_N$（分母多项式的根）处有 N 个有限的极点，且在原点 $z = 0$ 处有 $|N-M|$ 个零点（如果 $N > M$）或极点（如果 $N < M$）。极点或零点也可能在 $z = \infty$ 处出现。如果 $X(\infty) = 0$，则在 $z = \infty$ 处有一个零点；如果 $X(\infty) = \infty$，则在 $z = \infty$ 处有一个极点。如果统计零处和无穷大处的极点与零点，就会发现 $X(z)$ 恰好具有相同数量的极点与零点。

我们可用**零极点图**在复平面上图形化地表示 $X(z)$，图中叉号（×）表示极点位置，圆圈（○）表示零点位置。多阶极点或零点的多重性由对应叉号或圆圈旁的数字表示。由定义可以看出，z 变换的收敛域不应该包含任何极点。

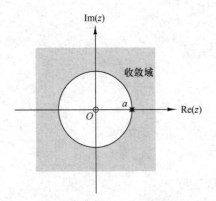

图 3.3.1 因果指数信号 $x(n) = a^n u(n)$ 的零极点图

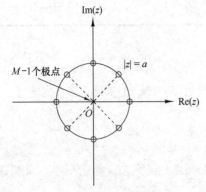

图 3.3.2 当 $M=8$ 时，有限长信号 $x(n) = a^n$，$0 \leq n \leq M-1$ $(a>0)$ 的零极点图

【例 3.3.1】 求信号 $x(n) = a^n u(n), a > 0$ 的零极点图。

解： 由表 3.3 可知

$$X(z) = \frac{1}{1 - az^{-1}} = \frac{z}{z-a}, \quad 收敛域：|z| > a$$

于是，$X(z)$ 在 $z_1 = 0$ 处有一个零点，在 $p_1 = a$ 处有一个极点。零极点图如图 3.3.1 所示。注意，因为该 z 变换不在极点处收敛，所以收敛域中不含极点 $p_1 = a$。

【例 3.3.2】 求信号

$$x(n) = \begin{cases} a^n, & 0 \leq n \leq M-1 \\ 0, & 其他 \end{cases}$$

的零极点图，式中 $a > 0$。

解： 由定义式 (3.1.1) 得

$$X(z) = \sum_{n=0}^{M-1}(az^{-1})^n = \frac{1-(az^{-1})^M}{1-az^{-1}} = \frac{z^M - a^M}{z^{M-1}(z-a)}$$

因为 $a > 0$，式 $z^M = a^M$ 在

$$z_k = a e^{j2\pi k/M}, \quad k = 0, 1, \cdots, M-1$$

处有 M 个根。零点 $z_0 = a$ 抵消了 $z = a$ 处的极点。因此，

$$X(z) = \frac{(z-z_1)(z-z_2)\cdots(z-z_{M-1})}{z^{M-1}}$$

有 $M-1$ 个零点和 $M-1$ 个极点，图 3.3.2 显示了 $M = 8$ 时零极点的位置。注意，因为这 $M-1$ 个极点位于原点，所以收敛域是除 $z = 0$ 外的整个 z 平面。

显然，如果给定零极点图，使用式（3.3.2）就可求得缩放因子 G 以内的 $X(z)$，详见下例中的说明。

【例 3.3.3】 求对应于图 3.3.3 中的零极点图的 z 变换和原信号。

解： 在 $z_1 = 0$, $z_2 = r\cos\omega_0$ 处有两个零点（$M = 2$），在 $p_1 = re^{j\omega_0}$, $p_2 = re^{-j\omega_0}$ 处有两个极点（$N = 2$）。将这些关系代入式（3.3.2）得

$$X(z) = G\frac{(z-z_1)(z-z_2)}{(z-p_1)(z-p_2)} = G\frac{z(z-r\cos\omega_0)}{(z-re^{j\omega_0})(z-re^{-j\omega_0})}, \quad \text{收敛域：} |z| > r$$

经过一些简单的代数运算后，得到

$$X(z) = G\frac{1-rz^{-1}\cos\omega_0}{1-2rz^{-1}\cos\omega_0+r^2z^{-2}}, \quad \text{收敛域：} |z| > r$$

由表 3.3，我们发现

$$x(n) = G(r^n\cos\omega_0 n)u(n)$$

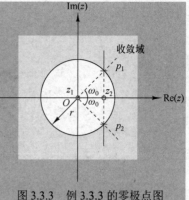

图 3.3.3　例 3.3.3 的零极点图

由例 3.3.3 我们发现当 p_1 和 p_2 互为复共轭时，积 $(z-p_1)(z-p_2)$ 得到一个有实系数的多项式。一般来说，如果一个多项式有实系数，则它的根要么是实数，要么以复共轭对的形式出现。

如前所述，z 变换 $X(z)$ 是复变量 $z = \Re(z) + j\mathfrak{F}(z)$ 的复函数。显然，$X(z)$ 的幅度 $|X(z)|$ 是 z 的实正函数。因为 z 表示复平面上的一个点，所以 $|X(z)|$ 是一个二维函数，它描述一个"平面"。图 3.3.4 画出了 z 变换

$$X(z) = \frac{z^{-1}-z^{-2}}{1-1.2732z^{-1}+0.81z^{-2}} \tag{3.3.3}$$

的这一情况，它在 $z_1 = 1$ 处有一个零点，在 p_1, $p_2 = 0.9e^{\pm j\pi/4}$ 处有两个极点。注意靠近极点的高峰和靠近零点的深谷，还要注意 $|X(z)|$ 是在收敛域 $|z| > 0.9$ 中定义的。

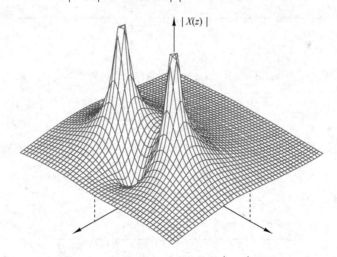

图 3.3.4　式（3.3.3）中的 z 变换 $|X(z)|$ 的图形

3.3.2　因果信号的极点位置和时域性质

本节讨论极点对在 z 平面上的位置与时域中对应信号的形状之间的关系，该讨论一般基于表 3.3 中给出的 z 变换对集合和前一节中的结果。我们只涉及实因果信号。特别地，我们发现因果信号的特征取决于变换的极点是位于区域 $|z| < 1$ 上、区域 $|z| > 1$ 上还是位于圆 $|z| = 1$ 上。因为 $|z| = 1$ 是半径为 1 的圆，所以称为**单位圆**。

如果一个实信号的 z 变换有一个极点，则该极点是实的。唯一的这类信号是在实轴上的 $z_1 =$

0 处有一个零点、在 $p_1 = a$ 处有一个极点的实指数信号：

$$x(n) = a^n u(n) \xleftrightarrow{z} X(z) = \frac{1}{1-az^{-1}}, \qquad 收敛域: |z| > |a|$$

图 3.3.5 显示了这个信号的性质和极点相对于单位圆的位置的关系。如果极点位于单位圆内，则信号衰减；如果极点位于单位圆上，则信号恒定；如果极点位于单位圆外，则信号增长。另外，一个负极点导致了一个符号交替的信号。显然，极点位于单位圆外的因果信号会变成无界信号，导致数字系统溢出，一般来说应该避免。

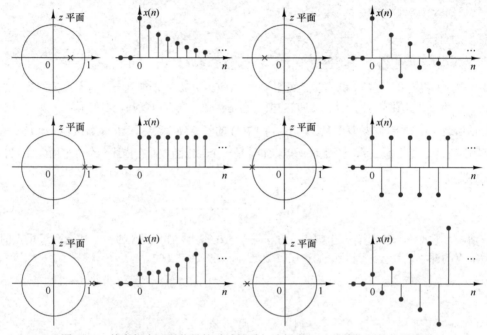

图 3.3.5　单实极点因果信号的时域性质与该极点相对于单位圆的位置有关

有双实极点的一个因果实信号是

$$x(n) = na^n u(n)$$

（见表 3.3），其性质如图 3.3.6 所示。注意，与单极点信号不同，单位圆上的双实极点导致一个无界信号。

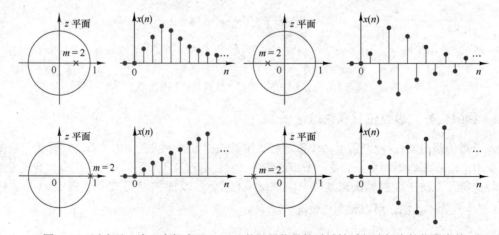

图 3.3.6　对应于一个双实极点（$m = 2$）的因果信号的时域性质与该极点的位置有关

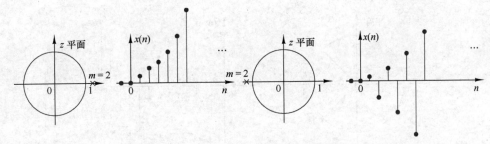

图 3.3.6 对应于一个双实极点（$m = 2$）的因果信号的时域性质与该极点的位置有关（续）

图 3.3.7 显示了一对复共轭极点的情况。根据表 3.3，极点的这种配置导致一个指数加权正弦信号。极点到原点的距离 r 决定了正弦信号的包络，而极点与正实轴的夹角决定了其相对频率。注意，当 $r > 1$ 时信号的振幅增长，当 $r = 1$ 时信号的振幅恒定（正弦信号），当 $r < 1$ 时信号的振幅衰减。

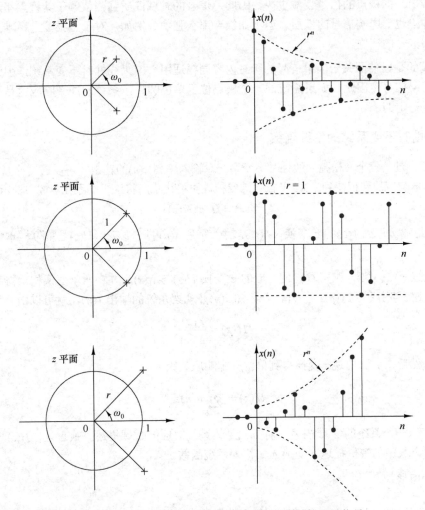

图 3.3.7 一对复共轭极点对应于具有振荡性质的因果信号

最后，图 3.3.8 显示了在单位圆上有一对极点的因果信号。这强化了图 3.3.6 中的对应结果，说明需要非常小心地处理单位圆上的多个极点。

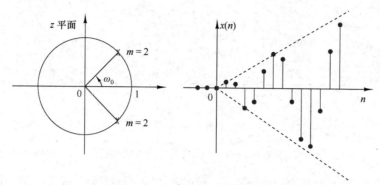

图 3.3.8　对应于单位圆上的一对复共轭极点的因果信号

　　总之，在单位圆内或单位圆上有简单实极点或简单复共轭极点对的实因果信号，其振幅总是有界的。此外，有一个靠近原点的极点（或一对复共轭极点）的信号，比有一个接近单位圆（但位于单位圆内）的极点的信号衰减更快。因此，信号的时域性质强烈依赖于其极点相对于单位圆的位置。零点也会影响信号的性质，但不如极点那么强烈。例如，对于正弦信号，零点的存在和位置只影响信号的相位。

　　要强调的是，前面关于因果信号的所有内容同样适用于因果线性时不变系统，因为它们的冲激响应是因果信号。因此，如果系统的一个极点位于单位圆外，系统的冲激响应就是无界的，因此系统是不稳定的。

3.3.3　线性时不变系统的系统函数

　　第 2 章讲过，一个（松弛）线性时不变系统对输入序列 $x(n)$ 的输出，可以通过计算 $x(n)$ 与该系统的单位样本响应的卷积得到。3.2 节推导的卷积性质可让我们将这一关系在 z 域中表示为

$$Y(z) = H(z)X(z) \tag{3.3.4}$$

式中，$Y(z)$ 是输出序列 $y(n)$ 的 z 变换，$X(z)$ 是输入序列 $x(n)$ 的 z 变换，$H(z)$ 是单位样本响应 $h(n)$ 的 z 变换。

　　若已知 $h(n)$ 与 $x(n)$，则可求它们对应的 z 变换 $H(z)$ 与 $X(z)$，并将两个变换相乘得到 $Y(z)$，最后求 $Y(z)$ 的逆 z 变换得到 $y(n)$。另外，若已知 $x(n)$ 并观察系统的输出 $y(n)$，就可以由关系式

$$H(z) = \frac{Y(z)}{X(z)} \tag{3.3.5}$$

求解 $H(z)$，然后求 $H(z)$ 的逆 z 变换得到单位样本响应。因为

$$H(z) = \sum_{n=-\infty}^{\infty} h(n)z^{-n} \tag{3.3.6}$$

显然 $H(z)$ 表示一个系统的 z 域描述，而 $h(n)$ 是该系统对应的时域描述。换言之，$H(z)$ 与 $h(n)$ 是一个系统在两个域中的等价描述。变换 $H(z)$ 称为**系统函数**。

　　当系统由形如

$$y(n) = -\sum_{k=1}^{N} a_k y(n-k) + \sum_{k=0}^{M} b_k x(n-k) \tag{3.3.7}$$

的线性常系数差分方程描述时，式（3.3.5）中的关系对于求 $H(z)$ 特别有用。在这种情况下，通过计算式（3.3.7）等号两边的 z 变换，可由式（3.3.7）直接求出系统函数。因此，应用时移性质得

$$Y(z) = -\sum_{k=1}^{N} a_k Y(z) z^{-k} + \sum_{k=0}^{M} b_k X(z) z^{-k}$$

$$Y(z)\left(1 + \sum_{k=1}^{N} a_k z^{-k}\right) = X(z)\left(\sum_{k=0}^{M} b_k z^{-k}\right) \tag{3.3.8}$$

$$\frac{Y(z)}{X(z)} = H(z) = \frac{\sum_{k=0}^{M} b_k z^{-k}}{1 + \sum_{k=1}^{N} a_k z^{-k}}$$

因此，由常系数差分方程描述的线性时不变系统有一个有理系统函数。这是由线性常系数差分方程描述的系统的系统函数的一般形式。由这个一般形式可以得到两种重要的特殊形式。首先，如果 $1 \le k \le N$ 时 $a_k = 0$，则式（3.3.8）简化为

$$H(z) = \sum_{k=0}^{M} b_k z^{-k} = \frac{1}{z^M} \sum_{k=0}^{M} b_k z^{M-k} \tag{3.3.9}$$

这时，$H(z)$ 包含 M 个零点，其值由系统参数 $\{b_k\}$ 决定，且在原点 $z = 0$ 处有一个 M 阶极点。因为系统只包含平凡极点（$z = 0$ 处）和 M 个非平凡零点，所以称为**全零点系统**。显然，这样的系统具有有限冲激响应（FIR），因而称为**有限冲激响应系统**或**滑动平均（MA）系统**。

另一方面，如果 $1 \le k \le M$ 时 $b_k = 0$，则系统函数简化为

$$H(z) = \frac{b_0}{1 + \sum_{k=1}^{N} a_k z^{-k}} = \frac{b_0 z^N}{\sum_{k=0}^{N} a_k z^{N-k}}, \quad a_0 \equiv 1 \tag{3.3.10}$$

这时，$H(z)$ 包含 N 个极点，其值由系统的参数 $\{a_k\}$ 决定，在原点 $z = 0$ 处有一个 N 阶零点。我们通常不提及这些平凡零点。因此，式（3.3.10）中的系统函数仅包含非平凡极点，其对应的系统称为**全极点系统**。因为极点的存在，这样一个系统的冲激响应是无限长的，所以是一个无限冲激响应系统。

由式（3.3.8）给出的系统函数的一般形式同时包含极点与零点，因此对应的系统称为有 N 个极点和 M 个零点的**零极点系统**。位于 $z = 0$ 与 $z = \infty$ 处的极点和零点是隐含的，通常不直接统计。因为存在极点，所以一个零极点系统是无限冲激响应系统。

下例说明由差分方程求系统函数及单位样本响应的步骤。

【例 3.3.4】求由差分方程 $y(n) = \frac{1}{2} y(n-1) + 2x(n)$ 描述的系统的系统函数及其单位样本响应。

解：计算该差分方程的 z 变换得

$$Y(z) = \frac{1}{2} z^{-1} Y(z) + 2X(z)$$

因此，系统函数是

$$H(z) = \frac{Y(z)}{X(z)} = \frac{2}{1 - \frac{1}{2} z^{-1}}$$

该系统在 $z = 1/2$ 处有一个极点，在原点处有一个零点。使用表 3.3，得到逆变换

$$h(n) = 2\left(\frac{1}{2}\right)^n u(n)$$

这就是该系统的单位样本响应。

到目前为止，我们说明了在常用系统中和线性时不变系统的描述中会遇到有理 z 变换。3.4 节介绍求解有理函数的逆 z 变换的几种方法。

3.4　逆 *z* 变换

3.1.2 节讲过，逆 *z* 变换的正式形式是

$$x(n) - \frac{1}{2\pi j} \oint_C X(z) z^{n-1} \, \mathrm{d}z \tag{3.4.1}$$

式中，积分是在环绕原点且位于 $X(z)$ 的收敛域内的闭合路径 C 上的围线积分。为简便起见，C 可取为 *z* 平面上 $X(z)$ 的收敛域内的一个圆。

实际中常用三种方法来求逆 *z* 变换。

1. 通过围线积分直接求式（3.4.1）。
2. 展开为变量 *z* 和 z^{-1} 的级数。
3. 部分分式展开和查表。

3.4.1　围线积分法求逆 *z* 变换

本节说明如何使用柯西积分定理由围线积分直接求逆 *z* 变换。

柯西积分定理。设 $f(z)$ 是复变量 *z* 的函数，C 是 *z* 平面上的一条闭合路径。如果在围线 C 上和内部导数 $\mathrm{d}f(z)/\mathrm{d}z$ 存在，且 $f(z)$ 在 $z = z_0$ 处无极点，则

$$\frac{1}{2\pi j} \oint_C \frac{f(z)}{z - z_0} \, \mathrm{d}z = \begin{cases} f(z_0), & z_0 \text{在 } C \text{内部} \\ 0, & z_0 \text{在 } C \text{外部} \end{cases} \tag{3.4.2}$$

更一般地，如果 $f(z)$ 的 $k+1$ 阶导数存在且 $f(z)$ 在 $z = z_0$ 处无极点，则

$$\frac{1}{2\pi j} \oint_C \frac{f(z)}{(z - z_0)^k} \, \mathrm{d}z = \begin{cases} \dfrac{1}{(k-1)!} \dfrac{\mathrm{d}^{k-1} f(z)}{\mathrm{d}z^{k-1}} \bigg|_{z=z_0}, & z_0 \text{在} C \text{内部} \\ 0, & z_0 \text{在} C \text{外部} \end{cases} \tag{3.4.3}$$

式（3.4.2）和式（3.4.3）等号右边的值称为 $z = z_0$ 处的极点的**留数**。式（3.4.2）和式（3.4.3）中的结果是两种形式的**柯西积分定理**。

我们可以应用式（3.4.2）和式（3.4.3）来求更一般的围线积分值。具体地说，假设围线积分的被积函数是一个真分式 $f(z)/g(z)$，其中 $f(z)$ 在围线 C 内部没有极点，而 $g(z)$ 是在围线 C 内部具有不同（单）根 $z_1, z_2, \cdots, z_n$ 的多项式。于是，有

$$\frac{1}{2\pi j} \oint_C \frac{f(z)}{g(z)} \mathrm{d}z = \frac{1}{2\pi j} \oint_C \left[\sum_{i=1}^{n} \frac{A_i}{z - z_i} \right] \mathrm{d}z = \sum_{i=1}^{n} \frac{1}{2\pi j} \oint_C \frac{A_i}{z - z_i} \mathrm{d}z = \sum_{i=1}^{n} A_i \tag{3.4.4}$$

式中，

$$A_i = (z - z_i) \frac{f(z)}{g(z)} \bigg|_{z = z_i} \tag{3.4.5}$$

值 $\{A_i\}$ 是 $z = z_i, i = 1, 2, \cdots, n$ 处的对应极点的留数。因此，围线积分值等同于围线 C 内部所有极点的留数之和。

观察发现，式（3.4.4）是通过对被积函数进行部分分式展开并应用式（3.4.2）得到的。当 $g(z)$ 具有多重根而在围线内部具有单根时，加以适当的修改，部分分式展开式和式（3.4.3）就可用来计算对应极点处的留数。

对于逆 *z* 变换的情况，假设极点 $\{z_i\}$ 为单极点，则有

$$x(n) = \frac{1}{2\pi \mathrm{j}} \oint_C X(z) z^{n-1} \, \mathrm{d}z = \sum_{C\text{内部的所有极点} \{z_i\}} \left[X(z) z^{n-1} \text{ 在 } z = z_i \text{ 处的留数} \right] \tag{3.4.6}$$

$$= \sum_i (z - z_i) X(z) z^{n-1} \big|_{z = z_i}$$

如果 $X(z)z^{n-1}$ 对于一个或多个 n 值在围线 C 内部没有极点，则对于这些值有 $x(n) = 0$。

下例说明如何用柯西积分定理求逆 z 变换。

【例 3.4.1】 使用复反演积分计算

$$X(z) = \frac{1}{1 - az^{-1}}, \qquad |z| > |a|$$

的逆 z 变换。

解： 我们有

$$x(n) = \frac{1}{2\pi \mathrm{j}} \oint_C \frac{z^{n-1}}{1 - az^{-1}} \mathrm{d}z = \frac{1}{2\pi \mathrm{j}} \oint_C \frac{z^n \, \mathrm{d}z}{z - a}$$

式中，C 是半径大于 $|a|$ 的圆。我们使用式（3.4.2）计算该积分，其中 $f(z) = z^n$。下面分两种情况讨论。

1. 如果 $n \geqslant 0$，那么 $f(z)$ 在 C 内部只有零点而没有极点。C 内部唯一的极点是 $z = a$。因此，
$$x(n) = f(z_0) = a^n, \qquad n \geqslant 0$$

2. 如果 $n < 0$，那么 $f(z) = z^n$ 在 $z = 0$ 处有一个 n 阶极点，它也位于 C 内部。因此，两个极点都有贡献。

   当 $n = -1$ 时，有
$$x(-1) = \frac{1}{2\pi \mathrm{j}} \oint_C \frac{1}{z(z-a)} \mathrm{d}z = \frac{1}{z-a} \bigg|_{z=0} + \frac{1}{z} \bigg|_{z=a} = 0$$

   当 $n = -2$ 时，有
$$x(-2) = \frac{1}{2\pi \mathrm{j}} \oint_C \frac{1}{z^2(z-a)} \mathrm{d}z = \frac{\mathrm{d}}{\mathrm{d}z} \left(\frac{1}{z-a} \right) \bigg|_{z=0} + \frac{1}{z^2} \bigg|_{z=a} = 0$$

   同理，可以证明当 $n < 0$ 时 $x(n) = 0$。因此，
$$x(n) = a^n u(n)$$

3.4.2 幂级数展开法求逆 z 变换

这种方法的基本思想是，给定一个 z 变换 $X(z)$ 及其对应的收敛域，就可将 $X(z)$ 展开成形如

$$X(z) = \sum_{n=-\infty}^{\infty} c_n z^{-n} \tag{3.4.7}$$

的幂级数。它收敛于给定的收敛域。接下来，根据 z 变换的唯一性，对所有 n，$x(n) = c_n$。当 $X(z)$ 是有理式时，展开可以通过长除法进行。

为了说明该技术，我们对某些有相同 $X(z)$ 表达式但收敛域不同的 z 变换求逆，这有助于再次强调收敛域在处理 z 变换时的重要性。

【例 3.4.2】 计算**(a)**收敛域为 $|z| > 1$ 和**(b)**收敛域为 $|z| < 0.5$ 时 $X(z) = \dfrac{1}{1 - 1.5z^{-1} + 0.5z^{-2}}$ 的逆 z 变换。

解：(a) 因为收敛域在圆外部，我们期望 $x(n)$ 是一个因果信号。于是，我们求以 z 的负幂表示的一个幂级数展开。将 $X(z)$ 的分子除以分母，得到幂级数

$$X(z) = \frac{1}{1 - \frac{3}{2}z^{-1} + \frac{1}{2}z^{-2}} = 1 + \frac{3}{2}z^{-1} + \frac{7}{4}z^{-2} + \frac{15}{8}z^{-3} + \frac{31}{16}z^{-4} + \cdots$$

将上式与式（3.1.1）进行比较，得到如下结论：

$$x(n) = \left\{ 1, \frac{3}{2}, \frac{7}{4}, \frac{15}{8}, \frac{31}{16}, \cdots \right\}$$

注意，在长除过程的每一步中，我们都去掉了最低阶项 z^{-1}。

(b) 在这种情况下，收敛域是圆内部。因此，信号 $x(n)$ 是非因果信号。为了得到以 z 的正幂表示的一个级数展开，我们用长除法计算如下：

$$
\begin{array}{r}
2z^2 + 6z^3 + 14z^4 + 30z^5 + 62z^6 + \cdots \\
\tfrac{1}{2}z^{-2} - \tfrac{3}{2}z^{-1} + 1 \overline{)\,1 \qquad\qquad\qquad\qquad\qquad\quad 1} \\
\underline{1 - 3z + 2z^2} \\
3z - 2z^2 \\
\underline{3z - 9z^2 + 6z^3} \\
7z^2 - 6z^3 \\
\underline{7z^2 - 21z^3 + 14z^4} \\
15z^3 - 14z^4 \\
\underline{15z^3 - 45z^4 + 30z^5} \\
31z^4 - 30z^5
\end{array}
$$

因此，

$$X(z) = \frac{1}{1 - \frac{3}{2}z^{-1} + \frac{1}{2}z^{-2}} = 2z^2 + 6z^3 + 14z^4 + 30z^5 + 62z^6 + \cdots$$

在这种情况下，当 $n \geq 0$ 时 $x(n) = 0$。将此关系式与式（3.1.1）进行比较，可得如下结论：

$$x(n) = \{ \cdots 62, 30, 14, 6, 2, 0, 0 \}$$

观察发现，在长除过程的每一步中，我们都去掉了最低阶项 z。要强调的是，对于非因果信号的情况，我们只是以"相反的"顺序将两个多项式（从左边最负的项开始）写出来进行长除。

由这个例子我们发现，当 n 很大时，长除法变得非常冗长，因此通常得不到答案 $x(n)$。尽管长除法为 $x(n)$ 的求解提供了直接的计算，但是不可能得到一个闭式解，除非结果的形式足够简单，以至于可以推断出一般项 $x(n)$。因此，该方法只适用于求信号的前几个样本值。

【例 3.4.3】 求 $X(z) = \log(1 + az^{-1}), |z| > |a|$ 的逆 z 变换：

解： 因为 $|x| < 1$ 时，对 $\log(1 + x)$ 使用幂级数展开，有

$$X(z) = \sum_{n=1}^{\infty} \frac{(-1)^{n+1} a^n z^{-n}}{n}$$

所以有

$$x(n) = \begin{cases} (-1)^{n+1} \dfrac{a^n}{n}, & n \geq 1 \\ 0, & n \leq 0 \end{cases}$$

将无理函数展开成幂级数可通过查表得到。

3.4.3 部分分式展开法求逆 z 变换

下面采用查表法将函数 $X(z)$ 表示成线性组合：

$$X(z) = \alpha_1 X_1(z) + \alpha_2 X_2(z) + \cdots + \alpha_K X_K(z) \qquad (3.4.8)$$

式中，$X_1(z), \cdots, X_K(z)$ 是对应的逆变换 $x_1(n), \cdots, x_K(n)$ 在 z 变换对表中存在时的表达式。如果这样的分解是可能的，$X(z)$ 的逆 z 变换 $x(n)$ 就可使用线性性质求出：

$$x(n) = \alpha_1 x_1(n) + \alpha_2 x_2(n) + \cdots + \alpha_K x_K(n) \qquad (3.4.9)$$

如果 $X(z)$ 是如式（3.3.1）所示的有理函数，这种方法就特别有用。不失一般性，假设 $a_0 = 1$，因

此式（3.3.1）就可以表示为

$$X(z) = \frac{B(z)}{A(z)} = \frac{b_0 + b_1 z^{-1} + \cdots + b_M z^{-M}}{1 + a_1 z^{-1} + \cdots + a_N z^{-N}} \qquad (3.4.10)$$

注意，如果 $a_0 \neq 1$，我们就可通过将式（3.3.1）的分子与分母同时除以 a_0 来得到式（3.4.10）。

如果 $a_N \neq 0$ 且 $M < N$，形如式（3.4.10）的有理函数就称为**本征有理函数**。由式（3.3.2）可知，这等同于说有限零点的个数少于有限极点的个数。

一个非本征有理函数（$M \geq N$）总可写成一个多项式与一个本征有理函数的和的形式。该过程由下面的例子说明。

【例3.4.4】用一个多项式和一个本征有理函数来表示下面的非本征有理变换：

$$X(z) = \frac{1 + 3z^{-1} + \frac{11}{6} z^{-2} + \frac{1}{3} z^{-3}}{1 + \frac{5}{6} z^{-1} + \frac{1}{6} z^{-2}}$$

解： 首先，化简分子，去掉 z^{-2} 项和 z^{-3} 项。对以降阶形式写出的两个多项式使用长除法。当余数的阶为 z^{-1} 时，停止相除。于是有

$$X(z) = 1 + 2z^{-1} + \frac{\frac{1}{6} z^{-1}}{1 + \frac{5}{6} z^{-1} + \frac{1}{6} z^{-2}}$$

一般来说，任何非本征有理函数（$M \geq N$）都可表示为

$$X(z) = \frac{B(z)}{A(z)} = c_0 + c_1 z^{-1} + \cdots + c_{M-N} z^{-(M-N)} + \frac{B_1(z)}{A(z)} \qquad (3.4.11)$$

观察发现，该多项式的逆 z 变换很容易得到。既然应用式（3.4.11）可将任何非本征有理函数变换成一个本征函数，我们就聚焦于本征有理变换的逆。我们进行两步推导：首先执行本征有理函数的部分分式展开，然后求各项的逆。

设 $X(z)$ 是一个本征有理函数，即

$$X(z) = \frac{B(z)}{A(z)} = \frac{b_0 + b_1 z^{-1} + \cdots + b_M z^{-M}}{1 + a_1 z^{-1} + \cdots + a_N z^{-N}} \qquad (3.4.12)$$

式中，

$$a_N \neq 0 \qquad 且 \qquad M < N$$

为简化讨论，我们让式（3.4.12）的分子和分母同时乘以 z^N，以去掉 z 的负幂次项，得到

$$X(z) = \frac{b_0 z^N + b_1 z^{N-1} + \cdots + b_M z^{N-M}}{z^N + a_1 z^{N-1} + \cdots + a_N} \qquad (3.4.13)$$

该式只包含 z 的正幂次项。因为 $N > M$，函数

$$\frac{X(z)}{z} = \frac{b_0 z^{N-1} + b_1 z^{N-2} + \cdots + b_M z^{N-M-1}}{z^N + a_1 z^{N-1} + \cdots + a_N} \qquad (3.4.14)$$

也总是本征的。

执行部分分式展开的目的是将式（3.4.12）或者式（3.4.14）表示成简单分式之和。为此，首先将式（3.4.14）中的分母多项式分解成包含 $X(z)$ 的极点 $p_1, p_2, \cdots, p_N$ 的因式。下面分两种情况讨论。

相异极点。设极点 $p_1, p_2, \cdots, p_N$ 全都是不同（相异）的。接下来尝试形如

$$\frac{X(z)}{z} = \frac{A_1}{z - p_1} + \frac{A_2}{z - p_2} + \cdots + \frac{A_N}{z - p_N} \qquad (3.4.15)$$

的展开。问题是求系数 $A_1, A_2, \cdots, A_N$。求解这个问题有两种方法，如下例所示。

【例 3.4.5】 求如下本征函数的部分分式展开:

$$X(z) = \frac{1}{1 - 1.5z^{-1} + 0.5z^{-2}} \qquad (3.4.16)$$

解: 首先,让分子和分母同时乘以 z^2 以去掉负幂次项,得到

$$X(z) = \frac{z^2}{z^2 - 1.5z + 0.5}$$

$X(z)$ 的极点是 $p_1 = 1$ 和 $p_2 = 0.5$。因此,形如式(3.4.15)的展开式为

$$\frac{X(z)}{z} = \frac{z}{(z-1)(z-0.5)} = \frac{A_1}{z-1} + \frac{A_2}{z-0.5} \qquad (3.4.17)$$

求 A_1 与 A_2 的简单方法是让上式乘以分母项 $(z-1)(z-0.5)$,于是有

$$z = (z-0.5)A_1 + (z-1)A_2 \qquad (3.4.18)$$

现在,如果在式(3.4.18)中设 $z = p_1 = 1$,就消掉 A_2 项,得到

$$1 = (1 - 0.5)A_1$$

进而得到 $A_1 = 2$。接下来回到式(3.4.18),设 $z = p_2 = 0.5$,消掉 A_1 项,得到

$$0.5 = (0.5 - 1)A_2$$

进而得到 $A_2 = -1$。因此,部分分式展开的结果是

$$\frac{X(z)}{z} = \frac{2}{z-1} - \frac{1}{z-0.5} \qquad (3.4.19)$$

上例表明,式(3.4.15)的两边乘以 $(z - p_k)$, $k = 1, 2, \cdots, N$ 并在对应的极点位置 $(p_1, p_2, \cdots, p_N)$ 计算得到的表达式,就可以求出系数 $A_1, A_2, \cdots, A_N$ 的值。于是,我们通常有

$$\frac{(z - p_k)X(z)}{z} = \frac{(z - p_k)A_1}{z - p_1} + \cdots + A_k + \cdots + \frac{(z - p_k)A_N}{z - p_N} \qquad (3.4.20)$$

因此,使用 $z = p_k$,由式(3.4.20)就可得到第 k 个系数为

$$A_k = \frac{(z - p_k)X(z)}{z} \bigg|_{z = p_k}, \qquad k = 1, 2, \cdots, N \qquad (3.4.21)$$

【例 3.4.6】 求

$$X(z) = \frac{1 + z^{-1}}{1 - z^{-1} + 0.5z^{-2}} \qquad (3.4.22)$$

的部分分式展开。

解: 为了消除式(3.4.22)中 z 的负幂次项,让分子与分母同时乘以 z^2,得到

$$\frac{X(z)}{z} = \frac{z + 1}{z^2 - z + 0.5}$$

$X(z)$ 的极点是复共轭

$$p_1 = \frac{1}{2} + j\frac{1}{2} \quad \text{和} \quad p_2 = \frac{1}{2} - j\frac{1}{2}$$

因为 $p_1 \neq p_2$,所以我们求形如式(3.4.15)的一个展开式。于是有

$$\frac{X(z)}{z} = \frac{z + 1}{(z - p_1)(z - p_2)} = \frac{A_1}{z - p_1} + \frac{A_2}{z - p_2}$$

为了得到 A_1 与 A_2,我们使用式(3.4.21)。于是得到

$$A_1 = \frac{(z - p_1)X(z)}{z} \bigg|_{z = p_1} = \frac{z + 1}{z - p_2} \bigg|_{z = p_1} = \frac{\frac{1}{2} + j\frac{1}{2} + 1}{\frac{1}{2} + j\frac{1}{2} - \frac{1}{2} + j\frac{1}{2}} = \frac{1}{2} - j\frac{3}{2}$$

$$A_2 = \frac{(z - p_2)X(z)}{z} \bigg|_{z = p_2} = \frac{z + 1}{z - p_1} \bigg|_{z = p_2} = \frac{\frac{1}{2} - j\frac{1}{2} + 1}{\frac{1}{2} - j\frac{1}{2} - \frac{1}{2} - j\frac{1}{2}} = \frac{1}{2} + j\frac{3}{2}$$

展开式（3.4.15）和式（3.4.21）对实极点和复极点均成立。唯一的限制是所有极点都必须是不同的。我们还注意到 $A_2 = A_1^*$。容易看出，这是 $p_2 = p_1^*$ 的结果。换言之，**复共轭极点导致部分分式展开式中的复共轭系数**。在后面的讨论中，我们将证明这个简单的结果是非常有用的。

多阶极点。如果 $X(z)$ 有一个 l 重极点，即在分母中包含因式 $(z-p_k)^l$，展开式（3.4.15）就不再正确。在这种情况下，需要一个不同的展开式。首先，我们研究双重极点（$l=2$）的情况。

【例 3.4.7】求

$$X(z) = \frac{1}{(1+z^{-1})(1-z^{-1})^2} \tag{3.4.23}$$

的部分分式展开。

解：首先，将式（3.4.23）展开成形如

$$\frac{X(z)}{z} = \frac{z^2}{(z+1)(z-1)^2}$$

的 z 的正幂次项。$X(z)$ 在 $p_1 = -1$ 处有一个极点，在 $p_2 = p_3 = 1$ 处有双重极点。这种情况下，合适的部分分式展开是

$$\frac{X(z)}{z} = \frac{z^2}{(z+1)(z-1)^2} = \frac{A_1}{z+1} + \frac{A_2}{z-1} + \frac{A_3}{(z-1)^2} \tag{3.4.24}$$

这时，问题就成为求系数 A_1, A_2 与 A_3。

下面按照有相异极点的情况进行处理。为了求 A_1，在式（3.4.24）的等号两边乘以 $(z+1)$，并求 $z=-1$ 时的结果。于是，式（3.4.24）变为

$$\frac{(z+1)X(z)}{z} = A_1 + \frac{z+1}{z-1}A_2 + \frac{z+1}{(z-1)^2}A_3$$

在 $z=-1$ 处计算该式，得到

$$A_1 = \frac{(z+1)X(z)}{z}\bigg|_{z=-1} = \frac{1}{4}$$

接着，在式（3.4.24）的等号两边乘以 $(z-1)^2$，得到

$$\frac{(z-1)^2 X(z)}{z} = \frac{(z-1)^2}{z+1}A_1 + (z-1)A_2 + A_3 \tag{3.4.25}$$

现在，在 $z=1$ 处计算式（3.4.25）的值，就得到 A_3。于是有

$$A_3 = \frac{(z-1)^2 X(z)}{z}\bigg|_{z=1} = \frac{1}{2}$$

系数 A_2 可通过在式（3.4.25）的等号两边对 z 求微分，然后计算 $z=1$ 时的值得到。注意，并不需要对式（3.4.25）的右边微分，因为当我们设 $z=1$ 时，除 A_2 外的所有项都为零。于是有

$$A_2 = \frac{\mathrm{d}}{\mathrm{d}z}\left[\frac{(z-1)^2 X(z)}{z}\right]_{z=1} = \frac{3}{4} \tag{3.4.26}$$

上例中的步骤可直接推广到 m 重极点 $(z-p_k)^m$ 的情况。部分分式展开式必须包含如下各项：

$$\frac{A_{1k}}{z-p_k} + \frac{A_{2k}}{(z-p_k)^2} + \cdots + \frac{A_{mk}}{(z-p_k)^m}$$

系数 $\{A_{ik}\}$ 可通过微分得到，如例 3.4.7 中 $m=2$ 的情况所示。

进行部分分式展开后，就进入求 $X(z)$ 的逆的最后一步。首先，考虑 $X(z)$ 包含相异极点的情况。由部分分式展开式（3.4.15）易得

$$X(z) = A_1 \frac{1}{1 - p_1 z^{-1}} + A_2 \frac{1}{1 - p_2 z^{-1}} + \cdots + A_N \frac{1}{1 - p_N z^{-1}} \qquad (3.4.27)$$

逆 z 变换 $x(n) = Z^{-1}\{X(z)\}$ 可通过对式（3.4.27）中的各项求逆并取对应的线性组合得到。由表 3.3 可知，这些项可以使用如下公式求逆：

$$Z^{-1}\left\{\frac{1}{1 - p_k z^{-1}}\right\} = \begin{cases} (p_k)^n u(n), & \text{收敛域：} |z| > |p_k| \quad \text{（因果信号）} \\ -(p_k)^n u(-n-1), & \text{收敛域：} |z| < |p_k| \quad \text{（非因果信号）} \end{cases} \qquad (3.4.28)$$

如果信号 $x(n)$ 是因果的，其收敛域就为 $|z| > p_{\max}$，其中 $p_{\max} = \max\{|p_1|, |p_2|, \cdots, |p_N|\}$。这时，式（3.4.27）中的所有项得到因果信号分量，且信号 $x(n)$ 可由

$$x(n) = (A_1 p_1^n + A_2 p_2^n + \cdots + A_N p_N^n) u(n) \qquad (3.4.29)$$

给出。如果所有极点是实数，式（3.4.29）就是信号 $x(n)$ 的期望表达式。因此，如果一个因果信号的 z 变换包含不同的实极点，该信号就是实指数信号的线性组合。

假设所有极点是相异的，但其中的一些是复极点。在这种情况下，式（3.4.27）中的某些项在时域中的结果就是复指数分量。然而，如果信号 $x(n)$ 是实信号，就可将这些项简化为实分量。如果 $x(n)$ 是实的，$X(z)$ 中的多项式就有实系数。在这种情况下，如 3.3 节所述，如果 p_j 是一个极点，那么它的复共轭 p_j^* 也是一个极点。如例 3.4.6 所示，部分分式展开式中的对应系数也是复共轭系数。因此，两个复共轭极点的贡献就形如

$$x_k(n) = \left[A_k(p_k)^n + A_k^*(p_k^*)^n\right] u(n) \qquad (3.4.30)$$

这两项可以组合起来形成一个实信号分量。首先，将 A_j 与 p_j 用极坐标形式（振幅与相位）表示为

$$A_k = |A_k| e^{j\alpha_k} \qquad (3.4.31)$$

$$p_k = r_k e^{j\beta_k} \qquad (3.4.32)$$

式中，α_k 与 β_k 是 A_k 与 p_k 的相位分量。将上述关系式代入式（3.4.30），得到

$$x_k(n) = |A_k| r_k^n \left[e^{j(\beta_k n + \alpha_k)} + e^{-j(\beta_k n + \alpha_k)}\right] u(n)$$

或者等价地得到

$$x_k(n) = 2|A_k| r_k^n \cos(\beta_k n + \alpha_k) u(n) \qquad (3.4.33)$$

从而，如果收敛域是 $|z| > |p_k| = r_k$，就可以得出

$$Z^{-1}\left(\frac{A_k}{1 - p_k z^{-1}} + \frac{A_k^*}{1 - p_k^* z^{-1}}\right) = 2|A_k| r_k^n \cos(\beta_k n + \alpha_k) u(n) \qquad (3.4.34)$$

由式（3.4.34）可知，z 域中的每对复共轭极点都导致具有指数包络的因果正弦信号分量。极点到原点的距离 r_k 决定指数的加权（$r_k > 1$ 时增长，$r_k < 1$ 时衰减，$r_k = 1$ 时保持不变）。极点与正实轴的夹角提供了正弦信号的频率。零点（或有理变换的分子）仅通过 A_k 间接影响 $x_k(n)$ 的振幅与相位。

对于**多重**极点的情况，无论它们是实极点还是复极点，都需要形如 $A/(z - p_k)^n$ 的项的逆变换。在双重极点的情况下，下面的变换对（见表 3.3）非常有用：

$$Z^{-1}\left\{\frac{pz^{-1}}{(1 - pz^{-1})^2}\right\} = np^n u(n) \qquad (3.4.35)$$

假设其收敛域是 $|z| > |p|$。使用多重微分，可以推广到高重极点的情况。

【例 3.4.8】 有**(a)**收敛域 $|z|>1$、**(b)** $|z|<0.5$ 和**(c)** $0.5<|z|<1$，求 $X(z)=\dfrac{1}{1-1.5z^{-1}+0.5z^{-2}}$ 的逆 z 变换。

解：这与例 3.4.2 处理的问题相同。$X(z)$ 的部分分式展开已在例 3.4.5 中求得，即

$$X(z)=\frac{2}{1-z^{-1}}-\frac{1}{1-0.5z^{-1}} \tag{3.4.36}$$

为了求 $X(z)$ 的逆，应该对 $p_1=1$ 与 $p_2=0.5$ 应用式（3.4.28）。然而，这需要对应收敛域的指标。

(a) 当收敛域是 $|z|>1$ 时，信号 $x(n)$ 是因果的，式（3.4.36）中的两项都是因果项。根据式（3.4.28）得

$$x(n)=2(1)^n u(n)-(0.5)^n u(n)=(2-0.5^n)u(n) \tag{3.4.37}$$

这与例 3.4.2(a)中的结果是一致的。

(b) 当收敛域为 $|z|<0.5$ 时，信号 $x(n)$ 是非因果信号。因此，式（3.4.36）中的两项都是非因果分量。由式（3.4.28）得

$$x(n)=\left[-2+(0.5)^n\right]u(-n-1) \tag{3.4.38}$$

(c) 当收敛域 $0.5<|z|<1$ 是一个环时，信号 $x(n)$ 是双边信号。因此，其中一项对应一个因果信号，另一项对应一个非因果信号。显然，给定的收敛域是 $|z|>0.5$ 与 $|z|<1$ 的重叠部分。因此，极点 $p_2=0.5$ 提供因果部分，极点 $p_1=1$ 则提供非因果部分。从而有

$$x(n)=-2(1)^n u(-n-1)-(0.5)^n u(n) \tag{3.4.39}$$

【例 3.4.9】 求因果信号 $x(n)$，其 z 变换为

$$X(z)=\frac{1+z^{-1}}{1-z^{-1}+0.5z^{-2}}$$

解：在例 3.4.6 中，我们得到部分分式展开为

$$X(z)=\frac{A_1}{1-p_1 z^{-1}}+\frac{A_2}{1-p_2 z^{-1}}$$

式中，

$$A_1=A_2^*=\tfrac{1}{2}-\mathrm{j}\tfrac{3}{2}, \qquad p_1=p_2^*=\tfrac{1}{2}+\mathrm{j}\tfrac{1}{2}$$

因为有一对复共轭极点，所以应该使用式（3.4.34）。A_1 和 p_1 的极坐标形式为

$$A_1=\frac{\sqrt{10}}{2}\mathrm{e}^{-\mathrm{j}71.565}, \qquad p_1=\frac{1}{\sqrt{2}}\mathrm{e}^{\mathrm{j}\pi/4}$$

因此，有

$$x(n)=\sqrt{10}\left(\frac{1}{\sqrt{2}}\right)^n\cos\left(\frac{\pi n}{4}-71.565°\right)u(n)$$

【例 3.4.10】 求因果信号 $x(n)$，其 z 变换为

$$X(z)=\frac{1}{(1+z^{-1})(1-z^{-1})^2}$$

解：由例 3.4.7 有

$$X(z)=\frac{1}{4}\frac{1}{1+z^{-1}}+\frac{3}{4}\frac{1}{1-z^{-1}}+\frac{1}{2}\frac{z^{-1}}{(1-z^{-1})^2}$$

应用式（3.4.28）和式（3.4.35）中的逆变换关系得

$$x(n)=\frac{1}{4}(-1)^n u(n)+\frac{3}{4}u(n)+\frac{1}{2}nu(n)=\left[\frac{1}{4}(-1)^n+\frac{3}{4}+\frac{n}{2}\right]u(n)$$

3.4.4 有理 z 变换的分解

有了前面的介绍，现在就可以讨论有理 z 变换分解的其他一些问题，因为有理 z 变换分解在离散时间系统的实现中非常有用。

假设有一个有理 z 变换 $X(z)$，它表示为

$$X(z) = \frac{\sum_{k=0}^{M} b_k z^{-k}}{1 + \sum_{k=1}^{N} a_k z^{-k}} = b_0 \frac{\prod_{k=1}^{M}\left(1 - z_k z^{-1}\right)}{\prod_{k=1}^{N}\left(1 - p_k z^{-1}\right)} \tag{3.4.40}$$

其中，为简便起见，我们设 $a_0 \equiv 1$。如果 $M \geqslant N$ [即 $X(z)$ 是非本征的]，我们就将 $X(z)$ 转换成一个多项式与一个本征函数之和：

$$X(z) = \sum_{k=0}^{M-N} c_k z^{-k} + X_{\mathrm{pr}}(z) \tag{3.4.41}$$

如果 $X_{\mathrm{pr}}(z)$ 的极点是相异的，上式就可展开为部分分式：

$$X_{\mathrm{pr}}(z) = A_1 \frac{1}{1 - p_1 z^{-1}} + A_2 \frac{1}{1 - p_2 z^{-1}} + \cdots + A_N \frac{1}{1 - p_N z^{-1}} \tag{3.4.42}$$

如前所述，式（3.4.42）中可能有一些复共轭极点对。因为我们通常处理的是实信号，所以需要在分解中避免复系数。这可通过如下方式对包含复共轭极点的项进行分组和合并来实现：

$$\frac{A}{1 - p z^{-1}} + \frac{A^*}{1 - p^* z^{-1}} = \frac{A - A p^* z^{-1} + A^* - A^* p z^{-1}}{1 - p z^{-1} - p^* z^{-1} + p p^* z^{-2}} = \frac{b_0 + b_1 z^{-1}}{1 + a_1 z^{-1} + a_2 z^{-2}} \tag{3.4.43}$$

式中，

$$\begin{aligned} b_0 &= 2\mathrm{Re}(A), & a_1 &= -2\mathrm{Re}(p) \\ b_1 &= 2\mathrm{Re}(A p^*), & a_2 &= |p|^2 \end{aligned} \tag{3.4.44}$$

是所需的系数。显然，任何系数由式（3.4.44）给出的形如式（3.4.43）的有理变换（即 $a_1^2 - 4a_2 < 0$ 的情况），都可用式（3.4.34）求逆。合并式（3.4.41）、式（3.4.42）与式（3.4.43），就得到具有包含实系数的**相异极点**的 z 变换的一个部分分式展开。一般结果是

$$X(z) = \sum_{k=0}^{M-N} c_k z^{-k} + \sum_{k=1}^{K_1} \frac{b_k}{1 + a_k z^{-1}} + \sum_{k=1}^{K_2} \frac{b_{0k} + b_{1k} z^{-1}}{1 + a_{1k} z^{-1} + a_{2k} z^{-2}} \tag{3.4.45}$$

式中，$K_1 + 2K_2 = N$。显然，如果 $M = N$，第一项就是一个常数，而当 $M < N$ 时，该项消失。存在多重极点时，式（3.4.45）中还应包含其他高阶项。

将 $X(z)$ 表示为式（3.4.40）中简单项的乘积可得到另一种形式。然而，应将复共轭极点与零点相结合，以避免在分解式中出现复系数。这样的结合得到形如

$$\frac{(1 - z_k z^{-1})(1 - z_k^* z^{-1})}{(1 - p_k z^{-1})(1 - p_k^* z^{-1})} = \frac{1 + b_{1k} z^{-1} + b_{2k} z^{-2}}{1 + a_{1k} z^{-1} + a_{2k} z^{-2}} \tag{3.4.46}$$

的二阶有理项。式中，

$$\begin{aligned} b_{1k} &= -2\mathrm{Re}(z_k), & a_{1k} &= -2\mathrm{Re}(p_k) \\ b_{2k} &= |z_k|^2, & a_{2k} &= |p_k|^2 \end{aligned} \tag{3.4.47}$$

为简单起见，假设 $M = N$，我们看到 $X(z)$ 可分解成如下形式：

$$X(z) = b_0 \prod_{k=1}^{K_1} \frac{1 + b_k z^{-1}}{1 + a_k z^{-1}} \prod_{k=1}^{K_2} \frac{1 + b_{1k} z^{-1} + b_{2k} z^{-2}}{1 + a_{1k} z^{-1} + a_{2k} z^{-2}} \tag{3.4.48}$$

式中，$N = K_1 + 2K_2$。第 9 章与第 10 章将继续讨论这些重要的形式。

3.5 在 z 域中分析线性时不变系统

3.3.3 节引入了线性时不变系统的系统函数，并将它与单位样本响应和系统的差分方程描述联系起来了。本节介绍如何使用系统函数来求系统对某些激励信号的响应。3.6.3 节将将这种方法推广到分析非松弛系统。介绍的重点是用具有任意初始条件的线性常系数差分方程来表示这类重要的零极点系统。

我们还将考虑线性时不变系统的稳定性问题，并描述一种根据系统函数分母多项式系数来确定系统稳定性的测试方法。最后，我们将详细分析二阶系统，因为二阶系统是实现更高阶系统的基本构件。

3.5.1 有理系统函数的系统响应

下面考虑由式（3.3.7）中的一般线性常系数差分方程描述的零极点系统及式（3.3.8）中的对应系统函数。我们将 $H(z)$ 表示成两个多项式之比即 $B(z)/A(z)$，其中 $B(z)$ 是包含 $H(z)$ 的零点的分子多项式，$A(z)$ 是确定 $H(z)$ 的极点的分母多项式。进一步设输入信号 $x(n)$ 具有形如

$$X(z) = \frac{N(z)}{Q(z)} \tag{3.5.1}$$

的有理 z 变换 $X(z)$。这个假设并不严格，因为我们感兴趣的大部分信号都有有理 z 变换。

如果系统是初始松弛的，即差分方程的初始条件为零，$y(-1) = y(-2) = \cdots = y(-N) = 0$，那么系统输出的 z 变换就形如

$$Y(z) = H(z)X(z) = \frac{B(z)N(z)}{A(z)Q(z)} \tag{3.5.2}$$

现在假设系统具有单极点 p_1, p_2, $\cdots$, p_N，且输入信号的 z 变换包含极点 q_1, q_2, $\cdots$, q_L，其中对所有 $k = 1, 2, \cdots, N$ 和 $m = 1, 2, \cdots, L$ 有 $p_k \neq q_m$。此外，假设分子多项式 $B(z)$ 和 $N(z)$ 的零点不与极点 $\{p_k\}$ 和 $\{q_k\}$ 相同，以便不会出现零极点相互抵消的情况。于是，$Y(z)$ 的部分分式展开为

$$Y(z) = \sum_{k=1}^{N} \frac{A_k}{1 - p_k z^{-1}} + \sum_{k=1}^{L} \frac{Q_k}{1 - q_k z^{-1}} \tag{3.5.3}$$

$Y(z)$ 的逆变换产生形如

$$y(n) = \sum_{k=1}^{N} A_k (p_k)^n u(n) + \sum_{k=1}^{L} Q_k (q_k)^n u(n) \tag{3.5.4}$$

的系统输出信号。观察发现，输出序列 $y(n)$ 可以分成两部分。第一部分是系统的极点 $\{p_k\}$ 的函数，称为系统的**自然响应**。输入信号对这部分响应的影响由缩放因子 $\{A_k\}$ 施加。第二部分是输入信号的极点 $\{q_k\}$ 的函数，称为系统的**强迫响应**。系统对该响应的影响由缩放因子 $\{Q_k\}$ 施加。

需要强调的是，缩放因子 $\{A_k\}$ 与 $\{Q_k\}$ 都是极点集 $\{p_k\}$ 和 $\{q_k\}$ 的函数。例如，如果 $X(z) = 0$，输入就为零，有 $Y(z) = 0$，因此输出是零。显然，系统的自然响应是零。这意味着系统的自然响应不同于零输入响应。

当 $X(z)$ 与 $H(z)$ 有一个或多个共同极点时，或者当 $X(z)$ 或 $H(z)$ 包含多阶极点时，$Y(z)$ 将有多阶

极点。因此，$Y(z)$ 的部分分式展开将包含形如 $1/(1-p_l z^{-1})^k$, $k = 1, 2, \cdots, m$ 的因式，其中 m 是极点的阶。如 3.4.3 节所述，这些因式的逆在系统的输出 $y(n)$ 中产生形如 $n^{k-1} p_l^n$ 的项。

3.5.2 瞬态响应和稳态响应

如前所述，系统对给定输入的零状态响应可以分为两部分，即自然响应与强迫响应。一个因果系统的自然响应形如

$$y_{\text{nr}}(n) = \sum_{k=1}^{N} A_k \left(p_k \right)^n u(n) \tag{3.5.5}$$

式中，$\{p_k\}$, $k = 1, 2, \cdots, N$ 是系统的极点，$\{A_k\}$ 是取决于初始条件与输入序列性质的缩放因子，如 3.6.3 节所示。

如果对所有 k 有 $|p_k| < 1$，那么随着 n 趋于无穷大，$y_{\text{nr}}(n)$ 衰减为零。在这种情况下，我们将系统的自然响应称为**瞬态响应**。$y_{\text{nr}}(n)$ 趋于零的衰减率取决于极点位置的幅度。如果所有极点都有小幅度，那么衰减非常快。另一方面，如果一个或多个极点位于单位圆附近，那么 $y_{\text{nr}}(n)$ 中的对应项将缓慢趋于零，瞬态响应将维持相当长的时间。

系统的强迫响应形如

$$y_{\text{fr}}(n) = \sum_{k=1}^{L} Q_k \left(q_k \right)^n u(n) \tag{3.5.6}$$

式中，$\{q_k\}$, $k = 1, 2, \cdots, L$ 是强迫函数的极点，$\{Q_k\}$ 是取决于输入序列和系统性质的缩放因子。如果输入信号的所有极点都在单位圆内，则如自然响应的情况那样，随着 n 趋于无穷大，$y_{\text{fr}}(n)$ 衰减到零。因为输入信号也是瞬态信号，所以这应该不会让人吃惊。另一方面，当因果输入信号是正弦信号时，极点落在单位圆上，因此强迫响应也是一个对所有 $n \geq 0$ 都存在的正弦信号。在此情况下，强迫响应称为系统的**稳态响应**。因此，为了让系统在 $n \geq 0$ 时维持稳态输出，对所有 $n \geq 0$，输入信号必须存在。

下例说明稳态响应的存在。

【例 3.5.1】当输入信号为 $x(n) = 10\cos(\pi n/4)u(n)$ 时，求由差分方程 $y(n) = 0.5y(n-1) + x(n)$ 描述的系统的瞬态响应与稳态响应。系统最初是静止（松弛）的。

解：该系统的系统函数为

$$H(z) = \frac{1}{1 - 0.5z^{-1}}$$

因此系统在 $z = 0.5$ 处有一个极点。（由表 3.3 可知）输入信号的 z 变换为

$$X(z) = \frac{10(1 - (1/\sqrt{2})z^{-1})}{1 - \sqrt{2}z^{-1} + z^{-2}}$$

因此有

$$Y(z) = H(z)X(z) = \frac{10(1 - (1/\sqrt{2})z^{-1})}{(1 - 0.5z^{-1})(1 - e^{j\pi/4}z^{-1})(1 - e^{-j\pi/4}z^{-1})} = \frac{6.3}{1 - 0.5z^{-1}} + \frac{6.78e^{-j28.7°}}{1 - e^{j\pi/4}z^{-1}} + \frac{6.78e^{j28.7°}}{1 - e^{-j\pi/4}z^{-1}}$$

自然响应或瞬态响应为

$$y_{\text{nr}}(n) = 6.3(0.5)^n u(n)$$

强迫响应或稳态响应为

$$y_{\text{fr}}(n) = \left[6.78e^{-j28.7}(e^{j\pi n/4}) + 6.78e^{j28.7} e^{-j\pi n/4} \right] u(n) = 13.56\cos\left(\frac{\pi}{4}n - 28.7° \right) u(n)$$

于是，我们看到，如对所有 $n \geq 0$ 输入信号都有值那样，对所有 $n \geq 0$ 稳态响应都存在。

3.5.3 因果性与稳定性

如前面定义的那样，一个因果线性时不变系统是一个单位样本响应 $h(n)$ 满足条件

$$h(n) = 0, \quad n < 0$$

的系统。业已证明，一个因果序列的 z 变换的收敛域是圆的外部。因此，**当且仅当系统函数的收敛域是半径为 $r < \infty$ 的圆的外部（包括点 $z = \infty$）时，一个线性时不变系统才是因果的。**

线性时不变系统的稳定性也可用系统函数的特征来表示。由前面的讨论可知，一个线性时不变系统 BIBO 稳定的充要条件是

$$\sum_{n=-\infty}^{\infty} |h(n)| < \infty$$

反过来，该条件意味着单位圆必须包含在 $H(z)$ 的收敛域内。

实际上，因为

$$H(z) = \sum_{n=-\infty}^{\infty} h(n) z^{-n}$$

所以

$$|H(z)| \leqslant \sum_{n=-\infty}^{\infty} |h(n) z^{-n}| = \sum_{n=-\infty}^{\infty} |h(n)| |z^{-n}|$$

当在单位圆上计算时（$|z| = 1$），有

$$|H(z)| \leqslant \sum_{n=-\infty}^{\infty} |h(n)|$$

因此，如果系统是 BIBO 稳定的，单位圆就包含在 $H(z)$ 的收敛域内。反之也成立。因此，**当且仅当系统函数的收敛域包含单位圆时，一个线性时不变系统才是 BIBO 稳定的。**

然而，要强调的是，因果性和稳定性的条件是不同的，有一个条件并不意味着也有另一个条件。例如，正如一个非因果系统可能是稳定的也可能是不稳定的那样，一个因果系统可能是稳定的，也可能是不稳定的。类似地，正如一个稳定系统可能是因果的也可能是非因果的那样，一个不稳定的系统可能是因果的，也可能是非因果的。

然而，因果系统的稳定性条件可收窄到一定程度。实际上，一个因果系统由收敛域为某个半径为 r 的圆的外部的系统函数 $H(z)$ 描述。对于一个稳定的系统，收敛域必须包含单位圆。因此，一个因果稳定系统的系统函数收敛于 $|z| > r < 1$。因为收敛域不能包含 $H(z)$ 的任何极点，由此可知，**当且仅当 $H(z)$ 的所有极点都位于单位圆内时，一个因果线性时不变系统才是 BIBO 稳定的。**

【例 3.5.2】 一个线性时不变系统由如下系统函数描述：

$$H(z) = \frac{3 - 4z^{-1}}{1 - 3.5z^{-1} + 1.5z^{-2}} = \frac{1}{1 - 0.5z^{-1}} + \frac{2}{1 - 3z^{-1}}$$

说明 $H(z)$ 的收敛域并在如下条件下求 $h(n)$：**(a)** 系统是稳定的；**(b)** 系统是因果的；**(c)** 系统是非因果的。

解： 系统在 $z = 1/2$ 和 $z = 3$ 处有极点。

(a) 因为系统是稳定的，其收敛域必须包含单位圆，有 $0.5 < |z| < 3$。因此，$h(n)$ 是非因果的，给出如下：

$$h(n) = (0.5)^n u(n) - 2(3)^n u(-n-1)$$

(b) 因为系统是因果的，其收敛域为 $|z| > 3$。在此情况下，

$$h(n) = (0.5)^n u(n) + 2(3)^n u(n)$$

系统是不稳定的。

(c) 因为系统是非因果的，其收敛域为 $|z| < 0.5$。因此，

$$h(n) = -\left[(0.5)^n + 2(3)^n\right]u(-n-1)$$

在这种情况下系统是不稳定的。

3.5.4 零极点抵消

当一个 z 变换在相同的位置有一个零点和一个极点时，极点就会被零点抵消，导致包含极点的项在逆变换中消失。这样的零极点抵消在分析零极点系统时非常重要。

零极点抵消可以发生在系统函数本身中，或者发生在系统函数与输入信号的 z 变换的乘积中。在第一种情况下，我们称系统的阶减 1；在第二种情况下，我们称系统的极点被输入信号的零点抑制，或者称系统的零点被输入信号的极点抑制。因此，适当地选择输入信号的零点的位置，就有可能在系统响应中抑制一个或多个系统模式（极点因式）。类似地，适当地选择系统函数的零点的位置，就有可能在系统响应中抑制一个或多个输入信号的模式。

当零点和极点离得很近但不在相同的位置上时，响应中的该项的振幅很小。例如，如果用于表示系统的系数的数字精度不足，就会在实际中导致不精确的零极点抵消。因此，我们不应在输入信号的极点位置设置零点来使不稳定系统成为稳定系统。

【例 3.5.3】 求由差分方程

$$y(n) = 2.5y(n-1) - y(n-2) + x(n) - 5x(n-1) + 6x(n-2)$$

描述的系统的单位样本响应。

解： 系统函数为

$$H(z) = \frac{1 - 5z^{-1} + 6z^{-2}}{1 - 2.5z^{-1} + z^{-2}} = \frac{1 - 5z^{-1} + 6z^{-2}}{(1 - 0.5z^{-1})(1 - 2z^{-1})}$$

系统在 $p_1 = 2$ 与 $p_2 = 1/2$ 处有极点。因此，单位样本响应为

$$Y(z) = H(z)X(z) = \frac{1 - 5z^{-1} + 6z^{-2}}{(1 - 0.5z^{-1})(1 - 2z^{-1})} = z\left(\frac{A}{z - 0.5} + \frac{B}{z - 2}\right)$$

计算 $z = 1/2$ 与 $z = 2$ 时的常数，得到

$$A = \frac{5}{2}, \quad B = 0$$

$B = 0$ 表明，在 $z = 2$ 处存在一个零点，它抵消了 $z = 2$ 处的极点。事实上，零点出现在 $z = 2$ 与 $z = 3$ 处。因此，$H(z)$ 简化为

$$H(z) = \frac{1 - 3z^{-1}}{1 - 0.5z^{-1}} = \frac{z - 3}{z - 0.5} = 1 - \frac{2.5z^{-1}}{1 - 0.5z^{-1}}$$

于是有

$$h(n) = \delta(n) - 2.5(0.5)^{n-1}u(n-1)$$

通过抵消共有的零极点，得到的降阶系统由差分方程

$$y(n) = \frac{1}{2}y(n-1) + x(n) - 3x(n-1)$$

描述。尽管由于零极点抵消，原系统也是 BIBO 稳定的，但是在该二阶系统的实际实现中，我们可能会遇到由于不完美的零极点抵消所引发的不稳定。

【例 3.5.4】 求系统

$$y(n) = \frac{5}{6}y(n-1) - \frac{1}{6}y(n-2) + x(n)$$

对输入信号 $x(n) = \delta(n) - \frac{1}{3}\delta(n-1)$ 的响应。

解：系统函数为

$$H(z) = \frac{1}{1 - \frac{5}{6}z^{-1} + \frac{1}{6}z^{-2}} = \frac{1}{(1 - \frac{1}{2}z^{-1})(1 - \frac{1}{3}z^{-1})}$$

系统有两个极点，一个在 $z = 1/2$ 处，另一个在 $z = 1/3$ 处。输入信号的 z 变换为

$$X(z) = 1 - \frac{1}{3}z^{-1}$$

在这种情况下，输入信号包含一个位于 $z = 1/3$ 处的零点，它抵消了 $z = 1/3$ 处的极点，因此有

$$Y(z) = H(z)X(z), \qquad Y(z) = \frac{1}{1 - \frac{1}{2}z^{-1}}$$

于是系统的响应是

$$y(n) = (0.5)^n u(n)$$

显然，作为零极点抵消的结果，$(1/3)^n$ 在输出中被抑制。

3.5.5 多阶极点和稳定性

如前所述，一个因果线性时不变系统 BIBO 稳定的充要条件是其所有极点都位于单位圆内。如果输入信号的 z 变换包含极点 $\{q_k\}$，$k = 1, 2, \cdots, L$，且对所有 k 都满足条件 $|q_k| \leqslant 1$，输入信号就是有界的。我们发现，即使输入信号在单位圆上包含一个或多个不同的极点，由式（3.5.6）给出的系统的强迫响应也是有界的。

因为一个有界输入信号在单位圆上可能有极点，所以可能出现一个稳定系统在单位圆上有极点的情况。然而，情况并非如此，因为在单位圆上的相同位置有一个极点的输入信号激励这样的系统时，将产生无界响应。下例说明了这一点。

【例 3.5.5】 求由差分方程 $y(n) = y(n-1) + x(n)$ 描述的因果系统的阶跃响应。

解：系统的系统函数为

$$H(z) = \frac{1}{1 - z^{-1}}$$

我们注意到系统在单位圆上包含一个位于 $z = 1$ 的极点。输入信号 $x(n) = u(n)$ 的 z 变换为

$$X(z) = \frac{1}{1 - z^{-1}}$$

它也包含位于 $z = 1$ 处的一个极点。因此，输出信号具有变换

$$Y(z) = H(z)X(z) = \frac{1}{(1 - z^{-1})^2}$$

它在 $z = 1$ 处包含一个双极点。$Y(z)$ 的逆 z 变换是

$$y(n) = (n+1)u(n)$$

这是一个斜坡序列。因此，即使输入的信号是有界的，$y(n)$ 也是无界的，所以系统是不稳定的。

例 3.5.5 清楚地表明 BIBO 稳定性要求系统极点严格位于单位圆内。如果系统的极点都位于单位圆内，且激励序列 $x(n)$ 包含一个或多个极点，恰好与系统的极点重合，则输出 $Y(z)$ 将包含多阶极点。如前所述，这样的多阶极点将导致输出序列包含形如

$$A_k n^b (p_k)^n u(n)$$

的项，其中 $0 \leqslant b \leqslant m-1$，$m$ 是极点的阶。如果 $|p_k| < 1$，因为指数因式 $(p_k)^n$ 比 n^b 项更重要，随着 n 趋于无穷大，这些项衰减为零。因此，如果系统的极点都位于单位圆内，有界输入信号就不会产生无界输出信号。

最后要说明的是，唯一有用的包含单位圆上的极点的系统是第 5 章讨论的数字振荡器，我们称这类系统为**临界稳定系统**。

3.5.6 二阶系统的稳定性

本节详细分析有两个极点的系统。如第 9 章所述，双极点系统是实现高阶系统的基本构件。

考虑由二阶差分方程

$$y(n) = -a_1 y(n-1) - a_2 y(n-2) + b_0 x(n) \tag{3.5.7}$$

描述的因果双极点系统。系统函数为

$$H(z) = \frac{Y(z)}{X(z)} = \frac{b_0}{1 + a_1 z^{-1} + a_2 z^{-2}} = \frac{b_0 z^2}{z^2 + a_1 z + a_2} \tag{3.5.8}$$

系统在原点有两个零点，极点则位于

$$p_1, p_2 = -\frac{a_1}{2} \pm \sqrt{\frac{a_1^2 - 4a_2}{4}} \tag{3.5.9}$$

如果极点位于单位圆内，即 $|p_1| < 1$ 和 $|p_2| < 1$，该系统就是 BIBO 稳定的。这些条件可将系数 a_1 与 a_2 的值联系起来。特别地，一个二次方程的根满足如下关系：

$$a_1 = -(p_1 + p_2) \tag{3.5.10}$$

$$a_2 = p_1 p_2 \tag{3.5.11}$$

由式（3.5.10）和式（3.5.11）可知 a_1 与 a_2 是稳定所需满足的条件。首先，a_2 要满足条件

$$|a_2| = |p_1 p_2| = |p_1||p_2| < 1 \tag{3.5.12}$$

a_1 要满足的条件可以表示为

$$|a_1| < 1 + a_2 \tag{3.5.13}$$

因此，当且仅当系数 a_1 与 a_2 满足式（3.5.12）和式（3.5.13）中的条件时，一个双极点系统才是稳定的。

式（3.5.12）和式（3.5.13）给出的稳定条件定义了系数平面 (a_1, a_2) 上的一个区域，这个区域呈三角形状，如图 3.5.1 所示。当且仅当点 (a_1, a_2) 位于三角形内时，系统才是稳定的，我们称这个三角形为**稳定三角形**。

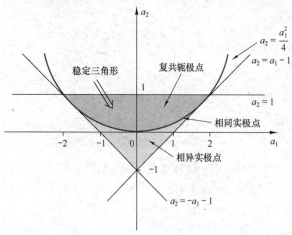

双极点系统的性质取决于极点的位置，或者取决于稳定三角形内点 (a_1, a_2) 的位置。系统的极点可能是实的或复共轭的，具体取决于判别式 $\Delta = a_1^2 - 4a_2$ 的值。抛物线 $a_2 = a_1^2/4$ 将稳定三角形分成两个区域，如图 3.5.1 所示。位于抛物线下方的区域（$a_1^2 > 4a_2$）对应于相异实极点，而位于抛物线上的点（$a_1^2 = 4a_2$）导致实的双重极点。最后，抛物线上方的点对应于复共轭极点。

由这三种情况的单位样本响应可以了解系统的更多性质。

图 3.5.1 (a_1, a_2) 系数平面上一个二阶系统的稳定区域

相异实极点（$a_1^2 > 4a_2$）。因为 p_1, p_2 是实数且 $p_1 \neq p_2$，所以系统函数可以表示为

$$H(z) = \frac{A_1}{1 - p_1 z^{-1}} + \frac{A_2}{1 - p_2 z^{-1}} \tag{3.5.14}$$

式中，

$$A_1 = \frac{b_0 p_1}{p_1 - p_2}, \qquad A_2 = \frac{-b_0 p_2}{p_1 - p_2} \qquad (3.5.15)$$

于是，单位样本响应为

$$h(n) = \frac{b_0}{p_1 - p_2}\left(p_1^{n+1} - p_2^{n+2}\right)u(n) \qquad (3.5.16)$$

因此，单位样本响应是两个衰减指数序列的差。图 3.5.2 显示了极点相异时 $h(n)$ 的典型图形。

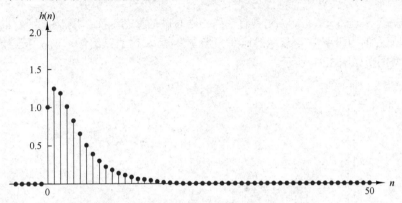

图 3.5.2　式（3.5.16）给出的 $h(n)$ 的图形，其中 $p_1 = 0.5$ 且 $p_2 = 0.75$，$h(n) = [1/(p_1 - p_2)](p_1^{n+1} - p_2^{n+1})u(n)$

相同实极点（$a_1^2 = 4a_2$）。在这种情况下，$p_1 = p_2 = p = -a_1/2$。系统函数为

$$H(z) = \frac{b_0}{(1 - pz^{-1})^2} \qquad (3.5.17)$$

于是，系统的单位样本响应为

$$h(n) = b_0(n+1)p^n u(n) \qquad (3.5.18)$$

观察发现，$h(n)$ 是一个斜坡序列和一个实衰减指数序列的积。$h(n)$ 的图形如图 3.5.3 所示。

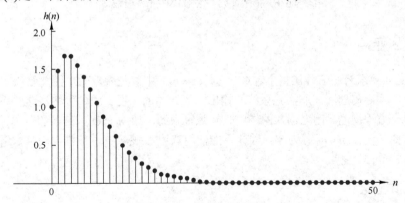

图 3.5.3　式（3.5.18）给出的 $h(n)$ 的图形，其中 $p = 3/4$; $h(n) = (n+1)p^n u(n)$

复共轭极点（$a_1^2 < 4a_2$）。因为极点是复共轭的，所以系统函数可以因式分解为

$$H(z) = \frac{A}{1 - pz^{-1}} + \frac{A^*}{1 - p^*z^{-1}} = \frac{A}{1 - r\mathrm{e}^{\mathrm{j}\omega_0}z^{-1}} + \frac{A^*}{1 - r\mathrm{e}^{-\mathrm{j}\omega_0}z^{-1}} \qquad (3.5.19)$$

式中，$p = r\mathrm{e}^{\mathrm{j}\omega_0}$ 且 $0 < \omega_0 < \pi$。注意，当极点是复共轭极点时，参数 a_1 和 a_2 按照关系

$$a_1 = -2r\cos\omega_0, \quad a_2 = r^2 \qquad (3.5.20)$$

与 r 和 ω_0 相关联。易证 $H(z)$ 的部分分式展开中的常数 A 为

$$A = \frac{b_0 p}{p - p^*} = \frac{b_0 r e^{j\omega_0}}{r(e^{j\omega_0} - e^{-j\omega_0})} = \frac{b_0 e^{j\omega_0}}{j2\sin\omega_0} \tag{3.5.21}$$

因此，有复共轭极点的系统的单位样本响应为

$$h(n) = \frac{b_0 r^n}{\sin\omega_0} \frac{e^{j(n+1)\omega_0} - e^{-j(n+1)\omega_0}}{2j} u(n) = \frac{b_0 r^n}{\sin\omega_0}\sin(n+1)\omega_0 u(n) \tag{3.5.22}$$

在这种情况下，当 $r < 1$ 时，$h(n)$ 具有包络指数衰减的振荡性质。极点的角度 ω_0 决定振荡频率，而极点到原点的距离 r 决定衰减的速率。当 r 接近 1 时衰减缓慢，当 r 接近原点时衰减加快。$h(n)$ 的典型图形如图 3.5.4 所示。

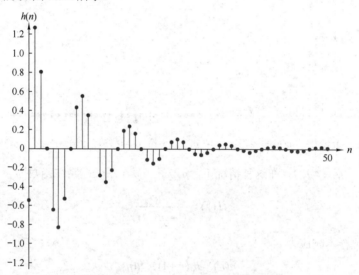

图 3.5.4　式（3.5.22）给出的 $h(n)$ 的图形，其中 $b_0 = 1$, $\omega_0 = \pi/4$
和 $r = 0.9$; $h(n) = [b_0 r^n /(\sin\omega_0)]\sin[(n+1)\omega_0]u(n)$

3.6　单边 z 变换

双边 z 变换要求对应信号在整个时域（$-\infty < n < \infty$）中都是规定的，因此阻碍了这种变换在一类非常有用的实际问题（即非松弛系统的输出求解）中的应用。回顾可知，这些系统由初始条件不为零的差分方程描述。因为输入的作用时间是有限的，如 n_0，输入信号和输出信号在 $n \geq n_0$ 时都是有定义的，但在 $n < n_0$ 时为零，因此不能使用双边 z 变换。本节推导用来求解具有初始条件的差分方程的单边 z 变换。

3.6.1　定义和性质

信号 $x(n)$ 的单边 z 变换定义为

$$X^+(z) \equiv \sum_{n=0}^{\infty} x(n)z^{-n} \tag{3.6.1}$$

也使用记号 $Z^+\{x(n)\}$ 和

$$x(n) \xleftrightarrow{z^+} X^+(z)$$

单边 z 变换和双边 z 变换的不同之处是求和下限——无论 $n < 0$（因果）时信号 $x(n)$ 是否为

零，求和下限总为零。由于选择了这个下限，单边 z 变换就具有如下性质。

1. 它不包含时间为负值（$n<0$）时信号 $x(n)$ 的信息。

2. 它仅对因果信号是**唯一的**，因为只有这类信号在 $n<0$ 时为零。

3. $x(n)$ 的单边 z 变换 $X^+(z)$ 与信号 $x(n)u(n)$ 的双边 z 变换相同。因为 $x(n)u(n)$ 是因果的，其变换的收敛域和 $X^+(z)$ 的收敛域总是圆的外部。这样，当我们处理单边 z 变换时，就没有必要提及收敛域。

【例 3.6.1】 求例 3.1.1 中信号的单边 z 变换。

解： 由定义式（3.6.1）得

$$x_1(n) = \{\underset{\uparrow}{1}, 2, 5, 7, 0, 1\} \xleftrightarrow{\ z^+\ } X_1^+(z) = 1 + 2z^{-1} + 5z^{-2} + 7z^{-3} + z^{-5}$$

$$x_2(n) = \{1, 2, \underset{\uparrow}{5}, 7, 0, 1\} \xleftrightarrow{\ z^+\ } X_2^+(z) = 5 + 7z^{-1} + z^{-3}$$

$$x_3(n) = \{\underset{\uparrow}{0}, 0, 1, 2, 5, 7, 0, 1\} \xleftrightarrow{\ z^+\ } X_3^+(z) = z^{-2} + 2z^{-3} + 5z^{-4} + 7z^{-5} + z^{-7}$$

$$x_4(n) = \{2, 4, \underset{\uparrow}{5}, 7, 0, 1\} \xleftrightarrow{\ z^+\ } X_4^+(z) = 5 + 7z^{-1} + z^{-3}$$

$$x_5(n) = \delta(n) \xleftrightarrow{\ z^+\ } X_5^+(z) = 1$$

$$x_6(n) = \delta(n-k), \quad k > 0 \xleftrightarrow{\ z^+\ } X_6^+(z) = z^{-k}$$

$$x_7(n) = \delta(n+k), \quad k > 0 \xleftrightarrow{\ z^+\ } X_7^+(z) = 0$$

注意，非因果信号的单边 z 变换不是唯一的。实际上，$X_2^+(z) = X_4^+(z)$，但 $x_2(n) \neq x_4(n)$。同样，对于非因果信号，$X^+(z)$ 总为零。

双边 z 变换的所有性质几乎都适用于单边 z 变换，但**平移**性质除外。

平移性质

情况 1：时延 如果 $x(n) \xleftrightarrow{\ z^+\ } X^+(z)$，那么

$$x(n-k) \xleftrightarrow{\ z^+\ } z^{-k} \left[X^+(z) + \sum_{n=1}^{k} x(-n) z^n \right], \quad k > 0 \tag{3.6.2}$$

对于 $x(n)$ 是因果信号的情况，有

$$x(n-k) \xleftrightarrow{\ z^+\ } z^{-k} X^+(z) \tag{3.6.3}$$

证明 由定义式（3.6.1）得

$$Z^+\{x(n-k)\} = z^{-k} \left[\sum_{l=-k}^{-1} x(l) z^{-l} + \sum_{l=0}^{\infty} x(l) z^{-l} \right] = z^{-k} \left[\sum_{l=-1}^{-k} x(l) z^{-l} + X^+(z) \right]$$

将序号由 l 改为 $n=-l$，可很容易得到式（3.6.2）。

【例 3.6.2】 求信号 **(a)** $x(n) = a^n u(n)$ 和 **(b)** $x_1(n) = x(n-2)$ ［其中 $x(n) = a^n$］的单边 z 变换。

解：(a) 由定义式（3.6.1）易得

$$X^+(z) = \frac{1}{1 - az^{-1}}$$

(b) 对 $k=2$ 应用平移性质，有

$$Z^+\{x(n-2)\} = z^{-2} \left[X^+(z) + x(-1)z + x(-2)z^2 \right] = z^{-2} X^+(z) + x(-1)z^{-1} + x(-2)$$

因为 $x(-1) = a^{-1}, x(-2) = a^{-2}$，所以

$$X_1^+(z) = \frac{z^{-2}}{1-az^{-1}} + a^{-1}z^{-1} + a^{-2}$$

平移性质的含义可以通过将式（3.6.2）写为

$$Z^+\{x(n-k)\} = \left[x(-k)+x(-k+1)z^{-1}+\cdots+x(-1)z^{-k+1}\right]+z^{-k}X^+(z), \qquad k>0 \qquad (3.6.4)$$

来直观地解释。为了从 $x(n)$ 得到 $x(n-k)$，$k>0$，应将 $x(n)$ 右移 k 个样本。于是，k 个"新"样本即 $x(-k)$，$x(-k+1)$，$\cdots$，$x(-1)$ 进入正时间轴，而 $x(-k)$ 位于时间零点。式（3.6.4）中的第一项表示这些样本的 z 变换。$x(n-k)$ 的"旧"样本与 $x(n)$ 简单右移 k 个样本后的结果相同。它们的 z 变换显然是 $z^{-k}X^+(z)$，这是式（3.6.4）中的第二项。

情况 2：时间超前　如果 $x(n)\xleftrightarrow{z^+}X^+(z)$，那么

$$x(n+k)\xleftrightarrow{z^+}z^k\left[X^+(z)-\sum_{n=0}^{k-1}x(n)z^{-n}\right], \qquad k>0 \qquad (3.6.5)$$

证明　由式（3.6.1）有

$$Z^+\{x(n+k)\} = \sum_{n=0}^{\infty}x(n+k)z^{-n} = z^k\sum_{l=k}^{\infty}x(l)z^{-l}$$

式中已将求和序号从 n 变成了 $l=n+k$。现在，由定义式（3.6.1）得

$$X^+(z) = \sum_{l=0}^{\infty}x(l)z^{-l} = \sum_{l=0}^{k-1}x(l)z^{-l} + \sum_{l=k}^{\infty}x(l)z^{-l}$$

联立以上两式，即可得到式（3.6.5）。

【例3.6.3】求信号 $x_2(n)=x(n+2)$ 的单边 z 变换，其中 $x(n)$ 已在例 3.6.2 中给出。

解：对 $k=2$ 应用平移定理。由式（3.6.5），当 $k=2$ 时有

$$Z^+\{x(n+2)\} = z^2X^+(z) - x(0)z^2 - x(1)z$$

但是 $x(0)=1$，$x(1)=a$ 且 $X^+(z)=1/(1-az^{-1})$，于是有

$$Z^+\{x(n+2)\} = \frac{z^2}{1-az^{-1}} - z^2 - az$$

时间超前的情况可以直观地解释如下。为了得到 $x(n+k)$，$k>0$，应将 $x(n)$ 左移 k 个样本。结果是样本 $x(0)$，$x(1)$，$\cdots$，$x(k-1)$"离开"正时间轴。因此，我们首先将它们对 $X^+(z)$ 的贡献去掉，然后将剩下的样本乘以 z^k 以补偿信号平移 k 个样本。

平移性质的重要性在于求解常系数和初始条件不为零的差分方程。这会使得单边 z 变换成为分析回归线性时不变离散时间系统的有用工具。

信号与系统分析中的一个有用且重要的定理是终值定理。

终值定理。如果 $x(n)\xleftrightarrow{z^+}X^+(z)$，那么

$$\lim_{n\to\infty}x(n) = \lim_{z\to1}(z-1)X^+(z) \qquad (3.6.6)$$

当 $(z-1)X^+(z)$ 的收敛域包含单位圆时，式（3.6.6）的极限才存在。

该定理的证明留给读者作为练习。

当我们对信号 $x(n)$ 的渐近行为感兴趣并且知道其 z 变换但不知道信号本身时，这个定理非常有用。在这种情况下，特别是求 $X^+(z)$ 的逆非常复杂时，可以使用终值定理求 n 趋于无穷大时 $x(n)$ 的极限。

【例 3.6.4】 一个松弛线性时不变系统的冲激响应是 $h(n) = \alpha^n u(n)$，$|\alpha| < 1$。求 $n \to \infty$ 时系统的阶跃响应值。

解： 系统的阶跃响应为

$$y(n) = h(n) * x(n)$$

式中，$x(n) = u(n)$。显然，用一个因果输入去激励一个因果系统，输出是因果的。因为 $h(n)$，$x(n)$ 和 $y(n)$ 都是因果信号，所以单边 z 变换和双边 z 变换相同。由卷积性质 [即式 (3.2.17)] 可知，$h(n)$ 与 $x(n)$ 的 z 变换必须相乘才能产生输出的 z 变换。于是有

$$Y(z) = \frac{1}{1 - \alpha z^{-1}} \frac{1}{1 - z^{-1}} = \frac{z^2}{(z-1)(z-\alpha)}, \quad \text{收敛域：} |z| > |\alpha|$$

现在

$$(z-1)Y(z) = \frac{z^2}{z - \alpha}, \quad \text{收敛域：} |z| < |\alpha|$$

因为 $|\alpha| < 1$，$(z-1)Y(z)$ 的收敛域包含单位圆。因此，应用式 (3.6.6) 得

$$\lim_{n \to \infty} y(n) = \lim_{z \to 1} \frac{z^2}{z - \alpha} = \frac{1}{1 - \alpha}$$

3.6.2 差分方程的解

单边 z 变换是求解初始条件不为零的差分方程的有效工具。它通过将关联两个时域信号的差分方程简化为关联它们的单边 z 变换的等价代数方程来实现。很容易求解该方程来得到所需信号的变换。时域中的信号通过对所得 z 变换求逆得到。下面用两个例子说明这种方法。

【例 3.6.5】 整数中著名的斐波那契数列是通过求前两项之和来算出后面一项的。该数列的前几项是

$$1, 1, 2, 3, 5, 8, \cdots$$

求斐波那契数列第 n 项的闭式表达。

解： 设 $y(n)$ 为斐波那契数列的第 n 项。显然，$y(n)$ 满足差分方程

$$y(n) = y(n-1) + y(n-2) \tag{3.6.7}$$

其初始条件为

$$y(0) = y(-1) + y(-2) = 1 \tag{3.6.8a}$$

$$y(1) = y(0) + y(-1) = 1 \tag{3.6.8b}$$

由式 (3.6.8b) 可得 $y(-1) = 0$，然后由式 (3.6.8a) 可得 $y(-2) = 1$。于是，我们需要求解满足式 (3.6.7) 的 $y(n)$，$n \geqslant 0$，初始条件为 $y(-1) = 0$ 和 $y(-2) = 1$。

对式 (3.6.7) 进行单边 z 变换并应用平移性质 [即式 (3.6.2)]，得到

$$Y^+(z) = \left[z^{-1} Y^+(z) + y(-1) \right] + \left[z^{-2} Y^+(z) + y(-2) + y(-1) z^{-1} \right]$$

或

$$Y^+(z) = \frac{1}{1 - z^{-1} - z^{-2}} = \frac{z^2}{z^2 - z - 1} \tag{3.6.9}$$

式中使用了 $y(-1) = 0$ 和 $y(-2) = 1$。

使用部分分式展开法，可对 $Y^+(z)$ 求逆。$Y^+(z)$ 的极点为

$$p_1 = \frac{1 + \sqrt{5}}{2}, \quad p_2 = \frac{1 - \sqrt{5}}{2}$$

对应的系数为 $A_1 = p_1/\sqrt{5}$ 和 $A_2 = -p_2/\sqrt{5}$。因此，有

$$y(n) = \left[\frac{1 + \sqrt{5}}{2\sqrt{5}} \left(\frac{1 + \sqrt{5}}{2} \right)^n - \frac{1 - \sqrt{5}}{2\sqrt{5}} \left(\frac{1 - \sqrt{5}}{2} \right)^n \right] u(n)$$

或者等价地有

$$y(n) = \frac{1}{\sqrt{5}} \left(\frac{1}{2} \right)^{n+1} \left[(1+\sqrt{5})^{n+1} - (1-\sqrt{5})^{n+1} \right] u(n) \tag{3.6.10}$$

【例 3.6.6】 当初始条件是 $y(-1) = 1$ 时，求系统

$$y(n) = \alpha y(n-1) + x(n), \qquad -1 < \alpha < 1 \tag{3.6.11}$$

的阶跃响应。

解：对式（3.6.11）的等号两边求单边 z 变换，得到

$$Y^+(z) = \alpha \left[z^{-1} Y^+(z) + y(-1) \right] + X^+(z)$$

将 $y(-1)$ 和 $X^+(z)$ 代入上式并求 $Y^+(z)$，得到

$$Y^+(z) = \frac{\alpha}{1-\alpha z^{-1}} + \frac{1}{(1-\alpha z^{-1})(1-z^{-1})} \tag{3.6.12}$$

执行部分分式展开并对结果求逆变换，得到

$$y(n) = \alpha^{n+1} u(n) + \frac{1-\alpha^{n+1}}{1-\alpha} u(n) = \frac{1}{1-\alpha} (1-\alpha^{n+2}) u(n) \tag{3.6.13}$$

3.6.3 具有非零初始条件的零极点系统的响应

假设信号 $x(n)$ 在 $n = 0$ 时作用于零极点系统。于是，假设信号 $x(n)$ 是因果的。所有之前的输入信号对系统的影响反映在初始条件 $y(-1), y(-2), \cdots, y(-N)$ 上。因此输入 $x(n)$ 是因果的，而且我们只对求解 $n \geq 0$ 时的输出 $y(n)$ 感兴趣，所以可以使用单边 z 变换，以便处理初始条件。因此，式（3.3.7）的单边 z 变换变成

$$Y^+(z) = -\sum_{k=1}^{N} a_k z^{-k} \left[Y^+(z) + \sum_{n=1}^{k} y(-n) z^n \right] + \sum_{k=0}^{M} b_k z^{-k} X^+(z) \tag{3.6.14}$$

因为 $x(n)$ 是因果的，所以可以设 $X^+(z) = X(z)$。在任何情况下，式（3.6.14）都可以表示为

$$Y^+(z) = \frac{\sum_{k=0}^{M} b_k z^{-k}}{1 + \sum_{k=1}^{N} a_k z^{-k}} X(z) - \frac{\sum_{k=1}^{N} a_k z^{-k} \sum_{n=1}^{k} y(-n) z^n}{1 + \sum_{k=1}^{N} a_k z^{-k}} = H(z) X(z) + \frac{N_0(z)}{A(z)} \tag{3.6.15}$$

式中，

$$N_0(z) = -\sum_{k=1}^{N} a_k z^{-k} \sum_{n=1}^{k} y(-n) z^n \tag{3.6.16}$$

由式（3.6.15）可知，具有非零初始条件的系统的输出可分为两部分。第一部分是系统的零状态响应，它在 z 域中定义为

$$Y_{zs}(z) = H(z) X(z) \tag{3.6.17}$$

第二部分对应于非零初始条件导致的输出。这个输出是系统的零输入响应，它在 z 域中定义为

$$Y_{zi}^+(z) = \frac{N_0(z)}{A(z)} \tag{3.6.18}$$

因此，总响应是这两个输出分量之和，它在时域中的表示可通过分别求 $Y_{zs}(z)$ 与 $Y_{zi}(z)$ 的逆 z 变换并将结果相加得到。于是有

$$y(n) = y_{zs}(n) + y_{zi}(n) \tag{3.6.19}$$

$Y_{zi}^+(z)$ 的分母是 $A(z)$，极点是 $p_1, p_2, \cdots, p_N$，因此零输入响应形如

$$y_{zi}(n) = \sum_{k=1}^{N} D_k (p_k)^n u(n) \tag{3.6.20}$$

上式可加到式（3.5.4）中，且涉及极点 $\{p_k\}$ 的各项可以组合起来得到形如

$$y(n) = \sum_{k=1}^{N} A'_k (p_k)^n u(n) + \sum_{k=1}^{L} Q_k (q_k)^n u(n) \qquad (3.6.21)$$

的总响应。式中，根据定义有

$$A'_k = A_k + D_k \qquad (3.6.22)$$

这一推导清楚地表明，初始条件的作用是通过修改缩放因子 $\{A_k\}$ 来改变系统的自然响应。非零初始条件未引入新极点。此外，对系统的强迫响应没有影响。通过下例可深入认识这些要点。

【例 3.6.7】求在初始条件 $y(-1) = y(-2) = 1$ 下，由差分方程

$$y(n) = 0.9y(n-1) - 0.81y(n-2) + x(n)$$

描述的系统的单位阶跃响应。

解： 系统函数为

$$H(z) = \frac{1}{1 - 0.9z^{-1} + 0.81z^{-2}}$$

该系统在

$$p_1 = 0.9e^{j\pi/3}, \qquad p_2 = 0.9e^{-j\pi/3}$$

处有两个复共轭极点。单位阶跃序列的 z 变换为

$$X(z) = \frac{1}{1 - z^{-1}}$$

因此，

$$Y_{zs}(z) = \frac{1}{(1 - 0.9e^{j\pi/3}z^{-1})(1 - 0.9e^{-j\pi/3}z^{-1})(1 - z^{-1})} = \frac{0.0496 - j0.542}{1 - 0.9e^{j\pi/3}z^{-1}} + \frac{0.0496 + j0.542}{1 - 0.9e^{-j\pi/3}z^{-1}} + \frac{1.099}{1 - z^{-1}}$$

于是零状态响应为

$$y_{zs}(n) = \left[1.099 + 1.088(0.9)^n \cos\left(\frac{\pi}{3}n - 5.2° \right) \right] u(n)$$

对于初始条件 $y(-1) = y(-2) = 1$，z 变换中的另一个分量是

$$Y_{zi}(z) = \frac{N_0(z)}{A(z)} = \frac{0.09 - 0.81z^{-1}}{1 - 0.9z^{-1} + 0.81z^{-2}} = \frac{0.045 + j0.4936}{1 - 0.9e^{j\pi/3}z^{-1}} + \frac{0.045 - j0.4936}{1 - 0.9e^{-j\pi/3}z^{-1}}$$

因此，零输入响应为

$$y_{zi}(n) = 0.988(0.9)^n \cos\left(\frac{\pi}{3}n + 87° \right) u(n)$$

在这种情况下，总响应的 z 变换为

$$Y(z) = Y_{zs}(z) + Y_{zi}(z) = \frac{1.099}{1 - z^{-1}} + \frac{0.568 + j0.445}{1 - 0.9e^{j\pi/3}z^{-1}} + \frac{0.568 - j0.445}{1 - 0.9e^{-j\pi/3}z^{-1}}$$

求逆变换即可得到总响应为

$$y(n) = 1.099u(n) + 1.44(0.9)^n \cos\left(\frac{\pi}{3}n + 38° \right) u(n)$$

3.7 小结

z 变换在离散时间信号与系统中的作用，就如拉普拉斯变换在连续时间信号与系统中的作用。本章推导了 z 变换的重要性质，这些性质在离散时间系统的分析中非常有用，其中特别重要的是卷积性质，它将两个序列的卷积变换成其 z 变换的乘积。

就线性时不变系统而言，卷积性质导致输入信号的 z 变换 $X(z)$ 与系统函数 $H(z)$ 的积，其中后者

是系统的单位样本响应的 z 变换。这一关系可让我们在求一个线性时不变系统对一个 z 变换为 $X(z)$ 的输入的响应时，首先计算积 $Y(z) = H(z)X(z)$，然后求 $Y(z)$ 的逆 z 变换，最终得到输出 $y(n)$。

观察发现，许多有实际价值的信号都有有理 z 变换。此外，由常系数线性差分方程描述的线性时不变系统也有有理系统函数。因此，在求逆 z 变换时，自然就要强调有理变换的逆。对于这类变换，部分分式展开法相对容易应用，结合收敛域，就可求得时域中的对应序列。

本章介绍了 z 变换域中线性时不变系统的特征。特别地，本章关联了一个系统的零极点位置与其时域特征，并且根据极点位置重申了对线性时不变系统的稳定性和因果性要求。分析表明，一个因果系统具有收敛域为 $|z| > r_1$（$0 < r_1 \leqslant \infty$）的系统函数 $H(z)$。在一个稳定的因果系统中，$H(z)$ 的极点位于单位圆内。另一方面，如果系统是非因果的，稳定性条件要求单位圆包含在 $H(z)$ 的收敛域内。因此，一个非因果稳定的线性时不变系统具有极点同时位于单位圆内和单位圆外的一个系统函数，并且具有包含单位圆的环形收敛域。最后，本章介绍了单边 z 变换，以求解非零初始条件下由因果输入信号激励的因果系统的响应。

习　题

3.1 求下列信号的 z 变换：

(**a**) $x(n) = \{3, 0, 0, 0, 0, 6, 1, -4\}$
$\qquad$ (**b**) $x(n) = \begin{cases} \left(\frac{1}{2}\right)^n, & n \geqslant 5 \\ 0, & n \leqslant 4 \end{cases}$

3.2 求下列信号的 z 变换并画出相应的零极点图：

(**a**) $x(n) = (1 + n)u(n)$
$\qquad$ (**b**) $x(n) = (a^n + a^{-n})u(n)$，$a$ 为实数

(**c**) $x(n) = (-1)^n 2^{-n} u(n)$
$\qquad$ (**d**) $x(n) = (na^n \sin \omega_0 n)u(n)$

(**e**) $x(n) = (na^n \cos \omega_0 n)u(n)$
$\qquad$ (**f**) $x(n) = Ar^n \cos(\omega_0 n + \phi)u(n), 0 < r < 1$

(**g**) $x(n) = \frac{1}{2}(n^2 + n)\left(\frac{1}{3}\right)^{n-1} u(n-1)$
$\qquad$ (**h**) $x(n) = \left(\frac{1}{2}\right)^n [u(n) - u(n-10)]$

3.3 求下列信号的 z 变换并画出相应的零极点图：

(**a**) $x_1(n) = \begin{cases} \left(\frac{1}{3}\right)^n, & n \geqslant 0 \\ \left(\frac{1}{2}\right)^{-n}, & n < 0 \end{cases}$
$\qquad$ (**b**) $x_2(n) = \begin{cases} \left(\frac{1}{3}\right)^n - 2^n, & n \geqslant 0 \\ 0, & n < 0 \end{cases}$

(**c**) $x_3(n) = x_1(n+4)$
$\qquad$ (**d**) $x_4(n) = x_1(-n)$

3.4 求下列信号的 z 变换：

(**a**) $x(n) = n(-1)^n u(n)$
$\qquad$ (**b**) $x(n) = n^2 u(n)$

(**c**) $x(n) = -na^n u(-n-1)$
$\qquad$ (**d**) $x(n) = (-1)^n \left(\cos \frac{\pi}{3} n\right) u(n)$

(**e**) $x(n) = (-1)^n u(n)$
$\qquad$ (**f**) $x(n) = \{1, 0, -1, 0, 1, -1, \cdots\}$

3.5 求右边、左边和有限长双边序列的收敛域。

3.6 用 $X(z)$ 表示 $y(n) = \sum\limits_{k=-\infty}^{n} x(k)$ 的 z 变换。〔提示：利用差 $y(n) - y(n-1)$。〕

3.7 用 z 变换计算下列信号的卷积：

$$x_1(n) = \begin{cases} \left(\frac{1}{3}\right)^n, & n \geqslant 0 \\ \left(\frac{1}{2}\right)^{-n}, & n < 0 \end{cases} \qquad\qquad x_2(n) = \left(\frac{1}{2}\right)^n u(n)$$

3.8 使用卷积性质，

(**a**) 用 $X(z)$ 表示 $y(n) = \sum\limits_{k=-\infty}^{n} x(k)$ 的 z 变换。

(b) 求 $x(n) = (n+1)u(n)$ 的 z 变换。[**提示**：首先证明 $x(n) = u(n)*u(n)$。]

3.9 一个实信号 $x(n)$ 的 z 变换 $X(z)$ 包含一对复共轭零点和一对复共轭极点。如果用 $e^{j\omega_0 n}$ 乘以 $x(n)$，这些极点对或零点对将发生什么？（**提示**：使用 z 域中的缩放定理。）

3.10 用终值定理求信号 $x(n) = \begin{cases} 1, & n \text{ 为偶数} \\ 0, & \text{其他} \end{cases}$ 的 $x(\infty)$。

3.11 如果**(a)** $x(n)$ 是因果的；**(b)** $x(n)$ 是非因果的，用长除法求 $X(z) = \dfrac{1+2z^{-1}}{1-2z^{-1}+z^{-2}}$ 的逆 z 变换。

3.12 求 z 变换为 $X(z) = \dfrac{1}{(1-2z^{-1})(1-z^{-1})^2}$ 的因果信号 $x(n)$。

3.13 设 $x(n)$ 是一个序列，其 z 变换为 $X(z)$。用 $X(z)$ 表示下列信号的 z 变换：

(a) $x_1(n) = \begin{cases} x(n/2), & n \text{ 为偶数} \\ 0, & n \text{ 为奇数} \end{cases}$ 　　　　**(b)** $x_2(n) = x(2n)$

3.14 求因果信号 $x(n)$，其 z 变换 $X(z)$ 如下：

(a) $X(z) = \dfrac{1+3z^{-1}}{1+3z^{-1}+2z^{-2}}$ 　　　　**(b)** $X(z) = \dfrac{1}{1-z^{-1}+\frac{1}{2}z^{-2}}$

(c) $X(z) = \dfrac{z^{-6}+z^{-7}}{1-z^{-1}}$ 　　　　**(d)** $X(z) = \dfrac{1+2z^{-2}}{1+z^{-2}}$

(e) $X(z) = \dfrac{1}{4}\dfrac{1+6z^{-1}+z^{-2}}{(1-2z^{-1}+2z^{-2})(1-0.5z^{-1})}$ 　　　　**(f)** $X(z) = \dfrac{2-1.5z^{-1}}{1-1.5z^{-1}+0.5z^{-2}}$

(g) $X(z) = \dfrac{1+2z^{-1}+z^{-2}}{1+4z^{-1}+4z^{-2}}$

(h) $X(z)$ 由图 P3.14 中的零极点图规定，常数 $G = 1/4$

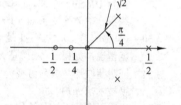

(i) $X(z) = \dfrac{1-0.5z^{-1}}{1+0.5z^{-1}}$ 　　　　**(j)** $X(z) = \dfrac{1-az^{-1}}{z^{-1}-a}$

3.15 求与 z 变换 $X(z) = \dfrac{5z^{-1}}{(1-2z^{-1})(3-z^{-1})}$ 关联的所有因果信号 $x(n)$。

3.16 用 z 变换求下列信号对的卷积：

图 P3.14

(a) $x_1(n) = (0.25)^n u(n-1)$, $x_2(n) = \left[1+(0.5)^n\right]u(n)$

(b) $x_1(n) = u(n)$, $x_2(n) = \delta(n) + (0.5)^n u(n)$

(c) $x_1(n) = (0.5)^n u(n)$, $x_2(n) = \cos \pi n\, u(n)$

(d) $x_1(n) = nu(n)$, $x_2(n) = 2^n u(n-1)$

3.17 证明单边 z 变换的终值定理。

3.18 如果 $X(z)$ 是 $x(n)$ 的 z 变换，证明：

(a) $Z\{x^*(n)\} = X^*(z^*)$ 　　　　**(b)** $Z\{\text{Re}[x(n)]\} = \frac{1}{2}[X(z) + X^*(z^*)]$

(c) $Z\left\{\text{Im}\left[x(n)\right]\right\} = \frac{1}{2}\left[X(z) - X^*(z^*)\right]$

(d) 如果

$$x_k(n) = \begin{cases} x(n/k), & n/k \text{ 为整数} \\ 0, & \text{其他} \end{cases}$$

则 $X_k(z) = X(z^k)$

(e) $Z\{e^{j\omega_0 n} x(n)\} = X(z\,e^{-j\omega_0})$

3.19 首先求 $X(z)$ 的微分，然后用合适的 z 变换性质求以下变换的 $x(n)$：

(a) $X(z) = \log(1-2z)$, 　$|z| < \frac{1}{2}$ 　　　　**(b)** $X(z) = \log(1-z^{-1})$, 　$|z| > \frac{1}{2}$

3.20 **(a)** 画出信号 $x_1(n) = (r^n \sin \omega_0 n)u(n)$, $0 < r < 1$ 的零极点图。

(b) 计算 z 变换 $X_2(z)$，它对应于(a)问的零极点图。

(c) 比较 $X_1(z)$ 与 $X_2(z)$。它们相同吗？如果不同，给出一种从零极点图得到 $X_1(z)$ 的方法。

3.21 证明具有实系数的多项式的根是实的，或者形成复共轭对，反之则不然。

3.22 仅使用定义来证明 z 变换的卷积与相关性质。

3.23 求信号 $x(n)$，其 z 变换为 $X(z) = e^z + e^{1/z}$，$|z| \neq 0$。

3.24 以闭式形式表示因果信号 $x(n)$，其 z 变换为

(a) $X(z) = \dfrac{1}{1 + 1.5z^{-1} - 0.5z^{-2}}$ **(b)** $X(z) = \dfrac{1}{1 - 0.5z^{-1} + 0.6z^{-2}}$

用其他方法计算 $x(0), x(1), x(2)$ 与 $x(\infty)$ 以检验结果。

3.25 求有如下 z 变换的所有可能的信号：

(a) $X(z) = \dfrac{1}{1 - 1.5z^{-1} + 0.5z^{-2}}$ **(b)** $X(z) = \dfrac{1}{1 - \frac{1}{2}z^{-1} + \frac{1}{4}z^{-2}}$

3.26 如果 $X(z)$ 在单位圆上收敛，求信号 $x(n)$，其 z 变换为

$$X(z) = \frac{3}{1 - \frac{10}{3}z^{-1} + z^{-2}}$$

3.27 证明式（3.2.22）给出的复卷积关系。

3.28 证明表 3.2 给出的 z 变换的卷积性质与帕塞瓦尔关系式。

3.29 例 3.4.1 中对每个 n 值执行围线积分，求解 $n < 0$ 时的 $x(n)$。一般来说，这个步骤很烦琐，但可通过将围线积分从 z 平面变换到 $w = 1/z$ 平面来避免。于是，z 平面上半径为 R 的一个圆映射到 w 平面上半径为 $1/R$ 的一个圆。因此，z 平面上单位圆内的一个极点映射为 w 平面上单位圆外的一个极点。在围线积分中改变变量 $w = 1/z$，求例 3.4.1 中 $n < 0$ 时的序列 $x(n)$。

3.30 设 $x(n)$, $0 \leq n \leq N-1$ 是一个有限长实偶序列。证明多项式 $X(z)$ 的零点关于单位圆呈镜像对出现。也就是说，如果 $z = re^{j\theta}$ 是 $X(z)$ 的一个零点，那么 $z = (1/r)e^{j\theta}$ 也是一个零点。

3.31 证明斐波那契数列可视为由差分方程 $y(n) = y(n-1) + y(n-2) + x(n)$ 描述的系统的冲激响应。使用 z 变换技术求 $h(n)$。

3.32 证明下面的系统是等价的：

(a) $y(n) = 0.2y(n-1) + x(n) - 0.3x(n-1) + 0.02x(n-2)$ **(b)** $y(n) = x(n) - 0.1x(n-1)$

3.33 考虑序列 $x(n) = a^n u(n)$，$-1 < a < 1$。求至少两个序列，它们与 $x(n)$ 不同但有相同的自相关。

3.34 计算冲激响应为

$$h(n) = \begin{cases} 3^n, & n < 0 \\ \left(\frac{2}{5}\right)^n, & n \geq 0 \end{cases}$$

的系统的单位阶跃响应。

3.35 对下面的系统与输入信号对，计算零状态响应：

(a) $h(n) = \left(\frac{1}{3}\right)^n u(n)$, $x(n) = \left(\frac{1}{2}\right)^n \left(\cos\frac{\pi}{3}n\right)u(n)$

(b) $h(n) = \left(\frac{1}{2}\right)^n u(n)$, $x(n) = \left(\frac{1}{3}\right)^n u(n) + \left(\frac{1}{2}\right)^{-n} u(-n-1)$

(c) $y(n) = -0.1y(n-1) + 0.2y(n-2) + x(n) + x(n-1)$, $x(n) = \left(\frac{1}{3}\right)^n u(n)$

(d) $y(n) = \frac{1}{2}x(n) - \frac{1}{2}x(n-1)$, $x(n) = 10\left(\cos\frac{\pi}{2}n\right)u(n)$

(e) $y(n) = -y(n-2) + 10x(n)$, $x(n) = 10\left(\cos\frac{\pi}{2}n\right)u(n)$

(f) $h(n) = \left(\frac{2}{5}\right)^n u(n)$, $x(n) = u(n) - u(n-7)$

(g) $h(n) = \left(\frac{1}{2}\right)^n u(n)$, $x(n) = (-1)^n$, $-\infty < n < \infty$

(h) $h(n) = \left(\frac{1}{2}\right)^n u(n)$, $x(n) = (n+1)\left(\frac{1}{4}\right)^n u(n)$

3.36 考虑系统

$$H(z) = \frac{1 - 2z^{-1} + 2z^{-2} - z^{-3}}{(1 - z^{-1})(1 - 0.5z^{-1})(1 - 0.2z^{-1})}, \qquad 收敛域: 0.5|z| > 1$$

(a) 画出零极点图。这个系统稳定吗？

(b) 求系统的冲激响应。

3.37 计算系统 $y(n) = 0.7y(n-1) - 0.12y(n-2) + x(n-1) + x(n-2)$ 对输入信号 $x(n) = nu(n)$的响应。该系统稳定吗？

3.38 求以下因果系统的冲激响应与阶跃响应。画出零极点图并指出哪些系统是稳定的。

(a) $y(n) = \frac{3}{4}y(n-1) - \frac{1}{8}y(n-2) + x(n)$ **(b)** $y(n) = y(n-1) - 0.5y(n-2) + x(n) + x(n-1)$

(c) $H(z) = \frac{z^{-1}(1 + z^{-1})}{(1 - z^{-1})^3}$ **(d)** $y(n) = 0.6y(n-1) - 0.08y(n-2) + x(n)$

(e) $y(n) = 0.7y(n-1) - 0.1y(n-2) + 2x(n) - x(n-2)$

3.39 设 $x(n)$是一个因果序列，其 z 变换 $X(z)$的零极点图如图 P3.39 所示。画出下列序列的零极点图和收敛域：

(a) $x_1(n) = x(-n + 2)$ **(b)** $x_2(n) = e^{j(\pi/3)n} x(n)$

3.40 假设要设计具有如下性质的因果离散时间线性时不变系统，即输入为

$$x(n) = \left(\frac{1}{2}\right)^n u(n) - \frac{1}{4}\left(\frac{1}{2}\right)^{n-1} u(n-1)$$

时，输出为

$$y(n) = \left(\frac{1}{3}\right)^n u(n)$$

(a) 求满足上述条件的系统的冲激响应 $h(n)$与系统函数 $H(z)$。

(b) 求描述该系统的差分方程。

(c) 求需要最小存储容量的系统的一个实现。

(d) 系统是否稳定？

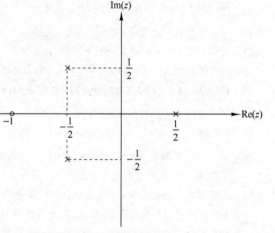

图 P3.39

3.41 通过计算其极点并将极点限制在单位圆内，求因果系统 $H(z) = \dfrac{1}{1 + a_1 z^{-1} + a_2 z^{-2}}$ 的稳定区域。

3.42 考虑系统

$$H(z) = \frac{z^{-1} + \frac{1}{2}z^{-2}}{1 - \frac{3}{5}z^{-1} + \frac{2}{25}z^{-2}}$$

求：**(a)** 冲激响应；**(b)** 零状态阶跃响应；**(c)** 当 $y(-1) = 1$ 和 $y(-2) = 2$ 时的阶跃响应。

3.43 求如图 P3.43 所示系统的系统函数、冲激响应和零状态阶跃响应。

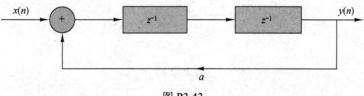

图 P3.43

3.44 考虑因果系统 $y(n) = -a_1 y(n-1) + b_0 x(n) + b_1 x(n-1)$，求：

(a) 冲激响应。

(b) 零状态阶跃响应。

(c) 当 $y(-1) = A \neq 0$ 时的阶跃响应。

(d) 对输入 $x(n) = \cos \omega_0 n,\ 0 \leqslant n < \infty$ 的响应。

3.45 求系统 $y(n) = \frac{1}{2}y(n-1) + 4x(n) + 3x(n-1)$ 对输入 $x(n) = e^{j\omega_0 n}u(n)$ 的零状态响应。系统的稳态响应是什么?

3.46 考虑由图 P3.46 所示零极点图定义的因果系统。

　　(a) 给定 $H(z)|_{z=1} = 1$,求系统的系统函数与冲激响应。

　　(b) 该系统稳定吗?

　　(c) 画出该系统的一个可能的实现,并求对应的差分方程。

3.47 使用单边 z 变换计算如下信号对在时域中的卷积:

　　(a) $x_1(n) = \{1,1,\underset{\uparrow}{1},1,1\},\qquad x_2(n) = \{\underset{\uparrow}{1},1,1\}$

　　(b) $x_1(n) = \left(\frac{1}{2}\right)^n u(n),\qquad x_2(n) = \left(\frac{1}{3}\right)^n u(n)$

　　(c) $x_1(n) = \{1,\underset{\uparrow}{2},3,4\},\qquad x_2(n) = \{4,3,\underset{\uparrow}{2},1\}$

　　(d) $x_1(n) = \{\underset{\uparrow}{1},1,1,1,1\},\qquad x_2(n) = \{\underset{\uparrow}{1},1,1\}$

3.48 求信号 $x(n) = 1,\ -\infty < n < \infty$ 的单边 z 变换。

3.49 使用单边 z 变换求如下情况下的 $y(n)$, $n \geqslant 0$:

　　(a) $y(n) + \frac{1}{2}y(n-1) - \frac{1}{4}y(n-2) = 0;\quad y(-1) = y(-2) = 1$

　　(b) $y(n) - 1.5y(n-1) + 0.5y(n-2) = 0;\quad y(-1) = 1, y(-2) = 0$

　　(c) $y(n) = \frac{1}{2}y(n-1) + x(n) x(n) = \left(\frac{1}{3}\right)^n u(n);\quad y(-1) = 1$

　　(d) $y(n) = \frac{1}{4}y(n-2) + x(n) x(n) = u(n) y(-1) = 0;\quad y(-2) = 1$

3.50 一个有限冲激响应线性时不变系统具有冲激响应响应 $h(n)$,它是实偶序列且有有限时长 $2N + 1$。证明如果 $z_1 = r e^{j\omega_0}$ 是系统的一个零点,则 $z_1 = (1/r) e^{j\omega_0}$ 也是一个零点。

3.51 考虑零极点图如图 P3.51 所示的线性时不变离散时间系统。

　　(a) 如果已知系统是稳定的,求系统函数 $H(z)$ 的收敛域。

　　(b) 所给定的零极点图有可能对应一个因果稳定系统吗?如果有可能,合适的收敛域是什么?

　　(c) 有多少个系统可能与该零极点图相联系?

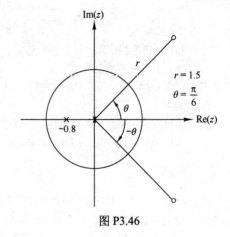

$r = 1.5$

$\theta = \dfrac{\pi}{6}$

图 P3.46

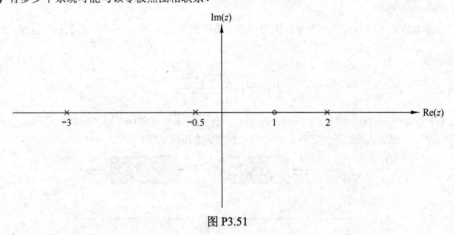

图 P3.51

3.52 设 $x(n)$ 是一个因果序列。

　　(a) 关于其 z 变换 $X(z)$ 在 $z = \infty$ 处的值,你能得出什么结论?

　　(b) 使用(a)问的结果检查以下变换中的哪个不与因果序列相联系。

$$\text{(i)}\ X(z) = \frac{(z - \frac{1}{2})^4}{(z - \frac{1}{3})^3}\qquad \text{(ii)}\ X(z) = \frac{(1 - \frac{1}{2}z^{-1})^2}{(1 - \frac{1}{3}z^{-1})}\qquad \text{(iii)}\ X(z) = \frac{(z - \frac{1}{3})^2}{(z - \frac{1}{2})^3}$$

3.53 如果极点都位于单位圆内，一个因果零极点系统是 BIBO 稳定的。现在考虑一个 BIBO 稳定且所有极点均位于单位圆内的零极点系统。这个系统总是因果的吗？〔**提示**：考虑系统 $h_1(n) = a^n u(n)$ 与 $h_2(n) = a^n u(n+3)$, $|a| < 1$。〕

3.54 设 $x(n)$ 是一非因果信号〔当 $n > 0$ 时 $x(n) = 0$〕。用公式表示并证明非因果信号的初值定理。

3.55 一个线性时不变系统的阶跃响应是 $s(n) = \left(\frac{1}{3}\right)^{n-2} u(n+2)$：

(a) 求系统函数 $H(z)$ 并画出零极点图。

(b) 求冲激响应 $h(n)$。

(c) 检查系统是否是因果的和稳定的。

3.56 使用围线积分求序列 $x(n)$，其 z 变换为

(a) $X(z) = \dfrac{1}{1 - \frac{1}{2}z^{-1}}$, $|z| > \frac{1}{2}$

(b) $X(z) = \dfrac{1}{1 - \frac{1}{2}z^{-1}}$, $|z| < \frac{1}{2}$

(c) $X(z) = \dfrac{z - a}{1 - az}$, $|z| > \left|\frac{1}{a}\right|$

(d) $X(z) = \dfrac{1 - \frac{1}{4}z^{-1}}{1 - \frac{1}{6}z^{-1} - \frac{1}{6}z^{-2}}$, $|z| > \frac{1}{2}$

3.57 设 $x(n)$ 是 z 变换为

$$X(z) = \frac{1 - a^2}{(1 - az)(1 - az^{-1})}, \qquad 收敛域: a > |z| > 1/a$$

的一个序列，其中 $0 < a < 1$。使用围线积分求 $x(n)$。

3.58 序列 $x(n)$ 的 z 变换为

$$X(z) = \frac{z^{20}}{(z - 0.5)(z - 2)^5 (z + 2.5)^2 (z + 3)}$$

且 $X(z)$ 在 $|z| = 1$ 处收敛。

(a) 求 $X(z)$ 的收敛域。

(b) 求 $n = -18$ 时的 $x(n)$。（提示：使用围线积分。）

计算机习题

CP 3.1 序列 $y(n)$ 由序列 $x(n)$ 生成，其中

$$y(n) = \begin{cases} x(n/2), & n = 0, \pm 2, \pm 4, \cdots \\ 0, & 其他 \end{cases} \quad 和 \quad x(n) = (0.8)^n \cos\left(\frac{\pi n}{4}\right) u(n)$$

(a) 证明 $y(n)$ 的 z 变换可以表示为 $Y(z) = X(z^2)$，并求 $Y(z)$。

(b) 生成并画出序列 $x(n)$ 与 $y(n)$，验证 $Y(z)$ 的逆 z 变换与在时域中生成的序列 $y(n)$ 匹配。

CP 3.2 求

$$X(z) = \frac{1 + 0.4\sqrt{2}z^{-1}}{1 - 0.8\sqrt{2}z^{-1} + 0.64z^{-2}}$$

的逆 z 变换，使所得序列是因果的，并画出 $0 \leq n \leq 50$ 时的 $x(n)$。

CP 3.3 一个因果线性时不变系统可用其 z 变换 $H(z) = \dfrac{z^{-1} + z^{-2}}{1 - 0.9z^{-1} + 0.81z^{-2}}$ 描述。

(a) 求描述该系统的差分方程。

(b) 使用差分方程，生成并画出 $0 \leq n \leq 50$ 时系统的冲激响应。

CP 3.4 假设 $X(z)$ 为 $X(z) = \dfrac{2 + 3z^{-1}}{1 - z^{-1} + 0.81z^{-2}}$, $|z| > 0.9$。

(a) 求一种不含复数的 $x(n)$。

(b) 计算并画出 $0 \leq n \leq 20$ 时的 $x(n)$。

CP 3.5 一个因果线性时不变系统由差分方程 $y(n) = y(n-1) + y(n-2) + 2x(n) + x(n-1)$ 描述。

(a) 求系统函数 $H(z)$。

(b) 画出 $H(z)$ 的极点与零点，并指出收敛域（ROC）。

(c) 由 $H(z)$ 求系统的冲激响应 $h(n)$。

(d) 计算并画出 $0 \leqslant n \leqslant 50$ 时(c)问中得到的 $h(n)$，并将结果与 $0 \leqslant n \leqslant 50$ 时由差分方程算出的冲激响应进行比较。

CP 3.6 考虑由系统函数

$$H_1(z) = \frac{1 + z^{-1} + z^{-2}}{1 + 0.5z^{-1} - 0.25z^{-2}}, \qquad H_2(z) = \frac{1}{1 - 0.25z^{-1}} + \frac{1 - 0.5z^{-1}}{1 + 2z^{-1}}$$

描述的线性时不变系统，这两个系统均是稳定的。

(a) 求冲激响应 $h_1(n)$ 与 $h_2(n)$。

(b) 求差分方程，并画出 $H_1(z)$ 和 $H_2(z)$ 的极点与零点。当输入为 $x(n) = 3\cos(\pi n/3)u(n)$ 时，求并画出它们的输出 $y_1(n)$ 与 $y_2(n)$ 的波形。比较两个输出并评论其相似性与差异。

第4章 信号的频率分析

傅里叶变换是分析与设计线性时不变系统的有用数学工具之一，另一个工具是傅里叶级数。这些信号表示基本上都涉及将信号分解成正弦（或复指数）分量。使用这样一个分解，就称在**频域**中对一个信号进行了表示。

如将要说明的那样，绝大多数有实际意义的信号都可分解为正弦信号分量之和。对于周期信号而言，这样的分解称为**傅里叶级数**；对于有限能量信号而言，这样的分解称为**傅里叶变换**。因为一个线性时不变系统对一个正弦输入信号的响应是一个频率相同但振幅和相位不同的正弦分量，所以在线性时不变系统的分析中，这样的分解尤为重要。此外，线性时不变系统的线性性质表明，输入端正弦分量的线性和在输出端产生类似的正弦分量的线性和，只是后者的振幅和相位与输入正弦分量的不同。线性时不变系统的这种特性使得信号的正弦分解非常重要。尽管许多其他的信号分解也是可能的，但只有正弦（或复指数）信号通过一个线性时不变系统时才有这种期望的特性。

本章首先给出连续时间信号和离散时间信号中频率的概念，接着使用采样过程关联这些频率表示，然后描述如何用傅里叶级数与傅里叶变换分别表示连续时间周期信号与非周期信号，再后介绍离散周期信号与非周期信号的并行处理，最后详细描述傅里叶变换的性质并给出一些时频对偶性。

4.1 连续时间信号和离散时间信号中频率的概念

工程与科学领域的学生非常熟悉频率的概念。例如，频率这个概念在设计无线电接收机、高保真系统或彩色摄影滤光片时是非常基础的。从物理角度看，我们知道频率与由正弦函数描述的称为谐波振荡的特定类型的周期运动密切相关。频率的概念与时间的概念直接相关。实际上，它的量纲为时间的倒数。因此，我们期望（连续或离散）时间的性质相应地影响到频率的性质。

4.1.1 连续时间正弦信号

一个简单的谐波振荡在数学上可由如下连续时间信号描述：

$$x_a(t) = A\cos(\Omega t + \theta), \quad -\infty < t < \infty \quad (4.1.1)$$

如图 4.1.1 所示。$x(t)$ 所用的下标 "a" 表示模拟信号。该信号由三个参数完全描述：A 是正弦信号的**振幅**，Ω 是单位为弧度/秒（rad/s）的**频率**，θ 是单位为弧度的**相位**。我们常用单位为周期/秒或赫兹（Hz）的频率 F 代替 Ω，二者的关系为

$$\Omega = 2\pi F \quad (4.1.2)$$

于是，式（4.1.1）可用 F 写为

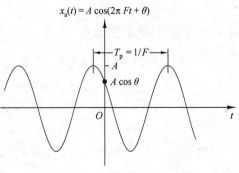

图 4.1.1 一个模拟正弦信号的例子

$$x_a(t) = A\cos(2\pi F t + \theta), \quad -\infty < t < \infty \quad (4.1.3)$$

我们将用式（4.1.1）和式（4.1.3）来表示正弦信号。

注意，这里使用大写字母 Ω 和 F 来表示连续时间信号的频率变量。

式（4.1.3）中的模拟正弦信号可由如下性质来表征。

A1. 对于频率 F 的每个固定值，$x_a(t)$ 是周期的。实际上，使用初等三角法很容易证明

$$x_a(t+T_p) = x_a(t)$$

式中，$T_p = 1/F$ 是正弦信号的基本周期。

A2. 具有不同频率的连续时间正弦信号本身是不同的。

A3. 增大频率 F 将导致信号振荡率增大，即在给定的时间间隔内包含更多的周期。

观察发现，当 $F=0$ 时，$T_p=\infty$ 与基本关系式 $F=1/T_p$ 保持一致。由于时间变量 t 的连续性，我们可以无限制地增大频率 F，信号振荡率也会相应地增大。

用来描述正弦信号的关系式可以拓展到复指数信号：

$$x_a(t) = A\mathrm{e}^{\mathrm{j}(\Omega t+\theta)} \tag{4.1.4}$$

利用欧拉恒等式

$$\mathrm{e}^{\pm\mathrm{j}\phi} = \cos\phi \pm \mathrm{j}\sin\phi \tag{4.1.5}$$

很容易就可用正弦函数表示这些信号。

按照定义，频率是一个本质上为正的物理量。如果将频率解释为一个周期信号中单位时间的周期数，这一点就很明显。然而，在很多情况下，为了数学表示的方便，我们需要引入负频率。为此，回顾可知正弦信号［即式（4.1.1）］可以表示成

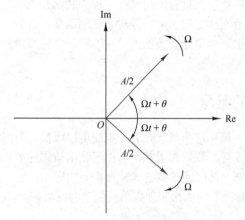

$$x_a(t) = A\cos(\Omega t+\theta) = \frac{A}{2}\mathrm{e}^{\mathrm{j}(\Omega t+\theta)} + \frac{A}{2}\mathrm{e}^{-\mathrm{j}(\Omega t+\theta)} \tag{4.1.6}$$

这是根据式（4.1.5）得到的。注意，正弦信号可以通过让两个等振幅的复共轭指数信号（有时称为复数矢量）相加得到，如图 4.1.2 所示。随着时间的推移，复数矢量以角频率 $\pm\Omega$ rad/s 反向旋转。由于**正频率**对应于逆时针方向的均匀角运动，**负频率**就对应于顺时针方向的角运动。

图 4.1.2　由一对复共轭指数（向量）表示的余弦函数

为了数学表示方便，本书中使用正负频率。因此，模拟正弦信号的频率范围是 $-\infty<F<\infty$。

4.1.2　离散时间正弦信号

一个离散时间正弦信号可以表示为

$$x(n) = A\cos(\omega n+\theta), \quad -\infty<n<\infty \tag{4.1.7}$$

式中，n 是一个整数变量，称为样本数。A 是正弦信号的**振幅**，ω 是**频率**（单位为弧度/样本）而 θ 是**相位**（单位是弧度）。

如果不用 ω，而用定义为

$$\omega \equiv 2\pi f \tag{4.1.8}$$

的频率变量 f 代替，关系式（4.1.7）就变成

$$x(n) = A\cos(2\pi fn+\theta), \quad -\infty<n<\infty \tag{4.1.9}$$

注意，这里使用小写字母 ω 与 f 表示离散时间信号的频率变量。

频率 f 的量纲为周期/样本。4.1.4 节在考虑模拟正弦信号的采样时，关联了离散时间正弦的频率变量 f 与模拟正弦的以周期/秒为单位的频率 F。我们暂时认为式（4.1.7）中的离散时间正弦信号与式（4.1.1）给出的连续时间正弦信号无关。图 4.1.3 显示了频率为 $\omega = \pi/6\,\text{rad/s}$（$f = 1/12$ 个周期/样本）、相位为 $\theta = \pi/3$ 的一个正弦信号。

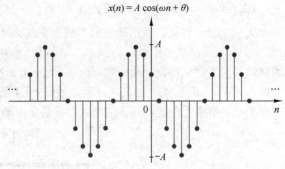

图 4.1.3　离散正弦信号的例子（$\omega = \pi/6$ 和 $\theta = \pi/3$）

与连续时间正弦信号相反，离散时间正弦信号由下列性质表征。

B1. 仅当其频率 f 是有理数时，一个离散时间正弦信号才是周期的。

按照定义，当且仅当

$$x(n+N) = x(n), \qquad \text{所有 } n \tag{4.1.10}$$

时，离散时间信号 $x(n)$ 才是周期的，且周期为 N（$N>0$）。使得式（4.1.10）成立的最小 N 值称为**基本周期**。

周期性的证明很简单。要使频率为 f_0 的一个正弦信号是周期的，应有

$$\cos\bigl[2\pi f_0(N+n)+\theta\bigr] = \cos(2\pi f_0 n + \theta)$$

当且仅当存在一个整数 k 使得

$$2\pi f_0 N = 2k\pi$$

或者等效地使得

$$f_0 = k/N \tag{4.1.11}$$

时，该关系式成立。根据式（4.1.11），仅当一个离散时间正弦信号的频率 f_0 可以表示为两个整数之比（即 f_0 是有理数）时，该信号才是周期的。

为了求一个周期正弦信号的基本周期 N，我们将频率 f_0 表示为式（4.1.11）的形式，并消去公因子，使 k 和 N 互为素数。于是正弦信号的基本周期就等于 N。观察发现，频率的较小变化会使得周期出现较大的变化。例如，$f_1 = 31/60$ 意味着 $N_1 = 60$，而 $f_2 = 30/60$ 意味着 $N_2 = 2$。

B2. 频率相隔 2π 整数倍的离散时间正弦信号是相同的。

为了证明这一论断，考虑正弦信号 $\cos(\omega_0 n + \theta)$。很容易推导出

$$\cos\bigl[(\omega_0 + 2\pi)n + \theta\bigr] = \cos(\omega_0 n + 2\pi n + \theta) = \cos(\omega_0 n + \theta) \tag{4.1.12}$$

于是，所有正弦序列

$$x_k(n) = A\cos(\omega_k n + \theta), \qquad k = 0,1,2,\cdots \tag{4.1.13}$$

式中，

$$\omega_k = \omega_0 + 2k\pi, \qquad -\pi \le \omega_0 \le \pi$$

是**无法区分的**（即**相同的**）。由频率为 $|\omega| > \pi$ 或 $|f| > 1/2$ 的正弦信号得到的任意序列，与由频率为 $|\omega| < \pi$ 的正弦信号得到的任意序列是相等的。由于这种相似性，我们称频率为 $|\omega| > \pi$ 的正弦信号是频率为 $|\omega| < \pi$ 的对应正弦信号的**混叠**。于是，我们称 $-\pi \le \omega \le \pi$ 或 $-1/2 \le f \le 1/2$ 范围内的频率是唯一的，而称 $|\omega| > \pi$ 或 $|f| > 1/2$ 范围内的所有频率是混叠的。读者应注意离散时间正弦信号与连续时间正弦信号之间的差别，对整个范围 $-\infty < \Omega < \infty$ 或 $-\infty < F < \infty$ 内的 Ω 或 F，后者得到不同的信号。

B3. 当 $\omega = \pi$（或 $\omega = -\pi$）或 $f = 1/2$（或 $f = -1/2$）时，得到离散时间正弦信号的最高振荡率。

为说明这一性质，我们研究频率从 0 变到 π 时，正弦信号序列

$$x(n) = \cos \omega_0 n$$

的性质。为了简化讨论，我们取 $\omega_0 = 0, \pi/8, \pi/4, \pi/2, \pi$，它们对应于 $f = 0, 1/16, 1/8, 1/4, 1/2$，得到周期为 $N = \infty, 16, 8, 4, 2$ 的周期序列，如图 4.1.4 所示。观察发现，正弦信号的周期随着频率的增大而减小。事实上，随着频率的增大，振荡率也增大。

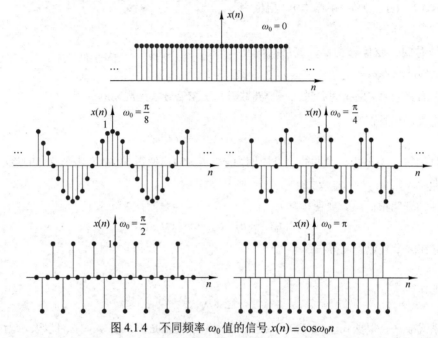

图 4.1.4   不同频率 ω_0 值的信号 $x(n) = \cos \omega_0 n$

为了了解 $\pi \leqslant \omega_0 \leqslant 2\pi$ 时发生了什么，我们考虑频率为 $\omega_1 = \omega_0$ 和 $\omega_2 = 2\pi - \omega_0$ 的正弦信号。注意，随着 ω_1 从 π 变为 2π，ω_2 从 π 变为 0。容易看出

$$x_1(n) = A\cos \omega_1 n = A\cos \omega_0 n$$

$$x_2(n) = A\cos \omega_2 n = A\cos(2\pi - \omega_0)n = A\cos(-\omega_0 n) = x_1(n) \tag{4.1.14}$$

因此，ω_2 是 ω_1 的混叠。如果使用正弦函数而非余弦函数，除了在正弦信号 $x_1(n)$ 与 $x_2(n)$ 之间有一个 180° 的相位差，结果基本相同。在任何情况下，随着我们将离散时间正弦信号的相对频率 ω_0 从 π 增加到 2π，其振荡率减小。当 $\omega_0 = 2\pi$ 时，结果是一个常数信号，与 $\omega_0 = 0$ 时的情况一样。显然，当 $\omega_0 = \pi$（或 $f = 1/2$）时，振荡率最高。

类似于连续时间信号的情况，负频率也可引入离散时间信号。为此，我们使用恒等式

$$x(n) = A\cos(\omega n + \theta) = \frac{A}{2}\mathrm{e}^{\mathrm{j}(\omega n + \theta)} + \frac{A}{2}\mathrm{e}^{-\mathrm{j}(\omega n + \theta)} \tag{4.1.15}$$

因为频率相隔 2π 的整数倍的离散时间正弦信号都相同，所以任意区间 $\omega_1 \leqslant \omega \leqslant \omega_1 + 2\pi$ 上的频率构成**所有**的离散时间正弦或复指数信号。因此，离散时间正弦信号的频率范围是有限的，其长度为 2π。通常选择范围 $0 \leqslant \omega \leqslant 2\pi$ 或 $-\pi \leqslant \omega \leqslant \pi$（$0 \leqslant f \leqslant 1, -1/2 \leqslant f \leqslant 1/2$），我们称其为**基本范围**。

4.1.3 谐相关复指数信号

正弦信号与复指数信号在信号与系统的分析中起重要作用。在有些情况下，我们处理**谐相关复指数**（或正弦）信号集。这些信号是基本频率为某个正频率的倍数的周期复指数信号集。虽然

我们的讨论仅限于复指数信号，但同样的特征对正弦信号同样成立。我们考虑连续时间与离散时间中的谐相关复指数信号。

连续时间指数信号。 基本的连续时间谐相关指数信号为

$$s_k(t) = \mathrm{e}^{jk\Omega_0 t} = \mathrm{e}^{j2\pi kF_0 t}, \qquad k = 0, \pm 1, \pm 2, \cdots \tag{4.1.16}$$

我们注意到，对于每个 k 值，$s_k(t)$ 是基本周期为 $1/(kF_0) = T_p/k$ 或基本频率为 kF_0 的周期信号。因为对任何正整数 k，周期为 T_p/k 的周期信号同时也是周期为 $k(T_p/k) = T_p$ 的周期信号，所以所有的 $s_k(t)$ 都有共同的周期 T_p。此外，根据 4.1.1 节，F_0 允许取任意值，且集合中的所有成员是不同的，这意味着如果 $k_1 \neq k_2$，那么 $s_{k_1}(t) \neq s_{k_2}(t)$。

由式（4.1.16）中的基本信号，可以构建形如

$$x_a(t) = \sum_{k=-\infty}^{\infty} c_k s_k(t) = \sum_{k=-\infty}^{\infty} c_k \mathrm{e}^{jk\Omega_0 t} \tag{4.1.17}$$

的谐相关复指数信号的线性组合，式中，$c_k, k = 0, \pm 1, \pm 2, \cdots$ 是任意复常数。信号 $x_a(t)$ 是基本周期为 $T_p = 1/F_0$ 的周期信号，用式（4.1.17）表示时称为 $x_a(t)$ 的**傅里叶级数**展开。复常数是傅里叶级数系数，信号 $s_k(t)$ 称为 $x_a(t)$ 的第 k 次谐波。

离散时间指数信号。 如果一个离散时间复指数信号的相对频率是一个有理数，该离散时间复指数信号就是周期的，因此我们选择 $f_0 = 1/N$，并将谐相关复指数信号集定义为

$$s_k(n) = \mathrm{e}^{j2\pi kf_0 n}, \qquad k = 0, \pm 1, \pm 2, \cdots \tag{4.1.18}$$

与连续时间的情况相比，我们发现

$$s_{k+N}(n) = \mathrm{e}^{j2\pi n(k+N)/N} = \mathrm{e}^{j2\pi n} s_k(n) = s_k(n)$$

这意味着，与式（4.1.10）一致，由式（4.1.18）描述的集合中只有 N 个不同的周期复指数信号。此外，集合中的所有成员均有一个 N 个样本的公共周期。显然，我们可以任意选择连续的 N 个复指数信号，即从 $k = n_0$ 到 $k = n_0 + N - 1$，形成基本频率为 $f_0 = 1/N$ 的谐相关信号集。为方便起见，我们选择对应于 $n_0 = 0$ 的集合，即集合

$$s_k(n) = \mathrm{e}^{j2\pi kn/N}, \qquad k = 0, 1, 2, \cdots, N-1 \tag{4.1.19}$$

与连续时间信号的情况一样，线性组合

$$x(n) = \sum_{k=0}^{N-1} c_k s_k(n) = \sum_{k=0}^{N-1} c_k \mathrm{e}^{j2\pi kn/N} \tag{4.1.20}$$

得到基本周期为 N 的周期信号。如后所述，这是一个周期离散时间序列的傅里叶级数表示，其傅里叶系数为 $\{c_k\}$。序列 $s_k(n)$ 称为 $x(n)$ 的第 k 次谐波。

【例 4.1.1】 存储在数字信号处理器内存中的是正弦信号

$$x(n) = \sin\left(\frac{2\pi n}{N} + \theta\right)$$

的一个周期，其中 $\theta = 2\pi q/N$，q 和 N 均是整数。**(a)**如何利用这个值表求相位相同的谐相关正弦信号值？**(b)**如何利用这个值表求频率相同但相位不同的正弦信号？

解：(a)设 $x_k(n)$ 代表正弦信号序列

$$x_k(n) = \sin\left(\frac{2\pi nk}{N} + \theta\right)$$

这是一个频率为 $f_k = k/N$ 并与 $x(n)$ 谐相关的正弦信号。然而，$x_k(n)$ 可以表示为

$$x_k(n) = \sin\left[\frac{2\pi(kn)}{N} + \theta\right] = x(kn)$$

4.1.4　模拟信号的采样

对模拟信号采样的方法有多种。这里只讨论实际中最常用的采样——**周期采样**或**均匀采样**。这种采样可由关系式

$$x(n)=x_{\mathrm{a}}(nT),\qquad -\infty<n<\infty \tag{4.1.21}$$

描述，其中 $x(n)$ 是对模拟信号 $x_{\mathrm{a}}(t)$ 每隔 T 秒"取样"得到的离散时间信号。图 4.1.5 中描述了这一过程。连续样本之间的时间间隔 T 称为**采样周期**或**采样间隔**，其倒数 $1/T=F_{\mathrm{s}}$ 称为**采样率**（样本/秒）或**采样频率**（Hz）。

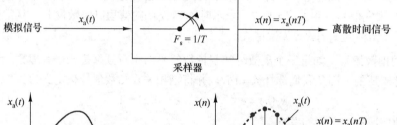

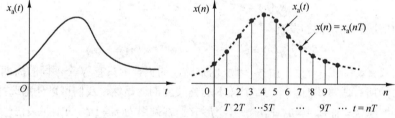

图 4.1.5　模拟信号的周期采样

周期采样在连续时间信号的时间变量 t 和离散时间信号的时间变量 n 之间建立了关系。实际上，这些变量是通过采样周期 T 或采样率 $F_{\mathrm{s}}=1/T$ 线性相关的，即

$$t=nT=\frac{n}{F_{\mathrm{s}}} \tag{4.1.22}$$

由式（4.1.22）可知，在模拟信号的频率变量 F（或 Ω）与离散时间信号的频率变量 f（或 ω）之间存在一种关系。为了建立该关系，考虑形如

$$x_{\mathrm{a}}(t)=A\cos(2\pi Ft+\theta) \tag{4.1.23}$$

的一个模拟正弦信号，以 $F_{\mathrm{s}}=1/T$ 个样本/秒的采样率周期性地对该信号采样，得到

$$x_{\mathrm{a}}(nT)\equiv x(n)=A\cos(2\pi FnT+\theta)=A\cos\left(\frac{2\pi nF}{F_{\mathrm{s}}}+\theta\right) \tag{4.1.24}$$

如果将式（4.1.24）和式（4.1.9）进行比较，就会注意到频率变量 F 与 f 线性相关，即

$$f=F/F_{\mathrm{s}} \tag{4.1.25}$$

或

$$\omega=\Omega T \tag{4.1.26}$$

式（4.1.25）中的关系表明术语**相对频率**或**归一化频率**是有道理的，它有时用来描述频率变量 f。式（4.1.25）表明，只要知道采样率 F_{s}，就可用 f 求出单位为赫兹的频率 F。

回顾 4.1.1 节可知，连续时间正弦信号的频率变量 F 或 Ω 的范围是

$$-\infty < F < \infty$$
$$-\infty < \Omega < \infty \qquad (4.1.27)$$

然而，这种情况与离散时间正弦信号的不同。回顾 4.1.2 节可知

$$-\frac{1}{2} < f < \frac{1}{2}$$
$$-\pi < \omega < \pi \qquad (4.1.28)$$

将式（4.1.25）与式（4.1.26）代入式（4.1.28），我们发现当以 $F_s = 1/T$ 的采样率采样时，连续时间正弦信号的频率一定会落在如下范围内：

$$-\frac{1}{2T} = -\frac{F_s}{2} \leqslant F \leqslant \frac{F_s}{2} = \frac{1}{2T} \qquad (4.1.29)$$

或

$$-\frac{\pi}{T} = -\pi F_s \leqslant \Omega \leqslant \pi F_s = \frac{\pi}{T} \qquad (4.1.30)$$

表 4.1 中小结了这些关系。

表 4.1　频率变量之间的关系

连续时间信号		离散时间信号
$\Omega = 2\pi F$		$\omega = 2\pi F$
$\dfrac{弧度}{秒}$　Hz	$\omega = \Omega T, f = F/F_s$	$\dfrac{弧度}{样本}$　$\dfrac{周期}{样本}$
		$-\pi \leqslant \omega \leqslant \pi$
	$\Omega = \omega/T, F = f \cdot F_s$	$-\dfrac{1}{2} \leqslant f \leqslant \dfrac{1}{2}$
$-\infty < \Omega < \infty$		$-\pi/T \leqslant \Omega \leqslant \pi/T$
$-\infty < F < \infty$		$-F_s/2 \leqslant F \leqslant F_s/2$

由这些关系可以看出，连续时间信号与离散时间信号的基本差异是它们的频率变量 F 和 f 或者 Ω 和 ω 的取值范围。连续时间信号的周期采样意味着将变量 F（或 Ω）的无限频率范围映射到变量 f（或 ω）的有限频率范围。离散时间信号的最高频率是 $\omega = \pi$ 或 $f = 1/2$，因此对于采样率 F_s，对应 F 与 Ω 的最大值为

$$F_{max} = \frac{F_s}{2} = \frac{1}{2T}$$
$$\Omega_{max} = \pi F_s = \frac{\pi}{T} \qquad (4.1.31)$$

当连续时间信号以采样率 $F_s = 1/T$ 采样时，能够唯一区分的最高频率是 $F_{max} = F_s/2$ 或 $\Omega_{max} = \pi F_s$，因此采样引入了不确定性。为了观察频率大于 $F_s/2$ 时会发生什么，现在考虑下例。

【例 4.1.2】考虑如下以采样率 $F_s = 40$Hz 采样的两个模拟正弦信号：

$$x_1(t) = \cos 2\pi(10)t, \quad x_2(t) = \cos 2\pi(50)t \qquad (4.1.32)$$

可以全面理解这些频率关系的含义。对应的离散时间信号或序列为

$$x_1(n) = \cos 2\pi\left(\frac{10}{40}\right)n = \cos\frac{\pi}{2}n, \quad x_2(n) = \cos 2\pi\left(\frac{50}{40}\right)n = \cos\frac{5\pi}{2}n \qquad (4.1.33)$$

然而，$\cos 5\pi n/2 = \cos(2\pi n + \pi n/2) = \cos\pi n/2$。因此，$x_2(n) = x_1(n)$。于是，这两个正弦信号是相同的，也是不可区分的。如果已知由 $\cos(\pi/2)n$ 生成的采样值，这些采样值是对应于 x_1 还是对应于 $x_2(t)$ 就存在不确定性。因为两个信号以 $F_s = 40$ 个本/秒的采样率采样时，$x_2(t)$ 产生的值与 $x_1(t)$ 产生的值恰好相同，所以我们说当采样率为 40 个样本/秒时，频率 $F_2 = 50$Hz 是频率 $F_1 = 10$Hz 的**混叠**。

注意，F_2 不是 F_1 的唯一混叠。事实上，对于 40 个样本/秒的采样率，频率 $F_3 = 90\text{Hz}$ 也是 F_1 的混叠，频率 $F_4 = 130\text{Hz}$ 等也是。因此，以采样率 40 个样本/秒采样正弦信号 $\cos 2\pi (F_1 + 40k)t$, $k = 1, 2, 3, 4, \cdots$ 时，得到相同的值。于是，它们都是 $F_1 = 10\text{Hz}$ 的混叠。

一般来说，连续时间正弦信号

$$x_a(t) = A\cos(2\pi F_0 t + \theta) \tag{4.1.34}$$

以采样率 $F_s = 1/T$ 采样时，得到的是离散时间信号

$$x(n) = A\cos(2\pi f_0 n + \theta) \tag{4.1.35}$$

式中，$f_0 = F_0/F_s$ 是正弦信号的相对频率。如果设 $-F_s/2 \leqslant F_0 \leqslant F_s/2$，$x(n)$ 的频率 f_0 就在范围 $-1/2 \leqslant f_0 \leqslant 1/2$ 内，这就是离散时间信号的频率范围。在这种情况下，F_0 和 f_0 之间是一对一的关系，因此从样本 $x(n)$ 识别（或重建）模拟信号 $x_a(t)$ 是可行的。

另一方面，如果以采样率 F_s 采样正弦信号

$$x_a(t) = A\cos(2\pi F_k t + \theta) \tag{4.1.36}$$

式中，

$$F_k = F_0 + kF_s, \qquad k = \pm 1, \pm 2, \cdots \tag{4.1.37}$$

频率 F_k 就会落在基本频率范围 $-F_s/2 \leqslant F \leqslant F_s/2$ 外。因此，采样后的信号为

$$x(n) \equiv x_a(nT) = A\cos\left(2\pi \frac{F_0 + kF_s}{F_s} n + \theta\right) = A\cos(2\pi n F_0/F_s + \theta + 2\pi kn) = A\cos(2\pi f_0 n + \theta)$$

这与对式（4.1.34）采样得到的离散时间信号 [即式（4.1.35）] 是相同的。因此，无数的连续时间正弦信号都可以由**相同**的离散时间信号的样本（即由相同的样本集）表示。于是，如果给定序列 $x(n)$，就存在这些值表示哪个连续时间信号 $x_a(t)$ 的不确定性。等效地，我们可以说，频率 $F_k = F_0 + kF_s$，$-\infty < k < \infty$（k 是整数）与频率 F_0 是无法区分的，因此它们是 F_0 的混叠。连续时间信号与离散时间信号的频率变量之间的这种关系如图 4.1.6 所示。

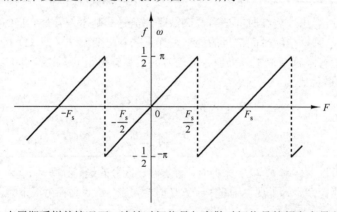

图 4.1.6　在周期采样的情况下，连续时间信号与离散时间信号的频率变量之间的关系

图 4.1.7 给出了混叠的一个例子，图中用采样率 $F_s = 1\text{Hz}$ 对频率为 $F_0 = 1/8\text{Hz}$ 和 $F_1 = -7/8\text{Hz}$ 的两个正弦信号采样后，得到了相同的样本。由式（4.1.37）容易推出，当 $k = -1$ 时，$F_0 = F_1 + F_s = (-7/8 + 1)\text{Hz} = 1/8\text{Hz}$。

既然 $F_s/2$（对应于 $\omega = \pi$）是可用采样率 F_s 唯一表示的最大频率，求大于 $F_s/2$（$\omega = \pi$）的任意（混叠）频率到小于 $F_s/2$ 的等价频率的映射就很简单。我们可以将 $F_s/2$ 或 $\omega = \pi$ 作为枢轴点，把混叠频率反射或"折叠"到范围 $0 \leqslant \omega \leqslant \pi$ 内。因为反射点是 $F_s/2$（$\omega = \pi$），所以称频率 $F_s/2$（$\omega = \pi$）为**折叠频率**。

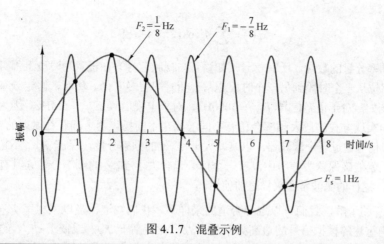

图 4.1.7　混叠示例

【**例 4.1.3**】考虑模拟信号 $x_a(t) = 3\cos 100\pi t$。

(a) 求避免混叠所需的最小采样率。

(b) 假设信号以采样率 $F_s = 200\text{Hz}$ 采样，采样后得到的离散时间信号是什么？

(c) 假设信号以采样率 $F_s = 75\text{Hz}$ 采样，采样后得到的离散时间信号是什么？

(d) 产生与(c)问中相同样本的正弦信号的频率 $0 < F < F_s/2$ 是多少？

解：(a) 模拟信号的频率是 $F = 50\text{Hz}$，为避免混叠，所需的最小采样率是 $F_s = 100\text{Hz}$。

(b) 如果信号以采样率 $F_s = 200\text{Hz}$ 采样，那么离散时间信号为

$$x(n) = 3\cos\frac{100\pi}{200}n = 3\cos\frac{\pi}{2}n$$

(c) 如果信号以采样率 $F_s = 75\text{Hz}$，那么离散时间信号为

$$x(n) = 3\cos\frac{100\pi}{75}n = 3\cos\frac{4\pi}{3}n = 3\cos\left(2\pi - \frac{2\pi}{3}\right)n = 3\cos\frac{2\pi}{3}n$$

(d) 对于采样率 $F_s = 75\text{Hz}$，有

$$F = fF_s = 75f$$

(c)问中的正弦信号的频率是 $f = 1/3$，因此有

$$F = 25\text{Hz}$$

显然，以采样率 $F_s = 75$ 个样本/秒对正弦信号

$$y_a(t) = 3\cos 2\pi Ft = 3\cos 50\pi t$$

采样将得到相同的样本。因此，对于采样率 $F_s = 75\text{Hz}$，频率 $F = 50\text{Hz}$ 是频率 $F = 25\text{Hz}$ 的混叠。

4.1.5　采样定理

给定任意模拟信号，我们应该如何选择采样周期 T 或采样率 F_s 呢？要回答这个问题，就必须掌握一些关于被采样信号的特征的信息。特别地，我们必须具备一些涉及信号的**频率分量**的一般信息。这类信息对我们而言通常是存在的。例如，我们一般知道语音信号的主要频率分量低于 3000Hz。另一方面，电视信号通常包含高达 5MHz 的重要频率分量。这类信号的信息内容包含在各种频率分量的振幅、频率与相位中，但是这类信号的特征的细节在得到信号之前，对我们而言是不提供的。事实上，处理这些信号的目的通常是提取这些细节信息。然而，如果我们知道一般类型信号（如语音信号类型、视频信号类型等）的最大频率分量，就可以规定将模拟信号转换为数字信号所需的采样率。

假设任何模拟信号都可以表示成不同振幅、频率与相位的正弦信号之和，即

$$x_a(t) = \sum_{i=1}^{N} A_i \cos\left(2\pi F_i t + \theta_i\right) \tag{4.1.38}$$

式中，N 代表频率分量的数量。所有信号（如语音与视频信号）在任意短时段上都可以这样表示。振幅、频率和相位从一个时段到另一个时段通常会随时间缓慢变化。然而，假定频率不超过某个已知频率 F_{max}。例如，对于语音信号 $F_{max} = 3000\text{Hz}$，对于电视信号 $F_{max} = 5\text{MHz}$。因为对任意给定类型的信号，不同实现方式的最大频率会稍有不同（如在不同扬声器之间存在微弱的变化），所以我们可能要让模拟信号通过一个滤波器，以衰减大于 F_{max} 的频率分量，保证 F_{max} 不超过某个预定的值。这样，我们就能确保这类信号中没有一个信号包含大于 F_{max} 的频率分量（具有明显的振幅或能量）。实际中，这样的滤波常在采样之前使用。

根据对 F_{max} 的了解，我们可以选择合适的采样率。我们知道，当以采样率 $F_s = 1/T$ 对信号采样时，可被准确重建的模拟信号的最高频率是 $F_s/2$。任何高于 $F_s/2$ 或低于 $-F_s/2$ 的频率都会得到 $-F_s/2 \le F \le F_s/2$ 范围内对应频率相同的样本。为了避免由混叠引起的不确定性，必须选择足够高的采样率。也就是说，必须选择大于 F_{max} 的 $F_s/2$。因此，为了避免混叠，可选择 F_s 使得

$$F_s > 2F_{max} \tag{4.1.39}$$

其中，F_{max} 是模拟信号中的最大频率分量。采用这种方式选择采样率时，模拟信号中的任何频率分量（即 $|F_i| < F_{max}$）就被映射为频率是

$$-\frac{1}{2} \le f_i = F_i/F_s \le \frac{1}{2} \tag{4.1.40}$$

或

$$-\pi \le \omega_i = 2\pi f_i \le \pi \tag{4.1.41}$$

的一个离散时间正弦信号。既然 $|f| = \frac{1}{2}$ 或 $|\omega| = \pi$ 是离散时间信号中（唯一）的最高频率，按照式（4.1.39）选择采样率就可避免混叠。换言之，条件 $F_s > 2F_{max}$ 保证了模拟信号中的所有频率分量都映射到频率在基本区间内的对应离散时间频率分量。这样，模拟信号的所有频率分量就都可以用采样后的形式表示，因此使用合适的内插（数模转换）方法，就可以由样本值无失真地重建模拟信号。这个"合适的"或理想的内插公式由**采样定理**规定。

采样定理。 如果模拟信号 $x_a(t)$ 中包含的最高频率是 $F_{max} = B$，且信号以采样率 $F_s > 2F_{max}$ 采样，那么 $x_a(t)$ 可用内插函数

$$g(t) = \frac{\sin 2\pi B t}{2\pi B t} \tag{4.1.42}$$

由其样本值准确地恢复。因此，$x_a(t)$ 可以表示为

$$x_a(t) = \sum_{n=-\infty}^{\infty} x_a\left(\frac{n}{F_s}\right) g\left(t - \frac{n}{F_s}\right) \tag{4.1.43}$$

式中，$x_a(n/F_s) = x_a(nT) \equiv x(n)$ 是 $x_a(t)$ 的样本。

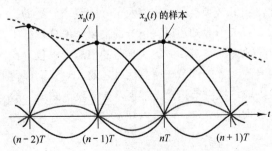

图 4.1.8 理想的数模转换（内插）

当 $x_a(t)$ 的采样以最小采样率 $F_s = 2B$ 进行时，式（4.1.43）中的重建公式变成

$$x_a(t) = \sum_{n=-\infty}^{\infty} x_a(nT) \frac{\sin 2\pi B(t - nT)}{2\pi B(t - nT)} \tag{4.1.44}$$

采样率 $F_N = 2F_{max}$ 称为**奈奎斯特率**。图 4.1.8 显示了使用式（4.1.42）中的内插函数的理想数模转换过程。

由式（4.1.43）或式（4.1.44）可知，从序

列 $x(n)$ 重建 $x_a(t)$ 是一个复杂的过程，涉及内插函数 $g(t)$ 及其时移副本 $g(t-nT)$ 的加权和，其中 $-\infty < n < \infty$，权重因子是样本 $x(n)$。由于复杂性及式（4.1.43）或式（4.1.44）中需要无数的样本，这些重建公式主要具有理论意义。实际中的内插方法将在第 6 章中给出。

【例 4.1.4】 考虑模拟信号

$$x_a(t) = 3\cos 50\pi t + 10\sin 300\pi t - \cos 100\pi t$$

该信号的奈奎斯特率是什么？

解： 信号中包含的频率有

$$F_1 = 25\text{Hz}, \qquad F_2 = 150\text{Hz}, \qquad F_3 = 50\text{Hz}$$

因此 $F_{max} = 150\text{Hz}$，按照式（4.1.39）有

$$F_s > 2F_{max} = 300\text{Hz}$$

奈奎斯特率是 $F_N = 2F_{max}$。因此，

$$F_N = 300\text{Hz}$$

讨论： 观察发现，信号分量 $10\sin 300\pi t$ 以奈奎斯特率 $F_N = 300\text{Hz}$ 采样，得到样本 $10\sin\pi n$，而它等于零。换言之，我们在其零交叉点对模拟信号进行采样，因此完全失去了该信号分量。如果正弦信号的相位偏移 θ，这种情形就不会发生。在这种情况下，以奈奎斯特率 $F_N = 300$ 个样本/秒对 $10\sin(300\pi t + \theta)$ 采样，得到样本

$$10\sin(\pi n + \theta) = 10(\sin\pi n\cos\theta + \cos\pi n\sin\theta) = 10\sin\theta\cos\pi n = (-1)^n 10\sin\theta$$

因此，如果 $\theta \neq 0$ 或 π，正弦信号以奈奎斯特率采样得到的样本不全是零。然而，当相位 θ 未知时，我们仍然无法从样本得到正确的振幅。能够避免这种潜在问题的一种简单补救方法是，以大于奈奎斯特率的采样率对模拟信号采样。

【例 4.1.5】 考虑模拟信号

$$x_a(t) = 3\cos 2000\pi t + 5\sin 6000\pi t + 10\cos 12000\pi t$$

(a) 该信号的奈奎斯特率是什么？

(b) 假定使用 $F_s = 5000$ 个样本/秒的采样率对该信号采样，采样后得到的离散时间信号是什么？

(c) 如果使用理想内插，从这些样本可以重建得到的模拟信号 $y_a(t)$ 是什么？

解：(a) 信号中存在的频率有

$$F_1 = 1\text{kHz}, \qquad F_2 = 3\text{kHz}, \qquad F_3 = 6\text{kHz}$$

于是 $F_{max} = 6\text{kHz}$，根据采样定理有

$$F_s > 2F_{max} = 12\text{kHz}$$

奈奎斯特率为

$$F_N = 12\text{kHz}$$

(b) 既然已经选择 $F_s = 5\text{kHz}$，那么折叠频率为

$$\frac{F_s}{2} = 2.5\text{kHz}$$

且这是由采样信号唯一表示的最大频率。由式（4.1.22）可得

$$x(n) = x_a(nT) = x_a(n/F_s)$$
$$= 3\cos 2\pi\left(\tfrac{1}{5}\right)n + 5\sin 2\pi\left(\tfrac{3}{5}\right)n + 10\cos 2\pi\left(\tfrac{6}{5}\right)n$$
$$= 3\cos 2\pi\left(\tfrac{1}{5}\right)n + 5\sin 2\pi\left(1 - \tfrac{2}{5}\right)n + 10\cos 2\pi\left(1 + \tfrac{1}{5}\right)n$$
$$= 3\cos 2\pi\left(\tfrac{1}{5}\right)n + 5\sin 2\pi\left(-\tfrac{2}{5}\right)n + 10\cos 2\pi\left(\tfrac{1}{5}\right)n$$

最后，我们得到

$$x(n) = 13\cos 2\pi\left(\tfrac{1}{5}\right)n - 5\sin 2\pi\left(\tfrac{2}{5}\right)n$$

使用图 4.1.6 可以得到相同的结果。事实上，由于 $F_s = 5\text{kHz}$，折叠频率为 $F_s/2 = 2.5\text{kHz}$。这是可被采样

信号唯一表示的最大频率。由式（4.1.37）有 $F_0 = F_k - kF_s$。因此 F_0 可从 F_k 中减去 F_s 的整数倍，使得 $-F_s/2 \leq F_0 \leq F_s/2$ 来得到。频率 F_1 小于 $F_s/2$，因此不受混叠影响。然而，其他两个频率大于折叠频率，它们会被混叠效应改变。事实上，

$$F_2' = F_2 - F_s = -2\text{kHz}, \quad F_3' = F_3 - F_s = 1\text{kHz}$$

由式（4.1.25）可知 $f_1 = \frac{1}{5}, f_2 = -\frac{2}{5}, f_3 = \frac{1}{5}$，这与上面的结果一致。

(c) 在采样信号中只有 1kHz 和 2kHz 的频率分量，因此可被恢复的模拟信号为

$$y_a(t) = 13\cos 2000\pi t - 5\sin 4000\pi t$$

上式明显不同于原信号 $x_a(t)$。由于使用了低采样率，混叠效应导致原模拟信号失真。

尽管混叠是要避免的隐患，但仍有两种利用混叠效应的实际应用——频闪观测仪与采样示波器。这两种仪器被设计为混叠设备，以将高频表示为低频。

为了详细阐述，考虑高频分量限制到某个给定频率带宽 $B_1 < F < B_2$ 的一个信号，其中 $B_2 - B_1 \equiv B$ 定义为信号的带宽。假定 $B \ll B_1 < B_2$。该条件意味着信号中的频率分量比该信号的带宽 B 大得多。这类信号通常称为带通信号或窄带信号。现在，如果该信号以采样率 $F_s \geq 2B$ 采样，但 $F_s \ll B$，该信号中所包含的所有频率分量将是 $0 < F < F_s/2$ 范围中频率的混叠。因此，如果我们观察基本范围 $0 < F < F_s/2$ 内的频率分量，由于知道所考虑的频带 $B_1 < F < B_2$，就精确知道模拟信号的频率分量。因此，如果信号是一个窄带（带通）信号，假设信号以采样率 $F_s > 2B$（其中 B 是带宽）采样，就可以由样本重建原信号。这一叙述是采样定理的另一种形式，我们称其为**带通形式**，以区别于采样定理的前一种形式，带通形式通常应用于所有类型的信号。采样定理的前一种形式有时称为**基带形式**。**带通形式**的采样定理将在 6.3 节中详细介绍。

4.2 连续时间信号的频率分析

众所周知，我们可用棱镜将白光（阳光）分解为七种颜色［见图 4.2.1(a)］。在 1672 年提交给皇家学会的一篇论文中，艾萨克·牛顿使用术语谱描述了由该装置产生的**连续色带**。为了理解这种现象，牛顿将另一个棱镜相对第一个棱镜上下颠倒放置后，有色光重新融合成了白光，如图 4.2.1(b)所示。在两个棱镜之间增加一个狭缝以阻止一种或多种有色光照射到第二个棱镜上后，他证明重新合成的光不再是白光。因此，通过第一个棱镜的光就分解成了各个色光，而没有任何变化。然而，只要再次混合所有这些颜色，就能得到原来的白光。

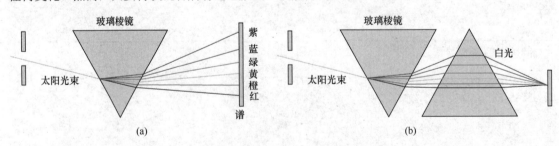

图 4.2.1　使用棱镜(a)分解与(b)合成白光（阳光）

随后，约瑟夫·夫琅和费（1787—1826）在测量由太阳和恒星发出的光时，发现所观察的光的频谱由不同的色线组成。几年后（19 世纪中期），古斯塔夫·基尔霍夫与罗伯特·本生发现，当加热到炽热时，每种化学元素都会辐射其自己的独特色光。因此，每种化学元素就可由其自己的**线谱**来识别。

物理学知识表明，每种颜色都对应于可见光谱中的特定频率。因此，将光分解成各种颜色实际上是一种**频率分析**。

信号的频率分析需要将信号分解为其频率（正弦）分量。我们的信号波形基本上是时间的函数，而不是光的函数。棱镜的角色由我们将要推导的傅里叶分析工具——傅里叶级数与傅里叶变换扮演。重新组合正弦分量来重建原信号基本上是一个傅里叶合成问题。对信号波形的情况和对加热化学成分发光的情况，信号分析问题是一样的。如化学成分的情况那样，不同的信号波形具有不同的谱。因此，就没有其他信号具有相同谱的意义而言，谱为信号提供了一种"身份"或者一个签名。我们将看到，这个性质与频域技术的数学处理相关。

如果将一个波形分解为正弦分量，如同棱镜将白光分成不同的颜色那样，这些正弦分量之和就得到原波形。另一方面，如果缺失这些分量的任何一个，结果就是一个不同的信号。

在进行频率分析时，我们将推导将信号（"光"）分解成正弦频率分量（色彩）的合适数学工具（"棱镜"）。此外，我们还将推导由频率分量合成信号的合成工具（"逆棱镜"）。

推导频率分析工具的基本动机是，为包含在任何给定信号中的频率分量提供一种数学和图形表示。如在物理学中那样，当我们提到信号的频率分量时，我们使用术语**谱**。使用本章中描述的数学工具得到一个给定信号的谱的过程，称为**频率分析**或**谱分析**。相比而言，基于信号的实际测量来确定一个实际信号的谱的过程，称为**谱估计**。这种区别非常重要。在一个实际问题中，待分析信号并没有精确的数学描述。该信号通常携带一些信息，而我们试图从该信号中提取相关的信息。如果我们要提取的信息可以直接或间接地从信号的谱中得到，就可以对携带信息的信号进行**谱估计**，进而得到信号谱的一个估计。实际上，我们可将谱估计视为对从物理源（如语音、脑电图、心电图等）得到的信号进行的一类谱分析。用来得到这类信号的谱估计的仪器或软件程序，称为**频谱分析仪**。

下面介绍谱分析，第 15 章中将介绍功率谱估计。

4.2.1　连续时间周期信号的傅里叶级数

本节介绍连续时间周期信号的频率分析工具。实际中遇到的周期信号包括方波、矩形波和三角波，当然也包括正弦和复指数信号。

周期信号的基本数学表示是傅里叶级数，它是谐相关正弦或复指数信号的线性加权和。法国数学家让·巴普蒂斯·约瑟夫·傅里叶（1768—1830）在描述物体的热传导和温度分布现象时，使用了这样的三角级数展开。尽管他的工作是被热传导问题激发的，但他在 19 世纪初发展的数学技术现在可以在许多不同领域的许多问题上找到应用，包括光学、机械系统中的振动、系统理论和电磁学。

回顾 4.1.3 节可知，形如

$$x(t) = \sum_{k=-\infty}^{\infty} c_k \, \mathrm{e}^{\mathrm{j}2\pi kF_0 t} \tag{4.2.1}$$

的谐相关复指数信号的一个线性组合是基本周期为 $T_p = 1/F_0$ 的周期信号。因此，可将指数信号

$$\left\{ \mathrm{e}^{\mathrm{j}2\pi kF_0 t}, \qquad k = 0, \pm 1, \pm 2, \cdots \right\}$$

视为基本的"构件"，适当地选择基本频率与系数 $\{c_k\}$，就可由这些"构件"构建不同类型的周期信号。F_0 决定 $x(t)$ 的基本周期，系数 $\{c_k\}$ 则规定波形的形状。

假设已知一个周期为 T_p 的周期信号 $x(t)$。我们可以用级数［即式（4.2.1）（称为**傅里叶级**

数）] 来表示这个周期信号，其中基本频率 F_0 选为周期 T_p 的倒数。为了求系数 $\{c_k\}$ 的表达式，将式（4.2.1）两边首先乘以复指数

$$e^{-j2\pi F_0 lt}$$

式中，l 是一个整数，然后在单个周期（即从 0 到 T_p，或者更广义地从 t_0 到 $t_0 + T_p$，其中 t_0 是数学上方便的一个任意起始值）上对所得方程的两边积分。于是，我们得到

$$\int_{t_0}^{t_0+T_p} x(t)\,e^{-j2\pi lF_0 t}\,dt = \int_{t_0}^{t_0+T_p} e^{-j2\pi lF_0 t}\left(\sum_{k=-\infty}^{\infty} c_k\,e^{+j2\pi kF_0 t}\right)dt \tag{4.2.2}$$

为了求出式（4.2.2）等号右边的积分，交换求和与积分顺序，并合并两个指数，得

$$\sum_{k=-\infty}^{\infty} c_k \int_{t_0}^{t_0+T_p} e^{j2\pi F_0(k-l)t}\,dt = \sum_{k=-\infty}^{\infty} c_k\left[\frac{e^{j2\pi F_0(k-l)t}}{j2\pi F_0(k-l)}\right]_{t_0}^{t_0+T_p} \tag{4.2.3}$$

当 $k \neq l$ 时，分别在下限和上限（t_0 和 $t_0 + T_p$）计算式（4.2.3）的等号右边，结果是零。另一方面，如果 $k = l$，则有

$$\int_{t_0}^{t_0+T_p} dt = t\Big|_{t_0}^{t_0+T_p} = T_p$$

因此，式（4.2.2）简化为

$$\int_{t_0}^{t_0+T_p} x(t)\,e^{-j2\pi lF_0 t}\,dt = c_l T_p$$

于是，按照已知的周期信号，傅里叶系数的表达式变为

$$c_l = \frac{1}{T_p}\int_{t_0}^{t_0+T_p} x(t)\,e^{-j2\pi lF_0 t}\,dt$$

既然 t_0 是任意的，积分就可在长度为 T_p 的任意区间上进行，即在等于信号 $x(t)$ 的周期的任意一个区间上进行。因此，傅里叶级数系数的积分写为

$$c_l = \frac{1}{T_p}\int_{T_p} x(t)\,e^{-j2\pi lF_0 t}\,dt \tag{4.2.4}$$

使用傅里叶级数表示周期信号 $x(t)$ 时，出现的一个重要问题是，级数是否在每个 t 值上收敛于 $x(t)$，也就是说，信号 $x(t)$ 及其傅里叶级数表示

$$\sum_{k=-\infty}^{\infty} c_k\,e^{j2\pi kF_0 t} \tag{4.2.5}$$

是否在每个 t 值处相等。**狄利克雷条件**保证除了使得 $x(t)$ 不连续的 t 值，式（4.2.5）的级数都等于 $x(t)$。在这些 t 值处，式（4.2.5）收敛于间断的中点（均值）。狄利克雷条件如下：

1. 在任何一个周期中，信号 $x(t)$ 都有有限个不连续点。

2. 在任何一个周期中，信号 $x(t)$ 都包含有限个最大值和最小值。

3. 在任何一个周期中，信号 $x(t)$ 都绝对可积，即

$$\int_{T_p} |x(t)|\,dt < \infty \tag{4.2.6}$$

所有具有实际意义的周期信号都满足这些条件。

较弱的条件，即信号在一个周期内具有有限能量，

$$\int_{T_p} |x(t)|^2\,dt < \infty \tag{4.2.7}$$

保证差信号

$$e(t) = x(t) - \sum_{k=-\infty}^{\infty} c_k \mathrm{e}^{\mathrm{j}2\pi kF_0 t}$$

中的能量为零，但 $x(t)$ 及其傅里叶级数对所有 t 值可能不相等。注意，式（4.2.6）意味着式（4.2.7），反之则不然。式（4.2.7）与狄利克雷条件都是充分条件，但不是必要条件（也就是说，有信号可以表示成傅里叶级数，但不满足这些条件）。

总之，如果 $x(t)$ 是周期信号且满足狄利克雷条件，它就能表示成如式（4.2.1）所示的傅里叶级数，其中的系数由式（4.2.4）给定。这些关系总结如下。

连续时间周期信号的频率分析

合成式	$x(t) = \sum_{k=-\infty}^{\infty} c_k \mathrm{e}^{\mathrm{j}2\pi kF_0 t}$	（4.2.8）
分析式	$c_k = \dfrac{1}{T_\mathrm{p}} \displaystyle\int_{T_\mathrm{p}} x(t) \mathrm{e}^{-\mathrm{j}2\pi kF_0 t} \,\mathrm{d}t$	（4.2.9）

一般来说，傅里叶系数 c_k 是复的。此外，容易证明，如果周期信号是实的，c_k 与 c_{-k} 就互为复共轭。因此，如果

$$c_k = |c_k| \mathrm{e}^{\mathrm{j}\theta_k}$$

那么

$$c_{-k} = |c_k|^{-\mathrm{j}\theta_k}$$

因此，傅里叶级数也可表示成如下形式：

$$x(t) = c_0 + 2\sum_{k=1}^{\infty} |c_k| \cos\left(2\pi kF_0 t + \theta_k\right) \tag{4.2.10}$$

式中，当 $x(t)$ 是实信号时，c_0 是实的。

最后要指出的是，傅里叶级数的另一种形式可以通过将式（4.2.10）中的余弦函数展开为

$$\cos\left(2\pi kF_0 t + \theta_k\right) = \cos 2\pi kF_0 t \cos \theta_k - \sin 2\pi kF_0 t \sin \theta_k$$

得到。因此，我们将式（4.2.10）重写为如下形式：

$$x(t) = a_0 + \sum_{k=1}^{\infty} \left(a_k \cos 2\pi kF_0 t - b_k \sin 2\pi kF_0 t\right) \tag{4.2.11}$$

式中，

$$a_0 = c_0, \quad a_k = 2|c_k| \cos \theta_k, \quad b_k = 2|c_k| \sin \theta_k$$

式（4.2.8）、式（4.2.10）和式（4.2.11）构成实周期信号的傅里叶级数表示的三个等价形式。

4.2.2 周期信号的功率密度谱

一个周期信号具有无限的能量和有限的平均功率，即

$$P_x = \frac{1}{T_\mathrm{p}} \int_{T_\mathrm{p}} |x(t)|^2 \,\mathrm{d}t \tag{4.2.12}$$

取式（4.2.8）的复共轭并将 $x^*(t)$ 代入式（4.2.12），可得

$$P_x = \frac{1}{T_\mathrm{p}} \int_{T_\mathrm{p}} x(t) \sum_{k=-\infty}^{\infty} c_k^* \mathrm{e}^{-\mathrm{j}2\pi kF_0 t} \,\mathrm{d}t = \sum_{k=-\infty}^{\infty} c_k^* \left[\frac{1}{T_\mathrm{p}} \int_{T_\mathrm{p}} x(t) \mathrm{e}^{-\mathrm{j}2\pi kF_0 t} \,\mathrm{d}t\right] = \sum_{k=-\infty}^{\infty} |c_k|^2 \tag{4.2.13}$$

于是，我们就建立了关系

$$P_x = \frac{1}{T_p} \int_{T_p} |x(t)|^2 \, dt = \sum_{k=-\infty}^{\infty} |c_k|^2 \qquad (4.2.14)$$

这一关系称为功率信号的**帕塞瓦尔关系**。

为了说明式（4.2.14）的物理意义，假设 $x(t)$ 由如下的一个复指数函数组成：

$$x(t) = c_k e^{j2\pi kF_0 t}$$

在这种情况下，除 c_k 外的所有傅里叶级数系数都是零。因此，信号的平均功率为

$$P_x = |c_k|^2$$

显然，$|c_k|^2$ 表示信号的第 k 个谐波分量的功率。因此，周期信号中的总平均功率就是所有谐波的平均功率之和。

若将 $|c_k|^2$ 作为频率 kF_0（其中 $k = 0, \pm1, \pm2, \cdots$）的函数画出，得到的图形就会显示周期信号的功率是如何在不同频率分量上分布的。图 4.2.2 所示的图形称为周期信号 $x(t)$ 的**功率密度谱**[①]。因此周期信号中的功率仅存在于频率的离散值上（即 $F = 0, \pm F_0, \pm 2F_0, \cdots$），所以说该信号具有**线谱**。两个连续谱线之间的间隔等于基本周期 T_p 的倒数，但谱的形状（即信号的功率分布）取决于信号的时域性质。

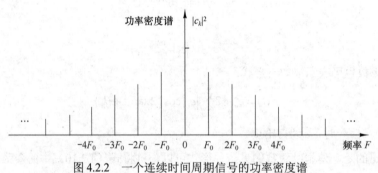

图 4.2.2　一个连续时间周期信号的功率密度谱

如前一节中指出的那样，傅里叶级数的系数 $\{c_k\}$ 是复的，即它们可以表示为

$$c_k = |c_k| e^{j\theta_k}$$

式中，$\theta_k = \angle c_k$。我们可以画出作为频率的函数的幅度电压谱 $\{|c_k|\}$ 和相位谱 $\{\theta_k\}$，而不画出功率密度谱。显然，周期信号的功率谱密度就是幅度谱的平方。在功率谱密度中，相位信息完全被破坏（或者不出现）。

如果周期信号是实信号，傅里叶级数的系数 $\{c_k\}$ 就满足条件

$$c_{-k} = c_k^*$$

因此，$|c_k|^2 = |c_k^*|^2$。于是，功率谱就是频率的一个对称函数。这个条件还意味着幅度谱是关于原点对称的（偶函数），而相位谱是一个奇函数。由于对称，仅给定实周期信号的正频率的频谱就足够了。此外，总平均功率可以表示为

$$P_x = c_0^2 + 2\sum_{k=1}^{\infty} |c_k|^2 \qquad (4.2.15)$$

[①] 这个函数也称功率谱密度，或者简称功率谱。

$$= a_0^2 + \frac{1}{2}\sum_{k=1}^{\infty}\left(a_k^2 + b_k^2\right) \qquad (4.2.16)$$

这是由 4.2.1 节给出的傅里叶级数表达式中的系数 $\{a_k\}$,$\{b_k\}$ 与 $\{c_k\}$ 之间的关系直接得到的。

【**例 4.2.1**】求图 4.2.3 所示矩形脉冲串信号的傅里叶级数和功率密度谱。

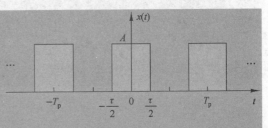

图 4.2.3 矩形脉冲的连续时间周期串

解:该信号的基本周期是 T_p,显然满足狄利克雷条件。因此,将该信号表示成式(4.2.8)给出的傅里叶级数,傅里叶系数由式(4.2.9)规定。

$x(t)$ 是偶信号[即 $x(t) = x(-t)$],可以选择从 $-T_p/2$ 到 $T_p/2$ 的积分区间。当 $k = 0$ 时,计算式(4.2.9)得到

$$c_0 = \frac{1}{T_p}\int_{-T_p/2}^{T_p/2}x(t)\,\mathrm{d}t = \frac{1}{T_p}\int_{-\tau/2}^{\tau/2}A\,\mathrm{d}t = \frac{A\tau}{T_p} \qquad (4.2.17)$$

c_0 表示信号 $x(t)$ 的平均值(直流分量)。当 $k \neq 0$ 时,有

$$c_k = \frac{1}{T_p}\int_{-\tau/2}^{\tau/2}A\mathrm{e}^{-\mathrm{j}2\pi kF_0 t}\,\mathrm{d}t = \frac{A}{T_p}\left[\frac{\mathrm{e}^{-\mathrm{j}2\pi kF_0 t}}{-\mathrm{j}2\pi kF_0}\right]_{-\tau/2}^{\tau/2}$$

$$= \frac{A}{\pi F_0 kT_p}\frac{\mathrm{e}^{\mathrm{j}\pi kF_0\tau} - \mathrm{e}^{-\mathrm{j}\pi kF_0\tau}}{\mathrm{j}2} = \frac{A\tau}{T_p}\frac{\sin\pi kF_0\tau}{\pi kF_0\tau}, \qquad k = \pm1, \pm2, \cdots \qquad (4.2.18)$$

有趣的是,式(4.2.18)的右边具有形式 $(\sin\phi)/\phi$,其中 $\phi = \pi kF_0\tau$。这时,因为 F_0 与 τ 都是固定的,而序号 k 是变化的,所以 ϕ 取离散值。然而,如果画出 $(\sin\phi)/\phi$,其中 ϕ 是在范围 $-\infty < \phi < \infty$ 内的连续参数,就得到如图 4.2.4 所示的图形。观察发现,随着 $\phi \to \pm\infty$,函数衰减为零,且在 $\phi = 0$ 处有最大值 1,在 π 的整数倍($\phi = m\pi$, $m = \pm1$, ±2,$\cdots$)处函数值为零。显然,由式(4.2.18)给出的傅里叶系数是函数 $(\sin\phi)/\phi$ 在 $\phi = \pi kF_0\tau$ 处的样本值,且振幅缩放了 $A\tau/T_p$ 倍。

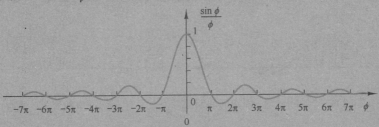

图 4.2.4 函数 $(\sin\phi)/\phi$

因为周期函数 $x(t)$ 是偶函数,所以傅里叶系数 c_k 是实的。因此,当 c_k 是正数时,相位谱为零,而当 c_k 是负数时,相位谱为 π。我们可以在单幅图形上画出 $\{c_k\}$ 并显示正负 c_k 值,而不用分别画出幅度谱与相位谱的图形。这是傅里叶系数 $\{c_k\}$ 为实数时,在实际工作中的通常做法。

图 4.2.5 显示了 T_p 固定而脉冲宽度 τ 变化时,矩形脉冲串的傅里叶系数。这时,$T_p = 0.25\mathrm{s}$,所以 $F_0 = 1/T_p = 4\mathrm{Hz}$,而 $\tau = 0.05T_p$,$\tau = 0.1T_p$ 与 $\tau = 0.2T_p$。我们看到,固定 T_p 而减小 τ 可将信号的功率扩展到整个频域范围内。相邻谱线之间的间隔是 $F_0 = 4\mathrm{Hz}$,它与脉冲宽度 τ 的值无关。

另一方面,当 $T_p > \tau$ 时,固定 τ 而让周期 T_p 变化也是有益的。图 4.2.6 显示了当 $T_p = 5\tau$,$T_p = 10\tau$ 和 $T_p = 20\tau$ 时的情况。在这种情况下,相邻谱线之间的间隔随着 T_p 的增大而减小。当 $T_p \to \infty$ 时,由于 T_p 是式(4.2.18)的分母的因子,傅里叶系数趋于零。这一表现与如下事实一致:随着 $T_p \to \infty$ 和 τ 保持恒定,得到的信号不再是一个功率信号,而是一个能量信号,且其平均功率为零。无限能量信号的谱将在下节中描述。

我们还注意到,如果 $k \neq 0$ 且 $\sin(\pi kF_0\tau) = 0$,则 $c_k = 0$。零功率的谐波出现在频率 kF_0 处,于是有 $\pi(kF_0)\tau = m\pi$, $m = \pm1$, ±2,$\cdots$,或者出现在 $kF_0 = m/\tau$ 处。例如,若 $F_0 = 4\mathrm{Hz}$ 且 $\tau = 0.2T_p$,则 $\pm20\mathrm{Hz}$,$\pm40\mathrm{Hz}$,$\cdots$ 处

的谱分量具有零功率。这些频率对应于傅里叶系数 c_k, $k = \pm5, \pm10, \pm15, \cdots$。另一方面，如果 $\tau = 0.1T_p$，则具有零功率的谱分量是 $k = \pm10, \pm20, \pm30, \cdots$。

矩形脉冲串的功率密度谱为

$$|c_k|^2 = \begin{cases} \left(\dfrac{A\tau}{T_p}\right)^2, & k = 0 \\[3mm] \left(\dfrac{A\tau}{T_p}\right)^2\left(\dfrac{\sin \pi kF_0\tau}{\pi kF_0\tau}\right)^2, & k = \pm1, \pm2, \cdots \end{cases}$$

(4.2.19)

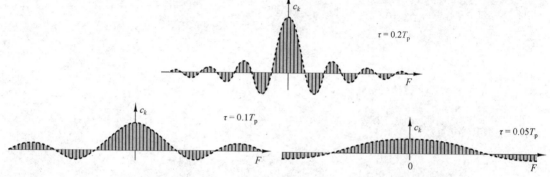

图 4.2.5   当 T_p 固定而脉冲宽度 τ 变化时，矩形脉冲串的傅里叶系数

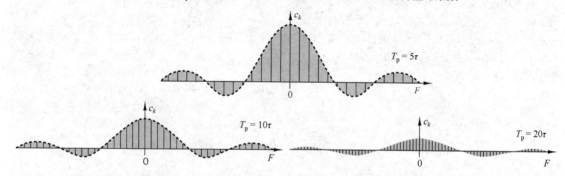

图 4.2.6   当脉冲宽度 τ 固定而周期 T_p 变化时，矩形脉冲串的傅里叶系数

4.2.3   连续时间非周期信号的傅里叶变换

4.2.1 节推导了傅里叶级数，以将一个周期信号表示成谐相关的复指数信号的线性组合。由于周期性，我们看到这些信号的线谱是等距的。线谱之间的间隔等于基本频率，即信号的基本周期的倒数。我们可将基本周期视为提供单位频率的线数（线密度），如图 4.2.6 所示。

记住这一解释后，如果允许周期无限制地增大，线间隔趋于零。在极限情况下，当周期变为无限时，信号变成非周期信号，而且信号的谱变为连续谱。这一结论表明，一个非周期信号的谱，是以周期 T_p 重复该非周期信号而得到的对应周期信号的线谱的包络。

下面考虑一个有限长的非周期信号 $x(t)$，如图 4.2.7(a)所示。我们可由这个非周期信号生成一个周期为 T_p 的周期信号 $x_p(t)$，如图 4.2.7(b)所示。显然，当 $T_p \to \infty$ 时，$x_p(t) = x(t)$，即

$$x(t) = \lim_{T_p \to \infty} x_p(t)$$

这一解释意味着通过取极限 $T_p \to \infty$，应能很容易地由 $x_p(t)$ 的谱得到 $x(t)$ 的谱。

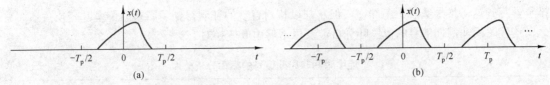

图 4.2.7　(a)非周期信号 $x(t)$；(b)以周期 T_p 重复 $x(t)$ 构建的周期信号 $x_p(t)$

下面从 $x_p(t)$ 的傅里叶级数表示入手，

$$x_p(t) = \sum_{k=-\infty}^{\infty} c_k \, e^{j2\pi kF_0 t}, \qquad F_0 = \frac{1}{T_p} \tag{4.2.20}$$

式中，

$$c_k = \frac{1}{T_p} \int_{-T_p/2}^{T_p/2} x_p(t) \, e^{-j2\pi kF_0 t} \, dt \tag{4.2.21}$$

因为当 $-T_p/2 \leqslant t \leqslant T_p/2$ 时有 $x_p(t) = x(t)$，所以式（4.2.21）可表示为

$$c_k = \frac{1}{T_p} \int_{-T_p/2}^{T_p/2} x(t) \, e^{-j2\pi kF_0 t} \, dt \tag{4.2.22}$$

当 $|t| > T_p/2$ 时，$x(t) = 0$ 也成立。因此，式（4.2.22）中积分的上下限可替换为 $-\infty$ 与 ∞。于是有

$$c_k = \frac{1}{T_p} \int_{-\infty}^{\infty} x(t) \, e^{-j2\pi kF_0 t} \, dt \tag{4.2.23}$$

下面定义称为 $x(t)$ 的**傅里叶变换**的函数 $X(F)$：

$$X(F) = \int_{-\infty}^{\infty} x(t) \, e^{-j2\pi Ft} \, dt \tag{4.2.24}$$

$X(F)$ 是连续变量 F 的函数，它不依赖于 T_p 或 F_0。然而，如果比较式（4.2.23）与式（4.2.24），很容易发现傅里叶系数 c_k 可用 $X(F)$ 表示：

$$c_k = \frac{1}{T_p} X(kF_0)$$

或

$$T_p c_k = X(kF_0) = X\left(k/T_p\right) \tag{4.2.25}$$

这样，傅里叶系数就是 $X(F)$ 在 F_0 的整数倍处的样本，并且缩放 F_0（乘以 $1/T_p$）。将式（4.2.25）中的 c_k 代入式（4.2.20），得

$$x_p(t) = \frac{1}{T_p} \sum_{k=-\infty}^{\infty} X\left(k/T_p\right) e^{j2\pi kF_0 t} \tag{4.2.26}$$

我们希望取 T_p 趋于无穷时式（4.2.26）的极限。首先定义 $\Delta F = 1/T_p$。代入式（4.2.26）得

$$x_p(t) = \sum_{k=-\infty}^{\infty} X(k\Delta F) \, e^{j2\pi k\Delta Ft} \, \Delta F \tag{4.2.27}$$

显然，在极限中随着 T_p 趋于无穷，$x_p(t)$ 简化为 $x(t)$。ΔF 也成为微分 dF，而 $k\Delta F$ 则成为连续频率变量 F。于是，式（4.2.27）的求和就变成对频率变量 F 的积分。因此，有

$$\lim_{T_p \to \infty} x_p(t) = x(t) = \lim_{\Delta F \to 0} \sum_{k=-\infty}^{\infty} X(k\Delta F) \, e^{j2\pi k\Delta Ft} \, \Delta F \tag{4.2.28}$$

$$x(t) = \int_{-\infty}^{\infty} X(F) \, e^{j2\pi Ft} \, dF$$

当 $X(F)$ 已知时，由这个积分关系式可以得到 $x(t)$，因此称为**傅里叶逆变换**。

这就总结了对由式（4.2.24）和式（4.2.28）给出的非周期信号 $x(t)$ 的傅里叶变换对的启发式

推导。尽管这一推导数学上不严谨，但它却以相对直观的证明得到了所求的傅里叶变换关系。总之，连续时间非周期信号的傅里叶分析涉及以下傅里叶变换对。

连续时间非周期信号的频率分析

合成式（逆变换）	$x(t) = \int_{-\infty}^{\infty} X(F) \mathrm{e}^{\mathrm{j}2\pi Ft} \, \mathrm{d}F$	（4.2.29）
分析式（正变换）	$X(F) = \int_{-\infty}^{\infty} x(t) \mathrm{e}^{-\mathrm{j}2\pi Ft} \, \mathrm{d}t$	（4.2.30）

显然，傅里叶级数与傅里叶变换的本质差别是，后者的谱是连续的。因此，由谱合成非周期信号是通过积分而非求和完成的。

最后要指出的是，式（4.2.29）和式（4.2.30）中的傅里叶变换对可用弧度频率变量 $\Omega = 2\pi F$ 表示。因为 $\mathrm{d}F = \mathrm{d}\Omega/2\pi$，所以式（4.2.29）和式（4.2.30）变为

$$x(t) = \frac{1}{2\pi} \int_{-\infty}^{\infty} X(\Omega) \mathrm{e}^{\mathrm{j}\Omega t} \, \mathrm{d}\Omega \tag{4.2.31}$$

$$X(\Omega) = \int_{-\infty}^{\infty} x(t) \mathrm{e}^{-\mathrm{j}\Omega t} \, \mathrm{d}t \tag{4.2.32}$$

保证傅里叶变换存在的条件集是**狄利克雷条件**，如下所示：

1. 信号 $x(t)$ 具有有限个不连续点。

2. 信号 $x(t)$ 具有有限个最大值与最小值。

3. 信号 $x(t)$ 是绝对可积的，即

$$\int_{-\infty}^{\infty} |x(t)| \, \mathrm{d}t < \infty \tag{4.2.33}$$

由式（4.2.30）给出的傅里叶变换的定义，很容易得出第三个条件。实际上，

$$|X(F)| = \left| \int_{-\infty}^{\infty} x(t) \mathrm{e}^{-\mathrm{j}2\pi Ft} \, \mathrm{d}t \right| \leqslant \int_{-\infty}^{\infty} |x(t)| \, \mathrm{d}t$$

因此，如果式（4.2.33）得到满足，则 $|X(F)| < \infty$。

傅里叶变换存在的一个弱条件是 $x(t)$ 具有有限能量，即

$$\int_{-\infty}^{\infty} |x(t)|^2 \, \mathrm{d}t < \infty \tag{4.2.34}$$

注意，如果一个信号 $x(t)$ 是绝对可积的，那么它也具有有限能量。也就是说，如果

$$\int_{-\infty}^{\infty} |x(t)| \, \mathrm{d}t < \infty$$

那么

$$E_x = \int_{-\infty}^{\infty} |x(t)|^2 \, \mathrm{d}t < \infty \tag{4.2.35}$$

然而，反之则不然。也就是说，信号也许具有有限能量，但可能不是绝对可积的。例如，信号

$$x(t) = \frac{\sin 2\pi F_0 t}{\pi t} \tag{4.2.36}$$

是平方可积的，但不是绝对可积的。该信号的傅里叶变换为

$$X(F) = \begin{cases} 1, & |F| \leqslant F_0 \\ 0, & |F| > F_0 \end{cases} \tag{4.2.37}$$

因为该信号违反了式（4.2.33），狄利克雷条件显然是傅里叶变换存在的充分条件而不是必要条件。在任何情况下，几乎所有能量有限的信号都存在傅里叶变换，因此我们不需要担心在实际工作中很少遇到的病态信号。

4.2.4 非周期信号的能量密度谱

设 $x(t)$ 是任意能量有限的信号，其傅里叶变换为 $X(F)$，能量为

$$E_x = \int_{-\infty}^{\infty} |x(t)|^2 \, dt$$

上式反过来也可用 $X(F)$ 表示如下：

$$E_x = \int_{-\infty}^{\infty} x(t)x^*(t)\,dt = \int_{-\infty}^{\infty} x(t)\,dt\left[\int_{-\infty}^{\infty} X^*(F)e^{-j2\pi Ft}\,dF\right]$$

$$= \int_{-\infty}^{\infty} X^*(F)\,dF\left[\int_{-\infty}^{\infty} x(t)e^{-j2\pi Ft}\,dt\right]$$

$$= \int_{-\infty}^{\infty} |X(F)|^2\,dF$$

因此，有

$$E_x = \int_{-\infty}^{\infty} |x(t)|^2\,dt = \int_{-\infty}^{\infty} \left[X(F)\right]^2\,dF \qquad (4.2.38)$$

这就是非周期有限能量信号的**帕塞瓦尔关系**，它表达了时域和频域的能量守恒原理。

一般而言，一个信号的谱 $X(F)$ 是复的。因此，它通常表示成极坐标形式：

$$X(F) = |X(F)|e^{j\Theta(F)}$$

式中，$|X(F)|$ 是幅度谱，而 $\Theta(F)$ 是相位谱，

$$\Theta(F) = \angle X(F)$$

另一方面，量

$$S_{xx}(F) = |X(F)|^2 \qquad (4.2.39)$$

是式（4.2.38）中的被积函数，表示信号中的能量（频率的函数）分布。因此，$S_{xx}(F)$ 称为 $x(t)$ 的**能量密度谱**。对 $S_{xx}(F)$ 在所有频率上积分可以得到信号中的总能量。从另一个角度看，信号 $x(t)$ 在频带 $F_1 \leqslant F \leqslant F_1 + \Delta F$ 上的能量为

$$\int_{F_1}^{F_1+\Delta F} S_{xx}(F)\,dF \geqslant 0$$

它意味着对所有 F，有 $S_{xx}(f) \geqslant 0$。

由式（4.2.39）可知，$S_{xx}(F)$ 不包含任何相位信息［即 $S_{xx}(F)$ 完全是实的和非负的］。因为 $S_{xx}(F)$ 中不包含 $x(t)$ 的相位谱，所以在给定 $S_{xx}(F)$ 的条件下不可能重建信号。

最后，与傅里叶级数的情况一样，很容易证明，如果信号 $x(t)$ 是实的，则有

$$|X(-F)| = |X(F)| \qquad (4.2.40)$$

$$\angle X(-F) = -\angle X(F) \qquad (4.2.41)$$

联立式（4.2.39）与式（4.2.40）得

$$S_{xx}(-F) = S_{xx}(F) \qquad (4.2.42)$$

换言之，一个实信号的能量密度谱是偶对称的。

【例 4.2.2】求定义为

$$x(t) = \begin{cases} A, & |t| \leqslant \tau/2 \\ 0, & |t| > \tau/2 \end{cases} \qquad (4.2.43)$$

且如图 4.2.8(a)所示的矩形脉冲信号的傅里叶变换与能量密度谱。

解：显然，该信号是非周期的，并且满足狄利克雷条件，因此其傅里叶变换存在。应用式（4.2.30）有

$$X(F) = \int_{-\tau/2}^{\tau/2} A e^{-j2\pi Ft} \, dt = A\tau \frac{\sin \pi F\tau}{\pi F\tau} \qquad (4.2.44)$$

我们观察到 $X(F)$ 是实的，因此只用一幅图形就可描述它，如图 4.2.8(b)所示。显然，$X(F)$ 具有图 4.2.4 所示函数 $(\sin\phi)/\phi$ 的形状。因此，矩形脉冲的谱是如图 4.2.3 所示的以周期 T_p 重复脉冲所得周期信号的线谱（傅里叶系数）的包络，换言之，对应于周期信号 $x_p(t)$ 的傅里叶系数 c_k 就是 $X(F)$ 在频率 $kF_0 = k/T_p$ 处的样本。特别地，

$$c_k = \frac{1}{T_p} X(kF_0) = \frac{1}{T_p} X\left(\frac{k}{T_p}\right) \qquad (4.2.45)$$

由式（4.2.44）可知，$X(F)$ 的过零点出现在 $1/\tau$ 的整数倍处。此外，包含大部分信号能量的主瓣的宽度等于 $2/\tau$。当脉冲宽度 τ 减小（增大）时，主瓣变宽（窄），更多的能量移至更高（更低）的频率，如图 4.2.9 所示。因此，当信号脉冲在时间上扩展（压缩）时，其变换在频率上压缩（扩展）。时间函数与其谱之间的表现，是以不同形式出现在科学与技术的许多分支中的一类不确定性原理。

最后，矩形脉冲的能量密度谱是

$$S_{xx}(F) = (A\tau)^2 \left(\frac{\sin \pi F\tau}{\pi F\tau}\right)^2 \qquad (4.2.46)$$

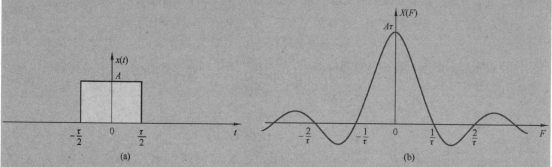

图 4.2.8 (a)矩形脉冲及其(b)傅里叶变换

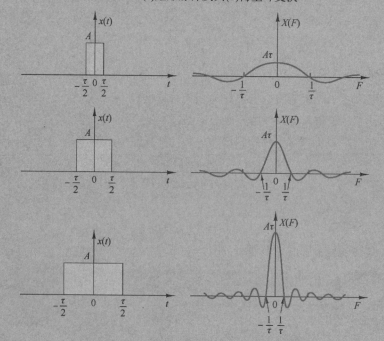

图 4.2.9 不同宽度矩形脉冲的傅里叶变换

4.3 离散时间信号的频率分析

4.2 节推导了连续时间周期（功率）信号的傅里叶级数表示及有限能量非周期信号的傅里叶变换。本节重新推导这类离散时间信号。

如 4.2 节所述，连续时间周期信号的傅里叶级数表示可由无数个频率分量组成，其中两个连续谐相关频率之间的间隔是 $1/T_p$，T_p 是基本周期。因为连续时间信号的频率范围是从$-\infty$到∞，所以可能存在包含无数个频率分量的信号。相反，离散时间信号的频率范围在区间$(-\pi,\ \pi)$或$(0,\ 2\pi)$上是唯一的。基本周期为 N 的离散时间信号可由相隔 $2\pi/N$ 弧度或 $f=1/N$ 周期的频率分量组成。因此，离散时间周期信号的傅里叶级数表示最多包含 N 个频率分量。这是连续时间周期信号和离散时间周期信号在傅里叶级数表示上的基本区别。

4.3.1 离散时间周期信号的傅里叶级数

已知一个周期为 N 的周期序列 $x(n)$，即对所有 n，有 $x(n)=x(n+N)$。$x(n)$ 的傅里叶级数表示由 N 个谐相关指数函数

$$e^{j2\pi kn/N}, \qquad k=0,1,\cdots,N-1$$

组成，表示为

$$x(n)=\sum_{k=0}^{N-1} c_k\, e^{j2\pi kn/N} \tag{4.3.1}$$

式中，$\{c_k\}$ 是级数表示中的系数。

为了推导傅里叶系数的表达式，我们使用如下方程：

$$\sum_{n=0}^{N-1} e^{j2\pi kn/N}=\begin{cases} N, & k=0,\pm N,\pm 2N,\cdots \\ 0, & 其他 \end{cases} \tag{4.3.2}$$

注意式（4.3.2）与连续时间信号对应的式（4.2.3）的相似性。应用几何求和公式

$$\sum_{n=0}^{N-1} a^n=\begin{cases} N, & a=1 \\ \dfrac{1-a^N}{1-a}, & a\neq 1 \end{cases} \tag{4.3.3}$$

可以直接证明式（4.3.2）成立。

傅里叶系数 c_k 的表达式可先在式（4.3.1）的等号两边同时乘以指数 $e^{-j2\pi ln/N}$，后从 $n=0$ 到 $n=N-1$ 对积求和得到。因此，有

$$\sum_{n=0}^{N-1} x(n)e^{-j2\pi ln/N}=\sum_{n=0}^{N-1}\sum_{k=0}^{N-1} c_k\, e^{j2\pi(k-l)n/N} \tag{4.3.4}$$

如果先对 n 求和，那么在式（4.3.4）的等号右边有

$$\sum_{n=0}^{N-1} e^{j2\pi(k-l)n/N}=\begin{cases} N, & k-l=0,\pm N,\pm 2N,\cdots \\ 0, & 其他 \end{cases} \tag{4.3.5}$$

其中使用了式（4.3.2）。因此，式（4.3.4）的右边简化为 Nc_l，从而有

$$c_l=\frac{1}{N}\sum_{n=0}^{N-1} x(n)e^{-j2\pi ln/N}, \qquad l=0,1,\cdots,N-1 \tag{4.3.6}$$

这样就得到了用信号 $x(n)$ 表示的傅里叶系数的表达式。

离散时间周期信号频率分析所用的关系式（4.3.1）和式（4.3.6）归纳如下。

合成式	$$x(n) = \sum_{k=0}^{N-1} c_k \, e^{j2\pi kn/N}$$	（4.3.7）
分析式	$$c_k = \frac{1}{N} \sum_{n=0}^{N-1} x(n) \, e^{-j2\pi kn/N}$$	（4.3.8）

式（4.3.7）常称**离散时间傅里叶级数**（Discrete-Time Fourier Series，DTFS）。傅里叶系数 $\{c_k\}$，$k = 0, 1, \cdots, N-1$ 提供了 $x(n)$ 在频域中的描述，因此 c_k 表示与频率分量

$$s_k(n) = e^{j2\pi kn/N} = e^{j\omega_k n}$$

相关的振幅与相位，其中 $\omega_k = 2\pi k/N$。

回顾 4.1.3 节可知，函数 $s_k(n)$ 是周期为 N 的周期函数。因此 $s_k(n) = s_k(n+N)$。由于这个周期性，当我们从范围 $k = 0, 1, \cdots, N-1$ 外看时，傅里叶系数 c_k 也满足周期性条件。由对每个 k 值都成立的式（4.3.8），我们的确可以得到

$$c_{k+N} = \frac{1}{N} \sum_{n=0}^{N-1} x(n) \, e^{-j2\pi(k+N)n/N} = \frac{1}{N} \sum_{n=0}^{N-1} x(n) \, e^{-j2\pi kn/N} = c_k \qquad (4.3.9)$$

因此，当扩展到范围 $k = 0, 1, \cdots, N-1$ 之外时，傅里叶系数 $\{c_k\}$ 就形成了一个周期序列。所以有

$$c_{k+N} = c_k$$

即 $\{c_k\}$ 是基本周期为 N 的周期序列。**于是，周期为 N 的周期信号 $x(n)$ 的谱是周期为 N 的周期序列。因此，信号或其谱的任何 N 个连续样本提供了该信号在时域或频域中的一个完整描述。**

虽然傅里叶系数形成了一个周期序列，但我们重点关注范围 $k = 0, 1, \cdots, N-1$ 内的单个周期。当 $0 \leqslant k \leqslant N-1$ 时，在频域中这意味着覆盖了基本范围 $0 \leqslant \omega_k = 2\pi k/N < 2\pi$，因此这是方便的。相反，频率范围 $-\pi < \omega_k = 2\pi k/N \leqslant \pi$ 对应于 $-N/2 < k \leqslant N/2$，当 N 是奇数时，将造成不便。

【例 4.3.1】 求如下信号的谱：

(a) $x(n) = \cos\sqrt{2}\pi n$；**(b)** $x(n) = \cos\pi n/3$；**(c)** 周期为 $N = 4$ 的周期信号 $x(n) = \{\underset{\uparrow}{1}, 1, 0, 0\}$。

解：(a) 当 $\omega_0 = \sqrt{2}\pi$ 时，有 $f_0 = 1\sqrt{2}$。因为 f_0 不是一个有理数，所以信号不是周期的。因此，该信号不能展开成傅里叶级数，但信号仍有一个谱，其谱分量由 $\omega = \omega_0 = \sqrt{2}\pi$ 处的单个频率分量组成。

(b) 在这种情况下，$f_0 = 1/6$，因此 $x(n)$ 是基本周期为 $N = 6$ 的周期信号。由式（4.3.8）得

$$c_k = \frac{1}{6} \sum_{n=0}^{5} x(n) \, e^{-j2\pi kn/6}, \qquad k = 0, 1, \cdots, 5$$

然而，$x(n)$ 可以表示为

$$x(n) = \cos\frac{2\pi n}{6} = \frac{1}{2} e^{j2\pi n/6} + \frac{1}{2} e^{-j2\pi n/6}$$

这已具有式（4.3.7）中的指数傅里叶级数的形式。将 $x(n)$ 中的两个指数项与式（4.3.7）进行比较，显然有 $c_1 = 1/2$。$x(n)$ 中的第二个指数对应于式（4.3.7）中的 $k = -1$ 项，但该项也可写为

$$e^{-j2\pi n/6} = e^{j2\pi(5-6)n/6} = e^{j2\pi(5n)/6}$$

这意味着 $c_{-1} = c_5$。这与式（4.3.9）是一致的，且由之前的观察可知，傅里叶级数系数形成了周期为 N 的周期序列。因此有

$$c_0 = c_2 = c_3 = c_4 = 0, \qquad c_1 = \frac{1}{2}, \qquad c_5 = \frac{1}{2}$$

(c) 由式（4.3.8）有

$$c_k = \frac{1}{4} \sum_{n=0}^{3} x(n) \, e^{-j2\pi kn/4}, \qquad k = 0, 1, 2, 3$$

或

$$c_k = \tfrac{1}{4}\left(1 + e^{-j\pi k/2}\right), \qquad k = 0, 1, 2, 3$$

当 $k = 0, 1, 2, 3$ 时，可得

$$c_0 = \tfrac{1}{2}, \qquad c_1 = \tfrac{1}{4}(1 - j), \qquad c_2 = 0, \qquad c_3 = \tfrac{1}{4}(1 + j)$$

幅度谱与相位谱为

$$|c_0| = \tfrac{1}{2}, \qquad |c_1| = \tfrac{\sqrt{2}}{4}, \qquad |c_2| = 0, \qquad |c_3| = \tfrac{\sqrt{2}}{4}$$

$$\angle c_0 = 0, \qquad \angle c_1 = -\tfrac{\pi}{4}, \qquad \angle c_2 = \text{未定义}, \qquad \angle c_3 = \tfrac{\pi}{4}$$

图 4.3.1 显示了(b)问与(c)问中的信号的谱。

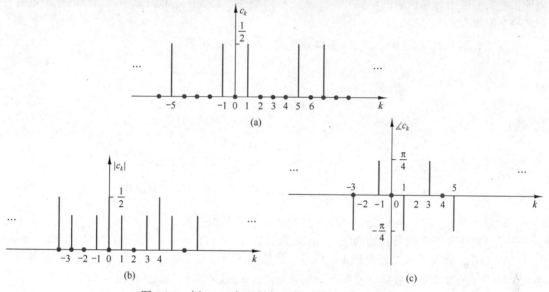

图 4.3.1　例 4.3.1 中(b)问与(c)问讨论的周期信号的谱

4.3.2　周期信号的功率密度谱

周期为 N 的离散时间周期信号的平均功率在式（2.1.23）中定义为

$$P_x = \frac{1}{N} \sum_{n=0}^{N-1} |x(n)|^2 \tag{4.3.10}$$

现在推导用傅里叶系数 $\{c_k\}$ 表示的 P_x。

在式（4.3.10）中使用关系式（4.3.7），得到

$$P_x = \frac{1}{N} \sum_{n=0}^{N-1} x(n) x^*(n) = \frac{1}{N} \sum_{n=0}^{N-1} x(n) \left(\sum_{k=0}^{N-1} c_k^* \, e^{-j2\pi kn/N} \right)$$

互换两个求和的顺序，并利用式（4.3.8），得到

$$P_x = \sum_{k=0}^{N-1} c_k^* \left[\frac{1}{N} \sum_{n=0}^{N-1} x(n) \, e^{-j2\pi kn/N} \right] = \sum_{k=0}^{N-1} |c_k|^2 = \frac{1}{N} \sum_{n=0}^{N-1} |x(n)|^2 \tag{4.3.11}$$

这就是所求周期信号的平均功率表达式。换言之，信号中的平均功率是各个频率分量的功率之和。我们将式（4.3.11）视为离散时间周期信号的帕塞瓦尔关系。当 $k = 0, 1, \cdots, N-1$ 时，序列 $|c_k|^2$ 是作为频率的函数的功率分布，称为周期信号的**功率密度谱**。

如果对单个周期上的序列 $x(n)$ 的能量感兴趣，式（4.3.11）就意味着

$$E_N = \sum_{n=0}^{N-1} |x(n)|^2 = N \sum_{k=0}^{N-1} |c_k|^2 \tag{4.3.12}$$

这与此前得到的连续时间周期信号的结果是一致的。如果信号 $x(n)$ 是实信号 $[x^*(n)=x(n)]$，那么类似于 4.3.1 节中的推导，很容易证明

$$c_k^* = c_{-k} \tag{4.3.13}$$

或

$$|c_{-k}| = |c_k| \quad \text{（偶对称）} \tag{4.3.14}$$

$$-\angle c_{-k} = \angle c_k \quad \text{（奇对称）} \tag{4.3.15}$$

周期信号的幅度谱与相位谱的这些对称性质，与周期性性质一样，对离散时间信号的频率范围有非常重要的影响。

实际上，联立式（4.3.9）、式（4.3.14）和式（4.3.15），可得

$$|c_k| = |c_{N-k}| \tag{4.3.16}$$

和

$$\angle c_k = -\angle c_{N-k} \tag{4.3.17}$$

具体地，有

$$
\begin{aligned}
&|c_0| = |c_N|, && \angle c_0 = -\angle c_N = 0 \\
&|c_1| = |c_{N-1}|, && \angle c_1 = -\angle c_{N-1} \\
&|c_{N/2}| = |c_{N/2}|, && \angle c_{N/2} = 0 && N\text{为偶数} \\
&|c_{(N-1)/2}| = |c_{(N+1)/2}|, && \angle c_{(N-1)/2} = -\angle c_{(N+1)/2} && N\text{为奇数}
\end{aligned}
\tag{4.3.18}
$$

于是，对于一个实信号，频谱 c_k [当 N 为偶数时，$k=0, 1, \cdots, N/2$；当 N 为奇数时，$k=0, 1, \cdots, (N-1)/2$] 就在频域上完全规定了信号。显然，这与由一个离散时间信号可以表示的最高相关频率等于 π 的事实是一致的。实际上，如果 $0 \le \omega_k = 2\pi k/N \le \pi$，那么 $0 \le k \le N/2$。

利用一个实信号的傅里叶级数系数的这些对称性质，式（4.3.7）中的傅里叶级数也可用其他形式表示为

$$x(n) = c_0 + 2 \sum_{k=1}^{L} |c_k| \cos\left(\frac{2\pi}{N} kn + \theta_k\right) \tag{4.3.19}$$

$$= a_0 + \sum_{k=1}^{L} \left(a_k \cos\frac{2\pi}{N} kn - b_k \sin\frac{2\pi}{N} kn\right) \tag{4.3.20}$$

式中，$a_0 = c_0$, $a_k = 2|c_k|\cos\theta_k$, $b_k = 2|c_k|\sin\theta_k$, N 是偶数时 $L=N/2$, N 是奇数时 $L=(N-1)/2$。

最后，与连续时间信号的情况一样，功率密度谱 $|c_k|^2$ 并不包含任何相位信息。此外，谱是离散的和周期的，其周期与信号本身的基本周期相同。

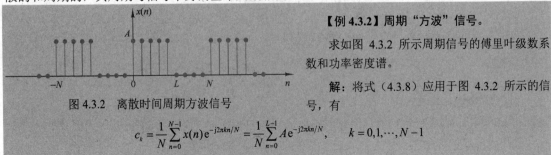

图 4.3.2　离散时间周期方波信号

【例 4.3.2】周期"方波"信号。

求如图 4.3.2 所示周期信号的傅里叶级数系数和功率密度谱。

解：将式（4.3.8）应用于图 4.3.2 所示的信号，有

$$c_k = \frac{1}{N} \sum_{n=0}^{N-1} x(n) e^{-j2\pi kn/N} = \frac{1}{N} \sum_{n=0}^{L-1} A e^{-j2\pi kn/N}, \quad k=0,1,\cdots,N-1$$

这是一个几何求和。用式（4.3.3）简化上面的求和，得到

$$c_k = \frac{A}{N} \sum_{n=0}^{L-1} \left(e^{-j2\pi k/N} \right)^n = \begin{cases} \dfrac{AL}{N}, & k=0 \\ \dfrac{A}{N} \dfrac{1-e^{-j2\pi kL/N}}{1-e^{-j2\pi k/N}}, & k=1,2,\cdots,N-1 \end{cases}$$

因为

$$\frac{1-e^{-j2\pi kL/N}}{1-e^{-j2\pi k/N}} = \frac{e^{-j\pi kL/N}}{e^{-j\pi k/N}} \frac{e^{j\pi kL/N}-e^{-j\pi kL/N}}{e^{j\pi k/N}-e^{-j\pi k/N}} = e^{-j\pi k(L-1)/N} \frac{\sin\left(\pi kL/N\right)}{\sin\left(\pi k/N\right)}$$

所以最后一个表达式可以进一步简化为

$$c_k = \begin{cases} \dfrac{AL}{N}, & k=0,+N,\pm 2N,\cdots \\ \dfrac{A}{N} e^{-j\pi k(L-1)/N} \dfrac{\sin(\pi kL/N)}{\sin(\pi k/N)}, & \text{其他} \end{cases} \tag{4.3.21}$$

这个周期信号的功率密度谱为

$$|c_k|^2 = \begin{cases} \left(\dfrac{AL}{N}\right)^2, & k=0,+N,\pm 2N,\cdots \\ \left(\dfrac{A}{N}\right)^2 \left(\dfrac{\sin \pi kL/N}{\sin \pi k/N}\right)^2, & \text{其他} \end{cases} \tag{4.3.22}$$

图 4.3.3 画出了 $L=5, N=10$ 与 40 和 $A=1$ 时 $|c_k|^2$ 的图形。

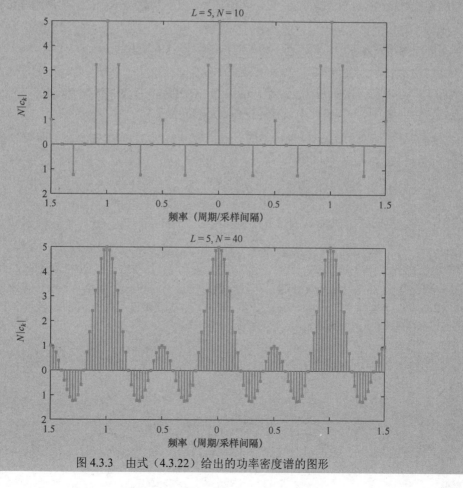

图 4.3.3　由式（4.3.22）给出的功率密度谱的图形

4.3.3 离散时间非周期信号的傅里叶变换

如连续时间非周期能量信号的情况一样，离散时间非周期能量有限信号的频率分析涉及时域信号的傅里叶变换。因此，本节中的推导很大程度上与 4.2.3 节中的一致。

能量有限离散时间信号 $x(n)$ 的傅里叶变换定义为

$$X(\omega)=\sum_{n=-\infty}^{\infty} x(n)e^{-j\omega n} \tag{4.3.23}$$

物理上，$X(\omega)$ 表示信号 $x(n)$ 的频率内容。换言之，$X(\omega)$ 将 $x(n)$ 分解为其频率分量。

下面观察离散时间能量有限信号的傅里叶变换与能量有限模拟信号的傅里叶变换之间的两个基本差异。首先，对连续时间信号而言，傅里叶变换及信号的谱的频率范围是 $(-\infty,\ \infty)$。相比之下，离散时间信号的频率范围在频率区间 $(-\pi,\ \pi)$ 或 $(0,\ 2\pi)$ 上是唯一的。这个性质可以反映到信号的傅里叶变换上。实际上，$X(\omega)$ 是周期为 2π 的周期信号，即

$$X(\omega+2\pi k)=\sum_{n=-\infty}^{\infty} x(n)e^{-j(\omega+2\pi k)n}=\sum_{n=-\infty}^{\infty} x(n)e^{-j\omega n}\,e^{-j2\pi kn}$$

$$=\sum_{n=-\infty}^{\infty} x(n)e^{-j\omega n}=X(\omega) \tag{4.3.24}$$

因此，$X(\omega)$ 是周期为 2π 的周期信号。但这个性质仅是如下事实的结果：任何离散时间信号的频率范围都被限制为 $(-\pi,\pi)$ 或 $(0,2\pi)$，这个区间之外的任何频率与这个区间内的频率是相等的。

第二个基本差异也是由信号的离散时间性质导致的。因为信号在时间上是离散的，所以信号的傅里叶变换涉及各项的求和，而不涉及时间连续信号情况下的积分。

因为 $X(\omega)$ 是频率变量 ω 的周期函数，所以只要傅里叶级数存在的条件满足，它就有傅里叶级数展开。实际上，由式（4.3.23）给出的序列 $x(n)$ 的傅里叶变换的定义可知，$X(\omega)$ 具有傅里叶级数，该级数展开中的傅里叶系数就是序列 $x(n)$ 的值。

为了说明这一点，下面由 $X(\omega)$ 计算序列 $x(n)$。首先，在式（4.3.23）的等号两边同时乘以 $e^{j\omega m}$，并在区间 $(-\pi,\pi)$ 上进行积分，有

$$\int_{-\pi}^{\pi}X(\omega)e^{j\omega m}\,d\omega=\int_{-\pi}^{\pi}\left[\sum_{n=-\infty}^{\infty} x(n)e^{-j\omega n}\right]e^{j\omega m}\,d\omega \tag{4.3.25}$$

式（4.3.25）等号右边的积分可通过互换求和与积分的顺序得到。如果 $N\to\infty$ 时级数

$$X_N(\omega)=\sum_{n=-N}^{N} x(n)e^{-j\omega n}$$

一致收敛于 $X(\omega)$，互换就是可行的。一致收敛意味着对每个 ω，当 $N\to\infty$ 时有 $X_N(\omega)\to X(\omega)$。傅里叶变换的收敛性将在后面的小节中详细讨论。现在，假设级数是一致收敛的，因此能够互换式（4.3.25）中的求和与积分顺序。于是有

$$\int_{-\pi}^{\pi}e^{j\omega(m-n)}\,d\omega=\begin{cases}2\pi, & m=n \\ 0, & m\neq n\end{cases}$$

进而有

$$\sum_{n=-\infty}^{\infty} x(n)\int_{-\pi}^{\pi}e^{j\omega(m-n)}\,d\omega=\begin{cases}2\pi x(m), & m=n \\ 0, & m\neq n\end{cases} \tag{4.3.26}$$

联立式（4.3.25）与式（4.3.26），可以得到所求的结果是

$$x(n) = \frac{1}{2\pi} \int_{-\pi}^{\pi} X(\omega) \mathrm{e}^{\mathrm{j}\omega n} \,\mathrm{d}\omega \qquad (4.3.27)$$

如果将式（4.3.27）中的积分与式（4.2.9）中的积分进行比较，就会发现这只是傅里叶级数系数作为周期为 2π 的函数的表达式。式（4.2.9）与式（4.3.27）之间的唯一不同是被积函数中的指数的符号，而这其实是由式（4.3.23）给出的傅里叶变换定义式的结果。因此，由式（4.3.23）定义的序列 $x(n)$ 的傅里叶变换具有傅里叶级数展开形式。

总之，**离散时间信号的傅里叶变换对**如下所示。

离散时间非周期信号的频率分析

合成式（逆变换）	$x(n) = \dfrac{1}{2\pi} \displaystyle\int_{2\pi} X(\omega) \mathrm{e}^{\mathrm{j}\omega n} \,\mathrm{d}\omega$	(4.3.28)
分析式（正变换）	$X(\omega) = \displaystyle\sum_{n=-\infty}^{\infty} x(n) \mathrm{e}^{-\mathrm{j}\omega n}$	(4.3.29)

4.3.4　傅里叶变换的收敛

在推导由式（4.3.28）给出的逆变换时，我们假设当 $N \to \infty$ 时，序列

$$X_N(\omega) = \sum_{n=-N}^{N} x(n) \mathrm{e}^{-\mathrm{j}\omega n} \qquad (4.3.30)$$

一致收敛于 $X(\omega)$，$X(\omega)$ 由式（4.3.25）中的积分给出。一致收敛意味着对任意 ω，都有

$$\lim_{N \to \infty} \left\{ \sup_{\omega} \left| X(\omega) - X_N(\omega) \right| \right\} = 0 \qquad (4.3.31)$$

如果 $x(n)$ 是绝对可和的，一致收敛就能得到保证。实际上，如果

$$\sum_{n=-\infty}^{\infty} |x(n)| < \infty \qquad (4.3.32)$$

那么

$$|X(\omega)| = \left| \sum_{n=-\infty}^{\infty} x(n) \mathrm{e}^{-\mathrm{j}\omega n} \right| \leqslant \sum_{n=-\infty}^{\infty} |x(n)| < \infty$$

因此，式（4.3.32）是离散时间傅里叶变换存在的充分条件。我们注意到，这是连续时间信号傅里叶变换的第三个狄利克雷条件的离散时间对应条件。由于 $\{x(n)\}$ 的离散时间性质，前两个条件不适用。

某些序列不是绝对可和的，但却是平方可和的。也就是说，它们具有有限能量

$$E_x = \sum_{n=-\infty}^{\infty} |x(n)|^2 < \infty \qquad (4.3.33)$$

这是比式（4.3.32）更弱的条件。我们希望定义有限能量序列的傅里叶变换，但必须放宽一致收敛的条件。对于这类序列，我们可以加上均方收敛条件：

$$\lim_{N \to \infty} \int_{-\pi}^{\pi} |X(\omega) - X_N(\omega)|^2 \,\mathrm{d}\omega = 0 \qquad (4.3.34)$$

因此，误差 $X(\omega) - X_N(\omega)$ 的能量趋于零，但误差 $|X(\omega) - X_N(\omega)|$ 不一定趋于零。这样，就可以将有限能量信号列入其傅里叶变换存在的一类信号中。

考虑来自这类有限能量信号的一个例子。假设

$$X(\omega) = \begin{cases} 1, & |\omega| \leqslant \omega_c \\ 0, & \omega_c < |\omega| \leqslant \pi \end{cases} \qquad (4.3.35)$$

回顾可知 $X(\omega)$ 是周期为 2π 的周期信号。因此，式（4.3.35）只表示 $X(\omega)$ 的一个周期。$X(\omega)$ 的逆变换得到序列

$$x(n) = \frac{1}{2\pi}\int_{-\pi}^{\pi} X(\omega)\mathrm{e}^{\mathrm{j}\omega n}\,\mathrm{d}\omega = \frac{1}{2\pi}\int_{-\omega_{\mathrm{c}}}^{\omega_{\mathrm{c}}} \mathrm{e}^{\mathrm{j}\omega n}\,\mathrm{d}\omega = \frac{\sin\omega_{\mathrm{c}}n}{\pi n}, \qquad n \neq 0$$

当 $n = 0$ 时，有

$$x(0) = \frac{1}{2\pi}\int_{-\omega_{\mathrm{c}}}^{\omega_{\mathrm{c}}} \mathrm{d}\omega = \frac{\omega_{\mathrm{c}}}{\pi}$$

因此，

$$x(n) = \begin{cases} \dfrac{\omega_{\mathrm{c}}}{\pi}, & n = 0 \\[2mm] \dfrac{\omega_{\mathrm{c}}}{\pi}\dfrac{\sin\omega_{\mathrm{c}}n}{\omega_{\mathrm{c}}n}, & n \neq 0 \end{cases} \tag{4.3.36}$$

图 4.3.4 画出了这个变换对。

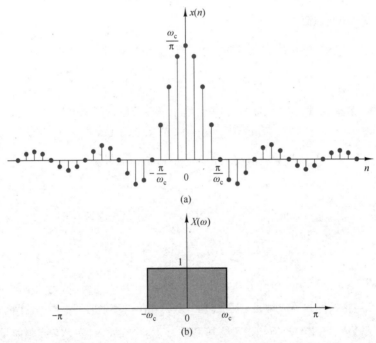

(a)

(b)

图 4.3.4　式（4.3.35）与式（4.3.36）中的傅里叶变换对

式（4.3.36）中的序列 $\{x(n)\}$ 有时表示为

$$x(n) = \frac{\sin\omega_{\mathrm{c}}n}{\pi n}, \qquad -\infty < n < \infty \tag{4.3.37}$$

这意味着 $n = 0$ 时 $x(n) = \omega_{\mathrm{c}}/\pi$。然而，要强调的是，$(\sin\omega_{\mathrm{c}}n)/\pi n$ 不是连续函数，因此不能用洛必达法则求 $x(0)$。

现在求由式（4.3.37）给出的序列的傅里叶变换。序列 $\{x(n)\}$ 不是绝对可和的，因此对所有 ω，无限级数

$$\sum_{n=-\infty}^{\infty} x(n)\mathrm{e}^{-\mathrm{j}\omega n} = \sum_{n=-\infty}^{\infty} \frac{\sin\omega_{\mathrm{c}}n}{\pi n}\mathrm{e}^{-\mathrm{j}\omega n} \tag{4.3.38}$$

不是一致收敛的。然而，应用 4.3.5 节给出的帕塞瓦尔关系，很容易证明序列 $\{x(n)\}$ 具有有限能量

$E_x = \omega_c/\pi$。因此，式（4.3.38）中的求和在均方意义上就收敛于由式（4.3.35）给出的$X(\omega)$。

为了详细说明这一点，考虑有限求和

$$X_N(\omega) = \sum_{n=-N}^{N} \frac{\sin \omega_c n}{\pi n} e^{-j\omega n} \tag{4.3.39}$$

图 4.3.5 显示了 N 值不同时的函数 $X_N(\omega)$。观察发现，在 $\omega = \omega_c$ 处有一个与 N 值无关的大振荡过冲。当 N 增大时，振荡变得更快，但纹波的大小保持不变。可以证明，当 $N \to \infty$ 时，振荡在不连续点 $\omega = \omega_c$ 处收敛，但其振幅不为零。然而，式（4.3.34）被满足，$X_N(\omega)$ 在均方意义上收敛于 $X(\omega)$。

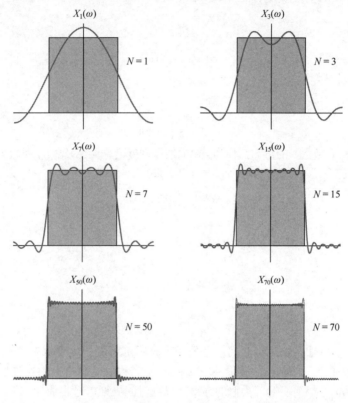

图 4.3.5　傅里叶变换的收敛和不连续点处的吉布斯现象的说明

在 $X(\omega)$ 的一个不连续点处，函数 $X(\omega)$ 逼近 $X_N(\omega)$ 的振荡行为称为**吉布斯现象**。截短由合成式（4.2.8）给出的连续时间周期信号的傅里叶级数时，也可以看到类似的效应。例如，如果截短例 4.2.1 中的周期方波信号的傅里叶级数，就会在有限求和逼近 $x(t)$ 的过程中导致相同的振荡行为。我们在第 10 章中讨论实际离散时间有限冲激响应系统的设计时，也将会遇到吉布斯现象。

4.3.5　非周期信号的能量密度谱

回顾可知，离散时间信号 $x(n)$ 的能量定义为

$$E_x = \sum_{n=-\infty}^{\infty} |x(n)|^2 \tag{4.3.40}$$

下面用频谱 $X(\omega)$ 表示能量 E_x。首先，有

$$E_x = \sum_{n=-\infty}^{\infty} x^*(n)x(n) = \sum_{n=-\infty}^{\infty} x(n) \left[\frac{1}{2\pi} \int_{-\pi}^{\pi} X^*(\omega) e^{-j\omega n} \, d\omega \right]$$

在上式中互换积分与求和的顺序，得到

$$E_x = \frac{1}{2\pi} \int_{-\pi}^{\pi} X^*(\omega) \left[\sum_{n=-\infty}^{\infty} x(n) \mathrm{e}^{-\mathrm{j}\omega n} \right] \mathrm{d}\omega = \frac{1}{2\pi} \int_{-\pi}^{\pi} \left| X(\omega) \right|^2 \mathrm{d}\omega$$

因此，$x(n)$ 与 $X(\omega)$ 之间的能量关系是

$$E_x = \sum_{n=-\infty}^{\infty} \left| x(n) \right|^2 = \frac{1}{2\pi} \int_{-\pi}^{\pi} \left| X(\omega) \right|^2 \mathrm{d}\omega \qquad (4.3.41)$$

这是有限能量离散时间非周期信号的帕塞瓦尔关系。

一般来说，频谱 $X(\omega)$ 是频率的复函数，它可以表示成

$$X(\omega) = \left| X(\omega) \right| \mathrm{e}^{\mathrm{j}\Theta(\omega)} \qquad (4.3.42)$$

式中，

$$\Theta(\omega) = \angle X(\omega)$$

是相位谱，而 $\left| X(\omega) \right|$ 是幅度谱。

如连续时间信号的情况那样，量

$$S_{xx}(\omega) = \left| X(\omega) \right|^2 \qquad (4.3.43)$$

表示能量（作为频率的函数）的分布，称为 $x(n)$ 的**能量密度谱**。显然，$S_{xx}(\omega)$ 不包含任何相位信息。

假设信号 $x(n)$ 是实信号，则有

$$X^*(\omega) = X(-\omega) \qquad (4.3.44)$$

或者有

$$\left| X(-\omega) \right| = \left| X(\omega) \right|, \qquad （偶对称） \qquad (4.3.45)$$

和

$$\angle X(-\omega) = -\angle X(\omega), \qquad （奇对称） \qquad (4.3.46)$$

由式（4.3.43）也可得到

$$S_{xx}(-\omega) = S_{xx}(\omega), \qquad （偶对称） \qquad (4.3.47)$$

由这些对称性质可知，实离散时间信号的频率范围可以进一步限制为 $0 \leqslant \omega \leqslant \pi$（即周期的一半）。实际上，如果已知 $X(\omega)$ 在范围 $0 \leqslant \omega \leqslant \pi$ 内，利用上面给出的对称性质就可求出范围 $-\pi \leqslant \omega < 0$ 内的 $X(\omega)$。如前所述，类似的结果对离散时间周期信号也成立。因此，实离散时间信号的频域描述由其在频率范围 $0 \leqslant \omega \leqslant \pi$ 内的谱完全确定。

【例 4.3.3】求并画出信号

$$x(n) = a^n u(n), \qquad -1 < a < 1$$

的能量密度谱 $S_{xx}(\omega)$。

解：因为 $|a| < 1$，所以序列 $x(n)$ 是绝对可和的，这可通过应用如下几何求和公式来验证：

$$\sum_{n=-\infty}^{\infty} \left| x(n) \right| = \sum_{n=0}^{\infty} \left| a \right|^n = \frac{1}{1-|a|} < \infty$$

因此，$x(n)$ 的傅里叶变换存在，并可应用式（4.3.29）求得。从而有

$$X(\omega) = \sum_{n=0}^{\infty} a^n \mathrm{e}^{-\mathrm{j}\omega n} = \sum_{n=0}^{\infty} \left(a \mathrm{e}^{-\mathrm{j}\omega} \right)^n$$

因为 $\left| a \mathrm{e}^{-\mathrm{j}\omega} \right| = |a| < 1$，再次使用几何求和公式得

$$X(\omega) = \frac{1}{1 - a\mathrm{e}^{-\mathrm{j}\omega}}$$

能量密度谱为

$$S_{xx}(\omega) = |X(\omega)|^2 = X(\omega)X(\omega) = \frac{1}{(1-a\mathrm{e}^{-j\omega})(1-a\mathrm{e}^{j\omega})}$$

或

$$S_{xx}(\omega) = \frac{1}{1-2a\cos\omega+a^2}$$

注意到 $S_{xx}(-\omega) = S_{xx}(\omega)$ 与式（4.3.47）是一致的。

图 4.3.6 显示了 $a=0.5$ 和 $a=-0.5$ 时的信号 $x(n)$ 及其对应的谱。注意，当 $a=-0.5$ 时，信号的变化更快，所以信号的谱有更强的高频。

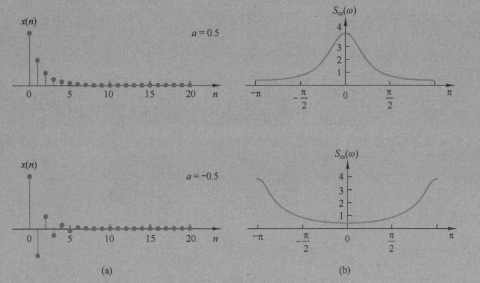

图 4.3.6　(a)序列 $x(n) = (1/2)^n u(n)$ 和 $x(n) = (-1/2)^n u(n)$；(b)它们的能量密度谱

【例 4.3.4】求如图 4.3.7 所示序列

$$x(n) = \begin{cases} A, & 0 \le n \le L-1 \\ 0, & \text{其他} \end{cases} \qquad (4.3.48)$$

的傅里叶变换和能量密度谱。

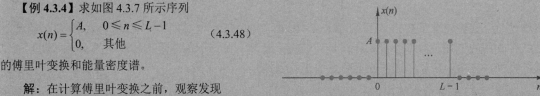

图 4.3.7　离散时间矩形脉冲

解：在计算傅里叶变换之前，观察发现

$$\sum_{n=-\infty}^{\infty} |x(n)| = \sum_{n=0}^{L-1} |A| = L|A| < \infty$$

因此 $x(n)$ 是绝对可和的，且其傅里叶变换存在。此外，注意到 $x(n)$ 是一个有限能量信号且 $E_x = |A|^2 L$。

这个信号的傅里叶变换为

$$X(\omega) = \sum_{n=0}^{L-1} A\mathrm{e}^{-j\omega n} = A\frac{1-\mathrm{e}^{-j\omega L}}{1-\mathrm{e}^{-j\omega}} = A\mathrm{e}^{-j(\omega/2)(L-1)}\frac{\sin(\omega L/2)}{\sin(\omega/2)} \qquad (4.3.49)$$

当 $\omega=0$ 时，式（4.3.49）中的变换得到 $X(0) = AL$，这可在 $X(\omega)$ 的定义式中设 $\omega=0$ 或者在式（4.3.49）中使用洛必达法则求解 $\omega=0$ 时的不定式得到。

$x(n)$ 的幅度谱与相位谱为

$$|X(\omega)| = \begin{cases} |A|L, & \omega=0 \\ |A|\dfrac{\sin(\omega L/2)}{\sin(\omega/2)}, & \text{其他} \end{cases} \qquad (4.3.50)$$

和

$$\angle X(\omega) = \angle A - \frac{\omega}{2}(L-1) + \angle \frac{\sin(\omega L/2)}{\sin(\omega/2)} \qquad (4.3.51)$$

记住，如果一个实量是正的，这个实量的相位就是零，而如果一个实量是负的，这个实量的相位就是 π。

图 4.3.8 显示了 $A=1$ 和 $L=5$ 时的 $|X(\omega)|$ 和 $\angle X(\omega)$。能量密度谱是由式（4.3.50）给出的表达式的平方。

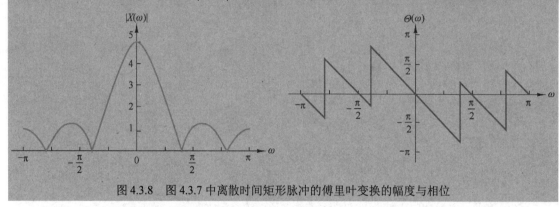

图 4.3.8　图 4.3.7 中离散时间矩形脉冲的傅里叶变换的幅度与相位

例 4.3.4 中的恒定振幅脉冲的傅里叶变换与例 4.3.2 中的周期矩形波的傅里叶变换之间存在一个有趣的关系。如果在等间隔（谐相关）频率集合

$$\omega_k = \frac{2\pi}{N}k, \qquad k = 0,1,\cdots,N-1$$

上求式（4.3.49）给出的傅里叶变换，则有

$$X\left(\frac{2\pi}{N}k\right) = A\,\mathrm{e}^{-\mathrm{j}(\pi/N)k(L-1)} \frac{\sin\left[(\pi/N)kL\right]}{\sin\left[(\pi/N)k\right]} \qquad (4.3.52)$$

若将上式与由式（4.3.21）给出的周期矩形波的傅里叶级数系数的表达式进行比较，就会发现

$$X\left(\frac{2\pi}{N}k\right) = Nc_k, \qquad k = 0,1,\cdots,N-1 \qquad (4.3.53)$$

具体地说，我们建立了在频率 $\omega = 2\pi k/N$, $k = 0, 1, \cdots, N-1$ 处（等同于在周期信号的傅里叶级数表达式中使用的谐相关频率分量）计算得到的矩形脉冲（等同于周期矩形脉冲串的单个周期）的傅里叶变换，它是对应频率处的傅里叶系数 $\{c_k\}$ 的倍数。

由式（4.3.53）给出的在 $\omega = 2\pi k/N$, $k = 0, 1, \cdots, N-1$ 处计算得到的矩形脉冲的傅里叶变换和对应周期信号的傅里叶系数的关系，对这两个信号不总是正确的，但一般来说是成立的。第 7 章将进一步推导这一关系。

4.3.6　傅里叶变换与 z 变换的关系

序列 $x(n)$ 的 z 变换定义为

$$X(z) = \sum_{n=-\infty}^{\infty} x(n)z^{-n}, \qquad 收敛域: r_2 < |z| < r_1 \qquad (4.3.54)$$

式中，$r_2 < |z| < r_1$ 是 $X(z)$ 的收敛域。复变量 z 的极坐标形式为

$$z = r\,\mathrm{e}^{\mathrm{j}\omega} \qquad (4.3.55)$$

式中，$r = |z|$ 且 $\omega = \angle z$。在 $X(z)$ 的收敛域内，可将 $z = r\mathrm{e}^{\mathrm{j}\omega}$ 代入式（4.3.54），得到

$$X(z)\Big|_{z=r\mathrm{e}^{\mathrm{j}\omega}} = \sum_{n=-\infty}^{\infty} \left[x(n)r^{-n}\right]\mathrm{e}^{-\mathrm{j}\omega n} \qquad (4.3.56)$$

从式（4.3.56）中的关系，我们发现 $X(z)$ 可解释为信号序列 $x(n)r^{-n}$ 的傅里叶变换。如果 $r<1$，加权因子 r^{-n} 就随着 n 的增大而增大，如果 $r>1$，加权因子 r^{-n} 就着 n 的增大而减小。另外，如果 $|z|=1$ 时 $X(z)$ 收敛，那么

$$X(z)\Big|_{z=\mathrm{e}^{\mathrm{j}\omega}} \equiv X(\omega) = \sum_{n=-\infty}^{\infty} x(n)\mathrm{e}^{-\mathrm{j}\omega n} \tag{4.3.57}$$

因此，傅里叶变换可视为序列的 z 变换在单位圆上的取值。如果 $X(z)$ 在区域 $|z|=1$ 内不收敛 [即 $X(z)$ 的收敛域不包含单位圆]，傅里叶变换 $X(\omega)$ 就不存在。图 4.3.9 说明了例 4.3.4 中矩形序列的 $X(z)$ 和 $X(\omega)$ 的关系，其中 $A=1$ 和 $L=10$。

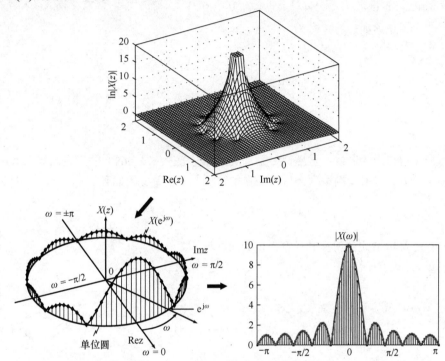

图 4.3.9　例 4.3.4 中矩形序列的 $X(z)$ 和 $X(\omega)$ 的关系，其中 $A=1$ 且 $L=10$

注意，z 变换的存在要求序列 $\{x(n)r^{-n}\}$ 对某些 r 值是绝对可和的，即

$$\sum_{n=-\infty}^{\infty} \left| x(n)r^{-n} \right| < \infty \tag{4.3.58}$$

因此，如果式（4.3.58）仅在 $r>r_0>1$ 的值上收敛，那么 z 变换存在但傅里叶变换不存在。例如，当 $|a|>1$ 时，形为 $x(n)=a^n\,u(n)$ 的因果序列就是这种情况。

然而，有些序列不满足式（4.3.58）中的要求，如序列

$$x(n) = \frac{\sin\omega_{\mathrm{c}} n}{\pi n}, \qquad -\infty < n < \infty \tag{4.3.59}$$

这个序列没有 z 变换。因为这个序列的能量有限，其傅里叶变换在均方意义上收敛于定义为

$$X(\omega) = \begin{cases} 1, & |\omega| < \omega_{\mathrm{c}} \\ 0, & \omega_{\mathrm{c}} < |\omega| \leqslant \pi \end{cases} \tag{4.3.60}$$

的不连续函数 $X(\omega)$。

总之，z 变换的存在要求对 z 平面上的某个区域，式（4.3.58）是满足的。如果该区域包含单位圆，傅里叶变换 $X(\omega)$ 就存在。然而，针对有限能量信号定义的傅里叶变换的存在不一定能够保证 z 变换的存在。

4.3.7 倒谱

下面考虑 z 变换为 $X(z)$ 的序列 $\{x(n)\}$。假设 $\{x(n)\}$ 是一个稳定序列，因此 $X(z)$ 在单位圆上收敛。序列 $\{x(n)\}$ 的**复倒谱**定义为序列 $\{c_x(n)\}$，它是 $C_x(z)$ 的逆 z 变换，其中

$$C_x(z) = \ln X(z) \qquad (4.3.61)$$

如果 $C_x(z)$ 在环形区域 $r_1 < |z| < r_2$ 上收敛（其中 $0 < r_1 < 1$ 而 $r_2 > 1$），那么复倒谱存在。在这个收敛域中，$C_x(z)$ 可用洛朗级数表示为

$$C_x(z) = \ln X(z) = \sum_{n=-\infty}^{\infty} c_x(n) z^{-n} \qquad (4.3.62)$$

式中，

$$c_x(n) = \frac{1}{2\pi \mathrm{j}} \int_C \ln X(z) z^{n-1} \, \mathrm{d}z \qquad (4.3.63)$$

C 是收敛域内环绕原点的围线。显然，如果 $C_x(z)$ 能表示成式（4.3.62）的形式，复倒谱序列 $\{c_x(n)\}$ 就是稳定的。此外，如果复倒谱存在，$C_x(z)$ 在单位圆上就收敛，因此有

$$C_x(\omega) = \ln X(\omega) = \sum_{n=-\infty}^{\infty} c_x(n) \mathrm{e}^{-\mathrm{j}\omega n} \qquad (4.3.64)$$

式中，$\{c_x(n)\}$ 是由 $\ln X(\omega)$ 的傅里叶逆变换得到的序列，即

$$c_x(n) = \frac{1}{2\pi} \int_{-\pi}^{\pi} \ln X(\omega) \mathrm{e}^{\mathrm{j}\omega n} \, \mathrm{d}\omega \qquad (4.3.65)$$

如果用 $X(\omega)$ 的幅度和相位来表示 $X(\omega)$，即

$$X(\omega) = |X(\omega)| \mathrm{e}^{\mathrm{j}\theta(\omega)} \qquad (4.3.66)$$

那么

$$\ln X(\omega) = \ln |X(\omega)| + \mathrm{j}\theta(\omega) \qquad (4.3.67)$$

将式（4.3.67）代入式（4.3.65），可得形如

$$c_x(n) = \frac{1}{2\pi} \int_{-\pi}^{\pi} \left[\ln |X(\omega)| + \mathrm{j}\theta(\omega) \right] \mathrm{e}^{\mathrm{j}\omega n} \, \mathrm{d}\omega \qquad (4.3.68)$$

的复倒谱。我们可将式（4.3.68）中的傅里叶逆变换分离成 $\ln|X(\omega)|$ 和 $\theta(\omega)$ 的傅里叶逆变换：

$$c_m(n) = \frac{1}{2\pi} \int_{-\pi}^{\pi} \ln |X(\omega)| \mathrm{e}^{\mathrm{j}\omega n} \, \mathrm{d}\omega \qquad (4.3.69)$$

$$c_\theta(n) = \frac{1}{2\pi} \int_{-\pi}^{\pi} \theta(\omega) \mathrm{e}^{\mathrm{j}\omega n} \, \mathrm{d}\omega \qquad (4.3.70)$$

在某些应用中，如在语音信号处理中，只计算分量 $c_m(n)$。在这种情况下，$X(\omega)$ 的相位被忽略。因此，序列 $\{x(n)\}$ 不能由 $\{c_m(n)\}$ 恢复。也就是说，从 $\{x(n)\}$ 到 $\{c_m(n)\}$ 的变换是不可逆的。

在语音信号处理中，（实）倒谱用于从语音的基频中分离和估计语音的谱成分。复倒谱在实际中用于分离卷积后的信号。分离两个卷积后的信号的过程称为**去卷积**，而用复倒谱实现分离称为**同态去卷积**。这个主题将在 5.5.4 节中讨论。

4.3.8 单位圆上有极点的信号的傅里叶变换

如 4.3.6 节所示，只要单位圆在 $X(z)$ 的收敛域内，序列 $x(n)$ 的傅里叶变换就可通过求其在单位圆上的 z 变换 $X(z)$ 得到。否则，傅里叶变换不存在。

有些非周期序列既不绝对可和又不平方可和，因此它们的傅里叶变换不存在。单位阶跃序列就是这类序列中的一个，其 z 变换为

$$X(z) = \frac{1}{1 - z^{-1}}$$

另一个这样的序列是因果正弦信号序列 $x(n) = (\cos\omega_0 n)u(n)$，其 z 变换为

$$X(z) = \frac{1 - z^{-1}\cos\omega_0}{1 - 2z^{-1}\cos\omega_0 + z^{-2}}$$

注意，这两个序列在单位圆上都有极点。

对于这样的序列，拓展傅里叶变换的表示有时是有用的。数学上，让傅里叶变换在与 $X(z)$ 位于单位圆上的极点位置对应的某些频率处包含冲激，可以拓展傅里叶变换。这些冲激是连续频率变量 ω 的函数，其振幅无限大，宽度为零，面积为 1。冲激可视为 $a \to 0$ 时，高为 $1/a$、宽为 a 的矩形脉冲的极限形式。因此，在信号的频谱中允许冲激存在，就可能将傅里叶变换表示拓展到某些既不绝对可和又不平方可和的信号序列。

下例说明三个序列的傅里叶变换表示的拓展。

【例 4.3.5】通过计算如下信号在单位圆上的 z 变换来确定信号的傅里叶变换：

(a) $x_1(n) = u(n)$；**(b)** $x_2(n) = (-1)^n u(n)$；**(c)** $x_3(n) = (\cos\omega_0 n)u(n)$。

解：(a) 由表 3.3 得

$$X_1(z) = \frac{1}{1 - z^{-1}} = \frac{z}{z - 1}, \qquad \text{收敛域：} |z| > 1$$

$X_1(z)$ 在单位圆上有一个极点 $p_1 = 1$，但是对 $|z| > 1$ 是收敛的。

在单位圆上除 $z = 1$ 外的位置求 $X_1(z)$ 的值，得到

$$X_1(\omega) = \frac{e^{j\omega/2}}{2j\sin(\omega/2)} = \frac{1}{2\sin(\omega/2)}e^{j(\omega - \pi/2)}, \quad \omega \ne 2\pi k, \quad k = 0, 1, \cdots$$

在 $\omega = 0$ 及 2π 的倍数处，$X_1(\omega)$ 包含面积为 π 的冲激。

因此，仅当我们希望计算 $|X_1(\omega)|$ 在 $\omega = 0$ 处的值时，在 $z = 1$（即 $\omega = 0$）处存在一个极点才产生问题，因为当 $\omega \to 0$ 时 $|X_1(\omega)| \to \infty$。对于其他 ω 值，$X_1(\omega)$ 是有限的（表现良好的）。乍看之下，虽然我们期望信号在除 $\omega = 0$ 外的所有的频率处都具有零频率分量，但事实并非如此。之所以发生这种情况，是因为对所有 $-\infty < n < \infty$，信号 $x_1(n)$ 不是一个常数。实际上，**它在 $n = 0$ 处变大**。这种陡然跳变在范围 $0 < \omega \le \pi$ 内产生了所有频率分量。一般来说，从某个有限时间开始的所有信号，在频率轴上都有从零到折叠频率的非零频率分量。

(b) 根据表 3.3，我们发现当 $a = -1$ 时 $a^n u(n)$ 的 z 变换简化为

$$X_2(z) = \frac{1}{1 + z^{-1}} = \frac{z}{z + 1}, \qquad \text{收敛域：} |z| > 1$$

它在 $z = -1 = e^{j\pi}$ 处有一个极点。在 $\omega = \pi$ 和 2π 的倍数之外的频率上，得到的傅里叶变换是

$$X_2(\omega) = \frac{e^{j\omega/2}}{2\cos(\omega/2)}, \qquad \omega \ne 2\pi\left(k + \tfrac{1}{2}\right), \quad k = 0, 1, \cdots$$

在这种情况下，冲激出现在 $\omega = \pi + 2\pi k$ 处。

因此，幅度为

$$|X_2(\omega)| = \frac{1}{2|\cos(\omega/2)|}, \qquad \omega \neq 2\pi k + \pi, \qquad k = 0, 1, \cdots$$

而相位为

$$\angle X_2(\omega) = \begin{cases} \omega/2, & \cos(\omega/2) \geq 0 \\ \omega/2 + \pi, & \cos(\omega/2) < 0 \end{cases}$$

注意，由于在 $a = -1$（即频率 $\omega = \pi$）处有极点，傅里叶变换的幅度变得无限大。现在，随着 $\omega \to \pi$，$|X(\omega)| \to \infty$。观察发现 $(-1)^n u(n) = (\cos \pi n)u(n)$，这可能是离散时间上最快的振荡信号。

(c) 根据上面的讨论可知，在频率分量 $\omega = \omega_0$ 处 $X_3(\omega)$ 是无限大的。实际上，由表 3.3 可得

$$x_3(n) = (\cos \omega_0 n)u(n) \overset{z}{\longleftrightarrow} X_3(z) = \frac{1 - z^{-1}\cos\omega_0}{1 - 2z^{-1}\cos\omega_0 + z^{-2}}, \qquad 收敛域: |z| > 1$$

傅里叶变换为

$$X_3(\omega) = \frac{1 - e^{-j\omega}\cos\omega_0}{(1 - e^{-j(\omega - \omega_0)})(1 - e^{j(\omega + \omega_0)})}, \qquad \omega \neq \pm\omega_0 + 2\pi k, \quad k = 0, 1, \cdots$$

$X_3(\omega)$ 的幅度为

$$|X_3(\omega)| = \frac{\left|1 - e^{-j\omega}\cos\omega_0\right|}{\left|1 - e^{-j(\omega - \omega_0)}\right|\left|1 - e^{-j(\omega + \omega_0)}\right|}, \qquad \omega \neq \pm\omega_0 + 2\pi k, \quad k = 0, 1, \cdots$$

现在，若 $\omega = -\omega_0$ 或 $\omega = \omega_0$，则 $|X_3(\omega)|$ 变为无限大。对于所有其他的频率，傅里叶变换都表现良好。

4.3.9　信号的频域分类：带宽的概念

正如我们根据信号的时域特性对信号进行分类那样，也需要根据信号的频域特性对信号进行分类。常用的方法是根据频率内容在一个相对宽的范围内对信号进行分类。

特别地，如果一个功率信号（或能量信号）的功率密度谱（或能量密度谱）集中在零频率附近，就称其为**低频信号**。图 4.3.10(a)显示了这样一个信号的谱。另一方面，如果信号的功率密度谱（或能量密度谱）集中在高频位置，就称其为**高频信号**。图 4.3.10(b)显示了这样一个信号的谱。功率密度谱（或能量密度谱）集中在低频和高频之间宽频率范围内某处的一个信号，称为**中频信号**或**带通信号**。图 4.3.10(c)显示了这样一个信号的谱。

除了这种相对较宽的频域信号分类，我们通常希望量化地表示功率或能量密度谱集中的频率范围。这个量化度量称为信号的**带宽**。例如，假设一个连续时间信号 95%的功率（或能量）密度谱集中在频率范围 $F_1 \leq F \leq F_2$ 内，该信号的 95%带宽就是 $F_2 - F_1$。类似地，我们可以定义信号的 75%、90%或 99%带宽。

对于带通信号，如果信号的带宽 $F_2 - F_1$ 远小于（如小 10 倍或更小）中间频率$(F_2 + F_1)/2$，就用术语**窄带**来描述该信号。否则，称该信号为**宽带信号**。

如果信号的谱在频率范围 $|F| \geq B$ 之外为零，就称该信号是**带限信号**。例如，对于 $|F| > B$，如果一个连续时间有限能量信号 $x(t)$ 的傅里叶变换 $X(F) = 0$，该信号就是带限信号。对于离散时间有限能量信号 $x(n)$，如果

$$|X(\omega)| = 0, \qquad \omega_0 < |\omega| < \pi$$

就称该信号是（周期）带限信号。类似地，对于 $|k| > M$，其中 M 是某个正整数，如果周期连续时间信号 $x_\text{p}(t)$ 的傅里叶系数 $c_k = 0$，该信号就是周期带限信号。当 $k_0 < |k| < N$ 时，如果一个基本周

期为 N 的周期离散时间信号的傅里叶系数 $c_k = 0$，该信号就是周期带限信号。图 4.3.11 显示了这四类带限信号。

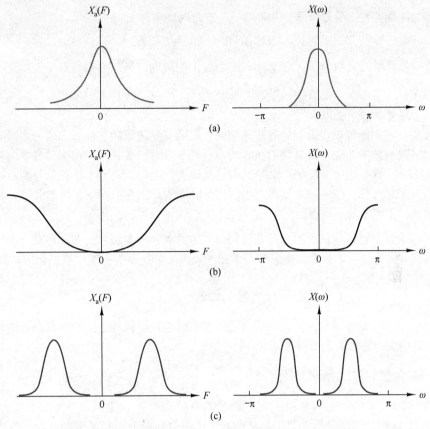

图 4.3.10　(a)低频信号、(b)高频信号和(c)中频信号

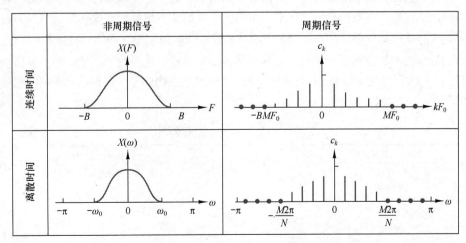

图 4.3.11　带限信号的一些例子

利用频域与时域之间的对偶性，可以给出在时域中描述信号的类似方法。特别地，对于信号 $x(t)$，如果

$$x(t) = 0, \qquad |t| > \tau$$

就称该信号为**时间受限信号**。对于周期为 T_p 的周期信号，如果

$$x_p(t) = 0, \qquad \tau < |t| < T_p/2$$

就称该信号为**周期性时间受限信号**。如果有一个有限时间信号 $x(n)$，即

$$x(n) = 0, \qquad |n| > N$$

那么也称该信号是时间受限信号。对于基本周期为 N 的周期信号，如果

$$x(n) = 0, \qquad n_0 < |n| < N$$

那么称该信号是周期时间受限信号。

不用证明，我们就可以说**没有信号既是时间受限的又是带限的**。此外，信号的时间长度与频率长度互为倒数。具体地说，如果我们在时域中有一个短时矩形脉冲，那么其谱宽度和时域脉冲的长度成反比。时域中的脉冲越窄，信号的带宽就越大。因此，我们不能使信号的时长与带宽的乘积任意小。短时信号的带宽大，而带宽小的信号时间长。因此，对于任意信号，时长和带宽的乘积是固定的，不能使其任意小。

前面讨论了具有有限能量的周期和非周期信号的频率分析方法。然而，还有一类具有有限功率的确定性非周期信号。这些信号由具有非谐相关频率的复指数信号线性叠加而成，即

$$x(n) = \sum_{k=1}^{M} A_k \, e^{j\omega_k n}$$

式中，$\omega_1, \omega_2, \cdots, \omega_M$ 是非谐相关的。这些信号具有离散谱，但谱线之间的距离是非谐相关的。具有离散非谐谱的信号有时称为准周期信号。

4.3.10 一些自然信号的频率范围

前面推导的频率分析工具常用于实际遇到的各种信号（如地震信号、生物信号和电磁信号）。一般而言，进行频率分析的目的是从所观测的信号中提取信息。例如，对于生物信号（如 ECG 信号），分析工具提取的是与诊断目的有关的信息。对于地震信号，分析工具用于检测是否出现核爆炸，或者确定地震的特征与位置。电磁信号（如从飞机反射回来的雷达信号）包含了关于飞机位置及其径向速率的信息。这些参数可从接收到的雷达信号观测值估计出来。

当我们处理信号以获得测量参数或者提取其他信息的任意信号时，必须知道信号所包含频率的大致范围。为便于参考，表 4.2、表 4.3 和表 4.4 给出了生物信号、地震信号和电磁信号在频域中的大致范围。

表 4.2　一些生物信号的频率范围

信号类型	频率范围/Hz
视网膜电图 [a]	0～20
眼震电图 [b]	0～20
呼吸描记图 [c]	0～40
心电图（ECG）	0～100
脑电图（EEG）	0～100
肌电图 [d]	10～200
血压图 [e]	0～200
语音	100～4000

a. 记录视网膜特征的图形；b. 记录眼睛无意识运动的图形；c. 记录呼吸活动的图形；d. 记录肌肉活动如肌肉收缩的图形；e. 记录血压的图形。

表 4.3   一些地震信号的频率范围

信号类型	频率范围/Hz
风噪声	100～1000
地震勘探信号	10～100
地震和核爆信号	0.01～10
地震噪声	0.1～1

表 4.4   一些电磁场信号的频率范围

信号类型	波长/m	频率范围/Hz
无线电广播	10^4～10^2	3×10^4～3×10^6
短波无线电信号	10^2～10^{-2}	3×10^6～3×10^{10}
雷达、卫星通信、空间通信、共载微波	1～10^{-2}	3×10^8～3×10^{10}
红外	10^{-3}～10^{-6}	3×10^{11}～3×10^{14}
可见光	3.9×10^{-7}～8.1×10^{-7}	3.7×10^{14}～7.7×10^{14}
紫外	10^{-7}～10^{-8}	3×10^{15}～3×10^{16}
伽马射线和 X 射线	10^{-9}～10^{-10}	3×10^{17}～3×10^{18}

4.4   频域与时域的信号性质

前几节介绍了分析信号频率的几种方法。为了能适应不同类型的信号，这些方法是必要的。总之，前面介绍了如下的频率分析工具。

1. 连续时间周期信号的傅里叶级数。

2. 连续时间非周期信号的傅里叶变换。

3. 离散时间周期信号的傅里叶级数。

4. 离散时间非周期信号的傅里叶变换。

图 4.4.1 小结了这些信号的分析式和合成式。

前面多次指出，我们可由两个时域特征确定信号谱的类型：时间变量是连续的还是离散的，信号是周期的还是非周期的。下面简要小结前几节的结论。

连续时间信号具有非周期谱。仔细检查连续时间信号的傅里叶级数与傅里叶变换分析公式并不能揭示谱域中的任何周期性。缺失周期性的原因是，复指数 $\exp(j2\pi Ft)$ 是连续变量 t 的函数，因此它在 F 处不是周期的。于是，连续时间信号的频率范围就从 $F=0$ 延伸到 $F=\infty$。

离散时间信号具有周期谱。实际上，离散时间信号的傅里叶级数和傅里叶变换都具有周期性，周期为 $\omega=2\pi$。这种周期性的结果是，离散时间信号的频率范围是有限的，并从 $\omega=-\pi$ 弧度延伸到 $\omega=\pi$ 弧度，其中 $\omega=\pi$ 对应于最高的振荡率。

周期信号具有离散谱。如前所述，周期信号由傅里叶级数描述。傅里叶级数的系数提供组成离散谱的"线"。线的间隔 ΔF 或 Δf 分别等于时域中的周期 T_p 或 N 的倒数。也就是说，对于连续时间周期信号有 $\Delta F=1/T_p$，而对于离散时间信号有 $\Delta f=1/N$。

非周期有限能量信号具有连续谱。这个性质直接由如下事实导出：$X(F)$ 和 $X(\omega)$ 分别是 $\exp(j2\pi Ft)$ 和 $\exp(j\omega n)$ 的函数，而后两者分别是变量 F 和 ω 的连续函数。频率的连续性必定打破和谐，产生非周期信号。

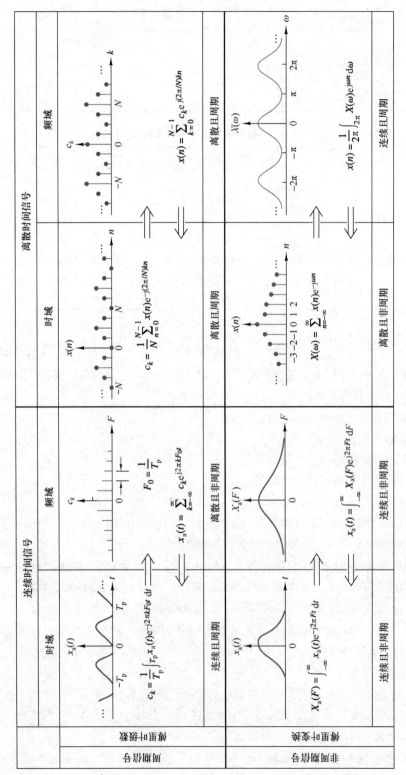

图 4.4.1　分析式和合成式小结

下面重点关注信号的谱密度。我们曾用术语**能量密度谱**来描述有限能量非周期信号，并用术语**功率密度谱**来描述周期信号的特征。这些术语与如下事实是一致的：周期信号是功率信号，而有限能量非周期信号是能量信号。

4.5 离散时间信号的傅里叶变换性质

在许多实际应用中，前一节描述的非周期有限能量离散时间信号的傅里叶变换对于降低频率分析问题的复杂度非常有用。本节推导傅里叶变换的重要性质。类似的性质对于非周期有限能量连续时间信号的傅里叶变换同样成立。

为方便起见，我们为正变换（分析式）采用记号

$$X(\omega) \equiv F\{x(n)\} = \sum_{n=-\infty}^{\infty} x(n)e^{-j\omega n} \tag{4.5.1}$$

而为逆变换（合成式）采用记号

$$x(n) \equiv F^{-1}\{X(\omega)\} = \frac{1}{2\pi}\int_{2\pi} X(\omega)e^{j\omega n}\,\mathrm{d}\omega \tag{4.5.2}$$

我们也称 $x(n)$ 与 $X(\omega)$ 为一个**傅里叶变换对**，并用记号

$$x(n) \xleftrightarrow{\ F\ } X(\omega) \tag{4.5.3}$$

表示这一关系。

回顾可知 $X(\omega)$ 是周期为 2π 的周期信号。因此，长度为 2π 的任何区间足以规定谱。我们通常在基本区间 $[-\pi, \pi]$ 上画出谱。要强调的是，基本区间内包含的所有谱信息对于完全描述或者完全表征信号的性质都是必要的。因此，式（4.5.2）中的积分范围总是 2π，而与基本区间内信号的具体特征无关。

4.5.1 傅里叶变换的对称性质

当一个信号满足时域中的某些对称性质时，这些性质就会对该信号的傅里叶变换强加某些对称条件。利用任意对称性质，我们可以得出正、反傅里叶变换的简单公式。下面讨论不同的对称性质及这些性质在频域中的含义。

假设信号 $x(n)$ 及其变换 $X(\omega)$ 都是复的，于是它们可以表示成直角坐标形式：

$$x(n) = x_R(n) + jx_I(n) \tag{4.5.4}$$

$$X(\omega) = X_R(\omega) + jX_I(\omega) \tag{4.5.5}$$

将式（4.5.4）和 $e^{-j\omega} = \cos\omega - j\sin\omega$ 代入式（4.5.1），并分离实部和虚部，得到

$$X_R(\omega) = \sum_{n=-\infty}^{\infty}\left[x_R(n)\cos\omega n + x_I(n)\sin\omega n\right] \tag{4.5.6}$$

$$X_I(\omega) = -\sum_{n=-\infty}^{\infty}\left[x_R(n)\sin\omega n - x_I(n)\cos\omega n\right] \tag{4.5.7}$$

类似地，将式（4.5.5）和 $e^{j\omega} = \cos\omega + j\sin\omega$ 代入式（4.5.2），得到

$$x_R(n) = \frac{1}{2\pi}\int_{2\pi}\left[X_R(\omega)\cos\omega n - X_I(\omega)\sin\omega n\right]\mathrm{d}\omega \tag{4.5.8}$$

$$x_1(n) = \frac{1}{2\pi} \int_{2\pi} \left[X_R(\omega) \sin \omega n + X_I(\omega) \cos \omega n \right] d\omega \qquad (4.5.9)$$

下面研究一些特例。

实信号。 若 $x(n)$ 是实信号，则 $x_R(n) = x(n)$ 和 $x_1(n) = 0$。于是式（4.5.6）和式（4.5.7）简化为

$$X_R(\omega) = \sum_{n=-\infty}^{\infty} x(n) \cos \omega n \qquad (4.5.10)$$

和

$$X_I(\omega) = -\sum_{n=-\infty}^{\infty} x(n) \sin \omega n \qquad (4.5.11)$$

因为 $\cos(-\omega n) = \cos \omega n$ 和 $\sin(-\omega n) = -\sin \omega n$，由式（4.5.10）和式（4.5.11）可得

$$X_R(-\omega) = X_R(\omega), \qquad （偶数） \qquad (4.5.12)$$

$$X_I(-\omega) = -X_I(\omega), \qquad （奇数） \qquad (4.5.13)$$

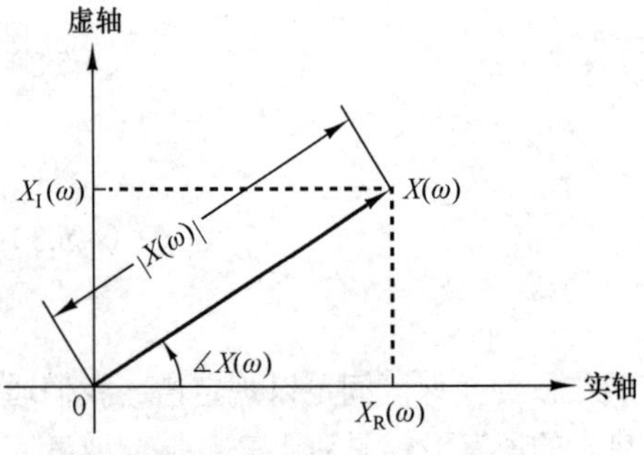

将式（4.5.12）和式（4.5.13）合并为一个公式，得到

$$X^*(\omega) = X(-\omega) \qquad (4.5.14)$$

这时，我们说实信号的谱具有**厄米特共轭对称性**。

图 4.5.1　幅度函数和相位函数

在图 4.5.1 的辅助下，我们看到实信号的幅度谱与相位谱是

$$|X(\omega)| = \sqrt{X_R^2(\omega) + X_I^2(\omega)} \qquad (4.5.15)$$

$$\angle X|\omega| = \arctan \frac{X_I(\omega)}{X_R(\omega)} \qquad (4.5.16)$$

作为式（4.5.12）和式（4.5.13）的结果，幅度谱和相位谱也具有对称性质：

$$|X(\omega)| = |X(-\omega)|, \qquad （偶数） \qquad (4.5.17)$$

$$\angle X(-\omega) = -\angle X(\omega), \qquad （奇数） \qquad (4.5.18)$$

对于一个实信号 $[x(n) = x_R(n)]$ 的逆变换，式（4.5.8）意味着

$$x(n) = \frac{1}{2\pi} \int_{2\pi} \left[X_R(\omega) \cos \omega n - X_I(\omega) \sin \omega n \right] d\omega \qquad (4.5.19)$$

因为 $X_R(\omega)\cos\omega n$ 和 $X_I(\omega)\sin\omega n$ 这两个积都是 ω 的偶函数，所以有

$$x(n) = \frac{1}{\pi} \int_0^\pi \left[X_R(\omega) \cos \omega n - X_I(\omega) \sin \omega n \right] d\omega \qquad (4.5.20)$$

实偶信号。 若 $x(n)$ 是实偶信号 $[x(-n) = x(n)]$，则 $x(n)\cos\omega n$ 是偶信号，而 $x(n)\sin\omega n$ 是奇信号。因此，由式（4.5.10）、式（4.5.11）和式（4.5.20）得

$$X_R(\omega) = x(0) + 2\sum_{n=1}^{\infty} x(n) \cos \omega n \qquad （偶数） \qquad (4.5.21)$$

$$X_I(\omega) = 0 \qquad (4.5.22)$$

$$x(n) = \frac{1}{\pi} \int_0^\pi X_R(\omega) \cos \omega n \ d\omega \qquad (4.5.23)$$

于是，实偶信号具有实谱，而实谱是频率变量 ω 的偶函数。

实奇信号。若 $x(n)$ 是实奇信号 $[x(-n) = -x(n)]$，则 $x(n)\cos\omega n$ 是奇信号，而 $x(n)\sin\omega n$ 是偶信号。因此，式（4.5.10）、式（4.5.11）和式（4.5.20）意味着

$$X_R(\omega) = 0 \tag{4.5.24}$$

$$X_I(\omega) = -2\sum_{n=1}^{\infty} x(n)\sin\omega n \qquad （奇数） \tag{4.5.25}$$

$$x(n) = -\frac{1}{\pi}\int_0^{\pi} X_I(\omega)\sin\omega n\, d\omega \tag{4.5.26}$$

于是，实奇信号具有纯虚谱特征，而纯虚谱是频率变量 ω 的奇函数。

纯虚信号。 此时 $x_R(n) = 0$，$x(n) = jx_I(n)$。于是，式（4.5.6）、式（4.5.7）和式（4.5.9）简化为

$$X_R(\omega) = \sum_{n=-\infty}^{\infty} x_I(n)\sin\omega n \qquad （奇数） \tag{4.5.27}$$

$$X_I(\omega) = \sum_{n=-\infty}^{\infty} x_I(n)\cos\omega n \qquad （偶数） \tag{4.5.28}$$

$$x_I(n) = \frac{1}{\pi}\int_0^{\pi}\left[X_R(\omega)\sin\omega n + X_I(\omega)\cos\omega n\right]d\omega \tag{4.5.29}$$

如果 $x_I(n)$ 是奇信号 $[x_I(-n) = -x_I(n)]$，那么

$$X_R(\omega) = 2\sum_{n=1}^{\infty} x_I(n)\sin\omega n \qquad （奇数） \tag{4.5.30}$$

$$X_I(\omega) = 0 \tag{4.5.31}$$

$$x_I(n) = \frac{1}{\pi}\int_0^{\pi} X_R(\omega)\sin\omega n\, d\omega \tag{4.5.32}$$

类似地，如果 $x_I(n)$ 是偶信号 $[x_I(-n) = x_I(n)]$，那么

$$X_R(\omega) = 0 \tag{4.5.33}$$

$$X_I(\omega) = x_I(0) + 2\sum_{n=1}^{\infty} x_I(n)\cos\omega n \qquad （偶数） \tag{4.5.34}$$

$$x_I(n) = \frac{1}{\pi}\int_0^{\pi} X_I(\omega)\cos\omega n\, d\omega \tag{4.5.35}$$

任意复信号 $x(n)$ 都可分解为

$$x(n) = x_R(n) + jx_I(n) = x_R^e(n) + x_R^o(n) + j\left[x_I^e(n) + x_I^o(n)\right] = x_e(n) + x_o(n) \tag{4.5.36}$$

式中，根据定义有

$$x_e(n) = x_R^e(n) + jx_I^e(n) = \frac{1}{2}\left[x(n) + x^*(-n)\right]$$

$$x_o(n) = x_R^o(n) + jx_I^o(n) = \frac{1}{2}\left[x(n) - x^*(-n)\right]$$

上标 e 与 o 分别表示信号的偶分量和奇分量。

观察发现 $x_e(n) = x_e(-n)$，$x_o(-n) = -x_o(n)$。由式（4.5.36）及上面给出的傅里叶变换性质得到

$$x(n) = \left[x_R^e(n) + jx_I^e(n)\right] + \left[x_R^o(n) + jx_I^o(n)\right] = x_e(n) + x_o(n)$$
$$\updownarrow \qquad\qquad \updownarrow \qquad\qquad\qquad \nwarrow\!\!\nearrow \qquad\qquad \updownarrow \qquad \updownarrow \tag{4.5.37}$$
$$X(\omega) = \left[X_R^e(\omega) + jX_I^e(\omega)\right] + \left[X_R^o(\omega) - jX_I^o(\omega)\right] = X_e(\omega) + X_o(\omega)$$

表 4.5 和图 4.5.2 小结了傅里叶变换的这些对称性质。在实际工作中，我们常用这些性质来简化傅里叶变换的计算。

表 4.5   离散时间傅里叶变换的对称性质

序 列	实 信 号
$x(n)$	$X(\omega)$
$x^*(n)$	$X^*(-\omega)$
$x^*(-n)$	$X^*(\omega)$
$x_R(n)$	$X_e(\omega) = \frac{1}{2}[X(\omega) + X^*(-\omega)]$
$jx_I(n)$	$X_o(\omega) = \frac{1}{2}[X(\omega) - X^*(-\omega)]$
$x_e(n) = \frac{1}{2}[x(n) + x^*(-n)]$	$X_R(\omega)$
$x_o(n) = \frac{1}{2}[x(n) - x^*(-n)]$	$jX_I(\omega)$
实信号	
任意实信号 $x(n)$	$X(\omega) = X^*(-\omega)$ $X_R(\omega) = X_R(-\omega)$ $X_I(\omega) = -X_I(-\omega)$ $\|X(\omega)\| = \|X(-\omega)\|$ $\angle X(\omega) = -\angle X(-\omega)$
$x_e(n) = \frac{1}{2}[x(n) + x(-n)]$ （实偶）	$X_R(\omega)$ （实偶）
$x_o(n) = \frac{1}{2}[x(n) - x(-n)]$ （实奇）	$jX_I(\omega)$ （虚奇）

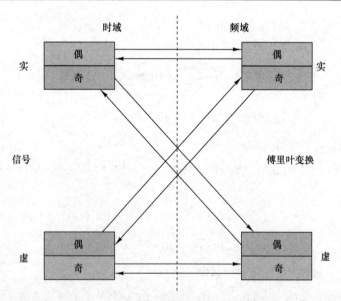

图 4.5.2   傅里叶变换对称性质小结

【**例 4.5.1**】对于傅里叶变换

$$X(\omega) = \frac{1}{1 - a e^{-j\omega}}, \qquad -1 < a < 1 \tag{4.5.38}$$

求并画出 $X_R(\omega), X_I(\omega), |X(\omega)|$ 和 $\angle X(\omega)$ 。

解：式（4.5.38）的分子和分母同时乘以分母的复共轭，得到

$$X(\omega) = \frac{1 - a\mathrm{e}^{\mathrm{j}\omega}}{(1 - a\mathrm{e}^{-\mathrm{j}\omega})(1 - a\mathrm{e}^{\mathrm{j}\omega})} = \frac{1 - a\cos\omega - \mathrm{j}a\sin\omega}{1 - 2a\cos\omega + a^2}$$

上式可以分解为实部与虚部：

$$X_{\mathrm{R}}(\omega) = \frac{1 - a\cos\omega}{1 - 2a\cos\omega + a^2}, \qquad X_{\mathrm{i}}(\omega) = -\frac{a\sin\omega}{1 - 2a\cos\omega + a^2}$$

将上面两式代入式（4.5.15）和式（4.5.16），得到幅度谱与相位谱为

$$|X(\omega)| = \frac{1}{\sqrt{1 - 2a\cos\omega + a^2}} \tag{4.5.39}$$

和

$$\angle X(\omega) = -\arctan\frac{a\sin\omega}{1 - a\cos\omega} \tag{4.5.40}$$

图 4.5.3 和图 4.5.4 显示了 $a = 0.8$ 时这些谱的图形表示。容易验证，实信号的谱的所有对称性质都适用于这种情况。

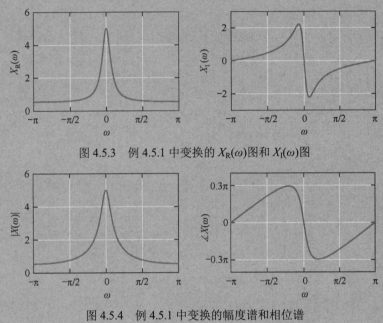

图 4.5.3　例 4.5.1 中变换的 $X_{\mathrm{R}}(\omega)$ 图和 $X_{\mathrm{I}}(\omega)$ 图

图 4.5.4　例 4.5.1 中变换的幅度谱和相位谱

【例 4.5.2】求如下信号的傅里叶变换：

$$x(n) = \begin{cases} A, & -M \leqslant n \leqslant M \\ 0, & \text{其他} \end{cases} \tag{4.5.41}$$

解：显然，$x(n) = x(-n)$，于是 $x(n)$ 是实偶信号。由式（4.5.21）得

$$X(\omega) = X_{\mathrm{R}}(\omega) = A\left(1 + 2\sum_{n=1}^{M}\cos\omega n\right)$$

使用习题 4.22 给出的恒等式，可得到更简单的形式：

$$X(\omega) = A\frac{\sin\left(M + \frac{1}{2}\right)\omega}{\sin(\omega/2)}$$

因为 $X(\omega)$ 是实函数，于是幅度谱和相位谱为

$$|X(\omega)| = \left|A\frac{\sin\left(M + \frac{1}{2}\right)\omega}{\sin(\omega/2)}\right| \tag{4.5.42}$$

和

$$\angle X(\omega) = \begin{cases} 0, & X(\omega) > 0 \\ \pi, & X(\omega) < 0 \end{cases}$$ （4.5.43）

图 4.5.5 显示了 $X(\omega)$ 的图形。

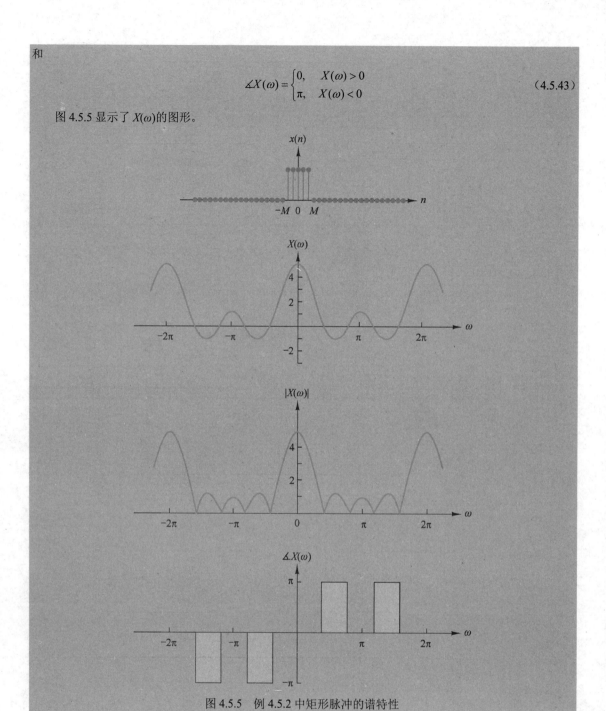

图 4.5.5　例 4.5.2 中矩形脉冲的谱特性

4.5.2　傅里叶变换的定理和性质

本节介绍傅里叶变换的几个定理，并举例说明它们的应用。

线性。 如果

$$x_1(n) \overset{F}{\longleftrightarrow} X_1(\omega) \quad 和 \quad x_2(n) \overset{F}{\longleftrightarrow} X_2(\omega)$$

那么

$$a_1 x_1(n) + a_2 x_2(n) \overset{F}{\longleftrightarrow} a_1 X_1(\omega) + a_2 X_2(\omega)$$ （4.5.44）

简而言之，如果将傅里叶变换视为信号 $x(n)$ 的一个运算，则它是一个线性变换。因此，两个或多个信号的线性组合的傅里叶变换，等于各个信号的傅里叶变换的相同线性组合。使用式（4.5.1）很容易证明这个性质。线性性质使得傅里叶变换适合研究线性系统。

【例 4.5.3】求如下信号的傅里叶变换：

$$x(n) = a^{|n|}, \qquad -1 < a < 1 \qquad (4.5.45)$$

解：$x(n)$ 可以表示为

$$x(n) = x_1(n) + x_2(n)$$

式中，

$$x_1(n) = \begin{cases} a^n, & n \geq 0 \\ 0, & n < 0 \end{cases} \quad \text{和} \quad x_2(n) = \begin{cases} a^{-n}, & n < 0 \\ 0, & n \geq 0 \end{cases}$$

由式（4.5.1）中傅里叶变换的定义，得到

$$X_1(\omega) = \sum_{n=-\infty}^{\infty} x_1(n) \mathrm{e}^{-\mathrm{j}\omega n} = \sum_{n=0}^{\infty} a^n \mathrm{e}^{-\mathrm{j}\omega n} = \sum_{n=0}^{\infty} \left(a \mathrm{e}^{-\mathrm{j}\omega} \right)^n$$

这个和式是一个收敛于

$$X_1(\omega) = \frac{1}{1 - a\mathrm{e}^{-\mathrm{j}\omega}}$$

的几何级数，前提条件是

$$\left| a\mathrm{e}^{-\mathrm{j}\omega} \right| = |a| \cdot \left| \mathrm{e}^{-\mathrm{j}\omega} \right| = |a| < 1$$

而这个前提条件在本题中是满足的。类似地，$x_2(n)$ 的傅里叶变换是

$$X_2(\omega) = \sum_{n=-\infty}^{\infty} x_2(n) \mathrm{e}^{-\mathrm{j}\omega n} = \sum_{n=-\infty}^{-1} a^{-n} \mathrm{e}^{-\mathrm{j}\omega n} = \sum_{n=-\infty}^{-1} \left(a \mathrm{e}^{\mathrm{j}\omega} \right)^{-n} = \sum_{k=1}^{\infty} \left(a \mathrm{e}^{\mathrm{j}\omega} \right)^k = \frac{a\mathrm{e}^{\mathrm{j}\omega}}{1 - a\mathrm{e}^{\mathrm{j}\omega}}$$

联立两个变换，可得 $x(n)$ 的傅里叶变换为

$$X(\omega) = X_1(\omega) + X_2(\omega) = \frac{1 - a^2}{1 - 2a\cos\omega + a^2} \qquad (4.5.46)$$

图 4.5.6 显示了 $a = 0.8$ 时 $x(n)$ 和 $X(\omega)$ 的图形。

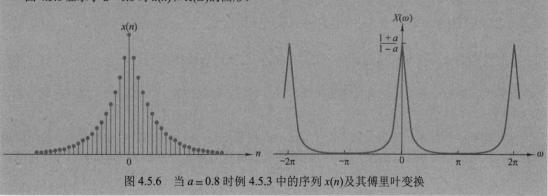

图 4.5.6 当 $a = 0.8$ 时例 4.5.3 中的序列 $x(n)$ 及其傅里叶变换

时移。如果

$$x(n) \xleftrightarrow{F} X(\omega) \qquad (4.5.47)$$

那么

$$x(n-k) \xleftrightarrow{F} \mathrm{e}^{-\mathrm{j}\omega k} X(\omega)$$

改变求和序号，由 $x(n-k)$ 的傅里叶变换很容易证明这个性质。于是，有

$$F\left\{ x(n-k) \right\} = X(\omega) \mathrm{e}^{-\mathrm{j}\omega k} = \left| X(\omega) \right| \mathrm{e}^{\mathrm{j}[\angle X(\omega) - \omega k]}$$

这一关系意味着，一个信号在时域中平移 k 个样本，其幅度谱保持不变，但相位谱改变 $-\omega k$。回顾可知信号的频率内容只取决于信号的形状，因此这个结果很容易解释。从数学的角度看，我们可以说在时域中平移 k 个样本等同于在频域中将谱乘以 $\mathrm{e}^{-\mathrm{j}\omega k}$。

时间反转。如果

$$x(n) \overset{F}{\longleftrightarrow} X(\omega)$$

那么

$$x(-n) \overset{F}{\longleftrightarrow} X(-\omega) \tag{4.5.48}$$

求 $x(-n)$ 的傅里叶变换，并简单地改变求和序号，就可以证明该性质。于是，有

$$F\{x(-n)\} = \sum_{l=-\infty}^{\infty} x(l)\mathrm{e}^{\mathrm{j}\omega l} = X(-\omega)$$

如果 $x(n)$ 是实信号，那么由式（4.5.17）和式（4.5.18）可得

$$F\{x(-n)\} = X(-\omega) = \left|X(-\omega)\right|\mathrm{e}^{\mathrm{j}\angle X(-\omega)} = \left|X(\omega)\right|\mathrm{e}^{-\mathrm{j}\angle X(\omega)}$$

这意味着若信号关于时间原点是折叠的，那么其幅度谱保持不变，但相位谱的符号发生变化（相位反转）。

卷积定理。如果

$$x_1(n) \overset{F}{\longleftrightarrow} X_1(\omega) \quad 和 \quad x_2(n) \overset{F}{\longleftrightarrow} X_2(\omega)$$

那么

$$x(n) = x_1(n) * x_2(n) \overset{F}{\longleftrightarrow} X(\omega) = X_1(\omega)X_2(\omega) \tag{4.5.49}$$

为了证明式（4.5.49），回顾卷积公式

$$x(n) = x_1(n) * x_2(n) = \sum_{k=-\infty}^{\infty} x_1(k)x_2(n-k)$$

上式两边都乘以指数 $\mathrm{e}^{-\mathrm{j}\omega n}$，然后对所有 n 求和，得到

$$X(\omega) = \sum_{n=-\infty}^{\infty} x(n)\mathrm{e}^{-\mathrm{j}\omega n} = \sum_{n=-\infty}^{\infty}\left[\sum_{k=-\infty}^{\infty} x_1(k)x_2(n-k)\right]\mathrm{e}^{-\mathrm{j}\omega n}$$

交换求和的顺序并简单地改变求和指数，等式右边就简化为积 $X_1(\omega)X_2(\omega)$。这样，就得到了式（4.5.49）。

卷积定理是线性系统分析最强大的工具之一。也就是说，时域中两个信号的卷积，等于频域中这两个信号的谱的积。在后面几章中，我们将看到卷积定理是许多数字信号处理应用的重要计算工具。

【例 4.5.4】 用式（4.5.49）求序列 $x_1(n) = x_2(n) = \{1,\underset{\uparrow}{1},1\}$ 的卷积。

解：由式（4.5.21）得 $X_1(\omega) = X_2(\omega) = 1 + 2\cos\omega$，于是有

$$X(\omega) = X_1(\omega)X_2(\omega) = (1 + 2\cos\omega)^2 = 3 + 4\cos\omega + 2\cos 2\omega$$

$$= 3 + 2(\mathrm{e}^{\mathrm{j}\omega} + \mathrm{e}^{-\mathrm{j}\omega}) + (\mathrm{e}^{\mathrm{j}2\omega} + \mathrm{e}^{-\mathrm{j}2\omega})$$

因此，$x_1(n)$ 与 $x_2(n)$ 的卷积是

$$x(n) = \{1\ 2\ \underset{\uparrow}{3}\ 2\ 1\}$$

图 4.5.7 显示了上述关系。

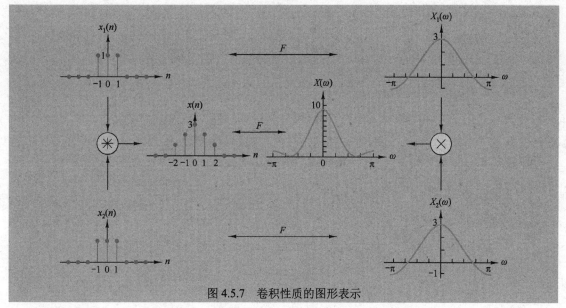

图 4.5.7　卷积性质的图形表示

相关定理。如果

$$x_1(n) \overset{F}{\longleftrightarrow} X_1(\omega) \quad 和 \quad x_2(n) \overset{F}{\longleftrightarrow} X_2(\omega)$$

那么

$$r_{x_1 x_2}(m) \overset{F}{\longleftrightarrow} S_{x_1 x_2}(\omega) = X_1(\omega) X_2(-\omega) \tag{4.5.50}$$

式（4.5.50）的证明与式（4.5.49）的证明相似。这时，有

$$r_{x_1 x_2}(n) = \sum_{k=-\infty}^{\infty} x_1(k) x_2(k-n)$$

上式两边同时乘以指数 $e^{-j\omega n}$ ，并对所有 n 求和，得到

$$S_{x_1 x_2}(\omega) = \sum_{n=-\infty}^{\infty} r_{x_1 x_2}(n) e^{-j\omega n} = \sum_{n=-\infty}^{\infty} \left[\sum_{k=-\infty}^{\infty} x_1(k) x_2(k-n) \right] e^{-j\omega n}$$

最后，交换求和顺序并改变求和序号，可将上式的右边简化为 $X_1(\omega) X_2(-\omega)$。函数 $S_{x_1 x_2}(\omega)$ 称为信号 $x_1(n)$ 和 $x_2(n)$ 的**互能量密度谱**。

维纳-辛钦定理。设 $x(n)$ 是一个实信号，则有

$$r_{xx}(l) \overset{F}{\longleftrightarrow} S_{xx}(\omega) \tag{4.5.51}$$

也就是说，一个能量信号的能量密度谱是其自相关卷积序列的傅里叶变换。这是式（4.5.50）的一种特殊情况。

这是一个非常重要的结果。它意味着，一个信号的自相关卷积序列和其能量密度谱包含了关于该信号的相同信息。因为两者都不包含任何相位信息，所以不能由自相关函数或者能量密度谱唯一地重建该信号。

【例 4.5.5】求信号 $x(n) = a^n u(n)$, $-1 < a < 1$ 的能量密度谱。

解：由例 2.6.2 可知该信号的自相关函数为

$$r_{xx}(l) = \frac{1}{1-a^2} a^{|l|}, \qquad -\infty < l < \infty$$

使用在例 4.5.3 中为 $a^{|l|}$ 的傅里叶变换推导的式（4.546），得到

$$F\{r_{xx}(l)\} = \frac{1}{1-a^2} F\{a^{|l|}\} = \frac{1}{1-2a\cos\omega+a^2}$$

因此，根据维纳-辛钦定理有

$$S_{xx}(\omega) = \frac{1}{1 - 2a\cos\omega + a^2}$$

频移。如果 $x(n) \xleftrightarrow{F} X(\omega)$，那么

$$e^{j\omega_0 n} x(n) \xleftrightarrow{F} X(\omega - \omega_0) \tag{4.5.52}$$

直接代入分析式（4.5.1）即可证明这个性质。根据该性质，序列 $x(n)$ 乘以 $e^{j\omega_0 n}$ 等同于谱 $X(\omega)$ 平移频率 ω_0。频移如图 4.5.8 所示。因为谱 $X(\omega)$ 是周期的，平移 ω_0 将应用于每个周期中该信号的频谱。

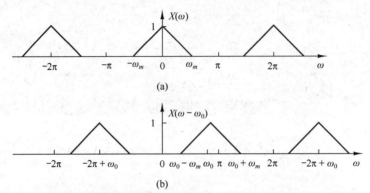

图 4.5.8　傅里叶变换的频移性质的图示（$\omega_0 \le 2\pi - \omega_m$）

调制定理。如果 $x(n) \xleftrightarrow{F} X(\omega)$，那么

$$x(n)\cos\omega_0 n \xleftrightarrow{F} \frac{1}{2}\big[X(\omega + \omega_0) + X(\omega - \omega_0)\big] \tag{4.5.53}$$

为了证明调制定理，首先将信号 $\cos\omega_0 n$ 表示为

$$\cos\omega_0 n = \frac{1}{2}\big(e^{j\omega_0 n} + e^{-j\omega_0 n}\big)$$

将这两个指数乘以 $x(n)$，并用前一节描述的频移性质，即可得到式（4.5.53）中的结果。

虽然式（4.5.52）给出的性质也可视为（复）调制，但因为实际中信号 $x(n)\cos\omega_0 n$ 是实的，我们更愿意使用式（4.5.53）。显然，这种情况下保持了式（4.5.12）和式（4.5.13）的对称性质。

调制定理如图 4.5.9 所示，它包含了信号 $x(n)$，$y_1(n) = x(n)\cos 0.5\pi n$ 和 $y_2(n) = x(n)\cos\pi n$ 的谱的图形。

帕塞瓦尔定理。如果

$$x_1(n) \xleftrightarrow{F} X_1(\omega) \quad \text{和} \quad x_2(n) \xleftrightarrow{F} X_2(\omega)$$

那么

$$\sum_{n=-\infty}^{\infty} x_1(n) x_2^*(n) = \frac{1}{2\pi} \int_{-\pi}^{\pi} X_1(\omega) X_2^*(\omega)\,d\omega \tag{4.5.54}$$

为了证明此定理，我们用式（4.5.1）消去式（4.5.54）等号右边的 $X_1(\omega)$，得到

$$\frac{1}{2\pi} \int_{2\pi} \left[\sum_{n=-\infty}^{\infty} x_1(n) e^{-j\omega n} \right] X_2^*(\omega)\,d\omega = \sum_{n=-\infty}^{\infty} x_1(n) \frac{1}{2\pi} \int_{2\pi} X_2^*(\omega) e^{-j\omega n}\,d\omega = \sum_{n=-\infty}^{\infty} x_1(n) x_2^*(n)$$

在 $x_2(n) = x_1(n) = x(n)$ 的特殊情况下，帕塞瓦尔关系式（4.5.54）简化为

$$\sum_{n=-\infty}^{\infty} |x(n)|^2 = \frac{1}{2\pi} \int_{2\pi} |X(\omega)|^2\,d\omega \tag{4.5.55}$$

观察发现，式（4.5.55）的等号左边就是信号 $x(n)$ 的能量 E_x，它也等于 $x(n)$ 在 $l=0$ 处的自相关 $r_{xx}(l)$。式（4.5.55）等号右边的积分等于能量密度谱，因此在区间 $-\pi \leqslant \omega \leqslant \pi$ 上积分得到信号的总能量。于是有

$$E_x = r_{xx}(0) = \sum_{n=-\infty}^{\infty} |x(n)|^2 = \frac{1}{2\pi} \int_{2\pi} |X(\omega)|^2 \,\mathrm{d}\omega = \frac{1}{2\pi} \int_{-\pi}^{\pi} S_{xx}(\omega)\,\mathrm{d}\omega \qquad (4.5.56)$$

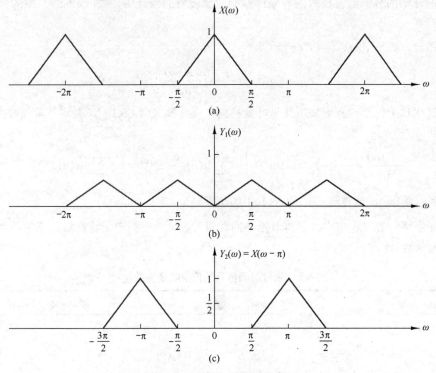

图 4.5.9　调制定理的图形表示

两个序列相乘（加窗定理）。 如果

$$x_1(n) \xleftrightarrow{\ F\ } X_2(\omega) \quad \text{和} \quad x_2(n) \xleftrightarrow{\ F\ } X_2(\omega)$$

那么

$$x_3(n) \equiv x_1(n)x_2(n) \xleftrightarrow{\ F\ } X_3(\omega) = \frac{1}{2\pi} \int_{-\pi}^{\pi} X_1(\lambda) X_2(\omega - \lambda)\,\mathrm{d}\lambda \qquad (4.5.57)$$

式（4.5.57）等号右边的积分是傅里叶变换 $X_1(\omega)$ 和 $X_2(\omega)$ 的卷积。这个关系是时域卷积的对偶。换言之，两个时域序列相乘等同于这两个序列的傅里叶变换的卷积，而两个时域序列的卷积等同于这两个序列的傅里叶变换相乘。

为了证明式（4.5.57），我们从 $x_3(n) = x_1(n)x_2(n)$ 的傅里叶变换开始，并使用逆变换公式，即

$$x_1(n) = \frac{1}{2\pi} \int_{-\pi}^{\pi} X_1(\lambda) \mathrm{e}^{\mathrm{j}\lambda n}\,\mathrm{d}\lambda$$

于是有

$$X_3(\omega) = \sum_{n=-\infty}^{\infty} x_3(n)\mathrm{e}^{-\mathrm{j}\omega n} = \sum_{n=-\infty}^{\infty} x_1(n)x_2(n)\mathrm{e}^{-\mathrm{j}\omega n} = \sum_{n=-\infty}^{\infty} \left[\frac{1}{2\pi} \int_{-\pi}^{\pi} X_1(\lambda)\mathrm{e}^{\mathrm{j}\lambda n}\,\mathrm{d}\lambda \right] x_2(n)\mathrm{e}^{-\mathrm{j}\omega n}$$

$$= \frac{1}{2\pi} \int_{-\pi}^{\pi} X_1(\lambda)\,\mathrm{d}\lambda \left[\sum_{n=-\infty}^{\infty} x_2(n)\mathrm{e}^{-\mathrm{j}(\omega-\lambda)n} \right] = \frac{1}{2\pi} \int_{-\pi}^{\pi} X_1(\lambda)X_2(\omega-\lambda)\,\mathrm{d}\lambda$$

式（4.5.57）中的卷积积分称为 $X_1(\omega)$ 和 $X_2(\omega)$ 的**周期卷积**，因为这是两个周期相同的周期函数的卷积。观察发现，积分的上下限已扩展到单个周期上。此外，我们注意到，由于离散时间信号傅里叶变换的周期性，就卷积运算而言，如连续时间信号的情况那样，时域和频域之间没有"完美的"对偶。实际上，时域中的卷积（非周期求和）等同于连续周期傅里叶变换的乘积。然而，非周期序列的乘积等于它们的傅里叶变换的周期卷积。

在我们介绍的基于加窗技术的有限冲激响应滤波器的设计中，式（4.5.57）中的傅里叶变换对是有用的。

频域微分。 如果 $x(n)\xleftrightarrow{F}X(\omega)$，那么

$$nx(n)\xleftrightarrow{F}\mathrm{j}\frac{\mathrm{d}X(\omega)}{\mathrm{d}\omega} \qquad (4.5.58)$$

为了证明这个性质，我们使用傅里叶变换的定义［即式（4.5.1）］，并逐项求级数关于 ω 的微分，得到

$$\frac{\mathrm{d}X(\omega)}{\mathrm{d}\omega}=\frac{\mathrm{d}}{\mathrm{d}\omega}\left[\sum_{n=-\infty}^{\infty}x(n)\mathrm{e}^{-\mathrm{j}\omega n}\right]=\sum_{n=-\infty}^{\infty}x(n)\frac{\mathrm{d}}{\mathrm{d}\omega}\mathrm{e}^{-\mathrm{j}\omega n}=-\mathrm{j}\sum_{n=-\infty}^{\infty}nx(n)\mathrm{e}^{-\mathrm{j}\omega n}$$

上式两边同时乘以 j，就得到式（4.5.58）中的结果。

为便于参考，表 4.6 中小结了本节推导的性质，表 4.7 中列出了将在后几章中遇到的一些有用傅里叶变换对。

表 4.6　离散时间信号的傅里叶变换的性质

性　质	时　域	频　域
记号	$x(n)$ $x_1(n)$ $x_2(n)$	$X(\omega)$ $X_1(\omega)$ $X_2(\omega)$
线性	$a_1x_1(n)+a_2x_2(n)$	$a_1X_1(\omega)+a_2X_2(\omega)$
时移	$x(n-k)$	$\mathrm{e}^{-\mathrm{j}\omega k}X(\omega)$
时间反转	$x(-n)$	$X(-\omega)$
卷积	$x_1(n)*x_2(n)$	$X_1(\omega)X_2(\omega)$
相关	$r_{x_1x_2}(l)=x_1(l)*x_2(-l)$	$S_{x_1x_2}(\omega)=X_1(\omega)X_2(-\omega)=X_1(\omega)X_2^{*}(\omega)$, $x_2(n)$ 是实的
维纳-辛钦定理	$r_{xx}(l)$	$S_{xx}(\omega)$
频移	$\mathrm{e}^{\mathrm{j}\omega_0 n}x(n)$	$X(\omega-\omega_0)$
调制定理	$x(n)\cos\omega_0 n$	$\frac{1}{2}X(\omega+\omega_0)+\frac{1}{2}X(\omega-\omega_0)$
相乘	$x_1(n)x_2(n)$	$\frac{1}{2\pi}\int_{-\pi}^{\pi}X_1(\lambda)X_2(\omega-\lambda)\mathrm{d}\lambda$
频域微分	$nx(n)$	$\mathrm{j}\dfrac{\mathrm{d}X(\omega)}{\mathrm{d}\omega}$
共轭	$x^{*}(n)$	$X^{*}(-\omega)$
帕塞瓦尔定理	$\sum_{n=-\infty}^{\infty}x_1(n)x_2^{*}(n)=\frac{1}{2\pi}\int_{-\pi}^{\pi}X_1(\omega)X_2^{*}(\omega)\mathrm{d}\omega$	

表 4.7　离散时间非周期信号的一些有用傅里叶变换对

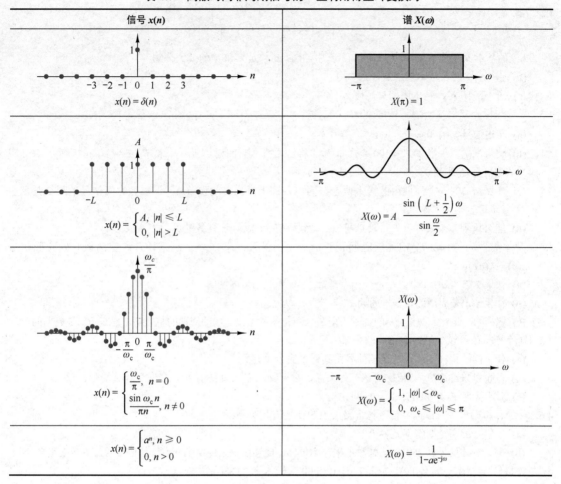

信号 $x(n)$	谱 $X(\omega)$
$x(n) = \delta(n)$	$X(\pi) = 1$
$x(n) = \begin{cases} A, & \lvert n \rvert \leqslant L \\ 0, & \lvert n \rvert > L \end{cases}$	$X(\omega) = A\,\dfrac{\sin\left(L + \frac{1}{2}\right)\omega}{\sin\dfrac{\omega}{2}}$
$x(n) = \begin{cases} \dfrac{\omega_c}{\pi}, & n = 0 \\[2mm] \dfrac{\sin \omega_c n}{\pi n}, & n \neq 0 \end{cases}$	$X(\omega) = \begin{cases} 1, & \lvert \omega \rvert < \omega_c \\ 0, & \omega_c \leqslant \lvert \omega \rvert \leqslant \pi \end{cases}$
$x(n) = \begin{cases} a^n, & n \geqslant 0 \\ 0, & n > 0 \end{cases}$	$X(\omega) = \dfrac{1}{1 - a\mathrm{e}^{-\mathrm{j}\omega}}$

4.6　小结

　　本章介绍了频域中用于表征连续时间信号和离散时间信号的频率变量，并且通过采样过程关联了这两个频率变量。特别重要的是由 Nyquist(1928)提出并由 Shannon(1949)推广的采样定理。正弦信号用于说明采样中的混叠现象。

　　傅里叶级数和傅里叶变换是在频域中分析信号特征的数学工具。傅里叶级数适合将周期信号表示成谐相关正弦分量的加权和，其中加权系数表示每个谐波的强度，而每个加权系数的幅度的平方表示对应谐波的功率。如前所述，傅里叶级数是周期信号的许多正交级数展开式之一，其重要性源自线性时不变系统的特征，详见第 5 章。

　　傅里叶变换适合表示有限能量非周期信号的谱特征。本章中还给出了傅里叶变换的重要性质。

习　　题

4.1　确定如下信号是否是周期的。如果信号是周期的，指出其基本周期。

(a) $x_a(t) = 3\cos(5t + \pi/6)$　　　　　**(b)** $x(n) = 3\cos(5n + \pi/6)$

(c) $x(n) = 2\exp\left[\mathrm{j}(n/6 - \pi)\right]$　　　　**(d)** $x(n) = \cos(n/8)\cos(\pi n/8)$

(e) $x(n) = \cos(\pi n/2) - \sin(\pi n/8) + 3\cos(\pi n/4 + \pi/3)$

4.2 **(a)** 证明信号

$$s_k(n) = e^{j2\pi kn/N}, \qquad k = 0,1,2,\cdots$$

的基本周期是 $N_p = N/\mathrm{GCD}(k, N)$，其中 $\mathrm{GCD}(k, N)$ 是 k 和 N 的最大公约数。

(b) 当 $N = 7$ 时，基本周期是什么？

(c) 当 $N = 16$ 时，基本周期又是什么？

4.3 考虑模拟正弦信号 $x_a(t) = 3\sin(100\pi t)$。

(a) 画出信号 $x_a(t)$, $0 \leqslant t \leqslant 30\mathrm{ms}$。

(b) 信号 $x_a(t)$ 以采样率 $F_s = 300$ 个样本/秒采样。求离散时间信号 $x(n) = x_a(nT)$, $T = 1/F_s$ 的频率，并证明该信号是周期的。

(c) 计算 $x(n)$ 的一个周期内的样本值。在同一幅图上画出 $x_a(t)$ 和 $x(n)$。该离散时间信号的周期是多少（单位为毫秒）？

(d) 能否找到一个采样率 F_s，使信号 $x(n)$ 达到峰值 3？适合该任务的最小 F_s 是多少？

4.4 基本周期为 $T_p = 1/F_0$ 的连续时间正弦信号 $x_a(t)$ 以采样率 $F_s = 1/T$ 采样，产生离散时间正弦信号 $x(n) = x_a(nT)$。

(a) 如果 $T/T_p = k/N$（即 T/T_p 是一个有理数），证明 $x(n)$ 是周期的。

(b) 如果 $x(n)$ 是周期的，基本周期 T_p 是多少（单位为秒）？

(c) 解释如下陈述：如果 $x(n)$ 的基本周期 T_p（单位为秒）是 $x_a(t)$ 的周期的整数倍，那么 $x(n)$ 是周期的。

4.5 一个模拟信号包含最大 10kHz 的频率。

(a) 什么样的采样率范围可让该信号由其样本完全重建？

(b) 假设以采样率 $F_s = 8\mathrm{kHz}$ 对该信号采样，对于频率 $F_1 = 5\mathrm{kHz}$，检查会发生什么情形。

(c) 对于频率 $F_2 = 9\mathrm{kHz}$，重做(b)问。

4.6 一个模拟心电图（ECG）信号包含最大 100Hz 的有用频率。

(a) 该信号的奈奎斯特率是多少？

(b) 假定对该信号以 250 个样本/秒的采样率采样，能够以该采样率唯一表征的信号的最高频率是多少？

4.7 模拟信号 $x_a(t) = \sin(480\pi t) + 3\sin(720\pi t)$ 以 600 个样本/秒的采样率采样。

(a) 求 $x_a(t)$ 的奈奎斯特率。

(b) 求折叠频率。

(c) 所得离散时间信号 $x(n)$ 的频率是多少（单位为弧度）？

4.8 **(a)** 使用正弦函数的周期性质推导例 4.1.3 中离散时间信号 $x(n)$ 的表达式。

(b) 如果在重建过程中 $F_s = 10\mathrm{kHz}$，由 $x(n)$ 得到的模拟信号是什么？

4.9 **正弦信号的采样：混叠。** 考虑连续时间正弦信号

$$x_a(t) = \sin 2\pi F_0 t, \qquad -\infty < t < \infty$$

因为 $x_a(t)$ 可用数学公式描述，所以采样后的副本可由每隔 T 秒的值描述。采样后的信号由公式

$$x(n) = x_a(nT) = \sin 2\pi \frac{F_0}{F_s} n, \qquad -\infty < n < \infty$$

描述，其中 $F_s = 1/T$ 是采样率。

(a) 画出 $F_s = 5\mathrm{kHz}$ 且 $F_0 = 0.5\mathrm{kHz}$, 2kHz, 3kHz 和 4.5kHz 时信号 $x(n)$, $0 \leqslant n \leqslant 99$ 的图形，并解释不同图形的异同。

(b) 假设 $F_0 = 2\mathrm{kHz}$ 和 $F_s = 50\mathrm{kHz}$。

　　1. 画出信号 $x(n)$ 的图形。信号 $x(n)$ 的频率 f_0 是多少？

　　2. 画出取 $x(n)$ 的偶样本点得到的信号 $y(n)$。这是正弦信号吗？为什么？如果是，频率是多少？

4.10 考虑图 P4.10 中的全波整流正弦信号。

(a) 求它的谱 $X_a(F)$。

(b) 计算该信号的功率。

(c) 画出功率谱密度。

(d) 检验该信号的帕塞瓦尔关系的有效性。

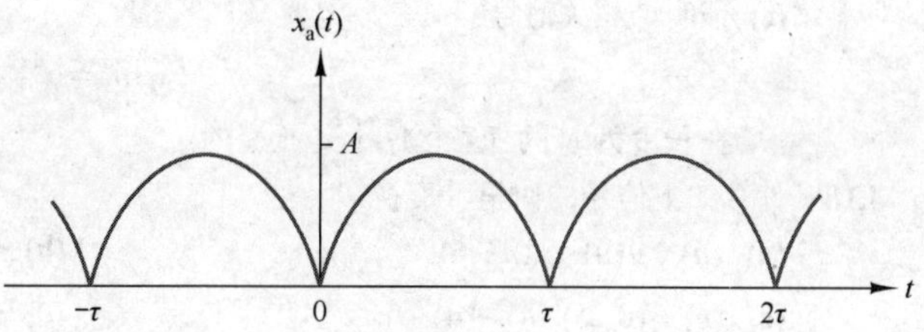

4.11 求并画出如下信号（$a>0$）的幅度谱和相位谱：

(a) $x_a(t)=\begin{cases} A e^{-at}, & t\geqslant 0 \\ 0, & t<0 \end{cases}$

(b) $x_a(t)=A e^{-a|t|}$

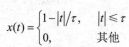

图 P4.10

4.12 考虑信号

$$x(t)=\begin{cases} 1-|t|/\tau, & |t|\leqslant \tau \\ 0, & 其他 \end{cases}$$

(a) 求并画出该信号的幅度谱 $|X_a(F)|$ 和相位谱 $\angle X_a(F)$。

(b) 创建基本周期 $T_p\geqslant 2\tau$ 的一个周期信号 $x_p(t)$，使得 $|t|<T_p/2$ 时 $x(t)=x_p(t)$。信号 $x_p(t)$ 的傅里叶系数 c_k 是多少？

(c) 使用(a)问与(b)问的结果证明 $c_k=(1/T_p)X_a(k/T_p)$。

4.13 考虑周期信号 $x(n)=\{\cdots,1,0,1,2,\overset{\uparrow}{3},2,1,0,1,\cdots\}$。

(a) 画出信号 $x(n)$ 及其幅度谱和相位谱。

(b) 使用(a)问的结果计算时域与频域中的功率，验证帕塞瓦尔关系。

4.14 考虑信号

$$x(n)=2+2\cos\frac{\pi n}{4}+\cos\frac{\pi n}{2}+\frac{1}{2}\cos\frac{3\pi n}{4}$$

(a) 求并画出其功率密度谱。

(b) 计算信号的功率。

4.15 求并画出如下周期信号的幅度谱与相位谱：

(a) $x(n)=4\sin\frac{\pi(n-2)}{3}$ **(b)** $x(n)=\cos\frac{2\pi}{3}n+\sin\frac{2\pi}{5}n$

(c) $x(n)=\cos\frac{2\pi}{3}n\sin\frac{2\pi}{5}n$ **(d)** $x(n)=\{\cdots,-2,-1,\overset{\uparrow}{0},1,2,-2,-1,0,1,2,\cdots\}$

(e) $x(n)=\{\cdots,-1,2,\overset{\uparrow}{1},2,-1,0,-1,2,1,2,\cdots\}$ **(f)** $x(n)=\{\cdots,0,0,\overset{\uparrow}{1},1,0,0,0,1,1,0,0,\cdots\}$

(g) $x(n)=1,-\infty<n<\infty$ **(h)** $x(n)=(-1)^n,-\infty<n<\infty$

4.16 求基本周期 $N=8$ 的周期信号 $x(n)$，其傅里叶变换系数为

(a) $c_k=\cos\frac{k\pi}{4}+\sin\frac{3k\pi}{4}$ **(b)** $c_k=\begin{cases} \sin\frac{k\pi}{3}, & 0\leqslant k\leqslant 6 \\ 0, & k=7 \end{cases}$ **(c)** $\{c_k\}=\{\cdots,0,\frac{1}{4},\frac{1}{2},1,\overset{\uparrow}{2},1,\frac{1}{2},\frac{1}{4},0,\cdots\}$

4.17 如果

$$\sum_{n=N_1}^{N_2} s_k(n)s_l^*(n)=\begin{cases} A_k, & k=l \\ 0, & k\neq l \end{cases}$$

则称信号 $s_k(n)$ 与 $s_l(n)$ 在区间 $[N_1,N_2]$ 上正交；若 $A_k=1$，则称这两个信号是标准正交的。

(a) 证明关系

$$\sum_{n=0}^{N-1} e^{j2\pi kn/N}=\begin{cases} N, & k=0,\pm N,\pm 2N,\cdots \\ 0, & 其他 \end{cases}$$

(b) 画出 $k=1,2,\cdots,6$ 的信号 $s_k(n)=e^{j(2\pi/6)kn}$，$n=0,1,\cdots,5$，说明(a)问中关系的有效性。[注意：对于给定的 k 和 n，信号 $s_k(n)$ 可以表示成复平面上的矢量。]

(c) 证明谐相关信号

$$s_k(n) = e^{j(2\pi/N)kn}$$

在长度为 N 的任意区间上是正交的。

4.18 计算如下信号的傅里叶变换：

(a) $x(n) = u(n) - u(n-6)$

(b) $x(n) = 2^n u(-n)$

(c) $x(n) = (0.25)^n u(n+4)$

(d) $x(n) = \left(\alpha^n \sin\omega_0 n\right)u(n), \quad |\alpha| < 1$

(e) $x(n) = |\alpha|^n \sin\omega_0 n, \quad |\alpha| < 1$

(f) $x(n) = \begin{cases} 2 - (0.5)n, & |n| \le 4 \\ 0, & \text{其他} \end{cases}$

(g) $x(n) = \{-2, -1, \overset{\uparrow}{0}, 1, 2\}$

(h) $x(n) = \begin{cases} A(2M+1-|n|), & |n| \le M \\ 0, & |n| > M \end{cases}$

画出(a)、(f)与(g)的幅度谱和相位谱。

4.19 求有如下傅里叶变换的信号：

(a) $X(\omega) = \begin{cases} 0, & 0 \le |\omega| \le \omega_0 \\ 1, & \omega_0 < |\omega| \le \pi \end{cases}$

(b) $X(\omega) = \cos^2\omega$

(c) $X(\omega) = \begin{cases} 1, & \omega_0 - \delta\omega/2 \le |\omega| \le \omega_0 + \delta\omega/2 \\ 0, & \text{其他} \end{cases}$

(d) 图 P4.19 所示的信号

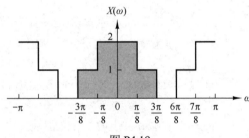

图 P4.19

4.20 考虑傅里叶变换为 $X(\omega) = X_R(\omega) + j[X_I(\omega)]$ 的信号

$$x(n) = \{1, 0, -1, \overset{\uparrow}{2}, 3\}$$

求并画出傅里叶变换为

$$Y(\omega) = X_I(\omega) + X_R(\omega)e^{j2\omega}$$

的信号 $y(n)$。

4.21 信号 $x(n)$ 的傅里叶变换如图 P4.21 所示，求信号 $x(n)$。

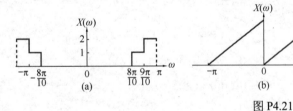 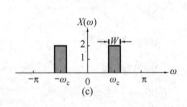

图 P4.21

4.22 在例 4.5.2 中，信号

$$x(n) = \begin{cases} 1, & -M \le n \le M \\ 0, & \text{其他} \end{cases}$$

的傅里叶变换是 $X(\omega) = 1 + 2\sum_{n=1}^{M}\cos\omega n$。证明

$$x_1(n) = \begin{cases} 1, & 0 \le n \le M \\ 0, & \text{其他} \end{cases} \quad \text{和} \quad x_2(n) = \begin{cases} 1, & -M \le n \le -1 \\ 0, & \text{其他} \end{cases}$$

的傅里叶变换分别是

$$X_1(\omega) = \frac{1 - e^{-j\omega(M+1)}}{1 - e^{-j\omega}} \quad \text{和} \quad X_2(\omega) = \frac{e^{j\omega} - e^{j\omega(M+1)}}{1 - e^{j\omega}}$$

进而证明

$$X(\omega) = X_1(\omega) + X_2(\omega) = \frac{\sin\left(M + 0.5\right)\omega}{\sin(\omega/2)}$$

并因此有

$$1 + 2\sum_{n=1}^{M}\cos\omega n = \frac{\sin\left(M + 0.5\right)\omega}{\sin(\omega/2)}$$

4.23 考虑傅里叶变换为 $X(\omega)$ 的信号

$$x(n) = \{-1, 2, \underset{\uparrow}{-3}, 2, -1\}$$

在不显式计算 $X(\omega)$ 的情况下计算如下各量：

(a) $X(0)$ **(b)** $\angle X(\omega)$ **(c)** $\int_{-\pi}^{\pi} X(\omega)\,\mathrm{d}\omega$ **(d)** $X(\pi)$ **(e)** $\int_{-\pi}^{\pi} \left|X(\omega)\right|^2 \mathrm{d}\omega$

4.24 信号 $x(n)$ 的重心定义为

$$c = \frac{\displaystyle\sum_{n=-\infty}^{\infty} n x(n)}{\displaystyle\sum_{n=-\infty}^{\infty} x(n)}$$

它度量的是信号的"时延"。

(a) 用 $X(\omega)$ 表示 c。

(b) 计算其傅里叶变换如图 P4.24 所示的信号 $x(n)$ 的 c。

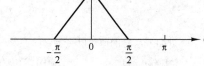

图 P4.24

4.25 考虑傅里叶变换对

$$a^n u(n) \xleftrightarrow{\ F\ } \frac{1}{1 - a\,\mathrm{e}^{-\mathrm{j}\omega}}, \qquad |a| < 1$$

使用频率微分定理和归纳法证明

$$x(n) = \frac{(n+l-1)!}{n!(l-1)!} a^n u(n) \xleftrightarrow{\ F\ } X(\omega) = \frac{1}{(1 - a\,\mathrm{e}^{-\mathrm{j}\omega})^l}$$

4.26 设 $x(n)$ 是一个不必为任意实信号，其傅里叶变换是 $X(\omega)$。用 $X(\omega)$ 表示如下信号的傅里叶变换：

(a) $x^*(n)$ **(b)** $x^*(-n)$ **(c)** $y(n) = x(n) - x(n-1)$

(d) $y(n) = \sum_{k=-\infty}^{n} x(k)$ **(e)** $y(n) = x(2n)$ **(f)** $y(n) = \begin{cases} x(n/2), & n\ \text{为偶数} \\ 0, & n\ \text{为奇数} \end{cases}$

4.27 求并画出如下信号的傅里叶变换 $X_1(\omega), X_2(\omega)$ 与 $X_3(\omega)$。

(a) $x_1(n) = \{1, 1, \underset{\uparrow}{1}, 1, 1\}$

(b) $x_2(n) = \{1, 0, 1, 0, \underset{\uparrow}{1}, 0, 1, 0, 1\}$

(c) $x_3(n) = \{1, 0, 0, 1, 0, 0, \underset{\uparrow}{1}, 0, 0, 1, 0, 0, 1\}$

(d) $X_1(\omega), X_2(\omega)$ 和 $X_3(\omega)$ 之间存在任何关系吗？其物理意义是什么？

(e) 证明：如果

$$x_k(n) = \begin{cases} x(n/k), & n/k\ \text{为整数} \\ 0, & \text{其他} \end{cases}$$

那么

$$X_k(\omega) = X(k\omega)$$

4.28 设信号 $x(n)$ 有如图 P4.28 所示的傅里叶变换，求并画出如下信号的傅里叶变换：

(a) $x_1(n) = x(n)\cos(\pi n/4)$

(b) $x_2(n) = x(n)\sin(\pi n/2)$

(c) $x_3(n) = x(n)\cos(\pi n/2)$

(d) $x_4(n) = x(n)\cos\pi n$

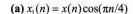

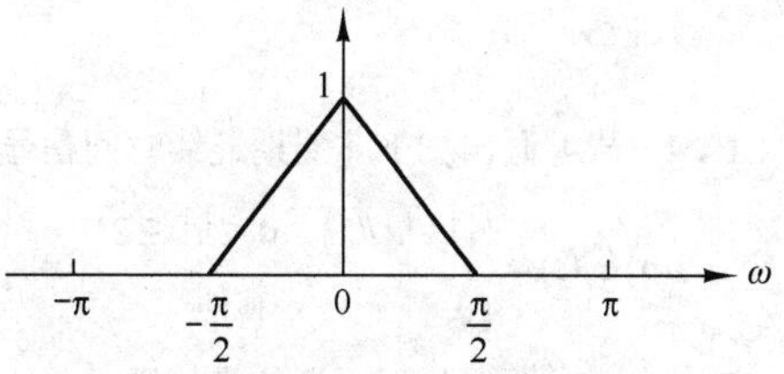

图 P4.28

注意，这些信号是用序列 $x(n)$ 对载波 $\cos\omega_c n$ 或 $\sin\omega_c n$ 进行振幅调制得到的。

4.29 考虑傅里叶变换为 $X(\omega)$ 的非周期信号 $x(n)$。证明周期信号

$$y(n) = \sum_{l=-\infty}^{\infty} x(n-lN)$$

的傅里叶级数系数 C_k^y 为

$$C_k^y = \frac{1}{N} X\left(\frac{2\pi}{N}k\right), \qquad k = 0,1,\cdots,N-1$$

4.30 证明

$$X_N(\omega) = \sum_{n=-N}^{N} \frac{\sin\omega_c n}{\pi n} e^{-j\omega n}$$

可以表示为

$$X_N(\omega) = \frac{1}{2\pi}\int_{-\omega_c}^{\omega_c} \frac{\sin\left[(2N+1)(\omega-\theta/2)\right]}{\sin\left[(\omega-\theta)/2\right]}\,d\theta$$

4.31 信号 $x(n)$ 的傅里叶变换为

$$X(\omega) = \frac{1}{1-a\,e^{-j\omega}}$$

求如下信号的傅里叶变换：

(a) $x(2n+1)$ **(b)** $e^{\pi n/2}\,x(n+2)$ **(c)** $x(-2n)$

(d) $x(n)\cos(0.3\pi n)$ **(e)** $x(n)*x(n-1)$ **(f)** $x(n)*x(-n)$

4.32 根据其傅里叶变换 $X(\omega)$ 如图 P4.32 所示的离散时间信号 $x(n)$，求并画出如下信号的傅里叶变换：

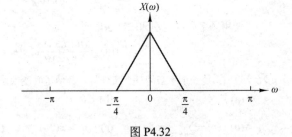

(a) $y_1(n) = \begin{cases} x(n), & n \text{ 为偶数} \\ 0, & n \text{ 为奇数} \end{cases}$

(b) $y_2(n) = x(2n)$

(c) $y_3(n) = \begin{cases} x(n/2), & n \text{ 为偶数} \\ 0, & n \text{ 为奇数} \end{cases}$

注意，$y_1(n) = x(n)s(n)$，式中

$s(n) = \{\cdots 0,1,0,\underset{\uparrow}{1},0,1,0,1,\cdots\}$。

图 P4.32

计算机习题

CP4.1 求并画出图 CP4.1 所示三角形脉冲串的傅里叶级数系数和功率谱密度。

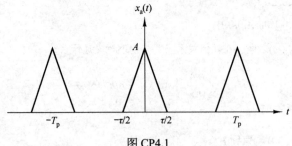

图 CP4.1

CP4.2 求并画出如下非周期连续时间信号的幅度 $\left|X(F)\right|$、相位 $\angle X(F)$ 和能量密度谱。

(a) $x_a(t) = \begin{cases} (1-|t|/2), & 0 \leqslant |t| \leqslant 2 \\ 0, & \text{其他} \end{cases}$ **(b)** $x_a(t) = \begin{cases} 1+\cos\pi t, & |t| \leqslant 1 \\ 0, & \text{其他} \end{cases}$ **(c)** $x_a(t) = \begin{cases} 1-t^2, & 0 \leqslant t \leqslant 1 \\ 0, & \text{其他} \end{cases}$

CP4.3 求并画出如下周期信号的谱。

(a) $x(n)$ 是周期为 $N = 4$ 的周期函数，且 $x(n) = \{\underset{\uparrow}{3},2,1,1\}$。

(b) $x(n) = \cos(\pi n/6)$。

(c) 使用(a)问和(b)问的结果，通过计算信号在时域和频域中的功率来验证帕塞瓦尔关系。

CP4.4 求并画出周期信号

$$x(n) = 1 + 2\cos\left(\frac{\pi n}{4}\right) + \cos\left(\frac{3\pi n}{4}\right)$$

的功率密度谱。

(a) $x(n)$的周期是多少？在单个周期中画出 $x(n)$。

(b) 计算 $x(n)$的总功率，并验证其满足帕塞瓦尔关系。

CP4.5 画出如下周期信号的单个周期，求并画出它们的幅度谱与相位谱。

(a) $x(n) = \sin\left(\frac{2\pi}{3}n\right)\sin\left(\frac{2\pi}{5}n\right)$ **(b)** $x(n) = \sin\left(\frac{2\pi}{3}n\right) + \sin\left(\frac{2\pi}{5}n\right)$

CP4.6 求并画出 $N = 10, 20$ 时，如下非周期信号的幅度和相位的傅里叶变换。

(a) $x(n) = \begin{cases} 1, & 0 \leqslant n \leqslant N \\ 0, & \text{其他} \end{cases}$ **(b)** $x(n) = \begin{cases} 1 - n/N, & 0 \leqslant n \leqslant N \\ 0, & \text{其他} \end{cases}$

对(a)问与(b)问均求并画出信号的能量密度谱，并验证帕塞瓦尔关系。

CP4.7 任意复值序列 $x(n)$均可分解为

$$x(n) = x_e(n) + x_o(n)$$

式中，

$$x_e(n) = \frac{1}{2}\left[x(n) + x^*(-n)\right] \quad \text{且} \quad x_o(n) = \frac{1}{2}\left[x(n) - x^*(-n)\right]$$

称序列 $x_e(n) = x^*(-n)$共轭对称，称序列 $x_o(n) = -x^*(-n)$共轭反对称。

(a) 证明非周期复序列 $x(n)$的傅里叶变换可以表示为

$$X(\omega) = X_r(\omega) + jX_i(\omega)$$

式中，$X_r(\omega)$是 $x_e(n)$的傅里叶变换，$jX_i(\omega)$是 $x_o(n)$的傅里叶变换。

(b) 对序列 $x(n) = e^{-j\pi n/5}$, $0 \leqslant n \leqslant 10$，求并画出 $X_r(\omega)$, $X_i(\omega)$和 $X(\omega)$的幅度与相位，并验证(a)问中的关系。

CP4.8 求并画出如下非周期信号的傅里叶变换 $X(\omega)$的幅度与相位。

(a) $x(n) = 3^n\left[u(n) - u(n-10)\right]$ **(b)** $x(n) = \begin{cases} 10\left(2M + 1 - |n|\right), & |n| \leqslant M \\ 0, & \text{其他} \end{cases}$ $M = 10, 20$

CP4.9 求并画出 CP2.16 中给出的 13 点巴克序列的傅里叶变换的幅度与相位。

CP4.10 非周期信号 $x(n)$的傅里叶变换 $X(\omega)$如图 P4.24 所示。求傅里叶变换 $X_k(\omega)$，并画出如下信号的 $X_k(\omega)$的幅度。

(a) $x_1(n) = x(n)\cos(\pi n/2)$ **(b)** $x_2(n) = x(n)\sin(\pi n/2)$ **(c)** $x_3(n) = x(n)\cos(\pi n)$

CP4.11 考虑两个序列

$$x_1(n) = \{1, 1, \underset{\uparrow}{1}, 1, 1\} \quad \text{和} \quad x_2(n) = \{1, 1, 2, \underset{\uparrow}{3}, 2, 1, 1\}$$

(a) 求 $x_1(n)$与 $x_2(n)$的卷积 $x_3(n)$并画出其图形。

(b) 求并画出傅里叶变换 $X_1(\omega)$, $X_2(\omega)$与 $X_3(\omega)$的幅度与相位。

(c) 采用图形和解析式证明 $X_3(\omega) = X_1(\omega)X_2(\omega)$，验证关联两个卷积后的信号的谱的卷积定理。

CP4.12 对于 CP4.11 中的序列 $x_1(n)$与 $x_2(n)$，求并画出：

(a) 互相关序列 $r_{x_1x_2}(m)$。

(b) 能量互谱密度 $S_{x_1x_2}(\omega)$。

(c) 将 $X_1(\omega)$与 $X_2(-\omega)$相乘得到能量互谱密度 $S_{x_1x_2}(\omega)$，以验证相关定理。

第5章 LTI系统的频域分析

本章首先讨论 LTI 系统在频域中的表征，讨论过程中的基本激励信号是复指数信号和正弦信号，然后观察 LTI 系统对输入端的各种频率分量的识别或滤波，以便按照输入信号的滤波类型来表征和分类某些简单的 LTI 系统，再后描述这些简单滤波器的设计并给出一些应用。

接着，本章推导 LTI 系统的输入序列与输出序列的谱之间的频域关系，重点介绍如何应用 LTI 系统进行逆滤波和去卷积。

5.1 LTI系统的频域特性

本节推导 LTI 系统在频域中的表征。系统的特征是由频率变量 ω 的一个函数描述的，这个函数称为**频率响应**，是系统冲激响应 $h(n)$ 的傅里叶变换。

频率响应函数在频域中完全描述了 LTI 系统的特征。这样，我们就可求出系统对正弦或复指数函数的任意加权线性组合的稳态响应。特别地，因为周期序列可通过傅里叶级数分解为谐相关的复指数信号的加权和，所以求 LTI 系统对这类信号的响应就很简单。因为非周期信号可视为无限小的复指数信号的叠加，所以该方法同样适用于这类信号。

5.1.1 对复指数和正弦信号的响应：频率响应函数

第 2 章说过，任何松弛 LTI 系统对任意输入信号 $x(n)$ 的响应由卷积和公式

$$y(n) = \sum_{k=-\infty}^{\infty} h(k)x(n-k) \tag{5.1.1}$$

给出。在这个输入输出关系中，系统在时域中由单位样本响应 $\{h(n), -\infty < n < \infty\}$ 描述。

为了推导系统的频域表征，我们用复指数信号

$$x(n) = A\,e^{j\omega n}, \qquad -\infty < n < \infty \tag{5.1.2}$$

来激励系统，其中 A 是振幅，而 ω 是限制在频率区间 $[-\pi, \pi]$ 上的任意频率。将式（5.1.2）代入式（5.1.1），得到响应

$$y(n) = \sum_{k=-\infty}^{\infty} h(k)\left[A\,e^{j\omega(n-k)}\right] = A\left[\sum_{k=-\infty}^{\infty} h(k)\,e^{-j\omega k}\right]e^{j\omega n} \tag{5.1.3}$$

观察发现，式（5.1.3）中方括号内的项是频率变量 ω 的函数。实际上，该项是系统单位样本响应 $h(k)$ 的傅里叶变换。因此，我们可将该函数表示为

$$H(\omega) = \sum_{k=-\infty}^{\infty} h(k)\,e^{-j\omega k} \tag{5.1.4}$$

显然，如果系统是 BIBO 稳定的，即

$$\sum_{n=-\infty}^{\infty} |h(n)| < \infty$$

那么函数 $H(\omega)$ 存在。

利用式（5.1.4）中的定义，系统对式（5.1.2）中复指数信号的响应为

$$y(n) = AH(\omega)\mathrm{e}^{\mathrm{j}\omega n} \tag{5.1.5}$$

观察发现，该响应同样具有与输入相同频率的复指数形式，变化仅在于乘性因子 $H(\omega)$。

这个特征表现的结果是，式（5.1.2）中的指数信号称为系统的**特征函数**。换言之，一个系统的特征函数就是一个输入信号，该输入信号产生与输入相差一个常数乘性因子的输出。这个乘性因子称为系统的**特征值**。在这种情况下，形如式（5.1.2）的复指数信号就是一个 LTI 系统的特征函数，而在输入信号频率处计算的 $H(\omega)$ 就是对应的特征值。

【例 5.1.1】 当输入为复指数序列 $x(n) = A\mathrm{e}^{\mathrm{j}\pi n/2}$，$-\infty < n < \infty$ 时，求冲激响应为

$$h(n) = \left(\tfrac{1}{2}\right)^n u(n) \tag{5.1.6}$$

的系统的输出序列。

解： 首先求冲激响应 $h(n)$ 的傅里叶变换，然后用式（5.1.5）计算 $y(n)$。由例 4.3.3 可知

$$H(\omega) = \sum_{n=-\infty}^{\infty} h(n)\mathrm{e}^{-\mathrm{j}\omega n} = \frac{1}{1 - \tfrac{1}{2}\mathrm{e}^{-\mathrm{j}\omega}} \tag{5.1.7}$$

在 $\omega = \pi/2$ 处，由式（5.1.7）有

$$H\left(\tfrac{\pi}{2}\right) = \frac{1}{1 + \mathrm{j}\tfrac{1}{2}} = \frac{2}{\sqrt{5}}\mathrm{e}^{-\mathrm{j}26.6^\circ}$$

于是，输出为

$$y(n) = A\left(\frac{2}{\sqrt{5}}\mathrm{e}^{-\mathrm{j}26.6^\circ}\right)\mathrm{e}^{\mathrm{j}\pi n/2}$$

$$y(n) = \frac{2}{\sqrt{5}}A\mathrm{e}^{\mathrm{j}(\pi n/2 - 26.6^\circ)}, \qquad -\infty < n < \infty \tag{5.1.8}$$

本例清楚地表明，系统对输入信号的影响仅为振幅缩放了 $2/\sqrt{5}$ 倍，相位平移了 -26.6°。因此，输出也是频率为 $\pi/2$、振幅为 $2A/\sqrt{5}$、相位为 -26.6° 的复指数信号。

如果改变输入信号的频率，系统对输入的影响就会发生变化，输出也相应地变化。特别地，如果输入序列是频率为 π 的复指数信号，即

$$x(n) = A\mathrm{e}^{\mathrm{j}\pi n}, \qquad -\infty < n < \infty \tag{5.1.9}$$

那么在 $\omega = \pi$ 处有

$$H(\pi) = \frac{1}{1 - \tfrac{1}{2}\mathrm{e}^{-\mathrm{j}\pi}} = \frac{1}{\tfrac{3}{2}} = \frac{2}{3}$$

且系统的输出为

$$y(n) = \tfrac{2}{3}A\mathrm{e}^{\mathrm{j}\pi n}, \qquad -\infty < n < \infty \tag{5.1.10}$$

观察发现，$H(\pi)$ 是一个纯实数［即与 $H(\omega)$ 有关的相位在 $\omega = \pi$ 处为零］。因此，输入在振幅上缩放了 $H(\pi) = 2/3$ 倍，但相移为零。

一般来说，$H(\omega)$ 是频率变量 ω 的复函数，因此可用极坐标表示为

$$H(\omega) = |H(\omega)|\mathrm{e}^{\mathrm{j}\Theta(\omega)} \tag{5.1.11}$$

式中，$|H(\omega)|$ 是 $H(\omega)$ 的幅度，而

$$\Theta(\omega) = \angle H(\omega)$$

是系统在频率 ω 处加到输入信号上的相移。

因为 $H(\omega)$ 是 $\{h(k)\}$ 的傅里叶变换，所以 $H(\omega)$ 是频率变量 ω 的周期函数，周期为 2π。此外，我们可将式（5.1.4）视为 $H(\omega)$ 的指数傅里叶级数展开，而将 $h(k)$ 视为傅里叶级数的系数。因此，单位冲激 $h(k)$ 与 $H(\omega)$ 就通过积分表达式

$$h(k) = \frac{1}{2\pi}\int_{-\pi}^{\pi} H(\omega)\mathrm{e}^{\mathrm{j}\omega k}\,\mathrm{d}\omega \tag{5.1.12}$$

关联起来了。

具有实冲激响应的 LTI 系统的幅度函数与相位函数具有对称性，详见下面的推导。由 $H(\omega)$ 的定义，可得

$$H(\omega) = \sum_{k=-\infty}^{\infty} h(k)\mathrm{e}^{-\mathrm{j}\omega k} = \sum_{k=-\infty}^{\infty} h(k)\cos\omega k - \mathrm{j}\sum_{k=-\infty}^{\infty} h(k)\sin\omega k$$

$$= H_{\mathrm{R}}(\omega) + \mathrm{j}H_{\mathrm{I}}(\omega) - \sqrt{H_{\mathrm{R}}^2(\omega) + H_{\mathrm{I}}^2(\omega)}\,\mathrm{e}^{\mathrm{j}\arctan[H_{\mathrm{I}}(\omega)/H_{\mathrm{R}}(\omega)]} \tag{5.1.13}$$

式中，$H_{\mathrm{R}}(\omega)$ 与 $H_{\mathrm{I}}(\omega)$ 表示 $H(\omega)$ 的实部与虚部，分别定义为

$$H_{\mathrm{R}}(\omega) = \sum_{k=-\infty}^{\infty} h(k)\cos\omega k, \quad H_{\mathrm{I}}(\omega) = -\sum_{k=-\infty}^{\infty} h(k)\sin\omega k \tag{5.1.14}$$

由式（5.1.12）可以明显看出，$H(\omega)$ 的幅度与相位可用 $H_{\mathrm{R}}(\omega)$ 与 $H_{\mathrm{I}}(\omega)$ 表示为

$$|H(\omega)| = \sqrt{H_{\mathrm{R}}^2(\omega) + H_{\mathrm{I}}^2(\omega)}, \quad \Theta(\omega) = \arctan\frac{H_{\mathrm{I}}(\omega)}{H_{\mathrm{R}}(\omega)} \tag{5.1.15}$$

观察发现，$H_{\mathrm{R}}(\omega) = H_{\mathrm{R}}(-\omega)$ 和 $H_{\mathrm{I}}(\omega) = -H_{\mathrm{I}}(-\omega)$，因此 $H_{\mathrm{R}}(\omega)$ 是 ω 的偶函数，而 $H_{\mathrm{I}}(\omega)$ 是 ω 的奇函数。由此可得 $|H(\omega)|$ 是 ω 的偶函数，而 $\Theta(\omega)$ 是 ω 的奇函数。因此，如果知道 $0 \leqslant \omega \leqslant \pi$ 时的 $|H(\omega)|$ 和 $\Theta(\omega)$，就可知道这两个函数在区间 $-\pi \leqslant \omega \leqslant 0$ 上的值。

【例 5.1.2】滑动平均滤波器

求输出 $y(n)$ 为

$$y(n) = \frac{1}{M+1}\sum_{k=0}^{M} x(n-k)$$

的滑动平均滤波器的幅度响应与相位响应，并画出 $-\pi < \omega \leqslant \pi$ 时这两个函数的图形。

解：令 $L = M+1$，使用例 4.3.4 中的结果可得滑动平均滤波器的频率响应。于是，

$$H_{\mathrm{ma}}(\omega) = \frac{1}{M+1}\sum_{k=0}^{M}\mathrm{e}^{-\mathrm{j}\omega k} = \frac{1}{M+1}\frac{\sin(\omega(M+1)/2)}{\sin(\omega/2)}\mathrm{e}^{-\mathrm{j}\omega M/2} \tag{5.1.16}$$

幅度特性图形清楚地表明，在频率 $\omega_k = 2\pi k/(M+1)$，$k = 1, 2, \cdots, M$ 处存在周期间隔的零。图 5.1.1 显示了 $M = 4$ 时滑动平均滤波器的幅度响应与相位响应。注意 $|H(\omega)|$ 在高频（$\omega = \pi$ 附近）处下降，这意味着滤波器将平滑输入信号的一些快速变化。如 2.4.3 节所述，这是直觉上的预期。相位 $\angle H(\omega)$ 随 ω 线性变化；然而，由于数值算法在范围 $-\pi$ 到 π 内计算三角函数，图 5.1.1 显示了一个分段线性相位函数。该滤波器有 $M/2$ 个样本的相位延迟。

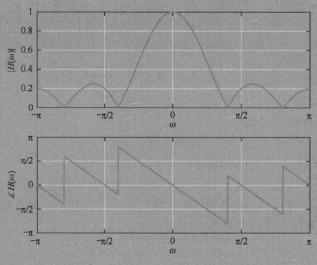

图 5.1.1　当 $M = 4$ 时，例 5.1.2 中的滑动平均滤波器的幅度响应与相位响应

$H(\omega)$的幅度函数与相位函数满足对称性，而正弦函数可以表示成两个复共轭指数函数的和或差的事实，意味着 LTI 系统对正弦信号的响应形式上类似于输入是复指数信号时的响应。实际上，如果输入是

$$x_1(n) = A\mathrm{e}^{\mathrm{j}\omega n}$$

则输出为

$$y_1(n) = A\left|H(\omega)\right|\mathrm{e}^{\mathrm{j}\Theta(\omega)}\,\mathrm{e}^{\mathrm{j}\omega n}$$

另一方面，如果输入是

$$x_2(n) = A\mathrm{e}^{-\mathrm{j}\omega n}$$

则系统的响应为

$$y_2(n) = A\left|H(-\omega)\right|\mathrm{e}^{\mathrm{j}\Theta(-\omega)}\,\mathrm{e}^{-\mathrm{j}\omega n} = A\left|H(\omega)\right|\mathrm{e}^{-\mathrm{j}\Theta(\omega)}\,\mathrm{e}^{-\mathrm{j}\omega n}$$

上式的最后一个表达式中利用了对称性质 $\left|H(\omega)\right| = \left|H(-\omega)\right|$ 和 $\Theta(\omega) = -\Theta(-\omega)$。现在，应用 LTI 系统的叠加性质，可知系统对输入

$$x(n) = \tfrac{1}{2}\left[x_1(n) + x_2(n)\right] = A\cos\omega n$$

的响应为

$$y(n) = \tfrac{1}{2}\left[y_1(n) + y_2(n)\right]$$
$$y(n) = A\left|H(\omega)\right|\cos\left[\omega n + \Theta(\omega)\right] \tag{5.1.17}$$

类似地，如果输入是

$$x(n) = \tfrac{1}{\mathrm{j}2}\left[x_1(n) - x_2(n)\right] = A\sin\omega n$$

则系统的响应为

$$y(n) = \tfrac{1}{\mathrm{j}2}\left[y_1(n) - y_2(n)\right]$$
$$y(n) = A\left|H(\omega)\right|\sin\left[\omega n + \Theta(\omega)\right] \tag{5.1.18}$$

由这一讨论明显地看出，$H(\omega)$ [或与之等效的 $\left|H(\omega)\right|$ 和 $\Theta(\omega)$] 完全表征了系统对任意频率正弦输入信号的影响。事实上，$\left|H(\omega)\right|$ 决定了系统对输入正弦信号是放大（$\left|H(\omega)\right| > 1$）还是缩小（$\left|H(\omega)\right| < 1$）。相位 $\Theta(\omega)$ 决定了系统对输入正弦信号产生的相移量。因此，知道 $H(\omega)$ 后，就可求系统对任何正弦输入信号的响应。因为 $H(\omega)$ 规定了系统在频域中的响应，所以称它为系统的**频率响应**。对应地，称 $\left|H(\omega)\right|$ 为系统的**幅度响应**，称 $\Theta(\omega)$ 为系统的**相位响应**。

如果系统的输入包含多个正弦信号，就可用线性系统的叠加性质求响应。下例说明叠加性质是如何使用的。

【例 5.1.3】一个 LTI 系统由下面的差分方程描述：
$$y(n) = ay(n-1) + bx(n), \qquad 0 < a < 1$$
(a) 求系统的频率响应 $H(\omega)$ 的幅度与相位。
(b) 选择参数 b，使 $\left|H(\omega)\right|$ 的最大值为 1，并画出 $a = 0.9$ 时的 $\left|H(\omega)\right|$ 和 $\angle H(\omega)$。
(c) 求系统对输入信号 $x(n) = 5 + 12\sin\frac{\pi}{2}n - 20\cos\left(\pi n + \frac{\pi}{4}\right)$ 的输出。
解：系统的冲激响应为
$$h(n) = ba^n u(n)$$
因为 $\left|a\right| < 1$，所以系统是 BIBO 稳定的，因此 $H(\omega)$ 存在。
(a) 频率响应为
$$H(\omega) = \sum_{n=-\infty}^{\infty} h(n)\mathrm{e}^{-\mathrm{j}\omega n} = \frac{b}{1 - a\mathrm{e}^{-\mathrm{j}\omega}}$$
因为

$$1 - a\,\mathrm{e}^{-\mathrm{j}\omega} = (1 - a\cos\omega) + \mathrm{j}a\sin\omega$$

所以有

$$\left|1 - a\,\mathrm{e}^{-\mathrm{j}\omega}\right| = \sqrt{(1 - a\cos\omega)^2 + (a\sin\omega)^2} = \sqrt{1 + a^2 - 2a\cos\omega}$$

和

$$\angle(1 - a\,\mathrm{e}^{-\mathrm{j}\omega}) = \arctan\frac{a\sin\omega}{1 - a\cos\omega}$$

于是，

$$\angle H(\omega) = \Theta(\omega) = \angle b - \arctan\frac{a\sin\omega}{1 - a\cos\omega}, \qquad |H(\omega)| = \frac{|b|}{\sqrt{1 + a^2 - 2a\cos\omega}}$$

(b) 参数 a 是正数，$|H(\omega)|$ 的分母在 $\omega = 0$ 处取最小值，因此 $|H(\omega)|$ 在 $\omega = 0$ 处取最大值。在此频率处，有

$$|H(0)| = \frac{|b|}{1 - a} = 1$$

这意味着 $b = \pm(1 - a)$，取 $b = 1 - a$，有

$$|H(\omega)| = \frac{1 - a}{\sqrt{1 + a^2 - 2a\cos\omega}}$$

和

$$\Theta(\omega) = -\arctan\frac{a\sin\omega}{1 - a\cos\omega}$$

$|H(\omega)|$ 与 $\Theta(\omega)$ 的频率响应图如图 5.1.2 所示，观察发现该系统衰减高频信号。

(c) 输入信号由频率 $\omega = 0, \pi/2, \pi$ 处的分量组成。当 $\omega = 0$ 时，$|H(0)| = 1$，$\Theta(0) = 0$。当 $\omega = \pi/2$ 时，

$$\left|H\left(\tfrac{\pi}{2}\right)\right| = \frac{1 - a}{\sqrt{1 + a^2}} = \frac{0.1}{\sqrt{1.81}} = 0.074, \qquad \Theta\left(\tfrac{\pi}{2}\right) = -\arctan a = -42°$$

当 $\omega = \pi$ 时，

$$|H(\pi)| = \frac{1 - a}{1 + a} = \frac{0.1}{1.9} = 0.053, \qquad \Theta(\pi) = 0$$

因此，系统的输出为

$$y(n) = 5|H(0)| + 12\left|H\left(\tfrac{\pi}{2}\right)\right|\sin\left[\tfrac{\pi}{2}n + \Theta\left(\tfrac{\pi}{2}\right)\right] - 20|H(\pi)|\cos\left[\pi n + \tfrac{\pi}{4} + \Theta(\pi)\right]$$

$$= 5 + 0.888\sin\left(\tfrac{\pi}{2}n - 42°\right) - 1.06\cos\left(\pi n + \tfrac{\pi}{4}\right), \qquad -\infty < n < \infty$$

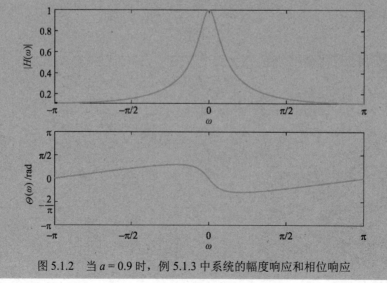

图 5.1.2　当 $a = 0.9$ 时，例 5.1.3 中系统的幅度响应和相位响应

在最一般的情况下，如果系统输入是形如

$$x(n) = \sum_{i=1}^{L} A_i \cos(\omega_i n + \phi_i), \quad -\infty < n < \infty$$

的正弦函数的任意线性组合，其中 $\{A_i\}$ 与 $\{\phi_i\}$ 是对应正弦分量的振幅与相位，系统的响应就是

$$y(n) = \sum_{i=1}^{L} A_i |H(\omega_i)| \cos[\omega_i n + \phi_i + \Theta(\omega_i)] \tag{5.1.19}$$

式中，$|H(\omega_i)|$ 与 $\Theta(\omega_i)$ 分别是系统赋予输入信号中各个频率分量的幅度与相位。

显然，系统对不同频率输入正弦信号的影响是不同的，具体取决于系统的频率响应 $H(\omega)$。例如，如果在某些正弦信号的频率处有 $H(\omega) = 0$，那么这些正弦信号将被系统完全抑制，而其他正弦信号通过系统后可能没有任何衰减（甚至可能有一定的放大）。事实上，LTI 系统的作用可视为对不同频率的正弦信号**滤波**，以便通过某些频率分量，而抑制其他频率分量。实际上，如第10 章所述，基本数字滤波器设计问题涉及确定 LTI 系统的参数，以实现期望的频率响应 $H(\omega)$。

【例 5.1.4】滑动平均滤波器与指数平滑滤波器

2.4.3 节利用对称滑动平均、滑动平均与指数滤波器平滑了道琼斯工业平均指数中的快速变化。下面求这些滤波器的频率响应，并解释参数 M 与 a 的选择是如何控制平滑度的。

式（5.1.16）给出了因果滑动平均滤波器的频率响应。得到的对称滑动平均滤波器的频率响应为

$$H_{sma}(\omega) = \frac{1}{2L+1} \sum_{k=-L}^{L} e^{-j\omega k} = \frac{1}{2L+1} e^{j\omega L} \sum_{m=0}^{2L} e^{-j\omega m} = \frac{1}{2L+1} \frac{\sin(L+\frac{1}{2})\omega}{\sin(\omega/2)}$$

式中，求和序号从 k 变成了 $m = k + L$，并且用到了式（5.1.16）。当 $M = 2L$ 时，有 $h_{ma}(n) = h_{sma}(n-L)$，这表明 $H_{ma}(\omega) = H_{sma}(\omega) \, e^{-j\omega k}$。因此，滑动平均滤波器的输出，等于延迟了 L 个样本的对称滑动平均滤波器的输出。对称滑动平均滤波器的输出与输入信号是对齐的，因为这种滤波器具有零相位延迟。滑动平均滤波器与对称滑动平均滤波器的幅频响应相同。

2.4.3 节介绍的指数平滑滤波器的频率响应已在例 5.1.3 中求出。

图 5.1.3 表明，M 或 a 增大，高频衰减也增大，而这意味着输入信号更平滑。因此，我们就能选择参数 M 或 a 来控制平滑度。

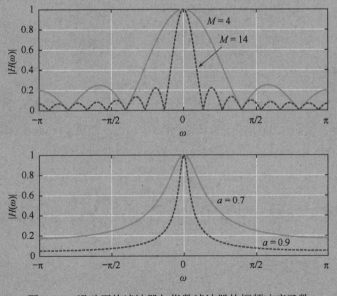

图 5.1.3 滑动平均滤波器与指数滤波器的幅频响应函数

5.1.2　正弦输入信号的稳态与瞬态响应

前一节确定了 LTI 系统在 $n = -\infty$ 时对指数和正弦输入信号的响应。因为它们是在 $n = -\infty$ 处作用的，所以常称这些信号为**无休止指数信号**或**无休止正弦信号**。这时，我们在系统的输出端观察到的响应是稳态响应，而没有瞬态响应。

另一方面，如果指数或正弦信号作用于某个有限的时刻（如 $n = 0$），系统的响应就由瞬态响应和稳态响应两项组成。为此，下面以一阶差分方程

$$y(n) = ay(n-1) + x(n) \tag{5.1.20}$$

描述的系统为例加以说明。这个系统已在 2.4.2 节中讨论，它在 $n = 0$ 时对任何输入 $x(n)$ 的输出由式（2.4.8）给出，即

$$y(n) = a^{n+1}y(-1) + \sum_{k=0}^{n} a^k x(n-k), \qquad n \geqslant 0 \tag{5.1.21}$$

式中，$y(-1)$ 为初始条件。

下面假设系统的输入是在 $n = 0$ 时作用的复指数信号，即

$$x(n) = A\mathrm{e}^{\mathrm{j}\omega n}, \qquad n \geqslant 0 \tag{5.1.22}$$

将式（5.1.22）代入式（5.1.21）得

$$
\begin{aligned}
y(n) &= a^{n+1}y(-1) + A\sum_{k=0}^{n} a^k \mathrm{e}^{\mathrm{j}\omega(n-k)} \\
&= a^{n+1}y(-1) + A\left[\sum_{k=0}^{n}\left(a\mathrm{e}^{-\mathrm{j}\omega}\right)^k\right]\mathrm{e}^{\mathrm{j}\omega n} \\
&= a^{n+1}y(-1) + A\frac{1 - a^{n+1}\mathrm{e}^{-\mathrm{j}\omega(n+1)}}{1 - a\mathrm{e}^{-\mathrm{j}\omega}}\mathrm{e}^{\mathrm{j}\omega n}, \qquad n \geqslant 0 \\
&= a^{n+1}y(-1) - \frac{Aa^{n+1}\mathrm{e}^{-\mathrm{j}\omega(n+1)}}{1 - a\mathrm{e}^{-\mathrm{j}\omega}}\mathrm{e}^{\mathrm{j}\omega n} + \frac{A}{1 - a\mathrm{e}^{-\mathrm{j}\omega}}\mathrm{e}^{\mathrm{j}\omega n}, \qquad n \geqslant 0
\end{aligned}
\tag{5.1.23}
$$

回顾可知，如果 $|a| < 1$，式（5.1.20）中的系统就是 BIBO 稳定的。在这种情况下，当 n 趋于无穷大时，式（5.1.23）中含 a^{n+1} 的两项衰减为零，只剩下稳态响应

$$y_{\mathrm{ss}}(n) = \lim_{n\to\infty} y(n) = \frac{A}{1 - a\mathrm{e}^{-\mathrm{j}\omega}}\mathrm{e}^{\mathrm{j}\omega n} = AH(\omega)\mathrm{e}^{\mathrm{j}\omega n} \tag{5.1.24}$$

式（5.1.23）中的前两项构成系统的瞬态响应，即

$$y_{\mathrm{tr}}(n) = a^{n+1}y(-1) - \frac{Aa^{n+1}\mathrm{e}^{-\mathrm{j}\omega(n+1)}}{1 - a\mathrm{e}^{-\mathrm{j}\omega}}\mathrm{e}^{\mathrm{j}\omega n}, \qquad n \geqslant 0 \tag{5.1.25}$$

它随着 n 趋于无穷大衰减为零。瞬态响应中的第一项是系统的零输入响应，第二项是由指数输入信号产生的瞬态响应。

一般来说，在 $n = 0$ 或其他有限时刻被复指数或正弦信号激励时，所有线性时不变 BIBO 系统都有类似的表现。也就是说，随着 $n \to \infty$，瞬态响应衰减为零，只剩下前一节所求的稳态响应。在许多实际应用中，系统的瞬态响应并不重要，因此在处理系统对正弦信号输入的响应时，瞬态响应常被忽略。

5.1.3　周期输入信号的稳态响应

假设一个稳定 LTI 系统的输入是基本周期为 N 的周期信号 $x(n)$。这样一个信号在区间 $-\infty < n < \infty$ 上是存在的，所以系统在任意时刻 n 的总响应就等于稳态响应。

为了求系统的响应 $y(n)$，我们使用周期信号的傅里叶级数表示，即

$$x(n) = \sum_{k=0}^{N-1} c_k e^{j2\pi kn/N}, \qquad k = 0, 1, \cdots, N-1 \tag{5.1.26}$$

式中，$\{c_k\}$ 是傅里叶级数系数。现在，系统对复指数信号

$$x_k(n) = c_k e^{j2\pi kn/N}, \qquad k = 0, 1, \cdots, N-1$$

的响应为

$$y_k(n) = c_k H\left(\frac{2\pi}{N}k\right) e^{j2\pi kn/N}, \qquad k = 0, 1, \cdots, N-1 \tag{5.1.27}$$

式中，

$$H\left(\frac{2\pi k}{N}\right) = H(\omega)\Big|_{\omega = 2\pi k/N}, \qquad k = 0, 1, \cdots, N-1$$

使用线性系统的叠加原理，可得系统对式（5.1.26）中的周期信号 $x(n)$ 的响应为

$$y(n) = \sum_{k=0}^{N-1} c_k H\left(\frac{2\pi k}{N}\right) e^{j2\pi kn/N}, \qquad -\infty < n < \infty \tag{5.1.28}$$

这个结果表明，系统对周期输入信号 $x(n)$ 的响应也是周期的，其基本周期同样是 N。$y(n)$ 的傅里叶级数的系数为

$$d_k \equiv c_k H\left(\frac{2\pi k}{N}\right), \qquad k = 0, 1, \cdots, N-1 \tag{5.1.29}$$

因此，线性系统通过缩放傅里叶级数分量的振幅和偏移相位来改变周期输入信号的形状，但不影响周期输入信号的周期。

5.1.4 非周期输入信号的稳态响应

式（4.5.49）给出的卷积定理，为确定 LTI 系统对非周期有限能量信号的输出提供了所需的频域关系。如果 $\{x(n)\}$ 表示输入序列，$\{y(n)\}$ 表示输出序列，$\{h(n)\}$ 表示系统的单位样本响应，由卷积定理就有

$$Y(\omega) = H(\omega)X(\omega) \tag{5.1.30}$$

式中，$Y(\omega)$, $X(\omega)$ 和 $H(\omega)$ 分别是 $\{y(n)\}$、$\{x(n)\}$ 和 $\{h(n)\}$ 的傅里叶变换。由这个关系式可以看出，输出信号的频谱等于输入信号的频谱乘以系统的频率响应。

如果用极坐标表示 $Y(\omega)$, $H(\omega)$ 和 $X(\omega)$，输出信号的幅度与相位就表示为

$$|Y(\omega)| = |H(\omega)||X(\omega)| \tag{5.1.31}$$

$$\angle Y(\omega) = \angle X(\omega) + \angle H(\omega) \tag{5.1.32}$$

式中，$|H(\omega)|$ 和 $\angle H(\omega)$ 分别是系统的幅度响应和相位响应。

本质上说，能量有限的非周期信号包含连续的频率分量。LTI 系统通过频率响应函数衰减输入信号中的某些频率分量，放大其他频率分量，因此系统就成了输入信号的**滤波器**。从 $|H(\omega)|$ 的图形可以看出哪些频率分量被放大，哪些频率分量被衰减。另一方面，$H(\omega)$ 的角度确定输入信号中连续频率分量赋予的相移，其中输入信号是频率的函数。如果系统以不期望的方式改变输入信号谱，就说该系统导致了**幅度和相位失真**。

我们还可观察到，LTI 系统的输出不可能包含输入信号中不存在的频率分量。然而，线性时变系统或者非线性系统可以产生输入信号中不包含的频率分量。

图 5.1.4 说明了可用于分析 BIBO 稳定 LTI 系统的时域和频域关系。观察发现，在时域分析中，

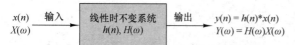

图 5.1.4　LTI 系统的时域和频域输入输出关系

我们是通过输入信号与系统的冲激响应的卷积得到系统的输出序列的；而在频域分析中，我们是通过输入信号的谱 $X(\omega)$ 与系统的频域响应 $H(\omega)$ 的乘积来得到系统输出端信号的谱的。

我们可用式（5.1.30）中的关系来求输出信号的谱 $Y(\omega)$，于是输出序列 $\{y(n)\}$ 就可由傅里叶逆变换

$$y(n) = \frac{1}{2\pi} \int_{-\pi}^{\pi} Y(\omega) e^{j\omega n} \, \mathrm{d}\omega \tag{5.1.33}$$

求得。然而，我们很少采用这种方法。相反，第 3 章中介绍的 z 变换是求解输出序列 $\{y(n)\}$ 问题的一种简便方法。

现在回到式（5.1.30）中的基本输入输出关系，并计算等式两边的幅度的平方，得到

$$|Y(\omega)|^2 = |H(\omega)|^2 |X(\omega)|^2$$
$$S_{yy}(\omega) = |H(\omega)|^2 S_{xx}(\omega) \tag{5.1.34}$$

式中，$S_{xx}(\omega)$ 与 $S_{yy}(\omega)$ 分别是输入信号和输出信号的能量密度谱。在频率范围 $(-\pi, \pi)$ 内对式（5.1.34）积分，得到输出信号的能量为

$$E_y = \frac{1}{2\pi} \int_{-\pi}^{\pi} S_{yy}(\omega) \, \mathrm{d}\omega = \frac{1}{2\pi} \int_{-\pi}^{\pi} |H(\omega)|^2 S_{xx}(\omega) \, \mathrm{d}\omega \tag{5.1.35}$$

【例 5.1.5】 一个 LTI 系统由其冲激响应 $h(n) = \left(\frac{1}{2}\right)^n u(n)$ 描述。当系统被信号

$$x(n) = \left(\frac{1}{4}\right)^n u(n)$$

激励时，求输出信号的谱和能量密度谱。

解：系统的频率响应函数为

$$H(\omega) = \sum_{n=0}^{\infty} \left(\frac{1}{2}\right)^n e^{-j\omega n} = \frac{1}{1 - \frac{1}{2} e^{-j\omega}}$$

类似地，输入序列 $\{x(n)\}$ 的傅里叶变换为

$$X(\omega) = \frac{1}{1 - \frac{1}{4} e^{-j\omega}}$$

因此，在系统输出端，信号的谱为

$$Y(\omega) = H(\omega) X(\omega) = \frac{1}{\left(1 - \frac{1}{2} e^{-j\omega}\right)\left(1 - \frac{1}{4} e^{-j\omega}\right)}$$

对应的能量密度谱为

$$S_{yy}(\omega) = |Y(\omega)|^2 = |H(\omega)|^2 |X(\omega)|^2 = \frac{1}{\left(\frac{5}{4} - \cos\omega\right)\left(\frac{17}{16} - \frac{1}{2}\cos\omega\right)}$$

5.2　LTI 系统的频率响应

本节重点介绍如何求具有有理系统函数的 LTI 系统的频率响应。回顾可知，这类 LTI 系统在时域中由常系数差分方程描述。

5.2.1　具有有理系统函数的系统的频率响应

由 4.3.6 节的讨论可知，如果系统函数 $H(z)$ 在单位圆上收敛，就可在单位圆上计算 $H(z)$ 来得到系统的频率响应。于是，

$$H(\omega) = H(z)\Big|_{z=e^{j\omega}} = \sum_{n=-\infty}^{\infty} h(n) e^{-j\omega n} \qquad (5.2.1)$$

在这种情况下，$H(z)$是一个形如 $H(z) = B(z)/A(z)$ 的有理函数，有

$$H(\omega) = \frac{B(\omega)}{A(\omega)} = \frac{\displaystyle\sum_{k=0}^{M} b_k e^{-j\omega k}}{1 + \displaystyle\sum_{k=1}^{N} a_k e^{-j\omega k}} \qquad (5.2.2)$$

$$= b_0 \frac{\displaystyle\prod_{k=1}^{M}\left(1 - z_k e^{-j\omega}\right)}{\displaystyle\prod_{k=1}^{N}\left(1 - p_k e^{-j\omega}\right)} \qquad (5.2.3)$$

式中，$\{a_k\}$ 与 $\{b_k\}$ 是实的，而 $\{z_k\}$ 与 $\{p_k\}$ 可能是复的。

有时，我们需要将 $H(\omega)$ 的幅度的平方表示为 $H(z)$ 的形式。首先，我们注意到

$$|H(\omega)|^2 = H(\omega)H^*(\omega)$$

对式（5.2.3）给出的有理系统函数，有

$$H^*(\omega) = b_0 \frac{\displaystyle\prod_{k=1}^{M}\left(1 - z_k^* e^{j\omega}\right)}{\displaystyle\prod_{k=1}^{N}\left(1 - p_k^* e^{j\omega}\right)} \qquad (5.2.4)$$

于是，在单位圆上计算 $H^*(1/z^*)$ 就可得到 $H^*(\omega)$，对一个有理系统函数，

$$H^*(1/z^*) = b_0 \frac{\displaystyle\prod_{k=1}^{M}\left(1 - z_k^* z\right)}{\displaystyle\prod_{k=1}^{N}\left(1 - p_k^* z\right)} \qquad (5.2.5)$$

然而，如果 $\{h(n)\}$ 是实的，或者等效地，如果系数 $\{a_k\}$ 与 $\{b_k\}$ 是实的，复极点和零点就以复共轭对的形式出现。在这种情况下，$H^*(1/z^*) = H(z^{-1})$。因此，$H^*(\omega) = H(-\omega)$，且

$$|H(\omega)|^2 = H(\omega)H^*(\omega) = H(\omega)H(-\omega) = H(z)H(z^{-1})\Big|_{z=e^{j\omega}} \qquad (5.2.6)$$

根据 z 变换的相关定理（见表 3.2），函数 $H(z)H(z^{-1})$ 是单位样本响应 $\{h(n)\}$ 的自相关序列 $\{r_{hh}(m)\}$ 的 z 变换。由维纳-辛钦定理可知 $|H(\omega)|^2$ 是 $\{r_{hh}(m)\}$ 的傅里叶变换。

类似地，如果 $H(z) = B(z)/A(z)$，变换 $D(z) = B(z)B(z^{-1})$ 和 $C(z) = A(z)A(z^{-1})$ 就是自相关序列 $\{c_l\}$ 和 $\{d_l\}$ 的 z 变换，其中，

$$c_l = \sum_{k=0}^{N-|l|} a_k a_{k+l}, \qquad -N \leqslant l \leqslant N \qquad (5.2.7)$$

$$d_l = \sum_{k=0}^{M-|l|} b_k b_{k+l}, \qquad -M \leqslant l \leqslant M \qquad (5.2.8)$$

系统参数 $\{a_k\}$ 与 $\{b_k\}$ 是实的，因此可得 $c_l = c_{-l}$ 和 $d_l = d_{-l}$。利用对称性质，$|H(\omega)|^2$ 可以表示为

$$|H(\omega)|^2 = \frac{d_0 + 2\displaystyle\sum_{k=1}^{M} d_k \cos k\omega}{c_0 + 2\displaystyle\sum_{k=1}^{N} c_k \cos k\omega} \qquad (5.2.9)$$

最后，我们注意到 $\cos k\omega$ 可以表示成 $\cos\omega$ 的多项式函数，即

$$\cos k\omega = \sum_{m=0}^{k} \beta_m (\cos\omega)^m \qquad (5.2.10)$$

式中，$\{\beta_m\}$ 是展开式的系数。因此，$|H(\omega)|^2$ 的分子与分母可视为 $\cos\omega$ 的多项式函数。下例说明前面所述的关系。

【例 5.2.1】求系统 $y(n) = -0.1y(n-1) + 0.2y(n-2) + x(n) + x(n-1)$ 的 $|H(\omega)|^2$。

解：系统函数为

$$H(z) = \frac{1 + z^{-1}}{1 + 0.1z^{-1} - 0.2z^{-2}}$$

收敛域为 $|z| > 0.5$，因此 $H(\omega)$ 存在。现在

$$H(z)H(z^{-1}) = \frac{1 + z^{-1}}{1 + 0.1z^{-1} - 0.2z^{-2}} \cdot \frac{1 + z}{1 + 0.1z - 0.2z^2} = \frac{2 + z + z^{-1}}{1.05 + 0.08(z + z^{-1}) - 0.2(z^{-2} + z^{-2})}$$

在单位圆上计算 $H(z)H(z^{-1})$ 得

$$|H(\omega)|^2 = \frac{2 + 2\cos\omega}{1.05 + 0.16\cos\omega - 0.4\cos 2\omega}$$

而 $\cos 2\omega = 2\cos^2\omega - 1$，因此 $|H(\omega)|^2$ 可以表示为

$$|H(\omega)|^2 = \frac{2(1 + \cos\omega)}{1.45 + 0.16\cos\omega - 0.8\cos^2\omega}$$

观察发现，如果给定 $H(z)$，求 $H(z^{-1})$ 和 $|H(\omega)|^2$ 就很简单。然而，如果给定 $|H(\omega)|^2$ 或者对应的冲激响应 $\{h(n)\}$，求 $H(z)$ 却不简单。因为 $|H(\omega)|^2$ 不包含 $H(\omega)$ 中的相位信息，所以不可能唯一地确定 $H(z)$。

为了详细说明这一点，假设 $H(z)$ 的 N 个极点和 M 个零点分别是 $\{p_k\}$ 和 $\{z_k\}$，$H(z^{-1})$ 对应的极点和零点分别是 $\{1/p_k\}$ 和 $\{1/z_k\}$。给定 $|H(\omega)|^2$ 或者等效的 $H(z)H(z^{-1})$，将极点 p_k 或其倒数 $1/p_k$ 以及零点 z_k 或其倒数 $1/z_k$ 赋给 $H(z)$，就可求出不同的系统函数 $H(z)$。例如，如果 $N = 2$ 和 $M = 1$，$H(z)H(z^{-1})$ 的极点和零点就分别为 $\{p_1, p_2, 1/p_1, 1/p_2\}$ 和 $\{z_1, 1/z_1\}$。如果 p_1 与 p_2 是实的，$H(z)$ 的极点就可能为 $\{p_1, p_2\}$、$\{1/p_1, 1/p_2\}$、$\{p_1, 1/p_2\}$ 和 $\{p_2, 1/p_1\}$，而零点可能是 $\{z_1\}$ 或 $\{1/z_1\}$。因此，系统函数就有 8 种可能的选择，它们都得到相同的 $|H(\omega)|^2$。即使将 $H(z)$ 的极点限制在单位圆内部，$H(z)$ 仍有 2 种不同的选择，具体取决于是选择 $\{z_1\}$ 作为零点还是选择 $\{1/z_1\}$ 作为零点。因此，仅给定幅度响应 $|H(\omega)|$ 不能唯一地确定 $H(z)$。

5.2.2 频率响应函数的计算

计算作为频率的函数的幅度响应和相位响应时，可以方便地将 $H(\omega)$ 表示成其极点与零点的形式。因此，我们以因式分解的形式将 $H(\omega)$ 写成

$$H(\omega) = b_0 \frac{\prod_{k=1}^{M}\left(1 - z_k \, \mathrm{e}^{-\mathrm{j}\omega k}\right)}{\prod_{k=1}^{N}\left(1 - p_k \, \mathrm{e}^{-\mathrm{j}\omega k}\right)} \qquad (5.2.11)$$

或者等效地写成

$$H(\omega) = b_0 \, \mathrm{e}^{\mathrm{j}\omega(N-M)} \frac{\displaystyle\prod_{k=1}^{M}\left(\mathrm{e}^{\mathrm{j}\omega} - z_k\right)}{\displaystyle\prod_{k=1}^{N}\left(\mathrm{e}^{\mathrm{j}\omega} - p_k\right)} \qquad (5.2.12)$$

式（5.2.12）中的各个复因式可用极坐标表示为

$$\mathrm{e}^{\mathrm{j}\omega} - z_k = V_k(\omega)\,\mathrm{e}^{\mathrm{j}\Theta_k(\omega)} \qquad (5.2.13)$$

和

$$\mathrm{e}^{\mathrm{j}\omega} - p_k = U_k(\omega)\,\mathrm{e}^{\mathrm{j}\Phi_k(\omega)} \qquad (5.2.14)$$

式中，

$$V_k(\omega) \equiv \left|\mathrm{e}^{\mathrm{j}\omega} - z_k\right|, \quad \Theta_k(\omega) \equiv \angle(\mathrm{e}^{\mathrm{j}\omega} - z_k) \qquad (5.2.15)$$

和

$$U_k(\omega) \equiv \left|\mathrm{e}^{\mathrm{j}\omega} - p_k\right|, \quad \Phi_k(\omega) = \angle(\mathrm{e}^{\mathrm{j}\omega} - p_k) \qquad (5.2.16)$$

$H(\omega)$ 的幅度等于式（5.2.12）中所有项的幅度的乘积。因为 $\mathrm{e}^{\mathrm{j}\omega(N-M)}$ 的幅度为 1，所以由式（5.2.13）到式（5.2.16）得

$$|H(\omega)| = |b_0| \frac{V_1(\omega)\cdots V_M(\omega)}{U_1(\omega)U_2(\omega)\cdots U_N(\omega)} \qquad (5.2.17)$$

$H(\omega)$ 的相位等于分子因式中的所有相位之和减去分母因式中的相位，因此联立式（5.2.13）到式（5.2.16）可得

$$\angle H(\omega) = \angle b_0 + \omega(N-M) + \Theta_1(\omega) + \Theta_2(\omega) + \cdots + \Theta_M(\omega) - \left[\Phi_1(\omega) + \Phi_2(\omega) + \cdots + \Phi_N(\omega)\right] \qquad (5.2.18)$$

增益项 b_0 的相位是 0 或 π，具体取决于 b_0 是正数还是负数。显然，如果知道系统函数 $H(z)$ 的零点和极点，就可以由式（5.2.17）和式（5.2.18）求出频率响应。

式（5.2.17）和式（5.2.18）中出现的量存在几何解释。考虑位于 z 平面上点 A 和点 B 处的极点 p_k 和零点 z_k，如图 5.2.1(a)所示。假设我们希望在特定频率值 ω 处计算 $H(\omega)$，给定的 ω 值确定 $\mathrm{e}^{\mathrm{j}\omega}$ 与实正半轴的角度，矢量 $\mathrm{e}^{\mathrm{j}\omega}$ 的矢端规定单位圆上的点 L。计算给定 ω 值的傅里叶变换等效于求复平面上点 L 的 z 变换。我们画出从极点和零点到我们希望计算傅里叶变换的点 L 之间的矢量 $\boldsymbol{AL}$ 和 $\boldsymbol{BL}$。由图 5.2.1(a)可得

$$\boldsymbol{CL} = \boldsymbol{CA} + \boldsymbol{AL}$$

和

$$\boldsymbol{CL} = \boldsymbol{CB} + \boldsymbol{BL}$$

然而，$\boldsymbol{CL} = \mathrm{e}^{\mathrm{j}\omega}$，$\boldsymbol{CA} = p_k$，$\boldsymbol{CB} = z_k$，因此

$$\boldsymbol{AL} = \mathrm{e}^{\mathrm{j}\omega} - p_k \qquad (5.2.19)$$

和

$$\boldsymbol{BL} = \mathrm{e}^{\mathrm{j}\omega} - z_k \qquad (5.2.20)$$

联立这些关系式和式（5.2.13）与式（5.2.14）得

$$\boldsymbol{AL} = \mathrm{e}^{\mathrm{j}\omega} - p_k = U_k(\omega)\,\mathrm{e}^{\mathrm{j}\Phi_k(\omega)} \qquad (5.2.21)$$

$$\boldsymbol{BL} = \mathrm{e}^{\mathrm{j}\omega} - z_k = V_k(\omega)\,\mathrm{e}^{\mathrm{j}\Theta_k(\omega)} \qquad (5.2.22)$$

于是，$U_k(\omega)$ 是 $\boldsymbol{AL}$ 的长度，即极点 p_k 到对应于 $\mathrm{e}^{\mathrm{j}\omega}$ 的点 L 的距离，而 $V_k(\omega)$ 是零点 z_k 到点 L 的距离。相位 $\Phi_k(\omega)$ 与 $\Theta_k(\omega)$ 分别是矢量 $\boldsymbol{AL}$ 与 $\boldsymbol{BL}$ 与实正半轴的夹角。这些几何解释如图 5.2.1(b)所示。

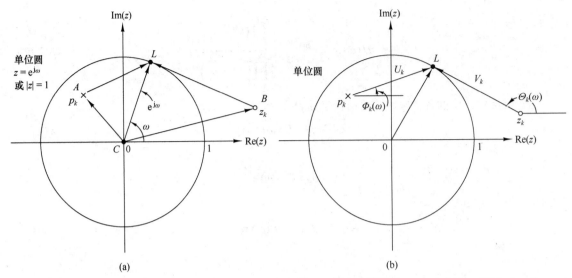

图 5.2.1 极点和零点对傅里叶变换的贡献的几何解释：(a)幅度：因子 V_k/U_k；(b)相位：因子 $\Theta_k - \Phi_k$

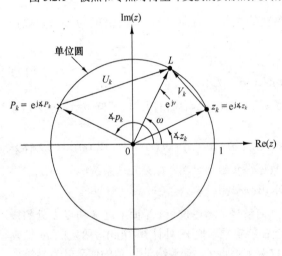

图 5.2.2 单位圆上的一个零点使得 $|H(\omega)| = 0$ 和 $\omega = \angle z_k$。相反，单位圆上的一个极点使得 $\omega = \angle p_k$ 时 $|H(\omega)| = \infty$

几何解释对于了解极点和零点的位置如何影响傅里叶变换的幅度与相位非常有用。假设一个零点（如 z_k）与一个极点（如 p_k）都位于单位圆上，如图 5.2.2 所示。观察发现，在 $\omega = \angle z_k$ 处 $V_k(\omega)$ 变成零，因此 $|H(\omega)|$ 也变成零。类似地，在 $\omega = \angle p_k$ 处，长度 $U_k(\omega)$ 变成零，因此 $|H(\omega)|$ 变成无穷大。显然，这时计算相位是没有意义的。

由以上讨论可以看出，靠近单位圆的零点使得靠近该零点的单位圆上的点的频率处的频率响应的幅度值很小，而靠近单位圆的极点使得靠近该极点的单位圆上的频率处的频率响应的幅度值很大，因此极点和零点的效果相反。此外，在极点附近放置零点可以抵消极点的影响，反之亦然。这同样可由式（5.2.12）看出，原因是如果 $z_k = p_k$，项 $e^{j\omega} - z_k$ 就与项 $e^{j\omega} - p_k$ 相互抵消。显然，变换中出现的极点和零点将导致各种形状的 $|H(\omega)|$ 和 $\angle H(\omega)$。这一观察对设计数字滤波器来说非常重要。下例说明了这些概念。

【例 5.2.2】计算由如下系统函数描述的系统的频率响应：

$$H(z) = \frac{1}{1 - 0.8z^{-1}} = \frac{z}{z - 0.8}$$

解：显然，$H(z)$ 在 $z = 0$ 处有一个零点，在 $p = 0.8$ 处有一个极点，因此系统的频率响应为

$$H(\omega) = \frac{e^{j\omega}}{e^{j\omega} - 0.8}$$

幅度响应为

$$|H(\omega)| = \frac{|e^{j\omega}|}{|e^{j\omega} - 0.8|} = \frac{1}{\sqrt{1.64 - 1.6\cos\omega}}$$

相位响应为

$$\theta(\omega) = \omega - \arctan\frac{\sin\omega}{\cos\omega - 0.8}$$

幅度响应和相位响应如图 5.2.3 所示。观察发现，幅度响应的峰值出现在 $\omega = 0$ 处，该点在单位圆上最靠近 0.8 处的极点。

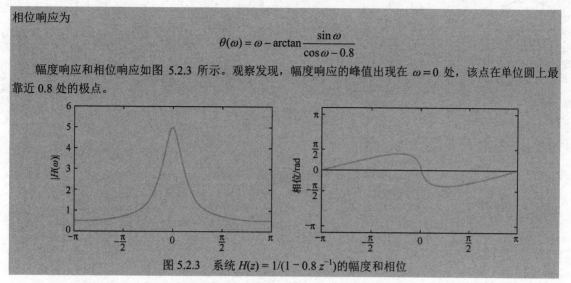

图 5.2.3　系统 $H(z) = 1/(1 - 0.8\,z^{-1})$ 的幅度和相位

如果将式（5.2.17）中的幅度响应表示成分贝形式，即

$$|H(\omega)|_{\mathrm{dB}} = 20\lg|b_0| + 20\sum_{k=1}^{M}\lg V_k(\omega) - 20\sum_{k=1}^{N}\lg U_k(\omega) \tag{5.2.23}$$

幅度响应就可表示成 $|H(\omega)|$ 中的各幅度因式之和。

5.3　LTI 系统输出端的相关函数和谱

本节推导 LTI 系统输入信号与输出信号之间的谱关系，重点推导确定性输入信号与输出信号的能量密度谱的关系。

2.6.4 节推导了 LTI 系统输入序列与输出序列的几种相关关系，重点推导了如下公式：

$$r_{yy}(m) = r_{hh}(m) * r_{xx}(m) \tag{5.3.1}$$

$$r_{yx}(m) = h(m) * r_{xx}(m) \tag{5.3.2}$$

式中，$r_{xx}(m)$ 是输入信号 $\{x(n)\}$ 的自相关序列，$r_{yy}(m)$ 是输出信号 $\{y(n)\}$ 的自相关序列，$r_{hh}(m)$ 是冲激响应 $\{h(n)\}$ 的自相关序列，$r_{yx}(m)$ 是输出信号和输入信号之间的互相关序列。因为式（5.3.1）与式（5.3.2）涉及卷积运算，所以对这些等式进行 z 变换，得到

$$S_{yy}(z) = S_{hh}(z)S_{xx}(z) = H(z)H(z^{-1})S_{xx}(z) \tag{5.3.3}$$

$$S_{yx}(z) = H(z)S_{xx}(z) \tag{5.3.4}$$

将 $z = \mathrm{e}^{\mathrm{j}\omega}$ 代入式（5.3.4）得

$$S_{yx}(\omega) = H(\omega)S_{xx}(\omega) = H(\omega)|X(\omega)|^2 \tag{5.3.5}$$

式中，$S_{yx}(\omega)$ 是 $\{y(n)\}$ 和 $\{x(n)\}$ 的互能量密度谱。类似地，在单位圆上计算 $S_{yy}(z)$，得到输出信号的能量密度谱

$$S_{yy}(\omega) = |H(\omega)|^2 S_{xx}(\omega) \tag{5.3.6}$$

式中，$S_{xx}(\omega)$ 是输入信号的能量密度谱。

由于 $r_{yy}(m)$ 和 $S_{yy}(\omega)$ 是傅里叶变换对，所以有

$$r_{yy}(m) = \frac{1}{2\pi}\int_{-\pi}^{\pi} S_{yy}(\omega)\,\mathrm{e}^{\mathrm{j}\omega m}\,\mathrm{d}\omega \tag{5.3.7}$$

输出信号的总能量是

$$E_y = \frac{1}{2\pi} \int_{-\pi}^{\pi} S_{yy}(\omega)\,\mathrm{d}\omega = r_{yy}(0) = \frac{1}{2\pi} \int_{-\pi}^{\pi} |H(\omega)|^2 S_{xx}(\omega)\,\mathrm{d}\omega \qquad (5.3.8)$$

式（5.3.8）中的结果可用于证明 $E_y \geqslant 0$。

观察发现，如果输入信号的谱是平坦的 [即对于 $-\pi \leqslant \omega \leqslant \pi$，$S_{xx}(\omega) = S_x = $ 常数]，式（5.3.5）就简化为

$$S_{yx}(\omega) = H(\omega)S_x \qquad (5.3.9)$$

式中，S_x 是谱的常数值。因此，有

$$H(\omega) = \frac{1}{S_x} S_{yx}(\omega) \qquad (5.3.10)$$

或者等效地有

$$h(n) = \frac{1}{S_x} r_{yx}(m) \qquad (5.3.11)$$

式（5.3.11）中的关系意味着如果在输入端用一个谱平坦的信号 $\{x(n)\}$ 激励系统，并将系统输入与输出互相关，就可求出 $h(n)$。这种方法对于测量一个未知系统的冲激响应非常有用。

【例 5.3.1】零相位滤波

已知冲激响应为 $h(n)$、频率响应为 $H(\omega)$ 的一个滤波器，我们定义频率响应为

$$G(\omega) = |H(\omega)|^2 \qquad (5.3.12)$$

的一个滤波器。由于 $G(\omega) \geqslant 0$，该滤波器具有零相位响应，即 $\angle G(\omega) = 0$。冲激响应为 $g(n) = h(n) * h(-n)$。系统对输入 $x(n)$ 的响应为

$$y(n) = g(n) * x(n) = h(n) * [h(-n) * x(n)] \qquad (5.3.13)$$

若 $v(n) = h(-n) * x(n)$ 和 $w(n) = h(n) * x(-n)$，则 $v(n) = w(-n)$，这表明了图 5.3.1 所示的滤波算法。这个想法的一个有用应用是为 $H(\omega)$ 选择因果指数平滑器来设计零相位指数平滑器。图 5.3.2 显示了每周道琼斯工业平均指数数据及其被因果平滑器和 $a = 0.9$ 时对应的零相位平滑器平滑后的数据。显然，零相位平滑器提供了输入信号的完美对齐和更好的平滑。

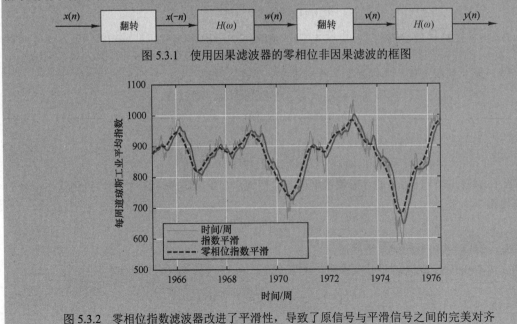

图 5.3.1　使用因果滤波器的零相位非因果滤波的框图

图 5.3.2　零相位指数滤波器改进了平滑性，导致了原信号与平滑信号之间的完美对齐

5.4 作为频率选择滤波器的 LTI 系统

术语**滤波器**常用来描述这样一种设备，即根据作用于其输入端的对象的某种属性来辨识哪些对象可以通过的设备。例如，空气过滤器只允许空气通过，而阻止空气中的尘埃粒子。滤油器的功能类似，不同的是，油是允许通过的物质，污垢则聚集在滤油器的入口而无法通过。摄影用紫外滤光片常用来阻止阳光中可见光范围之外的紫外光通过，以免影响胶片上的化学物质。

前一节说过，LTI 系统同样具有分辨或过滤输入端的各种频率分量的功能。这种滤波的本质是由频率响应特性 $H(\omega)$ 决定的，而 $H(\omega)$ 取决于系统参数的选择［如系统差分方程描述中的系数 $\{a_k\}$ 与 $\{b_k\}$］。因此，适当地选择系数，就可以设计出通过某些频段的频率分量的信号，同时衰减其他频段的频率分量的信号的频率选择滤波器。

一般来说，LTI 系统可以根据其频率响应 $H(\omega)$ 改变输入信号谱 $X(\omega)$，以产生谱为 $Y(\omega) = H(\omega)X(\omega)$ 的输出信号。从某种意义上说，$H(\omega)$ 对输入信号中的不同频率分量起**加权函数**或**谱成形函数**的作用。于是，任何 LTI 系统就都可视为频率成形滤波器，即使它不必完全阻止部分或全部频率分量。因此，术语"LTI 系统"和"滤波器"是同义的，可以互换使用。

我们使用术语**滤波器**来描述用于进行谱成形或者频率选择滤波的 LTI 系统。滤波在数字信号处理中的使用相当广泛，如信号中的噪声消除，通信信道均衡的谱成形，雷达、声呐与通信中的信号检测，以及信号的谱分析等。

5.4.1 理想滤波器特性

按照频域特性，我们常将滤波器分为低通、高通、带通、带阻或频带移除滤波器。这些类型的滤波器的理想幅度响应特性如图 5.4.1 所示。从图中可以看出，理想滤波器的通带都有一个常数增益 （常取为单位增益），而阻带的增益为零。

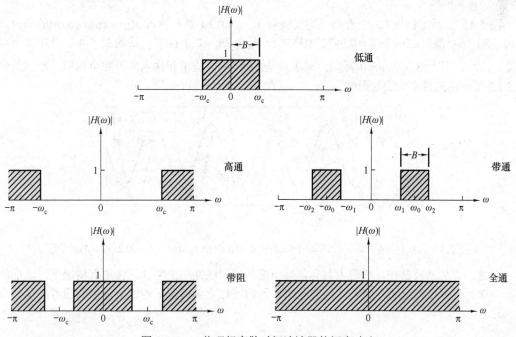

图 5.4.1　一些理想离散时间滤波器的幅度响应

理想滤波器的另一个特性是线性相位响应。为了说明这一点，我们假设频率分量限制在频率范围 $\omega_1 < \omega < \omega_2$ 内的一个信号序列 $\{x(n)\}$ 通过频率响应为

$$H(\omega) = \begin{cases} C\,\mathrm{e}^{-\mathrm{j}\omega n_0}, & \omega_1 < \omega < \omega_2 \\ 0, & \text{其他} \end{cases} \tag{5.4.1}$$

的滤波器，其中 C 和 n_0 是常数。滤波器输出端的信号的谱为

$$Y(\omega) = X(\omega)H(\omega) = CX(\omega)\mathrm{e}^{-\mathrm{j}\omega n_0}, \qquad \omega_1 < \omega < \omega_2 \tag{5.4.2}$$

利用傅里叶变换的缩放与时移性质，得到时域输出为

$$y(n) = Cx(n - n_0) \tag{5.4.3}$$

因此，滤波器输出就是输入信号的一个延迟和幅度缩放的副本。纯延迟通常可以忍受，通常不认为是信号的失真。幅度缩放同样也不认为是信号的失真。因此，理想滤波器在其通带范围内具有线性相位，即

$$\Theta(\omega) = -\omega n_0 \tag{5.4.4}$$

相位关于频率求导的结果是单位延迟。因此，我们可将信号延迟定义为频率的函数，即

$$\tau_{\mathrm{g}}(\omega) = -\frac{\mathrm{d}\Theta(\omega)}{\mathrm{d}\omega} \tag{5.4.5}$$

$\tau_{\mathrm{g}}(\omega)$ 常称滤波器的**包络延迟**或者**群延迟**。我们将 $\tau_{\mathrm{g}}(\omega)$ 解释成频率为 ω 的信号分量从系统的输入端到输出端即通过系统所经历的时延。注意，如果 $\Theta(\omega)$ 如式（5.4.4）中那样是线性的，则有 $\tau_{\mathrm{g}}(\omega) = n_0 = $ 常数。在这种情况下，输入信号的所有频率分量都经历相同的时延。

相位延迟 另一个有用的量是由

$$\tau_{\mathrm{pd}}(\omega) = -\frac{\Theta(\omega)}{\omega} \tag{5.4.6}$$

定义的**相位延迟函数**。由式（5.1.18）有 $\sin[\omega n + \Theta(\omega)] = \sin[\omega(n - \tau_{\mathrm{pd}}(\omega))]$，这表明 $\tau_{\mathrm{pd}}(\omega)$ 是以样本数来度量延迟的。

图 5.4.2 显示了例 5.1.2 中滑动平均滤波器在 $\omega_0 = 0.2\pi$ 处对输入 $x(n) = \cos\omega_0 nu(n)$ 的响应。使用式（5.1.16）得到 $|H(0.2\pi)| = 0.6472$ 个样本和 $\tau_{\mathrm{pd}}(0.2\pi) = 2$ 个样本，目测图 5.4.2 可知这一点很明显。注意，因为输入从 $n = 0$ 开始，对于前 M 个样本，输出和输入并不完全相似，原因是受到了 5.1.2 节描述的瞬态响应的影响。

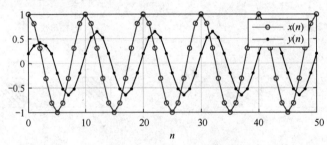

图 5.4.2　当 $M = 4$ 时，一个滑动平均滤波器对正弦信号 $x(n) = \cos(0.2\pi n)\,u(n)$ 的响应

总之，理想滤波器在其通带内具有常数幅度特性和线性相位特性。在所有情况下，这样的滤波器物理上是不可实现的，但可作为实际滤波器的理想数学模型。例如，理想低通滤波器具有冲激响应

$$h_{\mathrm{lp}}(n) = \frac{\sin\omega_{\mathrm{c}}\pi n}{\pi n}, \qquad -\infty < n < \infty$$

观察发现，这个滤波器不是因果的，也不是绝对可和的，因此是不稳定的。因此，这个理想滤波器物理上是不可实现的。然而，其频率响应特性可被物理上可以实现的实际滤波器非常近似地逼近，详见第 10 章中的说明。

下面在 z 平面上配置极点和零点来设计一些简单的数字滤波器。前面描述了极点与零点的位置是如何影响系统的频率响应的，5.2.2 节特别介绍了如何用图形方法由零极点图来计算频率响应。我们可以使用同样的方法来设计具有期望频率响应特性的重要数字滤波器。

零极点配置法的基本原理是，将极点放在靠近单位圆的对应于待加强频率的点附近，而将零点放在靠近单位圆的对应于待减弱频率的点附近。此外，要强调的约束如下。

1. 为了使滤波器稳定，所有极点都要放在单位圆内部，而零点可放在 z 平面上的任意位置。

2. 为了使滤波器的系数是实数，所有的复零点和极点必须以复共轭对的形式出现。

回顾前面的讨论可知，对于给定的零极点图，系统函数 $H(z)$ 可以表示为

$$H(z) = \frac{\sum_{k=0}^{M} b_k z^{-k}}{1 + \sum_{k=1}^{N} a_k z^{-k}} = b_0 \frac{\prod_{k=1}^{M}\left(1 - z_k z^{-1}\right)}{\prod_{k=1}^{N}\left(1 - p_k z^{-1}\right)} \tag{5.4.7}$$

式中，b_0 是选择用来在规定的频率处归一化频率响应的增益常数。也就是说，选择的 b_0 要满足

$$\left|H(\omega_0)\right| = 1 \tag{5.4.8}$$

式中，ω_0 是滤波器通带内的频率。通常选择 N 大于或等于 M，使滤波器的非平凡极点比零点多。

下一节介绍设计某些简单的低通滤波器、高通滤波器、带通滤波器、数字谐振器和梳状滤波器的零极点配置法。在计算机的图形终端上交互式地进行设计是很方便的。

5.4.2 低通、高通与带通滤波器

设计低通数字滤波器时，极点应放在靠近单位圆的对应于低频的点（靠近 $\omega = 0$），而零点应放在靠近单位圆或单位圆上对应于高频的点（靠近 $\omega = \pi$）。设计高通滤波器时的情况相反。

图 5.4.3 说明了三个低通滤波器和三个高通滤波器的零极点配置。图 5.4.4 显示了 $a = 0.9$ 时，系统函数为

$$H_1(z) = \frac{1 - a}{1 - a z^{-1}} \tag{5.4.9}$$

的一个单极点滤波器的幅度和相位响应。选择 $1 - a$ 作为增益 G，使滤波器在 $\omega = 0$ 处有单位增益。该滤波器在高频处的增益相对较小。

在 $z = -1$ 处增加一个零点以进一步衰减滤波器在高频处的响应，得到的系统函数为

$$H_2(z) = \frac{1 - a}{2} \frac{1 + z^{-1}}{1 - a z^{-1}} \tag{5.4.10}$$

其频率响应特性同样如图 5.4.4 所示。这时，$H_2(\omega)$ 的幅度在 $\omega = \pi$ 处变为零。

类似地，在 z 平面上将低通滤波器的零极点位置关于虚轴反转（折叠），就可得到简单的高通滤波器，于是系统函数为

$$H_3(z) = \frac{1 - a}{2} \frac{1 - z^{-1}}{1 + a z^{-1}} \tag{5.4.11}$$

频率响应特性如图 5.4.5 所示，其中 $a = 0.9$。

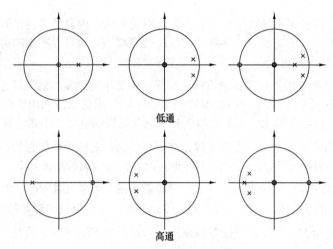

低通

高通

图 5.4.3　几个低通和高通滤波器的零极点图

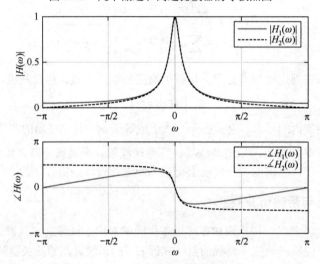

图 5.4.4　幅度和相位响应：(a)有一个极点的滤波器；(b)有一个极点和一个零点的滤波器；$H_1(z) = (1-a)/(1-az^{-1})$，$H_2(z) = [(1-a)/2]\,[(1+z^{-1})/(1-az^{-1})]$，$a = 0.9$

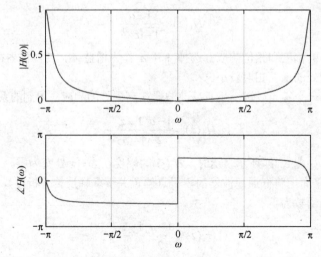

图 5.4.5　一个简单高通滤波器的幅度响应和相位响应，$H(z) = [(1-a)/2]\,[(1-z^{-1})/(1+az^{-1})]$，$a = 0.9$

【例 5.4.1】 一个双极点滤波器的系统函数为

$$H(z) = \frac{b_0}{(1 - pz^{-1})^2}$$

求 b_0 和 p 的值，使频率响应 $H(\omega)$ 满足条件 $H(0) = 1$ 和

$$\left| H\left(\frac{\pi}{4}\right) \right|^2 = \frac{1}{2}$$

解：在 $\omega = 0$ 处，有

$$H(0) = \frac{b_0}{(1 - p)^2} = 1$$

因此有

$$b_0 = (1 - p)^2$$

在 $\omega = \pi/4$ 处，有

$$H\left(\frac{\pi}{4}\right) = \frac{(1 - p)^2}{(1 - p\,\mathrm{e}^{-\mathrm{j}\pi/4})^2} = \frac{(1 - p)^2}{\left(1 - p\cos(\pi/4) + \mathrm{j}\,p\sin(\pi/4)\right)^2} = \frac{(1 - p)^2}{\left(1 - p/\sqrt{2} + \mathrm{j}\,p/\sqrt{2}\right)^2}$$

所以有

$$\frac{(1 - p)^4}{\left[(1 - p/\sqrt{2})^2 + p^2/2\right]^2} = \frac{1}{2}$$

或者等效地有

$$\sqrt{2}(1 - p)^2 = 1 + p^2 - \sqrt{2}\,p$$

值 $p = 0.32$ 满足该方程，因此滤波器的系统函数为

$$H(z) = \frac{0.46}{(1 - 0.32z^{-1})^2}$$

应用同样的原理可设计带通滤波器。基本上说，带通滤波器应在构成滤波器通带的频带附近包含一个或多个靠近单位圆的复共轭极点对。下例说明了这一基本思想。

【例 5.4.2】 设计一个双极点带通滤波器，其通带中心为 $\omega = \pi/2$，其频率响应特性在 $\omega = 0$ 与 $\omega = \pi$ 处为零，其幅度响应在 $\omega = 4\pi/9$ 处为 $1/\sqrt{2}$。

解：显然，该滤波器的极点在

$$p_{1,2} = r\,\mathrm{e}^{\pm\mathrm{j}\pi/2}$$

处必定存在，且在 $z = 1$ 和 $z = -1$ 处存在零点。因此，系统函数为

$$H(z) = G\frac{(z - 1)(z + 1)}{(z - \mathrm{j}r)(z + \mathrm{j}r)} = G\frac{z^2 - 1}{z^2 + r^2}$$

计算滤波器在 $\omega = \pi/2$ 处的频率响应 $H(\omega)$ 可以求出增益因子，于是有

$$H\left(\frac{\pi}{2}\right) = G\frac{2}{1 - r^2} = 1, \quad G = \frac{1 - r^2}{2}$$

计算 $\omega = 4\pi/9$ 处的 $H(\omega)$ 可以求出 r，于是有

$$\left| H\left(\frac{4\pi}{9}\right) \right|^2 = \frac{(1 - r^2)^2}{4}\frac{2 - 2\cos(8\pi/9)}{1 + r^4 + 2r^2\cos(8\pi/9)} = \frac{1}{2}$$

或者等效地有

$$1.94(1 - r^2)^2 = 1 - 1.88r^2 + r^4$$

值 $r^2 = 0.7$ 满足该方程。因此，所求滤波器的系统函数为

$$H(z) = 0.15\frac{1 - z^{-2}}{1 + 0.7z^{-2}}$$

其频率响应如图 5.4.6 所示。

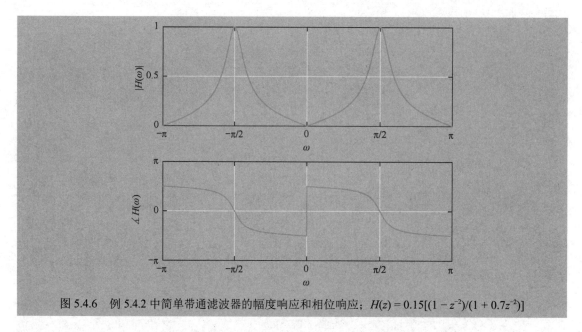

图 5.4.6 例 5.4.2 中简单带通滤波器的幅度响应和相位响应；$H(z) = 0.15[(1 - z^{-2})/(1 + 0.7z^{-2})]$

要强调的是，上述通过零极点配置来设计简单数字滤波器的方法的主要目的是，了解极点和零点对系统频率响应特性的影响。然而，该方法并不是设计具有规定带通和带阻特性的数字滤波器的好办法。第 10 章将讨论实际用于设计复杂数字滤波器的系统性方法。

一个从低通到高通滤波器的简单变换。假定我们设计了冲激响应为 $h_{\mathrm{lp}}(n)$ 的一个原型低通滤波器。利用傅里叶变换的频移性质，我们是有可能将这个原型滤波器变换成带通或高通滤波器的。这种将原型低通滤波变换成另一类滤波器的频率变换方法将在 10.4 节中详细描述。本节介绍将低通滤波器变换成高通滤波器及将高通滤波器变换成低通滤波器的简单频率变换方法。

如果 $h_{\mathrm{lp}}(n)$ 是频率响应为 $H_{\mathrm{lp}}(\omega)$ 的低通滤波器的冲激响应，将 $H_{\mathrm{lp}}(\omega)$ 平移 π 弧度（用 $\omega - \pi$ 代替 ω），就可以得到一个高通滤波器。于是，

$$H_{\mathrm{hp}}(\omega) = H_{\mathrm{lp}}(\omega - \pi) \tag{5.4.12}$$

式中，$H_{\mathrm{hp}}(\omega)$ 是高通滤波器的频率响应。因为频移 π 弧度等效于冲激响应 $h_{\mathrm{lp}}(n)$ 乘以 $\mathrm{e}^{j\pi n}$，所以高通滤波器的冲激响应为

$$h_{\mathrm{hp}}(n) = (\mathrm{e}^{j\pi})^n h_{\mathrm{lp}}(n) = (-1)^n h_{\mathrm{lp}}(n) \tag{5.4.13}$$

因此，改变低通滤波器冲激响应 $h_{\mathrm{lp}}(n)$ 中奇数样本的符号就可得到高通滤波器的冲激响应。反过来，有

$$h_{\mathrm{lp}}(n) = (-1)^n h_{\mathrm{hp}}(n) \tag{5.4.14}$$

如果低通滤波器由差分方程

$$y(n) = -\sum_{k=1}^{N} a_k y(n-k) + \sum_{k=0}^{M} b_k x(n-k) \tag{5.4.15}$$

描述，那么其频率响应为

$$H_{\mathrm{lp}}(\omega) = \frac{\displaystyle\sum_{k=0}^{M} b_k \, \mathrm{e}^{-j\omega k}}{1 + \displaystyle\sum_{k=1}^{N} a_k \, \mathrm{e}^{-j\omega k}} \tag{5.4.16}$$

现在，如果用 $\omega - \pi$ 代替式（5.4.16）中的 ω，则有

$$H_{\mathrm{hp}}(\omega) = \frac{\displaystyle\sum_{k=0}^{M}(-1)^k b_k\,\mathrm{e}^{-\mathrm{j}\omega k}}{1+\displaystyle\sum_{k=1}^{N}(-1)^k a_k\,\mathrm{e}^{-\mathrm{j}\omega k}} \qquad (5.4.17)$$

它对应于差分方程

$$y(n) = -\sum_{k=1}^{N}(-1)^k a_k\, y(n-k) + \sum_{k=0}^{M}(-1)^k b_k\, x(n-k) \qquad (5.4.18)$$

【例 5.4.3】将由差分方程 $y(n)=0.9y(n-1)+0.1x(n)$ 描述的低通滤波器变换成高通滤波器。

解：根据式（5.4.18），高通滤波器的差分方程为
$$y(n) = -0.9y(n-1) + 0.1x(n)$$

其频率响应为

$$H_{\mathrm{hp}}(\omega) = \frac{0.1}{1+0.9\mathrm{e}^{-\mathrm{j}\omega}}$$

读者可以验证 $H_{\mathrm{hp}}(\omega)$ 的确是高通的。

5.4.3 数字谐振器

数字谐振器是一种特殊的双极点带通滤波器，其复共轭极点对位于单位圆附近，如图 5.4.7 所示。该滤波器的频率响应的幅度如图 5.4.7 所示。谐振器一词表明滤波器在极点位置附近有较大的幅度响应（即谐振）。极点的角度位置决定滤波器的谐振频率。数字谐振器在许多应用（包括简单的带通滤波和语音生成）中是很有用的。

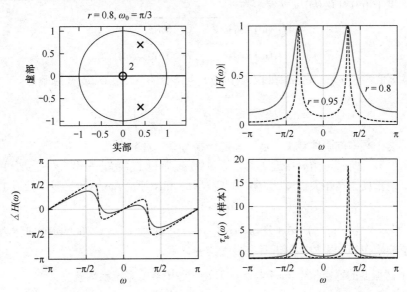

图 5.4.7　当 $r=0.8$ 和 $r=0.95$ 时，数字谐振器的零极点图及对应的幅度、相位和群延迟频率响应

设计谐振峰值在 $\omega=\omega_0$ 处或其附近的数字谐振器时，我们选择复共轭极点的位置为

$$p_{1,2} = r\mathrm{e}^{\pm\mathrm{j}\omega_0}, \qquad 0<r<1$$

另外，我们最多可以选择两个零点。虽然有多种可能的选择，但两种选择特别有趣。一种选择是将零点放在原点处；另一种选择是将一个零点放在 $z=1$ 处，而将另一个零点放在 $z=-1$ 处。这种选择完全消除了滤波器在频率 $\omega=0$ 和 $\omega=\pi$ 处的响应，这在许多实际应用中是非常有用的。

零点位于原点的数字谐振器的系统函数为

$$H(z) = \frac{b_0}{(1 - r\,\mathrm{e}^{\mathrm{j}\omega_0}\,z^{-1})(1 - r\,\mathrm{e}^{-\mathrm{j}\omega_0}\,z^{-1})} \tag{5.4.19}$$

$$H(z) = \frac{b_0}{1 - (2r\cos\omega_0)z^{-1} + r^2 z^{-2}} \tag{5.4.20}$$

因为 $|H(\omega)|$ 的峰值位于 $\omega = \omega_0$ 处或其附近，所以选择增益 b_0 使 $|H(\omega_0)| = 1$。由式（5.4.19）有

$$H(\omega_0) = \frac{b_0}{(1 - r\,\mathrm{e}^{\mathrm{j}\omega_0}\,\mathrm{e}^{-\mathrm{j}\omega_0})(1 - r\,\mathrm{e}^{-\mathrm{j}\omega_0}\,\mathrm{e}^{-\mathrm{j}\omega_0})} = \frac{b_0}{(1 - r)(1 - r\,\mathrm{e}^{-\mathrm{j}2\omega_0})} \tag{5.4.21}$$

因此有

$$|H(\omega_0)| = \frac{b_0}{(1 - r)\sqrt{1 + r^2 - 2r\cos 2\omega_0}} = 1$$

于是，所求的归一化因子为

$$b_0 = (1 - r)\sqrt{1 + r^2 - 2r\cos 2\omega_0} \tag{5.4.22}$$

式（5.4.19）中的谐振器的频率响应可以表示为

$$|H(\omega)| = \frac{b_0}{U_1(\omega)U_2(\omega)} \tag{5.4.23}$$

$$\Theta(\omega) = 2\omega - \Phi_1(\omega) - \Phi_2(\omega)$$

式中，$U_1(\omega)$ 和 $U_2(\omega)$ 是从 p_1 和 p_2 到单位圆中点 ω 的矢量的幅度，$\Phi_1(\omega)$ 和 $\Phi_2(\omega)$ 是这两个矢量对应的角度。幅度 $U_1(\omega)$ 和 $U_2(\omega)$ 可以表示为

$$U_1(\omega) = \sqrt{1 + r^2 - 2r\cos(\omega_0 - \omega)} \tag{5.4.24}$$

$$U_2(\omega) = \sqrt{1 + r^2 - 2r\cos(\omega_0 + \omega)}$$

对于任意 r 值，$U_1(\omega)$ 在 $\omega = \omega_0$ 处取最小值 $(1 - r)$，乘积 $U_1(\omega)U_2(\omega)$ 在频率

$$\omega_r = \arccos\left(\frac{1 + r^2}{2r}\cos\omega_0\right) \tag{5.4.25}$$

处取最小值，这个频率准确地定义了滤波器的谐振频率。观察发现，当 r 非常靠近 1 时 $\omega_r \approx \omega_0$，这是极点的角位置。此外，当 r 接近 1 时，因为在 ω_0 附近 $U_1(\omega)$ 的变化相对更快，所以谐振峰值变得更尖锐。定量度量谐振尖锐度的方法由滤波器的 3dB 带宽 $\Delta\omega$ 给出。对于接近 1 的 r 值，有

$$\Delta\omega \approx 2(1 - r) \tag{5.4.26}$$

图 5.4.7 显示了 $\omega_0 = \pi/3$，$r = 0.8$ 及 $\omega_0 = \pi/3$，$r = 0.95$ 时数字谐振器的幅度响应和相位响应。观察发现，相位响应在其谐振频率附近具有最大的变化率。

如果数字谐振器的零点位于 $z = 1$ 与 $z = -1$ 处，谐振器的系统函数就为

$$H(z) = G\frac{(1 - z^{-1})(1 + z^{-1})}{(1 - r\,\mathrm{e}^{\mathrm{j}\omega_0}\,z^{-1})(1 - r\,\mathrm{e}^{-\mathrm{j}\omega_0}\,z^{-1})} = G\frac{1 - z^{-2}}{1 - (2r\cos\omega_0)z^{-1} + r^2 z^{-2}} \tag{5.4.27}$$

频率响应为

$$H(\omega) = b_0\frac{1 - \mathrm{e}^{-\mathrm{j}2\omega}}{\left[1 - r\,\mathrm{e}^{\mathrm{j}(\omega_0 - \omega)}\right]\left[1 - r\,\mathrm{e}^{-\mathrm{j}(\omega_0 + \omega)}\right]} \tag{5.4.28}$$

观察发现，$z = \pm 1$ 处的零点会影响谐振器的幅度响应和相位响应。例如，幅度响应为

$$|H(\omega)| = b_0 \frac{N(\omega)}{U_1(\omega)U_2(\omega)} \tag{5.4.29}$$

式中，$N(\omega)$定义为

$$N(\omega) = \sqrt{2(1 - \cos 2\omega)}$$

由于零因子的出现，式（5.4.25）中表达式给出的谐振频率发生变化，滤波器的带宽也发生变化。尽管推导这两个参数的精确值很烦琐，但可很容易地计算出式（5.4.28）中的频率响应，并将结果与前面零点位于原点的情况进行比较。

图 5.4.8 显示了 $\omega_0 = \pi/3$，$r = 0.8$ 及 $\omega_0 = \pi/3$，$r = 0.95$ 时的幅度响应和相位响应。观察发现，该滤波器的带宽比零点位于原点的谐振器的稍窄一些。此外，由于存在零点，谐振频率似乎有很小的偏移。

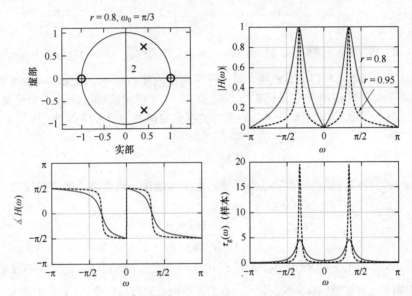

图 5.4.8　零点在 $\omega = 0$，$\omega = \pi$ 处且(a)$r = 0.8$ 和(b)$r = 0.95$ 的数字谐振器的频率响应

5.4.4　陷波器

陷波器是其频率响应中包含一个或多个深槽口的滤波器，或者是频率响应完全为零的滤波器。图 5.4.9 显示了一个陷波器的频率响应，注意在频率 ω_0 和 ω_1 处的频率响应为零。陷波器在许多必须消除规定频率分量的应用中非常有用。例如，仪表和录音系统就需要滤除 60Hz 的工频频率及其谐波。

为了让滤波器的频率响应在频率 ω_0 处为零，只需在单位圆上的角度 ω_0 处引入一对复共轭零点，即

$$z_{1,2} = e^{\pm j\omega_0}$$

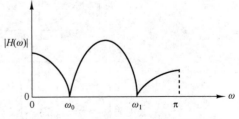

图 5.4.9　一个陷波器的频率响应特性

因此，一个 FIR 陷波器的系统函数就是

$$H(z) = b_0(1 - e^{j\omega_0} z^{-1})(1 - e^{-j\omega_0} z^{-1}) = b_0(1 - 2\cos\omega_0 z^{-1} + z^{-2}) \tag{5.4.30}$$

图 5.4.10 显示了在 $\omega = \pi/4$ 处为零的一个陷波器的幅度响应。

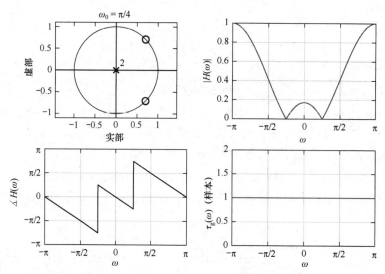

图 5.4.10 陷波器的频率响应。槽口位于 $\omega = \pi/4$ 或 $f = 1/8$ 处，$H(z) = G\,[1 - 2\cos\omega_0 z^{-1} + z^{-2}]$

　　FIR 陷波器的问题是槽口相对较宽，这意味着期望为零的频率点周围的其他频率分量受到了严重衰减。为了降低零值的带宽，我们可以按照第 10 章描述的标准设计出的更复杂和更长的 FIR 滤波器。另外，我们可以采用一种特定的方式在系统函数中引入极点来改善频率响应特性。

　　假设我们在

$$p_{1,2} = r\,\mathrm{e}^{\pm \mathrm{j}\omega_0}$$

处放置一对复共轭极点。极点的影响是在零值附近引入谐振，进而减小槽口的带宽。所得滤波器的系统函数为

$$H(z) = b_0\,\frac{1 - 2\cos\omega_0 z^{-1} + z^{-2}}{1 - 2r\cos\omega_0 z^{-1} + r^2 z^{-2}} \tag{5.4.31}$$

图 5.4.11 画出了 $\omega_0 = \pi/4$，$r = 0.85$ 及 $\omega_0 = \pi/4$，$r = 0.95$ 时，式（5.4.31）中滤波器的幅度响应 $|H(\omega)|$。与图 5.4.10 中的 FIR 滤波器的频率响应相比，我们发现极点的影响是减小了槽口的带宽。

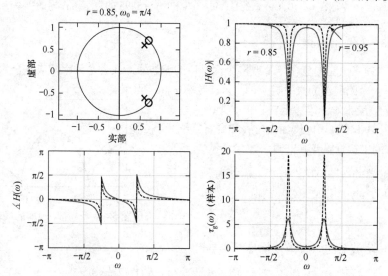

图 5.4.11　(a)极点位于 $r = 0.85$ 处和(b)极点位于 $r = 0.95$ 处的两个陷波器的频率响应；$H(z) = b_0[(1 - 2\cos\omega_0 z^{-1} + z^{-2}) / (1 - 2r\cos\omega_0 z^{-1} + r^2 z^{-2})]$

除了减小槽口的带宽，因为极点产生谐振，所以在零值附近引入一个极点将使得滤波器的通带内出现小纹波。在陷波器的系统函数中引入其他极点或零点可以降低纹波的影响。这种方法的主要问题是，它基本上是一种试错法。

【例 5.4.4】陷波器可从不同类型的数据中滤除季节性或周期性分量。图 5.4.12 显示了墨尔本市几年来的最低日温度。显数，数据表现出了很强的年季节性分量。采样周期为 $T=1$ 天，于是季节性周期为 $T_p=365$ 天。使用 $\omega_0 = 2\pi T/T_p$ 和 $r=0.95$ 时式（5.4.31）中的陷波器可以滤除这种分量。图 5.4.12 中的结果说明陷波器成功地滤除了季节性分量。

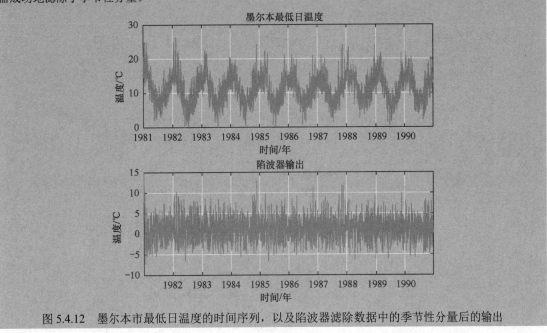

图 5.4.12　墨尔本市最低日温度的时间序列，以及陷波器滤除数据中的季节性分量后的输出

5.4.5　梳状滤波器

最简单的梳状滤波器被设计为其通带在频带内周期性出现，这时通带就像梳子上周期性间隔的齿。梳状滤波器应用广泛，如屏蔽电力线谐波，分离电子浓度电离层测量数据中的太阳和月球分量，抑制来自固定目标的动目标指示（Moving-Target-Indicator，MTI）雷达信号中的杂波。

为了说明梳状滤波器的设计，我们考虑由差分方程

$$y(n) = \frac{1}{M+1} \sum_{k=0}^{M} x(n-k) \tag{5.4.32}$$

描述的一个滑动平均（FIR）滤波器，并将它作为原型滤波器。

这个 FIR 滤波器的系统函数为

$$H(z) = \frac{1}{M+1} \sum_{k=0}^{M} z^{-k} = \frac{1}{M+1} \frac{\left[1 - z^{-(M+1)}\right]}{(1 - z^{-1})} \tag{5.4.33}$$

频率响应为

$$H(\omega) = \frac{\mathrm{e}^{-\mathrm{j}\omega M/2}}{M+1} \frac{\sin \omega \left(\frac{M+1}{2}\right)}{\sin(\omega/2)} \tag{5.4.34}$$

由式（5.4.33）可知，该滤波器有多个零点位于单位圆上，位置为

$$z = \mathrm{e}^{\mathrm{j}2\pi k/(M+1)}, \qquad k = 1, 2, 3, \cdots, M \tag{5.4.35}$$

注意，$z=1$ 处的极点实际上被 $z=1$ 处的零点抵消，因此该 FIR 滤波器实际上不包含 $z=0$ 处之外的极点。

式（5.4.34）的幅度响应清楚地表明，这是一个在频率 $\omega_k=2\pi k/(M+1)$, $k = 1, 2, \cdots, M$ 处存在周期性间隔的零点的低通滤波器。图 5.4.13 的上方显示了 $M=5$ 时的 $|H(\omega)|$。

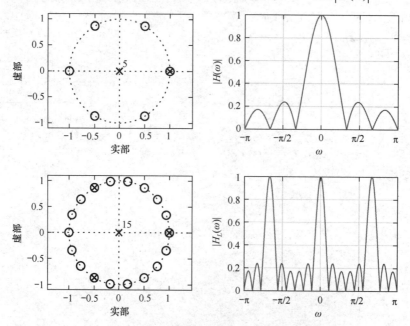

图 5.4.13　$M = 5$ 时的一个滑动平均滤波器的零极点图和幅度响应（上方），
以及 $L = 3$ 时对应梳状滤波器的零极点图和幅度响应（下方）

概括地说，根据系统函数为

$$H(z) = \sum_{k=0}^{M} h(k)z^{-k} \tag{5.4.36}$$

的原型滤波器，用 z^L 代替 z（L 是一个正整数），就可以创建一个梳状滤波器。于是，新滤波器的系统函数为

$$H_L(z) = \sum_{k=0}^{M} h(k)z^{-kL} \tag{5.4.37}$$

如果原型滤波器的频率响应为 $H(\omega)$，式（5.4.37）中的滤波器的频率响应就为

$$H_L(\omega) = \sum_{k=0}^{M} h(k)e^{-jkL\omega} = H(L\omega) \tag{5.4.38}$$

因此，频率响应 $H_L(\omega)$ 就是 $H(\omega)$ 在区间 $0 \leqslant \omega \leqslant 2\pi$ 内的 L 阶重复。

于是，如果在由式（5.4.33）给出的原型滤波器中用 z^L 代替 z，得到的梳状滤波器就具有系统函数

$$H_L(z) = \frac{1}{M+1}\frac{1-z^{-L(M+1)}}{1-z^{-L}} \tag{5.4.39}$$

和频率响应

$$H_L(\omega) = \frac{1}{M+1}\frac{\sin\left[\omega L(M+1)/2\right]}{\sin(\omega L/2)}e^{-j\omega LM/2} \tag{5.4.40}$$

对于除 $k = 0, L, 2L, \cdots, ML$ 外的所有整数 k 值，该滤波器在单位圆上有零点，零点的位置为

$$z_k = e^{j2\pi k/L(M+1)} \tag{5.4.41}$$

图 5.4.13 的下方显示了 $L = 3$ 和 $M = 5$ 时的 $|H_L(\omega)|$。对于 $k = 0, 1, \cdots, L(M+1) - 1$ 这些整数，滤波器在单位圆上的 $z_k = e^{2\pi k/L(M+1)}$ 处有零点。然而，系统在 $p_k = e^{2\pi m/L}$, $m = 0, 1, L-1$ 处有 L 个极点，它们抵消了相同位置的 L 个零点，如图 5.4.13 所示。

如论文 Bernhardt et al.(1976)中所述，式（5.4.39）描述的梳状滤波器可分离电子浓度电离层测量数据中的太阳和月球分量。太阳周期是 $T_s = 24$ 小时，得到每天 1 个周期的太阳分量及其谐波。月球周期是 $T_L = 24.84$ 小时，得到每天 0.96618 个周期的谱线及其谐波。图 5.4.14(a)显示了电子浓度电离层测量数据滤波前的功率密度谱。观察发现弱月球谱分量几乎被强太阳谱分量掩盖。

使用梳状滤波器可以分离这两组谱。为了得到太阳分量，可以在 1 个周期/天的整数倍处使用窄通带梳状滤波器，选择 L 使 $F_s/L = 1$ 个周期/天即可实现它，其中 F_s 是对应的采样率。结果是频率响应峰值出现在 1 个周期/天的整数倍处的滤波器。选择 $M = 58$，滤波器在 $(F_s/L)/(M+1) = 1/59$ 个周期/天的整数倍处为零。这些零值点非常接近月球分量，从而产生了很好的屏蔽效果。图 5.4.14(b)显示了分离太阳分量的梳状滤波器的输出的功率谱密度。类似地，可以设计出抑制太阳分量而通过月球分量的梳状滤波器，图 5.4.14(c)显示了这样一个月球滤波器输出端的功率谱密度。

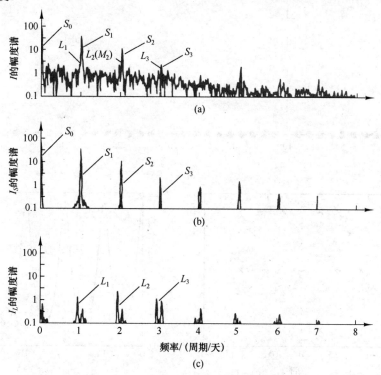

图 5.4.14 (a)电子内容数据滤波前的谱；(b)太阳滤波器的输出的谱；(c)月球滤波器的输出的谱［摘自论文 Bernhardt et al.(1976)，经美国地球物理联合会允许使用］

5.4.6 混响滤波器

混响一词描述声音从声源到听众所发生的情况。声音从墙壁和房间与音乐厅的其他部分反射，并与回声混在一起。因此，音乐厅中的音乐听起来丰富而饱满，因为它是沿多条路径（包括直达和经过一系列反射）到达听众的。相比之下，广播与录音室中的音乐听起来"干涩"，且没

有空间感。为了解决这些问题，人工混响已被广泛用于音乐、电影与虚拟环境应用中。

第一个人工混响器由 Schroeder(1962)引入。其基本思想是，每个回声都是前一个回声延迟 L 个样本并衰减 a 倍的副本，其中 $0 < a < 1$。将无数的连续回声相加，就可模仿房间内的混响。如果 $x(n)$ 为原始信号，则添加回声的信号为

$$y(n) = ax(n-L) + a^2 x(n-2L) + a^3 x(n-3L) + \cdots \tag{5.4.42}$$

容易证明系统函数为

$$H_L(z) = \frac{Y(z)}{X(z)} = \frac{az^{-L}}{1 - az^{-L}} \tag{5.4.43}$$

这是输入输出方程为

$$y(n) = ay(n-L) + ax(n-L) \tag{5.4.44}$$

的梳状滤波器。

图 5.4.15 显示了基本混响器 [即式（5.4.44）] 的冲激响应、零极点图和频率响应。系统的极点位置为 $p_k = re^{j2\pi k/L}, k = 0, 1, \cdots, L-1$，其中 $r = a^{1/L}$。

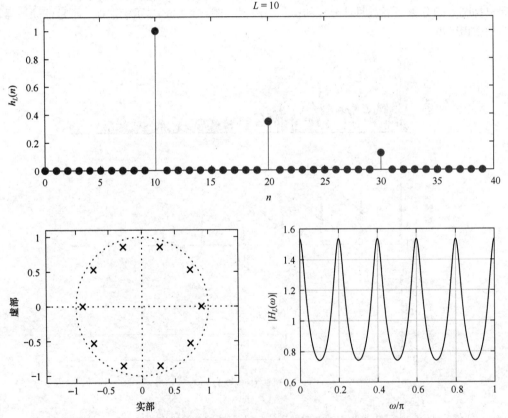

图 5.4.15　当 $L = 10$ 和 $r = 0.8$ 时，基本混响器的冲激响应、零极点图和幅度响应

为了设计更好的混响器，需要考虑高频声音比低频声音更易被吸收的事实。Moore(1979)通过在基本混响器的反馈回路中插入一个低通滤波器

$$G(z) = \frac{1-a}{1 - az^{-1}}, \quad 0 < a < 1 \tag{5.4.45}$$

解决了这个问题，如图 5.4.16 所示。实极点 a 控制滤波器的截止频率。整个系统的系统函数为

$$C(z) = \frac{rz^{-L} - raz^{-(L+1)}}{1 - az^{-1} - r(1-a)z^{-L}} \qquad （5.4.46）$$

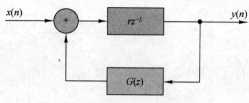

选择 r 和 a 的值时，必须确保系统的极点位于单位圆内部。图 5.4.17 显示了低通混响器的冲激响应、零极点图和频率响应。注意，各个极点到单位圆的距离是不相等的，这就是幅度响应峰值随频率衰减的原因。

图 5.4.16　反馈回路有一个滤波器的基本混响器的框图

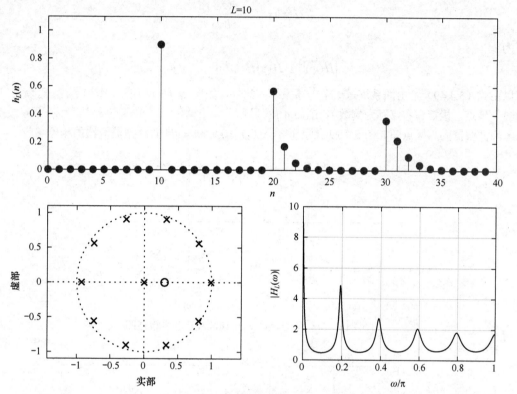

图 5.4.17　当 $L = 10$，$r = 0.8$，$a = 0.3$ 时，低通混响器的冲激响应、零极点图和幅度响应

基本混响器虽然简单到无法产生真实的混响响应，但是可以展示离散的早期反射和后期的漫反射（Välimäki et al, 2012）。在典型的数字信号处理应用中，人们感兴趣的是滤波器的稳态响应。混响是个例外，因为它是厅内的瞬态响应而具有特殊的特性。然而，稳态响应特性确实会影响整个感知的声音。

5.4.7　全通滤波器

全通滤波器定义为对所有频率具有常数幅度响应的系统，即

$$|H(\omega)| = 1, \qquad 0 \leqslant \omega \leqslant \pi \qquad （5.4.47）$$

最简单的全通滤波器是系统函数为

$$H(z) = z^{-k}$$

的纯延迟系统。这个系统不加修改地通过所有信号，但是信号延迟 k 个样本。这是具有线性相位响应特性的平凡全通系统。

一个更有趣的全通滤波器由系统函数

$$H(z) = \frac{a_N + a_{N-1}z^{-1} + \cdots + a_1 z^{-N+1} + z^{-N}}{1 + a_1 z^{-1} + \cdots + a_N z^{-N}} = \frac{\sum_{k=0}^{N} a_k z^{-N+k}}{\sum_{k=0}^{N} a_k z^{-k}}, \qquad a_0 = 1 \tag{5.4.48}$$

描述，其中所有的滤波系数 $\{a_k\}$ 均为实数。如果将多项式 $A(z)$ 定义为

$$A(z) = \sum_{k=0}^{N} a_k z^{-k}, \qquad a_0 = 1$$

式（5.4.48）就可以表示为

$$H(z) = z^{-N} \frac{A(z^{-1})}{A(z)} \tag{5.4.49}$$

因为

$$\left| H(\omega) \right|^2 = H(z)H(z^{-1}) \Big|_{z=e^{j\omega}} = 1$$

所以由式（5.4.49）给出的系统是一个全通系统。此外，如果 z_0 是 $H(z)$ 的一个极点，$1/z_0$ 就是 $H(z)$ 的一个零点（极点和零点互为倒数）。图 5.4.18 显示了一个单极点、单零点滤波器和一个双极点、双零点滤波器的零极点图。图 5.4.19 显示了 $a = 0.6, r = 0.9, \omega_0 = \pi/4$ 时这些滤波器的相位响应。

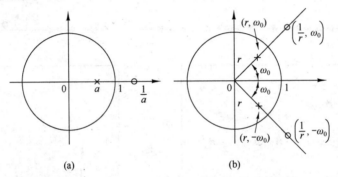

(a)   (b)

图 5.4.18　(a)一阶和(b)二阶全通滤波器的零极点图

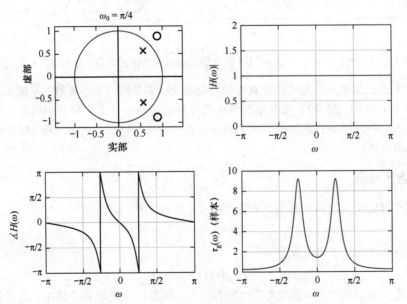

图 5.4.19　系统函数为 $H(z) = (r^2 - 2r\cos\omega_0 z^{-1} + z^{-2})/(1 - 2r\cos\omega_0 z^{-1} + r^2 z^{-2})$ 的全通滤波器的频率响应，其中 $r = 0.9, \omega_0 = \pi/4$

实系数全通滤波器的系统函数的最一般形式，可用极点和零点的因式形式表示为

$$H_{ap}(z) = \prod_{k=1}^{N_R} \frac{z^{-1} - \alpha_k}{1 - \alpha_k z^{-1}} \prod_{k=1}^{N_c} \frac{(z^{-1} - \beta_k)(z^{-1} - \beta_k^*)}{(1 - \beta_k z^{-1})(1 - \beta_k^* z^{-1})} \tag{5.4.50}$$

其中有 N_R 个实极点和零点，以及 N_c 个极零点复共轭对。对于因果稳定系统，要求 $-1 < \alpha_k < 1$ 和 $|\beta_k| < 1$。

使用 5.2.2 节描述的方法，容易得到全通系统的相位响应和群延迟的表达式。对于单极点单零点全通系统，有

$$H_{ap}(\omega) = \frac{e^{j\omega} - r e^{-j\theta}}{1 - r e^{j\theta} e^{-j\omega}}$$

因此，有

$$\Theta_{ap}(\omega) = -\omega - 2 \arctan \frac{r \sin(\omega - \theta)}{1 - r \cos(\omega - \theta)}$$

和

$$\tau_g(\omega) = -\frac{d\Theta_{ap}(\omega)}{d\omega} = \frac{1 - r^2}{1 + r^2 - 2r \cos(\omega - \theta)} \tag{5.4.51}$$

观察发现，对于因果稳定系统有 $r < 1$，于是有 $\tau_g(\omega) \geqslant 0$。因为高阶零极点系统的群延迟是式（5.4.51）中的各个正项之和，所以群延迟通常也是正的。

全通滤波器可用作相位均衡器。当与一个带有不期望相位响应的系统级联时，可以设计一个相位均衡器来补偿该系统较差的相位特性，产生一个整体线性相位响应。

5.4.8 数字正弦振荡器

数字正弦振荡器可视为复共轭极点位于单位圆上的双极点谐振器的极限形式。从前面关于二阶系统的讨论中，可知系统函数为

$$H(z) = \frac{b_0}{1 + a_1 z^{-1} + a_2 z^{-2}} \tag{5.4.52}$$

参数为

$$a_1 = -2r \cos \omega_0 \quad \text{和} \quad a_2 = r^2 \tag{5.4.53}$$

的一个系统在 $p = r e^{\pm j\omega_0}$ 处有复共轭极点，且单位样本响应为

$$h(n) = \frac{b_0 r^n}{\sin \omega_0} \sin(n+1)\omega_0 u(n) \tag{5.4.54}$$

如果极点位于单位圆上（$r = 1$）并令 b_0 为 $A\sin\omega_0$，那么

$$h(n) = A \sin(n+1)\omega_0 u(n) \tag{5.4.55}$$

因此，复共轭极点位于单位圆上的二阶系统的冲激响应是一个正弦信号，且这样的系统称为**数字正弦振荡器**或**数字正弦发生器**。数字正弦发生器是数字频率合成器的基本构件。

图 5.4.20 显示了由式（5.4.52）给出的系统函数的框图。该系统对应的差分方程为

$$y(n) = -a_1 y(n-1) - y(n-2) + b_0 \delta(n) \tag{5.4.56}$$

式中，参数为 $a_1 = -2\cos\omega_0$ 和 $b_0 = A\sin\omega_0$，初始条件为 $y(-1) = y(-2) = 0$。迭代求解式（5.4.56）中的差分方程，得到

$$y(0) = A\sin\omega_0$$
$$y(1) = 2\cos\omega_0 y(0) = 2A\sin\omega_0\cos\omega_0 = A\sin 2\omega_0$$
$$y(2) = 2\cos\omega_0 y(1) - y(0)$$
$$= 2A\cos\omega_0\sin 2\omega_0 - A\sin\omega_0$$
$$= A(4\cos^2\omega_0 - 1)\sin\omega_0$$
$$= 3A\sin\omega_0 - 4\sin^3\omega_0 = A\sin 3\omega_0$$

以此类推。观察发现，在 $n=0$ 处应用冲激启动了正弦振荡。此后，系统没有阻尼（即 $r=1$），因此振荡是自持的。

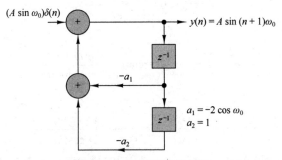

图 5.4.20 数字正弦发生器

有趣的是，由式（5.4.56）中的系统得到的正弦振荡，也可通过将输入置零并设初始条件为 $y(-1)=0, y(-2)=-A\sin\omega_0$ 来得到。于是，对于由齐次差分方程

$$y(n) = -a_1 y(n-1) - y(n-2) \tag{5.4.57}$$

描述的二阶系统，当初始条件为 $y(-1)=0$ 和 $y(-2)=-A\sin\omega_0$ 时，其零输入响应与由式（5.4.56）给出的系统被一个冲激激励时产生的响应完全相同。实际上，式（5.4.57）中的差分方程可以直接由三角恒等式

$$\sin\alpha + \sin\beta = 2\sin\frac{\alpha+\beta}{2}\cos\frac{\alpha-\beta}{2} \tag{5.4.58}$$

得到，其中，按照定义有 $\alpha = (n+1)\omega_0, \beta = (n-1)\omega_0$ 和 $y(n) = \sin(n+1)\omega_0$。

在涉及相位正交的两个正弦载波信号的调制的一些实际应用中，需要产生正弦信号 $A\sin\omega_0 n$ 和 $A\cos\omega_0 n$。这些信号由所谓的**耦合型振荡器**产生，这个振荡器可以由三角公式

$$\cos(\alpha+\beta) = \cos\alpha\cos\beta - \sin\alpha\sin\beta$$
$$\sin(\alpha+\beta) = \sin\alpha\cos\beta + \cos\alpha\sin\beta$$

得到，其中，按照定义有 $\alpha = n\omega_0, \beta = \omega_0$ 和

$$y_c(n) = \cos n\omega_0 u(n) \tag{5.4.59}$$
$$y_s(n) = \sin n\omega_0 u(n) \tag{5.4.60}$$

因此，我们可以得到两个耦合后的差分方程：

$$y_c(n) = (\cos\omega_0) y_c(n-1) - (\sin\omega_0) y_s(n-1) \tag{5.4.61}$$
$$y_s(n) = (\sin\omega_0) y_c(n-1) + (\cos\omega_0) y_s(n-1) \tag{5.4.62}$$

差分方程也可用矩阵形式表示为

$$\begin{bmatrix} y_c(n) \\ y_s(n) \end{bmatrix} = \begin{bmatrix} \cos\omega_0 & -\sin\omega_0 \\ \sin\omega_0 & \cos\omega_0 \end{bmatrix} \begin{bmatrix} y_c(n-1) \\ y_s(n-1) \end{bmatrix} \tag{5.4.63}$$

图 5.4.21 显示了耦合型振荡器的实现。观察发现，这是一个不被任何输入驱动的双输出系统，但是它需要初始条件 $y_c(-1) = A\cos\omega_0$ 和 $y_s(-1) = -A\sin\omega_0$ 来启动自持振荡。

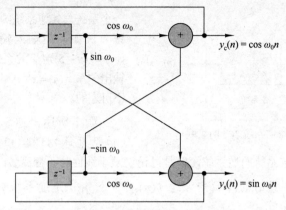

图 5.4.21　耦合型振荡器的实现

最后，注意到式（5.4.63）对应于以 $y_c(n)$ 和 $y_s(n)$ 为坐标轴的二维坐标系中的矢量旋转。因此，耦合型振荡器也可用所谓的 CORDIC 算法来实现 [见 Kung et al.(1985)]。

5.5　逆系统与去卷积

如前所述，LTI 系统取输入信号 $x(n)$ 并产生输出信号 $y(n)$，后者是 $x(n)$ 与系统的单位样本响应 $h(n)$ 的卷积。在许多实际应用中，已知特性未知系统的输出信号，需要求输入信号。例如，在电话信道上以高速率传输数字信息时，信道会使得信号失真，并在数据符号之间导致码间串扰。而当我们试图恢复数据时，码间串扰可能会导致错误。在这种情况下，问题就变成了设计一个校正系统，当该系统与信道级联后，产生的输出在某种意义上就校正了由信道导致的失真，进而得到所求传输信号的一个副本。在数字通信中，这样的校正系统称为**均衡器**。然而，在线性系统理论的一般语境中，因为纠错系统的频率响应基本上是失真系统的频率响应的倒数，所以称纠错系统为**逆系统**。此外，失真系统产生的输出 $y(n)$ 是输入 $x(n)$ 与冲激响应 $h(n)$ 的卷积，因此逆系统取 $y(n)$ 而产生 $x(n)$ 的运算称为**去卷积**。

如果失真系统的特性未知，通常就要用一个已知信号来激励该系统，观察其输出，并与输入进行比较，然后以某种方式求系统的特性。例如，在前面介绍的数字通信问题中，信道的频率响应是未知的。信道频率响应的测量可以通过发送一组在信道频带范围内的不同频率处具有规定相位集的等振幅正弦信号来实现。信道会使得每个正弦信号衰减和相移。将接收到的信号与发送的信号进行比较，接收机就可得到用来设计逆系统的信道频率响应的一个测量值。在系统上进行一组测量来确定未知系统的特性 [$h(n)$ 或 $H(\omega)$] 的过程称为**系统辨识**。

术语"去卷积"常用于地震信号处理中，更一般地，在地球物理学中常用来描述从所要测量的系统特性中分离输入信号的运算。去卷积运算的目的实际上是辨识系统（此时是地球）的特性，并且可视为一个系统辨识问题。在这种情况下，"逆系统"的频率响应是用来激励系统的输入信号谱的倒数。

5.5.1　LTI 系统的可逆性

如果输入信号和输出信号之间是一一对应的，就称系统是**可逆的**。这个定义意味着如果已知一个可逆系统 $\mathfrak{I}$ 的输出序列 $y(n)$, $-\infty < n < \infty$，就可以唯一地确定其输入 $x(n)$, $-\infty < n < \infty$。输入为

$y(n)$、输出为 $x(n)$ 的**逆系统**记为 $\mathfrak{I}^{-1}$。显然，如图 5.5.1 所示，由于

$$w(n) = \mathfrak{I}^{-1}\left[y(n)\right] = \mathfrak{I}^{-1}\left\{\mathfrak{I}\left[x(n)\right]\right\} = x(n) \tag{5.5.1}$$

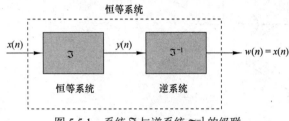

图 5.5.1 系统 $\mathfrak{I}$ 与逆系统 $\mathfrak{I}^{-1}$ 的级联

一个系统与其逆系统的级联等同于一个恒等系统。例如，由输入输出关系 $y(n) = ax(n)$ 和 $y(n) = x(n-5)$ 定义的系统是可逆的，而由输入输出关系 $y(n) = x^2(n)$ 和 $y(n) = 0$ 定义的系统是不可逆的。

如上所述，逆系统在许多实际应用中（包括地球物理学和数字通信）是很重要的。下面介绍如何求给定系统的逆系统，但是讨论仅限于线性时不变离散时间系统。

现在，假设 LTI 系统 $\mathfrak{I}$ 的冲激响应为 $h(n)$，并令 $h_1(n)$ 是逆系统 $\mathfrak{I}^{-1}$ 的冲激响应。于是式（5.5.1）等效于卷积公式

$$w(n) = h_1(n) * h(n) * x(n) = x(n) \tag{5.5.2}$$

而式（5.5.2）意味着

$$h(n) * h_1(n) = \delta(n) \tag{5.5.3}$$

对于给定的 $h(n)$，可用式（5.5.3）中的卷积公式求解 $h_1(n)$。然而，在时域中求解式（5.5.3）通常是很困难的。一种简单的方法是将式（5.5.3）变换到 z 域并求解 $\mathfrak{I}^{-1}$。于是，在 z 域中，式（5.5.3）变为

$$H(z)H_1(z) = 1$$

逆系统的系统函数为

$$H_1(z) = \frac{1}{H(z)} \tag{5.5.4}$$

如果 $H(z)$ 有一个有理系统函数

$$H(z) = \frac{B(z)}{A(z)} \tag{5.5.5}$$

那么

$$H_1(z) = \frac{A(z)}{B(z)} \tag{5.5.6}$$

因此，$H(z)$ 的零点变成了逆系统的极点，反之亦然。此外，如果 $H(z)$ 是一个 FIR 系统，$H_1(z)$ 就是一个全极点系统，或者如果 $H(z)$ 是一个全极点系统，$H_1(z)$ 就是一个 FIR 系统。

【例 5.5.1】求冲激响应为 $h(n) = \left(\frac{1}{2}\right)^n u(n)$ 的系统的逆系统。

解：对应于 $h(n)$ 的系统函数为

$$H(z) = \frac{1}{1 - \frac{1}{2}z^{-1}}, \qquad 收敛域: |z| > \frac{1}{2}$$

该系统是因果稳定系统。因为 $H(z)$ 是一个全极点系统，所以其逆系统是 FIR 系统，系统函数为

$$H_1(z) = 1 - \frac{1}{2}z^{-1}$$

因此，冲激响应为

$$h_1(n) = \delta(n) - \frac{1}{2}\delta(n-1)$$

【例5.5.2】求冲激响应为 $h(n)=\delta(n)-\frac{1}{2}\delta(n-1)$ 的系统的逆系统。

解：这是一个 FIR 系统，其系统函数为

$$H(z)=1-\frac{1}{2}z^{-1}, \qquad \text{收敛域:} |z|>0$$

逆系统的系统函数为

$$H_1(z)=\frac{1}{H(z)}=\frac{1}{1-\frac{1}{2}z^{-1}}=\frac{z}{z-\frac{1}{2}}$$

因此，$H_1(z)$ 在原点处有一个零点，在 $z=1/2$ 处有一个极点。这时，存在两个可能的收敛域，因此有两个可能的逆系统，如图 5.5.2 所示。如果取 $H_1(z)$ 的收敛域为 $|z|>1/2$，则逆变换得到

$$h_1(n)=\left(\frac{1}{2}\right)^n u(n)$$

这是一个因果稳定系统的冲激响应。另一方面，如果假定收敛域为 $|z|<1/2$，则逆系统的冲激响应为

$$h_1(n)=-\left(\frac{1}{2}\right)^n u(-n-1)$$

在这种情况下，逆系统是非因果不稳定系统。

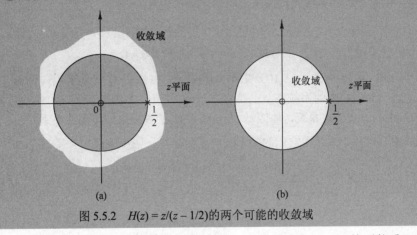

图 5.5.2 $H(z)=z/(z-1/2)$ 的两个可能的收敛域

观察发现，除非规定逆系统的系统函数的收敛域，否则用式（5.5.6）就不能唯一地求解定式（5.5.3）。

在某些实际应用中，冲激响应 $h(n)$ 并不具有闭式 z 变换。这时，可以用数字计算机直接求解式（5.5.3）。因为式（5.5.3）通常不具有唯一解，所以我们假设该系统及其逆系统是因果的，于是式（5.5.3）便简化为

$$\sum_{k=0}^{n}h(k)h_1(n-k)=\delta(n) \qquad (5.5.7)$$

假设 $n<0$ 时有 $h_1(n)=0$。当 $n=0$ 时，有

$$h_1(0)=1/h(0) \qquad (5.5.8)$$

当 $n\geqslant 1$ 时，$h_1(n)$ 的值可以由

$$h_1(n)=\sum_{k=1}^{n}\frac{h(k)h_1(n-k)}{h(0)}, \qquad n\geqslant 1 \qquad (5.5.9)$$

递归得到。这个递归关系很容易在数字计算机上编程实现。

与式（5.5.9）关联的问题有两个。第一个问题是，若 $h(0)=0$，则该方法无效，但在式（5.5.7）的右边引入合适的延迟［即用 $\delta(n-m)$ 来代替 $\delta(n)$］可以补救这个问题，其中 $h(0)=0$ 和 $h(1)\neq 0$ 时有 $m=1$，以此类推。第二个问题是，随着 n 的增大，式（5.5.9）中的递归会使得舍入误差也增大，因

此，当 n 很大时，$h(n)$ 的数值精度变差。

【例 5.5.3】求冲激响应为 $h(n) = \delta(n) - \alpha\delta(n-1)$ 的 FIR 系统的因果逆系统。

解：因为 $h(0) = 1, h(1) = -\alpha$，且当 $n \geq 2$ 时 $h(n) = 0$，于是有

$$h_1(0) = 1/h(0) = 1$$

和

$$h_1(n) = \alpha h_1(n-1), \qquad n \geq 1$$

因此，

$$h_1(1) = \alpha, h_1(2) = \alpha^2, \cdots, h_1(n) = \alpha^n$$

不出所料，这对应于一个因果 IIR 系统。

5.5.2 最小相位、最大相位和混合相位系统

LTI 系统的可逆性与系统相位谱函数的特性紧密相关。为此，考虑由系统函数

$$H_1(z) = 1 + \tfrac{1}{2}z^{-1} = z^{-1}(z + \tfrac{1}{2}) \tag{5.5.10}$$

$$H_2(z) = \tfrac{1}{2} + z^{-1} = z^{-1}(\tfrac{1}{2}z + 1) \tag{5.5.11}$$

描述的两个 FIR 系统。式（5.5.10）中的系统在 $z = -1/2$ 处有一个零点，冲激响应为 $h(0) = 1$，$h(1) = 1/2$。式（5.5.11)中的系统在 $z = -2$ 处有一个零点，冲激响应为 $h(0) = 1/2$，$h(1) = 1$，它是式（5.5.10）中的系统的逆系统，原因是 $H_1(z)$ 和 $H_2(z)$ 的零点之间呈倒数关系。

在频域中，这两个系统由它们的频率响应函数表征，幅度响应和频率响应如下：

$$|H_1(\omega)| = |H_2(\omega)| = \sqrt{\tfrac{5}{4} + \cos\omega} \tag{5.5.12}$$

和

$$\Theta_1(\omega) = -\omega + \arctan\frac{\sin\omega}{\tfrac{1}{2} + \cos\omega} \tag{5.5.13}$$

$$\Theta_2(\omega) = -\omega + \arctan\frac{\sin\omega}{2 + \cos\omega} \tag{5.5.14}$$

因为 $H_1(z)$ 与 $H_2(z)$ 的零点互为倒数，所以两个系统的幅度响应是相同的。

图 5.5.3 画出了 $\Theta_1(\omega)$ 与 $\Theta_2(\omega)$ 的图形。观察发现，第一个系统的相位特性 $\Theta_1(\omega)$ 始于频率 $\omega = 0$ 处的零相位，止于频率 $\omega = \pi$ 处的零相位。因此，净相位变化 $\Theta_1(\pi) - \Theta_1(0)$ 为零。另一方面，零点位于单位圆之外的系统的相位响应的净相位变化为 $\Theta_2(\pi) - \Theta_2(0) = \pi$ 弧度。由于这些不同的相位响应，我们称第一个系统为**最小相位系统**，称第二个系统为**最大相位系统**。

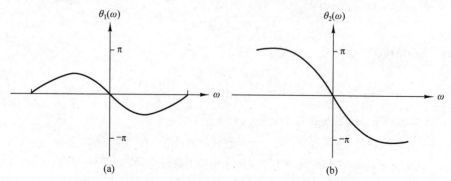

图 5.5.3 式（5.5.10）和式（5.5.11）中系统的相位响应

我们可将这些定义推广到任意长度的 FIR 系统。具体而言，长度为 $M + 1$ 的 FIR 系统有 M 个零点，其频率响应可以表示为

$$H(\omega) = b_0(1 - z_1\,\mathrm{e}^{-\mathrm{j}\omega})(1 - z_2\,\mathrm{e}^{-\mathrm{j}\omega})\cdots(1 - z_M\,\mathrm{e}^{-\mathrm{j}\omega}) \tag{5.5.15}$$

式中，$\{z_i\}$ 表示零点，b_0 是一个任意的常数。当所有零点都位于单位圆内部时，式（5.5.15）中乘积的每项（对应一个实零点）在 $\omega = 0$ 和 $\omega = \pi$ 之间的净相位变化为零。同样，$H(\omega)$ 中的每对复共轭因式的净相位变化也为零。于是有

$$\angle H(\pi) - \angle H(0) = 0 \tag{5.5.16}$$

所以称该系统为**最小相位系统**。另一方面，如果所有零点都位于单位圆外部，当频率从 $\omega = 0$ 变化到 $\omega = \pi$ 时，一个实零点带来的净相位变化为 π 弧度，而在 ω 的相同区间内，每对复共轭零点带来的净相位变化都为 2π 弧度。于是有

$$\angle H(\pi) - \angle H(0) = M\pi \tag{5.5.17}$$

这是带有 M 个零点的 FIR 系统的最大相位变化，因此我们称这样的系统为**最大相位系统**。由上面的讨论可得

$$\angle H_{\max}(\pi) \geqslant \angle H_{\min}(\pi) \tag{5.5.18}$$

如果带有 M 个零点的 FIR 系统的一些零点位于单位圆内部，而其余零点位于单位圆外部，就称该系统为**混合相位系统**或**非最小相位系统**。

因为系统相位特性的导数度量的是信号频率分量通过系统后产生的时延，所以最小相位特性意味着最小延迟函数，而最大相位特性意味着延迟特性同样是最大的。

假设有一个实系数 FIR 系统，则其频率响应的幅度平方为

$$|H(\omega)|^2 = H(z)H(z^{-1})\big|_{z=\mathrm{e}^{\mathrm{j}\omega}} \tag{5.5.19}$$

这个关系式表明，如果系统的零点 z_k 被其倒数 $1/z_k$ 替换，那么系统的幅度特性并无变化。因此，如果将单位圆内部的零点 z_k 映射成单位圆外部的零点 $1/z_k$，那么频率响应的幅度特性对这种变化是不变的。

由该讨论可知，如果 $|H(\omega)|^2$ 是带有 M 个零点的 FIR 系统的频率响应的幅度平方，那么 M 个零点就有 2^M 种可能的配置，其中有些零点位于单位圆内部，其他零点则位于单位圆外部。显然，一种配置是所有零点都位于单位圆内部，这对应于最小相位系统；另一种配置是所有零点都位于单位圆外部，这对应于最大相位系统。剩下的 $2^M - 2$ 种配置对应于混合相位系统。然而，并非所有 $2^M - 2$ 种混合相位配置都要对应于有实系数的 FIR 系统。特别地，任何一对复共轭零点仅得到两种可能的配置，而一对实零点却会得到四种可能的配置。

【例 5.5.4】求如下 FIR 系统的零点，指出该系统是最小相位系统、最大相位系统还是混合相位系统：

$$H_1(z) = 6 + z^{-1} - z^{-2},\ H_2(z) = 1 - z^{-1} - 6z^{-2},\ H_3(z) = 1 - \tfrac{5}{2}z^{-1} - \tfrac{3}{2}z^{-2},\ H_4(z) = 1 + \tfrac{5}{3}z^{-1} - \tfrac{2}{3}z^{-2}$$

解：因式分解系统函数，得到四个系统的零点为

$$H_1(z) \rightarrow z_{1,2} = -\tfrac{1}{2}, \tfrac{1}{3} \rightarrow \text{最小相位}$$

$$H_2(z) \rightarrow z_{1,2} = -2, 3 \rightarrow \text{最大相位}$$

$$H_3(z) \rightarrow z_{1,2} = -\tfrac{1}{2}, 3 \rightarrow \text{混合相位}$$

$$H_4(z) \rightarrow z_{1,2} = -2, \tfrac{1}{3} \rightarrow \text{混合相位}$$

因为四个系统的零点互为倒数，所以四个系统都有相同的幅度响应特性，但相位特性不同。

FIR 系统的最小相位性质对具有有理系统函数的 IIR 系统同样成立。特别地，对于系统函数为

$$H(z) = \frac{B(z)}{A(z)} \qquad (5.5.20)$$

的一个 IIR 系统，如果所有极点和零点都位于单位圆内部，则称其为**最小相位系统**。对于一个稳定的因果系统 [$A(z)$ 的所有根都落在单位圆内部]，如果所有零点都位于单位圆外部，则称其为**最大相位系统**。如果只是部分而非全部零点位于单位圆外部，就称其为**混合相位系统**。

这一讨论引出了我们应该强调的一个重点，即具有最小相位的**稳定零极点系统有一个同样具有最小相位的逆系统**。这个逆系统的系统函数为

$$H^{-1}(z) = \frac{A(z)}{B(z)} \qquad (5.5.21)$$

因此，$H(z)$ 的最小相位性质保证了逆系统 $H^{-1}(z)$ 的稳定性，而 $H(z)$ 的稳定性意味着 $H^{-1}(z)$ 具有最小相位性质。混合相位系统和最大相位系统得到的是不稳定的逆系统。

非最小相位零极点系统的分解。任意非最小相位零极点系统都可表示为

$$H(z) = H_{\min}(z)H_{ap}(z) \qquad (5.5.22)$$

式中，$H_{\min}(z)$ 是最小相位系统，$H_{ap}(z)$ 是全通系统。我们使用具有有理系统函数 $H(z) = B(z)/A(z)$ 的这类因果稳定系统来说明上面的论断。一般来说，如果 $B(z)$ 有一个根或多个根位于单位圆外部，就可以将 $B(z)$ 因式分解为乘积 $B_1(z)B_2(z)$，其中 $B_1(z)$ 的所有根都位于单位圆内部，而 $B_2(z)$ 的所有根都位于单位圆外部。于是，$B_2(z^{-1})$ 的所有根都位于单位圆内部。我们定义最小相位系统

$$H_{\min}(z) = \frac{B_1(z)B_2(z^{-1})}{A(z)}$$

和全通系统

$$H_{ap}(z) = \frac{B_2(z)}{B_2(z^{-1})}$$

因此，$H(z) = H_{\min}(z)H_{ap}(z)$。注意，$H_{zp}(z)$ 是一个稳定的、全通的最大相位系统。

非最小相位系统的群延迟。根据式（5.5.22）给出的非最小相位系统的分解，$H(z)$ 的群延迟可以表示为

$$\tau_g(\omega) = \tau_g^{\min}(\omega) + \tau_g^{ap}(\omega) \qquad (5.5.23)$$

因为 $0 \le \omega \le \pi$ 时 $\tau_g^{ap}(\omega) \ge 0$，所以有 $\tau_g(\omega) \ge \tau_g^{\min}(\omega)$，$0 \le \omega \le \pi$。由式（5.5.23）可以得出结论：在所有具有相同幅度响应的零极点系统中，最小相位系统的群延迟最小。

非最小相位系统的偏能。冲激响应为 $h(n)$ 的一个因果系统的**偏能**定义为

$$E(n) = \sum_{k=0}^{n} |h(k)|^2 \qquad (5.5.24)$$

可以证明，在所有具有相同幅度响应和相同总能量 $E(\infty)$ 的系统中，最小相位系统具有最大的偏能 [即 $E_{\min}(n) \ge E(n)$，其中 $E_{\min}(n)$ 是最小相位系统的偏能]。

5.5.3 系统辨识和去卷积

假设我们用一个输入序列 $x(n)$ 来激励一个未知的 LTI 系统，并观察其输出序列 $y(n)$。我们希望由这个输出序列求出未知系统的冲激响应。这是**系统辨识**中的一个问题，该问题可以通过**去卷积**来求解。于是，有

$$y(n) = h(n) * x(n) = \sum_{k=-\infty}^{\infty} h(k)x(n-k) \qquad (5.5.25)$$

去卷积问题的一个解析解可通过对式（5.5.25）进行 z 变换得到。在 z 域中，有

$$Y(z) = H(z)X(z)$$

因此，

$$H(z) = \frac{Y(z)}{X(z)} \tag{5.5.26}$$

式中，$X(z)$ 与 $Y(z)$ 分别是输入信号 $x(n)$ 和输出信号 $y(n)$ 的 z 变换。这种方法只适用于 $X(z)$ 和 $Y(z)$ 存在闭式表达式的情形。

【例 5.5.5】一个因果系统的输出序列是

$$y(n) = \begin{cases} 1, & n = 0 \\ \frac{7}{10}, & n = 1 \\ 0, & 其他 \end{cases}$$

当系统被输入序列

$$x(n) = \begin{cases} 1, & n = 0 \\ -\frac{7}{10}, & n = 1 \\ \frac{1}{10}, & n = 2 \\ 0, & 其他 \end{cases}$$

激励时，求系统的冲激响应及输入输出方程。

解： 对 $x(n)$ 与 $y(n)$ 进行 z 变换，很容易求得系统函数。于是有

$$H(z) = \frac{Y(z)}{X(z)} = \frac{1 + \frac{7}{10}z^{-1}}{1 - \frac{7}{10}z^{-1} + \frac{1}{10}z^{-2}} = \frac{1 + \frac{7}{10}z^{-1}}{(1 - \frac{1}{2}z^{-1})(1 - \frac{1}{5}z^{-1})}$$

因为该系统是因果的，所以其收敛域为 $|z| > 1/2$。因为系统的极点位于单位圆内部，所以它也是稳定的。

系统的输入输出差分方程为

$$y(n) = \frac{7}{10}y(n-1) - \frac{1}{10}y(n-2) + x(n) + \frac{7}{10}x(n-1)$$

对 $H(z)$ 进行部分分数展开并求结果的逆变换，可以得到冲激响应，结果为

$$h(n) = \left[4\left(\frac{1}{2}\right)^n - 3\left(\frac{1}{5}\right)^n \right]u(n)$$

观察发现，如果已知未知系统是因果的，使用式（5.5.26）就能唯一地确定这个未知系统。然而，因为系统的响应 $\{y(n)\}$ 很可能是无限长的，所以上例是人为的。因此，这种方法通常不实用。

另一种方法是，直接处理由式（5.5.25）给出的时域表达式。如果系统是因果的，就有

$$y(n) = \sum_{k=0}^{n} h(k)x(n-k), \qquad n \geq 0$$

进而有

$$h(0) = \frac{y(0)}{x(0)}, \quad h(n) = \frac{y(n) - \sum\limits_{k=0}^{n-1} h(k)x(n-k)}{x(0)}, \quad n \geq 1 \tag{5.5.27}$$

这个递归解要求 $x(0) \neq 0$。然而，我们再次注意到当 $\{h(n)\}$ 无限长时，该方法可能不实用，除非在同一级中对递归解截尾［即对 $\{h(n)\}$ 截尾］。

辨识一个未知系统的另一种方法基于互相关技术。回顾可知，2.6.4 节推导的输入输出互相关函数为

$$r_{yx}(m) = \sum_{k=0}^{\infty} h(k)r_{xx}(m-k) = h(n) * r_{xx}(m) \tag{5.5.28}$$

式中，$r_{yx}(m)$ 是系统输入 $\{x(n)\}$ 与系统输出 $\{y(n)\}$ 的互相关序列，而 $r_{xx}(m)$ 是输入信号的自相关序

列。在频域中，对应的关系为

$$S_{yx}(\omega) = H(\omega)S_{xx}(\omega) = H(\omega)\left|X(\omega)\right|^2$$

因此，

$$H(\omega) = \frac{S_{yx}(\omega)}{S_{xx}(\omega)} = \frac{S_{yx}(\omega)}{\left|X(\omega)\right|^2} \tag{5.5.29}$$

这些关系表明，要求未知系统的冲激响应 $\{h(n)\}$ 或频率响应，可以先将输入序列 $\{x(n)\}$ 与输出序列 $\{y(n)\}$ 进行互相关运算，后用递归公式［即式（5.5.27）］求解式（5.5.28）中的去卷积问题。另一种方法是，先直接计算式（5.5.28）中的傅里叶变换，后求解式（5.5.29）给出的频率响应。此外，如果选择输入序列 $\{x(n)\}$ 使其自相关序列 $\{r_{xx}(n)\}$ 是单位样本序列，或者等效地，序列的谱在 $H(\omega)$ 的通带内是平坦的（常数），则冲激响应 $\{h(n)\}$ 的值就等于互相关序列 $\{r_{yx}(n)\}$ 的值。

一般来说，上面描述的互相关方法是一种有效且实用的系统辨识方法。另一种基于最小二乘优化的实用方法将在第 13 章中介绍。

5.5.4 同态去卷积

4.2.7 节介绍的复倒谱在某些应用（如地震信号处理）中是执行去卷积的有用工具。为了描述这种方法，假设 $\{y(n)\}$ 是被输入序列 $\{x(n)\}$ 激励的一个 LTI 系统的输出序列。于是，有

$$Y(z) = X(z)H(z) \tag{5.5.30}$$

式中，$H(z)$ 是系统函数。$Y(z)$ 的自然对数为

$$C_y(z) = \ln Y(z) = \ln X(z) + \ln H(z) = C_x(z) + C_h(z) \tag{5.5.31}$$

因此，输出序列 $\{y(n)\}$ 的复倒谱可以表示为 $\{x(n)\}$ 和 $\{h(n)\}$ 的倒谱之和，即

$$c_y(n) = c_x(n) + c_h(n) \tag{5.5.32}$$

于是，我们看到，两个序列在时域中的卷积对应于倒谱域中的倒谱序列之和。执行这些变换的系统称为**同态系统**，如图 5.5.4 所示。

图 5.5.4　得到序列 $\{y(n)\}$ 的倒谱 $\{c_y(n)\}$ 的同态系统

在某些应用（如地震信号处理和语音信号处理）中，倒谱序列 $\{c_x(n)\}$ 和 $\{c_h(n)\}$ 的特性差异大到可在倒谱域中分离。特别地，假设 $\{c_h(n)\}$ 在小 n 值附近存在主要分量（主能量），而 $\{c_x(n)\}$ 的分量集中在大 n 值附近。于是，我们可以说 $\{c_h(n)\}$ 是"低通的"，而 $\{c_x(n)\}$ 是"高通的"。使用适当的"低通"或"高通"窗，就可分离 $\{c_x(n)\}$ 和 $\{c_h(n)\}$，如图 5.5.5 所示。于是，有

$$\hat{c}_h(n) = c_y(n)w_{lp}(n) \tag{5.5.33}$$

和

$$\hat{c}_x(n) = c_y(n)w_{hp}(n) \tag{5.5.34}$$

式中，

$$w_{lp}(n) = \begin{cases} 1, & |n| \leqslant N_1 \\ 0, & \text{其他} \end{cases} \tag{5.5.35}$$

$$w_{hp}(n) = \begin{cases} 0, & |n| \leqslant N_1 \\ 1, & |n| > N_1 \end{cases} \tag{5.5.36}$$

通过加窗法分离倒谱序列 $\{\hat{c}_h(n)\}$ 和 $\{\hat{c}_x(n)\}$ 后,让 $\{\hat{c}_h(n)\}$ 和 $\{\hat{c}_x(n)\}$ 通过如图 5.5.6 所示的逆同态系统,就可得到序列 $\{\hat{x}(n)\}$ 与 $\{\hat{h}(n)\}$ 。

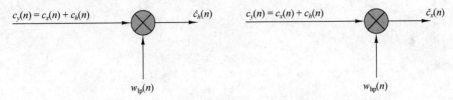

图 5.5.5　使用"低通"与"高通"窗分离两个倒谱分量

图 5.5.6　由对应倒谱恢复的序列 $\{x(n)\}$ 和 $\{h(n)\}$ 的逆同态系统

在实际工作中,人们使用数字计算机计算序列 $\{y(n)\}$ 的倒谱来执行加窗函数,进而实现如图 5.5.6 所示的逆同态系统。下面用一种特殊形式的傅里叶变换及其逆变换来代替 z 变换及逆 z 变换。这种特殊形式的傅里叶变换称为**离散傅里叶变换**,详见第 7 章。

5.6　小结

本章介绍了 LTI 系统的频域特性,证明了 LTI 系统在频域中由其频率响应函数 $H(\omega)$ 描述,而 $H(\omega)$ 是系统冲激响应的傅里叶变换。我们还发现,频率响应函数决定系统对任意输入信号的影响。实际上,将输入信号变换到频域后,求系统对信号的响应以及求系统输出就很简单。在频域中看,LTI 系统对输入信号进行了谱成形或者谱滤波。

本章还从零极点配置的角度讨论了一些简单 IIR 滤波器的设计。采用这种方法,我们可以设计出一些简单的数字谐振器、陷波器、梳状滤波器、全通滤波器和数字正弦发生器。更复杂的 IIR 滤波器的设计及相关参考文献将在第 10 章中详细介绍。数字正弦发生器用于频率合成。Gorski-Popiel (1975)中全面探讨了频率合成技术。

最后,我们将 LTI 系统表征为最小相位系统、最大相位系统或者混合相位系统,具体取决于其极点和零点在频域中的位置。利用 LTI 系统的这些基本特性,我们考虑了逆滤波、去卷积和系统辨识中的一些实际问题。最后介绍了基于线性系统输出信号倒谱分析的去卷积方法。

关于逆滤波、去卷积和系统辨识的技术文献很多。通信领域的系统辨识和逆滤波与信道均衡相关,详见 Proakis(2001)。去卷积技术已广泛用于地震信号处理中,详见 Wood and Treitel(1975)、Peacock and Treitel(1969)和 Robinson and Treitel(1978, 1980)。同态去卷积及其在语音处理中的应用详见 Oppenheim and Schafer(1989)。

习　题

5.1　在不同系统的运行过程中,我们观测到如下输入输出对:

(a) $x(n) = \left(\frac{1}{2}\right)^n \xrightarrow{\mathfrak{I}_1} y(n) = \left(\frac{1}{8}\right)^n$ 　　　　**(b)** $x(n) = \left(\frac{1}{2}\right)^n u(n) \xrightarrow{\mathfrak{I}_2} y(n) = \left(\frac{1}{8}\right)^n u(n)$

(c) $x(n) = e^{j\pi/5} \xrightarrow{\mathfrak{I}_3} y(n) = 3e^{j\pi/5}$ 　　　　　**(d)** $x(n) = e^{j\pi/5} u(n) \xrightarrow{\mathfrak{I}_4} y(n) = 3e^{j\pi/5u(n)}$

(e) $x(n) = x(n+N_1) \xrightarrow{\mathfrak{I}_5} y(n) = y(n+N_2)$, 　$N_1 \neq N_2$, N_1, N_2 互质

如果上面的每个系统都是线性时不变的,求它们的频率响应。

5.2 **(a)** 求并画出矩形序列

$$w_R(n) = \begin{cases} 1, & 0 \leqslant n \leqslant M \\ 0, & \text{其他} \end{cases}$$

的傅里叶变换 $W_R(\omega)$。

(b) 已知三角序列

$$w_T(n) = \begin{cases} n, & 0 \leqslant n \leqslant M/2 \\ M-n, & M/2 < 2 \leqslant M \\ 0, & \text{其他} \end{cases}$$

将它表示成一个矩形序列与其自身的卷积，求并画出 $w_T(n)$ 的傅里叶变换 $W_T(\omega)$。

(c) 已知序列

$$w_c(n) = \frac{1}{2}\left(1 + \cos\frac{2\pi n}{M}\right) w_R(n)$$

利用 $W_R(\omega)$ 求出 $W_c(\omega)$，并画出其图形。

5.3 考虑冲激响应为 $h(n) = \left(\frac{1}{2}\right)^n u(n)$ 的一个 LTI 系统。

(a) 求并画出幅度响应 $|H(\omega)|$ 和相位响应 $\angle H(\omega)$。

(b) 对以下输入，求并画出输入信号和输出信号的幅度谱与相位谱：

1. $x(n) = \cos\frac{3\pi n}{10}, -\infty < n < \infty$ ；   **2.** $x(n) = \{\cdots, 1, 0, 0, \underset{\uparrow}{1}, 1, 1, 0, 1, 1, 1, 0, 1, \cdots\}$ 。

5.4 求并画出如下系统的幅度响应和相位响应。

(a) $y(n) = \frac{1}{2}\left[x(n) + x(n-1)\right]$ **(b)** $y(n) = \frac{1}{2}\left[x(n) - x(n-1)\right]$

(c) $y(n) = \frac{1}{2}\left[x(n+1) - x(n-1)\right]$ **(d)** $y(n) = \frac{1}{2}\left[x(n+1) + x(n-1)\right]$

(e) $y(n) = \frac{1}{2}\left[x(n) + x(n-2)\right]$ **(f)** $y(n) = \frac{1}{2}\left[x(n) - x(n-2)\right]$

(g) $y(n) = \frac{1}{2}\left[x(n) + x(n-1) + x(n-2)\right]$

5.5 一个 FIR 滤波器由差分方程 $y(n) = x(n) + x(n-10)$ 描述。

(a) 求并画出其幅度响应和相位响应。

(b) 求其对如下输入的响应：

1. $x(n) = \cos\frac{\pi}{10}n + 3\sin\left(\frac{\pi}{3}n + \frac{\pi}{10}\right), \ -\infty < n < \infty$ ；   **2.** $x(n) = 10 + 5\cos\left(\frac{2\pi}{5}n + \frac{\pi}{2}\right), \ -\infty < n < \infty$ 。

5.6 求图 P5.6 所示 FIR 滤波器对输入信号 $x(n) = 10e^{j\pi n/2} u(n)$ 的瞬态响应和稳态响应。令 $b = 2$ 和 $y(-1) = y(-2) = y(-3) = y(-4) = 0$。

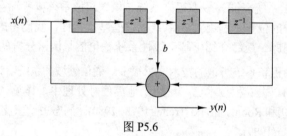

图 P5.6

5.7 考虑 FIR 滤波器 $y(n) = x(n) + x(n-4)$ 。

(a) 求并画出其幅度响应和相位响应。

(b) 计算滤波器对输入 $x(n) = \cos\frac{\pi}{2}n + \cos\frac{\pi}{4}n, \ -\infty < n < \infty$ 的响应。

(c) 用(a)问得到的幅度响应和相应响应解释(b)问得到的结果。

5.8 求系统 $y(n) = \frac{1}{2}[x(n) - x(n-2)]$ 对输入信号

$$x(n) = 5 + 3\cos\left(\frac{\pi}{2}n + 60°\right), \qquad -\infty < n < \infty$$

的稳态响应和瞬态响应。

5.9 由本章的讨论可知，LTI 系统输出信号的频率与输入信号的频率是相同的。因此，如果一个系统产生了"新"频率，那么它必定是非线性的或者时变的。计算如下系统对输入信号 $x(n) = A\cos\frac{\pi}{4}n$ 的输出频率分量：

(a) $y(n) = x(2n)$ ； **(b)** $y(n) = x^2(n)$ ； **(c)** $y(n) = (\cos\pi n)x(n)$ 。

5.10 求并画出图 P5.10(a)到(c)所示系统的幅度响应和相位响应。

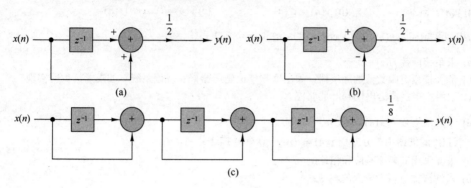

图 P5.10

5.11 求多径信道 $y(n) = x(n) + x(n-M)$ 的幅度响应和相位响应。在什么频率处 $H(\omega) = 0$ ？

5.12 考虑滤波器 $y(n) = 0.9y(n-1) + bx(n)$ 。

(a) 求满足 $|H(0)| = 1$ 的 b 。

(b) 计算满足 $|H(\omega)| = 1\sqrt{2}$ 的频率。

(c) 该滤波器是低通滤波器、带通滤波器还是高通滤波器？

(d) 对滤波器 $y(n) = -0.9y(n-1) + 0.1x(n)$ ，重做(b)问和(c)问。

5.13 考虑图 P5.13 所示的数字滤波器。

(a) 求输入输出关系和冲激响应 $h(n)$ 。

(b) 求并画出滤波器的幅度响应 $|H(\omega)|$ 和相位响应 $\angle H(\omega)$ ，哪些频率被滤波器完全抑制？

(c) 当 $\omega_0 = \pi/2$ 时，求滤波器对输入 $x(n) = 3\cos\left(\frac{\pi}{3}n + 30°\right)$ ， $-\infty < n < \infty$ 的输出 $y(n)$ 。

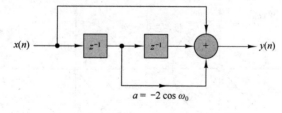

图 P5.13

5.14 考虑 FIR 滤波器 $y(n) = x(n) - x(n-4)$ 。

(a) 求并画出其幅度响应和相位响应。

(b) 计算滤波器对输入 $x(n) = \cos\frac{\pi}{2}n + \cos\frac{\pi}{4}n$ ， $-\infty < n < \infty$ 的响应。

(c) 用(a)问的答案解释(b)问的结果。

5.15 求系统 $y(n) = \frac{1}{2}[x(n) - x(n-2)]$ 对输入信号

$$x(n) = 5 + 3\cos\left(\frac{\pi}{2}n + 60°\right) + 4\sin\left(\pi n + 45°\right), \qquad -\infty < n < \infty$$

的稳态响应。

5.16 回顾习题 5.9 可知，LTI 系统的输出信号的频率与输入信号的频率是相同的。因此，如果一个系统产

生了"新"频率，那它肯定是非线性的或者时变的。指出如下系统是否是非线性的或者时变的，并求当输入谱为

$$X(\omega) = \begin{cases} 1, & |\omega| \leqslant \pi/4 \\ 0, & \pi/4 \leqslant |\omega| \leqslant \pi \end{cases}$$

时的输出谱。

(a) $y(n) = x(2n)$ ；　　　　**(b)** $y(n) = x^2(n)$ ；　　　　**(c)** $y(n) = (\cos \pi n)x(n)$ 。

5.17 考虑冲激响应为 $h(n) = \left[\left(\frac{1}{4}\right)^n \cos\left(\frac{\pi}{4}n\right) \right] u(n)$ 的一个 LTI 系统。

(a) 求系统函数 $H(z)$。

(b) 能否使用有限数量的加法器、乘法器和单位延迟器来实现该系统？如果能，如何实现？

(c) 利用零极点图给出 $|H(\omega)|$ 的略图。

(d) 求系统对输入 $x(n) = \left(\frac{1}{4}\right)^n u(n)$ 的响应。

5.18 一个 FIR 滤波器由差分方程 $y(n) = x(n) - x(n-6)$ 描述。

(a) 求并画出其幅度响应和相位响应。

(b) 求滤波器对以下输入的响应：

　　　　1. $x(n) = \cos\frac{\pi}{10}n + 3\sin\left(\frac{\pi}{3}n + \frac{\pi}{10}\right)$, $-\infty < n < \infty$ ；　　**2.** $x(n) = 5 + 6\cos\left(\frac{2\pi}{5}n + \frac{\pi}{2}\right)$, $-\infty < n < \infty$ 。

5.19 一个理想带通滤波器的频率响应为

$$H(\omega) = \begin{cases} 0, & |\omega| \leqslant \frac{\pi}{8} \\ 1, & \frac{\pi}{8} < |\omega| < \frac{3\pi}{8} \\ 0, & \frac{3\pi}{8} \leqslant |\omega| \leqslant \pi \end{cases}$$

(a) 求滤波器的冲激响应。

(b) 证明该冲激响应可以表示为 $\cos(n\pi/4)$ 和一个低通滤波器的冲激响应的乘积。

5.20 考虑由差分方程 $y(n) = \frac{1}{2}y(n-1) + x(n) + \frac{1}{2}x(n-1)$ 描述的一个系统。

(a) 求系统的冲激响应。

(b) 用如下两种方式求其频率响应：**1.** 用冲激响应；**2.** 用差分方程。

(c) 求系统对输入 $x(n) = \cos\left(\frac{\pi}{2}n + \frac{\pi}{4}\right)$, $-\infty < n < \infty$ 的响应。

5.21 粗略画出与图 P5.21 给出的系统的零极点图对应的傅里叶变换的幅度 $|H(\omega)|$ 。

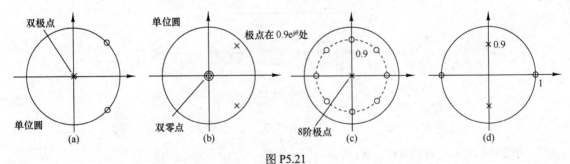

图 P5.21

5.22 设计一个可完全滤除频率 $\omega_0 = \pi/4$ 的 FIR 滤波器，并计算当输入为 $x(n) = (\sin\frac{\pi}{4}n)u(n)$, $n = 0, 1, 2, 3, 4$ 时滤波器的输出。滤波器是否达到了预期的性能？说明原因

5.23 一个数字滤波器的特性如下：**1.** 它是高通滤波器，且有一个极点和一个零点；**2.** 在 z 平面上极点到原点的距离 $r = 0.9$；**3.** 常数信号不通过该系统。

(a) 画出该滤波器的零极点图，并求其系统函数 $H(z)$。

(b) 计算该滤波器的幅度响应 $|H(\omega)|$ 和相位响应 $\angle H(\omega)$ 。

(c) 归一化频率响应 $H(\omega)$，使 $|H(\pi)| = 1$ 。

(d) 求时域中滤波器的输入输出关系（差分方程）。

(e) 如果输入为 $x(n) = 2\cos(\frac{\pi}{6}n + 45°)$，$-\infty < n < \infty$，计算系统的输出（可以用代数或几何自变量）。

5.24 推导由式（5.4.25）给出的、极点位于 $p_1 = re^{j\theta}$ 和 $p_2 = p_1^*$ 的双极点滤波器的共振频率表达式。

5.25 求并画出由（滑动平均）差分方程 $y(n) = \frac{1}{4}x(n) + \frac{1}{2}x(n-1) + \frac{1}{4}x(n-2)$ 描述的汉宁滤波器的幅度响应和相位响应。

5.26 输入信号 $x(n) = \left(\frac{1}{4}\right)^n u(n) + u(-n-1)$ 激励一个因果 LTI 系统，产生 z 变换为

$$Y(z) = \frac{-\frac{3}{4}z^{-1}}{(1 - \frac{1}{4}z^{-1})(1 + z^{-1})}$$

的输出 $y(n)$：**(a)** 求系统函数 $H(z)$ 及其收敛域；**(b)** 求系统输出 $y(n)$。（提示：极点抵消增大原收敛域。）

5.27 计算系统函数为 $H(z) = 1 + z^{-1} + z^{-2} + \cdots + z^{-8}$ 的滤波器的幅度响应和相位响应。如果采样率为 $F_s = 1\text{kHz}$，求不能通过该滤波器的模拟正弦信号的频率。

5.28 一个二阶系统在 $p_{1,2} = 0.5$ 处有两个极点，在 $z_{1,2} = e^{\pm j3\pi/4}$ 处有两个零点。利用几何自变量，选择满足 $|H(0)| = 1$ 的滤波器增益 G。

5.29 本题考虑单极点对系统频率响应的影响。令

$$H_p(\omega) = \frac{1}{1 - re^{j\theta}e^{-j\omega}}, \qquad r < 1$$

证明

$$\left|H_p(\omega)\right|_{\text{dB}} = -\left|H_z(\omega)\right|_{\text{dB}}, \qquad \angle H_p(\omega) = -\angle H_z(\omega), \qquad \tau_g^p(\omega) = -\tau_g^z(\omega)$$

式中，$H_z(\omega)$ 与 $\tau_g^z(\omega)$ 的定义见 CP5.9。

5.30 求滤波器

$$H_1(z) = \frac{1-a}{1 - az^{-1}}, \qquad H_2(z) = \frac{1-a}{2}\frac{1 + z^{-1}}{1 - az^{-1}}$$

的 3dB 带宽（$0 < a < 1$）。哪个滤波器是更好的低通滤波器？

5.31 设计一个相位可调的数字振荡器，即产生信号 $y(n) = \cos(\omega_0 n + \theta)u(n)$ 的一个数字滤波器。

5.32 通过考虑系统 $y(n) = ay(n-1) + x(n)$，其中 $a = e^{j\omega_0}$，本题提供耦合型振荡器的另一种推导。令 $x(n)$ 为实函数，于是 $y(n)$ 为复函数，所以 $y(n) = y_R(n) + jy_I(n)$。

(a) 用一个输入 $x(n)$ 和两个输出 $y_R(n)$ 与 $y_I(n)$ 来描述系统的这些公式。

(b) 给出框图实现。

(c) 证明：如果 $x(n) = \delta(n)$，那么

$$y_R(n) = (\cos\omega_0 n)u(n), \quad y_I(n) = (\sin\omega_0 n)u(n)$$

(d) 当 $\omega_0 = \pi/6$ 时，计算 $y_R(n), y_I(n), n = 0, 1, \cdots, 9$，并将它们与正弦与余弦的准确值进行比较。

5.33 一个系统的系统函数为

$$H(z) = b_0 \frac{(1 - e^{j\omega_0}z^{-1})(1 - e^{-j\omega_0}z^{-1})}{(1 - re^{j\omega_0}z^{-1})(1 - re^{-j\omega_0}z^{-1})}$$

(a) 画出零极点图。

(b) 采用几何方法证明：若 $r \approx 1$，则系统是一个陷波器，并画出 $\omega_0 = 60°$ 时的幅度响应的草图。

(c) 当 $\omega_0 = 60°$ 时，选择 b_0 使得 $|H(\omega)|$ 的最大值为 1。

(d) 画出系统的直接 II 型实现。

(e) 求系统的近似 3dB 带宽。

5.34 设计一个 FIR 数字滤波器，以便抑制污染 200Hz 有用正弦信号的强 60Hz 正弦干扰。求使得有用信号不改变振幅的滤波器增益。该滤波器的采样率为 $F_s = 500$ 个样本/秒。如果输入是单位振幅的 60Hz 或 200Hz 正弦信号，计算滤波器的输出。与需求相比，滤波器的性能如何？

5.35 求由式（5.4.28）描述的数字谐振器的增益 b_0，使得 $|H(\omega_0)| = 1$。

5.36 证明应用三角恒等式

$$\cos\alpha + \cos\beta = 2\cos\frac{\alpha+\beta}{2}\cos\frac{\alpha-\beta}{2}$$

可得式（5.4.57）给出的差分方程。其中 $\alpha = (n+1)\omega_0$，$\beta = (n-1)\omega_0$，$y(n) = \cos\omega_0 n$。进而证明：使用初始条件 $y(-1) = A\cos\omega_0$ 和 $y(-2) = A\cos 2\omega_0$ 可由式（5.4.57）生成正弦信号 $y(n) = A\cos\omega_0 n$。

5.37 当 $\alpha = n\omega_0$，$\beta = (n-2)\omega_0$ 时，用式（5.4.58）中的三角恒等式推导产生正弦信号 $y(n) = A\sin n\omega_0$ 的差分方程，并求对应的初始条件。

5.38 使用表 3.3 中的 z 变换对 8 和 9，分别求解冲激响应为 $h(n) = A\cos n\omega_0 u(n)$ 和 $h(n) = A\sin n\omega_0 u(n)$ 的数字振荡器的差分方程。

5.39 联立习题 5.38 中得到的数字振荡器结构，求耦合型振荡器的结构。

5.40 将系统函数为

$$H(z) = \frac{1-z^{-1}}{1-az^{-1}}, \qquad a < 1$$

的一个高通滤波器变换成一个可以抑制频率 $\omega_0 = \pi/4$ 及其谐波的陷波器。

(a) 求差分方程；**(b)** 画出零极点图；**(c)** 画出这两个滤波器的幅度响应。

5.41 选择月球滤波器的 L 和 M 使其在 $(k\pm\Delta F)$ 个周期/天处具有窄通带，其中 $k = 1, 2, 3, \cdots$ 且 $\Delta F = 0.067726$。

5.42 **(a)** 证明对应于图 5.4.18 所示的零极点图的系统是全通系统。

(b) 为了有效实现一个二阶全通滤波器，需要多少个延迟器和乘法器？

5.43 在心电图记录应用中需要一个数字陷波器来滤除 60Hz 电力线噪声，所用的采样率为 $F_s = 500$ 个样本/秒。**(a)** 设计一个二阶 FIR 陷波器和 **(b)** 一个二阶零极点陷波器。在这两种情况下，选择增益 b_0 使得在 $\omega = 0$ 处有 $|H(\omega)| = 1$。

5.44 求长度为 $M = 4$ 的高通线性相位 FIR 滤波器的系数 $\{h(n)\}$，它有一个非对称的单位样本响应 $h(n) = -h(M-1-n)$，且频率响应满足条件

$$\left|H\left(\frac{\pi}{4}\right)\right| = \frac{1}{2}, \qquad \left|H\left(\frac{3\pi}{4}\right)\right| = 1$$

5.45 当设计一个幅度响应为

$$|H_d(\omega)| = \begin{cases} 1, & \frac{\pi}{6} \leq \omega \leq \frac{\pi}{2} \\ 0, & \text{其他} \end{cases}$$

的四极点带通数字滤波器时，我们选择四个极点的位置为

$$p_{1,2} = 0.8e^{\pm j 2\pi/9}, \qquad p_{3,4} = 0.8e^{\pm j 4\pi/9}$$

四个零点的位置为

$$z_1 = 1, \qquad z_2 = -1, \qquad z_{3,4} = e^{\pm 3\pi/4}$$

(a) 求满足 $\left|H\left(\frac{5\pi}{12}\right)\right| = 1$ 的增益值。

(b) 求系统函数 $H(z)$。

(c) 求 $0 \leq \omega \leq \pi$ 时的频率响应 $H(\omega)$ 的幅度，并将其与期望的响应 $|H_d(\omega)|$ 进行比较。

5.46 输入为 $x(n)$、输出为 $y(n)$ 的一个离散时间系统在频域中由如下关系式描述：

$$Y(\omega) = e^{-j2\pi\omega}X(\omega) + \frac{dX(\omega)}{d\omega}$$

(a) 计算系统对输入 $x(n) = \delta(n)$ 的响应。

(b) 检查该系统是否为线性时不变的和稳定的。

5.47 考虑冲激响应为 $h(n)$、频率响应为

$$H(\omega) = \begin{cases} 1, & |\omega| \leq \omega_c \\ 0, & \omega_c < |\omega| < \pi \end{cases}$$

的一个理想低通滤波器。由

$$g(n) = \begin{cases} h(n/2), & n\text{为偶数} \\ 0, & n\text{为奇数} \end{cases}$$

定义的滤波器的频率响应是什么?

5.48 考虑图 P5.48 所示的系统。如果系统 $H(\omega)$ 是**(a)**截止频率为 ω_c 的低通滤波器,**(b)**截止频率为 ω_c 的高通滤波器,求其冲激响应和频率响应。

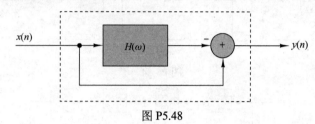

图 P5.48

5.49 变频器已在语音加扰中使用多年。事实上,如图 P5.49 所示,如果反转声音信号 $x(n)$ 的谱,那么声音将变得难以理解。

(a) 频带反转是如何在时域中实现的?

(b) 设计一个解扰器。(**提示**:要求运算简单且可实时完成。)

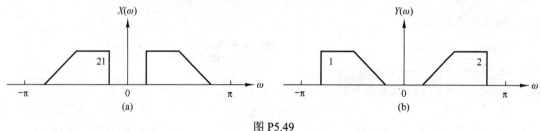

图 P5.49

5.50 一个低通滤波器由差分方程 $y(n) = 0.9y(n-1) + 0.1x(n)$ 描述。

(a) 频移 $\pi/2$,将该滤波器变换成带通滤波器。

(b) 这个带通滤波器的冲激响应是什么?

(c) 用频移法将原型低通滤波器变换成带通滤波器的主要问题是什么?

5.51 考虑实冲激响应为 $h(n)$、频率响应为 $H(\omega) = |H(\omega)|e^{j\theta(\omega)}$ 的一个系统。$D = \sum\limits_{n=-\infty}^{\infty} n^2 h^2(n)$ 度量了 $h(n)$ 的"有效长度"。

(a) 用 $H(\omega)$ 表示 D;**(b)** 证明 $\theta(\omega) = 0$ 时 D 最小。

5.52 考虑低通滤波器 $y(n) = ay(n-1) + bx(n)$, $0 < a < 1$。

(a) 求满足 $|H(0)| = 1$ 的 b。

(b) 求(a)问中归一化滤波器的 3dB 带宽 ω_3。

(c) 参数 a 的选择是如何影响 ω_3 的?

(d) 对选择 $-1 < a < 0$ 得到的高通滤波器,重做(a)问到(c)问。

5.53 画出 $\alpha \ll 1$ 时多径信道 $y(n) = x(n) + \alpha x(n-M)$, $\alpha > 0$ 的幅度响应和相位响应。

5.54 求图 P5.54(a)到(c)所示系统的系统函数和零极点位置。该系统是否稳定?

5.55 当 $b = 1$ 及 $b = -1$ 时,求并画出图 P5.55 所示 FIR 滤波器的冲激响应、幅度响应和相位响应。

5.56 考虑系统 $y(n) = x(n) - 0.95x(n-6)$。

(a)画出系统的零极点图。 **(b)**使用零极点图画出其幅度响应。

(c)求其因果逆系统的系统函数。 **(d)**使用零极点图画出逆系统的幅度响应。

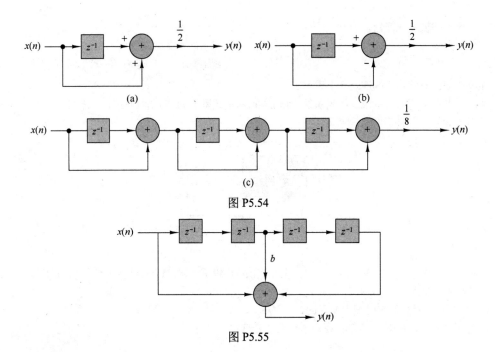

图 P5.54

图 P5.55

5.57 求由系统函数

(a) $H(z) = \dfrac{z^{-1}}{1 - z^{-1} - z^{-2}}$ 　　　　　　　　**(b)** $H(z) = \dfrac{1}{1 - e^{-4a} z^{-4}}$, 　　$0 < a < 1$

规定的所有可能系统的冲激响应和差分方程。

5.58 求被输入信号 $x(n) = \{\underset{\uparrow}{1}, 1, 2\}$ 激励时，产生响应

$$y(n) = \{\underset{\uparrow}{1}, -1, 3, -1, 6\}$$

的因果 LTI 系统的冲激响应。

5.59 系统 $y(n) = \frac{1}{2} y(n-1) + x(n)$ 被输入 $x(n) = \left(\frac{1}{4}\right)^n u(n)$ 激励，求序列 $r_{xx}(l), r_{hh}(l), r_{xy}(l)$ 和 $r_{yy}(l)$。

5.60 判断如下 FIR 系统是否为最小相位系统。

(a) $h(n) = \{\underset{\uparrow}{10}, 9, -7, -8, 0, 5, 3\}$ ；　　　　**(b)** $h(n) = \{\underset{\uparrow}{5}, 4, -3, -4, 0, 2, 1\}$ 。

5.61 已知全极点系统

$$H(z) = \cfrac{1}{1 + \displaystyle\sum_{k=1}^{N} a_k z^{-k}}$$

的阶数 N 及其冲激响应 $h(0), h(1), \cdots, h(L-1)$ 的值，能求出该系统的系数吗？如何求？如果不知道 N，会发生什么？

5.62 考虑零极点系统

$$H(z) = \frac{B(z)}{A(z)} = \frac{1 + b z^{-1}}{1 + a z^{-1}} = \sum_{n=0}^{\infty} h(n) z^{-n}$$

(a) 用 a, b 表示 $h(0), h(1), h(2)$ 和 $h(3)$。

(b) 设 $r_{hh}(l)$ 为 $h(n)$ 的自相关序列，用 a, b 表示 $r_{hh}(0), r_{hh}(1), r_{hh}(2)$ 和 $r_{hh}(3)$。

5.63 令 $x(n)$ 是实最小相位序列。修改 $x(n)$ 得到另一个实最小相位序列 $y(n)$，使 $y(0) = x(0)$ 和 $y(n) = |x(n)|$ 。

5.64 已知一个稳定 LTI 系统的频率响应是实偶的，其逆系统稳定吗？

5.65 令 $h(n)$ 是一个有非零线性或非线性相位响应的实滤波器。证明如下运算等效于用一个零相位滤波器对信号 $x(n)$ 滤波。

(a) $g(n) = h(n) * x(n)$ **(b)** $g(n) = h(n) * x(n)$

     $f(n) = h(n) * g(-n)$ $f(n) = h(n) * x(-n)$

     $y(n) = f(-n)$ $y(n) = g(n) + f(-n)$

（提示：求组合系统 $y(n) = H[x(n)]$ 的频率响应。）

5.66 验证如下陈述是否正确。

    (a) 两个最小相位序列的卷积总是最小相位的。

    (b) 两个最小相位序列的和总是最小相位的。

5.67 求平方幅度响应分别为

    (a) $|H(\omega)|^2 = \dfrac{\frac{5}{4} - \cos\omega}{\frac{10}{9} - \frac{2}{3}\cos\omega}$;   **(b)** $|H(\omega)|^2 = \dfrac{2(1-a^2)}{(1+a^2) - 2a\cos\omega}, \ |a| < 1$

的最小相位系统。

5.68 考虑有如下系统函数的 FIR 系统：

$$H(z) = (1 - 0.8e^{j\pi/2}z^{-1})(1 - 0.8e^{-j\pi/2}z^{-1})(1 - 1.5e^{j\pi/4}z^{-1})(1 - 1.5e^{-j\pi/4}z^{-1})$$

    (a) 求有相同幅度响应的所有系统。哪个系统是最小相位系统？

    (b) 求(a)问中的所有系统的冲激响应。

    (c) 画出每个系统的偏能

$$E(n) = \sum_{k=0}^{n} h^2(n)$$

    并用它识别最小和最大相位系统。

5.69 已知因果系统

$$H(z) = \frac{1}{1 + \sum_{k=1}^{N} a_k z^{-k}}$$

是不稳定的。我们通过将冲激响应 $h(n)$ 改为 $h'(n) = \lambda^n h(n)u(n)$ 来修改这个系统。

    (a) 证明：适当地选择 λ，可以得到一个新的稳定系统。

    (b) 这个新系统的差分方程是什么？

计算机习题

CP5.1 LTI 系统的差分方程给出如下：

    (a) $y(n) = x(n) + 2x(n-1) + x(n-2) - \frac{1}{2}y(n-1) - \frac{1}{4}y(n-2)$

    (b) $y(n) = 2x(n) + x(n-1) - \frac{1}{4}y(n-1) + \frac{1}{4}y(n-2)$

    求两个系统的频率响应函数 $H(\omega)$ 并画出其幅度谱和相位谱。

CP5.2 对由冲激响应 $h(n)$ 描述的每个 LTI 系统，求频率响应函数 $H(\omega)$ 并画出幅度 $|H(\omega)|$ 与相位 $\theta(\omega)$。

    (a) $h(n) = (0.85)^{|n|}$ **(b)** $h(n) = \left[(0.6)^n + (0.4)^n\right]u(n)$ **(c)** $h(n) = (0.6)^{|n|}\cos(0.2\pi n)$

CP5.3 一个理想高通滤波器在频域中由

$$H(\omega) = \begin{cases} 1e^{-j\alpha\omega}, & \omega_c < |\omega| \leq \pi \\ 0, & |\omega| \leq \omega_c \end{cases}$$

描述，其中 ω_c 是截止频率，α 为相位延迟。

    (a) 求并画出对应于滤波器 $H(\omega)$ 的理想冲激响应。

    (b) 当 $N = 15, \alpha = 25, w_c = 0.5\pi$ 时，求并画出截断冲激响应 $h_t(n)$，即

$$h_t(n) = \begin{cases} h(n), & 0 \leq n \leq N-1 \\ 0, & 其他 \end{cases}$$

    (c) 求并画出对应于有截断冲激响应 $h_t(n)$ 的频率响应 $H_t(\omega)$，并比较 $H_t(\omega)$ 和 $H(\omega)$。

CP5.4 考虑离散时间系统 $y(n) = ay(n-1) + (1-a)x(n)$, $n \geq 0$ ，其中 $a = 0.9$，$y(-1) = 0$。

(a) 求并画出系统对输入信号

$$x_i(n) = \sin 2\pi f_i(n), \qquad 0 \leq n \leq 100$$

的输出 $y_i(n)$，其中 $f_1 = \frac{1}{4}, f_2 = \frac{1}{5}, f_3 = \frac{1}{10}, f_4 = \frac{1}{20}$。

(b) 求并画出系统的幅度响应和相位响应，并用这些结果解释系统对(a)问给出的信号的响应。

CP5.5 考虑冲激响应为

$$h(n) = \left(\frac{1}{3}\right)^{|n|}$$

的一个 LTI 系统。

(a) 分别求并画出幅度响应 $|H(\omega)|$ 和相位响应 $\angle H(\omega)$。

(b) 对以下输入求并画出输入信号和输出信号的幅度谱与相位谱：

(i) $x(n) = \cos(3\pi n/8)$，$-\infty \leq n \leq \infty$ ；　　**(ii)** $x(n) = \{\cdots, -1, 1, -1, \underset{\uparrow}{1}, -1, 1, \cdots\}$

CP5.6 一个因果一阶数字滤波器由系统函数 $H(z) = b_0 \dfrac{1 + bz^{-1}}{1 + az^{-1}}$ 描述。

(a) 画出该滤波器的直接 I 形与直接 II 型实现，并求对应的差分方程。

(b) 画出 $a = 0.5$ 和 $b = -0.6$ 时的零极点图。该系统稳定吗？为什么？

(c) 求 $a = -0.5$ 和 $b = 0.5$ 的 b_0，使 $|H(\omega)|$ 的最大值等于 1。

(d) 画出(c)问所得滤波器的幅度响应 $|H(\omega)|$ 和相位响应 $\angle H(\omega)$ 。

(e) 在某个应用中，已知 $a = 0.8$，所得滤波器是放大输入信号的高频还是放大输入信号的低频？选择 b 的值改善滤波器的特性（使其成为一个更好的低通或高通滤波器）。

CP5.7 求线性相位 FIR 滤波器 $y(n) = b_0 x(n) + b_1 x(n-1) + b_2 x(n-2)$ 的系数，条件如下。

(a) 它可以完全抑制 $\omega_0 = 2\pi/3$ 处的频率分量。

(b) 归一化其频率响应，使得 $H(0) = 1$。

(c) 求并画出该滤波器的幅度响应和相位响应，验证它是否满足要求。

CP5.8 求如下滑动平均滤波器的频率响应 $H(\omega)$：

(a) $y(n) = \dfrac{1}{2M+1} \sum_{k=-M}^{M} x(n-k)$

(b) $y(n) = \dfrac{1}{4M} x(n+M) + \dfrac{1}{2M-1} \sum_{k=-(M-1)}^{M-1} x(n-k) + \dfrac{1}{4M} x(n-M)$

哪个滤波器的平滑效果更好？为什么？

CP5.9 本题考虑一个零点对系统频率响应的影响。令 $z = re^{j\theta}$ 是单位圆内部（$r < 1$）的一个零点。于是有

$$H_z(\omega) = 1 - re^{j\theta}e^{-j\omega} = 1 - r\cos(\omega - \theta) + jr\sin(\omega - \theta)$$

(a) 证明幅度响应为

$$|H_z(\omega)| = \left[1 - 2r\cos(\omega - \theta) + r^2\right]^{1/2}$$

或者等效地为

$$20\lg|H_z(\omega)| = 10\lg\left[1 - 2r\cos(\omega - \theta) + r^2\right]$$

(b) 证明相位响应为

$$\Theta_z(\omega) = \arctan \frac{r\sin(\omega - \theta)}{1 - r\cos(\omega - \theta)}$$

(c) 证明群延迟为

$$\tau_g(\omega) = \frac{r^2 - r\cos(\omega - \theta)}{1 + r^2 - 2r\cos(\omega - \theta)}$$

(d) 对于 $r = 0.7$ 和 $\theta = 0, \pi/2, \pi$，画出幅度 $|H(\omega)|_{dB}$、相位 $\Theta(\omega)$ 和群延迟 $\tau_g(\omega)$的草图。

CP5.10 本题考虑极点和零点的复共轭对对系统频率响应的影响。令

$$H_z(\omega) = (1 - re^{j\theta}e^{-j\omega})(1 - re^{-j\theta}e^{-j\omega})$$

(a) 证明用分贝形式表示的幅度响应为

$$\left| H_z(\omega) \right|_{\text{dB}} = 10\lg\left[1 + r^2 - 2r\cos(\omega - \theta)\right] + 10\lg\left[1 + r^2 - 2r\cos(\omega + \theta)\right]$$

(b) 证明相位响应为

$$\varTheta_z(\omega) = \arctan\frac{r\sin(\omega - \theta)}{1 - r\cos(\omega - \theta)} + \arctan\frac{r\sin(\omega + \theta)}{1 - r\cos(\omega + \theta)}$$

(c) 证明群延迟为

$$\tau_g^z(\omega) = \frac{r^2 - r\cos(\omega - \theta)}{1 + r^2 - 2r\cos(\omega - \theta)} + \frac{r^2 - r\cos(\omega + \theta)}{1 + r^2 - 2r\cos(\omega + \theta)}$$

(d) 若 $H_p(\omega) = 1/H_z(\omega)$，证明

$$\left| H_p(\omega) \right|_{\text{dB}} = -\left| H_z(\omega) \right|_{\text{dB}}, \quad \varTheta_p(\omega) = -\varTheta_z(\omega), \quad \tau_g^p(\omega) = -\tau_g^z(\omega)$$

(e) 对于 $\tau = 0.9$ 和 $\theta = 0, \pi/2$，画出 $\left| H_p(\omega) \right|$，$\varTheta_p(\omega)$ 和 $\tau_g^p(\omega)$ 的草图。

CP5.11 考虑冲激响应为 $h(n) = b_0\delta(n) + b_1\delta(n - D) + b_2\delta(n - 2D)$ 的一个系统。

(a) 为何系统会产生间隔 D 个样本的回波？

(b) 求系统的幅度响应和相位响应。

(c) 证明：对于 $|b_0 + b_2| \ll |b_1|$，$|H(\omega)|^2$ 的最大值和最小值位于

$$\omega = \pm\frac{k}{D}\pi, \quad k = 0, 1, 2, \cdots$$

(d) 对于 $b_0 = 0.1$，$b_1 = 1$ 和 $b_2 = 0.05$，画出 $|H(\omega)|$ 和 $\angle H(\omega)$，并讨论结果。

CP5.12 带宽为 $B = 10\text{kHz}$ 的语音信号以采样率 $F_2 = 20\text{kHz}$ 采样。假设该信号被频率为

$$F_1 = 10000\text{Hz}, \quad F_2 = 8889\text{Hz}, \quad F_3 = 7778\text{Hz}, \quad F_4 = 6667\text{Hz}$$

的四个正弦信号破坏。

(a) 设计一个 FIR 滤波器，以滤除这些频率分量。

(b) 选择滤波器的增益使得 $|H(0)| = 1$，画出该滤波器的对数幅度响应和相位响应。

(c) 该滤波器能实现你的目标吗？你是否推荐在实际中使用该滤波器？

CP5.13 求并画出 $\omega = \pi/6$ 和 $r = 0.6, 0.9, 0.99$ 时一个数字谐振器的频率响应。在每种情况下，从图中计算其带宽和谐振频率，并验证是否和理论结果一致。

CP5.14 一个通信信道的系统函数为

$$H(z) = \left(1 - 0.9e^{j0.4\pi}z^{-1}\right)\left(1 - 0.9e^{-j0.4\pi}z^{-1}\right)\left(1 - 1.5e^{j0.6\pi}z^{-1}\right)\left(1 - 1.5e^{-j0.6\pi}z^{-1}\right)$$

求一个因果稳定补偿系统的系统函数 $H_c(z)$，使两个系统级联后具有平坦的幅度响应。画出分析过程中涉及的所有系统的零极点图，以及幅度响应和相位响应。[提示：利用分解 $H(z) = H_{\text{ap}}(z)H_{\text{min}}(z)$]。

CP5.15 **数字正弦发生器中的谐波失真。** 一个理想正弦信号发生器产生信号

$$x(n) = \cos 2\pi f_0 n, \quad -\infty < n < \infty$$

如果 $f_0 = k_0/N$ 且 k_0 和 N 互质，$x(n)$ 就是基本周期为 N 的周期信号。这个"纯"正弦信号的谱由 $k = k_0$ 和 $k = N - k_0$ 处的两条谱线组成（限定在基本区间 $0 \le k \le N - 1$ 上）。在实际工作中，近似计算相对频率 f_0 处的正弦信号的样本时，将导致一定数量的功率落到其他频率中。这种杂散功率将导致**谐波失真**。谐波失真常以**总谐波失真**（THD）度量，它定义为比值

$$\text{THD} = \frac{\text{假谐波功率}}{\text{总功率}}$$

(a) 证明

$$\text{THD} = 1 - 2\frac{\left| c_{k_0} \right|^2}{P_x}$$

式中，

$$C_{k_0} = \frac{1}{N}\sum_{n=0}^{N-1}x(n)e^{-j(2\pi/N)k_0 n} \quad 和 \quad P_x = \frac{1}{N}\sum_{n=0}^{N-1}|x(n)|^2$$

(b) 使用泰勒近似

$$\cos\phi = 1 - \frac{\phi^2}{2!} + \frac{\phi^4}{4!} - \frac{\phi^6}{6!} + \cdots$$

将泰勒展开式的项数从 2 增至 8，计算 $f_0 = 1/96, 1/32, 1/256$ 时一个周期的 $x(n)$。

(c) 对于(b)问的每个正弦信号以及用计算机生成的余弦函数得到的正弦信号，计算总谐波失真，画出功率密度谱，并对结果进行评论。

CP5.16 已知信号 $x(n)$，按如下方式延迟缩放信号后，可以产生回波与混响：

$$y(n) = \sum_{k=0}^{\infty}g_k x(n-kD)$$

式中，D 是正整数，且 $g_k > g_{k-1} > 0$。

(a) 为什么梳状滤波器

$$H(z) = \frac{1}{1-az^{-D}}$$

可以用作混响器（即产生人工混响的设备）？（**提示**：求其冲激响应并画图。）

(b) 全通梳状滤波器为

$$H(z) = \frac{z^{-D}-a}{1-az^{-D}}$$

通过级联三到五个这样的滤波器，并选择合适的参数 a 和 D，可构建数字混响器。求并画出两个这样的混响器的冲激响应，其中每个混响器都是级联有如下参数的三节得到的。

单元 1			单元 2		
节	D	a	节	D	a
1	50	0.7	1	50	0.7
2	40	0.665	2	17	0.665
3	32	0.63175	3	6	0.847

* 该应用的细节见 J. A. Moorer 发表的论文 *Signal Processing Aspects of Computer Music*:
A Survey, Proc. IEEE, Vol. 65, No. 8, Aug. 1977, pp.1108-1137.

(c) 回波和混响的区别是，纯回波是纯信号的重复，而混响不是。这是如何反映到混响器的冲激响应的形状上的？(b)问中的哪个单元是更好的混响器？

(d) 如果某个单元中的延迟 D_1, D_2, D_3 是质数，该单元的冲激响应就更"密集"，为什么？

(e) 画出单元 1 和单元 2 的相位响应，并对其进行评论。

(f) 对于 D_1, D_2, D_3 是非质数的情况，画出 $h(n)$。你留意到了什么？

CP5.17 **群延迟的解释。** 当输入信号包含形成一个包络的附近频率的正弦信号时，就会出现群延迟。两个正弦的叠加即

$$x(n) = \cos\omega_1 n + \cos\omega_2 n$$

（其中 $\omega_1 \approx \omega_2$）产生一个长期振荡，我们称其为"拍"。只要滤波器未抑制单个正弦信号，这种现象就会持续，而这意味着 ω_1 和 ω_2 必须在滤波器的通带内。使用三角函数可将 $x(n)$ 写为

$$x(n) = 2\cos\left(\frac{\omega_1 - \omega_2}{2}n\right)\cos\left(\frac{\omega_1 + \omega_2}{2}n\right)$$

它是一个载波频率为 $(\omega_1 + \omega_2)/2$、包络频率为 $(\omega_1 - \omega_2)/2$ 的调幅信号。

一个频率响应为 $H(\omega) = |H(\omega)|e^{j\Theta(\omega)}$ 的滤波器对输入信号 $x(n)$ 的响应为

$$y(n) = |H(\omega_1)|\cos[\omega_1 n + \Theta(\omega_1)] + |H(\omega_2)|\cos[\omega_2 n + \Theta(\omega_2)]$$

如果 $|H(\omega_1)| \approx |H(\omega_2)|$，那么使用三角函数得

$$y(n) = 2|H(\omega_1)|\cos\left\{\frac{\omega_1 - \omega_2}{2}\left[n + \frac{\Theta(\omega_1) - \Theta(\omega_2)}{\omega_1 - \omega_2}\right]\right\} \cdot \cos\left\{\frac{\omega_1 + \omega_2}{2}\left[n + \frac{\Theta(\omega_1) + \Theta(\omega_2)}{\omega_1 + \omega_2}\right]\right\}$$

式中的第一个余弦是输出信号 $y(n)$ 的包络，它延迟了 $-(\Theta(\omega_1) - \Theta(\omega_2))/(\omega_1 - \omega_2)$。注意，当 ω_2 接近 ω_1 时，包络延迟因子变成微分，这就是滤波器的群延迟。

画出下列序列的前 400 个样本，举例说明上面关于群延迟的解释。

(a) $\cos\omega_1 n$, $\omega_1 = 0.1\pi$ **(b)** $\cos\omega_2 n$, $\omega_2 = 0.12\pi$

(c) $\cos\omega_1 n \cos\omega_2 n$，拍频   **(d)** $\cos(\omega_1 + \omega_2)n/2$，载频

(e) $\cos(\omega_1 - \omega_2)n/2$，包络

CP5.18 对于 $r = 0, 0.1, 0.2, \cdots, 0.9$，考虑全通滤波器

$$H(z) = \frac{r + z^{-1}}{1 + rz^{-1}}$$

(a) 对上面给出的 10 个 r 值，在频率范围 $0 \leqslant \omega \leqslant \pi$ 内求并画出相位 $\angle H(\omega)$。

(b) 当 $0 \leqslant \omega \leqslant \pi$ 时，在区间 $0 \leqslant \tau_{pd}(\omega) \leqslant 1$ 上求并画出单位为样本的相位延迟 $\tau_{pd}(\omega)$。注意，当 $r = 0$ 时，因为 $H(z) = z^{-1}$，所以有一个样本的延迟。

第6章 信号的采样与重建

第4章中介绍了连续时间信号的采样，说明了如果信号是带限信号，只要采样率不低于信号中包含的最高频率的两倍，就能由样本重建出原信号。

本章首先讨论时域采样、模数（A/D）转换（量化与编码）和数模（D/A）转换（信号重建），然后讨论带通信号的采样，最后讨论在设计高精度模数转换器时如何使用过采样和 Σ-Δ 调制。

6.1 连续时间信号的理想采样和重建

要用数字信号处理技术处理一个连续时间信号，就需要将该信号转换成数字序列。如在 4.1 节中讨论的那样，这种转换通常是对模拟信号如 $x_a(t)$ 每隔 T 秒周期性地采样完成的，产生的离散时间信号 $x(n)$ 为

$$x(n) = x_a(nT), \qquad -\infty < n < \infty \tag{6.1.1}$$

式（6.1.1）描述了时域中的采样过程。如第 4 章所述，所选择的采样率 $F_s = 1/T$ 必须大到采样不会丢失谱信息（即不出现混叠）。实际上，如果模拟信号的谱可由离散时间信号的谱恢复，就不存在信息丢失。因此，可以通过求出信号 $x_a(t)$ 和 $x(n)$ 的谱之间的关系来研究采样过程。

如果 $x_a(t)$ 是一个能量有限的非周期性信号，其（电压）谱就可用傅里叶变换关系表示为

$$X_a(F) = \int_{-\infty}^{\infty} x_a(t) e^{-j2\pi Ft} \, dt \tag{6.1.2}$$

而信号 $x_a(t)$ 可通过傅里叶逆变换

$$x_a(t) = \int_{-\infty}^{\infty} X_a(F) e^{j2\pi Ft} \, dF \tag{6.1.3}$$

由其谱恢复。注意，如果信号 $x_a(t)$ 不是带限的，就要使用无限频率区间 $-\infty < F < \infty$ 上的所有频率分量来恢复 $x_a(t)$。

对 $x_a(t)$ 采样得到的离散时间信号 $x(n)$ 的谱由傅里叶变换关系

$$X(\omega) = \sum_{n=-\infty}^{\infty} x(n) e^{-j\omega n} \tag{6.1.4}$$

或者等价地由

$$X(f) = \sum_{n=-\infty}^{\infty} x(n) e^{-j2\pi fn} \tag{6.1.5}$$

给出。序列 $x(n)$ 可通过逆变换

$$x(n) = \frac{1}{2\pi} \int_{-\pi}^{\pi} X(\omega) e^{j\omega n} \, d\omega = \int_{-1/2}^{1/2} X(f) e^{j2\pi fn} \, df \tag{6.1.6}$$

由其谱 $X(\omega)$ 或 $X(f)$ 恢复。

为了求离散时间信号和模拟信号的谱之间的关系，观察发现，周期采样在信号 $x_a(t)$ 和 $x(n)$ 中的自变量 t 与 n 之间强加了一个关系，即

$$t = nT = n/F_s \tag{6.1.7}$$

时域中的这一关系表明，$X_a(F)$ 和 $X(f)$ 中的频率变量 F 和 f 之间存在一个对应关系。

事实上，将式（6.1.7）代入式（6.1.3）得

$$x(n) \equiv x_a(nT) = \int_{-\infty}^{\infty} X_a(F) e^{j2\pi nF/F_s} \, dF \tag{6.1.8}$$

比较式（6.1.6）与式（6.1.8），可得

$$\int_{-1/2}^{1/2} X(f) e^{j2\pi fn} \, df = \int_{-\infty}^{\infty} X_a(F) e^{j2\pi nF/F_s} \, dF \tag{6.1.9}$$

由第 4 章中的推导知道，周期采样在对应模拟信号和离散时间信号的频率变量 F 与 f 之间强加了一个关系，即

$$f = F/F_s \tag{6.1.10}$$

利用式（6.1.10）对式（6.1.9）中的变量做一个简单变换，得到

$$\frac{1}{F_s} \int_{-F_s/2}^{F_s/2} X(F) e^{j2\pi nF/F_s} \, dF = \int_{-\infty}^{\infty} X_a(F) e^{j2\pi nF/F_s} \, dF \tag{6.1.11}$$

现在看式（6.1.11）中等号右边的积分。该积分的积分范围可划分为无限个宽度为 F_s 的区间。因此，在无限区间上的积分就可表示成一组积分之和，即

$$\int_{-\infty}^{\infty} X_a(F) e^{j2\pi nF/F_s} \, dF = \sum_{k=-\infty}^{\infty} \int_{(k-1/2)F_s}^{(k+1/2)F_s} X_a(F) e^{j2\pi nF/F_s} \, dF \tag{6.1.12}$$

观察发现 $X_a(F)$ 在频率区间 $(k-1/2)F_s \sim (k+1/2)F_s$ 与 $X_a(F-kF_s)$ 在区间 $-F_s/2 \sim F_s/2$ 相同，因此有

$$\sum_{k=-\infty}^{\infty} \int_{(k-1/2)F_s}^{(k+1/2)F_s} X_a(F) e^{j2\pi nF/F_s} \, dF = \sum_{k=-\infty}^{\infty} \int_{-F_s/2}^{F_s/2} X_a(F-kF_s) e^{j2\pi nF/F_s} \, dF$$

$$= \int_{-F_s/2}^{F_s/2} \left[\sum_{k=-\infty}^{\infty} X_a(F-kF_s) \right] e^{j2\pi nF/F_s} \, dF \tag{6.1.13}$$

其中用到了复指数的周期性质，即

$$e^{j2\pi n(F+kF_s)/F_s} = e^{j2\pi nF/F_s}$$

联立式（6.1.13）、式（6.1.12）与式（6.1.11）得

$$X(F) = F_s \sum_{k=-\infty}^{\infty} X_a(F-kF_s) \tag{6.1.14}$$

或

$$X(f) = F_s \sum_{k=-\infty}^{\infty} X_a[(f-k)F_s] \tag{6.1.15}$$

这就是离散时间信号的谱 $X(F)$ 或 $X(f)$ 与模拟信号的谱 $X_a(F)$ 之间的关系。式（6.1.14）或式（6.1.15）的右边是周期为 F_s 的缩放谱 $F_s X_a(F)$ 的一个周期重复。因为离散时间信号的谱 $X(f)$ 是周期的，且周期为 $f_p=1$ 或 $F_p=F_s$，所以这个周期性是必需的。

例如，假设一个带限模拟信号的谱如图 6.1.1(a)所示。当 $|F| \geq B$ 时，谱为零。现在，如果选择采样率 F_s 大于 $2B$，该离散时间信号的谱 $X(F)$ 就如图 6.1.1(b)所示。因此，若选择采样率 F_s 为 $F_s \geq 2B$，其中 $2B$ 为奈奎斯特率，则

$$X(F) = F_s X_a(F), \qquad |F| \leq F_s/2 \tag{6.1.16}$$

这时不存在混叠，因此离散时间信号的谱在基本频率区间 $|F| \leq F_s/2$ 或 $|f| \leq 1/2$ 内（不考虑缩放因子 F_s）就与模拟信号的谱相同。

另一方面，如果选择采样率 F_s 为 $F_s < 2B$，则 $X_a(F)$ 的周期连续性就会导致谱重叠，如图 6.1.1(c) 和图 6.1.1(d)所示。因此，离散时间信号的谱 $X(F)$ 包含模拟信号谱 $X_a(F)$ 的混叠频率分量。最终结果是出现的混叠阻止了我们由样本恢复原信号 $x_a(t)$。

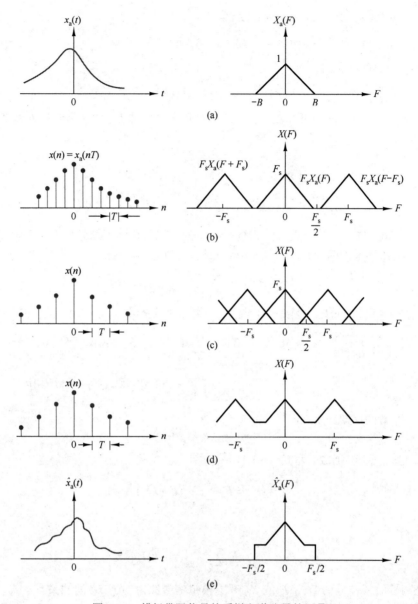

图 6.1.1　模拟带限信号的采样和谱分量的混叠

如图 6.1.1(b)所示，已知谱为 $X(F)$ 的离散时间信号 $x(n)$，不出现混叠时，是有可能由样本 $x(n)$ 重建原模拟信号的。因为没有混叠，

$$X_a(F) = \begin{cases} \dfrac{1}{F_s} X(F), & |F| \leqslant F_s/2 \\ 0, & |F| > F_s/2 \end{cases} \tag{6.1.17}$$

由傅里叶变换关系式（6.1.5），即

$$X(F) = \sum_{n=-\infty}^{\infty} x(n) e^{-j2\pi Fn/F_s} \tag{6.1.18}$$

得到 $X_a(F)$ 的傅里叶逆变换为

$$x_a(t) = \int_{-F_s/2}^{F_s/2} X_a(F) e^{j2\pi Ft} \, dF \qquad (6.1.19)$$

假设 $F_s \geqslant 2B$，将式（6.1.17）代入式（6.1.19）得

$$x_a(t) = \frac{1}{F_s} \int_{-F_s/2}^{F_s/2} \left[\sum_{n=-\infty}^{\infty} x(n) e^{-j2\pi Fn/F_s} \right] e^{j2\pi Ft} \, dF$$

$$= \frac{1}{F_s} \sum_{n=-\infty}^{\infty} x(n) \int_{-F_s/2}^{F_s/2} e^{j2\pi F(t-n/F_s)} \, dF \qquad (6.1.20)$$

$$= \sum_{n=-\infty}^{\infty} x_a(nT) \frac{\sin(\pi/T)(t-nT)}{(\pi/T)(t-nT)}$$

式中，$x(n) = x_a(nT)$，$T = 1/F_s$ 是采样间隔。这就是我们讨论采样定理时，由式（4.1.24）给出的重建公式。

式（6.1.20）中的重建公式包括对函数

$$g(t) = \frac{\sin(\pi/T)t}{(\pi/T)t} \qquad (6.1.21)$$

适当平移 nT，$n = 0, \pm1, \pm2, \cdots$，并与信号的对应样本 $x_a(nT)$ 相乘或加权。我们称式（6.1.20）是由其样本来重建 $x_a(t)$ 的**内插公式**，称式（6.1.21）给出的 $g(t)$ 是**内插函数**。观察发现，在 $t = kT$ 处，内插函数 $g(t-nT)$ 除在 $k = n$ 处外均为零。因此，在 $t = kT$ 处求出的 $x_a(t)$ 就是样本值 $x_a(kT)$。在其他所有时间，时移内插函数的加权和组合后准确地产生 $x_a(t)$。这一组合如图 6.1.2 所示。

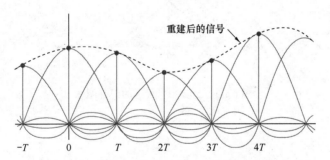

图 6.1.2　使用理想内插重建一个连续时间信号

式（6.1.20）中用于由其样本重建模拟信号 $x_a(t)$ 的公式称为**理想内插公式**，它是在 4.1.5 节中引入并在这里重新表述的**采样定理**的基础。

采样定理。如果采样率 $F_s \geqslant 2B$ 个样本/秒，最高频率（带宽）为 B 赫兹的带限连续时间信号就可由其样本唯一地恢复。

根据采样定理和式（6.1.20）中的重建公式，由其样本 $x(n)$ 恢复 $x_a(t)$ 需要无数的样本，但在实际中我们使用的是有限数量的信号样本，处理的是有限长信号。因此，这里仅关心由有限数量的样本来重建有限长信号的问题。

因为采样率过低而导致的混叠现象可以描述为模拟信号频率变量 F 的频率轴上存在多个折叠。图 6.1.3(a)显示了一个模拟信号的谱 $X_a(F)$。根据式（6.1.14），用采样率 F_s 对信号采样，得到 $X_a(F)$ 以周期 F_s 重复。如果 $F_s < 2B$，$X_a(F)$ 的平移副本就发生重叠。出现在基本频率范围 $-F_s/2 \leqslant F \leqslant F_s/2$ 内的这种重叠如图 6.1.3(b)所示。在范围 $|f| \leqslant 1/2$ 内将所有平移部分相加，就得到离散时间信号在基本频率区间内的对应谱，进而产生如图 6.1.3(c)所示的谱。

仔细观察图 6.1.3(a)和图 6.1.3(b)就会发现，图 6.1.3(c)中的混叠谱可在 $F_s/2$ 的每个奇数倍处折叠原谱得到。因此，如第 4 章所述，频率 $F_s/2$ 称为**折叠频率**。显然，周期采样自动在 $F_s/2$ 的每个奇数倍处折叠模拟信号的频率轴，得到连续时间信号与离散时间信号的频率关系 $F=fF_s$。由于频率轴折叠，为适应混叠效应，关系 $F=fF_s$ 不是线性的，而是分段线性的。图 6.1.4 显示了这个频率关系。

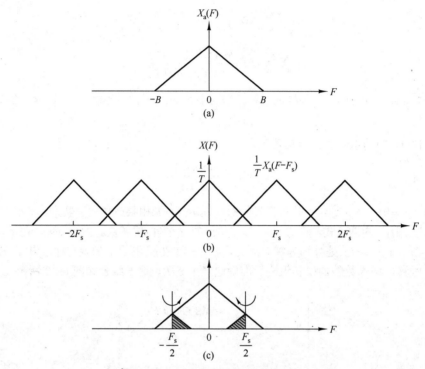

图 6.1.3　折叠频率附近的混叠图示

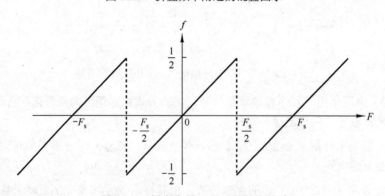

图 6.1.4　频率变量 F 和 f 之间的关系

如果模拟信号被带限为 $B \leqslant F_s/2$，f 和 F 的关系就是线性的和一一对应的。换言之，不存在混叠。在实际中，通常在采样之前，用一个抗混叠滤波器对信号预滤波，保证高于 $F \geqslant B$ 的频率分量被充分衰减，以便即使存在混叠，它们对期望信号产生的失真也可忽略。

时域和频域函数 $x_a(t)$, $x(n)$, $X_a(F)$ 和 $X(f)$ 的关系小结在图 6.1.5 中。由离散时间量 $x(n)$ 和 $X(f)$ 恢复连续时间函数 $x_a(t)$ 和 $X_a(F)$ 的这一关系假设模拟信号是带限的且以奈奎斯特率（或更高采样率）采样。

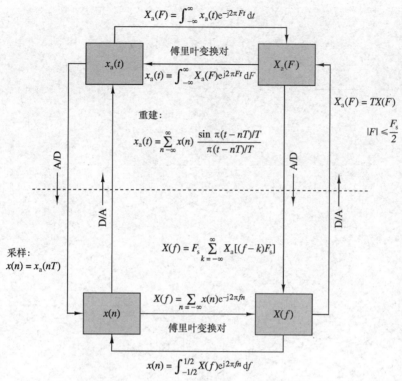

图 6.1.5　采样后信号的时域和频域关系

下面的几个例子说明了频率分量混叠问题。

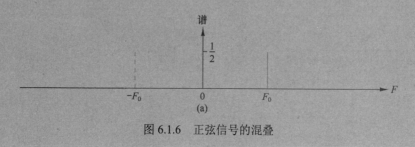

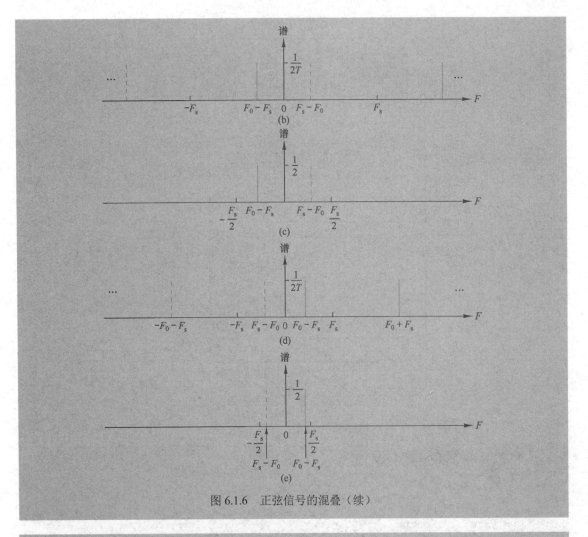

图 6.1.6 正弦信号的混叠（续）

【例 6.1.2】非带限信号的采样与重建

考虑如下连续时间双边指数信号：

$$x_a(t) = e^{-A|t|} \overset{F}{\longleftrightarrow} X_a(F) = \frac{2A}{A^2 + (2\pi F)^2}, \quad A > 0$$

(a) 求采样后的信号 $x(n) = x_a(nT)$ 的谱；**(b)** 画出 $T = 1/3s$ 与 $T = 1s$ 时的信号 $x_a(t)$ 和 $x(n) = x_a(nT)$ 及它们的谱；**(c)** 画出使用理想带限内插法重建的连续时间信号 $\hat{x}_a(t)$。

解：(a) 以采样率 $F_s = 1/T$ 对 $x_a(nT)$ 采样得

$$x(n) = x_a(nT) = e^{-AT|n|} = (e^{-AT})^{|n|}, \quad -\infty < n < \infty$$

直接计算离散时间傅里叶变换，可得到 $x(n)$ 的谱：

$$X(F) = \frac{1 - a^2}{1 - 2a\cos 2\pi(F/F_s) + a^2}, \quad a = e^{-AT}$$

显然，$\cos 2\pi(F/F_s)$ 是周期为 F_s 的周期函数，所以谱 $X(F)$ 也是周期的。

(b) $X_a(F)$ 不是带限的，混叠不可避免。图 6.1.7(a) 显示了 $A = 1$ 时原信号 $x_a(t)$ 及其谱 $X_a(F)$。图 6.1.7(b) 和图 6.1.7(c) 分别显示了 $F_s = 3Hz$ 和 $F_s = 1Hz$ 时采样后的信号 $x(n)$ 及其谱 $X(F)$。当 $F_s = 1Hz$ 时，混叠失真在频域中很明显，而当 $F_s = 3Hz$ 时，混叠失真几乎觉察不到。

(c) 重建后的信号 $\hat{x}_a(t)$ 的谱 $\hat{X}_a(F)$ 为

$$\hat{X}_a(F) = \begin{cases} TX(F), & |F| \le F_s/2 \\ 0, & \text{其他} \end{cases}$$

要画出波形，可用理想带限内插公式［即式（6.1.20）］对 $x(n)$ 的所有重要值和 $\sin(\pi t/T)/(\pi t/T)$ 计算 $\hat{x}_a(t)$ 的值。图 6.1.8 显示了 $F_s = 3\text{Hz}$ 和 $F_s = 1\text{Hz}$ 时重建后的信号及其谱。有趣的是，每种情况下都有 $\hat{x}_a(nT) = x_a(nt)$ ，而当 $t \ne nT$ 时有 $\hat{x}_a(nt) \ne x_a(nT)$ 。当 $F_s = 1\text{Hz}$ 时，在 $\hat{x}_a(t)$ 的谱中的混叠现象很明显。在该频率处，要注意谱关于 $F = \pm 0.5\text{Hz}$ 折叠是如何增加 $\hat{X}_a(F)$ 的高频成分的。

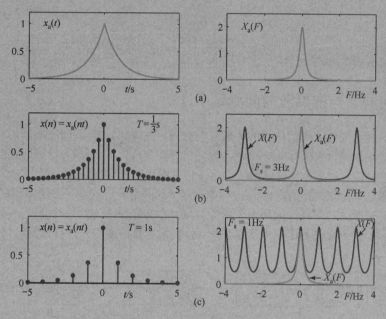

图 6.1.7　(a)模拟信号 $x_a(t)$ 及其谱 $X_a(F)$；(b)$F_s = 3\text{Hz}$ 时 $x(n) = x_a(nT)$
及其谱；(c)$F_s = 1\text{Hz}$ 时 $x(n) = x_a(nT)$ 及其谱

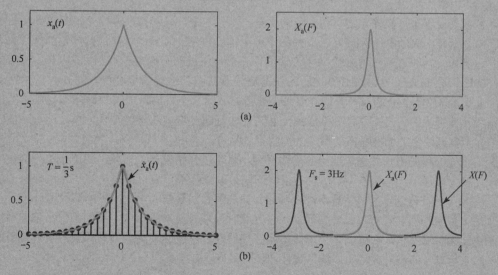

图 6.1.8　(a)模拟信号 $x_a(t)$ 及其谱 $X_a(F)$；(b)$F_s = 3\text{Hz}$ 时重建的信号
$\hat{x}_a(t)$ 及其谱；(c)$F_s = 1\text{Hz}$ 时重建的信号 $\hat{x}_a(t)$ 及其谱

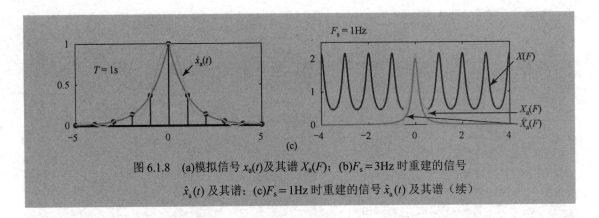

图 6.1.8　(a)模拟信号 $x_a(t)$ 及其谱 $X_a(F)$；(b)$F_s = 3$Hz 时重建的信号

$\hat{x}_a(t)$ 及其谱；(c)$F_s = 1$Hz 时重建的信号 $\hat{x}_a(t)$ 及其谱（续）

6.2　连续时间信号的离散时间处理

　　许多实际应用需要连续时间信号的离散时间处理。图 6.2.1 显示了用来实现该目的的一个通用系统的结构。设计这个待执行的处理时，因为信号带宽决定最低采样率，所以首先要选择待处理信号的带宽。例如，待数字化传输的一段语音信号中可能包含 3000Hz 以上的频率分量，但出于语音理解和说话人识别的目的，保留 3000Hz 以下的频率分量就够了。因此，从处理角度看，保留高频分量是低效的，而且传输用来表示语音信号中高频分量的额外位会浪费信道的带宽。选择期望的频带后，就可规定采样率和预滤波器（也称**抗混叠滤波器**）的特性。

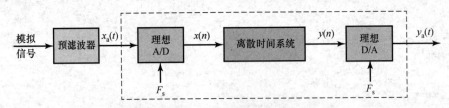

图 6.2.1　连续时间信号的离散时间处理系统

　　预滤波器是模拟滤波器，它有两个目的。第一个目的是，确保待采样信号被带限到所需的频率范围内。于是，信号中任何高于 $F_s/2$ 的频率分量都会被充分衰减，以使混叠产生的信号失真可以忽略。例如，待在电话信道中数字化传输的语音信号将被一个通带扩展到 3000Hz、过渡带为 400～500Hz、阻带高于 3400～3500Hz 的低通滤波器滤波。语音信号可以 8000Hz 的采样率采样，因此折叠频率是 4000Hz。于是，混叠会被忽略。第二个目的是，限制破坏期望信号的加性噪声谱和其他干扰。一般来说，加性噪声是宽带的，且超过期望信号的带宽。预滤波可降低落在期望信号带宽范围内的加性噪声功率，并抑制带外噪声。

　　规定预滤波器的需求并选定期望的采样率后，就可以开始设计对离散时间信号执行的数字信号处理运算。采样率 $F_s = 1/T$（其中 T 是采样间隔）的选择不仅可以确定模拟信号中保留的最高频率（$F_s/2$），而且可以作为影响数字滤波器和其他离散时间系统的设计指标的缩放因子。

　　理想模数转换器和理想数模转换器提供了连续时间域与离散时间域之间的接口。整个系统等效于一个连续时间系统，它可能是也可能不是线性的和时不变的，因为理想模数转换器和数模转换器是时变运算（即使离散时间系统是线性的和时不变的）。

　　图 6.2.2 小结了理想模数转换器在时域和频域中的输入输出特性。回顾可知，如果 $x_a(t)$ 是输入信号，$x(n)$ 是输出信号，则有

$$x(n) = x_a(t)\big|_{t=nT} = x_a(nT) \qquad \text{（时域）} \tag{6.2.1}$$

$$X(F) = \frac{1}{T} \sum_{k=-\infty}^{\infty} X_a(F - kF_s) \qquad （频域） \tag{6.2.2}$$

一般来说，理想模数转换器是线性时不变系统，它将模拟谱缩放 $F_s = 1/T$ 倍，并产生周期为 F_s 的缩放谱的周期重复。

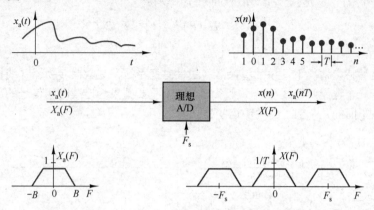

图 6.2.2　一个理想模数转换器在时域和频域中的特性

图 6.2.3 显示了理想数模转换器的输入输出特性。在时域中，输入信号和输出信号由下式关联：

$$y_a(t) = \sum_{n=-\infty}^{\infty} y(n) g_a(t - nT), \qquad （时域） \tag{6.2.3}$$

式中，

$$g_a(t) = \frac{\sin(\pi t/T)}{\pi t/T} \xleftrightarrow{\mathscr{F}} G_a(F) = \begin{cases} T, & |F| \leqslant F_s/2 \\ 0, & 其他 \end{cases} \tag{6.2.4}$$

是理想数模转换的内插函数。要强调的是，式（6.2.3）看起来像卷积，但**不是**卷积，因为数模转换是具有离散时间输入和连续时间输出的线性时变系统。为了得到频域描述，下面计算输出信号的傅里叶变换：

$$Y_a(F) = \sum_{n=-\infty}^{\infty} y(n) \int_{-\infty}^{\infty} g_a(t - nT) e^{-j2\pi Ft} \, dt = \sum_{n=-\infty}^{\infty} y(n) G_a(F) e^{-j2\pi FnT}$$

将 $G_a(F)$ 提到求和的外面得

$$Y_a(F) = G_a(F) Y(F) \qquad （频域） \tag{6.2.5}$$

式中，$Y(F)$ 是 $y(n)$ 的离散时间傅里叶变换。观察发现，理想数模转换器将输入谱缩放 $T = 1/F_s$ 倍，并消除 $|F| > F_s/2$ 的频率分量。一般来说，理想数模转换器可以充当"消除"离散时间谱周期性的频率窗来产生非周期连续时间信号谱。再次强调，因为式（6.2.3）不是连续时间卷积积分，所以理想数模转换器**不是**连续时间理想低通滤波器。

假设已知由

$$\tilde{y}_a(t) = \int_{-\infty}^{\infty} h_a(\tau) x_a(t - \tau) \, dt \tag{6.2.6}$$

$$\tilde{Y}_a(F) = H_a(F) X_a(F) \tag{6.2.7}$$

定义的一个连续时间线性时不变系统，我们希望确定是否存在离散时间系统 $H(F)$，使得图 6.2.1 中的整个系统等同于连续时间系统 $H_a(F)$。如果 $x_a(t)$ 不是带限的，或者是带限的但 $F_s < 2B$，由于存在混叠，就不可能找到这样一个系统。然而，如果 $x_a(t)$ 是带限的且 $F_s > 2B$，当 $|F| \leqslant F_s/2$ 时就有

$X(F) = X_a(F)/T$。因此，图 6.2.1 中的系统的输出为

$$Y_a(F) = H(F)X(F)G_a(F) = \begin{cases} H(F)X_a(F), & |F| \leqslant F_s/2 \\ 0, & |F| > F_s/2 \end{cases} \tag{6.2.8}$$

为了确保 $y_a(t) = \hat{y}_a(t)$，应选择一个离散时间系统，使得

$$H(F) = \begin{cases} H_a(F), & |F| \leqslant F_s/2 \\ 0, & |F| > F_s/2 \end{cases} \tag{6.2.9}$$

观察发现，在这种特定情况下，模数转换器（线性时变系统）与数模转换器（线性时变系统）的级联，就等效于一个连续时间线性时不变系统。这个重要结果为连续时间信号的离散时间滤波奠定了理论基础。下面的几个例子将说明这些概念。

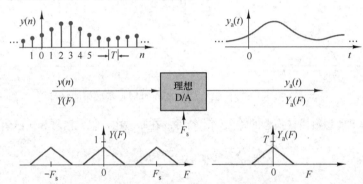

图 6.2.3　一个理想数模转换器在时域和频域中的特性

【例 6.2.1】一个模拟积分器的离散时间实现

考虑图 6.2.4(a)所示的一个模拟积分器电路，其输入输出关系为

$$RC\frac{\mathrm{d}y_a(t)}{\mathrm{d}t} + y_a(t) = x_a(t)$$

取等号两边的傅里叶变换，可以证明积分器的频率响应为

$$H_a(F) = \frac{Y_a(F)}{X_a(F)} = \frac{1}{1 + \mathrm{j}F/F_c}, \quad F_c = \frac{1}{2\pi RC}$$

计算傅里叶逆变换得到冲激响应为

$$h_a(t) = A\mathrm{e}^{-At}u(t), \quad A = \frac{1}{RC}$$

显然，冲激响应 $h_a(t)$ 是非带限信号。下面对连续时间冲激响应采样，以定义一个离散时间系统：

$$h(n) = h_a(nT) = A(\mathrm{e}^{-AT})^n u(n)$$

我们说这个离散时间系统是由连续时间系统通过一个**冲激不变变换**（见 10.3.2 节）得到的。这个系统函数和离散时间系统的差分方程为

$$H(z) = \sum_{n=0}^{\infty} A(\mathrm{e}^{-AT})^n z^{-n} = \frac{A}{1 - \mathrm{e}^{-AT}z^{-1}}$$

$$y(n) = \mathrm{e}^{-AT}y(n-1) + Ax(n)$$

这个系统是因果系统，且在 $p = \mathrm{e}^{-AT}$ 处有一个极点。因为 $A > 0$，$|p| < 1$，所以系统总是稳定的。计算 $H(z)$ 在 $z = \mathrm{e}^{\mathrm{j}2\pi F/F_s}$ 处的值，可以得到系统的频率响应。图 6.2.4(b)显示了 $F_s = 50\text{Hz}, 100\text{Hz}, 200\text{Hz}, 1000\text{Hz}$ 时模拟积分器与离散时间实现的幅频响应。观察发现，仅当采样率大于 1kHz 时，才可忽略对 $h_a(t)$ 采样导致的混叠效应。对于带宽远低于采样率的输入信号，离散时间实现是准确的。

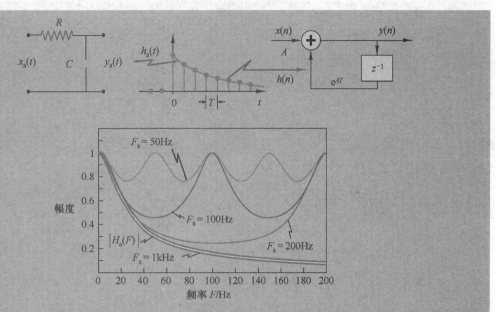

图 6.2.4 使用冲激响应采样的模拟积分器的离散时间实现。当
输入信号的带宽远低于采样率时，逼近是令人满意的

【例 6.2.2】理想带限微分器

理想连续时间微分器定义为

$$y_a(t) = \frac{\mathrm{d}\,x_a(t)}{\mathrm{d}\,t} \tag{6.2.10}$$

其频率响应函数为

$$H_a(F) = \frac{Y_a(F)}{X_a(F)} = \mathrm{j}2\pi F \tag{6.2.11}$$

要处理带限信号，使用定义为

$$H_a(F) = \begin{cases} \mathrm{j}2\pi F, & |F| \le F_c \\ 0, & |F| > F_c \end{cases} \tag{6.2.12}$$

的理想带限微分器就够了。选择 $F_s = 2F_c$，可以定义一个理想离散时间微分器为

$$H(F) = H_a(F) = \mathrm{j}2\pi F, \quad |F| \le F_s/2 \tag{6.2.13}$$

按照定义 $H(F) = \sum_k H_a(F - KF_s)$ 有 $h(n) = h_a(nT)$。根据 $\omega = 2\pi F/F_s$，得到 $H(\omega)$ 是周期为 2π 的周期性函数。因此，离散时间冲激响应为

$$h(n) = \frac{1}{2\pi} \int_{-\pi}^{\pi} H(\omega) \mathrm{e}^{\mathrm{j}\omega n} \, \mathrm{d}\omega = \frac{\pi n \cos \pi n - \sin \pi n}{\pi n^2 T} \tag{6.2.14}$$

或用更简洁的形式表示为

$$h(n) = \begin{cases} 0, & n = 0 \\ \dfrac{\cos \pi n}{nT}, & n \ne 0 \end{cases} \tag{6.2.15}$$

连续时间和离散时间理想微分器的幅度响应与相位响应如图 6.2.5 所示。

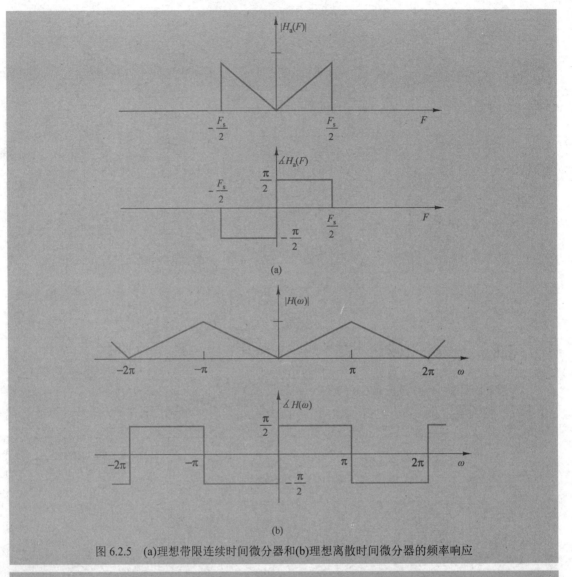

图 6.2.5 (a)理想带限连续时间微分器和(b)理想离散时间微分器的频率响应

【例 6.2.3】分数延迟

对于任意 $t_d > 0$，一个连续时间延迟系统定义为

$$y_a(t) = x_a(t - t_d) \tag{6.2.16}$$

尽管概念简单，但其实际实现相当复杂。如果 $x_a(t)$ 是带限的并以奈奎斯特率采样，则有

$$y(n) = y_a(nT) = x_a(nT - t_d) = x_a[(n - \Delta)T] = x(n - \Delta) \tag{6.2.17}$$

式中，$\Delta = t_d/T$。如果 Δ 是一个整数，延迟序列 $x(n)$ 就很简单。对于非整数 Δ 值，$x(n)$ 延迟后的值可能位于两个样本之间的某个位置。然而，这个值不可用，产生合适值的唯一方法是通过理想带限内插。处理该问题的一种方法是，考虑式（6.2.17）中延迟系统的频率响应

$$H_{id}(\omega) = \mathrm{e}^{-j\omega\Delta} \tag{6.2.18}$$

其冲激响应为

$$h_{id}(n) = \frac{1}{2\pi}\int_{-\pi}^{\pi} H(\omega)\mathrm{e}^{j\omega n}\,\mathrm{d}\omega = \frac{\sin\pi(n - \Delta)}{\pi(n - \Delta)} \tag{6.2.19}$$

当延迟 Δ 取整数值时，因为在过零点处对正弦函数采样，所以 $h_{id}(n)$ 可简化为 $\delta(n - \Delta)$。当 Δ 取非整数值时，因为采样时间落在两个过零点之间，所以 $h_{id}(n)$ 是无限长的。遗憾的是，分数延迟系统的理想冲激响应是非因果的

和无限长的。因此，必须使用可以实现的 FIR 滤波器或 IIR 滤波器来近似频率响应［即式（6.2.18）］。关于分数延迟滤波器设计的细节，见 Laakso et al.(1996)。11.8 节将讨论如何用采样率转换技术实现分数延迟。

6.3 连续时间带通信号的采样和重建

带宽为 B、中心频率为 F_c 的连续时间带通信号在由 $0 < F_L < |F| < F_H$ 定义的两个频带中都有频率分量，其中 $F_c = (F_L + F_H)/2$，如图 6.3.1(a)所示。采样定理的朴素应用建议采样率 $F_s \geq 2F_H$。然而，如本节所示，有些采样技术允许采样率与带宽 B 一致，而与信号谱的最高频率 F_H 无关。带通信号采样在数字通信、雷达和声呐系统等领域中具有重要意义。

6.3.1 均匀或一阶采样

均匀或一阶采样是 6.1 节中介绍的典型周期采样。以采样率 $F_s = 1/T$ 对图 6.3.1(a)中的带通信号采样，产生序列 $x(n) = x_a(nT)$，其谱为

$$X(F) = \frac{1}{T} \sum_{k=-\infty}^{\infty} X_a(F - kF_s) \tag{6.3.1}$$

平移副本 $X(F - kF_s)$ 的位置由单个参数即采样率 F_s 控制。由于带通信号有两个谱带，一般来说，为了避免混叠，只用一个参数 F_s 来控制它们的位置是比较复杂的。

整数谱带定位。 我们最初将谱带的最高频率限定为带宽的整数倍，即 $F_H = mB$（**整数谱带定位**）。$m = F_H/B$ 通常是分数，称为**谱带位置**。图 6.3.1(a)和图 6.3.1(d)显示了谱带位置分别是偶数（$m = 4$）和奇数（$m = 3$）的两个带通信号。由图 6.3.1(b)可以看出，对于整数位置的带通信号，选择 $F_s = 2B$ 将得到谱中无混叠的序列。由图 6.3.1(c)可以看出，原带通信号可由如下重建公式恢复：

$$x_a(t) = \sum_{n=-\infty}^{\infty} x_a(nT)g_a(t - nT) \tag{6.3.2}$$

式中，

$$g_a(t) = \frac{\sin \pi Bt}{\pi Bt} \cos 2\pi F_c t \tag{6.3.3}$$

是图 6.3.1(c)所示带通频率门函数的傅里叶逆变换。观察发现，$g_a(t)$ 等于被频率为 F_c 的载波信号调制的低通信号的理想内插函数［见式（6.1.21）］。

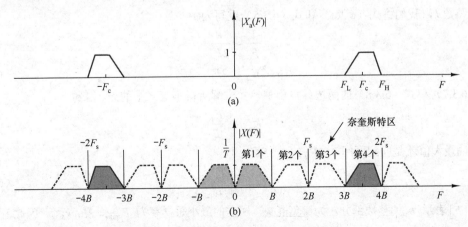

图 6.3.1　整数谱带定位的带通信号采样图示

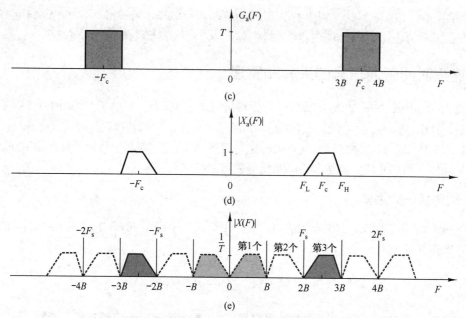

图 6.3.1　整数谱带定位的带通信号采样图示（续）

注意，适当选择 $G_a(F)$ 的中心频率 F_c 可以重建谱带中心为 $F_c = \pm(k_B + B/2)$，$k = 0,1,\cdots$ 的一个连续时间带通信号。当 $k = 0$ 时，得到等效的基带信号，该过程称为**下变频**。简单观察图 6.3.1 就会发现，$m = 3$ 时基带谱和原谱的结构相同，而 $m = 4$ 时基带谱则被"反转"。一般来说，当谱带位置为**偶数**时，基带谱图像是反转后的原始谱。在通信应用中，区分这两种情况很重要。

任意谱带定位。 下面考虑具有任意位置谱带的带通信号，如图 6.3.2 所示。为避免混叠，采样率应使得"负"谱带的第 $k-1$ 个和第 k 个平移副本不与"正"谱带交叠。由图 6.3.2(b)可知，如果存在满足下列条件的整数 k 和采样率 F_s：

$$2F_H \leqslant kF_s \tag{6.3.4}$$

$$(k-1)F_s \leqslant 2F_L \tag{6.3.5}$$

避免混叠就完全是可能的。这是由带有两个未知量 k 和 F_s 的两个不等式组成的系统。由式（6.3.4）和式（6.3.5）可知，F_s 应该在如下范围内：

$$\frac{2F_H}{k} \leqslant F_s \leqslant \frac{2F_L}{k-1} \tag{6.3.6}$$

为了求整数 k，我们将式（6.3.4）和式（6.3.5）重写为

$$\frac{1}{F_s} \leqslant \frac{k}{2F_H} \tag{6.3.7}$$

$$(k-1)F_s \leqslant 2F_H - 2B \tag{6.3.8}$$

将式（6.3.7）和式（6.3.8）的两边各自相乘，并求解所得不等式中的 k，得到

$$k_{max} \leqslant \frac{F_H}{B} \tag{6.3.9}$$

整数 k 的最大值就是匹配区间 $0 \sim F_H$ 的谱带数，即

$$k_{max} = \left\lfloor \frac{F_H}{B} \right\rfloor \tag{6.3.10}$$

式中，$\lfloor b \rfloor$ 表示 b 的整数部分。为避免混叠，所需的最小采样率为 $F_{smin} = 2F_H/k_{max}$。因此，可以接受的均匀采样率范围为

$$\frac{2F_H}{k} \leqslant F_s \leqslant \frac{2F_L}{k-1} \tag{6.3.11}$$

式中，k 是整数，它由下式给出：

$$1 \leqslant k \leqslant \left\lfloor \frac{F_H}{B} \right\rfloor \tag{6.3.12}$$

只要没有混叠，用式（6.3.2）和式（6.3.3）就可完成重建，且对整数和任意谱带定位都有效。

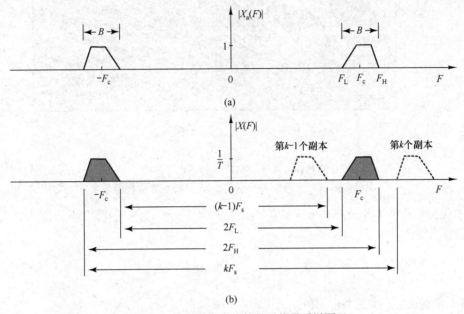

图 6.3.2 任意谱带定位的带通信号采样图示

选择一个采样率。 为了理解式（6.3.11）和式（6.3.12）的含义，根据 Vaughan et al.(1991) 中的建议，我们在图 6.3.3 中图形化地描述它们，其中显示了作为谱带位置 F_H/B 的函数并被 B 归一化的采样率。于是，将式（6.3.11）重写为如下形式就很容易理解前述两式的含义：

$$\frac{2}{k}\frac{F_H}{B} \leqslant \frac{F_s}{B} \leqslant \frac{2}{k-1}\left(\frac{F_H}{B}-1\right) \tag{6.3.13}$$

阴影区域表示产生混叠的采样率，允许的采样率范围是白色楔形区域的内部。当 $k=1$ 时，有 $2F_H \leqslant F_s \leqslant \infty$，这就是低通信号的采样定理。图中每个楔形区域都对应一个不同的 k 值。

要求允许的采样率，对于给定的 F_H 与 B，可在由 F_H/B 确定的点处画一条竖线。允许区域内的线段表示允许的采样率。观察发现，理论上的最低采样率为 $F_s=2B$，对应于整数谱带定位，出现在各个楔形的尖部。因此，采样率或信号载波频率的任何小变化都会将采样率移到禁止区域内。实用的解决方法是以更高的采样率采样，相当于以保护带 $\Delta B = \Delta B_L + \Delta B_H$ 增加信号频带。增加后的频带位置和带宽分别为

$$F_L' = F_L - \Delta B_L \tag{6.3.14}$$

$$F_H' = F_H + \Delta B_H \tag{6.3.15}$$

$$B' = B + \Delta B \tag{6.3.16}$$

低阶楔形区域和对应的允许采样率范围分别为

$$\frac{2F_H'}{k'} \leqslant F_s \leqslant \frac{2F_L'}{k'-1}, \qquad k' = \left\lfloor \frac{F_H'}{B'} \right\rfloor \tag{6.3.17}$$

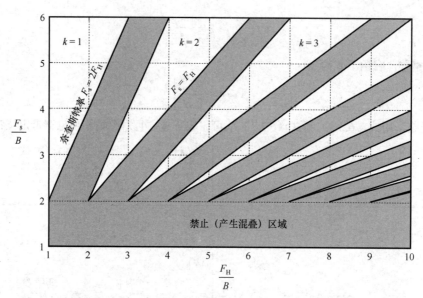

图 6.3.3　带通信号的允许采样率（白色）和禁止（阴影）采样率。对应于无
混叠楔形角点的最低采样率 $F_s = 2B$ 只对整数位置谱带才是可能的

　　带有保护带的第 k 个楔形和采样率容限如图 6.3.4 所示。允许采样率的范围被分成高于或低于实际工作点的值，即

$$\Delta F_s = \frac{2F_L'}{k'-1} - \frac{2F_H'}{k'} = \Delta F_{sL} + \Delta F_{sH} \tag{6.3.18}$$

由图 6.3.4 中的阴影正交三角形可得

$$\Delta B_L = \frac{k'-1}{2} \Delta F_{sH} \tag{6.3.19}$$

$$\Delta B_H = \frac{k'}{2} \Delta F_{sL} \tag{6.3.20}$$

这表明对称保护带将导致不对称的采样率容限。

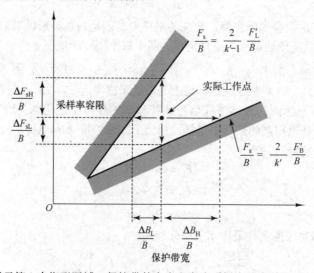

图 6.3.4　对于第 k 个楔形区域，保护带的大小和允许采样率偏离其标称值的关系图示

如果将实际工作点选为楔形的垂直中点，采样率就为

$$F_s = \frac{1}{2}\left(\frac{2F_H'}{k'} + \frac{2F_L'}{k'-1} \right) \tag{6.3.21}$$

因此，通过构建 $\Delta F_{sL} = \Delta F_{sH} = \Delta F_s/2$，保护带就变为

$$\Delta B_L = \frac{k'-1}{4}\Delta F_s \tag{6.3.22}$$

$$\Delta B_H = \frac{k'}{4}\Delta F_s \tag{6.3.23}$$

下面举例说明这种方法的应用。

【例 6.3.1】已知一个带通信号，$B = 25\text{kHz}$，$F_L = 10702.5\text{kHz}$。根据式（6.3.10），最大楔形序号为

$$k_{max} = \lfloor F_H/B \rfloor = 429$$

于是得到理论上的最低采样率为

$$F_s = \frac{2F_H}{k_H} = 50.0117\text{kHz}$$

为避免硬件缺陷导致的混叠，我们希望在信号谱带的两边增加两个保护带 $\Delta B_L = 2.5\text{kHz}$ 和 $\Delta B_H = 2.5\text{kHz}$。信号的有效带宽变为 $B' = B + \Delta B_L + \Delta B_H = 30\text{kHz}$。此外，有 $F_L' = F_L - \Delta B_L = 10700\text{kH}$ 和 $F_H' = F_H + \Delta B_H = 10730\text{kHz}$。由式（6.3.17）可得最大楔形序号为

$$k_{max}' = \lfloor F_H'/B' \rfloor = 357$$

将 k_{max} 代入不等式（6.3.17），可得可以接受的采样率范围为

$$60.1120\text{kHz} \leqslant F_s \leqslant 60.1124\text{kHz}$$

在实际中选择带通信号采样率的详细分析，请参阅 Vaughan et al.(1991) 和 Qi et al.(1996)。

6.3.2 交织或非均匀二阶采样

假设我们在时刻 $t = nT_i + \Delta_i$ 以采样率 $F_i = 1/T_i$ 对连续时间信号 $x_a(t)$ 采样，其中 Δ_i 是固定的时间偏移。使用序列

$$x_i(nT_i) = x_a(nT_i + \Delta_i), \quad -\infty < n < \infty \tag{6.3.24}$$

和重建函数 $g_a^{(i)}(t)$，我们生成连续时间信号

$$y_a^{(i)}(t) = \sum_{n=-\infty}^{\infty} x_i(nT_i)g_a^{(i)}(t - nT_i - \Delta_i) \tag{6.3.25}$$

$y_a^{(i)}(t)$ 的傅里叶变换为

$$Y_a^{(i)}(F) = \sum_{n=-\infty}^{\infty} x_i(nT_i)G_a^{(i)}(F)e^{-j2\pi F(nT_i+\Delta_i)} \tag{6.3.26}$$

$$= G_a^{(i)}(F)X_i(F)e^{-j2\pi F\Delta_i} \tag{6.3.27}$$

式中，$X_i(F)$ 是 $x_i(nT_i)$ 的傅里叶变换。由采样定理［即式（6.1.14）］可知，$x_i(nT_i)$ 的傅里叶变换可用 $x_a(t+\Delta_i)$ 的傅里叶变换 $X_a(F)e^{j2\pi F\Delta_i}$ 表示为

$$X_i(F) = \frac{1}{T_i}\sum_{k=-\infty}^{\infty} X_a\left(F - \frac{k}{T_i}\right)e^{j2\pi\left(F-\frac{k}{T_i}\right)\Delta_i} \tag{6.3.28}$$

将式（6.3.28）代入式（6.3.27）得

$$Y_{\mathrm{a}}^{(i)}(F) = G_{\mathrm{a}}^{(i)}(F) \frac{1}{T_i} \sum_{k=-\infty}^{\infty} X_{\mathrm{a}}\left(F - \frac{k}{T_i}\right) \mathrm{e}^{-\mathrm{j}2\pi \frac{k}{T_i} \Delta_i} \tag{6.3.29}$$

对 $i = 1, 2, \cdots, p$ 重复采样过程［即式（6.3.24）］，就得到 p 个交织均匀采样序列 $x_i(nT_i)$，$-\infty < n < \infty$。p 个重建信号的和为

$$y_{\mathrm{a}}(t) = \sum_{i=1}^{p} y_{\mathrm{a}}^{(i)}(t) \tag{6.3.30}$$

利用式（6.3.29）和式（6.3.30），可将 $y_{\mathrm{a}}(t)$ 的傅里叶变换表示为

$$Y_{\mathrm{a}}(F) = \sum_{i=1}^{p} G_{\mathrm{a}}^{(i)}(F) V^{(i)}(F) \tag{6.3.31}$$

式中，

$$V^{(i)}(F) = \frac{1}{T_i} \sum_{k=-\infty}^{\infty} X_{\mathrm{a}}\left(F - \frac{k}{T_i}\right) \mathrm{e}^{-\mathrm{j}2\pi \frac{k}{T_i} \Delta_i} \tag{6.3.32}$$

接下来重点关注最常用的二阶采样，它定义为

$$p = 2, \ \Delta_1 = 0, \ \Delta_2 = \Delta, \ T_1 = T_2 = \frac{1}{B} = T \tag{6.3.33}$$

在这种情况下（如图 6.3.5 所示），由式（6.3.31）和式（6.3.32）得

$$Y_{\mathrm{a}}(F) = B G_{\mathrm{a}}^{(1)}(F) \sum_{k=-\infty}^{\infty} X_{\mathrm{a}}(F - kB) + B G_{\mathrm{a}}^{(2)}(F) \sum_{k=-\infty}^{\infty} \gamma^k X_{\mathrm{a}}(F - kB) \tag{6.3.34}$$

式中，

$$\gamma = \mathrm{e}^{-\mathrm{j}2\pi B \Delta} \tag{6.3.35}$$

为了理解式（6.3.34）的本质，我们首先将谱 $X_{\mathrm{a}}(F)$ 分成"正"谱带和"负"谱带：

$$X_{\mathrm{a}}^{+}(F) = \begin{cases} X_{\mathrm{a}}(F), & F \geqslant 0 \\ 0, & F < 0 \end{cases}, \qquad X_{\mathrm{a}}^{-}(F) = \begin{cases} X_{\mathrm{a}}(F), & F \leqslant 0 \\ 0, & F > 0 \end{cases} \tag{6.3.36}$$

然后，将 $X_{\mathrm{a}}(F - kB)$ 和 $\gamma^k X_{\mathrm{a}}(F - kB)$ 的重复副本画成 4 个独立的分量，如图 6.3.6 所示。观察发现，每个独立分量的带宽都为 B，采样率都为 $F_{\mathrm{s}} = 1/B$，因此重复副本无交叠（无混叠）地填满了整个频率轴。然而，如果合并这些分量，负谱带就会混叠正谱带，反之亦然。

我们想要求出满足 $Y_{\mathrm{a}}(F) = X_{\mathrm{a}}(F)$ 的内插函数 $G_{\mathrm{a}}^{(1)}(F), G_{\mathrm{a}}^{(2)}(F)$ 和时间偏移 Δ。由图 6.3.6 可知，第一个要求是

$$G_{\mathrm{a}}^{(1)}(F) = G_{\mathrm{a}}^{(2)}(F) = 0, \qquad |F| < F_{\mathrm{L}} \text{ 且 } |F| > F_{\mathrm{L}} + B \tag{6.3.37}$$

为了求 $F_{\mathrm{L}} \leqslant |F| \leqslant F_{\mathrm{L}} + B$ 时的 $G_{\mathrm{a}}^{(1)}(F)$ 和 $G_{\mathrm{a}}^{(2)}(F)$，由图 6.3.6 可知，只有 $k = \pm m$ 和 $k = \pm(m+1)$ 的分量与原始谱重叠，其中，

$$m = \left\lceil \frac{2F_{\mathrm{L}}}{B} \right\rceil \tag{6.3.38}$$

是大于或等于 $2F_{\mathrm{L}}/B$ 的最小整数。

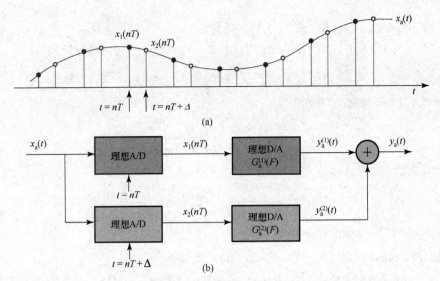

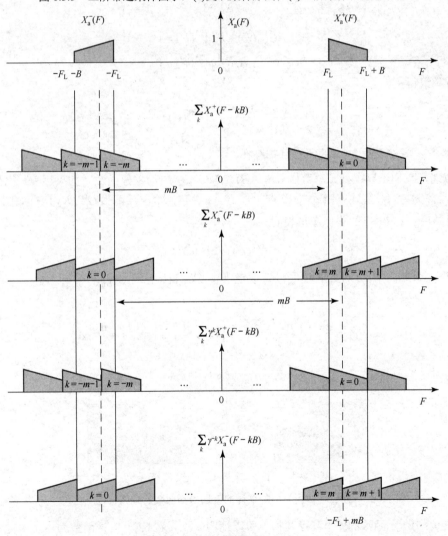

图 6.3.5　二阶带通采样图示：(a)交织采样序列；(b)二阶采样和重建系统

图 6.3.6　二阶带通采样中的混叠图示

在区域 $F_L \leqslant F \leqslant -F_L + mB$，式（6.3.34）变为
$$Y_a^+(F) = \left[BG_a^{(1)}(F) + BG_a^{(2)}(F) \right] X_a^+(F) + \qquad \text{（信号分量）}$$
$$\left[BG_a^{(1)}(F) + B\gamma^m G_a^{(2)}(F) \right] X_a^+(F - mB) \quad \text{（混叠分量）}$$

确保完全重建 $Y_a^+(F) = X_a^+(F)$ 的条件为

$$BG_a^{(1)}(F) + BG_a^{(2)}(F) = 1 \tag{6.3.39}$$
$$BG_a^{(1)}(F) + B\gamma^m G_a^{(2)}(F) = 0 \tag{6.3.40}$$

解这个方程组得到

$$G_a^{(1)}(F) = \frac{1}{B}\frac{1}{1-\gamma^{-m}}, \quad G_a^{(2)}(F) = \frac{1}{B}\frac{1}{1-\gamma^m} \tag{6.3.41}$$

它对满足 $\gamma^{\pm m} = e^{\mp j2\pi mB\Delta} \neq 1$ 的所有 Δ 都存在。

在区域 $-F_L + mB \leqslant F \leqslant F_L + B$ 中，式（6.3.34）变为
$$Y_a^+(F) = \left[BG_a^{(1)}(F) + BG_a^{(2)}(F) \right] X_a^+(F) + \left[BG_a^{(1)}(F) + B\gamma^{m+1} G_a^{(2)}(F) \right] X_a^+\left(F - (m+1)B \right)$$

确保完全重建 $Y_a^+(F) = X_a^+(F)$ 的条件为

$$BG_a^{(1)}(F) + BG_a^{(2)}(F) = 1 \tag{6.3.42}$$
$$BG_a^{(1)}(F) + B\gamma^{m+1} G_a^{(2)}(F) = 0 \tag{6.3.43}$$

解这个方程组得

$$G_a^{(1)}(F) = \frac{1}{B}\frac{1}{1-\gamma^{-(m+1)}}, \quad G_a^{(2)}(F) = \frac{1}{B}\frac{1}{1-\gamma^{m+1}} \tag{6.3.44}$$

它对满足 $\gamma^{\pm(m+1)} = e^{\mp j2\pi(m+1)B\Delta} \neq 1$ 的所有 Δ 都存在。

类似地，我们可以得到频率范围 $-(F_L + B) \leqslant F \leqslant -F_L$ 内的重建函数。如果用 $-m$ 代替 m，用 $-(m+1)$ 代替 $(m+1)$，公式就由式（6.3.41）和式（6.3.44）给出。函数 $G_a^{(1)}(F)$ 具有如图 6.3.7 所示的带通响应。$G_a^{(2)}(F)$ 的类似图形表明

$$G_a^{(2)}(F) = G_a^{(1)}(-F) \tag{6.3.45}$$

这意味着 $g_a^{(2)}(t) = g_a^{(1)}(-t)$。因此，为简便起见，我们使用记号 $g_a(t) = g_a^{(1)}(t)$，并将重建公式（6.3.30）表示为

$$x_a(t) = \sum_{n=-\infty}^{\infty} x_a\left(\frac{n}{B}\right) g_a\left(t - \frac{n}{B}\right) + x_a\left(\frac{n}{B} + \Delta\right) g_a\left(-t + \frac{n}{B} + \Delta\right) \tag{6.3.46}$$

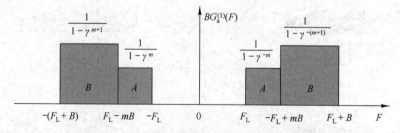

图 6.3.7　用于二阶采样的带通内插函数的频域特性

取图 6.3.7 所示函数的傅里叶逆变换，可以证明（见习题 6.7）内插函数为
$$g_a(t) = a(t) + b(t) \tag{6.3.47}$$

$$a(t) = \frac{\cos\left[2\pi(mB - F_{\mathrm{L}})t - \pi mB\Delta\right] - \cos(2\pi F_{\mathrm{L}}t - \pi mB\Delta)}{2\pi Bt\sin(\pi mB\Delta)} \tag{6.3.48}$$

$$b(t) = \frac{\cos\left[2\pi(F_{\mathrm{L}} + B)t - \pi(m+1)B\Delta\right] - \cos\left[2\pi(mB - F_{\mathrm{L}})t - \pi(m+1)B\Delta\right]}{2\pi Bt\sin\left[\pi(m+1)B\Delta\right]} \tag{6.3.49}$$

可以看出对任何内插函数有 $g_a(0) = 1$，当 $n \neq 0$ 时有 $g_a(n/B) = 0$，当 $n = 0, \pm1, \pm2, \cdots$ 时有 $g_a(n/B \pm \Delta) = 0$。

前面已经证明，如果使用平均采样率为 $F_s = 2B$ 个样本/秒的内插公式（6.3.46）且对频带位置没有任何限制，频率范围为 $F_{\mathrm{L}} \leq |F| \leq F_{\mathrm{L}} + B$ 的带通信号 $x_a(t)$ 就可以由两个交织均匀采样序列 $x_a(n/B)$ 和 $x_a(n/B + \Delta)$，$-\infty < n < \infty$ 完全重建。时间偏移 Δ 不能取使得内插函数无穷大的值。这个二阶采样定理是在 Kohlenberg(1953) 中提出的，而 Coulson(1995) 中讨论了一般 p 阶采样情形 $(p > 2)$。

当 $m = 2F_{\mathrm{L}}/B$ 时，即对于整数谱带定位，出现了一些有用的简化（Linden 1959, Vaughan et al. 1991）。在这种情况下，区域 A 变为零，这意味着 $a(t) = 0$，因此有 $g_a(t) = b(t)$。下面介绍两种特别有意义的情形。

对于低通信号，有 $F_{\mathrm{L}} = 0$ 和 $m = 0$，且内插函数变为

$$g_{\mathrm{LP}}(t) = \frac{\cos(2\pi Bt - \pi B\Delta) - \cos(\pi B\Delta)}{2\pi Bt\sin(\pi B\Delta)} \tag{6.3.50}$$

导致均匀采样率的附加约束 $\Delta = 1/2B$，产生众所周知的正弦内插函数 $g_{\mathrm{LP}}(t) = \sin(2\pi Bt)/2\pi Bt$。

对于 $F_{\mathrm{L}} = mB/2$ 的带通信号，可以选择时间偏移 Δ 使得 $\gamma^{\pm(m1)} = -1$。如果

$$\Delta = \frac{2k+1}{2B(m+1)} = \frac{1}{4F_c} + \frac{k}{2F_c}, \quad k = 0, \pm1, \pm2, \cdots \tag{6.3.51}$$

那么满足这个需求，其中 $F_c = F_{\mathrm{L}} + B/2 = B(m+1)/2$ 是谱带的中心频率。在这种情况下，内插函数在区间 $mB/2 \leq |F| \leq (m+1)B/2$ 内由 $G_Q(F) = 1/2$ 规定；而在其他位置则由 $G_Q(F) = 0$ 规定。取傅里叶逆变换得

$$g_Q(t) = \frac{\sin\pi Bt}{\pi Bt}\cos 2\pi F_c t \tag{6.3.52}$$

这是式（6.3.47）至式（6.3.49）的一种特殊情况，称为**直接正交采样**，因为由带通信号可以显式地得到同步分量和正交分量（见 6.3.3 节）。

最后，观察发现，首先对带通信号采样，然后在一个谱带位置而非原位置重建离散时间信号是可能的。带通信号的这种谱重定位或频移最常用直接正交采样来完成［见 Coulson et al.(1994)］。这种方法的意义是可以用数字信号处理来实现。

6.3.3 带通信号表示

采样实带通信号 $x_a(t)$ 之所以复杂，原因是在频率区间 $-(F_{\mathrm{L}} + B) \leq F \leq -F_{\mathrm{L}}$ 和 $F_{\mathrm{L}} \leq F \leq F_{\mathrm{L}} + B$ 上存在两个独立的谱带。因为 $x_a(t)$ 是实函数，所以其谱上的正频率和负频率由下式关联：

$$X_a(-F) = X_a^*(F) \tag{6.3.53}$$

因此，信号就可由谱的一半完全规定。下面根据该思路引入带通信号的简化表示。我们从恒等式

$$\cos 2\pi F_c t = \frac{1}{2}\mathrm{e}^{\mathrm{j}2\pi F_c t} + \frac{1}{2}\mathrm{e}^{-\mathrm{j}2\pi F_c t} \tag{6.3.54}$$

开始，它用两条幅度为 1/2 的谱线（一条的位置为 $F = F_c$，另一条的位置为 $F = -F_c$）来表示实信号 $\cos 2\pi F_c t$。等价地，我们有恒等式

$$\cos 2\pi F_c t = 2\Re\left\{\frac{1}{2}e^{j2\pi F_c t}\right\} \qquad (6.3.55)$$

它将实信号表示为复信号的实部。就谱而言，我们现在可用谱的正部分（即 $F = F_c$ 处的谱线）来规定实信号 $\cos 2\pi F_c t$。正频率的振幅被加倍，以弥补负频率的缺失。

扩展到连续谱信号也很简单。实际上，$X_a(t)$ 的傅里叶逆变换的积分可分成两部分：

$$x_a(t) = \int_0^\infty X_a(F)e^{j2\pi Ft}\,\mathrm{d}F + \int_{-\infty}^0 X_a(F)e^{j2\pi Ft}\,\mathrm{d}F \qquad (6.3.56)$$

将第二个积分中的变量 F 换为 $-F$，并使用式（6.3.53），得到

$$x_a(t) = \int_0^\infty X_a(F)e^{j2\pi Ft}\,\mathrm{d}F + \int_0^\infty X_a^*(F)e^{-j2\pi Ft}\,\mathrm{d}F \qquad (6.3.57)$$

上式可以等价地写成

$$x_a(t) = \Re\left\{\int_0^\infty 2X_a(F)e^{j2\pi Ft}\,\mathrm{d}F\right\} = \Re\{\psi_a(t)\} \qquad (6.3.58)$$

其中复信号

$$\psi_a(t) = \int_0^\infty 2X_a(F)e^{j2\pi Ft}\,\mathrm{d}F \qquad (6.3.59)$$

称为 $x_a(t)$ 的**解析信号**或**预包络**。解析信号的谱可用单位阶跃函数 $V_a(F)$ 表示为

$$\Psi_a(F) = 2X_a(F)V_a(F) = \begin{cases} 2X_a(F), & F > 0 \\ 0, & F < 0 \end{cases} \qquad (6.3.60)$$

当 $X_a(0) \neq 0$ 时，定义 $\Psi_a(0) = X_a(0)$。为了用 $x_a(t)$ 表示解析信号 $\psi_a(t)$，回顾可知 $V_a(F)$ 的傅里叶逆变换为

$$v_a(t) = \frac{1}{2}\delta(t) + \frac{j}{2\pi t} \qquad (6.3.61)$$

由式（6.3.60）、式（6.3.61）和频域卷积定理得

$$\psi_a(t) = 2x_a(t) * v_a(t) = x_a(t) + j\frac{1}{\pi t} * x_a(t) \qquad (6.3.62)$$

由冲激响应

$$h_Q(t) = \frac{1}{\pi t} \qquad (6.3.63)$$

和输入信号 $x_a(t)$ 的卷积，得到

$$\hat{x}_a(t) = \frac{1}{\pi t} * x_a(t) = \frac{1}{\pi}\int_{-\infty}^\infty \frac{x_a(\tau)}{t - \tau}\mathrm{d}\tau \qquad (6.3.64)$$

它称为 $x_a(t)$ 的**希尔伯特变换**，记为 $\hat{x}_a(t)$。需要强调的是，希尔伯特变换是卷积，它不改变域，因此输入 $x_a(t)$ 和其输出 $\hat{x}_a(t)$ 都是时间的函数。

由式（6.3.63）定义的滤波器的频率响应函数为

$$H_Q(F) = \int_{-\infty}^\infty h_Q(t)e^{-j2\pi Ft}\,\mathrm{d}t = \begin{cases} -j, & F > 0 \\ j, & F < 0 \end{cases} \qquad (6.3.65)$$

或者用幅度和相位形式表示为

$$|H_Q(F)| = 1, \qquad \angle H_Q(F) = \begin{cases} -\pi/2, & F > 0 \\ \pi/2, & F < 0 \end{cases} \qquad (6.3.66)$$

希尔伯特变换 $H_Q(F)$ 是全通正交滤波器，它将正频率分量的相位平移 $-\pi/2$，将负频率分量的相位平移 $\pi/2$。由式（6.3.63）可知 $h_Q(t)$ 是非因果的，这意味着希尔伯特变换物理上不可实现。

现在可用希尔伯特变换将解析信号表示为

$$\psi_a(t) = x_a(t) + j\hat{x}_a(t) \tag{6.3.67}$$

我们看到，$x_a(t)$的希尔伯特变换提供了其解析信号表示的虚部。

$x_a(t)$的解析信号$\psi_a(t)$在区域 $F_L \leqslant F \leqslant F_L + B$ 中是带通的。因此，使用傅里叶变换的调制性质可将解析信号平移到基带区域$-B/2 \leqslant F \leqslant B/2$ 上，即

$$x_{LP}(t) = e^{-j2\pi F_c t}\psi_a(t) \xleftrightarrow{\mathcal{F}} X_{LP}(F) = \Psi_a(F + F_c) \tag{6.3.68}$$

复低通信号 $x_{LP}(t)$称为 $x_a(t)$的**复包络**。

复包络在直角坐标系中可以表示为

$$x_{LP}(t) = x_I(t) + j x_Q(t) \tag{6.3.69}$$

式中，$x_I(t)$与 $x_Q(t)$都是与 x_{LP}位于同一频率区域中的实低通信号。由式（6.3.58）、式（6.3.68）和式（6.3.69），可以很容易地推出带通信号的**正交表示**：

$$x_a(t) = x_I(t)\cos 2\pi F_c t - x_Q(t)\sin 2\pi F_c t \tag{6.3.70}$$

因为载波 $\cos 2\pi F_c t$ 和 $\sin 2\pi F_c t$ 彼此同相正交，所以我们将$x_I(t)$称为带通信号的**同相分量**，将 $x_Q(t)$称为带通信号的**正交分量**。利用如图 6.3.8(a)所示的正交调制，可由信号 $x_a(t)$得到同相分量与正交分量。使用图 6.3.8(b)所示的方案可以重建带通信号。

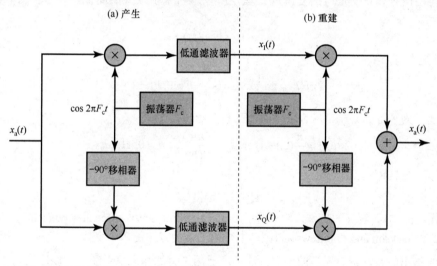

图 6.3.8　(a)产生带通信号的同相分量和正交分量的方案；(b)由同相分量和正交分量重建带通信号的方案

此外，我们可将复包络用极坐标表示为

$$x_{LP}(t) = A(t)e^{j\phi(t)} \tag{6.3.71}$$

式中，$A(t)$与$\phi(t)$都是实低通信号。采用这种极坐标表示时，带通信号 $x_a(t)$可以写为

$$x_a(t) = A(t)\cos[2\pi F_c t + \phi(t)] \tag{6.3.72}$$

式中，$A(t)$称为带通信号的**包络**，而$\phi(t)$称为带通信号的**相位**。式（6.3.72）使用振幅和角度调制的组合来表示带通信号。容易看出，$x_I(t), x_Q(t)$和 $A(t), \phi(t)$的关系如下：

$$x_I(t) = A(t)\cos 2\pi F_c t, \qquad x_Q(t) = A(t)\sin 2\pi F_c t \tag{6.3.73}$$

$$A(t) = \sqrt{x_I^2(t) + x_Q^2(t)}, \qquad \phi(t) = \arctan\left[\frac{x_Q(t)}{x_I(t)}\right] \tag{6.3.74}$$

相位 $\phi(t)$ 由 $x_I(t)$和 $x_Q(t)$模 2π 唯一地定义。

6.3.4 使用带通信号表示采样

复包络［即式（6.3.68）］和正交表示［即式（6.3.70）］允许带通信号以与谱带位置无关的采样率 $F_s = 2B$ 采样。

因为解析信号 $\psi_a(t)$ 在 $F_L \leqslant F \leqslant F_L + B$ 上有一个谱带，所以它可按 B 个复样本/秒或 $2B$ 个实样本/秒的采样率采样而不出现混叠效应（见图 6.3.6 中的第二幅图）。根据式（6.3.67），这些样本可用 B 个样本/秒的采样率对 $x_a(t)$ 及其希尔伯特变换 $\hat{x}_a(t)$ 采样得到。重建需要定义为

$$g_a(t) = \frac{\sin \pi Bt}{\pi Bt} e^{j2\pi F_c t} \xleftarrow{\ \mathcal{F}\ } G_a(F) = \begin{cases} 1, & F_L \leqslant F \leqslant F_L + B \\ 0, & \text{其他} \end{cases} \tag{6.3.75}$$

的复带通内插函数，其中 $F_c = F_L + B/2$。该方法的主要问题是设计实际可行的模拟希尔伯特变换器。

类似地，因为带通信号 $x_a(t)$ 的同相分量 $x_I(t)$ 和正交分量 $x_Q(t)$ 是只有单边带宽 $B/2$ 的低通信号，所以它们可用序列 $x_I(nT)$ 和 $x_Q(nT)$ 唯一地表示，其中 $T = 1/B$，这就导致总采样率为 $F_s = 2B$ 个实样本/秒。首先使用理想内插重建同相分量与正交分量，然后使用式（6.3.70）重新组合它们，就可以重建原带通信号。

选择合适的 Δ，并用二阶采样直接采样信号 $x_a(t)$，就可得到同相分量和正交分量。因为可以避免产生同相信号和正交信号的复解调处理，所以这带来了很大的简化。为了由 $x_a(t)$ 直接提取 $x_I(t)$，即

$$x_a(t_n) = x_I(t_n) \tag{6.3.76}$$

要求在如下时刻采样：

$$2\pi F_c t_n = \pi n \ \text{或} \ t_n = \frac{n}{2F_c}, n = 0, \pm1, \pm2, \cdots \tag{6.3.77}$$

类似地，为了得到 $x_Q(t)$，应在如下时刻采样：

$$2\pi F_c t_n = \frac{\pi}{2}(2n+1) \ \text{或} \ t_n = \frac{2n+1}{4F_c}, \quad n = 0, \pm1, \pm2, \cdots \tag{6.3.78}$$

得到

$$x_a(t_n) = -x_Q(t_n) \tag{6.3.79}$$

这等同于式（6.3.51）定义的特殊二阶采样。Grace and Pitt(1969)、Rice and Wu(1982)、Waters and Jarret(1982)和 Jackson and Matthewson(1986)中介绍了这种方法的多个变体。

最后要指出的是，带通采样的正交方法已广泛用于雷达和通信系统中，以产生待进一步处理的同相序列和正交序列。然而，随着更快模数转换器和数字信号处理器的发展，如 6.3.1 节所述，首先直接对带通信号采样，然后采用 6.4 节中推导的离散时间方法得到 $x_I(n)$ 与 $x_Q(n)$，已变得更加方便和经济。

6.4 离散时间信号的采样

本节利用对连续时间信号进行采样和表示的技术，讨论低通和带通离散时间信号的采样与重建。我们的方法是概念上首先重建基本的连续时间信号，然后使用期望的采样率对信号重采样。然而，最后的实现只涉及离散时间运算。采样率转换更一般的领域见第 11 章。

6.4.1 离散时间信号的采样和内插

假设对序列 $x(n)$ 进行周期性采样，但保留 $x(n)$ 的每第 D 个样本并删除介于两者之间的 $(D-1)$ 个样本。称为**抽取**或**下采样**这一运算产生新序列

$$x_d(n) = x(nD), \quad -\infty < n < \infty \tag{6.4.1}$$

不失一般性，假设以采样率 $F_s = 1/T \geqslant 2B$ 对频谱为 $X_a(F)=0, |F|>B$ 的信号 $x_a(t)$ 采样得到 $x(n)$，即 $x(n)=x_a(nT)$。因此，$x(n)$ 的频谱 $X(F)$ 为

$$X(F) = \frac{1}{T} \sum_{k=-\infty}^{\infty} X_a(F - kF_s) \tag{6.4.2}$$

接着在时刻 $t=nDT$ 以采样率 F_s/D 对 $x_a(t)$ 采样。序列 $x_d(n)=x_a(nDT)$ 的谱为

$$X_d(F) = \frac{1}{DT} \sum_{k=-\infty}^{\infty} X_a\left(F - k\frac{F_s}{D}\right) \tag{6.4.3}$$

图 6.4.1 显示了 $D=2$ 和 $D=4$ 时的这种处理。由图 6.4.1(c)可以看出，谱 $X_d(F)$ 可用周期谱 $X(F)$ 表示为

$$X_d(F) = \frac{1}{D} \sum_{k=0}^{D-1} X\left(F - k\frac{F_s}{D}\right) \tag{6.4.4}$$

为了避免混叠，采样率应满足条件 $F_s/D \geqslant 2B$。如果采样率 F_s 固定不变，就可将 $x(n)$ 的带宽降低到 $(F_s/2)/D$ 来避免混叠。就归一化频率变量而言，如果 $x(n)$ 的最高频率 f_{max} 或 ω_{max} 满足条件

$$f_{max} \leqslant \frac{1}{2D} = \frac{f_s}{2} \quad \text{或} \quad \omega_{max} \leqslant \frac{\pi}{D} = \frac{\omega_s}{2} \tag{6.4.5}$$

就可避免混叠。在连续时间采样中，连续时间谱 $X_a(F)$ 重复出现无数次，以产生覆盖无限频率范围的周期谱。在离散时间采样中，周期谱 $X(F)$ 重复 D 次，以覆盖周期性频域的一个周期。

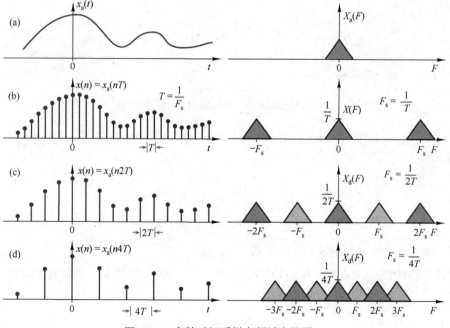

图 6.4.1　离散时间采样在频域中的图示

为了由采样后的序列 $x_d(n)$ 重建原序列 $x(n)$，我们从如下的理想内插公式入手：

$$x_a(t) = \sum_{m=-\infty}^{\infty} x_d(m) \frac{\sin\frac{\pi}{DT}(t - mDT)}{\frac{\pi}{DT}(t - mDT)} \tag{6.4.6}$$

它在假设 $F_s/D \geqslant 2B$ 的前提下重建 $x_a(t)$。由于 $x(n)=x_a(nT)$，代入式（6.4.6）得

$$x(n) = \sum_{m=-\infty}^{\infty} x_{\rm d}(m) \frac{\sin \dfrac{\pi}{D}(n-mD)}{\dfrac{\pi}{D}(n-mD)} \tag{6.4.7}$$

因为函数 $\sin(x)/x$ 的范围无限，所以它不是一个实用的内插器。在实际中，我们使用从 $m=-L$ 到 $m=L$ 的有限和，这个近似的质量随着 L 的增大而提升。式（6.4.7）中理想带限内插序列的傅里叶变换为

$$g_{\rm BL}(n) = D \frac{\sin(\pi/D)n}{\pi n} \xleftrightarrow{\ \mathcal{F}\ } G_{\rm BL}(\omega) = \begin{cases} D, & |\omega| \leqslant \pi/D \\ 0, & \pi/D < |\omega| \leqslant \pi \end{cases} \tag{6.4.8}$$

因此，理想离散时间内插器具有理想的低通频率特性。

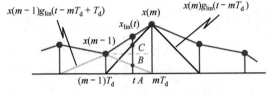
图 6.4.2　连续时间线性内插图示

为了理解离散时间内插的过程，下面分析广泛使用的线性内插。为简单起见，我们用记号 $T_{\rm d} = DT$ 表示 $x_{\rm d}(m) = x_{\rm a}(mT_{\rm d})$ 的采样周期。在 $mT_{\rm d}$ 和 $(m+1)T_{\rm d}$ 之间的时刻 t 的 $x_{\rm a}(t)$ 值，可在 t 处画一条与样本 $x_{\rm d}(mT_{\rm d})$ 和 $x_{\rm d}(mT_{\rm d}+T_{\rm d})$ 的连线相交的竖线得到，如图 6.4.2 所示。内插后的值为

$$x_{\rm lin}(t) = x(m-1) + \frac{x(m)-x(m-1)}{T_{\rm d}}[t-(m-1)T_{\rm d}], \quad (m-1)T_{\rm d} \leqslant t \leqslant mT_{\rm d} \tag{6.4.9}$$

整理上式得

$$x_{\rm lin}(t) = \left[1 - \frac{t-(m-1)T_{\rm d}}{T_{\rm d}}\right]x(m-1) + \left[1 - \frac{(mT_{\rm d}-t)}{T_{\rm d}}\right]x(m) \tag{6.4.10}$$

将式（6.4.10）写成一般重建公式，有

$$x_{\rm lin}(t) = \sum_{m=-\infty}^{\infty} x(m)g_{\rm lin}(t-mT_{\rm d}) \tag{6.4.11}$$

观察发现，因为 $(m-1)T_{\rm d} \leqslant t \leqslant mT_{\rm d}$，所以总有 $t-(m-1)T_{\rm d} = |t-(m-1)T_{\rm d}|$ 和 $mT_{\rm d}-t = |t-mT_{\rm d}|$。因此，如果定义

$$g_{\rm lin}(t) = \begin{cases} 1 - \dfrac{|t|}{T_{\rm d}}, & |t| \leqslant T_{\rm d} \\ 0, & |t| > T_{\rm d} \end{cases} \tag{6.4.12}$$

就可将式（6.4.10）表示式（6.4.11）的形式。

离散时间内插公式是在式（6.4.11）和式（6.4.12）中用 nT 替换 t 得到的。因为 $T_{\rm d} = DT$，所以有

$$x_{\rm lin}(n) = \sum_{m=-\infty}^{\infty} x(m)g_{\rm lin}(n-mD) \tag{6.4.13}$$

式中，

$$g_{\rm lin}(n) = \begin{cases} 1 - \dfrac{|n|}{D}, & |n| \leqslant D \\ 0, & |n| > D \end{cases} \tag{6.4.14}$$

根据任何内插函数的预期，有 $g_{\rm lin}(0)=1$ 和 $g_{\rm lin}(n)=0$，$n=\pm D, \pm 2D, \cdots$。将线性内插器的傅里叶变换

$$G_{\text{lin}}(\omega) = \frac{1}{D}\left[\frac{\sin(\omega D/2)}{\sin(\omega/2)}\right]^2 \quad (6.4.15)$$

与理想内插器的傅里叶变换［即式（6.4.8）］
进行比较，就可评估线性内插器的性能。这
一说明如图 6.4.3 所示，表明仅当内插后的
信号谱在 $|\omega| > \pi/D$ 处可以忽略时，即原连续
时间信号被过采样时，线性内插器才有良好
的性能。

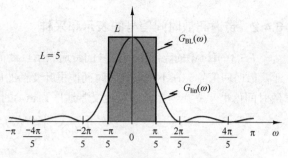

图 6.4.3　理想和线性离散时间内插器的频率响应

式（6.4.11）与式（6.4.13）类似于卷积和，但它们**不是**卷积。这一说明如图 6.4.4 所示，图
中显示了 $D=5$ 时内插后的样本 $x(nT)$ 和 $x((n+1)T)$ 的计算。观察发现，在每种情况下，只使用了
线性内插器系数的一个子集。我们基本上将 $g_{\text{lin}}(n)$ 分解成 D 个分量，每次只用一个分量来周期性
地计算内插后的值。这就是第 11 章讨论的多相滤波器结构的基本思想。然而，如果在 $x_d(m)$ 的相
邻样本之间插入 $(D-1)$ 个零值样本来创建一个新序列 $\tilde{x}(n)$，就可以在涉及零值的不必要计算开销
下，使用卷积

$$x(n) = \sum_{k=-\infty}^{\infty} \tilde{x}(k)g_{\text{lin}}(n-k) \quad (6.4.16)$$

来计算 $x(n)$。使用式（6.4.13）可以得到更高效的实现。

离散时间信号的采样和内插本质上对应于将采样率缩放某个整数倍。在实际应用中，非常重
要的采样率转换将在第 11 章中讨论。

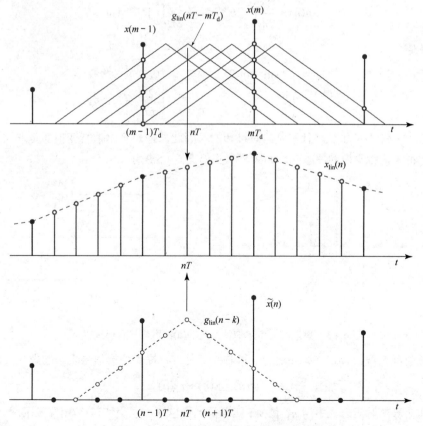

图 6.4.4　线性内插作为线性滤波处理的图示

6.4.2 带通离散时间信号的表示和采样

6.3.3 节讨论的连续时间信号的带通表示，经简单修改即考虑离散时间谱的周期性后，就适用于离散时间信号。在不破坏离散时间傅里叶变换的周期性的前提下，因为我们无法要求 $\omega < 0$ 时离散时间傅里叶变换为零，所以定义带通序列 $x(n)$ 的解析信号 $\psi(n)$ 满足

$$\Psi(\omega) = \begin{cases} 2X(\omega), & 0 \leqslant \omega < \pi \\ 0, & -\pi \leqslant \omega < 0 \end{cases} \tag{6.4.17}$$

式中，$X(\omega)$ 和 $\Psi(\omega)$ 分别是 $x(n)$ 和 $\psi(n)$ 的傅里叶变换。

和连续时间情况下一样，定义为

$$H(\omega) = \begin{cases} -\mathrm{j}, & 0 < \omega < \pi \\ \mathrm{j}, & -\pi < \omega < 0 \end{cases} \tag{6.4.18}$$

的理想离散时间希尔伯特变换器是一个 90° 移相器。易证

$$\Psi(\omega) = X(\omega) + \mathrm{j}\hat{X}(\omega) \tag{6.4.19}$$

式中，

$$\hat{X}(\omega) = H(\omega)X(\omega) \tag{6.4.20}$$

为了在时域中计算解析信号，我们需要希尔伯特变换器的冲激响应。它可由

$$h(n) = \frac{1}{2\pi}\int_{-\pi}^{0} \mathrm{j}\mathrm{e}^{\mathrm{j}\omega n}\,\mathrm{d}\omega - \frac{1}{2\pi}\int_{0}^{\pi} \mathrm{j}\mathrm{e}^{\mathrm{j}\omega n}\,\mathrm{d}\omega \tag{6.4.21}$$

得到，结果是

$$h(n) = \begin{cases} \dfrac{2}{\pi}\dfrac{\sin^2(\pi n/2)}{n}, & n \neq 0 \\ 0, & n = 0 \end{cases} = \begin{cases} 0, & n\text{为偶数} \\ \dfrac{2}{\pi n}, & n\text{为奇数} \end{cases} \tag{6.4.22}$$

当 $n < 0$ 时，序列 $h(n)$ 非零，且不是绝对可和的；因此，理想希尔伯特变换器是非因果的和不稳定的。理想希尔伯特变换的冲激响应和频率响应如图 6.4.5 所示。

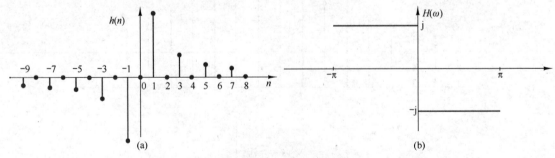

图 6.4.5 离散时间希尔伯特变换的(a)冲激响应和(b)频率响应

与连续时间情况一样，序列 $x(n)$ 的希尔伯特变换 $\hat{x}(n)$ 提供解析信号表示的虚部，即

$$\psi(n) = x(n) + \mathrm{j}\hat{x}(n) \tag{6.4.23}$$

在连续时间信号的对应公式中用 nT 替换 t 就可得到复包络、正交和包络/相位表示。

如果已知一个归一化带宽为 $w = 2\pi B/F_s$ 的带通序列 $x(n)$，$0 < \omega_L \leqslant |\omega| \leqslant \omega_L + w$，就可推导出以

与带宽 w 相适应的采样率 $f_s = 1/D$ 采样的等效复包络或者同相和正交低通表示。如果 $\omega_L = (k-1)\pi/D$ 和 $w = \pi/D$，那么如 11.7 节所述，序列 $x(n)$ 可被直接采样而不出现混叠。

许多雷达和通信系统应用要以低通形式来处理带通信号 $x_a(t)$，$F_L \leqslant |F| \leqslant F_L + B$。常规技术是使用图 6.3.8 中的两个正交模拟信道及紧随两个低通滤波器的两个模数转换器。更可取的方法是首先对模拟信号均匀采样，然后采用数字正交调制得到其正交表示，即图 6.3.8 第一部分的离散时间实现。一种类似的方法可以数字方式生成通信应用中的单边带信号（Frerking 1994）。

6.5 模数转换器和数模转换器

6.2 节假设处理连续时间信号的模数转换器和数模转换器都是理想的。在讨论连续时间信号处理和离散时间信号处理的等效性时，我们实际上做了一个隐含的假设，即模数转换的量化误差与数字信号处理的舍入误差是可以忽略的。本节进一步讨论这个问题。但要强调的是，因为模拟系统中的电子元器件存在容限且在运算中会引入噪声，所以也不能精确地完成模拟信号处理运算。一般来说，与设计等效模拟系统的人员相比，数字系统的设计人员可更好地控制数字信号处理系统的容限。

6.1 节的讨论重点是用理想采样器和理想内插器将连续时间信号转换成离散时间信号。本节研究执行模数转换的器件。

6.5.1 模数转换器

数字系统将连续时间（模拟）信号转换成数字序列的过程，需要我们将采样后的值量化为有限数量的电平，并用若干比特或位来表示每个电平。

图 6.5.1(a)显示了模数转换器的基本要素的框图。本节介绍这些要素的性能需求。虽然我们主要关注的是理想系统特性，但也会提到实际器件的某些缺陷，并说明这些缺陷是如何影响转换器性能的。我们重点关注与信号处理应用相关的方面。模数转换器及其相关电路的具体应用请参阅制造商的说明书和数据手册。

在实际中，对模拟信号的采样是由采样保持（S/H）电路实现的。采样后的信号接下来被量化并转换成数字形式。采样保持电路通常集成在模数转换器内。采样保持电路是数控模拟电路，它在采样模式下跟踪模拟输入信号，然后在保持模式下保持系统从采样模式切换到保持模式时信号的瞬时值。图 6.5.1(b)显示了一个理想采样保持电路（响应即时且准确的采样保持电路）的时域响应图。

采样保持电路的目的是对输入信号连续采样，然后保持值不变，直到模数转换器得到其数字表示。采样保持电路可让模数转换器以比实际获取样本更慢的时间工作。如果没有采样保持电路，输入信号在转换过程中的变化就必须不大于半个量化阶，而这是一个不现实的约束。因此，采样保持电路在具有大带宽信号（信号变化很快）的高分辨率（每个样本 12 位或更高）数字转换器中至关重要。

理想的采样保持电路在转换过程中不会引入失真，且被准确地建模为理想采样器。然而，诸如采样过程周期中的误差（抖动）、采样间隙的非线性变化及转换过程中保持电压的变化（"下垂"）这类与时间有关的退化，确实会在实际器件中出现。

模数转换器收到转换命令后就开始转换。完成转换所需的时间应小于采样保持中保持模式的持续时间。此外，采样周期 T 应大于采样模式和保持模式的持续时间。

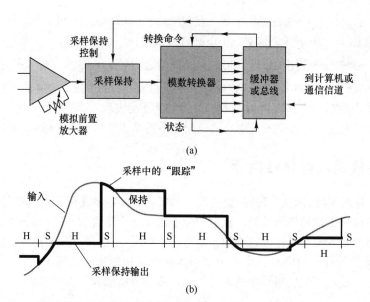

(a)

(b)

图 6.5.1　(a)模数转换器的基本要素的框图；(b)一个理想采样保持电路的时域响应

下面几节假设采样保持引入了可以忽略的误差，因此我们重点介绍模拟样本的数字转换。

6.5.2　量化与编码

模数转换器的基本任务是，将连续范围内的输入振幅转换成数字码字的离散集合。这一转换包括**量化**过程和**编码**过程。量化是不可逆的非线性过程，它将时刻 $t=nT$ 的给定振幅 $x(n) \equiv x(nT)$ 映射为有限值集合中的振幅 x_k。图 6.5.2(a)显示了这个过程，其中信号振幅范围被 $L+1$ 个**判决电平** $x_1, x_2, \cdots, x_{L+1}$ 划分为 L 个区间：

$$I_k = \left\{ x_k < x(n) \leqslant x_{k+1} \right\}, \quad k = 1, 2, \cdots, L \tag{6.5.1}$$

量化器的可能输出（即量化电平）记为 $\hat{x}_1, \hat{x}_2, \cdots, \hat{x}_L$。量化器的运算由如下关系定义：

$$x_q(n) \equiv Q\left[x(n) \right] = \hat{x}_k, \quad x(n) \in I_k \tag{6.5.2}$$

在大多数数字信号处理运算中，式（6.5.2）中的映射与 n 无关（即量化是无记忆的，记为 $x_q = Q[x]$）。此外，在数字信号处理中，我们常用定义为

$$\begin{aligned} \hat{x}_{k+1} - \hat{x}_k &= \Delta, \quad k = 1, 2, \cdots, L-1 \\ x_{k+1} - x_k &= \Delta, \text{ 对于有限 的} x_k, x_{k+1} \end{aligned} \tag{6.5.3}$$

的**均匀量化器**或**线性量化器**，其中 Δ 为**量化器步长**。如果所得数字信号将被一个数字系统处理，数字信号通常就需要均匀量化，而在诸如语音之类的信号的传输和存储应用中则需要频繁使用非线性和时变量化器。

如果量化器将零赋给一个量化电平，这种量化器就称为**中平型量化器**；如果量化器将零赋给一个判决电平，这种量化器就称为**中升型量化器**。图 6.5.2(b)显示了有 $L = 8$ 个电平的中平型量化器。理论上，末端判决电平取为 $x_1 = -\infty$ 和 $x_{L+1} = \infty$，以涵盖输入信号的整个**动态范围**。然而，实际模数转换器只能处理有限的范围。因此，通过假设 $I_1 = I_L = \Delta$，我们定义量化器的**范围** R。例如，图 6.5.2(b)所示量化器的范围为 8Δ。在实际中，术语**满量程范围**（Full-Scale Range，FSR）用于描述双极性信号（即振幅有正有负的信号）模数转换器的范围，术语**满量程**（FS）用于描述单极性信号模数转换器的范围。

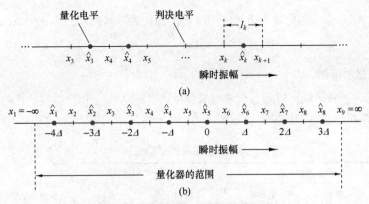

(a)

(b)

图 6.5.2　量化过程和一个中平型量化器示例

容易看出，量化误差 $e_q(n)$ 的范围是 $-\Delta/2 \sim \Delta/2$，即

$$-\frac{\Delta}{2} < e_q(n) \leqslant \frac{\Delta}{2} \tag{6.5.4}$$

换言之，瞬时量化误差不可能超过量化步长的一半。如果信号的动态范围 $x_{\max} - x_{\min}$ 超过量化器的范围，超过量化器范围的样本就被截断，这时将产生更大的（超过 $\Delta/2$）量化误差。

量化器的运算可用量化特性函数更好地描述，图 6.5.3 显示了一个有 8 个量化电平的中平型量化器的量化特性函数。因为中平型量化器的输出对输入信号在零附近的微小变化不敏感，所以在实际中它要比中升型量化器更受欢迎。注意，中平型量化器的输入振幅已被舍入到最接近的量化电平。

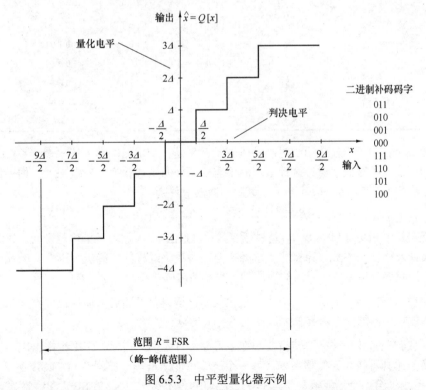

图 6.5.3　中平型量化器示例

模数转换器中的**编码**过程为每个量化电平分配一个唯一的二进制数。如果有 L 个电平，就需要最少 L 个不同的二进制数。使用一个长为 $b+1$ 位的字，可以表示 2^{b+1} 个不同的二进制数。因

此，应该有 $2^{b+1} \geq L$，或者等价地有 $b+1 \geq \text{lb } L$。于是，模数转换器的量化步长或**分辨率**为

$$\Delta = \frac{R}{2^{b+1}} \tag{6.5.5}$$

式中，R 为量化器的范围。

二进制编码方案有多种，每种方案都有其优缺点。表 6.1 给出了 3 位二进制编码的一些现有方案。9.4 节将详细介绍这些数字表示方案。

表 6.1　常用的双极性码

数字	十进制小数		原码	补码	偏移二进制码	反码
	正参考	负参考				
+7	$+\frac{7}{8}$	$-\frac{7}{8}$	0 1 1 1	0 1 1 1	1 1 1 1	0 1 1 1
+6	$+\frac{6}{8}$	$-\frac{6}{8}$	0 1 1 0	0 1 1 0	1 1 1 0	0 1 1 0
+5	$+\frac{5}{8}$	$-\frac{5}{8}$	0 1 0 1	0 1 0 1	1 1 0 1	0 1 0 1
+4	$+\frac{4}{8}$	$-\frac{4}{8}$	0 1 0 0	0 1 0 0	1 1 0 0	0 1 0 0
+3	$+\frac{3}{8}$	$-\frac{3}{8}$	0 0 1 1	0 0 1 1	1 0 1 1	0 0 1 1
+2	$+\frac{2}{8}$	$-\frac{2}{8}$	0 0 1 0	0 0 1 0	1 0 1 0	0 0 1 0
+1	$+\frac{1}{8}$	$-\frac{1}{8}$	0 0 0 1	0 0 0 1	1 0 0 1	0 0 0 1
0	0+	0−	0 0 0 0	0 0 0 0	1 0 0 0	0 0 0 0
0	0−	0+	1 0 0 0	(0 0 0 0)	(1 0 0 0)	1 1 1 1
−1	$-\frac{1}{8}$	$+\frac{1}{8}$	1 0 0 1	1 1 1 1	0 1 1 1	1 1 1 0
−2	$-\frac{2}{8}$	$+\frac{2}{8}$	1 0 1 0	1 1 1 0	0 1 1 0	1 1 0 1
−3	$-\frac{3}{8}$	$+\frac{3}{8}$	1 0 1 1	1 1 0 1	0 1 0 1	1 1 0 0
−4	$-\frac{4}{8}$	$+\frac{4}{8}$	1 1 0 0	1 1 0 0	0 1 0 0	1 0 1 1
−5	$-\frac{5}{8}$	$+\frac{5}{8}$	1 1 0 1	1 0 1 1	0 0 1 1	1 0 1 0
−6	$-\frac{6}{8}$	$+\frac{6}{8}$	1 1 1 0	1 0 1 0	0 0 1 0	1 0 0 1
−7	$-\frac{7}{8}$	$+\frac{7}{8}$	1 1 1 1	1 0 0 1	0 0 0 1	1 0 0 0
−8	$-\frac{8}{8}$	$+\frac{8}{8}$		(1 0 0 0)	(0 0 0 0)	

大多数数字信号处理器使用二进制补码表示。于是，使用相同的系统来表示数字信号是很方便的，因为可以直接对数字信号执行运算而不需要额外的格式转换。一般来说，如果使用二进制补码表示，形如 $\beta_0\beta_1\beta_2\cdots\beta_b$ 的 $(b+1)$ 位二进制小数的值就为

$$-\beta_0 \cdot 2^0 + \beta_1 \cdot 2^{-1} + \beta_2 \cdot 2^{-2} + \cdots + \beta_b \cdot 2^{-b}$$

注意，β_0 是最高有效位（MSB），β_b 是最低有效位（LSB）。虽然表示量化电平的二进制码对模数转换器的设计及接下来的数值计算非常重要，但它对量化过程的性能没有影响。因此，在接下来的讨论中，当我们分析模数转换器的性能时，将忽略编码过程。

由理想模数转换器引入的唯一退化是量化误差，该误差可通过增加量化位数来减小。量化误差对实际模数转换器的性能影响重大，详见下一节的分析。

实际模数转换器和理想模数转换器在许多方面都有差别。实际工作中经常出现各种退化，实际模数转换器尤其可能存在**偏移**误差（第一个过渡可能未准确地出现在+1/2LSB 处）、**缩放因子**（或**增益**）误差（第一个过渡值与最后一个过渡值的差不等于 FS – 2LSB）和**线性**误差（过渡值的差不全相等或者均匀变化）。如果**微分线性**误差足够大，就有可能丢失一个或多个码字。市面上出售的模数转换器的性能数据请参阅生产厂家的数据手册。

6.5.3 量化误差分析

为了确定量化对模数转换器性能的影响，我们采用统计方法。量化误差对输入信号特性的依赖及量化器的非线性性质使得确定性分析很难进行，除非情况特别简单。

在统计方法中，我们假设量化误差是随机的。我们将这种误差建模为加到原（未量化）信号上的噪声。如果输入模拟信号在量化器的范围内，量化误差 $e_q(n)$ 的幅度就是有界的（即 $|e_q(n)| < \Delta/2$），得到的误差称为**颗粒噪声**。如果输入模拟信号在量化器的范围外（截断），$e_q(n)$ 就变成无界的，这时得到的衰减称为**过载噪声**，这类误差会导致信号严重失真。唯一的补救措施是缩放输入信号，使其动态范围在量化器的范围内。下面的分析基于过载噪声不存在这一假设。

量化误差 $e_q(n)$ 的数学模型如图 6.5.4 所示。为便于分析，我们对 $e_q(n)$ 的统计特性做如下假设：

1. 误差 $e_q(n)$ 在区间 $-\Delta/2 < e_q(n) < \Delta/2$ 上是均匀分布的。
2. 误差序列 $\{e_q(n)\}$ 是平稳白噪声序列。换言之，对于 $m \neq n$，误差 $e_q(n)$ 与误差 $e_q(m)$ 不相关。
3. 误差序列 $\{e_q(n)\}$ 与信号序列 $x(n)$ 不相关。
4. 信号序列 $x(n)$ 是零均值的和平稳的。

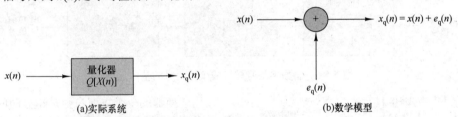

图 6.5.4 量化噪声的数学模型

(a)实际系统 (b)数学模型

这些假设通常是不成立的。然而，当量化步长很小且信号序列 $x(n)$ 在两个连续样本之间的变化横跨多个量化电平时，这些假设确实是成立的。

根据这些假设，计算信号量化噪声（功率）比（SQNR）就可定量分析加性噪声 $e_q(n)$ 对期望信号的影响，而 SQNR 可以对数尺度（单位分贝或 dB）表示为

$$\text{SQNR} = 10\lg\frac{P_x}{P_n} \qquad (6.5.6)$$

式中，$P_x = \sigma_x^2 = E[x^2(n)]$ 是信号功率，而 $P_n = \sigma_e^2 = E[e_q^2(n)]$ 是量化噪声的功率。

如果量化误差在区间 $(-\Delta/2, \Delta/2)$ 上均匀分布，如图 6.5.5 所示，误差的均值就为零，且方差（量化噪声功率）为

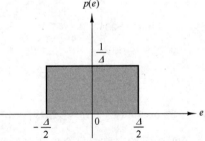

图 6.5.5 量化误差的概率密度函数

$$P_n = \sigma_e^2 = \int_{-\Delta/2}^{\Delta/2} e^2 p(e)\,\mathrm{d}e = \frac{1}{\Delta}\int_{-\Delta/2}^{\Delta/2} e^2\,\mathrm{d}e = \frac{\Delta^2}{12} \qquad (6.5.7)$$

联立式（6.5.5）和式（6.5.7），并将结果代入式（6.5.6），SQNR 的表达式就变为

$$\text{SQNR} = 10\lg\frac{P_x}{P_n} = 20\lg\frac{\sigma_x}{\sigma_e} = 6.02b + 16.81 - 20\lg\frac{R}{\sigma_x}\,(\text{dB}) \qquad (6.5.8)$$

式（6.5.8）中的最后一项取决于模数转换器的范围 R 及输入信号的统计信息。例如，如果假设 $x(n)$ 是高斯分布的，且量化器的范围扩展到 $-3\sigma_x \sim 3\sigma_x$（即 $R = 6\sigma_x$），那么在每 1000 个输入信号的

振幅中，平均不到 3 个输出出现过载。当 $R = 6\sigma_x$ 时，式（6.5.8）变为

$$SQNR = 6.02b + 1.25\text{dB} \tag{6.5.9}$$

式（6.5.8）常用来规定模数转换器所需的精度，这意味着量化器每增加一位，信号量化噪声比就增加 6dB。

由于制造工艺的限制，模数转换器的性能达不到式（6.5.8）给出的理论值。因此，有效位数可能要稍低于模数转换器的位数。例如，16 位转换器可能只有 14 位有效精度。

6.5.4 数模转换器

在实际工作中，数模转换操作通常由数模转换器、低通（平滑）滤波器和采样保持（S/H）电路共同执行，如图 6.5.6 所示。数模转换器在输入端接收对应于二进制字的电信号，产生与二进制字的值成比例的输出电压或电流。图 6.5.7 显示了理想情况下 3 位双极性信号的输入输出特性。连接各点的直线过原点。在实际数模转换器中，连接各点的直线可能会偏离理想直线，而导致偏离的原因是存在偏移误差、增益误差和输入输出特性中的非线性。

图 6.5.6 将数字信号转换成模拟信号的基本运算

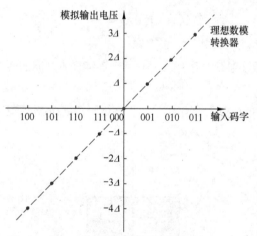

图 6.5.7 理想数模转换器特性

数模转换器的一个重要参数是**建立时间**，它定义为应用输入码字后，数模转换器的输出达到并维持在终值的给定小数（通常为±1/2LSB）范围内所需要的时间。应用输入码字常导致高振幅瞬态——称为"毛刺"，当进行数模转换的两个连续码字存在多位不同时，这种现象更明显。应对该问题的常用方法是使用充当"去毛刺器"的采样保持电路。因此，采样保持电路的基本任务是在数模转换输出的新样本达到稳定状态之前，保持数模转换器的输出为常数，即保持为前一个输出值，然后在下一个采样间隔内采样和保持这个新值。因此，采样保持电路用一系列矩形脉冲来近似表示模拟信号，而这些矩形脉冲的高度等于信号脉冲的对应值。图 6.5.8 显示了采样保持电路对一个离散时间正弦信号的响应。如图所示，该逼近基本上是一个阶梯函数，它从数模转换器获得信号样本值并保持 T 秒。当下一个样本到达时，它跳至下一个值并保持 T 秒，以此类推。

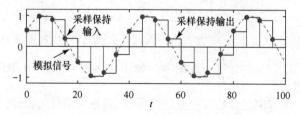

图 6.5.8 采样保持内插器对离散时间正弦信号的响应

采样保持系统的内插函数是定义如下的方形脉冲：

$$g_{\text{SH}}(t) = \begin{cases} 1, & 0 \leq t \leq T \\ 0, & \text{其他} \end{cases} \tag{6.5.10}$$

计算其傅里叶变换即

$$G_{\text{SH}}(F) = \int_{-\infty}^{\infty} g_{\text{SH}}(t) \mathrm{e}^{-\mathrm{j}2\pi Ft} \, \mathrm{d}t = T \frac{\sin \pi FT}{\pi FT} \mathrm{e}^{-2\pi F(T/2)} \tag{6.5.11}$$

可以得到它的频域特性。

$G_{\text{SH}}(F)$ 的幅度如图 6.5.9 所示，为便于比较，其中叠加了理想带限内插器的幅度响应。显然，采样保持电路不具有尖锐的截止频率特性，原因是内插函数 $g_{\text{SH}}(t)$ 存在大范围的尖锐过渡。这样，采样保持电路就将不需要的混叠频率成分（高于 $F_s/2$ 的频率）传输到了输出端。这种效应有时称为**后混叠**，为了弥补这个问题，常见的方法是用一个低通滤波器对采样保持电路的输出滤波，这个低通滤波器会大大衰减高于 $F_s/2$ 的频率分量。事实上，采样保持电路后的低通滤波器会通过去除尖锐的不连续而平滑输出。理想地，低通滤波器的频率响定义为

$$H_a(F) = \begin{cases} \dfrac{\pi FT}{\sin \pi FT} \mathrm{e}^{2\pi F(T/2)}, & |F| \leq F_s/2 \\ 0, & |F| > F_s/2 \end{cases} \tag{6.5.12}$$

以补偿采样保持电路的 $\sin x/x$ 失真（孔径效应）。孔径效应在 $F = F_s/2$ 处达到最大值 $2/\pi$ 或 4dB。此外，在将序列应用到数模转换器之前，使用数字滤波器可以降低孔径效应。因为我们无法设计出引入时间超前的模拟滤波器，所以无法补偿采样保持电路引入的半样本延迟。

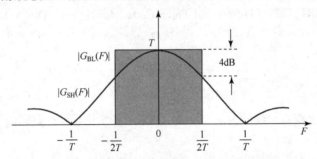

图 6.5.9　采样保持和理想带限内插器的频率响应

6.6　过采样模数转换器和数模转换器

本节讨论过采样模数转换器和数模转换器。

6.6.1　过采样模数转换器

过采样模数转换器的基本思想是，将信号的采样率增大到可以使用低分辨率量化器的程度。通过过采样，可以降低连续样本之间的信号值的动态范围，进而降低量化器的分辨率需求。前一节说过，模数转换中的量化误差的方差为 $\sigma_e^2 = \Delta^2/12$，其中 $\Delta = R/2^{b+1}$。因为与信号标准差 σ_x 成正比的信号动态范围应该与量化器的范围 R 匹配，所以可以证明 Δ 与 σ_x 成正比。因此，对于给定的位数，量化噪声的功率与待量化信号的方差成正比。于是，对于已知的固定信号量化噪声比，降低待量化信号的方差就可以降低量化器的位数。

降低信号动态范围的基本思想让我们可以考虑**差分量化**。为了说明差分量化，我们计算两个

连续信号样本之差的方差。于是，有

$$d(n) = x(n) - x(n-1) \tag{6.6.1}$$

$d(n)$的方差为

$$
\begin{aligned}
\sigma_d^2 = E[d^2(n)] &= E\left\{[x(n) - x(n-1)]^2\right\} \\
&= E[x^2(n)] - 2E[x(n)x(n-1)] + E[x^2(n-1)] \\
&= 2\sigma_x^2[1 - \gamma_{xx}(1)]
\end{aligned} \tag{6.6.2}
$$

式中，$\gamma_{xx}(1)$是在 $m=1$ 处算出的 $x(n)$ 的自相关序列 $\gamma_{xx}(m)$ 的值。当 $\gamma_{xx}(1) > 0.5$ 时，观察发现 $\sigma_d^2 < \sigma_x^2$。在这一条件下，对差 $d(n)$ 进行量化并由量化值 $\{d_q(n)\}$ 恢复 $x(n)$ 要更好。为了得到信号连续样本之间的高相关性，要求采样率明显高于奈奎斯特率。

一种更好的方法是量化如下差：

$$d(n) = x(n) - ax(n-1) \tag{6.6.3}$$

式中，a 是选择用来最小化 $d(n)$ 中的方差的参数。由此可知，a 的最优选择为

$$a = \frac{\gamma_{xx}(1)}{\gamma_{xx}(0)} = \frac{\gamma_{xx}(1)}{\sigma_x^2}$$

和

$$\sigma_d^2 = \sigma_x^2[1 - a^2] \tag{6.6.4}$$

在这种情况下，因为 $0 \leq a \leq 1$，所以 $\sigma_d^2 < \sigma_x^2$。量 $ax(n-1)$ 称为 $x(n)$ 的**一阶预测器**。

图 6.6.1 显示了一个更通用的**差分预测**信号量化器系统，它用在电话信道上的语音编码和传输中，称为**差分脉冲编码调制**（Differential Pulse Code Modulation，DPCM）。预测器的目的是由 $x(n)$ 的过去值的线性组合给出 $x(n)$ 的一个估计 $\hat{x}(n)$，以降低差信号 $d(n) = x(n) - \hat{x}(n)$ 的动态范围。于是，p 阶预测器就为

$$\hat{x}(n) = \sum_{k=1}^{p} a_k x(n-k) \tag{6.6.5}$$

如图 6.6.1 所示，需要在量化器周围使用反馈回路来避免量化误差在解码器处的累积。在这种配置中，误差 $e(n) = d(n) - d_q(n)$ 为

$$e(n) = d(n) - d_q(n) = x(n) - \hat{x}(n) - d_q(n) = x(n) - x_q(n)$$

于是，重建的量化信号 $x_q(n)$ 的误差就等于样本 $d(n)$ 的量化误差。图 6.6.1 还显示了由量化值重建信号的差分脉冲编码调制的解码器。

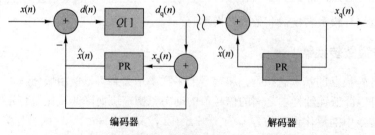

图 6.6.1 差分预测信号量化系统的编码器和解码器

最简单的差分预测量化称为**增量调制**（Delta Modulation，DM）。在增量调制中，量化器是一位（两个电平）的，预测器是一阶的，如图 6.6.2(a)所示。增量调制基本上对输入信号提供一种阶梯近似。在每个采样时刻，可以求出输入样本 $x(n)$ 与最近阶梯近似 $\hat{x}(n) = ax_q(n-1)$ 之差的符

号，然后在差的方向上以步长 Δ 更新阶梯信号。

由图 6.6.2(a)可以看出

$$x_q(n) = ax_q(n-1) + d_q(n) \qquad (6.6.6)$$

它是模拟积分器的离散时间等效。当 $a=1$ 时，它是理想累加器（积分器）；当 $a<1$ 时，它是"泄漏积分器"。图 6.6.2(c)显示了一个模拟模型，说明了增量调制系统实际实现的基本原理。因为过采样使得 $F_s \gg B$，所以要使用模拟低通滤波器来抑制频率区间 $B \sim F_s/2$ 内的带外分量。

图 6.6.2(b)中的阴影区域说明了增量调制的两类量化误差——斜率过载失真和粒状噪声。因为 $x(n)$ 的最大斜率 Δ/T 受限于步长，如果 $\max|\mathrm{d}x(t)/\mathrm{d}t| \le \Delta/T$，就可避免斜率过载失真。当增量调制跟踪一个相对平坦（缓慢变化）的输入信号时，就会出现粒状噪声。观察发现，增大 Δ 可以降低过载失真，但会增大粒状噪声，反之亦然。

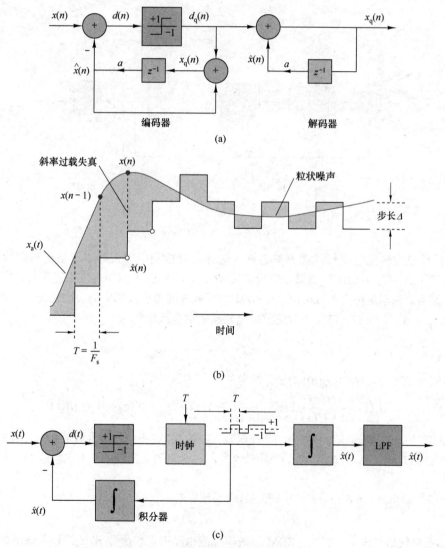

图 6.6.2 增量调制系统和两类量化误差

降低这两类失真的一种方法是，在增量调制前面增加一个积分器，如图 6.6.3(a)所示。这样做有两个效果。第一个效果是，它会强调 $x(t)$ 的低频分量并增大输入进入增量调制的信号的相关性；

第二个效果是，因为解码器所需的微分器（逆系统）被增量调制积分器抵消，所以它简化了增量调制解码器。于是，解码器就是一个低通滤波器，如图 6.6.3(a)所示。此外，编码器的两个积分器可替换为放在比较器前面的一个积分器，如图 6.6.3(b)所示。这个系统称为∑-Δ **调制**（Sigma-Delta Modulation，SDM）。

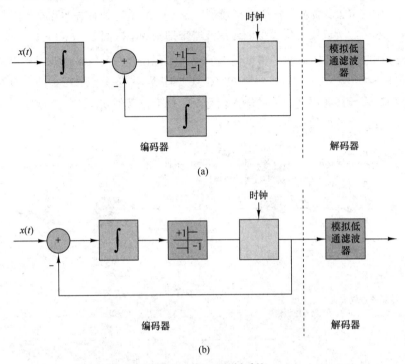

图 6.6.3 ∑-Δ 调制系统

SDM 是模数转换的理想候选方案之一。这种转换器利用高采样率将量化噪声散布到低于 $F_s/2$ 的谱带上。因为 $F_s \gg B$，所以无信号谱带 $B \leqslant F \leqslant F_s/2$ 上的噪声可由适当的数字滤波器消除。为了说明该原理，考虑图 6.6.4 所示 SDM 的离散时间模型，图中假设比较器（1 位量化器）由方差为 $\sigma_e^2 = \Delta^2/12$ 的加性白噪声源建模。积分器则由系统函数为

$$H(z) = \frac{z^{-1}}{1-z^{-1}} \tag{6.6.7}$$

的离散时间系统建模。序列 $\{d_q(n)\}$ 的 z 变换为

$$D_q(z) = \frac{H(z)}{1+H(z)}X(z) + \frac{1}{1+H(z)}E(z) = H_s(z)X(z) + H_n(z)E(z) \tag{6.6.8}$$

式中，$H_s(z)$ 和 $H_n(z)$ 分别是信号和噪声的系统函数。好的 SDM 系统在信号频带 $0 \leqslant F \leqslant B$ 上具有平坦的频率响应 $H_s(\omega)$。另一方面，$H_n(z)$ 在频带 $0 \leqslant F \leqslant B$ 上的衰减较大，而在频带 $B \leqslant F \leqslant F_s/2$ 上的衰减较小。

对于积分器由式（6.6.7）规定的一阶 SDM 系统，有

$$H_s(z) = z^{-1}, \qquad H_n(z) = 1 - z^{-1} \tag{6.6.9}$$

于是 $H_s(z)$ 不会使信号失真。因此，SDM 系统的性能由噪声系统函数 $H_n(z)$ 决定，该函数的幅频响应为

$$|H_n(F)| = 2\left|\sin\frac{\pi F}{F_s}\right| \tag{6.6.10}$$

如图 6.6.5 所示。带内量化噪声方差为

$$\sigma_{\mathrm{n}}^2 = \int_{-B}^{B} |H_{\mathrm{n}}(F)|^2 S_{\mathrm{e}}(F) \mathrm{d}F \qquad (6.6.11)$$

式中，$S_{\mathrm{e}}(F) = \sigma_{\mathrm{e}}^2 / F_{\mathrm{s}}$ 是量化噪声的功率谱密度。由这一关系可知，如果保持 B 不变，F_{s} 加倍（采样率缩放 2 倍），量化噪声的功率就下降 3dB。这个结果对任何量化器都成立。然而，适当选择滤波器 $H(z)$ 是有可能进一步降低量化噪声的。

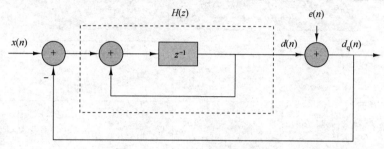

图 6.6.4　SDM 的离散时间模型

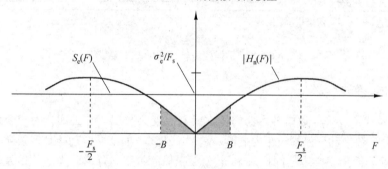

图 6.6.5　噪声系统函数的频率（幅度）响应

对于一阶 SDM，可以证明（见习题 6.22）当 $F_{\mathrm{s}} \gg 2B$ 时，带内量化噪声功率为

$$\sigma_{\mathrm{n}}^2 \approx \frac{1}{3} \pi^2 \sigma_{\mathrm{e}}^2 \left(\frac{2B}{F_{\mathrm{s}}} \right)^3 \qquad (6.6.12)$$

注意，采样率加倍，噪声功率就下降 9dB，其中 3dB 是由 $S_{\mathrm{e}}(F)$ 的减小导致的，6dB 是由滤波器特性 $H_{\mathrm{n}}(F)$ 导致的。使用双积分器还可得到额外 6dB 的下降（见习题 6.23）。

总之，首先增大采样率使得量化噪声功率分布到更大的频带 $(-F_{\mathrm{s}}/2, F_{\mathrm{s}}/2)$ 上，然后选择合适的滤波器对噪声功率谱密度进行成形，就可降低噪声功率 σ_{n}^2。因此，SDM 就以采样率 $F_{\mathrm{s}} = 2IB$ 提供 1 位量化信号，而过采样（内插）因子 I 决定 SDM 量化器的信噪比。

下面说明如何用奈奎斯特率将该信号转换成 b 位量化信号。首先，回顾可知 SDM 解码器是一个截止频率为 B 的模拟低通滤波器。这个滤波器的输出是输入信号 $x(t)$ 的近似。如果已知采样率为 F_{s} 的 1 位信号 $d_{\mathrm{q}}(n)$，以速率 $2B$ 重采样低通滤波器的输出，就可以低采样率（即奈奎斯特率 $2B$ 或更高的采样率）得到信号 $x_{\mathrm{q}}(n)$。为了避免混叠，我们通过处理宽带信号首先滤除带 $(B, F_{\mathrm{s}}/2)$ 外噪声。信号再通过一个低通滤波器，并以更低的采样率重采样（下采样）。下采样处理也称**抽取**，详见第 11 章。

例如，如果内插因子 $I = 256$，那么通过对连续的 128 位非重叠块取平均，就可得到模数转换器的输出。这个平均操作以奈奎斯特率产生值域为 0～256 的一个数字信号。平均过程还提供所需的抗混叠滤波。

图 6.6.6 显示了过采样模数转换器的基本要素。用于语音频带（3kHz）信号的过采样模数转换器目前制造为集成电路。它们的典型采样率为 2MHz，下采样到 8kHz，并提供 16 位精度。

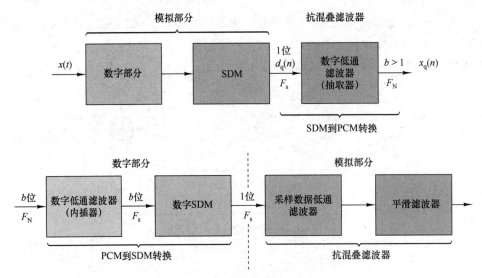

图 6.6.6　过采样模数转换器的基本要素

6.6.2　过采样数模转换器

图 6.6.7 显示了过采样数模转换器的基本要素。观察发现，它已细分为一个数字前端及其后面的模拟部分。数字部分包括一个内插器，它位于 SDM 的前面，功能是将采样率增大 I 倍。内插器仅在连续的低速率样本之间插入 $I-1$ 个零来提高数字采样率。得到的信号再通过一个截止频率为 $F_c = B/F_s$ 的数字滤波器进行处理，以抑制输入信号谱的镜像（副本）。这个更高采样率的信号被送入 SDM，产生一个噪声成形的 1 位样本，每个 1 位样本则被送入 1 位数模转换器，后者提供到抗混叠和平滑滤波器的模拟接口。输出模拟滤波器的通带为 $0 \leqslant F \leqslant B\mathrm{Hz}$，作用是平滑信号并消除频带 $B \leqslant F \leqslant F_s/2$ 内的量化噪声。总之，过采样数模转换器使用的 SDM 的模拟和数字部分，与模数转换器的正好相反。

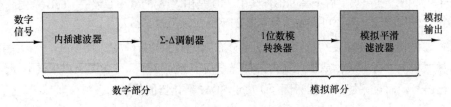

图 6.6.7　过采样数模转换器的基本要素

在实际中，与常规数模（及模数）转换器相比，过采样数模（及模数）转换器有许多优点。首先，高采样率和后续的数字滤波可将对复数和指数模拟抗混叠滤波器的需求降至最低或消除；此外，在转换阶段引入的任何模拟噪声都会被滤除。其次，不需要采样保持电路。过采样 SDM 模数和数模转换器对模拟电路参数的变化非常鲁棒，且本身是线性的，同时成本较低。

这就结束了我们对基于简单内插技术的信号重建的讨论。结合我们介绍的技术和实际数模转换器设计，可以由数字信号重建模拟信号。第 11 章将在数字信号处理系统中采样率变化的情况下再次讨论内插。

6.7 小结

本章的重点是信号的采样与重建。特别地，我们介绍了连续时间信号的采样和模数转换的后续运算。在通用计算机或专用数字信号处理器中，这些运算都是数字处理模拟信号的必要运算。我们还讨论了数模转换的相关内容。除了常规的模数和数模转换技术，我们还根据过采样原理以及称为 SDM 的波形编码，介绍了另一类模数和数模转换。因为音频信号的带宽相对较小（小于 20kHz），$\sum$-Δ 转换技术尤其适用于音频信号及需要高保真的一些应用。

采样定理在 Nyquist(1928)中提出，后来在 Shannon(1949)中普及。Sheingold(1986)中介绍了数模和模数转换技术。技术文献中都包括过采样数模和模数转换。本章的参考文献还包括 Candy(1986)、Candy et al.(1981)和 Gray(1990)。

习　题

6.1 已知连续时间信号 $x_a(t)$，当 $|F| > B$ 时 $X_a(F) = 0$。计算由 **(a)** $dx_a(t)/dt$，**(b)** $x_a^2(t)$，**(c)** $x_a(2t)$，**(d)** $x_a(t)\cos 6\pi Bt$ 和 **(e)** $x_a(t)\cos 7\pi Bt$ 定义的信号 $y_a(t)$ 的最小采样率 F_s。

6.2 使用频率 $|F| < F_c$ 时内插函数 $g_a(t) = A$ 而其他频率时内插函数 $g_a(t) = 0$ 的理想数模转换器重建采样后的序列 $x_a(nT)$，产生连续时间信号 $\hat{x}_a(t)$。

(a) 原信号 $x_a(t)$ 的谱满足 $|F| > B$ 时 $X_a(F) = 0$，求使得 $\hat{x}_a(t) = x_a(t)$ 的 T 的最大值，以及 F_c 和 A 的值。

(b) 当 $|F| > B$ 时 $X_1(F) = 0$，当 $|F| > 2B$ 时 $X_2(F) = 0$，且 $x_a(t) = x_1(t)x_2(t)$，求使得 $\hat{x}_a(t) = x_a(t)$ 的 T 的最大值，以及 F_c 和 A 的值。

(c) 对于 $x_a(t) = x_1(t)x_2(t/2)$，重做(b)问。

6.3 傅里叶级数系数为 $c_k = (1/2)^{|k|}$、周期为 $T_p = 0.1s$ 的一个连续时间周期信号，通过截止频率为 $F_c = 102.5Hz$ 的一个理想低通滤波器。得到的信号 $y_a(t)$ 以周期 $T = 0.005s$ 进行采样，求序列 $y(n) = y_a(nT)$ 的谱。

6.4 对信号 $x_a(t) = te^{-t}u_a(t)$ 重做例 6.1.2。

6.5 考虑图 6.2.1 所示的系统，当 $|F| > F_s/2$ 时 $X_a(F) = 0$，求满足 $y_a(t) = \int_{-\infty}^{t} x_a(\tau)d\tau$ 的离散时间系统的频率响应 $H(\omega)$。

6.6 考虑 $0 < F_1 \leqslant |F| \leqslant F_2 < \infty$ 时频谱 $X_a(F) \neq 0$ 而其他情况下 $X_a(F) = 0$ 的信号 $x_a(t)$。

(a) 求不出现混叠时对 $x_a(t)$ 采样的最小采样率。

(b) 求由样本 $x_a(nT)$，$-\infty < n < \infty$ 重建 $x_a(t)$ 的公式。

6.7 证明由式（6.3.47）至式（6.3.49）描述的非均匀二阶采样内插方程。

6.8 一个离散时间采样保持内插器按因子 I 重复上一个输入样本 $(I-1)$ 次。

(a) 求内插函数 $g_{SH}(n)$；**(b)** 求 $g_{SH}(n)$ 的傅里叶变换 $G_{SH}(\omega)$。

(c) 画出理想内插器、线性内插器及 $I = 5$ 时采样保持内插器的幅度和相位响应。

6.9 考虑连续时间信号

$$x_a(t) = \begin{cases} e^{-j2\pi F_0 t}, & t \geqslant 0 \\ 0, & t < 0 \end{cases}$$

(a) 解析计算 $x_a(t)$ 的谱 $X_a(F)$；**(b)** 解析计算信号 $x(n) = x_a(nT)$, $T = 1/F_s$ 的谱；**(c)** 画出 $F_0 = 10Hz$ 时的幅度谱 $|X_a(F)|$；**(d)** 画出 $F_s = 10Hz, 20Hz, 40Hz, 100Hz$ 时的幅度谱 $|X(F)|$。**(e)** 使用混叠效应解释(d)问的结果。

6.10 考虑对谱如图 P6.10 所示的带通信号采样，求避免混叠效应的最小采样率 F_s。

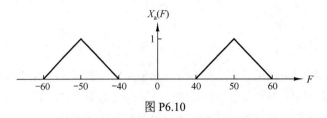

图 P6.10

6.11 一个数字通信链路携带有表示输入信号 $x_a(t) = 3\cos 600\pi t + 2\cos 1800\pi t$ 的样本的二进制编码码字。该链路的速率为 10000 位/秒，每个输入样本都被量化为 1024 个不同的电压电平。

(a) 采样率与折叠频率是多少？   **(b)** 信号 $x_a(t)$ 的奈奎斯特率是多少？

(c) 所得离散时间信号 $x(n)$ 的频率是多少？   **(d)** 分辨率 Δ 是多少？

6.12 考虑图 P6.12 所示的简单信号处理系统。模数转换器和数模转换器的采样周期分别是 $T = 5\text{ms}$ 和 $T' = 1\text{ms}$。如果输入为 $x_a(t) = 3\cos 100\pi t + 2\sin 250\pi t$（$t$ 的单位为秒），求系统的输出 $y_a(t)$。后置滤波器滤除了大于 $F_s/2$ 的任何频率分量。

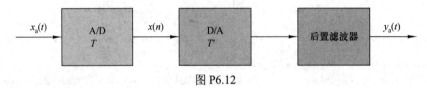

图 P6.12

6.13 离散时间信号 $x(n) = 6.35\cos(\pi/10)n$ 以分辨率 $\Delta = 0.1$ 或 0.02 量化。每种情况下模数转换器需要多少位？

6.14 考虑对谱如图 P6.14 所示的带通信号采样，求避免混叠的最小采样率 F_s。

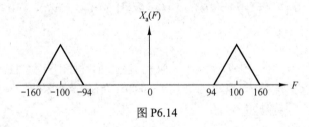

图 P6.14

6.15 考虑图 P6.15 所示的两个系统。

(a) 如果 $x_a(t)$ 的傅里叶变换如图 P6.15(b) 所示，且 $F_s = 2B$，画出不同信号的谱。$y_1(t)$ 和 $y_2(t)$ 与 $x_a(t)$ 是如何关联的？

(b) 如果 $x_a(t) = \cos 2\pi F_0 t$，$F_0 = 20\text{Hz}$，$F_s = 50\text{Hz}$ 或 30Hz，求 $y_1(t)$ 和 $y_2(t)$。

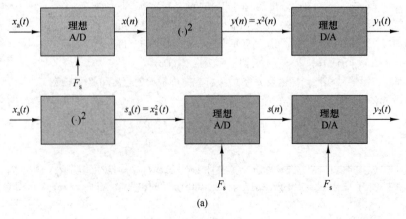

(a)

图 P6.15

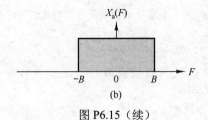

图 P6.15（续）

6.16 带宽为 B 的连续时间信号 $x_a(t)$ 与其回波 $x_a(t-\tau)$ 同时到达一台电视接收机。接收到的模拟信号

$$s_a(t) = x_a(t) + \alpha x_a(t-\tau), \qquad |\alpha| < 1$$

由图 P6.16 所示的系统处理，能否给定 F_s 和 $H(z)$ 使得 $y_a(t) = x_a(t)$［即从接收的信号中去除"重影" $x_a(t-\tau)$］？

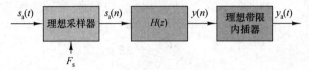

图 P6.16

6.17 带限连续时间信号 $x_a(t)$ 以采样率 $F_s \geq 2B$ 采样，求以模拟信号能量 E_a 及采样周期 $T = 1/F_s$ 的函数形式表示的离散时间信号 $x(n)$ 的能量 E_d。

6.18 在一个线性内插器中，连续样本点由一条直线段连接。于是，内插后的信号 $\hat{x}(t)$ 可以表示为

$$\hat{x}(t) = x(nT-T) + \frac{x(nT) - x(nT-T)}{T}(t-nT), \qquad nT \leq t \leq (n+1)T$$

观察发现，当 $t = nT$ 时有 $\hat{x}(nT) = x(nT-T)$，而当 $t = nT + T$ 时有 $\hat{x}(nT+T) = x(nT)$。因此，当对实际信号 $x(t)$ 进行内插时，$x(t)$ 有 T 秒的固有延迟。图 P6.18 显示了这种线性内插技术。

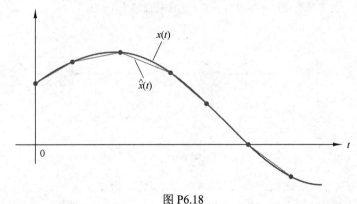

图 P6.18

(a) 将线性内插器视为线性滤波器，证明有 T 秒延迟的线性内插器的冲激响应为

$$h(t) = \begin{cases} t/T, & 0 \leq t < T \\ 2 - t/T, & T \leq t < 2T \\ 0, & 其他 \end{cases}$$

推导对应的频率响应 $H_a(F)$。

(b) 画出 $|H_a(F)|$，并比较该频率响应和一个低通带限信号的理想重建滤波器的频率响应。

6.19 对动态范围为 1V 的地震信号采样时，如果采样率为 $F_s = 20\mathrm{Hz}$，并且使用一个 8 位模数转换器，求比特率和分辨率。所得数字地震信号中的最大频率是多少？

6.20 考虑输入为 $x(n) = A\cos(2\pi nF/F_s)$ 的一个增量调制编码器，避免斜率过载的条件是什么？以图形方式画出这个条件。

6.21 令 $x_a(t)$ 是一个具有固定带宽 B 和方差 σ_x^2 的带限信号。

(a) 假设 6.5.3 节讨论的量化噪声模型有效，证明将采样率 F_s 加倍，信号量化噪声比 SQNR $= 10\lg(\sigma_x^2/\sigma_e^2)$ 就增大 3dB。

(b) 如果要加倍采样率来增大信号量化噪声比，最有效的方法是什么？是选择一个线性多位模数转换器还是选择一个过采样模数转换器？

6.22 考虑图 6.6.4 中所示的一阶 SDM 模型。

(a) 证明信号频带 $(-B, B)$ 内的量化噪声功率为

$$\sigma_n^2 = \frac{2\sigma_e^2}{\pi}\left[\frac{2\pi B}{F_s} - \sin\left(2\pi\frac{B}{F_s}\right)\right]$$

(b) 使用正弦函数的二项泰勒级数展开并假设 $F_s \gg B$，证明

$$\sigma_n^2 \approx \frac{1}{3}\pi 2\sigma_e^2\left(\frac{2B}{F_s}\right)^3$$

6.23 考虑图 P6.23 所示的二阶 SDM 模型。

(a) 分别求信号和噪声的系统函数 $H_s(z)$ 与 $H_n(z)$。

(b) 画出噪声系统函数的幅度响应，并与一阶 SDM 的噪声系统函数的幅度响应进行比较。能否解释曲线上的 6dB 差异？

(c) 证明带内量化噪声功率 σ_n^2 由

$$\sigma_n^2 \approx \frac{\pi\sigma_e^2}{5}\left(\frac{2B}{F_s}\right)^5$$

近似给出，这意味着采样率每提高一倍，信噪比就增大 15dB。

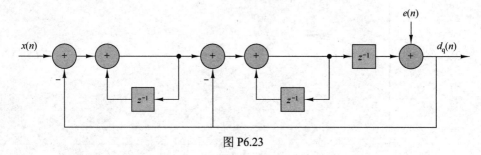

图 P6.23

6.24 图 P6.24 给出了基于查找表的正弦信号发生器的基本思想。信号

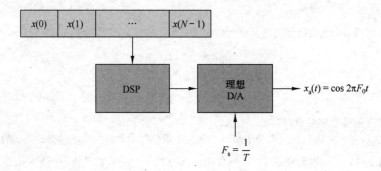

图 P6.24

$$x(n) = \cos\left(\frac{2\pi}{N}n\right), \qquad n = 0,1,\cdots,N-1$$

的一个周期样本存储在内存中。在表中步进，当角度超过 2π 时从表尾回到表头，产生数字正弦信号。使用模 N 进行寻址（即使用"环形"缓冲）可以产生数字正弦信号。$x(n)$ 的样本每 T 秒输入理想数模转换器。

(a) 证明改变 F_s 就可以调整所得模拟正弦的频率 F_0。

(b) 假设 $F_s = 1/T$ 固定，使用这个查找表可以产生多少个不同的模拟正弦信号？请解释。

6.25 假设用频率响应

$$H_a(F) = C(F - F_c) + C^*(-F - F_c)$$

表示一个模拟带通滤波器，其中 $C_a(F)$ 是一个等效低通滤波器的频率响应，如图 P6.25 所示。

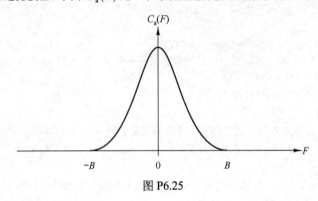

图 P6.25

(a) 证明等效低通滤波器的冲激响应 $c(t)$ 与带通滤波器的冲激响应 $h(t)$ 由 $h(t) = 2\Re[c(t)e^{j2\pi F_c t}]$ 关联。

(b) 假设频率响应为 $H(F)$ 的带通系统由带通信号 $x(t) = \Re[u(t)e^{j2\pi F_c t}]$ 激励，其中 $u(t)$ 是等效低通信号，证明滤波器的输出为

$$y(t) = \Re[v(t)e^{j2\pi F_c t}]$$

式中，

$$v(t) = \int^{\infty} c(\tau)u(t-\tau)\mathrm{d}\tau$$

（提示：使用频域证明这个结果。）

6.26 令 $x_a(t)$ 是一个时间有限信号，即当 $|t| > \tau$ 时有 $x_a(t) = 0$，其傅里叶变换为 $X_a(F)$。函数 $X_a(F)$ 以采样间隔 $\delta F = 1/T_s$ 采样。

(a) 证明函数 $x_p(t) = \sum_{n=-\infty}^{\infty} x_a(t - nT_s)$ 可以表示为系数为 $c_k = \frac{1}{T_s}X_a(k\delta F)$ 的傅里叶级数。

(b) 证明如果 $T_s \geqslant 2\tau$，那么 $X_a(F)$ 可由样本 $X_a(k\delta F)$，$-\infty < k < \infty$ 恢复。

(c) 证明如果 $T_s < 2\tau$，那么存在阻止准确重建 $X_a(F)$ 的时域混叠。

(d) 证明如果 $T_s \geqslant 2\tau$，那么使用内插公式

$$X_a(F) = \sum_{k=-\infty}^{\infty} X_a(k\delta F)\frac{\sin[(\pi/\delta F)(F - k\delta F)]}{(\pi/\delta F)(F - k\delta F)}$$

可由样本 $X(k\delta F)$ 完全重建 $X_a(F)$。

计算机习题

CP6.1 **量化后正弦信号中的总谐波失真**（Total Harmonic Distortion，THD）**的度量**（见 CP5.15）设 $x(n)$ 是频率为 $f_0 = k/N$ 的周期正弦信号，即

$$x(n) = \sin 2\pi f_0 n$$

(a) 编写计算机程序，根据舍入原则将信号 $x(n)$ 量化到 b 位，或者等价地量化到 $L = 2^b$ 个量化电平，所得信号记为 $x_q(n)$。

(b) 当 $f_0 = 1/50$ 时，计算用 $b = 4, 6, 8, 16$ 位得到的量化后信号 $x_q(n)$ 的总谐波失真。

(c) 当 $f_0 = 1/100$ 时，重做(b)问。

(d) 评价(b)问和(c)问的结果。

CP6.2 正弦信号模数转换中的量化误差。令 $x_q(n)$ 是量化信号 $x(n) = \sin 2\pi f_0 n$ 得到的信号。量化误差功率是在式（6.5.7）中统计定义的，也可由时间平均定义为

$$P_q = \frac{1}{N} \sum_{n=0}^{N-1} e^2(n) = \frac{1}{N} \sum_{n=0}^{N-1} \left[x_q(n) - x(n) \right]^2$$

量化后信号的"质量"可用定义为

$$\text{SQNR} = 10 \lg \frac{P_x}{P_q}$$

的信号量化噪声比（Signal-to-Quantization Noise Ration，SQNR）度量，其中 P_x 是未量化信号 $x(n)$ 的功率。

(a) 对 $f_0 = 1/50$ 和 $N = 200$，编写程序，采用截断法将信号 $x(n)$ 量化到 64, 128, 256 个量化电平。在每种情况下画出信号 $x(n), x_q(n)$ 和 $e(n)$ 并计算对应的 SQNR。

(b) 采用舍入法而非截断法重做(a)问。

(c) 评价(a)问和(b)问的结果。

(d) 比较实验测量的 SQNR 与由式（6.5.8）预测的理论 SQNR，讨论异同。

CP6.3 模拟信号 $x_a(t) = \sin(1000\pi t)$ 以采样间隔 $T = 0.1\text{ms}, 1\text{ms}, 0.01\text{s}$ 采样，在每种情况下求并画出所得离散时间信号的谱。

CP6.4 考虑图 CP6.4 所示用来处理模拟信号 $x_a(t)$ 的系统。模数转换器和数模转换器都是理想的，采样率都为 800 个样本/秒。数字滤波器的冲激响应为 $h(n) = (0.8)^n u(n)$。

(a) 如果 $x_a(t) = 10\cos(10000\pi t)$，离散时间信号 $x(n)$ 的频率是多少？

(b) 求并画出序列 $x(n)$、稳态下滤波器的输出序列 $y(n)$ 及对应的稳态模拟输出信号 $y_a(t)$。

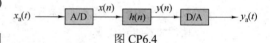

图 CP6.4

(c) 如果模拟信号为 $x_a(t) = 10\sin(8000\pi t)$，重做(b)问。

CP6.5 模拟信号 $x_a(t) = \cos(2\pi t)$ 以采样率 $F_s = 100$ 个样本/秒、20 个样本/秒和 10 个样本/秒采样。

(a) 对于每个采样率，求并画出范围 $0 \leqslant n \leqslant 200$ 内的离散时间序列 $x(n)$。

(b) 在三种采样率下，利用内插公式

$$x_i(t) = \sum_{n=0}^{200} x_k(n) \frac{\sin(\pi/T)(t - nT)}{(\pi/T)(t - nT)}, \quad i = 1, 2, 3$$

重建并画出模拟信号 $x_i(t)$，并讨论结果。

CP6.6 图 CP6.4 所示的系统用于处理模拟信号 $x_a(t)$。模数转换器和数模转换器的采样率是 100 个样本/秒，而滤波器的冲激响应为 $h(n) = (0.8)^n u(n)$。

(a) 如果模拟信号为 $x_a(t) = 3\cos(20\pi t)$，求并画出范围 $0 \leqslant n \leqslant 200$ 内的序列 $x(n)$。

(b) 求并画出滤波器的频率响应 $H(\omega)$。

(c) 设初始条件为 $y(-1) = 0$，利用滤波器的差分方程求并画出范围 $0 \leqslant n \leqslant 200$ 内的输出序列 $y(n)$。

(d) 求并画出范围 $0 \leqslant n \leqslant 200$ 内滤波器的稳态输出序列 $y(n)$，并与(c)问中的结果进行比较，讨论这些结果。

(e) 求稳态输出 $y_a(t)$。

(f) 对于输入信号 $x_a(t) = 2u(t)$，重做(a)问至(e)问。

CP6.7 考虑数模转换中的三种可能内插方法。对于零阶保持，模拟信号 $x(t)$ 的近似为

$$\hat{x}(t) = x(nT), \quad nT \leqslant t < (n+1)T$$

一阶保持的输出 $\hat{x}(t)$ 为

$$\hat{x}(t) = x(nT) + \frac{x(nT) - x(nT - T)}{T}(t - nT), \quad nT \leqslant t < (n+1)T$$

对于带有延迟的线性内插器，内插器的输出为

$$\hat{x}(t) = x(nT - T) + \frac{x(nT) - x(nT - T)}{T}(t - nT), \quad nT \leqslant t < (n+1)T$$

(a) 对于每种内插方法，求并画出内插滤波器的冲激响应 $h(t)$。

(b) 对于每种内插滤波器，求并画出频率响应的幅度与相位。在幅度图中叠加由采样定理给出的理想内插滤波器的频率响应。

CP6.8 考虑图 CP6.8 所示的正弦信号发生器，其中存储的正弦数据

$$x(n) = \cos\left(\frac{2A}{N}n\right), \quad 0 \leqslant n \leqslant N-1$$

和采样率 $F_s = 1/T$ 都是固定的。希望产生周期为 $2N$ 的正弦信号的工程师建议我们使用零阶或一阶（线性）内插器，以使原正弦信号在一个周期内的样本数加倍，如图 CP6.8(a) 所示。

(a) 求用零阶内插和线性内插产生的信号序列 $y(n)$，计算 $N = 32, 64, 128$ 时的总谐波失真。

(b) 假设所有样本值都量化到 8 位，重做(a)问。

(c) 证明内插后的信号序列 $y(n)$ 可由图 CP6.8(b) 中的系统得到。第一个模块在 $x(n)$ 的连续样本之间插入一个零样本。求系统 $H(z)$ 并画出它对零阶内插和线性内插的幅度响应。能否用频率响应函数来解释它们的性能差别？

(d) 利用(c)问的结果解析地求并画出所得正弦信号的谱，并计算所得信号的 DFT。

(e) 如果对零阶和线性内插 $x(n)$ 都有如图 CP6.8(c) 所示的谱，画出 $x_i(n)$ 和 $y(n)$ 的谱。能否给出 $H(z)$ 的更好选择？

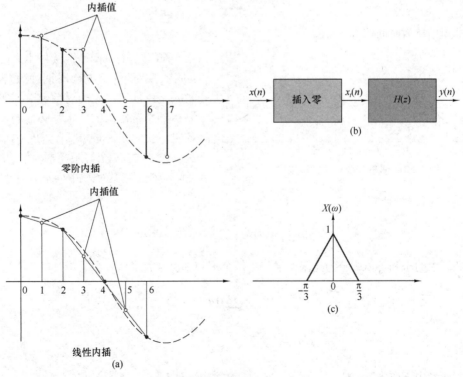

图 CP6.8

第7章 离散傅里叶变换的性质和应用

离散时间信号的频率分析通常在数字信号处理器上执行，且这样做也最方便。数字信号处理器可以是通用数字计算机或专门设计的数字硬件。要对离散时间信号 $\{x(n)\}$ 进行频率分析，就要将时域序列转换成等效的频域表示。我们知道，这样一个表示由序列 $\{x(n)\}$ 的傅里叶变换 $X(\omega)$ 给出。然而，因为 $X(\omega)$ 是频率的连续函数，所以它不是序列 $\{x(n)\}$ 在计算上的方便表示。

本章介绍如何由序列 $\{x(n)\}$ 的谱 $X(\omega)$ 的样本来表示序列 $\{x(n)\}$。这样的频域表示将引出**离散傅里叶变换**（Discrete Fourier Transform，DFT），它是对离散时间信号进行频率分析的强大工具。

7.1 频域采样：DFT

在介绍 DFT 之前，我们先考虑一个非周期离散时间序列的傅里叶变换的采样问题。于是，我们就要建立采样后的傅里叶变换与 DFT 之间的关系。

7.1.1 离散时间信号的频域采样与重建

回顾可知，非周期能量有限信号具有连续谱。下面考虑其傅里叶变换为

$$X(\omega) = \sum_{n=-\infty}^{\infty} x(n)\mathrm{e}^{-\mathrm{j}\omega n} \tag{7.1.1}$$

的一个非周期离散时间信号 $x(n)$。

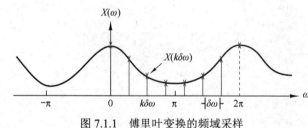

图 7.1.1 傅里叶变换的频域采样

假设我们以两个连续样本之间的间隔 $\delta\omega$ 弧度对 $X(\omega)$ 进行周期性采样。因为 $X(\omega)$ 是周期为 2π 的周期函数，所以只有基本频率范围内的样本是必需的。为方便起见，我们在区间 $0 \leqslant \omega < 2\pi$ 内取间隔为 $\delta\omega = 2\pi/N$ 的 N 个等距样本，如图 7.1.1 所示。首先，考虑频域中样本数 N 的选择。

在 $\omega = 2\pi k/N$ 处计算式（7.1.1），有

$$X\left(\frac{2\pi}{N}k\right) = \sum_{n=-\infty}^{\infty} x(n)\mathrm{e}^{-\mathrm{j}2\pi kn/N}, \quad k = 0,1,\cdots,N-1 \tag{7.1.2}$$

式（7.1.2）中的求和可以细分为无限个求和，每个求和都包含 N 项。于是，有

$$X\left(\frac{2\pi}{N}k\right) = \cdots + \sum_{n=-N}^{-1} x(n)\mathrm{e}^{-\mathrm{j}2\pi kn/N} + \sum_{n=0}^{N-1} x(n)\mathrm{e}^{-\mathrm{j}2\pi kn/N} + \sum_{n=N}^{2N-1} x(n)\mathrm{e}^{-\mathrm{j}2\pi kn/N} + \cdots$$

$$= \sum_{l=-\infty}^{\infty} \sum_{n=lN}^{lN+N-1} x(n)\mathrm{e}^{-\mathrm{j}2\pi kn/N}$$

将内求和序号由 n 改为 $n-lN$，并交换内外求和的顺序，对 $k=0,1,2,\cdots,N-1$ 得到

$$X\left(\frac{2\pi}{N}k\right) = \sum_{n=0}^{N-1}\left[\sum_{l=-\infty}^{\infty} x(n-lN)\right]\mathrm{e}^{-\mathrm{j}2\pi kn/N} \tag{7.1.3}$$

每 N 个样本周期性重复 $x(n)$ 得到信号

$$x_p(n) = \sum_{l=-\infty}^{\infty} x(n-lN) \tag{7.1.4}$$

显然，该信号是基本周期为 N 的周期信号。因此，该信号可用傅里叶级数展开为

$$x_p(n) = \sum_{k=0}^{N-1} c_k e^{j2\pi kn/N}, \qquad n = 0,1,\cdots,N-1 \tag{7.1.5}$$

其傅里叶系数为

$$c_k = \frac{1}{N}\sum_{n=0}^{N-1} x_p(n) e^{-j2\pi kn/N}, \qquad k = 0,1,\cdots,N-1 \tag{7.1.6}$$

比较式（7.1.3）和式（7.1.6）可得

$$c_k = \frac{1}{N} X\left(\frac{2\pi}{N}k\right), \qquad k = 0,1,\cdots,N-1 \tag{7.1.7}$$

因此，

$$x_p(n) = \frac{1}{N}\sum_{k=0}^{N-1} X\left(\frac{2\pi}{N}k\right) e^{j2\pi kn/N}, \qquad n = 0,1,\cdots,N-1 \tag{7.1.8}$$

式（7.1.8）中的关系表明，由谱 $X(\omega)$ 的样本重建周期信号 $x_p(n)$。然而，这并不意味着我们可以由样本恢复 $X(\omega)$ 或 $x(n)$。为此，我们需要考虑 $x_p(n)$ 和 $x(n)$ 之间的关系。

因为 $x_p(n)$ 是由式（7.1.4）给出的 $x(n)$ 的周期延拓，显然，如果在时域中没有混叠，也就是说，如果 $x(n)$ 被时限到小于 $x_p(n)$ 的周期 N，就可由 $x_p(n)$ 恢复 $x(n)$。图 7.1.2 中显示了这种情况，不失一般性，这里考虑区间 $0 \leqslant n \leqslant L-1$ 上的非零有限长序列 $x(n)$。观察发现，当 $N \geqslant L$ 时，

$$x(n) = x_p(n), \qquad 0 \leqslant n \leqslant N-1$$

因此 $x(n)$ 才可由 $x_p(n)$ 无歧义地恢复。另一方面，如果 $N < L$，那么由于**时域混叠**，不可能由 $x(n)$ 的周期延拓恢复 $x(n)$。于是，我们得出结论：对于长度为 L 的非周期离散时间信号，如果 $N \geqslant L$，其谱就可由其在频率 $\omega_k = 2\pi k/N$ 处的样本恢复。这个过程由式（7.1.8）计算 $x_p(n)$，$n = 0, 1,\cdots,N-1$，有

$$x(n) = \begin{cases} x_p(n), & 0 \leqslant n \leqslant N-1 \\ 0, & \text{其他} \end{cases} \tag{7.1.9}$$

最后，由式（7.1.1）就可以计算出 $X(\omega)$。

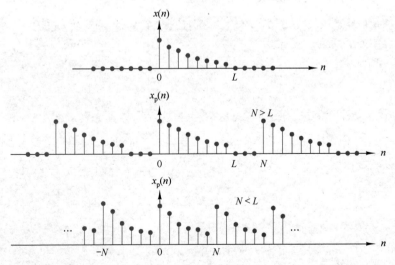

图 7.1.2　长度为 L 的非周期序列 $x(n)$ 及其周期延拓，$N \geqslant L$ 时不存在混叠，$N < L$ 时存在混叠

与连续时间信号的情形一样，用样本 $X(2\pi k/N), k = 0, 1, \cdots, N-1$ 直接表示谱 $X(\omega)$ 是可能的。为了推导 $X(\omega)$ 的这样一个内插公式，我们假设 $N \geqslant L$ 并从式（7.1.8）开始。因为 $0 \leqslant n \leqslant N-1$ 时 $x(n) = x_p(n)$，所以

$$x(n) = \frac{1}{N} \sum_{k=0}^{N-1} X\left(\frac{2\pi}{N}k\right) e^{j2\pi kn/N}, \qquad 0 \leqslant n \leqslant N-1 \tag{7.1.10}$$

将式（7.1.1）代入，有

$$X(\omega) = \sum_{n=0}^{N-1}\left[\frac{1}{N}\sum_{k=0}^{N-1} X\left(\frac{2\pi}{N}k\right)e^{j2\pi kn/N}\right]e^{-j\omega n} = \sum_{k=0}^{N-1} X\left(\frac{2\pi}{N}k\right)\left[\frac{1}{N}\sum_{n=0}^{N-1}e^{-j(\omega - 2\pi k/N)n}\right] \tag{7.1.11}$$

式（7.1.11）中方括号内的求和项表示频移 $2\pi k/N$ 后的基本内插函数。实际上，如果定义

$$P(\omega) = \frac{1}{N}\sum_{n=0}^{N-1}e^{-j\omega n} = \frac{1}{N}\frac{1-e^{-j\omega N}}{1-e^{-j\omega}} = \frac{\sin(\omega N/2)}{N\sin(\omega/2)}e^{-j\omega(N-1)/2} \tag{7.1.12}$$

式（7.1.11）就可表示为

$$X(\omega) = \sum_{k=0}^{N-1} X\left(\frac{2\pi}{N}k\right) P\left(\omega - \frac{2\pi}{N}k\right), \qquad N \geqslant L \tag{7.1.13}$$

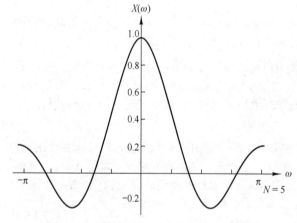

图 7.1.3 函数 $\sin(\omega N/2)/[N\sin(\omega/2)]$ 的图形

内插函数 $P(\omega)$ 不是我们熟悉的 $\sin\theta/\theta$，而是它的周期函数，这是由 $X(\omega)$ 的周期性导致的。式（7.1.12）中的相移表明 $x(n)$ 是一个长度为 N 的因果序列。图 7.1.3 显示了 $N=5$ 时的函数 $\sin(\omega N/2)/[N\sin(\omega/2)]$。观察发现，函数 $P(\omega)$ 具有性质

$$P\left(\frac{2\pi}{N}k\right) = \begin{cases} 1, & k = 0 \\ 0, & k = 1, 2, \cdots, N-1 \end{cases} \tag{7.1.14}$$

于是，式（7.1.13）中的内插公式精确地给出了 $\omega = 2\pi k/N$ 处的样本值 $X(2\pi k/N)$。在所有的其他频率处，该公式是原谱样本的一个合适加权线性组合。

下例说明离散时间信号的频域采样和时域混叠。

【例 7.1.1】考虑信号 $x(n) = a^n u(n), 0 < a < 1$，该信号的谱在频率 $\omega_k = 2\pi k/N, k = 0, 1, \cdots, N-1$ 处采样。对于 $a = 0.8$，求 $N = 5$ 和 $N = 50$ 时的重建谱。

解： 序列 $x(n)$ 的傅里叶变换为

$$X(\omega) = \sum_{n=0}^{\infty} a^n e^{-j\omega n} = \frac{1}{1 - ae^{-j\omega}}$$

假设在 N 个等距离频率 $\omega_k = 2\pi k/N, k = 0, 1, \cdots, N-1$ 处对 $X(\omega)$ 采样，于是谱样本为

$$X(\omega k) \equiv X\left(\frac{2\pi k}{N}\right) = \frac{1}{1 - ae^{-j2\pi k/N}}, \qquad k = 0, 1, \cdots, N-1$$

对应于频率样本 $X(2\pi k/N), k = 0, 1, \cdots, N-1$ 的周期序列 $x_p(n)$ 可由式（7.1.4）或式（7.1.8）得到。因此，

$$x_p(n) = \sum_{l=-\infty}^{\infty} x(n - lN) = \sum_{l=-\infty}^{0} a^{n-lN} = a^n \sum_{l=0}^{\infty} a^{lN} = \frac{a^n}{1 - a^N}, \qquad 0 \leqslant n \leqslant N-1$$

式中，因式 $1/(1-a^N)$ 表示混叠效应。因为 $0 < a < 1$，当 $N \to \infty$ 时，混叠误差趋于零。

图 7.1.4(a) 和图 7.1.4(b) 分别显示了 $a = 0.8$ 时的序列 $x(n)$ 及其谱 $X(\omega)$。图 7.1.4(c) 和图 7.1.4(d) 分别显示了 $N = 5$ 和 $N = 50$ 时的混叠序列 $x_p(n)$ 及对应的谱样本。观察发现，当 $N = 50$ 时，可以忽略混叠效应。

如果将混叠的有限长序列 $x(n)$ 定义为

$$\hat{x}(n) = \begin{cases} x_p(n), & 0 \leqslant n \leqslant N-1 \\ 0, & \text{其他} \end{cases}$$

那么其傅里叶变换为

$$\hat{X}(\omega) = \sum_{n=0}^{N-1} \hat{x}(n) e^{-j\omega n} = \sum_{n=0}^{N-1} x_p(n) e^{-j\omega N} = \frac{1}{1-a^N} \cdot \frac{1-a^N e^{-j\omega n}}{1-a e^{-j\omega}}$$

注意，尽管 $\hat{X}(\omega) \neq X(\omega)$，但 $\omega_k = 2\pi k/N$ 处的样本值是相等的，即

$$\hat{X}\left(\frac{2\pi}{N}k\right) = \frac{1}{1-a^N} \cdot \frac{1-a^N}{1-a e^{-j2\pi k/N}} = X\left(\frac{2\pi}{N}k\right)$$

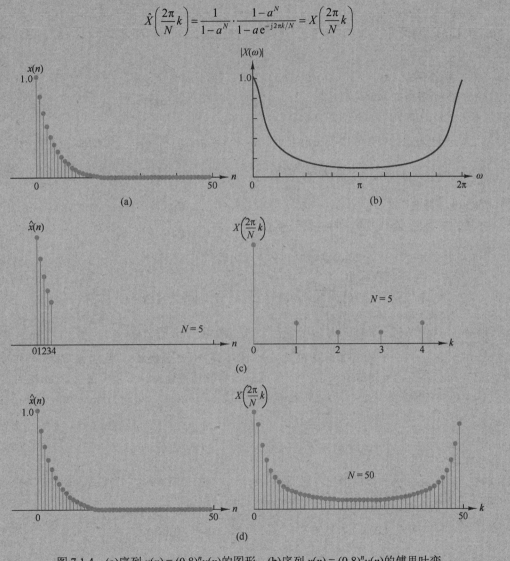

图 7.1.4 (a)序列 $x(n) = (0.8)^n u(n)$ 的图形；(b)序列 $x(n) = (0.8)^n u(n)$ 的傅里叶变换（仅幅度）；(c) $N = 5$ 时的混叠效应；(d) $N = 50$ 时的混叠效应

7.1.2 离散傅里叶变换（DFT）

前一节推导的是非周期有限能量序列 $x(n)$ 的频域采样。一般来说，当 $x(n)$ 无限长时，等间隔频率样本 $X(2\pi k/N)$, $k = 0,1,\cdots,N-1$ 不能唯一地表示原序列 $x(n)$。相反，频率样本 $X(2\pi k/N)$, $k = 0$,

$1, \cdots, N-1$ 对应于周期为 N 的周期序列 $x_p(n)$，其中 $x_p(n)$ 是 $x(n)$ 的混叠形式，如式 (7.1.4) 中的关系所示，即

$$x_p(n) = \sum_{l=-\infty}^{\infty} x(n-lN) \tag{7.1.15}$$

当 $x(n)$ 是长度为 $L \leqslant N$ 的有限长序列时，$x_p(n)$ 就是 $x(n)$ 的周期重复，单个周期的 $x_p(n)$ 为

$$x_p(n) = \begin{cases} x(n), & 0 \leqslant n \leqslant L-1 \\ 0, & L \leqslant n \leqslant N-1 \end{cases} \tag{7.1.16}$$

因此，频率样本 $X(2\pi k/N)$, $k = 0, 1, \cdots, N-1$ 就能唯一地表示了有限长序列 $x(n)$。因为在单个周期上 $x(n) \equiv x_p(n)$（后面补了 $N-L$ 个零），所以根据式 (7.1.8) 可由频率样本 $\{X(2\pi k/N)\}$ 得到原有限长序列 $x(n)$。

注意，**补零不提供关于序列 $\{x(n)\}$ 的谱 $X(\omega)$ 的任何额外信息**。使用重建公式 [即式 (7.1.13)]，由 $X(\omega)$ 的 L 个等距样本就足以重建 $X(\omega)$。然而，对序列 $\{x(n)\}$ 补 $N-L$ 个零并计算一个 N 点 DFT，可以更好地展示傅里叶变换 $X(\omega)$。

总之，长度为 L 的有限长序列 $x(n)$ [即当 $n < 0$ 和 $n \geqslant L$ 时有 $x(n) = 0$] 的傅里叶变换为

$$X(\omega) = \sum_{n=0}^{L-1} x(n) e^{-j\omega n}, \quad 0 \leqslant \omega \leqslant 2\pi \tag{7.1.17}$$

式中，求和上下限表明在范围 $0 \leqslant n \leqslant L-1$ 之外 $x(n) = 0$。在等间隔频率 $\omega_k = 2\pi k/N$, $k = 0, 1, 2, \cdots, N-1$（其中 $N \geqslant L$）处对 $X(\omega)$ 采样，得到样本

$$X(k) \equiv X\left(\frac{2\pi k}{N}\right) = \sum_{n=0}^{L-1} x(n) e^{-j2\pi kn/N}$$

$$X(k) = \sum_{n=0}^{N-1} x(n) e^{-j2\pi kn/N}, \quad k = 0, 1, 2, \cdots, N-1 \tag{7.1.18}$$

为方便起见，式中求和的上限已从 $L-1$ 增至 $N-1$，因为 $n \geqslant L$ 时 $x(n) = 0$。

式 (7.1.18) 中的关系是将长度为 $L \leqslant N$ 的序列 $\{x(n)\}$ 变换成长度为 N 的频率样本序列 $\{X(k)\}$ 的公式。因为频率样本是在 N 个（等间隔）离散频率处计算傅里叶变换 $X(\omega)$ 得到的，所以式 (7.1.18) 中的关系也称 $x(n)$ 的**离散傅里叶变换**（Discrete Fourier Transform，DFT）。反过来，式 (7.1.10) 中的关系可由频率样本

$$x(n) = \frac{1}{N} \sum_{k=0}^{N-1} X(k) e^{j2\pi kn/N}, \quad n = 0, 1, \cdots, N-1 \tag{7.1.19}$$

恢复序列 $x(n)$，因此称为**离散傅里叶逆变换**（Inverse DFT，IDFT）。显然，当 $x(n)$ 的长度 $L < N$ 时，由 N 点 IDFT 可知 $L \leqslant n \leqslant N-1$ 时 $x(n) = 0$。DFT 与 IDFT 的公式归纳如下：

$$\text{DFT:} \quad X(k) = \sum_{n=0}^{N-1} x(n) e^{-j2\pi kn/N}, \quad k = 0, 1, 2, \cdots, N-1 \tag{7.1.20}$$

$$\text{IDFT:} \quad x(n) = \frac{1}{N} \sum_{k=0}^{N-1} X(k) e^{j2\pi kn/N}, \quad n = 0, 1, 2, \cdots, N-1 \tag{7.1.21}$$

【例 7.1.2】 长度为 L 的有限长序列为

$$x(n) = \begin{cases} 1, & 0 \leqslant n \leqslant L-1 \\ 0, & \text{其他} \end{cases}$$

求 $N \geqslant L$ 时该序列的 N 点 DFT。

解：该序列的傅里叶变换为

$$X(\omega) = \sum_{n=0}^{L-1} x(n)\mathrm{e}^{-\mathrm{j}\omega n} = \sum_{n=0}^{L-1}\mathrm{e}^{-\mathrm{j}\omega n} = \frac{1-\mathrm{e}^{-\mathrm{j}\omega L}}{1-\mathrm{e}^{-\mathrm{j}\omega}} = \frac{\sin(\omega L/2)}{\sin(\omega/2)}\mathrm{e}^{-\mathrm{j}\omega(L-1)/2}$$

图 7.1.5 显示了 $L = 10$ 时 $X(\omega)$ 的幅度和相位。$x(n)$ 的 N 点 DFT 就是在等间隔频率 $\omega_k = 2\pi k/N$, $k = 0,$ $1,\cdots, N-1$ 处计算的 $X(\omega)$。因此有

$$X(k) = \frac{1-\mathrm{e}^{-\mathrm{j}2\pi kL/N}}{1-\mathrm{e}^{-\mathrm{j}2\pi k/N}} = \frac{\sin(\pi kL/N)}{\sin(\pi k/N)}\mathrm{e}^{-\mathrm{j}\pi k(L-1)/N}, \; k = 0,1,\cdots, N-1$$

如果选择 $N = L$，则 DFT 变成

$$X(k) = \begin{cases} L, & k = 0 \\ 0, & k = 1,2,\cdots, L-1 \end{cases}$$

于是 DFT 中只有一个非零值，观察 $X(\omega)$ 就可知道这一点，因为在频率 $\omega_k = 2\pi k/L, \, k \neq 0$ 处 $X(\omega) = 0$。读者可以验证，执行一个 L 点 IDFT 可以由 $X(k)$ 恢复 $x(n)$。

虽然频域中的 L 点 DFT 足以唯一地表示序列 $x(n)$，但无法提供足够多的细节来产生 $x(n)$ 的谱特性。要得到更好的谱特性，就要在间隔更密的频率（如 $\omega_k = 2\pi k/N$，其中 $N > L$ 处计算（内插）$X(\omega)$。实际上，我们可将该计算视为在序列 $x(n)$ 的后面增加 $N - L$ 个零（补零），将序列 $x(n)$ 从 L 点扩展到 N 点。

图 7.1.6 显示了 $L = 10$ 和 $N = 50, 100$ 时 N 点 DFT 的幅度和相位。比较这些谱和连续谱 $X(\omega)$，就会发现该序列的谱特性更明显。

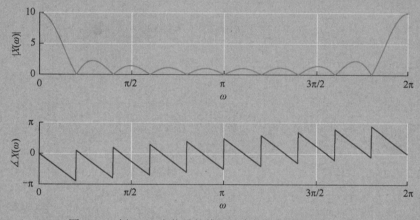

图 7.1.5　例 7.1.2 中信号的傅里叶变换的幅度和相位特性

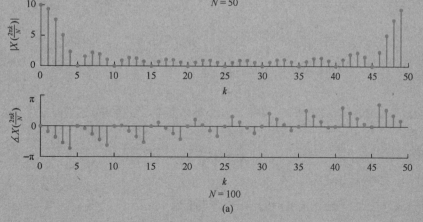

(a)

图 7.1.6　例 7.1.2 中 N 点 DFT 的幅度和相位：(a)$L = 10$，$N = 50$；(b)$L = 10$，$N = 100$

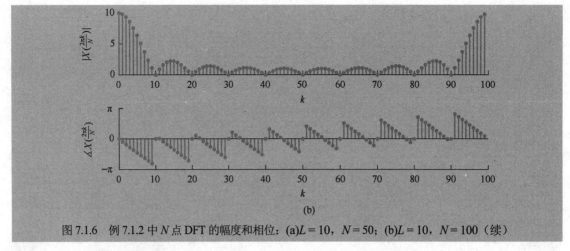

图 7.1.6　例 7.1.2 中 N 点 DFT 的幅度和相位：(a)$L=10$，$N=50$；(b)$L=10$，$N=100$（续）

7.1.3　DFT 是线性变换

由式（7.1.18）和式（7.1.19）给出的 DFT 和 IDFT 公式可以表示为

$$X(k) = \sum_{n=0}^{N-1} x(n) W_N^{kn}, \quad k = 0,1,\cdots,N-1 \tag{7.1.22}$$

$$x(n) = \frac{1}{N}\sum_{k=0}^{N-1} X(k) W_N^{-kn}, \quad n = 0,1,\cdots,N-1 \tag{7.1.23}$$

式中，根据定义有

$$W_N = \mathrm{e}^{-\mathrm{j}2\pi/N} \tag{7.1.24}$$

它是 1 的第 N 次根。

观察发现，DFT 每点的计算可以由 N 次复数乘法和 $N-1$ 次复数加法实现。因此，N 点 DFT 的值总共可由 N^2 次复数乘法和 $N(N-1)$ 次复数加法算出。

将 DFT 和 IDFT 分别视为序列 $\{x(n)\}$ 和 $\{X(k)\}$ 的线性变换很有用。下面将信号序列 $x(n)$，$n=0$，$1,\cdots,N-1$ 的 N 点矢量 $\boldsymbol{x}_N$、频率样本的 N 点矢量 $\boldsymbol{X}_N$ 和 $N{\times}N$ 维矩阵 $\boldsymbol{W}_N$ 定义为

$$\boldsymbol{x}_N = \begin{bmatrix} x(0) \\ x(1) \\ \vdots \\ x(N-1) \end{bmatrix}, \quad \boldsymbol{X}_N = \begin{bmatrix} X(0) \\ X(1) \\ \vdots \\ X(N-1) \end{bmatrix}, \quad \boldsymbol{W}_N = \begin{bmatrix} 1 & 1 & 1 & \cdots & 1 \\ 1 & W_N & W_N^2 & \cdots & W_N^{N-1} \\ 1 & W_N^2 & W_N^4 & \cdots & W_N^{2(N-1)} \\ \vdots & \vdots & \vdots & \ddots & \vdots \\ 1 & W_N^{N-1} & W_N^{2(N-1)} & \cdots & W_N^{(N-1)(N-1)} \end{bmatrix} \tag{7.1.25}$$

利用这些定义，N 点 DFT 可用矩阵表示为

$$\boldsymbol{X}_N = \boldsymbol{W}_N \boldsymbol{x}_N \tag{7.1.26}$$

式中，$\boldsymbol{W}_N$ 是线性变换矩阵。观察发现 $\boldsymbol{W}_N$ 是一个对称矩阵。假设 $\boldsymbol{W}_N$ 的逆存在，在式（7.1.26）的两边左乘 $\boldsymbol{W}_N$，就可求该式的逆 $\boldsymbol{W}_N^{-1}$。于是有

$$\boldsymbol{x}_N = \boldsymbol{W}_N^{-1} \boldsymbol{X}_N \tag{7.1.27}$$

这只是 IDFT 的一种表达形式。

实际上，式（7.1.23）给出的 IDFT 可用矩阵表示为

$$\boldsymbol{x}_N = \frac{1}{N} \boldsymbol{W}_N^* \boldsymbol{X}_N \tag{7.1.28}$$

式中，W_N^* 表示矩阵 W_N 的复共轭。比较式（7.1.27）和式（7.1.28），可得

$$W_N^{-1} = \frac{1}{N} W_N^* \tag{7.1.29}$$

上式反过来表明

$$W_N W_N^* = N I_N \tag{7.1.30}$$

式中，I_N 是 $N \times N$ 维单位矩阵。因此，变换中的矩阵 W_N 是一个正交矩阵（酉矩阵）。此外，它的逆存在，值为 W_N^*/N。当然，W_N 的逆的存在是建立在此前我们对 IDFT 的推导上的。

【例 7.1.3】 计算 4 点序列 $x(n) = (0 \quad 1 \quad 2 \quad 3)$ 的 DFT。

解： 第一步是求矩阵 W_4。根据 W_4 的周期性和对称性有

$$W_N^{k+N/2} = -W_N^k$$

矩阵 W_4 可以表示为

$$W_4 = \begin{bmatrix} W_4^0 & W_4^0 & W_4^0 & W_4^0 \\ W_4^0 & W_4^1 & W_4^2 & W_4^3 \\ W_4^0 & W_4^2 & W_4^4 & W_4^6 \\ W_4^0 & W_4^3 & W_4^6 & W_4^9 \end{bmatrix} = \begin{bmatrix} 1 & 1 & 1 & 1 \\ 1 & W_4^1 & W_4^2 & W_4^3 \\ 1 & W_4^2 & W_4^0 & W_4^2 \\ 1 & W_4^3 & W_4^2 & W_4^1 \end{bmatrix} = \begin{bmatrix} 1 & 1 & 1 & 1 \\ 1 & -j & -1 & j \\ 1 & -1 & 1 & -1 \\ 1 & j & -1 & -j \end{bmatrix}$$

于是有

$$X_4 = W_4 x_4 = \begin{bmatrix} 6 \\ -2+2j \\ -2 \\ -2-2j \end{bmatrix}$$

X_4 的 IDFT 可对 W_4 中的元素做共轭处理得到 W_4^*，然后由式（7.1.28）求出。

DFT 和 IDFT 在许多数字信号处理应用［如信号的频率分析（谱分析）、功率谱估计和线性滤波］中是非常重要的计算工具。DFT 与 IDFT 在这些实际应用中的重要性很大程度上是因为存在计算上高效的算法，这些算法统称计算 DFT 和 IDFT 的**快速傅里叶变换**（Fast Fourier Transform，FFT）算法，详见第 8 章。

7.1.4 DFT 与其他变换的关系

前面说过，DFT 是在数字信号处理器上执行信号频率分析的重要计算工具。因为前面推导了其他频率分析工具和变换，因此在 DFT 和这些变换之间建立关系很重要。

与周期序列的傅里叶级数系数的关系。 基本周期为 N 的周期序列 $\{x_p(n)\}$ 可用形如

$$x_p(n) = \sum_{k=0}^{N-1} c_k e^{j2\pi kn/N}, \qquad -\infty < n < \infty \tag{7.1.31}$$

的傅里叶级数表示，其中傅里叶级数系数为

$$c_k = \frac{1}{N} \sum_{n=0}^{N-1} x_p(n) e^{-j2\pi nk/N}, \qquad k = 0, 1, \cdots, N-1 \tag{7.1.32}$$

将式（7.1.31）和式（7.1.32）与式（7.1.18）和式（7.1.19）进行比较，就会发现傅里叶级数系数的公式具有 DFT 的形式。实际上，若定义序列 $x(n) = x_p(n), 0 \leq n \leq N-1$，则该序列的 DFT 为

$$X(k) = Nc_k \tag{7.1.33}$$

此外，式（7.1.31）具有 IDFT 的形式。因此，N 点 DFT 就为基本周期为 N 的周期序列提供了精确的线谱。

与非周期序列的傅里叶变换的关系。前面已经证明，若 $x(n)$ 是一个非周期有限能量序列，则其傅里叶变换为 $X(\omega)$，$X(\omega)$ 在 N 个等间隔频率 $\omega_k = 2\pi k/N, k = 0, 1, \cdots, N-1$ 处采样，谱分量

$$X(k) = X(\omega)\Big|_{\omega=2\pi k/N} = \sum_{n=-\infty}^{\infty} x(n) e^{-j2\pi nk/N}, \qquad k = 0, 1, \cdots, N-1 \tag{7.1.34}$$

是周期为 N 的周期序列

$$x_{\mathrm{p}}(n) = \sum_{l=-\infty}^{\infty} x(n-lN) \tag{7.1.35}$$

的 DFT 系数。因此，在区间 $0 \leqslant n \leqslant N-1$ 上对 $\{x(n)\}$ 进行混叠，就可以求出 $x_{\mathrm{p}}(n)$。有限长序列

$$\hat{x}(n) = \begin{cases} x_{\mathrm{p}}(n), & 0 \leqslant n \leqslant N-1 \\ 0, & \text{其他} \end{cases} \tag{7.1.36}$$

与原序列 $\{x(n)\}$ 已无任何相似性，除非 $x(n)$ 是有限长的且长度 $L \leqslant N$，这时有

$$x(n) = \hat{x}(n), \qquad 0 \leqslant n \leqslant N-1 \tag{7.1.37}$$

仅在这种情况下，由 $\{X(k)\}$ 的 IDFT 才能得到原序列 $\{x(n)\}$。

与 z 变换的关系。考虑具有 z 变换（收敛域包括单位圆）

$$X(z) = \sum_{n=-\infty}^{\infty} x(n) z^{-n} \tag{7.1.38}$$

的序列 $x(n)$。如果 $X(z)$ 在单位圆上的 N 个等间隔点 $z_k = e^{j2\pi k/N}, k = 0, 1, 2, \cdots, N-1$ 处采样，则有

$$X(k) \equiv X(z)\Big|_{z=e^{j2\pi nk/N}} = \sum_{n=-\infty}^{\infty} x(n) e^{-j2\pi nk/N}, \ k = 0, 1, \cdots, N-1 \tag{7.1.39}$$

式（7.1.39）中的表达式与在 N 个等间隔频率 $\omega_k = 2\pi k/N, k = 0, 1, \cdots, N-1$ 处计算的傅里叶变换 $X(\omega)$ 相同，详见 7.1.1 节。

如果序列 $x(n)$ 是一个长度为 N 或更短的有限长序列，由其 N 点 DFT 就可恢复该序列。因此，其 z 变换由其 N 点 DFT 唯一确定。于是，$X(z)$ 可以表示成 DFT $\{X(k)\}$ 的函数，即

$$
\begin{aligned}
X(z) &= \sum_{n=0}^{N-1} x(n) z^{-n} \\
&= \sum_{n=0}^{N-1} \left[\frac{1}{N} \sum_{k=0}^{N-1} X(k) e^{j2\pi kn/N} \right] z^{-n} \\
&= \frac{1}{N} \sum_{k=0}^{N-1} X(k) \sum_{n=0}^{N-1} \left(e^{j2\pi k/N} z^{-1} \right)^n \\
&= \frac{1-z^{-N}}{N} \sum_{k=0}^{N-1} \frac{X(k)}{1-e^{j2\pi k/N} z^{-1}}
\end{aligned}
\tag{7.1.40}
$$

在单位圆上计算式（7.1.40）时，就会得到用其 DFT 表示的有限长序列的傅里叶变换，即

$$X(\omega) = \frac{1-e^{-j\omega N}}{N} \sum_{k=0}^{N-1} \frac{X(k)}{1-e^{-j(\omega-2\pi k/N)}} \tag{7.1.41}$$

傅里叶变换的这个表达式是用多项式在等间隔离散频率 $\omega_k = 2\pi k/N, k = 0, 1, \cdots, N-1$ 处的值 $\{X(k)\}$ 表示的 $X(\omega)$ 的一个多项式（拉格朗日）内插公式。经过代数变换，就可将式（7.1.41）简化为式（7.1.13）给出的内插公式。

与连续时间信号的傅里叶级数系数的关系。假设 $x_a(t)$ 是基本周期为 $T_{\mathrm{p}} = 1/F_0$ 的连续时间周期信号，它可用如下傅里叶级数表示：

$$x_a(t) = \sum_{k=-\infty}^{\infty} c_k \, e^{j2\pi k t F_0} \tag{7.1.42}$$

式中，$\{c_k\}$ 是傅里叶系数。以均匀采样率 $F_s = N/T_p = 1/T$ 对 $x_a(t)$ 采样，可得到离散时间序列

$$x(n) \equiv x_a(nT) = \sum_{k=-\infty}^{\infty} c_k \, e^{j2\pi k F_0 nT} = \sum_{k=-\infty}^{\infty} c_k \, e^{j2\pi k n/N} = \sum_{k=0}^{N-1} \left[\sum_{l=-\infty}^{\infty} c_{k-lN} \right] e^{j2\pi k n/N} \tag{7.1.43}$$

显然，式（7.1.43）具有 IDFT 公式的形式，其中

$$X(k) = N \sum_{l=-\infty}^{\infty} c_{k-lN} \equiv N\tilde{c}_k \tag{7.1.44}$$

和

$$\tilde{c}_k = \sum_{l=-\infty}^{\infty} c_{k-lN} \tag{7.1.45}$$

于是，序列 $\{\tilde{c}_k\}$ 是序列 $\{c_k\}$ 的混叠形式。

与连续时间信号的傅里叶变换的关系。 假设 $x_a(t)$ 是傅里叶变换为 $X_a(F)$ 的一个有限能量连续时间信号。由 6.1.1 节可知，当对 $x_a(t)$ 以 F_s 个样本/秒的采速率周期采样时，对应的离散时间信号 $x(n) = x_a(nT)$ 具有傅里叶变换 $X(f)$，它与谱 $X_a(F)$ 通过如下公式相关联：

$$X(F) = F_s \sum_{m=-\infty}^{+\infty} X_a(F - mF_s) \tag{7.1.46}$$

或者等效地有

$$X(f) = F_s \sum_{m=-\infty}^{+\infty} X_a\left[(f - m)F_s\right] \tag{7.1.47}$$

$$X(\omega) = F_s \sum_{m=-\infty}^{+\infty} X_a\left[(\omega - 2\pi m)F_s\right] \tag{7.1.48}$$

式中，f 和 ω 是归一化频率，分别定义为 $f = F/F_s$ 和 $\omega = 2\pi f = 2\pi F/F_s$。

由时域采样过程导致的谱混叠在式（7.1.46）至式（7.1.48）中非常明显。在以足够高的采样率采样之前，对模拟信号进行预滤波，可将这样的谱混叠降至最低。

在 N 个等间隔频率 $\omega_k = 2\pi k/N$，$k = 0, 1, \cdots, N-1$ 处对离散时间信号 $x(n)$ 的谱 $X(\omega)$ 采样，有

$$X(k) \equiv X(\omega)\big|_{\omega = 2\pi k/N}$$

$$= F_s \sum_{m=-\infty}^{+\infty} X_a\left[\left(\frac{2\pi k}{N} - 2\pi m\right)F_s\right], \qquad k = 0, 1, \cdots, N-1 \tag{7.1.49}$$

$$= F_s \sum_{m=-\infty}^{+\infty} X_a\left(\frac{kF_s}{N} - mF_s\right), \qquad k = 0, 1, \cdots, N-1 \tag{7.1.50}$$

我们可将谱 $X(\omega)$ 的样本 $\{X(k)\}$ 视为周期序列 $x_p(n)$ 的 DFT，序列 $x_p(n)$ 与采样后的模拟信号 $x_a(nT)$ 则通过如下公式关联：

$$x_p(n) = \sum_{l=-\infty}^{+\infty} x(n - lN) = \sum_{l=-\infty}^{+\infty} X_a(nT - lNT) \tag{7.1.51}$$

由上面的关系可知，以采样周期 $T = 1/F_s$ 或采样率 F_s 对模拟信号 $x_a(t)$ 采样，并以采样周期 F_s/N 对相应的谱采样，就可得到关系

$$\sum_{l=-\infty}^{+\infty} x_a(nT - lNT) \xleftrightarrow{\text{DFT}} F_s \sum_{m=-\infty}^{+\infty} X_a\left(\frac{kF_s}{N} - mF_s\right) \qquad (7.1.52)$$

这一关系定义了一个 N 点 DFT 对。

式（7.1.52）中的 N 点 DFT 对表明，上述两个采样过程中的时域混叠和频域混叠是固有的。式（7.1.52）中的关系表明，使用 DFT 计算模拟信号的谱时有着潜在的隐患。

7.2 DFT 的性质

7.1.2 节介绍的 DFT 是长度为 $L \leqslant N$ 的有限长序列 $\{x(n)\}$ 的傅里叶变换 $X(\omega)$ 的 N 个样本 $\{X(k)\}$。$X(\omega)$ 的采样发生在 N 个等间隔频率 $\omega_k = 2\pi k/N, \ k = 0, 1, 2, \cdots, N-1$ 处。N 个样本 $\{X(k)\}$ 在频域中唯一地表示了序列 $\{x(n)\}$。回顾可知，N 点序列 $\{x(n)\}$ 的 DFT 和 IDFT 分别为

$$\text{DFT:} \quad X(k) = \sum_{n=0}^{N-1} x(n) W_N^{kn}, \qquad k = 0, 1, \cdots, N-1 \qquad (7.2.1)$$

$$\text{IDFT:} \quad x(n) = \frac{1}{N} \sum_{k=0}^{N-1} X(k) W_N^{-kn}, \qquad n = 0, 1, \cdots, N-1 \qquad (7.2.2)$$

式中，W_N 定义为

$$W_N = e^{-j2\pi/N} \qquad (7.2.3)$$

本节介绍 DFT 的重要性质。对于 7.1.4 节建立的离散时间信号的 DFT 与傅里叶级数、傅里叶变换和 z 变换的关系，我们希望 DFT 的性质与其他变换和级数的性质类似。然而，存在一些重要差别，其中之一是下一节推导的圆周卷积性质。理解这些性质对在实际问题中应用 DFT 是相当有帮助的。

表示 N 点 DFT 对 $x(n)$ 和 $X(k)$ 的记号为

$$x(n) \xleftrightarrow{\text{DFT}}_N X(k)$$

7.2.1 周期性、线性和对称性

周期性。如果 $x(n)$ 和 $X(k)$ 是 N 点 DFT 对，那么

$$x(n+N) = x(n), \qquad \text{所有 } n \qquad (7.2.4)$$

$$X(k+N) = X(k), \qquad \text{所有 } k \qquad (7.2.5)$$

$x(n)$ 和 $X(k)$ 的这些周期性，可分别由表示 DFT 和 IDFT 的式（7.2.1）与式（7.2.2）直接推得。

前面说明了给定 DFT 的序列 $x(n)$ 的周期性，但未将 DFT $X(k)$ 视为一个周期序列。在某些应用中，将 DFT $X(k)$ 视为一个周期序列是有利的。

线性。如果

$$x_1(n) \xleftrightarrow{\text{DET}}_N X_1(k)$$

和

$$x_2(n) \xleftrightarrow{\text{DFT}}_N X_2(k)$$

那么对于任何实常数或复常数 a_1 和 a_2，有

$$a_1 x_1(n) + a_2 x_2(n) \xleftrightarrow{\text{DFT}}_N a_1 X_1(k) + a_2 X_2(k) \qquad (7.2.6)$$

这个性质可由式（7.2.1）给出的 DFT 定义直接推出。

序列的圆周对称性。前面说过，长度为 $L \leqslant N$ 的有限长序列 $x(n)$ 的 N 点 DFT 等于周期为 N

的周期序列 $x_p(n)$ 的 N 点 DFT，其中 $x_p(n)$ 是周期延拓 $x(n)$ 得到的，即

$$x_p(n) = \sum_{l=-\infty}^{\infty} x(n-lN) \tag{7.2.7}$$

现在将周期序列 $x_p(n)$ 右移 k 个单位，得到另一个周期序列

$$x_p'(n) = x_p(n-k) = \sum_{l=-\infty}^{\infty} x(n-k-lN) \tag{7.2.8}$$

有限长序列

$$x'(n) = \begin{cases} x_p'(n), & 0 \leqslant n \leqslant N-1 \\ 0, & \text{其他} \end{cases} \tag{7.2.9}$$

由圆周平移与原序列 $x(n)$ 关联。图 7.2.1 画出了 $N=4$ 时的这一关系。

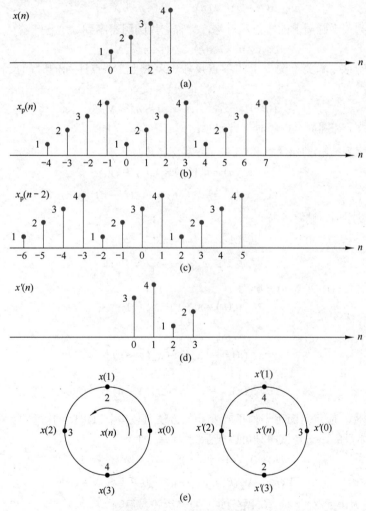

图 7.2.1　序列的圆周平移

一般来说，序列的圆周平移可以表示为序号模 N，即

$$x'(n) = x(n-k, \text{mod } N) \equiv x(n-k)_N \tag{7.2.10}$$

例如，如果 $k=2$ 和 $N=4$，那么

$$x'(n) = x((n-2))_4$$

这意味着

$$x'(0) = x((-2))_4 = x(2)$$
$$x'(1) = x((-1))_4 = x(3)$$
$$x'(2) = x((0))_4 = x(0)$$
$$x'(3) = x((1))_4 = x(1)$$

因此，$x'(n)$ 就是平移两个时间单位后的 $x(n)$，这里任意选择逆时针方向为正方向。于是，N 点序列的圆周平移就等同于其周期延拓的线性平移，反之亦然。

N 点序列在圆周上的排列导致的固有周期性，规定了序列偶对称、奇对称和时间反转的不同定义。

如果一个 N 点序列关于圆周上的零点对称，就称它为**圆周偶序列**。这意味着

$$x(N-n) = x(n), \qquad 0 \leqslant n \leqslant N-1 \tag{7.2.11}$$

如果一个 N 点序列关于圆周上的零点反对称，就称它为**圆周奇序列**。这意味着

$$x(N-n) = -x(n), \qquad 1 \leqslant n \leqslant N-1 \tag{7.2.12}$$

将 N 点序列的样本关于圆周上的零点反转，就得到 N 点序列的时间反转。因此，序列 $x((-n))_N$ 为

$$x((-n))_N = x(N-n), \qquad 0 \leqslant n \leqslant N-1 \tag{7.2.13}$$

这种时间反转等效于在圆周上按顺时针方向画出 $x(n)$。

相关的周期序列 $x_p(n)$ 的偶序列和奇序列的等效定义如下：

$$\text{偶：} \quad x_p(n) = x_p(-n) = x_p(N-n)$$
$$\text{奇：} \quad x_p(n) = -x_p(-n) = -x_p(N-n) \tag{7.2.14}$$

如果周期序列是复序列，则有

$$\text{共轭偶：} \quad x_p(n) = x_p^*(N-n)$$
$$\text{共轭奇：} \quad x_p(n) = -x_p^*(N-n) \tag{7.2.15}$$

这些关系表明我们可将序列 $x_p(n)$ 分解为

$$x_p(n) = x_{pe}(n) + x_{po}(n) \tag{7.2.16}$$

式中，

$$x_{pe}(n) = \frac{1}{2}\Big[x_p(n) + x_p^*(N-n)\Big]$$
$$x_{po}(n) = \frac{1}{2}\Big[x_p(n) - x_p^*(N-n)\Big] \tag{7.2.17}$$

DFT 的对称性。应用前面用于傅里叶变换的方法可以得到 DFT 的对称性。假设 N 点序列 $x(n)$ 及其 DFT 都是复的，于是该序列可以表示为

$$x(n) = x_R(n) + j x_I(n), \qquad 0 \leqslant n \leqslant N-1 \tag{7.2.18}$$
$$X(k) = X_R(k) + j X_I(n), \qquad 0 \leqslant k \leqslant N-1 \tag{7.2.19}$$

将式（7.2.18）代入由式（7.2.1）给出的 DFT 的表达式，得到

$$X_R(k) = \sum_{n=0}^{N-1}\left[x_R(n)\cos\frac{2\pi kn}{N} + x_I(n)\sin\frac{2\pi kn}{N}\right] \tag{7.2.20}$$

$$X_I(k) = -\sum_{n=0}^{N-1}\left[x_R(n)\sin\frac{2\pi kn}{N} - x_I(n)\cos\frac{2\pi kn}{N}\right] \tag{7.2.21}$$

类似地，将式（7.2.19）代入由式（7.2.2）给出的 IDFT 的表达式，得到

$$x_R(n) = \frac{1}{N} \sum_{k=0}^{N-1} \left[X_R(k)\cos\frac{2\pi kn}{N} - X_I(k)\sin\frac{2\pi kn}{N} \right] \tag{7.2.22}$$

$$x_I(n) = \frac{1}{N} \sum_{k=0}^{N-1} \left[X_R(k)\sin\frac{2\pi kn}{N} + X_I(k)\cos\frac{2\pi kn}{N} \right] \tag{7.2.23}$$

实序列。如果序列 $x(n)$ 是实序列，由式（7.2.1）就可直接得出

$$X(N-k) = X^*(k) = X(-k) \tag{7.2.24}$$

因此，有 $|X(N-k)| = |X(k)|$ 和 $\angle X(N-k) = -\angle X(k)$。此外，有 $x_I(n) = 0$，于是 $x(n)$ 可由式（7.2.22）求出，这也是 IDFT 的另一种形式。

实偶序列。如果 $x(n)$ 是实偶序列，即

$$x(n) = x(N-n), \qquad 0 \leqslant n \leqslant N-1$$

由式（7.2.21）就可得到 $X_I(k) = 0$。于是，DFT 简化为

$$X(k) = \sum_{n=0}^{N-1} x(n)\cos\frac{2\pi kn}{N}, \qquad 0 \leqslant k \leqslant N-1 \tag{7.2.25}$$

它本身是实序列和偶序列。此外，因为 $X_I(k) = 0$，所以 IDFT 可以简化为

$$x(n) = \frac{1}{N} \sum_{k=0}^{N-1} X(k)\cos\frac{2\pi kn}{N}, \qquad 0 \leqslant n \leqslant N-1 \tag{7.2.26}$$

实奇序列。如果 $x(n)$ 是实奇序列，即

$$x(n) = -x(N-n), \qquad 0 \leqslant n \leqslant N-1$$

由式（7.2.20）就可得到 $X_R(k) = 0$。于是，有

$$X(k) = -j\sum_{n=0}^{N-1} x(n)\sin\frac{2\pi kn}{N}, \qquad 0 \leqslant k \leqslant N-1 \tag{7.2.27}$$

它是纯虚序列和奇序列。因为 $X_R(k) = 0$，所以 IDFT 可以简化为

$$x(n) = j\frac{1}{N} \sum_{k=0}^{N-1} X(k)\sin\frac{2\pi kn}{N}, \qquad 0 \leqslant n \leqslant N-1 \tag{7.2.28}$$

纯虚序列。这时，$x(n) = jx_I(n)$。于是，式（7.2.20）和式（7.2.21）就可简化为

$$X_R(k) = \sum_{n=0}^{N-1} x_I(n)\sin\frac{2\pi kn}{N} \tag{7.2.29}$$

$$X_I(k) = \sum_{n=0}^{N-1} x_I(n)\cos\frac{2\pi kn}{N} \tag{7.2.30}$$

观察发现，$X_R(k)$ 是奇序列，而 $X_I(k)$ 是偶序列。

如果 $x_I(n)$ 是奇序列，则 $X_I(k) = 0$，于是 $X(k)$ 是纯实序列。另一方面，如果 $x_I(n)$ 是偶序列，则 $X_R(k) = 0$，于是 $X(k)$ 是纯虚序列。

上面给出的对称性总结如下：

$$
\begin{array}{c}
x(n) = x_R^e(n) + x_R^o(n) + jx_I^e(n) + jx_I^o(n) \\
\updownarrow \quad \diagdown\!\!\!\diagup \quad \diagdown\!\!\!\diagup \\
X(k) = X_R^e(k) + X_R^o(k) + jX_I^e(k) + jX_I^o(k)
\end{array}
\tag{7.2.31}
$$

DFT 的所有对称性都可由式（7.2.31）直接推导出来。例如，序列

$$x_{pe}(n) = \frac{1}{2}\left[x_p(n) + x_p^*(N-n) \right]$$

的 DFT 为

$$X_R(k) = X_R^e(k) + X_R^o(k)$$

表 7.1 小结了 DFT 的对称性。利用这些对称性高效计算特殊序列的 DFT 的方法将在本章末的一些习题中给出。

表 7.1　DFT 的对称性

N 点序列 $x(n)$, $0 \leqslant n \leqslant N-1$	N 点 DFT
$x(n)$	$X(k)$
$x^*(n)$	$X^*(N-k)$
$x^*(N-n)$	$X^*(k)$
$X_R(n)$	$X_{ce}(k) = \dfrac{1}{2}\big[X(k) + X^*(N-k)\big]$
$jX_I(n)$	$X_{co}(k) = \dfrac{1}{2}\big[X(k) - X^*(N-k)\big]$
$x_{ce}(n) = \dfrac{1}{2}\big[x(n) + x^*(N-n)\big]$	$X_R(k)$
$x_{co}(n) = \dfrac{1}{2}\big[x(n) - x^*(N-n)\big]$	$jX_I(k)$
实信号	
任何实信号	$X(k) = X^*(N-k)$
$x(n)$	$X_R(k) = X_R(N-k)$
	$X_I(k) = -X_I(N-k)$
	$\big|X(k)\big| = \big|X(N-k)\big|$
	$\angle X(k) = -\angle X(N-k)$
$x_{ce}(n) = \dfrac{1}{2}\big[x(n) + x(N-n)\big]$	$X_R(k)$
$x_{co}(n) = \dfrac{1}{2}\big[x(n) - x(N-n)\big]$	$jX_I(k)$

7.2.2　两个 DFT 的相乘和圆周卷积

假设有两个长度为 N 的有限长序列 $x_1(n)$ 和 $x_2(n)$，它们的 N 点 DFT 分别为

$$X_1(k) = \sum_{n=0}^{N-1} x_1(n)\,e^{-j2\pi nk/N}, \qquad k = 0,1,\cdots,N-1 \tag{7.2.32}$$

$$X_2(k) = \sum_{n=0}^{N-1} x_2(n)\,e^{-j2\pi nk/N}, \qquad k = 0,1,\cdots,N-1 \tag{7.2.33}$$

若将这两个 DFT 相乘，则结果也是一个 DFT，如长度为 N 的序列 $x_3(n)$ 的 DFT $X_3(k)$。下面求 $x_3(n)$ 与序列 $x_1(n)$ 和 $x_2(n)$ 之间的关系。

我们有

$$X_3(k) = X_1(k)X_2(k), \qquad k = 0,1,\cdots,N-1 \tag{7.2.34}$$

$\{X_3(k)\}$ 的 IDFT 为

$$x_3(m) = \frac{1}{N}\sum_{k=0}^{N-1} X_3(k)\,e^{j2\pi km/N} = \frac{1}{N}\sum_{k=0}^{N-1} X_1(k)X_2(k)\,e^{j2\pi km/N} \tag{7.2.35}$$

用式（7.2.32）和式（7.2.33）中给出的 DFT 表达式替换式（7.2.35）中的 $X_1(k)$ 和 $X_2(k)$，得到

$$x_3(m) = \frac{1}{N}\sum_{k=0}^{N-1}\left[\sum_{n=0}^{N-1} x_1(n)\,e^{-j2\pi kn/N}\right]\left[\sum_{l=0}^{N-1} x_2(l)\,e^{-j2\pi kl/N}\right]e^{j2\pi km/N}$$

$$= \frac{1}{N}\sum_{n=0}^{N-1} x_1(n)\sum_{l=0}^{N-1} x_2(l)\left[\sum_{k=0}^{N-1} e^{j2\pi k(m-n-l)/N}\right] \tag{7.2.36}$$

式（7.2.36）中方括号内的求和形如

$$\sum_{k=0}^{N-1} a^k = \begin{cases} N, & a = 1 \\ \dfrac{1-a^N}{1-a}, & a \neq 1 \end{cases} \qquad (7.2.37)$$

式中，a 定义为

$$a = e^{j2\pi(m-n-l)/N}$$

观察发现，当 $m-n-l$ 是 N 的倍数时，$a=1$。然而，对 $a \neq 0$ 的任何值有 $a^N = 1$。于是式（7.2.37）简化为

$$\sum_{k=0}^{N-1} a^k = \begin{cases} N, & l = m-n+pN = ((m-n))_N, \quad p \text{ 为整数} \\ 0, & \text{其他} \end{cases} \qquad (7.2.38)$$

将式（7.2.38）中的结果代入式（7.2.36），得到 $x_3(m)$ 的期望表达式为

$$x_3(m) = \sum_{n=0}^{N-1} x_1(n) x_2((m-n))_N, \qquad m = 0, 1, \cdots, N-1 \qquad (7.2.39)$$

式（7.2.39）中的表达式具有卷积和的形式，但它不是第 2 章介绍的将线性系统的输出序列 $y(n)$ 与输入序列 $x(n)$ 和冲激响应 $h(n)$ 关联起来的普通线性卷积。相反，式（7.2.39）中的卷积和中包含了序号 $((m-n))_N$，且称为**圆周卷积**。于是，我们得出结论：两个序列的 DFT 相乘等同于这两个序列在时域中的圆周卷积。

下例说明包含圆周卷积的运算。

【例 7.2.1】对下面的两个序列进行圆周卷积：

$$x_1(n) = \{\underset{\uparrow}{2}, 1, 2, 1\}, \qquad x_2(n) = \{\underset{\uparrow}{1}, 2, 3, 4\}$$

解：每个序列都包含 4 个非零点。为了说明圆周卷积包含的运算，需要将每个序列画为圆周上的点。于是，序列 $x_1(n)$ 和 $x_2(n)$ 的图形如图 7.2.2(a)所示。注意，序列在圆周上按逆时针方向画出。因此，旋转序列时就建立了一个相对于其他序列的参考方向。

按照式（7.2.39）对 $x_1(n)$ 和 $x_2(n)$ 进行圆周卷积，得到 $x_3(m)$。从 $m=0$ 开始，有

$$x_3(0) = \sum_{n=0}^{3} x_1(n) x_2((-n))N$$

$x_2((-n))_4$ 就是折叠后画在圆周上的序列 $x_2(n)$，如图 7.2.2(b)所示。换言之，折叠后的序列就是按顺时针方向画出的 $x_2(n)$。

$x_1(n)$ 和 $x_2((-n))$ 逐点相乘，就可得到乘积序列，如图 7.2.2(b)所示。最后，将乘积序列中的值相加得

$$x_3(0) = 14$$

当 $m=1$ 时，有

$$x_3(1) = \sum_{n=0}^{3} x_1(n) x_2((1-n))_4$$

容易验证 $x_2((1-n))_4$ 就是逆时针方向旋转一个时间单位的序列 $x_2((-n))_4$，如图 7.2.2(c)所示。旋转后的序列乘以 $x_1(n)$ 就得到乘积序列，如图 7.2.2(c)所示。最后，将乘积序列中的值相加得到 $x_3(1)$。于是，有

$$x_3(1) = 16$$

当 $m=2$ 时，有

$$x_3(2) = \sum_{n=0}^{3} x_1(n) x_2((2-n))_4$$

现在 $x_2((2-n))_4$ 是图 7.2.2(b)中折叠序列按逆时针方向旋转两个时间单位后得到的。图 7.2.2(d)显示了旋转后的序列和乘积序列 $x_1(n) x_2((2-n))_4$。乘积序列中的 4 项相加得

$$x_3(2) = 14$$

当 $m = 3$ 时，有

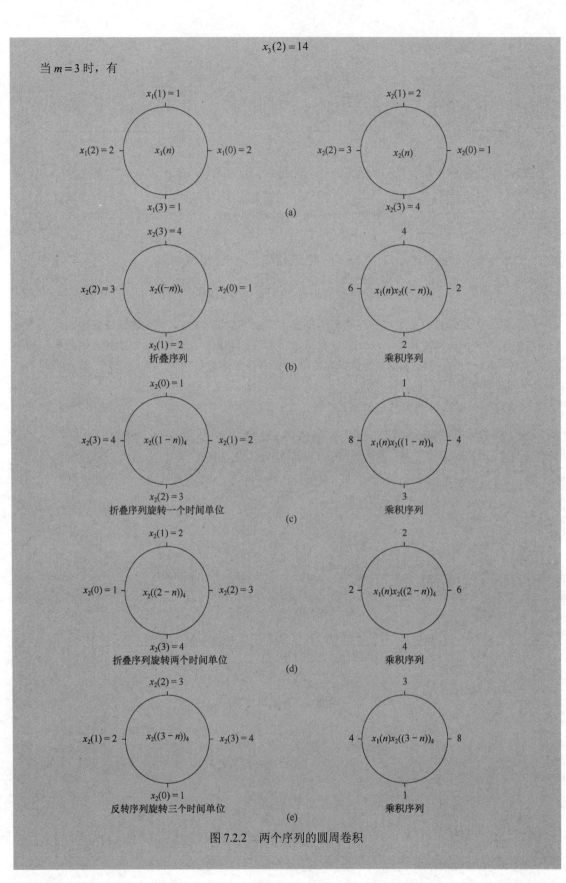

图 7.2.2　两个序列的圆周卷积

$$x_3(3) = \sum_{n=0}^{3} x_1(n) x_2((3-n))_4$$

现在，折叠后的序列 $x_2((-n))_4$ 旋转三个时间单位后得到 $x_2((3-n))_4$，且所得序列与 $x_1(n)$ 相乘得到如图 7.2.2(e) 所示的乘积序列。乘积序列中各值之和为

$$x_3(3) = 16$$

观察发现，如果对 $m=3$ 以上的值继续上述计算，就会重复上面得出的四值序列。于是，序列 $x_1(n)$ 和 $x_2(n)$ 的圆周卷积就是

$$x_3(n) = \{14, 16, 14, 16\}$$

由这个例子可知，圆周卷积基本上包括与第 2 章介绍的普通**线性卷积**相同的四个步骤：**折叠**（时间反转）序列；**平移**折叠后的序列；两个序列**相乘**得到一个乘积序列；对乘积序列的各个值**求和**。这两种卷积的基本区别如下：在圆周卷积中，折叠和平移（旋转）运算是以圆周方式进行的，方法是计算序列之一的序号模 N；而在线性卷积中，没有模 N 运算。

根据前面的推导，可以证明折叠和旋转两个序列之一不改变圆周卷积的结果。于是有

$$x_3(m) = \sum_{n=0}^{N-1} x_2(n) x_1((m-n))_N, \qquad m = 0, 1, \cdots, N-1 \tag{7.2.40}$$

下例说明了如何由 DFT 和 IDFT 来计算 $x_3(n)$。

【例 7.2.2】 由 DFT 和 IDFT 求例 7.2.1 中序列 $x_1(n)$ 和 $x_2(n)$ 的圆周卷积序列 $x_3(n)$。

解：首先计算序列 $x_1(n)$ 和 $x_2(n)$ 的 DFT。$x_1(n)$ 的四点 DFT 为

$$X_1(k) = \sum_{n=0}^{3} x_1(n) e^{-j2\pi nk/4} = 2 + e^{-j\pi k/2} + 2e^{-j\pi k} + e^{-j3\pi k/2}, \qquad k = 0, 1, 2, 3$$

于是有

$$X_1(0) = 6, \quad X_1(1) = 0, \quad X_1(2) = 2, \quad X_1(3) = 0$$

$x_2(n)$ 的 DFT 为

$$X_2(k) = \sum_{n=0}^{3} x_2(n) e^{-j2\pi nk/4} = 1 + 2e^{-j\pi k/2} + 3e^{-j\pi k} + 4e^{-j3\pi k/2}, \qquad k = 0, 1, 2, 3$$

于是有

$$X_2(0) = 10, \quad X_2(1) = -2 + j2, \quad X_2(2) = -2, \quad X_2(3) = -2 - j2$$

将这两个 DFT 相乘，得到乘积为

$$X_3(k) = X_1(k) X_2(k)$$

或者等效地为

$$X_3(0) = 60, \quad X_3(1) = 0, \quad X_3(2) = -4, \quad X_3(3) = 0$$

现在，$X_3(k)$ 的 IDFT 为

$$x_3(n) = \sum_{k=0}^{3} X_3(k) e^{j2\pi nk/4} = \frac{1}{4}(60 - 4e^{j\pi n}), \qquad n = 0, 1, 2, 3$$

于是有

$$x_3(0) = 14, \quad x_3(1) = 16, \quad x_3(2) = 14, \quad x_3(3) = 16$$

这就是例 7.2.1 中圆周卷积的结果。

下面介绍 DFT 的圆周卷积。

圆周卷积。 如果

$$x_1(n) \xleftrightarrow[N]{\text{DET}} X_1(k)$$

和

$$x_2(n) \xleftrightarrow[N]{\text{DET}} X_2(k)$$

那么

$$x_1(n) \ \text{Ⓝ} \ x_2(n) \xleftrightarrow[N]{\text{DFT}} X_1(k)X_2(k) \tag{7.2.41}$$

式中，$x_1(n) \ \text{Ⓝ} \ x_2(n)$ 表示序列 $x_1(n)$ 和 $x_2(n)$ 的圆周卷积。

7.2.3 DFT 的其他性质

序列的时间反转。 如果

$$x(n) \xleftrightarrow[N]{\text{DET}} X(k)$$

那么

$$x((-n))_N = x(N-n) \xleftrightarrow[N]{\text{DET}} X((-k))_N = X(N-k) \tag{7.2.42}$$

因此，N 点序列的时间反转等效于颠倒 DFT 的值。图 7.2.3 显示了序列 $x(n)$ 的时间反转。

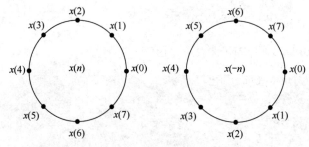

图 7.2.3 序列的时间反转

证明： 由式（7.2.1）中 DFT 的定义，有

$$\text{DFT}\{x(N-n)\} = \sum_{n=0}^{N-1} x(N-n)\,\text{e}^{-\text{j}2\pi kn/N}$$

将序号由 n 改为 $m=N-n$，有

$$\text{DFT}\{x(N-n)\} = \sum_{m=0}^{N-1} x(m)\,\text{e}^{-\text{j}2\pi k(N-m)/N} = \sum_{m=0}^{N-1} x(m)\,\text{e}^{\text{j}2\pi km/N}$$

$$= \sum_{m=0}^{N-1} x(m)\,\text{e}^{-\text{j}2\pi m(N-k)/N} = X(N-k)$$

观察发现，$X(N-k)=X((-k))_N, 0 \leqslant k \leqslant N-1$。

序列的圆周时移。 如果

$$x(n) \xleftrightarrow[N]{\text{DET}} X(k)$$

那么

$$x((n-l))_N \xleftrightarrow[N]{\text{DET}} X(k)\,\text{e}^{-\text{j}2\pi kl/N} \tag{7.2.43}$$

证明： 由 DFT 的定义，有

$$\text{DFT}\{x((n-l))_N\} = \sum_{n=0}^{N-1} x((n-l))_N\,\text{e}^{-\text{j}2\pi kn/N}$$

$$= \sum_{n=0}^{l-1} x((n-l))_N\,\text{e}^{-\text{j}2\pi kn/N} + \sum_{n=l}^{N-1} x(n-l)\,\text{e}^{-\text{j}\pi kn/N}$$

但是 $x((n-l))_N = x(N-1+n)$。于是，有

$$\sum_{n=0}^{l-1} x((n-l))_N \, \mathrm{e}^{-\mathrm{j}2\pi kn/N} = \sum_{n=0}^{l-1} x(N-l+n) \, \mathrm{e}^{-\mathrm{j}2\pi kn/N} = \sum_{m=N-l}^{N-1} x(m) \, \mathrm{e}^{-\mathrm{j}2\pi k(m+l)/N}$$

此外，

$$\sum_{n=l}^{N-1} x(n-l) \, \mathrm{e}^{-\mathrm{j}2\pi kn/N} = \sum_{m=0}^{N-1-l} x(m) \, \mathrm{e}^{-\mathrm{j}2\pi k(m+l)/N}$$

因此，

$$\mathrm{DFT}\{x((n-l))\} = \sum_{m=0}^{N-1} x(m) \, \mathrm{e}^{-\mathrm{j}2\pi k(m+l)/N} = X(k) \, \mathrm{e}^{-\mathrm{j}2\pi kl/N}$$

圆周频移。 如果

$$x(n) \xleftrightarrow[N]{\mathrm{DET}} X(k)$$

那么

$$x(n) \, \mathrm{e}^{\mathrm{j}2\pi ln/N} \xleftrightarrow[N]{\mathrm{DET}} X\big((k-l)\big)_N \tag{7.2.44}$$

因此，序列 $x(n)$ 和复指数序列 $\mathrm{e}^{\mathrm{j}2\pi kn/N}$ 相乘等效于 DFT 在圆周上平移 l 个频率单位，这是圆周时移性质的对偶，且其证明与后者的类似。

复共轭性质。 如果

$$x(n) \xleftrightarrow[N]{\mathrm{DET}} X(k)$$

那么

$$x^*(n) \xleftrightarrow[N]{\mathrm{DET}} X^*((-k))_N = X^*(N-k) \tag{7.2.45}$$

该性质的证明留给读者作为练习。$X^*(k)$ 的 IDFT 为

$$\frac{1}{N}\sum_{k=0}^{N-1} X^*(k) \, \mathrm{e}^{\mathrm{j}2\pi kn/N} = \left[\frac{1}{N}\sum_{k=0}^{N-1} X(k) \, \mathrm{e}^{\mathrm{j}2\pi k(N-n)/N}\right]$$

因此，

$$x^*((-n))_N = x^*(N-n) \xleftrightarrow[N]{\mathrm{DET}} X^*(k) \tag{7.2.46}$$

圆周相关。 一般来说，对于复序列 $x(n)$ 和 $y(n)$，如果

$$x(n) \xleftrightarrow[N]{\mathrm{DET}} X(k) \quad \text{和} \quad y(n) \xleftrightarrow[N]{\mathrm{DET}} Y(k)$$

那么

$$\tilde{r}_{xy}(l) \xleftrightarrow[N]{\mathrm{DET}} \tilde{R}_{xy}(k) = X(k)Y^*(k) \tag{7.2.47}$$

式中，$\tilde{r}_{xy}(l)$ 是（未归一化的）圆周相关序列，它定义为

$$\tilde{r}_{xy}(l) = \sum_{n=0}^{N-1} x(n)y^*((n-l))N$$

证明： 首先将 $\tilde{r}_{xy}(l)$ 写成 $x(n)$ 和 $y^*(-n)$ 的圆周卷积，即

$$\tilde{r}_{xy}(l) = x(l) \, Ⓝ \, y^*(-l)$$

然后借助于式（7.2.41）和式（7.2.46）中性质，得到 $\tilde{r}_{xy}(l)$ 的 N 点 DFT 为

$$\tilde{R}_{xy}(k) = X(k)Y^*(k)$$

对于 $y(n) = x(n)$ 的特殊情况，$x(n)$ 的圆周相关的对应表达式为

$$\tilde{r}_{xx}(l) \xleftrightarrow[N]{\mathrm{DET}} \tilde{R}_{xx}(k) = \big|X(k)\big|^2 \tag{7.2.48}$$

两个序列相乘。 如果

$$x_1(n) \xleftarrow[N]{\text{DFT}} X_1(k) \quad \text{和} \quad x_2(n) \xleftarrow[N]{\text{DFT}} X_2(k)$$

那么

$$x_1(n)x_2(n) \xleftarrow[N]{\text{DFT}} \frac{1}{N} X_1(k) \ \textcircled{N} \ X_2(k) \tag{7.2.49}$$

该性质与式（7.2.41）对偶。交换两个序列的圆周卷积表达式中的时间和频率，即可证明它。

帕塞瓦尔定理。对于复序列 $x(n)$ 和 $y(n)$，一般来说，如果

$$x(n) \xleftarrow[N]{\text{DFT}} X(k) \quad \text{和} \quad y(n) \xleftarrow[N]{\text{DFT}} Y(k)$$

那么

$$\sum_{n=0}^{N-1} x(n)y^*(n) = \frac{1}{N} \sum_{k=0}^{N-1} X(k)Y^*(k) \tag{7.2.50}$$

证明：该性质可由式（7.2.47）给出的圆周相关性质直接得到。我们有

$$\sum_{n=0}^{N-1} x(n)y^*(n) = \tilde{r}_{xy}(0)$$

和

$$\tilde{r}_{xy}(l) = \frac{1}{N} \sum_{k=0}^{N-1} \tilde{R}_{xy}(k) e^{j2\pi kl/N} = \frac{1}{N} \sum_{k=0}^{N-1} X(k)Y^*(k) e^{j2\pi kl/N}$$

因此，计算 $l=0$ 处的 IDFT 就可以得到式（7.2.50）。

式（7.2.50）是帕塞瓦尔定理的一般形式。对于 $y(n)=x(n)$ 的特殊情况，式（7.2.50）简化为

$$\sum_{n=0}^{N-1} |x(n)|^2 = \frac{1}{N} \sum_{k=0}^{N-1} |X(k)|^2 \tag{7.2.51}$$

它用频率分量 $\{X(k)\}$ 表示有限长序列 $x(n)$ 的能量。

表 7.2 小结了上面给出的 DFT 的性质。

表 7.2　DFT 的性质

性　　质	时　域	频　域
记号	$x(n), y(n)$	$X(k), Y(k)$
周期	$x(n) = x(n+N)$	$X(k) = X(k+N)$
线性	$a_1 x_1(n) + a_2 x_2(n)$	$a_1 X_1(k) + a_2 X_2(k)$
时间反转	$x(N-n)$	$X(N-k)$
圆周时移	$x((n-l))_N$	$X(k) e^{-j2\pi kl/N}$
圆周频移	$x(n) e^{j2\pi ln/N}$	$X((k-l))_N$
复共轭	$x^*(n)$	$X^*(N-k)$
圆周卷积	$x_1(n) \ \textcircled{N} \ x_2(n)$	$X_1(k)X_2(k)$
圆周相关	$x(n) \ \textcircled{N} \ y^*(-n)$	$X(k)Y^*(k)$
两个序列相乘	$x_1(n)x_2(n)$	$\frac{1}{N} X_1(k) \ \textcircled{N} \ X_2(k)$
帕塞瓦尔定理	$\displaystyle\sum_{n=0}^{N-1} x(n)y^*(n)$	$\displaystyle\frac{1}{N} \sum_{k=0}^{N-1} X(k)Y^*(k)$

7.3 基于 DFT 的线性滤波方法

因为 DFT 给出了有限长序列在频域中的离散频率表示，所以探索将其作为线性系统分析或者线性滤波的计算工具非常有意义。前面说过，当频率响应为 $H(\omega)$ 的系统受到谱为 $X(\omega)$ 的输入信号激励时，将产生输出谱 $Y(\omega)=X(\omega)H(\omega)$。通过傅里叶逆变换，输出序列 $y(n)$ 可由其谱 $Y(\omega)$ 求出。这种频域方法的计算问题是 $X(\omega)$, $H(\omega)$ 和 $Y(\omega)$ 是连续变量 ω 的函数。因为计算机只能存储和计算离散频率处的量，所以计算不能在数字计算机上完成。

另一方面，DFT 确实适合在数字计算机上计算。在下面的讨论中，我们将介绍 DFT 在频域中如何对信号进行线性滤波。特别地，我们将给出一个计算过程，它可以替代时域卷积。实际上，因此存在计算 DFT 的高效算法，基于 DFT 的频域方法计算要比时域卷积更高效。这些算法将在第 8 章中讨论，统称**快速傅里叶变换（FFT）算法**。

7.3.1 在线性滤波中使用 DFT

前一节介绍了两个 DFT 的乘积等效于对应时域序列的圆周卷积。遗憾的是，如果目的是计算线性滤波器对给定输入序列的输出，那么圆周卷积并没有什么用处。在这种情况下，就要寻找一种等效于线性卷积的频域方法。

假定我们用长度为 L 的有限长序列 $x(n)$ 激励长度为 M 的 FIR 滤波器。不失一般性，设

$$x(n) = 0, \qquad n < 0 \text{ 和 } n \geqslant L$$
$$h(n) = 0, \qquad n < 0 \text{ 和 } n \geqslant M$$

式中，$h(n)$ 是 FIR 滤波器的冲激响应。

FIR 滤波器的输出序列 $y(n)$ 在时域中可表示为 $x(n)$ 和 $h(n)$ 的卷积，即

$$y(n) = \sum_{k=0}^{M-1} h(k)x(n-k) \tag{7.3.1}$$

因为 $h(n)$ 和 $x(n)$ 是有限长序列，所以它们的卷积也是有限长的。实际上，$y(n)$ 的长度为 $L+M-1$。

式（7.3.1）的频域表达式为

$$Y(\omega) = X(\omega)H(\omega) \tag{7.3.2}$$

如果序列 $y(n)$ 在频域中能由其谱 $Y(\omega)$ 于一组离散频率处的样本唯一地表示，不同的样本数量就必定等于或大于 $L+M-1$。因此，要在频域中表示 $\{y(n)\}$，就需要大小为 $N \geqslant L+M-1$ 的 DFT。

现在，如果

$$Y(k) \equiv Y(\omega)\big|_{\omega=2\pi k/N} = X(\omega)H(\omega)\big|_{\omega=2\pi k/N}, \quad k = 0,1,\cdots,N-1$$

那么

$$Y(k) = X(k)H(k), \qquad k = 0,1,\cdots,N-1 \tag{7.3.3}$$

式中，$\{X(k)\}$ 和 $\{H(k)\}$ 分别是序列 $x(n)$ 和 $h(n)$ 的 N 点 DFT。因为序列 $x(n)$ 与 $h(n)$ 的长度小于 N，所以需要对这些序列补零以将长度扩展到 N。序列长度的增加并不改变它们的谱 $X(\omega)$ 和 $H(\omega)$。因为序列是非周期的，所以两个谱是连续谱。另外，通过在 N 个等间隔频率点对谱采样（计算 N 点 DFT），我们已在频域中将表示这些序列的样本数增加到超过最小数量（分别为 L 或 M）。

因为输出序列 $y(n)$ 的 $N=L+M-1$ 点 DFT 在频域中足以表示 $y(n)$，所以根据式（7.3.3），将得到的 N 点 DFT $X(k)$ 与 $H(k)$ 相乘，再计算 N 点 IDFT，必定产生序列 $\{y(n)\}$。反过来，这意味着 $x(n)$ 和 $h(n)$ 的 N 点圆周卷积一定等于 $x(n)$ 和 $h(n)$ 的线性卷积。换言之，将序列 $x(n)$ 和 $h(n)$ 的长度

增到 N 点（补零），然后对所得序列进行圆周卷积，就得到与线性卷积相同的结果。因此，通过补零，可用 DFT 来进行线性滤波。

下例说明了在线性滤波中使用 DFT 的方法。

【例 7.3.1】利用 DFT 与 IDFT 求冲激响应为

$$h(n) = \{\underset{\uparrow}{1}, 2, 3\}$$

的 FIR 滤波器对如下输入序列的响应：

$$x(n) = \{\underset{\uparrow}{1}, 2, 2, 1\}$$

解：输入序列的长度为 $L=4$，冲激响应的长度为 $M=3$，这两个序列的线性卷积产生一个长度为 $N=6$ 的序列。因此，DFT 的大小至少为 6。

为简单起见，下面计算 8 点 DFT。注意，DFT 通过 FFT 算法执行的高效计算通常是对长度 N 为 2 的幂的序列进行的。因此，$x(n)$ 的 8 点 DFT 为

$$X(k) = \sum_{n=0}^{7} x(n) e^{-j2\pi kn/8} = 1 + 2e^{-j\pi k/4} + 2e^{-j\pi k/2} + e^{-j3\pi k/4}, \quad k = 0, 1, \cdots, 7$$

计算得

$$X(0) = 6, \qquad X(1) = \frac{2 + \sqrt{2}}{2} - j\left(\frac{4 + 3\sqrt{2}}{2}\right)$$

$$X(2) = -1 - j, \qquad X(3) = \frac{2 - \sqrt{2}}{2} + j\left(\frac{4 - 3\sqrt{2}}{2}\right)$$

$$X(4) = 0, \qquad X(5) = \frac{2 - \sqrt{2}}{2} - j\left(\frac{4 - 3\sqrt{2}}{2}\right)$$

$$X(6) = -1 + j, \qquad X(7) = \frac{2 + \sqrt{2}}{2} + j\left(\frac{4 + 3\sqrt{2}}{2}\right)$$

$h(n)$ 的 8 点 DFT 为

$$H(k) = \sum_{n=0}^{7} h(n) e^{-j2\pi kn/8} = 1 + 2e^{-j\pi k/4} + 3e^{-j\pi k/2}$$

于是有

$$H(0) = 6, \qquad H(1) = 1 + \sqrt{2} - j(3 + \sqrt{2}), \qquad H(2) = -2 - j2$$
$$H(3) = 1 - \sqrt{2} + j(3 - \sqrt{2}), \qquad\qquad H(4) = 2$$
$$H(5) = 1 - \sqrt{2} - j(3 - \sqrt{2}), \qquad\qquad H(6) = -2 + j2$$
$$H(7) = 1 + \sqrt{2} + j(3 + \sqrt{2})$$

以上两个 DFT 的乘积是 $Y(k)$，即

$$Y(0) = 36, \quad Y(1) = -14.07 - j17.48, \quad Y(2) = j4, \quad Y(3) = 0.07 + j0.515$$
$$Y(4) = 0, \quad Y(5) = 0.07 - j0.515, \quad Y(6) = -j4, \quad Y(7) = -14.07 + j17.48$$

最终，8 点 IDFT 为

$$y(n) = \sum_{k=0}^{7} Y(k) e^{j2\pi kn/8}, \qquad n = 0, 1, \cdots, 7$$

该计算的结果是

$$y(n) = \{\underset{\uparrow}{1}, 4, 9, 11, 8, 3, 0, 0\}$$

观察发现，$y(n)$ 的前 6 个值构成期望输出值集合。因此使用了 8 点 DFT 和 IDFT，最后两个值为零。实际上，所需的最小点数为 6。

虽然两个 DFT 相乘对应于时域中的圆周卷积，但是我们观察发现，使用足够数量的零填充

序列 $x(n)$ 与 $h(n)$，可使圆周卷积产生的输出序列与线性卷积产生的输出序列相同。在例 7.3.1 的 FIR 滤波问题中，很容易证明序列

$$h(n) = \{\underset{\uparrow}{1}, 2, 3, 0, 0, 0\} \tag{7.3.4}$$

$$x(n) = \{\underset{\uparrow}{1}, 2, 2, 1, 0, 0\} \tag{7.3.5}$$

的 6 点圆周卷积是输出序列

$$y(n) = \{\underset{\uparrow}{1}, 4, 9, 11, 8, 3\} \tag{7.3.6}$$

它与由线性卷积得到的序列相同。

当 DFT 的长度小于 $L + M - 1$ 时，在时域中会出现混叠效应，务必记住这一点。下例重点说明了混叠问题。

【例 7.3.2】求例 7.3.1 中使用 4 点 DFT 得到的序列 $y(n)$。

解：$h(n)$ 的 4 点 DFT 为

$$H(k) = \sum_{n=0}^{3} h(n) e^{-j2\pi kn/4}$$

$$H(k) = 1 + 2e^{-j\pi k/2} + 3e^{-jk\pi}, \qquad k = 0, 1, 2, 3$$

因此，

$$H(0) = 6, \qquad H(1) = -2 - j2, \qquad H(2) = 2 \qquad H(3) = -2 + j2$$

$x(n)$ 的 4 点 DFT 为

$$X(k) = 1 + 2e^{-j\pi k/2} + 2e^{-j\pi k} + 1e^{-j3\pi k/2}, \qquad k = 0, 1, 2, 3$$

因此，

$$X(0) = 6, \qquad X(1) = -1 - j, \qquad X(2) = 0, \qquad X(3) = -1 + j$$

这两个 4 点 DFT 的乘积为

$$\hat{Y}(0) = 36, \qquad \hat{Y}(1) = j4, \qquad \hat{Y}(2) = 0, \qquad \hat{Y}(3) = -j4$$

由 4 点 IDFT 得

$$\hat{y}(n) = \frac{1}{4} \sum_{k=0}^{3} \hat{Y}(k) e^{j2\pi kn/4} = \frac{1}{4}(36 + j4e^{j\pi n/2} - j4e^{j3\pi n/2}), \qquad n = 0, 1, 2, 3$$

因此，

$$\hat{y}(n) = \{\underset{\uparrow}{9}, 7, 9, 11\}$$

读者可以验证 $h(n)$ 和 $x(n)$ 的 4 点圆周卷积得到的序列 $\hat{y}(n)$ 与上面的序列相同。

将用 4 点 DFT 得到的结果 $\hat{y}(n)$ 与用 8 点（或 6 点）DFT 得到的序列 $y(n)$ 进行比较，就会发现 7.2.2 节推导的时域混叠效应非常明显。特别地，$y(4)$ 混叠到 $y(0)$ 中，得到

$$\hat{y}(0) = y(0) + y(4) = 9$$

类似地，$y(5)$ 混叠到 $y(1)$ 中，得到

$$\hat{y}(1) = y(1) + y(5) = 7$$

因此 $n \geq 6$ 时 $y(n) = 0$，所有其他混叠都没有影响。于是，有

$$\hat{y}(2) = y(2) = 9, \qquad \hat{y}(3) = y(3) = 11$$

因此，只有 $\hat{y}(n)$ 的前两个点被混叠效应破坏［即 $\hat{y}(0) \neq y(0)$ 和 $\hat{y}(1) \neq y(1)$］。这一观察在下一节讨论长序列滤波时将有许多重要的分支。

7.3.2 长数据序列滤波

在包含信号的线性滤波的实际应用中，输入序列 $x(n)$ 通常是一个很长的序列。在涉及信号监测与分析的一些实时信号处理应用中，尤其如此。

通过 DFT 执行的线性滤波包括对数据块的运算，而数字计算机的存储容量有限，因此要限制数据块的大小。于是，在处理之前，要将长输入信号序列分割成固定大小的多个数据块。由于滤波是线性的，连续的数据块可以一次一个地通过 DFT 处理，输出数据块组合在一起则形成整个输出信号序列。

下面介绍使用 DFT 逐块对长序列进行线性 FIR 滤波的两种方法。输入序列被分割成多个数据块，每个数据块经过 DFT 和 IDFT 处理都产生一个输出数据块。输出数据块组合在一起就形成整个输出序列，它与长数据块通过时域卷积处理得到的序列相同。

这两种方法称为**重叠保留法**和**重叠相加法**。对于这两种方法，我们均假设 FIR 滤波器的长度为 M。输入数据序列被分割成 L 点的数据块，不失一般性，假设 $L \gg M$。

重叠保留法。在这种方法中，输入数据块的大小为 $N = L + M - 1$，而 DFT 与 IDFT 的长度为 N。每个数据块都由前一数据块的最后 $M-1$ 个数据点及随后的 L 个新数据点组成，形成一个长度为 $N = L + M - 1$ 的数据序列。对每个数据块进行 N 点 DFT 计算。通过补 $L-1$ 个零来增加 FIR 滤波器的冲激响应长度，计算序列的 N 点 DFT 并存储结果。对于第 m 个数据块，将两个 N 点 DFT $\{H(k)\}$ 和 $\{X_m(k)\}$ 相乘，得到

$$\hat{Y}_m(k) = H(k)X_m(k), \qquad k = 0, 1, \cdots, N-1 \tag{7.3.7}$$

于是，N 点 IDFT 的结果为

$$\hat{Y}_m(n) = \{\hat{y}_m(0)\hat{y}_m(1)\cdots\hat{y}_m(M-1)\hat{y}_m(M)\cdots\hat{y}_m(N-1)\} \tag{7.3.8}$$

数据记录的长度为 N，$y_m(n)$ 的前 $M-1$ 个点因混叠而毁坏，必须丢弃。$y_m(n)$ 的后 L 个点与线性卷积的结果完全一样，因此有

$$\hat{y}_m(n) = y_m(n), n = M, M+1, \cdots, N-1 \tag{7.3.9}$$

为避免因混叠而丢失数据，如前所述，每条数据记录的最后 $M-1$ 点被保存，这些点将成为后一条记录的前 $M-1$ 个数据点。开始处理时，第一条记录的前 $M-1$ 个点被置零。因此，数据序列块为

$$x_1(n) = \{\underbrace{0, 0, \cdots, 0}_{M-1 \text{ 个点}}, x(0), x(1), \cdots, x(L-1)\} \tag{7.3.10}$$

$$x_2(n) = \{\underbrace{x(L-M+1), \cdots, x(L-1)}_{\text{来自} x_1(n) \text{的} M-1 \text{个数据点}}, \underbrace{x(L), \cdots, x(2L-1)}_{L \text{个新数据点}}\} \tag{7.3.11}$$

$$x_3(n) = \{\underbrace{x(2L-M+1), \cdots, x(2L-1)}_{\text{来自} x_2(n) \text{的} M-1 \text{个数据点}}, \underbrace{x(2L), \cdots, x(3L-1)}_{L \text{个新数据点}}\} \tag{7.3.12}$$

以此类推。由 IDFT 得到的序列由式（7.3.8）给出，由于混叠需要丢弃前 $M-1$ 个点，剩下的 L 个点就构成了线性卷积的期望结果。图 7.3.1 以图形方式说明了如何分割输入数据，以及如何组合输出数据块形成输出序列。

重叠相加法。在这种方法中，输入数据块的大小为 L 点，而 DFT 与 IDFT 的长度为 $N = L + M - 1$。对于每个数据块，补 $M-1$ 个零并计算 N 点 DFT。因此，数据块可以表示为

$$x_1(n) = \{x(0), x(1), \cdots, x(L-1), \underbrace{0, 0, \cdots, 0}_{M-1\text{个零}}\}$$ （7.3.13）

$$x_2(n) = \{x(L), x(L+1), \cdots, x(2L-1), \underbrace{0, 0, \cdots, 0}_{M-1\text{个零}}\}$$ （7.3.14）

$$x_3(n) = \{x(2L), \cdots, x(3L-1), \underbrace{0, 0, \cdots, 0}_{M-1\text{个零}}\}$$ （7.3.15）

以此类推。两个 N 点 DFT 相乘得

$$Y_m(k) = H(k)X_m(k), \quad k = 0, 1, \cdots, N-1$$ （7.3.16）

因为 DFT 与 IDFT 的大小为 $N = L + M - 1$，并对每个数据块补零使序列增至 N 点，所以 IDFT 得到的是长度为 N 的数据块，且不存在混叠。

因为每个数据块都以 $M-1$ 个零结束，所以每个输出数据块的后 $M-1$ 个点必须重叠并与下一个数据块的前 $M-1$ 个点相加。因此，该方法称为**重叠相加法**。这种重叠及相加产生输出序列

$$y(n) = \{y_1(0), y_1(1), \cdots, y_1(L-1), y_1(L) + y_2(0), y_1(L+1) +$$
$$y_2(1), \cdots, y_1(N-1) + y_2(M-1), y_2(M), \cdots\}$$ （7.3.17）

图 7.3.2 说明了如何将输入数据分割成多个数据块及如何组合输出数据块来形成输出序列。

显然，在线性 FIR 滤波中使用 DFT，不仅是计算 FIR 滤波器输出的间接方法，而且计算量可能更大，因为输入数据必须首先通过 DFT 转换到频域，然后乘以 FIR 滤波器的 DFT，最后通过 IDFT 转回时域。然而，与 FIR 滤波器在时域中的直接实现相比，使用第 8 章中介绍的 FFT 算法，DFT 与 IDFT 计算输出序列时所需的运算量更小。这种计算效率是用 DFT 计算 FIR 滤波器的输出的基本优势。

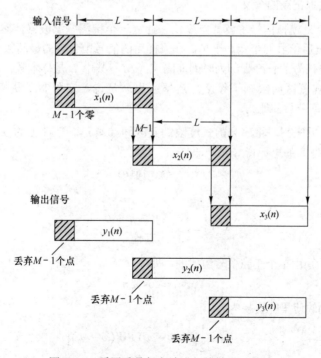

图 7.3.1 采用重叠保留法进行线性 FIR 滤波

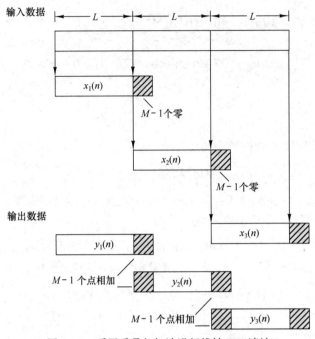

图 7.3.2　采用重叠相加法进行线性 FIR 滤波

7.4　使用 DFT 对信号进行频率分析

要计算连续时间信号或离散时间信号的谱，就需要信号所有时间的值。然而，在实际中，我们观测信号的时间是有限的。因此，信号的谱仅能由有限数据记录近似得到。本节使用 DFT 检查频率分析中有限数据记录的含义。

如果待分析信号是模拟信号，就要首先让它通过一个抗混叠滤波器，然后以采样率 $F_s \geqslant 2B$ 采样，其中 B 是滤波后信号的带宽。于是，在采样后的信号中包含的最高频率是 $F_s/2$。最后，为了达到实用目的，将信号的长度限制为时间间隔 $T_0 = LT$，其中 L 是样本数，T 是样本间隔。如后所述，信号的有限观测区间限制了频率分辨率；也就是说，它限制了我们分辨频率间隔小于 $1/T_0 = 1/LT$ 的两个频率分量的能力。

设 $\{x(n)\}$ 是待分析序列。将序列的长度限制到区间 $0 \leqslant n \leqslant L-1$ 上的 L 个样本，等效于将 $\{x(n)\}$ 乘以一个长度为 L 的矩形窗 $w(n)$，即

$$\hat{x}(n) = x(n)w(n) \tag{7.4.1}$$

式中，

$$w(n) = \begin{cases} 1, & 0 \leqslant n \leqslant L-1 \\ 0, & \text{其他} \end{cases} \tag{7.4.2}$$

现在假设序列 $x(n)$ 由单个正弦信号组成的，即

$$x(n) = \cos \omega_0 n \tag{7.4.3}$$

那么有限长序列 $x(n)$ 的傅里叶变换为

$$\hat{X}(\omega) = \frac{1}{2}\left[W(\omega - \omega_0) + W(\omega + \omega_0)\right] \tag{7.4.4}$$

式中，$W(\omega)$ 是窗序列的傅里叶变换，对于矩形窗，它是

$$W(\omega) = \frac{\sin(\omega L/2)}{\sin(\omega/2)}e^{-j\omega(L-1)/2} \qquad (7.4.5)$$

下面使用 DFT 来计算 $\hat{X}(\omega)$。对序列 $\hat{x}(n)$ 补 $N-L$ 个零，就可计算截断（L 点）序列 $\{\hat{x}(n)\}$ 的 N 点 DFT。

图 7.4.1 显示了 $L=25$ 和 $N=2048$ 时的幅度谱 $\hat{X}(\omega)$，$\omega_k = 2\pi k/N$, $k=0, 1, \cdots, N$。观察发现，加窗后的谱 $\hat{X}(\omega)$ 并不位于一个频率处，而扩散到了整个频率范围。因此，集中在一个频率处的原信号序列 $\{x(n)\}$ 的功率就被加窗扩展到整个频率范围上。这时，我们称功率已"泄漏"到整个频率范围。因此，这种现象是对信号加窗所带来的特征，称为**泄漏**。

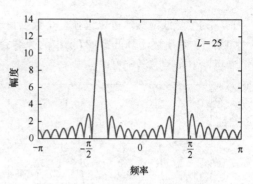

图 7.4.1 $L=25$ 和 $N=2048$ 时的
幅度谱表明发生了泄漏

加窗不仅会因泄漏的影响而导致谱估计失真，而且会降低谱分辨率。为了说明这一问题，下面考虑一个包含两个频率分量的信号序列：

$$x(n) = \cos\omega_1 n + \cos\omega_2 n \qquad (7.4.6)$$

当该序列被截断为区间 $0 \leqslant n \leqslant L-1$ 上的 L 个样本时，加窗后的谱为

$$\hat{X}(\omega) = \frac{1}{2}\big[W(\omega-\omega_1) + W(\omega-\omega_2) + W(\omega+\omega_1) + W(\omega+\omega_2)\big] \qquad (7.4.7)$$

矩形窗序列的谱 $W(\omega)$ 的第一个过零点位于 $\omega = 2\pi/L$ 处。现在，如果 $|\omega_1 - \omega_2| < 2\pi/L$，两个窗函数 $W(\omega-\omega_1)$ 和 $W(\omega-\omega_2)$ 就会重叠，导致我们无法区分 $x(n)$ 的两条谱线。仅当 $(\omega_1-\omega_2) \geqslant 2\pi/L$ 时，在谱 $\hat{X}(\omega)$ 中才能看到分开的两瓣。因此，我们分辨不同频率谱线的能力受限于窗的主瓣宽度。图 7.4.2 显示了序列

$$x(n) = \cos\omega_0 n + \cos\omega_1 n + \cos\omega_2 n \qquad (7.4.8)$$

通过 DFT 计算得到的幅度谱 $|\hat{X}(\omega)|$，其中 $\omega_0 = 0.2\pi$，$\omega_1 = 0.22\pi$，$\omega_2 = 0.6\pi$。窗的长度选为 $L=25, 50,$ 100。观察发现，当 $L=25$ 和 50 时 ω_0 和 ω_1 是不可分辨的，而当 $L=100$ 时它们是可分辨的。

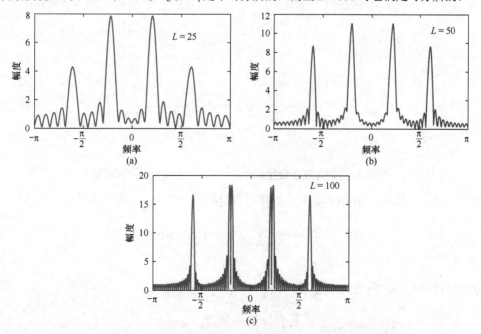

图 7.4.2 通过矩形窗观察时，式（7.4.8）中信号的幅度谱

为了降低泄漏，可以选择一个数据窗 $w(n)$，与矩形窗相比，它在频域中的旁瓣更低。然而，如第 10 章所述，降低窗 $W(\omega)$ 中的旁瓣会增大 $W(\omega)$ 的主瓣宽度，进而降低分辨率。为了说明这一点，下面考虑汉宁窗：

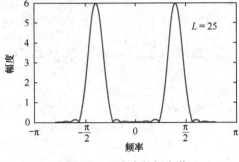

图 7.4.3 汉宁窗的幅度谱

$$w(n) = \begin{cases} \dfrac{1}{2}\left(1 - \cos\dfrac{2\pi}{L-1}n\right), & 0 \leqslant n \leqslant L-1 \\ 0, & \text{其他} \end{cases} \quad (7.4.9)$$

图 7.4.3 显示了式（7.4.9）中的窗由式（7.4.4）得到的 $\left|\hat{X}(\omega)\right|$，观察发现其旁瓣明显比矩形窗的低，但其主瓣宽度几乎是矩形窗主瓣宽度的 2 倍。图 7.4.4 显示了 $L = 50, 75, 100$ 时，加汉宁窗后式（7.4.8）中信号的谱。与矩形窗相比，旁瓣的降低与分辨率的下降非常明显。

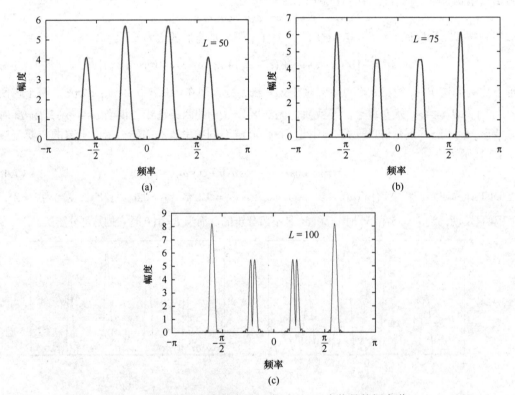

图 7.4.4 通过汉宁窗观察时，式（7.4.8）中信号的幅度谱

对于一般的信号序列 $\{x(n)\}$，加窗后的序列 $\hat{x}(n)$ 和原序列 $x(n)$ 之间的频域关系由卷积公式

$$\hat{X}(\omega) = \frac{1}{2\pi}\int_{-\pi}^{\pi} X(\theta)W(\omega - \theta)\mathrm{d}\theta \quad (7.4.10)$$

给出。

加窗后的序列 $\hat{x}(n)$ 的 DFT 是谱 $\hat{X}(\omega)$ 的采样形式，因此有

$$\hat{X}(k) \equiv \hat{X}(\omega)\Big|_{\omega = 2\pi k/N} = \frac{1}{2\pi}\int_{-\pi}^{\pi} X(\theta)W\left(\frac{2\pi k}{N} - \theta\right)\mathrm{d}\theta, \quad k = 0, 1, \cdots, N-1 \quad (7.4.11)$$

与正弦序列的情况一样，如果窗的谱与信号谱 $X(\omega)$ 相比较窄，窗函数对谱 $X(\omega)$ 的（平滑）效果就很小。另一方面，如果窗的谱与 $X(\omega)$ 相比较宽（类似于样本数 L 很小的情况），窗的谱就会掩蔽信号谱，因此数据的 DFT 反映了窗函数的谱特性。当然，我们应避免这种情况。

【例 7.4.1】指数信号

$$x_n(t) = \begin{cases} e^{-t}, & t \geq 0 \\ 0, & t < 0 \end{cases}$$

以采样率 $F_s = 20$ 个样本/秒采样，使用 100 个样本的数据块来估计它的谱。通过计算这个有限长序列的 DFT，求信号 $x_a(t)$ 的谱特性，并将截断后的离散时间信号的谱与模拟信号的谱进行比较。

解： 该模拟信号的谱为

$$X_a(F) = \frac{1}{1 + j2\pi F}$$

指数模拟信号以采样率 20 个样本/秒采样后，得到

$$x(n) = e^{-nT} = e^{-n/20} = (e^{-1/20})^n = (0.95)^n, \quad n \geq 0$$

现在令

$$x(n) = \begin{cases} (0.95)^n, & 0 \leq n \leq 99 \\ 0, & \text{其他} \end{cases}$$

这个 $L = 100$ 点序列的 N 点 DFT 为

$$\hat{X}(k) = \sum_{k=0}^{99} \hat{x}(n) e^{-j2\pi k/N}, \quad k = 0, 1, \cdots, N-1$$

为了得到谱中足够多的细节，我们选择 $N = 200$，这等同于对序列 $x(n)$ 补 100 个零。

图 7.4.5(a) 和图 7.4.5(b) 分别显示了模拟信号 $x_a(t)$ 及其幅度谱 $|X_a(F)|$ 的图形。图 7.4.5(c) 和图 7.4.5(d) 分别显示了截断后的序列 $x(n)$ 及其 $N = 200$ 点 DFT（幅度）。在这种情况下，DFT $\{X(k)\}$ 和模拟信号的谱非常相似，窗函数的效果相对较小。

另一方面，假设选择长度为 $L = 20$ 的窗函数，那么截断后的序列 $x(n)$ 为

$$\hat{x}(n) = \begin{cases} (0.95)^n, & 0 \leq n \leq 19 \\ 0, & \text{其他} \end{cases}$$

其 $N = 200$ 点 DFT 如图 7.4.5(e) 所示。现在，宽频谱窗函数的效果很明显。首先，由于宽谱窗，主峰非常宽；其次，矩形窗谱的大旁瓣导致谱中远离主峰的正弦包络变化。因此，DFT 不再是模拟信号谱的较好近似。

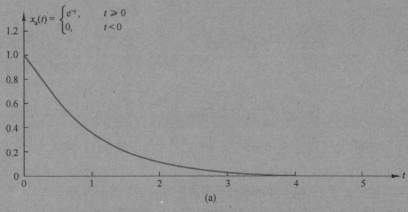

图 7.4.5 对例 7.4.1 中模拟信号的采样形式加窗（截断）后的效果

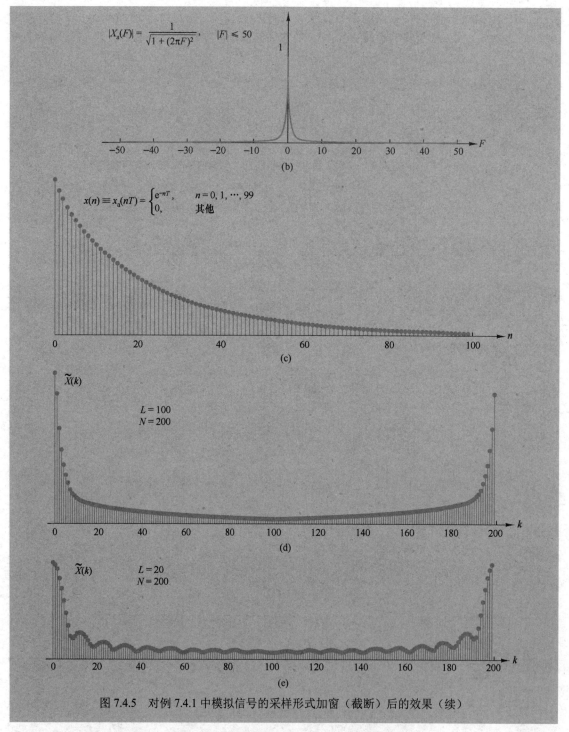

图 7.4.5 对例 7.4.1 中模拟信号的采样形式加窗（截断）后的效果（续）

使用 DFT 的带限内插。 下面使用 DFT 对在时域中对带限信号执行内插。

假设 $x(n) = x_a(nT)$，其中 $x_a(t)$ 的带宽为 B 且 $F_s = 1/T > 2B$。给定一组样本 $x(0), x(1), \cdots,$ $x(N-1)$，我们希望使用式（6.4.7）中的理想带限内插器以整数因子 D 进行内插。因为仅有 N 个样本，所以必须截断式（6.4.7）中的求和。于是，内插后的样本 $y(n)$ 与真实值 $x_a(nF_s/D)$ 不同。下面解释如何使用 DFT 得到内插样本 $y(n)$。

仔细观察图 6.4.1 可知，在频域中，式（6.4.7）中的理想带限内插等效于将 $X(F)$ 的连续镜像之间的距离由 F_s 改为 DF_s。这可通过计算 $x(n)$ 的 N 点 DFT $X(k)$ 并在序列 $X(k)$ 的中间插入 $(D-1)/N$ 个 0 实现。为了确保实序列的 DFT 的对称性，我们按如下方式进行：

$$Y(k) = \begin{cases} X(k), & 0 \leqslant k \leqslant \lfloor N/2 \rfloor - 1 \\ X(k)/2, & k = N/2 \quad (N \text{ 为偶数}) \\ X(k), & k = \lfloor N/2 \rfloor \quad (N \text{ 为奇数}) \\ 0, & \lfloor N/2 \rfloor \leqslant k \leqslant \lfloor DN/2 \rfloor \end{cases} \tag{7.4.12}$$

和

$$Y(DN - k) = Y^*(k), \quad 1 \leqslant k \leqslant \lfloor DN/2 \rfloor \tag{7.4.13}$$

IDFT $y(n)$ 将有 DN 个点，它们对应于 $x(n)$ 的带限内插。按 $T = 1\text{s}$ 对连续时间信号

$$x_a(t) = \cos(2\pi 0.1t) + \cos(2\pi 0.2t - \pi/2) \tag{7.4.14}$$

采样可以说明这一点，如图 7.4.6 所示［参见实现式（7.4.12）和式（7.4.13）的 CP7.14］。

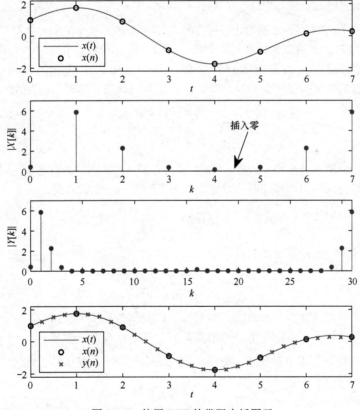

图 7.4.6　使用 DFT 的带限内插图示

7.5　短时傅里叶变换

有些信号分析应用感兴趣的是对不同时刻的信号，在相对较短的时间区间上求信号 $x(t)$ 的谱含量。然而，$x(t)$ 的傅里叶变换

$$X(F) = \int_{-\infty}^{\infty} x(t)\,\mathrm{e}^{-\mathrm{j}2\pi Ft}\,\mathrm{d}t \qquad (7.5.1)$$

提供长时区间内信号 $x(t)$ 中包含的频率的一个全局函数，而不提供关于频率成分在短时区间内变化的任何细节。在一些信号处理应用中，如语音、雷达和电信信号处理，谱特性随时间变化，整个信号的全局傅里叶变换并不合适，因为它不提供详细的谱特性。

对于这类信号，重点关注短时区间上的谱特征是合适的。这可通过将信号 $x(t)$ 与一个窗函数 $w(t-\tau)$ 相乘来实现，其中 τ 是将窗函数 $w(t)$ 放在特定时间区间（在该时间区间内求解信号的谱含量）的时延。因此，我们计算双序号函数

$$X(F, \tau) = \int_{-\infty}^{\infty} w(t-\tau)x(t)\,\mathrm{e}^{-2\pi Ft}\,\mathrm{d}t \qquad (7.5.2)$$

得到信号特征在时间频率平面上的二维表示。$X(F, \tau)$ 的幅度的平方称为**谱图**。

窗函数的时间分辨率通常定义为

$$(\Delta t)^2 = \frac{\int t^2 \left| w(t) \right|^2 \mathrm{d}t}{\int \left| w(t) \right|^2 \mathrm{d}t} \qquad (7.5.3)$$

分母中的项是 $w(t)$ 的能量，它充当归一化因子。

从另一个观点看，$X(F, \tau)$ 可视为让信号 $x(t)$ 通过冲激响应为 $w(t)$ 的一个滤波器的结果，其中冲激响应由频率为 F 的复指数函数调制。于是，调制后的窗函数在所选频率 F 附近选择 $x(t)$ 中的频率分量。根据对窗函数的影响的这种解释，我们可以由所选 $w(t)$ 得到频率分辨率。与式（7.5.3）中定义的时间扩展情况一样，窗函数的频率扩展或"带宽"记为 ΔF，且定义为

$$(\Delta F)^2 = \frac{\int F^2 \left| W(F) \right|^2 \mathrm{d}F}{\int \left| W(F) \right|^2 \mathrm{d}F} \qquad (7.5.4)$$

式中，$W(F)$ 是 $w(t)$ 的傅里叶变换。因此，$x(t)$ 中间隔大于 ΔF 的频率分量之间是可分辨的。由海森堡不确定性原理可知，任何信号的时间带宽积的下界为 $1/4\pi$，也就是说，

$$(\Delta t)(\Delta F) \geqslant \frac{1}{4\pi} \qquad (7.5.5)$$

实现良好时间定位的一个期望窗函数是形如

$$w(t) = \frac{1}{\sqrt{2\pi}\sigma} \mathrm{e}^{-t^2/(2\sigma^2)} \qquad (7.5.6)$$

的高斯函数，其中可以选择方差参数 σ^2，以提供不同时间分辨率的窗函数。满足式（7.5.5）中的下界的这个窗函数最初由 Gabor 提出，因此 $X(F, \tau)$ 有时称为 **Gabor 变换**。

对于离散时间信号，用求和代替积分，并应用一个离散时间窗函数，就可以类似地定义短时傅里叶变换。因为

$$X(\omega) = \sum_{n=-\infty}^{\infty} x(n)\,\mathrm{e}^{-\mathrm{j}\omega n} \qquad (7.5.7)$$

所以对 $x(n)$ 应用窗序列 $w(n-m)$。因此，**短时傅里叶变换**（Short-Time Fourier Transform，STFT）为

$$X(\omega, m) = \sum_{n=-\infty}^{\infty} x(n)w(n-m)\,\mathrm{e}^{-\mathrm{j}\omega n} \qquad (7.5.8)$$

于是，我们得到一个二维函数，其中 ω 是在区间 $0 \leqslant \omega \leqslant 2\pi$ 上取值的连续变量，而 m 是离散的。

为方便计算 $X(\omega,m)$，类似于计算 DFT，我们在一组离散频率处计算 $X(\omega,m)$。于是，我们在频率

$$\omega_k = \frac{2\pi}{M}k, \quad k = 0,1,\cdots,M-1 \tag{7.5.9}$$

处计算 $X(\omega,m)$。因此，我们计算 $0 \leqslant k \leqslant M-1$ 时的二维函数

$$X(\omega_k,m) = \sum_{n=-\infty}^{\infty} x(n)w(n-m)\mathrm{e}^{-\mathrm{j}2\pi kn/M} \tag{7.5.10}$$

影响短时傅里叶变换性能的关键参数是窗的类型和长度 L，以及连续窗之间交叠的长度。

为了说明短时傅里叶变换的意义和用途，下面考虑频率在两个时刻瞬时变化的正弦信号

$$x(n) = \begin{cases} \cos\omega_1 n, & 0 \leqslant n \leqslant M-1 \\ \cos\omega_2 n, & M \leqslant n \leqslant 2M-1 \\ \cos\omega_3 n, & 2M \leqslant n \leqslant 3M-1 \end{cases} \tag{7.5.11}$$

式中，$\omega_1 = \omega_3 = \omega_0$，$\omega_2 = 2\omega_0$，$\omega_0 = 0.2\pi$，$M = 1000$。因为 $\Delta\omega = |\omega_1 - \omega_2| = |\omega_2 - \omega_3| = 0.2\pi = 2\pi/10$，所以需要一个长度 $L > 10$ 的窗来分辨这些频率。图 7.5.1 说明了如何使用短时傅里叶变换来分辨这三个正弦波。

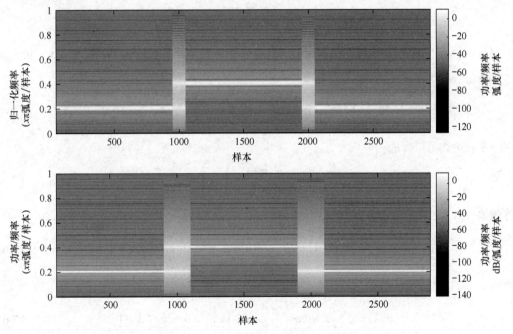

图 7.5.1　由式（7.5.11）定义的正弦信号的短时傅里叶变换

我们使用长度为 L 的汉明窗，交叠 $L/2$，$N_{\mathrm{FFT}} = 1024$，(a)顶部：$L = 200$，(b)底部：$L = 400$。注意 $L = 400$ 时较高的谱分辨率及两个分量在边界位置的交叠。

7.6　离散余弦变换

DFT 将 N 点序列 $x(n)$，$0 \leqslant n \leqslant N-1$ 表示为复指数信号的线性组合。因此，如果 $x(n)$ 是实函数，那么 DFT 系数通常是复偶的。假设我们希望找到一个 $N \times N$ 正交变换，以将实序列 $x(n)$ 表示成余弦序列的线性组合。由式（7.2.25）和式（7.2.26）可知，如果 N 点序列 $x(n)$ 是实偶序列，即

$x(n) = x(N-n)$, $0 \le n \le N-1$，那么这是可能的。得到的 DFT 即 $X(k)$ 本身也是实偶序列。这个观察表明，我们可以以取序列的"偶延拓"的 $2N$ 点 DFT 来推导任何 N 点实序列的离散余弦变换（Discrete Cosine Transform，DCT）。因为有 8 种偶延拓方法，所以存在许多离散余弦变换的定义（Wang 1984, Martucci 1994）。下面讨论一种广泛用在语音和图像压缩应用中且是不同标准的一部分的 DCT-II（Rao and Huang, 1996）。为简单起见，我们使用术语 DCT 指代 DCT-II。

7.6.1 正 DCT

令

$$s(n) = \begin{cases} x(n), & 0 \le n \le N-1 \\ x(2N-n-1), & N \le n \le 2N-1 \end{cases} \tag{7.6.1}$$

是 $x(n)$ 的 $2N$ 点偶对称延拓。序列 $s(n)$ 关于"半样本"点 $n = N-1$ 偶对称（见图 7.6.1）。$s(n)$ 的 $2N$ 点 DFT 为

$$S(k) = \sum_{n=0}^{2N-1} s(n) W_{2N}^{nk}, \quad 0 \le k \le 2N-1 \tag{7.6.2}$$

将式（7.6.1）代入式（7.6.2）得

$$S(k) = \sum_{n=0}^{N-1} x(n) W_{2N}^{nk} + \sum_{n=N}^{2N-1} x(2N-n-1) W_{2N}^{nk} \tag{7.6.3}$$

如果用 $n = 2N-1-m$ 改变第二个求和序号，那么回顾可知，对于整数 m 有 $W_{2N}^{2mN} = 1$，析出因子 $W_{2N}^{-k/2}$ 得

$$S(k) = W_{2N}^{-k/2} \sum_{n=0}^{N-1} x(n) \left[W_{2N}^{nk} W_{2N}^{k/2} + W_{2N}^{-nk} W_{2N}^{-k/2} \right], \quad 0 \le k \le 2N-1 \tag{7.6.4}$$

最后一个表达式可以写成

$$S(k) = W_{2N}^{-k/2} 2 \sum_{n=0}^{N-1} x(n) \cos \left[\frac{\pi}{N} \left(n + \frac{1}{2} \right) k \right], \quad 0 \le k \le 2N-1 \tag{7.6.5}$$

或等效地写成

$$S(k) = W_{2N}^{-k/2} 2 \Re \left[W_{2N}^{k/2} \sum_{n=0}^{N-1} x(n) W_{2N}^{kn} \right], \quad 0 \le k \le 2N-1 \tag{7.6.6}$$

如果将正 DCT 定义为

$$V(k) = 2 \sum_{n=0}^{N-1} x(n) \cos \left[\frac{\pi}{N} \left(n + \frac{1}{2} \right) k \right], \quad 0 \le k \le N-1 \tag{7.6.7}$$

那么容易证明

$$V(k) = W_{2N}^{k/2} S(k) \quad \text{或} \quad S(k) = W_{2N}^{-k/2} V(k), \quad 0 \le k \le N-1 \tag{7.6.8}$$

和

$$V(k) = 2 \Re \left[W_{2N}^{k/2} \sum_{n=0}^{N-1} x(n) W_{2N}^{kn} \right], \quad 0 \le k \le N-1 \tag{7.6.9}$$

观察发现，$V(k)$ 是实序列，而 $S(k)$ 是复序列。因为实序列 $s(n)$ 满足对称关系 $s(2N-1-n) = s(n)$，而不满足 $s(2N-n) = s(n)$，所以 $S(k)$ 是复序列。

如式（7.6.2）中那样取 $s(n)$ 的 $2N$ 点 DFT，并如式（7.6.8）中那样乘以 $W_{2N}^{k/2}$，就可算出 $x(n)$ 的 DCT。由式（7.6.9）给出的另一种方法是，对后面补 N 个零后的原序列 $x(n)$ 执行 $2N$ 点 DFT，然后将结果乘以 $W_{2N}^{k/2}$，最后取实部的 2 倍。

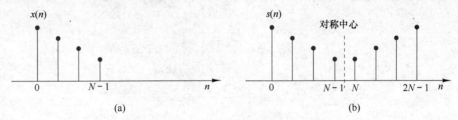

图 7.6.1　原序列 $x(n), 0 \leqslant n \leqslant N-1$ 及其 $2N$ 点偶延拓 $s(n), 0 \leqslant n \leqslant 2N-1$

7.6.2　逆 DCT

下面从偶延拓序列 $s(n)$ 的逆 DFT 推导出逆 DCT。$S(k)$ 的逆 DFT 为

$$s(n) = \frac{1}{2N} \sum_{k=0}^{2N-1} S(k) W_{2N}^{-nk} \tag{7.6.10}$$

因为 $s(n)$ 是实序列，所以 $S(k)$ 是厄米特（Hermitian）对称的，即

$$S(2N-k) = S^*(k) \tag{7.6.11}$$

此外，由式（7.6.7）容易证明

$$S(N) = 0 \tag{7.6.12}$$

借助于式（7.6.11）和式（7.6.12），由式（7.6.10）有

$$s(n) = \frac{1}{2N} \sum_{k=0}^{N-1} S(k) W_{2N}^{-kn} + \frac{1}{2N} \sum_{k=N}^{2N-1} S(k) W_{2N}^{-kn}$$

$$= \frac{1}{2N} \sum_{k=0}^{N-1} S(k) W_{2N}^{-kn} + \frac{1}{2N} \sum_{m=1}^{N} S(2N-m) W_{2N}^{-(2N-m)n}$$

$$= \frac{1}{2N} S(0) + \frac{1}{2N} \sum_{k=1}^{N-1} S(k) W_{2N}^{-kn} + \frac{1}{2N} \sum_{k=1}^{N-1} S^*(k) W_{2N}^{kn}$$

或者，因为 $S(0)$ 是实数，所以

$$s(n) = \frac{1}{N} \Re \left[\frac{S(0)}{2} + \sum_{k=1}^{N-1} S(k) W_{2N}^{-kn} \right], \quad 0 \leqslant n \leqslant 2N-1 \tag{7.6.13}$$

将式（7.6.8）代入式（7.6.13），并用式（7.6.1）得到逆 DCT 为

$$x(n) = \frac{1}{N} \left\{ \frac{V(0)}{2} + \sum_{k=1}^{N-1} V(k) \cos \left[\frac{\pi}{N} \left(n + \frac{1}{2} \right) k \right] \right\}, \quad 0 \leqslant n \leqslant N-1 \tag{7.6.14}$$

给定 $V(k)$，首先由式（7.6.8）计算 $S(k)$，然后根据式（7.6.13）取 $2N$ 点逆 DFT。该逆 DFT 的实部就是 $s(n)$，进而可以求得 $x(n)$。

Makhoul(1980)中讨论了一种用 N 点 DFT 计算 DCT 和逆 DCT 的方法。Rao and Yip(1990)中讨论了用硬件和软件实现 DCT 的许多特殊算法。

7.6.3 DCT 作为正交变换

式（7.6.7）和式（7.6.14）组成一个 DCT 对。然而，出于后面将要给出的原因，我们通常要在正、逆变换之间对称地重新分配归一化因子。因此，序列 $x(n)$, $0 \leqslant n \leqslant N-1$ 的 DCT 及其逆变换定义为

$$C(k) = \alpha(k) \sum_{n=0}^{N-1} x(n) \cos\left[\frac{\pi(2n+1)k}{2N}\right], \quad 0 \leqslant k \leqslant N-1 \qquad (7.6.15)$$

$$x(n) = \sum_{k=0}^{N-1} \alpha(k) C(k) \cos\left[\frac{\pi(2n+1)k}{2N}\right], \quad 0 \leqslant n \leqslant N-1 \qquad (7.6.16)$$

式中，

$$\alpha(0) = \sqrt{\frac{1}{N}}, \quad \alpha(k) = \sqrt{\frac{2}{N}}, \quad 1 \leqslant k \leqslant N-1 \qquad (7.6.17)$$

与 7.1.3 节中的 DFT 一样，DCT 公式［即式（7.6.15）和式（7.6.16）］可用 $N \times N$ 离散余弦变换矩阵 $\boldsymbol{C}_N$ 表示成矩阵形式，矩阵 $\boldsymbol{C}_N$ 的元素为

$$c_{kn} = \begin{cases} \dfrac{1}{\sqrt{N}}, & k=0, 0 \leqslant n \leqslant N-1 \\[3mm] \sqrt{\dfrac{2}{N}} \cos\dfrac{\pi(2n+1)k}{2N}, & 1 \leqslant k \leqslant N-1, 0 \leqslant n \leqslant N-1 \end{cases} \qquad (7.6.18)$$

如果定义下列信号与系数矢量：

$$\boldsymbol{x}_N = \begin{bmatrix} x(0) & x(1) & \cdots & x(N-1) \end{bmatrix}^{\mathrm{T}} \qquad (7.6.19)$$

$$\boldsymbol{c}_N = \begin{bmatrix} C(0) & C(1) & \cdots & C(N-1) \end{bmatrix}^{\mathrm{T}} \qquad (7.6.20)$$

那么正 DCT［即式（7.6.15）］和逆 DCT［即式（7.6.16）］可用矩阵写为

$$\boldsymbol{c}_N = \boldsymbol{C}_N \boldsymbol{x}_N \qquad (7.6.21)$$

$$\boldsymbol{x}_N = \boldsymbol{C}_N^{\mathrm{T}} \boldsymbol{c}_N \qquad (7.6.22)$$

由式（7.6.19）和式（7.6.20）可知 $\boldsymbol{C}_N$ 是实正交矩阵，即它满足

$$\boldsymbol{C}_N^{-1} = \boldsymbol{C}_N^{\mathrm{T}} \qquad (7.6.23)$$

因为正交矩阵的逆矩阵就是其转置矩阵，所以正交性简化了逆变换的计算。

如果用 $\boldsymbol{c}_N(k)$ 表示 $\boldsymbol{C}_N^{\mathrm{T}}$ 的列，逆 DCT 就可写成

$$\boldsymbol{x}_N = \sum_{k=0}^{N-1} C(k) \boldsymbol{c}_N(k) \qquad (7.6.24)$$

这就将信号表示成了 DCT 余弦基序列的线性组合。系数 $C(k)$ 的值度量的是信号与第 k 个基矢量的相似性。

【例 7.6.1】考虑离散时间正弦信号

$$x(n) = \cos(2\pi k_0 n/N), \quad 0 \leqslant n \leqslant N-1$$

图 7.6.2 显示了 $k_0 = 5$ 和 $N = 32$ 时的序列 $x(n)$、N 点 DFT $X(k)$ 系数的绝对值，以及 N 点 DCT 的系数。观察发现，与 DFT 相比，DCT 虽然在 $2k_0$ 处存在一个明显的峰，但在其他频率处也出现了大量纹波。因此，DCT 不适用于信号与系统的频率分析。

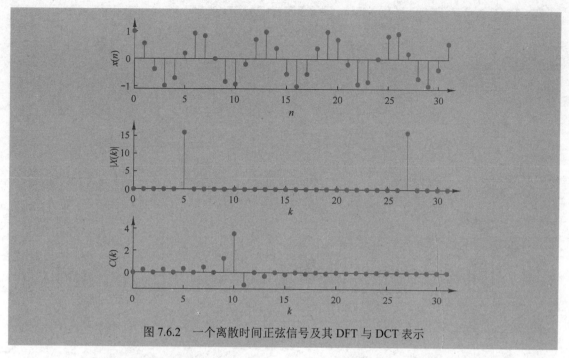

图 7.6.2　一个离散时间正弦信号及其 DFT 与 DCT 表示

利用正交性质［即式（7.6.23）］，容易证明

$$\sum_{k=0}^{N-1}\left|C(k)\right|^2 = \boldsymbol{c}_N^{\mathrm{T}}\boldsymbol{c}_N = \boldsymbol{x}_N^{\mathrm{T}}\boldsymbol{C}_N^{\mathrm{T}}\boldsymbol{C}_N\boldsymbol{x}_N = \boldsymbol{x}_N^{\mathrm{T}}\boldsymbol{x}_N = \sum_{n=0}^{N-1}\left|x(n)\right|^2 = E_x \tag{7.6.25}$$

因此，正交变换保留了信号的能量或 N 维矢量空间中矢量 $\boldsymbol{x}$ 的长度（广义帕塞瓦尔定理）。这意味着每个正交变换都是矢量 $\boldsymbol{x}$ 在 N 维矢量空间中的旋转。

大多数正交变换都能将信号的大部分平均能量打包到相对较少的变换系数分量上（能量压缩特性）。因为保留了总能量，所以许多变换系数包含的能量非常少。然而，如下例所述，不同的变换具有不同的能量集中能力。

【例 7.6.2】下面使用斜坡序列 $x(n)=n,\ 0\leqslant n\leqslant N-1$［图 7.6.3(a)显示了 $N=32$ 时的情况］比较 DFT 与 FCT 的能量压缩能力。图 7.6.3(d)和图 7.6.3(f)分别显示了 DFT 系数的绝对值和 DCT 系数值。显然，DCT 系数比 DFT 系数提供了更好的"能量压缩"性能，这意味着可用更少的 DCT 系数来表示序列 $x(n)$。

使用 DCT，我们将最后的 k_0 个系数置零并执行逆 DCT 变换，得到原序列的近似 $x_{\mathrm{DCT}}(n)$。然而，因为实序列的 DFT 是复数，所以信息承载在前 $N/2$ 个值中（为简化起见，假设 N 是偶数）。因此，我们应该以保留复共轭对称的方式删除 DFT 系数，方法是首先删除系数 $X(N/2)$，然后删除系数 $X(N/2-1)$ 和 $X(N/2+1)$，以此类推。显然，我们可以删除奇数个 DFT 系数，即 $k_0=1,3,\cdots,N-1$。使用 DFT 的重建序列记为 $x_{\mathrm{DFT}}(n)$。

DCT 的重建误差是 k_0 的函数，定义为

$$E_{\mathrm{DCT}}(k_0) = \frac{1}{N}\sum_{n=0}^{N-1}\left|x(n)-x_{\mathrm{DCT}}(n)\right|^2$$

类似的定义也可用于 DFT。图 7.6.3(b)显示了 DFT 和 DCT 的重建误差，它们是已忽略系数的数量 k_0 的函数。图 7.6.3(c)和图 7.6.3(e)显示了保留 $N-k_0=5$ 个系数后的重建信号。观察发现，要得到原信号的较好近似，所需的 DCT 系数就要比 DFT 系数少。在本例中，DFT（由于其固有的周期性）试图对一个锯齿波建模，因此必须用许多高频系数来逼近末端的不连续。相反，DCT 是在 $x(n)$ 的"偶延拓"（一个连续的三角波）上进行操作的。因此，DCT 可以更好地逼近首尾样本明显不同的小信号块。

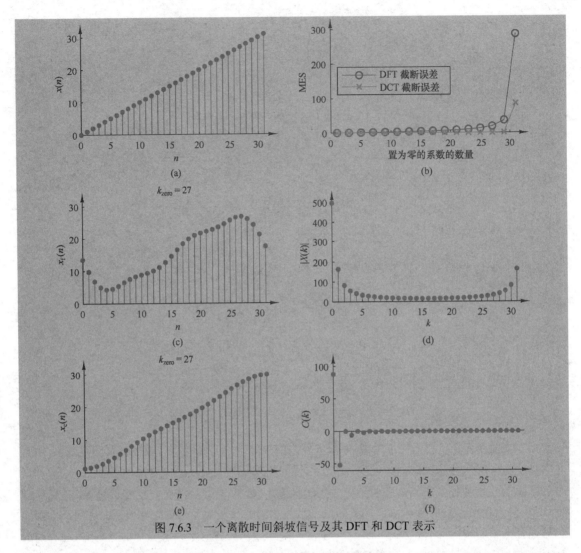

图 7.6.3　一个离散时间斜坡信号及其 DFT 和 DCT 表示

　　从统计角度看，压缩信号的最优正交变换是 Karhunen-Loeve（KL）变换或者霍特林（Hotelling）变换（Jayant and Noll, 1984）。KL 变换有两个最优性质：对任意数量的保留系数最小化了重建误差；产生一组不相关的变换系数。KL 变换由输入序列的协方差矩阵的特征矢量定义。对于满足差分方程 $x(n) = ax(n-1) + w(n)$ 的信号，DCT 提供 KL 变换的较好近似，其中 $w(n)$ 是白噪声序列，而 a（$0 < a < 1$）是值接近 1 的常系数。许多信号（包括自然图像）都具有这个特性。关于正交变换及其应用的细节，请参阅 Jayant and Noll(1984)、Clarke(1985)、Rao and Yip(1990)和 Goyal(2001)。

7.7　小结

　　本章主要讨论了 DFT 及其性质和应用，并通过对序列 $x(n)$ 的谱 $X(\omega)$ 采样生成了 DFT。

　　离散时间信号谱的频域采样在处理数字信号中很重要，其中特别重要的是 DFT，因为它可在频域中唯一地表示一个有限长序列。对 DFT 而言，存在计算高效的算法（见第 8 章），使得在频域中处理数字信号比在时域中处理模拟信号快。DFT 特别适合的处理方法包括本章介绍的线性滤波和第 15 章中讨论的谱分析。Brigham(1988)中简要介绍了 DFT 及其在频率分析中的应用。

本章还介绍了短时傅里叶变换和 DCT。Strang(1999)中从线性代数的角度探讨了 DCT。

习　题

7.1　一个实序列的 8 点 DFT 的前 5 个点为 $\{0.25, 0.125 - j0.3018, 0, 0.125 - j0.0518, 0\}$，求其余 3 个点。

7.2　计算如下序列的 8 点圆周卷积。

(a) $x_1(n) = \{1,1,1,1,0,0,0,0\}$，$x_2(n) = \sin\dfrac{3\pi}{8}n$，$0 \leqslant n \leqslant 7$。

(b) $x_1(n) = \left(\dfrac{1}{4}\right)^n$，$x_2(n) = \cos\dfrac{3\pi}{8}n$，$0 \leqslant n \leqslant 7$。

(c) 利用 $x_1(n)$ 和 $x_2(n)$ 的 DFT 计算两个圆周卷积序列的 DFT。

7.3　令 $X(k)$，$0 \leqslant k \leqslant N-1$ 是序列 $x(n)$，$0 \leqslant n \leqslant N-1$ 的 N 点 DFT。定义

$$\hat{X}(k) = \begin{cases} X(k), & 0 \leqslant k \leqslant k_c, N-k_c \leqslant k \leqslant N-1 \\ 0, & k_c < k < N-k_c \end{cases}$$

计算 $\hat{X}(k)$，$0 \leqslant k \leqslant N-1$ 的 N 点逆 DFT。该处理对序列 $x(n)$ 产生什么影响？试解释原因。

7.4　对序列 $x_1(n) = \cos\dfrac{2\pi}{N}n$，$x_2(n) = \sin\dfrac{2\pi}{N}n$，$0 \leqslant n \leqslant N-1$，求 N 点：

(a) 圆周卷积 $x_1(n) \, \text{Ⓝ} \, x_2(n)$。　　　　**(b)** $x_1(n)$ 与 $x_2(n)$ 的圆周相关。

(c) $x_1(n)$ 的圆周自相关。　　　　　　　　**(d)** $x_2(n)$ 的圆周自相关。

7.5　对于如下的两个序列，计算 $\displaystyle\sum_{n=0}^{N-1} x_1(n)x_2(n)$。

(a) $x_1(n) = x_2(n) = \cos\dfrac{2\pi}{N}n$，$0 \leqslant n \leqslant N-1$

(b) $x_1(n) = \cos\dfrac{2\pi}{N}n$，$x_2(n) = \sin\dfrac{2\pi}{N}n$，$0 \leqslant n \leqslant N-1$

(c) $x_1(n) = \delta(n) + \delta(n-8)$，$x_2(n) = u(n) - u(n-N)$

7.6　计算布莱克曼窗 $w(n) = 0.42 - 0.5\cos\dfrac{2\pi n}{N-1} + 0.08\cos\dfrac{4\pi n}{N-1}$，$0 \leqslant n \leqslant N-1$ 的 N 点 DFT。

7.7　如果 $X(k)$ 是序列 $x(n)$ 的 DFT，求序列

$$x_c(n) = x(n)\cos\dfrac{2\pi k_0 n}{N}, \; 0 \leqslant n \leqslant N-1 \quad \text{和} \quad x_s(n) = x(n)\sin\dfrac{2\pi k_0 n}{N}, \quad 0 \leqslant n \leqslant N-1$$

的 N 点 DFT［结果用 $X(k)$ 表示］。

7.8　用式（7.2.39）中的时域公式求序列 $x_1(n) = \{1,2,3,1\}$ 和 $x_2(n) = \{4,3,2,2\}$ 的圆周卷积。

7.9　用 4 点 DFT 和 IDFT 求序列 $x_3(n) = x_1(n) \, \text{Ⓝ} \, x_2(n)$，其中 $x_1(n)$ 与 $x_2(n)$ 是习题 7.8 中给出的序列。

7.10　计算 N 点序列 $x(n) = \cos\dfrac{2\pi k_0 n}{N}$，$0 \leqslant n \leqslant N-1$ 的能量。

7.11　给定序列 $x(n) = \begin{cases} 1, & 0 \leqslant n \leqslant 3 \\ 0, & 4 \leqslant n \leqslant 7 \end{cases}$ 的 8 点 DFT，计算如下序列的 DFT。

(a) $x_1(n) = \begin{cases} 1, & n = 0 \\ 0, & 1 \leqslant n \leqslant 4 \\ 1, & 5 \leqslant n \leqslant 7 \end{cases}$　　　　　　　**(b)** $x_2(n) = \begin{cases} 0, & 0 \leqslant n \leqslant 1 \\ 1, & 2 \leqslant n \leqslant 5 \\ 0, & 6 \leqslant n \leqslant 7 \end{cases}$

7.12　考虑有限长序列 $x(n) = \{0,1,2,3,4\}$。

(a) 画出其 6 点 DFT 为 $S(k) = W_2^* X(k)$，$k = 0,1,\cdots,6$ 的序列 $s(n)$。

(b) 求其 6 点 DFT 为 DFT $Y(k) = \Re|X(k)|$ 的序列 $y(n)$。

(c) 求其 6 点 DFT 为 DFT $V(k) = \Im|X(k)|$ 的序列 $v(n)$。

7.13 令 $x_p(n)$ 是基本周期为 N 的周期序列。考虑如下 DFT：

$$x_p(n) \xleftarrow[N]{\text{DET}} X_1(k), \quad x_p(n) \xleftarrow[3N]{\text{DET}} X_3(k)$$

(a) $X_1(k)$ 与 $X_3(k)$ 是什么关系？

(b) 利用序列 $x_p(n) = \{\cdots, 1, 2, 1, \underset{\uparrow}{2}, 1, 2, 1, 2, \cdots\}$ 验证(a)问的结果。

7.14 考虑序列 $x_1(n) = \{\underset{\uparrow}{0}, 1, 2, 3, 4\}$，$x_2(n) = \{\underset{\uparrow}{0}, 1, 0, 0, 0\}$，$s(n) = \{\underset{\uparrow}{1}, 0, 0, 0, 0\}$ 及其 5 点 DFT。

(a) 求序列 $y(n)$，使得 $Y(k) = X_1(k)X_2(k)$。

(b) 是否存在序列 $x_3(n)$，使得 $S(k) = X_1(k)X_3(k)$？

7.15 考虑系统函数为 $H(z) = \dfrac{1}{1 - 0.5z^{-1}}$ 的因果线性时不变系统，已知 $0 \leqslant n \leqslant 63$ 时系统的输出为 $y(n)$。假定 $H(z)$ 存在，能否给出一种 64 点 DFT 方法恢复序列 $x(n), 0 \leqslant n \leqslant 63$？能否恢复 $x(n)$ 在这个区间内的所有值？

7.16 一个线性时不变系统的冲激响应为 $h(n) = \delta(n) - 1/4\delta(n - k_0)$。为了求逆系统的冲激响应 $g(n)$，某工程师首先计算 $h(n)$ 的 N 点 DFT $H(k)$，$N = 4k_0$，然后将 $g(n)$ 定义为 $G(k) = 1/H(k)$，$k = 0, 1, 2, \cdots, N-1$ 的 IDFT。求 $g(n)$ 和卷积 $h(n)*g(n)$，讨论冲激响应为 $g(n)$ 的系统是否冲激响应为 $h(n)$ 的系统的逆系统。

7.17 求信号 $x(n) = \{1,1,1,1,1,1,0,0\}$ 的 8 点 DFT 并画出其幅度和相位。

7.18 一个频率响应为 $H(\omega)$ 的线性时不变系统被周期输入 $x(n) = \displaystyle\sum_{k=-\infty}^{\infty} \delta(n - kN)$ 激励，假设要计算输出序列的样本 $y(n), 0 \leqslant n \leqslant N-1$ 的 N 点 DFT $Y(k)$，$Y(k)$ 如何与 $H(\omega)$ 相关联？

7.19 **具有特殊对称性的实序列的 DFT。**

(a) 利用 7.2 节的对称性（特别是分解性质），解释如何仅用一个 N 点 DFT 同时计算两个实对称（偶）序列及两个实反对称（奇）序列的 DFT。

(b) 有 4 个实对称序列 $x_i(n), i = 1,2,3,4$ $[x_i(n) = x_i(N-n), 0 \leqslant n \leqslant N-1]$，证明 $s_i(n) = x_i(n+1) - x_i(n-1)$ 是反对称序列 $[s_i(n) = -s_i(N-n)$ 且 $s_i(0) = 0]$。

(c) 用 $x_1(n)$，$x_2(n)$，$s_3(n)$ 和 $s_4(n)$ 构建序列 $x(n)$，说明如何由 $x(n)$ 的 N 点 DFT $X(k)$ 计算 $x_i(n)$ 的 DFT $X_i(k)$，$i = 1, 2, 3, 4$。

(d) 是否存在无法由 $X(k)$ 恢复的 $X_i(k)$ 的样本？

7.20 **只有奇次谐波的实序列的 DFT。** 令 $x(n)$ 是 N 点实序列，其 N 点 DFT 为 $X(k)$（N 为偶数）。此外，$x(n)$ 满足对称性 $x\left(n + \dfrac{N}{2}\right) = -x(n), n = 0,1,\cdots,\dfrac{N}{2}-1$，即序列的上半部分由下半部分取负值得到。

(a) 证明 $X(k) = 0$，k 为偶数，即序列的谱只有奇次谐波。

(b) 证明计算原序列 $x(n)$ 的一个复调制形式的 $N/2$ 点 DFT，就可计算该奇次谐波谱的值。

7.21 令 $x_a(t)$ 是带宽为 $B = 3\text{kHz}$ 的一个模拟信号。我们希望利用 $N = 2^m$ 点 DFT 来计算该信号的谱，且分辨率小于或等于 50Hz。求**(a)**最小采样率，**(b)**所需的最少样本数，**(c)**模拟信号记录的最小长度。

7.22 考虑频率 $f_0 = 1/10$ 且基本周期 $N = 10$ 的周期序列

$$x_p(n) = \cos\frac{2\pi}{N}n, \quad -\infty < n < \infty$$

求序列 $x(n) = x_p(n), 0 \leqslant n \leqslant N-1$ 的 10 点 DFT。

7.23 计算如下信号的 N 点 DFT：

(a) $x(n) = \delta(n)$

(b) $x(n) = \delta(n - n_0), 0 < n_0 < N$

(c) $x(n) = a^n, 0 \leqslant n \leqslant N-1$

(d) $x(n) = \begin{cases} 1, & 0 \leqslant n \leqslant N/2 - 1 \quad (N \text{ 为偶数}) \\ 0, & N/2 \leqslant n \leqslant N-1 \end{cases}$

(e) $x(n) = e^{j(2\pi/N)k_0 n}, 0 \leqslant n \leqslant N-1$

(f) $x(n) = \cos\dfrac{2\pi}{N}k_0 n, 0 \leqslant n \leqslant N-1$

(g) $x(n) = \sin\dfrac{2n}{N}k_0 n, \quad 0 \leqslant n \leqslant N-1$

(h) $x(n) = \begin{cases} 1, & n \text{ 为偶数} \\ 0, & n \text{ 为奇数}, \quad 0 \leqslant n \leqslant N-1 \end{cases}$

7.24 考虑有限长信号 $x(n) = \{1, 2, 3, 1\}$。

(a) 通过显式地求解由 IDFT 公式定义的 4×4 线性方程组，计算该信号的 4 点 DFT。

(b) 利用定义，通过计算 4 点 DFT 验证(a)问的答案的正确性。

7.25 **(a)** 求信号 $x(n) = \{1, 2, 3, 2, 1, 0\}$ 的傅里叶变换 $X(\omega)$。

(b) 计算信号 $v(n) = \{3, 2, 1, 0, 1, 2\}$ 的 6 点 DFT $V(k)$。

(c) $X(\omega)$ 与 $V(k)$ 之间是否存在关系？

7.26 证明恒等式 $\sum\limits_{l=-\infty}^{\infty} \delta(n + lN) = \dfrac{1}{N} \sum\limits_{k=0}^{N-1} e^{j(2\pi/N)kn}$。（提示：求出等式左边周期信号的 DFT。）

7.27 使用 DFT 计算奇次和偶次谐波。令 $x(n)$ 是一个 N 点序列，其 N 点 DFT 为 $X(k)$（N 为偶数）。

(a) 考虑时间混叠序列

$$y(n) = \begin{cases} \sum\limits_{l=-\infty}^{\infty} x(n + lM), & 0 \leqslant n \leqslant M-1 \\ 0, & \text{其他} \end{cases}$$

$y(n)$ 的 M 点 DFT $Y(k)$ 与 $x(n)$ 的傅里叶变换 $X(\omega)$ 的关系是怎样的？

(b) 令

$$y(n) = \begin{cases} x(n) + x\left(n + \dfrac{N}{2}\right), & 0 \leqslant n \leqslant N-1 \\ 0, & \text{其他} \end{cases} \qquad \text{和} \qquad y(n) \xleftarrow{\ \text{DET}\ }_{N/2} Y(k)$$

证明 $X(k) = Y(k/2)$，$k = 2, 4, \cdots, N-2$。

(c) 利用(a)问和(b)问中的结果，用 $N/2$ 点 DFT 推导计算 $X(k)$ 的奇次谐波的过程。

计算机习题

CP7.1 考虑信号 $x_1(n) = (0.9)^n \cos(0.2\pi n)$, $0 \leqslant n \leqslant 50$ 和 $x_2(n) = \cos(0.5\pi n)$, $0 \leqslant n \leqslant 60$。

(a) 画出 $x_1(n)$ 和 $x_2(n)$。

(b) 使用 DFT 计算 $x_1(n)$ 和 $x_2(n)$ 的线性卷积。选择 DFT 和 IDFT 的大小 N，使得 $N \leqslant L$，其中 L 是序列 $y(n) = x_1(n) * x_2(n)$ 的长度，画出 $y(n)$。

CP7.2 考虑序列 $x_1(n) = 5\cos(0.3\pi n)[u(n) - u(n-20)]$ 和 $x_2(n) = 5(2^n)[u(n) - u(n-20)]$。

(a) 使用 DFT 与 IDFT 计算这两个序列的圆周卷积 $y(n)$。

(b) 画出 $0 \leqslant n \leqslant 20$ 时的 $x_1(n), x_2(n)$ 和 $y(n)$。

CP7.3 考虑离散时间信号 $x(n) = (0.8)^n[u(n) - u(n-20)]$。

(a) 求 $x(n)$ 的 z 变换。

(b) 由此 z 变换求 $x(n)$ 的谱 $X(\omega)$，在频率 $\omega_k = (2\pi/100)k$, $-50 \leqslant k \leqslant 50$ 处对 $X(\omega)$ 采样并画出 $|X(\omega)|$ 与 $\angle X(\omega)$。

(c) 采用补零方式将 $x(n)$ 的长度扩展到 100 点，计算所得序列的 $N = 100$ 点 DFT。画出 $-50 \leqslant k \leqslant 50$ 时 DFT $X(k) = X(\frac{2\pi}{N}k)$ 的幅度和相位，并将结果与(b)问得到的 $X(\omega)$ 进行比较。

CP7.4 模拟信号 $x_a(t) = 10\sin(4\pi t) + 5\cos(8\pi t)$ 以采样率 $F_s = 100$ 个样本/秒采样，得到序列 $x(n), 0 \leqslant n \leqslant N-1$。

一个 N 点 DFT 用来描述 $x_a(t)$ 的谱。

(a) 从下列 N 值中选择能准确估计 $x_a(t)$ 的谱的那个值。对 $N = 40, 50, 60$ 画出 $0 \leqslant k \leqslant N-1$ 范围内 DFT 序列 $X(k)$ 的幅度和相位。

(b) 从下列 N 值中选择在 $x_a(t)$ 的谱中产生最少泄露的那个值。对 $N = 90, 95, 99$ 画出 DFT 序列 $X(k)$ 的幅度与相位。

CP7.5 频域采样。考虑下面的离散时间信号：

$$x(n) = \begin{cases} a^{|n|}, & |n| \leqslant L \\ 0, & |n| > L \end{cases}$$

式中，$a = 0.95$，$L = 10$。

(a) 计算并画出信号 $x(n)$。

(b) 证明

$$X(\omega) = \sum_{n=-\infty}^{+\infty} x(n)\mathrm{e}^{-\mathrm{j}\omega n} = x(0) + 2\sum_{n=1}^{L} x(n)\cos\omega n$$

计算 $\omega = \pi k/100$，$k = 0, 1, \cdots, 100$ 处的 $X(\omega)$ 并画出其图形。

(c) 计算 $N = 30$ 时的

$$c_k = \frac{1}{N} X\left(\frac{2\pi}{N}k\right), \quad k = 0, 1, \cdots, N-1$$

(d) 求并画出信号

$$\tilde{x}(n) = \sum_{k=0}^{N-1} c_k \mathrm{e}^{\mathrm{j}(2\pi/N)kn}$$

信号 $x(n)$ 与 $\tilde{x}(n)$ 之间是什么关系？

(e) 求并画出 $N = 30$ 时的信号 $\tilde{x}_1(n) = \sum_{l=-\infty}^{+\infty} x(n-lN)$，$-L \le n \le L$。对信号 $\tilde{x}(n)$ 与 $\tilde{x}_1(n)$ 进行比较。

(f) 对 $N = 15$ 重做(c)问到(e)问。

CP7.6 频域采样。信号 $x(n) = a^{|n|}$，$-1 < a < 1$ 的傅里叶变换为

$$X(\omega) = \frac{1-a^2}{1-2a\cos\omega + a^2}$$

(a) 画出 $0 \le \omega \le 2\pi$，$a = 0.8$ 时的 $X(\omega)$。

(b) 对 $N = 20$ 和 $N = 100$ 由样本 $X(2\pi k/N)$，$0 \le k \le N-1$ 重建 $X(\omega)$ 并画出其图形。

(c) 将(a)问和(b)问中的谱与原谱 $X(\omega)$ 进行比较，并解释存在的差异。

(d) 说明当 $N = 20$ 时的时域混叠。

CP7.7 调幅离散时间信号的频率分析。离散时间信号

$$x(n) = \cos 2\pi f_1 n + \cos 2\pi f_2 n$$

式中，$f_1 = 1/18$ 和 $f_2 = 5/128$，调制载波

$$x_c(n) = \cos 2\pi f_c n$$

的振幅，其中 $f_c = 50/128$。得到的调幅信号为

$$x_{\mathrm{am}}(n) = x(n)\cos 2\pi f_c n$$

(a) 画出信号 $x(n)$，$x_c(n)$ 与 $x_{\mathrm{am}}(n)$，$0 \le n \le 255$。

(b) 求并画出信号 $x_{\mathrm{am}}(n)$，$0 \le n \le 127$ 的 128 点 DFT。

(c) 求并画出信号 $x_{\mathrm{am}}(n)$，$0 \le n \le 99$ 的 128 点 DFT。

(d) 求并画出信号 $x_{\mathrm{am}}(n)$，$0 \le n \le 179$ 的 256 点 DFT。

(e) 推导调幅信号的谱，并将它与实验结果进行比较，解释(b)问到(d)问中的结果。

CP7.8 图 CP7.8 中的锯齿波可用傅里叶级数表示为

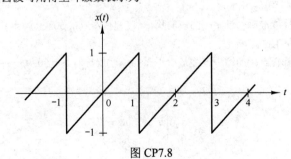

图 CP7.8

$$x(t) = \frac{2}{\pi}\left(\sin \pi t - \frac{1}{2}\sin 2\pi t + \frac{1}{3}\sin 3\pi t - \frac{1}{4}\sin 4\pi t + \cdots \right)$$

(a) 求傅里叶级数系数 c_k。

(b) 对于 $N = 64$ 和 $N = 128$，使用级数展开的前 6 项，用一个 N 点子程序产生该信号在时域中的样本，画出信号 $x(t)$ 及得到的样本，并对结果进行讨论。

CP7.9 已知 $x(t) = e^{j\Omega_0 t}$ 的傅里叶变换为 $X(j\Omega) = 2\pi\delta(\Omega - \Omega_0)$，而

$$p(t) = \begin{cases} 1, & 0 \leqslant t \leqslant T_0 \\ 0, & \text{其他} \end{cases}$$

的傅里叶变换为 $P(j\Omega) = T_0 \dfrac{\sin \Omega T_0/2}{\Omega T_0/2} e^{-j\Omega T_0/2}$。

(a) 求 $y(t) = p(t)e^{j\Omega_0 t}$ 的傅里叶变换 $Y(j\Omega)$，并以 Ω 为横坐标画出 $|Y(j\Omega)|$。

(b) 考虑指数序列 $x(n) = e^{j\omega_0 n}$，其中 ω_0 是范围 $0 < \omega_0 < \pi$ 内的某个任意频率。$x(n)$ 是一个周期为 P 的周期序列（P 为正整数）时，ω_0 必须满足的一般条件是什么？

(c) 令 $y(n)$ 是有限长序列

$$y(n) = x(n)w_N(n) = e^{j\omega_0 n} w_N(n)$$

式中，$w_N(n)$ 是一个长度为 N 的有限长矩形序列，$x(n)$ 不需要是周期的。求 $Y(\omega)$ 并画出 $|Y(\omega)|$，$0 \leqslant \omega \leqslant 2\pi$。$N$ 对 $|Y(\omega)|$ 有什么影响？简要评论 $|Y(\omega)|$ 与 $Y(j\Omega)$ 的异同。

(d) 假设

$$x(n) = 2^{j(2\pi/P)n}, \quad P \text{ 是一个正整数} \quad \text{和} \quad y(n) = w_N(n)x(n)$$

式中，$N = lP$，l 是一个正整数。求并画出 $y(n)$ 的 N 点 DFT。将答案与 $|Y(\omega)|$ 的特性关联起来。

(e) (d)问中 DFT 的频率采样是否能由 DFT 序列的幅度 $|Y(k)|$ 直接得到 $|Y(\omega)|$ 的粗略近似？若不能，解释如何增加采样才能由合适的序列 $|Y(k)|$ 得到 $|Y(\omega)|$ 的草图。

CP7.10 推导一种算法，如 7.6.1 节和 7.6.2 节所述，用 DFT 计算离散余弦变换。

CP7.11 使用 CP7.10 生成的算法重做例 7.6.2。

CP7.12 用信号 $x(n) = a^n \cos(2\pi f_0 n + \phi)$ 重做例 7.6.2，其中 $a = 0.9$，$f_0 = 0.05$，$N = 32$。

CP7.13 滑动 DFT。考虑一个实时信号处理应用，在该应用中对序列 $x(n)$, $n = 0, 1, 2, \cdots$ 的前 N 个点 $x(0)$, $x(1), \cdots, x(N-1)$ 计算 DFT。收到下一个信号点 $x(N)$ 时，丢弃第一个信号点 $x(0)$，重新计算新数据序列 $x(1), x(2), \cdots, x(N)$ 的 N 点 DFT。接收到每个新信号点时，继续该过程。

(a) 推导一个算法，基于之前的 DFT 计算新 DFT。

(b) 当 $a = 0.98$ 时，使用数据序列

$$x(n) = e^{-at}\cos(\pi n/2), \quad n = 0,1,\cdots$$

和一个 8 点 DFT 验证你的算法是可行的。

(c) 将(a)问中的计算过程推广到对每个新 DFT 增加 m 个新信号样本的情况。

(d) 当 $m = 3$ 时，使用(c)问中推导的计算过程重做(b)问。

(e) 求(a)问和(c)问中用来计算新 DFT 的算法所需的乘法和加法数量。

CP7.14 使用 DFT 的带限内插。编写一段程序实现式（7.4.12）和式（7.4.13）。

(a) 使用式（7.4.14）中 $x_a(t)$ 的信号序列，对 $x_a(t)$ 以 $T = 1$ 秒采样，产生序列 $x(n) = x(nT)$, $n = 0,1,\cdots,32$。使用因子 $D = 4$ 产生 $N = 8$ 点序列 $x_d(n) = x(4n)$, $n = 0, 1, 2, \cdots, 7$ 并计算其 DFT。

(b) 使用你的程序计算 DFT $Y(k)$ 及其 IDFT，如图 7.4.6 那样画出结果。

(c) 研究违反条件 $Y(k) = X(k)/2$, $k = N/2$ 时所发生的事情，画出序列 $y(n)$ 以说明你的结果。

第8章　DFT 的高效计算：FFT 算法

如第 7 章所述，离散傅里叶变换（DFT）在许多数字信号处理应用（包括线性滤波、相关分析和谱分析）中有着重要的作用，主要原因是出现了计算 DFT 的高效算法。

本章介绍计算 DFT 的两种高效算法。第一种算法是分治法，它将大小为 N（N 为复数）的 DFT 的计算简化为多个小 DFT 的计算。我们还将介绍一种称为**快速傅里叶变换（FFT）**的重要算法，它计算 N 为 2 或 4 的幂时的 DFT。

第二种算法基于 DFT 的公式，对数据执行线性滤波运算。这种算法引出了两种算法，即戈泽尔（Goertzel）算法和线性调频 z 变换算法，它们通过数据序列的线性滤波来计算 DFT。

8.1　DFT 的高效计算：FFT 算法

本节介绍高效计算 DFT 的几种方法。鉴于 DFT 在各种数字信号处理应用（如线性滤波、相关分析和谱分析）中的重要性，高效计算受到了数学家、工程师和应用科学家的高度关注。

本质上说，DFT 的计算问题是，在已知长度为 N 的数据序列 $\{x(n)\}$ 的情况下，按照公式

$$X(k) = \sum_{n=0}^{N-1} x(n) W_N^{kn}, \quad 0 \leqslant k \leqslant N-1 \tag{8.1.1}$$

计算由 N 个复数组成的序列 $\{X(k)\}$，其中

$$W_N = e^{-j2\pi/N} \tag{8.1.2}$$

一般来说，还假设数据序列 $x(n)$ 是复的。

类似地，IDFT 变成

$$x(n) = \frac{1}{N} \sum_{k=0}^{N-1} X(k) W_N^{-nk}, \quad 0 \leqslant n \leqslant N-1 \tag{8.1.3}$$

因为 DFT 和 IDFT 基本上涉及相同类型的计算，所以我们对 DFT 高效计算算法的讨论同样适用于 IDFT 的高效计算。

观察发现，对于 k 的每个值，直接计算 $X(k)$ 需要 N 次复数乘法（$4N$ 次实数乘法）和 $N-1$ 次复数加法（$4N-2$ 次实数加法）。于是，计算 DFT 的全部 N 个值需要 N^2 次复数乘法和 $N^2 - N$ 次复数加法。

直接计算 DFT 的效率很低，主要原因是它没有利用相位因子 W_N 的对称性和周期性：

$$对称性：\quad W_N^{k+N/2} = -W_N^k \tag{8.1.4}$$

$$周期性：\quad W_N^{k+N} = W_N^k \tag{8.1.5}$$

本节讨论的高效算法统称**快速傅里叶变换（FFT）**算法，它利用了相位因子的这两个基本性质。

8.1.1　直接计算 DFT

一个 N 点复序列 $x(n)$ 的 DFT 为

$$X_R(k) = \sum_{n=0}^{N-1} \left[x_R(n) \cos\frac{2\pi kn}{N} + x_I(n) \sin\frac{2\pi kn}{N} \right] \tag{8.1.6}$$

$$X_{\mathrm{I}}(k) = -\sum_{n=0}^{N-1}\left[x_{\mathrm{R}}(n)\sin\frac{2\pi kn}{N} - x_{\mathrm{I}}(n)\cos\frac{2\pi kn}{N} \right] \qquad (8.1.7)$$

直接计算式（8.1.6）与式（8.1.7）需要：

1. $2N^2$ 次三角函数计算。
2. $4N^2$ 次实数乘法。
3. $4N(N-1)$ 次实数加法。
4. 许多索引与寻址运算。

这些运算是 DFT 算法的典型运算。第 2 项和第 3 项中的运算产生 DFT 值 $X_{\mathrm{R}}(k)$ 和 $X_{\mathrm{I}}(k)$。索引和寻址运算对于取数据 $x(n),0 \leqslant n \leqslant N-1$、相位因子以及存储结果是必要的。不同的 DFT 算法采用不同的方式来优化计算过程。

8.1.2　分治法计算 DFT

采用分治法能得到高效计算 DFT 的算法。这种方法将 N 点 DFT 分解为多个小 DFT，因此引出了一系列高效算法，统称 **FFT 算法**。

为了说明基本记号，下面首先计算 N 点 DFT，其中 N 可分解为两个整数的积，即

$$N = LM \qquad (8.1.8)$$

N 不是质数的假设不是限制性的，因为可对任何序列补零来保证形如式（8.1.8）的因式分解。

现在，序列 $x(n),0 \leqslant n \leqslant N-1$ 可以存储在以 n 为序号的一个一维数组中，或者存储在以 l 和 m 为序号的一个二维数组中，其中 $0 \leqslant l \leqslant L-1$，$0 \leqslant m \leqslant M-1$，如图 8.1.1 所示。注意，$l$ 是行序号，m 是列序号。于是，序列 $x(n)$ 就可以不同方式存储在一个矩形数组中，具体以哪种方式存在则取决于序号 n 到序号 (l, m) 的映射。

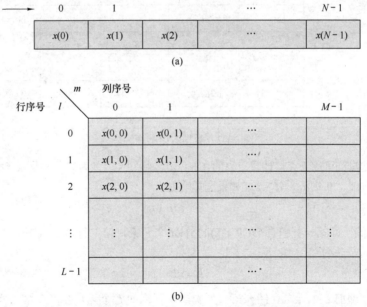

图 8.1.1　存储序列 $x(n),0 \leqslant n \leqslant N-1$ 的二维数据数组

例如，假设我们选择映射

$$n = Ml + m \qquad (8.1.9)$$

这将导致一种排列，在这种排列中，第一行由 $x(n)$ 的前 M 个元素组成，第二行由接下来的 M 个元素组成，以此类推，如图 8.1.2(a)所示。另一方面，映射

$$n = l + mL \tag{8.1.10}$$

将 $x(n)$ 的前 L 个元素存储在第一列中，将接下来的 L 个元素存储在第二列中，以此类推，如图 8.1.2(b)所示。

按行排列　　　$n = Ml + m$

l \ m	0	1	2	$\cdots$	$M-1$
0	$x(0)$	$x(1)$	$x(2)$	$\cdots$	$x(M-1)$
1	$x(M)$	$x(M+1)$	$x(M+2)$	$\cdots$	$x(2M-1)$
2	$x(2M)$	$x(2M+1)$	$x(2M+2)$	$\cdots$	$x(3M-1)$
$\vdots$	$\vdots$	$\vdots$	$\vdots$	$\ddots$	$\vdots$
$L-1$	$x((L-1)M)$	$x((L-1)M+1)$	$x((L-1)M+2)$	$\cdots$	$x(LM-1)$

(a)

按列排列　　　$n = l + mL$

l \ m	0	1	2	$\cdots$	$M-1$
0	$x(0)$	$x(L)$	$x(2L)$	$\cdots$	$x((M-1)L)$
1	$x(1)$	$x(L+1)$	$x(2L+1)$	$\cdots$	$x((M-1)L+1)$
2	$x(2)$	$x(L+2)$	$x(2L+2)$	$\cdots$	$x((M-1)L+2)$
$\vdots$	$\vdots$	$\vdots$	$\vdots$	$\ddots$	$\vdots$
$L-1$	$x(L-1)$	$x(2L-1)$	$x(3L-1)$	$\cdots$	$x(LM-1)$

(b)

图 8.1.2　数据数组的两种排列

一个类似的排列可用于存储计算出来的 DFT 值。特别地，映射是从序号 k 到序号对 (p,q) 的，其中 $0 \leqslant p \leqslant L-1$，$0 \leqslant q \leqslant M-1$。如果选择映射

$$k = Mp + q \tag{8.1.11}$$

则 DFT 逐行存储，即第一行包含 DFT $X(k)$ 的前 M 个元素，第二行包含接下来的 M 个元素，以此类推。另一方面，映射

$$k = qL + p \tag{8.1.12}$$

逐列存储 $X(k)$，即前 L 个元素存储在第一列中，接下来的 L 个元素存储在第二列中，以此类推。

下面假设 $x(n)$ 被映射到矩形数组 $x(l, m)$，$X(k)$ 被映射到对应的矩形数组 $X(p, q)$，则 DFT 可以表示为矩形数组的元素与对应相位因子乘积的两次求和。具体地说，对 $x(n)$ 采用式（8.1.10）给出的逐列映射，而对 DFT 采用式（8.1.11）给出的逐行映射。于是，有

$$X(p,q) = \sum_{m=0}^{M-1} \sum_{l=0}^{L-1} x(l,m) W_N^{(Mp+q)(mL+l)} \qquad (8.1.13)$$

式中，

$$W_N^{(Mp+q)(mL+l)} = W_N^{MLmp} W_N^{mLq} W_N^{Mpl} W_N^{lq} \qquad (8.1.14)$$

而 $W_N^{Nmp} = 1$，$W_N^{mqL} = W_{N/L}^{mq} = W_M^{mq}$，$W_N^{Mpl} = W_{N/M}^{pl} = W_L^{pl}$，于是式（8.1.13）就简化为

$$X(p,q) = \sum_{l=0}^{L-1} \left\{ W_N^{lq} \left[\sum_{m=0}^{M-1} x(l,m) W_M^{mq} \right] \right\} W_L^{lp} \qquad (8.1.15)$$

式（8.1.15）中的表达式涉及长度为 M 的 DFT 计算和长度为 L 的 DFT 计算。为此，我们将计算细分为如下三个步骤。

1. 首先，对每行 $l = 0,1,\cdots,L-1$ 计算 M 点 DFT：

$$F(l,q) \equiv \sum_{m=0}^{M-1} x(l,m) W_M^{mq}, \qquad 0 \leq q \leq M-1 \qquad (8.1.16)$$

2. 然后，计算一个新矩形数组 $G(l,q)$，

$$G(l,q) = W_N^{lq} F(l,q), \qquad \begin{array}{l} 0 \leq l \leq L-1 \\ 0 \leq q \leq M-1 \end{array} \qquad (8.1.17)$$

3. 最后，对数组 $G(l,q)$ 的每列 $q = 0,1,\cdots,M-1$ 计算 L 点 DFT：

$$X(p,q) = \sum_{l=0}^{L-1} G(l,q) W_L^{lp} \qquad (8.1.18)$$

表面上看，上述计算过程要比直接计算 DFT 复杂，但事实并非如此。下面分析式（8.1.15）的计算复杂度。第一步是计算 L 个 M 点 DFT，需要 LM^2 次复数乘法和 $LM(M-1)$ 次复数加法；第二步需要 LM 次复数乘法；第三步需要 ML^2 次复数乘法和 $ML(L-1)$ 次复数加法。因此，计算复杂度为

$$\begin{array}{ll} \text{复数乘法:} & N(M+L+1) \\ \text{复数加法:} & N(M+L-2) \end{array} \qquad (8.1.19)$$

式中，$N = ML$。于是，乘法次数从 N^2 降至 $N(M+L+1)$，加法次数从 $N(N-1)$ 降至 $N(M+L-2)$。

例如，设 $N = 1000$，并选择 $L = 2$ 和 $M = 500$。于是，替代直接计算 DFT 的 10^6 次复数乘法，该方法只需要 503000 次复数乘法，复数乘法次数减少了近 1/2，复数加法的次数也减少了近 1/2。

当 N 为合数时，即当 N 能够分解为多个质数的乘积时：

$$N = r_1 r_2 \cdots r_v \qquad (8.1.20)$$

上面的分解就要多重复 $(v-1)$ 次。该过程得到多个小 DFT，进而得到更高效的算法。

总之，该过程首先将序列 $x(n)$ 分割成一个每列有 L 个元素的 M 列矩形数组，得到大小为 L 和 M 的 DFT。数据的进一步分解实际上涉及将每行（或每列）分割成多个更短的矩形数组，进而得到更短的 DFT。当 N 分解为质因子时，停止该过程。

【**例 8.1.1**】为了说明这个计算过程，下面计算一个 $N = 15$ 点 DFT。因为 $N = 5 \times 3 = 15$，我们选择 $L = 5$ 和 $M = 3$。换言之，我们将 15 点序列 $x(n)$ 逐列存储如下：

$$\begin{array}{llll} \text{行1:} & x(0,0) = x(0) & x(0,1) = x(5) & x(0,2) = x(10) \\ \text{行2:} & x(1,0) = x(1) & x(1,1) = x(6) & x(1,2) = x(11) \\ \text{行3:} & x(2,0) = x(2) & x(2,1) = x(7) & x(2,2) = x(12) \end{array}$$

行4: $x(3,0) = x(3)$ $x(3,1) = x(8)$ $x(3,2) = x(13)$

行5: $x(4,0) = x(4)$ $x(4,1) = x(9)$ $x(4,2) = x(14)$

现在计算 5 行的 3 点 DFT，得到下面的 5×3 数组：

$$
\begin{array}{ccc}
F(0,0) & F(0,1) & F(0,2) \\
F(1,0) & F(1,1) & F(1,2) \\
F(2,0) & F(2,1) & F(2,2) \\
F(3,0) & F(3,1) & F(3,2) \\
F(4,0) & F(4,1) & F(4,2)
\end{array}
$$

接着将 $F(l, q)$ 乘以相位因子 $W_N^{lq} = W_{15}^{lq}$，$0 \leqslant l \leqslant 4$ 和 $0 \leqslant q \leqslant 2$，得到 5×3 数组：

$$
\begin{array}{ccc}
列1 & 列2 & 列3 \\
G(0,0) & G(0,1) & G(0,2) \\
G(1,0) & G(1,1) & G(1,2) \\
G(2,0) & G(2,1) & G(2,2) \\
G(3,0) & G(3,1) & G(3,2) \\
G(4,0) & G(4,1) & G(4,2)
\end{array}
$$

最后对 3 列中的每列计算 5 点 DFT，得到如下 DFT 值：

$$
\begin{array}{ccc}
X(0,0) = X(0) & X(0,1) = X(1) & X(0,2) = X(2) \\
X(1,0) = X(3) & X(1,1) = X(4) & X(1,2) = X(5) \\
X(2,0) = X(6) & X(2,1) = X(7) & X(2,2) = X(8) \\
X(3,0) = X(9) & X(3,1) = X(10) & X(3,2) = X(11) \\
X(4,0) = X(12) & X(4,1) = X(13) & X(4,2) = X(14)
\end{array}
$$

图 8.1.3 说明了计算中的各个步骤。

显然，以一维数组视角来观察分段数据序列和得到的 DFT 是有趣的。以二维数组形式输入序列 $x(n)$ 并以第 1 行至第 5 行的顺序读取输出 DFT $X(k)$，得到如下序列：

输入矩阵

$$x(0) \ x(5) \ x(10) \ x(1) \ x(6) \ x(11) \ x(2) \ x(7) \ x(12) \ x(3) \ x(8) \ x(13) \ x(4) \ x(9) \ x(14)$$

输出矩阵

$$X(0) \ X(1) \ X(2) \ X(3) \ X(4) \ X(5) \ X(6) \ X(7) \ X(8) \ X(9) \ X(10) \ X(11) \ X(12) \ X(13) \ X(14)$$

观察发现，在计算 DFT 的过程中，输入数据序列的自然序已被打乱，而输出序列则以自然序出现。在这种情况下，之所以要重排输入数据，是因为一维数组已分割为矩形数组及计算 DFT 的顺序。对数据序列或输出 DFT 的这种重排是大多数 FFT 算法的特征。

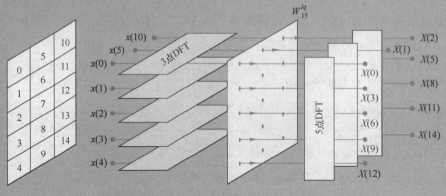

图 8.1.3   由 3 点和 5 点 DFT 计算 $N = 15$ 点 DFT

前面介绍的算法包括如下计算。

算法 1

1. 逐列存储信号。
2. 对每行信号计算 M 点 DFT。
3. 将得到的数组乘以相位因子 W_N^{lq}。
4. 计算每列信号的 L 点 DFT。
5. 逐行读出得到的数组。

如果将输入信号逐行存储，而将得到的变换逐列存储，则得到具有相似计算结构的另一种算法。在这种情况下，我们选择

$$
\begin{aligned}
n &= Ml + m \\
k &= qL + p
\end{aligned}
\tag{8.1.21}
$$

这样选择序号将得到计算 DFT 的如下公式：

$$
X(p,q) = \sum_{m=0}^{M-1}\sum_{l=0}^{L-1} x(l,m)W_N^{pm}W_L^{pl}W_M^{qm} = \sum_{m=0}^{M-1} W_M^{mq}\left[\sum_{l=0}^{L-1} x(l,m)W_L^{lp}\right]W_N^{mp}
\tag{8.1.22}
$$

于是，我们得到了第二种算法。

算法 2

1. 逐行存储信号。
2. 对每列信号计算 L 点 DFT。
3. 将得到数组乘以因子 W_N^{pm}。
4. 计算每列信号的 M 点 DFT。
5. 逐列读出得到的数组。

上面介绍的两种算法的复杂度相同，不同之处是计算顺序。下面几节利用分治法推导 DFT 的大小被限制为 2 或 4 的幂时的快速算法。

8.1.3 基 2 快速傅里叶变换算法

上一节介绍了基于分治法高效计算 DFT 的算法。这种方法适用于数据点数 N 不是质数时。当 N 为合数时，即 N 可被分解为 $N = r_1 r_2 r_3 \cdots r_v$ 时［其中 $\{r_j\}$ 是质数］，该方法尤其高效。

特别重要的一种情况是 $r_1 = r_2 = \cdots = r_v \equiv r$，此时 $N = r^v$。在这种情况下，DFT 的大小为 r，于是计算 N 点 DFT 就有一种常规模式。数字 r 称为 FFT 算法的基数。

本节介绍基 2 算法，它是目前应用最广泛的 FFT 算法。基 4 算法将在下一节中介绍。

下面通过由式（8.1.16）至式（8.1.18）给出的分治法来考虑 $N = 2^v$ 点 DFT 的计算问题。选择 $M = N/2$ 和 $L = 2$，这种选择的结果是将 N 点数据序列分成两个长度为 $N/2$ 的数据序列 $f_1(n)$ 和 $f_2(n)$，它们分别对应于 $x(n)$ 的奇数样本和偶数样本，即

$$
\begin{aligned}
f_1(n) &= x(2n) \\
f_2(n) &= x(2n+1), \qquad n = 0,1,\cdots,\frac{N}{2}-1
\end{aligned}
\tag{8.1.23}
$$

于是，$f_1(n)$ 与 $f_2(n)$ 是按因子 2 抽取 $x(n)$ 得到的，得到的 FFT 算法称为**按时间抽取算法**。

现在，N 点 DFT 可用抽取后的序列的 DFT 表示为

$$X(k) = \sum_{n=0}^{N-1} x(n) W_N^{kn}, \quad k = 0, 1, \cdots, N-1$$

$$= \sum_{n\text{为偶数}} x(n) W_N^{kn} + \sum_{n\text{为奇数}} x(n) W_N^{kn} \quad (8.1.24)$$

$$= \sum_{m=0}^{N/2-1} x(2m) W_N^{2mk} + \sum_{m=0}^{N/2-1} x(2m+1) W_N^{k(2m+1)}$$

将 $W_N^2 = W_{N/2}$ 代入上式，得

$$X(k) = \sum_{m=0}^{N/2-1} f_1(m) W_{N/2}^{km} + W_N^k \sum_{m=0}^{N/2-1} f_2(m) W_{N/2}^{km} \quad (8.1.25)$$

$$= F_1(k) + W_N^k F_2(k), \quad k = 0, 1, \cdots, N-1$$

式中，$F_1(k)$ 和 $F_2(k)$ 分别是序列 $f_1(m)$ 和 $f_2(m)$ 的 $N/2$ 点 DFT。

因此 $F_1(k)$ 与 $F_2(k)$ 是周期的，周期为 $N/2$，所以有 $F_1(k+N/2) = F_1(k)$ 和 $F_2(k+N/2) = F_2(k)$。此外，因子 $W_N^{k+N/2} = -W_N^k$，所以式（8.1.25）可以写为

$$X(k) = F_1(k) + W_N^k F_2(k), \quad k = 0, 1, \cdots, \frac{N}{2} - 1 \quad (8.1.26)$$

$$X\left(k + \frac{N}{2}\right) = F_1(k) - W_N^k F_2(k), \quad k = 0, 1, \cdots, \frac{N}{2} - 1 \quad (8.1.27)$$

观察发现，直接计算 $F_1(k)$ 和 $F_2(k)$ 都需要 $(N/2)^2$ 次复数乘法。此外，计算 $W_n^k F_2(k)$ 还需要额外的 $N/2$ 次复数乘法。因此，计算 $X(k)$ 共需要 $2(N/2)^2 + N/2 = N^2/2 + N/2$ 次复数乘法。第一步就将算法中的乘法次数从 N^2 降为 $N^2/2 + N/2$，当 N 很大时，乘法次数几乎会降低一半。

为了与前面的记号保持一致，我们定义

$$G_1(k) = F_1(k), \quad k = 0, 1, \cdots, \frac{N}{2} - 1$$

$$G_2(k) = W_N^k F_2(k), \quad k = 0, 1, \cdots, \frac{N}{2} - 1$$

则 DFT $X(k)$ 可以写为

$$X(k) = G_1(k) + G_2(k), \quad k = 0, 1, \cdots, \frac{N}{2} - 1$$

$$X\left(k + \frac{N}{2}\right) = G_1(k) - G_2(k), \quad k = 0, 1, \cdots, \frac{N}{2} - 1 \quad (8.1.28)$$

图 8.1.4 说明了该计算。

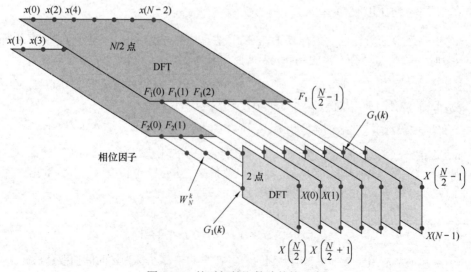

图 8.1.4 按时间抽取算法的第一步

执行时间抽取一次，就可对序列 $f_1(n)$ 和 $f_2(n)$ 重复该过程。于是，$f_1(n)$ 得到两个 $N/4$ 点序列：

$$v_{11}(n) = f_1(2n), \qquad n = 0,1,\cdots,\frac{N}{4}-1$$
$$v_{12}(n) = f_1(2n+1), \qquad n = 0,1,\cdots,\frac{N}{4}-1$$

（8.1.29）

$f_2(n)$ 得到

$$v_{21}(n) = f_2(2n), \qquad n = 0,1,\cdots,\frac{N}{4}-1$$
$$v_{22}(n) = f_2(2n+1), \qquad n = 0,1,\cdots,\frac{N}{4}-1$$

（8.1.30）

通过计算 $N/4$ 点 DFT，由关系

$$F_1(k) = V_{11}(k) + W_{N/2}^k V_{12}(k), \qquad k = 0,1,\cdots,\frac{N}{4}-1$$
$$F_1\left(k+\frac{N}{4}\right) = V_{11}(k) - W_{N/2}^k V_{12}(k), \qquad k = 0,1,\cdots,\frac{N}{4}-1$$

（8.1.31）

$$F_2(k) = V_{21}(k) + W_{N/2}^k V_{22}(k), \qquad k = 0,1,\cdots,\frac{N}{4}-1$$
$$F_2\left(k+\frac{N}{4}\right) = V_{21}(k) - W_{N/2}^k V_{22}(k), \qquad k = 0,1,\cdots,\frac{N}{4}-1$$

（8.1.32）

可得 $N/2$ 点 DFT $F_1(k)$ 和 $F_2(k)$，其中 $\{V_{ij}(k)\}$ 是序列 $\{v_{ij}(n)\}$ 的 $N/4$ 点 DFT。

观察发现，计算 $\{V_{ij}(k)\}$ 需要 $4(N/4)^2$ 次乘法，因此 $F_1(k)$ 和 $F_2(k)$ 的计算可用 $N^2/4 + N/2$ 次复数乘法完成。由 $F_1(k)$ 和 $F_2(k)$ 计算 $X(k)$ 还需要额外的 $N/2$ 次复数乘法。因此，总乘法次数就减少了约一半，即减少到 $N^2/4 + N$ 次。

数据序列的抽取可以不断重复，直到所得序列简化为 1 点序列。当 $N = 2^v$ 时，抽取可执行 $v = \text{lb } N$ 次。于是，总复数乘法次数就减少为 $(N/2)\text{ lb } N$。复数加法的次数为 $N \text{ lb } N$。表 8.1 比较了 FFT 和直接计算 DFT 时复数乘法的次数。

表 8.1 　直接计算 DFT 和 FFT 算法的计算复杂度比较

点数 N	直接计算时复数乘法次数 N^2	FFT 算法的复数乘法次数 $(N/2)\text{ lb } N$	速度提升因子
4	16	4	4.0
8	64	12	5.3
16	256	32	8.0
32	1024	80	12.8
64	4096	192	21.3
128	16384	448	36.6
256	65536	1024	64.0
512	262144	2304	113.8
1024	1048576	5120	204.8

为便于说明，图 8.1.5 显示了一个 $N = 8$ 点 DFT 的计算。观察发现，计算分为三级，第一级计算 4 个 2 点 DFT，第二级计算 2 个 4 点 DFT，第三级计算 1 个 8 点 DFT。图 8.1.6 说明了 $N = 8$ 时如何用较小 DFT 的组合来形成较大的 DFT。

如图 8.1.6 所示，在每级中都进行的基本计算是取两个复数，如复数对 (a, b)，首先将 b 乘以 W_N^r，然后从 a 中加上或减去乘积，形成新复数对 (A, B)。图 8.1.7 所示的这种基本计算称为**蝶形计算**，因为其流图像一只蝴蝶。

一般来说，每个蝶形包括 1 次复数乘法和 2 次复数加法。当 $N = 2^v$ 时，计算过程的每级都有 $N/2$ 次蝶形计算，共有 $\text{lb } N$ 级。因此，如前所述，总复数乘法次数为 $(N/2)\text{ lb } N$，总复数加法次数为 $N \text{ lb } N$。

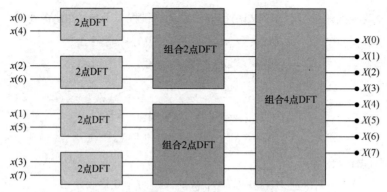

图 8.1.5 计算一个 $N = 8$ 点 DFT 的三级

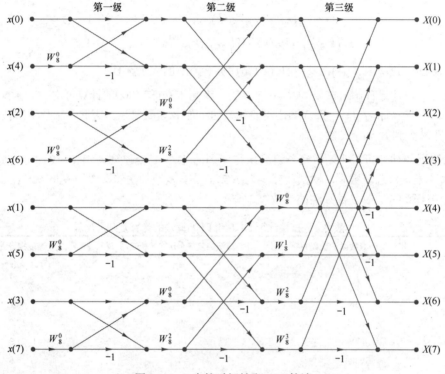

图 8.1.6 8 点按时间抽取 FFT 算法

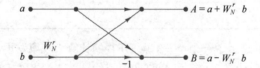

图 8.1.7 按时间抽取 FFT 算法中的基本蝶形计算

一旦对复数对(a, b)执行蝶形运算产生(A, B),就不需要保存输入对(a, b)。因此,我们可将结果(A, B)保存到与(a, b)相同的位置。于是,为了存储每级的计算结果(N个复数),我们需要固定大小的存储容量,即$2N$个存储寄存器。因为在计算N点 DFT 的整个过程中都使用相同的$2N$个存储位置,所以我们说**计算是在原位进行的**。

第二个重要观察与输入数据序列抽取$(v-1)$次后的顺序有关。例如,考虑$N=8$时的情形,我们知道第一次抽取得到序列$x(0)$, $x(2)$, $x(4)$, $x(6)$, $x(1)$, $x(3)$, $x(5)$, $x(7)$,第二次抽取得到序列$x(0)$,

$x(4), x(2), x(6), x(1), x(5), x(3), x(7)$。观察图 8.1.8 中的 8 点序列抽取可以确定,输入数据序列的这种**重排**具有明确的顺序。将序列 $x(n)$ 中的序号 n 表示成二进制形式,我们发现抽取后的数据序列的顺序可通过逆向读取上述二进制表示得到。因此,在抽取后的数组中,数据点 $x(3)\equiv x(011)$ 放在位置 $m=110$ 或 $m=6$。于是,我们说抽取后的数组 $x(n)$ 是按倒位序存储的。

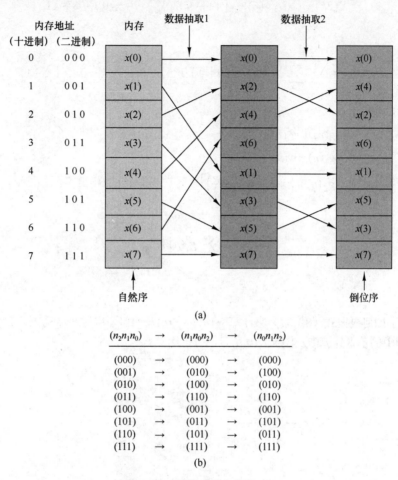

(a)

$(n_2n_1n_0)$	$\rightarrow$	$(n_1n_0n_2)$	$\rightarrow$	$(n_0n_1n_2)$
(000)	$\rightarrow$	(000)	$\rightarrow$	(000)
(001)	$\rightarrow$	(010)	$\rightarrow$	(100)
(010)	$\rightarrow$	(100)	$\rightarrow$	(010)
(011)	$\rightarrow$	(110)	$\rightarrow$	(110)
(100)	$\rightarrow$	(001)	$\rightarrow$	(001)
(101)	$\rightarrow$	(011)	$\rightarrow$	(101)
(110)	$\rightarrow$	(101)	$\rightarrow$	(011)
(111)	$\rightarrow$	(111)	$\rightarrow$	(111)

(b)

图 8.1.8 数据重排和倒位序

将输入数据序列按倒位序存储并在原位执行蝶形计算,DFT 序列 $X(k)$ 就以自然序(即 $k = 0,1,2,\cdots,N-1$)得到。另一方面,也可排列 FFT 算法使输入按自然序出现而输出 DFT 按倒位序出现。此外,可以强制输入数据 $x(n)$ 和输出离散傅里叶变换 $X(k)$ 都按自然序出现,得到一个计算不在原位执行的 FFT 算法。因此,这样的算法需要额外的存储。

另一个重要的基 2 快速傅里叶变换算法称为**按频率抽取算法**,它是用 8.1.2 节介绍的分治法并选择 $M=2$ 和 $L=N/2$ 得到的。这种参数选择意味着逐列存储输入数据序列。为了推导这个算法,我们首先将 DFT 公式拆分为两个求和:第一个求和是前 $N/2$ 个数据点的求和,第二个求和是后 $N/2$ 个数据点的求和。于是,有

$$X(k) = \sum_{n=0}^{N/2-1} x(n)W_N^{kn} + \sum_{n=N/2}^{N-1} x(n)W_N^{kn} = \sum_{n=0}^{N/2-1} x(n)W_N^{kn} + W_N^{Nk/2}\sum_{n=0}^{N/2-1} x\left(n+\frac{N}{2}\right)W_N^{kn} \tag{8.1.33}$$

因为 $W_N^{kN/2} = (-1)^k$,表达式(8.1.33)可重写为

$$X(k) = \sum_{n=0}^{N/2-1} \left[x(n) + (-1)^k x\left(n + \tfrac{N}{2}\right) \right] W_N^{kn} \tag{8.1.34}$$

现在，将 $X(k)$ 拆分（抽取）为偶数样本和奇数样本，得到

$$X(2k) = \sum_{n=0}^{N/2-1} \left[x(n) + x\left(n + \tfrac{N}{2}\right) \right] W_{N/2}^{kn}, \qquad k = 0,1,\cdots,\tfrac{N}{2}-1 \tag{8.1.35}$$

和

$$X(2k+1) = \sum_{n=0}^{N/2-1} \left\{ \left[x(n) - x\left(n + \tfrac{N}{2}\right) \right] W_N^{n} \right\} W_{N/2}^{kn}, \qquad k = 0,1,\cdots,\tfrac{N}{2}-1 \tag{8.1.36}$$

其中用到了 $W_N^2 = W_{N/2}$。

如果将 $N/2$ 点序列 $g_1(n)$ 和 $g_2(n)$ 定义为

$$
\begin{aligned}
g_1(n) &= x(n) + x\left(n + \tfrac{N}{2}\right) \\
g_2(n) &= \left[x(n) - x\left(n + \tfrac{N}{2}\right) \right] W_N^{n}, \qquad n = 0,1,2,\cdots,\tfrac{N}{2}-1
\end{aligned}
\tag{8.1.37}
$$

那么

$$
\begin{aligned}
X(2k) &= \sum_{n=0}^{N/2-1} g_1(n) W_{N/2}^{kn} \\
X(2k+1) &= \sum_{n=0}^{N/2-1} g_2(n) W_{N/2}^{kn}
\end{aligned}
\tag{8.1.38}
$$

图 8.1.9 显示了如何根据式（8.1.37）来计算 $g_1(n)$ 和 $g_2(n)$ 及如何使用这些序列来计算 $N/2$ 点 DFT。观察发现，图中的基本计算涉及图 8.1.10 所示的蝶形运算。

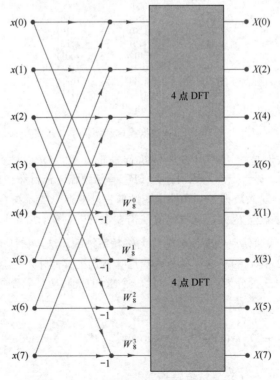

图 8.1.9　按频率抽取 FFT 算法的第一级

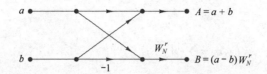

图 8.1.10　按频率抽取 FFT 算法中的基本蝶形计算

这个计算过程可通过抽取 $N/2$ 点离散傅里叶变换 $X(2k)$ 和 $X(2k+1)$ 而重复进行。整个过程包括 $v=\text{lb }N$ 级抽取，每级需要 $N/2$ 个图 8.1.10 所示的蝶形。因此，按频率抽取算法计算 N 点 DFT 需要 $(N/2)\text{ lb }N$ 次复数乘法和 $N\text{ lb }N$ 次复数加法，与按时间抽取算法需要的复数乘法次数和复数加法次数完全一样。为便于说明，图 8.1.11 显示了一个 8 点按频率抽取算法。

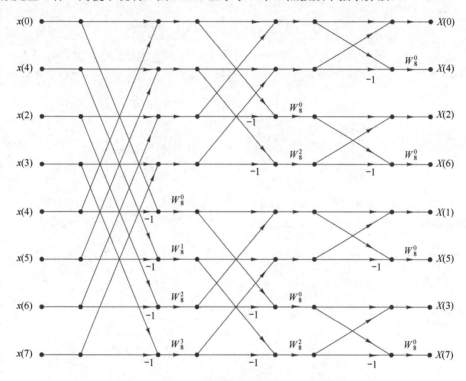

图 8.1.11　$N=8$ 点按频率抽取 FFT 算法

观察图 8.1.11 发现，输入数据 $x(n)$ 是以自然序出现的，而输出 DFT 则是以倒位序出现的。我们还发现计算是在原位进行的。然而，重新配置按频率抽取算法，使其输入以倒位序出现而输出以自然序出现是可能的。如果放弃计算在原位进行的要求，则输入和输出都以自然序出现是可能的。

8.1.4　基 4 快速傅里叶变换算法

当 DFT 中的数据点数 N 是 4 的幂（即 $N=4^{v}$）时，总可使用一个基 2 算法来执行计算。然而，对于这种情况，使用基 4 快速傅里叶变换算法更高效。

下面介绍一个基 4 按时间抽取 FFT 算法，它是在 8.1.2 节介绍的分治法中选择 $L=4$ 和 $M=N/4$ 得到的。对于 L 和 M 的这种选择，有 $l, p=0,1,2,3$，$m, q=0,1,\cdots,N/4-1$，$n=4m+l$ 和 $k=(N/4)p+q$。于是，我们就将 N 点输入序列拆分或抽取为 4 个子序列，即 $x(4n), x(4n+1), x(4n+2), x(4n+3)$，$n=0,1,\cdots,N/4-1$。

应用式（8.1.15）得

$$X(p,q) = \sum_{l=0}^{3}[W_N^{lq}F(l,q)]W_4^{lp}, \qquad p = 0,1,2,3 \qquad (8.1.39)$$

式中，$F(l, q)$由式（8.1.16）给出，即

$$F(l,q) = \sum_{m=0}^{N/4-1} x(l,m)W_{N/4}^{mq}, \quad l = 0,1,2,3;\ q = 0,1,2,\cdots,\tfrac{N}{4}-1 \qquad (8.1.40)$$

和

$$x(l,m) = x(4m+l) \qquad (8.1.41)$$

$$X(p,q) = X\left(\tfrac{N}{4}p+q\right) \qquad (8.1.42)$$

于是，由式（8.1.40）得到的 4 个 $N/4$ 点 DFT 按照式（8.1.39）进行组合，就能得到 N 点 DFT。式（8.1.39）中组合 $N/4$ 点 DFT 的表达式定义一个基 4 按时间抽取蝶形，可用矩阵表示为

$$\begin{bmatrix} X(0,q) \\ X(1,q) \\ X(2,q) \\ X(3,q) \end{bmatrix} = \begin{bmatrix} 1 & 1 & 1 & 1 \\ 1 & -j & -1 & j \\ 1 & -1 & 1 & -1 \\ 1 & j & -1 & -j \end{bmatrix} \begin{bmatrix} W_N^0 F(0,q) \\ W_N^q F(1,q) \\ W_N^{2q} F(2,q) \\ W_N^{3q} F(3,q) \end{bmatrix} \qquad (8.1.43)$$

图 8.1.12(a)显示了基 4 蝶形，图 8.1.12(b)显示了更简洁的形式。注意，因为 $W_N^0 = 1$，所以每个蝶形都包括 3 次复数乘法和 12 次复数加法。

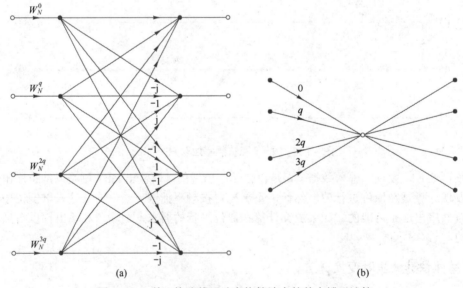

图 8.1.12　基 4 快速傅里叶变换算法中的基本蝶形计算

这个按时间抽取过程可以递归地重复 v 次。因此，所得 FFT 算法包括 v 级，每级都包含 $N/4$ 个蝶形。于是，该算法的计算量是 $3vN/4 = (3N/8)\,\mathrm{lb}\,N$ 次复数乘法和$(3N/2)\,\mathrm{lb}\,N$ 次复数加法。观察发现，乘法次数减少了 25%，加法次数从 $N\,\mathrm{lb}\,N$ 增加到$(3N/2)\,\mathrm{lb}\,N$，增加了 50%。

然而，有趣的是，在两个步骤中执行加法，将每个蝶形的加法次数由 12 减至 8 是可能的。这可通过将式（8.1.43）中的线性变换的矩阵转换表示为如下两个矩阵的乘积来实现：

$$\begin{bmatrix} X(0,q) \\ X(1,q) \\ X(2,q) \\ X(3,q) \end{bmatrix} = \begin{bmatrix} 1 & 0 & 1 & 0 \\ 0 & 1 & 0 & -j \\ 1 & 0 & -1 & 0 \\ 0 & 1 & 0 & j \end{bmatrix} \begin{bmatrix} 1 & 0 & 1 & 0 \\ 1 & 0 & -1 & 0 \\ 0 & 1 & 0 & 1 \\ 0 & 1 & 0 & -1 \end{bmatrix} \begin{bmatrix} W_N^0 F(0,q) \\ W_N^q F(1,q) \\ W_N^{2q} F(2,q) \\ W_N^{3q} F(3,q) \end{bmatrix} \qquad (8.1.44)$$

现在，对于总共 8 次加法，每次矩阵乘法都包括 4 次加法。于是，复数加法的总次数减少到 $N \text{ lb } N$，这与基 2 快速傅里叶变换算法的加法总次数完全相同。计算的节省来自复数乘法次数减少了 25%。

图 8.1.13 显示了 $N=16$ 时一个基 4 按时间抽取 FFT 算法的例子。注意，在该算法中，输入序列以自然序出现，而输出 DFT 则被重新排列。在基 4 快速傅里叶变换算法中，是以 4 为因子进行抽取的，抽取后序列的顺序可以通过将用四进制计数系统（基于数字 0, 1, 2, 3 的计数系统）表示序号 n 的数字的顺序取反来确定。

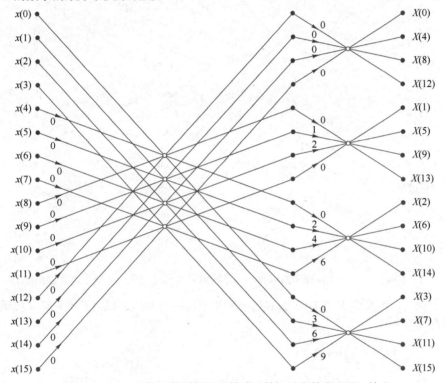

图 8.1.13　16 点基 4 按时间抽取算法，输入以自然序出现，输出
则以倒位序出现。图中的整数乘法器表示 W_{16} 的幂

选择 $L=N/4$，$M=4$，$l, p = 0,1,\cdots,N/4-1$，$m, q = 0, 1, 2, 3$，$n=(N/4)m+l$ 和 $k=4p+q$，可得基 4 按频率抽取 FFT 算法。使用这种参数选择时，由式（8.1.15）给出的一般公式可以写为

$$X(p,q) = \sum_{l=0}^{N/4-1} G(l,q) W_{N/4}^{lp} \qquad (8.1.45)$$

式中，

$$G(l,q) = W_N^{lq} F(l,q), \qquad q=0,1,2,3; l=0,1,\cdots,\frac{N}{4}-1 \qquad (8.1.46)$$

和

$$F(l,q) = \sum_{m=0}^{3} x(l,m) W_4^{mq}, \qquad q=0,1,2,3; l=0,1,2,3,\cdots,\frac{N}{4}-1 \qquad (8.1.47)$$

观察发现，$X(p,q) = X(4p + q)$，$q = 0, 1, 2, 3$。因此，N 点 DFT 已被抽取为 4 个 $N/4$ 点 DFT，得到了一个按频率抽取 FFT 算法。式（8.1.46）和式（8.1.47）中的运算定义了按频率抽取算法的基本基 4 蝶形。注意，乘以因子 W_N^{lq} 出现在组合数据点 $x(l, m)$ 之后，这与基 2 按频率抽取算法中的情况一致。

图 8.1.14 显示了一个 16 点基 4 按频率抽取 FFT 算法。该算法的输入以自然序出现，而输出以倒位序出现。它与按时间抽取基 4 快速傅里叶变换算法的计算复杂度完全相同。

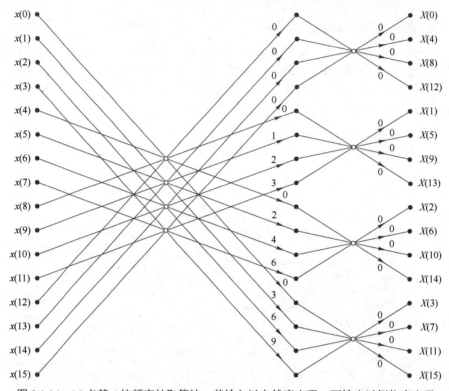

图 8.1.14　16 点基 4 按频率抽取算法，其输入以自然序出现，而输出以倒位序出现

为便于说明，下面将 N 点 DFT 公式拆分为 4 个较短的 DFT，以重新推导基 4 按频率抽取算法。于是有

$$
\begin{aligned}
X(k) &= \sum_{n=0}^{N-1} x(n) W_N^{kn} \\
&= \sum_{n=0}^{N/4-1} x(n) W_N^{kn} + \sum_{n=N/4}^{N/2-1} x(n) W_N^{kn} + \sum_{n=N/2}^{3N/4-1} x(n) W_N^{kn} + \sum_{n=3N/4}^{N-1} x(n) W_N^{kn} \\
&= \sum_{n=0}^{N/4-1} x(n) W_N^{kn} + W_N^{Nk/4} \sum_{n=0}^{N/4-1} x\left(n + \frac{N}{4}\right) W_N^{kn} + \\
&\quad W_N^{kN/2} \sum_{n=0}^{N/4-1} x\left(n + \frac{N}{2}\right) W_N^{nk} + W_N^{3kN/4} \sum_{n=0}^{N/4-1} x\left(n + \frac{3N}{4}\right) W_N^{kn}
\end{aligned}
$$

（8.1.48）

根据相位因子的定义，有

$$
W_N^{kN/4} = (-\mathrm{j})^k, \quad W_N^{Nk/2} = (-1)^k, \quad W_N^{3Nk/4} = (\mathrm{j})^k
$$

（8.1.49）

将式（8.1.49）代入式（8.1.48）得

$$
X(k) = \sum_{n=0}^{N/4-1} \left[x(n) + (-\mathrm{j})^k x\left(n + \frac{N}{4}\right) + (-1)^k x\left(n + \frac{N}{4}\right) + (\mathrm{j})^k x\left(n + \frac{3N}{4}\right) \right] W_N^{nk}
$$

（8.1.50）

相位因子取决于 N 而非 $N/4$，所以式（8.1.50）中的关系不是 $N/4$ 点 DFT。为了将它转换成 $N/4$ 点 DFT，我们将该 DFT 序列拆分成 4 个 $N/4$ 点子序列，即 $X(4k), X(4k+1), X(4k+2)$ 和 $X(4k+3)$，$k = 0,1,\cdots,N/4-1$。于是，基 4 按频率抽取 DFT 为

$$X(4k) = \sum_{n=0}^{N/4-1} \left[x(n) + x\left(n+\tfrac{N}{4}\right) + x\left(n+\tfrac{N}{2}\right) + x\left(n+\tfrac{3N}{4}\right) \right] W_N^0 W_{N/4}^{kn} \tag{8.1.51}$$

$$X(4k+1) = \sum_{n=0}^{N/4-1} \left[x(n) - \mathrm{j}x\left(n+\tfrac{N}{4}\right) - x\left(n+\tfrac{N}{2}\right) + \mathrm{j}x\left(n+\tfrac{3N}{4}\right) \right] W_N^n W_{N/4}^{kn} \tag{8.1.52}$$

$$X(4k+2) = \sum_{n=0}^{N/4-1} \left[x(n) - x\left(n+\tfrac{N}{4}\right) + x\left(n+\tfrac{N}{2}\right) - x\left(n+\tfrac{3N}{4}\right) \right] W_N^{2n} W_{N/4}^{kn} \tag{8.1.53}$$

$$X(4k+3) = \sum_{n=0}^{N/4-1} \left[x(n) + \mathrm{j}x\left(n+\tfrac{N}{4}\right) - x\left(n+\tfrac{N}{2}\right) - \mathrm{j}x\left(n+\tfrac{3N}{4}\right) \right] W_N^{3n} W_{N/4}^{kn} \tag{8.1.54}$$

其中用到了性质 $W_N^{4kn} = W_{N/4}^{kn}$。注意，每个 $N/4$ 点 DFT 的输入都是被一个相位因子缩放后的 4 个信号样本的线性组合。该过程重复 v 次，其中 $v = \log_4 N$。

8.1.5　分裂基 FFT 算法

观察图 8.1.11 中的基 2 按频率抽取流图发现，DFT 的偶数点可以独立于奇数点来计算，表明对算法的独立部分采用不同的计算方法来降低计算量是可行的。分裂基 FFT（SRFFT, Split-Radix FFT）算法通过在相同的 FFT 算法中混合使用基 2 和基 4 分解，采用了这一思路。

下面用 Duhamel(1986)中给出的按频率抽取分裂基 FFT 算法来说明该算法。首先，回顾可知在基 2 按频率抽取 FFT 算法中，N 点 DFT 的偶数样本为

$$X(2k) = \sum_{n=0}^{N/2-1} \left[x(n) + x\left(n+\tfrac{N}{2}\right) \right] W_{N/2}^{nk}, \qquad k = 0,1,\cdots,\tfrac{N}{2}-1 \tag{8.1.55}$$

注意，这些 DFT 点可由 $N/2$ 点 DFT 在不增加任何乘法次数的情况下得到。因此，基 2 对该计算是足够的。

DFT 的奇数样本 $\{X(2k+1)\}$ 要求输入序列先乘以相位因子 W_N^n。对于这些样本点，基 4 分解计算上更高效，因为 4 点 DFT 具有最大的无乘法蝶形。实际上，可以证明使用比 4 更大的基不会明显地降低计算复杂度。

对 N 点 DFT 的奇数样本使用基 4 按频率抽取 FFT 算法，得到如下 $N/4$ 点 DFT：

$$X(4k+1) = \sum_{n=0}^{N/4-1} \{[x(n) - x(n+\tfrac{N}{2})] - \mathrm{j}[x(n+\tfrac{N}{4}) - x(n+\tfrac{3N}{4})]\} W_N^n W_{N/4}^{kn} \tag{8.1.56}$$

$$X(4k+3) = \sum_{n=0}^{N/4-1} \{[x(n) - x(n+\tfrac{N}{2})] + \mathrm{j}[x(n+\tfrac{N}{4}) - x(n+\tfrac{3N}{4})]\} W_N^{3n} W_{N/4}^{kn} \tag{8.1.57}$$

于是，该 N 点 DFT 分解成一个不带额外相位因子的 $N/2$ 点 DFT 和两个带相位因子的 $N/4$ 点 DFT。继续使用这些分解直到最后一级，就得到了 N 点 DFT。于是，我们就得到了一个按频率抽取分裂基 FFT 算法。

图 8.1.15 显示了原位 32 点按频率抽取分裂基 FFT 算法的流图。当 $N = 32$ 时，在计算的第 A 级，顶部的 16 个点组成序列

$$g_0(n) = x(n) + x(n+\tfrac{N}{2}), \qquad 0 \leqslant n \leqslant 15 \tag{8.1.58}$$

这是计算 $X(2k)$ 所需的序列。接下来的 8 个点组成序列

$$g_1(n) = x(n) - x(n+\tfrac{N}{2}), \qquad 0 \leqslant n \leqslant 7 \tag{8.1.59}$$

底部的 8 个点组成序列 $\mathrm{j}g_2(n)$，其中

$$g_2(n) = x(n+\tfrac{N}{4}) - x(n+\tfrac{3N}{4}), \qquad 0 \leqslant n \leqslant 7 \tag{8.1.60}$$

序列 $g_1(n)$ 和 $g_2(n)$ 用于计算 $X(4k+1)$ 和 $X(4k+3)$。于是，在第 A 级就完成了对算法基 2 分量的第一次抽取。在第 B 级，最下方的 8 个点构成对 $[g_1(n)+g_2(n)]W_{32}^{3n}, 0 \leqslant n \leqslant 7$ 的计算，它用于计算 $X(4k+3), n_0 \leqslant k \leqslant 7$。接下来往上的 8 个点构成对 $[g_1(n)-\mathrm{j}g_2(n)]W_{32}^{n}, 0 \leqslant n \leqslant 7$ 的计算，它用于计算 $X(4k+1), 0 \leqslant k \leqslant 7$。于是我们在第 B 级就完成了基 4 算法的第一次抽取，得到两个 8 点序列。因此，分裂基 FFT 算法的基本蝶形计算具有图 8.1.16 所示的 L 形形式。

下面重复上面的计算步骤。从第 A 级顶部的 16 个点开始，我们重新分解这个 16 点 DFT。换言之，我们将计算分解为一个 8 点基 2 DFT 和两个 4 点基 4 DFT。于是在第 B 级，顶部的 8 个点组成序列（其中 $N=16$）

$$g_0'(n) = g_0(n) + g_0(n+\tfrac{N}{2}), \qquad 0 \leqslant n \leqslant 7 \tag{8.1.61}$$

接下来的 8 个点组成两个 4 点序列 $g_1'(n)$ 和 $\mathrm{j}g_2'(n)$，其中

$$g_1'(n) = g_0(n) - g_0(n+\tfrac{N}{2}), \qquad 0 \leqslant n \leqslant 3$$
$$g_2'(n) = g_0(n+\tfrac{N}{4}) - g_0(n+\tfrac{3N}{4}), \qquad 0 \leqslant n \leqslant 3 \tag{8.1.62}$$

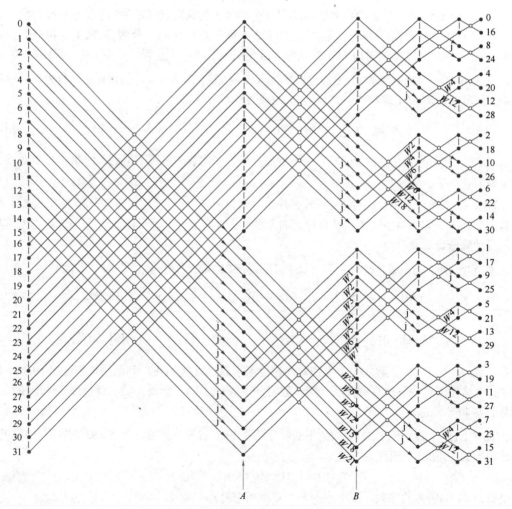

图 8.1.15 Duhamel(1986)中介绍的长度为 32 的分裂基 FFT 算法，经 IEEE 允许重印

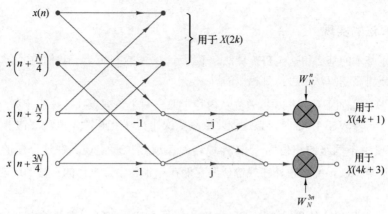

图 8.1.16　分裂基 FFT 算法的蝶形

第 B 级的 16 个点的形式与两个 8 点 DFT 的相同。因此，每个 8 点 DFT 都被分解为一个 4 点基 2 离散傅里叶变换和一个 4 点基 4 离散傅里叶变换。在最后一级，计算涉及两点序列的组合。

表 8.2 比较了使用基 2、基 4、基 8 和分裂基 FFT 时，执行 N 点复数 DFT 所需的非平凡实数乘法次数和加法次数。注意，分裂基 FFT 需要最少的乘法次数和加法次数。因此，在许多实际应用中会优先考虑分裂基 FFT。

表 8.2　计算 N 点复数 DFT 所需的非平凡实数乘法次数和加法次数

	实数乘法				实数加法			
N	基 2	基 4	基 8	分裂基	基 2	基 4	基 8	分裂基
16	24	20		20	152	148		148
32	88			68	408			388
64	264	208	204	196	1032	976	972	964
128	712			516	2504			2308
256	1800	1392		1284	5896	5488		5380
512	4360		3204	3076	13566		12420	12292
1024	10248	7856		7172	30728	28336		27652

来源：摘自 Duhamel(1986)。

另一类分裂基 FFT 算法见 Price(1990)。观察发现基 4 DFT 项 $X(4k+1)$ 和 $X(4k+3)$ 分别涉及序列 $[g_1(n)-jg_2(n)]W_N^n$ 和序列 $[g_1(n)+jg_2(n)]W_N^{3n}$ 的 $N/4$ 点 DFT，因此可以看出它与前面描述的 Duhamel 算法的关系。实际上，计算 $X(4k+1)$ 时，序列 $g_1(n)$ 和 $g_2(n)$ 要乘以因子（矢量）$(1,-j)=(1,W_{32}^8)$ 与 W_N^n，而计算 $X(4k+3)$ 时需要乘以因子 $(1,j)=(1,W_{32}^{-8})$ 和 W_N^{3n}。相反，我们可以重排计算，使得计算 $X(4k+3)$ 时乘以因子 $(-j,-1)=-(W_{32}^{-8},1)$。这种相位旋转的结果是，计算 $X(4k+3)$ 的相位因子和 $X(4k+1)$ 的相伴因子完全一样，不同之处是它们是以镜像顺序出现的。例如，在图 8.1.15 的第 B 级，相位因子 W^{21}, W^{18},…, W^3 分别被 W^1, W^2,…, W^7 取代。这种镜像对称出现在算法后面的每级中。因此，与 Duhamel 算法相比，需要被计算和存储的相位因子数量减少了一半。得到的算法称为"镜像"FFT（MFFT）算法。

在每个因子数组的中点引入必要时可在 SRFFT 计算的输出中删除的 90°相移，可以节省另一半的相位因子存储空间。Price(1990)中提出，将这种改进融入 SRFFT（或 MFTT），就得到了另一种算法——相位 FFT（PFFT）算法。

8.1.6　FFT 算法的实现

前面介绍了基本的基 2 和基 4 FFT 算法，下面考虑一些实现问题。我们的讨论直接适用于基 2 算法，对基 4 或更高基算法也可得到相似的讨论。

基 2 FFT 算法由如下步骤组成：首先从内存中取出两个数据点执行蝶形计算，然后将得到的数值放回内存。计算 N 点 DFT 时，该过程要重复多次［实际上重复 $(N \operatorname{lb} N)/2$ 次］。

蝶形计算要求不同级的相位因子 $\{W_N^k\}$ 以自然序或倒位序出现。在该算法的一种高效实现中，相位因子计算一次，并以自然序或倒位序存储在一张表中，具体的存储顺序取决于算法的特定实现。

内存需求是必须考虑的另一个因素。如果计算是原位执行的，需要的内存位置的数量就为 $2N$，因为数字是复数。然而，我们也可将内存位置加倍至 $4N$，以简化 FFT 算法中的索引和控制运算。在这种情况下，从 FFT 算法的一级到另一级，我们只是简单地交替使用两组内存位置。加倍内存允许输入序列和输出序列都以自然序出现。

许多其他的实现问题与索引、倒位序和计算中的并行度相关。这些问题很大程度上是特定算法及其实现类型（硬件或软件实现）的函数。在小机器上基于定点算术或浮点算术的实现中，也存在计算的舍入误差问题，详见 8.4 节。

虽然前面介绍的 FFT 算法是在高效计算 DFT 的背景下提出的，但是可用于计算 IDFT，即

$$x(n) = \frac{1}{N} \sum_{k=0}^{N-1} X(k) W_N^{-nk} \tag{8.1.63}$$

两个变换之间的唯一区别是归一化因子 $1/N$ 及相位因子 W_N 的符号。于是，改变所有相位因子的符号并将算法的最终输出除以 N，计算 DFT 的 FFT 算法就可转换成计算 IDFT 的 FFT 算法。

事实上，如果选用 8.1.3 节介绍的按时间抽取算法，颠倒流图的方向，改变相位因子的符号，对调输入和输出，并将输出除以 N，就会得到计算 IDFT 的按时间抽取 FFT 算法。另一方面，如果从 8.1.3 节介绍的按频率抽取 FFT 流图开始，重做上面介绍的变化，就能得到计算 IDFT 的按频率抽取 FFT 算法。因此，设计计算 IDFT 的 FFT 算法很简单。

注意，我们对 FFT 算法的讨论重点是基 2、基 4 和分裂基算法，因为这些算法是目前使用最广泛的算法。当数据点数不是 2 或 4 的幂时，对序列 $x(n)$ 补零使 $N=2^v$ 或 $N=4^v$ 很简单。

前面强调的 FFT 算法的复杂性度量，是算术运算（乘法和加法）的次数。尽管这是计算复杂度的重要基准，但是在 FFT 算法的实际实现中仍然需要考虑其他问题，包括处理器的架构、可用的指令集、存储相位因子的数据结构等。

对于数值运算代价为支配因素的通用计算机来说，最好选择基 2、基 4 和分裂基 FFT 算法。然而，对于专用数字信号处理器来说，单循环乘法和累加运算、倒位序寻址、高度指令并行性、算法结构规则性与算术复杂度同样重要。因此，对于 DSP 处理器来说，基 2、基 4 按频率抽取 FFT 算法在速度和精度方面更适用。分裂基 FFT 算法的不规则结构可能会使其不适合在数字信号处理器上实现。结构的规则性对矢量处理器、多处理器和大规模集成电路上的 FFT 算法实现同样重要。处理器间的通信对于并行处理器上的这类实现也是重要的考虑因素。

前面介绍了 FFT 算法实现的几个重要考虑因素。在硬件和软件方面，数字信号处理技术的发展将会继续影响不同实际应用中 FFT 算法的选择。

8.1.7 稀疏 FFT 算法

前一节介绍的 FFT 算法已应用在许多领域中，包括线性滤波、谱分析、雷达和声呐探测及通信系统等。如前所述，这些 FFT 算法是计算 N 点序列的精确 DFT 的通用算法。然而，实际中的许多应用涉及计算 DFT，这时信号序列 $x(n)$ 的大多数傅里叶系数都很小或者为零。在这种情况下，称 DFT 序列是**稀疏的**。例如，在蜂窝网络、数字医学成像、语音处理、互联网路由器和视频信号处理中就出现了这样的信号。下面考虑一帧视频信号中的一个 8×8 像素块，它产生一个 64 点信号序列。平均而言，序列的 DFT 有 7 个不可忽略的 DFT 系数和 57 个可以忽略的小系数，小系数的占比为 89%。在这种情况下，前面介绍的通用 FFT 算法计算上非常低效。

在过去几年里，工程师和计算机科学研究人员开发了计算稀疏 DFT 的专用算法。因此，对于具有少数（如 $k \ll N$）不可忽略的 DFT 系数的信号，可以设计一种算法来识别和估计这 k 个频率的值。这样的 FFT 算法称为**稀疏快速傅里叶变换**（Sparse Fast Fourier Transform，SFFT）**算法**。

设计 SFFT 算法的通用方法涉及分离大傅里叶系数并放置到少数 "筐" 中。对于频率稀疏的一个信号，分离和放置过程的目的是使每个 "筐" 都能大概率地包含一个大傅里叶系数。于是，可以在频率上找到大傅里叶系数并估计它们的值。为了分离这些傅里叶系数并放置到所分配的 "筐" 中，SFFT 算法使用了一个时间和频率上都集中的 N 维矢量，这个矢量通常称为滤波器。也就是说，除了少数时间坐标，该 N 维矢量等于零，且除了表示被滤波器通过的频率的少部分（约 $1/k$）频率坐标，其傅里叶变换可以忽略。

这种滤波器的设计是高效 SFFT 算法的一个关键因素。Hassanieh et al. (2012) 中介绍的滤波器设计在期望的通带内产生平坦的频率，而在通带外频率则呈指数下降。因此，可以忽略来自其他 "筐" 中的频率泄漏。在这个滤波器之后，通常选择 "筐" 数稍大于 k 的期望值。于是，该算法选择包含大傅里叶系数的 "筐"，进而确定它们对应的频率和它们的值。

Hassanieh et al. (2012) 中介绍的 SFFT 算法的计算复杂度，在输入信号最多有 k 个非零傅里叶系数的情况下为 $k \log N$；而对于一般的输入信号，计算复杂度为 $k \log N \log(N/k)$。因此，当 $k \ll N$ 时，上述参考文献中介绍的 SFFT 算法比计算整个 DFT 的 FFT 算法要快得多。

8.2 FFT 算法的应用

上一节介绍的 FFT 已应用在众多领域（包括线性滤波、相关和谱分析）中。FFT 算法基本上是计算 DFT 和 IDFT 的高效算法。

本节介绍在线性滤波和计算两个序列的互相关时如何使用 FFT 算法。在谱估计中如何使用 FFT 将在第 15 章中介绍。此外，本节还介绍如何在计算 DFT 之前，由实序列形成复序列来进一步提高 FFT 算法的效率。

8.2.1 高效计算两个实序列的 DFT

尽管输入数据有可能是实的，FFT 仍被设计用来进行复数乘法和加法。导致这种情形的基本原因是相位因子是复数，因此在算法的第一级之后，所有变量基本上是复的。

因为该算法可以处理复输入序列，所以我们可以利用该性能来计算两个实序列的 DFT。

假设 $x_1(n)$ 和 $x_2(n)$ 是两个长度都为 N 的实序列，并设 $x(n)$ 是定义如下的一个复序列：

$$x(n) = x_1(n) + \mathrm{j}x_2(n), \quad 0 \leqslant n \leqslant N-1 \tag{8.2.1}$$

DFT 运算是线性的，因此 $x(n)$ 的 DFT 可以写为

$$X(k) = X_1(k) + \mathrm{j}\,X_2(k) \tag{8.2.2}$$

序列 $x_1(n)$ 和 $x_2(n)$ 可用 $x(n)$ 表示为

$$x_1(n) = \frac{x(n) + x^*(n)}{2} \tag{8.2.3}$$

$$x_2(n) = \frac{x(n) - x^*(n)}{2\,\mathrm{j}} \tag{8.2.4}$$

因此，$x_1(n)$ 和 $x_2(n)$ 的 DFT 分别为

$$X_1(k) = \frac{1}{2}\Big\{\mathrm{DFT}\big[x(n)\big] + \mathrm{DFT}\big[x^*(n)\big]\Big\} \tag{8.2.5}$$

$$X_2(k) = \frac{1}{2\,\mathrm{j}}\Big\{\mathrm{DFT}\big[x(n)\big] - \mathrm{DFT}\big[x^*(n)\big]\Big\} \tag{8.2.6}$$

回顾可知 $x^*(n)$ 的 DFT 为 $X^*(N-k)$，因此有

$$X_1(k) = \frac{1}{2}\Big[X(k) + X^*(N-k)\Big] \tag{8.2.7}$$

$$X_2(k) = \frac{1}{\mathrm{j}2}\Big[X(k) - X^*(N-k)\Big] \tag{8.2.8}$$

于是，对复序列 $x(n)$ 执行一次 DFT 就可得到两个实序列的 DFT，只是在用式（8.2.7）和式（8.2.8）由 $X(k)$ 计算 $X_1(k)$ 与 $X_2(k)$ 时增加了少量计算。

8.2.2 高效计算 $2N$ 点实序列的 DFT

假设 $g(n)$ 是一个 $2N$ 点实序列。下面说明如何计算复数据的 N 点 DFT 来得到 $g(n)$ 的 $2N$ 点 DFT。首先，定义

$$\begin{aligned} x_1(n) &= g(2n) \\ x_2(n) &= g(2n+1) \end{aligned} \tag{8.2.9}$$

于是，我们就将 $2N$ 点实序列分成了两个 N 点实序列。下面使用上一节介绍的方法。

令 $x(n)$ 为 N 点复序列

$$x(n) = x_1(n) + \mathrm{j}\,x_2(n) \tag{8.2.10}$$

由上一节的结果有

$$\begin{aligned} X_1(k) &= \frac{1}{2}\Big[X(k) + X^*(N-k)\Big] \\ X_2(k) &= \frac{1}{2\,\mathrm{j}}\Big[X(k) - X^*(N-k)\Big] \end{aligned} \tag{8.2.11}$$

最后，我们必须用两个 N 点离散傅里叶变换 $X_1(k)$ 和 $X_2(k)$ 来表示 $2N$ 点 DFT。为此，我们可以像在按时间抽取 FFT 算法中那样处理，即

$$G(k) = \sum_{n=0}^{N-1} g(2n) W_{2N}^{2nk} + \sum_{n=0}^{N-1} g(2n+1) W_{2N}^{(2n+1)k} = \sum_{n=0}^{N-1} x_1(n) W_N^{nk} + W_{2N}^k \sum_{n=0}^{N-1} x_2(n) W_N^{nk}$$

因此有

$$\begin{aligned} G(k) &= X_1(k) + W_2^k N X_2(k), & k &= 0,1,\cdots,N-1 \\ G(k+N) &= X_1(k) - W_2^k N X_2(k), & k &= 0,1,\cdots,N-1 \end{aligned} \tag{8.2.12}$$

于是就由 N 点 DFT 计算得到了 $2N$ 点实序列的 DFT，只是如式（8.2.11）和式（8.2.12）描述的那样多了一些额外的计算。

8.2.3 在线性滤波和相关中使用 FFT 算法

FFT 算法的重要应用之一是对长数据序列执行 FIR 线性滤波。第 7 章介绍了基于 DFT 用 FIR 滤波器对长数据序列执行滤波的两种方法（重叠相加法和重叠保留法）。本节使用这两种方法和 FFT 来计算 DFT 和 IDFT。

令 $h(n), 0 \le n \le M-1$ 是 FIR 滤波器的单位样本响应，令 $x(n)$ 是输入数据序列。FFT 算法的数据块大小为 N，其中 $N=L+M-1$，L 是正被滤波器处理的新数据样本量。假定对任何给定的 M 值，我们都选择数据样本的值 L 使得 N 为 2 的幂。为便于讨论，下面只考虑基 2 FFT 算法。

$h(n)$ 的 N 点 DFT 后面补 $L-1$ 个零后，记为 $H(k)$。通过 FFT 执行一次该计算，并存储得到的 N 个复数。具体地说，我们假设使用按频率抽取 FFT 算法来计算 $H(k)$，得到以倒位序出现的 $H(k)$，并以倒位序存储到内存中。

在重叠保留法中，每个数据块的前 $M-1$ 个数据点是前一个数据块的最后 $M-1$ 个数据点。每个数据块都包含 L 个新数据点，使得 $N=L+M-1$。每个数据块的 N 点 DFT 通过 FFT 算法执行。如果使用的是按频率抽取算法，输入数据块就不需要重排，DFT 的值则以倒位序出现。因为这正好是 $H(k)$ 的顺序，所以可将数据的 DFT［即 $X_m(k)$］乘以 $H(k)$，结果

$$Y_m(k) = H(k)X_m(k)$$

也是倒位序的。

使用以倒位序取输入、以自然序产生输出的 FFT 算法，可以计算出逆 DFT（IDFT）。于是，当我们计算 DFT 或 IDFT 时，不需要重排任何数据块。

如果采用重叠相加法来执行线性滤波，使用 FFT 算法的计算方法基本上是相同的，唯一的区别是 N 点数据块包括 L 个新数据点和 $M-1$ 个额外的 0。计算每个数据块的 IDFT 后，N 点滤波后的数据块相互重叠，如 7.3.2 节所示，而相邻输出记录之间的 $M-1$ 个重叠数据加在一起。

下面评估执行线性滤波的 FFT 方法的计算复杂度。为此，$H(k)$ 的一次计算无足轻重而可以忽略。执行一次 FFT 需要 $(N/2)$ lb N 次复数乘法和 N lb N 次复数加法。因为 FFT 执行了两次，一次用于 DFT，另一次用于 IDFT，所以计算量是 N lb N 次复数乘法和 $2N$ lb N 次复数加法。计算 $Y_m(k)$ 还需要 N 次复数乘法和 $N-1$ 次复数加法。因此，每个输出数据点需要 $(N$ lb $2N)/L$ 次复数乘法和大约 $(2N$ lb $2N)/L$ 次复数加法。重叠相加法的相加次数需要增加 $(M-1)/L$ 次。

通过比较发现，如果滤波器不是线性相位的，那么对于 FIR 滤波器的直接型实现，每个输出数据点需要 M 次实数乘法，如果滤波器是线性相位（对称）的，那么需要 $M/2$ 次实数乘法。此外，每个输出数据需要 $M-1$ 次加法（见 10.2 节）。

将 FFT 算法与 FIR 滤波器的直接型实现的效率进行比较很有趣。下面将重点放在乘法次数上，因为乘法更耗时。设 $M=128=2^7$，$N=2^\nu$。于是，对大小为 $N=2^\nu$ 的 FFT，每个输出数据点所需要的复数乘法次数就为

$$c(\nu) = \frac{N \text{ lb } 2N}{L} = \frac{2^\nu(\nu+1)}{N-M+1} \approx \frac{2^\nu(\nu+1)}{2^\nu-2^7}$$

表 8.3 中给出了不同 ν 值的 $c(\nu)$ 值。观察发现，存在最优 ν 值使得 $c(\nu)$ 最小。对于大小为 $M=128$ 的 FIR 滤波器，最优值出现在 $\nu=10$ 时。

需要强调的是，$c(\nu)$ 是基于 FFT 方法的复数乘法次数。实数乘法的次数是该次数的 4 倍。然

表 8.3 计算复杂度

FFT 的大小 $\nu = $ lb N	每个输出点的复数乘法次数 $c(\nu)$
9	13.3
10	12.6
11	12.8
12	13.4
14	15.1

而，即使 FIR 滤波器是线性相位的（见 10.2 节），每个输出的计算次数仍然要比基于 FFT 的方法少。此外，可以按刚介绍的方法同时计算两个连续数据块的 DFT 来提升 FFT 方法的效率。因此，当滤波器的长度相对较长时，从计算的角度看，基于 FFT 的方法事实上更优。

使用 FFT 算法计算两个序列之间的互相关的方法，与刚介绍的线性 FIR 滤波类似。在涉及互相关的实际应用中，至少有一个序列的长度是有限的，它类似于 FIR 滤波器的冲激响应。第二个序列可能是包含了被加性噪声污染的期望序列的长序列。因此，第二个序列类似于 FIR 滤波器的输入。通过时间反转第一个序列并计算其 DFT，我们已将互相关简化为等效的卷积问题（即线性 FIR 滤波问题）。因此，我们可以直接应用使用 FFT 为线性 FIR 滤波推导的方法。

8.3　计算 DFT 的线性滤波方法

FFT 算法取 N 点输入数据，产生对应于输入数据的 DFT 的 N 点输出序列。如前所述，基 2 FFT 算法对 N 点序列执行$(N/2) \operatorname{lb} N$ 次乘法和 $N \operatorname{lb} N$ 次加法。

有些应用只需要 DFT 的部分数值，而不需要整个 DFT。在这种情况下，与直接计算期望的 DFT 值相比，FFT 算法的效率可能要低一些。实际上，当 DFT 的值的期望数量小于 $\operatorname{lb} N$ 时，直接计算期望值更高效。

DFT 的直接计算可以表示为对输入数据序列执行线性滤波运算。如下面将要说明的那样，线性滤波器取关联谐振器组的形式，其中每个谐振器取频率 $\omega_k = 2\pi k/N, k = 0, 1, \cdots, N-1$ 之一，这些频率对应于 DFT 中的 N 个频率。

其他一些应用需要计算有限长序列在单位圆外部的点的 z 变换。如果 z 平面上期望的点集具有一定的规律，将计算表示为线性滤波运算也是可能的。因此，我们引入称为线性调频 z 变换的另一种算法，它适合计算 z 平面中不同曲线上的一组数据的 z 变换。该算法也可表示为一组输入数据的线性滤波。因此，FFT 算法可用来计算线性调频 z 变换，进而计算 z 平面中不同曲线（包括单位圆）的 z 变换。

8.3.1　戈泽尔算法

戈泽尔算法利用了相位因子 $\{W_N^k\}$ 的周期性，可将 DFT 的计算表示为线性滤波运算。因为 $W_N^{-kN} = 1$，我们将 DFT 乘以这个因子。于是，有

$$X(k) = W_N^{-kN} \sum_{m=0}^{N-1} x(m) W_N^{km} = \sum_{m=0}^{N-1} x(m) W_N^{-k(N-m)} \qquad (8.3.1)$$

观察发现，式（8.3.1）是以卷积形式出现的。实际上，如果将序列 $y_k(n)$定义为

$$y_k(n) = \sum_{m=0}^{N-1} x(m) W_N^{-k(n-m)} \qquad (8.3.2)$$

$y_k(n)$显然就是长度为 N 的有限长输入序列 $x(n)$ 与冲激响应函数为

$$h_k(n) = W_N^{-kn} u(n) \qquad (8.3.3)$$

的系统的卷积。

该滤波器在 $n = N$ 点的输出，于频率 $\omega_k = 2\pi k/N$ 处产生 DFT 的值，即

$$X(k) = y_k(n)\big|_{n=N} \qquad (8.3.4)$$

比较式（8.3.1）和式（8.3.2）即可验证这一点。

冲激响应函数为 $h_k(n)$的滤波器的系统函数为

$$H_k(z) = \frac{1}{1 - W_N^{-k} z^{-1}} \qquad (8.3.5)$$

该滤波器在单位圆上的频率 $\omega_k = 2\pi k/N$ 处有一个极点。因此，让输入数据块通过有 N 个单极点滤波器的并联组（谐振器），就可计算整个 DFT，其中每个滤波器在 DFT 对应的频率处都有一个极点。

我们可以不用像在式（8.3.2）中那样通过卷积来计算 DFT，而使用对应于由式（8.3.5）给出的滤波器的差分方程来递归地计算 $y_k(n)$。于是，有

$$y_k(n) = W_N^{-k} y_k(n-1) + x(n), \qquad y_k(-1) = 0 \qquad (8.3.6)$$

期望的输出是 $X(k) = y_k(N), k = 0, 1, \cdots, N-1$。为了执行该计算，可以计算一次并存储相位因子 W_N^{-k}。

式（8.3.6）中固有的复数乘法和加法，可通过合并有复共轭极点的谐振器来避免。这就引出了系统函数形如

$$H_k(z) = \frac{1 - W_N^k z^{-1}}{1 - 2\cos(2\pi k/N) z^{-1} + z^{-2}} \qquad (8.3.7)$$

的双极点滤波器。图 8.3.1 所示系统的直接 II 型实现由差分方程

$$v_k(n) = 2\cos\frac{2\pi k}{N} v_k(n-1) - v_k(n-2) + x(n) \qquad (8.3.8)$$

$$y_k(n) = v_k(n) - W_N^k v_k(n-1) \qquad (8.3.9)$$

描述，初始条件为 $v_k(-1) = v_k(-2) = 0$。

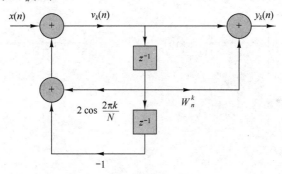

图 8.3.1　计算 DFT 的双极点谐振器的直接 II 型实现

式（8.3.8）中的递归关系对 $n = 0, 1, \cdots, N$ 进行迭代，但式（8.3.9）只在 $n = N$ 时计算一次。每次迭代都需要一次实数乘法和两次加法。因此，对于实输入序列 $x(n)$，该算法需要 $N+1$ 次实数乘法才能得到 $X(k)$，并由对称性得到 $X(N-k)$ 的值。

在相对较少的 M（其中 $M \leqslant \mathrm{lb}\, N$）个值处计算 DFT 时，戈泽尔算法更可取，否则 FFT 算法更可取。

8.3.2　调频 z 变换算法

前面说过，N 点数据序列 $x(n)$ 的 DFT 可视为在单位圆上 N 个等间隔点处计算 $x(n)$ 的 z 变换。本节考虑在 z 平面上包括单位圆在内的其他曲线上计算 $X(z)$。

假设要计算 $x(n)$ 的 z 变换在点集 $\{z_k\}$ 上的值。于是，有

$$X(z_k) = \sum_{n=0}^{N-1} x(n) z_k^{-n}, \qquad k = 0, 1, \cdots, L-1 \qquad (8.3.10)$$

例如，如果曲线是半径为 r 的圆且 z_k 是 N 个等间隔点，则有

$$z_k = r\,\mathrm{e}^{\mathrm{j}2\pi kn/N}, \qquad k = 0,1,2,\cdots,N-1$$

$$X(z_k) = \sum_{n=0}^{N-1}\left[x(n)r^{-n}\right]\mathrm{e}^{-\mathrm{j}2\pi kn/N}, \qquad k = 0,1,2,\cdots,N-1 \tag{8.3.11}$$

在这种情况下，可对修正序列 $x(n)\,r^{-n}$ 应用 FFT 算法。

更一般地，假设 z 平面上的点 z_k 位于以点

$$z_0 = r_0\,\mathrm{e}^{\mathrm{j}\theta_0}$$

开始的一条弧线上，且朝向原点或者远离原点以螺旋形式排列，那么点 $\{z_k\}$ 可以定义为

$$z_k = r_0\,\mathrm{e}^{\mathrm{j}\theta_0}(R_0\,\mathrm{e}^{\mathrm{j}\phi_0})^k, \qquad k = 0,1,\cdots,L-1 \tag{8.3.12}$$

注意，当 $R_0 < 1$ 时，曲线上的点朝向原点螺旋排列；当 $R_0 > 1$，曲线上的点远离原点螺旋排列；当 $R_0 = 1$，曲线是半径为 r_0 的圆弧。当 $r_0 = 1$ 和 $R_0 = 1$ 时，曲线是单位圆上的一段圆弧。对于圆弧曲线，我们可在不用计算大 DFT（即面已补多个 0 的序列 $x(n)$ 的 DFT）的情况下，计算序列 $x(n)$ 在圆弧覆盖范围内的 L 个密集频率的频率内容，得到所求的频率分辨率。最后，当 $r_0 = R_0 = 1$，$\theta_0 = 0$，$\phi_0 = 2\pi/N$ 和 $L = N$ 时，曲线是整个单位圆，频率是 DFT 的频率。图 8.3.2 中显示了不同的曲线。

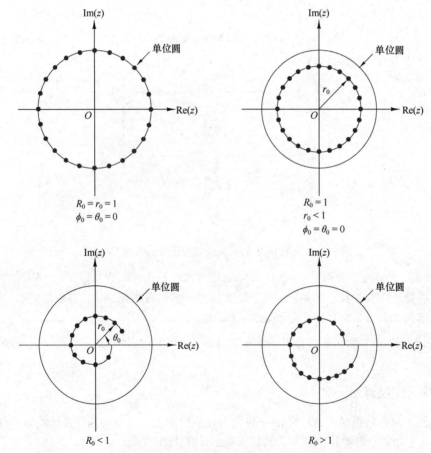

图 8.3.2　可在其上计算 z 变换的一些曲线

将式（8.3.12）中的点 $\{z_k\}$ 代入 z 变换的表达式，得到

$$X(z_k) = \sum_{n=0}^{N-1} x(n)z_k^{-n} = \sum_{n=0}^{N-1} x(n)(r_0\,\mathrm{e}^{\mathrm{j}\theta_0})^{-n}V^{-nk} \tag{8.3.13}$$

式中，根据定义有

$$V = R_0 \, \mathrm{e}^{\mathrm{j}\phi_0} \tag{8.3.14}$$

因为

$$nk = \frac{1}{2}\left[n^2 + k^2 - (k-n)^2 \right] \tag{8.3.15}$$

所以可用卷积形式来表示式（8.3.13）。将式（8.3.15）代入式（8.3.13）得

$$X(z_k) = V^{-k^2/2} \sum_{n=0}^{N-1}\left[x(n)(r_0 \, \mathrm{e}^{\mathrm{j}\theta_0})^{-n} V^{-n^2/2} \right] V^{(k-n)^2/2} \tag{8.3.16}$$

下面定义一个新序列 $g(n)$，

$$g(n) = x(n)(r_0 \, \mathrm{e}^{\mathrm{j}\theta_0})^{-n} V^{-n^2/2} \tag{8.3.17}$$

于是，式（8.3.16）可写为

$$X(z_k) = V^{-k^2/2} \sum_{n=0}^{N-1} g(n) V^{(k-n)^2/2} \tag{8.3.18}$$

式（8.3.18）中的求和可视为序列 $g(n)$ 和滤波器冲激响应 $h(n)$ 的卷积，其中，

$$h(n) = V^{n^2/2} \tag{8.3.19}$$

因此，式（8.3.18）可写为

$$X(z_k) = V^{-k^2/2} y(k) = \frac{y(k)}{h(k)}, \qquad k = 0, 1, \cdots, L-1 \tag{8.3.20}$$

式中，$y(k)$ 是滤波器的输出，即

$$y(k) = \sum_{n=0}^{N-1} g(n) h(k-n), \qquad k = 0, 1, \cdots, L-1 \tag{8.3.21}$$

观察发现 $h(n)$ 和 $g(n)$ 都是复序列。

当 $R_0 = 1$ 时，序列 $h(n)$ 具有参数为 $\omega n = n^2\phi_0 = (n\phi_0/2)n$ 的复指数形式。$n\phi_0/2$ 表示复指数信号的频率，它随着时间的增长而线性增长。这样的信号由雷达系统使用，称为**啁啾信号**。因此，式（8.3.18）所求的 z 变换就称为**线性调频 z 变换**。

式（8.3.21）中的线性卷积可用 FFT 算法有效地执行。序列 $g(n)$ 的长度是 N，但 $h(n)$ 是无限长的。所幸的是，我们只需要 $h(n)$ 的一部分来计算 $X(z)$ 的 L 个值。

因为我们将通过 FFT 算法来计算式（8.3.21）中的卷积，所以首先考虑 N 点序列 $g(n)$ 和 $h(n)$ 的 M 点分段的圆周卷积，其中 $M > N$。这时，前 $N-1$ 个点包含混叠，而剩下的 $M-N+1$ 个点与由 $h(n)$ 和 $g(n)$ 的线性卷积的结果相同。因此，我们应选择大小为

$$M = L + N - 1$$

的 DFT，它产生 L 个有效点及 $N-1$ 个被混叠破坏的点。

观察式（8.3.21）发现，该计算所需要的 $h(n)$ 的分段对应于 $-(N-1) \leqslant n \leqslant (L-1)$ 时 $h(n)$ 的值，其长度为 $M = L + N - 1$。下面将长度为 M 的序列 $h_1(n)$ 定义为

$$h_1(n) = h(n-N+1), \qquad n = 0, 1, \cdots, M-1 \tag{8.3.22}$$

并通过 FFT 算法计算其 M 点 DFT 得到 $H_1(k)$。按照式（8.3.17）的规定，我们由 $x(n)$ 计算出 $g(n)$，在 $g(n)$ 后面补 $L-1$ 个零后，计算其 M 点 DFT，得到 $G(k)$。乘积 $Y_1(k) = G(k)H_1(k)$ 的 IDFT 产生 M 点序列 $y_1(n), n = 0, 1, \cdots, M-1$。$y_1(n)$ 的前 $N-1$ 个点因被混叠毁坏而丢弃。所求的值为 $y_1(n), N-1 \leqslant n \leqslant M-1$，该范围对应于式（8.3.21）中的范围 $0 \leqslant n \leqslant L-1$，即

$$y(n) = y_1(n+N-1), \qquad n = 0, 1, \cdots, L-1 \tag{8.3.23}$$

也可定义一个序列 $h_2(n)$ 为

$$h_2(n) = \begin{cases} h(n), & 0 \leq n \leq L-1 \\ h(n-N-L+1), & L \leq n \leq M-1 \end{cases} \tag{8.3.24}$$

$h_2(n)$ 的 M 点 DFT 得到 $H_2(k)$，它与 $G(k)$ 相乘得到 $Y_2(k) = G(k)H_2(k)$。$Y_2(k)$ 的 IDFT 得到序列 $y_2(n), 0 \leq n \leq M-1$。现在，$y_2(n)$ 的期望值在范围 $0 \leq n \leq L-1$ 内，即

$$y(n) = y_2(n), \qquad n = 0,1,\cdots,L-1 \tag{8.3.25}$$

最后，如式（8.3.20）规定的那样，将 $y(k)$ 除以 $h(k), k = 0,1,\cdots,L-1$，计算出复 $X(z_k)$。

一般来说，上面介绍的调频 z 变换算法的计算复杂度约为 $M \operatorname{lb} M$ 次复数乘法，其中 $M = N + L - 1$。这个数字应与乘积 NL（即直接计算 z 变换所需的计算次数）相比较。显然，如果 L 很小，那么直接计算更有效；如果 L 很大，那么线性调频 z 变换更有效。

线性调频 z 变换方法已在硬件中实现，用于计算信号的 DFT。为了计算 DFT，我们选择 $r_0 = R_0 = 1$，$\theta_0 = 0$，$\phi_0 = 2\pi/N$ 和 $L = N$。在这种情况下，

$$V^{-n^2/2} = \mathrm{e}^{-\mathrm{j}\pi n^2/N} = \cos\frac{\pi n^2}{N} - \mathrm{j}\sin\frac{\pi n^2}{N} \tag{8.3.26}$$

冲激响应为

$$h(n) = V^{n^2/2} = \cos\frac{\pi n^2}{N} + \mathrm{j}\sin\frac{\pi n^2}{N} = h_r(n) + \mathrm{j}h_i(n) \tag{8.3.27}$$

的啁啾滤波器可用系数分别为 $h_r(n)$ 与 $h_i(n)$ 的两个 FIR 滤波器实现。在实际中，**声表面波**（Surface Acoustic Wave，SAW）器件和**电荷耦合器件**（Charge Coupled Device，CCD）都被用于 FIR 滤波器。预乘和后乘所需的由式（8.3.26）给出的余弦序列和正弦序列，通常存储在只读存储器（Read-Only Memory，ROM）中。此外，观察发现，如果只需要 DFT 的幅度，就不需要后乘。在这种情况下，

$$|X(z_k)| = |y(k)|, \qquad k = 0,1,\cdots,N-1 \tag{8.3.28}$$

如图 8.3.3 所示。于是，我们就实现了用于计算 DFT 的使用调频 z 变换的线性 FIR 滤波器。

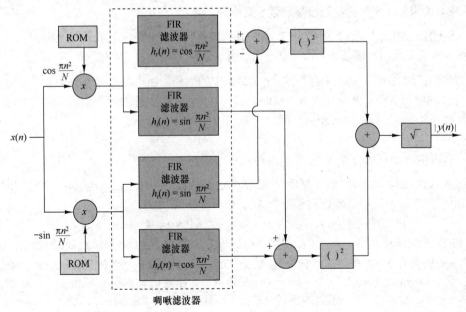

图 8.3.3　计算 DFT 的调频 z 变换实现框图

8.4 DFT 计算中的量化效应[①]

如前所述，DFT 在许多数字信号处理应用中非常重要，包括 FIR 线性滤波、信号间的相关计算和谱分析。因此，知道计算中的量化误差影响非常重要。在 DFT 中要执行定点算术乘法运算，尤其要考虑舍入误差的影响。

我们用来描述乘法中的舍入误差的模型，是我们统计分析 IIR 和 FIR 滤波器中的舍入误差时所用的加性白噪声模型（见图 9.6.8）。尽管统计分析是对舍入执行的，但修改后也可用于补码算术中的截尾（见 9.4.3 节）。

我们尤其感兴趣的是，通过 FFT 算法计算 DFT 时的舍入误差分析，但首先要确定直接计算 DFT 时的舍入误差，以便建立基准。

8.4.1 直接计算 DFT 时的量化误差

已知一个有限长度序列 $\{x(n)\}, 0 \leqslant n \leqslant N-1$，其 DFT 定义为

$$X(k) = \sum_{n=0}^{N-1} x(n)W_N^{kn}, \qquad k = 0, 1, \cdots, N-1 \tag{8.4.1}$$

式中，$W_N = \mathrm{e}^{-\mathrm{j}2\pi/N}$。一般来说，我们假设 $\{x(n)\}$ 是一个复序列，并假定 $\{x(n)\}$ 和 $\{W_N^{kn}\}$ 的实部与虚部用 b 位表示。因此，计算乘积 $x(n)W_N^{kn}$ 需要 4 次实数乘法。每次实数乘法由 $2b$ 位舍入到 b 位，因此每次复数乘法有 4 个量化误差。

在 DFT 的直接计算中，DFT 中的每个点都有 N 次复数乘法。因此，在 DFT 中，计算单个点的实数乘法次数为 $4N$，所以有 $4N$ 个量化误差。

下面估计 DFT 的定点计算中的量化误差的方差。首先，对量化噪声的统计特性做如下假设：

1. 舍入带来的量化误差是在范围 $(-\Delta/2, \Delta/2)$ 内均匀分布的随机变量，其中 $\Delta = 2^{-b}$。

2. $4N$ 个量化误差互不相关。

3. $4N$ 个量化误差与序列 $\{x(n)\}$ 不相关。

每个量化误差都有方差

$$\sigma_e^2 = \frac{\Delta^2}{12} = \frac{2^{-2b}}{12} \tag{8.4.2}$$

来自 $4N$ 次乘法的量化误差的方差为

$$\sigma_q^2 = 4N\sigma_e^2 = \frac{N}{3} \cdot 2^{-2b} \tag{8.4.3}$$

因此，量化误差的方差与 DFT 的大小成正比。注意，当 N 为 2 的幂（$N = 2^v$）时，方差可写为

$$\sigma_q^2 = \frac{2^{-2(b-v/2)}}{3} \tag{8.4.4}$$

这表明 DFT 的大小 N 每翻 4 倍，就要增加 1 位计算精度来补偿增加的量化误差。

为了防止溢出，需要缩放 DFT 的输入序列。显然，$|X(k)|$ 的上界为

$$|X(k)| \leqslant \sum_{n=0}^{N-1} |x(n)| \tag{8.4.5}$$

[①] 建议读者在阅读本节前预习 9.5 节。

如果加法的动态范围为(-1, 1)，$|X(k)| < 1$ 就要求

$$\sum_{n=0}^{N-1} |x(n)| < 1 \qquad (8.4.6)$$

若最初对 $|x(n)|$ 进行缩放，使得对所有 n 有 $|X(n)| < 1$，就可将序列中的每点除以 N 来保证式（8.4.6）得到满足。

式（8.4.6）所示的缩放非常苛刻。例如，假设信号序列 $\{x(n)\}$ 是白的且在范围(-1/N, 1/N)内均匀分布，那么信号序列的方差为

$$\sigma_x^2 = \frac{(2/N)^2}{12} = \frac{1}{3N^2} \qquad (8.4.7)$$

且输出 DFT 系数 $|X(k)|$ 的方差为

$$\sigma_X^2 = N\sigma_x^2 = \frac{1}{3N} \qquad (8.4.8)$$

于是，信噪比为

$$\frac{\sigma_X^2}{\sigma_q^2} = \frac{2^{2b}}{N^2} \qquad (8.4.9)$$

观察发现，缩放将信噪比降低为此前的 $1/N$，而缩放与量化误差的组合将信噪比降低为此前的 $1/N^2$。因此，缩放输入序列 $\{x(n)\}$ 以满足式（8.4.6）对 DFT 中的信噪比施加了一个严厉的惩罚。

【例8.4.1】使用式（8.4.9）求信噪比为 30dB 时，计算一个 1024 点序列的 DFT 所需的位数。

解：序列的大小为 $N = 2^{10}$。因此，信噪比为

$$10\lg\frac{\sigma_X^2}{\sigma_q^2} = 10\lg 2^{2b-20}$$

当信噪比为 30dB 时，有

$$3(2b - 20) = 30, \quad b = 15 \text{ 位}$$

注意，15 位是乘法和加法的精度。

替代缩放输入序列 $\{x(n)\}$，假设我们只需要 $|x(n)| < 1$。于是，我们要为加法提供足够大的动态范围，以便使 $|X(k)| < N$。在这种情况下，序列 $\{|x(n)|\}$ 的方差为 $\sigma_x^2 = 1/3$，因此 $|X(k)|$ 的方差为

$$\sigma_X^2 = N\sigma_x^2 = \frac{N}{3} \qquad (8.4.10)$$

于是，信噪比为

$$\sigma_X^2 / \sigma_q^2 = 2^{2b} \qquad (8.4.11)$$

如果重复例 8.4.1 中的计算，就会发现为了达到 30dB 的信噪比，所需的位数为 $b = 5$ 位。然而，我们需要额外的 10 位，以让累加器（加法器）适应加法的动态范围的增大。对于加法，尽管我们无法减小动态范围，但已设法将乘法的精度从 15 位降低到 5 位，这一变化是非常显著的。

8.4.2 FFT 算法中的量化误差

前面说过，与直接计算 DFT 相比，FFT 算法需要的乘法次数明显更少。因此，我们应该可以通过 FFT 算法计算 DFT，得到更小的量化误差。遗憾的是，如后所述，情况并非如此。

下面考虑如何在基 2 FFT 算法的计算中使用定点算术。具体地说，我们选择基 2 按时间抽取算法，如图 8.4.1 所示，其中 $N = 8$。我们对这个基 2 FFT 算法得到的量化误差的结果，对其他基 2 及更高基算法来说很典型。

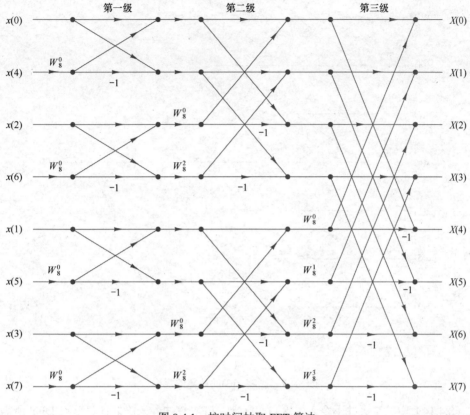

图 8.4.1 按时间抽取 FFT 算法

观察发现，每个蝶形计算都包括一次复数乘法或者四次实数乘法，但是我们忽略某些蝶形中包含的与±1 的平凡相乘。一般来说，如果考虑影响计算任意一个 DFT 值的蝶形，就会发现 FFT 的第一级有 $N/2$ 个蝶形，第二级有 $N/4$ 个蝶形，第三级有 $N/8$ 个蝶形，以此类推，最后一级有 1 个蝶形。因此，每个输出点的蝶形数量为

$$2^{v-1} + 2^{v-2} + \cdots + 2 + 1 = 2^{v-1}\left[1 + \left(\tfrac{1}{2}\right) + \cdots + \left(\tfrac{1}{2}\right)^{v-1}\right] = 2^{v}\left[1 - \left(\tfrac{1}{2}\right)^{v}\right] = N - 1 \qquad (8.4.12)$$

例如，影响图 8.4.1 内 8 点 FFT 算法中 $X(3)$ 的计算的蝶形如图 8.4.2 所示。

每个蝶形引入的量化误差都会传播到输出中。注意，第一级引入的量化误差传播通过$(v-1)$级，第二级引入的量化误差传播通过$(v-2)$级，以此类推。这些量化误差传播通过一定数量的后续级后，就对其相移（相位旋转）相位因子 W_N^{kn}。这些相位旋转不改变量化误差的统计特性，但是每个量化误差的方差保持不变。

如果每个蝶形中的量化误差与其他蝶形中的量化误差不相关，就有 $4(N-1)$ 个影响 FFT 的每个点的输出的误差。因此，输出端的总量化误差的方差为

$$\sigma_q^2 = 4(N-1)\frac{\Delta^2}{12} \approx \frac{N\Delta^2}{3} \qquad (8.4.13)$$

式中，$\Delta = 2^{-b}$。因此，

$$\sigma_q^2 = \frac{N}{3} \cdot 2^{-2b} \qquad (8.4.14)$$

这与直接计算 DFT 得到的结果完全相同。

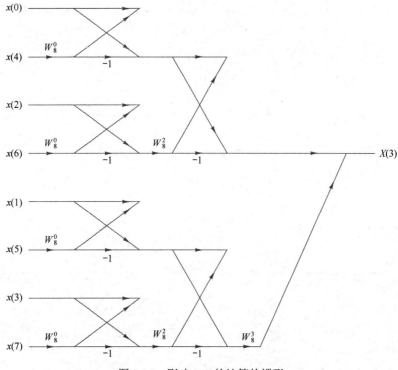

图 8.4.2　影响 $X(3)$ 的计算的蝶形

式（8.4.14）中的结果并不令人惊讶。实际上，FFT 算法并未降低计算单点 DFT 所需的乘法次数，但它的确利用了 W_N^{kn} 的周期性，并且降低了 DFT 中计算 N 点数据块的乘法次数。

与直接计算 DFT 的情况一样，为了防止溢出，我们需要缩放输入序列。回顾可知，如果 $|x(n)| < 1/N, 0 \leqslant n \leqslant N-1$，当 $0 \leqslant k \leqslant N-1$ 时就有 $|X(k)| < 1$，于是避免了溢出。由于采用了这种缩放，前面为直接计算 DFT 得到的式（8.4.7）、式（8.4.8）和式（8.4.9）同样适用于 FFT 算法。因此，我们就为 FFT 得到了相同的信噪比。

因为 FFT 算法由多级组成，而每级中都包含涉及点对的蝶形，所以可以设计不同的缩放策略，对不同的输入点执行不同的缩放，而不至于出现除以 N 那样的严厉缩放。这种缩放策略的动机是，在 FFT 算法的 $n = 1, 2, \cdots, v$ 级中，中间值 $|X_n(k)|$ 满足条件（见习题 8.35）：

$$
\begin{aligned}
\max\left[\left|X_{n+1}(k)\right|, \left|X_{n+1}(l)\right|\right] &\geqslant \max\left[\left|X_n(k)\right|, \left|X_n(l)\right|\right] \\
\max\left[\left|X_{n+1}(k)\right|, \left|X_{n+1}(l)\right|\right] &\leqslant 2\max\left[\left|X_n(k)\right|, \left|X_n(l)\right|\right]
\end{aligned} \tag{8.4.15}
$$

鉴于这些关系，我们可将 $1/N$ 的总体缩放分配到 FFT 算法的每级中。例如，若 $|x(n)| < 1$，就在第一级中使用缩放因子 $\frac{1}{2}$，以便 $|x(n)| < \frac{1}{2}$。接着，在 FFT 算法的每个后续级都将输出缩放 $\frac{1}{2}$。于是，经过 v 级，就实现了总体缩放因子 $\left(\frac{1}{2}\right)^v = 1/N$，进而避免了 DFT 计算中的溢出。

缩放过程并不影响 FFT 算法输出端的信号电平，但会明显降低输出端的量化误差的方差。因为每个缩放因子 $\frac{1}{2}$ 都将量化误差的方差降低到原来的 $\frac{1}{4}$，所以第一级引入的 $4(N/2)$ 个量化误差的方差减小为原来的 $\left(\frac{1}{4}\right)^{v-1}$，第二级引入的 $4(N/4)$ 个量化误差的方差减小为原来的 $\left(\frac{1}{4}\right)^{v-2}$，以此类推。因此，FFT 算法的量化误差的总体方差为

$$\sigma_q^2 = \frac{\Delta^2}{12}\left\{4\left(\frac{N}{2}\right)\left(\frac{1}{4}\right)^{v-1} + 4\left(\frac{N}{4}\right)\left(\frac{1}{4}\right)^{v-2} + 4\left(\frac{N}{8}\right)\left(\frac{1}{4}\right)^{v-3} + \cdots + 4\right\}$$

$$= \frac{\Delta^2}{3}\left\{\left(\frac{1}{2}\right)^{v-1} + \left(\frac{1}{2}\right)^{v-2} + \cdots + \frac{1}{2} + 1\right\} \qquad (8.4.16)$$

$$= \frac{2\Delta^2}{3}\left[1 - \left(\frac{1}{2}\right)^v\right] \approx \frac{2}{3}\cdot 2^{-2b}$$

其中，因子 $\left(\frac{1}{2}\right)^v$ 可以忽略。

现在，式（8.4.16）不再与 N 成比例。另外，信号的方差为 $\sigma_X^2 = \frac{1}{3}N$，就如式（8.4.8）中给出的一样。因此，信噪比为

$$\frac{\sigma_X^2}{\sigma_q^2} = \frac{1}{2N}\cdot 2^{2b} = 2^{2b-v-1} \qquad (8.4.17)$$

于是，将缩放因子 $1/N$ 均匀分配到 FFT 算法中就实现了与 N 成反比而非与 N^2 成反比的信噪比。

【例 8.4.2】缩放分配如上所述，求信噪比为 30dB 时，计算 1024 点序列的 FFT 所需的位数。

证明：FFT 的大小为 $N = 2^{10}$。因此，根据式（8.4.17），信噪比为

$$10\lg 2^{2b-v-1} = 30 \quad \Rightarrow \quad 3(2b-11) = 30 \quad \Rightarrow \quad b = \frac{21}{2}\,(11\,\text{位})$$

这可与对 FFT 算法的第一级执行整个缩放所需的 15 位相比拟。

8.5 小结

本章的重点是高效计算 DFT，指出当 N 为 2 的幂时，利用指数因子 W_N^{kn} 的对称性和周期性可将计算 DFT 所需的复数乘法次数从 N^2 减少为 $N\lb N$。此外，任何序列都可通过补零使得 $N = 2^v$。

人工计算傅里叶级数的值的数学家数十年来都很关心 FFT 类算法，直到论文 Cooley and Tukey (1965)发表后，高效计算 DFT 的影响和重要性才被人们认可。此后，Cooley-Tukey FFT 算法及其各种不同形式［如 Singleton (1967, 1969)中的算法］对将 DFT 用于卷积、相关和谱分析中产生了巨大的影响。关于 FFT 算法的回顾，请读者参阅 Cooley et al. (1967)。

8.1.5 节介绍的分裂基快速傅里叶变换算法是在 Duhamel and Hollmann (1984, 1986)中提出的。R. Price 提出了镜像快速傅里叶变换算法和相位快速傅里叶变换算法。Swarztrauber (1986)中介绍了如何利用数据中的对称性来缩短计算时间。

同样，这些年陆续出版了许多关于 FFT 算法的论文，本章引用的论文有 Brigham and Morrow (1967)、Cochran et al. (1967)、Bergland (1969)和 Cooley et al. (1967, 1969)等。

认识到 DFT 可以重排并用线性卷积来计算非常重要。Goertzel (1968)中指出可以由线性滤波来计算 DFT，但这种方法节省的计算量不多。更有意义的是，Bluestein (1970)中指出 DFT 的计算可以表示成啁啾线性滤波运算，Rabiner et al. (1969)中推导了线性调频 z 变换算法。

除了本章介绍的 FFT 算法，计算 DFT 的高效算法还有很多，其中的有些算法进一步减少了乘法次数，但增加了加法次数。Rader and Brenner (1976)、Good (1971)和 Winograd (1976, 1978)中提出的质因子算法非常重要。关于这些算法和相关算法的说明，请读者参阅 Blahut (1985)。

习　题

8.1　证明每个数

$$e^{j(2\pi/N)k}, \qquad 0 \leqslant k \leqslant N-1$$

都对应于 1 的第 N 个根。在复平面上将这些数画成相量，并根据图形说明正交性质

$$\sum_{n=0}^{N-1} e^{j(2\pi/N)kn} e^{-j(2\pi/N)ln} = \begin{cases} N, & k = l \\ 0, & k \neq l \end{cases}$$

8.2 **(a)** 证明相位因子可通过 $W_N^{ql} = W_N^q W_N^{q(l-1)}$ 递归计算。

(b) 使用单精度浮点算术和 4 位有效位各执行该计算一次，注意后者因舍入误差累积导致的结果恶化。

(c) 证明(b)问中的结果可通过每次 $ql = N/4$ 将结果重置为正确值 $-j$ 而得到改善。

8.3 设 $x(n)$ 为 N 点（$N = 2^\nu$）实序列。推导一种方法，只用一个 $N/2$ 点实 DFT 计算仅包含奇次谐波的 N 点离散傅里叶变换 $X'(k)$，即如果 k 为偶数，则 $X'(k) = 0$。

8.4 某设计师有许多可用的 8 点 FFT 芯片。如何连接三块芯片来计算 24 点 DFT？

8.5 序列 $x(n) = u(n) - u(n - 7)$ 的 z 变换在单位圆上的 5 个点处采样如下：

$$X(k) = X(z)\Big|_{z=e^{j2\pi k/5}}, \qquad k = 0,1,2,3,4$$

求 $X(k)$ 的逆 DFT $x'(n)$，将其与 $x(n)$ 比较并解释结果。

8.6 考虑有限长序列 $x(n), 0 \leq n \leq 7$，其 z 变换为 $X(z)$。我们希望在如下值集处计算 $X(z)$：

$$z_k = 0.8 e^{j[(2\pi k/8) + (\pi/8)]}, \qquad 0 \leq k \leq 7$$

(a) 在复平面上画出点 $\{z_k\}$。

(b) 求序列 $s(n)$，使得其 DFT 提供 $X(z)$ 的期望样本。

8.7 对由式（8.1.26）至式（8.1.27）给出的基 2 按时间抽取 FFT 算法，推导出作为由式（8.1.16）至式（8.1.18）给出的一般算法过程的一种特殊情况。

8.8 利用文中介绍的按频率抽取 FFT 算法计算如下序列的 8 点 DFT：

$$x(n) = \begin{cases} 1, & 0 \leq n \leq 7 \\ 0, & \text{其他} \end{cases}$$

8.9 推导 $N = 16$ 点、基 4 按时间抽取 FFT 算法的信号流图，算法中的输入序列以自然序出现，计算在原位执行。

8.10 推导 $N = 16$ 点、基 4 按频率抽取 FFT 算法的信号流图，算法的输入序列以倒位序出现，输出 DFT 以自然序出现。

8.11 使用原位基 2 按时间抽取算法和基 2 按频率抽取算法，计算序列

$$x(n) = \left\{\tfrac{1}{2}, \tfrac{1}{2}, \tfrac{1}{2}, \tfrac{1}{2}, 0, 0, 0, 0\right\}$$

的 8 点 DFT。精确跟踪对应的信号流图，记录所有中间量并在图上画出它们。

8.12 使用基 4 按时间抽取算法计算如下序列的 16 点 DFT：

$$x(n) = \cos\tfrac{\pi}{2}n, \qquad 0 \leq n \leq 15$$

8.13 考虑图 8.1.6 中的 8 点按时间抽取（DIT）流图。

(a) 从 $x(7)$ 到 $X(2)$ 的"信号路径"的增益是多少？

(b) 从输入到给定的输出有多少条路径？对每个输出都成立吗？

(c) 使用由该流图指出的运算计算 $X(3)$。

8.14 画出 $N = 16$ 时按频率抽取（DIF）分裂基 FFT 算法的信号流图。非平凡乘法次数是多少？

8.15 推导按时间抽取分裂基 FFT 算法并画出 $N = 8$ 时的流图。将得到的流图与图 8.1.11 所示的按频率抽取基 2 快速傅里叶变换的流图进行比较。

8.16 证明两个复数 $(a + jb)$ 与 $(c + jd)$ 的乘积可用算法

$$x_R = (a - b)d + (c - d)a$$
$$x_I = (a - b)d + (c + d)b$$

经过三次实数乘法和五次实数加法实现，其中 $x = x_R + jx_I = (a + jb)(c + jd)$。

8.17 如何用 DFT 计算一个 N 点序列的 z 变换在半径为 r 的圆上的 N 个等间隔样本？

8.18 一个实 N 点序列 $x(n)$ 称为 DFT 带限的，如果其 DFT $X(k) = 0, k_0 \leqslant k \leqslant N - k_0$。在 $X(k)$ 的中间插入 $(L-1)N$ 个 0，得到下面的 LN 点 DFT：

$$X'(k) = \begin{cases} X(k), & 0 \leqslant k \leqslant k_0 - 1 \\ 0, & k_0 \leqslant k \leqslant LN - k_0 \\ X(k + N - LN), & LN - k_0 + 1 \leqslant k \leqslant LN - 1 \end{cases}$$

证明

$$Lx'(Ln) = x(n), \qquad 0 \leqslant n \leqslant N - 1$$

式中，

$$x'(n) \xleftarrow[LN]{\text{DFT}} X'(k)$$

用 $N = 4, L = 1$ 和 $X(k) = \{1, 0, 0, 1\}$ 时的例子解释这种处理的含义。

8.19 设 $X(k)$ 是序列 $x(n), 0 \leqslant n \leqslant N - 1$ 的 N 点 DFT。序列 $s(n) = X(n), 0 \leqslant n \leqslant N - 1$ 的 N 点 DFT 是什么？

8.20 设 $X(k)$ 是序列 $x(n), 0 \leqslant n \leqslant N - 1$ 的 N 点 DFT。定义一个 $2N$ 点序列 $y(n)$，

$$y(n) = \begin{cases} x\left(\dfrac{n}{2}\right), & n \text{ 为偶数} \\ 0, & n \text{ 为奇数} \end{cases}$$

用 $X(k)$ 表示 $y(n)$ 的 $2N$ 点 DFT。

8.21 **(a)** 求如下汉宁窗的 z 变换 $W(z)$：

$$w(n) = \frac{1 - \cos\dfrac{2\pi n}{N-1}}{2}$$

(b) 求由信号 $x(n)$ 的 N 点 DFT $X(k)$ 计算信号 $x_w(n) = w(n)x(n), 0 \leqslant n \leqslant N - 1$ 的 N 点 DFT $X_w(k)$ 的公式。

8.22 创建一个 DFT 系数表，只用 $N/4$ 个内存位置来存储正弦序列的第一象限（假设 N 为偶数）。

8.23 求由式（8.2.12）给出的算法的计算量，并将其与 $g(n)$ 的 $2N$ 点 DFT 的计算量进行比较。设 FFT 是基 2 算法。

8.24 考虑由如下差分方程描述的一个 IIR 系统：

$$y(n) = -\sum_{k=1}^{N} a_k y(n-k) + \sum_{k=0}^{M} b_k x(n-k)$$

说明用 FFT 算法（$N = 2^\nu$）计算频率响应 $H(2\pi k/N), k = 0, 1, \cdots, N-1$ 的过程。

8.25 对于 $N = 3^\nu$，推导一个基 3 按时间抽取 FFT 算法，画出 $N = 9$ 时的流图。所需复数乘法的次数是多少？运算可在原位执行吗？

8.26 对于按频率抽取情形，重做习题 8.25。

8.27 **FFT 输入和输出剪枝。**在许多应用中，我们希望计算长为 L 的有限长序列的 N 点 DFT 中的少量点 M（即 $M \ll N$ 和 $L \ll N$）。

(a) 画出 $N = 16$ 时基 2 按频率抽取 FFT 的流图，并删除（即剪枝）来自 0 输入的所有信号路径，假设只有 $x(0)$ 与 $x(1)$ 是非零的。

(b) 对基 2 按时间抽取 FFT 算法重做(a)问。

(c) 如果要计算 DFT 的所有点，哪种算法更好？如果只计算 $X(0), X(1), X(2)$ 和 $X(3)$，哪种算法更好？建立一个规则，根据 M 和 L 的值在 DIT 和 DIF 两种剪枝之间进行选择。

(d) 给出用 M, L 和 N 表示节省计算次数的一个估计。

8.28 **DFT 的并行计算。**假设我们要用 2^p 个数字信号处理器（DSP）计算 $N = 2^p 2^\nu$ 点 DFT。为简单起见，假设 $p = \nu = 2$。这时，每个 DSP 均执行计算 2^ν 个 DFT 点所需的计算。

(a) 使用基 2 按频率抽取流图，证明为避免数据重排，整个输入序列 $x(n)$ 应被载入每个 DSP 的内存。

(b) 识别和重画流图中由 DSP 执行的计算 $X(2), X(10), X(6)$ 和 $X(14)$ 的部分。

(c) 证明如果使用 $M = 2^p$ 个 DSP，那么计算提升 S 为

$$S = M \frac{\text{lb} N}{\text{lb} N - \text{lb} M + 2(M-1)}$$

8.29 根据定义，推导逆基 2 按时间抽取 FFT 算法。画出计算流图并与直接 FFT 的流图进行比较。可以由直接 FFT 的流图得到 IFFT 的流图吗？

8.30 对按频率抽取情形重做习题 8.29。

8.31 证明：厄米特对称数据的 FFT 算法，可通过颠倒实数据的 FFT 的流图推出。

8.32 求用戈泽尔算法计算 DFT 值 $X(N-k)$ 的差分方程和系统函数 $H(z)$。

8.33 **(a)** 设 $x(n)$ 是 $N=1024$ 点有限长序列。我们希望用最有效的方法或算法求序列在点

$$z_k = e^{j(2\pi/1024)k}, \quad k = 0,100,200,\cdots,1000$$

处的 z 变换 $X(z)$。描述能有效执行该计算的算法。给出可用的各种选择或算法，解释你是如何得出答案的。

(b) 如果 $X(z)$ 在点

$$z_k = 2(0.9)^k e^{j[(2\pi/5000)k+\pi/2]}, \quad k = 0,1,2,\cdots,999$$

处计算，重做(a)问。

8.34 对基 2 按频率抽取 FFT 算法，重新分析 8.4.2 节中关于量化误差的方差。

8.35 基 2 按时间抽取 FFT 算法的基本蝶形为

$$X_{n+1}(k) = X_n(k) + W_N^m X_n(l)$$
$$X_{n+1}(k) = X_n(k) - W_N^m X_n(l)$$

(a) 如果要求 $|X_n(k)| < 1/2$ 和 $|X_n(l)| < 1/2$，证明

$$\left|\text{Re}[X_{n+1}(k)]\right| < 1, \quad \left|\text{Re}[X_{n+1}(l)]\right| < 1$$
$$\left|\text{Im}[X_{n+1}(k)]\right| < 1, \quad \left|\text{Im}[X_{n+1}(l)]\right| < 1$$

于是，不会发生溢出。

(b) 证明

$$\max\left[|X_{n+1}(k)|,|X_{n+1}(l)|\right] \geqslant \max\left[|X_n(k)|,|X_n(l)|\right]$$
$$\max\left[|X_{n+1}(k)|,|X_{n+1}(l)|\right] \leqslant 2\max\left[|X_n(k)|,|X_n(l)|\right]$$

计算机习题

CP8.1 考虑 $N=15$ 点序列

$$x(n) = \begin{cases} 1, & 0 \leqslant n \leqslant 14 \\ 0, & \text{其他} \end{cases}$$

使用 8.1.2 节中介绍的算法 1 和算法 2，选择 $L=5$ 和 $M=3$，计算 $N=15$ 点序列的 DFT。

CP8.2 对于 $N=16$ 点序列

$$x(n) = \cos(0.4\pi n), \quad 0 \leqslant n \leqslant 15$$

(a) 用图 8.1.13 中的基 4 按时间抽取算法计算 16 点序列的 DFT。

(b) 用图 8.1.14 中的基 4 按频率抽取算法重新计算 16 点序列的 DFT。

CP8.3 编写程序实现线性调频 z 变换，计算 DFT（仅幅度），如图 8.3.3 所示。

(a) 使用该程序计算序列

$$x(n) = \begin{cases} 1, & 0 \leqslant n \leqslant 15 \\ 0, & \text{其他} \end{cases}$$

的 64 点 DFT 并画出 DFT 的值。

(b) 使用该程序计算(a)问中序列的 128 点 DFT 并画出 DFT 值。

CP8.4 **计算 DFT。** 使用 FFT 子程序计算如下 DFT 并画出 DFT 的幅度谱 $|X(k)|$。

(a) 如下序列的 64 点 DFT：

$$x(n) = \begin{cases} 1, & n = 0,1,\cdots,15 \quad (N_1 = 16) \\ 0, & \text{其他} \end{cases}$$

(b) 如下序列的 64 点 DFT：

$$x(n) = \begin{cases} 1, & n = 0,1,\cdots,7 \quad (N_1 = 8) \\ 0, & \text{其他} \end{cases}$$

(c) (a)问中的序列的 128 点 DFT。

(d) 如下序列的 64 点 DFT：

$$x(n) = \begin{cases} 10e^{j(\pi/8)n}, & n = 0,1,\cdots,63 \quad (N_1 = 64) \\ 0, & \text{其他} \end{cases}$$

回答下列问题。

(a) 在(a), (b), (c)和(d)问的图形中，相邻样本之间的频率间隔是多少？

(b) 由(a), (b), (c)和(d)问的图形得到的谱在零频率（直流值）处的值是多少？
用如下公式计算直流值的理论值，并用计算机的结果验证这些值：

$$X(k) = \sum_{n=0}^{N-1} x(n)e^{-j(2\pi/N)nk}$$

(c) 在(a), (b)和(c)问的图形中，谱中两个相邻空值之间的频率间隔是多少？序列 $x(n)$ 的 N_1 与相邻空值间的频率间隔有什么关系？

(d) 解释由(a)问和(c)问得到的图形的区别。

CP8.5 **系统中极点位置的确定**。考虑由差分方程 $y(n) = -r^2 y(n-2) + x(n)$ 描述的系统。

(a) 令 $r = 0.9$ 和 $x(n) = \delta(n)$。对 $0 \leqslant n \leqslant 127$ 产生输出序列 $y(n)$。计算 $N = 128$ 点 DFT $Y(k)$ 并画出 $|Y(k)|$。

(b) 计算序列 $w(n) = (0.92)^{-n} y(n)$ 的 $N = 128$ 点 DFT，其中 $y(n)$ 是(a)问中生成的序列。画出 DFT 值 $|W(k)|$。由(a)问和(b)问的图形能得出什么结论？

(c) 令 $r = 0.5$，重做(a)问。

(d) 对序列 $w(n) = (0.55)^{-n} y(n)$ 重做(b)问，其中 $y(n)$ 是(c)问产生的序列。由(c)问和(d)问的图形能得到什么结论？

(e) 假设(c)问得到的序列被一个"观测"噪声序列污染，噪声呈均值为 0、方差为 $\sigma^2 = 0.1$ 的高斯分布。对这个被噪声污染的信号重做(c)问和(d)问。

第9章　离散时间系统的实现

本章重点介绍线性时不变离散时间系统的软件或硬件实现。如第 2 章所述，实现 FIR 和 IIR 离散时间系统的配置或结构有多种。第 2 章介绍了其中最简单的结构——直接型实现。然而，其他更实用的结构可以提供一些明显不同的优点，尤其是在考虑量化效应的时候。

尤其重要的结构是级联结构、并联结构和格型结构，它们在有限字长实现中具有鲁棒性。本章还将介绍 FIR 系统的频域采样实现，与其他 FIR 实现相比，这种实现计算上通常更高效。对线性时不变系统采用状态空间公式，可以得到其他的滤波器结构。限于篇幅，本章不介绍状态空间结构。

除了介绍实现离散时间系统的各种结构，本章还将介绍与使用有限精度算术实现数字滤波器时的量化效应相关联的问题，内容包括系数量化对滤波器频率响应特性的影响，以及离散时间系统的数字实现中固有的舍入噪声效应。

9.1　离散时间系统的实现结构

考虑由一般线性常系数差分方程

$$y(n) = -\sum_{k=1}^{N} a_k y(n-k) + \sum_{k=0}^{M} b_k x(n-k) \tag{9.1.1}$$

描述的一类重要线性时不变系统。前面说过，借助于 z 变换，这类线性时不变系统也可由如下有理系统函数表征：

$$H(z) = \frac{\sum_{k=0}^{M} b_k z^{-k}}{1 + \sum_{k=1}^{N} a_k z^{-k}} \tag{9.1.2}$$

这个函数是两个 z^{-1} 的多项式之比。根据后一种表征，我们得到系统函数的零点和极点，具体取决于所选择的系统参数 $\{b_k\}$ 和 $\{a_k\}$，而这些参数则决定系统的频率响应特性。

本章主要介绍用硬件或者用数字可编程计算机上的软件来实现式（9.1.1）或式（9.1.2）的不同方法，并证明式（9.1.1）或式（9.1.2）可用不同的方式实现，具体取决于这两个表征的排列形式。

一般来说，我们可将式（9.1.1）视为由输入序列 $x(n)$ 求输出序列 $y(n)$ 的一个计算过程（一种算法）。然而，式（9.1.1）中的计算可按不同方式排列为等效的差分方程组。每个方程组都定义实现系统的一个计算过程或算法。根据每个方程组，我们可以构建由延迟元件、乘法器和加法器互连而成的框图。2.5 节将这样的框图称为系统的**实现**，或者称为实现系统的**结构**。

当系统用软件实现时，框图或者重排式（9.1.1）得到的方程组可以转换为在数字计算机上运行的程序。此外，框图中的结构表明了实现系统的硬件配置。

这时，读者可能不明白的一个问题是为何要考虑式（9.1.1）或式（9.1.2）的任意重排。为什么不做任何重排而直接实现式（9.1.1）或式（9.1.2）？如果式（9.1.1）或式（9.1.2）以某种方式重排，对应实现中的收益是什么？

本章将回答这些重要的问题。到目前为止，可以说影响我们选择某个特定实现的主要因素是计算复杂度、内存需求和计算中的有限字长效应。

计算复杂度是指计算系统的一个输出值 $y(n)$ 所需的算术运算（乘法、除法和加法）次数。过去，算术运算次数是度量计算复杂度的唯一因素。然而，随着可编程数字信号处理芯片和制造工艺的发展，其他因素（访问内存的次数，或者每个输出样本执行的两个数字之间的比较次数）在评价系统实现的计算复杂度方面正变得越来越重要。

内存需求是指用来存储系统参数、过去的输入、过去的输出及任意中间计算值的内存位置数。

有限字长效应或者有限精度效应是指系统的任意数字实现（无论是硬件实现还是软件实现）中固有的量化效应。系统的参数必定是以有限精度表示的。在由系统计算输出的过程中，执行的计算必须被舍入或截尾，以符合实现中所用计算机或硬件的有限精度约束。计算是以定点算术执行还是以浮点算术执行是另一个要考虑的问题。所有这些问题常称**有限字长效应**，对我们选择具体的系统实现极其重要。因此，在实际中选择对有限字长不太敏感的实现非常重要。

尽管这三个因素是影响我们选择由式（9.1.1）或式（9.1.2）描述的系统的实现的主要因素，但其他因素（如结构和实现是否适合并行处理，或者计算是否能流水化）对特定实现的选择也十分重要。这些额外的因素在实现更复杂的信号处理算法时通常很重要。

我们对替代实现的讨论重点是上面列出的三个主要因素，但偶尔也会讨论对某些实现来说很重要的其他因素。

9.2 FIR 系统的结构

一般来说，一个 FIR 系统由差分方程

$$y(n) = \sum_{k=0}^{M-1} b_k x(n-k) \tag{9.2.1}$$

描述，或者等效地由系统函数

$$H(z) = \sum_{k=0}^{M-1} b_k z^{-k} \tag{9.2.2}$$

描述。此外，FIR 系统的单位样本响应等于系数 $\{b_k\}$，即

$$h(n) = \begin{cases} b_n, & 0 \leqslant n \leqslant M-1 \\ 0, & \text{其他} \end{cases} \tag{9.2.3}$$

为了与技术文献中的记号一致，FIR 滤波器的长度选为 M，注意本章和后续各章中处理 FIR 滤波器时记号的这种变化。

下面针对直接型这种最简单的结构给出实现 FIR 系统的不同方法。第二种结构是级联型实现，第三种结构是频率采样实现。最后介绍 FIR 系统的格型实现。讨论遵循科技文献中的惯例，即将 $\{h(n)\}$ 用作 FIR 系统的参数。

除了上述 4 种实现，FIR 系统还可通过 DFT 实现，如 8.2 节所述。从某个角度看，DFT 可视为一个计算过程而非 FIR 系统的一种结构。然而，当我们用硬件实现计算过程时，存在对应于 FIR 系统的结构。在实际工作中，DFT 的硬件实现则基于第 8 章介绍的 FFT。

9.2.1 直接型结构

直接型实现直接来自由式（9.2.1）给出的非递归差分方程，或者等效地来自卷积和

$$y(n) = \sum_{k=0}^{M-1} h(k)x(n-k) \qquad (9.2.4)$$

图 9.2.1 显示了该结构。

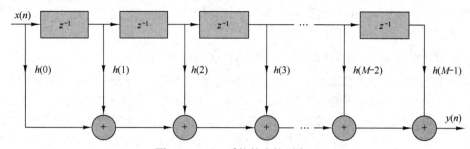

图 9.2.1　FIR 系统的直接型实现

观察发现，该结构需要 $M-1$ 个内存位置来存储 $M-1$ 个之前的输入，每个输出点的复杂度为 M 次乘法和 $M-1$ 次加法。因为输出由输入的 $M-1$ 个过去值的加权线性组合和输入的加权当前值组成，所以图 9.2.1 中的结构类似于一条抽头延迟线或一个横向系统。因此，直接型实现常称**横向滤波器**或**抽头延迟线滤波器**。

当 FIR 系统具有线性相位时，如 10.2 节所述，系统的单位样本响应满足对称或反对称条件：

$$h(n) = \pm h(M-1-n) \qquad (9.2.5)$$

对于这样的系统，当 M 为偶数时乘法次数从 M 减少到 $M/2$，当 M 为奇数时乘法次数从 M 减少到 $(M-1)/2$。例如，图 9.2.2 显示了当 M 为奇数时利用这种对称性的结构。

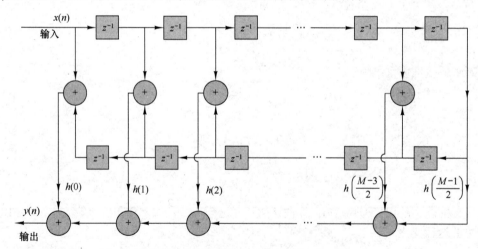

图 9.2.2　线性相位 FIR 系统的直接型实现（M 为奇数）

9.2.2　级联型结构

级联实现自然来自由式（9.2.2）给出的系统函数。$H(z)$可因式分解为二阶 FIR 系统，使得

$$H(z) = \prod_{k=1}^{K} H_k(z) \qquad (9.2.6)$$

式中，

$$H_k(z) = b_{k0} + b_{k1}z^{-1} + b_{k2}z^{-2}, \qquad k = 1, 2, \cdots, K \qquad (9.2.7)$$

K 是$(M+1)/2$ 的整数部分。滤波器参数 b_0 可以均匀地分配给 K 个滤波器节,使得 $b_0 = b_{10}\, b_{20} \cdots$ b_{K0},或者分配给单个滤波器节。$H(z)$的零点成对分组,产生形如式(9.2.7)的二阶 FIR 滤波器。我们希望形成一对复共轭根,使得式(9.2.7)中的系数$\{b_{ki}\}$是实的。另一方面,实根可按任意方式组对。这种带有基本二阶节的级联型实现如图 9.2.3 所示。

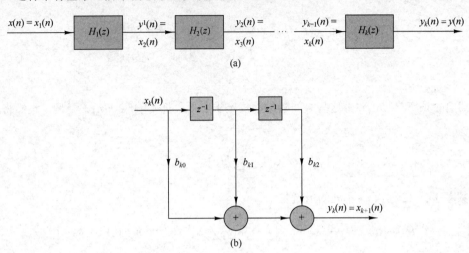

(a)

(b)

图 9.2.3　FIR 系统的级联实现

对于线性相位 FIR 滤波器,$h(n)$的对称性表明 $H(z)$的零点也以对称形式出现。特别地,如果 z_k 和 z_k^* 是一对复共轭零点,那么 $1/z_k$ 与 $1/z_k^*$ 也是一对复共轭零点(见 10.2 节)。因此,形成如下 FIR 系统的四阶节就可简化情形:

$$H_k(z) = c_{k0}(1-z_k z^{-1})(1-z_k^* z^{-1})(1-z^{-1}/z_k)(1-z^{-1}/z_k^*) \tag{9.2.8}$$
$$= c_{k0} + c_{k1} z^{-1} + c_{k2} z^{-2} + c_{k1} z^{-3} + c_{k0} z^{-4}$$

式中,系数$\{c_{k1}\}$和$\{c_{k2}\}$是 z_k 的函数。于是,结合两对极点以形成一个四阶滤波器节,就将乘法次数从 6 减少到 3(即降低一半)。图 9.2.4 显示了基本的四阶 FIR 滤波器结构。

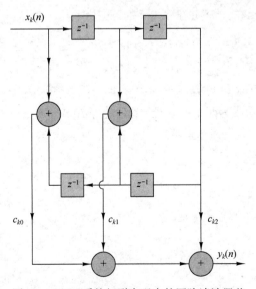

图 9.2.4　FIR 系统级联实现中的四阶滤波器节

9.2.3 频率采样结构①

频率采样实现是 FIR 滤波器的另一种结构，在这种结构中，表征滤波器的参数是期望频率响应而非冲激响应 $h(n)$ 的值。为了推导频率采样结构，我们在一组等间隔的频率即

$$\omega_k = \frac{2\pi}{M}(k+\alpha), \qquad k = 0,1,\cdots,\frac{M-1}{2}, \quad M\ 为奇数$$

$$k = 0,1,\cdots,\frac{M}{2}-1, \quad M\ 为偶数$$

$$\alpha = 0\ 或\ \frac{1}{2}$$

处规定期望的频率响应，并由这些等间隔频率规定求解单位样本响应 $h(n)$。于是，我们将频率响应写为

$$H(\omega) = \sum_{n=0}^{M-1} h(n)\,\mathrm{e}^{-\mathrm{j}\omega n}$$

$H(\omega)$ 在频率 $\omega_k = (2\pi/M)(k+\alpha)$ 处的值就是

$$H(k+\alpha) = H\left(\frac{2\pi}{M}(k+\alpha)\right) = \sum_{n=0}^{M-1} h(n)\,\mathrm{e}^{-\mathrm{j}2\pi(k+\alpha)n/M}, \quad k = 0,1,\cdots,M-1 \tag{9.2.9}$$

值集 $\{H(k+\alpha)\}$ 称为 $H(\omega)$ 的**频率样本**。当 $\alpha = 0$ 时，$\{H(k)\}$ 对应于 $\{h(n)\}$ 的 M 点 DFT。

颠倒式（9.2.9）并用频率样本表示 $h(n)$，得到

$$h(n) = \frac{1}{M}\sum_{k=0}^{M-1} H(k+\alpha)\,\mathrm{e}^{\mathrm{j}2\pi(k+\alpha)n/M}, \qquad n = 0,1,\cdots,M-1 \tag{9.2.10}$$

当 $\alpha = 0$ 时，式（9.2.10）就是 $\{H(k)\}$ 的 IDFT。现在，若用式（9.2.10）替换 z 变换 $H(z)$ 中的 $h(n)$，则有

$$H(z) = \sum_{n=0}^{M-1} h(0)z^{-n} = \sum_{n=0}^{M-1}\left[\frac{1}{M}\sum_{k=0}^{M-1} H(k+\alpha)\,\mathrm{e}^{\mathrm{j}2\pi(k+\alpha)n/M}\right]z^{-n} \tag{9.2.11}$$

交换式（9.2.11）中两个求和的顺序并在序号 n 的范围内求和，有

$$H(z) = \sum_{k=0}^{M-1} H(k+\alpha)\left[\frac{1}{M}\sum_{n=0}^{M-1}(\mathrm{e}^{\mathrm{j}2\pi(k+\alpha)/M}\,z^{-1})^n\right] = \frac{1-z^{-M}\,\mathrm{e}^{\mathrm{j}2\pi\alpha}}{M}\sum_{k=0}^{M-1}\frac{H(k+\alpha)}{1-\mathrm{e}^{\mathrm{j}2\pi(k+\alpha)/M}\,z^{-1}} \tag{9.2.12}$$

于是，我们就用频率样本集 $\{H(k+\alpha)\}$ 而非 $\{h(n)\}$ 表征了系统函数 $H(z)$。

这种 FIR 滤波器实现可视为两个滤波器的级联〔即 $H(z) = H_1(z)H_2(z)$〕。其中的一个滤波器是全零点滤波器或梳状滤波器，其系统函数为

$$H_1(z) = \frac{1}{M}(1-z^{-M}\,\mathrm{e}^{\mathrm{j}2\pi\alpha}) \tag{9.2.13}$$

其零点是单位圆上的等间隔点，即

$$z_k = \mathrm{e}^{\mathrm{j}2\pi(k+\alpha)/M}, \qquad k = 0,1,\cdots,M-1$$

系统函数为

---

① 读者也可参阅 10.2.3 节对频率采样 FIR 滤波器的讨论。

$$H_2(z) = \sum_{k=0}^{M-1} \frac{H(k+\alpha)}{1 - e^{j2\pi(k+\alpha)/M}z^{-1}} \qquad (9.2.14)$$

的第二个滤波器由谐振频率为

$$p_k = e^{j2\pi(k+\alpha)/M}, \qquad k = 0, 1, \cdots, M-1$$

的并联单极点滤波器组构成。

观察发现，极点位置和零点位置相同，都出现在规定期望频率响应的频率 $\omega_k = 2\pi(k+\alpha)/M$ 处。并联谐振滤波器组的增益就是复参数 $\{H(k+\alpha)\}$，如图 9.2.5 所示。

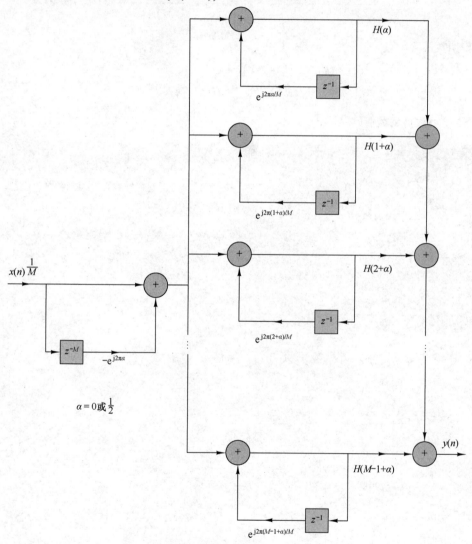

图 9.2.5　FIR 滤波器的频率采样实现

当 FIR 滤波器的期望频率响应特性是窄带时，大多数增益参数 $\{H(k+\alpha)\}$ 为零。因此，可以去掉对应的谐振滤波器，而只保留增益参数不是零的滤波器，最终得到的滤波器与对应的直接型实现相比，所需的计算量（乘法和加法次数）更少，于是就得到了一个更高效的实现。

利用 $H(k+\alpha)$ 中的对称性，即 $\alpha = 0$ 时 $H(k) = H^*(M-k)$ 和

$$H\left(k+\frac{1}{2}\right) = H\left(M-k-\frac{1}{2}\right), \qquad \alpha = \frac{1}{2}$$

可以进一步简化频率采样滤波器结构。

由式（9.2.9）容易推导出这些关系式。这种对称性可让我们将一对单极点滤波器组合为具有实参数的一个双极点滤波器。于是，对于 $\alpha = 0$，系统函数 $H_2(z)$ 就简化为

$$H_2(z) = \begin{cases} \dfrac{H(0)}{1-z^{-1}} + \displaystyle\sum_{k=1}^{(M-1)/2} \dfrac{A(k)-B(k)z^{-1}}{1-2\cos(2\pi k/M)z^{-1}+z^{-2}}, & M\text{为奇数} \\[4mm] \dfrac{H(0)}{1-z^{-1}} + \dfrac{H(M/2)}{1+z^{-1}} + \displaystyle\sum_{k=1}^{M/2-1} \dfrac{A(k)-B(k)z^{-1}}{1-2\cos(2\pi k/M)z^{-1}+z^{-2}}, & M\text{为偶数} \end{cases} \qquad (9.2.15)$$

式中，根据定义有

$$\begin{aligned} A(k) &= H(k)+H(M-k) \\ B(k) &= H(k)\mathrm{e}^{-\mathrm{j}2\pi k/M}+H(M-k)\mathrm{e}^{\mathrm{j}2\pi k/M} \end{aligned} \qquad (9.2.16)$$

对于 $\alpha = \frac{1}{2}$，可以得到类似的表达式。

【例 9.2.1】画出 $M=32$，$\alpha=0$ 时，频率样本为

$$H\left(\frac{2\pi k}{32}\right) = \begin{cases} 1, & k=0,1,2 \\ \frac{1}{2}, & k=3 \\ 0, & k=4,5,\cdots,15 \end{cases}$$

的线性相位（对称）FIR 滤波器的直接型实现和频率采样实现框图，并比较这两种结构的计算复杂度。

解： 滤波器是对称的，可将每个输出点的乘法次数减半，即在直接型实现中将乘法次数从 32 减少到 16。每个输出点的加法次数为 31。图 9.2.6 显示了直接型实现的框图。

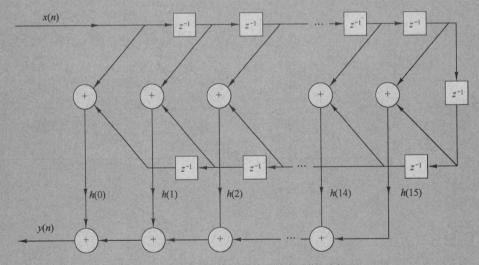

图 9.2.6　$M=32$ 时 FIR 滤波器的直接型实现

对频率采样实现使用式（9.2.13）和式（9.2.15），丢弃增益系数 $\{H(k)\}$ 为零的所有项。非零系数是 $H(k)$，零系数是 $H(M-k)$，$k=0,1,2,3$。所得实现的框图如图 9.2.7 所示。因为 $H(0)=1$，所以单极点滤波器不需要乘法。在总共 9 次乘法中，三个双极点滤波器节各需 3 次乘法。加法总次数为 13。因此，该 FIR 滤波器的频率采样实现计算上要比直接型实现更高效。

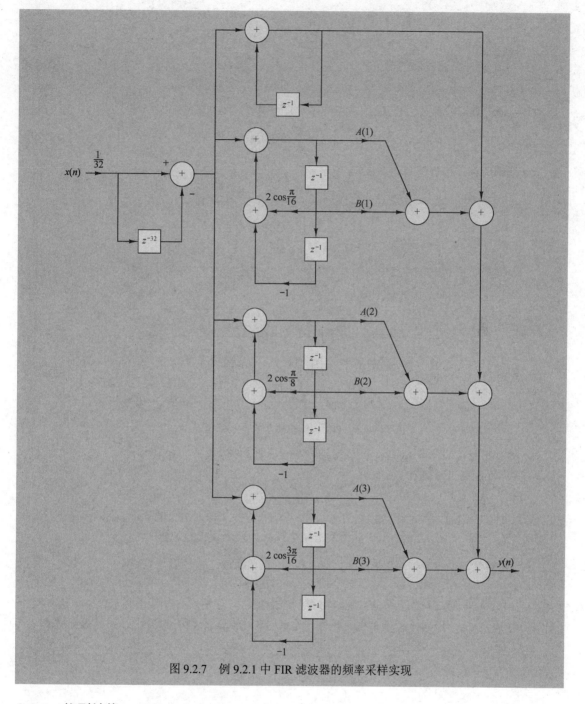

图 9.2.7 例 9.2.1 中 FIR 滤波器的频率采样实现

9.2.4 格型结构

本节中介绍另一种 FIR 滤波器结构，即**格型滤波器**或**格型实现**。格型滤波器已广泛用于数字语音处理和自适应滤波器的实现中。

考虑系统函数为

$$H_m(z) = A_m(z), \qquad m = 0, 1, 2, \cdots, M-1 \tag{9.2.17}$$

的一系列 FIR 滤波器，其中，根据定义，$A_m(z)$是多项式

$$A_m(z) = 1 + \sum_{k=1}^{m} \alpha_m(k) z^{-k}, \quad m \geqslant 1 \tag{9.2.18}$$

而 $A_0(z) - 1$。第 m 个滤波器的单位样本响应为 $h_m(0) = 1$ 和 $h_m(k) = \alpha_m(k), k = 1, 2, \cdots, m$。多项式 $A_m(z)$ 的下标 m 表示多项式的次数。数学上，为方便起见，定义 $\alpha_m(0) = 1$。

如果 $\{x(n)\}$ 是滤波器 $A_m(z)$ 的输入序列，$\{y(n)\}$ 是输出序列，则有

$$y(n) = x(n) + \sum_{k=1}^{m} \alpha_m(k) x(n-k) \tag{9.2.19}$$

FIR 滤波器的两种直接型结构如图 9.2.8 所示。

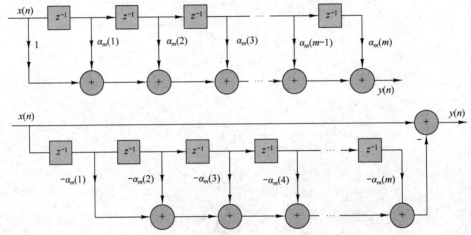

图 9.2.8　FIR 预测滤波器的直接型实现

第 13 章中将证明图 9.2.8 所示的 FIR 结构与线性预测紧密相关，其中

$$\hat{x}(n) = -\sum_{k=1}^{m} \alpha_m(k) x(n-k) \tag{9.2.20}$$

是根据 m 个过去的输入单步正向预测的 $x(n)$ 值，而由式（9.2.19）给出的 $y(n) = x(n) - \hat{x}(n)$ 表示预测误差序列。这时，图 9.2.8 中上方的滤波器结构就称为**预测误差滤波器**。

下面假设有一个 $m = 1$ 阶滤波器，其输出为

$$y(n) = x(n) + \alpha_1(1) x(n-1) \tag{9.2.21}$$

由图 9.2.9 中的一阶或单级格型滤波器也可得到该输出，方法是用 $x(n)$ 激励两个输入并选择上方分支的输出。于是，若选择 $K_1 = \alpha_1(1)$，则输出是式（9.2.21）。格型中的参数 K_1 称为**反射系数**。

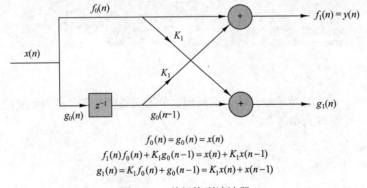

$$f_0(n) = g_0(n) = x(n)$$
$$f_1(n)f_0(n) + K_1 g_0(n-1) = x(n) + K_1 x(n-1)$$
$$g_1(n) = K_1 f_0(n) + g_0(n-1) = K_1 x(n) + x(n-1)$$

图 9.2.9　单级格型滤波器

接着考虑 $m=2$ 的 FIR 滤波器。这时，直接型结构的输出为

$$y(n)=x(n)+\alpha_2(1)x(n-1)+\alpha_2(2)x(n-2) \tag{9.2.22}$$

如图 9.2.10 所示，级联两个格型级可得到与式（9.2.22）相同的输出。实际上，第一级的输出为

$$f_1(n)=x(n)+K_1x(n-1)$$
$$g_1(n)=K_1x(n)+x(n-1) \tag{9.2.23}$$

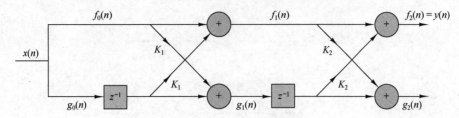

图 9.2.10 两级格型滤波器

第二级的输出为

$$f_2(n)=f_1(n)+K_2g_1(n-1)$$
$$g_2(n)=K_2f_1(n)+g_1(n-1) \tag{9.2.24}$$

将注意力集中到 $f_2(n)$，并将式（9.2.23）中的 $f_1(n)$ 与 $g_1(n-1)$ 代入式（9.2.24），得到

$$f_2(n)=x(n)+K_1x(n-1)+K_2[K_1x(n-1)+x(n-2)]$$
$$=x(n)+K_1(1+K_2)x(n-1)+K_2x(n-2) \tag{9.2.25}$$

现在式（9.2.25）等于由式（9.2.22）给出的直接型 FIR 滤波器的输出。用系数表示时，有

$$\alpha_2(2)=K_2,\qquad \alpha_2(1)=K_1(1+K_2) \tag{9.2.26}$$

或者等效地有

$$K_2=\alpha_2(2),\qquad K_1=\frac{\alpha_2(1)}{1+\alpha_2(2)} \tag{9.2.27}$$

于是，格型滤波器的反射系数 K_1 和 K_2 可由直接型实现的系数 $\{\alpha_m(k)\}$ 得到。

继续该过程，归纳表明 m 阶直接型 FIR 滤波器和 m 阶或 m 级格型滤波器等效。格型滤波器常由如下阶递归方程组描述：

$$f_0(n)=g_0(n)=x(n) \tag{9.2.28}$$

$$f_m(n)=f_{m-1}(n)+K_mg_{m-1}(n-1),\qquad m=1,2,\cdots,M-1 \tag{9.2.29}$$

$$g_m(n)=K_mf_{m-1}(n)+g_{m-1}(n-1),\qquad m=1,2,\cdots,M-1 \tag{9.2.30}$$

于是，$(M-1)$ 级滤波器的输出对应于 $(M-1)$ 阶 FIR 滤波器的输出，即

$$y(n)=f_{M-1}(n)$$

图 9.2.11 以框图形式显示了一个 $(M-1)$ 级格型滤波器，并显示了由式（9.2.29）和式（9.2.30）规定的计算的一个典型级。

由于 FIR 滤波器与格型滤波器的等效性，m 级格型滤波器的输出 $f_m(n)$ 可以写为

$$f_m(n)=\sum_{k=0}^{m}\alpha_m(k)x(n-k),\qquad \alpha_m(0)=1 \tag{9.2.31}$$

因为式（9.2.31）是卷积和，可以证明 z 变换关系为

$$F_m(z)=A_m(z)X(z)$$

或者等效地为

$$A_m(z) = \frac{F_m(z)}{X(z)} = \frac{F_m(z)}{F_0(z)} \qquad (9.2.32)$$

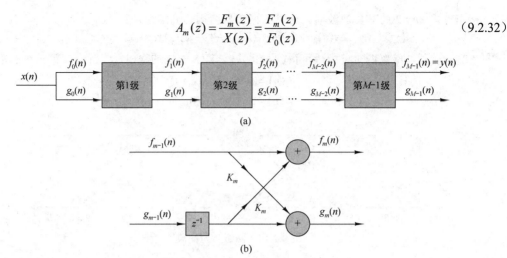

图 9.2.11　$M-1$ 级格型滤波器

使用另一组系数（如 $\{\beta_m(k)\}$），格型的其他输出分量 $g_m(n)$ 也可用式（9.2.31）中的卷积和表示。观察式（9.2.23）和式（9.2.24）发现，事实确实如此。由式（9.2.23）可知，产生 $f_1(n)$ 的格型滤波器的滤波器系数为 $\{1, K_1\} = \{1, \alpha_1(1)\}$，输出为 $g_1(n)$ 的滤波器的系数为 $\{K_1, 1\} = \{\alpha_1(1), 1\}$。这两组系数反序出现。如果考虑输出由式（9.2.24）给出的两级格型滤波器，就会发现 $g_2(n)$ 可以写为

$$\begin{aligned}
g_2(n) &= K_2 f_1(n) + g_1(n-1) \\
&= K_2[x(n) + K_1 x(n-1)] + K_1 x(n-1) + x(n-2) \\
&= K_2 x(n) + K_1(1 + K_2)x(n-1) + x(n-2) \\
&= \alpha_2(2)x(n) + \alpha_2(1)x(n-1) + x(n-2)
\end{aligned}$$

因此，滤波器系数为 $\{\alpha_2(2), \alpha_2(1), 1\}$，产生输出 $f_2(n)$ 的滤波器的系数为 $\{1, \alpha_2(1), \alpha_2(2)\}$。注意，两组滤波系数再次反序出现。

根据这一推导，可以证明一个 m 级格型滤波器的输出 $g_m(n)$ 可用卷积和写为

$$g_m(n) = \sum_{k=0}^{m} \beta_m(k)x(n-k) \qquad (9.2.33)$$

式中，滤波器系数 $\{\beta_m(k)\}$ 与产生 $f_m(n) = y(n)$ 的滤波器有关，但顺序相反。因此，

$$\beta_m(k) = \alpha_m(m-k), \qquad k = 0, 1, \cdots, m \qquad (9.2.34)$$

且有 $\beta_m(m) = 1$。

在线性预测背景下，采用系数为 $\{-\beta_m(k)\}$ 的线性滤波器用数据 $x(n), x(n-1), \cdots, x(n-m+1)$ 来线性预测信号值 $x(n-m)$。于是，预测值为

$$\hat{x}(n-m) = -\sum_{k=0}^{m-1} \beta_m(k)x(n-k) \qquad (9.2.35)$$

因为数据反序通过预测器，所以式（9.2.35）中执行的预测称为**反向预测**。相比之下，系统函数为 $A_m(z)$ 的 FIR 滤波器称为**正向预测器**。

在 z 变换域中，式（9.2.33）变为

$$G_m(z) = B_m(z)X(z) \qquad (9.2.36)$$

或者等效地变为

$$B_m(z) = \frac{G_m(z)}{X(z)} \tag{9.2.37}$$

式中，$B_m(z)$是系数为$\{\beta_m(k)\}$的 FIR 滤波器的系统函数，即

$$B_m(z) = \sum_{k=0}^{m} \beta_m(k)z^{-k} \tag{9.2.38}$$

因为$\beta_m(k) = \alpha_m(m-k)$，所以式（9.2.38）可以写为

$$B_m(z) = \sum_{k=0}^{m} \alpha_m(m-k)z^{-k} = \sum_{l=0}^{m} \alpha_m(l)z^{l-m} = z^{-m}\sum_{l=0}^{m} \alpha_m(l)z^{l} = z^{-m}A_m(z^{-1}) \tag{9.2.39}$$

式（9.2.39）中的关系表明，系统函数为$B_m(z)$的 FIR 滤波器的零点是$A_m(z)$的零点的倒数。因此，我们称$B_m(z)$为$A_m(z)$的**倒数多项式**或**逆多项式**。

建立直接型 FIR 滤波器和格型结构之间的这些有趣关系后，下面将式（9.2.28）到式（9.2.30）中的递归格型公式变换到z域中。于是，有

$$F_0(z) = G_0(z) = X(z) \tag{9.2.40}$$

$$F_m(z) = F_{m-1}(z) + K_m z^{-1}G_{m-1}(z), \qquad m = 1, 2, \cdots, M-1 \tag{9.2.41}$$

$$G_m(z) = K_m F_{m-1}(z) + z^{-1}G_{m-1}(z), \qquad m = 1, 2, \cdots, M-1 \tag{9.2.42}$$

将每个等式都除以$X(z)$，就得到如下的期望结果：

$$A_0(z) = B_0(z) = 1 \tag{9.2.43}$$

$$A_m(z) = A_{m-1}(z) + K_m z^{-1}B_{m-1}(z), \qquad m = 1, 2, \cdots, M-1 \tag{9.2.44}$$

$$B_m(z) = K_m A_{m-1}(z) + z^{-1}B_{m-1}(z), \qquad m = 1, 2, \cdots, M-1 \tag{9.2.45}$$

于是，格型级在z域中就可用如下矩阵公式描述：

$$\begin{bmatrix} A_m(z) \\ B_m(z) \end{bmatrix} = \begin{bmatrix} 1 & K_m \\ K_m & 1 \end{bmatrix} \begin{bmatrix} A_{m-1}(z) \\ z^{-1}B_{m-1}(z) \end{bmatrix} \tag{9.2.46}$$

在结束这一讨论之前，我们希望推出将格型参数$\{K_i\}$（即反射系数）转换为直接型滤波器的系数$\{\alpha_m(k)\}$以及将直接型滤波器的系数$\{\alpha_m(k)\}$转换为格型参数$\{K_i\}$的关系式。

将格型系数转换为直接型滤波器的系数。 直接型 FIR 滤波器系数$\{\alpha_m(k)\}$可由格型系数通过如下关系得到：

$$A_0(z) = B_0(z) = 1 \tag{9.2.47}$$

$$A_m(z) = A_{m-1}(z) + K_m z^{-1}B_{m-1}(z), \qquad m = 1, 2, \cdots, M-1 \tag{9.2.48}$$

$$B_m(z) = z^{-m}A_m(z^{-1}), \qquad m = 1, 2, \cdots, M-1 \tag{9.2.49}$$

从$m = 1$开始递归即可得到解。于是，我们就得到了$(M-1)$个 FIR 滤波器，每个滤波器都对应于m的一个值。该过程可由下面的例子说明。

【例 9.2.2】 已知系数为$K_1 = \frac{1}{4}, K_2 = \frac{1}{4}, K_3 = \frac{1}{3}$的一个三级格型滤波器，求直接型结构的 FIR 滤波器系数。

解：根据式（9.2.48），我们从$m = 1$开始递归地求解该问题。于是，有

$$A_1(z) = A_0(z) + K_1 z^{-1}B_0(z) = 1 + K_1 z^{-1} = 1 + \tfrac{1}{4}z^{-1}$$

因此，对应单级格型的 FIR 滤波器的系数为 $\alpha_1(0) = 1, \alpha_1(1) = K_1 = 1/4$。因为$B_m(z)$是$A_m(z)$的逆多项式，有

$$B_1(z) = \tfrac{1}{4} + z^{-1}$$

下面为格型添加第二级。当$m = 2$时，由式（9.2.48）得

$$A_2(z) = A_1(z) + K_2 z^{-1}B_1(z) = 1 + \tfrac{3}{8}z^{-1} + \tfrac{1}{2}z^{-2}$$

因此，对应这个两级格型的 FIR 滤波器的参数为 $\alpha_2(0) = 1, \alpha_2(1) = 3/8, \alpha_2(2) = 1/2$。此外，

$$B_2(z) = \tfrac{1}{2} + \tfrac{3}{8}z^{-1} + z^{-2}$$

最后，为格型添加第三级，得到

$$A_3(z) = A_2(z) + K_3 z^{-1} B_2(z) = 1 + \tfrac{13}{24}z^{-1} + \tfrac{5}{8}z^{-2} + \tfrac{1}{3}z^{-3}$$

因此，所求的直接型 FIR 滤波器就由如下系数描述：

$$\alpha_3(0) = 1, \quad \alpha_3(1) = \tfrac{13}{24}, \quad \alpha_3(2) = \tfrac{5}{8}, \quad \alpha_3(3) = \tfrac{1}{3}$$

如上例所述，参数为 $K_1, K_2, \cdots, K_m$ 的格型结构对应于系统函数为 $A_1(z), A_2(z), \cdots, A_m(z)$ 的 m 个直接型 FIR 滤波器。有趣的是，使用直接型描述这样的 m 个 FIR 滤波器需要 $m(m+1)/2$ 个滤波器系数。相比之下，格型描述只需要 m 个反射系数 $\{K_i\}$。对 m 个 FIR 滤波器格型提供更简洁表示的原因是，对格型添加新级不改变旧级的系数。另一方面，将第 m 级添加到有 $(m-1)$ 个级的格型，得到系统函数为 $A_m(z)$ 的 FIR 滤波器，$A_m(z)$ 的系数与系统函数为 $A_{m-1}(z)$ 的低阶 FIR 滤波器的系数完全不同。

由式（9.2.47）到式（9.2.49）中的多项式关系，容易递归地推出滤波器系数 $\{\alpha_m(k)\}$ 的公式。由式（9.2.48）中的关系有

$$A_m(z) = A_{m-1}(z) + K_m z^{-1} B_{m-1}(z)$$

$$\sum_{k=0}^{m} \alpha_m(k) z^{-k} = \sum_{k=0}^{m-1} \alpha_{m-1}(k) z^{-k} + K_m \sum_{k=0}^{m-1} \alpha_{m-1}(m-1-k) z^{-(k+1)} \tag{9.2.50}$$

让 z^{-1} 的等幂系数相等，由 $\alpha_m(0) = 1, m = 1, 2, \cdots, M-1$ 就可得到 FIR 滤波器系数的递归公式：

$$\alpha_m(0) = 1 \tag{9.2.51}$$

$$\alpha_m(m) = K_m \tag{9.2.52}$$

$$\alpha_m(k) = \alpha_{m-1}(k) + K_m \alpha_{m-1}(m-k) = \alpha_{m-1}(k) + \alpha_m(m)\alpha_{m-1}(m-k), \tag{9.2.53}$$
$$1 \le k \le m-1, m = 1, 2, \cdots, M-1$$

观察发现，式（9.2.51）到式（9.2.53）就是第 13 章中给出的 Levinson-Durbin 递归公式。

将直接型 FIR 滤波器的系数转换为格型滤波器的系数。 假设已知直接型实现的 FIR 系数或多项式 $A_m(z)$，我们希望求对应格型滤波器的参数 $\{K_i\}$。对于 m 级格型滤波器，我们得到参数为 $K_m = \alpha_m(m)$。要得到 K_{m-1}，就需要多项式 $A_{m-1}(z)$，因为当 $m = M-1, M-2, \cdots, 1$ 时，K_m 通常由多项式 $A_m(z)$ 得到。于是，我们就需要从 $m = M-1$ 开始计算多项式 $A_m(z)$ 并将 m 逐渐递减到 $m = 1$。

由式（9.2.44）和式（9.2.45）容易求得期望的多项式递归关系。于是，我们有

$$A_m(z) = A_{m-1}(z) + K_m z^{-1} B_{m-1}(z) = A_{m-1}(z) + K_m[B_m(z) - K_m A_{m-1}(z)]$$

求解 $A_{m-1}(z)$ 得

$$A_{m-1}(z) = \frac{A_m(z) - K_m B_m(z)}{1 - K_m^2}, \qquad m = M-1, M-2, \cdots, 1 \tag{9.2.54}$$

于是，计算从 $A_{m-1}(z)$ 开始的所有低阶多项式 $A_m(z)$，根据关系 $K_m = \alpha_m(m)$ 就可得到期望的格型系数。观察发现，只要 $m = 1, 2, \cdots, M-1$ 时 $|K_m| \ne 1$，该过程就可行。

【例 9.2.3】 求系统函数为

$$H(z) = A_3(z) = 1 + \tfrac{13}{24}z^{-1} + \tfrac{5}{8}z^{-2} + \tfrac{1}{3}z^{-3}$$

的 FIR 滤波器的格型系数。

解： 首先，观察发现 $K = \alpha_3(3) = 1/3$。此外，

$$B_3(z) = \tfrac{1}{3} + \tfrac{5}{8}z^{-1} + \tfrac{13}{24}z^{-2} + z^{-3}$$

当 $m = 3$ 时，由式（9.2.54）中的递减关系有

根据式（9.2.54）中的递减递归公式，从 $m = M - 1$ 开始递减到 $m = 1$，得到递归计算 K_m 的公式很简单。对于 $m = M - 1, M - 2, \cdots, 1$，有

$$K_m = \alpha_m(m), \qquad \alpha_{m-1}(0) = 1 \tag{9.2.55}$$

$$\alpha_{m-1}(k) = \frac{\alpha_m(k) - K_m \beta_m(k)}{1 - K_m^2} = \frac{\alpha_m(k) - \alpha_m(m) \alpha_m(m-k)}{1 - \alpha_m^2(m)}, \ 1 \leqslant k \leqslant m-1 \tag{9.2.56}$$

如上所述，当任意格型的参数 $|K_m| = 1$ 时，就不能使用式（9.2.56）中的递归公式。出现这种情况时，表明多项式 $A_{m-1}(z)$ 的一个根在单位圆上。这样一个根可通过因式分解 $A_{m-1}(z)$ 得出，并且式（9.2.56）中的递归过程是对降阶后的系统执行的。

9.3 IIR 系统的结构

本节介绍由式（9.1.1）中的差分方程或由式（9.1.2）中的系统函数描述的不同 IIR 系统的结构。如 FIR 系统的情形那样，IIR 系统也有多种结构或实现，包括直接型结构、级联型结构、格型结构和格梯型结构。此外，IIR 系统适合并联型实现。下面介绍两种直接型实现。

9.3.1 直接型结构

式（9.1.2）中用来表征 IIR 系统的有理系统函数可视为两个系统的级联，即

$$H(z) = H_1(z) H_2(z) \tag{9.3.1}$$

式中，$H_1(z)$ 由 $H(z)$ 的零点组成，$H_2(z)$ 由 $H(z)$ 的极点组成：

$$H_1(z) = \sum_{k=0}^{M} b_k z^{-k} \tag{9.3.2}$$

和

$$H_2(z) = \frac{1}{1 + \sum_{k=1}^{N} a_k z^{-k}} \tag{9.3.3}$$

2.5 节介绍了两种不同的直接型实现，不同之处是 $H_1(z)$ 和 $H_2(z)$ 谁先谁后。因为 $H_1(z)$ 是一个 FIR 系统，所以其直接型实现如图 9.2.1 所示。将全极点系统与 $H_1(z)$ 级联，就得到图 9.3.1 显示的直接 I 型实现，它需要 $M + N + 1$ 次乘法、$M + N$ 次加法和 $M + N + 1$ 个内存位置。

如果全极点滤波器 $H_2(z)$ 放在全零点滤波器 $H_1(z)$ 之前，就得到 2.5 节介绍的简洁结构。回顾可知，全极点滤波器的差分方程为

$$w(n) = -\sum_{k=1}^{N} a_k w(n-k) + x(n) \tag{9.3.4}$$

因为 $w(n)$ 是全零点系统的输入，所以其输出为

$$y(n) = \sum_{k=0}^{M} b_k w(n-k) \tag{9.3.5}$$

观察发现，式（9.3.4）和式（9.3.5）都包含序列{$w(n)$}的延迟形式。因此，存储{$w(n)$}的过去值只需要一条延迟线或一组内存位置。得到的用于实现式（9.3.4）和式（9.3.5）的结构称为**直接 II 型实现**，如图 9.3.2 所示。这个结构需要 $M+N+1$ 次乘法、$M+N$ 次加法，以及 $\max\{M, N\}$ 个内存位置。因为直接 II 型实现最小化了内存位置数，所以称为**典范型实现**，但要指出的是，其他 IIR 结构也具有这一性质，所以该术语可能不恰当。

图 9.3.1 和图 9.3.2 中的结构都称为**直接型实现**，因为它们都是由系统函数 $H(z)$ 直接得到的，而未重排 $H(z)$。遗憾的是，这两种结构都对参数量化非常敏感，因此在实际工作中并不推荐使用。这个主题将在 9.6 节中详细讨论，那时将说明当 N 很大时，参数量化引起的滤波器系数的很小变化，也会导致系统的零点和极点位置发生很大的变化。

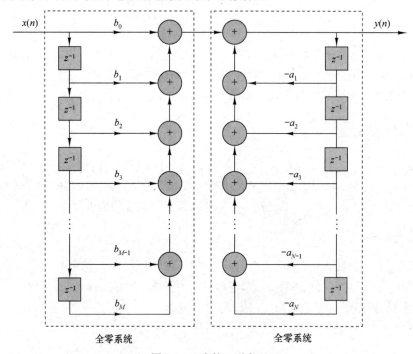

图 9.3.1　直接 I 型实现

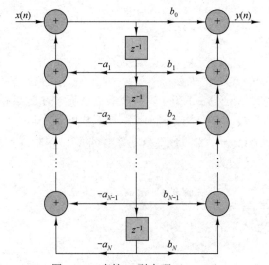

图 9.3.2　直接 II 型实现（$N = M$）

9.3.2 信号流图和转置结构

对于用来说明各种系统实现的框图结构，信号流图提供另一种等效的图形表示。信号流图的基本元素是分支和节点。信号流图基本上是一组连接各个节点的有向分支。根据定义，一条分支输出的信号等于分支增益（系统函数）乘以该分支的输入信号。此外，信号流图中某个节点处的信号，等于与该节点相连的所有分支的信号之和。

为了说明这些基本记号，下面考虑图 9.3.3(a)中以框图形式显示的双极点和双零点 IIR 系统。这个系统框图可以转换成图 9.3.3(b)所示的信号流图。观察发现，信号流图包括标为 1 至 5 的 5 个节点，其中的两个节点(1, 3)是求和节点（即它们包含加法器），其他 3 个节点是分支节点。流图中给出了分支的透射率。注意，延迟用分支透射率 z^{-1} 表示。当分支透射率为 1 时，不做任何标记。系统的输入源自**源节点**，而输出信号在**汇节点**提取。

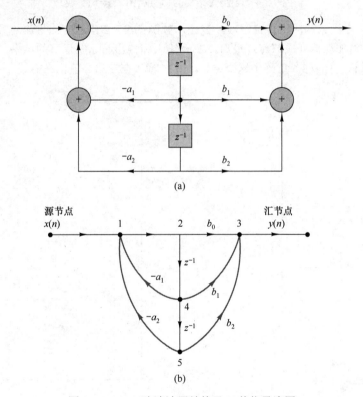

图 9.3.3　(a)二阶滤波器结构及(b)其信号流图

观察发现，信号流图和系统的框图实现中包含了相同的基本信息。唯一的不同是，框图中的分支点和加法器在信号流图中都用节点表示。

线性信号流图是人们讨论网络时的一个重要主题，并且出现了很多有趣的结果。一个基本的想法是在不改变基本输入输出关系的前提下，将一个流图转换为另一个流图。特别地，用于推导 FIR 和 IIR 系统的新结构的一种技术源自**转置定理**或**流图反转定理**。这个定理说，如果颠倒所有分支的透射率方向，并且互换流图中的输入与输出，那么系统函数保持不变。所得结构称为**转置结构**或**转置型**。

例如，图 9.3.4(a)显示了图 9.3.3(b)中信号流图的转置。转置型对应的框图实现如图 9.3.4(b)所示。有趣的是，原信号流图的转置使得分支节点变成了加法器节点，反之亦然。

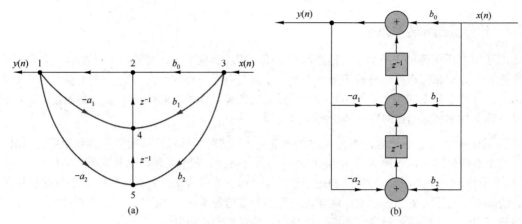

图 9.3.4 (a)转置结构的信号流图及其(b)实现

下面对直接 II 型结构应用转置定理。首先，颠倒图 9.3.2 中所有信号流的方向；然后，将节点变成加法器，将加法器变成节点；最后，交换输入和输出。这些运算的结果是图 9.3.5 所示的转置直接 II 型结构。图 9.3.6 重画了这个结构，此时输入在左边，输出在右边。

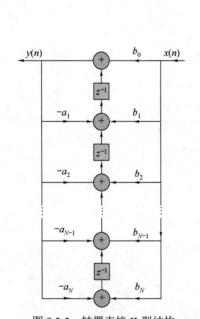

图 9.3.5 转置直接 II 型结构

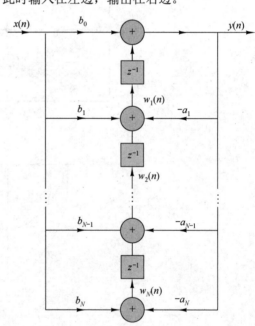

图 9.3.6 重画的转置直接 II 型结构

转置直接 II 型结构可用下面的差分方程组描述：

$$y(n) = w_1(n-1) + b_0 x(n) \tag{9.3.6}$$

$$w_k(n) = w_{k+1}(n-1) - a_k y(n) + b_k x(n), \qquad k = 1, 2, \cdots, N-1 \tag{9.3.7}$$

$$w_N(n) = b_N x(n) - a_N y(n) \tag{9.3.8}$$

不失一般性，写公式时假设 $M = N$。从对图 9.3.6 的观察可以很清楚地看到这个差分方程组与单个差分方程

$$y(n) = -\sum_{k=1}^{N} a_k y(n-k) + \sum_{k=0}^{M} b_k x(n-k) \tag{9.3.9}$$

是等效的。

观察发现，转置直接 II 型结构与原直接 II 型结果需要相同次数的乘法、加法和内存位置。

尽管对转置结构的讨论重点是 IIR 系统的一般形式，但是令 $a_k = 0$, $k = 1, 2, \cdots, N$，由式（9.3.9）得到的 FIR 系统同样具有如图 9.3.7 所示的转置直接型。该结构是令 $a_k = 0$, $k = 1, 2, \cdots, N$，由图 9.3.6 简单得到的。这种转置型实现可用如下差分方程组描述：

$$w_M(n) = b_M x(n) \tag{9.3.10}$$

$$w_k(n) = w_{k+1}(n-1) + b_k x(n), \qquad k = M-1, M-2, \cdots, 1 \tag{9.3.11}$$

$$y(n) = w_1(n-1) + b_0 x(n) \tag{9.3.12}$$

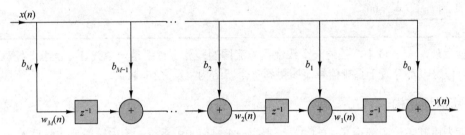

图 9.3.7 转置 FIR 滤波器结构

表 9.1 中给出了系统函数为

$$H(z) = \frac{b_0 + b_1 z^{-1} + b_2 z^{-2}}{1 + a_1 z^{-1} + a_2 z^{-2}} \tag{9.3.13}$$

的基本双极点和双零点 IIR 系统的直接型结构及对应的差分方程。如下一节所述，这是高阶 IIR 系统的级联实现的基本构件。在表 9.1 给出的三种直接型结构中，因为实现中需要的内存位置更少，所以直接 II 型结构更可取。

表 9.1 离散时间系统的一些二阶模块

结　构	实现公式	系统函数
直接 I 型	$y(n) = b_0 x(n) + b_1 x(n-1) + b_2 x(n-2) - a_1 y(n-1) - a_2 y(n-2)$	$H(z) = \dfrac{b_0 + b_1 z^{-1} + b_2 z^{-2}}{1 + a_1 z^{-1} + a_2 z^{-2}}$
常规直接 II 型	$w(n) = -a_1 w(n-1) - a_2 w(n-2) + x(n)$ $y(n) = b_0 w(n) + b_1 w(n-1) + b_2 w(n-2)$	$H(z) = \dfrac{b_0 + b_1 z^{-1} + b_2 z^{-2}}{1 + a_1 z^{-1} + a_2 z^{-2}}$

结　构	实现公式	系统函数
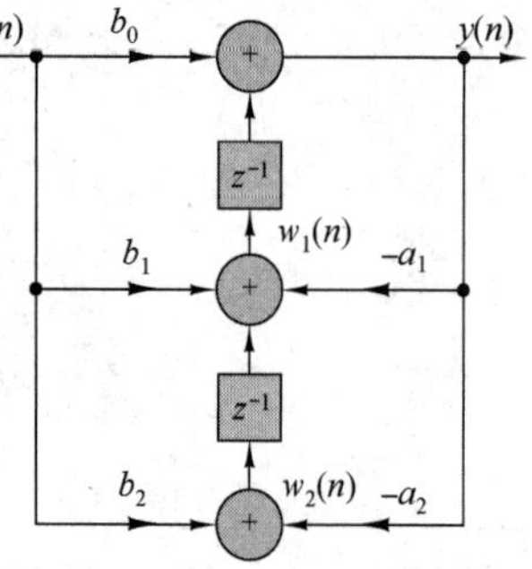	$y(n) = b_0 x(n) + w_1(n-1)$ $w_1(n) = b_1 x(n) - a_1 y(n) + w_2(n-1)$ $w_2(n) = b_2 x(n) - a_2 y(n)$	$\dfrac{H(z) = b_0 + b_1 z^{-1} + b_2 z^{-2}}{1 + a_1 z^{-1} + a_2 z^{-2}}$

观察发现，在 z 域中，描述一个线性信号流图的差分方程组是一个线性方程组。任意重排这样一个方程组，都等效于重排信号流图得到一个新结构，反之亦然。

9.3.3　级联型结构

下面考虑其系统函数由式（9.1.2）给出的一个高阶 IIR 系统。不失一般性，假设 $N \geq M$。该系统可因式分解为多个二阶子系统的级联，即 $H(z)$ 可写为

$$H(z) = \prod_{k=1}^{K} H_k(z) \tag{9.3.14}$$

式中，K 是 $(N+1)/2$ 的整数部分。$H_k(z)$ 具有一般形式

$$H_k(z) = \frac{b_{k0} + b_{k1} z^{-1} + b_{k2} z^{-2}}{1 + a_{k1} z^{-1} + a_{k2} z^{-2}} \tag{9.3.15}$$

像基于级联型实现的 FIR 系统那样，参数 b_0 可均匀分配给 K 个滤波器节，使得 $b_0 = b_{10} b_{20} \cdots b_{K0}$。

二阶子系统中的系数 $\{a_{ki}\}$ 和 $\{b_{ki}\}$ 是实数，表明在形成二阶子系统或式（9.3.15）中的二次因式时，应将一对复共轭极点分为一组，将一对复共轭零点分为一组。然而，两个复共轭极点和一对复共轭零点或实零点可任意地配对成由式（9.3.15）给出的子系统。此外，任意两个实零点都可以配对成一个二次因式，任意两个实极点也可配对成一个二次因式。因此，式（9.3.15）中分子的二次因式就可能由一对实根或一对复共轭根组成，式（9.3.15）中分母的二次因式同样如此。

如果 $N > M$，有些二阶子系统的分子系数就为零，即对于某些 k，要么有 $b_{k2} = 0$ 或 $b_{k1} = 0$，要么有 $b_{k2} = b_{k1} = 0$。此外，如果 N 为奇数，其中一个子系统如 $H_k(z)$ 就必定有 $a_{k2} = 0$，以便该子系统是一阶的。为了保持 $H(z)$ 的实现中的模块化，更可取的方法是在级联结构中使用基本的二阶子系统，且某些子系统中的系数为零。

系统函数形如式（9.3.15）的每个二阶子系统，都可用直接 I 型、直接 II 型或转置直接 II 型实现。因为将 $H(z)$ 的零点和极点配对成二阶节的级联的方法很多，并且有些方法会对得到的多个子系统排序，所以有可能得到不同的级联实现。尽管所有的级联实现对无限精度算术是等效的，但以有限精度算术实现时，不同的实现可能存在明显的差异。

一般形式的级联结构如图 9.3.8 所示。如果对每个子系统都使用直接 II 型结构，那么实现系统函数为 $H(z)$ 的 IIR 系统的算法由如下方程组描述：

$$y_0(n) = x(n) \tag{9.3.16}$$

$$w_k(n) = -a_{k1} w_k(n-1) - a_{k2} w_k(n-2) + y_{k-1}(n), \qquad k = 1, 2, \cdots, K \tag{9.3.17}$$

$$y_k(n) = b_{k0}w_k(n) + b_{k1}w_k(n-1) + b_{k2}w_k(n-2), \qquad k = 1, 2, \cdots, K \tag{9.3.18}$$

$$y(n) = y_K(n) \tag{9.3.19}$$

这个方程组完全描述了直接 II 型节的级联结构。

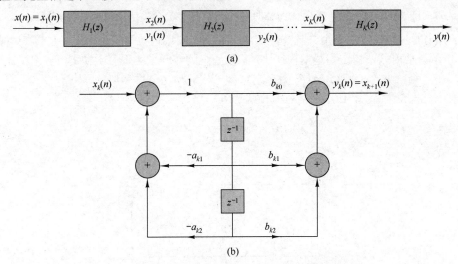

(a)

(b)

图 9.3.8　二阶系统的级联结构和每个二阶节的实现

9.3.4　并联型结构

　　IIR 系统的一种并联实现可通过对 $H(z)$ 执行部分分式展开得到。不失一般性，这里再次假设 $N \geqslant M$ 且极点是不同的。于是，对 $H(z)$ 执行部分分式展开得

$$H(z) = C + \sum_{k=1}^{N} \frac{A_k}{1 - p_k z^{-1}} \tag{9.3.20}$$

式中，$\{p_k\}$ 是极点，$\{A_k\}$ 是部分分式展开中的系数（留数），常数 C 定义为 $C = b_N/a_N$。式（9.3.20）蕴含的结构如图 9.3.9 所示，它由多个单极点滤波器并联而成。

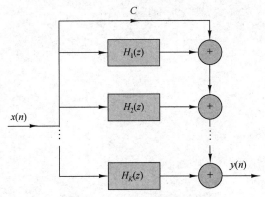

图 9.3.9　IIR 系统的并联结构

　　一般来说，$H(z)$ 的一些极点可能是复的，对应的系数 A_k 也是复的。为了避免与复数相乘，可以将复共轭极点对组合为双极点子系统。另外，我们能以任意方式将实极点组合为双极点子系统。每个子系统的形式都为

$$H_k(z) = \frac{b_{k0} + b_{k1}z^{-1}}{1 + a_{k1}z^{-1} + a_{k2}z^{-2}} \tag{9.3.21}$$

式中，系数 $\{b_{ki}\}$ 和 $\{a_{ki}\}$ 是实系统参数。现在，整个函数可以写为

$$H(z) = C + \sum_{k=1}^{K} H_k(z) \tag{9.3.22}$$

式中，K 是 $(N+1)/2$ 的整数部分。当 N 为奇数时，$H_k(z)$ 中的一个确实是单极点系统（即 $b_{k1} = a_{k2} = 0$）。

作为 $H(z)$ 的基本构件的各个二阶节，都能用直接型或者转置直接型实现。直接 II 型结构如图 9.3.10 所示。使用该结构作为基本构件块，FIR 系统的并联型实现可用如下方程组描述：

$$w_k(n) = -a_{k1} w_k(n-1) - a_{k2} w_k(n-2) + x(n), \qquad k = 1, 2, \cdots, K \tag{9.3.23}$$

$$y_k(n) = b_{k0} w_k(n) + b_{k1} w_k(n-1), \qquad k = 1, 2, \cdots, K \tag{9.3.24}$$

$$y(n) = Cx(n) + \sum_{k=1}^{K} y_k(n) \tag{9.3.25}$$

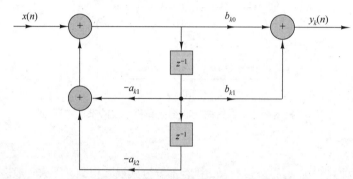

图 9.3.10　并联 IIR 系统实现中的二阶节结构

【例 9.3.1】求由系统函数

$$H(z) = \frac{10(1 - \frac{1}{2} z^{-1})(1 - \frac{2}{3} z^{-1})(1 + 2 z^{-1})}{(1 - \frac{3}{4} z^{-1})(1 - \frac{1}{8} z^{-1}) \left[1 - (\frac{1}{2} + \mathrm{j} \frac{1}{2}) z^{-1} \right] \left[1 - (\frac{1}{2} - \mathrm{j} \frac{1}{2}) z^{-1} \right]}$$

描述的系统的级联实现和并联实现。

解： 由这种形式易得级联实现。一个可能的极点和零点对是

$$H_1(z) = \frac{1 - \frac{2}{3} z^{-1}}{1 - \frac{7}{8} z^{-1} + \frac{3}{32} z^{-2}}, \qquad H_2(z) = \frac{1 + \frac{3}{2} z^{-1} - z^{-2}}{1 - z^{-1} + \frac{1}{2} z^{-2}}$$

因此有

$$H(z) = 10 H_1(z) H_2(z)$$

级联实现如图 9.3.11(a) 所示。

要得到并联实现，必须对 $H(z)$ 执行部分分式展开。于是，有

$$H(z) = \frac{A_1}{1 - \frac{3}{4} z^{-1}} + \frac{A_2}{1 - \frac{1}{8} z^{-1}} + \frac{A_3}{1 - (\frac{1}{2} + \mathrm{j} \frac{1}{2}) z^{-1}} + \frac{A_3^*}{1 - (\frac{1}{2} - \mathrm{j} \frac{1}{2}) z^{-1}}$$

式中，A_1, A_2, A_3 和 A_3^* 待求。经过一些算术运算后，得到

$$A_1 = 2.93, \quad A_2 = -17.68, \quad A_3 = 12.25 - \mathrm{j} 14.57, \quad A_3^* = 12.25 + \mathrm{j} 14.57$$

重新组合极点对，得到

$$H(z) = \frac{-14.75 - 12.90 z^{-1}}{1 - \frac{7}{8} z^{-1} + \frac{3}{32} z^{-2}} + \frac{24.50 + 26.82 z^{-1}}{1 - z^{-1} + \frac{1}{2} z^{-2}}$$

并联实现如图 9.3.11(b) 所示。

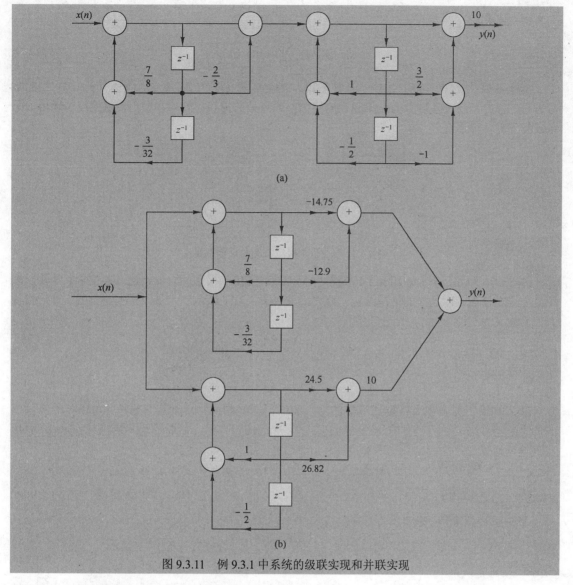

图 9.3.11　例 9.3.1 中系统的级联实现和并联实现

9.3.5　IIR 系统的格型结构和格梯型结构

9.2.4 节推导了等效于 FIR 系统的一种格型滤波器结构。本节将这一推导扩展到 IIR 系统。

我们从系统函数为

$$H(z) = \frac{1}{1 + \sum_{k=1}^{N} a_N(k) z^{-k}} = \frac{1}{A_N(z)} \tag{9.3.26}$$

的一个全极点系统开始。该系统的直接型实现如图 9.3.12 所示。这个 IIR 系统的差分方程为

$$y(n) = -\sum_{k=1}^{N} a_N(k) y(n-k) + x(n) \tag{9.3.27}$$

有趣的是，观察发现，如果互换输入和输出［即互换式（9.3.27）中的 $x(n)$ 和 $y(n)$］，就有

$$x(n) = -\sum_{k=1}^{N} a_N(k) x(n-k) + y(n)$$

或者等效地有

$$y(n) = x(n) + \sum_{k=1}^{N} a_N(k)x(n-k) \qquad (9.3.28)$$

观察发现，式（9.3.28）描述了系统函数为 $H(z) = A_N(z)$ 的 FIR 系统，而式（9.3.27）中的差分方程则描述了系统函数为 $H(z) = 1/A_N(z)$ 的 IIR 系统。只需互换输入和输出，就能简单地由一个系统得到另一个系统。

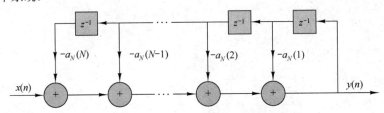

图 9.3.12　一个全极点系统的直接型实现

基于这一观察，下面使用 9.2.4 节描述的全零点（FIR）格型滤波器，通过互换输入和输出来得到一个全极点 IIR 系统的格型结构。首先，采用图 9.2.11 所示的全零点格型滤波器，然后将输入重新定义为

$$x(n) = f_N(n) \qquad (9.3.29)$$

将输出重新定义为

$$y(n) = f_0(n) \qquad (9.3.30)$$

以上输入和输出与全零点格型滤波器的输入和输出正好相反。这些定义表明量 $\{f_m(n)\}$ 是按降序 $[$ 即 $f_N(n), f_{N-1}(n), \cdots]$ 计算的。重排式（9.2.29）中的递归方程，并根据 $f_m(n)$ 来求解 $f_{m-1}(n)$，就可实现这一计算，即

$$f_{m-1}(n) = f_m(n) - K_m g_{m-1}(n-1), \qquad m = N, N-1, \cdots, 1$$

$g_m(n)$ 的公式（9.2.30）保持不变。

做出这些改变后，结果是方程组

$$f_N(n) = x(n) \qquad (9.3.31)$$

$$f_{m-1}(n) = f_m(n) - K_m g_{m-1}(n-1), \qquad m = N, N-1, \cdots, 1 \qquad (9.3.32)$$

$$g_m(n) = K_m f_{m-1}(n) + g_{m-1}(n-1), \qquad m = N, N-1, \cdots, 1 \qquad (9.3.33)$$

$$y(n) = f_0(n) = g_0(n) \qquad (9.3.34)$$

它对应于图 9.3.13 所示的结构。

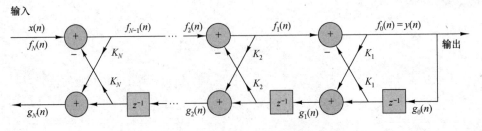

图 9.3.13　一个全极点 IIR 系统的格型结构

为了说明方程组 $[$ 即式（9.3.31）至式（9.3.34）$]$ 表示一个全零点 IIR 系统，考虑 $N = 1$ 时的情况。这时，方程组简化为

$$x(n) = f_1(n)$$
$$f_0(n) = f_1(n) - K_1 g_0(n-1)$$
$$g_1(n) = K_1 f_0(n) + g_0(n-1) \tag{9.3.35}$$
$$y(n) = f_0(n) = x(n) - K_1 y(n-1)$$

此外，$g_1(n)$的方程可以写为

$$g_1(n) = K_1 y(n) + y(n-1) \tag{9.3.36}$$

观察发现，式（9.3.35）表示一个一阶全极点 IIR 系统，而式（9.3.36）表示一个一阶 FIR 系统。极点是降序求解$\{f_m(n)\}$时引入的反馈的结果，该反馈如图 9.3.14(a)所示。

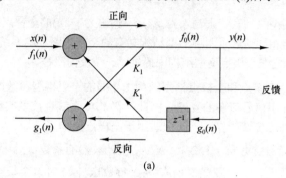

(a)

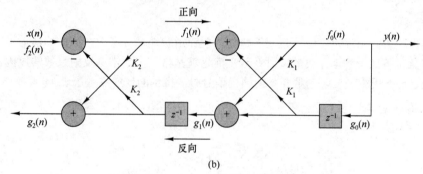

(b)

图 9.3.14　单极点和双极点格型系统

下面考虑 $N = 2$ 时的情况。这时，它对应于图 9.3.14(b)所示的结构。对应于该结构的方程组为

$$f_2(n) = x(n)$$
$$f_1(n) = f_2(n) - K_2 g_1(n-1)$$
$$g_2(n) = K_2 f_1(n) + g_1(n-1)$$
$$f_0(n) = f_1(n) - K_1 g_0(n-1) \tag{9.3.37}$$
$$g_1(n) = K_1 f_0(n) + g_0(n-1)$$
$$y(n) = f_0(n) = g_0(n)$$

经过一些简单的替换与运算后，得到

$$y(n) = -K_1(1+K_2)y(n-1) - K_2 y(n-2) + x(n) \tag{9.3.38}$$
$$g_2(n) = K_2 y(n) + K_1(1+K_2)y(n-1) + y(n-2) \tag{9.3.39}$$

显然，式（9.3.38）中的差分方程表示一个双极点 IIR 系统，式（9.3.39）中的关系是一个双零点 FIR 系统的输入输出方程。观察发现，FIR 系统的系数与 IIR 系统的完全相同，不同之处是，它们是反序出现的。

一般来说，这些结论对任意 N 都成立。实际上，根据式（9.2.32）给出的 $A_m(z)$，全极点 IIR

系统的系统函数为

$$H_a(z) = \frac{Y(z)}{X(z)} = \frac{F_0(z)}{F_m(z)} = \frac{1}{A_m(z)} \tag{9.3.40}$$

类似地，全零点（FIR）系统的系统函数为

$$H_b(z) = \frac{G_m(z)}{Y(z)} = \frac{G_m(z)}{G_0(z)} = B_m(z) = z^{-m} A_m(z^{-1}) \tag{9.3.41}$$

式中用到了前面由式（9.2.36）至式（9.2.42）建立的关系。于是，FIR 系统 $H_b(z)$ 中的系数就等于 $A_m(z)$ 中的系数，不同之处是，它们是反序出现的。

有趣的是，全极点格型结构有一条输入为 $g_0(n)$、输出为 $g_N(n)$ 的全零点路径，它与全零点格型结构中的全零点路径完全相同。表示两种格型结构共有的全零点路径的系统函数的多项式 $B_m(z)$，常称**反向系统函数**，因为它在全极点格型结构中提供了一条反向路径。

根据以上讨论可知，全零点和全极点格型结构由相同的一组格型参数即 $K_1, K_2, \cdots, K_N$ 表征。两种格型结构的区别仅在于信号流图的互连。因此，在 FIR 系统直接型实现中的系统参数 $\{a_m(k)\}$ 和格型实现的参数之间进行转换的算法，同样适用于全极点结构。

回顾可知，当且仅当对所有 $m = 1, 2, \cdots, N$，格型滤波器的系数 $|K_m| < 1$ 时，多项式 $A_N(z)$ 的根才全部位于单位圆内。因此，当且仅当对所有 m，参数 $|K_m| < 1$ 时，全极点格型结构才是一个稳定的系统。

在实际应用中，全极点系统一直用于建模人类声道和地球分层。在这样的情形下，格型参数 $\{K_m\}$ 的物理意义等同于物理介质的反射系数，而这就是格型参数常称**反射系数**的原因。在这些应用中，当稳定的介质模型要求测量介质的输出信号时，得到的反射系数小于 1。

全极点格型是实现包含极点和零点的 IIR 系统的格型结构的基本构件。为了推导合适的结构，下面考虑系统函数为

$$H(z) = \frac{\sum_{k=0}^{M} c_M(k) z^{-k}}{1 + \sum_{k=1}^{N} a_N(k) z^{-k}} = \frac{C_M(z)}{A_N(z)} \tag{9.3.42}$$

的一个 IIR 系统，其中改变了分子多项式的记号，以避免与此前的推导混淆。不失一般性，假设 $N \geqslant M$。

在直接 II 型结构中，式（9.3.42）中的系统可用差分方程

$$w(n) = -\sum_{k=1}^{N} a_N(k) w(n-k) + x(n) \tag{9.3.43}$$

$$y(n) = \sum_{k=0}^{M} c_M(k) w(n-k) \tag{9.3.44}$$

描述。观察发现，式（9.3.43）是一个全极点 IIR 系统的输入和输出，式（9.3.44）是一个全零点系统的输入和输出。观察还发现，全零点系数的输出是全极点系统的延迟输出的线性组合。观察重画在图 9.3.15 中的直接 II 型结构，很容易看出这一点。

因为在形成前面的输出的线性组合时产生了零点，所以我们可以继续这一观察，将全极点格型结构作为基本构件来构建一个极零点 IIR 系统。我们已经发现 $g_m(n)$ 是当前输出和过去输出的线性组合。实际上，系统

$$H_b(z) = \frac{G_m(z)}{Y(z)} = B_m(z)$$

是一个全零点系统。因此，$\{g_m(n)\}$ 的任意线性组合也是一个全零点系统。

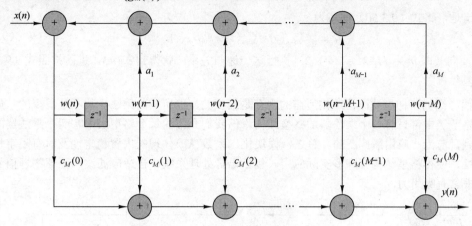

图 9.3.15　IIR 系统的直接 II 型实现

于是，我们从参数为 K_m, $1 \le m \le N$ 的一个全极点格型结构开始，将 $\{g_m(n)\}$ 的一个加权线性组合取为输出，以添加一个**梯型**部分。结果是一个极零点 IIR 系统，它有图 9.3.16 所示的**格梯型**结构（图中 $M = N$）。系统的输出为

$$y(n) = \sum_{m=0}^{M} v_m g_m(n) \tag{9.3.45}$$

式中，$\{v_m\}$ 是确定系统零点的参数。对应于式（9.3.45）的系统函数为

$$H(z) = \frac{Y(z)}{X(z)} = \sum_{m=0}^{M} v_m \frac{G_m(z)}{X(z)} \tag{9.3.46}$$

因为 $X(z) = F_N(z)$ 和 $F_0(z) = G_0(z)$，所以式（9.3.46）可以写为

$$H(z) = \sum_{m=0}^{M} v_m \frac{G_m(z)}{G_0(z)} \frac{F_0(z)}{F_N(z)} = \sum_{m=0}^{M} v_m \frac{B_m(z)}{A_N(z)} = \frac{\sum_{m=0}^{M} v_m B_m(z)}{A_N(z)} \tag{9.3.47}$$

比较式（9.3.41）和式（9.3.47），可知

$$C_M(z) = \sum_{m=0}^{M} v_m B_m(z) \tag{9.3.48}$$

这是用来求加权系数 $\{v_m\}$ 的期望关系式。于是，我们就证明了分子多项式 $C_M(z)$ 的系数决定梯型参数 $\{v_m\}$，而分母多项式 $A_N(z)$ 的系数决定格型参数 $\{K_m\}$。

如果已知多项式 $C_M(z)$ 和 $A_N(z)$，其中 $N \ge M$，那么如前所述，首先用 9.2.4 节介绍的转换算法求出全极点格型的参数，该算法就能将直接型系数转换为格型参数。使用式（9.2.54）给出的递减递归关系，就可得到格型参数 $\{K_m\}$ 和多项式 $B_m(z)$, $m = 1, 2, \cdots, N$。

梯型参数由式（9.3.48）求出，它可以写为

$$C_m(z) = \sum_{k=0}^{m-1} v_k B_k(z) + v_m B_m(z) \tag{9.3.49}$$

或者等效地写为

$$C_m(z) = C_{m-1}(z) + v_m B_m(z) \tag{9.3.50}$$

于是，$C_m(z)$可由逆多项式 $B_m(z), m = 1, 2, \cdots, M$ 递归算出。因为对所有 m 有 $\beta_m(m) = 1$，所以参数 $v_m, m = 0, 1, 2, \cdots, M$ 可由

$$v_m = c_m(m), \qquad m = 0, 1, \cdots, M \tag{9.3.51}$$

求出。于是，将式（9.3.50）重写为

$$C_{m-1}(z) = C_m(z) - v_m B_m(z) \tag{9.3.52}$$

并对 m 反向（即 $m = M, M-1, \cdots, 2$）执行这一递归关系，就得到 $c_m(m)$，进而按照式（9.3.51）得到梯型参数。

前面介绍的格梯型滤波器结构所需的内存是最少的，但所需的乘法次数不是最少的。虽然存在每个格型级中都只有一个乘法器的格型结构，但我们介绍的每个格型级中有两个乘法器的格型结构是到目前为止应用最广泛的。总之，模块化、系数 $\{K_m\}$ 体现的内置稳定性及对有限字长效应的鲁棒性，使得格型结构在许多实际应用（包括语音处理系统、自适应滤波和地球物理信号处理等）中非常有吸引力。

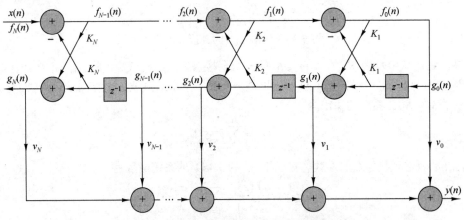

图 9.3.16　实现一个零极点系统的格梯型结构

9.4　数的表示

到目前为止，我们都是在不关心任何数字实现（无论是硬件实现还是软件实现）中固有的有限字长效应的前提下，考虑离散时间系统的实现的。实际上，我们分析的是线性系统，而实际系统的数字实现基本上都是非线性的。

在本节和接下来的两节介绍数字信号处理中的各种量化效应。虽然我们也会简要介绍浮点算术运算，但重点是数字滤波器的定点实现。

本节介绍数字计算的数字表示。数字算术的主要特征是用有限数量的数字来表示数。这一约束使得计算是有限数值精度的，而有限数值精度则导致数字滤波器性能的舍入误差和非线性效应。下面简要介绍数字算术。

9.4.1　数的定点表示

数的定点表示是数的十进制表示的一种推广。在这种记法中，小数点左边的数位表示整数部分，而小数点右边的数位表示小数部分。于是，实数 X 可以写为

$$X = (b_{-A}, \cdots, b_{-1}, b_0, b_1, \cdots, b_B)_r = \sum_{i=-A}^{B} b_i r^{-i}, \qquad 0 \leqslant b_i \leqslant (r-1) \tag{9.4.1}$$

式中，b_i 表示数位，r 表示基数或基，A 表示整数位数，B 表示小数位数。例如，十进制数 $(123.45)_{10}$ 和二进制数 $(101.0)_2$ 表示为

$$(123.45)_{10} = 1 \times 10^2 + 2 \times 10^1 + 3 \times 10^0 + 4 \times 10^{-1} + 5 \times 10^{-2}$$

$$(101.01)_2 = 1 \times 2^2 + 0 \times 2^1 + 1 \times 2^0 + 0 \times 2^{-1} + 1 \times 2^{-2}$$

下面重点介绍二进制表示，因为它对数字信号处理最重要。当 $r = 2$ 时，数位 $\{b_i\}$ 称为**二进制数位**或**比特**，取值为 $\{0, 1\}$。二进制数位 b_{-A} 称为**最高有效位**（Most Significant Bit，MSB），二进制位 b_B 称为**最低有效位**（Least Significant Bit，LSB）。b_0 与 b_1 之间的"二进制点"在计算机中不存在。简而言之，计算机的逻辑电路被设计成使得计算得到与该点的假定位置相对应的数字。

使用 n 位整数格式（$A = n-1$，$B = 0$），可用范围 $0 \sim 2^n - 1$ 内的幅度来表示无符号整数。通常，我们使用小数格式（$A = 0$，$B = n-1$）及 b_0 和 b_1 之间二进制点来表示范围 $0 \sim 1 - 2^{-n}$ 内的数字。注意，任何整数或混合数可用小数格式表示，方法是从式（9.4.1）中析出因式 r^A。因为混合数字难以相乘，且表示一个整数的位数不能通过截尾或舍入来减少，所以下面重点介绍二进制小数格式。

表示负数的方式有三种，于是出现了表示有符号二进制小数的三种格式。在所有三种表示中，正小数的格式都相同，即

$$X = 0.b_1 b_2 \cdots b_B = \sum_{i=1}^{B} b_i \cdot 2^{-i}, \qquad X \geqslant 0 \tag{9.4.2}$$

注意，最高有效位 b_0 被置 0，以表示正号。下面考虑负小数

$$X = -0.b_1 b_2 \cdots b_B = -\sum_{i=1}^{B} b_i \cdot 2^{-i} \tag{9.4.3}$$

该数可用如下三种方法之一表示。

原码格式。在这种格式中，最高有效位被置 1，以表示负号，

$$X_{\text{SM}} = 1.b_1 b_2 \cdots b_B, \qquad X \leqslant 0 \tag{9.4.4}$$

反码格式。在这种格式中，负数表示为

$$X_{1\text{C}} = 1.\overline{b}_1 \overline{b}_2 \cdots \overline{b}_B, \qquad X \leqslant 0 \tag{9.4.5}$$

式中，$\overline{b}_i = 1 - b_i$ 是 b_i 的反码。于是，如果 X 是一个正数，对应的负数就可通过对所有位求反（将 1 变为 0，将 0 变为 1）得到。$X_{1\text{C}}$ 的另一种定义为

$$X_{1\text{C}} = 1 \times 2^0 + \sum_{i=1}^{B} (1 - b_i) \cdot 2^{-i} = 2 - 2^{-B} |X| \tag{9.4.6}$$

补码格式。这种格式是通过形成对应正数的补码来表示负数的。换言之，负数可以从 2.0 中减去正数得到。更简单地说，补码是通过对正数求反并在最低有效位加 1 得到的。于是，有

$$X_{2\text{C}} = 1.\overline{b}_1 \overline{b}_2 \cdots \overline{b}_B + 00 \cdots 01, \qquad X < 0 \tag{9.4.7}$$

式中，"+"表示模 2 加，它忽略了由符号位产生的任何进位。例如，数 $-\frac{3}{8}$ 可通过对 $0011(\frac{3}{8})$ 求反，得到 1100 后，加上 0001 得到。结果为 1101，它用补码表示 $-\frac{3}{8}$。

由式（9.4.6）和式（9.4.7）易得

$$X_{2\text{C}} = X_{1\text{C}} + 2^{-B} = 2 - |X| \tag{9.4.8}$$

为了说明式（9.4.7）确实表示一个负数，我们使用恒等式

$$1 = \sum_{i=1}^{B} 2^{-i} + 2^{-B} \tag{9.4.9}$$

式（9.4.3）中的负数 X 可以写为

$$X_{2C} = -\sum_{i=1}^{B} b_i \cdot 2^{-i} + 1 - 1 = -1 + \sum_{i=1}^{B}(1-b_i)2^{-i} + 2^{-B} = -1 + \sum_{i=1}^{B} \overline{b_i} \cdot 2^{-1} + 2^{-B}$$

它恰好是式（9.4.7）中的补码表示。

总之，二进制串 $b_0 b_1 \cdots b_B$ 的值取决于所用的格式。对于正数，$b_0 = 0$，且数字由式（9.4.2）给出。对于负数，我们为三种格式使用对应的公式。

【例 9.4.1】 使用原码、补码和反码格式表示分数 $\frac{7}{8}$ 和 $-\frac{7}{8}$。

解：$X = \frac{7}{8}$ 表示为 $2^{-1}+2^{-2}+2^{-3}$，以便 $X = 0.111$。在原码格式中，$X = -\frac{7}{8}$ 表示为 1.111。在反码中，有

$$X_{1C} = 1.000$$

在补码中，结果是

$$X_{2C} = 1.000 + 0.001 = 1.001$$

加法和乘法的基本算术运算取决于所用的格式。对于反码格式和补码格式，加法是通过将数字逐位相加执行的。格式的区别仅在于进位影响最高有效位的方式。例如，对于 $\frac{4}{8} - \frac{3}{8} = \frac{1}{8}$，在补码中，有

$$0100 \oplus 1101 = 0001$$

式中，$\oplus$ 表示模 2 加。注意，如果进位出现在最高有效位，就将其丢弃。在反码算术中，如果进位出现在最高有效位，就将其携带到最低有效位。于是，$\frac{4}{8} - \frac{3}{8} = \frac{1}{8}$ 变成

$$0100 \oplus 1100 = 0000 \oplus 0001 = 0001$$

原码格式中的加法更复杂，且可能涉及符号校验、求反和生成进位。另一方面，两个原码数直接相乘相对简单，而反码乘法和补码乘法通常要采用一种特殊的算法。

大多数定点数字信号处理器使用补码算术。因此，$(B+1)$ 位数的范围是 $-1 \sim 1 - 2^{-B}$。这些数可以以图 9.4.1 所示的车轮格式查看（$B = 2$）。补码算术基本上是算术模 2^{B+1} [即范围外的任何数（上溢或下溢）都可通过减去 2^{B+1} 的合适倍数而缩放到范围内]。这类算术可视为使用图 9.4.1 中的车轮计数。补码相加的一个重要性质是，如果一串数字 $X_1, X_2, \cdots, X_N$ 的最终和在范围内，即使各个部分和产生上溢，也能被正确地计算。补码算术的这个性质和其他性质将在习题 9.27 中介绍。

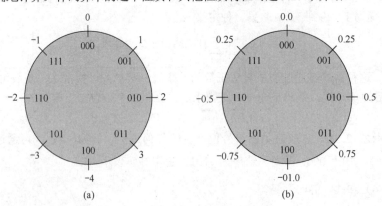

图 9.4.1　3 位补码数的计数车轮：(a)整数；(b)小数

一般来说，两个 b 位长度的定点数相乘将得到一个长度为 $2b$ 位的乘积。在定点算术中，积要么被截尾，要么被舍入为 b 位。因此，在 b 个最低有效位中就存在截尾或舍入误差，下面介绍这类误差的特性。

9.4.2　数的二进制浮点表示

数的定点表示可让我们用分辨率

$$\Delta = \frac{x_{max} - x_{min}}{m - 1}$$

覆盖数的范围 $x_{max} - x_{min}$，其中 $m = 2^b$ 是级数，b 是位数。定点表示的一个基本性质是，分辨率是固定的。此外，Δ 的增加与动态范围的增加成比例。

浮点表示可以用作涵盖更大动态范围的方法。实际中常用的二进制浮点表示由尾数 M（数的小数部分，位于范围 $1/2 \leqslant M < 1$ 内）乘以指数因子 2^E 组成，其中 E 是正整数或负整数。因此，数 X 表示为

$$X = M \cdot 2^E$$

尾数需要一个符号位来表示正数或负数，指数需要另一个符号位。因为尾数是有符号小数，所以我们可以使用前面介绍的 4 种定点表示中的任意一种。

例如，数 $X_1 = 5$ 可用下面的尾数和指数表示：

$$M_1 = 0.101000, \quad E_1 = 011$$

分数 $X_2 = \frac{3}{8}$ 可用下面的尾数和指数表示：

$$M_2 = 0.110000, \quad E_2 = 101$$

其中，指数最左边的位是符号位。

当两个数相乘时，尾数相乘，指数相加。于是，这样两个数的乘积就为

$$X_1 X_2 = M_1 M_2 \cdot 2^{E_1 + E_2} = (0.011110) \cdot 2^{010} = (0.111100) \cdot 2^{001}$$

另一方面，两个浮点数相加需要指数相等，将较小数的尾数右移，并增大对应的指数进行补偿，就可实现这一点。于是，数 X_2 可以表示为

$$M_2 = 0.000011, \quad E_2 = 011$$

令 $E_2 = E_1$，我们就可将两个数 X_1 和 X_2 相加，结果是

$$X_1 + X_2 = (0.101011) \cdot 2^{011}$$

观察发现，使得 X_2 的指数和 X_1 的指数相等的移位运算，通常会导致精度损失。在这个例子中，6 位尾数长到足以容纳 M_2 的 4 位右移而不丢弃任何一位。然而，右移 5 位就会损失 1 位，而右移 6 位则得到尾数 $M_2 = 0.000000$，除非右移后向上舍入得到 $M_2 = 0.000001$。

当两个浮点数相乘时，如果指数之和超出指数定点表示的动态范围，就会出现上溢。

比较具有相同总位数的定点表示和浮点表示，就会发现浮点表示允许我们在整个范围内改变分辨率，进而涵盖更大的动态范围。分辨率随着连续数大小的增加而下降。换言之，两个连续浮点数之间的距离随着数大小的增加而增大。这种可变分辨率导致了更大的动态范围。此外，使用定点表示和浮点表示涵盖同样的动态范围时，浮点表示对小数提供更细的分辨率，而对大数提供更粗的分辨率。相比之下，定点表示在整个范围内提供均匀的分辨率。

例如，32 位字长的计算机可以表示 2^{32} 个数。表示从零开始的正整数时，可以表示的最大正整数为

$$2^{32} - 1 = 4294967295$$

两个连续数之间的距离（分辨率）为 1。此外，我们可将最左边的位指定为符号位，剩下的 31 位则用于大小。在这种情况下，如果分辨率同样为 1，那么定点表示的涵盖范围是

$$-(2^{31} - 1) = -2147483647 \sim (2^{31} - 1) = 2147483647$$

另一方面，如果增大分辨率，例如给小数部分分配 10 位，给整数部分分配 21 位，给符号位分配 1 位，那么这种表示涵盖的动态范围是

$$-(2^{31}-1)\cdot 2^{-10} = -(2^{21}-2^{-10}) \sim (2^{31}-1)\cdot 2^{-10} = 2^{21}-2^{-10}$$

或者等效地是

$$-2097151.999 \sim 2097151.999$$

在这种情况下，分辨率为 2^{-10}。于是，动态范围就减小了约 1000（实际上是 2^{10}）倍，而分辨率则增大了约 1000 倍。

为便于比较，假设我们使用这个 32 位字来表示浮点数。特别地，我们用 23 位和 1 个符号位来表示尾数，而用 7 位和 1 个符号位来表示指数。现在，最小的数表示为

符号	23位	符号	7位	
0.	100···0	1	1111111	$=\frac{1}{2}\times 2^{-127} \approx 0.3\times 10^{-38}$

最大的数表示为

符号	23位	符号	7位	
0	111···1	0	1111111	$=(1-2^{-23})\times 2^{127} \approx 1.7\times 10^{38}$

于是，我们就实现了分辨率可变的接近 10^{76} 的动态范围。特别地，对小数有细分辨率，对大数有粗分辨率。

零的表示比较特殊。一般来说，只有尾数为零，但指数不一定为零。M 和 E 的选择、零的表示、溢出的处理及其他相关问题导致不同计算机上的浮点表示不同。为了定义通用的浮点格式，电气和电子工程师协会（IEEE）引入了实际中被广泛使用的 IEEE 754 标准。对于一台 32 位机器，IEEE 754 标准的单精度浮点数表示为 $X = (-1)^S\cdot 2^{E-127}(M)$，其中，

这个数的解释如下：

若 $E=255$ 且 $M\neq 0$，则 X 不是一个数。
若 $E=255$ 且 $M=0$，则 $M=(-1)^S\cdot\infty$。
若 $0<E<255$，则 $X=(-1)^S\cdot 2^{E-127}(1.M)$。
若 $E=0$ 且 $M\neq 0$，则 $X=(-1)^S\cdot 2^{-126}(0.M)$。
若 $E=0$ 且 $M=0$，则 $X=(-1)^S\cdot 0$。

其中，$0.M$ 是小数，$1.M$ 是有 1 个整数位和 23 个小数位的混合数。例如，数

的值为 $X = -1^0\times 2^{(130-127)}\times 1.1010\cdots 0 = 2^3\times\frac{13}{8} = 13$。32 位 IEEE 754 浮点数的范围是 $2^{-126}\times 2^{-23}\sim (2-2^{-23})\times 2^{127}$（即 $1.18\times 10^{-38}\sim 3.40\times 10^{38}$）。用该范围外的数进行计算将导致上溢或下溢。

9.4.3 舍入和截尾导致的误差

执行定点算术或浮点算术乘法运算时，通常要通过截尾或舍入将数从给定的精度级量化到更低的精度级。舍入和截尾会引入误差，误差的大小取决于原数的位数和量化后的位数之差。截尾或舍入引入的误差特性取决于数的具体表示。

下面考虑一个定点表示，其中数 x 从 b_u 位量化到 b 位。于是，量化前由 b_u 位组成的数

$$x = \overset{b_u}{\overline{0.1011\cdots01}}$$

被量化后就可表示为

$$x = \overset{b}{\overline{0.101\cdots1}}$$

其中 $b < b_u$。例如，如果 x 是一个模拟信号的样本，那么 b_u 可取为无穷大。在任何情况下，当量化器截尾 x 的值时，截尾误差就定义为

$$E_t = Q_t(x) - x \tag{9.4.10}$$

首先，我们考虑原码表示和补码表示的误差范围。在这两种表示中，正数的表示相同。对正数来说，截尾得到的数比未量化的数更小。因此，将有效位数从 b_u 位降至 b 位时，截尾误差为

$$-(2^{-b} - 2^{-b_u}) \leqslant E_t \leqslant 0 \tag{9.4.11}$$

其中，最大的误差来自丢弃 $b_u - b$ 位，全部为 1。

对于基于原码表示的负定点数，截尾误差为正，因此截尾减小了数。于是，对于负数，有

$$0 \leqslant E_t \leqslant (2^{-b} - 2^{-b_u}) \tag{9.4.12}$$

在补码表示中，负数可从 2 中减去对应的正数得到。因此，截尾对负数的影响是增大了负数的绝对值。于是，有 $x > Q_t(x)$，进而有

$$-(2^{-b} - 2^{-b_u}) \leqslant E_t \leqslant 0 \tag{9.4.13}$$

因此，对于原码表示，截尾误差关于零对称且落在如下范围内：

$$-(2^{-b} - 2^{-b_u}) \leqslant E_t \leqslant (2^{-b} - 2^{-b_u}) \tag{9.4.14}$$

对于补码表示，截尾误差总为负且落在如下范围内：

$$-(2^{-b} - 2^{-b_u}) \leqslant E_t \leqslant 0 \tag{9.4.15}$$

下面考虑数的舍入导致的量化误差。量化前用 b_u 位表示、量化后用 b 位表示的数 x，引入的量化误差为

$$E_r = Q_r(x) - x \tag{9.4.16}$$

因为舍入基本上只涉及数的大小（绝对值），所以舍入误差与定点表示的类型无关。舍入引入的最大误差为 $(2^{-b} - 2^{-b_u})/2$，它可正可负，具体取决于 x 的值。因此，**舍入误差关于零对称且落在如下范围内：**

$$-\frac{1}{2}(2^{-b} - 2^{-b_u}) \leqslant E_r \leqslant \frac{1}{2}(2^{-b} - 2^{-b_u}) \tag{9.4.17}$$

图 9.4.2 归纳了这些关系，其中 x 是一个连续信号的振幅（$b_u = \infty$）。

在浮点表示中，尾数要么被舍入，要么被截尾。由于分辨率不均匀，浮点表示中的对应误差与正被量化的数成正比。量化后的值的一种合适表示为

$$Q(x) = x + ex \tag{9.4.18}$$

式中，e 称为**相对误差**。现在，

$$Q(x) - x = ex \tag{9.4.19}$$

在基于尾数补码表示的截尾情形下，对正数有

$$-2^E 2^{-b} < e_t x < 0 \tag{9.4.20}$$

因为 $2^{E-1} \leqslant x < 2^E$，可以推得

$$-2^{-b+1} < e_t \leqslant 0, \qquad x > 0 \tag{9.4.21}$$

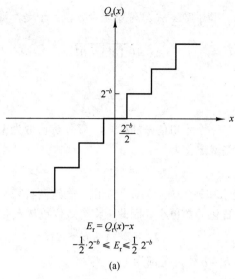

$$E_r = Q_r(x) - x$$
$$-\frac{1}{2} \cdot 2^{-b} \leqslant E_r \leqslant \frac{1}{2} 2^{-b}$$

(a)

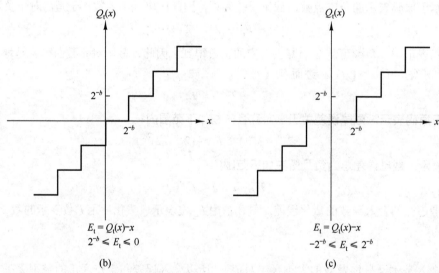

$$E_t = Q_t(x) - x$$
$$2^{-b} \leqslant E_t \leqslant 0$$

(b)

$$E_t = Q_t(x) - x$$
$$-2^{-b} \leqslant E_t \leqslant 2^{-b}$$

(c)

图 9.4.2　舍入和截尾的量化误差：(a)舍入；(b)补码截尾；(c)原码截尾

另一方面，对于以补码表示的负数，误差为

$$0 \leqslant e_t < 2^E 2^{-b}$$

因此有

$$0 \leqslant e_t < 2^{-b+1}, \qquad x < 0 \tag{9.4.22}$$

在尾数被舍入的情形下，误差关于零点对称且最大值为 $\pm 2^{-b}/2$。因此，舍入误差变成

$$-2^E \cdot 2^{-b}/2 < e_r x \leqslant 2^E \cdot 2^{-b}/2 \tag{9.4.23}$$

同样，因为 x 落在范围 $2^{E-1} \leqslant x < 2^E$ 内，所以除以 2^{E-1} 有

$$-2^{-b} < e_r \leqslant 2^{-b} \tag{9.4.24}$$

在涉及通过截尾和舍入来量化的算术运算中，采用统计方法描述这类误差很方便。量化器可以建模为对未量化值 x 引入一个加性噪声。于是，我们可以写出

$$Q(x) = x + \epsilon$$

式中，对舍入有　$= E_r$，对截尾有　$= E_t$。模型如图 9.4.3 所示。

因为 x 可以是落在量化器的任意级范围内的任何数，所以量化误差通常建模为落在规定范围内的一个随机变量。假设这个变量在定点表示规定的范围内均匀分布。此外，在实际工作中 $b_u \gg b$，因此在下面给出的公式中可以忽略因子 2^{-b_u}。在这些条件下，两个定点表示中的舍入和截尾误差的概率密度函数如图 9.4.4 所示。观察发现，在数的补码表示的截尾情形下，误差均值的偏差为 $2^{-b}/2$，而在其他情况下误差均值为零。

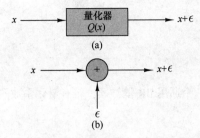

图 9.4.3　非线性量化过程的加性噪声模型：(a)实际系统；(b)量化模型

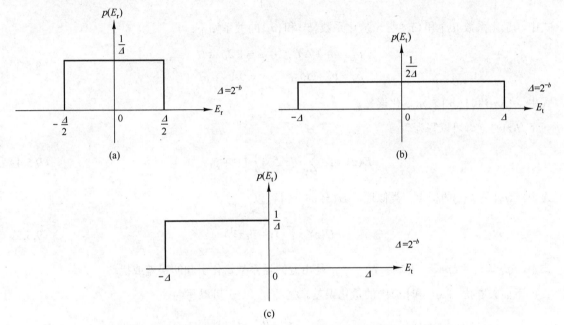

图 9.4.4　量化误差的统计特性：(a)舍入误差；(b)原码的截尾误差；(c)补码的截尾误差

当我们处理数字滤波和定点实现的 DFT 计算中的量化误差时，将用到量化误差的这种统计特性。

9.5　滤波器系数的量化

在通用计算机上使用硬件或软件实现 FIR 和 IIR 滤波器时，可以规定的滤波器系数的精度受限于计算机的字长或用来存储系数的寄存器的长度。因为用来实现给定滤波器的系数是不精确的，所以系统函数的极点和零点通常不同于期望的极点和零点。因此，我们得到的是频率响应与系数未被量化的滤波器的频率响应不同的一个滤波器。

9.5.1 节说过，将有大量极点和零点的滤波器实现为二阶滤波器节的互连，可使滤波器的频率响应特性对滤波器系数量化的灵敏度最小。这就引出了以二阶滤波器节为基本构件的并联型实现和级联型实现。

9.5.1　滤波器系数量化灵敏度分析

为了说明 IIR 滤波器直接型实现中滤波器系数的量化效应，下面考虑系统函数为

$$H(z) = \frac{\sum_{k=0}^{M} b_k z^{-k}}{1 + \sum_{k=1}^{N} a_k z^{-k}} \qquad (9.5.1)$$

的一个通用 IIR 滤波器。带有量化系数的 IIR 滤波器的直接型实现的系统函数为

$$\bar{H}(z) = \frac{\sum_{k=0}^{M} \bar{b}_k z^{-k}}{1 + \sum_{k=1}^{N} \bar{a}_k z^{-k}} \qquad (9.5.2)$$

式中，量化系数 $\{\bar{b}_k\}$ 和 $\{\bar{a}_k\}$ 与未量化系数 $\{b_k\}$ 和 $\{a_k\}$ 的关系如下：

$$\begin{aligned} \bar{a}_k &= a_k + \Delta a_k, \qquad k = 1, 2, \cdots, N \\ \bar{b}_k &= b_k + \Delta b_k, \qquad k = 0, 1, \cdots, M \end{aligned} \qquad (9.5.3)$$

式中，$\{\Delta a_k\}$ 和 $\{\Delta b_k\}$ 表示量化误差。

$H(z)$ 的分母可以写为

$$D(z) = 1 + \sum_{k=0}^{N} a_k z^{-k} = \prod_{k=1}^{N} (1 - p_k z^{-1}) \qquad (9.5.4)$$

式中，$\{p_k\}$ 是 $H(z)$ 的极点。类似地，$\bar{H}(z)$ 的分母可以写为

$$\bar{D}(z) = \prod_{k=1}^{N} (1 - \bar{p}_k z^{-1}) \qquad (9.5.5)$$

式中，$\bar{p}_k = p_k + \Delta p_k, k = 1, 2, \cdots, N$，$\Delta p_k$ 是由滤波器系数量化引起的误差或扰动。

下面关联扰动 Δp_k 和 $\{a_k\}$ 中的量化误差。扰动误差 Δp_i 可以写为

$$\Delta p_i = \sum_{k=1}^{N} \frac{\partial p_i}{\partial a_k} \Delta a_k \qquad (9.5.6)$$

式中，$\partial p_i / \partial a_k$ 即 p_i 关于 a_k 的偏导数，是系数 a_k 中的变化导致的极点 p_i 中的增量变化。于是，总误差 Δp_i 就是由每个系数 $\{a_k\}$ 中的变化产生的增量误差之和。

偏导数 $\partial p_i / \partial a_k, k = 1, 2, \cdots, N$ 可通过将 $D(z)$ 对每个 $\{a_k\}$ 微分求得。首先，我们有

$$\left(\frac{\partial D(z)}{\partial a_k} \right)_{z=p_i} = \left(\frac{\partial D(z)}{\partial z} \right)_{z=p_i} \left(\frac{\partial p_i}{\partial a_k} \right) \qquad (9.5.7)$$

于是有

$$\frac{\partial p_i}{\partial a_k} = \frac{(\partial D(z)/\partial a_k)_{z=p_i}}{(\partial D(z)/\partial z)_{z=p_i}} \qquad (9.5.8)$$

式（9.5.8）的分子为

$$\left(\frac{\partial D(z)}{\partial a_k} \right)_{z=p_i} = z^{-k} \Big|_{z=p_i} = p_i^{-k} \qquad (9.5.9)$$

式（9.5.8）的分母为

$$\left(\frac{\partial D(z)}{\partial z}\right)_{z=p_i} = \left\{\frac{\partial}{\partial z}\left[\prod_{l=1}^{N}(1-p_l z^{-1})\right]\right\}_{z=p_i}$$

$$= \left\{\sum_{k=1}^{N}\frac{p_k}{z^2}\prod_{\substack{l=1\\l\neq i}}^{N}(1-p_l z^{-1})\right\}_{z=p_i} \qquad (9.5.10)$$

$$= \frac{1}{p_i^N}\prod_{\substack{l=1\\l\neq i}}^{N}(p_i-p_l)$$

因此，式（9.5.8）可以写为

$$\frac{\partial p_i}{\partial a_k} = \frac{-p_i^{N-k}}{\displaystyle\prod_{\substack{l=1\\l\neq i}}^{N}(p_i-p_l)} \qquad (9.5.11)$$

将式（9.5.11）中的结果代入式（9.5.6），得到总扰动误差 Δp_i 为

$$\Delta p_i = -\sum_{k=1}^{N}\frac{p_i^{N-k}}{\displaystyle\sum_{l=1,l\neq i}^{N}(p_i-p_l)}\Delta a_k \qquad (9.5.12)$$

该表达式度量的是第 i 个极点对系数 $\{a_k\}$ 中的变化的灵敏度。零点对参数 $\{b_k\}$ 中的误差的灵敏度与此类似。

在式（9.5.12）的分母中，(p_i-p_l) 项表示 z 平面中从极点 $\{p_l\}$ 到极点 p_i 的矢量。如果这些极点如窄带滤波器中那样聚集在一起，如图 9.5.1 所示，对于 p_i 附近的极点，长度 $|p_i-p_l|$ 就很小。这些小长度将导致大误差，进而导致较大的扰动误差 Δp_i。

最大化距离 $|p_i-p_l|$ 可使误差 Δp_i 最小，方法是实现有单极点或双极点滤波器节的高阶滤波器。然而，一般来说，单极点（和单零点）滤波器节有复极点，且其实现需要复算术运算。将复极点（和零点）组合为二阶滤波器节，可以避免

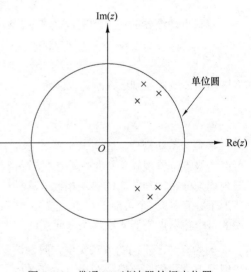

图 9.5.1　带通 IIR 滤波器的极点位置

这个问题。因为复极点相距较远，所以扰动误差 $\{\Delta p_i\}$ 是最小的。因此，得到的具有量化系数的滤波器就更好地逼近了具有未量化系数的滤波器的频率响应特性。

有趣的是，观察发现，即使是在双极点滤波器节情形下，实现滤波器节的结构在由系数量化导致的误差中也起重要作用。为便于说明，下面考虑系统函数为

$$H(z) = \frac{1}{1-(2r\cos\theta)z^{-1}+r^2 z^{-2}} \qquad (9.5.13)$$

的一个双极点滤波器，它在 $z = re^{\pm j\theta}$ 处有极点。当实现如图 9.5.2 所示时，它有两个系数 $a_1 = 2r\cos\theta$ 和 $a_2 = -r^2$。使用无限精度时，实现无限数量的极点位置是可能的。显然，使用有限精度（即量化系数 a_1 和 a_2）时，极点位置也是有限的。实际上，当用 b 位来表示 a_1 和 a_2 的大小时，

每个象限中最多有$(2^b-1)^2$个可能的极点位置，但$a_1=0$和$a_2=0$的情况除外。

例如，假设$b=4$，那么a_1有15个可能的非零值，r^2也有15个可能的非零值。图9.5.3仅显示了z平面第一象限中的这些可能值。这时，有169个可能的极点位置。极点位置不均的原因是我们正在量化r^2，而极点位置位于以r为半径的圆弧上。注意$\theta=0$和$\theta=\pi$附近的稀疏极点集。这种情形对低通和高通滤波器非常不利，因为它们的极点通常聚集在$\theta=0$和$\theta=\pi$附近。

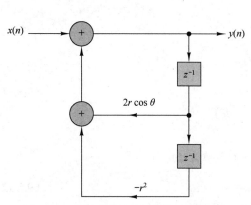

图9.5.2 双极点带通IIR滤波器的实现

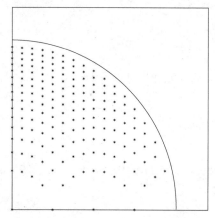

图9.5.3 图9.5.2中双极点IIR滤波器实现的可能极点位置

双极点滤波器的另一种实现是图9.5.4所示的耦合型实现。两个耦合公式是

$$y_1(n)=x(n)+r\cos\theta y_1(n-1)-r\sin\theta y(n-1)$$
$$y(n)=r\sin\theta y_1(n-1)+r\cos\theta y(n-1)$$

(9.5.14)

将这两个公式变换到z域，可以证明

$$\frac{Y(z)}{X(z)}=H(z)=\frac{(r\sin\theta)z^{-1}}{1-(2r\cos\theta)z^{-1}+r^2z^{-2}}$$

(9.5.15)

在耦合型实现中，也有两个系数$\alpha_1=r\sin\theta$和$\alpha_2=r\cos\theta$。因为它们都与r呈线性关系，所以可能的极点位置现在是矩形网格上的等间隔点，如图9.5.5所示。因此，现在的极点位置在单位圆内均匀分布，与前面的实现相比，这种情形就是我们所需要的，尤其是对低通滤波器（在这种情形下共有198个可能的极点位置）。然而，极点位置均匀分布的代价是计算量增加。耦合型实现的每个输出点需要4次乘法，而图9.5.2所示实现的每个输出点只需要2次乘法。

因为有许多不同的方法实现二阶滤波器节，所以带量化系数的不同极点位置有许多可能。理想情况下，我们应该选择在极点所在区域提供密集点集的一种结构。遗憾的是，不存在简单和系统化的方法来得到这种期望结果的滤波器实现。

即使一个高阶IIR滤波器应被实现为多个二阶节的组合，我们仍然要决定是采用并联配置还是采用级联配置。换言之，我们必须在实现

$$H(z)=\prod_{k=1}^{K}\frac{b_{k0}+b_{k1}z^{-1}+b_{k2}z^{-2}}{1+a_{k1}z^{-1}+a_{k2}z^{-2}}$$

(9.5.16)

和

$$H(z)=\sum_{k=1}^{K}\frac{c_{k0}+c_{k1}z^{-1}}{1+a_{k1}z^{-1}+a_{k2}z^{-2}}$$

(9.5.17)

之间做出决定。

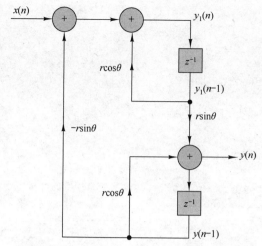

图 9.5.4 双极点 IIR 滤波器的耦合型实现

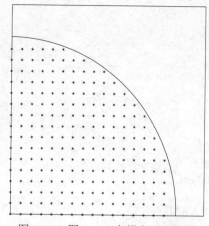

图 9.5.5 图 9.5.4 中耦合型双极点
滤波器的可能极点位置

如果 IIR 滤波器在单位圆上有零点，就如椭圆和切比雪夫 II 型滤波器的情形那样，那么级联配置［即式（9.5.16）］中的每个二阶节都包含一对复共轭零点。系数 $\{b_k\}$ 直接决定这些零点的位置。如果 $\{b_k\}$ 被量化，那么控制系统响应对量化误差的灵敏度就很简单，方法是分配足够多的位来表示 $\{b_{ki}\}$。实际上，我们很容易评估系数 $\{b_{ki}\}$ 量化至某个精度时导致的扰动效应。于是，我们就可以直接控制量化过程导致的极点和零点。

另一方面，$H(z)$ 的并联实现只能让我们直接控制系统的极点。分子系数 $\{c_{k0}\}$ 和 $\{c_{k1}\}$ 并不直接规定零点的位置。实际上，$\{c_{k0}\}$ 与 $\{c_{k1}\}$ 是对 $H(z)$ 执行部分分式展开得到的。因此，它们不直接影响零点的位置，而间接通过 $H(z)$ 的所有因式的一种组合来影响零点的位置。因此，确定系数 $\{c_{ki}\}$ 中的量化误差对系统零点位置的影响就更难。

显然，量化参数 $\{c_{ki}\}$ 可能会使零点的位置明显出现扰动，且在定点实现中这种扰动大到足以将零点移出单位圆。这是我们极不愿看到的情形，但可使用浮点表示进行弥补。在任何情形下，级联型对存在系数量化的情况更鲁棒，且在实际应用中，尤其是用定点表示时，级联型是优先选择。

【例 9.5.1】当表 10.5 中的 7 阶椭圆滤波器以二阶滤波器级联节实现时，求参数量化对滤波器的频率响应的影响。

解：表 10.5 中椭圆滤波器的系数对级联型规定 6 个有效位。我们将这些系数量化到 4 位，然后（通过舍入）量化到 3 位，并画出频率响应的幅度（单位为分贝）和相位。结果和带有未量化（6 个有效位）系数的滤波器的频率响应一起画在图 9.5.6 中。观察发现，由于级联实现的系数量化，出现了很小的退化。

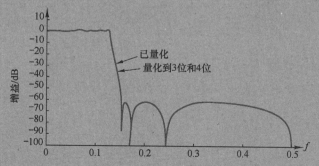

图 9.5.6 系数量化对采用级联型实现的一个 $N = 7$ 椭圆滤波器的幅度响应和相位响应的影响

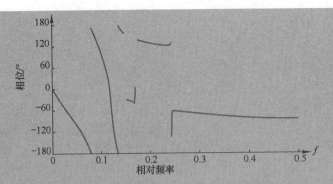

图 9.5.6 系数量化对采用级联型实现的一个 $N = 7$ 椭圆滤波器的幅度响应和相位响应的影响（续）

【例 9.5.2】当例 9.5.1 中的椭圆滤波器采用带有二阶节的并联型实现时，计算频率响应。

解：表 10.6 中给出的 7 阶椭圆滤波器的系统函数为

$$H(z) = \frac{0.2781304 + 0.0054373108z^{-1}}{1 - 0.790103z^{-1}} + \frac{-0.3867805 + 0.3322229z^{-1}}{1 - 1.517223z^{-1} + 0.714088z^{-2}} +$$

$$\frac{0.1277036 - 0.1558696z^{-1}}{1 - 1.421773z^{-1} + 0.861895z^{-2}} + \frac{-0.015824186 + 0.38377356z^{-1}}{1 - 1.387447z^{-1} + 0.962242z^{-2}}$$

系数量化到 4 位后，滤波器的频率响应如图 9.5.7(a)所示。比较这个结果与图 9.5.6 中的频率响应发现，并联实现中的零点扰动使得幅度响应中的空值点变成了现在的−80dB，−85dB，−92dB。相位响应也有出现了较小的扰动。

当系数被量化到 3 位有效位时，幅度和相位频率响应特性明显恶化，如图 9.5.7(b)所示。由幅度响应可以明显看出，由于系数量化，零点不再位于单位圆上。这个结果清楚地说明了并联型实现中零点对系数量化的灵敏度。

与例 9.5.1 中的结果比较，明显也可看出级联型实现比并联型实现对参数量化更鲁棒。

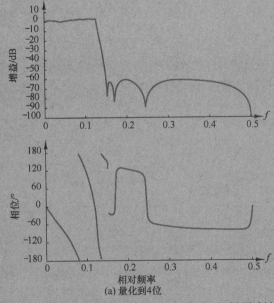

图 9.5.7 系数量化对采用并联型实现的一个 $N = 7$ 椭圆滤波器的幅度谱和相位谱的影响：(a)量化到 4 位；(b)量化到 3 位

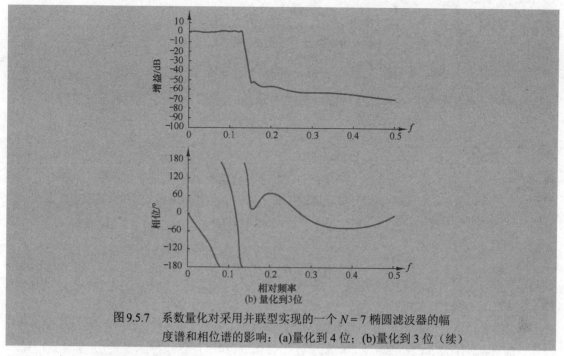

图 9.5.7　系数量化对采用并联型实现的一个 $N = 7$ 椭圆滤波器的幅
度谱和相位谱的影响：(a)量化到 4 位；(b)量化到 3 位（续）

9.5.2　FIR 滤波器中系数的量化

如前一节所述，对极点的灵敏度分析也适用于 IIR 滤波器的零点。因此，对 FIR 滤波器的零点，我们可以得到类似于式（9.5.12）的公式。实际上，我们通常应将具有大量零点的 FIR 滤波器作为二阶和一阶滤波器节的级联来实现，以最小化对系数量化的灵敏度。

在实际工作中，实现线性相位 FIR 滤波器特别有意义。图 9.2.1 和图 9.2.2 所示的直接型实现即使系数被量化，也能保持线性相位。这可以由如下观察证明：无论系数是否被量化，线性相位 FIR 滤波器的系统函数都满足性质（见 10.2 节）

$$H(z) = \pm z^{-(M-1)} H(z^{-1})$$

因此，系数量化不影响 FIR 滤波器的相位特性，而只影响幅度特性。于是，系数量化效应在线性相位 FIR 滤波器中并不严重。

【例 9.5.3】确定参数量化对一个 $M = 32$ 的线性相位 FIR 带通滤波器的频率响应的影响，该滤波器采用直接型实现。

解：带有未量化系数的线性相位 FIR 滤波器的频率响应如图 9.5.8(a)所示。当系数量化到 4 个有效位时，对频率响应的影响很小。当系数量化到 3 个有效位时，旁瓣增加几分贝，如图 9.5.8(b)所示。这个结果表明，应该至少用 10 位来表示该 FIR 滤波器的系数，用 12～14 位效果最好。

由这个例子可知，至少需要用 10 位来表示一个适当长度 FIR 滤波器的直接型实现中的系数。随着滤波器长度的增大，每个系数的位数必须增加，以在滤波器的频率响应中保持同样的误差。

例如，假设每个滤波器系数都被舍入到$(b+1)$位。于是，系数值中的最大误差是有界的，即

$$-2^{-(b+1)} < e_h(n) < 2^{-(b+1)}$$

因为量化值可以表示为 $\bar{h}(n) = h(n) + e_h(n)$，所以频率响应中的误差为

$$E_M(\omega) = \sum_{n=0}^{M-1} e_h(n) e^{-j\omega n}$$

因为 $e_h(n)$ 是零均值的，所以可以推出 $E_M(\omega)$ 也是零均值的。假设系数误差序列 $e_h(n)$，$0 \leq n \leq M-1$ 是不相关的，那么频率响应中误差 $E_M(\omega)$ 的方差就是 M 项方差之和。于是，有

$$\sigma_E^2 = \frac{2^{-2(b+1)}}{12}M = \frac{2^{-2(b+2)}}{3}M$$

观察发现，$H(\omega)$ 中误差的方差随着 M 的增大而线性增加。因此，$H(\omega)$ 中误差的标准差为

$$\sigma_E = \frac{2^{-(b+2)}}{\sqrt{3}}\sqrt{M}$$

因此，M 每增大 4 倍，为了保持标准差不变，滤波器系数的精度就要多增加 1 位。这个结果与例 9.5.3 的结果一起表明，只要用 12～13 位表示滤波器的系数，对于高达 256 的滤波器长度，频率误差仍然可以容忍。如果数字信号处理器的字长小于 12 位，或者滤波器的长度超过 256，滤波器就应该用更短长度的滤波器的级联来实现，以降低精度需求。

在形如

$$H(z) = G\prod_{k=1}^{K} H_k(z) \tag{9.5.18}$$

的一个级联型实现中，其中二阶节是

$$H_k(z) = 1 + b_{k1}z^{-1} + b_{k2}z^{-2} \tag{9.5.19}$$

复零点的系数表示为 $b_{k1} = -2r_k\cos\theta_k$ 和 $b_{k2} = r_k^2$。量化 b_{k1} 和 b_{k2} 得到如图 9.5.3 所示的零点位置，只是网格延伸到了单位圆之外的点。

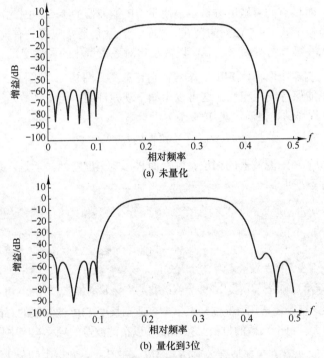

图 9.5.8　系数量化对用直接型实现的一个 $M = 32$ 线性相位 FIR 滤波器的幅度的影响：(a)未量化；(b)量化到 3 位

在这种情况下，保持线性相位性质时就可能出问题，因为 $z = (1/r_k)\,\mathrm{e}^{\pm j\theta_k}$ 处的量化零点对可能不是 $z = r_k\,\mathrm{e}^{\pm j\theta_k}$ 处的量化零点的镜像。重排与镜像零点对应的因式可以避免这个问题。也就是说，我们可将镜像因式写为

$$\left(1 - \frac{2}{r_k}\cos\theta_k z^{-1} + \frac{1}{r_k^2}z^{-2}\right) = \frac{1}{r_k^2}\left(r_k^2 - 2r_k\cos\theta_k z^{-1} + z^{-2}\right) \qquad (9.5.20)$$

因式 $\{1/r_k^2\}$ 可与总增益因子 G 结合，或者分配给每个二阶滤波器。式（9.5.20）中的因式所包含的参数正好与因式 $(1 - 2r_k\cos\theta_k z^{-1} + k_k^2 z^{-2})$ 的相同，因此，即使参数被量化，零点现在也以镜像对的形式出现。

于是，我们就简要介绍了 IIR 和 FIR 滤波器中的系数量化问题，说明了高阶滤波器应该简化为级联（对 IIR 或 FIR 滤波器）或并联（对 IIR 滤波器）实现，以最小化系数中的量化误差效应。在用较少位数表示的定点实现中，这一点尤为重要。

9.6 数字滤波器中的舍入效应

9.4 节介绍了在数字滤波器中执行算术运算时出现的量化误差。在数字滤波器的实现中，存在一个或多个量化器，因此所得非线性设备的特性可能明显不同于理想线性滤波器。例如，如下节所示，即使是在没有输入的情况下，递归数字滤波器的输出中也可能出现不希望的振荡。

在数字滤波器中执行有限精度算术运算的结果是，如果输入信号电平变大，那么有些寄存器可能会溢出。溢出是滤波器输出信号中出现的另一种非线性失真。因此，必须适当地缩放输入信号，完全防止溢出，或者使溢出发生的概率最小。

有限精度算术导致的非线性效应，会使得精确分析数字滤波器的性能非常困难。为了对量化效应进行分析，我们采用量化误差的一个统计特性，这个特性得到的是滤波器的一个线性模型。于是，我们就能量化数字滤波器的实现中的量化误差效应。下面只介绍量化效应的定点实现，因为定点实现中的量化效应非常重要。

9.6.1 递归系统中的极限环振荡

在一个数字滤波器的实现中，无论是在数字硬件中还是在数字计算机的软件中，有限精度算术运算中固有的量化都使得系统是非线性的。在递归系统中，有限精度算术运算导致的非线性，通常会使得输出中出现周期性振荡，即使输入序列是零或非零的常数值。递归系统中的这类振荡称为**极限环**，它是由乘法中的舍入误差和加法中的溢出误差直接导致的。

为了说明极限环振荡的特性，下面考虑由线性差分方程

$$y(n) = ay(n-1) + x(n) \qquad (9.6.1)$$

描述的一个单极点系统，其中极点位于 $z = a$ 处。理想系统的实现如图 9.6.1 所示。另一方面，由非线性差分方程

$$v(n) = Q[av(n-1)] + x(n) \qquad (9.6.2)$$

描述的实际系统的实现如图 9.6.2 所示。

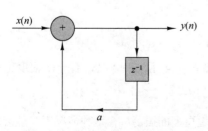

图 9.6.1　理想单极点递归系统

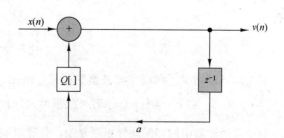

图 9.6.2　实际的非线性系统

假设图 9.6.2 中的实际系统是由 4 位用于幅度、1 位用于符号的定点算术实现的，并且假设乘法之后执行的量化对得到的乘积向上舍入。

表 9.2 中列出了实际系统在 4 个不同极点位置 $z = a$ 对输入 $x(n) = \beta\delta(n)$ 的响应，其中 $\beta = 15/16$，其二进制表示为 0.1111。理想情况下，系统的响应应按指数衰减到 0 [随着 $n \to \infty$，$y(n) = a^n \to 0$]。然而，在实际系统中，响应 $v(n)$ 最终成为一个稳态的输出序列，其周期取决于极点的值。当极点为正时，振荡周期为 $N_p = 1$，所以 $a = \frac{1}{2}$ 时的输出是 $\frac{1}{16}$，$a = \frac{3}{4}$ 时的输出是 $\frac{1}{8}$。另一方面，当极点为负时，输出序列在正负值之间振荡（$a = -\frac{1}{2}$ 时为 $\pm\frac{1}{16}$，$a = -\frac{3}{4}$ 时为 $\pm\frac{1}{8}$）。因此，周期为 $N_p = 2$。

表 9.2　低通单极点滤波器的极限环

n	$a = 0.1000 = \frac{1}{2}$		$a = 1.1000 = -\frac{1}{2}$		$a = 0.1100 = \frac{3}{4}$		$a = 1.1100 = -\frac{3}{4}$	
0	0.1111	$\left(\frac{15}{16}\right)$	0.1111	$\left(\frac{15}{16}\right)$	0.1011	$\left(\frac{11}{16}\right)$	0.1011	$\left(\frac{11}{16}\right)$
1	0.1000	$\left(\frac{8}{16}\right)$	1.1000	$\left(-\frac{8}{16}\right)$	0.1000	$\left(\frac{8}{16}\right)$	1.1000	$\left(-\frac{8}{16}\right)$
2	0.0100	$\left(\frac{4}{16}\right)$	0.0100	$\left(\frac{4}{16}\right)$	0.0110	$\left(\frac{6}{16}\right)$	0.0110	$\left(\frac{6}{16}\right)$
3	0.0010	$\left(\frac{2}{16}\right)$	1.0010	$\left(-\frac{2}{16}\right)$	0.0101	$\left(\frac{5}{16}\right)$	1.0101	$\left(-\frac{5}{16}\right)$
4	0.0001	$\left(\frac{1}{16}\right)$	0.0001	$\left(\frac{1}{16}\right)$	0.0100	$\left(\frac{4}{16}\right)$	0.0100	$\left(\frac{4}{16}\right)$
5	0.0001	$\left(\frac{1}{16}\right)$	1.0001	$\left(-\frac{1}{16}\right)$	0.0011	$\left(\frac{3}{16}\right)$	1.0011	$\left(-\frac{3}{16}\right)$
6	0.0001	$\left(\frac{1}{16}\right)$	0.0001	$\left(\frac{1}{16}\right)$	0.0010	$\frac{2}{16}$	0.0010	$\left(\frac{2}{16}\right)$
7	0.0001	$\left(\frac{1}{16}\right)$	1.0001	$\left(-\frac{1}{16}\right)$	0.0010	$\left(\frac{2}{16}\right)$	1.0010	$\left(-\frac{2}{16}\right)$
8	0.0001	$\left(\frac{1}{16}\right)$	0.0001	$\left(\frac{1}{16}\right)$	0.0010	$\left(\frac{2}{16}\right)$	0.0010	$\left(\frac{2}{16}\right)$

这些极限环是乘法中的量化效应的结果。当滤波器的输入序列 $x(n)$ 变为 0 时，经过一定数量的迭代后，滤波器的输出进入极限环。输出保持在极限环内，直到应用另一个足够大的输入使得系统输出脱离极限环。类似地，零输入极限环由输入 $x(n) = 0$ 时的非零初始条件产生。在极限环期间，输出的幅度被限制在一个值域内，这个值域称为滤波器的**死带**。

有趣的是，当单极点滤波器的响应位于极限环中时，实际的非线性系统按如下的等效线性系统工作：当极点为正时，该线性系统在 $z = 1$ 处有一个极点；当极点为负时，该线性系统在 $z = -1$ 处有一个极点。也就是说，

$$Q_r[av(n-1)] = \begin{cases} v(n-1), & a > 0 \\ -v(n-1), & a < 0 \end{cases} \tag{9.6.3}$$

因为量化后的乘积 $av(n-1)$ 是通过舍入得到的，所以可以推出量化误差的界限为

$$\left| Q_r[av(n-1)] - av(n-1) \right| \leqslant \frac{1}{2} \cdot 2^{-b} \tag{9.6.4}$$

式中，b 是表示极点 a 和 $v(n)$ 的位数（不包含符号位）。因此，由式（9.6.4）与式（9.6.3）得

$$\left| v(n-1) \right| - \left| av(n-1) \right| \leqslant \frac{1}{2} \cdot 2^{-b}$$

且有

$$\left| v(n-1) \right| \leqslant \frac{\frac{1}{2} \cdot 2^{-b}}{1 - |a|} \tag{9.6.5}$$

式（9.6.5）定义了单极点滤波器的死带。例如，当 $b = 4$ 且 $|a| = \frac{1}{2}$ 时，有一个幅度范围为 $\left(-\frac{1}{16}, \frac{1}{16}\right)$ 的死带。当 $b = 4$ 且 $|a| = \frac{3}{4}$ 时，死带增大到 $\left(-\frac{1}{8}, \frac{1}{8}\right)$。

双极点滤波器中的极限环性质更复杂，且有可能发生更多的振荡。在这种情况下，理想双极点系统由如下线性差分方程描述：

$$y(n) = a_1 y(n-1) + a_2 y(n-2) + x(n) \tag{9.6.6}$$

而实际系统由如下非线性差分方程描述：

$$v(n) = Q_r[a_1 v(n-1)] + Q_r[a_2 v(n-2)] + x(n) \tag{9.6.7}$$

当滤波器系数满足条件 $a_1^2 < -4a_2$ 时，系统的极点位置是

$$z = r\, \mathrm{e}^{\pm j\theta}$$

式中，$a_2 = -r^2$ 且 $a_1 = 2r\cos\theta$。像单极点滤波器的情况那样，当系统位于零输入或零状态极限中时，有

$$Q_1[a_2 v(n-2)] = -v(n-2) \tag{9.6.8}$$

换句话说，该系统就像是一个复共轭极点在单位圆上（$a_2 = -r^2 = -1$）的振荡器。对乘积 $a_2 v(n-2)$ 进行舍入表明

$$\left| Q_r[a_2 v(n-2)] - a_2 v(n-2) \right| \leqslant \tfrac{1}{2} \cdot 2^{-b} \tag{9.6.9}$$

将式（9.6.8）代入式（9.6.9）得

$$\left| v(n-2) \right| - \left| a_2 v(n-2) \right| \leqslant \tfrac{1}{2} \cdot 2^{-b}$$

或者等效地得

$$\left| v(n-2) \right| \leqslant \frac{\tfrac{1}{2} \cdot 2^{-b}}{1 - |a_2|} \tag{9.6.10}$$

式（9.6.10）定义了带有复共轭极点的双极点滤波器的死带。观察发现，死带只取决于 $|a_2|$。参数 $a_1 = 2r\cos\theta$ 决定振荡的频率。

对乘积进行舍入导致的带有零输入的另一种极限环模式，对应于极点位于 $z = \pm 1$ 的等效二阶系统。在这种情况下，Jackson(1969)证明双极点滤波器会出现幅度落入以 $2^{-b}/(1 - |a_1| - a_2)$ 为界的死带的振荡。

有趣的是，这些极限环是对滤波器系数与之前的输出 $v(n-1)$ 和 $v(n-2)$ 的乘积进行舍入导致的。不进行舍入时，可以将结果截尾到 b 位。Claasen et al.(1973)中证明，采用截尾时，可以消除许多（但非全部）极限环。然而，回顾可知，除非使用原码表示（这时截尾误差关于零对称），否则截尾将导致有偏误差，而数字滤波器实现中不希望出现这种偏差。

在高阶 IIR 系统的并联实现中，每个二阶滤波器节都有自己的极限环特性，而二阶滤波器节之间不相互影响。因此，输出是各节的零输入极限环之和。对高阶 IIR 系统采用级联实现时，极限环的分析要困难很多。当第一个滤波器节的输出位于一个零输入极限环中时，这个输出极限环就被接下来的滤波器节滤波。如果极限环的频率位于一个后续滤波器节的谐振频率附近，序列的幅度就被谐振特性增强。一般来说，我们应小心避免出现这样的情况。

除了因对乘法结果进行舍入导致的极限环，还存在因加法中的溢出导致的极限环。当两个或多个二进制数之和超出系统的数字实现中的可用字长时，就会出现加法中的溢出。例如，考虑图 9.6.3 中的二阶滤波器节，其中加法由补码算术执行。于是，我们可将输出 $y(n)$ 写成

$$y(n) = g[a_1 y(n-1) + a_2 y(n-2) + x(n)] \tag{9.6.11}$$

式中，函数 $g[\cdot]$ 表示补码加法。容易验证函数 $g(v)$ 与 v 的关系如图 9.6.4 所示。

回顾可知，稳定滤波器的参数 (a_1, a_2) 的值域由图 3.5.1 中的稳定三角形给出。然而，这些条件对于阻止补码算术的溢出振荡不再充分。实际上，容易证明，确保没有零输入溢出极限环的充要条件是

$$|a_1| + |a_2| < 1 \tag{9.6.12}$$

这是一个极强的限制，也是强加给任何二阶节的不合理限制。

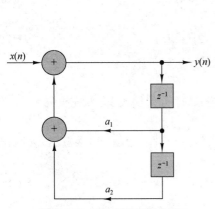
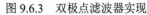

图 9.6.3　双极点滤波器实现

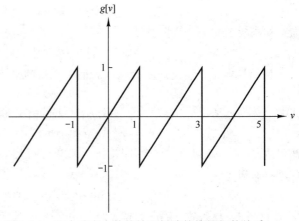

图 9.6.4　两个或多个数的补码加法的特征函数关系

溢出振荡的一种有效补救方法是修改加法器的特性，如图 9.6.5 所示，使其执行饱和算术。于是，当感知到上溢或下溢时，加法器的输出就是满刻度值±1。当饱和出现的次数不频繁时，由加法器中的非线性导致的失真通常很小。如下节所述，使用这样的非线性仍然不能排除对信号和系统的参数的缩放。

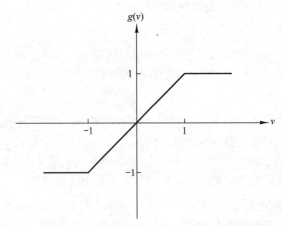

图 9.6.5　在±1 处限幅的加法的特征函数关系

9.6.2　缩放以防止溢出

前面介绍的饱和算术消除了溢出导致的极限环，但限幅器的非线性会导致信号失真。为了限制非线性失真量，就需要在系统中的输入和任何内部求和节点之间，缩放输入信号和单位样本响应，使得溢出发生的概率很小。

对于定点算术，我们首先考虑在系统的任何节点处都不允许溢出的极端条件。当输入序列为 $x(n)$ 且节点与输入之间的单位样本响应为 $h_k(n)$ 时，令 $y_k(n)$ 表示系统在第 k 个节点处的响应，则有

$$|y_k(n)| = \left|\sum_{m=-\infty}^{\infty} h_k(m)x(n-m)\right| \leqslant \sum_{m=-\infty}^{\infty} |h_k(m)||x(n-m)|$$

假设 $x(n)$ 的上界为 A_x，则

$$|y_k(n)| \leqslant A_x \sum_{m=-\infty}^{\infty} |h_k(m)|, \qquad 所有 n \tag{9.6.13}$$

现在，如果计算机的动态范围被限制为(−1, 1)，那么条件

$$|y_k(n)| < 1$$

就可得到满足，方法是对系统中所有可能的节点，要求对输入 $x(n)$ 进行缩放，使得

$$A_x < \frac{1}{\displaystyle\sum_{m=-\infty}^{\infty} |h_k(m)|} \tag{9.6.14}$$

式（9.6.14）中的条件是防止溢出的充要条件。

然而，式（9.6.14）中的条件过于保守，可能导致 $x(n)$ 被过度缩放。在这种情况下，会丢失用来表示 $x(n)$ 的很多精度。对于窄带序列，如正弦信号，尤其如此，因为由式（9.6.14）所示的缩放相当严重。对于窄带信号，我们可以使用系统的频率响应特性来确定合适的缩放。因为 $|H(\omega)|$ 是系统在频率 ω 处的增益，一种不太严格但足够合理的缩放方法是，要求

$$A_x < \frac{1}{\displaystyle\max_{0 \leqslant \omega \leqslant \pi} |H_k(\omega)|} \tag{9.6.15}$$

式中，$H_k(\omega)$ 是 $\{h_k(n)\}$ 的傅里叶变换。

对于 FIR 滤波器，式（9.6.14）中的条件简化为

$$A_x < \frac{1}{\displaystyle\sum_{m=0}^{M-1} |h_k(m)|} \tag{9.6.16}$$

它现在是滤波器单位样本响应的 M 个非零项之和。

另一种缩放方法是，缩放输入，使得

$$\sum_{n=-\infty}^{\infty} |y_k(n)|^2 \leqslant C^2 \sum_{n=-\infty}^{\infty} |x(n)|^2 = C^2 E_x \tag{9.6.17}$$

根据帕塞瓦尔定理，有

$$\sum_{n=-\infty}^{\infty} |y_k(n)|^2 = \frac{1}{2\pi} \int_{-\pi}^{\pi} |H(\omega)X(\omega)|^2 \, \mathrm{d}\omega \leqslant E_x \frac{1}{2\pi} \int_{-\pi}^{\pi} |H(\omega)|^2 \, \mathrm{d}\omega \tag{9.6.18}$$

联立式（9.6.17）和式（9.6.18）得

$$C^2 \leqslant \frac{1}{\displaystyle\sum_{n=-\infty}^{\infty} |h_k(n)|^2} = \frac{1}{\dfrac{1}{2\pi} \displaystyle\int_{-\pi}^{\pi} |H(\omega)|^2 \, \mathrm{d}\omega} \tag{9.6.19}$$

比较上面给出的不同缩放因子，我们发现

$$\left[\sum_{n=-\infty}^{\infty} |h_k(n)|^2 \right]^{1/2} \leqslant \max_{\omega} |H_k(\omega)| \leqslant \sum_{n=-\infty}^{\infty} |h_k(n)| \tag{9.6.20}$$

显然，式（9.6.14）是最悲观的约束。

下一节介绍缩放对一阶和二阶滤波器节的输出信噪（功率）比（SNR）的影响。

9.6.3 数字滤波器的定点实现中量化效应的统计描述

由上节的讨论可知，基于量化效应的确定性模型来分析数字滤波器中的量化误差并不是很有效的方法。基本问题是，为了防止溢出，对两个数的乘积进行量化或者对两个数的和进行限幅导致的非线性效应，在包含大量乘法器和求和节点的大型系统中难以建模。

为了得到数字滤波器中的量化效应的一般结果，我们将乘法中的量化误差建模为一个加性噪

声序列 $e(n)$，就像我们描述模拟信号的模数转换中的量化误差那样。对于加法，我们考虑缩放输入信号来防止溢出。

下面介绍单极点滤波器中的舍入误差，这个滤波器是用定点算术实现的，并由如下的非线性差分方程描述：

$$v(n) = Q_r[av(n-1)] + x(n) \qquad (9.6.21)$$

对乘积 $av(n-1)$ 执行舍入的效果，被建模为将噪声序列 $e(n)$ 加到实际的乘积 $av(n-1)$ 上，即

$$Q_r[av(n-1)] = av(n-1) + e(n) \qquad (9.6.22)$$

使用量化误差的这个模型时，所考虑系统由如下**线性差分方程**描述：

$$v(n) = av(n-1) + x(n) + e(n) \qquad (9.6.23)$$

对应的系统在图 9.6.6 中以框图形式画出。

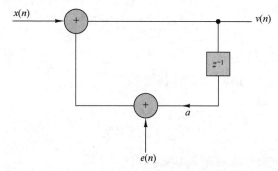

图 9.6.6　单极点滤波器中的量化误差的加性噪声模型

从式（9.6.23）明显看出，滤波器的输出序列 $v(n)$ 可分成两个分量。一个分量是系统对输入序列 $x(n)$ 的响应，另一个分量是系统对加性量化噪声 $e(n)$ 的响应。实际上，我们可将输出序列 $v(n)$ 写为这两个分量之和，即

$$v(n) = y(n) + q(n) \qquad (9.6.24)$$

式中，$y(n)$ 是系统对 $x(n)$ 的响应，而 $q(n)$ 是系统对量化误差 $e(n)$ 的响应。将式（9.6.24）中的 $v(n)$ 代入式（9.6.23）得

$$y(n) + q(n) = ay(n-1) + aq(n-1) + x(n) + e(n) \qquad (9.6.25)$$

为了简化分析，我们对误差序列 $e(n)$ 做如下假设：

1. 对任意 n，误差序列 $\{e(n)\}$ 在区间 $(-1/2 \cdot 2^{-b},\ 1/2 \cdot 2^{-b})$ 上是均匀分布的。这表明 $e(n)$ 的均值为 0，方差为

$$\sigma_e^2 = \frac{2^{-2b}}{12} \qquad (9.6.26)$$

2. 误差 $\{e(n)\}$ 是一个平稳白噪声序列。换言之，当 $n \neq m$ 时，误差序列 $e(n)$ 与 $e(m)$ 不相关。

3. 误差序列 $\{e(n)\}$ 与信号序列 $\{x(n)\}$ 不相关。

假设 3 可让我们将式（9.6.25）中的差分方程分离为两个不耦合的差分方程，即

$$y(n) = ay(n-1) + x(n) \qquad (9.6.27)$$

$$q(n) = aq(n-1) + e(n) \qquad (9.6.28)$$

式（9.6.27）中的差分方程就是所求系统的输入输出关系，而式（9.6.28）中的差分方程是系统输出端的量化误差关系。

为了完成分析，下面使用 13.1 节推导的两个重要关系。第一个重要关系是当线性移不变滤

波器被均值为 m_e 的随机序列 $e(n)$ 激励时，输出 $q(n)$ 的均值和冲激响应为 $h(n)$ 之间的关系，即

$$m_q = m_e \sum_{n=-\infty}^{\infty} h(n) \tag{9.6.29}$$

或

$$m_q = m_e H(0) \tag{9.6.30}$$

式中，$H(0)$ 是在 $\omega = 0$ 处计算的滤波器的频率响应 $H(\omega)$ 的值。

第二个重要关系是当输入随机序列 $e(n)$ 的自相关函数为 $\gamma_{ee}(n)$ 时，滤波器输出 $q(n)$ 的自相关序列和冲激响应 $h(n)$ 之间的关系。结果为

$$\gamma_{qq}(n) = \sum_{k=-\infty}^{\infty} \sum_{l=-\infty}^{\infty} h(k)h(l)\gamma_{ee}(k-l+n) \tag{9.6.31}$$

当随机序列为白序列（谱平坦序列）时，自相关函数 $\gamma_{ee}(n)$ 是以方差 σ_e^2 缩放的单位样本序列，即

$$\gamma_{ee}(n) = \sigma_e^2 \delta(n) \tag{9.6.32}$$

将式（9.6.32）代入式（9.6.31），就得到被白噪声激励的滤波器的输出的自相关序列，即

$$\gamma_{qq}(n) = \sigma_e^2 \sum_{k=-\infty}^{\infty} h(k)h(k+n) \tag{9.6.33}$$

在 $n = 0$ 处计算 $\gamma_{qq}(n)$ 的值，就得到了输出噪声的方差 σ_q^2。于是，有

$$\sigma_q^2 = \sigma_e^2 \sum_{k=-\infty}^{\infty} h^2(k) \tag{9.6.34}$$

根据帕塞瓦尔定理，我们得到 σ_q^2 的另一个表达式，即

$$\sigma_q^2 = \frac{\sigma_e^2}{2\pi} \int_{-\pi}^{\pi} |H(\omega)|^2 \, d\omega \tag{9.6.35}$$

对于正被考虑的单极点滤波器，单位样本响应为

$$h(n) = a^n u(n) \tag{9.6.36}$$

因为舍入导致的量化误差的均值为零，所以滤波器输出端的误差的均值为 $m_q = 0$。滤波器输出端的误差的方差为

$$\sigma_q^2 = \sigma_e^2 \sum_{k=0}^{\infty} a^{2k} = \frac{\sigma_e^2}{1-a^2} \tag{9.6.37}$$

观察发现，滤波器输出端的噪声功率 σ_q^2 与输入噪声功率 σ_e^2 相比增强了 $1/(1-a^2)$ 倍。极点越靠近单位圆，这个因子（增强的倍数）就越大。

为了清晰了解量化误差的影响，我们还需要考虑缩放输入的影响。假定输入序列 $\{x(n)\}$ 是一个白噪声序列（宽带信号），为了防止加法中的溢出，其幅度已按式（9.6.14）缩放。于是，有

$$A_x < 1 - |a|$$

如果假设 $x(n)$ 在区间 $(-A_x, A_x)$ 上均匀分布，那么根据式（9.6.31）和式（9.6.34），滤波器输出端的信号功率为

$$\sigma_y^2 = \sigma_x^2 \sum_{k=0}^{\infty} a^{2k} = \frac{\sigma_x^2}{1-a^2} \tag{9.6.38}$$

式中，$\sigma_x^2 = (1-|a|)^2/3$ 是输入信号的方差。信号功率 σ_y^2 与量化误差功率 σ_q^2 之比称为**信噪比**（SNR），

$$\frac{\sigma_y^2}{\sigma_q^2} = \frac{\sigma_x^2}{\sigma_e^2} = \left(1 - |a|\right)^2 \cdot 2^{2(b+1)} \tag{9.6.39}$$

输出信噪比的表达式清楚地说明了缩放输入带来的严重代价，尤其是当极点靠近单位圆时。比较发现，如果不对输入进行缩放，且加法器的位数足以避免溢出，信号的幅度就可被限制到区间$(-1, 1)$上。在这种情况下，$\sigma_x^2 = \frac{1}{3}$，它与极点的位置无关。于是，有

$$\frac{\sigma_y^2}{\sigma_q^2} = 2^{2(b+1)} \tag{9.6.40}$$

式（9.6.40）和式（9.6.39）中的信噪比之差表明，加法所需的位数要比乘法的多。加法的位数取决于极点的位置，并且应随着极点靠近单位圆而增加位数。

下面考虑由线性差分方程

$$y(n) = a_1 y(n-1) + a_2 y(n-2) + x(n) \tag{9.6.41}$$

描述的有限精度双极点滤波器，其中 $a_1 = 2r\cos\theta$，$a_2 = -r^2$。当两个乘积被舍入时，就有由非线性差分方程

$$v(n) = Q_r[a_1 v(n-1)] + Q_r[a_2 v(n-2)] + x(n) \tag{9.6.42}$$

描述的一个系统，其框图如图 9.6.7 所示。

现在有两个乘积，因此对每个输出产生了两个量化误差。这时，我们应该引入两个误差序列 $e_1(n)$ 和 $e_2(n)$，它们对应于量化器的输出

$$Q_r[a_1 v(n-1)] = a_1 v(n-1) + e_1(n)$$
$$Q_r[a_2 v(n-2)] = a_2 v(n-2) + e_2(n) \tag{9.6.43}$$

图 9.6.8 显示了对应模型的框图。注意，误差序列 $e_1(n)$ 和 $e_2(n)$ 可以直接移至滤波器的输入端。

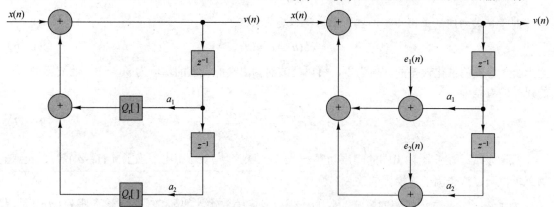

图 9.6.7　带有舍入量化器的双极点数字滤波器　　图 9.6.8　双极点滤波器实现中量化误差的加性噪声模型

就像一阶滤波器的情况那样，二阶滤波器的输出也可分解为两个分量，即期望的信号分量和量化误差分量。前者由如下差分方程描述：

$$y(n) = a_1 y(n-1) + a_2 y(n-2) + x(n) \tag{9.6.44}$$

后者则由如下差分方程描述：

$$q(n) = a_1 q(n-1) + a_2 q(n-2) + e_1(n) + e_2(n) \tag{9.6.45}$$

假设序列 $e_1(n)$ 和 $e_2(n)$ 不相关是合理的。

现在，二阶滤波器的单位样本响应为

$$h(n) = \frac{r^n}{\sin \theta} \sin(n+1)\theta u(n) \tag{9.6.46}$$

因此有

$$\sum_{n=0}^{\infty} h^2(n) = \frac{1+r^2}{1-r^2} \frac{1}{r^4 + 1 - 2r^2 \cos 2\theta} \tag{9.6.47}$$

应用式（9.6.34）得到滤波器输出端的量化误差的方差为

$$\sigma_q^2 = \sigma_e^2 \left(\frac{1+r^2}{1-r^2} \frac{1}{r^4 + 1 - 2r^2 \cos 2\theta} \right) \tag{9.6.48}$$

对于信号分量，如果像式（9.6.14）那样缩放输入以避免溢出，那么输出信号的功率为

$$\sigma_y^2 = \sigma_x^2 \sum_{n=0}^{\infty} h^2(n) \tag{9.6.49}$$

其中，输入信号 $x(n)$ 的功率由如下方差给出：

$$\sigma_x^2 = \frac{1}{3 \left[\sum\limits_{n=0}^{\infty} |h(n)| \right]^2} \tag{9.6.50}$$

因此，双极点滤波器输出端的信噪比为

$$\frac{\sigma_y^2}{\sigma_q^2} = \frac{\sigma_x^2}{\sigma_e^2} = \frac{2^{2(b+1)}}{\left[\sum\limits_{n=0}^{\infty} |h(n)| \right]^2} \tag{9.6.51}$$

虽然很难求出式（9.6.51）中分母项的精确值，但是得到上下界却很容易。$|h(n)|$ 的上界为

$$|h(n)| \leqslant \frac{1}{\sin \theta} r^n, \qquad n \geqslant 0 \tag{9.6.52}$$

于是有

$$\sum_{n=0}^{\infty} |h(n)| \leqslant \frac{1}{\sin \theta} \sum_{n=0}^{\infty} r^n = \frac{1}{(1-r)\sin \theta} \tag{9.6.53}$$

因为

$$|H(\omega)| = \left| \sum_{n=0}^{\infty} h(n) e^{-j\omega n} \right| \leqslant \sum_{n=0}^{\infty} |h(n)|$$

所以可以得到下界。但是，

$$H(\omega) = \frac{1}{(1 - re^{j\theta} e^{-j\omega})(1 - re^{-j\theta} e^{-j\omega})}$$

在滤波器的谐振频率 $\omega = \theta$ 处，可以得到 $|H(\omega)|$ 的最大值。因此，

$$\sum_{n=0}^{\infty} |h(n)| \geqslant |H(\theta)| = \frac{1}{(1-r)\sqrt{1 + r^2 - 2r \cos 2\theta}} \tag{9.6.54}$$

因此，根据如下关系式就确定了信噪比的上下界：

$$2^{2(b+1)}(1-r)^2 \sin^2 \theta \leqslant \frac{\sigma_y^2}{\sigma_q^2} \leqslant 2^{2(b+1)}(1-r)^2 (1 + r^2 - 2r \cos 2\theta) \tag{9.6.55}$$

例如，当 $\theta = \pi/2$ 时，式（9.6.55）简化为

$$2^{2(b+1)}(1-r)^2 \leqslant \frac{\sigma_y^2}{\sigma_q^2} \leqslant 2^{2(b+1)}(1-r)^2(1+r)^2 \qquad (9.6.56)$$

在该上下界中，起决定作用的项是 $(1-r)^2$，其作用是当极点靠近单位圆时减小信噪比。因此，在二阶滤波器中缩放输入的影响要比在一阶滤波器中严重。注意，如果 $d = 1-r$ 是极点到单位圆的距离，那么式（9.6.56）中的信噪比就减小为此前的 $1/d^2$ 倍，而在单极点滤波器中则减小为此前的 $1/d$ 倍。这些结果强调了前面的如下事实：在加法中采用比乘法中更多的位数，可以避免因缩放导致的严重代价。

对二阶滤波器量化效应的分析直接适用于并联型实现的高阶滤波器。这时，每个二阶滤波器节都是独立的，因此，并联滤波器组输出端的总量化噪声功率就是各滤波器节的量化噪声功率的线性和。另一方面，级联实现更难分析。对级联实现来说，任意二阶滤波器节产生的噪声输出都会被后续的节滤波。因此，问题就在于如何将实极点配对成二阶节，以及如何排列得到的二阶滤波器，使得高阶滤波器输出端的总噪声功率最小。Jackson(1970a, b)中研究了这个一般性主题，证明靠近单位圆的极点应该与附近的零点配对以降低每个二阶节的增益。级联实现中的二阶节排序时，合理的策略是按最大频率增益递减的顺序进行。在这种情况下，前面的高增益节产生的噪声功率不会被后续的各节明显放大。

下例说明在级联实现中适当排序各个滤波器节对控制整个滤波器输出端的舍入噪声很重要。

【例 9.6.1】 求滤波器的两个级联实现的输出端的舍入噪声的方差，滤波器的系统函数为

$$H(z) = H_1(z)H_2(z)$$

式中，

$$H_1(z) = \frac{1}{1 - \frac{1}{2}z^{-1}}, \qquad H_2(z) = \frac{1}{1 - \frac{1}{4}z^{-1}}$$

解： 令 $h(n), h_1(n)$ 与 $h_2(n)$ 分别表示对应系统函数 $H(z), H_1(z)$ 与 $H_2(z)$ 的单位样本响应。于是有

$$h_1(n) = \left(\frac{1}{2}\right)^n u(n), \qquad h_2(n) = \left(\frac{1}{4}\right)^n u(n), \qquad h(n) = \left[2\left(\frac{1}{2}\right)^n - \left(\frac{1}{4}\right)^n\right]u(n)$$

图 9.6.9 显示了两个级联实现。

在第一个级联型实现中，输出噪声的方差为

$$\sigma_{q1}^2 = \sigma_e^2\left[\sum_{n=0}^{\infty} h^2(n) + \sum_{n=0}^{\infty} h_2^2(n)\right]$$

在第二个级联型实现中，输出噪声的方差为

$$\sigma_{q2}^2 = \sigma_e^2\left[\sum_{n=0}^{\infty} h^2(n) + \sum_{n=0}^{\infty} h_1^2(n)\right]$$

现在，有

$$\sum_{n=0}^{\infty} h_1^2(n) = \frac{1}{1-\frac{1}{4}} = \frac{4}{3}, \qquad \sum_{n=0}^{\infty} h_2^2(n) = \frac{1}{1-\frac{1}{16}} = \frac{16}{15}$$

$$\sum_{m=0}^{\infty} h^2(n) = \frac{4}{1-\frac{1}{4}} - \frac{4}{1-\frac{1}{8}} + \frac{1}{1-\frac{1}{16}} = 1.83$$

所以

$$\sigma_{q1}^2 = 2.90\sigma_e^2, \qquad \sigma_{q2}^2 = 3.16\sigma_e^2$$

噪声方差之比为

$$\frac{\sigma_{q2}^2}{\sigma_{q1}^2} = 1.09$$

因此，第二个级联型实现的噪声功率比第一个级联型实现的噪声功率比大 9%。

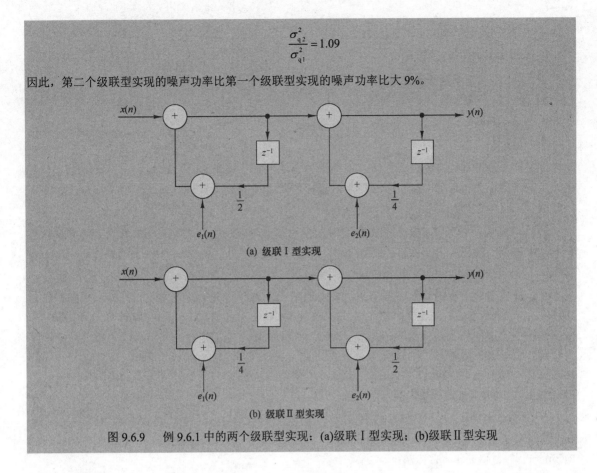

(a) 级联 I 型实现

(b) 级联 II 型实现

图 9.6.9　例 9.6.1 中的两个级联型实现：(a)级联 I 型实现；(b)级联 II 型实现

9.7　小结

本章介绍了离散时间系统的不同实现。FIR 系统可以用直接型、级联型、频率采样型和格型来实现。IIR 系统可由直接型、级联型、格型、格梯型和并联型来实现。

对于由线性常系数差分方程描述的任何系统，只要内部计算是以无限精度执行的，它们就是相同的系统，且在对任意给定输入产生相同的输出方面，它们是等效的。然而，当系统以有限精度算术实现时，这些不同的结构就不是等效的。

采用内部描述系统的状态空间公式，可以得到其他的 FIR 和 IIR 结构。本书的前一版中介绍了这种状态空间实现，但本版中由于篇幅所限而删除了。在 IIR 系统的实现中使用状态空间滤波器结构的想法最先由 Mullis and Roberts (1976a, b)提出，后来被 Hwang (1977)、Jackson et al. (1979)、Jackso(1979)、Mills et al.(1981)和 Bomar (1985)改进。

本章介绍了选择不同 FIR 和 IIR 系统实现的三个重要因素，即计算复杂度、内存需求和有限字长效应。取决于系统的时域或频域特性，有些实现方式所需的计算量和内存更少。因此，选择系统实现时必须考虑这两个重要的因素。

我们在推导 9.3 节的转置结构时，引入了一些概念及对信号流图的操作。信号流图的详细介绍见 Mason and Zimmerman (1960)和 Chow and Cassignol (1962)。

Fettweis (1971)中介绍了 IIR 系统的另一个重要结构，即**波数字滤波器**；Sedlmeyer and Fettweis (1973)中改进了这个结构。Antoniou (1979)中详细介绍了这个滤波器。

有限字长效应是实现数字信号处理系统的一个重要因素。本章介绍了数字滤波中的有限字长效应，重点介绍了如下问题：

1. 数字滤波器中的参数量化。
2. 乘法中的舍入噪声。
3. 加法中的溢出。
4. 极限环。

这四种效应是滤波器固有的，会影响实现系统的方法。本章重点说明了高阶系统（尤其是 IIR 系统）应该使用作为构件的二阶节来实现，这里提倡使用直接 II 型实现，要么采用常规型，要么采用转置型。

许多研究人员研究了 FIR 和 IIR 滤波器结构的定点实现中的舍入效应。本章的引用文献包括 Gold and Rader (1966)、Rader and Gold (1967b)、Jackson (1970a, b)、Liu (1971)、Chan and Rabiner (1973a, b, c)和 Oppenheim and Weinstein (1972)。

IIR 滤波器中出现的极限环振荡是由定点相乘和舍入中的量化效应导致的。Parker and Hess (1971)、Brubaker and Gowdy (1972)、Sandberg and Kaiser (1972)和 Jackson (1969, 1979)中研究了数字滤波中的极限环及其特性，Jackson (1969, 1979)中还讨论了状态空间结构中的极限环。研究人员还为消除舍入误差导致的极限环提出了许多方法。例如，Barnes and Fam (1977)、Fam and Barnes (1979)、Chang (1981)，Butterweck et al. (1984)和 Auer (1987)中讨论了消除极限环的方法。Ebert et al. (1969)中讨论了溢出振荡。

大量论文中讨论了参数量化效应。本章引用的文献包括 Rader and Gold (1976b)、Knowles and Olcayto (1968)、Avenhaus and Schuessler (1970)、Herrmann and Schuessler (1970b)、Chan and Rabiner (1973c)和 Jackson (1976)。

本章最后指出，格型和格梯型滤波器结构在定点实现中是鲁棒的。关于这类滤波器的讨论，请参阅 Gray and Markel (1973)、Makhoul (1978)、Morf et al. (1977)和 Markel and Gray (1976)。

习　题

9.1 求下列线性相位滤波器的直接型实现：**(a)** $h(n) = \{1, 2, 3, 4, 3, 2, 1\}$；**(b)** $h(n) = \{1, 2, 3, 3, 2, 1\}$。

9.2 考虑系统函数为 $H(z) = 1 + 2.88z^{-1} + 3.4048z^{-2} + 1.74z^{-3} + 0.4z^{-4}$ 的 FIR 滤波器。粗略画出滤波器的直接型实现和格型实现，并求对应的输入输出方程。这个系统有最小相位吗？

9.3 求图 P9.3 中所示的系统的系统函数与冲激响应。

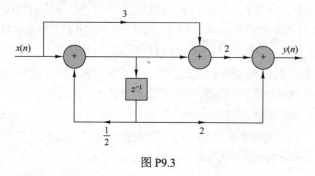

图 P9.3

9.4 求图 P9.4 所示系统的系统函数和冲激响应。

9.5 求图 P9.4 所示系统的转置结构，验证原系统和转置系统有相同的系统函数。

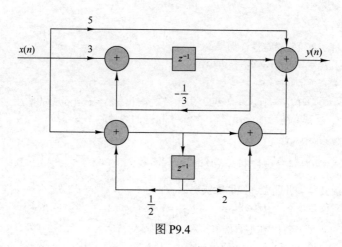

图 P9.4

9.6 求用 b_1, b_2 表示的 a_1, a_2 及 c_1 与 c_0，使图 P9.6 中的两个系统等效。

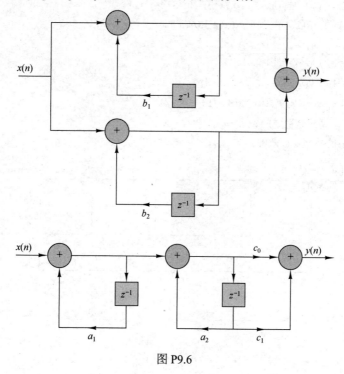

图 P9.6

9.7 考虑图 P9.7 所示的滤波器。

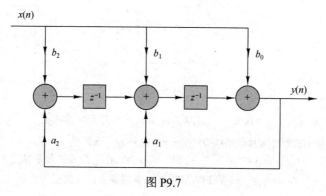

图 P9.7

(a) 求系统函数。

(b) 画出零极点图，并检验稳定性，如果：

    1. $b_0 = b_2 = 1$, $b_1 = 2$, $a_1 = 1.5, a_2 = -0.9$；

    2. $b_0 = b_2 = 1$, $b_1 = 2$, $a_1 = 1, a_2 = -2$。

(c) 如果 $b_0 = 1$, $b_1 = b_2 = 0$, $a_1 = 1$, $a_2 = -0.99$，求系统对输入 $x(n) = \cos(\pi n/3)$ 的响应。

9.8 考虑由差分方程 $y(n) = \frac{1}{4}y(n-2) + x(n)$ 描述的最初松弛的线性时不变系统。

(a) 求系统的冲激响应 $h(n)$。

(b) 求系统对输入 $x(n) = \left[\left(\frac{1}{2}\right)^n + \left(-\frac{1}{2}\right)^n\right]u(n)$ 的响应。

(c) 求系统的直接 II 型、并联型和级联型实现。

(d) 粗略画出系统的幅度响应 $|H(\omega)|$。

9.9 求如下系统的直接 I 型、直接 II 型、级联型和并联型结构：

(a) $y(n) = \frac{3}{4}y(n-1) - \frac{1}{8}y(n-2) + x(n) + \frac{1}{3}x(n-1)$。

(b) $y(n) = -0.1y(n-1) + 0.72y(n-2) + 0.7x(n) - 0.252x(n-2)$。

(c) $y(n) = -0.1y(n-1) + 0.2y(n-2) + 3x(n) + 3.6x(n-1) + 0.6x(n-2)$。

(d) $H(z) = \dfrac{2(1-z^{-1})(1+\sqrt{2}z^{-1}+z^{-2})}{(1+0.5z^{-1})(1-0.9z^{-1}+0.81z^{-2})}$。

(e) $y(n) = \frac{1}{2}y(n-1) + \frac{1}{4}y(n-2) + x(n) + x(n-1)$。

(f) $y(n) = y(n-1) - \frac{1}{2}y(n-2) + x(n) - x(n-1) + x(n-2)$。

上述系统中的哪些系统是稳定的？

9.10 证明图 P9.10 中的系统是等效的。

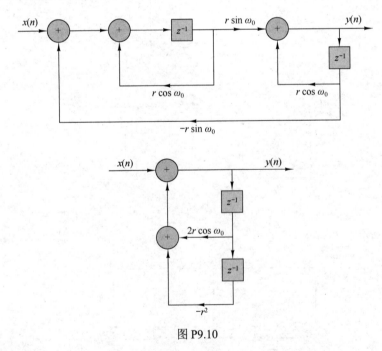

图 P9.10

9.11 确定由格型参数 $K_1 = \frac{1}{2}, K_2 = 0.6, K_3 = -0.7, K_4 = \frac{1}{3}$ 规定的所有 FIR 滤波器。

9.12 对于二阶子系统使用转置直接 II 型结构描述的一个 IIR 实现，求差分方程组。

9.13 求系统函数为 $H(z) = A_2(z) = 1 + 2z^{-1} + z^{-2}$ 的 FIR 滤波器的格型滤波器参数 $\{K_m\}$。

9.14 **(a)** 求参数为 $K_1 = \frac{1}{2}, K_2 = -\frac{1}{3}, K_3 = 1$ 的 FIR 格型滤波器的零点，并画出零点图。

(b) 重做(a)问，只是 $K_3 = -1$。

(c) 你应发现所有零点都位于单位圆上。能推广这个结论吗？如果能，应如何推广？

(d) 画出(a)问和(b)问的相位响应。你注意到了什么？能推广这个结论吗？如果能，应如何推广？

9.15 考虑系数为 $K_1 = 0.65, K_2 = -0.34, K_3 = 0.8$ 的 FIR 格型滤波器。

(a) 跟踪通过过格型结构的单位冲激，求其冲激响应。

(b) 画出等效的直接型结构。

9.16 考虑系统函数为 $H(z) = \dfrac{1 + 2z^{-1} + 3z^{-2} + 2z^{-3}}{1 + 0.9z^{-1} - 0.8z^{-2} + 0.5z^{-3}}$ 的因果 IIR 系统。

(a) 求等效的格梯型结构。

(b) 检查系统是否稳定。

9.17 对图 P9.17 所示的离散时间系统，求输入输出关系、系统函数，并画出零极点图。

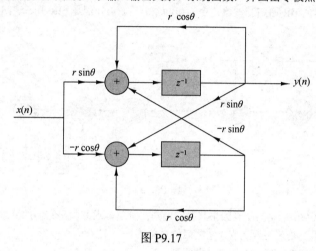

图 P9.17

9.18 求数字谐振器 $H(z) = \dfrac{1}{1 - (2r\cos\omega_0)z^{-1} + r^2 z^{-2}}$ 的格型实现。

9.19 **(a)** 求参数为 $K_1 = 0.6, K_2 = 0.3, K_3 = 0.5, K_4 = 0.9$ 的 FIR 格型滤波器的冲激响应。

(b) 画出(a)问中由 K 个参数规定的直接型、格型全零点和全极点滤波器。

9.20 **(a)** 求谐振器 $H(z) = \dfrac{1 - z^{-1}}{1 - (2r\cos\omega_0)z^{-1} + r^2 z^{-2}}$ 的格梯型实现。

(b) 如果 $r = 1$，会发生什么？

9.21 画出系统 $H(z) = \dfrac{1 - 0.8z^{-1} + 0.15z^{-2}}{1 + 0.1z^{-1} - 0.72z^{-2}}$ 的格梯型结构。

9.22 考虑系统函数为 $H(z) = \dfrac{(1 - 0.5e^{j\pi/4}z^{-1})(1 - 0.5e^{-j\pi/4}z^{-1})}{(1 - 0.8e^{j\pi/3}z^{-1})(1 - 0.8e^{-j\pi/3}z^{-1})}$ 的零极点系统，画出系统的常规和转置直接 II 型实现。

9.23 求系统 $H(z) = \dfrac{1 + z^{-1}}{(1 - z^{-1})(1 - 0.8e^{j\pi/4}z^{-1})(1 - 0.8e^{-j\pi/4}z^{-1})}$ 的并联和级联实现。

9.24 DSP 微处理器的一般浮点格式如图 P9.24 所示。

数 X 的值为

$$X = \begin{cases} 01.M \times 2^E & S = 0 \\ 10.M \times 2^E & S = 1 \\ 0 & S = 0, S = 1, E \text{ 是最负的2的补值} \end{cases}$$

求下面两种格式的正数和负数范围：

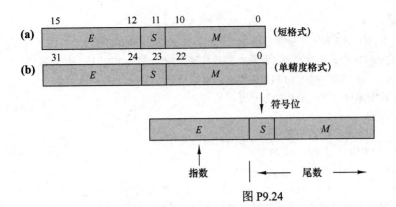

图 P9.24

9.25 考虑图 P9.25 所示的 IIR 递归滤波器，令 $h_F(n)$, $h_R(n)$ 和 $h(n)$ 分别是 FIR 节、递归节和整个滤波器的冲激响应。

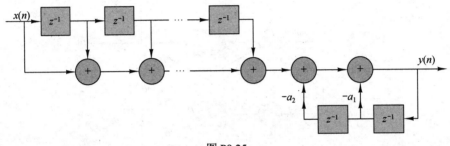

图 P9.25

(a) 求具有整数系数 (a_1, a_2) 的所有因果和稳定递归二阶节，求并画出它们的冲激响应和频率响应。这些滤波器不需要复杂的乘法或乘法之后的量化。

(b) 证明 (a) 问中的三节可通过互连其他节得到。

(c) 求描述滤波器冲激响应 $h(n)$ 的差分方程，并确定整个滤波器为 FIR 滤波器的条件。

(d) 在 z 域中重新推导 (a) 问至 (c) 问中的结果。

9.26 本题说明如何使用计算多项式的 Horner 规则来推导数字滤波器结构。为此，考虑多项式

$$p(x) = \alpha_p x^p + a_{p-1} x^{p-1} + \cdots + a_1 x + a_0$$

它使用了最少次数的 p 次乘法和 p 次加法。

(a) 画出对应于因式分解

$$H_1(z) = b_0(1 + b_1 z^{-1}(1 + b_2 z^{-1}(1 + b_3 z^{-1})))$$

$$H(z) = b_0(z^{-3} + (b_1 z^{-2} + (b_2 z^{-1} + b_3)))$$

的结构，求每个结构的系统函数、延迟元素的数量和算术运算。

(b) 画出如下线性相位系统的 Horner 结构：

$$H(z) = z^{-1}\left[\alpha_0 + \sum_{k=1}^{3}(z^{-k} + z^k)\alpha_k\right]$$

9.27 令 x_1 与 x_2 是幅度小于 1 的 $b+1$ 位二进制数。为了用补码表示 x_1 与 x_2 的和，我们将其转换为 $b+1$ 位无符号数，执行模 2 加，并且忽略符号位后面的任意进位。

(a) 证明：如果符号相同的两个数之和的符号相反，那么这对应于溢出。

(b) 证明：使用补码表示几个数的和时，即使存在溢出，只要和的幅度小于 1，结果就是正确的。构建有 3 个数的简单例子，说明这一论断。

9.28 考虑由差分方程 $y(n) = ay(n-1) - ax(n) + x(n-1)$ 描述的系统。

(a) 证明它是全通的。

(b) 给出系统的直接 II 型实现。

(c) 如果量化(b)问中系统的系数，它还是全通的吗？

(d) 将差分方程重写为 $y(n) = a[y(n-1) - x(n)] + x(n-1)$，得到另一个实现。

(e) 如果量化(d)问中系统的系数，它还是全通的吗？

9.29 系统 $y(n) = 0.999y(n-1) + x(n)$ 的输入被量化到 $b = 8$ 位。在滤波器的输出端，量化噪声产生的功率是多少？

9.30 考虑系统 $H(z) = \dfrac{1 - \frac{1}{2}z^{-1}}{\left(1 - \frac{1}{4}z^{-1}\right)\left(1 + \frac{1}{4}z^{-1}\right)}$。

(a) 画出系统所有可能的实现。

(b) 假设使用定点原码小数算术［使用 $b+1$ 位，其中 1 位用于符号］来实现滤波器。每个乘积都被舍入为 b 位。求(a)问中每个实现的输出端由乘法器产生的舍入噪声的方差。

9.31 图 P9.31 中的数字系统使用带有舍入的 6 位（包括符号）定点补码模数转换器，滤波器 $H(z)$ 使用带有舍入的 8 位（包括符号）定点补码小数算术实现。输入 $x(t)$ 是自相关函数为 $\gamma_{xx}(\tau) = 3\delta(\tau)$ 的随机过程，其均值为零，且是均匀分布的。假设模数转换器可在没有溢出时处理±1.0 之间的值。

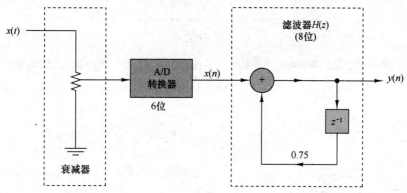

图 P9.31

(a) 在模数转换器之前应使用多大的衰减值才能保证不发生溢出？

(b) 使用上述衰减，模数转换器输出端的量化信噪比（SQNR）是多少？

(c) 6 位 A/D 样本可用作数字滤波器的输入的 8 位字中左对齐、右对齐或居中。当滤波器输出没有溢出时，得到最大信噪比的策略是什么？

(d) 所有量化噪声源在滤波器输出端导致的信噪比是多少？

9.32 图 P9.32 显示了极点在 $x = re^{\pm j\theta}$ 处的一个双极点滤波器的耦合型实现，每个输出点需要 4 次实数乘法。令 $e_i(n)$, $i = 1, 2, 3, 4$ 是滤波器的定点实现的舍入噪声。假设噪声源是均值为零且互不相关的平稳白噪声序列。对于每个 n，概率密度函数 $p(e)$在区间$-\Delta/2 \leqslant e \leqslant -\Delta/2$ 上均匀分布，其中 $\Delta = 2^{-b}$。

(a) 写出 $y(n)$ 和 $v(n)$的两个耦合差分方程，包括噪声源和输入序列 $x(n)$。

(b) 根据上面写出的两个差分方程，证明在输入噪声项 $e_1(n) + e_2(n)$ 和 $e_3(n) + e_4(n)$ 与输出 $y(n)$ 之间的滤波器系统函数 $H_1(z)$和 $H_2(z)$为

$$H_1(z) = \frac{r\sin\theta z^{-1}}{1 - 2r\cos\theta z^{-1} + r^2 z^{-2}}, \quad H_2(z) = \frac{1 - r\cos\theta z^{-1}}{1 - 2r\cos\theta z^{-1} + r^2 z^{-2}}$$

我们知道

$$H(z) = \frac{1}{1 - 2r\cos\theta z^{-1} + r^2 z^{-2}} \quad \Rightarrow \quad h(n) = \frac{1}{\sin\theta} r^n \sin(n+1)\theta u(n)$$

求 $h_1(n)$和 $h_2(n)$。

(c) 求滤波器输出端由 $e_i(n)$, $i = 1, 2, 3, 4$ 导致的总噪声方差的闭式表达式。

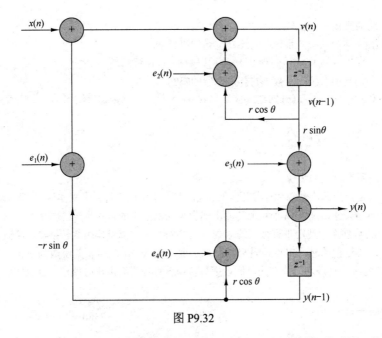

图 P9.32

9.33 求图 P9.33 所示滤波器的两个级联实现的输出端的舍入噪声方差，滤波器的系统函数为

$$H(z) = H_1(z)H_2(z)$$

式中，

$$H_1(z) = \frac{1}{1 - \frac{1}{2}z^{-1}}, \qquad H_2(z) = \frac{1}{1 - \frac{1}{3}z^{-1}}$$

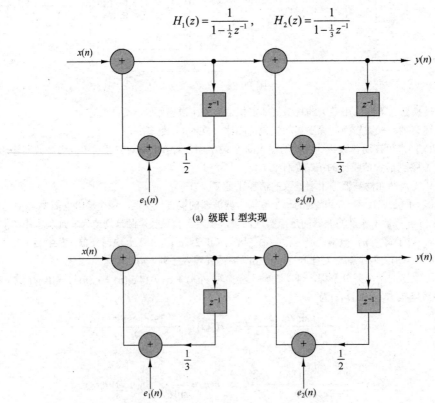

(a) 级联 I 型实现

(b) 级联 II 型实现

图 P9.33

9.34 直接型 FIR 滤波器中的量化效应。 考虑长度为 M 的一个 FIR 滤波器的直接型实现。假设每个系数与对应信号样本的相乘以 b 位定点算术执行，且每个乘积都被舍入为 b 位。使用 9.6.3 节中舍入误差的统计描述，求滤波器输出端的量化噪声的方差。

计算机习题

CP9.1 编写程序，实现基于转置直接 II 型二阶模块的一个并联实现。

CP9.2 编写程序，实现基于常规直接 II 型二阶模块的一个级联实现。

CP9.3 考虑系统 $y(n) = \frac{1}{2}y(n-1) + x(n)$。

  (a) 假设采用无限精度算术，计算系统对输入 $x(n) = \left(\frac{1}{4}\right)^n u(n)$ 的响应。

  (b) 对于相同的输入，假设采用 5 位（即 1 个符号位和 4 个小数位）有限精度的原码小数算术。量化以截尾方式进行。计算系统的响应 $y(n), 0 \leqslant n \leqslant 50$。

  (c) 比较(a)问和(b)问的结果。

CP9.4 考虑系统 $y(n) = 0.875y(n-1) - 0.125y(n-2) + x(n)$。

  (a) 计算其极点并设计系统的级联实现。

  (b) 采用截尾方式对系统的系数进行量化，保持 1 个符号位和 3 个其他位，求所得系统的极点。

  (c) 对同样的精度使用舍入，重做(b)问。

  (d) 将(b)问和(c)问中的极点与(a)问中的极点进行比较，哪种实现更好？画出(a)问、(b)问和(c)问中系统的频率响应。

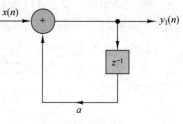

CP9.5 图 CP9.5 所示一阶滤波器以 4 位（包括符号）定点补码小数算术实现。乘积被舍入到 4 位表示，使用输入 $x(n) = 0.10\delta(n)$。

  (a) 如果 $a = 0.5$，求最初的 5 个输出。滤波器是否进入极限环？

  (b) 如果 $a = 0.75$，求最初的 5 个输出。滤波器是否进入极限环？

图 CP9.5

CP9.6 考虑由如下系统函数规定的系统：

$$H(z) = \frac{B(z)}{A(z)} = \left[G_1 \frac{(1 - 0.8e^{j\pi/4}z^{-1})(1 - 0.8e^{-j\pi/4}z^{-1})}{(1 - \frac{1}{2}z^{-1})(1 + \frac{1}{3}z-1)} \right] \cdot \left[G_2 \frac{(1 + \frac{1}{4}z^{-1})(1 - \frac{5}{8}z^{-1})}{(1 - 0.8e^{j\pi/3}z^{-1})(1 - 0.8e^{-j\pi/3}z^{-1})} \right]$$

  (a) 选择 G_1 和 G_2 使得每个二阶节在 $\omega = 0$ 处的增益为 1。

  (b) 画出系统的直接 I 型、直接 II 型和级联型实现。

  (c) 编写程序，实现直接 I 型与直接 II 型，计算系统的冲激响应和阶跃响应的前 100 个样本。

  (d) 画出(c)问中的结果，说明程序是否正常运行。

CP9.7 考虑 CP9.6 中的系统，其中 $G_1 = G_2 = 1$。

  (a) 求系统 $H(z) = B(z)$ 的一个格型实现。

  (b) 求系统 $H(z) = 1/A(z)$ 的一个格型实现。

  (c) 求系统 $H(z) = B(z)/A(z)$ 的一个格梯型实现。

  (d) 编写程序，实现(c)问中的格梯型结构。

  (e) 使用格型结构，求并画出(a)问至(c)问中的系统的冲激响应的前 100 个样本。

  (f) 求并画出(a)问与(b)问中的冲激响应的卷积的前 100 个样本。你发现了什么？解释结果。

CP9.8 考虑 CP9.6 中的系统，求并联型结构并编写程序实现它。

CP9.9 考虑由差分方程 $y(n) = \frac{1}{\sqrt{2}}y(n-1) - x(n) + \sqrt{2}x(n-1)$ 描述的一个滤波器。

  (a) 证明该滤波器在频率范围 $-\pi \leqslant \omega \leqslant \pi$ 内是全通的。画出幅度响应 $|H(\omega)|$，验证你的答案。

  (b) 将差分方程的系数舍入到小数点后 3 位，滤波器仍是全通的吗？画出幅度响应 $|H_1(\omega)|$ 验证答案。

  (c) 将差分方程的系数舍入到小数点后 2 位，画出幅度响应 $|H_2(\omega)|$ 验证答案。

  (d) 比较 $|H(\omega)|, |H_1(\omega)|$ 和 $|H_2(\omega)|$ 并评论你的结果。

第 10 章　数字滤波器设计

有了前面的背景知识，就可以介绍数字滤波器设计。本章介绍设计 FIR 和 IIR 数字滤波器的几种方法。

设计频率选择性滤波器时，期望的滤波器特性是在频域中用期望的滤波器幅度响应和相位响应规定的。在滤波器设计过程中，我们需要求出尽可能逼近期望频率响应指标的因果 FIR 或 IIR 滤波器的系数。设计哪类滤波器（FIR 或 IIR），具体取决于问题的性质及期望频率响应的指标。

在实际工作中，滤波器通带内要求线性相位特性的滤波问题需要采用 FIR 滤波器。如果不要求线性相位特性，那么使用 IIR 或 FIR 滤波器都是可以的。然而，一般来说，与有同样数量参数的 FIR 滤波器相比，IIR 滤波器的阻带中的旁瓣更小。因此，如果可以容忍一定的相位失真，那么 IIR 滤波器更合适，主要原因是其实现涉及更少的参数、要求更少的内存及计算复杂度更低。

除了介绍滤波器设计，本章还介绍在模拟域和数字域中将一个低通原型滤波器变换为另一个低通、带通、带阻或高通滤波器的频率变换。

如今，大量计算机软件程序极大地简化了 FIR 和 IIR 数字滤波器的设计。本章的主要目的是，通过介绍各种数字滤波器的设计方法，为读者提供选择最佳匹配应用并且满足设计需求的滤波器的背景知识。

10.1　概论

5.4 节介绍了理想滤波器的特性，表明这种滤波器是非因果的，是物理上不可实现的。本节首先详细介绍因果性问题及其含义，然后介绍因果 FIR 和 IIR 数字滤波器的频率响应特性。

10.1.1　因果性及其含义

为了详细介绍因果性问题，下面研究频率响应特性为

$$H(\omega) = \begin{cases} 1, & |\omega| \leq \omega_c \\ 0, & \omega_c < \omega \leq \pi \end{cases} \tag{10.1.1}$$

的一个理想低通滤波器的冲激响应 $h(n)$。该滤波器的冲激响应为

$$h(n) = \begin{cases} \dfrac{\omega_c}{\pi}, & n = 0 \\ \dfrac{\omega_c}{\pi} \dfrac{\sin \omega_c n}{\omega_c n}, & n \neq 0 \end{cases} \tag{10.1.2}$$

图 10.1.1 显示了 $\omega_c = \pi/4$ 时的 $h(n)$。显然，这个理想低通滤波器是非因果的，实际无法实现。

解决方法之一是在 $h(n)$ 中引入一个较大的延迟 n_0，并对 $n < n_0$ 任意地设 $h(n) = 0$。然而，所得系统不再具有理想频率响应特性。实际上，如果对 $n < n_0$ 设 $h(n) = 0$，$H(\omega)$ 的傅里叶级数展开就会导致吉布斯现象，详见 10.2 节。

尽管讨论限于一个低通滤波器的实现，但结论对其他理想滤波器特性通常也成立。简而言之，图 5.4.1 所示的理想滤波器特性都不是因果的，因此物理上都是不可实现的。

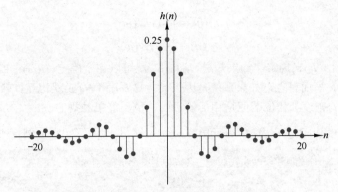

图 10.1.1　理想低通滤波器的单位样本响应

这时，一个自然出现的问题就是：为了使得到滤波器是因果的，频率响应特性 $H(\omega)$ 必须满足的充要条件是什么？Paley-Wiener 定理给出了这个问题的答案。

Paley-Wiener 定理　若 $h(n)$ 的能量有限且 $n<0$ 时 $h(n)=0$，则〔见 Wiener and Paley(1934)〕

$$\int_{-\pi}^{\pi}\big|\ln|H(\omega)|\big|\mathrm{d}\omega<\infty \tag{10.1.3}$$

反之，若 $|H(\omega)|$ 是平方可积的且式（10.1.3）中的积分是有限的，则可将 $|H(\omega)|$ 和相位响应 $\Theta(\omega)$ 联系起来，因此得到的频率响应为

$$H(\omega)=|H(\omega)|\mathrm{e}^{\mathrm{j}\Theta(\omega)}$$

的滤波器就是因果的。

由 Paley-Wiener 定理得到的一个重要结论是：幅度函数 $|H(\omega)|$ 在某些频率处可以为零，但在任意有限的频带上不能为零，否则积分会变成无限积分。因此，任何理想滤波器都是非因果的。

显然，因果性为线性时不变系统强加了一些严格的约束。除了 Paley-Wiener 条件，因果性还意味着频率响应 $H(\omega)$ 的实分量 $H_{\mathrm{R}}(\omega)$ 和虚分量 $H_{\mathrm{I}}(\omega)$ 之间存在强关系。为了说明这种依赖性，我们将 $h(n)$ 分解为一个偶序列和一个奇序列，即

$$h(n)=h_{\mathrm{e}}(n)+h_{\mathrm{o}}(n) \tag{10.1.4}$$

式中，

$$h_{\mathrm{e}}(n)=\tfrac{1}{2}[h(n)+h(-n)] \tag{10.1.5}$$

和

$$h_{\mathrm{o}}(n)=\tfrac{1}{2}[h(n)-h(-n)] \tag{10.1.6}$$

现在，若 $h(n)$ 是因果的，就可由其偶部 $h_{\mathrm{e}}(n)$（$0\le n\le\infty$）或奇部 $h_{\mathrm{o}}(n)$（$1\le n\le\infty$）恢复 $h(n)$。

事实上，容易看出

$$h(n)=2h_{\mathrm{e}}(n)u(n)-h_{\mathrm{e}}(0)\delta(n),\quad n\ge0 \tag{10.1.7}$$

和

$$h(n)=2h_{\mathrm{o}}(n)u(n)+h(0)\delta(n),\quad n\ge1 \tag{10.1.8}$$

因为 $n=0$ 时 $h_{\mathrm{o}}(n)=0$，无法由 $h_{\mathrm{o}}(n)$ 恢复 $h(0)$，所以还必须知道 $h(0)$。显然，在任何情况下，当 $n\ge1$ 时有 $h_{\mathrm{o}}(n)=h_{\mathrm{e}}(n)$，所以 $h_{\mathrm{o}}(n)$ 与 $h_{\mathrm{e}}(n)$ 之间存在强关系。

如果 $h(n)$ 是绝对可和的（BIBO 稳定的），频率响应 $H(\omega)$ 就存在，且

$$H(\omega)=H_{\mathrm{R}}(\omega)+\mathrm{j}H_{\mathrm{I}}(\omega) \tag{10.1.9}$$

此外，如果 $h(n)$ 是实的和因果的，傅里叶变换的对称性就意味着

$$h_e(n) \xleftrightarrow{F} H_R(\omega)$$

$$h_o(n) \xleftrightarrow{F} H_I(\omega) \tag{10.1.10}$$

因为 $h(n)$ 完全由 $h_e(n)$ 规定，如果知道 $H_R(\omega)$，就可以完全确定 $H(\omega)$，或者可以由 $H_I(\omega)$ 和 $h(0)$ 完全确定 $H(\omega)$。简而言之，如果系统是因果的，$H_R(\omega)$ 和 $H_I(\omega)$ 就相互依赖而不能单独规定。同理，因果滤波器的幅度和相位响应是相互依赖的，也不能单独规定。

对于实偶绝对可和序列 $h_e(n)$，如果知道 $H_R(\omega)$，就可求出 $H(\omega)$。下例说明了这个过程。

【例 10.1.1】考虑具有实偶冲激响应 $h(n)$ 的一个稳定 LTI 系统，如果

$$H_R(\omega) = \frac{1 - a\cos\omega}{1 - 2a\cos\omega + a^2}, \qquad |a| < 1$$

求 $H(\omega)$。

解：第一步是求 $h_e(n)$，这可由下式求出：

$$H_R(\omega) = H_R(z)\big|_{z = e^{j\omega}}$$

式中，

$$H_R(z) = \frac{1 - a(z + z^{-1})/2}{1 - a(z + z^{-1}) + a^2} = \frac{z - a(z^2 + 1)/2}{(z - a)(1 - az)}$$

收敛域由极点 $p_1 = a$ 和 $p_2 = 1/a$ 限定，且应包括单位圆。因此，收敛域为 $|a| < |z| < 1/|a|$。于是，$h_e(n)$ 是一个双边序列，$z = a$ 处的极点贡献因果部分，$p_2 = 1/a$ 处的极点贡献非因果部分。使用部分分式展开，得到

$$h_e(n) = \frac{1}{2}a^{|n|} + \frac{1}{2}\delta(n) \tag{10.1.11}$$

将式（10.1.11）代入式（10.1.7）得

$$h(n) = a^n u(n)$$

最后，得到 $h(n)$ 的傅里叶变换为

$$H(\omega) = \frac{1}{1 - a e^{-j\omega}}$$

绝对可和因果实序列的傅里叶变换的实部和虚部之间的关系由式（10.1.7）给出。式（10.1.7）的傅里叶变换关系为

$$H(\omega) = H_R(\omega) + jH_I(\omega) = \frac{1}{\pi}\int_{-\pi}^{\pi} H_R(\lambda)U(\omega - \lambda)\mathrm{d}\lambda - h_e(0) \tag{10.1.12}$$

式中，$U(\omega)$ 是单位阶跃序列 $u(n)$ 的傅里叶变换。虽然单位阶跃序列不是绝对可和的，但是它也有傅里叶变换（见 4.2.8 节）

$$U(\omega) = \pi\delta(\omega) + \frac{1}{1 - e^{-j\omega}} = \pi\delta(\omega) + \frac{1}{2} - j\frac{1}{2}\cot\frac{\omega}{2}, \qquad -\pi \leqslant \omega \leqslant \pi \tag{10.1.13}$$

将式（10.1.13）代入式（10.1.12）并执行积分，可得 $H_R(\omega)$ 和 $H_I(\omega)$ 之间的关系为

$$H_I(\omega) = -\frac{1}{2\pi}\int_{-\pi}^{\pi} H_R(\lambda)\cot\frac{\omega - \lambda}{2}\mathrm{d}\lambda \tag{10.1.14}$$

于是，通过该积分关系就可由 $H_R(\omega)$ 唯一地确定 $H_I(\omega)$。这个积分称为**离散希尔伯特变换**。用 $H_I(\omega)$ 的离散希尔伯特变换建立 $H_R(\omega)$ 的关系留作习题。

总之，因果性对设计频率选择性滤波器具有非常重要的意义：(a)除了在有限频率点处，频率响应 $H(\omega)$ 不能为零；(b)在任意有限的频率范围内，幅度 $|H(\omega)|$ 不能为常数，且从通带到阻带的过渡不能无限陡峭（这是由吉布斯现象导致的，而吉布斯现象是在实现因果性时对 $h(n)$ 截短导致

的）；(c)$H(\omega)$的实部和虚部互相依赖，并通过离散希尔伯特变换相关联。因此，不能任意选择$H(\omega)$的幅度$|H(\omega)|$和相位$\Theta(\omega)$。

因为因果性会给频率响应特性强加限制，且理想滤波器实际上不可实现，所以我们只关注由差分方程

$$y(n) = -\sum_{k=1}^{N} a_k y(n-k) + \sum_{k=0}^{M-1} b_k x(n-k)$$

给定的线性时不变系统，它是因果的和物理上可实现的。如前所述，这样的系统具有频率响应

$$H(\omega) = \frac{\sum_{k=0}^{M-1} b_k \, \mathrm{e}^{-\mathrm{j}\omega k}}{1 + \sum_{k=0}^{N} a_k \, \mathrm{e}^{-\mathrm{j}\omega k}} \tag{10.1.15}$$

基本数字滤波器设计问题就是适当地选择系数$\{a_k\}$与$\{b_k\}$，使用具有频率响应［即式（10.1.15）］的一个系统来逼近任何理想频率响应特性。10.2 节和 10.3 节在讨论数字滤波器设计的技术时，将详细地介绍逼近问题。

10.1.2 实际频率选择性滤波器的特性

如前一节所述，理想滤波器不是因果的，因此对实时信号处理应用来说是物理上不可实现的。因果性意味着滤波器的频率响应特性 $H(\omega)$除了在频率范围内的有限点处为零，在其他频率处不能为零。此外，从通带到阻带 $H(\omega)$不能出现无限陡峭的截止，即$H(\omega)$不能从 1 突然下降为 0。

虽然理想滤波器的频率响应特性可能是我们所期望的，但它们在大多数实际应用中并不是绝对必需的。如果放宽这些条件，那么实现逼近理想滤波器的因果滤波器是可能的。尤其不必坚持要求幅度$|H(\omega)|$在滤波器的整个通带内是常数。如图 10.1.2 所示，通常允许通带范围内出现少量的纹波。类似地，滤波器响应$|H(\omega)|$在阻带内不必为零，且允许阻带内出现很小的非零值或少量的纹波。

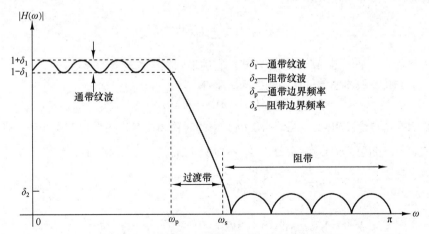

图 10.1.2 物理上可实现的滤波器的幅度特性

频率响应从通带到阻带的过渡定义滤波器的**过渡带**或**过渡区域**，如图 10.1.2 所示。频带边缘频率 ω_p 定义通带的边缘，频率 ω_s 表示阻带的起点。于是，过渡带的宽度就为 $\omega_\mathrm{s} - \omega_\mathrm{p}$。通带的宽度常称滤波器的**带宽**。例如，通带边缘频率为 ω_p 的低通滤波器的带宽是 ω_p。

如果滤波器的通带中出现纹波，就将其值记为 δ_1，且幅度 $|H(\omega)|$ 在范围 $1\pm\delta_1$ 内变化。阻带内出现的纹波记为 δ_2。

为了在任何滤波器的频率响应图中容纳更大的动态范围，通常用对数刻度来表示 $|H(\omega)|$。因此，通带中的纹波为 $20\lg\delta_1\,\mathrm{dB}$，阻带中的纹波为 $20\lg\delta_2\,\mathrm{dB}$。

在任何滤波器设计问题中，我们都可规定：①最大通带纹波容限，②最大阻带纹波容限，③通带边缘频率 ω_p，④阻带边缘频率 ω_s。根据这些指标，我们可在式（10.1.15）给出的频率响应特性中选择参数 $\{a_k\}$ 与 $\{b_k\}$，以最佳地逼近期望的指标。$H(\omega)$ 逼近指标的程度部分取决于选择滤波器系数 $\{a_k\}$ 和 $\{b_k\}$ 的准则，以及系数的数量(M, N)。

下一节介绍设计线性相位 FIR 滤波器的方法。

10.2 FIR 滤波器的设计

本节介绍设计 FIR 滤波器的几种方法，重点介绍线性相位 FIR 滤波器的设计。

10.2.1 对称和反对称 FIR 滤波器

输入为 $x(n)$、输出为 $y(n)$ 的一个长度为 M 的 FIR 滤波器，由如下差分方程描述：

$$y(n) = b_0 x(n) + b_1 x(n-1) + \cdots + b_{M-1}x(n-M+1) = \sum_{k=0}^{M-1} b_k x(n-k) \qquad (10.2.1)$$

式中，$\{b_k\}$ 是滤波器系数集。我们还可将输出序列写为系统的单位样本响应 $h(n)$ 与输入信号的卷积形式。于是，有

$$y(n) = \sum_{k=0}^{M-1} h(k)x(n-k) \qquad (10.2.2)$$

式中，卷积和的下限和上限反映滤波器的因果性和有限长特性。显然，式（10.2.1）和式（10.2.2）形式上是相同的，因此可得 $b_k = h(k), k = 0, 1, \cdots, M-1$。

该滤波器也可由其系统函数

$$H(z) = \sum_{k=0}^{M-1} h(k)z^{-k} \qquad (10.2.3)$$

表征，可视为变量 z^{-1} 的一个 $M-1$ 次多项式，它的根则构成滤波器的零点。

如果一个 FIR 滤波器的单位样本响应满足条件

$$h(n) = \pm h(M-1-n), \qquad n = 0,1,\cdots,M-1 \qquad (10.2.4)$$

该 FIR 滤波器就具有线性相位。将式（10.2.4）中的对称和反对称条件代入式（10.2.3），有

$$
\begin{aligned}
H(z) &= h(0) + h(1)z^{-1} + h(2)z^{-2} + \cdots + h(M-2)z^{-(M-2)} + h(M-1)z^{-(M-1)} \\
&= z^{-(M-1)/2}\left\{ h\!\left(\frac{M-1}{2}\right) + \sum_{n=0}^{(M-3)/2} h(n)\left[z^{(M-1-2k)/2} \pm z^{-(M-1-2k)/2} \right] \right\}, \quad M\text{为奇数} \qquad (10.2.5) \\
&= z^{-(M-1)/2} \sum_{n=0}^{M/2-1} h(n)\left[z^{(M-1-2k)/2} \pm z^{-(M-1-2k)/2} \right], \quad M\text{为偶数}
\end{aligned}
$$

现在，如果在式（10.2.3）中用 z^{-1} 代替 z，并在得到的公式两边同时乘以 $z^{-(M-1)}$，就有

$$z^{-(M-1)}H(z^{-1}) = \pm H(z) \qquad (10.2.6)$$

这个结果表明，多项式 $H(z)$的根和多项式 $H(z^{-1})$的根是相同的。因此，$H(z)$的根必定以成对倒数

的形式出现。换句话说，如果 z_1 是 $H(z)$ 的一个根或一个零点，那么 $1/z_1$ 也是一个根。此外，如果滤波器的单位样本响应 $h(n)$ 是实的，那么复根必定以复共轭对的形式出现。因此，如果 z_1 是一个复根，那么 z_1^* 也是一个根。根据式（10.2.6），$H(z)$ 在 $1/z_1^*$ 处也有一个零点。图 10.2.1 显示了线性相位 FIR 滤波器的零点位置的对称性。

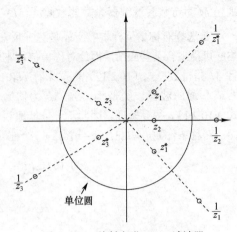

图 10.2.1　线性相位 FIR 滤波器的零点位置的对称性

线性相位 FIR 滤波器的频率响应特性可通过在单位圆上计算式（10.2.5）得到。这一替换产生 $H(\omega)$ 的表达式。

当 $h(n) = h(M-1-n)$ 时，$H(\omega)$ 可以写为

$$H(\omega) = H_r(\omega)\mathrm{e}^{-\mathrm{j}\omega(M-1)/2} \qquad (10.2.7)$$

式中，$H_r(\omega)$ 是 ω 的实函数，它可以写为

$$H_r(\omega) = h\left(\frac{M-1}{2}\right) + 2\sum_{n=0}^{(M-3)/2} h(n)\cos\omega\left(\frac{M-1}{2}-n\right), \quad M\text{ 为奇数} \qquad (10.2.8)$$

$$H_r(\omega) = 2\sum_{n=0}^{M/2-1} h(n)\cos\omega\left(\frac{M-1}{2}-n\right), \qquad M\text{ 为偶数} \qquad (10.2.9)$$

无论 M 是奇数还是偶数，滤波器的相位特性都是

$$\Theta(\omega) = \begin{cases} -\omega\left(\frac{M-1}{2}\right), & H_r(\omega) > 0 \\ -\omega\left(\frac{M-1}{2}\right) + \pi, & H_r(\omega) < 0 \end{cases} \qquad (10.2.10)$$

当 $h(n) = -h(M-1-n)$ 时，单位样本响应是**反对称的**。当 M 为奇数时，反对称 $h(n)$ 的中心点为 $n = (M-1)/2$。因此，

$$h\left(\frac{M-1}{2}\right) = 0$$

然而，如果 M 为偶数，则 $h(n)$ 中的每一项都有符号相反的匹配项。

可以证明，具有反对称单位样本响应的 FIR 滤波器的频率响应可以写为

$$H(\omega) = H_r(\omega)\mathrm{e}^{\mathrm{j}[-\omega(M-1)/2+\pi/2]} \qquad (10.2.11)$$

式中，

$$H_r(\omega) = 2\sum_{n=0}^{(M-3)/2} h(n)\sin\omega\left(\frac{M-1}{2}-n\right), \qquad M\text{ 为奇数} \qquad (10.2.12)$$

$$H_r(\omega) = 2\sum_{n=0}^{M/2-1} h(n)\sin\omega\left(\frac{M-1}{2}-n\right), \qquad M\text{ 为偶数} \qquad (10.2.13)$$

无论 M 是奇数还是偶数，滤波器的相位特性都为

$$\Theta(\omega) = \begin{cases} \frac{\pi}{2} - \omega\left(\frac{M-1}{2}\right), & H_r(\omega) > 0 \\ \frac{3\pi}{2} - \omega\left(\frac{M-1}{2}\right), & H_r(\omega) < 0 \end{cases} \qquad (10.2.14)$$

这些通用频率响应方程可用于设计具有对称和反对称单位样本响应的线性相位 FIR 滤波器。观察发现，当 $h(n)$ 对称时，规定频率响应的滤波器系数的数量，当 M 为奇数时是 $(M+1)/2$，当 M 为偶数时是 $M/2$。另一方面，如果单位样本响应是反对称的，

$$h\left(\frac{M-1}{2}\right) = 0$$

则当 M 为奇数时滤波器系数的数量是 $(M-1)/2$，当 M 为偶数时滤波器系数的数量是 $M/2$。

是选择对称单位样本响应还是选择反对称单位样本响应取决于应用。如后所述，对称单位样本响应可能适合某些应用，而反对称单位样本响应可能适合其他应用。例如，如果 $h(n)=-h(M-1-n)$ 且 M 是奇数，式（10.2.12）就意味着 $H_r(0)=0$ 和 $H_r(\pi)=0$。因此，式（10.2.12）不适用于低通滤波器或高通滤波器。类似地，当 M 为偶数时，反对称单位冲激响应也意味着 $H_r(0)=0$，这可由式（10.2.13）得到验证。因此，设计低通线性相位 FIR 滤波器时，我们不使用反对称条件。另一方面，对称条件 $h(n)=h(M-1-n)$ 得到一个在 $\omega=0$ 处具有非零响应的线性相位 FIR 滤波器，即

$$H_r(0) = h\left(\frac{M-1}{2}\right) + 2\sum_{n=0}^{(M-3)/2} h(n), \quad M \text{为奇数} \tag{10.2.15}$$

$$H_r(0) = 2\sum_{n=0}^{M/2-1} h(n), \quad M \text{为偶数} \tag{10.2.16}$$

总之，FIR 滤波器的设计问题就是根据 FIR 滤波器的期望频率响应 $H_d(\omega)$ 的指标，来求 M 个系数 $h(n), n=0,1,\cdots,M-1$。$H_d(\omega)$ 的指标中的重要参数如图 10.1.2 所示。

接下来的几小节讨论基于 $H_d(\omega)$ 的指标的设计方法。

10.2.2　用窗函数设计线性相位 FIR 滤波器

这种方法根据期望频率响应指标 $H_d(\omega)$ 求对应的单位样本响应 $h_d(n)$。事实上，$h_d(n)$ 通过傅里叶变换关系

$$H_d(\omega) = \sum_{n=0}^{\infty} h_d(n) e^{-j\omega n} \tag{10.2.17}$$

与 $H_d(\omega)$ 相关联，其中，

$$h_d(n) = \frac{1}{2\pi} \int_{-\pi}^{\pi} H_d(\omega) e^{j\omega n} \, d\omega \tag{10.2.18}$$

因此，如果知道 $H_d(\omega)$，就可通过计算式（10.2.17）中的积分求出单位样本响应 $h_d(n)$。

一般来说，由式（10.2.17）得到的单位样本响应 $h_d(n)$ 时间上是无限的，且须在某个点（如 $n=M-1$）截短，以产生一个长度为 M 的 FIR 滤波器。将 $h_d(n)$ 截短到长度 $M-1$ 等效于对 $h_d(n)$ 乘以一个定义如下的"矩形窗"：

$$w(n) = \begin{cases} 1, & n=0,1,\cdots,M-1 \\ 0, & \text{其他} \end{cases} \tag{10.2.19}$$

于是，FIR 滤波器的单位样本响应就变成

$$h(n) = h_d(n)w(n) = \begin{cases} h_d(n), & n=0,1,\cdots,M-1 \\ 0, & \text{其他} \end{cases} \tag{10.2.20}$$

考虑窗函数对期望频率响应 $H_d(\omega)$ 的影响是有意义的。回顾可知，窗函数 $w(n)$ 和 $h_d(n)$ 的乘积等效于 $H_d(\omega)$ 和 $W(\omega)$ 的卷积，其中 $W(\omega)$ 是窗函数的频域表示（傅里叶变换），即

$$W(\omega) = \sum_{n=0}^{M-1} w(n) e^{-j\omega n} \tag{10.2.21}$$

于是，$H_d(\omega)$ 和 $W(\omega)$ 的卷积就是（截短的）FIR 滤波器的频率响应，即

$$H(\omega) = \frac{1}{2\pi} \int_{-\pi}^{\pi} H_d(v) W(\omega-v) \, dv \tag{10.2.22}$$

矩形窗的傅里叶变换为

$$W(\omega) = \sum_{n=0}^{M-1} e^{-j\omega n} = \frac{1 - e^{-j\omega M}}{1 - e^{-j\omega}} = e^{-j\omega(M-1)/2} \frac{\sin(\omega M/2)}{\sin(\omega/2)} \qquad (10.2.23)$$

该窗函数的幅度响应为

$$|W(\omega)| = \frac{|\sin(\omega M/2)|}{|\sin(\omega/2)|}, \quad \pi \leqslant \omega \leqslant \pi \qquad (10.2.24)$$

分段线性相位为

$$\Theta(\omega) = \begin{cases} -\omega\left(\frac{M-1}{2}\right), & \sin(\omega M/2) \geqslant 0 \\ -\omega\left(\frac{M-1}{2}\right) + \pi, & \sin(\omega M/2) < 0 \end{cases} \qquad (10.2.25)$$

图 10.2.2 显示了 $M = 31$ 和 61 时窗函数的幅度响应。主瓣宽度（宽度测量到 $W(\omega)$ 的第一个零点）为 $4\pi/M$。因此，当 M 增大时，主瓣变窄。然而，$|W(\omega)|$ 的旁瓣相对较高且不受 M 增大的影响。事实上，尽管每个旁瓣的宽度随着 M 增大而变窄，但每个旁瓣的高度随着 M 增大而变高，于是每个旁瓣下的面积不随 M 的变化而变化。在图 10.2.2 中，这个特性表现得不明显，因为 $W(\omega)$ 已被 M 归一化，即归一化的旁瓣峰值在 M 增大时保持不变。

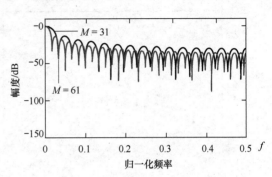

图 10.2.2　矩形窗的频率响应：(a)$M = 31$；(b)$M = 61$

将 $h_{\mathrm{d}}(n)$ 截短到长度 M 并求所得 FIR 滤波器的频率响应时，矩形窗的特性起重要作用，$H_{\mathrm{d}}(\omega)$ 和 $W(\omega)$ 的卷积还可以平滑 $H_{\mathrm{d}}(\omega)$。当 M 增大时，$W(\omega)$ 变窄，$W(\omega)$ 的平滑效果下降。另一方面，$W(\omega)$ 的大旁瓣会在 FIR 滤波器的频率响应 $H(\omega)$ 中导致一些不期望的振铃效应，且在 $H(\omega)$ 中会导致相对较大的旁瓣。使用在时域特性中不包含突变不连续而在频域特性中具有相对较低旁瓣的窗，可以降低这种不期望的振铃效应。

表 10.1 列出了具有期望频率响应特性的几个窗函数。图 10.2.3 显示这些窗函数的时域特性。图 10.2.4 到图 10.2.6 显示了汉宁、汉明和布莱克曼窗的频率响应特性。与矩形窗相比，所有这些窗函数的旁瓣明显更低。然而，当 M 值相同时，与矩形窗相比，这些窗的主瓣更宽。因此，这些窗函数通过频域中的卷积运算提供了更好的平滑效果，平滑结果是 FIR 滤波器响应中的过渡区更宽。为了减小过渡区的宽度，可以增大窗函数的长度，得到一个更大的滤波器。表 10.2 中小结了不同窗函数的这些重要频域特性。

表 10.1　设计 FIR 滤波器的窗函数

窗　名	时域序列 $h(n)$, $0 \leqslant n \leqslant M-1$
巴特利特（三角）	$1 - \dfrac{2\left\lvert n - \frac{M-1}{2} \right\rvert}{M-1}$
布莱克曼	$0.42 - 0.5\cos\dfrac{2\pi n}{M-1} + 0.08\cos\dfrac{4\pi n}{M-1}$
汉明	$0.54 - 0.46\cos\dfrac{2\pi n}{M-1}$
汉宁	$\dfrac{1}{2}\left(1 - \cos\dfrac{2\pi n}{M-1}\right)$
凯泽	$\dfrac{I_0\left[\alpha\sqrt{\left(\frac{M-1}{2}\right)^2 - \left(n - \frac{M-1}{2}\right)^2}\right]}{I_0\left[\alpha\left(\frac{M-1}{2}\right)\right]}$

窗 名	时域序列 $h(n)$, $0 \leqslant n \leqslant M-1$
Lanczos	$\left\{ \dfrac{\sin\left[2\pi\left(n-\frac{M-1}{2}\right)/(M-1)\right]}{2\pi\left(n-\frac{M-1}{2}\right)/\left(\frac{M-1}{2}\right)} \right\}^{L}$, $L > 0$
	1, $\left\vert n-\frac{M-1}{2}\right\vert \leqslant \alpha\frac{M-1}{2}$, $0 < \alpha < 1$
Tukey	$\dfrac{1}{2}\left[1+\cos\left(\dfrac{n-(1+a)(M-1)/2}{(1-\alpha)(M-1)/2}\pi\right)\right]$
	$\alpha(M-1)/2 \leqslant \left\vert n-\frac{M-1}{2}\right\vert \leqslant \frac{M-1}{2}$

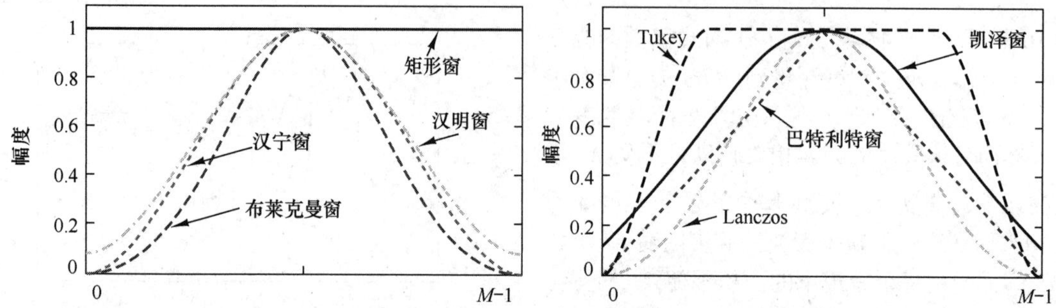

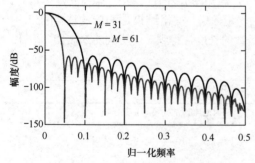

图 10.2.3　几个窗函数的形状

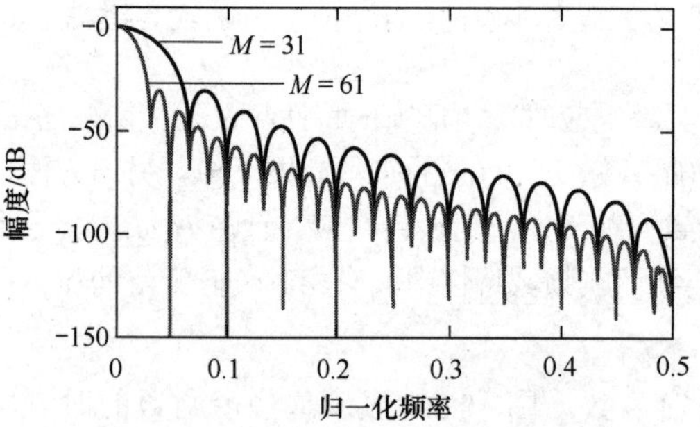

图 10.2.4　汉宁窗的频率响应：(a)$M=31$；(b)$M=61$ 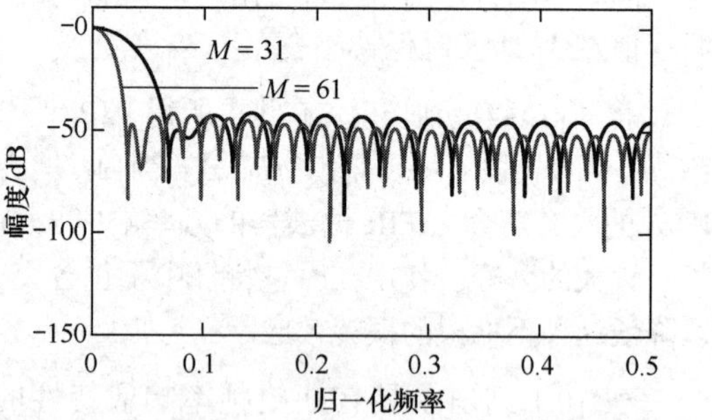　　图 10.2.5　汉明窗的频率响应：(a)$M=31$；(b)$M=61$

图 10.2.6　布莱克曼窗的频率响应

(a)$M=31$；　(b)$M=61$

表 10.2　几个窗函数的重要频域特性

窗的类型	主瓣的近似过渡带宽	旁瓣峰值/dB
矩形	$4\pi/M$	-13
巴特利特	$8\pi/M$	-25
汉宁	$8\pi/M$	-31
汉明	$8\pi/M$	-41
布莱克曼	$12\pi/M$	-57

一个特例可以很好地描述窗函数。假设我们希望设计期望频率响应为

$$H_{\mathrm{d}}(\omega)=\begin{cases}1\mathrm{e}^{-\mathrm{j}\omega(M-1)/2}, & 0 \leqslant |\omega| \leqslant \omega_{\mathrm{c}} \\ 0, & \text{其他}\end{cases} \qquad (10.2.26)$$

的一个对称低通线性相位 FIR 滤波器。

对 $H_d(\omega)$ 添加 $(M-1)/2$ 个单位延迟，使滤波器的长度变成 M。计算式（10.2.18）中的积分，得到对应的单位样本响应为

$$h_d(n) = \frac{1}{2\pi} \int_{-\omega_c}^{\omega_c} e^{j\omega(n-\frac{M-1}{2})} d\omega = \frac{\sin \omega_c(n-\frac{M-1}{2})}{\pi(n-\frac{M-1}{2})}, \qquad n \neq \frac{M-1}{2} \tag{10.2.27}$$

显然，$h_d(n)$ 是非因果的和时间上无限的。

将 $h_d(n)$ 乘以式（10.2.19）中的矩形窗序列，得到单位样本响应为

$$h(n) = \frac{\sin \omega_c(n-\frac{M-1}{2})}{\pi(n-\frac{M-1}{2})}, \qquad 0 \leqslant n \leqslant M-1, \qquad n \neq \frac{M-1}{2} \tag{10.2.28}$$

的长度为 M 的一个 FIR 滤波器。

如果选择 M 为奇数，则 $n=(M-1)/2$ 处的 $h(n)$ 值为

$$h\left(\frac{M-1}{2}\right) = \frac{\omega_c}{\pi} \tag{10.2.29}$$

图 10.2.7 显示 $M = 61$ 和 $M = 101$ 时该滤波器的频率响应 $H(\omega)$ 的幅度。观察发现，在滤波器的频带边缘附近出现了相对较大的振荡或纹波。当 M 增大时，频域中的振荡加剧，但幅度不降低。如前所述，这些大振荡是矩形窗的频率特性 $W(\omega)$ 中的大旁瓣导致的。当该窗函数与期望的频率响应特性 $H_d(\omega)$ 卷积时，随着 $W(\omega)$ 的大恒定面积旁瓣移过 $H_d(\omega)$ 中的不连续处，会出现振荡。因为式（10.2.17）基本上是 $H_d(\omega)$ 的傅里叶级数表示，所以 $h_d(n)$ 与一个矩形窗的乘积等于截断的期望滤波器特性 $H_d(\omega)$ 的傅里叶级数表示。由于傅里叶级数在不连续的非一致收敛，截断傅里叶级数会在频率响应特性 $H(\omega)$ 中引入纹波。滤波器频带边缘附近的振荡行为称为**吉布斯现象**。

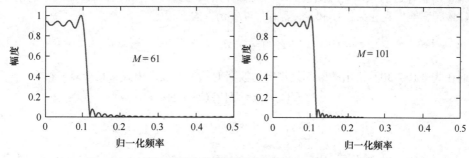

图 10.2.7 使用矩形窗设计的低通滤波器：(a)$M = 61$；(b)$M = 101$

为了减缓通带和阻带中的大振荡，应该使用包含一个逐步衰减到 0（而不是在矩形窗中突变）的窗函数。图 10.2.8 和图 10.2.11 显示了用表 10.1 列出的部分窗函数使 $h_d(n)$ 逐渐变窄时，所得滤波器的频率响应。如图 10.2.8 至图 10.2.11 所示，窗函数确实消除了频带边缘的振铃效应，增大了滤波器过渡带的带宽，得到了更低的旁瓣。

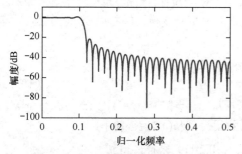

图 10.2.8 使用矩形窗设计的低通 FIR 滤波器（$M = 61$）

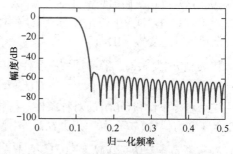

图 10.2.9 使用汉明窗设计的低通 FIR 滤波器（$M = 61$）

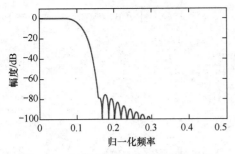

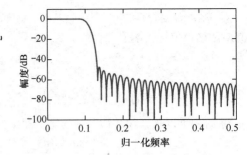

图 10.2.10　使用布莱克曼窗设计的低
通 FIR 滤波器（$M = 61$）

图 10.2.11　使用 $\alpha = 4$ 时的凯泽窗设计的
低通 FIR 滤波器（$M = 61$）

10.2.3　采用频率采样法设计线性相位 FIR 滤波器

设计 FIR 滤波器的频率采样法在一组等间隔频率点处规定期望的频率响应 $H_d(\omega)$，即（见 9.2.3 节）

$$\omega_k = \frac{2\pi}{M}(k + \alpha), \qquad \begin{aligned} k &= 0, 1, \cdots, \frac{M-1}{2}, \qquad M \text{ 为奇数} \\ k &= 0, 1, \cdots, \frac{M}{2} - 1, \qquad M \text{ 为偶数} \end{aligned} \qquad (10.2.30)$$

$$\alpha = 0 \quad \text{或} \quad \frac{1}{2}$$

并由这些等间隔频率指标求出单位样本响应 $h(n)$。为了降低旁瓣，需要优化滤波器过渡带内的频率指标。优化工作可在数字计算机中使用 Rabiner et al.(1970) 中给出的线性规划技术完成。

本节使用采样后的频率响应函数的基本对称性来简化计算。我们从 FIR 滤波器的期望频率响应开始，该频率响应为 [为简便起见，删除了 $H_d(\omega)$ 中的下标]

$$H(\omega) = \sum_{n=0}^{M-1} h(n) e^{-j\omega n} \qquad (10.2.31)$$

假设我们在式（10.2.30）给出的频率处规定滤波器的频率响应，由式（10.2.31）得

$$H(k + \alpha) \equiv H\left(\frac{2\pi}{M}(k + \alpha)\right)$$

$$H(k + \alpha) \equiv \sum_{n=0}^{M-1} h(n) e^{-j2\pi(k+\alpha)n/M}, \qquad k = 0, 1, \cdots, M-1 \qquad (10.2.32)$$

对式（10.2.32）求逆并用 $H(k+\alpha)$ 表示 $h(n)$ 很容易。在式（10.2.32）的两边同时乘以指数 $\exp(j2\pi km/M)$, $m = 0, 1, \cdots, M-1$，并在范围 $k = 0, 1, \cdots, M-1$ 内求和，式（10.2.32）的右边就简化为 $Mh(m)\exp(-j2\pi\alpha m/M)$。于是，有

$$h(n) = \frac{1}{M} \sum_{k=0}^{M-1} H(k + \alpha) e^{j2\pi(k+\alpha)n/M}, \qquad n = 0, 1, \cdots, M-1 \qquad (10.2.33)$$

式（10.2.33）可让我们由频率样本 $H(k + \alpha)$, $k = 0, 1, \cdots, M-1$ 的指标计算单位样本响应 $h(n)$。注意，当 $\alpha = 0$ 时，式（10.2.32）简化为序列 $\{h(n)\}$ 的离散傅里叶变换（DFT），式（10.2.33）简化为离散傅里叶逆变换（IDFT）。

因为 $\{h(n)\}$ 是实的，容易证明频率样本 $\{H(k + \alpha)\}$ 满足对称条件

$$H(k + \alpha) = H^*(M - k - \alpha) \qquad (10.2.34)$$

使用这个对称条件和 $\{h(n)\}$ 的对称条件，可将频率指标从 M 点降至 $(M+1)/2$ 点（M 为奇数）或 $M/2$ 点（M 为偶数）。于是，使用 $\{H(k+\alpha)\}$ 解线性方程组得到 $\{h(n)\}$ 就很简单。

在频率 $\omega_k = 2\pi(k+\alpha)/M$, $k = 0, 1, \cdots, M-1$ 处对式（10.2.11）采样，得到

$$H(k + \alpha) = H_r\left(\frac{2\pi}{M}(k + \alpha)\right) e^{j[\beta\pi/2 - 2\pi(k+\alpha)(M-1)/2M]} \qquad (10.2.35)$$

式中，当 $\{h(n)\}$ 对称时 $\beta = 0$，当 $\{h(n)\}$ 反对称时 $\beta = 1$。定义一组实频率样本 $\{G(k+\alpha)\}$ 即

$$G(k+\alpha) = (-1)^k H_r\left(\frac{2\pi}{M}(k+\alpha)\right), \qquad k = 0, 1, \cdots, M-1 \qquad (10.2.36)$$

可以简化式（10.2.35）。在式（10.2.35）中使用式（10.2.36），消去 $H_r(\omega_k)$ 得

$$H(k+\alpha) = G(k+\alpha)\, e^{j\pi k}\, e^{j[\beta\pi/2 - 2\pi(k+\alpha)(M-1)/2M]} \qquad (10.2.37)$$

现在，式（10.2.34）中 $H(k+\alpha)$ 的对称条件变成了 $G(k+\alpha)$ 的对称条件。将后者代入式（10.2.33），可以简化 $\alpha = 0, \alpha = 1/2, \beta = 0$ 和 $\beta = 1$ 时 FIR 滤波器的冲激响应 $\{h(n)\}$。表 10.3 中小结了这些结果，详细推导留给读者作为练习。

表 10.3　单位样本响应：$h(n) = \pm h(M-1-n)$

对称

$\alpha = 0$	$H(k) = G(k)\, e^{j\pi k/M}, \quad k = 0, 1, \cdots, M-1$ $G(k) = (-1)^k H_r\left(\dfrac{2\pi k}{M}\right), \quad G(k) = -G(M-k)$ $h(n) = \dfrac{1}{M}\left\{ G(0) + 2\displaystyle\sum_{k=1}^{U} G(k)\cos\dfrac{2\pi k}{M}\left(n+\dfrac{1}{2}\right) \right\}$ $U = \begin{cases} \dfrac{M-1}{2}, & M\text{ 为奇数} \\ \dfrac{M}{2}-1, & M\text{ 为偶数} \end{cases}$
$\alpha = \dfrac{1}{2}$	$H\left(k+\dfrac{1}{2}\right) = G\left(k+\dfrac{1}{2}\right) e^{-j\pi/2}\, e^{j\pi(2k+1)/2M}$ $G\left(k+\dfrac{1}{2}\right) = (-1)^k H_r\left[\dfrac{2\pi}{M}\left(k+\dfrac{1}{2}\right)\right]$ $G\left(k+\dfrac{1}{2}\right) = G\left(M-k-\dfrac{1}{2}\right)$ $h(n) = \dfrac{2}{M}\displaystyle\sum_{k=0}^{U} G\left(k+\dfrac{1}{2}\right)\sin\dfrac{2\pi}{M}\left(k+\dfrac{1}{2}\right)\left(n+\dfrac{1}{2}\right)$

反对称

$\alpha = 0$	$H(k) = G(k)\, e^{j\pi/2}\, e^{j\pi k/M}, \quad k = 0, 1, \cdots, M-1$ $G(k) = (-1)^k H_r\left(\dfrac{2\pi k}{M}\right), \quad G(k) = G(M-k)$ $h(n) = -\dfrac{2}{M}\displaystyle\sum_{k=1}^{(M-1)/2} G(k)\sin\dfrac{2\pi k}{M}\left(n+\dfrac{1}{2}\right), \quad M\text{ 为奇数}$
$\alpha = \dfrac{1}{2}$	$h(n) = \dfrac{1}{M}\left\{ (-1)^{n+1} G(M/2) - 2\displaystyle\sum_{k=1}^{(M/2)-1} G(k)\sin\dfrac{2\pi k}{M}k\left(n+\dfrac{1}{2}\right) \right\}, \quad M\text{ 为偶数}$ $H\left(k+\dfrac{1}{2}\right) = G\left(k+\dfrac{1}{2}\right) e^{j\pi(2k+1)/2M}$ $G\left(k+\dfrac{1}{2}\right) = (-1)^k H_r\left[\dfrac{2\pi}{M}\left(k+\dfrac{1}{2}\right)\right]$ $G\left(k+\dfrac{1}{2}\right) = -G\left(M-k-\dfrac{1}{2}\right); \quad G(M/2) = 0; \quad M\text{ 为奇数}$ $h(n) = \dfrac{2}{M}\displaystyle\sum_{k=0}^{V} G\left(k+\dfrac{1}{2}\right)\cos\dfrac{2\pi}{M}\left(k+\dfrac{1}{2}\right)\left(n+\dfrac{1}{2}\right)$ $V = \begin{cases} \dfrac{M-3}{2}, & M\text{ 为奇数} \\ \dfrac{M}{2}-1, & M\text{ 为偶数} \end{cases}$

虽然频率采样法是设计线性相位 FIR 滤波器的另一种方法，但其主要优势是当大多数频率样本为零时得到的高效频率采样结构，如 9.2.3 节所示。

下例说明了如何基于频率采样法设计线性相位 FIR 滤波器。过渡带中样本的最优值是由附录 B 中的表得到的，附录 B 则摘自 Rabiner et al. (1970)。

【**例 10.2.1**】有一个长度为 $M = 15$ 的线性相位 FIR 滤波器，其对称的单位样本响应和频率响应满足条件

$$H_r\left(\frac{2\pi k}{15}\right) = \begin{cases} 1, & k = 0,1,2,3 \\ 0.4, & k = 4 \\ 0, & k = 5,6,7 \end{cases}$$

求该滤波器的系数。

解： 因为 $h(n)$ 是对称的，选择对应于 $\alpha = 0$ 的频率后，就可用表 10.3 中的对应公式计算 $h(n)$。在这种情况下，

$$G(k) = (-1)^k H_r\left(\frac{2\pi k}{15}\right), \qquad k = 0,1,\cdots,7$$

计算结果为

$$h(0) = h(14) = -0.014112893 \qquad h(1) = h(13) = -0.001945309$$
$$h(2) = h(12) = 0.04000004 \qquad h(3) = h(11) = 0.01223454$$
$$h(4) = h(10) = -0.09138802 \qquad h(5) = h(9) = -0.01808986$$
$$h(6) = h(8) = 0.3133176 \qquad h(7) = 0.52$$

图 10.2.12 显示了滤波器的频率响应特性。注意，$H_r(\omega)$ 恰好等于 $\omega_k = 2\pi k/15$ 处的指标给出的值。

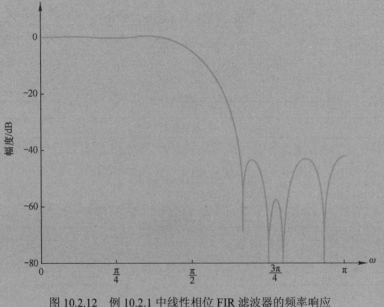

图 10.2.12　例 10.2.1 中线性相位 FIR 滤波器的频率响应

【**例 10.2.2**】一个长度为 $M = 32$ 的线性相位 FIR 滤波器具有对称的单位样本响应，且频率响应满足条件

$$H_r\left(\frac{2\pi(k+\alpha)}{32}\right) = \begin{cases} 1, & k = 0,1,2,3,4,5 \\ T_1, & k = 6 \\ 0, & k = 7,8,\cdots,15 \end{cases}$$

式中，$\alpha = 0$ 时 $T_1 = 0.3789795$，而 $\alpha = \frac{1}{2}$ 时 $T_1 = 0.3570496$，求该滤波器的系数。T_1 的值由附录 B 中的最优过渡参数表得到。

解： 表 10.3 中给出了 $\alpha = 0$ 和 $\alpha = \frac{1}{2}$ 时用于该计算的适当公式。这些计算得到了如图 10.2.13 和图 10.2.14 所示频率响应特性。注意，$\alpha = \frac{1}{2}$ 时的滤波器带宽要比 $\alpha = 0$ 时的大一些。

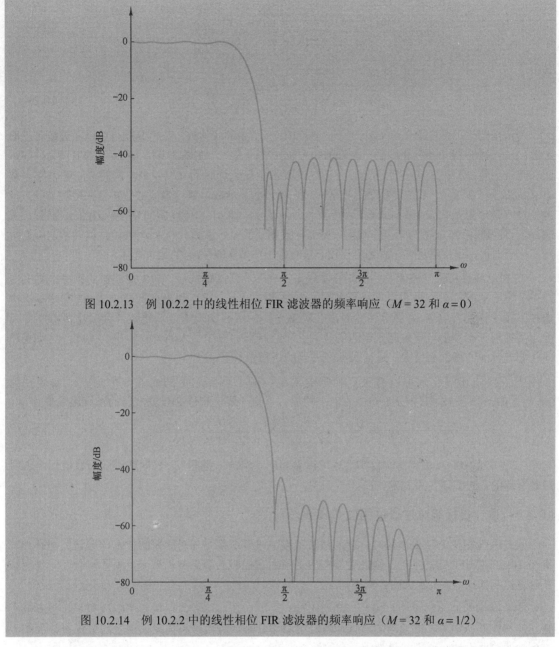

图 10.2.13　例 10.2.2 中的线性相位 FIR 滤波器的频率响应（$M = 32$ 和 $\alpha = 0$）

图 10.2.14　例 10.2.2 中的线性相位 FIR 滤波器的频率响应（$M = 32$ 和 $\alpha = 1/2$）

在频率响应的过渡带中，频率样本的优化可通过在单位圆上计算由式（9.2.12）给出的系统函数 $H(z)$ 并根据式（10.2.37）中的关系用 $G(k + \alpha)$ 表示 $H(\omega)$ 来解释。因此，对于对称滤波器，有

$$H(\omega) = \left\{ \frac{\sin\left(\frac{\omega M}{2} - \pi\alpha\right)}{M} \sum_{k=0}^{M-1} \frac{G(k+\alpha)}{\sin\left[\frac{\omega}{2} - \frac{\pi}{M}(k+\alpha)\right]} \right\} \mathrm{e}^{-\mathrm{j}\omega(M-1)/2} \tag{10.2.38}$$

式中，

$$G(k + \alpha) = \begin{cases} -G(M - k), & \alpha = 0 \\ G\left(M - k - \frac{1}{2}\right), & \alpha = \frac{1}{2} \end{cases} \tag{10.2.39}$$

类似地，对于反对称线性相位 FIR 滤波器，有

$$H(\omega)=\left\{\frac{\sin\left(\frac{\omega M}{2}-\pi\alpha\right)}{M}\sum_{k=0}^{M-1}\frac{G(k+\alpha)}{\sin\left[\frac{\omega}{2}-\frac{\pi}{M}(k+\alpha)\right]}\right\}e^{-j\omega(M-1)/2}\,e^{j\pi/2} \qquad (10.2.40)$$

式中，

$$G(k+\alpha)=\begin{cases}G(M-k), & \alpha=0 \\ -G(M-k-\frac{1}{2}), & \alpha=\frac{1}{2}\end{cases} \qquad (10.2.41)$$

使用由期望频率样本 $\{G(k+\alpha)\}$ 表示的频率响应 $H(\omega)$ 的表达式，很容易就可解释在过渡带选取参数 $\{G(k+\alpha)\}$ 以最小化阻带中的旁瓣峰值的方法。简而言之，在通带中将 $G(k+\alpha)$ 的值设为 $(-1)^k$，而在阻带中将 $G(k+\alpha)$ 的值设为 0。对于在过渡带中任意选择的 $G(k+\alpha)$，在稠密的频率集（即 $\omega_n=2\pi n/K$，$n=0,1,\cdots,K-1$，例如这里 $K=10M$）上计算 $H(\omega)$。确定最大的旁瓣且在最陡下降方向改变过渡带中参数 $\{G(k+\alpha)\}$ 的值，就能降低最大旁瓣。现在，选择新的 $\{G(k+\alpha)\}$ 值，重新计算 $H(\omega)$，再次确定 $H(\omega)$ 的旁瓣且在最陡下降方向调整过渡带参数 $\{G(k+\alpha)\}$ 的值，就能依次降低旁瓣，这个迭代过程反复进行，直到其收敛于过渡带中参数 $\{G(k+\alpha)\}$ 的最优选择。

在 FIR 线性相位滤波器的频率采样实现中，有一个潜在的问题。FIR 滤波器的频率采样实现在单位圆上的等间隔点处会引入极点和零点。理想情况下，零点和极点抵消，$H(z)$ 的实际零点由选择的频率样本 $\{H(k+\alpha)\}$ 决定。然而，在频率采样的实际实现中，量化效应会阻止极点和零点的完美抵消。事实上，单位圆上极点的位置并不会减弱计算中引入的舍入噪声。因此，这类噪声往往随着时间的增加而增大，进而破坏滤波器的正常运算。

为了减弱该问题，可以将极点和零点从单位圆上移到单位圆内的一个圆上，如半径为 $r=1-\varepsilon$ 的一个圆上，其中 ε 是一个非常小的数。于是，线性相位 FIR 滤波器的系统函数变为

$$H(z)=\frac{1-r^M z^{-M}\,e^{j2\pi\alpha}}{M}\sum_{k=0}^{M-1}\frac{H(k+\alpha)}{1-r\,e^{j2\omega\pi(k+\alpha)/M}\,z^{-1}} \qquad (10.2.42)$$

9.2.3 节介绍的双极点滤波器实现也可以做相应的修改。选择 $r<1$ 时的减弱可以确保舍入噪声是有界的，进而避免不稳定。

10.2.4 设计最优等纹波线性相位 FIR 滤波器

设计线性相位 FIR 滤波器时，窗函数法和频率采样法都是相对简单的技术，但它们都有一些将在 10.2.7 节中介绍的不足，因此对某些应用使用它们时的效果并不理想。主要问题之一是无法精确地控制如 ω_p 和 ω_s 这类临界频率。

本节介绍的滤波器设计方法是一个切比雪夫逼近问题，可视为期望频率响应和实际频率响应之间的加权近似误差在滤波器的通带和阻带中均匀分布，进而最小化最大误差的最优设计准则。得到的滤波器设计在通带和阻带中都有纹波。

为了描述设计过程，下面设计通带边缘频率为 ω_p、阻带边缘为 ω_s 的一个低通滤波器。根据图 10.1.2 给出的通用指标，在通带中，滤波器的频率响应应满足条件

$$1-\delta_1\leqslant H_r(\omega)\leqslant 1+\delta_1, \qquad |\omega|\leqslant\omega_p \qquad (10.2.43)$$

类似地，在阻带内，规定滤波器的频率响应位于 $\pm\delta_2$ 之间，即

$$-\delta_2\leqslant H_r(\omega)\leqslant\delta_2, \qquad |\omega|>\omega_s \qquad (10.2.44)$$

因此，δ_1 表示通带中的纹波，而 δ_2 表示阻带中的衰减或纹波。剩下的滤波器参数是 M，它是滤波器的长度或滤波器系数的数量。

下面重点介绍线性相位 FIR 滤波器导致的 4 种情形，它们已在 10.2.1 节介绍，归纳如下。

情形 1：对称单位样本响应。 $h(n)=h(M-1-n)$ 且 M 为奇数。这时实频率响应特性 $H_r(\omega)$ 为

$$H_r(\omega) = h\left(\frac{M-1}{2}\right) + 2\sum_{n=0}^{(M-3)/2} h(n)\cos\omega\left(\frac{M-1}{2}-n\right) \tag{10.2.45}$$

如果令 $k=\frac{M-1}{2}-n$，并定义如下的一组新滤波器参数 $\{a(k)\}$：

$$a(k) = \begin{cases} h\left(\frac{M-1}{2}\right), & k=0 \\ 2h\left(\frac{M-1}{2}-k\right), & k=1,2,\cdots,\frac{M-1}{2} \end{cases} \tag{10.2.46}$$

式（10.2.45）就可简化为简洁形式

$$H_r(\omega) = \sum_{k=0}^{(M-1)/2} a(k)\cos\omega k \tag{10.2.47}$$

情形 2：对称单位样本响应。 $h(n)=h(M-1-n)$ 且 M 为偶数。这时实频率响应特性 $H_r(\omega)$ 为

$$H_r(\omega) = 2\sum_{n=0}^{M/2-1} h(n)\cos\omega\left(\frac{M-1}{2}-n\right) \tag{10.2.48}$$

再次将求和序号从 n 变为 $k=M/2-n$，并定义如下一组新滤波器参数 $\{b(k)\}$：

$$b(k) = 2h\left(\frac{M}{2}-k\right), \qquad k=1,2,\cdots,M/2 \tag{10.2.49}$$

利用这些替换，式（10.2.48）变为

$$H_r(\omega) = \sum_{k=1}^{M/2} b(k)\cos\omega\left(k-\frac{1}{2}\right) \tag{10.2.50}$$

执行优化时，为方便起见，将式（10.2.50）重排为

$$H_r(\omega) = \cos\frac{\omega}{2}\sum_{k=0}^{M/2-1} \tilde{b}(k)\cos\omega k \tag{10.2.51}$$

式中，系数 $\tilde{b}(k)$ 和系数 $\{b(k)\}$ 是线性相关的。事实上，可以证明它们之间的关系为

$$\tilde{b}(0) = \frac{1}{2}b(1), \qquad \tilde{b}(1) = 2b(1) - 2\tilde{b}(0)$$

$$\tilde{b}(k) = 2b(k) - \tilde{b}(k-1), \quad k=1,2,3,\cdots,\frac{M}{2}-2$$

$$\tilde{b}\left(\frac{M}{2}-1\right) = 2b\left(\frac{M}{2}\right) \tag{10.2.52}$$

情形 3：反对称单位样本响应。 $h(n)=-h(M-1-n)$ 且 M 为奇数。这时实频率响应特性 $H_r(\omega)$ 为

$$H_r(\omega) = 2\sum_{n=0}^{(M-3)/2} h(n)\sin\omega\left(\frac{M-1}{2}-n\right) \tag{10.2.53}$$

将式（10.2.53）中的求和序号从 n 变成 $k=\frac{M-1}{2}-n$，并定义如下一组新滤波器参数 $\{c(k)\}$：

$$c(k) = 2h\left(\frac{M-1}{2}-k\right), \qquad k=1,2,\cdots,(M-1)/2 \tag{10.2.54}$$

式（10.2.53）就变为

$$H_r(\omega) = \sum_{k=1}^{(M-1)/2} c(k)\sin\omega k \tag{10.2.55}$$

像在前一种情形中那样，为方便起见，将式（10.2.55）重排为

$$H_r(\omega) = \sin\omega\sum_{k=0}^{(M-3)/2} \tilde{c}(k)\cos\omega k \tag{10.2.56}$$

式中，系数 $\{\tilde{c}(k)\}$ 和系数 $\{c(k)\}$ 是线性相关的。这个期望的关系可由式（10.2.55）和式（10.2.56）推出，即

$$\tilde{c}\left(\tfrac{M-3}{2}\right) = c\left(\tfrac{M-1}{2}\right)$$

$$\tilde{c}\left(\tfrac{M-5}{2}\right) = 2c\left(\tfrac{M-3}{2}\right)$$

$$\vdots \qquad\qquad (10.2.57)$$

$$\tilde{c}(k-1) - \tilde{c}(k+1) = 2c(k), \qquad 2 \leqslant k \leqslant \tfrac{M-5}{2}$$

$$\tilde{c}(0) - \tfrac{1}{2}\tilde{c}(2) = c(1)$$

情形 4：反对称单位样本响应。 $h(n) = -h(M-1-n)$ 且 M 为偶数。这时实频率响应特性 $H_r(\omega)$ 为

$$H_r(\omega) = 2 \sum_{n=0}^{M/2-1} h(n) \sin \omega\left(\tfrac{M-1}{2} - n\right) \qquad (10.2.58)$$

将求和序号从 n 变成 $k = M/2 - n$，并按照

$$d(k) = 2h\left(\tfrac{M}{2} - k\right), \qquad k = 1, 2, \cdots, \tfrac{M}{2} \qquad (10.2.59)$$

定义一组与 $\{h(n)\}$ 相关联的新滤波器系数 $\{d(k)\}$，得到

$$H_r(\omega) = \sum_{k=1}^{M/2} d(k) \sin \omega\left(k - \tfrac{1}{2}\right) \qquad (10.2.60)$$

为方便起见，将式（10.2.60）重排为

$$H_r(\omega) = \sin \tfrac{\omega}{2} \sum_{k=0}^{M/2-1} \tilde{d}(k) \cos \omega k \qquad (10.2.61)$$

式中，新滤波器参数 $\{\tilde{d}(k)\}$ 和 $\{d(k)\}$ 的关系如下：

$$\tilde{d}\left(\tfrac{M}{2} - 1\right) = 2d\left(\tfrac{M}{2}\right)$$

$$\tilde{d}(k-1) - \tilde{d}(k) = 2d(k), \qquad 2 \leqslant k \leqslant \tfrac{M}{2} - 1$$

$$\tilde{d}(0) - \tfrac{1}{2}\tilde{d}(1) = d(1) \qquad\qquad (10.2.62)$$

表 10.4 中归纳了 4 种情形下的 $H_r(\omega)$ 表达式。观察发现，情形 2、情形 3 和情形 4 中所做的重排允许我们将 $H_r(\omega)$ 表示为

$$H_r(\omega) = Q(\omega)P(\omega) \qquad (10.2.63)$$

式中，

$$Q(\omega) = \begin{cases} 1, & \text{情形1} \\ \cos \tfrac{\omega}{2}, & \text{情形2} \\ \sin \omega, & \text{情形3} \\ \sin \tfrac{\omega}{2}, & \text{情形4} \end{cases} \qquad (10.2.64)$$

且 $P(\omega)$ 的通用形式为

$$P(\omega) = \sum_{k=0}^{L} \alpha(k) \cos \omega k \qquad (10.2.65)$$

式中，$\{\alpha(k)\}$ 是滤波器的参数，它与 FIR 滤波器的单位样本响应 $h(n)$ 是线性相关的。情形 1 的求和上限为 $L = (M-1)/2$，情形 3 的求和上限为 $L = (M-3)/2$，情形 2 和情形 4 的求和上限为 $L = M/2-1$。

除了上面给出的用来表示 $H_r(\omega)$ 的通用框架，我们还定义了实期望频率响应 $H_{dr}(\omega)$ 和近似误差的加权函数 $W(\omega)$。实期望频率响应 $H_{dr}(\omega)$ 定义如下：在通带内为 1，而在阻带内为 0。例如，图 10.2.15 显示了 $H_{dr}(\omega)$ 的几个不同特性。近似误差的加权函数可让我们在不同的频带中（即在通带中和在阻带中）选择误差的相对大小。为方便起见，我们在阻带中将 $W(\omega)$ 归一化为 1，而在通带中令 $W(\omega) = \delta_2/\delta_1$，即

$$W(\omega) = \begin{cases} \delta_2/\delta_1, & \omega\text{在通带中} \\ 1, & \omega\text{在阻带中} \end{cases} \qquad (10.2.66)$$

于是，我们就只需要在通带中选择 $W(\omega)$ 来体现阻带中的纹波相对于通带中的纹波的大小。

表 10.4 线性相位 FIR 的实频率响应函数

滤波器类型	$Q(\omega)$	$P(\omega)$
$h(n) = h(M-1-n)$ 且 M 为奇数 （情形 1）	1	$\displaystyle\sum_{k=0}^{(M-1)/2} a(k)\cos\omega k$
$h(n) = h(M-1-n)$ 且 M 为偶数 （情形 2）	$\cos\dfrac{\omega}{2}$	$\displaystyle\sum_{k=0}^{M/2-1} \tilde{b}(k)\cos\omega k$
$h(n) = -h(M-1-n)$ 且 M 为奇数 （情形 3）	$\sin\omega$	$\displaystyle\sum_{k=0}^{(M-3)/2} \tilde{c}(k)\cos\omega k$
$h(n) = -h(M-1-n)$ 且 M 为偶数 （情形 4）	$\sin\dfrac{\omega}{2}$	$\displaystyle\sum_{k=0}^{M/2-1} \tilde{d}(k)\cos\omega k$

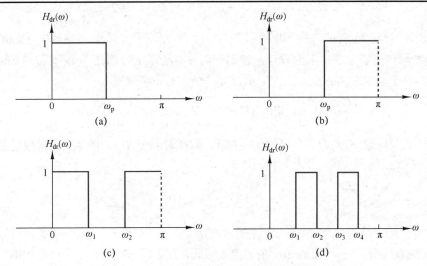

图 10.2.15 不同类型滤波器的期望频率响应特征

现在，使用 $H_{dr}(\omega)$ 和 $W(\omega)$ 的指标，可将加权近似误差定义为

$$\begin{aligned} E(\omega) &= W(\omega)[H_{dr}(\omega) - H_r(\omega)] \\ &= W(\omega)[H_{dr}(\omega) - Q(\omega)P(\omega)] \\ &= W(\omega)Q(\omega)\left[\frac{H_{dr}(\omega)}{Q(\omega)} - P(\omega)\right] \end{aligned} \qquad (10.2.67)$$

为了了表示方便，我们定义一个修正的加权函数 $\hat{W}(\omega)$ 和一个修正的期望频率响应：

$$\hat{W}(\omega) = W(\omega)Q(\omega)$$

$$\hat{H}_{dr}(\omega) = \frac{H_{dr}(\omega)}{Q(\omega)} \qquad (10.2.68)$$

于是，对于 4 种不同类型的线性相位 FIR 滤波器，加权近似误差可以写为

$$E(\omega) = \hat{W}(\omega)[\hat{H}_{dr}(\omega) - P(\omega)] \qquad (10.2.69)$$

如果已知误差函数 $E(\omega)$，那么切比雪夫逼近问题基本上是求滤波器参数 $\{\alpha(k)\}$，使得 $E(\omega)$ 在执行逼近的频带上的最大绝对值最小。从数学上讲，就是求如下问题的解：

$$\min_{\text{over }\{\alpha(k)\}}\left[\max_{\omega\in S}|E(\omega)|\right]=\min_{\text{over }\{\alpha(k)\}}\left[\max_{\omega\in S}\left|\hat{W}(\omega)\left[\hat{H}_{\mathrm{dr}}(\omega)-\sum_{k=0}^{L}\alpha(k)\cos\omega k\right]\right|\right] \tag{10.2.70}$$

式中，S 是在其上执行最优化的频带集（不相交的并集）。集合 S 基本上由期望滤波器的通带和阻带组成。

Parks and McClellan(1972a)中给出了这个问题的解，还在切比雪夫逼近理论中使用了**交错定理**。下面给出该定理，但不加以证明。

交错定理。设 S 是区间 $[0,\pi)$ 上的一个紧致子集。在 S 中使得

$$P(\omega)=\sum_{k=0}^{L}\alpha(k)\cos\omega k$$

是 $\hat{H}_{\mathrm{dr}}$ 的唯一最佳加权切比雪夫逼近的充要条件是，误差函数 $E(\omega)$ 在 S 中至少出现 $L+2$ 个极值频率。也就是说，在 S 中必须至少存在 $L+2$ 个频率 $\{\omega_i\}$ 使得 $\omega_1<\omega_2<\cdots<\omega_{L+2}$，$E(\omega_i)=-E(\omega_{i+1})$，且

$$|E(\omega_i)|=\max_{\omega\in S}|E(\omega)|,\qquad i=1,2,\cdots,L+2$$

观察发现，误差函数 $E(\omega)$ 在两个相邻极值频率点之间改变符号，所以该定理称为**交错定理**。

为了详细描述交错定理，下面设计一个通带为 $0\le\omega\le\omega_{\mathrm{p}}$、阻带为 $\omega_{\mathrm{s}}\le\omega\le\pi$ 的低通滤波器。因为期望频率响应 $H_{\mathrm{dr}}(\omega)$ 和加权函数 $W(\omega)$ 是分段常数，所以有

$$\frac{\mathrm{d}E(\omega)}{\mathrm{d}\omega}=\frac{\mathrm{d}}{\mathrm{d}\omega}\{W(\omega)[H_{\mathrm{dr}}(\omega)-H_{\mathrm{r}}(\omega)]\}=-\frac{\mathrm{d}H_{\mathrm{r}}(\omega)}{\mathrm{d}\omega}=0$$

因此，对应于误差函数 $E(\omega)$ 的各个峰的频率 $\{\omega_i\}$，同样对应于 $H_{\mathrm{r}}(\omega)$ 满足误差容限时的各个峰。由于 $H_{\mathrm{r}}(\omega)$ 是 L 次三角多项式，于是对情形 1 有

$$H_{\mathrm{r}}(\omega)=\sum_{k=0}^{L}\alpha(k)\cos\omega k=\sum_{k=0}^{L}\alpha(k)\left[\sum_{n=0}^{k}\beta_{nk}(\cos\omega)^n\right]=\sum_{k=0}^{L}\alpha'(k)(\cos\omega)^k \tag{10.2.71}$$

可以证明，$H_{\mathrm{r}}(\omega)$ 在开区间 $0<\omega<\pi$ 上最多有 $L-1$ 个局部极大值和极小值。另外，$\omega=0$ 和 $\omega=\pi$ 通常既是 $H_{\mathrm{r}}(\omega)$ 的极值，又是 $E(\omega)$ 的极值。因此，$H_{\mathrm{r}}(\omega)$ 至多有 $L+1$ 个极值频率。此外，因为在 $\omega=\omega_{\mathrm{p}}$ 和 $\omega=\omega_{\mathrm{s}}$ 处 $|E(\omega)|$ 最大，所以频带边缘频率 ω_{p} 和 ω_{s} 也是 $E(\omega)$ 的极值频率。因此，对于理想低通滤波器的唯一最佳逼近，$E(\omega)$ 最多有 $L+3$ 个极值频率。另一方面，交错定理声称在 $E(\omega)$ 中至少有 $L+2$ 个极值频率，于是低通滤波器设计的误差函数有 $L+3$ 或 $L+2$ 个极值。一般来说，包含 $L+2$ 个以上的交错或纹波的滤波器结构称为**过纹波滤波器**。当滤波器设计包含最大数量的交错时，该滤流器称为**最大纹波滤波器**。

交错定理保证式（10.2.70）中的切比雪夫最优问题有唯一解。在期望的极值频率 $\{\omega_n\}$ 处，有方程组

$$\hat{W}(\omega_n)\left[\hat{H}_{\mathrm{dr}}(\omega_n)-P(\omega_n)\right]=(-1)^n\delta,\qquad n=0,1,\cdots,L+1 \tag{10.2.72}$$

式中，δ 是误差函数 $E(\omega)$ 的最大值。事实上，如果如式（10.2.66）那样选取 $W(\omega)$，就可得到 $\delta=\delta_2$。

最初，我们既不知道极值频率集 $\{\omega_n\}$，又不知道参数 $\{\alpha(k)\}$ 和 δ。为了求这些参数，我们要使用称为 **Remez 交换算法**的迭代算法［见 Rabiner et al.(1975)］，这个算法首先猜测极值频率集，求出 $P(\omega)$ 和 δ，然后计算误差函数 $E(\omega)$。根据 $E(\omega)$，我们求出另一组 $L+2$ 个极值频率，并且迭代地重复这个过程，直到其收敛于最优极值频率集。

Rabiner et al.(1975)中给出了一个有效的过程，该过程根据如下公式解析地计算 δ：

$$\delta = \frac{\gamma_0 \hat{H}_{dr}(\omega_0) + \gamma_1 \hat{H}_{dr}(\omega_1) + \cdots + \gamma_{L+1} \hat{H}_{dr}(\omega_{L+1})}{\dfrac{\gamma_0}{\hat{W}(\omega_0)} - \dfrac{\gamma_1}{\hat{W}(\omega_1)} + \cdots + \dfrac{(-1)^{L+1}\gamma_{L+1}}{\hat{W}(\omega_{L+1})}} \tag{10.2.73}$$

式中，

$$\gamma_k = \sum_{n=0, n\neq k}^{L+1} \frac{1}{\cos\omega_k - \cos\omega_n} \tag{10.2.74}$$

于是，使用在 $L+2$ 个极值频率点处的初始猜测值，就可计算出 δ。

误差函数

$$E(\omega) = \hat{W}(\omega)[\hat{H}_{dr}(\omega) - P(\omega)] \tag{10.2.75}$$

可在一个稠密的频率点集上计算。通常，点数 $16M$ 就已足够，其中 M 是滤波器的长度。对于稠密点集上的某些频率，如果 $|E(\omega)| \geqslant \delta$，就选取对应于 $|E(\omega)|$ 的 $L+2$ 个最大峰的一组新频率，并重复始于式（10.2.73）的计算过程。因为所选的 $L+2$ 个新极值频率对应于误差函数 $|E(\omega)|$ 的各个峰，所以算法在每次迭代时都增大 δ，直到它收敛为上界，进而得到切比雪夫逼近问题的最优解。换言之，当对于稠密频率集上的所有频率，当 $|E(\omega)| \leqslant \delta$ 时，用多项式 $H(\omega)$ 可以求出最优解。这个算法的流图如图 10.2.16 所示，该图摘自 Remez (1957)。

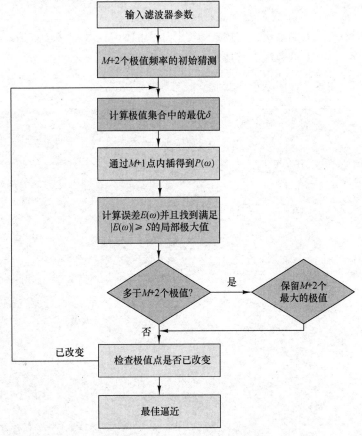

图 10.2.16　Remez 交换算法的流图

使用 $P(\omega)$ 求得最优解后，就可直接计算单位样本响应 $h(n)$，而不必计算参数 $\{\alpha(k)\}$。实际上，我们已经求出

$$H_r(\omega) = Q(\omega)P(\omega)$$

它可在 M 为奇数时于 $\omega = 2\pi k/M$ 处计算，而在 M 为偶数时于 $\omega = M/2$ 处计算，其中 $k = 0, 1, \cdots,$ $(M-1)/2$。然后，根据设计的滤波器类型，由表 10.4 中给出的公式求 $h(n)$。

如今，很多软件包都使用切比雪夫逼近准则和 Remez 交换算法来设计与实现相位 FIR 滤波器。这些程序可用于设计低通滤波器、高通滤波器、带通滤波器、微分器和希尔伯特变换器。下面几节介绍后两类滤波器。

滤波器设计程序通常需要规定如下参数。

- 滤波器长度 M。
- 滤波器类型：

  TYPE = 1 得到一个多通带/阻带滤波器。

  TYPE = 2 得到一个差分器。

  TYPE = 3 得到一个希尔伯特变换器。

- 频带数量：从 2（对于低通滤波器）到最大 10（对于多路带通滤波器）。
- 对误差函数 $E(\omega)$ 执行内插的网格密度。如果未规定，则默认为 16。
- 由下截止频率和上截止频率规定的频带，最多 10 个频带（最大尺寸为 20 的数组）。频率由变量 $f = \omega/2\pi$ 给出，其中 $f = 0.5$ 对应于折叠频率。
- 一个最大尺寸为 10 的数组，它规定每个频带中的期望频率响应 $H_{dr}(\omega)$。
- 一个最大尺寸为 10 的数组，它规定每个频带中的权重函数。

下例说明如何使用这个程序来设计低通滤波器和高通滤波器。

【例10.2.3】设计一个通带边缘频率为 $f_p = 0.1$、阻带边缘频率为 $f_s = 0.15$、长度为 $M = 61$ 的低通滤波器。

解：低通滤波器是通带边缘频率为(0, 0.1)、阻带边缘频率为(0.15, 0.5)的一个双频带滤波器。期望的响应为(1, 0)，加权函数任意选为(1, 1)。

```
61,1,2
0.0,0.1,0.15,0.5
1.0,0.0
1.0,1.0
```

图 10.2.17 显示了冲激响应和频率响应。所得滤波器的通带衰减为–56dB，通带纹波为 0.0135dB。

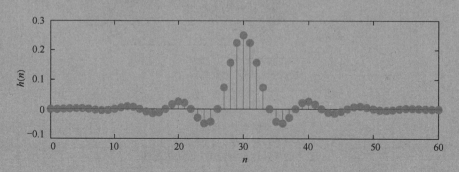

图 10.2.17　例 10.2.3 中 $M = 61$ 的 FIR 滤波器的冲激响应和频率响应

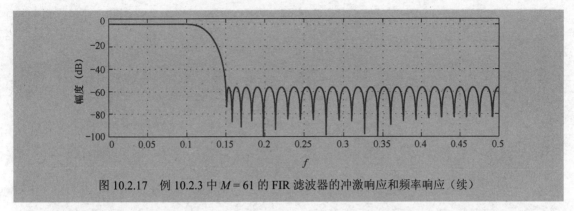

图 10.2.17　例 10.2.3 中 $M = 61$ 的 FIR 滤波器的冲激响应和频率响应（续）

若将滤波器的长度增大到 $M = 101$，同时保持上面给出的其他参数不变，则所得滤波器具有如图 10.2.18 所示的冲激响应和频率响应。这时，阻带衰减为 -85dB，通带纹波降至 0.00046dB。

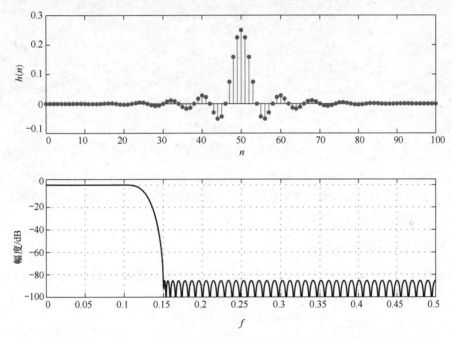

图 10.2.18　例 10.2.3 中 $M = 101$ 的 FIR 滤波器的冲激响应和频率响应

需要指出的是，如果保持滤波器的长度不变，比如 $M = 61$，同时在通带内减小加权函数 $W(\omega) = \delta_2/\delta_1$，则可能增大阻带中的衰减。使用 $M = 61$ 和加权函数 (0.1, 1)，得到一个阻带衰减为 -65dB、通带纹波为 0.049dB 的滤波器。

【例 10.2.4】设计一个通带边缘频率为 $f_{p1} = 0.2$ 和 $f_{p2} = 0.35$、阻带边缘频率为 $f_{s1} = 0.1$ 和 $f_{s2} = 0.425$、长度为 $M = 32$ 的带通滤波器。

解：该滤波器是阻带范围为 (0, 0.1)、通带范围为 (0.2, 0.35)、第二个阻带范围为 (0.425, 0.5) 的一个 3 频带滤波器。加权函数选为 (10.0, 1.0, 10.0) 或 (1.0, 0.1, 1.0)，且三个频带中的期望响应为 (0.0, 1.0, 0.0)。因此，程序的输入参数为

$$
\begin{aligned}
&32,1,3 \\
&0.0, 0.1, 0.2, 0.35, 0.425, 0.5 \\
&0.0, 1.0, 0.0 \\
&10.0, 1.0, 10.0
\end{aligned}
$$

观察发现，与通带权重 1 相比，阻带中的误差使得权重为 10，所以阻带中的纹波 δ_2 是通带中的 1/10。该带通滤波器的冲激响应和频率响应如图 10.2.19 所示。

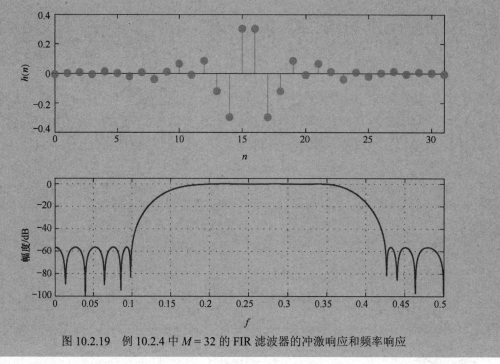

图 10.2.19　例 10.2.4 中 $M = 32$ 的 FIR 滤波器的冲激响应和频率响应

这些例题表明，使用 Remez 交换算法实现的切比雪夫逼近准则，设计最优低通滤波器、高通滤波器、带通滤波器、带阻滤波器和更一般的多频带线性相位 FIR 滤波器较为简单。下面两节介绍如何设计微分器和希尔伯特变换器。

10.2.5　FIR 微分器的设计

在许多模拟和数字系统中，微分器用于对信号求导。理想微分器具有与频率成比例的频率响应。类似地，理想数字微分器定义为具有频率响应

$$H_{\mathrm{d}}(\omega) = \mathrm{j}\omega, \qquad -\pi \leqslant \omega \leqslant \pi \tag{10.2.76}$$

的微分器。对应于 $H_{\mathrm{d}}(\omega)$ 的单位样本响应为

$$
\begin{aligned}
h_{\mathrm{d}}(n) &= \frac{1}{2\pi} \int_{-\pi}^{\pi} H_{\mathrm{d}}(\omega) \mathrm{e}^{\mathrm{j}\omega n} \,\mathrm{d}\omega \\
&= \frac{1}{2\pi} \int_{-\pi}^{\pi} \mathrm{j}\omega \mathrm{e}^{\mathrm{j}\omega n} \,\mathrm{d}\omega \\
&= \frac{\cos \pi n}{n}, \qquad -\infty < n < \infty, \quad n \neq 0
\end{aligned}
\tag{10.2.77}
$$

观察发现，理想微分器具有反对称的单位样本响应 [即 $h_{\mathrm{d}}(n) = -h_{\mathrm{d}}(-n)$]，因此 $h_{\mathrm{d}}(0) = 0$。

本节介绍如何基于切比雪夫逼近准则设计线性相位 FIR 微分器。因为理想微分器具有反对称的单位样本响应，所以我们重点介绍 $h(n) = -h(M-1-n)$ 时的 FIR 设计。因此，下面考虑前一节中归类为情形 3 和情形 4 的滤波器类型。

回顾可知，在情形 3 中，M 为奇数，FIR 滤波器的实频率响应 $H_{\mathrm{r}}(\omega)$ 具有 $H_{\mathrm{r}}(0) = 0$ 特性。零频率处的零响应是微分器需要满足的条件，且由表 10.4 可知，两种类型的滤波器都满足这个条

件。然而，如果需要的是一个全带微分器，因为 M 为奇数时有 $H_r(\pi)=0$，所以不可能使用具有奇数个系数的 FIR 滤波器来实现。然而，实际工作中很少需要全带微分器。

在有实际意义的大多数情况下，期望的频率响应特性只需在有限频率范围 $0 \leqslant \omega \leqslant 2\pi f_p$ 内是线性的，其中 f_p 是微分器的带宽。在频率范围 $2\pi f_p < \omega \leqslant \pi$ 内，期望的频率响应要么不加约束，要么约束为 0。

根据切比雪夫逼近准则设计 FIR 微分器时，为了使通带中的相对纹波为常数，要在程序中规定加权函数为

$$W(\omega) = \frac{1}{\omega}, \qquad 0 \leqslant \omega \leqslant 2\pi f_p \tag{10.2.78}$$

于是，期望响应 $H_d(\omega)$ 和逼近 $H_r(\omega)$ 之间的绝对误差随 ω 从 0 到 $2\pi f_p$ 变化而增大。然而，式（10.2.78）中的加权函数可以确保相对误差

$$\delta = \max_{0 \leqslant \omega \leqslant 2\pi f_p} \left\{ W(\omega)[\omega - H_r(\omega)] \right\} = \max_{0 \leqslant \omega \leqslant 2\pi f_p} \left[1 - \frac{H_r(\omega)}{\omega} \right] \tag{10.2.79}$$

在微分器的通带内保持不变。

【例 10.2.5】使用 Remez 交换算法设计一个长度为 $M = 60$ 的线性相位 FIR 微分器。通带边缘频率为 0.1，阻带边缘频率为 0.15。

解： 程序的输入参数为

$$60, \quad 2, \quad 2$$
$$0.0, \quad 0.1, \quad 0.15, \quad 0.5$$
$$1.0, \quad 0.0$$
$$1.0, \quad 1.0$$

图 10.2.20 中显示了频率响应，以及滤波器在通带 $0 \leqslant f \leqslant 0.1$ 内的逼近误差。

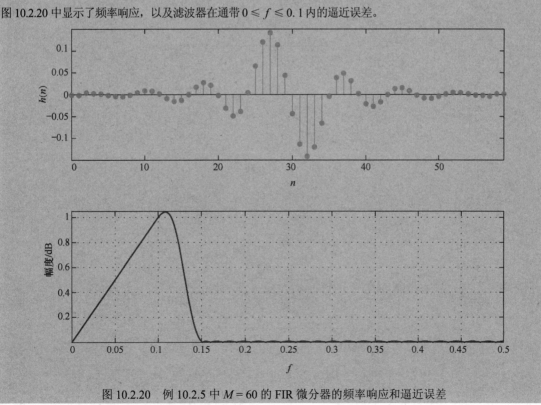

图 10.2.20　例 10.2.5 中 $M = 60$ 的 FIR 微分器的频率响应和逼近误差

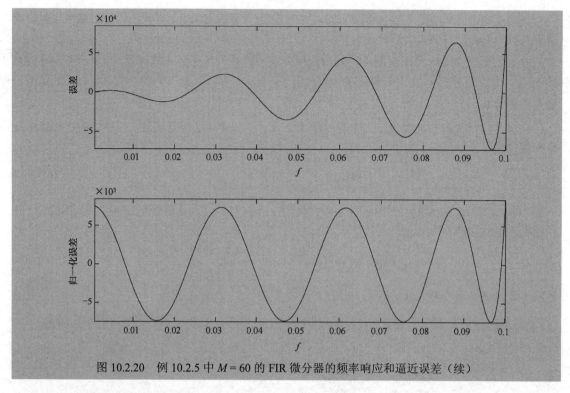

图 10.2.20　例 10.2.5 中 $M = 60$ 的 FIR 微分器的频率响应和逼近误差（续）

微分器中的重要参数是其长度 M、带宽（频带边缘频率）f_p 和逼近的最大相对误差 δ。这三个参数之间的相互关系很容易参数化显示。例如，图 10.2.21 显示了 M 为偶数时值 $20\lg\delta$ 随 f_p 的变化，而图 10.2.22 显示了 M 为奇数时值 $20\lg\delta$ 随 f_p 的变化。Rabiner and Schafer(1974a)中给出的这些结果在给定带内纹波指标与截止频率 f_p 的情形下，对滤波器长度的选择非常有用。

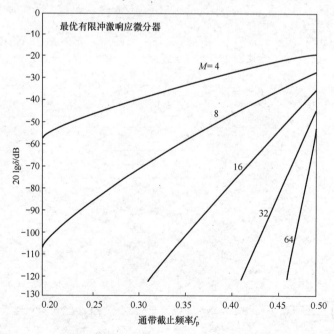

图 10.2.21　当 $M = 4, 8, 16, 32$ 和 64 时，$20\lg\delta$ 和 f_p 的关系曲线［摘自 Rabiner and Schafer (1974a)，获 AT&T 允许重印］

比较图 10.2.21 和图 10.2.22 中的图形发现，与奇数长度的微分器相比，偶数长度的微分器得到的逼近误差 δ 明显更小。如果带宽超过 $f_p = 0.45$，基于奇数 M 的设计就非常差，原因主要是 $\omega = \pi$（$f = 1/2$）处的频率响应为零。当 $f_p < 0.45$ 时，如果 M 为奇数，就可得到好的设计，但从逼近误差更小的角度看，M 为偶数且长度相当的微分器要好一些。

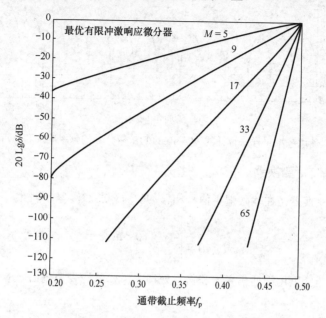

图 10.2.22　当 $M = 5, 9, 17, 33$ 和 65 时，$20 \lg \delta$ 与 f_p 的关系曲线［摘自 Rabiner and Schafer (1974a)，获 AT&T 允许重印］

因为与奇数长度的微分器相比，偶数长度的微分器具有明显的优势，所以在实际系统中偶数长度的微分器更可取。对许多应用来说，这当然是正确的。然而，由任意线性相位 FIR 滤波器引入的信号延迟为 $(M-1)/2$，当 M 为偶数时，它不是一个整数。在很多实际应用中这并不重要，但在某些期望微分器输出端的信号具有整数值延迟的应用中，就要将 M 选为奇数。

这些数值结果都基于由切比雪夫逼近准则得到的设计。需要指出的是，基于频率采样法设计线性相位 FIR 微分器是可行的和相对容易的。例如，图 10.2.23 显示了一个长度为 $M = 30$ 的宽带（$f_p = 0.5$）微分器的频率响应，还显示了逼近误差的绝对值与频率的关系曲线。

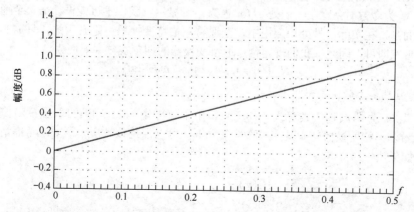

图 10.2.23　使用频率采样法设计的 $M = 30$ 的 FIR 微分器的频率响应和逼近误差

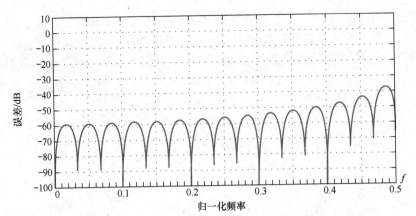

图 10.2.23　使用频率采样法设计的 $M = 30$ 的 FIR 微分器的频率响应和逼近误差（续）

10.2.6　设计希尔伯特变换器

理想希尔伯特变换器是在输入端将信号相移 90°的全通滤波器。因此，规定理想希尔伯特变换器的频率响应为

$$H_d(\omega) = \begin{cases} -\mathrm{j}, & 0 < \omega \leqslant \pi \\ \mathrm{j}, & -\pi < \omega < 0 \end{cases} \tag{10.2.80}$$

希尔伯特变换器频繁用于通信系统和信号处理中，如单边带调制信号的生成、雷达信号处理和语音信号处理。

理想希尔伯特变换器的单位样本响应为

$$h_d(n) = \frac{1}{2\pi} \int_{-\pi}^{\pi} H_d(\omega) \mathrm{e}^{\mathrm{j}\omega n} \,\mathrm{d}\omega = \frac{1}{2\pi} \left(\int_{-\pi}^{0} \mathrm{j}\,\mathrm{e}^{\mathrm{j}\omega n} \,\mathrm{d}\omega - \int_{0}^{\pi} \mathrm{j}\,\mathrm{e}^{\mathrm{j}\omega n} \,\mathrm{d}\omega \right)$$

$$= \begin{cases} \dfrac{2}{\pi} \dfrac{\sin^2(\pi n/2)}{n}, & n \neq 0 \\ 0, & n = 0 \end{cases} \tag{10.2.81}$$

不出所料，$h_d(n)$ 是时间上无限的和非因果的。观察发现，$h_d(n)$ 是反对称的［即 $h_d(n) = -h_d(-n)$］。因此，下面重点介绍如何设计具有反对称单位样本响应［$h(n) = -h(M-1-n)$］的线性相位 FIR 希尔伯特变换器。观察还发现，选择反对称单位样本响应与纯虚频率响应特性 $H_d(\omega)$ 是一致的。

回顾可知，当 $h(n)$ 反对称时，无论 M 是奇数还是偶数，实频率响应特性 $H_r(\omega)$ 在 $\omega = 0$ 处都为 0，且当 M 为奇数时，在 $\omega = \pi$ 处 $H_r(\omega)$ 也为零。显然，我们不可能设计一个全通希尔伯特变换器。所幸的是，在实际信号处理应用中，全通希尔伯特变换器不是必需的，只需其带宽覆盖待相移信号的带宽即可。因此，我们规定希尔伯特变换器的期望实频率响应为

$$H_{dr}(\omega) = 1, \qquad 2\pi f_1 \leqslant \omega \leqslant 2\pi f_u \tag{10.2.82}$$

式中，f_1 与 f_u 分别是下截止频率和上截止频率。

注意，当 n 为偶数时，具有式（10.2.81）中单位样本响应 $h_d(n)$ 的理想希尔伯特变换器为零。让 FIR 希尔伯特变换器处于某些对称性条件下，可以保持该性质。例如，考虑情形 3 中的滤波器类型，如果让

$$H_r(\omega) = \sum_{k=1}^{(M-1)/2} c(k) \sin \omega k \tag{10.2.83}$$

并且假设 $f_1 = 0.5 - f_u$，就可确保关于中点频率 $f = 0.25$ 的一个对称通带。如果频率响应具有这个对称性，即 $H_r(\omega) = H_r(\pi - \omega)$，则由式（10.2.83）有

$$\sum_{k=1}^{(M-1)/2} c(k)\sin\omega k = \sum_{k=1}^{(M-1)/2} c(k)\sin k(\pi - \omega)$$

$$= \sum_{k=1}^{(M-1)/2} c(k)\sin\omega k \cos\pi k$$

$$= \sum_{k=1}^{(M-1)/2} c(k)(-1)^{k+1}\sin\omega k$$

或者等效地有

$$\sum_{k=1}^{(M-1)/2}\left[1-(-1)^{k+1}\right]c(k)\sin\omega k = 0 \tag{10.2.84}$$

显然，当 $k = 0, 2, 4, \cdots$ 时，$c(k)$ 必定等于 0。

现在，由式（10.2.54）可知 $\{c(k)\}$ 和单位样本响应 $\{h(n)\}$ 之间的关系为

$$c(k) = 2h\left(\tfrac{M-1}{2}-k\right)$$

或者等效地为

$$h\left(\tfrac{M-1}{2}-k\right) = \tfrac{1}{2}c(k) \tag{10.2.85}$$

如果 $k = 0, 2, 4, \cdots$ 时 $c(k) = 0$，那么由式（10.2.85）得

$$h(k) = \begin{cases} 0, & k = 0,2,4,\cdots, & \tfrac{M-1}{2} \text{ 为偶数} \\ 0, & k = 1,3,5,\cdots, & \tfrac{M-1}{2} \text{ 为奇数} \end{cases} \tag{10.2.86}$$

遗憾的是，式（10.2.86）仅在 M 为奇数时才成立，而在 M 为偶数时不成立。这意味着对于相当的 M 值来说，M 为奇数更可取，因为 M 为奇数时的计算复杂度（每个输出点的乘法次数和加法数量）约是 M 为偶数时的一半。

根据使用 Remez 交换算法的切比雪夫逼近准则设计希尔伯特变换器时，我们选择滤波器系数，以最小化最大逼近误差

$$\delta = \max_{2\pi f_l \leqslant \omega \leqslant 2\pi f_u}\left[H_{dr}(\omega)-H_r(\omega)\right] = \max_{2\pi f_l \leqslant \omega \leqslant 2\pi f_u}\left[1-H_r(\omega)\right] \tag{10.2.87}$$

于是，加权函数设为 1，并在单个频带（滤波器的通带）上执行优化。

【例 10.2.6】设计一个参数为 $M = 31, f_l = 0.05$ 和 $f_u = 0.45$ 的希尔伯特变换器。

解： 观察发现，因为 $f_u = 0.5 - f_l$，频率响应是对称的。执行 Remez 交换算法所需的参数为

$$31, \quad 3, \quad 1$$
$$0.05, \quad 0.45$$
$$1.0$$
$$1.0$$

设计结果是图 10.2.24 所示的单位样本响应和频率响应。观察发现，$h(n)$ 确实每隔一个值基本上为 0。

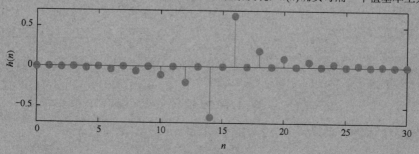

图 10.2.24　例 10.2.6 中 FIR 希尔伯特变换器的单位样本响应和频率响应

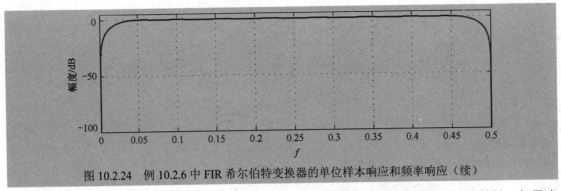

图 10.2.24　例 10.2.6 中 FIR 希尔伯特变换器的单位样本响应和频率响应（续）

Rabiner and Schafer(1974b)中研究了 M 为奇数和偶数时希尔伯特变换器设计的特性。如果滤波器的设计受限于对称频率响应，那么有意义的参数是三个，即 M, δ 和 f_1。图 10.2.25 显示了 M 为参数时，$20\lg\delta$ 和 f_1（过渡带宽）的关系曲线。观察发现，对于相若的 M 值，相对于使用偶数 M，使用奇数 M 不具有明显的性能优势，反之亦然。然而，如前所述，M 为奇数时实现滤波器的计算复杂度不到 M 为偶数时的一半。因此，在实际中奇数 M 更可取。

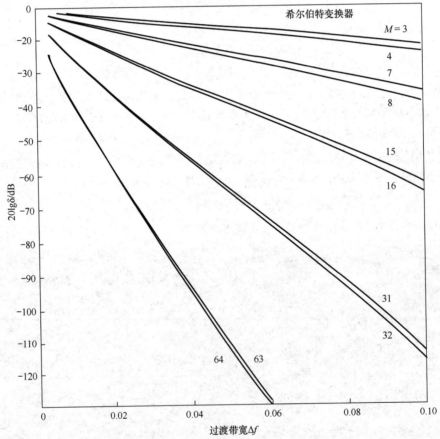

图 10.2.25　当 M = 3, 4, 7, 8, 15, 16, 31, 32, 63, 64 时，$20\lg\delta$ 和 Δf 的关系曲线［摘自 Rabiner and Schafer (1974b)。获 AT&T 允许重印］

为便于设计，根据经验，图 10.2.25 中的图形建议

$$Mf_1 \approx -0.61\lg\delta \qquad (10.2.88)$$

因此，规定三个基本滤波器参数中的两个后，就可使用该公式估计另一个参数的大小。

10.2.7 线性相位 FIR 滤波器设计方法的比较

历史上，使用窗函数截短冲激响应 $h_d(n)$ 来得到期望谱成形的设计方法，是设计线性相位 FIR 滤波器的最早方法。20 世纪 70 年代提出了频率采样法和切比雪夫逼近法，此后这两种方法在实际线性相位 FIR 滤波器的设计中非常流行。

窗函数设计方法的主要缺点是，设计低通 FIR 滤波器时无法精确地控制临界频率 ω_p 和 ω_s，因为 ω_p 和 ω_s 的值通常取决于窗函数的类型和滤波器的长度 M。

频率采样法是窗函数设计法的改进，因为 $H_r(\omega)$ 是在频率 $\omega_k = 2\pi k/M$ 或 $\omega_k = \pi(2k+1)/M$ 处规定的，且过渡带为 $2\pi/M$ 的倍数。当 FIR 滤波器在频域中由离散傅里叶变换实现或者在任何频率采样实现中实现时，这种滤波器设计方法特别有吸引力。这些实现的可取特性是，除了在过渡带，$H_r(\omega_k)$ 在所有频率处要么为 0 要么为 1。

切比雪夫逼近可以完全控制滤波器指标，因此，它要比其他两种方法更可取。对于低通滤波器，指标由参数 ω_p、ω_s、δ_1、δ_2 和 M 给出。我们可以规定参数 ω_p、ω_s、δ_1 和 M，然后相对于 δ_2 来优化滤波器。通过将逼近误差扩展到滤波器的通带和阻带上，这种方法就可根据给定的指标得到最优滤波器设计，使最大旁瓣电平最小。

基于 Remez 交换算法的切比雪夫设计过程需要我们规定滤波器的长度、临界频率 ω_p 与 ω_s、比值 δ_2/δ_1。然而，在滤波器设计中，更自然的做法是规定 ω_p、ω_s、δ_1 和 δ_2，并求满足指标的滤波器长度。尽管不存在由这些指标求滤波器长度的简单公式，但人们提出了许多由 ω_p、ω_s、δ_1 和 δ_2 来估计 M 的逼近方法。由凯泽（Kaiser）提出的逼近 M 的简单公式为

$$\hat{M} = \frac{-20\lg\sqrt{\delta_1\delta_2} - 13}{14.6\Delta f} + 1 \tag{10.2.89}$$

式中，Δf 是过渡带，它定义为 $\Delta f = (\omega_s - \omega_p)/2\pi$。Rabiner et al. (1975) 中给出了该公式。Herrmann et al. (1973) 中提出了一个更准确的公式：

$$\hat{M} = \frac{D_\infty(\delta_1, \delta_2) - f(\delta_1, \delta_2)(\Delta f)^2}{\Delta f} + 1 \tag{10.2.90}$$

其中，根据定义有

$$D_\infty(\delta_1, \delta_2) = \left[0.005309(\lg\delta_1)^2 + 0.07114(\lg\delta_1) - 0.4761\right](\lg\delta_2) - \left[0.00266(\lg\delta_1)^2 + 0.5941\lg\delta_1 + 0.4278\right] \tag{10.2.91}$$

$$f(\delta_1, \delta_2) = 11.012 + 0.51244(\lg\delta_1 - \lg\delta_2) \tag{10.2.92}$$

求实现给定指标 Δf、δ_1 和 δ_2 的滤波器长度的良好估计时，这些公式非常有用。估计用于进行设计，且如果得到的 δ 超过规定的 δ_2，就可增大长度，直到得到满足指标的旁瓣电平。

10.3 由模拟滤波器设计 IIR 滤波器

就像设计 FIR 滤波器那样，设计具有无限时间单位样本响应的数字滤波器的方法也有几种。本节介绍的方法都要将模拟滤波器变换成数字滤波器。模拟滤波器设计成熟且高度发达，因此本节首先在模拟域中设计一个数字滤波器，然后将设计变换到数字域中。

模拟滤波器可用其系统函数描述：

$$H_a(s) = \frac{B(s)}{A(s)} = \frac{\sum\limits_{k=0}^{M} \beta_k s^k}{\sum\limits_{k=0}^{N} \alpha_k s^k} \tag{10.3.1}$$

式中，$\{\alpha_k\}$ 和 $\{\beta_k\}$ 是滤波器系数；也可用其冲激响应描述，而冲激响应通过

$$H_a(s) = \int_{-\infty}^{\infty} h(t)\mathrm{e}^{-st}\,\mathrm{d}t \tag{10.3.2}$$

与系统函数 $H_a(s)$ 相关联。此外，有理系统函数 $H(s)$ 形如式（10.3.1）的模拟滤波器可用如下线性常系数微分方程描述：

$$\sum_{k=0}^{N} \alpha_k \frac{\mathrm{d}^k y(t)}{\mathrm{d}t^k} = \sum_{k=0}^{M} \beta_k \frac{\mathrm{d}^k x(t)}{\mathrm{d}t^k} \tag{10.3.3}$$

式中，$x(t)$ 是输入信号，$y(t)$ 是滤波器的输出。

在模拟滤波器的这三个等效描述中，每个描述都有将滤波器变换到数字域中的方法，详细介绍见 10.3.1 节至 10.3.3 节。回顾可知，如果系统函数为 $H(s)$ 的模拟线性时不变系统的所有极点都在 s 平面的左半部，该系统就是稳定的。因此，变换方法要有效，就应具有如下性质。

1. s 平面中的 $\mathrm{j}\Omega$ 轴应映射为 z 平面中的单位圆。于是，两个域中的两个频率变量之间存在直接关系。
2. s 平面的左半平面（Left-Half Plane LHP）应映射到 z 平面中的单位圆内部。于是，稳定的模拟系统将变换为稳定的数字滤波器。

上一节说过，物理上可以实现的、稳定的 IIR 滤波器不可能具有线性相位。回顾可知，线性相位滤波器必须有满足如下条件的系统函数：

$$H(z) = \pm z^{-N} H(z^{-1}) \tag{10.3.4}$$

式中，z^{-N} 表示延迟 N 个时间单位。然而，如果情况确实如此，那么对于单位圆内部的每个极点，滤波器在单位圆外会有一个镜像极点，因此滤波器将是不稳定的。于是，因果且稳定的 IIR 滤波器不能有线性相位。

如果可以在物理实现上消除这一限制，那么原理上应该能够得到线性相位 IIR 滤波器。这种方法包括时间反转输入信号 $x(n)$，让 $x(-n)$ 通过数字滤波器 $H(z)$，时间反转 $H(z)$ 的输出，最后让结果再次通过 $H(z)$。这种信号处理计算上很麻烦，且与线性相位 FIR 滤波器相比几乎没有任何优点。因此，当某个应用需要线性相位滤波器时，它应该是一个 FIR 滤波器。

设计 IIR 滤波器时，我们仅对幅度响应规定期望的滤波器特性，但这并不是说相位响应不重要。如 10.1 节所述，因为幅度特性和相位特性是相关的，所以我们规定期望的幅度特性，并且接受由设计方法得到的相位响应。

10.3.1 基于导数逼近的 IIR 滤波器设计

将模拟滤波器变换成数字滤波器的最简方法之一是，使用等效的差分方程逼近式（10.3.3）中的微分方程。这种方法常用于在数字计算机上数值求解线性常微分方程。

对于时间 $t = nT$ 处的导数 $\mathrm{d}y(t)/\mathrm{d}t$，我们用**反向差分** $[y(nT) - y(nT-1)]/T$ 替代，于是有

$$\frac{\mathrm{d}y(t)}{\mathrm{d}t}\bigg|_{t=nT} = \frac{y(nT) - y(nT-T)}{T} = \frac{y(n) - y(n-1)}{T} \tag{10.3.5}$$

式中，T 表示采样间隔，且有 $y(n) \equiv y(nT)$。输出为 $\mathrm{d}y(t)/\mathrm{d}t$ 的模拟微分器的系统函数为 $H(s) = s$，而生成输出 $[y(n) - y(n-1)]/T$ 的数字系统的系统函数为 $H(z) = (1 - z^{-1})/T$。因此，如图 10.3.1 所示，式（10.3.5）的频域等效是

$$s = \frac{1 - z^{-1}}{T} \qquad (10.3.6)$$

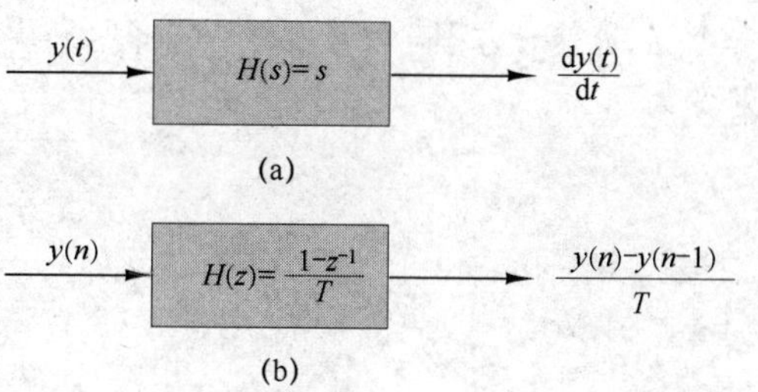

图 10.3.1　用反向差分代替导数意味着映射 $s = (1 - z^{-1})/T$

二阶导数 $\mathrm{d}^2 y(t)/\mathrm{d}t^2$ 用二阶差分代替，推导如下：

$$\frac{\mathrm{d}^2 y(t)}{\mathrm{d}t^2}\bigg|_{t=nT} = \frac{\mathrm{d}}{\mathrm{d}t}\left[\frac{\mathrm{d}y(t)}{\mathrm{d}t}\right]_{t=nT}$$

$$= \frac{[y(nT) - y(nT - T)]/T - [y(nT - T) - y(nT - 2T)]/T}{T} \qquad (10.3.7)$$

$$= \frac{y(n) - 2y(n-1) + y(n-2)}{T^2}$$

在频域中，式（10.3.7）等效为

$$s^2 = \frac{1 - 2z^{-1} + z^{-2}}{T^2} = \left(\frac{1 - z^{-1}}{T}\right)^2 \qquad (10.3.8)$$

由以上讨论可知，代替 $y(t)$ 的 k 阶导数可以得到等效的频域关系

$$s^k = \left(\frac{1 - z^{-1}}{T}\right)^k \qquad (10.3.9)$$

因此，使用有限差分逼近求导得到的数字 IIR 滤波器的系统函数为

$$H(z) = H_a(s)\big|_{s=(1-z^{-1})/T} \qquad (10.3.10)$$

式中，$H_a(s)$ 是由式（10.3.3）中的微分方程描述的模拟滤波器的系统函数。

下面研究由式（10.3.6）或

$$z = \frac{1}{1 - sT} \qquad (10.3.11)$$

给出的从 s 平面到 z 平面的映射的含义。将 $s = \mathrm{j}\Omega$ 代入式（10.3.11）得

$$z = \frac{1}{1 - \mathrm{j}\Omega T} = \frac{1}{1 + \Omega^2 T^2} + \mathrm{j}\frac{\Omega T}{1 + \Omega^2 T^2} \qquad (10.3.12)$$

当 Ω 从 $-\infty$ 变化到 $+\infty$ 时，z 平面中各点的轨迹是一个中心为 $z = \frac{1}{2}$、半径为 $\frac{1}{2}$ 的圆，如图 10.3.2 所示。

容易证明，式（10.3.11）中的映射将 s 平面的左半平面（LHP）上的点映射为 z 平面上该圆内部的对应点，并将 s 平面的右半平面（Right-Hand Plane，RHP）上的点映射为该圆外部的点。因此，该映射具有一个期望的性质，即稳定的模拟滤波器被变换为稳定的数字滤波器。然而，数字滤波器的极点的位置被限制在相对较小的频率处，因此，该映射仅限于设计具有相对较小谐振频率的低通滤波器和带通滤波器。例如，不可能将高通模拟滤波器变换为对应的高通数字滤波器。

为了克服上面给出的映射中的局限性，人们为求导提出了更复杂的替换。例如，提出了形如

$$\frac{\mathrm{d}y(t)}{\mathrm{d}t}\bigg|_{t=nT} = \frac{1}{T}\sum_{k=1}^{L}\alpha_k \frac{y(nT + kT) - y(nT - kT)}{T} \qquad (10.3.13)$$

的一个 L 阶差分方程，其中 $\{\alpha_k\}$ 是选择用来优化逼近的一组参数。现在，s 平面和 z 平面之间的映射变为

$$s = \frac{1}{T}\sum_{k=1}^{L}\alpha_k(z^k - z^{-k}) \qquad (10.3.14)$$

当 $z = e^{j\omega}$ 时，有

$$s = j\frac{2}{T}\sum_{k=1}^{L}\alpha_k \sin\omega k \qquad (10.3.15)$$

这是一个纯虚数，于是

$$\Omega = \frac{2}{T}\sum_{k=1}^{L}\alpha_k \sin\omega k \qquad (10.3.16)$$

就是两个频率变量之间的映射。适当地选择系数 $\{\alpha_k\}$，可以将 $j\Omega$ 轴映射为单位圆。此外，s 平面中左半平面上的点可以映射为 z 平面上的单位圆内部的点。

尽管用式（10.3.16）中的映射实现了两个期望的特性，但选择系数组 $\{\alpha_k\}$ 的问题仍然存在。一般来说，这是一个困难的问题。因此存在将模拟滤波器变换成 IIR 数字滤波器的简单技术，所以我们并不强调使用 L 阶差分代替求导。

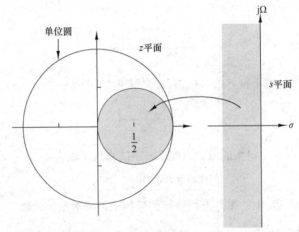

图 10.3.2　映射 $s = (1 - z^{-1})/T$ 将 s 平面的左半平面映射为 z 平面上中心为 $z = 1/2$、半径为 $1/2$ 的圆内部的点

【例 10.3.1】对求导使用反向差分，将系统函数为

$$H_a(s) = \frac{1}{(s + 0.1)^2 + 9}$$

的模拟带通滤波器变换成数字 IIR 滤波器。

解：将式（10.3.6）中的 s 代入 $H(s)$ 得

$$H(z) = \frac{1}{\left(\dfrac{1 - z^{-1}}{T} + 0.1\right)^2 + 9} = \frac{T^2/(1 + 0.2T + 9.01T^2)}{1 - \dfrac{2(1 + 0.1T)}{1 + 0.2T + 9.01T^2}z^{-1} + \dfrac{1}{1 + 0.2T + 9.01T^2}z^{-2}}$$

为了使极点靠近单位圆，将 T 选得足够小（如 $T \leqslant 0.1$），系统函数 $H(z)$ 就具有谐振器的形式。注意，条件 $a_1^2 < 4a_2$ 必须满足，以使极点是复的。

例如，如果 $T = 0.1$，那么极点位于

$$p_{1,2} = 0.91 \pm j0.27 = 0.949e^{\pm j16.5°}$$

观察发现，由于映射的特性，谐振频率的范围被限制为低频。这里建议读者为不同的 T 值画

出数字滤波器的频率响应 $H(\omega)$，并将结果与模拟滤波器的频率响应进行比较。

【例 10.3.2】 使用映射

$$s = \frac{1}{T}(z - z^{-1})$$

将例 10.3.1 中的模拟带通滤波器变换成数字 IIR 滤波器。

解： 将 s 代入 $H(s)$ 得

$$H(z) = \frac{1}{\left(\dfrac{z - z^{-1}}{T} + 0.1\right)^2 + 9} = \frac{z^2 T^2}{z^4 + 0.2Tz^3 + (2 + 9.01T^2)z^2 - 0.2Tz + 1}$$

观察发现，在 $H_a(s)$ 到 $H(z)$ 的变换中，映射引入了两个额外的极点。因此，数字滤波器要比模拟滤波器更复杂。这是上述映射的主要缺点之一。

10.3.2 基于冲激不变法的 IIR 滤波器设计

冲激不变法的目标是，设计一个单位样本响应 $h(n)$ 为模拟滤波器冲激响应的采样形式的 IIR 滤波器，即

$$h(n) \equiv h(nT), \qquad n = 0, 1, 2, \cdots \tag{10.3.17}$$

式中，T 为采样间隔。

为了说明式（10.3.17）的含义，回顾 6.2 节可知，当谱为 $X_a(F)$ 的连续时间信号 $x_a(t)$ 以 $F_s = 1/T$ 个样本/秒的采样率采样时，采样后信号的谱是缩放谱 $F_s X_a(F)$ 的周期性重复，周期为 F_s。具体地说，关系为

$$X(f) = F_s \sum_{k=-\infty}^{\infty} X_a\left[(f - k)F_s\right] \tag{10.3.18}$$

式中，$f = F/F_s$ 是归一化频率。如果采样率 F_s 低于 $X_a(F)$ 所包含的最高频率的两倍，就会出现混叠。

对频率响应为 $H_a(F)$ 的模拟滤波器的冲激响应采样时，单位样本响应为 $h(n) \equiv h_a(nT)$ 的数字滤波器的频率响应为

$$H(f) = F_s \sum_{k=-\infty}^{\infty} H_a\left[(f - k)F_s\right] \tag{10.3.19}$$

或者等效地为

$$H(\omega) = F_s \sum_{k=-\infty}^{\infty} H_a\left[(\omega - 2\pi k)F_s\right] \tag{10.3.20}$$

或

$$H(\Omega T) = \frac{1}{T} \sum_{k=-\infty}^{\infty} H_a\left(\Omega - \frac{2\pi k}{T}\right) \tag{10.3.21}$$

图 10.3.3 显示了一个低通模拟滤波器的频率响应和对应数字滤波器的频率响应。

显然，如果选择的采样间隔 T 小到可以完全避免或者至少最小化混叠效应，频率响应为 $H(\omega)$ 的数字滤波器就具有对应模拟滤波器的频率响应特性。同样，因为采样过程会导致谱混叠，所以冲激不变法不适合设计高通滤波器。

为了研究采样过程导致的 z 平面和 s 平面之间的点映射，下面推广式（10.3.21），以将 $h(n)$ 的 z 变换和 $h_a(t)$ 的拉普拉斯变换联系起来。这个推广为

$$H(z)\Big|_{z=e^{sT}} = \frac{1}{T} \sum_{k=-\infty}^{\infty} H_a\left(s - j\frac{2\pi k}{T}\right) \tag{10.3.22}$$

式中,

$$H(z) = \sum_{n=0}^{\infty} h(n)z^{-n}, \quad H(z)\Big|_{z=e^{sT}} = \sum_{n=0}^{\infty} h(n)e^{-sTn} \tag{10.3.23}$$

观察发现,当 $s = j\Omega$ 时,式(10.3.22)简化为式(10.3.21),这里 $H_a(\Omega)$ 中的因子 j 被隐去。

下面考虑由关系

$$z = e^{sT} \tag{10.3.24}$$

蕴含的从 s 平面到 z 平面的点映射。如果用 $s = \sigma + j\Omega$ 进行代换,并用极坐标形式将复变量 z 表示为 $z = re^{j\omega}$,则式(10.3.24)变为

$$re^{j\omega} = e^{\sigma T}e^{j\Omega T}$$

显然,必定有

$$r = e^{\sigma T}, \quad \omega = \Omega T \tag{10.3.25}$$

因此,$\sigma < 0$ 意味着 $0 < r < 1$,$\sigma > 0$ 意味着 $r > 1$。当 $\sigma = 0$ 时,有 $r = 1$。因此,s 平面的左半平面映射到 z 平面上的单位圆内部,s 平面的右半平面映射到 z 平面上的单位圆外部。

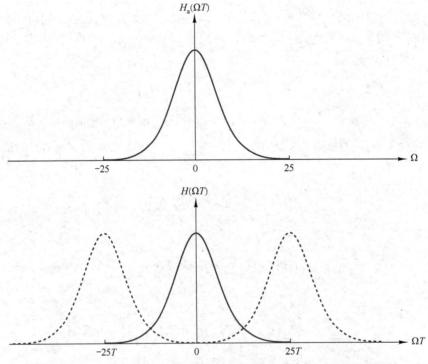

图 10.3.3　模拟滤波器的频率响应 $H_a(\Omega)$ 和对应数字滤波器的带有混叠的频率响应

如上所述,$j\Omega$ 轴映射到 z 平面的单位圆上,但 $j\Omega$ 轴到单位圆的映射不是一对一的。因为 ω 在区间 $(-\pi, \pi)$ 上唯一,映射 $\omega = \Omega T$ 表明区间 $-\pi/T \leqslant \Omega \leqslant \pi/T$ 映射到区间 $-\pi \leqslant \omega \leqslant \pi$。此外,频率区间 $\pi/T \leqslant \Omega \leqslant 3\pi/T$ 也映射到区间 $-\pi \leqslant \omega \leqslant \pi$,且当 k 是整数时区间 $(2k-1)\pi/T \leqslant \Omega \leqslant (2k+1)\pi/T$ 也映射到区间 $-\pi \leqslant \omega \leqslant \pi$。因此,从模拟频率 Ω 到数字频率 ω 的映射是多对一的,即反映了采样导致的混叠效应。图 10.3.4 显示了式(10.3.24)给出的从 s 平面到 z 平面的映射。

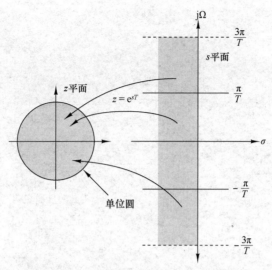

图 10.3.4　映射 $z = e^{sT}$ 将 s 平面中宽度为 $2\pi/T$（当 $\sigma < 0$）的条带映射成 z 平面上单位圆内部的点

为了进一步研究冲激不变设计法对所得滤波器特性的影响，下面将模拟滤波器的系统函数表示成部分分式。假设模拟滤波器的极点互不相同，那么可以写出

$$H_a(s) = \sum_{k=1}^{N} \frac{c_k}{s - p_k} \tag{10.3.26}$$

式中，$\{p_k\}$ 是模拟滤波器的极点，$\{c_k\}$ 是部分分式展开中的系数。因此，有

$$h_a(t) = \sum_{k=1}^{N} c_k \, e^{p_k t}, \quad t \geqslant 0 \tag{10.3.27}$$

如果以 $t = nT$ 对 $h_a(t)$ 进行周期采样，则有

$$h(n) = h_a(nT) = \sum_{k=1}^{N} c_k \, e^{p_k T n} \tag{10.3.28}$$

现在，对式（10.3.28）进行替换，得到的数字 IIR 滤波器的系统函数就变成

$$H(z) = \sum_{n=0}^{\infty} h(n) z^{-n} = \sum_{n=0}^{\infty} \left(\sum_{k=1}^{N} c_k \, e^{p_k T n} \right) z^{-n} = \sum_{k=1}^{N} c_k \sum_{n=0}^{\infty} (e^{p_k T} z^{-1})^n \tag{10.3.29}$$

因为 $p_k < 0$，式（10.3.29）中的内部和收敛，得到

$$\sum_{n=0}^{\infty} (e^{p_k T} z^{-1})^n = \frac{1}{1 - e^{p_k T} z^{-1}} \tag{10.3.30}$$

因此，数字滤波器的系统函数为

$$H(z) = \sum_{k=1}^{N} \frac{c_k}{1 - e^{p_k T} z^{-1}} \tag{10.3.31}$$

观察发现，数字滤波器的极点位于

$$z_k = e^{p_k T}, \quad k = 1, 2, \cdots, N \tag{10.3.32}$$

尽管极点是由式（10.3.32）从 s 平面映射到 z 平面的，但两个域中的零点不满足式（10.3.32）。因此，冲激不变法不对应于式（10.3.24）中给出的点的简单映射。

式（10.3.31）中的 $H(z)$ 是根据滤波器有不同的极点推导出来的，它可推广到包含多阶极点的情形。然而，为简便起见，这里不打算推广式（10.3.31）。

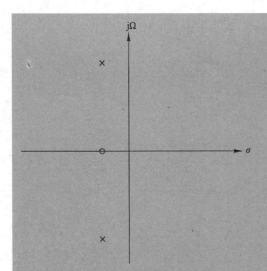

图 10.3.5　例 10.3.3 中模拟滤波器的零极点位置

【例 10.3.3】采用冲激不变法将系统函数为

$$H_a(s) = \frac{s+0.1}{(s+0.1)^2 + 9}$$

的模拟滤波器变换成数字 IIR 滤波器。

解：观察发现，模拟滤波器在 $s = -0.1$ 处有一个零点，且在

$$p_k = -0.1 \pm j3$$

处有一对复共轭极点，如图 10.3.5 所示。

为了根据冲激不变法设计数字 IIR 滤波器，我们不必求出冲激响应 $h_a(t)$，而只需要由 $H_a(s)$ 的部分分式展开直接求式（10.3.31）中的 $H(z)$。于是，有

$$H(s) = \frac{\frac{1}{2}}{s+0.1-j3} + \frac{\frac{1}{2}}{s+0.1+j3}$$

进而有

$$H(z) = \frac{\frac{1}{2}}{1 - e^{-0.1T} e^{j3T} z^{-1}} + \frac{\frac{1}{2}}{1 - e^{-0.1T} e^{-j3T} z^{-1}}$$

因为两个极点是复共轭的，所以可将它们组成为一个双极点滤波器，该滤波器的系统函数为

$$H(z) = \frac{1 - (e^{-0.1T} \cos 3T) z^{-1}}{1 - (2 e^{-0.1T} \cos 3T) z^{-1} + e^{-0.2T} z^{-1}}$$

图 10.3.6 显示了 $T = 0.1$ 和 $T = 0.5$ 时，该滤波器的频率响应特性的幅度。为便于比较，图 10.3.7 显示了模拟滤波器的频率响应的幅度。观察发现，$T = 0.5$ 时的混叠要比 $T = 0.1$ 时更普遍。此外，要注意谐振频率随 T 变化时的频移。

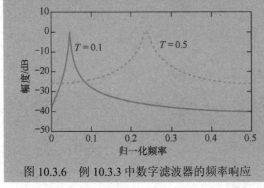

图 10.3.6　例 10.3.3 中数字滤波器的频率响应

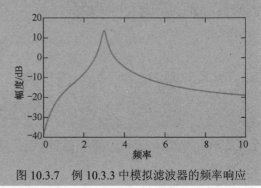

图 10.3.7　例 10.3.3 中模拟滤波器的频率响应

上例表明，选择小 T 值对最小化混叠效应非常重要。因为存在混叠，冲激不变法仅适用于设计低通和带通滤波器。

10.3.3　基于双线性变换的 IIR 滤波器设计

前两节描述的 IIR 滤波器设计技术有一个严重的局限，即它们只适用于低通滤波器和有限的带通滤波器。

本节介绍从 s 平面到 z 平面的映射，即双线性变换，它克服了前面两种方法的局限性。双线性变换是保形映射，它只将 jΩ 轴变换到 z 平面的单位圆一次，避免了频率分量的混叠。此外，s 平面的左半平面上的所有点都映射到 z 平面上的单位圆内部，而 s 平面的右半平面上的所有点都映射到 z 平面上的单位圆外部。

双线性变换可与数值积分的梯形公式相联系，例如，下面考虑系统函数为

$$H(s) = \frac{b}{s+a} \qquad (10.3.33)$$

的一个模拟线性滤波器。该系统也可用如下微分方程描述：

$$\frac{\mathrm{d}\,y(t)}{\mathrm{d}\,t} + ay(t) = bx(t) \qquad (10.3.34)$$

这时我们不用有限微分来代替导数，而用梯形公式来逼近导数的积分。于是，有

$$y(t) = \int_{t_0}^{t} y'(\tau)\,\mathrm{d}\tau + y(t_0) \qquad (10.3.35)$$

式中，$y'(t)$ 是 $y(t)$ 的导数。在 $t = nT$ 和 $t_0 = nT - T$ 处使用梯形公式逼近式（10.3.35）中的积分，得到

$$y(nT) = \frac{T}{2}[y'(nT) + y'(nT-T)] + y(nT-T) \qquad (10.3.36)$$

现在，在 $t = nT$ 处计算式（10.3.34）中的微分方程，得到

$$y'(nT) = -ay(nT) + bx(nT) \qquad (10.3.37)$$

用式（10.3.37）替换式（10.3.36）中的导数，得到等效离散时间系统的微分方程。当 $y(n) \equiv y(nT)$ 且 $x(n) \equiv x(nT)$ 时，得到结果

$$\left(1 + \frac{aT}{2}\right)y(n) - \left(1 - \frac{aT}{2}\right)y(n-1) = \frac{bT}{2}[x(n) + x(n-1)] \qquad (10.3.38)$$

这个差分方程的 z 变换为

$$\left(1 + \frac{aT}{2}\right)Y(z) - \left(1 - \frac{aT}{2}\right)z^{-1}Y(z) = \frac{bT}{2}(1 + z^{-1})X(z)$$

因此，等效数字滤波器的系统函数为

$$H(z) = \frac{Y(z)}{X(z)} = \frac{(bT/2)(1 + z^{-1})}{1 + aT/2 - (1 - aT/2)z^{-1}}$$

或者等效地为

$$H(z) = \frac{b}{\dfrac{2}{T}\left(\dfrac{1 - z^{-1}}{1 + z^{-1}}\right) + a} \qquad (10.3.39)$$

显然，从 s 平面到 z 平面的映射为

$$s = \frac{2}{T}\left(\frac{1 - z^{-1}}{1 + z^{-1}}\right) \qquad (10.3.40)$$

这称为**双线性变换**。

尽管我们是根据一阶微分方程推导双线性变换的，但它对 N 阶微分方程通常也成立。

为了研究双线性变换的特性，令

$$z = r\,\mathrm{e}^{\mathrm{j}\omega}, \qquad s = \sigma + \mathrm{j}\Omega$$

于是，式（10.3.40）可以写为

$$s = \frac{2}{T}\frac{z-1}{z+1} = \frac{2}{T}\frac{r\,\mathrm{e}^{\mathrm{j}\omega} - 1}{r\,\mathrm{e}^{\mathrm{j}\omega} + 1} = \frac{2}{T}\left(\frac{r^2 - 1}{1 + r^2 + 2r\cos\omega} + \mathrm{j}\frac{2r\sin\omega}{1 + r^2 + 2r\cos\omega}\right)$$

因此，有

$$\sigma = \frac{2}{T}\frac{r^2 - 1}{1 + r^2 + 2r\cos\omega} \qquad (10.3.41)$$

$$\Omega = \frac{2}{T} \frac{2r\sin\omega}{1+r^2+2r\cos\omega} \qquad (10.3.42)$$

观察发现，$r<1$ 时 $\sigma < 0$，$r>1$ 时 $\sigma > 0$。因此，s 平面的左半平面被映射到 z 平面中的单位圆内部，而 s 平面的右半平面则被映射到单位圆外部。当 $r=1$ 时，$\sigma = 0$，且有

$$\Omega = \frac{2}{T} \frac{\sin\omega}{1+\cos\omega} = \frac{2}{T}\tan\frac{\omega}{2} \qquad (10.3.43)$$

或者等效地有

$$\omega = 2\arctan\frac{\Omega T}{2} \qquad (10.3.44)$$

两个域中的频率变量之间的关系即［式（10.3.44）］如图 10.3.8 所示。观察发现，Ω 中的整个区间只映射到区间 $-\pi \leqslant \omega \leqslant \pi$ 一次。然而，该映射是高度非线性的。注意，频率压缩或**频率畸变**是由反正切函数的非线性导致的。

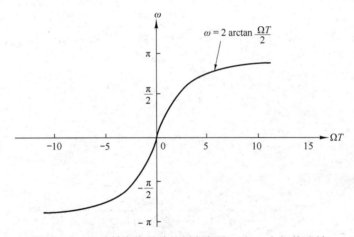

图 10.3.8　双线性变换导致的频率变量 ω 和 Ω 之间的映射

此外，双线性变换将点 $s=\infty$ 映射成点 $z=-1$。因此，在 $s=\infty$ 处有一个零点的单极点低通滤波器［即式（10.3.33）］，得到在 $z=-1$ 处有一个零点的数字滤波器。

【例 10.3.4】 采用双线性变换将系统函数为

$$H_a(s) = \frac{s+0.1}{(s+0.1)^2+16}$$

的模拟滤波器变换成数字 IIR 滤波器，后者有一个谐振频率 $\omega_r = \pi/2$。

解： 首先，观察发现模拟滤波器有一个谐振频率 $\Omega_r = 4$。选择参数 T 的值，可将这个频率映射为 $\omega_r = \pi/2$。由式（10.3.43），为了有 $\omega_r = \pi/2$，必须选择 $T=1/2$。于是，期望的映射为

$$s = 4\left(\frac{1-z^{-1}}{1+z^{-1}}\right)$$

得到的数字滤波器的系统函数为

$$H(z) = \frac{0.128+0.006z^{-1}-0.122z^{-1}}{1+0.0006z^{-1}+0.975z^{-2}}$$

观察发现，在 $H(z)$ 的分母中，z^{-1} 项的系数小到可以用零来近似。于是，我们就有系统函数

$$H(z) = \frac{0.128+0.006z^{-1}-0.122z^{-2}}{1+0.975z^{-2}}$$

该滤波器的极点位置为

$$p_{1,2} = 0.987\,\mathrm{e}^{\pm \mathrm{j}\pi/2}$$

零点位置为

$$z_{1,2} = -1, 0.95$$

因此，我们就成功设计了在 $\omega = \pi/2$ 附近谐振的一个双极点滤波器。

在上例中，选择参数 T 的目的是将模拟滤波器的谐振频率映射到数字滤波器的期望谐振频率。数字滤波器的设计通常始于数字域中涉及频率变量 ω 的指标。这些频率指标由式（10.3.43）变换到模拟域。然后，设计满足这些指标的模拟滤波器，并根据式（10.3.40）中的双线性变换将模拟滤波器变换成数字滤波器。在该过程中，参数 T 是透明的，可设为任何值（如 $T = 1$）。下例说明了这个过程。

【例 10.3.5】 对模拟滤波器

$$H(s) = \frac{\Omega_c}{s + \Omega_c}$$

应用双线性变换，设计一个 3dB 带宽为 0.2π 的单极点低通滤波器，其中 Ω_c 为模拟滤波器的 3dB 带宽。

解：规定数字滤波器在 $\omega_c = 0.2\pi$ 处的增益为 -3dB。在模拟滤波器的频域中，$\omega_c = 0.2\pi$ 对应于

$$\Omega_c = \frac{2}{T} \tan 0.1\pi = \frac{0.65}{T}$$

于是，模拟滤波器的系统函数就为

$$H(s) = \frac{0.65/T}{s + 0.65/T}$$

这是模拟域中的滤波器设计。

现在，应用式（10.3.40）中的双线性变换，将模拟滤波器变换为期望的数字滤波器，得到

$$H(z) = \frac{0.245(1 + z^{-1})}{1 - 0.509 z^{-1}}$$

式中，参数 T 已被约去。数字滤波器的频率响应为

$$H(\omega) = \frac{0.245(1 + \mathrm{e}^{-\mathrm{j}\omega})}{1 - 0.509 \mathrm{e}^{-\mathrm{j}\omega}}$$

在 $\omega = 0$ 处 $H(0) = 1$，而在 $\omega = 0.2\pi$ 处 $|H(0.2\pi)| = 0.707$，这就是期望的响应。

10.3.4 常用模拟滤波器的特性

由前面的讨论可知，从模拟滤波器开始，使用一个映射将 s 平面变换到 z 平面，很容易得到 IIR 数字滤波器。因此，设计数字滤波器就简化为设计一个合适的模拟滤波器，然后执行从 $H(s)$ 到 $H(z)$ 的变换。采用这种方式可以尽可能多地保留模拟滤波器的期望特性。

模拟滤波器设计领域比较成熟，许多书籍中都描述了这一主题。本节简要介绍常用模拟滤波器的重要特性并引入相关的滤波器参数。注意，这里的讨论仅限于低通滤波器。随后，介绍几种将低通原型滤波器变换成带通、高通或带阻滤波器的频率变换。

巴特沃思滤波器。低通巴特沃思滤波器是用幅度平方频率响应

$$|H(\Omega)|^2 = \frac{1}{1 + (\Omega/\Omega_c)^{2N}} = \frac{1}{1 + \epsilon^2 (\Omega/\Omega_p)^{2N}} \tag{10.3.45}$$

描述的全极点滤波器，其中 N 是滤波器的阶数，Ω_c 是 -3dB 频率（常称截止频率），Ω_p 是通带边缘频率，$1/(1 + \epsilon^2)$ 是 $|H(\Omega)|^2$ 的频带边缘值。因为在 $s = \mathrm{j}\Omega$ 处求得的 $H(s)H(-s)$ 等于 $|H(\Omega)|^2$，于是有

$$H(s)H(-s) = \frac{1}{1+(-s^2/\Omega_{\mathrm{c}}^2)^N} \qquad (10.3.46)$$

$H(s)H(-s)$的极点是半径为Ω_{c}的圆上的等间隔点。由式（10.3.46）可知

$$\frac{-s^2}{\Omega_{\mathrm{c}}^2} = (-1)^{1/N} = \mathrm{e}^{\mathrm{j}(2k+1)\pi/N}, \qquad k = 0,1,\cdots,N-1$$

因此有

$$s_k = \Omega_{\mathrm{c}} \, \mathrm{e}^{\mathrm{j}\pi/2} \, \mathrm{e}^{\mathrm{j}(2k+1)\pi/2N}, \qquad k = 0,1,\cdots,N-1 \qquad (10.3.47)$$

例如，图 10.3.9 显示了 $N=4$ 和 $N=5$ 时巴特沃思滤波器的极点位置。

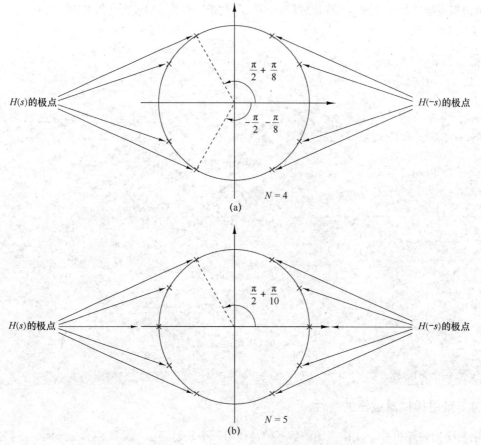

图 10.3.9　巴特沃思滤波器的极点位置

图 10.3.10 显示了这类巴特沃思滤波器对几个 N 值的频率响应特性。观察发现，$|H(\Omega)|^2$ 在通带和阻带中均是单调的。在规定频率 Ω_{s} 处满足衰减 δ_2 所需的阶数易由式（10.3.45）求出。于是，在 $\Omega=\Omega_{\mathrm{s}}$ 处有

$$\frac{1}{1+\epsilon^2(\Omega_{\mathrm{s}}/\Omega_{\mathrm{p}})^{2N}} = \delta_2^2$$

因此有

$$N = \frac{\lg\left[(1/\delta_2^2)-1\right]}{2\lg(\Omega_{\mathrm{s}}/\Omega_{\mathrm{p}})} = \frac{\lg(\delta/\epsilon)}{\lg(\Omega_{\mathrm{s}}/\Omega_{\mathrm{p}})} \qquad (10.3.48)$$

式中，根据定义，$\delta_2 = 1/\sqrt{1+\delta^2}$。于是，巴特沃思滤波器就完全由参数 N, δ_2, ϵ 和比值 $\Omega_{\mathrm{s}}/\Omega_{\mathrm{p}}$ 描述。

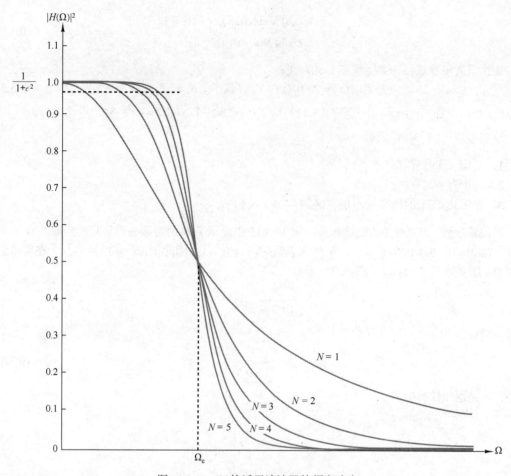

图 10.3.10　巴特沃思滤波器的频率响应

【例 10.3.6】求−3dB 带宽为 500Hz、在 1000Hz 处衰减为 40dB 的低通巴特沃思滤波器的阶数和极点。

解：临界频率是−3dB 频率 Ω_c 和阻带频率 Ω_s：

$$\Omega_c = 1000\pi, \qquad \Omega_s = 2000\pi$$

对于 40dB 的衰减，$\delta_2 = 0.01$。因此，由式（10.3.48）可得

$$N = \frac{\lg(10^4 - 1)}{2\lg 2} = 6.64$$

为了满足期望的指标，选择 $N = 7$。极点位置为

$$s_k = 1000\pi\, \mathrm{e}^{\mathrm{j}[\pi/2 + (2k+1)\pi/14]}, \qquad k = 0, 1, 2, \cdots, 6$$

切比雪夫滤波器。 切比雪夫滤波器分为两类。切比雪夫 I 型滤波器是在通带内出现等纹波性质而在阻带内出现单调性质的全极点滤波器；切比雪夫 II 型滤波器包含极点和零点，并且在通带内出现单调性质，而在阻带内出现等纹波性质。这类滤波器的零点位于 s 平面的虚轴上。

切比雪夫 I 型滤波器的频率响应特性的幅度平方为

$$\left|H(\Omega)\right|^2 = \frac{1}{1 + \epsilon^2 T_N^2(\Omega/\Omega_p)} \tag{10.3.49}$$

式中，ϵ 是一个与通带纹波相关的参数，而 $T_N(x)$ 是定义如下的 N 阶切比雪夫多项式：

$$T_N(x) = \begin{cases} \cos(N\arccos x), & |x| \leqslant 1 \\ \cosh(N\,\mathrm{acosh}\,x), & |x| > 1 \end{cases} \qquad (10.3.50)$$

切比雪夫多项式可由如下递归公式产生：

$$T_{N+1}(x) = 2xT_N(x) - T_{N-1}(x), \qquad N = 1, 2, \cdots \qquad (10.3.51)$$

式中，$T_0(x) = 1$ 且 $T_1(x) = x$。由式（10.3.51）得 $T_2(x) = 2x^2 - 1$，$T_3(x) = 4x^3 - 3x$，以此类推。

这些多项式的一些性质如下。

1. 当 $|x| \leqslant 1$ 时有 $|T_N(x)| \leqslant 1$。

2. 对所有 N，有 $T_N(1) = 1$。

3. 多项式 $T_N(x)$ 的所有根出现在区间 $-1 \leqslant x \leqslant 1$ 内。

滤波器参数 ϵ 与通带中的纹波相关，图 10.3.11 中显示了 N 为奇数和偶数时的情形。当 N 为奇数时，$T_N(0) = 0$，因此 $|H(0)|^2 = 1$。当 N 为偶数时，$T_N(0) = 1$，因此 $|H(0)|^2 = 1/(1 + \epsilon^2)$。在频带边缘频率 $\Omega = \Omega_\mathrm{p}$ 处，有 $T_N(1) = 1$，所以有

$$\frac{1}{\sqrt{1 + \epsilon^2}} = 1 - \delta_1$$

或者等效地有

$$\epsilon^2 = \frac{1}{(1 - \delta_1)^2} - 1 \qquad (10.3.52)$$

式中，δ_1 是通带纹波的值。

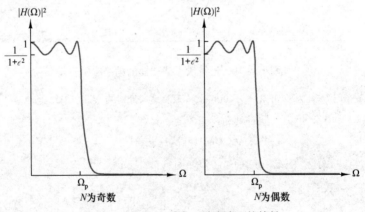

图 10.3.11　切比雪夫 I 型滤波器的特性

切比雪夫 I 型滤波器的极点位于 s 平面中的一个椭圆上，椭圆的长轴为

$$r_1 = \Omega_\mathrm{p} \frac{\beta^2 + 1}{2\beta} \qquad (10.3.53)$$

短轴为

$$r_2 = \Omega_\mathrm{p} \frac{\beta^2 - 1}{2\beta} \qquad (10.3.54)$$

式中，β 和 ϵ 的关系如下：

$$\beta = \left[\frac{\sqrt{1 + \epsilon^2} + 1}{\epsilon} \right]^{1/N} \qquad (10.3.55)$$

如图 10.3.12 所示，首先定位一个等效的 N 阶巴特沃思滤波器在半径为 r_1 或 r_2 的圆上的极点，就很容易求出一个 N 阶滤波器的极点位置。如果将巴特沃思滤波器极点的角位置记为

$$\phi_k = \frac{\pi}{2} + \frac{(2k+1)\pi}{2N}, \qquad k = 0,1,2,\cdots,N-1 \qquad (10.3.56)$$

则切比雪夫滤波器的极点在坐标为 (x_k, y_k) 的椭圆上，$k = 0,1,\cdots,N-1$，其中

$$x_k = r_2 \cos\phi_k, \qquad k = 0,1,\cdots,N-1$$
$$y_k = r_1 \sin\phi_k, \qquad k = 0,1,\cdots,N-1 \qquad (10.3.57)$$

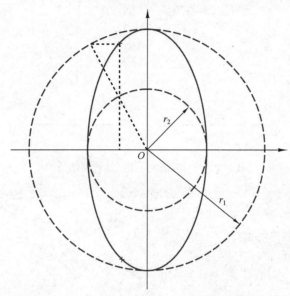

图 10.3.12　确定切比雪夫滤波器的极点位置

切比雪夫 II 型滤波器包含零点和极点，其频率响应的幅度平方为

$$\left|H(\Omega)\right|^2 = \frac{1}{1 + \epsilon^2 \left[T_N^2(\Omega_s/\Omega_p) / T_N^2(\Omega_s/\Omega_p) \right]} \qquad (10.3.58)$$

式中，$T_N(x)$ 是 N 阶切比雪夫多项式，Ω_s 是阻带频率，如图 10.3.13 所示。零点位于虚轴上，位置为

$$s_k = j\frac{\Omega_s}{\sin\phi_k}, \qquad k = 0,1,\cdots,N-1 \qquad (10.3.59)$$

极点的位置为 (v_k, w_k)，其中

$$v_k = \frac{\Omega_s x_k}{\sqrt{x_k^2 + y_k^2}}, \qquad k = 0,1,\cdots,N-1 \qquad (10.3.60)$$

$$w_k = \frac{\Omega_s y_k}{\sqrt{x_k^2 + y_k^2}}, \qquad k = 0,1,\cdots,N-1 \qquad (10.3.61)$$

式中，$\{x_k\}$ 与 $\{y_k\}$ 由式（10.3.57）定义，β 与阻带中的纹波的关系为

$$\beta = \left[\frac{1 + \sqrt{1 - \delta_2^2}}{\delta_2} \right]^{1/N} \qquad (10.3.62)$$

根据这一描述，观察发现切比雪夫滤波器由参数 N, ϵ, δ_2 和比值 Ω_s/Ω_p 描述。对于规定的 ϵ，δ_2 和与 Ω_s/Ω_p，可以由式

$$N = \frac{\lg\left[\left(\sqrt{1-\delta_2^2} + \sqrt{1-\delta_2^2(1+\epsilon^2)}\right)\middle/\epsilon\delta_2\right]}{\lg\left[(\Omega_s/\Omega_p) + \sqrt{(\Omega_s/\Omega_p)^2 - 1}\right]} = \frac{\mathrm{acosh}(\delta/\epsilon)}{\mathrm{acosh}(\Omega_s/\Omega_p)} \qquad (10.3.63)$$

求出滤波器的阶数 N，其中 $\delta_2 = 1/\sqrt{1+\delta^2}$。

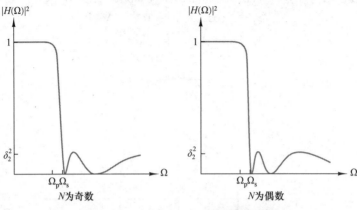

图 10.3.13　切比雪夫 II 型滤波器的特性

【例 10.3.7】求通带中纹波为 1dB、截止频率为 $\Omega_p = 1000\pi$、阻带频率为 2000π 以及 $\Omega \geqslant \Omega_s$ 时衰减不小于 40dB 的切比雪夫 I 型滤波器的阶数和极点。

解： 首先求滤波器的阶数，有

$$10\lg(1+\varepsilon^2) = 1 \;\Rightarrow\; 1+\varepsilon^2 = 1.259 \;\Rightarrow\; \varepsilon^2 = 0.259 \;\Rightarrow\; \varepsilon = 0.5088$$

和

$$20\lg\delta_2 = -40 \;\Rightarrow\; \delta_2 = 0.01$$

因此，由式（10.3.63）得

$$N = \frac{\lg 196.54}{\lg(2+\sqrt{3})} = 4.0$$

于是，一个切比雪夫 I 型滤波器有四个极点满足指标。

由式（10.3.53）至式（10.3.57）中的关系可以求出极点位置。首先计算 β、r_1 和 r_2，得到

$$\beta = 1.429, \quad r_1 = 1.06\Omega_p, \quad r_2 = 0.365\Omega_p$$

角度 $\{\phi_k\}$ 为

$$\phi_k = \frac{\pi}{2} + \frac{(2k+1)\pi}{8}, \qquad k = 0,1,2,3$$

因此，极点位置为

$$x_1 + jy_1 = -0.1397\Omega_p \pm j0.979\Omega_p$$

$$x_2 + jy_2 = -0.337\Omega_p \pm j0.4056\Omega_p$$

例 10.3.7 中的滤波器指标，与设计巴特沃思滤波器的例 10.3.6 中给出的指标非常相似。设计巴特沃思滤波器时，满足指标需要的极点数量是 7，而设计切比雪夫滤波器只需要 4 个极点，这是此类比较的典型结果。一般来说，切比雪夫滤波器需要的极点数量要比巴特沃思滤波器的少。此外，如果我们比较具有相同极点数量、相同通带与阻带指标的巴特沃思滤波器和切比雪夫滤波器，就会发现切比雪夫滤波器的过渡带宽更小。有兴趣的读者可以参阅 Zverev(1967)，查找切比雪夫滤波器的特性及其零极点位置。

椭圆滤波器。 椭圆滤波器在通带和阻带中都出现等纹波特性，图 10.3.14 中显示 N 为奇数和偶数时的情形。这类滤波器包含极点和零点，并由如下的幅度平方频率响应描述：

$$\left| H(\Omega) \right|^2 = \frac{1}{1 + \epsilon^2 U_N(\Omega/\Omega_p)} \qquad (10.3.64)$$

式中，$U_N(x)$ 是 N 阶雅可比椭圆函数，Zverev(1967) 中已将其制成表格；ϵ 是与通带纹波有关的参数。零点位于 $j\Omega$ 轴上。

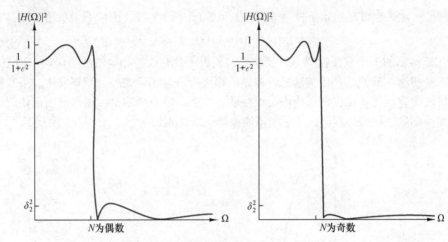

图 10.3.14　椭圆滤波器的幅度平方频率特性

回顾关于 FIR 滤波器的讨论可知，当我们将逼近误差平均扩展到通带和阻带上时，设计最高效。椭圆滤波器可以实现这种高效设计，从给定的指标产生最小阶滤波器时，椭圆滤波器是最高效的。我们可以等效地说，对于一个给定的阶和一组指标，椭圆滤波器的过渡带宽最小。

实现给定通带纹波 δ_1、阻带纹波 δ_2 和过渡比 Ω_p/Ω_s 所需的滤波器的阶数为

$$N = \frac{K(\Omega_p/\Omega_s) K\left(\sqrt{1 - (\epsilon^2/\delta^2)}\right)}{K(\epsilon/\delta) K\left(\sqrt{1 - (\Omega_p/\Omega_s)^2}\right)} \qquad (10.3.65)$$

式中，$K(x)$ 是第一类完全椭圆积分，它定义为

$$K(x) = \int_0^{\pi/2} \frac{\mathrm{d}\theta}{\sqrt{1 - x^2 \sin^2 \theta}} \qquad (10.3.66)$$

$\delta_2 = 1/\sqrt{1 + \delta^2}$。这个积分的值已在一些教材中制成表格〔如 Jahnke and Emde (1945) 和 Dwight (1957)〕。通带纹波为 $10\lg(1 + \epsilon^2)$。

这里不打算详细介绍椭圆函数，因为这样做会偏离主题。事实上，计算机程序就可以根据上述频率指标设计椭圆滤波器。

既然椭圆滤波器最优，为何还要在实际中使用巴特沃思或切比雪夫滤波器呢？在某些应用中，巴特沃思或切比雪夫滤波器更可取的重要原因是，它们有更好的相位响应特性。在通带中，特别是靠近频带边缘时，椭圆滤波器的相位响应与巴特沃思滤波器或切比雪夫滤波器相比，更加非线性。

贝塞尔滤波器。 贝塞尔滤波器是由如下系统函数描述的一类全极点滤波器：

$$H(s) = \frac{1}{B_N(s)} \qquad (10.3.67)$$

式中，$B_N(s)$是N阶贝塞尔多项式。这些多项式可以写为

$$B_N(s) = \sum_{k=0}^{N} a_k s^k \qquad (10.3.68)$$

式中，系数$\{a_k\}$为

$$a_k = \frac{(2N-k)!}{2^{N-k} k!(N-k)!}, \qquad k = 0,1,\cdots,N \qquad (10.3.69)$$

贝塞尔滤波器多项式也可在初始条件为$B_0(s)=1$和$B_1(s)=s+1$时，由如下关系递归地产生：

$$B_N(s) = (2N-1)B_{N-1}(s) + s^2 B_{N-2}(s) \qquad (10.3.70)$$

  贝塞尔滤波器的一个重要性质是，滤波器的通带上具有线性相位响应。例如，图 10.3.15 比较了 $N=4$ 阶贝塞尔滤波器和巴特沃思滤波器的幅度响应与相位响应。观察发现，贝塞尔滤波器有更大的过渡带宽，但其相位在通带内是线性的。然而，要强调的是，根据前面描述的变换将模拟滤波器变换到数字域的过程，破坏了模拟滤波器的线性相位特性。

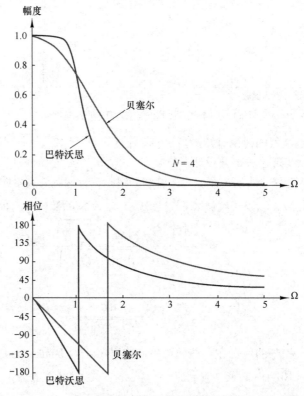

图 10.3.15 $N=4$阶贝塞尔和巴特沃思滤波器的幅度响应与相位响应

10.3.5 基于双线性变换设计数字滤波器的例子

  本节给出应用双线性变换将 $H(s)$ 变换到 $H(z)$，进而从模拟滤波器设计数字滤波器的几个例子。如今，使用个人计算机的一些软件包就可以设计这些滤波器。

  我们要设计满足如下指标的一个低通滤波器：通带内的最大纹波为 1/2dB，阻带内的衰减为 60dB，通带边缘频率为 $\omega_p = 0.25\pi$，阻带边缘频率为 $\omega_s = 0.30\pi$。

  要满足这些指标，就需要一个 $N=37$ 阶的巴特沃思滤波器。图 10.3.16 中显示了这个滤波器的频率响应特性。如果使用一个切比雪夫滤波器，那么一个 $N=13$ 阶的滤波器就能满足指标。

图 10.3.17 显示了切比雪夫 I 型滤波器的频率响应特性，该滤波器的通带纹波为 0.31dB。最后，设计一个 $N = 7$ 阶的椭圆滤波器也能满足指标。为便于说明，表 10.5 中显示了该滤波器的参数数值，图 10.3.18 中显示了得到的频率指标。函数 $H(z)$ 为

$$H(z) = \prod_{i=1}^{K} \frac{b(i,0) + b(i,1)z^{-1} + b(i,2)z^{-2}}{1 + a(i,1)z^{-1} + a(i,2)z^{-2}} \qquad (10.3.71)$$

尽管上一节中介绍了低通模拟滤波器，但如 10.4 节所述，采用频率变换法将低通模拟滤波器变换为带通、带阻或高通模拟滤波器很简单。然后，应用双线性变换将模拟滤波器变换成等效的数字滤波器。像上面介绍的低通滤波器情况那样，整个设计都可以在计算机上完成。

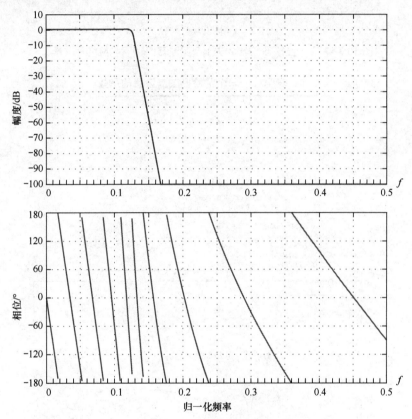

图 10.3.16　一个 37 阶巴特沃思滤波器的频率响应特性

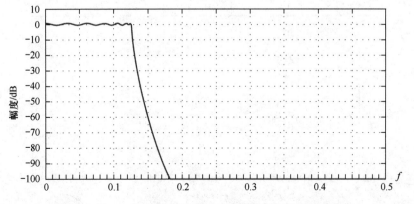

图 10.3.17　一个 13 阶切比雪夫 I 型滤波器的频率响应特性

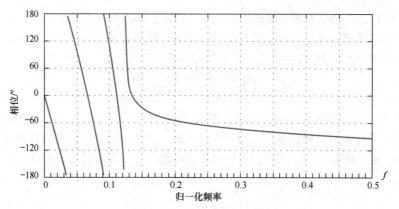

图 10.3.17　一个 13 阶切比雪夫 I 型滤波器的频率响应特性（续）

表 10.5　一个 7 阶椭圆滤波器的系数

```
            INFINITE IMPULSE RESPONSE (IIR)
              ELLIPTIC LOWPASS FILTER
              UNQUANTIZED COEFFICIENTS
FILTER ORDER = 7
SAMPLING FREQUENCY = 2.000 KILOHERTZ
I.  A(I, 1)    A(I, 2)   B(I, 0)   B(I, 1)   B(I, 2)
1   -.790103   .000000   .104948   .104948   .000000
2  -1.517223   .714088   .102450  -.007817   .102232
3  -1.421773   .861895   .420100  -.399842   .419864
4  -1.387447   .962252   .714929  -.826743   .714841
      *** CHARACTERISTICS OF DESIGNED FILTER ***
                   BAND 1       BAND 2
LOWER BAND EDGE    .00000       .30000
UPPER BAND EDGE    .25000      1.00000
NOMINAL GAIN      1.00000       .00000
NOMINAL RIPPLE     .05600       .00100
MAXIMUM RIPPLE     .04910       .00071
RIPPLE IN DB       .41634    -63.00399
```

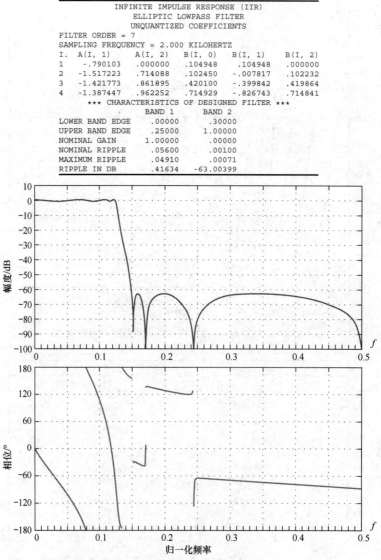

图 10.3.18　一个 7 阶椭圆滤波器的频率响应特性

10.4 频率变换

上一节的讨论重点是低通 IIR 滤波器的设计。如果要设计一个高通、带通或带阻滤波器，那么取一个低通原型滤波器（巴特沃思、切比雪夫、椭圆、贝塞尔）并进行频率变换很简单。

一种方法是先在模拟域中执行频率变换，后用从 s 平面到 z 平面的映射将模拟滤波器变换成对应的数字滤波器。另一种方法是，先将模拟低通滤波器变换成数字低通滤波器，后用一个数字变换将低通数字滤波器变换成期望的数字滤波器。一般来说，这两种方法产生的结果是不同的，但双线性变换除外，因为双线性变换得到的滤波器设计是相同的。下面介绍这两种方法。

10.4.1 模拟域中的频率变换

首先，考虑模拟域中的频率变换。假设有一个通带边缘频率为 Ω_p 的低通滤波器，我们要将其变换成通带截止频率为 Ω_p' 的另一个低通滤波器。完成此项工作的变换为

$$s \to \frac{\Omega_p}{\Omega_p'} s \quad \text{（从低通到低通）} \tag{10.4.1}$$

于是，我们得到一个系统函数为 $H_1(s) = H_p[(\Omega_p / \Omega_p')s]$ 的低通滤波器，其中 $H_p(s)$ 是通带边缘频率为 Ω_p 的原型低通滤波器的系统函数。

如果要将一个低通滤波器变换成通带边缘频率为 Ω_p' 的一个高通滤波器，那么期望的变换为

$$s \to \frac{\Omega_p \Omega_p'}{s} \quad \text{（从低通到高通）} \tag{10.4.2}$$

高通滤波器的系统函数为 $H_h(s) = H_p(\Omega_p \Omega_p'/s)$。

将通带边缘频率为 Ω_c 的低通模拟滤波器变换成频带下边缘频率为 Ω_l、频带上边缘频率为 Ω_u 的带通滤波器的变换，是首先将一个低通滤波器变换成频带边缘频率为 $\Omega_p' = 1$ 的另一个低通滤波器，然后执行如下变换完成的：

$$s \to \frac{s^2 + \Omega_l \Omega_u}{s(\Omega_u - \Omega_l)}, \quad \text{（从低通到带通）} \tag{10.4.3}$$

等效地，借助变换

$$s \to \Omega_p \frac{s^2 + \Omega_l \Omega_u}{s(\Omega_u - \Omega_l)}, \quad \text{（从低通到带通）} \tag{10.4.4}$$

可以一步得到同样的结果，其中 Ω_l 是下频率边缘频率，Ω_u 是上频带边缘频率。于是，有

$$H_b(s) = H_p\left(\Omega_p \frac{s^2 + \Omega_l \Omega_u}{s(\Omega_u - \Omega_l)}\right)$$

最后，如果要将频带边缘频率为 Ω_p 的低通模拟滤波器变换成带阻滤波器，变换就是式（10.4.3）的逆，它带有该低通滤波器的频带边缘频率的因子 Ω_p。于是，该变换为

$$s \to \Omega_p \frac{s(\Omega_u - \Omega_l)}{s^2 + \Omega_u \Omega_l}, \quad \text{（从低通到带阻）} \tag{10.4.5}$$

得到

$$H_{bs}(s) = H_p\left(\Omega_p \frac{s(\Omega_u - \Omega_l)}{s^2 + \Omega_u \Omega_l}\right)$$

表 10.6 小结了式（10.4.1）、式（10.4.2）、式（10.4.3）和式（10.4.5）中的映射。式（10.4.4）和式（10.4.5）中的映射是非线性的，可能会导致低通滤波器的频率响应特性失真。然而，非线性对频率响应的影响很小，主要影响频率尺度，但会保留滤波器的幅度响应特性。于是，等纹波低通滤波器就变换成了等纹波带通滤波器、带阻滤波器或高通滤波器。

表 10.6　模拟滤波器的频率变换（原型低通滤波器的频带边缘频率为 Ω_p）

变换类型	变　换	新滤波器的频带边缘频率
低通	$s \to \dfrac{\Omega_\mathrm{p}}{\Omega'_\mathrm{p}} s$	Ω'_p
高通	$s \to \dfrac{\Omega_\mathrm{p}\Omega'_\mathrm{p}}{s}$	Ω'_p
带通	$s \to \Omega_\mathrm{p} \dfrac{s^2 + \Omega_\mathrm{l}\Omega_\mathrm{u}}{s(\Omega_\mathrm{u} - \Omega_\mathrm{l})}$	$\Omega_\mathrm{l}, \Omega_\mathrm{u}$
带阻	$s \to \Omega_\mathrm{p} \dfrac{s(\Omega_\mathrm{u} - \Omega_\mathrm{c})}{s^2 + \Omega_\mathrm{u}\Omega_\mathrm{l}}$	$\Omega_\mathrm{l}, \Omega_\mathrm{u}$

【例 10.4.1】 将系统函数为

$$H(s) = \frac{\Omega_\mathrm{p}}{s + \Omega_\mathrm{p}}$$

的单极点低通巴特沃思滤波器变换成上、下频带边缘频率分别为 Ω_u 和 Ω_l 的带通滤波器。

　　解： 期望的变换由式（10.4.4）给出。于是，有

$$H(s) = \frac{1}{\dfrac{s^2 + \Omega_\mathrm{l}\Omega_\mathrm{u}}{s(\Omega_\mathrm{u} - \Omega_\mathrm{l})} + 1} = \frac{(\Omega_\mathrm{u} - \Omega_\mathrm{l})s}{s^2 + (\Omega_\mathrm{u} - \Omega_\mathrm{l})s + \Omega_\mathrm{l}\Omega_\mathrm{u}}$$

得到的滤波器在 $s = 0$ 处有一个零点，而极点位置为

$$s = \frac{-(\Omega_\mathrm{u} - \Omega_\mathrm{l}) \pm \sqrt{\Omega_\mathrm{u}^2 + \Omega_\mathrm{l}^2 - 6\Omega_\mathrm{u}\Omega_\mathrm{l}}}{2}$$

10.4.2　数字域中的频率变换

　　像在模拟域中那样，我们也可对数字低通滤波器执行频率变换，将其变换为带通、带阻或高通滤波器。变换要用有理函数 $g(z^{-1})$ 代替变量 z^{-1}，且要满足如下条件。

1. 映射 $z^{-1} \to g(z^{-1})$ 须将 z 平面上单位圆内的点映射到其自身。

2. 单位圆也要映射到其自身。

条件 2 意味着当 $r = 1$ 时有

$$e^{-j\omega} = g(e^{-j\omega}) \equiv g(\omega) = |g(\omega)|e^{j\arg[g(\omega)]}$$

显然，对所有 ω 须有 $|g(\omega)| = 1$。也就是说，映射必须是全通的，它的映射为

$$g(z^{-1}) = \pm \prod_{k=1}^{n} \frac{z^{-1} - a_k}{1 - a_k z^{-1}} \tag{10.4.6}$$

式中，$|a_k| < 1$ 保证一个稳定的滤波器被变换成另一个稳定的滤波器（即满足条件 1）。

　　由式（10.4.6）中的通用形式可以得到将原型数字低通滤波器变换成带通、带阻、高通或另一个低通数字滤波器的数字变换集。表 10.7 中列出了这些变换。

表 10.7 数字滤波器的频率变换（原型低通滤波器的频带边缘频率为 ω_p）

变换类型	变换	参数	
低通	$z^{-1} \rightarrow \dfrac{z^{-1}-a}{1-az^{-1}}$	$\omega'_p =$ 新滤波器的频带边缘频率	$a = \dfrac{\sin[(\omega_p - \omega'_p)/2]}{\sin[(\omega_p + \omega'_p)/2]}$
高通	$z^{-1} \rightarrow -\dfrac{z^{-1}+a}{1+az^{-1}}$	$\omega'_p =$ 新滤波器的频带边缘频率	$a = -\dfrac{\cos[(\omega_p + \omega'_p)/2]}{\cos[(\omega_p - \omega'_p)/2]}$
带通	$z^{-1} \rightarrow -\dfrac{z^{-2}-a_1 z^{-1}+a_2}{a_2 z^{-2}-a_1 z^{-1}+1}$	$\omega_l =$ 下频带边缘频率 $a_1 = 2\alpha K/(K+1)$ $\alpha = \dfrac{\cos[(\omega_u + \omega_l)/2]}{\cos[(\omega_u - \omega_l)/2]}$	$\omega_u =$ 上频带边缘频率 $a_2 = (K-1)/(K+1)$ $K = \cot\dfrac{\omega_u - \omega_l}{2}\tan\dfrac{\omega_p}{2}$
带阻	$z^{-1} \rightarrow \dfrac{z^{-2}-a_1 z^{-1}+a_2}{a_2 z^{-2}-a_1 z^{-1}+1}$	$\omega_l =$ 下频带边缘频率 $a_1 = 2\alpha/(K+1)$ $\alpha = \dfrac{\cos[(\omega_u + \omega_l)/2]}{\cos[(\omega_u - \omega_l)/2]}$	$\omega_u =$ 上频带边缘频率 $a_2 = (1-K)/(1+K)$ $K = \tan\dfrac{\omega_u - \omega_l}{2}\tan\dfrac{\omega_p}{2}$

【例 10.4.2】 将系统函数为

$$H(z) = \frac{0.245(1+z^{-1})}{1-0.509z^{-1}}$$

的单极点低通巴特沃思滤波器变换成上、下截止频率分别为 ω_u 和 ω_l 的带通滤波器。低通滤波器的 3dB 带宽为 $\omega_p = 0.2\pi$（见例 10.3.5）。

解： 期望的变换为

$$z^{-1} \rightarrow -\frac{z^{-2}-a_1 z^{-1}+a_2}{a_2 z^{-2}-a_1 z^{-1}+1}$$

式中，a_1 和 a_2 定义在表 10.7 中，将它们代入 $H(z)$ 得

$$H(z) = \frac{0.245\left[1-\dfrac{z^{-2}-a_1 z^{-1}+a_2}{a_2 z^{-2}-a_1 z^{-1}+1}\right]}{1+0.509\left(\dfrac{z^{-2}-a_1 z^{-1}+a_2}{a_2 z^{-2}-a_1 z^{-1}+1}\right)} = \frac{0.245(1-a_2)(1-z^{-2})}{(1+0.509a_2)-1.509a_1 z^{-1}+(a_2+0.509)z^{-2}}$$

注意，得到的滤波器的零点位置是 $z = \pm 1$，且有两个取决于 ω_u 和 ω_i 的极点。

例如，假设 $\omega_u = 3\pi/5$，$\omega_l = 2\pi/5$，因此 $\omega_p = 0.2\pi$，可以求出 $K=1$，$a_2 = 0$ 和 $a_1 = 0$。于是，有

$$H(z) = \frac{0.245(1-z^{-2})}{1+0.509z^{-2}}$$

该滤波器的极点位置是 $z = \pm j0.713$，因此谐振频率为 $\omega = \pi/2$。

因为频率变换可在模拟域或数字域中执行，所以滤波器设计人员可以选择变换方法。然而，设计人员要根据设计的滤波器类型谨慎行事。例如，我们知道，由于混叠效应，冲激不变法和导数映射不适合用来设计高通滤波器及许多带通滤波器。因此，不应采用模拟频率变换，然后使用这两种映射将结果变换到数字域中，而应使用这两种映射之一将模拟低通滤波器映射到数字低通滤波器，然后在数字域中执行频率变换，进而避免混叠效应。

在双线性变换的情形下，混叠不是问题，频率变换是在模拟域中执行还是在数字域中执行无关紧要。事实上，只有在这种情况下，两种方法才能得到相同的数字滤波器。

10.5 小结

本章详细介绍了使用由期望频率响应 $H_d(\omega)$ 表示的频域指标或期望冲激响应 $h_d(n)$ 来设计 FIR 和 IIR 数字滤波器的重要技术。

一般来说,FIR 滤波器用在需要线性相位滤波器的应用中。许多应用中都有这个需求,例如在电信行业中,对于已频分复用的数据,要在解复用过程中不造成信号失真的情况下,分离(解复用)信号。在用来设计 FIR 滤波器的几种方法中,频率采样法和最优切比雪夫逼近法的效果最好。

IIR 滤波器常用在容许一定相位失真的应用中。对于一组给定的指标,与其他 IIR 类滤波器相比,椭圆滤波器的阶数更低,系数更少,因此是最有效的滤波器。即使与 FIR 滤波器相比,椭圆滤波器也更有效。因此,应使用椭圆滤波器得到期望的频率选择性,后面接一个全通相位均衡器,以补偿椭圆滤波器中的相位失真。然而,实现补偿会使得级联组合中的系数数量达到或者超过等效线性相位 FIR 滤波器的系数数量。因此,使用相位均衡椭圆滤波器时,复杂度未降低。

关于数字滤波器设计的文献很多,本章只引用了少量文献。关于数字滤波器设计的早期工作,请参阅 Kaiser (1963, 1966)、Steiglitz (1965)、Golden and Kaiser (1964)、Rader and Gold (1967a)、Shanks (1967)、Helms (1968)、Gibbs (1969, 1970)和 Gold and Rader(1969)。

模拟滤波器的设计请参阅 Storer (1957)、Guillemin (1957)、Weinberg (1962)和 Daniels (1974)。

Gold and Jordan (1968, 1969)中首先提出了滤波器设计的频率采样法,Rabiner et al. (1970)中优化了这一方法。Herrmann and Schuessler(1970a)和 Hofstetter et al.(1971)中给出了其他的成果。Parks and McClellan (1972 a, b)中提出了设计线性相位 FIR 滤波器的切比雪夫(极小化极大)逼近法,Rabiner et al. (1975)中详细探讨了该方法。Gold and Rader (1969)和 Gray and Markel (1976)中介绍了椭圆滤波器。Gray and Markel (1976)中还包含了用来设计数字椭圆滤波器的计算机程序。

在数字域中使用频率变换由 Constantinides (1967, 1968, 1970)提出。这些变换方法只适用于 IIR 滤波器。注意,将这些变换用于低通 FIR 滤波器时,得到的滤波器是 IIR 滤波器。

习　题

10.1　设计一个逼近理想频率响应

$$H_d(\omega) = \begin{cases} 1, & |\omega| \leqslant \frac{\pi}{6} \\ 0, & \frac{\pi}{6} < |\omega| \leqslant \pi \end{cases}$$

的线性相位 FIR 滤波器

(a) 基于窗函数法,使用一个矩形窗求一个 25 抽头滤波器的系数。
(b) 求并画出滤波器的幅度响应和相位响应。
(c) 使用汉明窗重做(a)问和(b)问。
(d) 使用巴特利特窗重做(a)问和(b)问。

10.2　对于理想响应为

$$H_d(\omega) = \begin{cases} 1, & |\omega| \leqslant \frac{\pi}{6} \\ 0, & \frac{\pi}{6} < |\omega| < \frac{\pi}{3} \\ 1, & \frac{\pi}{3} \leqslant |\omega| \leqslant \pi \end{cases}$$

的带通滤波器,重做习题 10.1。

10.3　使用汉宁窗和布莱克曼窗,重新设计习题 10.1 中的滤波器。

10.4 使用汉宁窗和布莱克曼窗，重新设计习题 10.2 中的滤波器。

10.5 求 $\omega = 0$ 和 $\omega = \pi/2$ 处的频率响应规定为

$$H_r(0) = 1, \qquad H_r\left(\frac{\pi}{2}\right) = \frac{1}{2}$$

的、长度为 $M = 4$ 的线性相位 FIR 滤波器的单位样本响应 $\{h(n)\}$。

10.6 求单位样本响应对称且频率响应满足条件

$$H_r\left(\frac{2\pi k}{15}\right) = \begin{cases} 1, & k = 0,1,2,3 \\ 0, & k = 4,5,6,7 \end{cases}$$

的、长度为 $M = 15$ 的线性相位 FIR 滤波器的系数 $\{h(n)\}$。

10.7 对频率响应指标

$$H_r\left(\frac{2\pi k}{15}\right) = \begin{cases} 1, & k = 0,1,2,3 \\ 0.4, & k = 4 \\ 0, & k = 5,6,7 \end{cases}$$

重新设计习题 10.6 中的滤波器。

10.8 理想模拟微分器由

$$y_a(t) = \frac{\mathrm{d}\,x_a(t)}{\mathrm{d}t}$$

描述，其中 $x_a(t)$ 是输入信号，$y_a(t)$ 是输出信号。

(a) 用输入 $x_a(t) = \mathrm{e}^{\mathrm{j}2\pi Ft}$ 激励系统，求频率响应。

(b) 画出带限到 B Hz 的理想模拟微分器的幅度响应和相位响应。

(c) 理想数字微分器定义为

$$H(\omega) = \mathrm{j}\omega, \qquad |\omega| \leqslant \pi$$

将频率响应 $|H(\omega)|$，$\angle H(\omega)$ 与(b)问中的进行比较，验证该定义是否正确。

(d) 计算频率响应 $H(\omega)$，证明离散时间系统 $y(n) = x(n) - x(n-1)$ 在低频处能较好地逼近微分器。

(e) 计算系统对输入 $x(n) = A\cos(\omega_0 n + \theta)$ 的响应。

10.9 使用汉明窗设计如图 P10.9 所示的 21 抽头微分器。求并画出所得滤波器的幅度响应和相位响应。

10.10 利用双线性变换，将系统函数为

$$H(s) = \frac{s + 0.1}{(s + 0.1)^2 + 9}$$

的模拟滤波器变换成数字 IIR 滤波器。选择 $T = 0.1$，并比较 $H(z)$ 的零点位置与在 $H(s)$ 的变换中使用冲激不变法得到的零点位置。

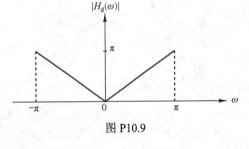

图 P10.9

10.11 采用双线性变换，将例 10.4.1 中的模拟带通滤波器变换成数字滤波器，采用其他方法推导例 10.4.2 中得到的数字滤波器特性，验证对模拟滤波器应用双线性变换可以得到相同的数字带通滤波器。

10.12 一个理想的模拟积分器由系统函数 $H_a(s) = 1/s$ 描述，系统函数为 $H(z)$ 的一个数字滤波器可以使用双线性变换得到，即

$$H(z) = \frac{T}{2} \frac{1 + z^{-1}}{1 - z^{-1}} \equiv H_a(s)\big|_{s = (2/T)(1-z^{-1})/(1+z^{-1})}$$

(a) 写出关联输入 $x(n)$ 和输出 $y(n)$ 的数字积分器的差分方程。

(b) 画出模拟积分器的幅度 $|H_a(\mathrm{j}\Omega)|$ 和相位 $\Theta(\Omega)$。

(c) 容易验证数字积分器的频率响应为

$$H(\omega) = -\mathrm{j}\frac{T}{2}\frac{\cos(\omega/2)}{\sin(\omega/2)} = -\mathrm{j}\frac{T}{2}\cot\frac{\omega}{2}$$

画出 $|H(\omega)|$ 和 $\theta(\omega)$。

(d) 比较(b)问和(c)问中得到的幅度特性与相位特性。数字积分器和模拟积分器的幅度特性与相位特性的匹配度如何？

(e) 数字积分器在 $z=1$ 处有一个零点，如果在数字计算机上实现该滤波器，为了避免计算困难，要对输入序列 $x(n)$ 加什么约束？

10.13 图 P10.13 显示了某个数字滤波器的 z 平面零极点图。该滤波器的直流部分的增益为 1。

(a) 已知参数 A, a_1, b_1, b_2, c_1, d_1 和 d_2 的值，求系统函数

$$H(z) = A\left[\frac{(1+a_1z^{-1})(1+b_1z^{-1}+b_2z^{-2})}{(1+c_1z^{-1})(1+d_1z^{-1}+d_2z^{-2})}\right]$$

(b) 以如下形式画出显示路径增益数值的框图：直接 II 型（典范型）；级联型（每节都是带有实系数的典范型）。

10.14 考虑图 P10.14 所示的零极点图。

(a) 它表示一个 FIR 滤波器吗？

(b) 它是否为线性相位系统？

(c) 给出采用所有对称性来最小化乘法次数的一个直接型实现，并显示所有的路径增益。

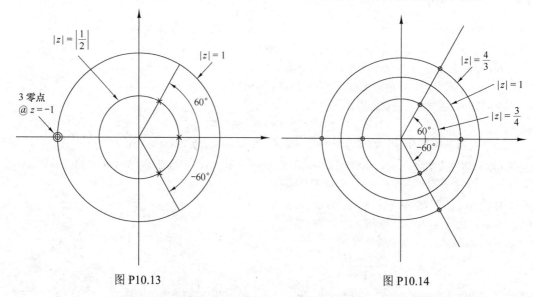

图 P10.13　　　　　　　　　　　　　　图 P10.14

10.15 一个数字低通滤波器需要满足如下指标：通带纹波小于或等于1dB，通带边缘频率为 4kHz，阻带衰落大于或等于 40dB，阻带边缘频率为 6kHz，采样率为 24kHz。该滤波器的设计方式是对一个模拟系统函数执行双线性变换。在数字实现中，满足上述指标需用到的巴特沃思、切比雪夫和椭圆滤波器的阶数是多少？

10.16 一个 IIR 数字低通滤波器需要满足如下指标：通带纹波（或峰峰纹波）小于或等于 0.5dB，通带边缘频率为 1.2kHz，阻带衰减大于或等于 40dB，阻带边缘频率为 2.0kHz，采样率为 8.0kHz。使用本书中的设计公式，求下列情形所需的滤波器阶数：**(a)** 一个数字巴特沃思滤波器；**(b)** 一个数字切比雪夫滤波器；**(c)** 一个数字椭圆滤波器。

10.17 求满足下列指标的最低阶切比雪夫数字滤波器的系统函数 $H(z)$：

(a) 通带 $0 \leqslant |\omega| \leqslant 0.3\pi$ 内的纹波为 1dB。

(b) 阻带 $0.35\pi \leqslant |\omega| \leqslant \pi$ 内的衰减至少为 60dB。使用双线性变换。

10.18 求满足下列指标的最低阶切比雪夫数字滤波器的系统函数 $H(z)$：

(a) 通带 $0 \leqslant |\omega| \leqslant 0.24\pi$ 内的纹波为 1/2dB。

(b) 阻带 $0.35\pi \leqslant |\omega| \leqslant \pi$ 内的衰减至少为 50dB。使用双线性变换。

10.19 一个模拟滤波器的冲激响应如图 P10.19 所示。

(a) 令 $h(n) = h_a(nT)$（其中 $T = 1$）是一个离散时间滤波器的冲激响应，求该 FIR 滤波器的系统函数 $H(z)$ 和频率响应 $H(\omega)$。

(b) 画出 $|H(\omega)|$ 并比较该频率响应特性与 $|H_a(j\Omega)|$。

10.20 本题比较单极点低通模拟系统

$$H_a(s) = \frac{\alpha}{s + \alpha} \Leftrightarrow h_a(t) = e^{-\alpha t}$$

的模拟实现和数字实现的一些特性。

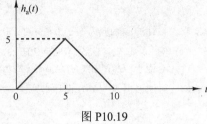

图 P10.19

(a) 直流处的增益是多少？在哪个角频率处，模拟频率响应从直流值下降 3dB？频率为多少时模拟频率响应为零？时间为多少时模拟冲激响应衰减到其初值的 1/e？

(b) 对该滤波器，给出用于冲激不变法设计的数字系统函数 $H(z)$。直流处的增益是多少？给出 3dB 角频率的公式，在什么（实）频率时响应为零？在单位样本时域响应衰减到初值的 1/e 之前，有多少个样本？

(c) 预畸变参数 α 并执行双线性变换可由模拟设计得到数字系统函数 $H(z)$。直流处的增益是多少？在什么（实）频率处响应为零？给出 3dB 角频率的公式。在单位样本时域响应衰减到初值的 1/e 之前，有多少个样本？

计算机习题

CP10.1 模拟信号 $x(t)$ 是分量 $x_1(t)$ 与 $x_2(t)$ 的和，$x(t)$ 的谱特性如图 CP10.1 所示。信号 $x(t)$ 已被带限到 40kHz 并以 100kHz 的采样率采样得到序列 $x(n)$。让序列 $x(n)$ 通过一个数字低通滤波器，以抑制信号 $x_2(t)$。$|X_1(f)|$ 在区间 $0 \leqslant |F| \leqslant 15\text{kHz}$ 内允许的幅度失真为 $\pm 2\%$（$\delta_1 = 0.02$），在 20kHz 以上的频率处，滤波器至少要有 40dB（$\delta_2 = 0.01$）的衰减。

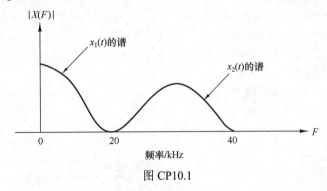

图 CP10.1

(a) 使用 Remez 交换算法设计满足上述指标的最小阶线性相位 FIR 滤波器，并根据滤波器频率响应的幅度特性图，给出滤波器实际达到的指标。

(b) 将(a)问中得到的阶 M 与由式（10.2.94）和式（10.2.95）给出的近似公式进行比较。

(c) 对于(a)问中得到的阶 M，使用窗函数法和汉明窗设计一个 FIR 数字低通滤波器，并将该设计的频率响应特性与(a)问中得到频率响应特性进行比较。

(d) 设计一个满足给定幅度指标的最小阶椭圆滤波器，并将椭圆滤波器的频率响应与(a)问中 FIR 滤波器的频率响应进行比较。

(e) 将(a)问中实现 FIR 滤波器的复杂度与(d)问中得到的椭圆滤波器的复杂度进行比较。假设 FIR 是以直接型实现的，椭圆滤波器则实现为双极点滤波器的级联。使用存储需求和每个输出点的乘法次数来比较复杂度。

CP10.2 设计一个长度为 $M = 201$ 的 FIR 带通滤波器。$H_d(\omega)$ 表示图 CP10.2 中非因果带通滤波器的理想特性。

(a) 求对应 $H_d(\omega)$ 的单位样本（冲激）响应 $h_d(n)$。

(b) 解释如何用汉明窗

$$w(n) = 0.54 + 0.46\cos\left(\frac{2\pi n}{N-1}\right), \quad -\frac{M-1}{2} \leq n \leq \frac{M-1}{2}$$

设计冲激响应为 $h(n), 0 \leq n \leq 200$ 的 FIR 带通滤波器。

(c) 使用频率采样法设计 $M = 201$ 的一个 FIR 滤波器，其中用离散傅里叶变换系数 $H(k)$ 代替 $h(n)$。给出对应于 $H_d(e^{j\omega})$ 的 $H(k), 0 \leq k \leq 200$ 的值，指出实际滤波器的频率响应与理想频率响应的异同。实际滤波器是一个好设计吗？

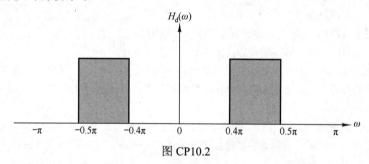

图 CP10.2

CP10.3 使用双线性变换，由二阶模拟低通巴特沃思滤波器原型设计一个数字带通滤波器。图 CP10.3(a)显示了该数字滤波器的指标。数字滤波器的截止频率（以半功率点测量）应为 $\omega_l = 5\pi/12$ 和 $\omega_u = 7\pi/12$。模拟原型为

$$H_a(s) = \frac{1}{s^2 + \sqrt{2}s + 1}$$

其中半功率点的位置是 $\Omega = 1$。

(a) 求该数字带通滤波器的系统函数。

(b) 使用与(a)问中相同的数字滤波器指标，在图 CP10.3(b)所示的模拟带通原型滤波器中，哪个可用双线性变换直接得到合适的数字滤波器？

CP10.4 图 CP10.4 显示了采用频率采样法设计的一个数字滤波器。

(a) 画出该滤波器的 z 平面零极点图。

(b) 该滤波器是低通的、高通的还是带通的？

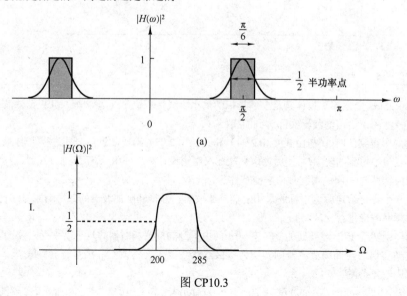

图 CP10.3

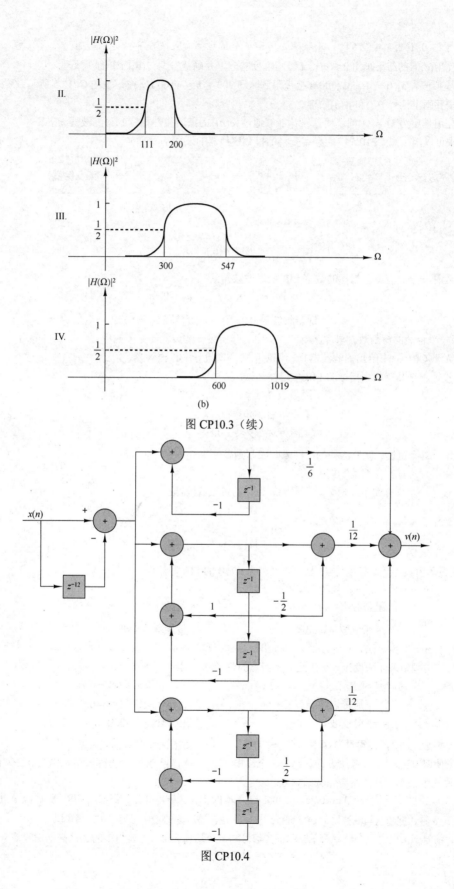

II.

III.

IV.

(b)

图 CP10.3（续）

$x(n)$

z^{-12}

$\frac{1}{6}$

$\frac{1}{12}$

$v(n)$

$\frac{1}{12}$

z^{-1}

z^{-1}

z^{-1}

z^{-1}

z^{-1}

$-\frac{1}{2}$

$\frac{1}{2}$

图 CP10.4

(c) 当 $k = 0, 1, 2, 3, 4, 5, 6$ 时，求频率 $\omega_k = \pi k/6$ 处的频率响应 $|H(\omega)|$。

(d) 使用(c)问的结果画出 $0 \leq \omega \leq \pi$ 时的幅度响应，并确认答案与(b)问中的一致。

CP10.5 模拟信号 $x_a(t) = a(t)\cos 2000\pi t$ 被带限到区间 $900 \leq F \leq 1100$ Hz 内，是图 CP10.5 所示系统的输入。

(a) 求并画出信号 $x(n)$ 和 $w(n)$ 的谱。

(b) 使用长度为 $M = 31$ 的汉明窗设计能够通过 $\{a(n)\}$ 的低通线性相位 FIR 滤波器 $H(\omega)$。

(c) 求可以消去图 CP10.5 中的频率变换的模数变换器的采样率。

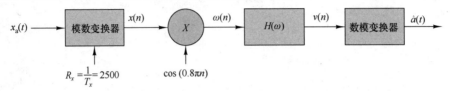

图 CP10.5

CP10.6 设计一个具有如下指标的数字 FIR 低通滤波器：

$$\omega_p = 0.2\pi \qquad\qquad \omega_s = 0.3\pi$$

$$\text{通带纹波} = 0.25\text{dB} \qquad \text{阻带衰减} = 50\text{dB}$$

选择一个合适的窗函数。求冲激响应并画出它和所设计滤波器的频率响应。

CP10.7 对于 CP10.6 中给出的滤波器指标，使用凯泽窗设计 FIR 滤波器。

CP10.8 设计一个具有如下指标的 FIR 低通滤波器：

$$\text{通带边缘频率：} 0.35\pi, \ 0.65\pi$$

$$\text{下阻带边缘频率：} 0.2\pi$$

$$\text{上阻带边缘频率：} 0.8\pi$$

(a) 使用凯泽窗设计滤波器并画出冲激响应和频率响应。

(b) 使用布莱克曼窗重做(a)问。

CP10.9 设计一个具有如下（理想）频率响应指标的带阻滤波器：

$$H(\omega) = \begin{cases} 1, & 0 \leq \omega < \pi/3 \\ 0, & \pi/3 \leq \omega \leq 2\pi/3 \\ 1, & 2\pi/3 < \omega \leq \pi \end{cases}$$

使用凯泽窗设计一个长度为 45 且阻带衰减为 60dB 的 FIR 滤波器。

CP10.10 设计一个具有如下指标的高通 FIR 滤波器：

$$\text{阻带频率：} \ \omega_s = 0.6\pi \qquad\qquad \text{通带边缘频率：} \ \omega_p = 0.75\pi$$

$$\text{通带纹波} = 0.5\text{dB} \qquad\qquad \text{阻带衰减} = 50\text{dB}$$

使用 Remez 交换算法设计滤波器，并画出冲激响应和频率响应。

CP10.11 使用频率采样法设计一个满足如下指标的带通滤波器：

$$\text{下阻带边缘频率} = 0.3\pi \qquad\qquad \text{上阻带边缘频率} = 0.7\pi$$

$$\text{下通带边缘频率} = 0.4\pi \qquad\qquad \text{上通带边缘频率} = 0.6\pi$$

$$\text{通带纹波} = 0.5\text{dB} \qquad\qquad \text{阻带衰减} = 40\text{dB}$$

选择滤波器的阶，使得过渡区中只有一个样本。画出冲激响应和对数幅度频率响应。

CP10.12 使用 Remez 交换算法设计斜率为 1 个样本/周的 25 抽头 FIR 微分器。频带范围为 $0.1\pi \sim 0.9\pi$。

(a) 画出滤波器的冲激响应和频率响应。

(b) 生成正弦信号 $x(n) = 3\sin(0.25\pi n)$, $0 \leq n \leq 100$ 的 100 个样本并让它们通过 FIR 滤波器。画出 $x(n)$ 的理论导数，并将它与滤波器的输出进行比较。注意，滤波器的输出延迟了 12 个样本。

CP10.13 信号 $x(n)$ 包含一个频率为 $\pi/2$ 的正弦信号和一个均值为 0、方差为 1 的加性高斯白噪声 $w(n)$，即

$$x(n) = 3\cos(\pi n/2) + w(n)$$

(a) 使用 Remez 交换算法设计一个通带带宽不大于 0.02π、阻带衰减为 30dB 的窄带带通滤波器。也可选择其他未规定的临界参数。画出滤波器的冲激响应和对数幅度频率响应。

(b) 产生序列 $x(n)$ 的 200 个样本并让它们通过(a)问中设计的滤波器。在同一幅图中画出 $100 \leqslant n \leqslant 200$ 时的输入序列 $x(n)$ 和滤波器输出序列 $y(n)$，并对结果进行评论。

CP10.14 一个理想线性相位陷波器的频率响应为

$$H_d(\omega) = \begin{cases} 0, & \omega = \omega_0 \\ 1e^{-j\alpha\omega}, & \text{其他} \end{cases}$$

式中，α 是样本的延迟。

(a) 根据 $H_d(\omega)$ 求滤波器的理想冲激响应 $h_d(n)$。

(b) 使用长度为 51 的矩形窗和 $h_d(n)$ 设计一个线性相位 FIR 陷波器，画出滤波器的对数幅度响应。

(c) 使用长度为 51 的汉明窗重做(b)问，并比较(a)问和(b)问的结果。

CP10.15 使用巴特沃思原型设计一个满足如下指标的低通数字滤波器：

$$\omega_p = 0.2\pi, \qquad\qquad \omega_s = 0.3\pi,$$
$$\text{通带纹波} = 1\text{dB} \qquad\qquad \text{阻带衰减} = 20\text{dB}$$

画出对数幅频响应。

CP10.16 使用切比雪夫 II 型原型设计一个满足 CP10.15 中指标的低通数字滤波器，画出对数幅频响应。

CP10.17 使用椭圆原型设计一个满足 CP10.15 中指标的低通数字滤波器，画出对数幅频响应。

CP10.18 使用切比雪夫 I 型原型设计一个满足 CP10.15 中指标的低通数字滤波器，画出对数幅频响应。

CP10.19 使用频率变换将 CP10.15 中的低通滤波器变换成 $\omega_p = 0.6\pi$ 的高通滤波器。

CP10.20 使用双线性变换设计一个 10 阶巴特沃思带阻滤波器，以消除数字频率 $\omega = 0.4\pi$，带宽为 0.1π。为阻带衰减选择适当的值。

(a) 画出滤波器的对数幅频响应。

(b) 生成序列 $x(n) = \sin(0.4\pi n)$，$0 \leqslant n \leqslant 200$ 的 200 个样本，并让序列通过带阻滤波器。画出滤波器的输出序列，评价其抑制正弦信号的有效性。

CP10.21 使用 Remez 交换算法设计一个线性相位 FIR 带通滤波器，滤波器的阻带衰减为 60dB，下阻带边缘频率为 $\omega_{s1} = 0.2\pi$，上阻带边缘频率为 $\omega_{s2} = 0.8\pi$。

(a) 求满足要求的最小长度滤波器，画出 $h(n)$ 和对数幅频响应。

(b) 通过舍入将直接型系数量化到小数点后 4 位，画出滤波器的对数幅频响应。

(c) 通过舍入将直接型系数量化到小数点后 3 位，画出滤波器的对数幅频响应。

(d) 评价(a)问至(c)问中的结果。

(e) 根据(a)问至(c)问中的结果，实际需要多少有效位（非小数）来表示 FIR 直接型的实现？

第11章 多采样率数字信号处理

在许多数字信号处理的实际应用中，需要改变信号的采样率，即提高或降低采样率。例如，在发送和接收不同类型信号（如电传、电报、传真、语音、视频等）的电信系统中，需要用与对应信号带宽相称的不同采样率来处理各种信号。将信号从给定采样率转换为不同采样率的过程，称为**采样率转换**。相应地，在数字信号处理过程中使用多个采样率的系统，称为**多采样率数字信号处理系统**。

数字信号的采样率转换有两种通用方法。第一种方法是让数字信号通过一个数模转换器，需要时对其滤波，然后以期望的采样率对得到的模拟信号重采样（即让模拟信号通过一个模数转换器）。第二种方法是完全在数字域中执行采样率转换。

第一种方法的优点是，新采样率可任意选择，且不需要与旧采样率有任何关系。然而，这种方法的主要缺点是，在重建信号时，数模转换器和模数转换中的量化效应会使得信号失真，而在数字域中执行采样率转换可以避免这一缺点。

本章介绍如何在数字域中执行采样率转换和多采样率信号处理。首先介绍如何用一个有理因子执行采样率转换，给出实现采样率转换器的几种方法，包括单级与多级实现。接着，介绍如何用一个任意因子执行采样率转换并讨论其实现。最后，介绍采样率转换在多采样率数字信号处理系统中的几个应用，包括窄带滤波器和子带编码的实现。

11.1 引言

采样率转换过程可用"重建后重采样"这一思路来推导和理解。在这个理论方法中，理想地重建一个离散时间信号，且得到的连续时间信号以不同的采样率重采样。这一思路得到了一个数学公式，使得整个转换过程可以通过数字信号处理来实现。

设 $x(t)$ 是一个连续时间信号，以采样率 $F_x = 1/T_x$ 对其采样，产生一个离散时间信号 $x(nT_x)$。根据样本 $x(nT_x)$，使用内插公式

$$y(t) = \sum_{n=-\infty}^{\infty} x(nT_x)g(t - nT_x) \tag{11.1.1}$$

可以产生一个连续时间信号。如果 $x(t)$ 的带宽小于 $F_x/2$，且内插函数为

$$g(t) = \frac{\sin(\pi t/T_x)}{\pi t/T_x} \longleftrightarrow G(F) = \begin{cases} T_x, & |F| \leq F_x/2 \\ 0, & \text{其他} \end{cases} \tag{11.1.2}$$

则 $y(t) = x(t)$，否则 $y(t) \neq x(t)$。在实际工作中，因为式（11.1.1）中的无限求和被一个有限求和替换，所以不可能完全恢复 $x(t)$。

为了执行采样率转换，我们只在时刻 $t = mT_y$ 求式（11.1.1），其中 $F_y = 1/T_y$ 是期望的采样率。因此，采样率转换的通用公式就变成

$$y(mT_y) = \sum_{n=-\infty}^{\infty} x(nT_x)g(mT_y - nT_x) \tag{11.1.3}$$

它直接用原序列的样本和重建函数在位置 $(mT_y - nT_x)$ 的采样值来表示期望序列的样本。计算 $y(nT_y)$ 时，需要：(a)输入序列 $x(nT_x)$，(b)重建函数 $g(t)$，(c)输入样本和输出样本的时刻 nT_x 与 mT_y。仅当 $F_y > F_x$ 时，由该式算出的 $y(mT_y)$ 值才是准确的。如果 $F_y < F_x$，就应在重采样前过滤 $x(t)$ 中高于 $F_y/2$ 的

频率分量，以避免混叠。因此，如果使用式（11.1.2）和 $X(F)=0$，其中 $|F| \geqslant \min\{F_x/2, F_y/2\}$，采样率转换公式［即式（11.1.3）］就产生 $y(mT_y)=x(mT_y)$。

如果 $T_y=T_x$，式（11.1.3）就变成一个卷积和，这个卷积和对应于一个 LTI 系统。为了理解 $T_y \neq T_x$ 时式（11.1.3）的含义，我们将 $g(t)$ 的参数重排如下：

$$y(mT_y)=\sum_{n=-\infty}^{\infty} x(nT_x)g\left(T_x\left(\frac{mT_y}{T_x}-n\right)\right) \tag{11.1.4}$$

mT_y/T_x 项可分解为整数部分 k_m 和小数部分 $\Delta_m, 0 \leqslant \Delta_m < 1$，即

$$\frac{mT_y}{T_x}=k_m+\Delta_m \tag{11.1.5}$$

式中，

$$k_m=\left\lfloor\frac{mT_y}{T_x}\right\rfloor \tag{11.1.6}$$

和

$$\Delta_m=\frac{mT_y}{T_x}-\left\lfloor\frac{mT_y}{T_x}\right\rfloor \tag{11.1.7}$$

符号 $\lfloor a \rfloor$ 表示 a 中包含的最大整数。Δ_m 规定当前样本在采样周期 T_x 内出现的位置。将式（11.1.5）代入式（11.1.4），得

$$y(mT_y)=\sum_{n=-\infty}^{\infty} x(nT_x)g((k_m+\Delta_m-n)T_x) \tag{11.1.8}$$

将式（11.1.8）中的求和序号从 n 改为 $k=k_m-n$，有

$$y(mT_y)=y((k_m+\Delta_m)T_x)=\sum_{k=-\infty}^{\infty} g(kT_x+\Delta_mT_x)x((k_m-k)T_x) \tag{11.1.9}$$

式（11.1.9）是采样率转换的离散时间实现的基本公式。图 11.1.1 显示了这个过程。观察发现：(a)如果已知 T_x 与 T_y，输入和输出采样时间就是固定的；(b)对每个 m，函数 $g(t)$ 都平移，使值 $g(\Delta_mT_x)$ 出现的位置为 $t=mT_y$；(c)在输入采样时间求出所需的 $g(t)$ 值。对于每个 m 值，小数间隔 Δ_m 决定冲激响应系数，而序号 k_m 规定计算样本 $y(mT_y)$ 所需的对应输入样本。因为对任何给定的 m 值，序号 k_m 都是一个整数，所以 $y(mT_y)$ 是输入序列 $x(nT_x)$ 和冲激响应 $g((n+\Delta_m)T_x)$ 的卷积。式（11.1.8）和式（11.1.9）的不同是，前者平移了一个“变化的”重建函数，后者平移“固定”的输入序列。

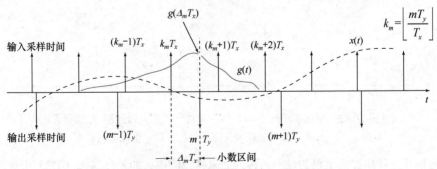

图 11.1.1　采样率转换的时序关系说明

由式（11.1.9）定义的采样率转换过程是一个离散时间**线性和时变系统**，因为对每个输出样本 $y(mT_y)$，它都需要一个不同的冲激响应

$$g_m(nT_x) = g((n+\Delta_m)T_x) \tag{11.1.10}$$

因此，为了计算每个输出样本，应该计算出一组新系数，或者从存储器中搜索出一组新系数（见图 11.1.2）。当 $g(t)$ 复杂且所需值的数量很多时，这个过程可能是低效的。因为所需的过去输出值必须使用当前 Δ_m 值的冲激响应来计算，所以这种对 m 的依赖性阻碍了递归结构的使用。

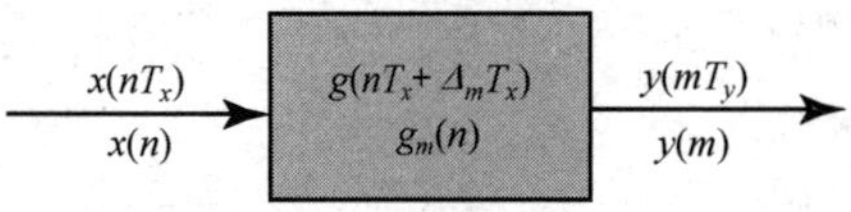

当比值 T_y/T_x 被限制为如下的有理数时，情形可得到简化：

$$\frac{T_y}{T_x} = \frac{F_x}{F_y} = \frac{D}{I} \tag{11.1.11}$$

$$\xrightarrow{\begin{array}{c}x(nT_x)\\x(n)\end{array}} \boxed{\begin{array}{c}g(nT_x + \Delta_m T_x)\\g_m(n)\end{array}} \xrightarrow{\begin{array}{c}y(mT_y)\\y(m)\end{array}}$$

图 11.1.2 采样率转换的离散时间线性时变系统

式中，D 和 I 是互质的整数。为此，我们将偏移 Δ_m 写为

$$\Delta_m = \frac{mD}{I} - \left\lfloor \frac{mD}{I} \right\rfloor = \frac{1}{I}\left(mD - \left\lfloor \frac{mD}{I}\right\rfloor I\right) = \frac{1}{I}(mD)_I \tag{11.1.12}$$

式中，$(k)_I$ 表示 k 模 I 的值。由式（11.1.12）明显看出，Δ_m 只能取 I 个不同的值 $0, 1/I, \cdots, (I-1)/I$，所以只能有 I 个不同的冲激响应。因为 $g_m(nT_x)$ 可在 I 个不同的值集上取值，所以其周期为 m，即

$$g_m(nT_x) = g_{m+rI}(nT_x), \qquad r = 0, \pm1, \pm2, \cdots \tag{11.1.13}$$

于是，系统 $g_m(nT_x)$ 是线性系统，并且是**周期时变**离散时间系统。人们在广泛的应用中研究了这类系统（Meyers and Burrus, 1975）。与式（11.1.10）中的**连续时变**离散时间系统相比，这是很大的简化。

为了说明这些概念，下面考虑两种特殊情况。首先考虑将采样率降低 D 倍的过程，称为**抽取**或**下采样**。如果在式（11.1.3）中令 $T_y = DT_x$，则有

$$y(mT_y) = y(mDT_x) = \sum_{k=-\infty}^{\infty} x(kT_x)g((mD-k)T_x) \tag{11.1.14}$$

观察发现，输入信号和冲激响应是以周期 T_x 采样的。然而，冲激响应以增量 $T_y = DT_x$ 平移，因为我们只需要计算每 D 个样本中的一个样本。因为 $I = 1$，有 $\Delta_m = 0$，所以对所有 m 只有一个冲激响应 $g(nT_x)$。图 11.1.3 中显示了 $D=2$ 时的过程。

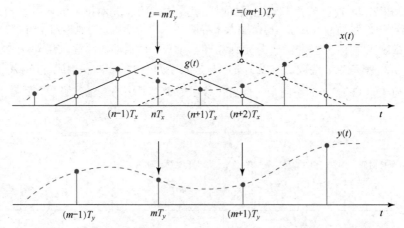

图 11.1.3 采样率降低 $D=2$ 倍时的时序关系。以周期 T_x 采样的单冲激响应以步长 $T_y = DT_x$ 平移，生成输出样本

下面考虑将采样率提高 I 倍的过程，称为**上采样**或**内插**。如果在式（11.1.3）中令 $T_y = T_x/I$，则有

$$y(mT_y) = \sum_{k=-\infty}^{\infty} x(kT_x)g(m(T_x/I) - kT_x) \tag{11.1.15}$$

观察发现，$x(t)$ 和 $g(t)$ 都是以周期 T_x 采样的。然而，为了计算每个输出样本，冲激响应以增量 $T_y = T_x/I$ 平移。这就需要在每个周期 T_x 内 "填入" 额外的 $I-1$ 个样本。图 11.1.4(a)至(b)显示了 $I=2$ 时的情形。每个 "小数平移" 都需要我们重采样 $g(t)$，以得到与式（11.1.14）一致的新冲激响应 $g_m(nT_x) = g(nT_x + mT_x/I)$, $m = 0, 1, \cdots, I-1$。仔细观察图 11.1.4(a)至(b)就会发现，如果求一个冲激响应序列 $g(nT_y)$，并在 $x(nT_x)$ 的相邻样本之间插入 $I-1$ 个 0 样本来创建一个新序列 $v(nT_y)$，就可由序列 $g(nT_y)$ 和 $x(nT_y)$ 的卷积来计算 $y(mT_y)$。图 11.1.4(c)显示了 $I=2$ 时的这个思路。

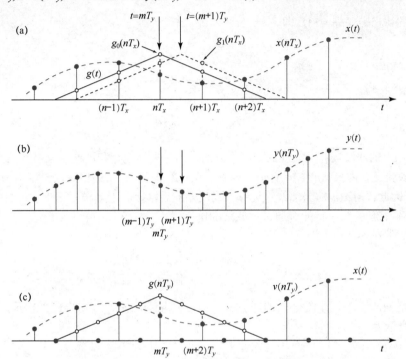

图 11.1.4 采样率提高 $I=2$ 倍时的时序关系。(a)中的方法对偶数编号的输出样本需要一个冲激响应，对奇数编号的输出样本也需要一个冲激响应。(c)中的应用只需要一个冲激响应，它由(a)中的冲激响应交错得到

接下来的几节详细讨论在离散时间域中实现采样率转换的性质、设计和结构。为方便起见，通常要从离散时间信号的变量中去掉采样周期 T_x 和 T_y，但偶尔重新介绍和思考连续时间量与单位对读者来说是有益的。

11.2 以因子 D 抽取

假设我们要对谱为 $X(\omega)$ 的信号 $x(n)$ 以整数因子 D 下采样，并且假设在频率区间 $0 \leqslant |\omega| \leqslant \pi$ 或 $|F| \leqslant F_x/2$ 上谱 $X(\omega)$ 不是零。我们知道，如果简单地选择 $x(n)$ 的每第 D 个值来降低采样率，得到的信号就是 $x(n)$ 的混叠形式，折叠频率为 $F_x/2D$。为了避免混叠，必须首先将 $x(n)$ 的带宽减小到 $F_{\max} = F_x/2D$，或者等效地减小到 $\omega_{\max} = \pi/D$，然后以整数因子 D 下采样，进而避免混叠。

抽取过程如图 11.2.1 所示。输入序列 $x(n)$ 通过由冲激响应 $h(n)$ 和频率响应 $H_D(\omega)$ 描述的低通滤波器，理想情况下，这个频率响应满足条件

$$H_D(\omega) = \begin{cases} 1, & |\omega| \leqslant \pi/D \\ 0, & \text{其他} \end{cases} \qquad (11.2.1)$$

于是，该滤波器就消除了区间 $\pi/D < \omega < \pi$ 内的谱 $X(\omega)$。当然，这也意味着在信号的后续处理中，只有 $x(n)$ 在区间 $|\omega| \leqslant \pi/D$ 内的频率分量是有意义的。

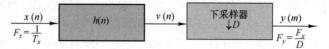

图 11.2.1　以因子 D 抽取

滤波器的输出是序列 $v(n)$，即

$$v(n) = \sum_{k=0}^{\infty} h(k)x(n-k) \tag{11.2.2}$$

接下来以整数因子 D 下采样，得到 $y(m)$。于是，有

$$y(m) = v(mD) = \sum_{k=0}^{\infty} h(k)x(mD-k) \tag{11.2.3}$$

虽然 $x(n)$ 上的滤波运算是线性的和时不变的，但下采样运算和滤波组合得到的是一个时变系统，这很容易验证。由于 $x(n)$ 生成 $y(m)$，观察发现，除非 n_0 是 D 的倍数，否则由 $x(n-n_0)$ 无法得到 $y(n-n_0)$。因此，对 $x(n)$ 的全部线性运算（线性滤波后，接着下采样）不是时不变的。

输出序列 $y(m)$ 的频率特性可通过关联 $y(m)$ 的谱和输入序列 $x(n)$ 的谱得到。首先，为方便起见，定义一个序列 $\tilde{v}(n)$：

$$\tilde{v}(n) = \begin{cases} v(n), & n = 0, \pm D, \pm 2D, \dots \\ 0, & \text{其他} \end{cases} \tag{11.2.4}$$

显然，$\tilde{v}(n)$ 是 $v(n)$ 和一个周期为 D 的冲激串 $p(n)$ 相乘得到的序列，如图 11.2.2 所示。$p(n)$ 的离散傅里叶级数表示为

$$p(n) = \frac{1}{D} \sum_{k=0}^{D-1} e^{j2\pi kn/D} \tag{11.2.5}$$

因此，有

$$\tilde{v}(n) = v(n)p(n) \tag{11.2.6}$$

和

$$y(m) = \tilde{v}(mD) = v(mD)p(mD) = v(mD) \tag{11.2.7}$$

现在，输出序列 $y(m)$ 的 z 变换为

$$Y(z) = \sum_{m=-\infty}^{\infty} y(m)z^{-m} = \sum_{m=-\infty}^{\infty} \tilde{v}(mD)z^{-m}$$

$$Y(z) = \sum_{m=-\infty}^{\infty} \tilde{v}(m)z^{-m/D} \tag{11.2.8}$$

式中，最后一步是由除 D 的倍数处外 $\tilde{v}(m) = 0$ 的事实得到的。将式（11.2.5）和式（11.2.6）代入式（11.2.8），得到

$$Y(z) = \sum_{m=-\infty}^{\infty} v(m) \left[\frac{1}{D} \sum_{k=0}^{D-1} e^{j2\pi mk/D} \right] z^{-m/D}$$

$$= \frac{1}{D} \sum_{k=0}^{D-1} \sum_{m=-\infty}^{\infty} v(m)(e^{-j2\pi k/D} z^{1/D})^{-m}$$

$$
\begin{aligned}
&= \frac{1}{D}\sum_{k=0}^{D-1} V(\mathrm{e}^{-\mathrm{j}2\pi k/D} z^{1/D}) \\
&= \frac{1}{D}\sum_{k=0}^{D-1} H_D(\mathrm{e}^{-\mathrm{j}2\pi k/D} z^{1/D}) X(\mathrm{e}^{-\mathrm{j}2\pi k/D} z^{1/D})
\end{aligned}
\tag{11.2.9}
$$

式中的最后一步由 $V(z) = H_D(z)X(z)$ 得到。

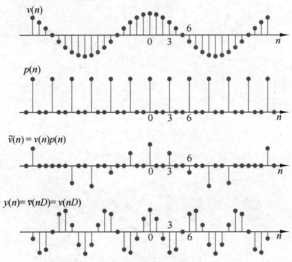

图 11.2.2 用正弦序列说明的以整数因子 D 下采样的数学描述的简化步骤

在单位圆上计算 $Y(z)$，就得到输出信号 $y(m)$的谱。因为 $y(m)$的采样率是 $F_y = 1/T_y$，所以频率变量 ω_y 的单位是弧度，且它与采样率 F_y 的关系为

$$\omega_y = \frac{2\pi F}{F_y} = 2\pi F T_y \tag{11.2.10}$$

因为两个采样率的关系为

$$F_y = \frac{F_x}{D} \tag{11.2.11}$$

所以频率变量 ω_y 和

$$\omega_x = \frac{2\pi F}{F_x} = 2\pi F T_x \tag{11.2.12}$$

的关系为

$$\omega_y = D\omega_x \tag{11.2.13}$$

不出所料，下采样过程将频率区间 $0 \leqslant |\omega_x| \leqslant \pi/D$ 扩展为对应的频率区间 $0 \leqslant |\omega_y| \leqslant \pi$。

于是可以得出结论：在单位圆上计算式（11.2.9）得到的谱 $Y(\omega_y)$可以写为

$$Y(\omega_y) = \frac{1}{D}\sum_{k=0}^{D-1} H_D\left(\frac{\omega_y - 2\pi k}{D}\right) X\left(\frac{\omega_y - 2\pi k}{D}\right) \tag{11.2.14}$$

使用正确设计的滤波器 $H_D(\omega)$可以消除混叠，进而只保留式（11.2.14）中的第一项。因此，对于 $0 \leqslant |\omega_y| \leqslant \pi$，有

$$Y(\omega_y) = \frac{1}{D} H_D\left(\frac{\omega_y}{D}\right) X\left(\frac{\omega_y}{D}\right) = \frac{1}{D} X\left(\frac{\omega_y}{D}\right) \tag{11.2.15}$$

图 11.2.3 中显示了序列 $x(n)$, $v(n)$和 $y(n)$的谱。

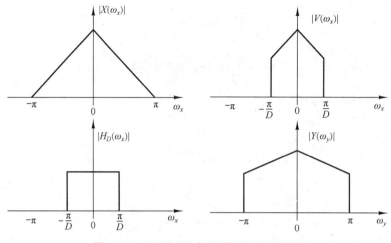

图 11.2.3　以因子 D 抽取信号 $x(n)$ 后的谱

【**例 11.2.1**】设计以因子 $D=2$ 对输入信号 $x(n)$ 下采样的一个抽取器。使用 Remez 交换算法求通带纹波为 0.1dB、阻带衰减至少为 30dB 的 FIR 滤波器的系数。

解：长度为 $M=30$ 的滤波器满足上述指标，图 11.2.4 中显示了频率响应。注意截止频率 $\omega_{\text{c}}=\pi/2$。

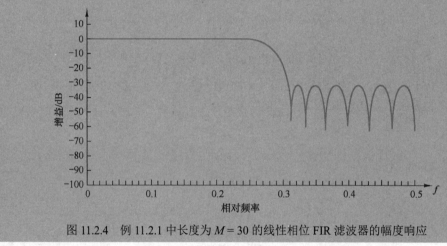

图 11.2.4　例 11.2.1 中长度为 $M=30$ 的线性相位 FIR 滤波器的幅度响应

11.3　以因子 I 内插

要将采样率增大整数 I 倍，可在相邻的信号值之间内插 $I-1$ 个新样本实现。这种内插过程的实现方式有多种。下面描述保持信号序列 $x(n)$ 的谱形状的过程。

设 $v(m)$ 是采样率为 $F_y=IF_x$ 的序列，它是在 $x(n)$ 的相邻值之间内插 $I-1$ 个零得到的。于是有

$$v(m)=\begin{cases}x(m/I), & m=0,\pm I,\pm 2I,\cdots\\ 0, & \text{其他}\end{cases} \tag{11.3.1}$$

并且 $v(m)$ 的采样率与 $y(m)$ 的采样率相同。该序列的 z 变换为

$$V(z)=\sum_{m=-\infty}^{\infty}v(m)z^{-m}=\sum_{m=-\infty}^{\infty}x(m)z^{-mI}=X(z^I) \tag{11.3.2}$$

$v(m)$ 的谱是在单位圆上计算式（11.3.2）得到的。于是有

$$V(\omega_y)=X(\omega_yI) \tag{11.3.3}$$

式中，ω_y 是相对于新采样率 F_y 的频率变量（$\omega_y = 2\pi F/F_y$）。现在，两个采样率之间的关系为 $F_y = IF_x$，因此频率变量 ω_x 和 ω_y 之间的关系为

$$\omega_y = \frac{\omega_x}{I} \tag{11.3.4}$$

图 11.3.1 显示了 $X(\omega_x)$ 和 $V(\omega_y)$ 的谱。观察发现，在 $x(n)$ 的相邻值之间插入 $I-1$ 个零可以增大采样率，得到谱为 $V(\omega_y)$ 的一个信号，其中 $V(\omega_y)$ 是输入信号的谱 $X(\omega_x)$ 的 I 倍周期重复。

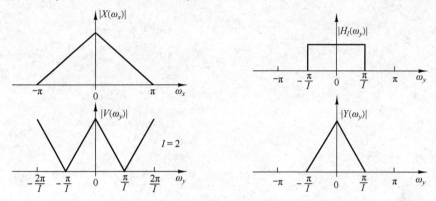

图 11.3.1 $x(n)$ 和 $v(n)$ 的谱，其中 $V(\omega_y) = X(\omega_y I)$

因为 $x(n)$ 在区间 $0 \leqslant \omega_y \leqslant \pi/I$ 内的频率分量是唯一的，所以应阻止 $X(\omega)$ 高于频率 $\omega_y = \pi/I$ 的镜像，方法是让序列 $v(m)$ 通过理想频率响应为 $H_I(\omega_y)$ 的一个低通滤波器：

$$H_I(\omega_y) = \begin{cases} C, & 0 \leqslant |\omega_y| \leqslant \pi/I \\ 0, & \text{其他} \end{cases} \tag{11.3.5}$$

式中，C 是适当归一化输出序列 $y(m)$ 所需的缩放因子。因此，输出谱为

$$Y(\omega_y) = \begin{cases} CX(\omega_y I), & 0 \leqslant |\omega_y| \leqslant \pi/I \\ 0, & \text{其他} \end{cases} \tag{11.3.6}$$

选择的缩放因子 C 要使得输出 $y(m) = x(m/I)$，$m = 0, \pm I, \pm 2I, \cdots$。为方便起见，我们选择点 $m = 0$。于是有

$$y(0) = \frac{1}{2\pi} \int_{-\pi}^{\pi} Y(\omega_y) \, \mathrm{d}\omega_y = \frac{C}{2\pi} \int_{-\pi/I}^{\pi/I} X(\omega_y I) \, \mathrm{d}\omega_y \tag{11.3.7}$$

因为 $\omega_y = \omega_x/I$，所以式（11.3.7）可以写为

$$y(0) = \frac{C}{I} \frac{1}{2\pi} \int_{-\pi}^{\pi} X(\omega_x) \, \mathrm{d}\omega_x = \frac{C}{I} x(0) \tag{11.3.8}$$

因此，$C = I$ 就是所需的归一化因子。

最后要指出的是，输出序列 $y(m)$ 可以写为序列 $v(n)$ 和低通滤波器的单位样本响应 $h(n)$ 的卷积。于是，有

$$y(m) = \sum_{k=-\infty}^{\infty} h(m-k) v(k) \tag{11.3.9}$$

除在 I 的倍数处 $v(kI) = x(k)$ 外，在其他位置都有 $v(k) = 0$，于是式（11.3.9）变为

$$y(m) = \sum_{k=-\infty}^{\infty} h(m-kI) x(k) \tag{11.3.10}$$

【例 11.3.1】 设计一个将输入采样率增大 $I=5$ 倍的内插器。利用 Remez 交换算法求通带纹波为 0.1dB、阻带衰减至少为 30dB 的 FIR 滤波器的系数。

解： 长度 $M=30$ 的滤波器满足上述指标。图 11.3.2 显示画出该滤波器的频率响应，注意截止频率为 $\omega_c=\pi/5$。

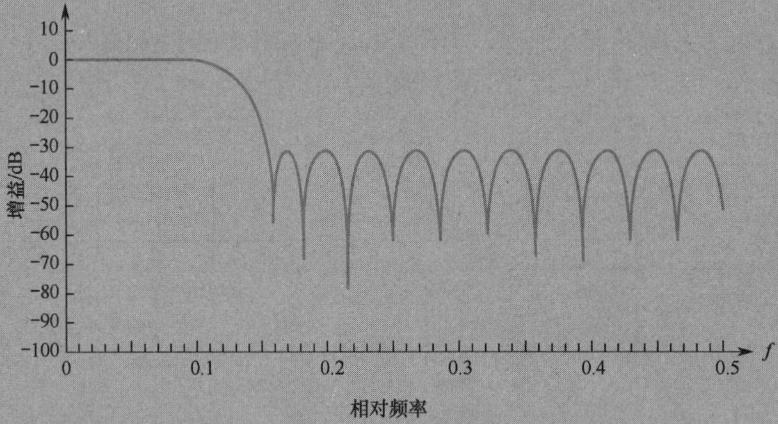

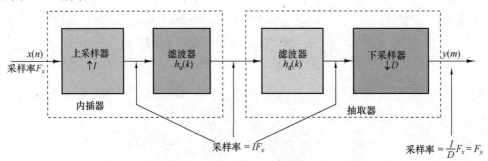

图 11.3.2　例 11.3.1 中长度 $M=30$ 的线性相位 FIR 滤波器的幅度响应

11.4 以有理因子 I/D 转换采样率

前面讨论了抽取（以因子 D 下采样）和内插（以因子 I 上采样）的特殊情形，下面考虑以有理因子 I/D 转换采样率的一般情形。首先以因子 I 内插，然后以因子 D 抽取内插器的输出，基本上可以实现这种采样率转换。换言之，级联内插器和抽取器可以实现以有理因子 I/D 转换采样率，如图 11.4.1 所示。

图 11.4.1　以有理因子 I/D 转换采样率的方法

需要强调的是，首先执行内插，然后执行抽取的目的是保持 $x(n)$ 的期望频率特性。此外，使用图 11.4.1 中的级联配置，冲激响应为 $\{h_u(k)\}$ 和 $\{h_d(k)\}$ 的两个滤波器可以相同的采样率（IF_x）工作，因此可将它们组合成冲激响应为 $h(k)$ 的一个低通滤波器，如图 11.4.2 所示。组合后的滤波器的频率响应 $H(\omega_v)$ 为内插和抽取包含滤波运算，进而使其具有理想的频率响应特性：

$$H(\omega_v)=\begin{cases} I, & 0\leqslant|\omega_v|\leqslant\min(\pi/D,\pi/I) \\ 0, & \text{其他} \end{cases}\qquad(11.4.1)$$

式中，$\omega_v=2\pi F/F_v=2\pi F/IF_x=\omega_x/I$。

在时域中，上采样器的输出是序列

$$v(l)=\begin{cases} x(l/I), & l=0,\pm I,\pm 2I,\cdots \\ 0, & \text{其他} \end{cases}\qquad(11.4.2)$$

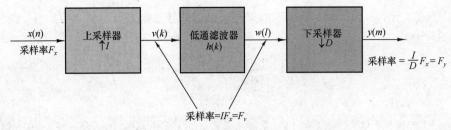

图 11.4.2 以有理因子 I/D 转换采样率的方法

线性时变滤波器的输出是

$$w(l) = \sum_{k=-\infty}^{\infty} h(l-k)v(k) = \sum_{k=-\infty}^{\infty} h(l-kI)x(k) \tag{11.4.3}$$

最终，采样率转换器的输出是序列 $\{y(m)\}$，它是以有理因子 D 下采样序列 $\{w(l)\}$ 得到的。于是有

$$y(m) = w(mD) = \sum_{k=-\infty}^{\infty} h(mD-kI)x(k) \tag{11.4.4}$$

改变变量，将式（11.4.4）写为不同的形式是有启发性的。设

$$k = \left\lfloor \frac{mD}{I} \right\rfloor - n \tag{11.4.5}$$

式中，符号 $\lfloor r \rfloor$ 表示 r 中包含的最大整数。改变变量后，式（11.4.4）可写为

$$y(m) = \sum_{n=-\infty}^{\infty} h\left(mD - \left\lfloor \frac{mD}{I} \right\rfloor I + nI\right)x\left(\left\lfloor \frac{mD}{I} \right\rfloor - n\right) \tag{11.4.6}$$

观察发现

$$mD - \left\lfloor \frac{mD}{I} \right\rfloor I = mD, \quad 模 I$$

$$= (mD)_I$$

因此，式（11.4.6）可以写为

$$y(m) = \sum_{n=-\infty}^{\infty} h(nI + (mD)_I)x\left(\left\lfloor \frac{mD}{I} \right\rfloor - n\right) \tag{11.4.7}$$

它是式（11.1.9）的离散时间形式。

由这种形式明显可以看出，输出 $y(m)$ 是让输入序列 $x(n)$ 通过冲激响应为

$$g(n,m) = h(nI + (mD)_I), \quad -\infty < m, n < \infty \tag{11.4.8}$$

的一个时变滤波器得到的，其中 $h(k)$ 是以采样率 IF_x 工作的时变低通滤波器的冲激响应。观察还发现，对任意整数 k 都有

$$g(n, m+kI) = h(nI + (mD + kDI)_I) = h(nI + (mD)_I) = g(n,m) \tag{11.4.9}$$

因此，$g(n,m)$ 是变量 m 的周期函数，周期为 I。

组合内插过程和抽取过程的结果可以得到频域关系。于是，冲激响应为 $h(l)$ 的线性滤波器的输出端的谱为

$$W(\omega_v) = H(\omega_v)X(\omega_v I) = \begin{cases} IX(\omega_v I), & 0 \leqslant |\omega_v| \leqslant \min(\pi/D, \pi/I) \\ 0, & 其他 \end{cases} \tag{11.4.10}$$

以有理因子 D 抽取序列 $w(n)$ 得到的输出序列 $y(m)$ 的谱为

$$Y(\omega_y) = \frac{1}{D} \sum_{k=0}^{D-1} W\left(\frac{\omega_y - 2\pi k}{D}\right) \tag{11.4.11}$$

式中，$\omega_y = D\omega_v$。如式（11.4.10）所示，该线性滤波器阻止了混叠，且式（11.4.11）给出的输出序列的谱简化为

$$Y(\omega_y) = \begin{cases} \dfrac{I}{D}X\left(\dfrac{\omega_y}{D}\right), & 0 \leqslant |\omega_y| \leqslant \min\left(\pi, \dfrac{\pi D}{I}\right) \\ 0, & \text{其他} \end{cases} \qquad (11.4.12)$$

【例 11.4.1】 设计一个将采样率提高 2.5 倍的转换器。使用 Remez 交换算法求通带纹波为 0.1dB、阻带衰减至少为 30dB 的 FIR 滤波器的系数，规定采样率转换器实现中所用的时变系数集 $g(n, m)$。

解： 满足要求的 FIR 滤波器恰好与例 11.3.1 中设计的滤波器相同，其带宽为 $\pi/5$。

由式（11.4.8）给出的 FIR 滤波器的系数为

$$g(n, m) = h(nI + (mD)_I) = h\left(nI + mD - \left\lfloor \dfrac{mD}{I} \right\rfloor I\right)$$

代入 $I = 5$ 和 $D = 2$ 得

$$g(n, m) = h\left(5n + 2m - 5\left\lfloor \dfrac{2m}{5} \right\rfloor\right)$$

对于 $n = 0, 1, \cdots, 5$ 和 $m = 0, 1, \cdots, 4$，计算 $g(n, m)$，得到时变滤波器的系数如下：

$$g(0, m) = \{h(0) \quad h(2) \quad h(4) \quad h(1) \quad h(3)\}$$
$$g(1, m) = \{h(5) \quad h(7) \quad h(9) \quad h(6) \quad h(8)\}$$
$$g(2, m) = \{h(10) \quad h(12) \quad h(14) \quad h(11) \quad h(13)\}$$
$$g(3, m) = \{h(15) \quad h(17) \quad h(19) \quad h(16) \quad h(18)\}$$
$$g(4, m) = \{h(20) \quad h(22) \quad h(24) \quad h(21) \quad h(23)\}$$
$$g(0, m) = \{h(25) \quad h(27) \quad h(29) \quad h(26) \quad h(28)\}$$

总之，以有理因子 I/D 转换采样率时，就要将采样率增大 I 倍，方法是首先在输入信号 $x(n)$ 的相邻值之间插入 $I-1$ 个零，然后对得到的序列执行线性滤波以消除不想要的 $X(\omega)$ 的镜像，最后以有理因子 D 下采样滤波后的信号。当 $F_y > F_x$ 时，低通滤波器是一个反镜像后置滤波器，它可以消除 F_x 的倍数处而非 IF_x 的倍数处的谱副本。当 $F_y < F_x$ 时，低通滤波器是一个抗混叠前置滤波器，它可以消除 F_y 的倍数处的下移谱副本。使用第 10 章介绍的滤波器设计技术，可以实现低通滤波器的设计。

11.5 采样率转换的实现

本节介绍如何使用多相滤波器结构来高效实现采样率转换系统。使用 11.6 节描述的多级方法可以进一步简化计算。

11.5.1 多相滤波器结构

FIR 滤波器的多相结构是为有效实现采样率转换器而发展起来的，但也适用于其他应用。多相结构基于如下事实，即任何系统函数都可分解为

$$\begin{aligned} H(z) = &\cdots + h(0) && + h(M)z^{-M} + \cdots \\ &\cdots + h(1)z^{-1} && + h(M+1)z^{-(M+1)} + \cdots \\ && \vdots \\ &\cdots + h(M-1)z^{-(M-1)} + h(2M-1)z^{-(2M-1)} + \cdots \end{aligned}$$

如果在第 i 行因式分解 $z^{-(i-1)}$，则有

$$H(z) = [\cdots + h(0) \qquad\qquad + h(M)z^{-M} + \cdots]$$
$$+ z^{-1}[\cdots + h(1) \qquad\qquad + h(M+1)z^{-M} + \cdots]$$
$$\vdots$$
$$+ z^{-(M-1)}[\cdots + h(M-1) + h(2M-1)z^{-M} + \cdots]$$

最后的方程可以简洁地写为

$$H(z) = \sum_{i=0}^{M-1} z^{-i} P_i(z^M) \qquad\qquad (11.5.1)$$

式中，

$$P_i(z) = \sum_{n=-\infty}^{\infty} h(nM+i)z^{-n} \qquad\qquad (11.5.2)$$

关系式（11.5.1）称为 **M 分量多相分解**，$P_i(z)$ 是 $H(z)$ 的多相分量。每个子序列
$$p_i(n) = h(nM+i), \qquad i = 0,1,\cdots,M-1 \qquad\qquad (11.5.3)$$
都是由下采样原冲激响应的延迟（"相移"）形式得到的。

为了推导一个 M 分量多相滤波器结构，对 $M=3$，我们使用式（11.5.1）将输出序列的 z 变换写为

$$Y(z) = H(z)X(z) = P_0(z^3)X(z) + z^{-1}P_1(z^3)X(z) + z^{-2}P_2(z^3)X(z) \qquad (11.5.4)$$

$$= P_0(z^3)X(z) + z^{-1}\{P_1(z^3)X(z) + z^{-1}[P_2(z^3)X(z)]\} \qquad (11.5.5)$$

式（11.5.4）得到图 11.5.1 中的多相结构。类似地，式（11.5.5）得到图 11.5.2 中的多相结构。它称为**转置多相结构**，因为它与转置 FIR 滤波器的实现非常相似。得到的多相结构对任何滤波器（FIR 或 IIR）和 M 的任何有限值都是有效的，且满足我们的需要。其他结构和细节见 Vaidyanathan (1993)。

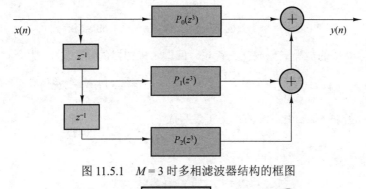

图 11.5.1　$M=3$ 时多相滤波器结构的框图

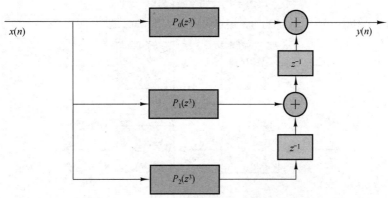

图 11.5.2　$M=3$ 时转置多相滤波器的说明

11.5.2 互换滤波器与下采样器/上采样器

一般来说，我们不能互换采样率转换器（它是一个线性时变系统）和 LTI 系统的阶。下面推导两个恒等式，称为 **Noble 恒等式**，它们可以帮助我们适当地修改滤波器，交换滤波器和一个下采样器或上采样器的位置。

为了证明第一个恒等式（见图 11.5.3），回顾可知下采样器的输入/输出为

$$y(n) = x(nD) \xleftarrow{\quad Z \quad} Y(z) = \frac{1}{D}\sum_{i=0}^{D-1} X(z^{1/D}W_D^i) \qquad (11.5.6)$$

式中，$W_D = \mathrm{e}^{-\mathrm{j}2\pi/D}$。图 11.5.3(a)中系统的输出可写为

$$Y(z) = \frac{1}{D}\sum_{i=0}^{D-1} V_1(z^{1/D}W_D^i) = \frac{1}{D}\sum_{i=0}^{D-1} H(zW_D^{iD})X(z^{1/D}W_D^i) \qquad (11.5.7)$$

因为 $V_1(z) = H(z^D)X(z)$。考虑 $W_D^{iD} = 1$ 和图 11.5.3(b)，由式（11.5.7）得

$$Y(z) = \frac{1}{D}H(z)\sum_{i=0}^{D-1} X(z^{1/D}W_D^i) = H(z)V_2(z) \qquad (11.5.8)$$

它显示了图 11.5.3 中的两个等效结构。

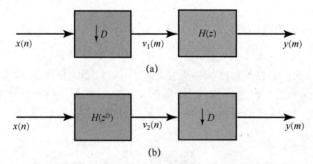

图 11.5.3　两个等效的下采样系统（第一个 Noble 恒等式）

对于上采样，类似的恒等式也成立。首先，回顾上采样器的输入/输出是

$$y(n) = \begin{cases} x(n/I), & n = 0, \pm I, \pm 2I, \cdots \\ 0, & \text{其他} \end{cases} \xleftarrow{\quad Z \quad} Y(z) = X(z^I) \qquad (11.5.9)$$

因为 $V_1(z) = X(z^I)$，图 11.5.4(a)中系统的输出可以写成

$$Y(z) = H(z^I)V_1(z) = H(z^I)X(z^I) \qquad (11.5.10)$$

图 11.5.4(b)中系统的输出为

$$Y(z) = V_2(z^I) = H(z^I)X(z^I) \qquad (11.5.11)$$

它与式（11.5.10）相等。这表明图 11.5.4 中的两个系统是等效的。

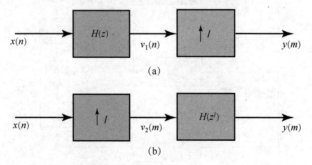

图 11.5.4　两个等效的上采样系统（第二个 Noble 恒等式）

因此，我们就得到了如下结论：如果适当地修改滤波器的系统函数，就有可能互换线性滤波和下采样或上采样运算。

11.5.3 使用级联积分梳状滤波器转换采样率

如果选择系统函数为（见 5.4.5 节）

$$H(z) = \sum_{k=0}^{M-1} z^{-k} = \frac{1-z^{-M}}{1-z^{-1}} \tag{11.5.12}$$

的一个梳状滤波器，就可以大大简化采样率转换所需低通滤波器的硬件实现。这个系统可以通过级联"积分器" $1/(1-z^{-1})$ 和梳状滤波器 $(1-z^{-M})$ 来实现，反之亦然。得到的是**级联积分梳状**（CIC，Cascaded Integrator Comb）滤波器结构。级联积分梳状滤波器结构不需要对滤波器系数执行任何乘法或存储。

为了得到高效的抽取结构，下面首先介绍后面跟有下采样器的一个 CIC 滤波器，然后应用第一个 Noble 恒等式，如图 11.5.5 所示。对于内插，我们使用后面跟有一个 CIC 滤波器的上采样器，然后使用第二个 Noble 恒等式，如图 11.5.6 所示。为了改进转换采样率所需的低通频率响应，可以级联 K 个 CIC 滤波器。这时，我们将所有积分器放在滤波器的一边，而将梳状滤波器放在滤波器的另一边，然后像单级情形那样应用第一个 Noble 恒等式。积分器 $1/(1-z^{-1})$ 是一个不稳定系统。因此，其输出可能会无限增大，当积分器节先出现时，如图 11.5.5(b)所示的抽取结构，就会导致溢出。然而，如果整个滤波器是用补码定点算术实现的，溢出就是可容忍的。如果 $D \neq M$ 或 $I \neq M$，则图 11.5.5(a)和图 11.5.6(b)中的梳状滤波器 $1-z^{-1}$ 应该分别用 $1-z^{-M/D}$ 和 $1-z^{-M/I}$ 代替。Hogenauer（1981）中详细介绍了如何级联积分梳状滤波器以抽取和内插。最后，观察发现，级联积分梳状滤波器是 10.2.3 节讨论的频率采样结构的特殊情况。

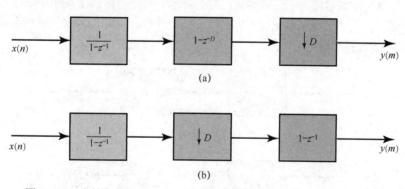

图 11.5.5　为抽取使用第一个 Noble 恒等式得到的高效 CIC 滤波器结构

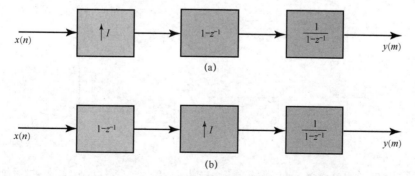

图 11.5.6　为内插使用第二 Noble 恒等式得到的高效 CIC 滤波器结构

如果 CIC 滤波器的阶数是 2 的整数次幂，即 $M = 2^K$，就可将系统函数式（11.5.12）分解为

$$H(z) = (1 + z^{-1})(1 + z^{-2})(1 + z^{-4}) \cdots (1 + z^{-2^{K-1}}) \qquad (11.5.13)$$

使用这个分解，我们可以用非递归 CIC 滤波器生成抽取器结构。图 11.5.7 显示了 $D = M = 8$ 时一个抽取器的例子。N 个 CIC 滤波器的级联可以在每个抽取级之间提供 M 个一阶节 $(1 - z^{-1})$。将 M 因式分解为多个质数的积可以放松约束 $M = 2^K$，详见 Jang and Yang (2001)。

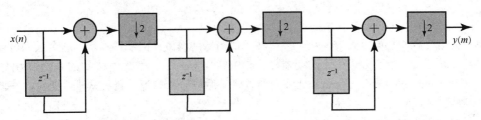

图 11.5.7　使用梳状滤波器以有理因子 $D = 8$ 抽取的高效滤波器结构

11.5.4　用于抽取和内插滤波器的多相结构

为了生成用于抽取的多相结构，下面先看图 11.5.8 所示抽取过程的直接实现。抽取后的序列是让输入序列 $x(n)$ 通过一个线性滤波器，然后对滤波器输出以因子 D 下采样得到的。在这种配置中，滤波器以高采样率 F_x 工作，而每 D 个输出样本中实际上只需要一个。合乎常理的解决方法是，找到仅计算所需样本的一个结构。下面通过开发图 11.5.1 所示的多相结构来得到这样的一个有效实现。由于下采样可以和加法交换位置，组合图 11.5.8 和图 11.5.1 中的结构就得到图 11.5.9(a) 中的结构。如果接下来应用图 11.5.3 所示的恒等式，就可得到图 11.5.9(b) 所示的期望的实现结构。在这种滤波器结构中，只计算所需的样本，且所有的乘法和加法都以更低的采样率 F_x/D 执行。于是，我们就实现了期望的效率。使用一个线性相位 FIR 滤波器并利用其冲激响应的对称性，可节省额外的计算量。

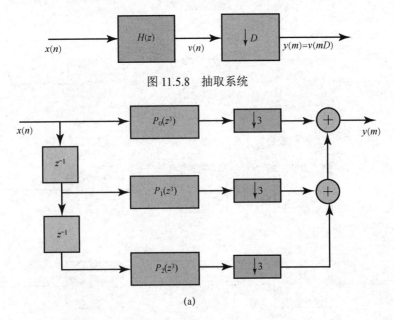

$x(n)$ → $H(z)$ → $v(n)$ → $\downarrow D$ → $y(m) = v(mD)$

图 11.5.8　抽取系统

(a)

图 11.5.9　使用第一个 Noble 恒等式前(a)与后(b)，使用一个多相结构实现抽取系统

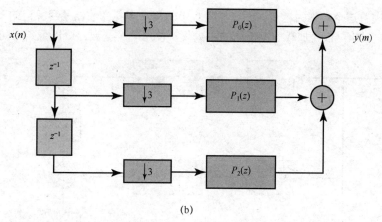

(b)

图 11.5.9　使用第一个 Noble 恒等式前(a)与后(b)，使用一个多相结构实现抽取系统（续）

在实践中，使用图 11.5.10 所示的**换向器模型**来实现多相抽取器更方便。换向器在时间 $n=0$ 开始**逆时针方向旋转**，从滤波器 $i=D-1$ 开始将一组 D 个输入样本分配给多相滤波器，并以相反的顺序继续，直到 $i=0$。对于每组 D 个输入样本，多相滤波器接收一个新输入，然后计算它们的输出并求和，产生输出信号 $y(m)$ 的一个样本。仔细观察图 11.1.3 也可理解这个实现的运算。

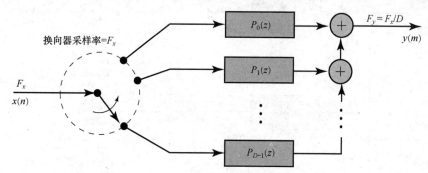

图 11.5.10　使用多相滤波器和换向器的抽取

接下来考虑内插器的高效实现，实现方法是首先在 $x(n)$ 的相邻值之间插入 $I-1$ 个零，然后对得到的序列执行滤波（见图 11.5.11）。该结构的主要问题是，滤波器计算是在高采样率 IF_x 下执行的。首先用图 11.5.2 中的转置多相结构代替图 11.5.11 中的滤波器，如图 11.5.12(a)所示，然后使用第二个 Noble 恒等式（见图 11.5.4）得到图 11.5.12(b)中的结构，可以实现期望的简化。于是，所有滤波乘法都在低采样率 F_x 下执行。有趣的是，转置抽取器的结构可以得到内插器的结构，反之亦然（Crochiere and Rabiner，1981）。

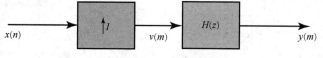

图 11.5.11　内插系统

对于每个输入样本，多相滤波器产生 I 个输出样本 $y_0(n), y_1(n), \cdots, y_{I-1}(n)$。因为第 i 个滤波器的输出 $y_i(n)$ 后跟 $(I-1)$ 个零并且延时 i 个样本，所以多相滤波器在不同的时隙产生非零样本。实际工作中，使用图 11.5.13 所示的换向器模型，我们可以实现部分结构，包括 1 对 I 扩展器、延迟与加法器。换向器在分支 $i=0$ 处于时刻 $n=0$ 开始**逆时针方向旋转**。对于每个输入样本 $x(n)$，换向器读取每个多相滤波器的输出，得到输出（内插后的）信号 $y(m)$ 的 I 个样本。仔细观察

图 11.1.4 也可理解这个实现的运算。图 11.5.13 中的每个多相滤波器使用各自的系数集对相同的输入数据运行。因此，依次加载一组不同的系数集，使用单个滤波器可以得到相同的结果。

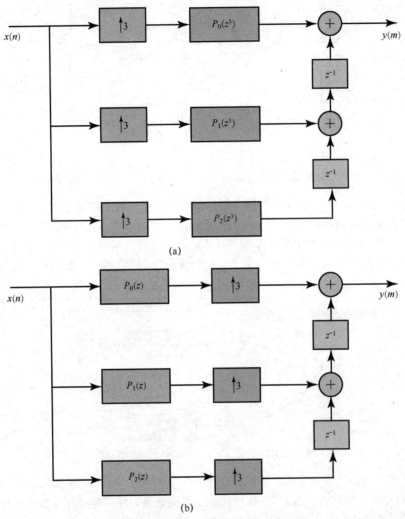

(a)

(b)

图 11.5.12　使用第一个 Noble 恒等式前(a)与后(b)，使用一个多相结构实现一个内插系统

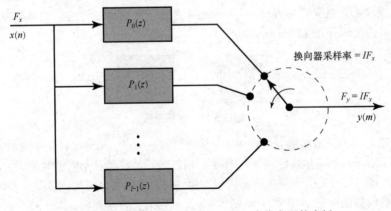

图 11.5.13　使用一个多相滤波器和一个换向器的内插

11.5.5 用于有理采样率转换的结构

使用后跟一个下采样器的多相内插器，可以高效地实现一个比率为 I/D 的采样率转换器。然而，因为下采样器只保留第 D 个多相子滤波器的输出，所以没有必要计算连续输入样本之间的所有 I 个内插值。为了确定计算哪个多相子滤波器的输出，考虑 $I=5$ 和 $D=3$ 时的一个例子。内插器的多相结构有 $I=5$ 个在有效采样周期 $T=T_x/I$ 提供内插样本的子滤波器。下采样器每次从这些样本中取出第 D 个样本，得到采样周期为 $T_y=DT=DT_x/I$ 的离散时间信号。根据持续时间块进行思考是很方便的：

$$T_{\text{block}} = IT_y = DT_x = IDT \tag{11.5.14}$$

它包含 L 个输出样本或 I 个输入样本。图 11.5.14 显示了不同序列的相对时间位置和一块数据。对输入序列 $x(nT_x)$ 内插产生序列 $v(kT)$，后者然后被抽取以产生 $y(mT_y)$。如果使用有 $M=KI$ 个系数的 FIR 滤波器，那么多相子滤波器为 $p_i(n)=h(nI+i)$，$i=0,1,\cdots,I-1$，其中 $n=0,1,\cdots,K-1$。为了计算输出样本 $y(m)$，我们使用序号为 i_m 的多相子滤波器，它需要输入样本 $x(k_m),x(k_m-1),\cdots,$ $x(k_m-K+1)$。由式（11.1.9）和图 11.5.14，可以推出

$$k_m = \left\lfloor \frac{mD}{I} \right\rfloor \quad \text{和} \quad i_m = (Dm)_I \tag{11.5.15}$$

对于 $D=3$ 和 $I=5$，第一个数据块包含 $D=3$ 个输入样本和 $I=5$ 个输出样本。为了计算样本 $\{y(0),$ $y(1),y(2),y(3),y(4)\}$，我们使用分别由序号 $i_m=\{0,3,1,4,2\}$ 规定的多相子滤波器。仅当 k_m 的值改变时，才更新滤波器内存中的样本。这一讨论是使用 FIR 滤波器高效软件实现有理采样率转换的基本思想。

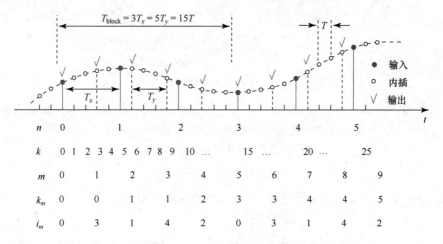

图 11.5.14 当 $I/D=\frac{5}{3}$ 时，采样率转换的多相实现的序号计算

11.6 采样率转换的多级实现

在采样率转换的实际应用中，我们经常遇到比 1 大很多的抽取因子和内插因子。例如，假定我们要以因子 $I/D=130/63$ 改变采样率。虽然理论上可以准确地实现该采样率转换，但实现需要一组 130 个多相滤波器，且计算上可能是低效的。本节考虑在多级中对 $D\gg1$ 或 $I\gg1$ 执行采样率转换的方法。

首先，考虑以因子 $I\gg1$ 内插，并假设 I 可以分解成多个正整数的积：

$$I = \prod_{i=1}^{L} I_i \qquad (11.6.1)$$

于是，以因子 I 内插就可通过级联 L 级的内插和滤波来实现，如图 11.6.1 所示。注意，内插器中的每个滤波器都消除了在对应内插器的上采样过程中引入的镜像。

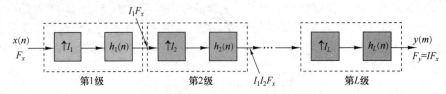

图 11. 6. 1　以因子 I 内插的多级实现

　　类似地，以因子 D 抽取可以通过级联 J 级的滤波和抽取实现，如图 11.6.2 所示，其中因子 D 可以分解为多个正整数的积，即

$$D = \prod_{i=1}^{J} D_i \qquad (11.6.2)$$

于是在第 i 级的输出的采样率为

$$F_i = \frac{F_{i-1}}{D_i}, \qquad i = 1, 2, \cdots, J \qquad (11.6.3)$$

式中，序列 $\{x(n)\}$ 的输入采样率为 $F_0 = F_x$。

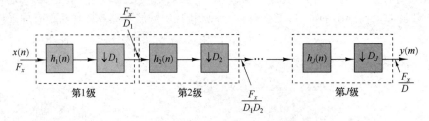

图 11.6.2　以因子 D 抽取的多级实现

　　为了保证整个抽取过程不出现混叠，可以设计每个滤波器级，以在感兴趣的频带内避免混叠。为了详细说明，下面将整个抽取器中的期望通带和过渡带定义为

$$\begin{aligned} &\text{通带}: 0 \leqslant F \leqslant F_{\text{pc}} \\ &\text{过渡带}: F_{\text{pc}} \leqslant F \leqslant F_{\text{sc}} \end{aligned} \qquad (11.6.4)$$

式中，$F_{\text{sc}} \leqslant F_x / 2D$。于是，按如下方式选取每个滤波器级的频带：

$$\begin{aligned} &\text{通带}: 0 \leqslant F \leqslant F_{\text{pc}} \\ &\text{过渡带}: F_{\text{pc}} \leqslant F \leqslant F_i - F_{\text{sc}} \\ &\text{阻带}: F_i - F_{\text{sc}} \leqslant F \leqslant \frac{F_{i-1}}{2} \end{aligned} \qquad (11.6.5)$$

就可避免频带 $0 \leqslant F \leqslant F_{\text{sc}}$ 内出现混叠。

　　例如，在第 1 个滤波器级有 $F_1 = F_x / D_1$，且滤波器按如下频带进行设计：

$$\begin{aligned} &\text{通带}: 0 \leqslant F \leqslant F_{\text{pc}} \\ &\text{过渡带}: F_{\text{pc}} \leqslant F \leqslant F_1 - F_{\text{sc}} \\ &\text{阻带}: F_1 - F_{\text{sc}} \leqslant F \leqslant F_0 / 2 \end{aligned} \qquad (11.6.6)$$

以因子 D_1 抽取后，落在滤波器过渡带内的信号分量就会导致混叠，但混叠出现在高于 F_{sc} 的频率。于是，频带 $0 \leqslant F \leqslant F_{sc}$ 内没有混叠。通过在后续级设计满足式（11.6.5）中指标的滤波器，就可保证在主频带 $0 \leqslant F \leqslant F_{sc}$ 内不出现混叠。

【例 11.6.1】考虑标称带宽为 4kHz 的一个音频信号，它以采样率 8kHz 采样。假定我们要用通带为 $0 \leqslant F \leqslant 75$、过渡带为 $75 \leqslant F \leqslant 80$ 的一个滤波器隔离 80Hz 以下的频率分量。因此，有 $F_{pc}=75$Hz 和 $F_{sc}=80$Hz。频带 $0 \leqslant F \leqslant 80$ 中的信号可以因子 $D=F_x/2F_{sc}=50$ 抽取。另外，我们还规定滤波器的通带纹波为 $\delta_1=10^{-2}$，阻带衰减为 $\delta_2=10^{-4}$。

满足这些指标的线性相位 FIR 滤波器的长度，可由 10.2.7 节给出的一个著名公式来计算。回顾可知，由凯泽提出的用来逼近长度 M 的一个简单公式是

$$\hat{M} = \frac{-10\lg\delta_1\delta_2-13}{14.6\Delta f}+1 \qquad (11.6.7)$$

式中，Δf 是过渡带的归一化（除以采样率）宽度 $[$即 $\Delta f=(F_{sc}-F_{pc})/F_s]$。Herrmann et al. (1973)中给出了一个更准确的方程：

$$\hat{M} = \frac{D_\infty(\delta_1,\delta_2)-f(\delta_1,\delta_2)(\Delta f)^2}{\Delta f}+1 \qquad (11.6.8)$$

式中，$D_\infty(\delta_1,\delta_2)$ 与 $f(\delta_1,\delta_2)$ 定义为

$$D_\infty(\delta_1,\delta_2) = [0.005309(\lg\delta_1)^2+0.07114(\lg\delta_1)-0.4761]\lg\delta_2 - \\ [0.00266(\lg\delta_1)^2+0.5941\lg\delta_1+0.4278] \qquad (11.6.9)$$

$$f(\delta_1,\delta_2) = 11.012+0.51244[\lg\delta_1-\lg\delta_2] \qquad (11.6.10)$$

现在，后面跟一个抽取器的一个 FIR 滤波器，要求（使用凯泽公式）滤波器的长度为

$$\hat{M} = \frac{-10\lg10^{-6}-13}{14.6(5/8000)}+1 \approx 5152$$

另一种方法如下。考虑 $D_1=25$ 和 $D_2=2$ 的一个两级抽取过程。在第一级中，有 $F_1=320$Hz 和

通带： $0 \leqslant F \leqslant 75$

过渡带： $75 < F \leqslant 240$

$$\Delta f = \frac{165}{8000}$$

$$\delta_{11} = \frac{\delta_1}{2}, \quad \delta_{21} = \delta_2$$

注意，我们已将通带纹波 δ_1 降低了 1/2，以便在两个滤波器的级联中，总通带纹波不超过 δ_1。另一方面，在这两级中，阻带衰减保持为 δ_2。现在，由凯泽公式得到的 M_1 的一个估计为

$$\hat{M}_1 = \frac{-10\lg\delta_{11}\delta_{21}-13}{14.6\Delta f}+1 \approx 167$$

对于第二级，有 $F_2=F_1/2=160$ 和

通带： $0 \leqslant F \leqslant 75$

过渡带： $75 < F \leqslant 80$

$$\Delta f = \frac{5}{320}$$

$$\delta_{12} = \frac{\delta_1}{2}, \quad \delta_{22} = \delta_2$$

于是，第二个滤波器的长度 M_2 的估计为

$$\hat{M}_2 \approx 220$$

因此，两个 FIR 滤波器的总长度约为 $\hat{M}_1 + \hat{M}_2 = 387$，表明滤波器的长度降为原长度的 $\frac{1}{13}$ 倍以下。

对于 $D_1 = 10$ 和 $D_2 = 5$，建议读者重做上面的计算。

由例 11.6.1 中的计算可以看出，滤波器长度的减少是因为增大了式（11.6.7）和式（11.6.8）的分母中的因子 Δf。通过在多级中抽取，可以降低采样率来增大过渡带的宽度。

在多级内插器的情形下，第 i 级的输出的采样率为

$$F_{i-1} = I_i F_i, \qquad i = J, J-1, \cdots, 1$$

且当输入采样率为 F_J 时，输出采样率为 $F_0 = IF_J$。对应的频带指标是

$$通带: 0 \leqslant F \leqslant F_p$$

$$过渡带: F_p < F \leqslant F_i - F_{sc}$$

下例说明了多级内插的优势。

【例 11.6.2】使用通带为 $0 \leqslant F \leqslant 75$、过渡带为 $75 \leqslant F \leqslant 80$ 的信号，颠倒例 11.6.1 中描述的滤波问题。我们希望以因子 50 内插。选取 $I_1 = 2$ 和 $I_2 = 25$，可以得到例 11.6.1 中的抽取问题的转置形式。因此，转置两个抽取器，就可实现 $I_1 = 2, I_2 = 25, \hat{M}_1 \approx 220, \hat{M}_2 \approx 167$ 的两级内插器。

11.7 带通信号的采样率转换

本节介绍带通信号的抽取和内插。任意带通信号都可转换成一个等效的低通信号，而后者的采样率可用成熟的技术改变（见 6.4.2 节）。然而，对于带通离散时间信号，更简单且使用更广泛的方法是**整数谱带定位**。这个概念类似于 6.3 节针对连续时间带通信号讨论的概念。

具体地说，假设我们希望以因子 D 抽取谱限制在频带

$$(k-1)\frac{\pi}{D} < |\omega| < k\frac{\pi}{D} \tag{11.7.1}$$

上的一个整数位置的带通信号，其中 k 是一个正整数。定义为

$$H_{BP}(\omega) = \begin{cases} 1, & (k-1)\dfrac{\pi}{D} < |\omega| < k\dfrac{\pi}{D} \\ 0, & 其他 \end{cases} \tag{11.7.2}$$

的带通滤波器正常用来消除期望频率范围之外的频率分量。于是，以因子 D 直接抽取滤波后的信号 $v(n)$，按照式（11.2.14），每 $2\pi/D$ 弧度产生带通谱 $V(\omega)$ 的周期复制。抽取后的信号 $y(m)$ 的谱可以因子 $\omega_y = D\omega_x$ 缩放频率轴得到。对于带有奇数谱带定位（$k = 3$）的带通信号，该过程如图 11.7.1 所示，对于带有偶数谱带定位（$k = 4$）的信号，该过程如图 11.7.2 所示。当 k 为奇数时，与连续时间情形一样 [见图 6.3.1(b)]，信号的谱存在反转。反转可通过简单地处理 $y'(m) = (-1)^m y(m)$ 而消去。注意，违反式（11.7.1）给出的带宽约束将导致信号混叠。

以整数因子 I 执行的带通内插过程是带通抽取的逆，并且可以采用类似的方式实现。在 $x(n)$ 的样本间插入零的上采样过程，在谱带 $0 \leqslant \omega \leqslant \pi$ 内产生 I 个镜像。期望的镜像可通过带通滤波来选择。这可视为"反转"图 11.7.1 的过程。注意，内插过程还为我们提供了实现频谱频率搬移的机会。

最后，以有理因子 I/D 对带通信号执行采样率转换，可通过级联一个抽取器和一个内插器来实现，具体取决于参数 D 和 I 的选择。为了隔离感兴趣的信号频带，在采样转换器前面通常需要一个带通滤波器。注意，这种方法通过选择 $D = I$，提供了实现信号频率搬移的无调制方法。

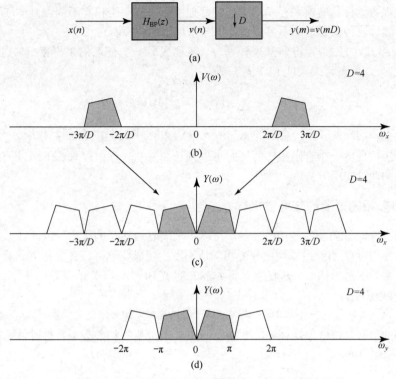

图 11.7.1　整数谱带定位（奇整数定位）的带通抽取的谱

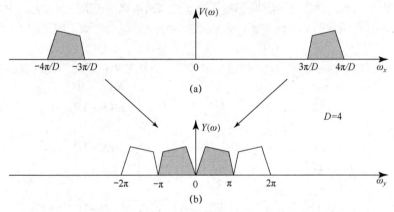

图 11.7.2　整数谱带定位（偶整数定位）的带通抽取的谱

11.8　以任意因子转换采样率

由多相结构高效实现采样率转换时，要求采样率 F_x 和 F_y 是固定的，且以有理因子 I/D 相关联。在某些应用中，这种方法是低效的，有时甚至不能使用这样的精确采样率转换方案。

例如，假设要以有理数 I/D 执行采样率转换，其中 I 是一个大整数（如 $I/D = 1023/511$）。尽管可以由这个数精确地实现采样率转换，但我们仍需要一个有 1023 个子滤波器的多相滤波器。由于需要存储大量的滤波器系数，这样的一个实现在存储上是低效的。

在某些应用中，当我们设计采样率转换器时，并不知道精确的转换率，或者在转换过程中转换率是连续变化的。例如，我们可能遇到输入样本和输出样本由两个独立的时钟控制的情况。尽管定义一个有理数为标称转换采样率是可能的，但实际采样率会稍有不同，具体取决于两个时钟的频率差。显然，这种情形下，不可能设计出一个精确的转换器。

我们可以用式（11.1.9）将任意采样率 F_x 转换成另一个任意的采样率 F_y（固定的或可变的），为方便起见，这里将式（11.1.9）重写为

$$y(mT_y) = \sum_{k=K_1}^{K_2} g(kT_x + \Delta_m T_x)x((k_m - k)T_x) \tag{11.8.1}$$

对每个输出样本，这需要计算一个新冲激响应 $p_m(k) = g(kT_x + \Delta_m T_x)$。然而，如果 Δ_m 以有限精度测量，就只有冲激响应的一个有限集，需要时可以预计算并从内存中载入。下面讨论以任意因子执行采样率转换的两种实用方法。

11.8.1 使用多相内插器的任意重采样

使用带有 I 个子滤波器的多相内插器，可以生成间隔为 T_x/I 的样本。因此，节数 I 决定内插过程的粒度。如果 T_x/I 小到足以使信号的相邻值不发生明显变化，或者变化小于量化阶，就可以使用最近邻（零阶保持内插）法求任意位置 $t = nT_x + \Delta T_x (0 \leq \Delta \leq 1)$ 的值。

使用两点线性内插

$$y(nT_x + \Delta T_x) = (1 - \Delta)x(n) + \Delta x(n+1) \tag{11.8.2}$$

可以得到额外的改善。这些内插技术的性能已在 6.4 节分析它们的频域特性时讨论过。额外的实用细节见 Ramstad (1984)。

11.8.2 使用 Farrow 滤波器结构的任意重采样

在实际工作中，我们往往使用因果 FIR 低通滤波器来实现有理因子的多相采样率转换器。如果使用带有 $M = KI$ 个系数的 FIR 滤波器，多相滤波器的系数就可由如下映射得到：

$$p_i(n) = h(nI + i), \quad i = 0, 1, \cdots, I - 1 \tag{11.8.3}$$

这个映射将一维序列 $h(n)$ 映射到 I 行 K 列的二维数组，方法是以自然序填充连续的列：

$$
\begin{aligned}
p_0(k) &\mapsto h(0) \quad h(I) \quad\cdots\quad h((K-1)I) \\
p_1(k) &\mapsto h(1) \quad h(I+1) \quad\cdots\quad h((K-1)I+1) \\
&\quad\vdots \\
p_i(k) &\mapsto h(i) \quad h(I+i) \quad\cdots\quad h((K-1)I+i) \\
p_{i+1}(k) &\mapsto h(i+1) \quad h(I+i+1) \quad\cdots \\
&\quad\vdots \\
p_{I-1}(k) &\mapsto h(I-1) \quad h(2I-1) \quad\cdots\quad h(KI-1)
\end{aligned}
\tag{11.8.4}
$$

多相滤波器 $p_i(n)$ 用于计算涵盖每个输入样本区间的 I 个等距位置 $t = nT_x + i(T_x/I)$ 的样本，$i = 0, 1, \cdots, I-1$。假设现在要计算 $t = nT_x + \Delta T_x$ 处的样本，其中 $\Delta \neq i/I$ 且 $0 \leq \Delta \leq 1$。这需要一个不存在的多相子滤波器，记为 $p_\Delta(k)$，它会"落在"两个已有子滤波器 [如 $p_i(k)$ 与 $p_{i+1}(k)$] 之间。这组系数将在第 i 行与第 $i+1$ 行之间创建一行。注意，式（11.8.4）中的每列都由冲激响应 $h(n)$ 的 I 个连续样本段组成，并涵盖一个样本间隔 T_x。接下来假设我们可以使用一个 L 次多项式

$$B_k(\Delta) = \sum_{\ell=0}^{L} b_\ell^{(k)} \Delta^\ell, \quad k = 0, 1, \cdots, K-1 \tag{11.8.5}$$

来逼近每列中的系数集合。注意，在 $\Delta = i/I$ 处计算式（11.8.5）将得到 $p_i(k)$ 多相子滤波器的系数。可以选择多项式的类型（拉格朗日、切比雪夫等）和次数 L，以避免相较于原滤波器 $h(n)$ 的任何性能下降。位置 $t = nT_x + \Delta T_x$ 处的样本由下式确定：

$$y((n+\Delta)T_x) = \sum_{k=0}^{K-1} B_k(\Delta)x((n-k)T_x), \qquad 0 \leqslant \Delta \leqslant 1 \tag{11.8.6}$$

其中，所需的滤波器系数是用式（11.8.5）计算得到的。如果将多项式（11.8.5）代入滤波公式［即式（11.8.6）］，并改变求和的顺序，就可得到

$$y((n+\Delta)T_x) = \sum_{k=0}^{K-1}\sum_{\ell=0}^{L} b_{\ell}^{(k)}\Delta^{\ell}x((n-k)T_x) = \sum_{\ell=0}^{L}\Delta^{\ell}\sum_{k=0}^{K-1} b_{\ell}^{(k)}x((n-k)T_x)$$

最后一个等式可写成

$$y((n+\Delta)T_x) = \sum_{\ell=0}^{L} v(\ell)\Delta^{\ell} \tag{11.8.7}$$

式中，

$$v(\ell) = \sum_{k=0}^{K-1} b_{\ell}^{(k)}x((n-k)T_x), \qquad \ell = 0,1,\cdots,L \tag{11.8.8}$$

式（11.8.7）可视为输出序列的泰勒级数表示，其中 $v(\ell)$ 是由输入序列求得的连续局部导数。式（11.8.8）可用系统函数为

$$H_{\ell}(z) = \sum_{k=0}^{K-1} b_{\ell}^{(k)}z^{-k} \tag{11.8.9}$$

的 FIR 滤波结构实现。多项式［即式（11.8.7）］的最高效计算可以使用嵌套的秦九韶算法完成，$L=4$ 时，秦九韶算法说明如下：

$$y(\Delta) = c_0 + c_1\Delta + c_2\Delta^2 + c_3\Delta^3 + c_4\Delta^4 = c_0 + \Delta(c_1 + \Delta(c_2 + \Delta(c_3 + \Delta c_4))) \tag{11.8.10}$$

这种方法得到图 11.8.1 所示的框图实现，称为 **Farrow 结构**（Farrow 1988）。基本上，Farrow 结构通过在滤波器系数之间内插，执行信号值之间的内插，详见 Gardner (1993)、Erup et al. (1993)、Ramstad (1984)、Harris (1997) 和 Laakso et al. (1996)。

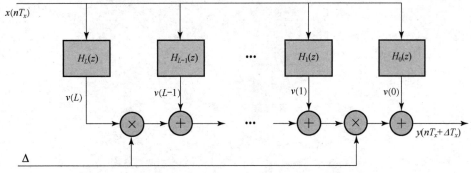

图 11.8.1　以任意因子改变采样率的 Farrrow 结构的框图

11.9　多采样率信号处理的应用

多采样率信号处理有大量实际应用，本节介绍其中的一些应用。

11.9.1　设计移相器

假设我们要设计一个将信号 $x(n)$ 延迟一个分数样本的网络。假设这个延迟是采样间隔 T_x 的一个有理分数［即 $d = (k/I)T_x$，其中 k 和 I 是互质的正整数］。在频域中，该延迟对应于线性相移

$$\Theta(\omega) = -\frac{k\omega}{I} \tag{11.9.1}$$

设计一个全通线性相位滤波器相对要困难一些。然而，使用采样率转换的方法，在不对信号引入任何明显失真的情况下，可以准确地实现延迟$(k/I)T_x$。具体地说，我们考虑图 11.9.1 中的系统。使用标准的内插器，可将采样率提高 I 倍。低通滤波器消除内插后的信号的谱中的镜像，且其输出以采样率 IF_x 延迟 k 个样本，延迟后的信号以因子 $D = I$ 抽取。这样，我们就得到了期望的延迟$(k/I)T_x$。

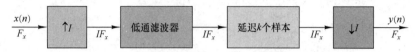

图 11.9.1   在离散时间信号中产生延迟的方法

内插器的高效实现是图 11.9.2 中的多相滤波器。将换向器的初始位置放在第 k 个子滤波器的输出端，可以延迟 k 个样本。由于以 $D = I$ 抽取意味着从多相滤波器的每 I 个样本取出 1 个样本，换向器的位置可以固定在第 k 个子滤波器的输出端。于是，仅用多相滤波器的第 k 个子滤波器就实现了延迟 k/I。注意，多相滤波器引入了额外$(M-1)/2$ 个样本的延迟，其中 M 是冲激响应的长度。

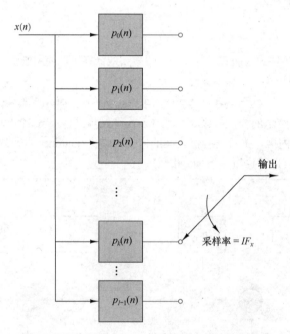

图 11.9.2   实现图 11.9.1 中系统的多相滤波器结构

最后要提及的是，如果期望的延迟是样本间隔 T_x 的非有理因子，就可用 11.8 节介绍的方法得到延迟。

11.9.2   不同采样率数字系统的对接

在实际工作中，我们会频繁地遇到对接被独立时钟控制的两个数字系统的问题。这个问题的模拟解决方法是将来自第一个系统的信号转换成模拟形式，然后在第二个系统的输入端使用该系统的时钟对信号重采样。然而，更简单的方法是使用本章介绍的基本采样率转换方法以数字方式完成对接。

具体地说，我们考虑图 11.9.3 中具有独立时钟的两个系统的对接。系统 A 的输出以采样率 F_x 馈送到一个内插器，后者则以因子 I 提高采样率。内插器的输出以采样率 IF_x 馈入一个数字采样保持电路，后者以高采样率 IF_x 充当到系统 B 的接口。来自数字采样保持电路的信号以系统 B 的时钟采样率 DF_y 读入系统 B。于是，采样保持的输出采样率就不同步于输入采样率。

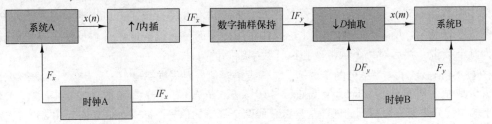

图 11.9.3　两个不同采样率的数字系统的对接

在 $D=I$ 且两个时钟采样率相若但不等的特殊情况下，采样保持输出端的一些样本有时可能会重复或被丢弃。如果内插器/抽取器因子较大，这种方法导致的信号失真就很小。使用线性内插取代数字采样保持，可以进一步降低失真，进而减小内插器因子。

11.9.3　窄带低通滤波器的实现

11.6 节说过，采样率转换的多级实现通常提供更高效的实现，尤其是当滤波器的指标非常严格时（如一个窄通带和一个窄过渡带）。在类似的条件下，在多级抽取器–内插器配置中可以更高效地实现低通线性相位 FIR 滤波器。具体地说，我们可以使用大小为 D 的抽取器的多级实现，后跟大小为 I 的内插器的多级实现，其中 $I=D$。

下面设计一个指标与例 11.6.1 中相同的低通滤波器，以说明上述步骤。

【例 11.9.1】设计一个满足如下指标的线性相位 FIR 滤波器：

采样率：8000Hz 通带：$0 \leqslant F \leqslant 75\text{Hz}$

过渡带：$75\text{Hz} \leqslant F \leqslant 80\text{Hz}$ 阻带：$80\ \text{Hz} \leqslant F \leqslant 4000\text{Hz}$

通带纹波：$\delta_1 = 10^{-2}$ 阻带纹波：$\delta_2 = 10^{-4}$

解：如果将该滤波器设计成单采样率线性相位 FIR 滤波器，满足指标的滤波器长度就为（由凯泽方程）

$$\hat{M} \approx 5152$$

现在，假设使用基于抽取和内插因子 $D=I=100$ 的低通滤波器的多采样率实现。抽取器–内插器的单级实现需要一个长度为

$$\hat{M}_1 = \frac{-10\lg(\delta_1\delta_2/2) - 13}{14.6\Delta f} + 1 \approx 5480$$

的 FIR 滤波器。

然而，使用对应的多相滤波器来实现抽取和内插滤波器，将显著降低计算复杂度。如果采用线性相位（对称性）抽取与内插滤波器，那么使用多相滤波器可将乘法次数降至原来的 $\frac{1}{100}$。

使用两级内插后跟两级抽取，可得到更有效的实现。例如，如果选取 $D_1=50$, $D_2=2$, $I_1=2$ 和 $I_2=50$，所需的滤波器长度为

$$\hat{M}_1 = \frac{-10\lg(\delta_1\delta_2/4) - 13}{14.6\Delta f} + 1 \approx 177$$

$$\hat{M}_1 = \frac{-10\lg(\delta_1\delta_2/4) - 13}{14.6\Delta f} + 1 \approx 233$$

于是，总滤波器长度就降至此前的 $2(5480)/2(177+233) \approx 13.36$ 分之一。另外，使用多相滤波器可以进一步减少乘法次数。对第一级的抽取来说，乘法次数降至此前的 1/50，而对第二级的抽取来说，乘法次数降至此前的 1/100。增加抽取和内插的级数，可以进一步减少乘法次数。

11.9.4 语音信号子带编码

为了以数字形式高效地表示语音信号，人们为传输或存储开发了大量技术。因为低频中包含了大多数语音能量，所以与高频带相比，我们将用更多的位来编码低频带。子带编码是将语音信号分为几个频带，然后对每个频带单独执行数字编码的方法。

图11.9.4(a)显示了频率细分的一个例子。假设语音信号以采样率 F_s 采样。第一个频率细分将信号谱拆分成两个等宽信号，即一个低通信号（$0 \leqslant F \leqslant F_s/4$）和一个高通信号（$F_s/4 \leqslant F \leqslant F_s/2$）。第二个频率细分将第一级得到的低通信号拆分成两个等宽的信号，即一个低通信号（$0 < F \leqslant F_s/8$）和一个高通信号（$F_s/8 \leqslant F \leqslant F_s/4$）。最后，第三个频率细分将第二级得到的低通信号拆分成两个等宽的信号。于是，信号就被划分成 4 个频带，涵盖了 3 个倍频程，如图 11.9.4(b)所示。

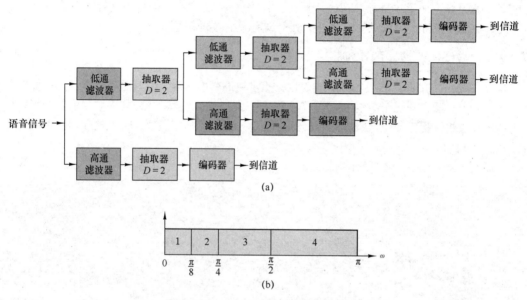

图 11.9.4 一个子带语音编码器的框图

频率细分后，执行因子 2 抽取。对 4 个子带中的信号分配不同数量的位数/样本，就可以降低数字化语音信号的比特率。

要在子带编码中达到良好的性能，滤波器设计非常重要。必须忽略抽取子带信号导致的混叠。显然，我们不能使用图11.9.5(a)中的砖墙滤波器特性，因为这类滤波器是物理上不可实现的。解决混叠问题的一种方法是，使用频率响应特性如图11.9.5(b)所示的**正交镜像滤波器**（Quadrature Mirror Filters，QMF），详见第 12 章。

子带编码语音信号的合成方法基本上是编码过程的逆过程。如图 11.9.6 所示，相邻低通频带和高通频带内的信号被内插、滤波和组合。对于信号的每个倍频程，信号的合成中使用了一对正交镜像滤波器。

子带编码也是在图像处理中实现数据压缩的有效方法。与未编码图像中的 8 位/像素相比，Safranek et al.(1988)中对每个子带信号使用矢量量化来组合子带编码，得到了约 0.5 位/像素的编码图像。

一般来说，当信号能量集中在频带的某个特定区域时，在信号的数字表示中，信号的子带编码是实现带宽压缩的有效方法。多采样率信号处理可以高效地实现子带编码器。

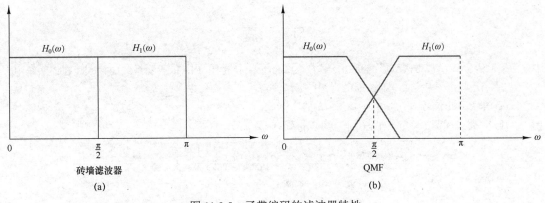

图 11.9.5　子带编码的滤波器特性

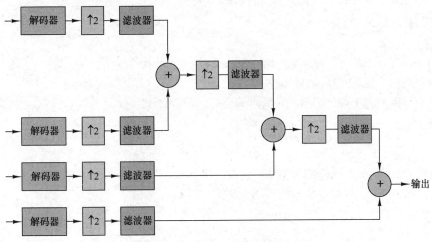

图 11.9.6　子带编码后的信号的合成

11.10　小结

在数字信号处理应用中，经常需要执行采样率转换。本章首先介绍了如何以整数因子降低采样率（抽取）和提高采样率（内插），然后说明了如何组合这两个过程来得到任意有理因子的采样率转换，接着介绍了以任意因子执行采样率转换的方法，最后介绍了待重采样信号是带通信号时，执行采样率转换的方法。

一般来说，实现采样率转换需要使用 LTI 滤波器。我们介绍了实现这种滤波器的方法，包括实现起来非常简单的一类多相滤波器结构。我们还介绍了如何使用多采样率转换的多级实现来简化滤波器复杂度的方法。

本章还介绍了使用多采样率信号处理的许多应用，包括窄带滤波器、移相器和子带语音编码器的实现。这些应用只是实际中遇到的使用多采样率信号处理的许多应用中的几个。

多采样率信号处理的首次详细介绍见 Crochiere and Rabiner (1983)。本章引用的文献有 Schafer and Rabiner (1973)、Crochiere and Rabiner (1975, 1976, 1981)。采用内插方法实现任意因子的采样率转换，见 Ramstad (1984)。许多出版物中都介绍了语音信号子带编码，如 Crochiere (1977, 1981)和 Garland and Esteban (1980)。子带编码已用于图像编码中，见 Vetterli (1984)、Woods and O'Neil (1986)、Smith and Eddins (1988)和 Safranek et al. (1988)等。

习　题

11.1 模拟信号 $x_a(t)$ 被带限到区间 $900\text{Hz} \leqslant F \leqslant 1100\text{Hz}$ 上，是图 P11.1 所示系统的输入。在该系统中，$H(\omega)$ 是截止频率为 $F_c = 125\text{Hz}$ 的理想低通滤波器。

(a) 求并画出信号 $x(n), w(n), v(n)$ 与 $y(n)$ 的谱。

(b) 证明以周期 $T = 4\text{ms}$ 对 $x_a(t)$ 采样可以得到 $y(n)$。

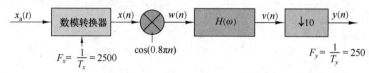

图 P11.1

11.2 考虑信号 $x(n) = a^n u(n), |a| < 1$。

(a) 求谱 $X(\omega)$。

(b) 将信号 $x(n)$ 应用于以因子 2 降低采样率的抽取器，求输出谱。

(c) 证明(b)问中的谱是 $x(2n)$ 的傅里叶变换。

11.3 序列 $x(n)$ 是以周期 T 对一个模拟信号采样得到的。使用由公式

$$y(n) = \begin{cases} x(n/2), & n\text{为偶数} \\ \dfrac{1}{2}\left[x\left(\dfrac{n-1}{2}\right) + x\left(\dfrac{n+1}{2}\right)\right], & n\text{为奇数} \end{cases}$$

描述的线性内插方法，由该信号推导一个采样周期为 $T/2$ 的新信号。

(a) 证明该线性内插方程可由基本的信号处理元件实现。

(b) $x(n)$ 的谱为

$$X(\omega) = \begin{cases} 1, & 0 \leqslant |\omega| \leqslant 0.2\pi \\ 0, & \text{其他} \end{cases}$$

求 $y(n)$ 的谱。

(c) $x(n)$ 的谱为

$$X(\omega) = \begin{cases} 1, & 0.7\pi \leqslant |\omega| \leqslant 0.9\pi \\ 0, & \text{其他} \end{cases}$$

求 $y(n)$ 的谱。

11.4 考虑傅里叶变换为

$$X(\omega) = 0, \qquad \omega_n < |\omega| \leqslant \pi, \ f_m < |f| \leqslant \tfrac{1}{2}$$

的信号 $x(n)$。

(a) 证明：若采样频率 $\omega_s = 2\pi/D \leqslant 2\omega_m (f_s = 1/D \geqslant 2f_m)$，则信号 $x(n)$ 可由其样本 $x(mD)$ 恢复。

(b) 证明：$x(n)$ 可用公式 $x(n) = \displaystyle\sum_{k=-\infty}^{\infty} x(kD)h_r(n - kD)$ 重建，其中，

$$h_r(n) = \frac{\sin(2\pi f_c n)}{2\pi n}, \qquad \begin{matrix} f_m < f_c < f_s - f_m \\ \omega_m < \omega_c < \omega_s - \omega_m \end{matrix}$$

(c) 证明：(b)问中的带限内插过程包含两步：首先，在抽取后的信号 $x_a(n) = x(nD)$ 的相邻样本之间插入 $D - 1$ 个零，以因子 D 提高采样率；然后，使用截止频率为 ω_c 的一个理想低通滤波器对得到的信号滤波。

11.5 本题说明离散信号的采样和抽取概念。考虑傅里叶变换 $X(\omega)$ 如图 P11.5 所示的信号 $x(n)$。

(a) 以采样周期 $D = 2$ 对 $x(n)$ 采样，得到信号

$$x_s(n) = \begin{cases} x(n), & n = 0, \pm 2, \pm 4, \cdots \\ 0, & n = \pm 1, \pm 3, \pm 5, \cdots \end{cases}$$

求并画出信号 $x_s(n)$ 及其傅里叶变换 $X_s(\omega)$。可由 $x_s(n)$ 重建 $x(n)$ 吗？如何进行？

(b) 以因子 $D = 2$ 抽取 $x(n)$，得到信号

$$x_d(n) = x(2n), \qquad \text{所有 } n$$

证明 $X_d(\omega) = X_s(\omega/2)$。画出信号 $x_d(n)$ 及其变换 $X_d(\omega)$。抽取采样后的信号 $x_s(n)$ 时，会丢失信息吗？

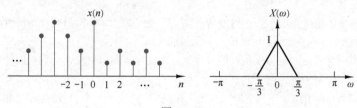

图 P11.5

11.6 设计一个以因子 $D = 5$ 对输入信号 $x(n)$ 下采样的抽取器。使用 Remez 交换算法求通带（$0 \leqslant \omega \leqslant \pi/5$）纹波为 0.1dB、阻带衰减至少为 30dB 的 FIR 滤波器的系数。求出实现该抽取器的对应多相滤波器结构。

11.7 设计一个以因子 $I = 2$ 对输入信号 $x(n)$ 下采样的内插器。使用 Remez 交换算法求通带（$0 \leqslant \omega \leqslant \pi/2$）纹波为 0.1dB、阻带衰减至少为 30dB 的 FIR 滤波器的系数。求出实现该内插器的对应多相滤波器结构。

11.8 设计一个以因子 2/5 降低采样率的采样率转换器。使用 Remez 交换算法求通带纹波为 0.1dB、阻带衰减至少为 30dB 的 FIR 滤波器的系数。规定时变系数集 $g(n,m)$ 以及采样率转换器的多相滤波器实现中的对应系数。

11.9 考虑图 P11.9 中级联抽取器和内插器的两种不同方式。

(a) 如果 $D = I$，证明两种配置的输出是不同的。因此，这两个系统通常是不同的。

(b) 证明：当且仅当 D 和 I 互质时，两个系统才是相同的。

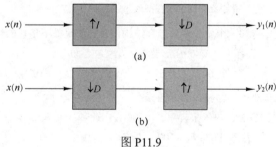

图 P11.9

11.10 证明图 P11.10 中的两个抽取器和内插器配置的等效性（Noble 恒等式）（见 Vaidyanathan, 1990）。

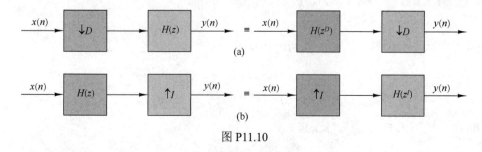

图 P11.10

11.11 考虑传递函数为 $H(z) = \sum\limits_{n=-\infty}^{\infty} h(n)z^{-n}$ 的一个任意数字滤波器。

(a) 对偶数样本 $h_0(n) = h(2n)$ 和奇数样本 $h_1(n) = h(2n+1)$ 分组，执行 $H(z)$ 的一个两分量多相分解。证

明 $H(z)$可以表示为 $H(z) = H_0(z^2) + z^{-1}H_1(z^2)$，并求出 $H_0(z)$与 $H_1(z)$。

(b) 通过证明 $H(z)$可以分解为传递函数是

$$H(z) = \sum_{k=0}^{D-1} z^{-k} H_k(z^D)$$

的一个 D分量多相滤波器结构，推广(a)问中的结果，求 $H_k(z)$。

(c) 对于传递函数为 $H(z) = \dfrac{1}{1 - az^{-1}}$ 的 IIR 滤波器，求用于两分量分解的 $H_0(z)$与 $H_1(z)$。

11.12 序列 $x(n)$以 $I = 2$ 上采样后，通过一个 LTI 系统 $H_1(z)$，然后以 $D = 2$ 下采样。可用一个 LTI 系统 $H_2(z)$替换该过程吗？如果答案是肯定的，求该系统的系统函数。

11.13 对于以(a)$I/D = 5/3$ 和(b)$I/D = 3/5$ 执行的有理采样率转换，画出信号及它们对应的谱。假设输入信号 $x(n)$的谱占据整个区间 $-\pi \leqslant \omega_x \leqslant \pi$。

11.14 使用因式分解 $H(z) = [(1 + z^{-1})(1 + z^{-2})(1 + z^{-4}) \cdots (1 + z^{-2^{K-1}})]^5$ 设计一个 $D = 8$ 的高效非递归抽取器，

(a) 使用系统函数为 $H_k(z) = (1 + z^{-1})^5$ 的滤波器得到一个高效的实现。

(b) 证明所得抽取器的每级都可用一个多相分解更高效地实现。

11.15 考虑另一种多相分解。定义新多相滤波器 $Q_m(z^N)$为

$$H(z) = \sum_{m=0}^{N-1} z^{-(N-1-m)} Q_m(z^N)$$

这个多相分解称为 **II 型**，以与基于多相滤波器 $P_m(z^N)$的常规分解区分。

(a) 证明 II 型多相滤波器 $Q_m(z^N)$与多相滤波器 $P_m(z^N)$的关系为 $Q_m(z^N) = P_{N-1-m}(z^N)$。

(b) 画出多相滤波器 $Q_m(z^N)$中基于 $H(z)$的多相滤波器结构，证明该结构是另一种转置形式。

11.16 使用习题 11.15 中的结果求图 11.5.12(b)中 $I = 3$ 抽取器的 II 型形式。

11.17 根据下面的指标设计一个两级抽取器：

$$D = 100; \quad 通带：0 \leqslant F \leqslant 50; \quad 过渡带：50 \leqslant F \leqslant 55$$
$$输入采样率：10000Hz，纹波：\delta_1 = 10^{-1}, \delta_2 = 10^{-3}$$

11.18 根据一个单级多采样结构和一个双级多采样率结构，设计满足如下指标的线性相位 FIR 滤波器：

$$采样率：10000Hz；通带：0 \leqslant F \leqslant 60$$
$$过渡带：60 \leqslant F \leqslant 65；纹波：\delta_1 = 10^{-1}, \delta_2 = 10^{-3}$$

11.19 设计满足如下指标的单级内插器和双级内插器：

$$I = 20；输入采样率：10000Hz；通带：0 \leqslant F \leqslant 90$$
$$过渡带：90 \leqslant F \leqslant 100；纹波：\delta_1 = 10^{-2}, \delta_2 = 10^{-3}$$

11.20 证明：以整数因子 I提高采样率的 L级内插器的转置，等效于以因子 $D = I$降低采样率的 L级抽取器。

11.21 画出在序列 $x(n)$中实现时间超前 $(k/I)T_x$ 的多相滤波器结构。

11.22 对于 I阶内插器，证明如下表达式。

(a) 冲激响应 $h(n)$可以写为 $h(n) = \sum_{k=0}^{I-1} p_k(n-k)$，其中，

$$p_k(n) = \begin{cases} p_k(n/I), & n = 0, \pm I, \pm 2I, \cdots \\ 0, & 其他 \end{cases}$$

(b) $H(z)$可以写为 $H(z) = \sum_{k=0}^{I-1} z^{-k} p_k(z)$。

(c) $P_k(z) = \dfrac{1}{I} \sum_{n=-\infty}^{\infty} \sum_{l=0}^{I-1} h(n) \mathrm{e}^{\mathrm{j}2\pi l(n-k)/I} z^{-(n-k)/I}$，$P_k(\omega) = \dfrac{1}{I} \sum_{l=0}^{I-1} H\left(\omega - \dfrac{2\pi l}{I}\right) \mathrm{e}^{\mathrm{j}(\omega - 2\pi l)k/I}$。

11.23 考虑以因子 I内插信号。传递函数为 $H(z)$的内插滤波器可由基于另一种分解（II 型）即

$$H(z) = \sum_{m=0}^{I-1} z^{-(I-1-m)} Q_m(z^I)$$

的一个多相滤波器结构实现。求并画出使用多相滤波器 $Q_m(z), 0 \leqslant m \leqslant I-1$ 的内插器的结构。

计算机习题

CP11.1 信号 $x(n) = \cos(0.1\pi n) + 0.5\sin(0.2\pi n) + 0.25\cos(0.4\pi n)$ 以因子 $D = 2$ 下采样。

    (a) 画出 $0 \leqslant n \leqslant 200$ 时的 $x(n)$。

    (b) 画出 $0 \leqslant n \leqslant 100$ 时的下采样信号。

    (c) 求并画出(a)问中 200 点序列的离散傅里叶变换。可用另外 300 个零来填充这 200 个点。

    (d) 求并画出(b)问中 100 点序列的离散傅里叶变换。可用另外 400 个零来填充该序列。

    评论(c)问和(d)问中得到的离散傅里叶变换。

CP11.2 信号 $x(n) = \cos(0.125\pi n)$ 以因子 $D = 2, 4, 8$ 进行抽取。

    (a) 生成并画出 $0 \leqslant n \leqslant 200$ 时的 $x(n)$。

    (b) 对这个 200 点序列，抽取序列并画出 $D = 2, 4, 8$ 时的结果。

    (c) 评论抽取后的序列的特性。

CP11.3 考虑信号序列 $x(n) = 2\cos(0.125\pi n)$，以因子 $I/D = \frac{3}{2}, \frac{3}{4}$ 和 $\frac{5}{8}$ 改变其采样率。

    (a) 生成并画出 $0 \leqslant n \leqslant 200$ 时的 $x(n)$。

    (b) 以 $\frac{3}{2}, \frac{3}{4}$ 和 $\frac{5}{8}$ 改变采样率并画出每个序列。

    评论这些改变的结果。

CP11.4 低通信号 $x(n)$ 的谱为

$$X(\omega) = \begin{cases} 1, & 0 \leqslant \omega < \pi/2 \\ 0, & \pi/2 < \omega < \pi \end{cases}$$

    (a) 对信号 $x(n)$ 设计一个线性相位 FIR 滤波器，以因子 $I = 4$ 内插。

    (b) 在 dB 坐标上画出滤波器的频率响应的幅度。

CP11.5 设计一个通带为 $0 \leqslant \omega < 0.5\pi$、通带纹波为 0.1dB、阻带衰减为 30dB、阻带截止频率为 $\omega_s = 0.6\pi$ 的线性相位 FIR 滤波器。

    (a) 在 dB 坐标上画出滤波器的频率响应的幅度。

    (b) 让信号序列 $x(n) = \cos(\pi n/2)$ 通过该滤波器，并对输出信号以因子 $D = 2$ 抽取。

    (c) 画出 $x(n)$ 和抽取后的序列，并评价你的结果。

    (d) 对序列 $x(n) = \cos(3\pi n/2)$ 重做(b)问与(c)问。

CP11.6 信号序列 $x(n) = \cos(0.2\pi n) + 2\cos(0.6\pi n)$ 以因子 $I = 5$ 内插，然后以因子 $D = 2$ 抽取。

    (a) 设计一个通带纹波为 0.1dB、阻带衰减为 40dB 的线性相位 FIR 滤波器。选择通带频率和阻带频率，使得两个信号分量都通过该滤波器。

    (b) 让每个内插的信号分量通过该滤波器，验证每个分量都通过了滤波器。画出滤波器的输入和输出并比较这两幅图。

    (c) 让整个内插的信号序列 $x(n)$ 通过该滤波器，并画出输入信号 $x(n)$ 和抽取的输出序列 $y(n)$。

CP11.7 对于 CP11.6 中设计的 FIR 滤波器，求用 FIR 滤波器系数 $\{h(n)\}$ 表示的多相位滤波器的系数 $\{p(n)\}$。

CP11.8 对于 CP11.5 中设计的线性相位 FIR 滤波器，求用 FIR 滤波器系数表示的多相位滤波器的系数 $\{p(n)\}$。

CP11.9 设计一个将输入信号的采样率增大 7/4 倍的采样率转换器。

    (a) 使用 Remez 交换算法求通带纹波为 0.1dB、阻带衰减为 40dB 的一个 FIR 滤波器的系数。选择合适的频带边缘频率。

    (b) 画出冲激响应和对数幅度频率响应。

    (c) 规定时变系数集 $g(n,m)$ 和多相位滤波器实现中的对应系数。

    (d) 假设 $x(n) = 2\sin(0.35\pi n) + \cos(0.95\pi n)$，生成 $x(n)$ 的 500 个样本，并用该滤波器处理它，以因子 $\frac{7}{4}$ 重

采样得到 $y(m)$。画出序列 $x(n)$ 和 $y(m)$ 并对结果进行比较。

CP11.10 设计一个以因子 $I=2$ 增大采样率的 FIR 线性相位滤波器。

(a) 求通带纹波为 0.5dB、阻带衰减为 45dB 的 FIR 滤波器的系数。选择合适的频带边缘频率。

(b) 画出冲激响应和对数幅度频率响应。

(c) 确定这些多相滤波器及实现它们的结构。

(d) 假设输入信号为 $x(n) = \cos(0.4\pi n)$，生成 $x(n)$ 的 100 个样本，以因子 $I=2$ 增大采样率，并让得到的信号通过该滤波器。画出输入序列 $x(n)$ 和输出序列 $y(n)$。

CP11.11 设计一个以因子 2/5 降低采样率的采样率转换器。

(a) 使用 Remez 交换算法，求通带纹波为 0.1dB、阻带衰减为 30dB 的 FIR 线性相位滤波器的系数。选择合适的频带边缘频率。

(b) 画出冲激响应和对数幅度频率响应。

(c) 规定时变系数集 $g(n, m)$ 和多相位滤波器实现中的对应系数。

(d) 假设 $x(n) = \sin(0.35\pi n) + 2\cos(0.45\pi n)$，生成 $x(n)$ 的 500 个样本并以因子 2/5 降低采样率。画出输入序列 $x(n)$ 和输出序列 $y(n)$，并对结果进行评论。

CP11.12 将信号序列 $x(n) = (0.9)^n u(n)$ 应用到以 $D=2$ 降低采样率的下采样器后，产生信号 $y(m)$。

(a) 求并画出谱 $X(\omega)$。

(b) 求并画出谱 $Y(\omega)$。

(c) 证明谱 $Y(\omega)$ 是 $x(2n)$ 的傅里叶变换。

第 12 章　多采样率数字滤波器组和小波

本章继续讨论采样率系统，重点讨论多采样率数字滤波器组和小波。首先简要介绍 DFT 滤波器组，接着给出使用多相位滤波器高效实现的两种滤波器结构，然后介绍双通道正交镜像滤波器（Quadrature Mirror Filter，QMF）组，重点说明如何提供无混叠性能和完全重建性能，并根据这些目标介绍如何基于半带滤波器和仿酉多相位矩阵来设计双通道 QMF 组；最后，将讨论推广到 M 通道滤波器组及其设计中。

本章介绍的第二个主题是小波及其与多采样率数字滤波器组的关系。介绍的重点是离散小波变换（Discrete Wavelet Transform，DWT）。借助于带通滤波器组，我们引入离散小波变换的基本概念，包括正交小波函数集和尺度函数集。然后，说明连续时间信号是如何映射到构成 DWT 的一组数上的，描述如何构建小波，以及构建过程是如何得到信号的多分辨率分析的。业已证明，多分辨率分析框架与双通道理想重建仿酉滤波器组之间是相关联的，反之亦然。

12.1　多采样率数字滤波器组

滤波器组通常分为两类：**分析滤波器组**和**合成滤波器组**。分析滤波器组由系统函数为 $\{H_k(z)\}$ 的一组滤波器并联而成，如图 12.1.1(a)所示。这组滤波器的频率响应特性将信号分成对应数量的子带。另一方面，合成滤波器组由系统函数为 $\{G_k(z)\}$ 的一组滤波器组成，如图 12.1.1(b)所示，对应的输入为 $\{y_k(n)\}$。各个滤波器的输出相加后，形成合成信号 $\{\hat{x}(n)\}$。

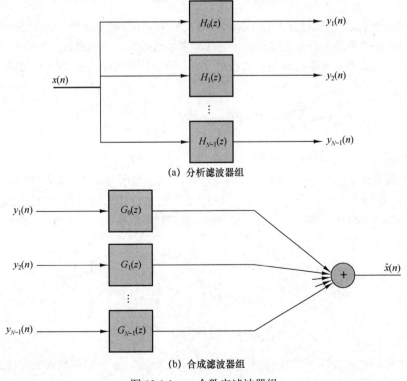

(a) 分析滤波器组

(b) 合成滤波器组

图 12.1.1　一个数字滤波器组

12.1.1　DFT 滤波器组

滤波器组常用来执行谱分析和信号合成。使用滤波器组计算序列$\{x(n)\}$的 DFT 时，该滤波器组是一个 DFT 滤波器组。由 N 个滤波器$\{H_k(z), k=0,1,\cdots,N-1\}$组成的分析滤波器组称为**均匀 DFT 滤波器组**，如果 $H_k(z), k=1,2,\cdots,N-1$ 是由一个原型滤波器 $H_0(z)$导出的，其中

$$H_k(\omega) = H_0\left(\omega - \frac{2\pi k}{N}\right), \qquad k=1,2,\cdots,N-1 \tag{12.1.1}$$

因此，滤波器$\{H_k(z), k=0,1,\cdots,N-1\}$的频率特性就可通过将原型滤波器的频率响应均匀地平移 $2\pi/N$ 的整数倍得到。在时域中，滤波器由其冲激响应表征，而冲激响应可以写为

$$h_k(n) = h_0(n)\mathrm{e}^{\mathrm{j}2\pi nk/N}, \qquad k=0,1,\cdots,N-1 \tag{12.1.2}$$

式中，$h_0(n)$是原型滤波器的冲激响应，而原型滤波器一般来说可以是 FIR 滤波器或 IIR 滤波器。如果 $H_0(z)$表示原型滤波器的系统函数，第 k 个滤波器的传递函数就为

$$H_k(z) = H_0(z\mathrm{e}^{-\mathrm{j}2\pi k/N}), \qquad 1 \leqslant k \leqslant N-1 \tag{12.1.3}$$

图 12.1.2 概念性地说明了 N 个滤波器的频率响应。

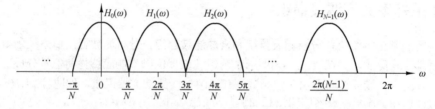

图 12.1.2　N 个滤波器的频率响应

均匀 DFT 分析滤波器组如图 12.1.3(a)所示，其中 $x(n)$乘以复指数 $\exp(-\mathrm{j}2\pi nk/N)$, $k=1,\cdots,N-1$ 后，序列$\{x(n)\}$中的频率分量平移到了低通频率，而乘积信号则通过冲激响应为 $h_0(n)$的一个低通滤波器。因为低通滤波器的输出带宽相对较窄，所以信号可以因子 $D\leqslant N$ 抽取。抽取后的输出信号可以写为

$$X_k(m) = \sum_n h_0(mD-n)x(n)\mathrm{e}^{-\mathrm{j}2\pi nk/N}, \qquad \begin{array}{l} k=0,1,\cdots,N-1 \\ m=0,1,\cdots \end{array} \tag{12.1.4}$$

式中，$\{X_k(m)\}$是频率 $\omega_k = 2\pi k/N$ 处 DFT 的样本。

对应于滤波器组中的每个元素的合成滤波器如图 12.1.3(b)所示，其中输入信号序列$\{Y_k(m), k=0,1,\cdots,N-1\}$以因子 $I=D$ 上采样后滤波，以消除镜像，并乘以复指数$\{\exp(\mathrm{j}2\pi nk/N), k=0,1,\cdots,N-1\}$实现频率平移。然后，将来自 N 个滤波器的频率搬移后的信号相加，得到序列

$$\begin{aligned} \hat{x}(n) &= \frac{1}{N}\sum_{k=0}^{N-1}\mathrm{e}^{\mathrm{j}2\pi nk/N}\left[\sum_m Y_k(m)g_0(n-mI)\right] \\ &= \sum_m g_0(n-mI)\left[\frac{1}{N}\sum_{k=0}^{N-1}Y_k(m)\mathrm{e}^{\mathrm{j}2\pi nk/N}\right] \\ &= \sum_m g_0(n-mI)y_n(m) \end{aligned} \tag{12.1.5}$$

式中，因子 $1/N$ 是归一化因子，$\{y_n(m)\}$是对应于$\{Y_k(m)\}$的逆 DFT 序列的样本，$\{g_0(n)\}$是内插滤波器的冲激响应，且 $I=D$。

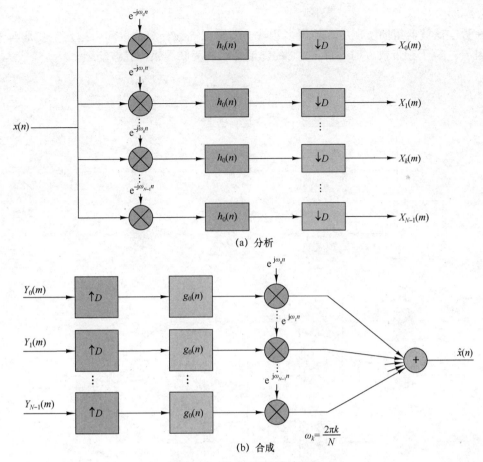

(a) 分析

(b) 合成

$$\omega_k = \frac{2\pi k}{N}$$

图 12.1.3　均匀 DFT 滤波器组

分析滤波器组的输出 $\{X_k(n)\}$ 与合成滤波器组的输入 $\{Y_k(m)\}$ 之间的关系取决于具体应用。一般来说，$\{Y_k(m)\}$ 是 $\{X_k(m)\}$ 的修改版，具体的修改则取决于应用。

分析滤波器组和合成滤波器组的另一种实现如图 12.1.4 所示。滤波器被实现为冲激响应是

$$h_k(n) = h_0(n)e^{j2\pi nk/N}, \qquad k = 0,1,\cdots,N-1 \tag{12.1.6}$$

的一个带通滤波器。

每个带通滤波器的输出都以因子 D 抽取，并乘以 $\exp(-j2\pi mk/N)$ 来产生 DFT 序列 $\{X_k(m)\}$。复指数调制可使信号的谱从 $\omega_k = 2\pi k/N$ 移至 $\omega_0 = 0$。因此，该实现等效于图 12.1.3 中的实现。分析滤波器组的输出可以写为

$$X_k(m) = \left[\sum_n x(n)h_0(mD-n)e^{j2\pi k(mD-n)/N}\right]e^{-j2\pi mkD/N} \tag{12.1.7}$$

对应的合成滤波器组器如图 12.1.4(b)所示，其中输入序列首先乘以复因子 $[\exp(j2\pi kmD/N)]$，然后以因子 $I = D$ 上采样，得到的序列则被冲激响应为

$$g_k(n) = g_0(n)e^{j2\pi nk/N} \tag{12.1.8}$$

的带通内插器滤波，其中 $\{g_0(n)\}$ 是原型滤波器的冲激响应。这些滤波器的输出相加得

$$\hat{x}(n) = \frac{1}{N}\sum_{k=0}^{N-1}\left\{\sum_m \left[Y_k(m)e^{j2\pi kmI/N}\right]g_k(n-mI)\right\} \tag{12.1.9}$$

式中，$I = D$。

在数字滤波器组的实现中，使用多相滤波器可以高效计算抽取和内插，尤其是当选取的抽取因子 D 等于频带数 N 时。$D = N$ 时的滤波器组称为**临界采样滤波器组**。

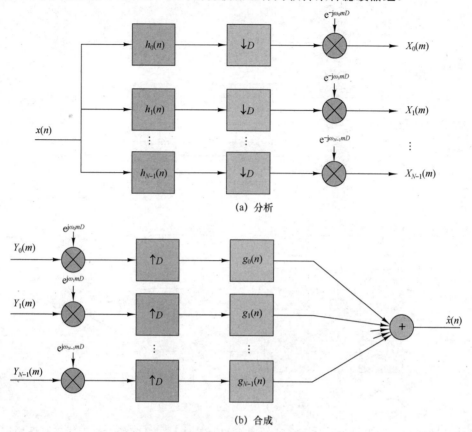

(a) 分析

(b) 合成

图 12.1.4　均匀 DFT 滤波器组的另一种实现

12.1.2　均匀 DFT 滤波器组的多相结构

对于分析滤波器组，我们定义 $N = D$ 个多相滤波器，它们的冲激响应为

$$p_k(n) = h_0(nN - k), \qquad k = 0, 1, \cdots, N-1 \tag{12.1.10}$$

抽取后的输入序列为

$$x_k(n) = x(nN + k), \qquad k = 0, 1, \cdots, N-1 \tag{12.1.11}$$

注意，$\{p_k(n)\}$ 的这个定义意味着抽取器所用的换向器是顺时针方向旋转的。

将式（12.1.10）和式（12.1.11）代入式（12.1.7），并将和式重新为

$$X_k(m) = \sum_{n=0}^{N-1} \left[\sum_l p_n(l) x_n(m-l) \right] e^{-j2\pi nk/N}, \qquad k = 0, 1, \cdots, D-1 \tag{12.1.12}$$

就可得到使用多相滤波器的分析滤波器组的结构，其中 $N = D$。注意，内求和表示 $\{p_n(l)\}$ 和 $\{x_n(l)\}$ 的卷积，而外求和表示滤波器输出的 N 点 DFT。对应于该计算的滤波器结构如图 12.1.5 所示。换向器的每次扫描得到 N 个多相滤波器的 N 个输出，记为 $\{r_n(m), \; n = 0, 1, \cdots, N-1\}$。该序列的 N 点 DFT 是谱样本 $\{X_k(m)\}$。对于大 N 值，FFT 算法可以高效计算 DFT。

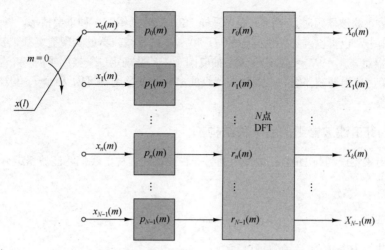

图 12.1.5　用来计算式（12.1.12）的数字滤波器组的结构

现在，假设按照应用规定的方式来修改 $\{X_k(m)\}$，以便产生 $\{Y_k(m)\}$。基于一个多相滤波器结构，可以采用类似的方式实现一个滤波器组合成滤波器。首先，我们将内插滤波器的 N（$D = I = N$）个多相滤波器的冲激响应定义为

$$q_k(n) = g_0(nN + k), \qquad k = 0, 1, \cdots, N-1 \qquad (12.1.13)$$

对应的输出信号集为

$$\hat{x}_k(n) = \hat{x}(nN + k), \qquad k = 0, 1, \cdots, N-1 \qquad (12.1.14)$$

注意，$\{q_k(n)\}$ 的这个定义意味着抽取器所用的换向器是逆时针方向旋转的。

将式（12.1.13）代入式（12.1.5），可将第 l 个多相滤波器的输出 $\hat{x}_l(n)$ 表示为

$$\hat{x}_l(n) = \sum_m q_l(n-m)\left[\frac{1}{N}\sum_{k=0}^{N-1} Y_k(m)\mathrm{e}^{\mathrm{j}2\pi kl/N}\right], \qquad l = 0, 1, \cdots, N-1 \qquad (12.1.15)$$

中括号内的数据项是 $\{Y_k(m)\}$ 的 N 点逆 DFT，记为 $\{y_l(m)\}$。因此，

$$\hat{x}_l(n) = \sum_m q_l(n-m)y_l(m), \qquad l = 0, 1, \cdots, N-1 \qquad (12.1.16)$$

对应于式（12.1.16）的合成结构如图 12.1.6 所示。有趣的是，按照式（12.1.13）定义多相内插滤波器后，图 12.1.6 中的结构就是图 12.1.5 中多相分析滤波器组的转置。

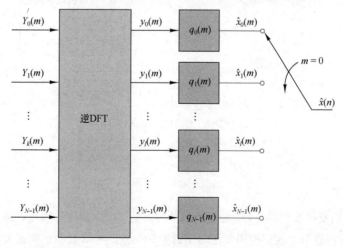

图 12.1.6　用来计算式（12.1.16）的数字滤波器组的结构

前面讨论数字滤波器组时，考虑了临界采样 DFT 滤波器组的一种重要情形，即 $D = N$ 这种情况。在实际工作中，也可以选择使用其他的 D 和 N，只是滤波器的实现更复杂。特别重要的是过采样 DFT 滤波器组，其中 $N = KD$，D 表示抽取因子，K 是规定过采样因子的一个整数。在这种情况下，可以证明，分析滤波器组和合成滤波器组的多相滤波器结构可用 N 个子滤波器和 N 点 DFT 及其 IDFT 实现。

12.1.3 均匀 DFT 滤波器组的另一种结构

本节介绍用来实现均匀 DFT 滤波器组的另一种结构。首先，我们将滤波器组分解中的第 m 个多相分量定义为

$$P_m(z) = \sum_{n=0}^{N-1} h_0(nN+m)z^{-n} \tag{12.1.17}$$

于是，原型滤波器 $H_0(z)$ 的传递函数可以写为

$$H_0(z) = \sum_{m=0}^{N-1} z^{-m} P_m(z^N) \tag{12.1.18}$$

滤波器组中的第 k 个滤波器的冲激响应为

$$h_k(n) = h_0(n)\mathrm{e}^{\mathrm{j}2\pi nk/N} = h_0(n)W_N^{-kn}, \quad 0 \leqslant k \leqslant N-1$$

因此，其 z 变换为

$$H_k(z) = \sum_{m=0}^{N-1} h_k(n)z^{-n} = \sum_{m=0}^{N-1} h_0(n)(zW_N^k)^{-n} = H_0(zW_N^k), \quad 0 \leqslant k \leqslant N-1 \tag{12.1.19}$$

利用式（12.1.18），并用 zW_N^{-k} 替换 z，得到用多相分量表示的 $H_k(z)$ 为

$$H_k(z) = \sum_{m=0}^{N-1} z^{-m} W_N^{-km} P_m(z^N), \quad 0 \leqslant k \leqslant N-1 \tag{12.1.20}$$

我们可以方便地将式（12.1.19）中的滤波器组关系写为如下矩阵形式：

$$H_k(z) = \begin{bmatrix} 1 & W_N^{-k} & W_N^{-2k} & \cdots & W_N^{-(N-1)k} \end{bmatrix} \begin{bmatrix} P_0(z^N) \\ z^{-1}P_1(z^N) \\ z^{-2}P_2(z^N) \\ \vdots \\ z^{-(N-1)}P_{N-1}(z^N) \end{bmatrix} \tag{12.1.21}$$

于是，有

$$\begin{bmatrix} H_0(z) \\ H_1(z) \\ H_2(z) \\ \vdots \\ H_{N-1}(z) \end{bmatrix} = W_N^* \begin{bmatrix} P_0(z^N) \\ z^{-1}P_1(z^N) \\ z^{-2}P_2(z^N) \\ \vdots \\ z^{-(N-1)}P_{N-1}(z^N) \end{bmatrix} \tag{12.1.22}$$

式中，W_N^* 是 W_N 的复共轭矩阵，W_N 是 7.1.3 节定义的 DFT 矩阵。因此，用多相滤波器表示的 DFT 滤波器组的分析部分，就可使用图 12.1.7(a)和(b)中的两个等效的结构来说明。

我们可以颠倒式（12.1.22），用滤波器的系统函数来表示多相滤波器分量。于是，有

$$
\begin{bmatrix}
P_0(z^N) \\
z^{-1}P_1(z^N) \\
z^{-2}P_2(z^N) \\
\vdots \\
z^{-(N-1)}P_{N-1}(z^N)
\end{bmatrix}
= \frac{1}{N} \boldsymbol{W}_N
\begin{bmatrix}
H_0(z) \\
H_1(z) \\
H_2(z) \\
\vdots \\
H_{N-1}(z)
\end{bmatrix}
= \frac{1}{N} \boldsymbol{W}_N
\begin{bmatrix}
H_0(z) \\
H_0(zW_N) \\
H_0(zW_N^2) \\
\vdots \\
H_0(zW_N^{N-1})
\end{bmatrix}
\qquad (12.1.23)
$$

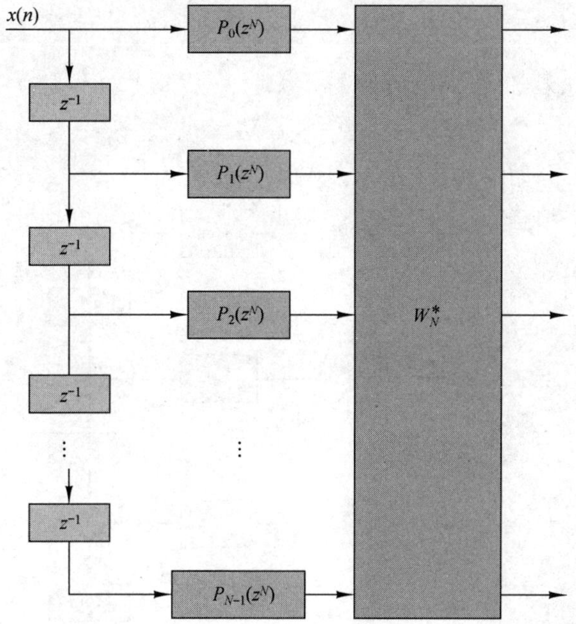

(a)

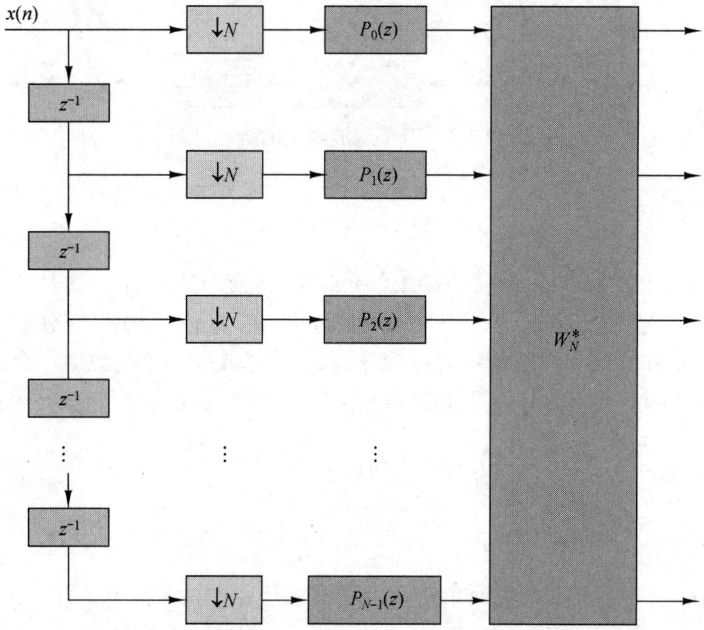

(b)

图 12.1.7　DFT 滤波器组的分析部分的两个等效结构

采样类似的方式，可以推导出基于一个多相滤波器结构的滤波器组的合成部分。因此，合成滤波器的冲激响应为

$$g_k(n) = g_0(n)W_N^{-kn}, \qquad 0 \leqslant k \leqslant N-1 \tag{12.1.24}$$

式中，$g_0(n)$是原型滤波器的冲激响应，且其传递函数可写为

$$G_k(z) = G_0(zW_N^k), \qquad 0 \leqslant k \leqslant N-1 \tag{12.1.25}$$

上式可用多相分量表示为

$$G_k(z) = \sum_{m=0}^{N-1} z^{-m} W_N^{-km} Q_m(z^N), \qquad 0 \leqslant k \leqslant N-1 \tag{12.1.26}$$

对于 DFT 滤波器组，多相滤波器 $P_m(z^N)$和 $Q_m(z^N)$的关系是

$$Q_m(z^N) = P_{N-1-m}(z^N) \tag{12.1.27}$$

因此，DFT 滤波器组的合成部分如图 12.1.8 所示。

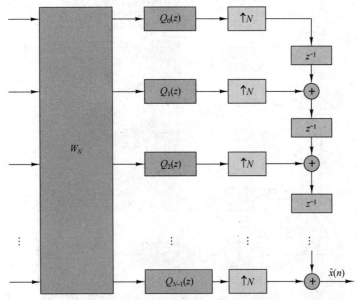

图 12.1.8　DFT 滤波器组的合成部分

12.2　双通道 QMF 组

在 QMF 的应用中，基本构件是图 12.2.1 所示的双通道 QMF 组。这是一个多采样率数字滤波器结构——在"信号分析"部分采用两个抽取器，而在"信号合成"部分采用两个内插器。分析部分的低通滤波器和高通滤波器的冲激响应分别是 $h_0(n)$和 $h_1(n)$。类似地，合成部分包含的低通滤波器和高通滤波器的冲激响应分别是 $g_0(n)$和 $g_1(n)$。两个抽取器输出端的信号的傅里叶变换为

$$\begin{aligned} X_{a0}(\omega) &= \frac{1}{2}\Big[X\big(\tfrac{\omega}{2}\big)H_0\big(\tfrac{\omega}{2}\big) + X\big(\tfrac{\omega-2\pi}{2}\big)H_0\big(\tfrac{\omega-2\pi}{2}\big) \Big] \\ X_{a1}(\omega) &= \frac{1}{2}\Big[X\big(\tfrac{\omega}{2}\big)H_1\big(\tfrac{\omega}{2}\big) + X\big(\tfrac{\omega-2\pi}{2}\big)H_1\big(\tfrac{\omega-2\pi}{2}\big) \Big] \end{aligned} \tag{12.2.1}$$

如果 $X_{s0}(\omega)$与 $X_{s1}(\omega)$表示合成部分的两个输入，输出就是

$$\hat{X}(\omega) = X_{s0}(2\omega)G_0(\omega) + X_{s1}(2\omega)G_1(\omega) \tag{12.2.2}$$

下面连接分析滤波器和对应的合成滤波器，使 $X_{a0}(\omega) = X_{s0}(\omega)$和 $X_{a1}(\omega) = X_{s1}(\omega)$。于是，将

式（12.2.1）代入式（12.2.2）得

$$\hat{X}(\omega) = \frac{1}{2}\big[H_0(\omega)G_0(\omega) + H_1(\omega)G_1(\omega)\big]X(\omega) +$$

$$\frac{1}{2}\big[H_0(\omega-\pi)G_0(\omega) + H_1(\omega-\pi)G_1(\omega)\big]X(\omega-\pi) \qquad (12.2.3)$$

式（12.2.3）中的第一项是 QMF 组的期望信号输出，第二项则是待消除的混叠效应。

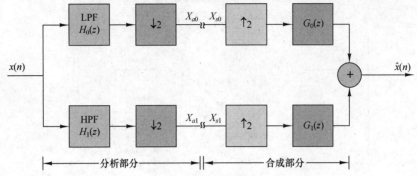

图 12.2.1　双通道 QMF 组

在 z 变换域中，式（12.2.3）可以写为

$$\hat{X}(z) = \frac{1}{2}\big[H_0(z)G_0(z) + H_1(z)G_1(z)\big]X(z) + \frac{1}{2}\big[H_0(-z)G_0(z) + H_1(-z)G_1(z)\big]X(-z) \qquad (12.2.4)$$

$$= A_0(z)X(z) + A_1(z)X(-z)$$

式中，根据定义有

$$A_0(z) = \frac{1}{2}\big[H_0(z)G_0(z) + H_1(z)G_1(z)\big]$$

$$A_1(z) = \frac{1}{2}\big[H_0(-z)G_0(z) + H_1(-z)G_1(z)\big] \qquad (12.2.5)$$

12.2.1　消除混叠效应

要消除混叠，就要求 $A_1(z) = 0$，即

$$H_0(-z)G_0(z) + H_1(-z)G_1(z) = 0 \qquad (12.2.6)$$

在频域中，这个条件变为

$$H_0(\omega-\pi)G_0(\omega) + H_1(\omega-\pi)G_1(\omega) = 0 \qquad (12.2.7)$$

而将 $G_0(\omega)$ 和 $G_1(\omega)$ 选为

$$G_0(\omega) = H_1(\omega-\pi), \qquad G_1(\omega) = -H_0(\omega-\pi) \qquad (12.2.8)$$

就能满足上面的条件。于是，就消除了式（12.2.3）中的第二项，且滤波器组是无混叠的。

为便于说明，假设 $H_0(\omega)$ 是一个低通滤波器，$H_1(\omega)$ 是一个镜像高通滤波器，如图 12.2.2 所示。于是，我们就可将 $H_0(\omega)$ 和 $H_1(\omega)$ 写为

$$H_0(\omega) = H(\omega), \qquad H_1(\omega) = H(\omega-\pi) \qquad (12.2.9)$$

式中，$H(\omega)$ 是一个低通滤波器的频率响应。在时域中，对应的关系为

$$h_0(n) = h(n), \qquad h_1(n) = (-1)^n h(n) \qquad (12.2.10)$$

因此，$H_0(\omega)$ 和 $H_1(\omega)$ 关于频率 $\omega = \pi/2$ 镜像对称，如图 12.2.2 所示。为了与式（12.2.8）中的约束保持一致，我们选择低通滤波器 $G_0(\omega)$ 为

$$G_0(\omega) = H(\omega) \qquad (12.2.11)$$

选择高通滤波器 $G_1(\omega)$ 为

$$G_1(\omega) = -H(\omega - \pi) \tag{12.2.12}$$

在时域中，这些关系变成

$$g_0(n) = h(n), \quad g_1(n) = -(-1)^n h(n) \tag{12.2.13}$$

在 z 变换域中，用来消除混叠的关系为

$$H_0(z) = H(z), \quad H_1(z) = H(-z)$$
$$G_0(z) = H(z), \quad G_1(z) = -H(-z) \tag{12.2.14}$$

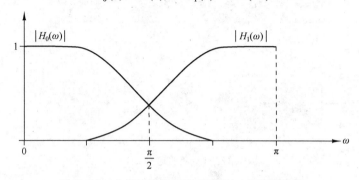

图 12.2.2 分析滤波器 $H_0(\omega)$ 和 $H_1(\omega)$ 的镜像特性

12.2.2 QMF 组的多相结构

根据式（12.2.14）给出的条件，双通道无混叠 QMF 组可以使用多相滤波器高效地实现。为此，$H_0(z)$ 与 $H_1(z)$ 可以写为

$$H_0(z) = P_0(z^2) + z^{-1}P_1(z^2)$$
$$H_1(z) = P_0(z^2) - z^{-1}P_1(z^2) \tag{12.2.15}$$

式中使用了多项分解关系和 $N = 2$ 时的式（12.1.21）。

类似地，可以得到滤波器 $G_0(z)$ 和 $G_1(z)$ 的多相表达式为

$$G_0(z) = P_0(z^2) + z^{-1}P_1(z^2)$$
$$G_1(z) = -\left[P_0(z^2) - z^{-1}P_1(z^2)\right] \tag{12.2.16}$$

于是，就得到了如图 12.2.3(a)所示的 QMF 组的多相实现。对应的高效多相实现如图 12.2.3(b)所示。

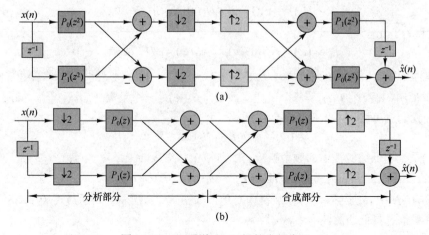

图 12.2.3 双通道 QMF 组的多相实现

如果将分析多相矩阵定义为

$$\boldsymbol{E}(z) = \begin{bmatrix} H_{00}(z) & H_{01}(z) \\ H_{10}(z) & H_{11}(z) \end{bmatrix} \tag{12.2.17}$$

分析滤波器 $H_0(z)$ 和 $H_1(z)$ 通常就可用矩阵表示为

$$\begin{bmatrix} H_0(z) \\ H_1(z) \end{bmatrix} = \boldsymbol{E}(z^2) \begin{bmatrix} 1 \\ z^{-1} \end{bmatrix} \tag{12.2.18}$$

由式（12.2.15）和式（12.2.18）可知，图 12.2.3 中 QMF 组的多相分量为 $H_{00}(z) = H_{10}(z) = P_0(z)$，$H_{01}(z) = P_1(z)$ 和 $H_{11}(z) = -P_1(z)$。因此，图 12.2.3(b)所示的 QMF 组的分析多相矩阵可写为

$$\boldsymbol{E}(z) = \begin{bmatrix} P_0(z) & P_1(z) \\ P_0(z) & -P_1(z) \end{bmatrix} \tag{12.2.19}$$

类似地，合成滤波器 $G_0(z)$ 和 $G_1(z)$ 通常可用如下的一个合成多相矩阵来表示：

$$\boldsymbol{R}(z) = \begin{bmatrix} G_{00}(z) & G_{10}(z) \\ G_{01}(z) & G_{11}(z) \end{bmatrix} \tag{12.2.20}$$

以便将 $G_0(z)$ 与 $G_1(z)$ 表示为

$$\begin{bmatrix} G_0(z) & G_1(z) \end{bmatrix} = \begin{bmatrix} z^{-1} & 1 \end{bmatrix} \boldsymbol{R}(z^2) \tag{12.2.21}$$

由式（12.2.16）和式（12.2.21）可知，图 12.2.3(b)中的 QMF 组的多相分量为 $G_{00}(z) = G_{10}(z) = P_1(z)$，$G_{01}(z) = P_0(z)$ 和 $G_{11}(z) = -P_0(z)$。因此，图 12.2.3(b)中 QMF 组的合成多相矩阵可写为

$$\boldsymbol{R}(z) = \begin{bmatrix} P_1(z) & P_1(z) \\ P_0(z) & -P_0(z) \end{bmatrix} \tag{12.2.22}$$

由式（12.2.19）与式（12.2.22）给出的特殊分析和合成多相矩阵消除了混叠。然而，如稍后所述，它们并未得到完全重建。

12.2.3 完全重建的条件

下面在 $A_1(z) = 0$ 的条件下考虑如下条件：除了一个任意延迟，对所有可能的输入，QMF 组的输出 $\hat{x}(n)$ 都等于输入 $x(n)$。满足该条件的滤波器组称为**完全重建**（Perfect Reconstruction，PR）QMF 组。因此，我们要求

$$H_0(z)G_0(z) + H_1(z)G_1(z) = 2z^{-k} \tag{12.2.23}$$

为进一步探索此条件，定义如下两个矩阵是有意义的：

$$\boldsymbol{H}(z) = \begin{bmatrix} H_0(z) & H_1(z) \\ H_0(-z) & H_1(-z) \end{bmatrix} \tag{12.2.24}$$

$$\boldsymbol{G}(z) = \begin{bmatrix} G_0(z) & G_1(z) \\ G_0(-z) & G_1(-z) \end{bmatrix} \tag{12.2.25}$$

$\boldsymbol{H}(z)$ 与 $\boldsymbol{G}(z)$ 称为**混叠分量矩阵**或**调制矩阵**。式（12.2.4）可用这两个矩阵重写为

$$\begin{bmatrix} \hat{X}(z) \\ \hat{X}(-z) \end{bmatrix} = \frac{1}{2} \boldsymbol{G}(z) \boldsymbol{H}^{\mathrm{t}}(z) \begin{bmatrix} X(z) \\ X(-z) \end{bmatrix}$$

于是，使用完全重建约束有

$$\hat{X}(z) = A_0(z)X(z) = z^{-k}X(z)$$

和

$$\hat{X}(-z) = (-z)^k X(-z)$$

可以推出

$$\frac{1}{2}\boldsymbol{G}(z)\boldsymbol{H}^{\mathrm{t}}(z) = \begin{bmatrix} z^{-k} & 0 \\ 0 & (-z)^{-k} \end{bmatrix} \qquad (12.2.26)$$

因此，给定分析滤波器 $H_0(z)$ 和 $H_1(z)$，如果 $\boldsymbol{H}(z)$ 是非奇异的，就可由式（12.2.26）求出合成滤波器为

$$\begin{bmatrix} G_0(z) \\ G_1(z) \end{bmatrix} = \frac{2z^{-k}}{\det[\boldsymbol{H}(z)]} \begin{bmatrix} H_1(-z) \\ -H_0(-z) \end{bmatrix} \qquad (12.2.27)$$

在双通道 QMF 组的应用中，通常期望采用 FIR 滤波器。这是可能的，仅当

$$\det[\boldsymbol{H}(z)] = H_0(z)H_1(-z) - H_0(-z)H_1(z) = cz^{-m} \qquad (12.2.28)$$

式中，c 是一个常数，m 是一个正整数。因此，可得出结论：当且仅当 $\det[\boldsymbol{H}(z)]$ 只是一个延迟时，使用 FIR 滤波器完全重建才是可能的。如后所述，12.2.7 节介绍的仿酉 QMF 组满足这个条件。

对于完全重建，用多相分量矩阵表示的一个等效条件为

$$\boldsymbol{R}(z)\boldsymbol{E}(z) = cz^{-k}\boldsymbol{I} \qquad (12.2.29)$$

将式（12.2.29）应用到由式（12.2.19）和式（12.2.22）给出的分析与合成多相分量矩阵，有

$$\boldsymbol{R}(z)\boldsymbol{E}(z) = 2P_0(z)P_1(z)\boldsymbol{I} \qquad (12.2.30)$$

因此，可以得出如下结论：除了 $P_0(z)$ 和 $P_1(z)$ 是常数或纯延迟的平凡情形，图 12.2.3(b) 中所示的 QMF 组不提供完全重建。

下一节介绍不依赖于仿酉 QMF 法就能得到近似完全重建的线性相位 FIR 滤波器的设计方法。

12.2.4　线性相位 FIR QMF 组

对式（12.2.23）中的完全重建条件强加式（12.2.14）中的无混叠条件，得到完全重建条件

$$H^2(z) - H^2(-z) = 2z^{-k} \qquad (12.2.31)$$

首先证明除仿酉 Haar 滤波器 $H(z) = (1 + z^{-1})/\sqrt{2}$ 外，线性相位 FIR 滤波器不满足式（12.2.31）。

为方便起见，我们将线性相位 FIR 滤波器 $H(z)$ 在频域中写为

$$H(\omega) = H_{\mathrm{r}}(\omega)\mathrm{e}^{-\mathrm{j}\omega(N-1)/2} \qquad (12.2.32)$$

式中，N 是滤波器的长度。于是，有

$$H^2(\omega) = H_{\mathrm{r}}^2(\omega)\mathrm{e}^{-\mathrm{j}\omega(N-1)} = |H(\omega)|^2\,\mathrm{e}^{-\mathrm{j}\omega(N-1)} \qquad (12.2.33)$$

和

$$H^2(\omega - \pi) = H_{\mathrm{r}}^2(\omega - \pi)\mathrm{e}^{-\mathrm{j}(\omega-\pi)(N-1)} = (-1)^{N-1}|H(\omega - \pi)|^2\,\mathrm{e}^{-\mathrm{j}\omega(N-1)} \qquad (12.2.34)$$

因此，采用线性相位 FIR 滤波器的双通道 QMF 的整个传递函数为

$$\frac{\hat{X}(\omega)}{X(\omega)} = \left[|H(\omega)|^2 - (-1)^{N-1}|H(\omega - \pi)|^2\right]\mathrm{e}^{-\mathrm{j}\omega(N-1)} \qquad (12.2.35)$$

观察发现，整个滤波器延迟了 $N-1$ 个样本，且幅度响应为

$$M(\omega) = |H(\omega)|^2 - (-1)^{N-1}|H(\omega - \pi)|^2 \qquad (12.2.36)$$

此外，当 N 为奇数时，因为 $|H(\pi/2)| = |H(3\pi/2)|$，所以 $M(\pi/2) = 0$。对 QMF 设计来说，这是一个不期望的性质。另一方面，当 N 为偶数时，

$$M(\omega) = |H(\omega)|^2 + |H(\omega - \pi)|^2 \qquad (12.2.37)$$

于是避免了在 $\omega = \pi/2$ 处出现零值的问题。当 N 为奇数时，理想双通道 QMF 应该满足条件

$$M(\omega) = |H(\omega)|^2 + |H(\omega - \pi)|^2 = 1, \text{ 所有 } \omega \tag{12.2.38}$$

这是由式（12.2.36）推出的。遗憾的是，唯一满足式（12.2.38）的频率响应函数是平凡函数 $|H(\omega)|^2 = \cos^2 a\omega$。因此，任何非平凡线性相位 FIR 滤波器 $H(\omega)$ 都会引入一些幅度失真。

QMF 中由非平凡线性相位 FIR 滤波器引入的幅度失真，可通过优化 FIR 滤波器的系数来最小化。一种特别有效的方法是选择 $H(\omega)$ 的系数，使得 $M(\omega)$ 尽可能平坦，同时最小化（或约束）$H(\omega)$ 的阻带能量。这种方法最小化积分平方误差

$$J = w \int_{\omega_s}^{\pi} |H(\omega)|^2 \, d\omega + (1-w) \int_0^{\pi} [M(\omega) - 1]^2 \, d\omega \tag{12.2.39}$$

式中，w 是区间 $0 < w < 1$ 上的加权因子。执行优化时，滤波器的冲激响应被限定为对称的（线性相位）。优化计算可在计算机上快速实现。Johnston (1980) 和 Jain and Crochiere (1984) 中使用这种方法设计了双通道 QMF。Johnston (1980) 中制成了最优滤波器系数表。

【例 12.2.1】 说明优化线性相位滤波器的滤波器系数后导致的 QMF 特性。

解： 为了设计低通滤波器 $H(z)$，我们参阅了 Johnston (1980) 中的优化滤波器系数表。图 12.2.4(a) 显示了当长度 $N = 16$ 和 $N = 32$ 时，$H(z)$ 的冲激响应。观察发现冲激响应是对称的，因此滤波器是线性相位的。图 12.2.4(b) 显示了分析滤波器 $H_0(z)$ 和 $H_1(z)$ 的对应频率响应。图 12.2.4(c) 显示了与完全重建的偏差。显然，优化后的 QMF 设计导致的幅度失真是最小的。

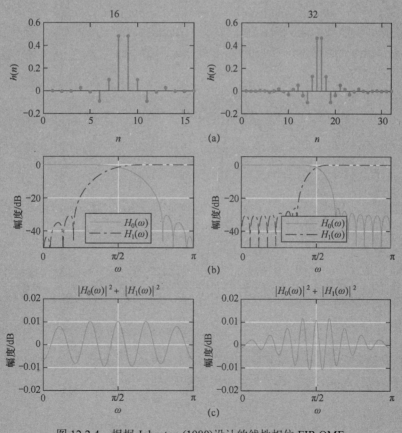

图 12.2.4　根据 Johnston (1980) 设计的线性相位 FIR QMF

12.2.5 IIR QMF 组

作为线性相位 FIR 滤波器的一种替代，我们也可设计一个满足式（12.2.38）给出的全通约束的 IIR 滤波器。为此，椭圆滤波器提供了非常高效的设计。因为 QMF 可能引入一些相位失真，所以 QMF 输出端的信号可通过能够最小化相位失真的一个全通相位均衡器。Vaidyanathan (1990) 中描述了这样一个设计过程。

12.2.6 在双通道 FIR 正交镜像滤波器组中完全重建

前面介绍的线性相位 FIR 滤波器和 IIR 滤波器在双通道 QMF 组中都不能实现完全重建。然而，像 Smith and Barnwell (1984)中证明的那样，将 $H(z)$ 设计成一个长度为 $2N-1$ 的线性相位 FIR 半带滤波器，就可实现完全重建。

半带滤波器定义为一个零相位 FIR 滤波器，其冲激响应 $\{b(n)\}$ 满足

$$b(2n) = \begin{cases} 常数, & n = 0 \\ 0, & n \neq 0 \end{cases} \tag{12.2.40}$$

因此，除了在 $n = 0$ 处，其他偶序号样本都为零。零相位这一要求表明 $b(n) = b(-n)$。这样一个滤波器的频率响应为

$$B(\omega) = \sum_{n=-(N-1)}^{N-1} b(n)e^{-j\omega n} \tag{12.2.41}$$

式中，N 为偶数。此外，$B(\omega)$ 满足如下条件：对所有频率，$B(\omega) + B(\pi - \omega)$ 等于一个常数。图 12.2.5 显示了半带滤波器的典型频率响应特性。观察发现，滤波器响应关于 $\pi/2$ 对称，频带边缘频率 ω_p 和 ω_s 关于 $\omega = \pi/2$ 对称，且通带峰值与阻带误差相等。观察还发现，引入 $N-1$ 个样本的延迟后，该滤波器就成为因果滤波器。

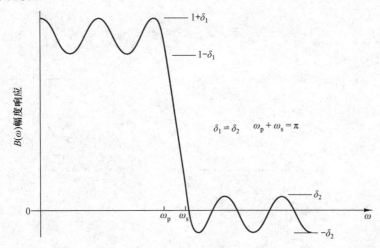

图 12.2.5 FIR 半带滤波器的频率响应特性

现在，假设我们要设计一个频率响应如图 12.2.6(a)所示、长度为 $2N-1$ 的 FIR 半带滤波器，其中 N 为偶数。根据 $B(\omega)$，我们构建另一个频率响应为

$$B_+(\omega) = B(\omega) + \delta e^{-j\omega(N-1)} \tag{12.2.42}$$

的半带滤波器，如图 12.2.6(b)所示。因为 $B_+(\omega)$ 是非负的，所以其谱分解为

$$B_+(z) = H(z)H(z^{-1})z^{-(N-1)} \tag{12.2.43}$$

或者等效地为

$$B_+(\omega) = |H(\omega)|^2 \, e^{-j\omega(N-1)} \tag{12.2.44}$$

式中，$H(\omega)$ 是带有实系数的、长度为 N 的 FIR 滤波器的频率响应。因为 $B_+(\omega)$ 关于 $\omega = \pi/2$ 对称，所有还有

$$B_+(z) + (-1)^{N-1} B_+(-z) = \alpha z^{-(N-1)} \tag{12.2.45}$$

或者等效地有

$$B_+(\omega) + (-1)^{N-1} B_+(\omega - \pi) = \alpha e^{-j\omega(N-1)} \tag{12.2.46}$$

式中，α 是一个常数。于是，将式（12.2.43）代入式（12.2.45）得

$$H(z)H(z^{-1}) + H(-z)H(-z^{-1}) = \alpha \tag{12.2.47}$$

因此，将 $B(z)$ 设计成长度为 $2N-1$ 的一个 FIR 半带滤波器，并对其因式分解得到 $H(z)$，就可实现完全重建。

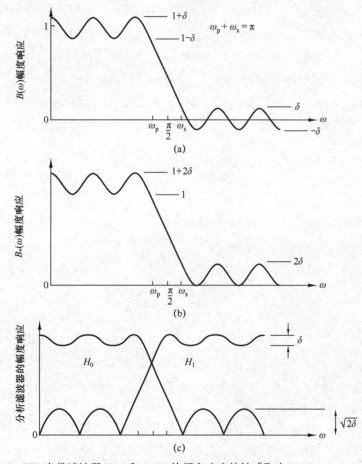

图 12.2.6　FIR 半带滤波器 $B(\omega)$ 和 $B_+(\omega)$ 的频率响应特性［取自 Vaidayanathan (1987)］

得到传递函数为 $H(z)$ 的、能用 QMF 组完全重建的滤波器后，就可将分析滤波器 $H_0(z)$ 和 $H_1(z)$ 选择为

$$\begin{aligned} H_0(z) &= H(z) \\ H_1(z) &= z^{-(N-1)}H(-z^{-1}) \end{aligned} \tag{12.2.48}$$

式中，原型滤波器 $H(z)$ 是有 N 个系数（N 为偶数）的因果低通滤波器。滤波器 $H_0(z)$ 和 $H_1(z)$ 称为

共轭正交滤波器。我们将对应于 $H(z)$ 的冲激响应记为 $h(n)$。$H(-z)$ 是一个高通滤波器，$H(-z^{-1})$ 也是一个高通滤波器，它的冲激响应是非因果的，即 $h'(-n) = h(n)$。将 $H(-z^{-1})$ 乘以 $z^{-(N-1)}$，高通滤波器 $H(-z^{-1})$ 就变成因果滤波器。

观察发现，对分析滤波器 $H_0(z)$ 和 $H_1(z)$ 使用这一选择时，由式（12.2.28）给出的 $\mathbf{H}(z)$ 的行列式的条件得

$$
\begin{aligned}
\det\big[\mathbf{H}(z)\big] &= H_0(z)H_1(-z) - H_0(-z)H_1(z) \\
&= -z^{N-1}\big[H(z)H(z^{-1}) + H(-z)H(-z^{-1})\big] \\
&= -\alpha z^{-(N-1)}
\end{aligned}
\tag{12.2.49}
$$

因为 $c = -\alpha$ 且 $m = N - 1$ 时，式（12.2.28）中的条件得到满足，所以按照式（12.2.27）可将合成滤波器 $G_0(z)$ 和 $G_1(z)$ 选为 FIR 滤波器。于是，有

$$
\begin{aligned}
G_0(z) &= -H_1(-z) = z^{-(N-1)}H(z^{-1}) \\
G_1(z) &= -H_0(-z) = -H(-z)
\end{aligned}
\tag{12.2.50}
$$

用原型滤波器 $H(z)$ 的冲激响应 $h(n)$ 表示时，对应于分析滤波器和合成滤波器的冲激响应如下：

$$
\begin{aligned}
h_0(n) &= h(n), & h_1(n) &= (-1)^{N-1-n}h(N-1-n) \\
g_0(n) &= h(N-1-n), & g_1(n) &= (-1)^n h(n)
\end{aligned}
\tag{12.2.51}
$$

总之，Smith 和 Barnwell 给出的基于长度为 $2N-1$ 的 FIR 半带滤波器的设计方法，可在双通道 QMF 组中得到完全重建并消除混叠。此外，分析滤波器 $H_0(z)$ 和 $H_1(z)$ 以及合成滤波器 $G_0(z)$ 和 $G_1(z)$ 是功率互补的，即

$$
\begin{aligned}
\big|H_0(\omega)\big|^2 + \big|H_1(\omega)\big|^2 &= 1 \\
\big|G_0(\omega)\big|^2 + \big|G_1(\omega)\big|^2 &= 1
\end{aligned}
\tag{12.2.52}
$$

功率互补完全重建滤波器组称为**正交滤波器组**。

【例 12.2.2】基于半带滤波器设计滤波器

本例使用一个完全重建双通道滤波器组来设计一个原型滤波器，该滤波器的传递函数为

$$
H(z) = \sum_{n=0}^{N-1} h(n)z^{-n}, \qquad N-1 \text{ 为奇数}
$$

观察发现，滤波器 $z^{-(N-1)}H(z^{-1})$ 有几个零点，且它们是 $H(z)$ 的零点的倒数。因此，传递函数为

$$
B_+(z) = H(z)H(z^{-1})z^{-(N-1)}
$$

的滤波器是一个 $2(N-1)$ 阶线性相位滤波器。观察还发现 $B_+(z)$ 在单位圆上的任意零点都为双零点。

解：首先，使用 McClellan-Parks（Remez）算法设计一个 $2(N-1)$ 阶线性相位 FIR 滤波器 $B_1(z)$，要求是通带 $(0, \omega_p)$ 和阻带 (ω_s, π) 中的峰值波纹 δ 相等，且 $\omega_p + \omega_s = \pi$。其次，令

$$
B_+(z) = B_1(z) + \delta z^{-(N-1)}
$$

观察发现，在 $B_1(\omega)$ 取最小值 $-\delta$ 的频率处，$B_+(z)$ 在单位圆上有双零点。

再次执行因式分解

$$
B_+(z) = H(z)H(z^{-1})z^{-(N-1)}
$$

使得 $H(z)$ 包含单位圆内部的几个零点和单位圆上的双零点。于是，$H(z)$ 将是一个最小相位滤波器。

图 12.2.7(a) 显示了如何设计一个 $2(N-1) = 18$ 阶半带滤波器。不出所料，$b_+(n)$ 的偶序号样本为零。观察还发现，在单位圆上有 10 个零点，在单位圆内部有 4 个零点，在单位圆外部有 4 个零点。图 12.2.7(b) 还显示了因式分解为滤波器 $H(z)$ 和 $z^{-9}H(z^{-1})$ 的结果，以及对应的冲激响应和频率响应。

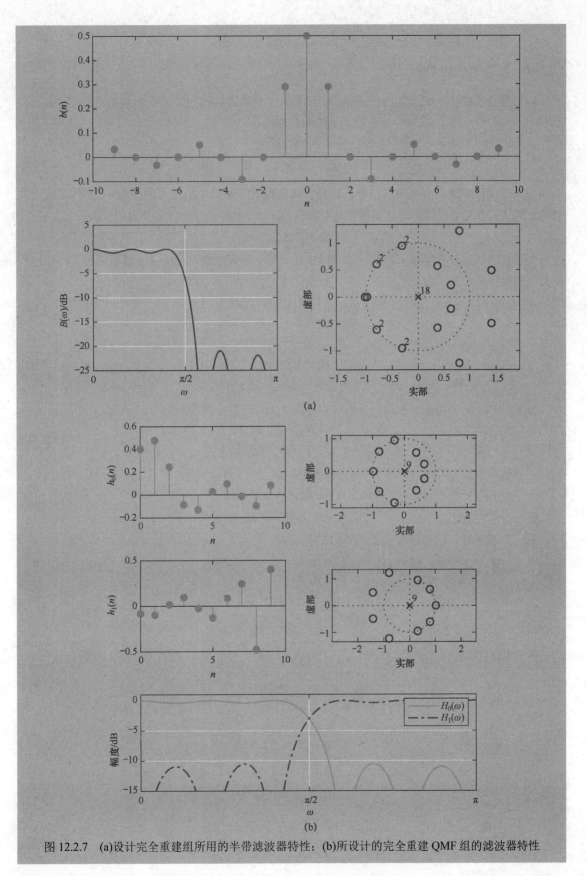

图 12.2.7 (a)设计完全重建组所用的半带滤波器特性; (b)所设计的完全重建 QMF 组的滤波器特性

下一节介绍也能实现完全重建的一个双通道仿酉 QMF 组。

12.2.7 双通道仿酉 QMF 组

本节考虑多相矩阵 $E(z)$ 和 $R(z)$ 都是仿酉矩阵的一个双通道 QMF 组。若分析多相矩阵 $E(z)$ 满足

$$\tilde{E}(z)E(z) = I \tag{12.2.53}$$

则称它是仿酉的，其中 I 是单位矩阵，而 $\tilde{E}(z)$ 定义为

$$\tilde{E}(z) = \left[E(1/z^*) \right]^{\mathrm{H}} \tag{12.2.54}$$

上标 H 表示 $E(z)$ 的复共轭转置。注意，选择合成多相矩阵 $R(z) = \tilde{E}(z)$ 可确保 QMF 系统是完全重建的。式（12.5.53）中给出的性质意味着对所有 ω，对 $z = \mathrm{e}^{\mathrm{j}\omega}$ 而言 $E(z)$ 是仿酉的，因此

$$\left[E(\omega) \right]^{\mathrm{H}} E(\omega) = I$$

这个关系式表明滤波器组是无损的，即其输出能量等于输入能量。分析滤波器是用式（12.2.18）中的多相矩阵 $E(z)$ 表示的，可以推出调制矩阵

$$H(z) = \begin{bmatrix} H_0(z) & H_1(z) \\ H_0(-z) & H_1(-z) \end{bmatrix} \tag{12.2.55}$$

满足条件

$$\tilde{H}(z)H(z) = cI \tag{12.2.56}$$

式中，c 是一个常数。因此，$H(z)$ 也是仿酉的。反之，若 $H(z)$ 是仿酉的，$E(z)$ 也是仿酉的。

如式（12.2.17）指出的那样，分析多相矩阵 $E(z)$ 可用其分量表示为

$$E(z) = \begin{bmatrix} H_{00}(z) & H_{01}(z) \\ H_{10}(z) & H_{11}(z) \end{bmatrix} \tag{12.2.57}$$

因此，分析滤波器 $H_0(z)$ 和 $H_1(z)$ 可用其多相分量表示为

$$\begin{aligned} H_0(z) &= H_{00}(z^2) + z^{-1}H_{01}(z^3) \\ H_1(z) &= H_{10}(z^2) + z^{-1}H_{11}(z^2) \end{aligned} \tag{12.2.58}$$

像上一节那样，这里再次重点关注 FIR QMF 组。

【例 12.2.3】说明对应于

$$\begin{bmatrix} H_0(z) \\ H_1(z) \end{bmatrix} = \frac{1}{\sqrt{2}} \begin{bmatrix} 1+z^{-1} \\ 1-z^{-1} \end{bmatrix} \tag{12.2.59}$$

的 QMF 组的调制矩阵 $H(z)$ 是仿酉的。

解： 首先，注意到调制矩阵为

$$H(z) = \begin{bmatrix} H_0(z) & H_1(z) \\ H_0(-z) & H_1(-z) \end{bmatrix} = \frac{1}{\sqrt{2}} \begin{bmatrix} 1+z^{-1} & 1-z^{-1} \\ 1-z^{-1} & 1+z^{-1} \end{bmatrix} \tag{12.2.60}$$

于是有

$$\tilde{H}(z) = \frac{1}{\sqrt{2}} \begin{bmatrix} 1+z & 1-z \\ 1-z & 1+z \end{bmatrix} \tag{12.2.61}$$

和

$$\tilde{H}(z)H(z) = 2I \tag{12.2.62}$$

因此，$H(z)$ 是仿酉的。$H(z)$ 的仿酉性质表明，$H(z)$ 的行列式满足式（12.2.28），即

$$\det\left[H(z) \right] = \frac{1}{2}(1+z^{-1})^2 - \frac{1}{2}(1-z^{-1})^2 = 2z^{-1} \tag{12.2.63}$$

因此，因为 Haar 滤波器 $H_0(z)$ 和 $H_1(z)$ 是 FIR 的，所以合成滤波器 $G_0(z)$ 和 $G_1(z)$ 也是 FIR 的。

【例 12.2.4】 Vaidyanathan (1990)

假设仿酉分析多相矩阵 $E(z)$ 是 FIR 的，并且给出为

$$E(z) = \frac{1}{\sqrt{2}} \begin{bmatrix} 1+z^{-1} & 1-z^{-1} \\ 1-z^{-1} & 1+z^{-1} \end{bmatrix} \tag{12.2.64}$$

求合成多相矩阵 $R(z)$ 和 FIR 滤波器 $H_0(z), H_1(z), G_0(z), G_1(z)$。

解：首先，应选择 $R(z)$ 来实现完全重建。根据式（12.2.29），当

$$R(z) = cz^{-k} E^{-1}(z) \tag{12.2.65}$$

时可以实现完全重建。因为 $E(z)$ 是仿酉的，即 $E^{-1}(z) = \tilde{E}(z)$，所以

$$R(z) = cz^{-k} \tilde{E}(z) = \frac{c}{\sqrt{2}} z^{-k} \begin{bmatrix} 1+z & 1-z \\ 1-z & 1+z \end{bmatrix} \tag{12.2.66}$$

$R(z)$ 的多相分量往往表示为因果滤波器，因此可以选择 $k=1$ 并将 c 设为 1。于是，有

$$R(z) = \frac{1}{\sqrt{2}} \begin{bmatrix} 1+z^{-1} & -1+z^{-1} \\ -1+z^{-1} & 1+z^{-1} \end{bmatrix} \tag{12.2.67}$$

进而有

$$R(z)E(z) = 2z^{-1} I \tag{12.2.68}$$

分析滤波器 $H_0(z)$ 和 $H_1(z)$ 为

$$\begin{bmatrix} H_0(z) \\ H_1(z) \end{bmatrix} = E(z^2) \begin{bmatrix} 1 \\ z^{-1} \end{bmatrix} = \frac{1}{\sqrt{2}} \begin{bmatrix} 1+z^{-2} & 1-z^{-2} \\ 1-z^{-2} & 1+z^{-2} \end{bmatrix} \begin{bmatrix} 1 \\ z^{-1} \end{bmatrix} = \frac{1}{\sqrt{2}} \begin{bmatrix} 1+z^{-1}+z^{-2}-z^{-3} \\ 1+z^{-1}-z^{-2}+z^{-3} \end{bmatrix} \tag{12.2.69}$$

类似地，合成滤波器 $G_0(z)$ 和 $G_1(z)$ 为

$$\begin{bmatrix} G_0(z) & G_1(z) \end{bmatrix} = \begin{bmatrix} z^{-1} & 1 \end{bmatrix} R(z^2) = \frac{1}{\sqrt{2}} \begin{bmatrix} z^{-1} & 1 \end{bmatrix} \begin{bmatrix} 1+z^{-2} & -1+z^{-2} \\ -1+z^{-2} & 1+z^{-2} \end{bmatrix} \tag{12.2.70}$$

因此有

$$G_0(z) = [-1+z^{-1}+z^{-2}+z^{-3}]/\sqrt{2}, \quad G_1(z) = [1-z^{-1}+z^{-2}+z^{-3}]/\sqrt{2} \tag{12.2.71}$$

式（12.2.59）中的 Haar 滤波器在双通道仿酉滤波器组中是 FIR 的和线性相位的。Vaidyanathan (1985) 中还研究了其他线性相位 FIR 解的存在性，文中证明在双通道仿酉 QMF 组中，仅有的其他解是线性相位滤波器有两个非零系数的非平凡情况。因此，我们可以得出如下结论：不存在非平凡线性相位 FIR 双通道仿酉 QMF 组。

将分析多相矩阵因式分解为

$$E(z) = U_{N-1} D(z) U_{N-2} \cdots D(z) U_0 \tag{12.2.72}$$

可用格型结构高效实现双通道仿酉 FIR QMF 组，其中 $U_k, 0 \leqslant k \leqslant N-1$ 是旋转矩阵，它定义为

$$U_k = \begin{bmatrix} \cos\theta_k & \sin\theta_k \\ -\sin\theta_k & \cos\theta_k \end{bmatrix} \tag{12.2.73}$$

$D(z)$ 定义为

$$D(z) = \begin{bmatrix} 1 & 0 \\ 0 & z^{-1} \end{bmatrix} \tag{12.2.74}$$

$E(z)$ 的一个等效因式分解为

$$E(z) = CA_{N-1} D(z) A_{N-2} \cdots D(z) A_0 \tag{12.2.75}$$

式中，

$$A_k = \begin{bmatrix} 1 & a_k \\ -a_k & 1 \end{bmatrix}, \qquad 0 \leqslant k \leqslant N-1 \tag{12.2.76}$$

和

$$C = \sum_{k=0}^{N-1} \frac{1}{\sqrt{1+\alpha_k^2}} \tag{12.2.77}$$

图 12.2.8(a)显示了仿酉 QMF 组的格型结构的分析部分。格型参数 $\{\theta_k\}$ 或 $\{\alpha_k\}$ 是任意设计参数。

合成多相矩阵 $\boldsymbol{R}(z)$ 有一个类似的分解，但相位旋转反向。图 12.2.8(b)显示了合成网格结构。因此，对仿酉多相矩阵 $\boldsymbol{E}(z)$ 采用适当的因式分解，可用格型结构高效实现 QMF 组。

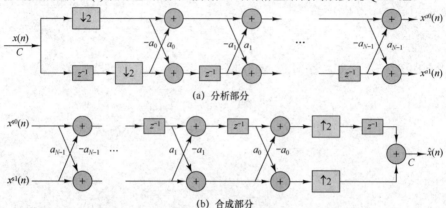

(a) 分析部分

(b) 合成部分

图 12.2.8　双通道仿酉 QMF 组的格型结构

注意，如果在不强加功率互补条件的情况下设计非仿酉线性相位 QMF 组的格型结构，对矩阵 $\boldsymbol{E}(z)$ 和 $\boldsymbol{R}(z)$ 执行因式分解是可能的。感兴趣的读者请参阅 Vaidyanathan (1993)。

12.2.8　正交和双正交双通道 FIR 滤波器组

12.2.6 节介绍了如何设计一个 FIR 滤波器，以便作为双通道完全重建 QMF 组中的原型滤波器。回顾可知，完全重建要求

$$\boldsymbol{H}(z) \begin{bmatrix} G_0(z) \\ G_1(z) \end{bmatrix} = \begin{bmatrix} 2z^{-k} \\ 0 \end{bmatrix} \tag{12.2.78}$$

式中，$\boldsymbol{H}(z)$ 是在式（12.2.24）中定义的混叠分量矩阵或调制矩阵。式（12.2.78）中矩阵的逆是合成滤波器 $G_0(z)$ 和 $G_1(z)$ 的表达式，如式（12.2.27）所示。观察发现，当 $\det[\boldsymbol{H}(z)]$ 是形如 cz^{-k} 的一个常数延迟时，对分析部分使用 FIR 滤波器 $H_0(z)$ 和 $H_1(z)$，对合成部分使用 FIR 滤波器 $G_0(z)$ 和 $G_1(z)$，可以实现完全重建，其中

$$\begin{bmatrix} G_0(z) \\ G_1(z) \end{bmatrix} = \begin{bmatrix} H_1(-z) \\ -H_0(-z) \end{bmatrix} \tag{12.2.79}$$

此外，$\det[\boldsymbol{H}(z)]$ 可以写为下面的等效表达式：

$$\begin{aligned} \det[\boldsymbol{H}(z)] &= H_0(z)H_1(-z) - H_0(-z)H_1(z) \\ &= H_0(z)G_0(z) + H_1(z)G_1(z) \end{aligned} \tag{12.2.80}$$

将滤波器 $H_0(z)$ 和 $G_0(z)$ 的乘积定义为 $B_+(z)$，我们就描述了设计一个半带滤波器，然后执行谱分解来产生期望的滤波器 $H_0(z)$ 与 $G_0(z)$ 以及 $H_1(z)$ 与 $G_1(z)$ 的过程。由该设计过程得到的分析和合成滤波器是正交的，因此，双通道 QMF 组称为**正交滤波器组**。

下面基于最大平坦半带滤波器即 Daubechies 滤波器的设计来介绍一类滤波器组。这类半带滤波器由如下 z 变换表征：

$$B_+(z) = (1 + z^{-1})^{2p} Q(z) \qquad (12.2.81)$$

式中，$Q(z)$ 是次数为 $(2p-2)$ 的多项式，选择其系数以满足式（12.2.23）中的完全重建条件，即

$$H_0(z)G_0(z) - H_0(-z)G_0(-z) = 2z^{-k} \quad \text{或} \quad B_+(z) - B_+(-z) = 2z^{-k} \qquad (12.2.82)$$

因式 $(1 + z^{-1})^{2p}$ 将更多的零点放置在 $z = -1$ 处，在 $\omega = \pi$ 处得到一个最大平坦的频率响应。

例如，考虑 Daubechies 最大平坦滤波器，其中 $p = 2$，且

$$Q(z) = -1 + 4z^{-1} - z^{-2}$$

这个半带滤波器在 $z = -1$ 处有 4 个零点；根据 $Q(z)$，这个半带滤波器的两个零点位置分别是 $z = a$ 和 $z = 1/a$，其中 $a = 2 - \sqrt{3}$。因此，$B_+(z)$ 可写为

$$
\begin{aligned}
B_+(z) &= \frac{1}{16}\Big[-1 + 9z^{-2} + 16z^{-3} + 9z^{-4} - z^{-6} \Big] \\
&= \frac{1}{16}(1 + z^{-1})^4(-1 + az^{-1})(1 - a^{-1}z^{-1})
\end{aligned}
\qquad (12.2.83)
$$

式中引入缩放因子 1/16 的目的是使中心系数为 1。执行因式分解时，可以忽略该缩放因子。因式分解

$$B_+(z) = H_0(z)G_0(z)$$

可按多种方式进行。如果将 $H_0(z)$ 选为最大相位滤波器，而将 $G_0(z)$ 选为最小相位滤波器，则有

$$
\begin{aligned}
H_0(z) &= (1 + z^{-1})^2(1 - a^{-1}z^{-1}) \\
G_0(z) &= (1 + z^{-1})^2(-1 + az^{-1})
\end{aligned}
\qquad (12.2.84)
$$

在这种情形下，容易证明

$$G_0(z) = z^{-3}aH_0(z^{-1}) \qquad (12.2.85)$$

于是，如式（12.2.79）规定的那样，有 $H_1(z) = G_0(-z)$ 和 $G_1(z) = -H_0(-z)$。因此，得到的滤波器组满足功率互补条件，并且是正交的。分析和合成滤波器的特性如图 12.2.9(a) 和 (b) 所示。

式（12.2.83）中最大平坦半带滤波器的另一个因式分解为

$$
\begin{aligned}
H_0(z) &= (1 + z^{-1})^3 = 1 + 3z^{-1} + 3z^{-2} + z^{-3} \\
G_0(z) &= (1 + z^{-1})(1 - az^{-1})(1 - a^{-1}z^{-1}) = -1 + 3z^{-1} + 3z^{-2} - z^{-3}
\end{aligned}
\qquad (12.2.86)
$$

图 12.2.9(c) 和 (d) 分别显示了分析滤波器和合成滤波器的频率响应。在这种情况下，$H_0(z)$ 和 $G_0(z)$ 之间的关系不再由式（12.2.85）给出。然而，选择 $H_1(z) = G_0(-z)$ 和 $G_1(z) = -H_0(-z)$，是能满足完全重建条件的。观察发现，分析和合成滤波器是线性相位的，并且满足两个独立的正交关系。因此，我们称该滤波器组是双正交的，但各个滤波器不是功率互补的。

注意，对于相同的乘积滤波器 $B_+(z)$，还有其他可能的因式分解。例如，因式分解

$$
\begin{aligned}
H_0(z) &= (1 + z^{-1})^2(-1 + az^{-1})(1 - a^{-1}z^{-1}) = -1 + 2z^{-1} + 6z^{-2} + 2z^{-3} - z^{-4} \\
G_0(z) &= (1 + z^{-1})^2 = 1 + 2z^{-1} + z^{-2}
\end{aligned}
\qquad (12.2.87)
$$

得到长度为 5 的滤波器 $H_0(z)$ 和 $G_1(z)$，而滤波器 $G_0(z)$ 和 $H_1(z)$ 的长度为 3。这一因式分解是双正交的，且滤波器是线性相位的。这个因式分解常称 **5/3 因式分解**。互换 $G_0(z)$ 和 $H_0(z)$，就能得到 3/5 因式分解。

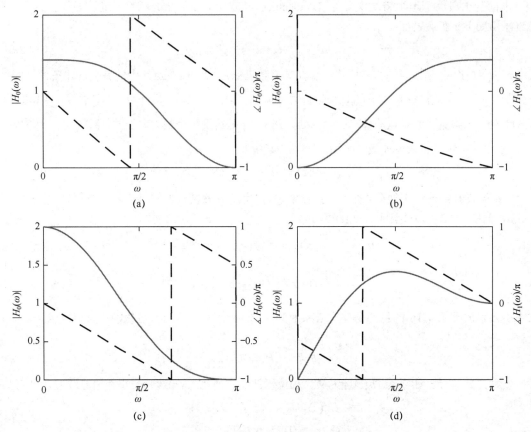

图 12.2.9　(a)正交滤波器组的分析滤波器的频率响应特性；(b)正交滤波器组的
合成滤波器的频率响应特性；(c)双正交滤波器组的分析滤波器的
频率响应特性；(d)双正交滤波器组的合成滤波器的频率响应特性

12.2.9　子带编码中的双通道 QMF 组

11.9.4 节介绍了一种高效编码语音信号的方法，它首先将信号分成几个子带，然后对每个子带编码。例如，图 11.9.4 说明了如果将一个信号分为 4 个子带：$0 \leqslant F \leqslant F_s/16$，$F_s/16 < F \leqslant F_s/8$，$F_s/8 < F \leqslant F_s/4$ 和 $F_s/4 < F \leqslant F_s/2$，其中 F_s 是采样率。使用 3 个双通道 QMF 分析部分，可将信号分成 4 个子带。经过编码和通道传输后，让所有子带通过 3 个双通道 QMF 合成滤波器，就可解码和重建每个子带信号。采用 4 个子带的子带编码系统配置如图 12.2.10 所示。

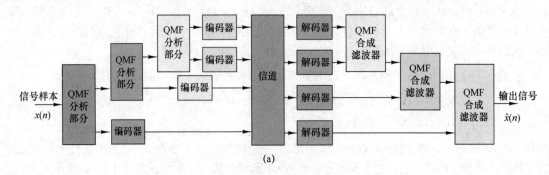

(a)

图 12.2.10　使用双通道 QMF 组的子带编码系统

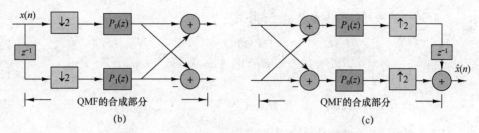

图 12.2.10 使用双通道 QMF 组的子带编码系统（续）

12.3 M 通道滤波器组

本节介绍如何将双通道 QMF 组推广到 M 通道。图 12.3.1 显示了一个 M 通道 QMF 组的结构，其中 $x(n)$ 是分析部分的输入， $x_k^{(a)}(n)$ ， $0 \leqslant k \leqslant M-1$ 是分析滤波器的输出， $x_k^{(s)}(n)$ ， $0 \leqslant k \leqslant M-1$ 是合成滤波器的输入，而 $\hat{x}(n)$ 是合成部分的输出。

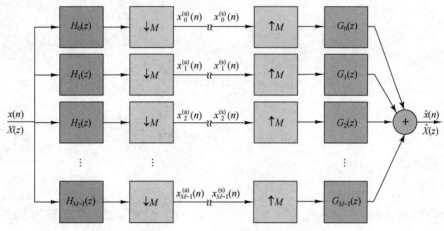

图 12.3.1 一个 M 通道滤波器组

分析滤波器的 M 个输出在 z 变换域中可以写为

$$X_k^{(a)}(z) = \frac{1}{M}\sum_{m=0}^{M-1}H_k(z^{1/M}W_M^m)X(z^{1/M}W_M^m), \quad 0 \leqslant k \leqslant M-1 \tag{12.3.1}$$

式中， $W_M = \mathrm{e}^{-\mathrm{j}2\pi/M}$ 。合成部分的输出可用矩阵写为

$$\hat{X}(z) = \begin{bmatrix} G_0(z) & G_1(z) & \cdots & G_{M-1}(z) \end{bmatrix} \begin{bmatrix} X_0^{(s)}(z^M) \\ X_1^{(s)}(z^M) \\ \vdots \\ X_{M-1}^{(s)}(z^M) \end{bmatrix} \tag{12.3.2}$$

尽管合成滤波器组的输入可以是分析滤波器组的输出的某个变体，但为了研究无混叠和完全重建的条件，令 $X_k^{(s)}(z) = X_k^{(a)}(z)$ 。于是，将式（12.3.1）代入式（12.3.2）得

$$\begin{bmatrix} X_0^{(s)}(z^M) \\ X_1^{(s)}(z^M) \\ \vdots \\ X_{M-1}^{(s)}(z^M) \end{bmatrix} = \frac{1}{M}\boldsymbol{H}^{\mathrm{t}}(z) \begin{bmatrix} X(z) \\ X(zW_M) \\ \vdots \\ X(zW_M^{M-1}) \end{bmatrix} \tag{12.3.3}$$

式中，$H(z)$是M通道滤波器组的混叠分量或调制矩阵，即

$$
H(z) = \begin{bmatrix} H_0(z) & H_1(z) & \cdots & H_{M-1}(z) \\ H_0(zW_M) & H_1(zW_M) & \cdots & H_{M-1}(zW_M) \\ \vdots & \vdots & \ddots & \vdots \\ H_0(zW_M^{M-1}) & H_1(zW_M^{M-1}) & \cdots & H_{M-1}(zW_M^{M-1}) \end{bmatrix} \tag{12.3.4}
$$

观察发现，当$M = 2$时，$H(z)$就简化为双通道形式：

$$
H(z) = \begin{bmatrix} H_0(z) & H_1(z) \\ H_0(-z) & H_1(-z) \end{bmatrix} \tag{12.3.5}
$$

合成滤波器组的输出可用矩阵写为

$$
\hat{X}(z) = \begin{bmatrix} A_0(z) & A_1(z) & \cdots & A_{M-1}(z) \end{bmatrix} \begin{bmatrix} X(z) \\ X(zW_M) \\ \vdots \\ X(zW_M^{M-1}) \end{bmatrix} \tag{12.3.6}
$$

式中，

$$
\begin{bmatrix} A_0(z) & A_1(z) & \cdots & A_{M-1}(z) \end{bmatrix} = \frac{1}{M} \begin{bmatrix} G_0(z) & G_1(z) & \cdots & G_{M-1}(z) \end{bmatrix} H^t(z) \tag{12.3.7}
$$

因此，就得到无混叠的条件为

$$
A_m(z) = 0, \qquad 1 \leqslant m \leqslant M-1 \tag{12.3.8}
$$

完全重建的条件为

$$
A_0(z) = cz^{-k} \tag{12.3.9}
$$

式中，c 和 k 是正常数。注意，当 $M = 2$ 时，式（12.3.6）至式（12.3.9）简化为 12.2.3 节中的结果。

12.3.1　M 通道滤波器组的多相结构

作为双通道情形的一种推广，我们将 M 通道分析多相矩阵 $E(z)$ 定义为

$$
E(z) = \begin{bmatrix} H_{00}(z) & H_{01}(z) & \cdots & H_{0,M-1}(z) \\ H_{10}(z) & H_{11}(z) & \cdots & H_{1,M-1}(z) \\ \vdots & \vdots & \ddots & \vdots \\ H_{M-1,0}(z) & H_{M-1,1}(z) & \cdots & H_{M-1,M-1}(z) \end{bmatrix} \tag{12.3.10}
$$

式中，$E(z)$ 的元素是分析滤波器 $H_0(z)$, $H_1(z), \cdots, H_{M-1}(z)$ 的多相成分。多相滤波器矩阵 $E(z)$ 与分析滤波器的关系可以写为

$$
\begin{bmatrix} H_0(z) \\ H_1(z) \\ \vdots \\ H_{M-1}(z) \end{bmatrix} = E(z^M) \begin{bmatrix} 1 \\ z^{-1} \\ \vdots \\ z^{-(M-1)} \end{bmatrix} \tag{12.3.11}
$$

图 12.3.2 显示了分析多相结构。类似地，我们将 M 通道合成多相矩阵 $R(z)$ 定义为

$$\mathbf{R}(z) = \begin{bmatrix} G_{00}(z) & G_{10}(z) & \dots & G_{M-1,0}(z) \\ G_{01}(z) & G_{11}(z) & \dots & G_{M-1,1}(z) \\ \vdots & \vdots & \ddots & \vdots \\ G_{0,M-1}(z) & G_{1,M-1}(z) & \dots & G_{M-1,M-1}(z) \end{bmatrix} \tag{12.3.12}$$

式中，$\mathbf{R}(z)$ 中的多相分量与合成滤波器 $G_0(z)$, $G_1(z)$, ···, $G_{M-1}(z)$ 的关系为

$$\begin{bmatrix} G_0(z) & G_1(z) & \cdots & G_{M-1}(z) \end{bmatrix} = \begin{bmatrix} z^{-(M-1)} & z^{-(M-2)} & \cdots & 1 \end{bmatrix} \mathbf{R}(z^M) \tag{12.3.13}$$

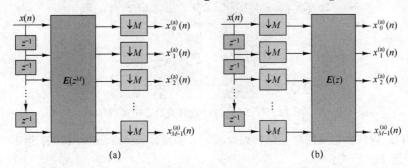

图 12.3.2　M 通道滤波器组的分析部分的多相结构：(a)应用 Nobel 恒等式前；(b)应用 Nobel 恒等式后

图 12.3.3 显示了合成滤波器组的多相结构。图 12.3.4 显示了分析和合成滤波器组合并后的多相结构。

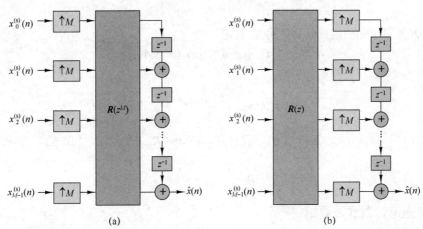

图 12.3.3　M 通道滤波器组的合成部分的多相结构：(a)应用 Nobel 恒等式前；(b)应用 Nobel 恒等式后

对于完全重建，式（12.3.9）及式（12.3.8）中的无混叠条件等效于

$$\mathbf{R}(z)\mathbf{E}(z) = z^{-k}\mathbf{I} \tag{12.3.14}$$

式中，k 表示某个正延迟。

下面考虑分析滤波器是 FIR 滤波器的情况。这时，像双通道 QMF 组的情况那样，我们可用式（12.3.9）中的完全重建条件来证明：当且仅当调制矩阵 $\mathbf{H}(z)$ 的行列式满足

$$\det[\mathbf{H}(z)] = cz^{-k} \tag{12.3.15}$$

时，合成滤波器也是 FIR 滤波器，其中 c 和 k 为正常数。

同样，我们可以选择 $\mathbf{E}(z)$ 的分量为 FIR 的。这时，合成多相矩阵 $\mathbf{R}(z)$ 为

$$\mathbf{R}(z) = z^{-k}\mathbf{E}^{-1}(z) = z^{-k}\frac{\mathrm{Adj}[\mathbf{E}(z)]}{\det[\mathbf{E}(z)]} \tag{12.3.16}$$

因此，当且仅当 $\det[\boldsymbol{E}(z)]$ 是一个纯延迟时，$\boldsymbol{R}(z)$ 的多相分量也是 FIR 的。

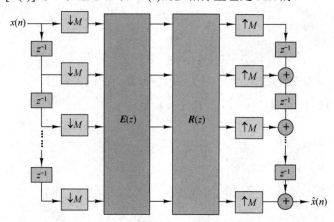

图 12.3.4　M 通道滤波器组的多相实现

M 通道 FIR 滤波器组可用格型结构设计和高效实现。Vaidyanathan (1993)指出，设计过程是将分析多相矩阵 $\boldsymbol{E}(z)$ 因式分解为

$$\boldsymbol{E}(z) = \boldsymbol{A}_K \boldsymbol{\Delta}(z) \boldsymbol{A}_{K-1} \cdots \boldsymbol{\Delta}(z) \boldsymbol{A}_0 \tag{12.3.17}$$

式中，矩阵 $\boldsymbol{A}_k,\ 0 \leqslant k \leqslant K$ 是任意非奇异矩阵，它们的元素是待优化的设计参数，而矩阵 $\boldsymbol{\Delta}(z)$ 定义为

$$\boldsymbol{\Delta}(z) = \begin{bmatrix} \boldsymbol{I}_{M-1} & 0 \\ 0 & z^{-1} \end{bmatrix} \tag{12.3.18}$$

合成多相矩阵 $\boldsymbol{R}(z)$ 的因式分解可用 $\boldsymbol{A}_k$ 的逆写为

$$\boldsymbol{R}(z) = \boldsymbol{A}_0^{-1} \boldsymbol{\Lambda}(z) \boldsymbol{A}_1^{-1} \boldsymbol{\Lambda}(z) \boldsymbol{A}_2^{-1} \cdots \boldsymbol{\Lambda}(z) \boldsymbol{A}_K^{-1} \tag{12.3.19}$$

式中，$\boldsymbol{\Lambda}(z)$ 定义为

$$\boldsymbol{\Lambda}(z) = \begin{bmatrix} z^{-1} \boldsymbol{I}_{M-1} & 0 \\ 0 & 1 \end{bmatrix} \tag{12.3.20}$$

根据式（12.3.17）和式（12.3.19）中的因式分解，$\boldsymbol{E}(z)$ 和 $\boldsymbol{R}(z)$ 的元素是 FIR 的，且 $\boldsymbol{R}(z)$ 和 $\boldsymbol{E}(z)$ 的积是

$$\boldsymbol{R}(z) \boldsymbol{E}(z) = z^{-k} \boldsymbol{I} \tag{12.3.21}$$

12.3.2　M 通道仿酉滤波器组

下面考虑分析和合成多相矩阵都是 FIR 的 M 通道仿酉滤波器组。在仿酉滤波器组中，分析多相矩阵 $\boldsymbol{E}(z)$ 是仿酉的，因此满足

$$\tilde{\boldsymbol{E}}(z) \boldsymbol{E}(z) = \boldsymbol{I} \tag{12.3.22}$$

合成多相矩阵 $\boldsymbol{R}(z)$ 简单地选为

$$\boldsymbol{R}(z) = \tilde{\boldsymbol{E}}(z) \tag{12.3.23}$$

因此，M 通道仿酉滤波器组得到完全重建。

仿酉 FIR 滤波器组具有如下重要性质。

1. 仿酉滤波器组是无损系统，也就是说，分析部分或合成部分的输出序列的能量，等于其输入信号序列的能量。

2. 在单位圆（$z = \mathrm{e}^{\mathrm{j}\omega}$）上计算混叠分量矩阵 $\boldsymbol{H}(z)$ 时，其元素是功率互补的，即

$$\left| H_0(\omega) \right|^2 + \left| H_1(\omega) \right|^2 + \cdots + \left| H_{M-1}(\omega) \right|^2 = 1 \tag{12.3.24}$$

3． 分析滤波器为 FIR 滤波器时，分析和合成滤波器之间的关系是 $h_k(n) = g_k^*(-n)$, $0 \le k \le M-1$。

像设计仿酉双通道 FIR 滤波器组那样，设计 M 通道 FIR 仿酉滤波器组也包括多相矩阵 $E(z)$ 的因式分解和格型结构实现。许多文献中介绍了不同的因式分解，包括 Vaidyanathan (1987, 1990, 1993)、Soman et al. (1993)、Gao and Nguyen (2000)等。

例如，考虑 Vaidyanathan (1993)中提到的对 $E(z)$ 的因式分解。多相矩阵 $E(z)$ 被因式分解为

$$E(z) = V_L(z)V_{L-1}(z)\cdots V_1(z)U \tag{12.3.25}$$

式中，U 是列矢量为 u_i 的酉矩阵，而 $\{V_m(z)\}$ 是一个仿酉矩阵：

$$V_m(z) = I - v_m v_m^{\mathrm{H}} + z^{-1} v_m v_m^{\mathrm{H}} \tag{12.3.26}$$

式中，v_m 是范数为 1 的 M 维矢量。于是，合成滤波器的设计就简化为优化分量 v_m 与 u_i，方法是最小化一个目标函数，如

$$J = \sum_{k=0}^{M-1} \int_{\text{第 } k \text{ 个阻带}} |H_k(\omega)|^2 \, \mathrm{d}\omega \tag{12.3.27}$$

并且采用一种非线性优化技术求出分量 v_m 和 u_i。因此，矢量 v_m 和 u_i 就完全确定了 $E(z)$ 和分析滤波器 $H_k(z)$。合成滤波器接下来由式（12.3.23）确定。

例如，考虑设计一个幅度响应如图 12.3.5 所示的完全重建三通道滤波器组。根据上述设计过程得到的分析滤波器的幅度响应如图 12.3.6 所示。滤波器长度为 $N = 14$。观察发现，滤波器的阻带衰减约为 20dB。

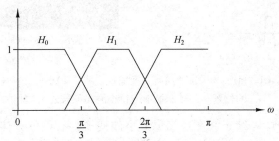

图 12.3.5　一个 $M = 3$ 的滤波器组中的分析滤波器的幅度响应

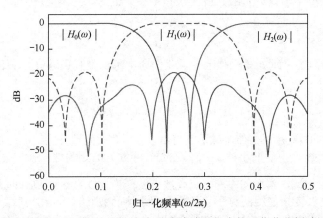

图 12.3.6　一个 $M = 3$ 的 FIR 完全重建滤波器组中的已优化分析滤波器的
　　　　　幅度响应（摘自 *From Multirate Systems and Filter Banks*, by P. P.
　　　　　Vaidyanathan, © 1993 by Prentice Hall。获出版商允许的重印）

12.4 小波和小波变换

小波变换是将信号从一种形式转换为另一种形式的方法，后一种形式要么使得原信号的某些特征更适合分析，要么能够更简洁地描述原数据集。执行小波变换需要一个"小波"，即一个局部的波形。

小波可以按两种方式操作：如图 12.4.1(a)所示，它可以移动到信号的不同位置，也可以被拉伸或挤压。为了理解小波变换的含义，不妨考虑图 12.4.1(b)。如果小波以某个尺度和位置与信号的形状匹配良好，就得到一个大变换值。变换平面显示了不同尺度和位置下小波与信号之间的相关性。

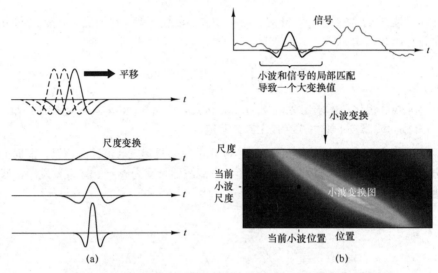

图 12.4.1　(a)小波平移和尺度变换缩放说明；(b)小波变换在不同的位置和尺度变换下度量小波与信号之间的相关性

小波变换有两类，即连续小波变换和离散小波变换。有限能量信号 $x(t)$ 的连续小波变换（Continuous Wavelet Transform，CWT）将 $x(t)$ 分解为一组称为小波的基函数 $\psi_{a,b}(t)$，而基函数是由称为"母"小波的单个函数 $\psi(t)$ 经尺度变换和平移产生的。具体地说，

$$\psi_{a,b}(t) = \frac{1}{\sqrt{a}} \psi\left(\frac{t-b}{a}\right) \tag{12.4.1}$$

式中，a 是尺度变换因子，而 b 是平移因子。我们通常考虑带有正缩放因子 $a > 0$ 的实小波。小波变换的正式定义为

$$W_x(a,b) = \int_{-\infty}^{\infty} x(t)\psi_{a,b}(t)\mathrm{d}t \tag{12.4.2}$$

小波变换是尺度 a 和时移 b 的二维函数，它将信号表示在时间尺度空间中，如图 12.4.1(b)所示。$W_x(a,b)$ 度量信号与尺度变换后的小波 $\psi(t/a)$ 在位置 $t=b$ 处的相关性，强相关则得到大变换值。

与连续小波变换相比，本章的主题——离散小波变换（Discrete Wavelet Transform，DWT）更适合计算。离散小波变换使用两组正交函数［即小波函数 $\{\psi_{kn}(t)\}$ 和尺度函数 $\{\phi_{kn}(t)\}$ ］将连续时间信号 $x(t)$ 映射到一组数上，而这组数则由信号 $x(t)$ 与 $\phi_{kn}(t)$ 和 $\psi_{kn}(t)$ 的内积生成，即

$$c_k(n) = \int_{-\infty}^{\infty} x(t)\phi_{kn}(t)\mathrm{d}t \tag{12.4.3}$$

$$d_k(n) = \int_{-\infty}^{\infty} x(t)\psi_{kn}(t)\mathrm{d}t \qquad (12.4.4)$$

这两个公式就是离散小波变换应用中的正向分析公式。基于系数集 $\{c_k(n)\}$ 和 $\{d_k(n)\}$，同样存在对应的逆离散小波变换（Inverse DWT，IDWT），详见本章后面的介绍。离散小波变换将连续时间信号映射为一组数或一组系数，它与将周期连续时间信号映射为一组系数的傅里叶级数相似。需要指出的是，离散小波变换也可将离散时间信号映射为一组系数。

在对离散小波变换的讨论中，我们将在保证正确的前提下尽量明确主要思想和结果。因此，下面的介绍主要基于信号处理概念，而不一定满足正常的教学需要。

12.4.1 理想带通小波分解

下面使用理想带通滤波器组来介绍离散小波变换的基本思想，介绍时的依据是第 6 章中讨论的低通信号的采样定理，以及具有整数谱带定位的带通信号采样理论。

考虑傅里叶变换为 $X(\Omega) = 0, |\Omega| \geqslant \beta > 0$ 的带限信号 $x(t)$。若选择采样周期 $T = \pi/\beta$，则使用

$$x(t) = \sum_{n=-\infty}^{\infty} x(nT)\phi(t - nT) \qquad (12.4.5)$$

可由其样本 $x(nT)$ 恢复 $x(t)$，其中 $\phi(t)$ 是理想内插核函数：

$$\phi(t) = \frac{\sin(\pi t/T)}{\pi t/T} \xleftrightarrow{\ \mathfrak{I}\ } \Phi(\Omega) = \begin{cases} 1, & 0 < |\Omega| \leqslant \pi/T \\ 0, & \text{其他} \end{cases} \qquad (12.4.6)$$

接下来考虑频率响应函数为

$$H_k(\Omega) = \begin{cases} 1, & \Omega_k < |\Omega| \leqslant \Omega_{k+1} \\ 0, & \text{其他} \end{cases} \qquad (12.4.7)$$

的一个理想带通滤波器，其带宽和中心频率分别为

$$\beta_k = \Omega_{k+1} - \Omega_k, \qquad \overline{\Omega}_k = \frac{\Omega_k + \Omega_{k+1}}{2} \qquad (12.4.8)$$

带通滤波器［即式（12.4.7）］对信号 $x(t)$ 的响应 $y_k(t)$ 为

$$y_k(t) = h_k(t) * x(t) \xleftrightarrow{\ \mathfrak{I}\ } Y_k(\Omega) = H_k(\Omega)X(\Omega) \qquad (12.4.9)$$

式中，$h_k(t)$ 是滤波器的冲激响应。令 $\Omega_k = k(\Omega_{k+1} - \Omega_k) = k\beta_k$，其中 k 是一个整数，并且选择采样周期 $T_k = \pi/\beta_k$。因为这些条件能够确保整数谱带定位（见 6.3.1 节），所以带通信号 $y_k(t)$ 可用下式由样本 $y_k(nT)$ 恢复：

$$y_k(t) = \sum_{n=-\infty}^{\infty} y_k(nT)g_k(t - nT) \qquad (12.4.10)$$

式中，

$$g_k(t) = \frac{\sin(\beta_k t/2)}{\beta_k t/2} \cos\overline{\Omega}_k t \xleftrightarrow{\ \mathfrak{I}\ } G_k(\Omega) = T_k H_k(\Omega) \qquad (12.4.11)$$

如果把理想数模转换器定义为将单位样本 $A\delta[n]$ 转换为单位冲激 $A\delta(t)$ 的系统，就可用带通滤波器 $G_k(\Omega)$ 来重建 $y_k(t)$。这时，会得到图 12.4.2 中的子带分析和合成滤波器结构。下面根据这个概念，使用理想带通小波来推导离散小波变换。

考虑将信号 $x(t)$ 分解成由式（12.4.10）定义的子带分量的一组带通滤波器。如果 $H_k(\Omega)$ 是一个理想带通滤波器，且其覆盖整个频率范围，则可由

$$x(t) = \sum_k y_k(t) = \sum_k \sum_{n=-\infty}^{\infty} y_k(nT_k)g_k(t - nT_k) \qquad (12.4.12)$$

完全重建原信号 $x(t)$，其中 k 的范围取决于子带的数量和定义。

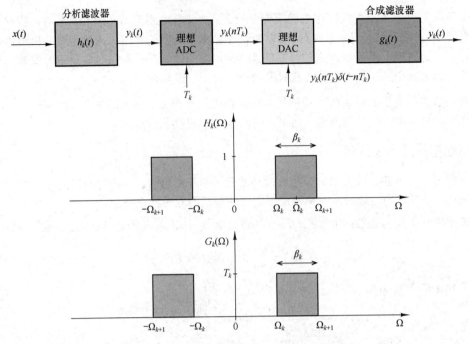

图 12.4.2   采样和重建子带信号所用的滤波器

如果选择 $\Omega_k = k\pi/T$ 和 $\beta_k = \pi/T$，就得到图 12.4.3(a)中的均匀滤波器组；这时，k 的范围是从 0 到无穷大。

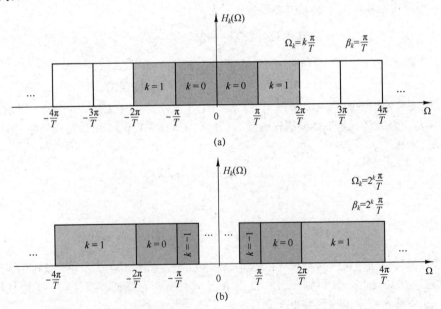

图 12.4.3   信号分解为子带的两种方法：(a)均匀分裂；(b)倍频带分裂

接下来考虑由 $\beta_k = 2^k\pi/T$ 定义的一个理想倍频滤波器组，且选择采样周期 $T_k = \pi/\beta_k = 2^{-k}T$。这些滤波器称为**常数 Q** 滤波器，因为带宽和频带的中心频率之比是常数。由样本重建第 k 个子带，得到

$$y_k(t) = \sum_{n=-\infty}^{\infty} y_k(2^{-k}nT)g_k(t-2^{-k}nT) \qquad (12.4.13)$$

因此，所有重建的子带信号之和就是原信号：

$$x(t) = \sum_{k=-\infty}^{\infty} \sum_{n=-\infty}^{\infty} y_k(2^{-k}nT)g_k(t-2^{-k}nT) \qquad (12.4.14)$$

需要强调的是，从 $k=-1$ 到 $k=-\infty$ 求和的各项覆盖了基带谱区域 $-\pi/T \leqslant \Omega \leqslant \pi/T$。这一观察在推导实用小波分解中起重要作用。

推导小波变换的关键一步是，对原型带通滤波器

$$\psi(t) = \frac{\sin(\frac{\pi t}{2T})}{\frac{\pi t}{2T}}\cos\left(\frac{3\pi t}{2T}\right) \longleftrightarrow \Im \longleftrightarrow \Psi(\Omega) = \begin{cases} 1, & \frac{\pi}{T} \leqslant |\Omega| \leqslant \frac{2\pi}{T} \\ 0, & \text{其他} \end{cases} \qquad (12.4.15)$$

执行尺度变换，得到式（12.4.11）中的所有倍频带通合成滤波器 $G_k(\Omega)$。

为此，我们使用傅里叶变换的如下尺度变换定理：

$$\psi(t) \overset{\Im}{\longleftrightarrow} \Psi(z) \Rightarrow \psi(2^{-k}t) \overset{\Im}{\longleftrightarrow} 2^k\Psi(2^k\Omega) \qquad (12.4.16)$$

事实上，使用式（12.4.15）和式（12.4.16），可将子带分解［即式（12.4.14）］等效地写为

$$x(t) = \sum_{k=-\infty}^{\infty} \sum_{n=-\infty}^{\infty} d_k(n)\psi_{kn}(t) \qquad (12.4.17)$$

式中，系数 $d_k(n)$ 为

$$d_k(n) = 2^{-k/2}y_k(2^{-k}nT) \qquad (12.4.18)$$

小波展开函数 $\psi_{kn}(t)$ 为

$$\psi_{kn}(t) = 2^{k/2}\psi(2^k t - 2^{-k}nT) \qquad (12.4.19)$$

归一化因子 $2^{k/2}$ 确保 $\int \psi_{kn}^2(t)\mathrm{d}t$ 对所有 k 与 n 都是相同的。观察发现，分解系数是对对应子带滤波器的输出执行临界采样得到的。这一观察表明离散小波变换与滤波器组之间存在某种紧密的联系。

函数 $\psi(2^k t)$ 是 $\psi(t)$ 的缩放或膨胀形式（$k>0$ 时压缩，$k<0$ 时拉伸）。因为尺度变换因子 2^k 是 2 的幂，所以这个过程有时称为**二元膨胀**。函数 $\psi(2^k t - nT) = \psi(2^k(t-2^{-k}nT))$ 是缩放形式的平移副本。于是，我们就将 $x(t)$ 表示成了函数 $\psi(t)$ 的缩放形式的平移副本的线性组合［见式（12.4.17）］。换句话说，我们得到了 $x(t)$ 的一个小波表示。函数 $\psi(t)$ 称为**理想带通小波**或**香农小波**。

仔细观察图 12.4.3(b) 就会产生一个疑问：在很大的时间尺度即 k 趋于负无穷大时会发生什么？当 k 从 -1 变化到 $-\infty$ 时，分析和合成滤波器的带宽趋于零。为了避免这种情况，我们使用图 12.4.4 中的低通滤波器 $\Phi(\Omega)$ 替换所有这些滤波器。因为该滤波器的输出是带宽为 π/T 的低通信号

$$x_0(t) = \phi(t) * x(t) \qquad (12.4.20)$$

所以使用式（12.4.5），它可由其样本 $x_0(nT)$ 准确地表示。函数 $\phi(t)$ 称为香农小波的**尺度函数**。图 12.4.5 显示了三个不同尺度的香农小波和尺度函数。观察发现，随着尺度 k 的增大，两个函数都变得更"尖锐"，因此更准确地捕捉到了分析信号的"细节"。

因此，分解式（12.4.17）也可等效地写成一个"低通"分量和一系列"高通"分量之和，即

$$x(t) = \underbrace{\sum_{n=-\infty}^{\infty} c_0(n)\phi(t-nT)}_{x_0(t)} + \sum_{k=0}^{\infty} \underbrace{\sum_{n=-\infty}^{\infty} d_k(n)\psi_{kn}(t)}_{\tilde{x}_k(t)} \qquad (12.4.21)$$

式中，$c_0(n) = x_0(nT)$。比较式（12.4.17）和式（12.4.21）可得 $x_0(t) = \sum_{k=-\infty}^{-1} \tilde{x}_k(t)$。这是在实际应用中使用的小波分解类型。

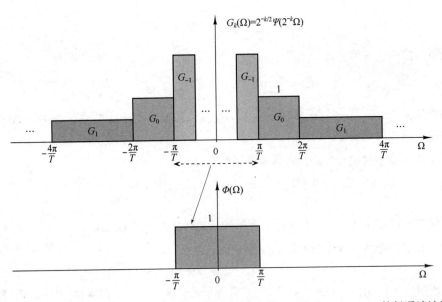

图 12.4.4　在混合低通带通小波表示中，用于替换带通滤波器 $G_k(\Omega), k = -1, -2, \cdots$ 的低通滤波器 $\varPhi(\Omega)$

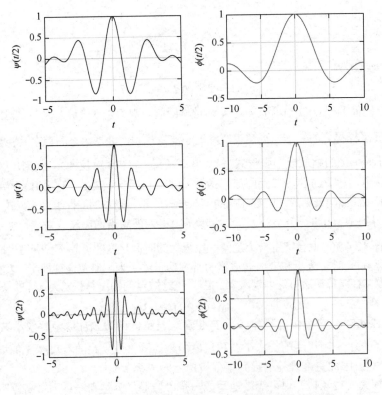

图 12.4.5　三个不同尺度的理想香农小波函数和尺度函数

低通分量 $x_0(t)$ 是信号的平滑、模糊或低分辨率近似。相比之下，因为对应带通滤波器的频带移到了更高的频率处，每个子带分量 $\tilde{x}_k(t), k = 0, 1, 2, \cdots$ 增加了更多的细节或更高分辨率的分量。这是多分辨率信号分解的一个典型例子。下一节使用信号空间理论的基本思想，给出理想带通小波分解的一个等效公式。

12.4.2 信号空间与小波

下面简要回顾将信号表示成矢量的重要概念，因为我们熟悉的关系和几何观察有助于推导与理解小波变换。**信号空间**是一个多维空间，其中的矢量表示一组特定的信号。这里只关注能量有限的实信号。

考虑两个能量信号 $x(t)$ 和 $y(t)$。如果 a 和 b 是有限实常数，则线性组合 $z(t) = ax(t) + by(t)$ 也是一个能量信号。我们正式地称所有实能量信号的集合在线性组合意义下是**闭**的，这是构建线性空间的基本要求。矢量加法和标量乘法遵守普通规则，且空间包含一个零元素。因为我们处理的是实能量信号，所以使用**内积**或**标量积**

$$\langle x(t), y(t) \rangle = \int_{-\infty}^{\infty} x(t) y(t) \mathrm{d}t \tag{12.4.22}$$

因为我们希望信号矢量 $x(t)$ 的长度或**范数**是其能量的平方根，即

$$\|x(t)\| = \langle x(t), x(t) \rangle^{1/2} = \left[\int_{-\infty}^{\infty} x^2(t) \mathrm{d}t \right]^{1/2} \tag{12.4.23}$$

使用帕塞瓦尔关系，内积在频域中可写为

$$\langle x(t), y(t) \rangle = \int_{-\infty}^{\infty} x(t) y(t) \mathrm{d}t = \frac{1}{2\pi} \int_{-\infty}^{\infty} X(\Omega) Y^*(\Omega) \mathrm{d}\Omega \tag{12.4.24}$$

如果 $\langle x(t), y(t) \rangle = 0$，则称信号 $x(t)$ 和信号 $y(t)$ 是**正交**的。信号空间中的正交意味着能量的叠加，即 $\|x(t) + y(t)\|^2 = \|x(t)\|^2 + \|y(t)\|^2$。单位长度的正交信号称为**标准正交信号**。由式（12.4.24）可知，在时域或频域中，不重叠的信号是正交的。

信号 $v(t)$ 在信号 $w(t)$ 上的**投影**记为 $P_w[v(t)]$，它由如下共线性与正交条件定义：

$$P_w[v(t)] = aw(t) \qquad \langle v(t) - P_w[v(t)], w(t) \rangle = 0 \tag{12.4.25}$$

求解这些方程中的 a 并假设 $\|w(t)\| = 1$，得到

$$P_w[v(t)] = \langle v(t), w(t) \rangle w(t) \tag{12.4.26}$$

如果我们有互相标准正交的函数集 $\{s_k(t)\}$，且有限能量信号空间 $\mathscr{L}^2$ 中的每个 $x(t)$ 都可表示为

$$x(t) = \sum_{k=-\infty}^{\infty} c_k s_k(t) \tag{12.4.27}$$

式中，

$$c_k = \langle x(t), s_k(t) \rangle \tag{12.4.28}$$

那么称 $\{s_k(t)\}$ 是张成空间 $\mathscr{L}^2$ 的一组**标准正交基**，记为

$$\mathscr{L}^2 = \mathrm{span}\{s_k(t)\} \tag{12.4.29}$$

下面使用这些信号空间的概念将小波分解［即式（12.4.17）和式（12.4.21）］纳入一个信号空间框架。首先，我们定义如下信号空间：

$$V_k = \text{带限到} -2^k \tfrac{\pi}{T} < |\Omega| < 2^k \tfrac{\pi}{T} \text{ 的所有有限能量信号的空间} \tag{12.4.30}$$

$$W_k = \text{带限到} 2^k \tfrac{\pi}{T} < |\Omega| < 2^{k+1} \tfrac{\pi}{T} \text{ 的所有有限能量信号的空间} \tag{12.4.31}$$

图 12.4.6 显示了 $\Omega > 0$ 时的这些空间。因为常数信号不是平方可积的，所以空间 $\{V_k\}$ 和 $\mathscr{L}^2$ 不包括点 $\Omega = 0$。

下面考虑分解［即式（12.4.17）］中使用的函数 $\psi_{kn}(t)$，该函数由式（12.4.19）给出。因为对两个不同的 k 值，它们的傅里叶变换是不重叠的，所以当 $k \neq k'$ 时 $\psi_{kn}(t)$ 和 $\psi_{k'n}(t)$ 是相互正交的。

$\psi_{kn}(t)$和 $\psi_{kn}(t)$在相同尺度下的正交性很容易用帕塞瓦尔关系证明。事实上，为方便起见，设 $k = 0$ 并使用式（12.4.15），得到

$$\int_{-\infty}^{\infty} \psi(t-nT)\psi(t-n'T)\mathrm{d}t = \frac{1}{2\pi}\int_{-\infty}^{\infty} \Psi(\Omega)\Psi^*(\Omega)\mathrm{d}\Omega \tag{12.4.32}$$

$$= \frac{1}{2\pi}\int_{\Delta\Omega} \mathrm{e}^{-\mathrm{j}(n-n')\Omega T}\mathrm{d}\Omega = \delta(n-n') \tag{12.4.33}$$

式中，最后一个积分的区间为 $\Delta\Omega = \{\pi/T \leqslant |\Omega| \leqslant 2\pi/T\}$。

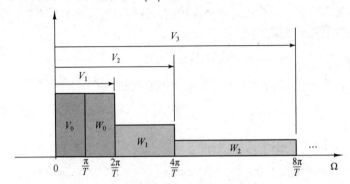

图 12.4.6 由不同滤波器响应张成的空间$\{V_k\}$和$\{W_k\}$

因此，函数集$\{\psi_{kn}(t)\}$（其中 k 和 n 的取值范围是所有整数）形成有限能量函数的空间$\mathscr{L}^2$的一组标准正交基：

$$\langle \psi_{kn}(t),\psi_{k'n'}(t)\rangle = \delta(k-k')\delta(n-n') \tag{12.4.34}$$

我们看到，函数 $\psi_{kn}(t)$在尺度和时移上都是正交的。

信号 $x(t)$在尺度 k 上的细节由如下投影给出：

$$\tilde{x}_k(t) = \sum_{n=-\infty}^{\infty} d_k(n)\psi_{kn}(t) \tag{12.4.35}$$

式中，

$$d_k(n) = \langle x(t),\psi_{kn}(t)\rangle \tag{12.4.36}$$

按照证明式（12.4.33）的方法，可以证明尺度函数$\phi(t)$与其自身在每个尺度上的平移是标准正交的，即

$$\langle \phi_{kn}(t),\phi_{kn'}(t)\rangle = \delta(n-n') \tag{12.4.37}$$

式中，

$$\phi_{kn}(t) = 2^{k/2}\phi(2^k t - nT) \tag{12.4.38}$$

信号 $x(t)$在尺度 k 上的近似由如下投影给出：

$$x_k(t) = \sum_{n=-\infty}^{\infty} c_k(n)\phi_{kn}(t) \tag{12.4.39}$$

式中，

$$c_k(n) = \langle x(t),\phi_{kn}(t)\rangle \tag{12.4.40}$$

显然，当尺度从 k 变到 $k+1$ 时，空间就从 V_k 变到更大的 V_{k+1}，而这可得到更精细的近似，因为它加上了一个更高分辨率的分量：

$$x_{k+1}(t) = x_k(t) + \tilde{x}_k(t) \tag{12.4.41}$$

根据前面的讨论，我们知道

$$W_k = \text{span}\{\psi_{kn}(t)\}, \qquad V_k = \text{span}\{\phi_{kn}(t)\} \qquad (12.4.42)$$

因为空间 V_k 和 W_k 互不重叠，所以它们是彼此正交的，并且完全涵盖空间 V_{k+1}；因此，V_{k+1} 中的每个信号都可以表示成来自 W_k 和 V_k 的两个正交分量之和。在这种情况下，我们说 V_{k+1} 是 V_k 与 W_k 的**直接正交和**，并且记为

$$V_{k+1} = V_k \oplus W_k, \qquad W_k \perp W_m, \quad k \neq m \qquad (12.4.43)$$

通过要求

$$\langle \phi_{kn}(t), \psi_{km}(t) \rangle = 0 \qquad (12.4.44)$$

可以保证 $k \neq m$ 时的正交条件 $W_k \perp W_m$，这对香农小波明显是成立的。

用"细节"表示的 $x(t)$ 的小波分解［即式（12.4.17）］，得到用正交互补子空间表示的 $\mathscr{L}^2$ 的如下分解：

$$\mathscr{L}^2 = \cdots \oplus W_{-2} \oplus W_{-1} \oplus W_0 \oplus W_1 \oplus W_2 \oplus \cdots \qquad (12.4.45)$$

相比之下，式（12.4.21）得到用一个近似子空间 V_0 和更精细的细节子空间 $W_0, W_1, W_2, \cdots$ 表示的 $\mathscr{L}^2$ 的分解：

$$\mathscr{L}^2 = V_0 \oplus W_0 \oplus W_1 \oplus W_2 \oplus \cdots \qquad (12.4.46)$$

这些小波分解是用不可实现理想滤波器 $\Phi(\Omega)$ 和 $\Phi(\Omega)$ 推导的理想分析和合成滤波器的一个滤波器组生成的。接下来证明，如果这些理想滤波器用产生满足上述条件的一系列子空间 V_k 和 W_k 的非理想滤波器 $\Phi(\Omega)$ 与 $\Psi(\Omega)$ 替换，就可使用 $\psi(t)$ 的傅里叶逆变换 $\Psi(\Omega)$ 来构建一个正交小波基。这是我们走近实用小波分解的重要一步。

12.4.3 多分辨率分析和小波

多分辨率分析的本质是，给定信号可用一个粗糙或模糊的近似加上一些细节来表示，其中的细节属于彼此正交的子空间。在 Mallat (1989) 和 Meyer (1986) 中引入的多分辨率分析方法得到特殊的标准正交基，其基函数在不同尺度下是自相似的，于是小波和离散时间滤波器组之间就有了联系。

多分辨率分析是理解小波基和构建小波的一个天然框架。多分辨率分析包括一系列连续的近似空间 V_k。更精确地说，闭子空间 V_k 满足

$$\cdots V_{-2} \subset V_{-1} \subset V_0 \subset V_1 \subset V_2 \cdots \qquad (12.4.47)$$
$$\leftarrow \text{更粗糙} - \text{分辨率} - \text{更精细} \rightarrow$$

式中，

$$\bigcap_{k=-\infty}^{\infty} V_k = \{0\} \quad \text{和} \quad \bigcup_{k=-\infty}^{\infty} V_k = \mathscr{L}^2 \qquad (12.4.48)$$

如果将到 V_k 的正交投影算子记为 $P_k[\cdot]$，则式（12.4.47）确保对 $\mathscr{L}^2$ 中的所有 $x(t)$ 有 $\lim_{k \to \infty} P_k[x(t)] = x(t)$。满足式（12.4.47）至式（12.4.48）但与多分辨率无关的空间阶梯有许多；多分辨率分析是如下额外缩放需求的结果：

$$x(t) \in V_k，\text{当且仅当 } x(2t) \in V_{k+1} \qquad (12.4.49)$$

这意味着所有的 V_k 空间都是 V_0 空间的缩放形式，且当 $k > 0$ 时，V_k 的分辨率比 V_0 的更精细。多分辨率分析的另一个需求是平移不变：

$$\text{如果 } x(t) \in V_0，\text{那么 } x(t - nT) \in V_0 \qquad (12.4.50)$$

也就是说，空间 V_0 对 T 的整数倍平移是不变的。根据式（12.4.49），这意味着空间 V_k 对平移 $2^{-k}nT$ 是不变的。最后，我们要求有一个函数 $\phi(t) \in V_0$，其平移形式 $\{\phi(t - nT)\}$ 构成 V_0 的一组标准正交基：

$$\langle \phi(t-nT), \phi(t-n'T) \rangle = \delta(n-n') \qquad (12.4.51)$$

这个性质与式（12.4.49）一起，可以确保式（12.4.38）中的函数 $\phi_{kn}(t)$ 构成 V_k 的一组标准正交基。我们将 $\phi(t)$ 称为多分辨率分析的**尺度函数**。

图 12.4.7 显示了多分辨率分析的一个简单例子，图中的尺度函数基于 Haar 信号分解。这里，V_0 是在区间 $[nT, (n+1)T]$ 上分段恒定的所有函数的空间。空间 V_k 包含在区间 $[2^{-k}nT, 2^{-k}(n+1)T]$ 上恒定的函数。观察发现，分辨率随着 k 的增加而提高，且属于 V_0 的函数也属于 V_1。可以证明，尽管 $\Phi(\Omega)$ 和 $\Psi(\Omega)$ 不是理想的低通函数和带通函数，但 Haar 小波满足多分辨率分析的要求。

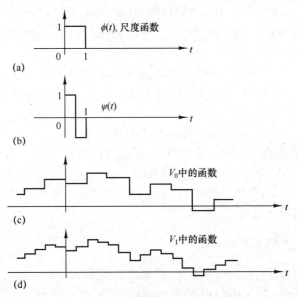

图 12.4.7　Haar 多分辨率信号分解图示：(a)生成多分辨率的尺度函数 $\phi(t)$；(b)生成空间 W_0 的小波函数 $\psi(t)$；(c)V_0 中的一个成员；(d)V_1 中的一个成员。摘自 Vaidyanathan and Djokovic (2008)

多分辨率分析的基本原则是，只要有一组闭子空间满足式（12.4.47）至式（12.4.51），对 $x(t) \in \mathscr{L}^2$ 就存在一组标准正交小波基 $\psi_{kn}(t) = 2^{k/2}\psi(2^k t - nT)$；此外，母小波 $\psi(t)$ 可由尺度函数 $\phi(t)$ 构建。为此，我们从使得 $V_0 = \text{span}\{\phi(t-nT)\}$ 的尺度函数 $\phi(t)$ 开始。因为 $\{\sqrt{2}\phi(2t-nT)\}$ 是 V_1 的一个标准正交基，且 $\phi(t) \in V_0 \subset V_1$，所以可将 $\phi(t)$ 表示成线性组合

$$\phi(t) = 2 \sum_{n=-\infty}^{\infty} g_0(n)\phi(2t-nT) \qquad (12.4.52)$$

式中，系数 $g_0(n)$ 是称为**尺度函数系数**的实序列或复序列。这个递归公式（也称**膨胀公式、多分辨率分析公式**或**细化公式**）是尺度函数理论的基础。在式（12.4.52）中，我们用归一化因子 2 来保证 $\sum_n g_0(n) = 1$。有的文献中使用另一些归一化因子（如 1 或 $\sqrt{2}$），为了与本书一致，读者应修改这些结果。

类似地，因为 $\{\sqrt{2}\phi(2t-nT)\}$ 是 V_1 的一个标准正交基，且 $\psi(t) \in W_1 \subset V_1$，对某组系数 $g_1(n)$，我们可用膨胀公式将小波函数 $\psi(t)$ 表示为

$$\psi(t) = 2 \sum_{n=-\infty}^{\infty} g_1(n)\phi(2t-nT) \qquad (12.4.53)$$

这个公式给出了由尺度函数构建小波的方式。

根据小波张成正交互补空间的要求以及式（12.4.51）中的标准正交条件，可以证明

$$g_1(n) = (-1)^n g_0(1-n) \tag{12.4.54}$$

在 Burrus et al. (1998)中可以找到具体的证明；稍后将给出使用滤波器组的另一种推导。

如果 $g_0(n)$ 是持续时长为 $0 \leqslant n \leqslant N-1$ 的一个 FIR 滤波器，则尺度函数 $\phi(t)$ 在 $0 \leqslant t \leqslant (N-1)T$ 上是有限支撑的。为方便起见，通常假设 $T = 1$。由式（12.4.53）生成的对应小波 $\psi(t)$ 在 $[1 - N/2, N/2]$ 上是紧支撑的。在这种情况下，称 $g_0(n)$, $\phi(t)$ 与 $\psi(t)$ 具有紧支撑性。

12.4.4 离散小波变换

现在考虑小波分解的一个更通用的表达式：

$$x(t) = \sum_{n=-\infty}^{\infty} c_{k_0}(n)\phi_{k_0 n}(t) + \sum_{k=k_0}^{\infty} \sum_{n=-\infty}^{\infty} d_k(n)\psi_{kn}(t) \tag{12.4.55}$$

当 $k_0 = 0$ 时，上式简化为式（12.4.21）。当 $k_0 = -\infty$ 时，上式中的第一项简化为 0，我们得到分解式（12.4.17）。式（12.4.55）中的系数为

$$c_k(n) = \langle x(t), \phi_{kn}(t) \rangle = \int_{-\infty}^{\infty} x(t)\phi_{kn}(t)\mathrm{d}t \tag{12.4.56}$$

$$d_k(n) = \langle x(t), \psi_{kn}(t) \rangle = \int_{-\infty}^{\infty} x(t)\psi_{kn}(t)\mathrm{d}t \tag{12.4.57}$$

分析式（12.4.56）与式（12.4.57）称为信号 $x(t)$ 的**正离散小波变换**（Discrete Wavelet Transform, DWT），而合成式（12.4.55）称为**逆离散小波变换**。要强调的是，抛开名称不谈，离散小波变换提供了时间连续信号到一组离散系数的分解；对离散时间信号来说，这不是变换。

因为式（12.4.55）中的尺度函数和小波函数构成一组正交基，所以小波变换也有帕塞瓦尔定理，它定义为

$$\int_{-\infty}^{\infty} x^2(t)\mathrm{d}t = \sum_{n=-\infty}^{\infty} c_{k_0}^2(n) + \sum_{k=k_0}^{\infty} \sum_{n=-\infty}^{\infty} d_k^2(n) \tag{12.4.58}$$

上式显示了信号能量在时间上是如何按 n 分布的，以及在尺度上是如何按 k 分布的。Donoho (1993)中证明了小波变换系数随着 k 和 n 值的增加而迅速降低。这种稀疏性说明了为什么小波变换对信号和图像压缩是高效的。

多分辨率分析的一个主要含义是，我们不必直接处理尺度函数或小波，也不必计算内积［见式（12.4.56）和式（12.4.57）］，因为可以由系数 $g_0(n)$ 和 $g_1(n)$ 直接求出小波变换。具体地说，我们可以由一个高尺度的系数得到一个低尺度的膨胀系数，反之亦然。这种方法导致了称为 **Mallat 算法**的离散小波变换的一种快速实现。

1. 分析：从精细尺度到粗糙尺度

下面推导从精细尺度到粗糙尺度更新系数的分析公式。为了简化记号，假设 $T = 1$。于是，使用式（12.4.38）和膨胀公式（12.4.52），有

$$\begin{aligned}
\phi_{kn}(t) &= 2^{k/2}\phi(2^k t - n) \\
&= 2^{k/2}2\sum_{i=-\infty}^{\infty} g_0(i)\phi(2(2^k t - n) - i) \\
&= \sqrt{2}\sum_{i=-\infty}^{\infty} g_0(i)2^{(k+1)/2}\phi(2^{k+1}t - 2n - i)
\end{aligned} \tag{12.4.59}$$

将求和序号改为 $m = 2n + i$，得到

$$\phi_{kn}(t) = \sqrt{2} \sum_{m=-\infty}^{\infty} g_0(m-2)n\phi_{k+1,m}(t) \tag{12.4.60}$$

近似系数为

$$\begin{aligned}
c_k(n) &= \langle x(t), \phi_{kn}(t) \rangle \\
&= \int_{-\infty}^{\infty} x(t)\sqrt{2} \sum_{m=-\infty}^{\infty} g_0(m-2n)\phi_{k+1,m}(t)\mathrm{d}t \\
&= \sqrt{2} \sum_{m=-\infty}^{\infty} g_0(m-2n)\int_{-\infty}^{\infty} x(t)\phi_{k+1,m}(t)\mathrm{d}t \\
&= \sum_{m=-\infty}^{\infty} \sqrt{2}g_0(m-2n)c_{k+1}(m)
\end{aligned} \tag{12.4.61}$$

为了理解上式的意义，我们将其写为

$$c_k(n) = \sum_{m=-\infty}^{\infty} \sqrt{2}h_0(2n-m)c_{k+1}(m) \tag{12.4.62}$$

注意得到上式时使用了如下一组新滤波系数：

$$h_0(n) = g_0(-n) \tag{12.4.63}$$

仔细观察式（12.4.62）并与式（11.2.3）比较，表明这是后跟因子 2 下采样的滤波运算。

类似地，使用式（12.4.19）和式（12.4.53）得

$$\psi_{kn}(t) = \sqrt{2} \sum_{m=-\infty}^{\infty} g_1(m-2n)\phi_{k+1,m}(t) \tag{12.4.64}$$

对于细节系数，对应的关系为

$$d_k(n) = \sum_{m=-\infty}^{\infty} \sqrt{2}h_1(2n-m)c_{k+1}(m) \tag{12.4.65}$$

式中，

$$h_1(n) = g_1(-n) \tag{12.4.66}$$

比较式（11.2.3）后发现，这是后跟因子 2 下采样的滤波运算。

于是，我们从高分辨率 $k = K$ 开始，向下经过 $K - k_0$ 级到达期望的低分辨率 k_0。该迭代过程（图 12.4.8 中从 $k+1 \to k \to k-1$ 的情形）对应于一个两级双带分析滤波组（见 12.2.1 节）。

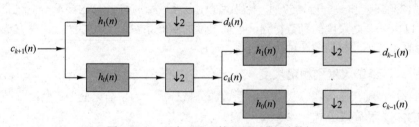

图 12.4.8　正向 DWT 的两级双带分析树

2. 合成：从粗糙尺度到精细尺度

我们同样可由粗糙尺度的系数重建信号的原始精细尺度系数。首先，我们注意到信号在尺度 $k+1$ 上的近似可以写为

$$x_{k+1}(t) = \sum_{n=-\infty}^{\infty} c_{k+1}(n)2^{(k+1)/2}\phi(2^{k+1}t-n) \tag{12.4.67}$$

或者按照下一个尺度 k 写为

$$x_{k+1}(t) = \sum_{n=-\infty}^{\infty} c_k(n)2^{k/2}\phi(2^k t - n) + \sum_{n=-\infty}^{\infty} d_k(n)2^{k/2}\psi(2^k t - n) \quad (12.4.68)$$

将式（12.4.52）和与式（12.4.53）代入式（12.4.68）得

$$x_{k+1}(t) = \sum_{n=-\infty}^{\infty} c_k(n)\sqrt{2}\sum_{i=-\infty}^{\infty} g_0(n)2^{(k+1)/2}\phi(2^{k+1}t - 2n - i) + $$
$$\sum_{n=-\infty}^{\infty} d_k(n)\sqrt{2}\sum_{i=-\infty}^{\infty} g_1(n)2^{(k+1)/2}\phi(2^{k+1}t - 2n - i) \quad (12.4.69)$$

因为所有这些信号都是正交的，将式（12.4.67）和式（12.4.68）乘以 $\phi(2^{k+1}t - \ell)$ 并积分得

$$c_{k+1}(n) = \sum_{m=-\infty}^{\infty} \sqrt{2}g_0(n - 2m)c_k(n) + \sum_{m=-\infty}^{\infty} \sqrt{2}g_1(n - 2m)d_k(n) \quad (12.4.70)$$

比较上式和式（11.3.10）可知，每个求和都对应于以因子 2 上采样后滤波。这个过程如图 12.4.9 所示，它等效于一个双带合成滤波器组。

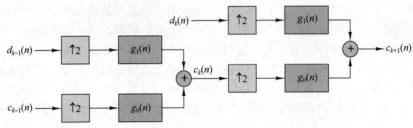

图 12.4.9　逆 DWT 的两级双带合成树

3. 实际考虑

为了推导实用的离散小波变换算法，需要说明在实际中实现尺度递归公式的两个问题。第一个问题与递归的初始化有关，第二个问题与在这些递归中用到的有限卷积的"边界效应"有关。

为了初始化尺度递归分解式（12.4.62）和式（12.4.65），必须选择能够最好地近似被分析信号 $x(t)$ 的空间 V_k。对于任意的实际带限信号 $x(t)$，存在一个上尺度 $k = K$，超过该尺度的细节系数 $d_k(n)$ 小到可以忽略。在这个尺度上，尺度函数的作用类似于"δ 函数"，且用来计算尺度系数 $c_K(n)$ 的内积与 $x(t)$ 的样本数相等。于是，我们就可使用离散小波变换来分析时间离散信号。

在实际中应用离散小波变换时，要从采样信号 $x(nT)$ 的分辨率开始，接着令 $K = 0$ 来表示起始分辨率是方便的和有意义的。为了移至下一个尺度，我们进行滤波，并以因子 2 抽取，将分辨率降至 1/2；因此，我们自然地将该尺度记为 $k = -1$。在实际中，对于有限长信号，可以下移 4～5 个尺度。

初始化后，有 $x(t) \approx x_0(t) \in V_0(t)$ 和 $c_0(n) \approx x(nT)$。由式（12.4.62）和式（12.4.65）可以推导出 $c_{-1}(n)$ 和 $d_{-1}(n)$，继续此迭代，直到某个分解级 j 时停止。使用式（12.4.39）和式（12.4.35），可用这些系数生成各个尺度上的近似分量 $x_k(t)$ 和细节分量 $\tilde{x}_k(t)$。这个过程可归纳如下：

$$x(t) \approx x_0(t) - x_{-1}(t) - x_{-2}(t) - \cdots - x_{-j}(t)$$
$$\tilde{x}_{-1}(t) \quad \tilde{x}_{-2}(t) \quad \cdots \quad \tilde{x}_{-j}(t) \quad (12.4.71)$$

重建过程使用系数 $\{d_{-1}(n), \cdots, d_{-j}(n), c_{-j}(n)\}$ 恢复信号 $x(t)$ 或任意近似 $x_k(t)$，所用的方案如下：

$$x_{-j}(t) \longrightarrow x_{-(j-1)}(t) \longrightarrow \cdots \longrightarrow x_{-1}(t) \longrightarrow x_0(t)$$

$$\tilde{x}_{-j}(t) \qquad \tilde{x}_{-(j-1)}(t) \qquad \cdots \qquad \tilde{x}_{-1}(t)$$

（12.4.72）

多分辨率分析和合成公式隐式地假设序列 $x(nT)$ 是无限长的。如果将这些公式应用到有限长序列，就会出现由卷积和下采样运算导致的边界效应。给定有 L_x 个样本的一个序列和有 N 个系数的一个滤波器，线性卷积的输出样本数将是 $L_x + N - 1$。在数据压缩应用中，人们并不希望出现这种膨胀效应。得到 "非膨胀" 系数集的解决办法之一是，对其进行截断或加窗运算。然而，截断或加窗运算都会使得边界附近失真，表现形式是伪边缘和振铃效应。

Mallat (2009)中给出了几种解决这些边界问题的方法。最简单的方法是用圆周卷积替代线性卷积，但缺点是会在边界产生大的小波系数。然而，尽管周期小波在边界附近的表现较差，但因数值实现特别简单而被人们常用。如果 $\psi(t)$ 是对称的或反对称的，就可使用折叠或对称扩展，在边界位置创建小的小波系数。然而，具有紧支撑的唯一对称小波是 Haar 小波。最高效的边界处理方法是使用所谓的"边界"小波。离散小波变换的大多数软件实现都提供处理边界效应的不同选项。

图 12.4.10 中显示了一个信号的近似系数和细节系数，即由式（12.7.15）给出的 Daubechies 小波在 $j = 4$ 时的一行图像的亮度。信号的长度为 256 个样本。重要的是理解近似系数是如何描述信号的"模糊"版本的，而细节系数则捕捉不同尺度上的变化。所有系数作为单独序列的图形说明了离散小波变换的稀疏性，即许多细节系数是可以忽略的。为了深入理解离散小波变换的本质，我们使用式（12.4.39）和式（12.4.35）的离散形式在每个尺度上重建近似和细节。图 12.4.11 中的结果可由大多数软件小波包得到。回顾可知 $x_k(t)$ 是 $x(t)$ 在空间 V_k 上的投影，而 $\tilde{x}_k(t)$ 是 $x(t)$ 在空间 W_k 上的投影。这些图形生动地说明了离散小波的多分辨率分析能力，因此有助于理解信号的性质。

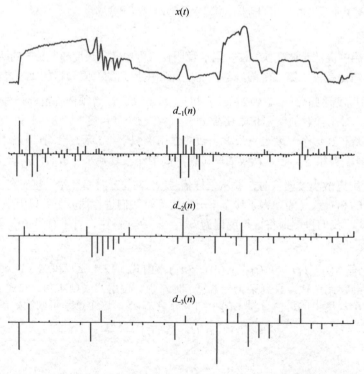

图 12.4.10　使用 4 点 Daubechies 小波在 4 个尺度上计算得到的近似系数
和细节系数。上图是被分析信号，下图是分解的所有系数

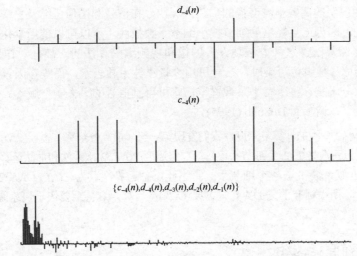

图 12.4.10 使用 4 点 Daubechies 小波在 4 个尺度上计算得到的近似系数和
细节系数。上图是被分析信号，下图是分解的所有系数（续）

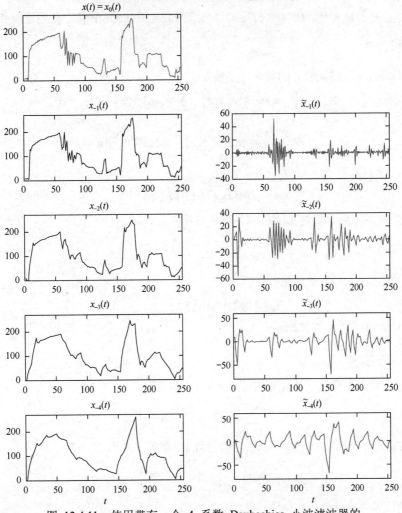

图 12.4.11 使用带有一个 4 系数 Daubechies 小波滤波器的
DWT 将信号分解为近似分量和细节分量的图示

图 12.4.10 中说明的离散小波变换的稀疏性表明，在信号和图像压缩及去噪应用中使用离散小波变换是合理的。因为无足轻重的细节被小细节系数捕获，所以可以使用量化离散小波变换系数来生成高效的压缩算法。这种方法是许多图像和视频编码算法的一部分，详见 Gonzalez and Woods (2017)。当信号被噪声污染时，信号可用少量小波系数表示，而噪声因具有宽带特性而展开到了所有系数上。于是，将所有小系数置零，就可得到信号的"去噪"版本。使用离散小波变换对信号去噪的细节，请参阅 Donoho (1995)。

为了确定离散小波变换的计算复杂度，我们发现第一级（最高分辨率）需要 $2NL_x$ 次乘法和加法运算来得到 $L_x/2$ 个近似系数与 $L_x/2$ 个细节系数，第二级需要 $2(NL_x/2)$ 次乘法和加法运算来用 $L_x/2$ 个近似系数求出 $L_x/4$ 个近似系数和 $L_x/4$ 个细节系数。因此，总运算次数为 $2(NL_x + NL_x/2 + NL_x/4 + \cdots) \approx 4NL_x$。因为 $N \ll L_x$，所以标准正交 DWT 只需要 $O(L_x)$ 次计算，这甚至要快于快速傅里叶变换算法，后者需要 $O(L_x \operatorname{lb} L_x)$ 次运算。

12.5 从小波到滤波器组

多分辨率分析框架产生了与双带滤波器组相似的分析和合成结构。本节在频域中表示膨胀公式与正交条件，并且证明多分辨率分析是如何与双带完全重建 QMF 仿酉滤波器组相关联的。

12.5.1 膨胀公式

第一个膨胀公式（12.4.52）的傅里叶变换是

$$
\Phi(\Omega) = \int_{-\infty}^{\infty} \phi(t) \mathrm{e}^{-\mathrm{j}\Omega t} \mathrm{d}t = 2\int_{-\infty}^{\infty} \sum_n g_0(n) \phi(2t - nT) \mathrm{e}^{-\mathrm{j}\Omega t} \mathrm{d}t
$$

$$
= 2 \sum_{n=-\infty}^{\infty} g_0(n) \mathrm{e}^{-\mathrm{j}\Omega Tn/2} \frac{1}{2} \int_{-\infty}^{\infty} \phi(\tau) \mathrm{e}^{-\mathrm{j}(\Omega/2)\tau} \mathrm{d}\tau
$$

（12.5.1）

因此，当 $\omega = \Omega T$ 时，有

$$
\Phi(\Omega) = G_0\left(\frac{\omega}{2}\right) \Phi\left(\frac{\Omega}{2}\right)
$$

（12.5.2）

式中，$G_0(\omega)$ 是冲激响应函数为 $g_0(n)$ 的滤波器的频率响应：

$$
G_0(\omega) = \sum_{n=-\infty}^{\infty} g_0(n) \mathrm{e}^{-\mathrm{j}\omega n}
$$

（12.5.3）

第二个膨胀公式（12.4.53）的傅里叶变换是

$$
\Psi(\Omega) = G_1\left(\frac{\omega}{2}\right) \Phi\left(\frac{\Omega}{2}\right)
$$

（12.5.4）

式中，$G_1(\omega)$ 是 $g_1(n)$ 的傅里叶变换。

12.5.2 正交条件

下面证明在频域中正交条件［即式（12.4.51）］等效于

$$
\sum_{k=-\infty}^{\infty} \left| \Phi(\Omega + 2\pi k/T) \right|^2 = 1
$$

（12.5.5）

因为 $\{\phi(t - kT)\}$ 是一组标准正交基，所以任意信号 $x(t)$ 都可展开为

$$
x(t) = \sum_{k=-\infty}^{\infty} c(k) \phi(t - kT)
$$

（12.5.6）

在上式等号两边取傅里叶变换，得到

$$
X(\Omega) = \Phi(\Omega) C(\Omega T)
$$

（12.5.7）

式中，

$$C(\Omega T) = \sum_{n=-\infty}^{\infty} c(n) e^{-j\Omega Tn} \tag{12.5.8}$$

使用帕塞瓦尔定理和式（12.5.7）有

$$\int_{-\infty}^{\infty} |x(t)|^2 \, dt = \frac{1}{2\pi} \int_{-\infty}^{\infty} |\Phi(\Omega)|^2 |C(\Omega T)|^2 \, d\Omega$$

$$= \frac{1}{2\pi} \sum_{n=-\infty}^{\infty} \int_{2\pi n/T}^{2\pi(n-1)/T} |\Phi(\Omega)|^2 |C(\Omega T)|^2 \, d\Omega \tag{12.5.9}$$

$$= \frac{1}{2\pi} \sum_{n=-\infty}^{\infty} \int_0^{2\pi/T} |\Phi(\Omega + 2\pi n/T)|^2 |C(\Omega T)|^2 \, d\Omega$$

$$= \frac{1}{2\pi} \int_0^{2\pi/T} |C(\Omega T)|^2 \sum_{n=-\infty}^{\infty} |\Phi(\Omega + 2\pi n/T)|^2 \, d\Omega$$

然而，我们有

$$\int_{-\infty}^{\infty} |x(t)|^2 \, dt = \sum_{n=-\infty}^{\infty} |c(n)|^2 = \frac{1}{2\pi} \int_0^{2\pi/T} |C(\Omega T)|^2 \, d\Omega \tag{12.5.10}$$

比较式（12.5.9）和式（12.5.10）可知 $\phi(t)$ 的傅里叶变换必须满足式（12.5.5）。

因为 $\{\psi(t-n)\}$ 形成 W_0 的一个标准正交基，所以它们的傅里叶变换必须满足酉条件

$$\sum_{k=-\infty}^{\infty} |\Psi(\Omega + 2\pi k/T)|^2 = 1 \tag{12.5.11}$$

最后，像在相同的尺度上那样，这些尺度与小波函数在不同的尺度上也满足标准正交条件

$$\langle \phi_{mn}(t), \psi_{m'n'}(t) \rangle = 0 \tag{12.5.12}$$

频域中的对应条件为

$$\sum_{k=-\infty}^{\infty} \Phi(\Omega + 2\pi k/T) \Psi^*(\Omega + 2\pi k/T) = 0 \tag{12.5.13}$$

采用推导式（12.5.5）的类似方法，可以证明这个结果。

12.5.3 正交性和膨胀公式的含义

对 2Ω 和 $T = 1$ 应用式（12.5.5），有

$$\sum_{k=-\infty}^{\infty} |\Phi(2\Omega + 2\pi k)|^2 = 1 \tag{12.5.14}$$

将式（12.5.2）代入式（12.5.14），有

$$1 = \sum_{k=-\infty}^{\infty} |G_0(\omega + k\pi)|^2 |\Phi(\Omega + k\pi)|^2$$

$$= \sum_{k=-\infty}^{\infty} |G_0(\omega + 2k\pi)|^2 |\Phi(\Omega + 2k\pi)|^2 \, (\text{偶序号项}) +$$

$$\sum_{k=-\infty}^{\infty} |G_0(\omega + (2k+1)\pi)|^2 |\Phi(\Omega + (2k+1)\pi)|^2 \, (\text{奇序号项}) \tag{12.5.15}$$

$$= |G_0(\omega)|^2 \sum_{k=-\infty}^{\infty} |\Phi(\Omega + 2k\pi)|^2 + |G_0(\omega + \pi)|^2 \sum_{k=-\infty}^{\infty} |\Phi(\Omega + (2k+1)\pi)|^2$$

使用式（12.5.5）得到功率互补条件

$$|G_0(\omega)|^2 + |G_0(\omega+\pi)|^2 = 1 \qquad (12.5.16)$$

这是双带酉完全重建 QMF 组的低通滤波器需求 [见式（12.2.43）]。注意，由于周期性和偶对称性，有 $|G_0(\omega+\pi)| = |G_0(\omega-\pi)|$。

类似地，使用式（12.5.4）和式（12.5.11）得

$$|G_1(\omega)|^2 + |G_1(\omega+\pi)|^2 = 1 \qquad (12.5.17)$$

这对应于双带酉完全重建 QMF 组的高通滤波器需求 [见式（12.2.52）]。

使用式（12.5.13）、式（12.5.3）和式（12.5.4），可以证明

$$G_0(\omega)G_1(-\omega) + G_0(\omega+\pi)G_1(-(\omega+\pi)) = 0 \qquad (12.5.18)$$

这是混叠抑制的频域条件（见 12.2.1 节）。因为 $g_0(n)$ 和 $g_1(n)$ 是实的，所以可将式（12.5.18）重写为

$$G_0(\omega)G_1^*(\omega) + G_0(\omega+\pi)G_1^*(\omega+\pi) = 0 \qquad (12.5.19)$$

$$G_0^*(\omega)G_1(\omega) + G_0^*(\omega+\pi)G_1(\omega+\pi) = 0 \qquad (12.5.20)$$

式（12.5.16）、式（12.5.17）、式（12.5.19）、式（12.5.20）和 12.2.6 节中定义一个完全重建滤波器组的条件是一致的。

如 12.2.6 节所述，选择

$$G_1(z) = z^{-(N-1)}G_0(-z^{-1}) , \quad N \text{ 为偶数} \qquad (12.5.21)$$

或者在时域中选择

$$g_1(n) = (-1)^{n+1}g_0(N-1-n) \qquad (12.5.22)$$

可以满足这个交叉滤波器标准正交条件式（12.5.18）。此外，使用式（12.5.16）和式（12.5.21）可以得到条件

$$|G_0(\omega)|^2 + |G_1(\omega)|^2 = 1 \qquad (12.5.23)$$

12.6 从滤波器组到小波

前一节说过，多分辨率分析需求导致一个仿酉 2 带完全重建滤波器组。现在来看反过来是否成立，即每个仿酉 2 带完全重建滤波器组导致一个多分辨率分析分解。

式（12.5.2）迭代 K 次后，结果是

$$\Phi(\Omega) = \left(\prod_{k=1}^{K} G_0\left(\frac{\omega}{2^K}\right)\right)\Phi\left(\frac{\omega}{2^K}\right) \qquad (12.6.1)$$

注意，对任何有限的 Ω，当 $k \to \infty$ 时，$\Phi(\Omega/2^K)$ 变成 1。如果 $k \to \infty$ 时式（12.6.1）中的积收敛到一个连续函数，那么它收敛到

$$\Phi(\Omega) = \Phi(0)\prod_{k=1}^{\infty} G_0\left(\frac{\omega}{2^k}\right) \qquad (12.6.2)$$

用式（12.6.2）中的无限积替换式（12.5.4）中的函数 $\Phi(\Omega/2)$，得到

$$\Psi(\Omega) = G_1\left(\frac{\omega}{2}\right)\Phi(0)\prod_{k=2}^{\infty} G_0\left(\frac{\omega}{2^k}\right) \qquad (12.6.3)$$

无限积式（12.6.1）和式（12.6.2）就是滤波器组和小波之间的关系式。不断加倍周期，该无限迭

代就将一个周期函数转换成一个非周期函数。

为了理解这些条件的含义，可在式（12.5.2）中令 $\Omega = 0$，得到 $\Phi(0) = \Phi(0)\sum_n g_0(n)$。因此，如果 $\Phi(0) \neq 0$，则有

$$G_0(\omega)\big|_{\omega=0} = \sum_{n=-\infty}^{\infty} g_0(n) = 1 \tag{12.6.4}$$

使用 $\{\phi(t-n)\}$ 的标准正交性，可以证明［见 Burrus et al. (1998)］

$$\left[\int_{-\infty}^{\infty} \phi(t)\mathrm{d}t\right]^2 = \int_{-\infty}^{\infty} \phi^2(t)\mathrm{d}t = 1 \tag{12.6.5}$$

这导致归一化

$$\Phi(0) = \int_{-\infty}^{\infty} \phi(t)\mathrm{d}t = 1 \tag{12.6.6}$$

因为 $G_0(\omega)$ 是 $G_0(0) = 1$ 的一个低通滤波器，回顾式（12.5.23）可知，$G_1(\omega)$ 必定是

$$G_1(\omega)\big|_{\omega=0} = \sum_{n=-\infty}^{\infty} g_1(n) = 0 \tag{12.6.7}$$

的一个高通滤波器。由式（12.5.4）有 $\Psi(0) = G_1(0)\Phi(0)$。因为 $\Phi(0) = 1$，所以有 $\Psi(0) = 0$。于是，小波必须是一个满足如下容许条件的带通函数：

$$\Psi(0) = \int_{-\infty}^{\infty} \psi(t)\mathrm{d}t = 0 \tag{12.6.8}$$

由前面结果明显可以看出，并非所有仿酉完全重建滤波器组都适合执行离散小波变换，而只有满足额外条件如式（12.6.6）和式（12.6.8）的一个子集适合执行离散小波变换。

Vaidyanathan and Djokovic (2008) 中已经证明，如果滤波器 $G_0(\omega)$ 满足条件

$$G_0(0) = 1 \quad \text{和} \quad \sum_{n=-\infty}^{\infty} |ng_0(n)| < \infty \tag{12.6.9}$$

那么无限积公式（12.6.2）对所有 Ω 按点收敛，且极限 $\Phi(\Omega)$ 是一个连续函数。因为积在 $\Omega = 0$ 处变大［如果 $G_0(0) > 1$］或者趋于零［如果 $G_0(0) < 1$］，而这意味着 $\phi(t)$ 不是一个低通函数，所以归一化是必需的。

此外，若 $G_0(\omega)$ 在区间 $[-\pi/2, \pi/2]$ 上是功率对称的和非零的，即

$$\left|G_0(\omega)\right|^2 + \left|G_0(\omega+\pi)\right|^2 = 1 \tag{12.6.10}$$

$$G_0(\omega) \neq 0, \quad \omega \in [-\pi/2, \pi/2] \tag{12.6.11}$$

则式（12.5.3）中的无限积收敛到极限 $\Phi(\Omega) \in \mathscr{L}^2$，且其傅里叶逆变换 $\phi(t)$ 满足 $\{\phi(t-n)\}$ 是一个正交序列。使用滤波器［即式（12.5.22）］和膨胀公式（12.4.53）定义小波函数后，序列 $\{2^{k/2}\psi(2^k t-n)\}$（k 和 n 在所有整数上变化）形成 $\mathscr{L}^2$ 的一个正交小波基。

若进一步将 $G_0(\omega)$ 限制为 FIR，即 $G_0(\omega) = \sum_{n=0}^{N-1} g_0(n)\mathrm{e}^{-j\omega n}$，则 $\phi(t)$ 和 $\psi(t)$ 是紧支撑的，其支撑区间为 $[0, N-1]$。这时，膨胀公式（12.4.52）是一个有限和，且函数 $\phi(t)$ 可在假定某些初始解的情况下递归地计算。图 12.6.1 显示了例 12.11.1 中讨论的 4 系数 Daubechies 小波的迭代过程。要强调的是，计算离散小波变换时并不需要 $\phi(t)$；其形状有助于我们理解对特定应用的适用性。

具有紧支撑小波的时间衰减是极好的。如下一节所述，进一步将 FIR 滤波器 $G_0(\omega)$ 约束到在 $\omega = \pi$ 处有足够数量的零，也可确保 $\psi(\Omega)$ 具有极好的衰减。图 12.6.2 显示了例 12.11.1 中讨论的 4 系数 Daubechies 小波的尺度函数和小波函数及其傅里叶变换。

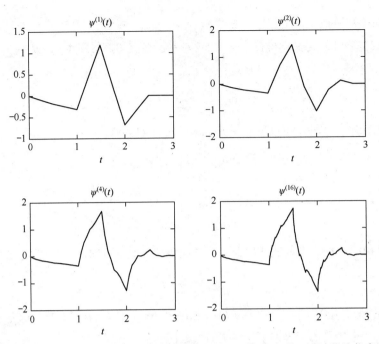

图 12.6.1　连续近似一个 4 系数 Daubechies 小波的迭代图示。一般来说，该过程迭代有限次后即收敛

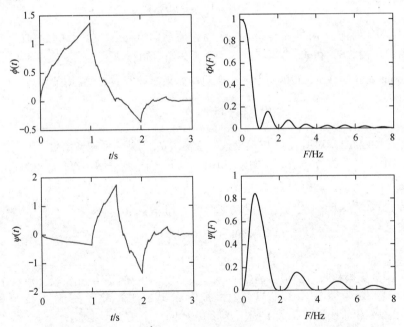

图 12.6.2　迭代 Daubechies 4 系数滤波器得到的尺度函数 $\phi(t)$ 和小
波 $\psi(t)$，以及它们的傅里叶变换的幅度 $|\Phi(F)|$ 和 $|\psi(F)|$

12.7　正则滤波器和小波

香农小波和 Harr 小波在时域或频域中都有一些不希望的性质，因此需要求出使得时间上具有紧支撑、频率上具有合理定位的平滑函数 $\phi(t)$ 和 $\psi(t)$ 的滤波器系数 $g_0(n)$。

Daubechies(1988) 中引入的正则性概念可以度量尺度函数和小波函数的平滑性。尺度函数的

正则性定义为满足

$$|\varPhi(\Omega)| \leqslant \frac{c}{\left(1+|\Omega|\right)^{r+1}} \qquad (12.7.1)$$

的最大值 r。反过来，这意味着 $\phi(t)$ 是 m 次连续可微的，其中 $m \leqslant r$。$\varPhi(\Omega)$ 的衰减决定正则性，即 $\phi(t)$ 和 $\psi(t)$ 的平滑度。小波基的大多数应用都使用少量非零小波系数来高效地近似特定类型的函数。对数据压缩、噪声消除和快速计算来说，都是如此。因此，必须优化 $\psi(t)$ 的设计，以产生最大数量的接近零的小波系数。

由傅里叶变换的矩定理可知，$\psi(t)$ 的 m 阶矩为

$$\mu_m = \int_{-\infty}^{\infty} t^m x(t) \mathrm{d}t = s\frac{1}{(-j)^m}\frac{\partial^m \varPsi(\Omega)}{\partial \Omega^m}\bigg|_{\Omega=0}, \qquad m = 0,1,2,\cdots \qquad (12.7.2)$$

于是，$\psi(t)$ 的零阶矩的数量 M 就表示 $\omega=0$ 处母小波的谱的平坦度。由式（12.6.3）可知，$\psi(t)$ 的一阶矩必须总为零。消失小波矩是可取的，因为这样做会得到可忽略的细节系数，并改进类多项式信号的近似（Daubechies 1992）。

业已证明，如果 $\psi(t)$ 有 M 个零阶矩，$G_1(\omega)$ 在 $\omega=0$ 处就有 M 个零导数，反之亦然（Najmi 2012）。这说明保证 $\psi(t)$ 有一定数量的消失矩的最简方法是，要求 $G_1(\omega)$ 在 $\omega=0$ 处有同样数量的零导数。然而，在 $G_0(\omega)$ 上找到一个等效的条件更有用。这个条件是

$$\frac{\mathrm{d}G_1(\omega)}{\mathrm{d}\omega}\bigg|_{\omega=0} = 0 \iff \frac{\mathrm{d}G_0(\omega)}{\mathrm{d}\omega}\bigg|_{\omega=\pi} = 0 \qquad (12.7.3)$$

我们知道 $G_0(z)$ 在 $z=-1$ 处至少有一个零点。假设它在 $z=-1$ 处有 L 个零点且是次数为 $N-1$ 的 FIR，则 $G_0(z)$ 可因式分解为

$$G_0(z) = \left(\frac{1+z^{-1}}{2}\right)^L P(z) \qquad (12.7.4)$$

式中，$P(z)$ 是一个多项式，其实系数定义为

$$P(z) = \sum_{n=0}^{M} p(n)z^{-n}, \qquad M = N-1-L \qquad (12.7.5)$$

式（12.7.4）的频率响应可以写为

$$|G_0(\omega)|^2 = \left|\cos\frac{\omega}{2}\right|^L |P(\omega)|, \qquad G_0(0) = 1 \qquad (12.7.6)$$

多项式 $Q(z) = P(z)P(z^{-1})$ 是 $p(n)$ 的自相关序列 $q(n)$ 的 z 变换。因此，我们有

$$Q(z) = P(z)P(z^{-1}) = \sum_{m=-M}^{M} q(m)z^{-m}, \qquad M = N-1-L \qquad (12.7.7)$$

因为 $q(n) = q(-n)$，可以证明

$$Q(\omega) = |P(\omega)|^2 = q(0) + 2\sum_{m=1}^{M} q(n)\cos\omega m \qquad (12.7.8)$$

但是 $\cos\omega n$ 可以表示成 $\cos\omega$ 的多项式，它反过来可以使用 $\sin^2(\omega/2)$ 表示。因此，$|P(\omega)|^2$ 是 $\sin^2(\omega/2)$ 的 $N-1-L$ 次多项式 $\tilde{P}(\cdot)$，即

$$|G_0(\omega)|^2 = \left(\cos^2\frac{\omega}{2}\right)^L \tilde{P}(\sin^2\frac{\omega}{2}) = (1-\xi)^L \tilde{P}(\xi) \qquad (12.7.9)$$

式中，$\xi = \sin^2(\omega/2)$。将式（12.7.9）代入功率互补条件式（12.5.16）得

$$(1-\xi)^L \tilde{P}(\xi) + \xi^L \tilde{P}(1-\xi) = 1 \qquad (12.7.10)$$

该式的解（Daubechies 1992）为

$$\tilde{P}(\xi) = \sum_{k=0}^{L-1} \binom{L-1+k}{k} \xi^k + \xi^L R\left(1/2 - \xi\right) \qquad (12.7.11)$$

式中，$R(x)$是一个奇对称的多项式，对 $\xi \in [0, 1]$ 应满足 $\tilde{P}(\xi) \geqslant 0$。选择不同的 $R(x)$ 和 L 将得到不同的小波解。

知名紧支撑 Daubechies 正交小波族对应于 $R(\xi) = 0$。这时，$L = N/2$，其中 N 为偶数，且我们使用所有的自由度将矩设为零。在人们提出滤波器组和小波前，Herrmann (1971)中在设计 FIR 滤波器时，就推导出了这样的最大平坦滤波器（在 $\omega = \pi$ 处有最大数量的零点）。

设计 Daubechies 小波时，首先要选择系数的数量 N，然后设 $L = N/2$ 并根据式（12.7.11）求出 $\tilde{P}(\xi)$，最后使用谱分解求出 $P(z)$。我们通常选择单位圆内部的零点，得到 $G_0(z)$ 的一个最小相位解。选择单位圆内部的零点得到混合相位滤波器。除了 $N = 1$ 时的 Haar 小波，不存在线性相位解。Daubechies (1992)和 Burrus et al. (1998)中给出了更多细节。这个过程可由如下解析例题最好地说明。

【例 12.7.1】

例如，考虑 $N = 4$ 和 $L = 2$ 的情形。由式（12.7.11）有

$$\tilde{P}(\xi) = 1 + 2\xi \qquad (12.7.12)$$

因为 $\xi = \sin^2(\omega/2) = (1-\cos\omega)/2$，$\cos\omega = (e^{j\omega} + e^{-j\omega})/2$，所以有

$$\tilde{P}(\xi) = 2 - \frac{z + z^{-1}}{2} = -\frac{1}{2}(1 - z_1 z^{-1})(z - z_2) \frac{1}{2z_1}(1 - z_1 z^{-1})(1 - z_1 z) \qquad (12.7.13)$$

式中，两个根为 $z_1 = 2 - \sqrt{3}$ 和 $z_2 = 2 + \sqrt{3} = 1/z_1$。根据谱分解定理，使用单位圆内部的零点可以给出最小相位因子：

$$P(z) = \frac{1}{\sqrt{2z_1}}(1 - z_1 z^{-1}) = \frac{1+\sqrt{3}}{2}(1 - z_1 z^{-1}) \qquad (12.7.14)$$

式中用到了恒等式 $2z_1 = (\sqrt{3} - 1)^2$。代入式（12.7.4）并缩放 $\sqrt{2}$ 倍，确保滤波器系数的范数为 1，于是有

$$G_0(z) = \sqrt{2} \left(\frac{1+z^{-1}}{2}\right)^2 \frac{1+\sqrt{3}}{2}(1 - z_1 z^{-1})$$

$$= \frac{1}{4\sqrt{2}}\left[(1+\sqrt{3}) + (3+\sqrt{3})z^{-1} + (3-\sqrt{3})z^{-2} + (1-\sqrt{3})z^{-3}\right] \qquad (12.7.15)$$

这是系数为 0.483, 0.836, 0.224 和 −0.129 的 4 抽头 Daubechies 滤波器（DB4）。图 12.7.1 显示了 DB4 小波的低通滤波器 $G_0(\omega)$ 和高通滤波器 $G_1(\omega)$ 的幅度响应。

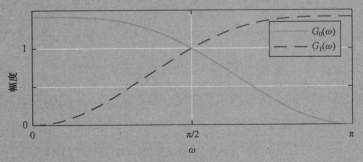

图 12.7.1　功率互补 4 系数 Daubechies 小波滤波器 $G_0(\omega)$ 和 $G_1(\omega)$ 的幅度响应

Daubechies (1992)中给出了高阶滤波器的系数表，其中 N 抽头滤波器记为 DBL 滤波器，L = $N/2$；注意小波文献中使用了两个约定。图 12.7.2 显示了几个这类滤波器的小波函数和尺度函数。观察发现，正则性随着滤波器的阶数的增加而增加，而小波函数则显示了更多的振荡。

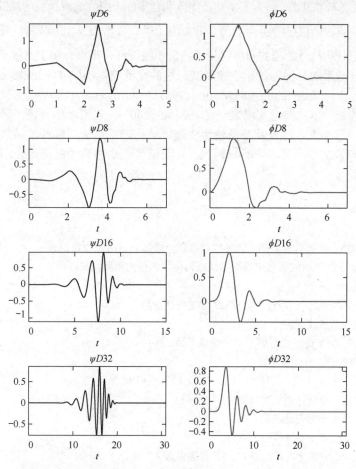

图 12.7.2　N = 6, 8, 16, 32 时的 Daubechies 小波和尺度函数

正交性对小波设计施加一些严格的约束。例如，观察发现，Haar 小波是唯一具有紧支撑的对称小波。如果要设计具有线性相位的小波，就应使用双正交小波，而后者与 12.2.8 节中讨论的双正交滤波器组相关。在这个框架下，我们在分析步骤中使用某个小波，在合成步骤使用另一个小波。这些小波都与双正交双带滤波器组相关联。许多参考文献［包括 Burrus et al. (1998)、Vetterli and Kovacevic (1995)和 Mallat (2009)］中讨论了这些主题和其他高级主题。

12.8　小结

本章讨论了多采样率数字滤波器组，包括 DFT 滤波器组、双通道 QMF 组和 M 通道仿酉滤波器组，重点关注了如何求滤波器特性，以及滤波器组消除混叠和完全重建期望信号的条件。在 Johnston (1980) 和 Jain and Crochiere (1984)的基础上，给出了在双通道 QMF 组中产生近似完全重建线性相位 FIR 滤波器的一种设计方法，介绍了 Smith and Barnwell (1984)中提出的半带 FIR 滤波器设计，得到了双通道滤波器组的完全重建。业已证明，滤波器组的高效实现基于滤波器冲激响应的多相分解。

此外，我们基于仿酉多相矩阵引入了双通道和 M 通道滤波器组，并且介绍了它们的主要性质。许多研究人员研究了线性相位 FIR 仿酉滤波器组的设计。早期的工作见 Vaidyanathan (1987, 1990, 1993)、Vetterli (1987)、Soman et al. (1993)、Tran et al. (1999)、Gao et al. (2001)等。如这些文献所示，仿酉多相矩阵可因式分解为基本仿酉矩阵和酉矩阵，得到滤波器组的高效格型结构实现。

多采样率数字滤波器组已广泛用于信号分析应用中，包括语音、图像和视频信号的压缩。

本章的第二部分从信号处理的角度讨论了离散小波变换，重点介绍了离散小波变换与具有完全重建的仿酉滤波器组的异同。关于小波及其应用的文献较多，如 Daubechies (1992)中给出了小波的严格数学分析，Vetterli and Kovacevic (1995)和 Burrus et al. (1998)中完整地分析了小波和滤波器组。小波领域的重点参考文献之一是 Mallat (2009)，它清晰地介绍了傅里叶变换、小波变换、时频变换等标准表示，以及如何使用快速算法构建正交基，解释了稀疏性的核心概念，并将稀疏性应用到了信号压缩、降噪等领域，还介绍了冗余字典中的稀疏表示、超分辨率和压缩感知应用。

习　　题

12.1 使用式（12.1.15）推导对应于图 12.1.6 中的多相合成部分结构的公式。

12.2 一个四通道均匀 DFT 滤波器组中的原型滤波器由如下传递函数表征：
$$H_0(z) = 1 + z^{-1} + 3z^{-2} + 4z^{-3}$$

(a) 求分析部分的滤波器 $H_1(z)$, $H_2(z)$和 $H_3(z)$的传递函数。

(b) 求合成部分的滤波器的传递函数。

(c) 画出该均匀 DFT 滤波器组的分析和合成部分。

12.3 考虑下面的 FIR 滤波器传递函数：
$$H(z) = -3 + 19z^{-2} + 32z^{-3} + 19z^{-4} - 3z^{-6}$$

(a) 证明 $H(z)$是一个线性相位滤波器。

(b) 证明 $H(z)$是一个半带滤波器。

(c) 画出滤波器的幅度响应和相位响应。

12.4 一个双通道 QMF 中的分析滤波器 $H_0(z)$的传递函数为
$$H_0(z) = 1 + z^{-1}$$

(a) 求多相滤波器 $P_0(z^2)$和 $P_1(z^2)$。

(b) 求分析滤波器 $H_1(z)$并画出使用多相滤波器的双通道分析部分。

(c) 求合成滤波器 $G_0(z)$和 $G_1(z)$，并画出基于多相滤波器的整个双通道 QMF。

(d) 证明 QMF 得到完全重建。

12.5 一个三通道 QMF 组中的分析滤波器的传递函数为
$$H_0(z) = 1 + z^{-1} + z^{-2}, \quad H_1(z) = 1 - z^{-1} + z^{-2}, \quad H_2(z) = 1 - z^{-2}$$

(a) 求多相矩阵 $E(z^3)$，并将分析滤波器表示成式（12.3.11）的形式。

(b) 求得到完全重建的合成滤波器 $G_0(z)$, $G_1(z)$与 $G_2(z)$。

(c) 画出在分析和合成部分中使用多相滤波器的三通道 QMF 组。

12.6 证明满足式（12.2.46）的半带滤波器总是奇的，且偶系数为 0。

12.7 在一个双通道 QMF 组中，
$$H_0(z) = 4 + 6z^{-1} + 4z^{-2} + z^{-3}$$

求正交镜滤波器
$$H_1(z) = H_0(-z)$$

以及定义如下的共轭正交滤波器：

$$H_2(z) = z^{-N} H_0(-z^{-1})$$

12.8 假设一个滤波器的系统函数为

$$H(z) = 3 + 6z^{-1} + 2z^{-2} - z^{-3}$$

求与 $H(z)$ 有相同幅度响应的最小相位滤波器。

12.9 考虑系统函数为 $H(z)$ 的滤波器的多相分解，其中

$$H(z) = P_0(z^2) + z^{-1} P_1(z^2) \quad \text{和} \quad H(z) = \frac{1}{1 - az^{-1}}$$

求 $P_0(z^2)$ 和 $P_1(z^2)$。

12.10 考虑由式（12.2.14）给出的用来消除混叠的 QMF 组条件。证明完全重建条件

$$H_0(z)G_0(z) + H_1(z)G_1(z) = 2z^{-k}$$

与条件

$$H^2(z) - H^2(-z) = 2z^{-k}$$

等效。如果在单位圆上求 $H(z)$，完全重建的等效表达式是什么？

12.11 考虑乘积滤波器

$$B_+(z) = H_0(z)G_0(z)$$

(a) 使用式（12.2.14）中的无混叠条件，用 $B_+(z)$ 表示完全重建条件。

(b) 假设 $B_+(z) = (1 + z^{-2})^2$，求滤波器 $H_0(z), H_1(z), G_0(z)$ 和 $G_1(z)$ 的传递函数。

12.12 说明例 12.2.3 中的 Haar 滤波器满足功率互补条件

$$|H_0(\omega)|^2 + |H_1(\omega)|^2 = 2, \qquad |G_0(\omega)|^2 + |G_1(\omega)|^2 = 2$$

12.13 使用式（12.2.84），说明式（12.2.85）是满足的。

12.14 考虑式（12.2.83）中给出的半带滤波器的因式分解，其中

$$H_0(z) = (1 + z^{-1})^2, \qquad G_0(z) = (1 + z^{-1})^2(1 - a^{-1}z^{-1})(-1 + az^{-1})$$

(a) 求滤波器 $H_1(z)$ 与 $G_1(z)$。

(b) 滤波器是线性相位的吗？

(c) 这是正交滤波器组还是双正交滤波器组？

12.15 通过证明

$$\det[\mathbf{H}(z)] = cz^{-k}$$

说明式（12.2.84）和式（12.2.86）中的因式分解得到完全重建，其中 c 为常数，k 为正整数。

12.16 考虑式（12.2.83）中半带滤波器的因式分解，其中

$$H_0(z) = (1 + z^{-1})^2(-1 + az^{-1})$$

(a) 求滤波器 $G_0(z) = z^{-3} H_0(z^{-1})$。

(b) 求 $H_1(z)$ 和 $G_1(z)$。

(c) 画出分析滤波器和合成滤波器的幅度响应与相位响应。

12.17 一个仿酉双通道滤波器组的分析滤波器为

$$H_0(z) = 1 + 3z^{-1} + 14z^{-2} + 22z^3 - 12z^{-4} + 4z^{-5}$$

求 $H_1(z)$。**提示**：仿酉滤波器组得到完全重建，$\det[\mathbf{H}(z)]$ 满足式（12.2.49）中的条件，因此 $H_1(z)$ 是 $H_0(z)$ 的共轭正交滤波器。

12.18 设双通道滤波器组的多相矩阵 $\mathbf{E}(z)$ 为

$$\mathbf{E}(z) = \begin{bmatrix} -3 + 4z^{-1} - z^{-2} & 1 - \frac{1}{2}z^{-1} \\ -\frac{3}{2} + z^{-1} & \frac{1}{2} \end{bmatrix}$$

(a) 求 $H_0(z)$ 和 $H_1(z)$。

(b) 如果这是一个完全重建滤波器组，求 $G_0(z)$ 和 $G_1(z)$。

12.19 考虑一个正交双通道滤波器组，其中滤波器 $H_0(z)$ 为

$$H_0(z) = 1 - 2z^{-1} + 4.5z^{-2} + 6z^{-3} + z^{-4} + 0.5z^{-5}$$

求滤波器 $H_1(z)$, $G_0(z)$ 和 $G_1(z)$。

12.20 一个三通道完全重建滤波器组的分析多相矩阵为

$$\boldsymbol{E}(z^3) = \begin{bmatrix} 1 & 1 & 2 \\ 2 & 3 & 1 \\ 1 & 2 & 1 \end{bmatrix}$$

(a) 求分析滤波器

$$\begin{bmatrix} H_0(z) \\ H_1(z) \\ H_2(z) \end{bmatrix} = \boldsymbol{E}(z^3) \begin{bmatrix} 1 \\ z^{-1} \\ z^{-2} \end{bmatrix}$$

(b) 求合成滤波器 $G_0(z)$, $G_1(z)$ 和 $G_2(z)$。

12.21 一个三通道完全重建滤波器组的合成多相矩阵为

$$\boldsymbol{R}(z^3) = \begin{bmatrix} 2 & -2 & 1 \\ 3 & 1 & -1 \\ -2 & 3 & 2 \end{bmatrix}$$

求合成滤波器 $G_0(z)$, $G_1(z)$ 与 $G_2(z)$ 和分析滤波器 $H_0(z)$, $H_1(z)$ 与 $H_2(z)$。

12.22 证明式（12.4.1）中的小波函数的傅里叶变换为

$$\Psi_{a,b}(\Omega) = \sqrt{a}\Psi(a\Omega)\mathrm{e}^{-\mathrm{j}\Omega b}$$

这表明信号如果在时域中膨胀 t/a（$a > 1$）倍，那么其傅里叶变换收缩 $a\Omega$ 倍。

12.23 证明式（12.4.2）中的小波变换可以写为

$$W_x(a,b) = \frac{\sqrt{a}}{2\pi}\int_{-\infty}^{\infty} X(\Omega)\Psi^*(a\Omega)\mathrm{e}^{\mathrm{j}\Omega b}\mathrm{d}\Omega$$

这表明小波变换可视为不同尺度 a 下的一组小波变换滤波器。

12.24 求图 12.4.7 中 Haar 小波和尺度函数的傅里叶变换的解析表达式，并画出它们的幅度。

12.25 考虑定义在区间 $0 \leqslant t < 1$ 上的信号 $x(t)$，

$$x(t) = \begin{cases} -1, & 0 \leqslant t < 1/4, \\ 4, & 1/4 \leqslant t < 1/2, \\ 2, & 1/2 \leqslant t < 3/4, \\ -3, & 3/4 \leqslant t < 1 \end{cases}$$

(a) 用 V_2 的基表示 $x(t)$。

(b) 使用图 12.4.7 中的 Haar 小波和尺度函数将 $x(t)$ 分解成 W_1, W_0 和 V_0 中的分量部分。

12.26 **(a)** 证明 Haar 尺度函数（见图 12.4.7）满足膨胀公式 $\phi(t) = \phi(2t) + \phi(2t - 1)$。

(b) 使用(a)问中的结果求滤波器 $G_0(\omega)$。

(c) 证明 $\psi(t) = \phi(2t) - \phi(2t - 1)$，并用它求滤波器 $G_1(\omega)$。

(d) 画出函数 $|G_0(\omega)|$ 和 $|G_1(\omega)|$。

12.27 假设 $g_0(n)$ 是 FIR 的且支撑在 $[0, N-1]$ 上，$T = 1$。证明相关联的尺度函数 $\phi(t)$ 紧支撑在 $[0, N-1]$ 上。

12.28 求 $|t| \leqslant 1$ 时 $\phi(t) = 1 - |t|$ 和 $|t| > 1$ 时 $\phi(t) = 0$ 的"帽子"函数的膨胀公式。

12.29 给出推导式（12.4.65）的所有中间步骤。

12.30 给出推导式（12.4.70）的所有中间步骤。

12.31 给出推导式（12.5.11）的所有中间步骤。

12.32 给出推导式（12.5.13）的所有中间步骤。

12.33 画出适当的响应，说明例 12.7.1 中的 Daubechies 小波满足式（12.6.10）和式（12.6.11）中的条件。

12.34 求香农小波的滤波器 $g_0(n)$ 和 $g_1(n)$ 的冲激响应与频率响应，验证它们是否满足完全重建条件。

计算机习题

CP12.1 编写程序，实现图 12.1.3 中的均匀 DFT 滤波器组的分析部分和合成部分。

(a) 为一个 16 点 DFT 设计合适的线性相位滤波器 $h_0(n)$，并对如下输入序列运行该程序：

$$x(n) = \begin{cases} 1, & 0 \leqslant n \leqslant 7 \\ -1, & 8 \leqslant n < 15 \end{cases}$$

(b) 根据分析滤波器组和合成滤波器组画出输出序列，并对结果进行评论。

(c) 对如下信号重做(b)问：

$$x(n) = \cos(\pi n/4), \quad 0 \leqslant n \leqslant 15$$

CP12.2 编写程序，实现图 12.2.3(b)中的双通道 QMF 组。分析部分和合成部分必须满足式（12.2.14）中的无混叠条件。

(a) 实现长度 $N = 16$ 的一个低通滤波器，其滤波器系数按 Johnston (1980)中的规定优化。

(b) 让输入信号

$$x(n) = \cos(\pi n/4) + 4\cos(3\pi n/4), \quad 0 \leqslant n \leqslant 250$$

通过 QMF 组，画出 QMF 组的分析部分和合成部分的输出。

(c) 画出输入序列 $x(n)$，并将其与(b)问的图形进行比较。

CP12.3 考虑使用滤波器满足式（12.2.14）中的无混叠条件的正交镜像滤波组的子带系统。两个正交镜像滤波器组中的原型滤波器是具有 Johnston (1980)中规定的优化系数的、长度 $N = 16$ 的低通线性相位 FIR 滤波器。

(a) 用图 12.2.3(b)中的基本 QMF 组实现图 CP12.3 中的子带系统。

(b) 让信号

$$x(n) = 10\cos(\pi n/4), \quad 0 \leqslant n \leqslant 300$$

通过系统，画出序列 $x_0(n), x_1(n), x_{00}(n), x_{01}(n)$，$\hat{x}_0(n)$ 和 $\hat{x}(n)$，并将这些序列与 $x(n)$ 进行比较。

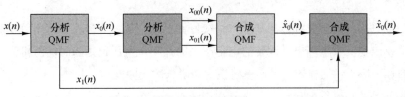

图 CP12.3　框图

(c) 对输入信号 $x(n) = 10\cos(\pi n/2), 0 \leqslant n \leqslant 300$ 重做(b)问。

(d) 对输入信号 $x(n) = 10\cos(3\pi n/4), 0 \leqslant n \leqslant 300$ 重做(b)问，评论(b)问、(c)问和(d)问中的结果。

CP12.4 对信号

$$x(t) = \sin(2\pi t) + \cos(4\pi t) + \sin(8\pi t) + 256(t - 1/3)\exp(-((t - 1/3)64)^2) +$$
$$512(t - 2/3)\exp(-((t - 2/3)128)^2)$$

计算 $T = 1$ 和 $N = 256$ 时的 $x(n) = x(nT), 0 \leqslant n \leqslant N-1$。然后对 $N = 4$ 和 $N = 8$，用 Daubechies 小波和小波变换软件生成图 12.4.10 和图 12.4.11 中的类似结果。为了说明边界效应，可以尝试周期扩展和对称扩展选项。

第13章　线性预测与最优线性滤波器

进行信号估计的滤波器设计是在通信系统、控制系统、地球物理学和许多其他应用学科中经常出现的问题。本章从统计观点出发讨论最优滤波器的设计问题。讨论的滤波器仅限于线性滤波器，且最优化准则基于均方误差最小。因此，确定最优滤波器只需平稳过程的二阶统计量（自相关函数和互相关函数）。

讨论中包含用于线性预测的最优滤波器设计。线性预测是数字信号处理的重要主题，在许多领域（如语音信号处理、图像处理和通信系统的噪声抑制等）中都有应用。如我们观察到的那样，确定预测所用的最优线性滤波器需要具有特殊对称性质的线性方程组的解。为了求解这些线性方程，本章将介绍 Levinson-Durbin 算法，它可采用具有对称性的高效计算程序来求方程组的解。

本章最后一节介绍维纳滤波器，它已广泛用于被加性噪声污染的信号估计等许多应用中。

13.1　随机信号、相关函数和功率谱

下面先用时域和频域中表示的统计平均来简要回顾随机信号的描述。假设读者具有的概率论和随机过程知识的水平与 Helstrom (1990)、Peebles (1987) 和 Stark and Woods (1994) 中的相当。

13.1.1　随机过程

自然界中的许多物理现象都能用统计术语较好地描述。例如，气温和气压等是随时间随机波动的，由广播或电视接收机等电子设备的电阻产生的热噪声电压也是随时间随机波动的。这些只是随机信号的几个例子。这样的信号常被建模为无限长的无限能量信号。

假设我们要取世界各地不同城市的气温的波形集。每座城市都有对应的波形，它是时间的函数，如图 13.1.1 所示。所有可能的波形集称为时间函数的一个**集合**，或者等效地称为一个**随机过程**。某个特定城市的气温波形称为**单个实现**或者随机过程的一个**样本函数**。

类似地，电阻产生的热噪声电压，是由所有电阻集产生的噪声电压波形组成的随机过程的单个实现或一个样本函数。

一个随机过程的所有可能噪声波形集记为 $X(t, S)$，其中 t 是时间序号，S 是所有可能的样本函数集（样本空间）。集合中的单个波形记为 $x(t, s)$。通常，为便于书写，我们去掉变量 s（或 S），将随机过程记为 $X(t)$，而将单个实现记为 $x(t)$。

将随机过程 $X(t)$ 定义为一个样本函数集后，就可考虑对任意时刻集合 $t_1 > t_2 > \cdots > t_n$ 该随机过程的值，其中 n 是任意正整数。一般来说，样本 $X_{t_i} \equiv x(t_i)$，$i = 1, 2, \cdots, n$ 是对任意 n，由联合概率密度函数（Probability Density Function，PDF）$p(x_{t_1}, x_{t_2}, \cdots, x_{t_n})$ 统计描述的 n 个随机变量。

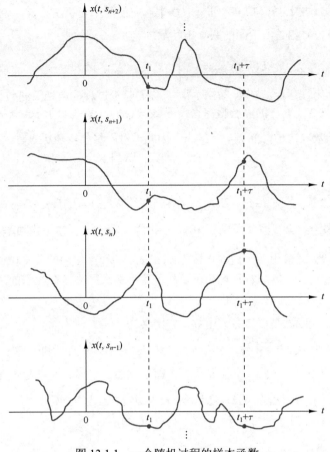

图 13.1.1　一个随机过程的样本函数

13.1.2　平稳随机过程

假设我们拥有随机过程 $X(t)$ 的一个样本集（$t = t_i$, $i = 1, 2, \cdots, n$ 处的 n 个样本）以及该样本集时间偏移 τ 后的另一个样本集（同样有 n 个样本）。于是，第二个样本集就为 $X_{t_i+\tau} \equiv X(t_i + \tau)$, $i = 1, 2, \cdots, n$，如图 13.1.1 所示。第二个样本集（n 个随机变量）由联合概率密度函数 $p(x_{t_i+\tau}, \cdots, x_{t_n+\tau})$ 描述。随机变量的两个样本集的联合概率密度函数可以相同，也可以不同。当它们相同时，对所有 τ 和所有 n 有

$$p(x_{t_1}, x_{t_2}, \cdots, x_{t_n}) = p(x_{t_1+\tau}, x_{t_2+\tau}, \cdots, x_{t_n+\tau}) \tag{13.1.1}$$

且该随机过程**严格意义上说是平稳的（严平稳的）**。换言之，一个平稳随机过程的统计特性对时间轴的平移是不变的。另一方面，当联合概率密度函数不同时，随机过程是非平稳的。

13.1.3　统计（集合）平均

下面考虑在时刻 $t = t_i$ 抽样的随机过程 $X(t)$。于是，$X(t_i)$ 是概率密度函数 $p(x_{t_i})$ 的一个随机变量。随机变量的 l 阶矩定义为 $X^l(t_i)$ 的**期望值**，即

$$E(X_{t_i}^l) = \int_{-\infty}^{\infty} x_{t_i}^l p(x_{t_i}) \mathrm{d}x_{t_i} \tag{13.1.2}$$

一般来说，如果 X_{t_i} 的概率密度函数取决于 t_i，l 阶矩的值就由时刻 t_i 决定。然而，当过程是平稳过程时，对所有 τ 都有 $p(x_{t_i+\tau}) = p(x_{t_i})$。因此，概率密度函数与时间无关，并且 l 阶矩也与时间无关（一个常数）。

接下来考虑与 $X(t)$ 在 $t = t_1$ 和 $t = t_2$ 处所取样本对应的两个随机变量 $X_{t_i} = X(t_i)$, $i = 1, 2$。X_{t_1} 和 X_{t_2} 之间的统计（集合）相关由下面的联合矩度量：

$$E(X_{t_1} X_{t_2}) = \int_{-\infty}^{\infty} \int_{-\infty}^{\infty} x_{t_1} x_{t_2} \, p(x_{t_1} x_{t_2}) \mathrm{d}x_1 \mathrm{d}x_2 \tag{13.1.3}$$

联合矩取决于时刻 t_1 和 t_2，因此记为 $\gamma_{xx}(t_1, t_2)$，且称为随机过程的**自相关函数**。当过程 $X(t)$ 是平稳过程时，对任意 τ，(X_{t_1}, X_{t_2}) 的联合概率密度函数与 $(X_{t_1+\tau}, X_{t_2+\tau})$ 的联合概率密度函数相同。这表明 $X(t)$ 的自相关函数取决于时间差 $t_1 - t_2 = \tau$。因此，对于平稳实随机过程，自相关函数为

$$\gamma_{xx}(\tau) = E[X_{t_1+\tau} X_{t_1}] \tag{13.1.4}$$

另一方面，

$$\gamma_{xx}(-\tau) = E(X_{t_1-\tau} X_{t_1}) = E(X_{t_1'} X_{t_1'+\tau}) = \gamma_{xx}(\tau) \tag{13.1.5}$$

因此，$\gamma_{xx}(\tau)$ 是一个偶函数。观察还发现 $\gamma_{xx}(0) = E(X_t^2)$ 是随机过程的**平均功率**。

过程的均值为常数且自相关函数满足性质 $\gamma_{xx}(t_1, t_2) = \gamma_{xx}(t_1 - t_2)$ 的非平稳过程是存在的。这样的过程称为**宽平稳过程**。显然，宽平稳相对于严平稳不那么严格。在我们的讨论中，只需要过程是宽平稳过程。

与自相关函数相关联的是自协方差函数，它定义为

$$c_{xx}(t_1, t_2) = E\left\{ [X_{t_1} - m(t_1)][X_{t_2} - m(t_2)] \right\} = \gamma_{xx}(t_1, t_2) - m(t_1)m(t_2) \tag{13.1.6}$$

式中，$m(t_1) = E(X_{t1})$ 和 $m(t_2) = E(X_{t2})$ 分别是 X_{t1} 与 X_{t2} 的均值。当过程是平稳过程时，有

$$c_{xx}(t_1, t_2) = c_{xx}(t_1 - t_2) = c_{xx}(\tau) = \gamma_{xx}(\tau) - m_x^2 \tag{13.1.7}$$

式中，$\tau = t_1 - t_2$。此外，过程的方差为 $\sigma_x^2 = c_{xx}(0) = \gamma_{xx}(0) - m_x^2$。

13.1.4 联合随机过程的统计平均

设 $X(t)$ 和 $Y(t)$ 是两个随机过程，且设 $X_{ti} \equiv X(t_i)$, $i = 1, 2, \cdots, n$ 和 $Y_{t_j'}' \equiv Y(t_j')$, $j = 1, 2, \cdots, m$ 分别是时刻 $t_1 > t_2 > \cdots > t_n$ 和 $t_1' > t_2' > \cdots > t_m'$ 的随机变量。对于任意时刻集合 $\{t_i\}$ 和 $\{t_j'\}$ 以及 m 和 n 的任意正整数值，这两个随机变量集由如下联合概率密度函数统计描述：

$$p(x_{t_1}, x_{t_2}, \cdots, x_{t_n}, y_{t_1'}, y_{t_2'}, \cdots, y_{t_m'})$$

$X(t)$ 和 $Y(t)$ 的**互相关函数** $\gamma_{xy}(t_1, t_2)$ 定义为联合矩

$$\gamma_{xy}(t_1, t_2) \equiv E(X_{t_1} Y_{t_2}) = \int_{-\infty}^{\infty} \int_{-\infty}^{\infty} x_{t_1} y_{t_2} \, p(x_{t_1}, y_{t_2}) \mathrm{d}x_{t_1} \mathrm{d}y_{t_2} \tag{13.1.8}$$

互协方差为

$$c_{xy}(t_1, t_2) = \gamma_{xy}(t_1, t_2) - m_x(t_1)m_y(t_2) \tag{13.1.9}$$

当随机过程是联合和单独平稳的过程时，有 $\gamma_{xy}(t_1, t_2) = \gamma_{xy}(t_1 - t_2)$ 和 $c_{xy}(t_1, t_2) = c_{xy}(t_1 - t_2)$。这时，

$$\gamma_{xy}(-\tau) = E(X_{t_1} Y_{t_1+\tau}) = E(X_{t_1'-\tau} Y_{t_1'}) = \gamma_{yx}(\tau) \tag{13.1.10}$$

当且仅当对所有选择的 t_i, t_i' 及所有的正整数 n 和 m 有

$$p(x_{t_1}, x_{t_2}, \cdots, x_{t_n}, y_{t_1'}, y_{t_2'}, \cdots, y_{t_m'}) = p(x_{t_1}, \cdots, x_{t_n}) p(y_{t_1'}, \cdots, y_{t_m'})$$

时，称随机过程 $X(t)$ 和 $Y(t)$ 是统计独立的。如果

$$\gamma_{xy}(t_1, t_2) = E(X_{t_1}) E(Y_{t_2}) \tag{13.1.11}$$

使得 $c_{xy}(t_1, t_2) = 0$，则称该过程是不相关的。

复随机过程 $Z(t)$ 定义为

$$Z(t) = X(t) + jY(t) \qquad (13.1.12)$$

式中，$X(t)$ 和 $Y(t)$ 是随机过程。复随机变量 $Z_{t_i} \equiv Z(t_i)$，$i = 1, 2, \cdots$ 的联合概率密度函数由分量 (X_{t_i}, Y_{t_i})，$i = 1, 2, \cdots, n$ 的联合概率密度函数给出。因此，描述 Z_{t_i}，$i = 1, 2, \cdots, n$ 的概率密度函数为

$$p(x_{t_1}, x_{t_2}, \cdots, x_{t_n} y_{t_1}, y_{t_2}, \cdots, y_{t_n})$$

表示窄带随机信号或噪声的低通等效的同相和正交分量时，会遇到复随机过程 $Z(t)$。这类过程的一个重要特性是其定义如下的自相关函数：

$$\gamma_{zz}(t_1, t_2) = E(Z_{t_1} Z_{t_2}^*) = E\left[(X_{t_1} + jY_{t_1})(X_{t_2} - jY_{t_2})\right]$$
$$= \gamma_{xx}(t_1, t_2) + \gamma_{yy}(t_1, t_2) + j\left[\gamma_{yx}(t_1, t_2) - \gamma_{xy}(t_1, t_2)\right] \qquad (13.1.13)$$

当随机过程 $X(t)$ 和 $Y(t)$ 是联合和单独平稳的过程时，$Z(t)$ 的自相关函数变为

$$\gamma_{zz}(t_1, t_2) = \gamma_{zz}(t_1 - t_2) = \gamma_{zz}(\tau)$$

式中，$\tau = t_1 - t_2$。式（13.1.13）的复共轭为

$$\gamma_{zz}^*(\tau) = E(Z_{t_1}^* Z_{t_1 - \tau}) = \gamma_{zz}(-\tau) \qquad (13.1.14)$$

现在，假设 $Z(t) = X(t) + jY(t)$ 和 $W(t) = U(t) + jV(t)$ 是两个复随机过程。它们的互相关函数是

$$\gamma_{zw}(t_1, t_2) = E(Z_{t_1} W_{t_2}^*) = E\left[(X_{t_1} + jY_{t_1})(U_{t_2} - jV_{t_2})\right]$$
$$= \gamma_{xu}(t_1, t_2) + \gamma_{yv}(t_1, t_2) + j\left[\gamma_{yu}(t_1, t_2) - \gamma_{xv}(t_1, t_2)\right] \qquad (13.1.15)$$

当 $X(t)$，$Y(t)$，$U(t)$ 和 $V(t)$ 两两平稳时，式（13.1.15）中的互相关函数变成时间差 $\tau = t_1 - t_2$ 的函数。另外，我们有

$$\gamma_{zw}^*(\tau) = E(Z_{t_1}^* W_{t_1 - \tau}) = E(Z_{t_1 + \tau}^* W_{t_1}) = \gamma_{wz}(-\tau) \qquad (13.1.16)$$

13.1.5 功率密度谱

一个平稳随机过程是一个无限能量信号，因此其傅里叶变换不存在。一个随机过程的谱特性可以按照维纳-辛钦定理计算自相关函数的傅里叶变换得到。也就是说，功率相对于频率的分布是函数

$$\Gamma_{xx}(F) = \int_{-\infty}^{\infty} \gamma_{xx}(\tau) e^{-j2\pi F\tau} d\tau \qquad (13.1.17)$$

傅里叶逆变换为

$$\gamma_{xx}(\tau) = \int_{-\infty}^{\infty} \Gamma_{xx}(F) e^{j2\pi F\tau} dF \qquad (13.1.18)$$

观察发现

$$\gamma_{xx}(0) = \int_{-\infty}^{\infty} \Gamma_{xx}(F) dF = E(X_t^2) \geqslant 0 \qquad (13.1.19)$$

因为 $E(X_t^2) = \gamma_{xx}(0)$ 表示随机过程的平均功率，即 $\Gamma_{xx}(F)$ 下方的面积，所以可以得出 $\Gamma_{xx}(F)$ 是以频率的函数表示的功率分布。因此，$\Gamma_{xx}(F)$ 称为随机过程的**功率密度谱**。

如果随机过程是实的，$\gamma_{xx}(\tau)$ 就是实偶的，因此 $\Gamma_{xx}(F)$ 也是实偶的。如果随机过程是复的，$\gamma_{xx}(\tau) = \gamma_{xx}^*(-\tau)$，有

$$\Gamma_{xx}^*(F) = \int_{-\infty}^{\infty} \gamma_{xx}^*(\tau) e^{j2\pi F\tau} d\tau = \int_{-\infty}^{\infty} \gamma_{xx}^*(-\tau) e^{-j2\pi F\tau} d\tau$$
$$= \int_{-\infty}^{\infty} \gamma_{xx}(\tau) e^{-j2\pi F\tau} d\tau = \Gamma_{xx}(F)$$

因此，$\Gamma_{xx}(F)$ 总是实的。

功率密度谱的定义可以推广两个联合平稳随机过程 $X(t)$ 和 $Y(t)$，它们的互相关函数为 $\gamma_{xy}(\tau)$。$\gamma_{xy}(\tau)$ 的傅里叶变换为

$$\Gamma_{xy}(F) = \int_{-\infty}^{\infty} \gamma_{xy}(\tau) \mathrm{e}^{-\mathrm{j}2\pi F\tau} \mathrm{d}\tau \tag{13.1.20}$$

这称为**互功率密度谱**。容易证明 $\Gamma_{xy}^*(F) = \Gamma_{yx}(-F)$。对于实随机过程，条件为 $\Gamma_{yx}(F) = \Gamma_{xy}(-F)$。

13.1.6　离散时间随机信号

连续时间随机信号的这个特性很容易推广到离散时间随机信号。这样的信号通常是对连续时间随机信号执行均匀采样得到的。

离散时间随机过程 $X(n)$ 由样本序列 $x(n)$ 的一个集合组成。$X(n)$ 的统计性质类似于 $X(t)$ 的特性，但 n 现在是一个整数（时间）变量。具体地说，我们给出本书中所用的重要矩。

$X(n)$ 的 l 阶矩定义为

$$E(X_n^l) = \int_{-\infty}^{\infty} x_n^l p(x_n) \mathrm{d}x_n \tag{13.1.21}$$

自相关序列为

$$\gamma_{xx}(n,k) = E(X_n X_k) = \int_{-\infty}^{\infty} \int_{-\infty}^{\infty} x_n x_k p(x_n, x_k) \mathrm{d}x_n \mathrm{d}x_k \tag{13.1.22}$$

类似地，自协方差为

$$c_{xx}(n,k) = \gamma_{xx}(n,k) - E(X_n)E(X_k) \tag{13.1.23}$$

对于一个平稳过程，有特殊形式（$m = n - k$）

$$\gamma_{xx}(n-k) = \gamma_{xx}(m), \quad c_{xx}(n-k) = c_{xx}(m) = \gamma_{xx}(m) - m_x^2 \tag{13.1.24}$$

式中，$m_x = E(X_n)$ 是随机过程的均值。方差定义为 $\sigma^2 = c_{xx}(0) = \gamma_{xx}(0) - m_x^2$。

对于复平稳过程 $Z(n) = X(n) + \mathrm{j}Y(n)$，有

$$\gamma_{zz}(m) = \gamma_{xx}(m) + \gamma_{yy}(m) + \mathrm{j}\left[\gamma_{yx}(m) - \gamma_{xy}(m)\right] \tag{13.1.25}$$

两个复平稳序列的互相关序列为

$$\gamma_{zw}(m) = \gamma_{xu}(m) + \gamma_{yv}(m) + \mathrm{j}\left[\gamma_{yu}(m) - \gamma_{xv}(m)\right] \tag{13.1.26}$$

像连续时间随机过程那样，离散时间随机过程的能量无限，但平均功率有限，平均功率为

$$E(X_n^2) = \gamma_{xx}(0) \tag{13.1.27}$$

使用维纳-辛钦定理，计算自相关序列 $\gamma_{xx}(m)$ 的傅里叶变换，可以得到离散时间随机过程的功率谱密度，即

$$\Gamma_{xx}(f) = \sum_{m=-\infty}^{\infty} \gamma_{xx}(m) \mathrm{e}^{-\mathrm{j}2\pi fm} \tag{13.1.28}$$

逆变换关系为

$$\gamma_{xx}(m) = \int_{-1/2}^{1/2} \Gamma_{xx}(f) \mathrm{e}^{\mathrm{j}2\pi fm} \mathrm{d}f \tag{13.1.29}$$

观察发现，平均功率为

$$\gamma_{xx}(0) = \int_{-1/2}^{1/2} \Gamma_{xx}(f) \mathrm{d}f \tag{13.1.30}$$

因此 $\Gamma_{xx}(f)$ 是功率分布，它是频率的函数，即 $\Gamma_{xx}(f)$ 是随机过程 $X(n)$ 的功率谱密度。前面关于 $\Gamma_{xx}(F)$ 的性质对 $\Gamma_{xx}(f)$ 也成立。

13.1.7 离散时间随机过程的时间平均

尽管前面使用均值和自相关序列等统计平均描述了随机过程，但我们在实际中通常只具有随机过程的单个实现。下面考虑从单个实现得到随机过程的平均的问题。为此，随机过程必须是**各态历经的**。

根据定义，如果所有的统计平均都能由随机过程 $X(n)$ 的单个样本函数以概率 1 确定，该随机过程就是各态历经的。实际上，如果由单个实现得到的时间平均等于统计（集合）平均，随机过程就是各态历经的。在这个条件下，我们就可由单个实现的时间平均来估计集合平均。

为了说明这一点，下面考虑如何由单个实现 $x(n)$ 来估计随机过程的均值和自相关函数。因为我们只对这两个矩感兴趣，所以我们定义关于这些参数的各态历经性。对于均值各态历经和自相关各态历经的细节，请读者参阅 Papoulis (1984)。

13.1.8 均值各态历经过程

已知均值为

$$m_x = E(X_n)$$

的一个平稳随机过程，我们形成**时间平均**

$$\hat{m}_x = \frac{1}{2N+1} \sum_{n=-N}^{N} x(n) \tag{13.1.31}$$

一般来说，我们将式（13.1.31）中的 $\hat{m}_x$ 视为其值随随机过程的不同实现而变化的统计平均的一个估计。因此，$\hat{m}_x$ 是概率密度函数 $p(\hat{m}_x)$ 的一个随机变量。下面在 $X(n)$ 的所有可能实现上计算 $\hat{m}_x$ 的期望值。因为求和与期望是线性运算，所以可以互换，使得

$$E(\hat{m}_x) = \frac{1}{2N+1} \sum_{n=-N}^{N} E[x(n)] = \frac{1}{2N+1} \sum_{n=-N}^{N} m_x = m_x \tag{13.1.32}$$

因为估计的均值等于统计平均，所以我们说估计 $\hat{m}_x$ 是无偏的。

接下来计算 $\hat{m}_x$ 的方差。我们有

$$\mathrm{var}(\hat{m}_x) = E\left(\left|\hat{m}_x\right|^2\right) - \left|m_x\right|^2$$

但

$$E\left(\left|\hat{m}_x\right|^2\right) = \frac{1}{(2N+1)^2} \sum_{n=-N}^{N} \sum_{k=-N}^{N} E\left[x^*(n)x(k)\right] = \frac{1}{(2N+1)^2} \sum_{n=-N}^{N} \sum_{k=-N}^{N} \gamma_{xx}(k-n)$$

$$= \frac{1}{(2N+1)} \sum_{m=-2N}^{2N} \left(1 - \frac{|m|}{2N+1}\right) \gamma_{xx}(m)$$

因此，

$$\mathrm{var}(\hat{m}_x) = \frac{1}{2N+1} \sum_{m=-2N}^{2N} \left(1 - \frac{|m|}{2N+1}\right) \gamma_{xx} - \left|m_x\right|^2 = \frac{1}{2N+1} \sum_{m=-2N}^{2N} \left(1 - \frac{|m|}{2N+1}\right) c_{xx}(m) \tag{13.1.33}$$

如果 $N \to \infty$ 时 $\mathrm{var}(m_x) \to 0$，那么估计以概率 1 收敛到统计平均 m_x。因此，如果

$$\lim_{N \to \infty} \frac{1}{2N+1} \sum_{m=-2N}^{2N} \left(1 - \frac{|m|}{2N+1}\right) c_{xx}(m) = 0 \tag{13.1.34}$$

那么过程 $X(n)$ 是均值各态历经的。在该条件下，当 $N \to \infty$ 时，极限中的估计 $\hat{m}_x$ 等于统计平均，即

$$m_x = \lim_{N \to \infty} \frac{1}{2N+1} \sum_{n=-N}^{N} x(n) \tag{13.1.35}$$

因此，当 $N \to \infty$ 时，极限中的时间平均均值等于集合平均。

式（13.1.34）成立的充分条件是

$$\sum_{m=-\infty}^{\infty} \left| c_{xx}(m) \right| < \infty \tag{13.1.36}$$

这意味着当 $m \to \infty$ 时有 $c_{xx}(m) \to 0$。该条件对于真实世界中遇到的大多数零均值过程都成立。

13.1.9 相关各态历经过程

下面考虑由过程的单个实现估计自相关函数 $\gamma_{xx}(m)$。沿用前面的记号，我们将（对复信号的）估计记为

$$r_{xx}(m) = \frac{1}{2N+1} \sum_{n=-N}^{N} x^*(n)x(n+m) \tag{13.1.37}$$

对于任意给定的滞后 m，我们再次将 $r_{xx}(m)$ 视为一个随机变量，因为它是该具体实现的一个函数。期望值（所有实现的均值）为

$$E\left[r_{xx}(m)\right] = \frac{1}{2N+1} \sum_{n=-N}^{N} E\left[x^*(n)x(n+m)\right] = \frac{1}{2N+1} \sum_{n=-N}^{N} \gamma_{xx}(m) = \gamma_{xx}(m) \tag{13.1.38}$$

因此，时间平均自相关的期望值等于统计平均。于是，我们就得到了 $\gamma_{xx}(m)$ 的一个无偏估计。

为了确定估计 $r_{xx}(m)$ 的方差，我们计算 $\left| r_{xx}(m) \right|^2$ 的期望值，并减去均值的平方：

$$\text{var}\left[r_{xx}(m)\right] = E\left[\left|r_{xx}(m)\right|^2\right] - \left|\gamma_{xx}(m)\right|^2 \tag{13.1.39}$$

但是

$$E\left[\left|r_{xx}(m)\right|^2\right] = \frac{1}{(2N+1)^2} \sum_{n=-N}^{N} \sum_{k=-N}^{N} E\left[x^*(n)x(n+m)x(k)x^*(k+m)\right] \tag{13.1.40}$$

$x^*(n)x(n+m)x(k)x^*(k+m)$ 的期望值刚好是如下随机过程的自相关序列：

$$v_m(n) = x^*(n)x(n+m)$$

因此，式（13.1.40）就可写为

$$E\left[\left|r_{xx}(m)\right|^2\right] = \frac{1}{(2N+1)^2} \sum_{n=-N}^{N} \sum_{k=-N}^{N} \gamma_{vv}^{(m)}(n-k) = \frac{1}{2N+1} \sum_{n=-2N}^{2N} \left(1 - \frac{|n|}{2N+1}\right) \gamma_{vv}^{(m)}(n) \tag{13.1.41}$$

方差为

$$\text{var}\left[r_{xx}(m)\right] = \frac{1}{2N+1} \sum_{n=-2N}^{2N} \left(1 - \frac{|n|}{2N+1}\right) \gamma_{vv}^{(m)}(n) - \left|\gamma_{xx}(m)\right|^2 \tag{13.1.42}$$

如果 $N \to \infty$ 时有 $\text{var}[r_{xx}(m)] \to 0$，估计 $r_{xx}(m)$ 就以概率 1 收敛到统计自相关 $\gamma_{xx}(m)$。在这些条件下，过程是相关各态历经的，且时间平均相关等于统计平均，即

$$\lim_{N \to \infty} \frac{1}{2N+1} \sum_{n=-N}^{N} x^*(n)x(n+m) = \gamma_{xx}(m) \tag{13.1.43}$$

讨论随机信号时，我们假设随机过程是均值各态历经的和相关各态历经的，以便可由过程的单个实现得到均值和自相关的时间平均。

13.1.10 LTI 系统的随机输入信号的相关函数和功率谱

这一推导与 5.3.1 节中的类似，不同之处是，我们现在处理的是 LTI 系统的输入和输出信号的统计均值与自相关。

考虑单位样本响应为$\{h(n)\}$、频率响应为$H(f)$的一个离散时间 LTI 系统。对于这一推导，我们假设$\{h(n)\}$是实的。设$x(n)$是激励系统的一个平稳随机过程$X(n)$的样本函数，并设$y(n)$是系统对$x(n)$的响应。

由关联输入和输出的卷积和，有

$$y(n) = \sum_{k=-\infty}^{\infty} h(k)x(n-k) \qquad (13.1.44)$$

因为$x(n)$是一个随机输入信号，所以输出也是一个随机序列。换言之，对于过程$X(n)$中的每个样本序列$x(n)$，存在输出随机过程$Y(n)$的一个对应样本序列$y(n)$，我们希望将输出随机过程$Y(n)$的统计特性与输入过程的统计特性和系统的特性联系起来。

输出$y(n)$的期望值为

$$m_y \equiv E\big[y(n)\big] = E\left[\sum_{k=-\infty}^{\infty} h(k)x(n-k)\right] = \sum_{k=-\infty}^{\infty} h(k)E\big[x(n-k)\big]$$

$$m_y = m_x \sum_{k=-\infty}^{\infty} h(k) \qquad (13.1.45)$$

根据傅里叶变换关系

$$H(\omega) = \sum_{k=-\infty}^{\infty} h(k)\mathrm{e}^{-\mathrm{j}\omega k} \qquad (13.1.46)$$

有

$$H(0) = \sum_{k=-\infty}^{\infty} h(k) \qquad (13.1.47)$$

这是系统的直流增益。式（13.1.47）中的关系可让我们将式（13.1.45）中的均值写为

$$m_y = m_x H(0) \qquad (13.1.48)$$

输出随机过程的自相关序列定义为

$$\gamma_{yy}(m) = E\Big[y^*(n)y(n+m)\Big]$$

$$= E\left[\sum_{k=-\infty}^{\infty} h(k)x^*(n-k)\sum_{j=-\infty}^{\infty} h(j)x(n+m-j)\right]$$

$$= \sum_{k=-\infty}^{\infty}\sum_{j=-\infty}^{\infty} h(k)h(j)E\Big[x^*(n-k)x(n+m-j)\Big] \qquad (13.1.49)$$

$$= \sum_{k=-\infty}^{\infty}\sum_{j=-\infty}^{\infty} h(k)h(j)\gamma_{xx}(k-j+m)$$

这是用输入的自相关函数和系统的冲激响应表示输出的自相关函数的一般形式。

当输入随机过程是白过程时，也就是说，当$m_x = 0$和

$$\gamma_{xx}(m) = \sigma_x^2 \delta(m) \qquad (13.1.50)$$

时，其中$\sigma_x^2 \equiv \gamma_{xx}(0)$是输入信号功率，式（13.1.49）可以简化为

$$\gamma_{yy}(m) = \sigma_x^2 \sum_{k=-\infty}^{\infty} h(k)h(k+m) \qquad (13.1.51)$$

在该条件下，输出过程的平均功率为

$$\gamma_{yy}(0) = \sigma_x^2 \sum_{n=-\infty}^{\infty} h^2(n) = \sigma_x^2 \int_{-1/2}^{1/2} |H(f)|^2 \, \mathrm{d}f \qquad (13.1.52)$$

式中使用了帕塞瓦尔定理。

求出$\gamma_{yy}(m)$的功率密度谱后，就可将式（13.1.49）中的关系变换到频域中。于是，有

$$\begin{aligned}
\Gamma_{yy}(\omega) &= \sum_{m=-\infty}^{\infty} \gamma_{yy}(m) \mathrm{e}^{-\mathrm{j}\omega m} \\
&= \sum_{m=-\infty}^{\infty} \left[\sum_{k=-\infty}^{\infty} \sum_{l=-\infty}^{\infty} h(k)h(l)\gamma_{xx}(k-l+m) \right] \mathrm{e}^{-\mathrm{j}\omega m} \\
&= \sum_{k=-\infty}^{\infty} \sum_{l=-\infty}^{\infty} h(k)h(l) \left[\sum_{m=-\infty}^{\infty} \gamma_{xx}(k-l+m)\mathrm{e}^{-\mathrm{j}\omega m} \right] \\
&= \Gamma_{xx}(f) \left[\sum_{k=-\infty}^{\infty} h(k)\mathrm{e}^{\mathrm{j}\omega k} \right] \left[\sum_{l=-\infty}^{\infty} h(l)\mathrm{e}^{-\mathrm{j}\omega l} \right] \\
&= |H(\omega)|^2 \Gamma_{xx}(\omega)
\end{aligned} \qquad (13.1.53)$$

这是用输入过程的功率密度谱和系统的频率响应表示的输出过程的功率密度谱的期望关系。

具有随机输入的连续时间系统的等效表达式为

$$\Gamma_{yy}(F) = |H(F)|^2 \Gamma_{xx}(F) \qquad (13.1.54)$$

式中，功率谱密度 $\Gamma_{yy}(F)$ 和 $\Gamma_{xx}(F)$ 分别是自相关函数$\gamma_{yy}(\tau)$和$\gamma_{xx}(\tau)$的傅里叶变换；$H(F)$是系统的频率响应，它通过傅里叶变换与系统的冲激响应相关联，即

$$H(F) = \int_{-\infty}^{\infty} h(t)\mathrm{e}^{-\mathrm{j}2\pi F t} \mathrm{d}t \qquad (13.1.55)$$

最后，我们求输出$y(n)$和输入信号 $x(n)$的互相关。式（13.1.44）的两边同乘 $x^*(n-m)$并取期望值，得到

$$E\left[y(n)x^*(n-m) \right] = E\left[\sum_{k=-\infty}^{\infty} h(k)x^*(n-m)x(n-k) \right] \qquad (13.1.56)$$

$$\gamma_{yx}(m) = \sum_{k=-\infty}^{\infty} h(k)E\left[x^*(n-m)x(n-k) \right] = \sum_{k=-\infty}^{\infty} h(k)\gamma_{xx}(m-k)$$

因为式（13.1.56）具有卷积形式，所以频域等效表达式为

$$\Gamma_{yx}(\omega) = H(\omega)\Gamma_{xx}(\omega) \qquad (13.1.57)$$

在 $x(n)$是白噪声的特殊情况下，式（13.1.57）简化为

$$\Gamma_{yx}(\omega) = \sigma_x^2 H(\omega) \qquad (13.1.58)$$

式中，σ_x^2 是输入噪声功率。这个结果表明，频率响应为 $H(\omega)$的未知系统的识别方法是，首先使用白噪声激励输入，然后求输入序列和输出序列的互相关$\gamma_{yx}(m)$，最后计算$\gamma_{yx}(m)$的傅里叶变换。这些计算的结果与 $H(\omega)$成比例。

13.2 平稳随机过程的新息表示

本节说明宽平稳随机过程可以表示为被白噪声过程激励的一个因果可逆线性系统的输出。系统因果可逆的条件允许我们使用逆系统的输出表示宽平稳随机过程，其中逆系统是一个白噪声过程。

考虑自相关序列为$\{\gamma_{xx}(m)\}$、功率谱密度为 $\Gamma_{xx}(f), |f| \leqslant 1/2$ 的一个宽平稳过程$\{x(n)\}$。假设对

所有 $|f| \leqslant 1/2$，$\Gamma_{xx}(f)$ 是实的和连续的。自相关序列 $\{\gamma_{xx}(m)\}$ 的 z 变换为

$$\Gamma_{xx}(z) = \sum_{m=-\infty}^{\infty} \gamma_{xx}(m) z^{-m} \tag{13.2.1}$$

由此，我们在单位圆上计算 $\Gamma_{xx}(z)$［即代入 $z = \exp(\mathrm{j}2\pi f)$］得到功率谱密度。

现在，假设 $\lg \Gamma_{xx}(z)$ 在包含单位圆的 z 平面的环形区域（$r_1 < |z| < r_2$，其中 $r_1 < 1$，$r_2 > 1$）内是解析的（存在各阶导数）。于是，$\lg \Gamma_{xx}(z)$ 可以展开为洛朗级数

$$\lg \Gamma_{xx}(z) = \sum_{m=-\infty}^{\infty} v(m) z^{-m} \tag{13.2.2}$$

式中，$\{v(m)\}$ 是级数展开中的系数。我们可将 $\{v(m)\}$ 视为 z 变换是 $V(z) = \lg \Gamma_{xx}(z)$ 的序列。等效地，我们可以在单位圆上计算 $\lg \Gamma_{xx}(z)$，

$$\lg \Gamma_{xx}(f) = \sum_{m=-\infty}^{\infty} v(m) \mathrm{e}^{-\mathrm{j}2\pi f m} \tag{13.2.3}$$

以便 $\{v(m)\}$ 是周期函数 $\lg \Gamma_{xx}(f)$ 的傅里叶级数展开中的傅里叶系数。因此，

$$v(m) = \int_{-1/2}^{1/2} \left[\lg \Gamma_{xx}(f) \right] \mathrm{e}^{\mathrm{j}2\pi f m} \mathrm{d}f, \quad m = 0, \pm 1, \cdots \tag{13.2.4}$$

观察发现 $v(m) = v(-m)$，因为 $\Gamma_{xx}(f)$ 是 f 的实偶函数。

由式（13.2.2）可得

$$\Gamma_{xx}(z) = \exp\left[\sum_{m=-\infty}^{\infty} v(m) z^{-m} \right] = \sigma_w^2 H(z) H(z^{-1}) \tag{13.2.5}$$

式中，根据定义有 $\sigma_w^2 = \exp[v(0)]$ 和

$$H(z) = \exp\left[\sum_{m=1}^{\infty} v(m) z^{-m} \right], \quad |z| > r_1 \tag{13.2.6}$$

如果在单位圆上计算式（13.2.5），就可将功率谱密度等效地写为

$$\Gamma_{xx}(f) = \sigma_w^2 \left| H(f) \right|^2 \tag{13.2.7}$$

观察发现

$$\lg \Gamma_{xx}(f) = \lg \sigma_w^2 + \lg H(f) + \lg H^*(f) = \sum_{m=-\infty}^{\infty} v(m) \mathrm{e}^{-\mathrm{j}2\pi f m}$$

根据式（13.2.6）给出的 $H(z)$ 的定义，式（13.2.3）中傅里叶级数的因果部分显然与 $H(z)$ 相关联，而非因果部分与 $H(z^{-1})$ 相关联。傅里叶级数系数 $\{v(m)\}$ 是**倒谱系数**，序列 $\{v(m)\}$ 称为序列 $\{\gamma_{xx}(m)\}$ 的倒谱，见 4.3.7 节中的定义。

系统函数 $H(z)$ 由式（13.2.6）给出的滤波器，在区域 $|z| > r_1 < 1$ 上是解析的。因此，在该区域中，它像因果系统那样具有形如下式的泰勒级数展开：

$$H(z) = \sum_{m=0}^{\infty} h(n) z^{-n} \tag{13.2.8}$$

该滤波器对功率谱密度为 σ_w^2 的白噪声输入序列 $w(n)$ 的输出，是功率谱密度为 $\Gamma_{xx}(f) = \sigma_w^2 \left| H(f) \right|^2$ 的平稳随机过程 $\{x(n)\}$。相反，功率谱密度为 $\Gamma_{xx}(f)$ 的平稳随机过程 $\{x(n)\}$ 可以变换为一个白噪声过程，方法是使用系统函数为 $1/H(z)$ 的一个线性滤波器。我们称该滤波器为噪声**白化滤波器**，称其输出 $\{w(n)\}$ 为与平稳随机过程 $\{x(n)\}$ 相关联的**新息过程**。图 13.2.1 显示了这两个关系。

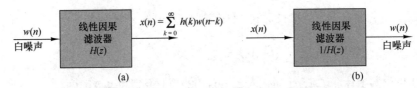

图 13.2.1　(a)由白噪声生成随机过程 $x(n)$ 的滤波器；(b)逆滤波器

将平稳随机过程 $\{x(n)\}$ 表示为由式（13.2.8）给出的系统函数 $H(z)$ 的一个 IIR 滤波器被白噪声序列 $\{w(n)\}$ 激励的输出，称为 **Wold 表示**。

13.2.1　有理功率谱

下面关注平稳随机过程 $\{x(n)\}$ 的功率谱密度是有理函数的情形，它表示为

$$\Gamma_{xx}(z)=\sigma_w^2\frac{B(z)B(z^{-1})}{A(z)A(z^{-1})},\qquad r_1<|z|<r_2 \tag{13.2.9}$$

式中，多项式 $B(z)$ 和 $A(z)$ 的根位于 z 平面上的单位圆内部。于是，由白噪声序列 $\{w(n)\}$ 生成随机过程 $\{x(n)\}$ 的线性滤波器 $H(z)$ 也是有理的，且可表示为

$$H(z)=\frac{B(z)}{A(z)}=\frac{\displaystyle\sum_{k=0}^{q}b_k z^{-k}}{1+\displaystyle\sum_{k=1}^{p}a_k z^{-k}}\qquad |z|>r_1 \tag{13.2.10}$$

式中，$\{b_k\}$ 和 $\{a_k\}$ 是分别确定 $H(z)$ 的零点位置和极点位置的滤波器系数。于是，$H(z)$ 是因果的、稳定的和最小相位的，其倒数 $1/H(z)$ 也是因果的、稳定的和最小相位的线性系统。因此，随机过程 $\{x(n)\}$ 唯一地表示了新息过程 $\{w(n)\}$ 的统计特性，反之亦然。

对于具有式（13.2.10）给出的有理系统函数 $1/H(z)$ 的线性系统，输出 $x(n)$ 和输入 $w(n)$ 通过如下差分方程相联系：

$$x(n)+\sum_{k=1}^{p}a_k x(n-k)=\sum_{k=0}^{q}b_k w(n-k) \tag{13.2.11}$$

下面区分三种特定情况。

自回归（Autoregressive，AR）过程。$b_0=1$，$b_k=0$，$k>0$。在这种情况下，线性滤波器 $H(z)=1/A(z)$ 是一个全极点滤波器，且用于输入输出关系的差分方程为

$$x(n)+\sum_{k=1}^{p}a_k x(n-k)=w(n) \tag{13.2.12}$$

反之，产生新息过程的噪声白化滤波器是一个全零点滤波器。

滑动平均（Moving Average，MA）过程。$a_k=0$，$k\geqslant1$。在这种情况下，线性滤波器 $H(z)=B(z)$ 是一个全零点滤波器，且用于输入输出关系的差分方程为

$$x(n)=\sum_{k=0}^{q}b_k w(n-k) \tag{13.2.13}$$

滑动平均过程的噪声白化滤波器是一个全极点滤波器。

自回归滑动平均（ARMA）过程。在这种情况下，线性滤波器 $H(z)=B(z)/A(z)$ 在 z 平面上既有极点又有零点，且对应的差分方程由式（13.2.11）给出。由 $x(n)$ 产生新息过程的逆系统也是形如 $1/H(z)=A(z)/B(z)$ 的一个零极点系统。

13.2.2 滤波器参数与自相关序列之间的关系

当平稳随机过程的功率谱密度是一个有理函数时，在自相关序列 $\{\gamma_{xx}(m)\}$ 与对白噪声序列 $w(n)$ 滤波产生该过程的线性滤波器 $H(z)$ 的参数 $\{a_k\}$ 和 $\{b_k\}$ 之间，存在一个基本关系，它可以通过将 $x^*(n-m)$ 乘以式（13.2.11）中的差分方程，并对所得公式的两边取期望值得到。于是，有

$$E\left[x(n)x^*(n-m)\right] = -\sum_{k=1}^{p} a_k E\left[x(n-k)x^*(n-m)\right] + \sum_{k=0}^{q} b_k E\left[w(n-k)x^*(n-m)\right] \quad (13.2.14)$$

因此，

$$\gamma_{xx}(m) = -\sum_{k=1}^{p} a_k \gamma_{xx}(m-k) + \sum_{k=0}^{q} b_k \gamma_{wx}(m-k) \quad (13.2.15)$$

式中，$\gamma_{wx}(m)$ 是 $w(n)$ 和 $x(n)$ 的互相关序列。

互相关 $\gamma_{wx}(m)$ 与滤波器的冲激响应有关，即

$$\gamma_{wx}(m) = E\left[x^*(n)w(n+m)\right] = E\left[\sum_{k=0}^{\infty} h(k)w^*(n-k)w(n+m)\right] = \sigma_w^2 h(-m) \quad (13.2.16)$$

式中的最后一步利用了序列 $w(n)$ 是白的这一事实。因此，

$$\gamma_{wx}(m) = \begin{cases} 0, & m > 0 \\ \sigma_w^2 h(-m), & m \leqslant 0 \end{cases} \quad (13.2.17)$$

联立式（13.2.17）和式（13.2.15），得到期望的关系为

$$\gamma_{xx}(m) = \begin{cases} -\sum_{k=1}^{p} a_k \gamma_{xx}(m-k), & m > q \\ -\sum_{k=1}^{p} a_k \gamma_{xx}(m-k) + \sigma_w^2 \sum_{k=0}^{q-m} h(k)b_{k+m}, & 0 \leqslant m \leqslant q \\ \gamma_{xx}^*(-m), & m < 0 \end{cases} \quad (13.2.18)$$

它表示 $\gamma_{xx}(m)$ 和参数 $\{a_k\}$，$\{b_k\}$ 之间存在非线性关系。

一般来说，式（13.2.18）中的关系适用于 ARMA 过程。对于 AR 过程，式（13.2.18）简化为

$$\gamma_{xx}(m) = \begin{cases} -\sum_{k=1}^{p} a_k \gamma_{xx}(m-k), & m > 0 \\ -\sum_{k=1}^{p} a_k \gamma_{xx}(m-k) + \sigma_w^2, & m = 0 \\ \gamma_{xx}^*(-m), & m < 0 \end{cases} \quad (13.2.19)$$

于是，我们就得到了 $\gamma_{xx}(m)$ 和参数 $\{a_k\}$ 之间的线性关系。这些方程称为 **Yule-Walker 方程**，可用矩阵表示为

$$\begin{bmatrix} \gamma_{xx}(0) & \gamma_{xx}(-1) & \gamma_{xx}(-2) & \cdots & \gamma_{xx}(-p) \\ \gamma_{xx}(1) & \gamma_{xx}(0) & \gamma_{xx}(-1) & \cdots & \gamma_{xx}(-p+1) \\ \vdots & \vdots & \vdots & \ddots & \vdots \\ \gamma_{xx}(p) & \gamma_{xx}(p-1) & \gamma_{xx}(p-2) & \cdots & \gamma_{xx}(0) \end{bmatrix} \begin{bmatrix} 1 \\ a_1 \\ \vdots \\ a_p \end{bmatrix} = \begin{bmatrix} \sigma_w^2 \\ 0 \\ \vdots \\ 0 \end{bmatrix} \quad (13.2.20)$$

这个相关矩阵是托普利兹矩阵，因此可用 13.4 节介绍的算法高效地求逆。

最后，在式（13.2.18）中令 $a_k = 0$, $1 \leqslant k \leqslant p$ 和 $h(k) = b_k$, $0 \leqslant k \leqslant q$，得到 MA 过程情况下的自相关序列的关系，即

$$\gamma_{xx}(m) = \begin{cases} \sigma_w^2 \sum_{k=0}^{q} b_k b_{k+m}, & 0 \leqslant m \leqslant q \\ 0, & m > q \\ \gamma_{xx}^*(-m), & m < 0 \end{cases} \tag{13.2.21}$$

13.3 正向和反向线性预测

在数字信号处理中，线性预测是许多实际应用的重要主题。本节介绍时间上正向或反向线性预测一个平稳随机过程的值的问题。这种表述将得到格型滤波器结构以及参数信号模型的一些有趣联系。

13.3.1 正向线性预测

下面由一个平稳随机过程的过去值来预测其未来值。例如，考虑**单步正向线性预测器**，它由过去值 $x(n-1)$, $x(n-2), \cdots, x(n-p)$ 的加权线性组合来形成 $x(n)$ 的预测值。因此，$x(n)$ 的线性预测值为

$$\hat{x}(n) = -\sum_{k=1}^{p} a_p(k) x(n-k) \tag{13.3.1}$$

式中，$\{-a_p(k)\}$ 表示线性组合中的权重。这些权重称为 p 阶单步正向线性预测器的**预测系数**。$x(n)$ 的定义中的负号是为了数学上的方便，也是为了与技术文献中的现行做法保持一致。

值 $x(n)$ 与预测值 $\hat{x}(n)$ 之间的差称为**正向预测误差**，记为 $f_p(n)$：

$$f_p(n) = x(n) - \hat{x}(n) = x(n) + \sum_{k=1}^{p} a_p(k) x(n-k) \tag{13.3.2}$$

我们将线性预测等效地视为线性滤波，其中预测器已被嵌入滤波器，如图 13.3.1 所示。这种滤波器称为**预测误差滤波器**，其输入序列是 $\{x(n)\}$，输出序列是 $\{f_p(n)\}$。预测误差滤波器的一种等效实现形式如图 13.3.2 所示。这个实现是系统函数为

$$A_p(z) = \sum_{k=0}^{p} a_p(k) z^{-k} \tag{13.3.3}$$

的直接型 FIR 滤波器，其中，根据定义有 $a_p(0) = 1$。

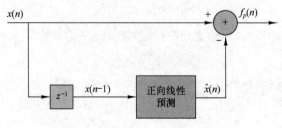

图 13.3.1　正向线性预测

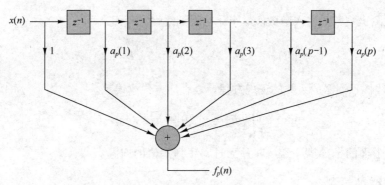

图 13.3.2 预测误差滤波器

正如 9.2.4 节所示，直接型 FIR 滤波器等效于一个全零点格型滤波器。格型滤波器通常可用下面的**阶递归方程组**描述：

$$f_0(n) = g_0(n) = x(n)$$
$$f_m(n) = f_{m-1}(n) + K_m g_{m-1}(n-1), \qquad m = 1, 2, \cdots, p \tag{13.3.4}$$
$$g_m(n) = K_m^* f_{m-1}(n) + g_{m-1}(n-1), \qquad m = 1, 2, \cdots, p$$

式中，$\{K_m\}$ 是反射系数，而 $g_m(n)$ 是在下一节中定义的反向预测误差。观察发现，对于复数据，K_m 的共轭已在 $g_m(n)$ 的方程中使用。图 13.3.3 以框图形式显示了一个 p 级格型滤波器和一个显示了式（13.3.4）给出的计算的典型级。

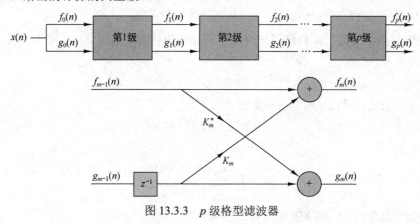

图 13.3.3 p 级格型滤波器

直接型预测误差 FIR 滤波器和 FIR 格型滤波器之间的等效结果是，p 级格型滤波器的输出可以表示为

$$f_p(n) = \sum_{k=0}^{p} a_p(k) x(n-k), \quad a_p(0) = 1 \tag{13.3.5}$$

因为式（13.3.5）是一个卷积和，所以 z 变换关系为

$$F_p(z) = A_p(z) X(z) \tag{13.3.6}$$

或者等效地为

$$A_p(z) = \frac{F_p(z)}{X(z)} = \frac{F_p(z)}{F_0(z)} \tag{13.3.7}$$

正向线性预测误差 $f_p(n)$ 的均方值为

$$\varepsilon_p^f = E\left[\left| f_p(n) \right|^2 \right] = \gamma_{xx}(0) + 2\Re\left[\sum_{k=1}^{p} a_p^*(k) \gamma_{xx}(k) \right] + \sum_{k=1}^{p} \sum_{l=1}^{p} a_p^*(l) a_p(k) \gamma_{xx}(l-k) \tag{13.3.8}$$

式中，ε_p^f 是预测器系数的二次函数，最小化它得到线性方程组：

$$\gamma_{xx}(l) = -\sum_{k=1}^{p} a_p(k)\gamma_{xx}(l-k), \qquad l = 1,2,\cdots,p \tag{13.3.9}$$

这些方程称为线性预测器的系数的**正规方程**。最小均方预测误差是

$$\min\left[\varepsilon_p^f\right] \equiv E_p^f = \gamma_{xx}(0) + \sum_{k=1}^{p} a_p(k)\gamma_{xx}(-k) \tag{13.3.10}$$

下一节将上面的推导推广到反向预测时间序列的值的问题。

13.3.2 反向线性预测

假设我们有来自一个平稳随机过程的数据序列 $x(n), x(n-1),\cdots, x(n-p+1)$，并且希望预测该过程的值 $x(n-p)$。在这种情况下，我们使用 **p 阶单步反向线性预测器**。因此，

$$\hat{x}(n-p) = -\sum_{k=0}^{p-1} b_p(k)x(n-k) \tag{13.3.11}$$

值 $x(n-p)$ 和估计 $\hat{x}(n-p)$ 的差称为**反向预测误差**，记为 $g_p(n)$：

$$g_p(n) = x(n-p) + \sum_{k=0}^{p-1} b_p(k)x(n-k) = \sum_{k=0}^{p} b_p(k)x(n-k), \quad b_p(p) = 1 \tag{13.3.12}$$

反向预测器可以使用类似于图 13.3.1 中的直接型 FIR 滤波器结构或格型结构实现。图 13.3.3 中的格型结构既提供反向线性预测器，又提供正向线性预测器。

反向线性预测器的加权系数是正向线性预测器的加权系数的复共轭，但是反序出现的。于是，有

$$b_p(k) = a_p^*(p-k), \qquad k = 0,1,\cdots,p \tag{13.3.13}$$

在 z 域中，式（13.3.12）的卷积和变成

$$G_p(z) = B_p(z)X(z) \tag{13.3.14}$$

或者等效地变成

$$B_p(z) = \frac{G_p(z)}{X(z)} = \frac{G_p(z)}{G_0(z)} \tag{13.3.15}$$

式中，$B_p(z)$ 表示系数为 $b_p(k)$ 的 FIR 滤波器的系统函数。

因为 $b_p(k) = a^*(p-k)$，所以 $G_p(z)$ 与 $A_p(z)$ 有关，即

$$B_p(z) = \sum_{k=0}^{p} b_p(k)z^{-k} = \sum_{k=0}^{p} a_p^*(p-k)z^{-k} = z^{-p}\sum_{k=0}^{p} a_p^*(k)z^{k} = z^{-p}A_p^*(z^{-1}) \tag{13.3.16}$$

式（13.3.16）中的关系表明系统函数为 $B_p(z)$ 的 FIR 滤波器的零点是 $A_p(z)$ 的零点的（共轭）倒数。因此，$B_p(z)$ 称为 $A_p(z)$ 的**倒数**或**逆多项式**。

建立正向和反向单步预测器的这些有趣关系后，下面将式（13.3.4）中的递归格型方程变换到 z 域中。于是，有

$$F_0(z) = G_0(z) = X(z)$$
$$F_m(z) = F_{m-1}(z) + K_m z^{-1}G_{m-1}(z), \qquad m = 1,2,\cdots,p \tag{13.3.17}$$
$$G_m(z) = K_m^* F_{m-1}(z) + z^{-1}G_{m-1}(z), \qquad m = 1,2,\cdots,p$$

将每个等式都除以 $X(z)$，得到如下的期望结果：

$$A_0(z) = B_0(z) = 1$$

$$A_m(z) = A_{m-1}(z) + K_m z^{-1} B_{m-1}(z) \qquad m = 1, 2, \cdots, p$$

$$B_m(z) = K_m^* A_{m-1}(z) + z^{-1} B_{m-1}(z) \qquad m = 1, 2, \cdots, p \tag{13.3.18}$$

于是，格型滤波器在 z 域中就可由下面的矩阵方程描述：

$$\begin{bmatrix} A_m(z) \\ B_m(z) \end{bmatrix} = \begin{bmatrix} 1 & K_m z^{-1} \\ K_m^* & z^{-1} \end{bmatrix} \begin{bmatrix} A_{m-1}(z) \\ B_{m-1}(z) \end{bmatrix} \tag{13.3.19}$$

式（13.3.18）中 $A_m(z)$ 和 $B_m(z)$ 的关系可让我们由反射系数 $\{K_m\}$ 得到直接型 FIR 滤波器的系数 $\{a_m(k)\}$，反之亦然。这些关系已在 9.2.4 节中由式（9.2.51）至式（9.2.53）给出。

参数为 $K_1, K_2, \cdots, K_p$ 的格型结构对应于系统函数为 $A_1(z), A_2(z), \cdots, A_p(z)$ 的一类 p 个直接型 FIR 滤波器。注意，表征这组 p 个直接型 FIR 滤波器需要 $p(p+1)/2$ 个滤波器系数，而格型表征只需要 p 个反射系数 $\{K_i\}$。格型能为这组 p 个 FIR 滤波器提供更简洁表示的原因是，对格型追加多级不改变前面各级的参数。另一方面，对有 $p-1$ 级的格型追加第 p 级等效于以一个系数增加 FIR 滤波器的长度。得到的系统函数为 $A_p(z)$ 的 FIR 滤波器的系数，完全不同于系统函数为 $A_{p-1}(z)$ 的低阶 FIR 滤波器的系数。

递归地求滤波器系数 $\{a_p(k)\}$ 的公式很容易由多项式关系式（13.3.18）推出。我们有

$$A_m(z) = A_{m-1}(z) + K_m z^{-1} B_{m-1}(z)$$

$$\sum_{k=0}^{m} a_m(k) z^{-k} = \sum_{k=0}^{m-1} a_{m-1}(k) z^{-k} + K_m \sum_{k=0}^{m-1} a_{m-1}^*(m-1-k) z^{-(k+1)} \tag{13.3.20}$$

使 z^{-1} 的等幂系数相等，因为对 $m = 1, 2, \cdots, p$ 有 $a_m(0) = 1$，得到 FIR 滤波器系数的期望递归方程为

$$a_m(0) = 1, \quad a_m(m) = K_m$$

$$a_m(k) = a_{m-1}(k) + K_m a_{m-1}^*(m-k) \tag{13.3.21}$$

$$= a_{m-1}(k) + a_m(m) a_{m-1}^*(m-k), \quad 1 \leqslant k \leqslant m-1, \ m = 1, 2, \cdots, p$$

从直接型 FIR 滤波器系数 $\{a_p(k)\}$ 到格型反射系数 $\{K_i\}$ 的转换公式也非常简单。对于 p 级格型，我们得到反射系数 $K_p = a_p(p)$。要得到 $K_{p-1}, \cdots, K_1$，需要 $m = p-1, \cdots, 1$ 时的多项式 $A_m(z)$。由式（13.3.19）得

$$A_{m-1}(z) = \frac{A_m(z) - K_m B_m(z)}{1 - |K_m|^2}, \qquad m = p, \cdots, 1 \tag{13.3.22}$$

这是一个递减递归。于是，我们从 $A_{p-1}(z)$ 开始计算所有的低次多项式 $A_m(z)$，并由关系 $K_m = a_m(m)$ 得到期望的格型反射系数。观察发现，对于 $m = 1, 2, \cdots, p-1$，只要 $|K_m| \neq 1$，过程就会继续。由该多项式的递减递归，得到递归或直接计算 K_m，$m = p-1, \cdots, 1$ 的公式相对容易。对于 $m = p-1, \cdots, 1$，有

$$K_m = a_m(m)$$

$$a_{m-1}(k) = \frac{a_m(k) - K_m b_m(k)}{1 - |K_m|^2} = \frac{a_m(k) - a_m(m) a_m^*(m-k)}{1 - |a_m(m)|^2} \tag{13.3.23}$$

这就是对多项式 $A_m(z)$ 执行 Schur-Cohn 稳定性测试中的递归。

如前所述，如果任何格型参数 $|K_m| = 1$，式（13.3.23）中的递归就会停止。如果递归停止，就表明多项式 $A_{m-1}(z)$ 有一个根在单位圆上。这样的一个根可从 $A_{m-1}(z)$ 中分解出来，并对降阶系统执行式（13.3.23）中的迭代过程。

最后考虑反向线性预测器中的最小化均方误差。反向预测误差为

$$g_p(n) = x(n-p) + \sum_{k=0}^{p-1} b_p(k)x(n-k) = x(n-p) + \sum_{k=1}^{p} a_p^*(k)x(n-p+k) \tag{13.3.24}$$

其均方值为

$$\varepsilon_p^b = E\left[\left|g_p(n)\right|^2\right] \tag{13.3.25}$$

相对于预测系数最小化ε_p^b，得到与式（13.3.9）一样的线性方程组。因此，最小均方误差（Mean-Square Error，MSE）为

$$\min\left[\varepsilon_p^b\right] \equiv E_p^b = E_p^f \tag{13.3.26}$$

它已由式（13.3.10）给出。

13.3.3 格型正向和反向预测器的最优反射系数

13.3.1 节和 13.3.2 节推导了使预测误差均方值最小的预测器系数的线性方程组。本节考虑格型预测器中反射系数的优化，以及用正向和反向预测误差表示反射系数的问题。

格型滤波器的正向预测误差表示为

$$f_m(n) = f_{m-1}(n) + K_m g_{m-1}(n-1) \tag{13.3.27}$$

$E\left[\left|f_m(n)\right|^2\right]$相对于反射系数$K_m$的最小化得到

$$K_m = \frac{-E\left[f_{m-1}(n)g_{m-1}^*(n-1)\right]}{E\left[\left|g_{m-1}(n-1)\right|^2\right]} \tag{13.3.28}$$

或者等效地得到

$$K_m = \frac{-E\left[f_{m-1}(n)g_{m-1}^*(n-1)\right]}{\sqrt{E_{m-1}^f E_{m-1}^b}} \tag{13.3.29}$$

式中，$E_{m-1}^f = E_{m-1}^b = E\left[\left|g_{m-1}(n-1)\right|^2\right] = E\left[\left|f_{m-1}(n)\right|^2\right]$。

观察发现，格型预测器中反射系数的最优选择是格型中正向误差和反向误差之间（归一化）的互相关系数的负值[①]。因为由式（13.3.28）明显有$|K_m| \leqslant 1$，可以证明递归地表示为

$$E_m^f = (1-|K_m|^2)E_{m-1}^f \tag{13.3.30}$$

的预测误差的最小均方值是一个单调递减序列。

13.3.4 AR 过程和线性预测的关系

一个 AR(p)过程的参数与相同过程的一个 p 阶预测器紧密相关。为了看出这一关系，回顾可知在一个 AR(p)过程中，自相关序列$\{\gamma_{xx}(m)\}$通过式（13.2.19）或式（13.2.20）中的 Yule-Walker 方程与参数$\{a_k\}$相关联。p 阶预测器的对应方程由式（13.3.9）和式（13.3.10）给出。

直接比较这两组关系式可知，AR(p)过程的参数$\{a_k\}$和 p 阶预测器的预测器系数$\{a_p(k)\}$之间存在一一对应关系。事实上，如果基本过程$\{x(n)\}$是 AR(p)过程，那么 p 阶预测器的预测系数为$\{a_k\}$。此外，p 阶预测器中的最小均方误差（MMSE）E_p^f等于白噪声过程的方差σ_w^2。在这种情况下，预测误差滤波器是一个产生新息序列$\{w(n)\}$的噪声白化滤波器。

---

① 格型中正向误差和反向误差之间的归一化互相关系数即$\{-K_m\}$常称部分相关（PARCOR）系数。

13.4 正规方程的解

在前一节中，我们发现最小化正向预测误差的均方值会得到由式（13.3.9）给出的预测器系数的线性方程组。这些方程称为**正规方程**，可以简洁地写为

$$\sum_{k=0}^{p} a_p(k)\gamma_{xx}(l-k)=0, \quad l=1,2,\cdots,p; \quad a_p(0)=1 \tag{13.4.1}$$

所得最小均方误差（Minimum MSE，MMSE）由式（13.3.10）给出。如果将式（13.3.10）增广到式（13.4.1）给出的正规方程中，就得到**增广正规方程**，它表示为

$$\sum_{k=0}^{p} a_p(k)\gamma_{xx}(l-k)=\begin{cases} E_p^f, & l=0 \\ 0, & l=1,2,\cdots,p \end{cases} \tag{13.4.2}$$

观察还发现，如果随机过程是一个 AR(p)过程，那么 $E_p^f=\sigma_w^2$。

本节介绍一个求解正规方程的高效算法。在 Levinson (1947)中提出并在 Durbin (1959)中修正的该算法称为 **Levinson-Durbin 算法**，适合串行处理，计算复杂度为 $O(p^2)$。另一个算法来自 Schur (1917)，它计算反射系数，计算复杂度也为 $O(p^2)$，但采用的是并行处理器，计算可在 $O(p)$ 时间内完成。两个算法都使用了自相关矩阵固有的托普利兹（Toeplitz）对称性。下面介绍 Levinson-Durbin 算法。Schur 算法在本书此前的版本中讨论过。

13.4.1 Levinson-Durbin 算法

Levinson-Durbin 算法是求解正规方程（13.4.1）中的预测系数的高效算法，它利用了如下自相关矩阵的特殊对称性：

$$\Gamma_p=\begin{bmatrix} \gamma_{xx}(0) & \gamma_{xx}^*(1) & \cdots & \gamma_{xx}^*(p-1) \\ \gamma_{xx}(1) & \gamma_{xx}(0) & \cdots & \gamma_{xx}^*(p-2) \\ \vdots & \vdots & \ddots & \vdots \\ \gamma_{xx}(p-1) & \gamma_{xx}(p-2) & \cdots & \gamma_{xx}(0) \end{bmatrix} \tag{13.4.3}$$

观察发现 $\Gamma_p(i,j)=\Gamma_p(i-j)$，所以该自相关矩阵是一个**托普利兹矩阵**。因为 $\Gamma_p(i,j)=\Gamma_p^*(j,i)$，所以该矩阵也是厄米特共轭矩阵。

Levinson-Durbin 方法利用矩阵的托普利兹性质来求解的关键是递归地执行处理：从阶为 $m=1$（一个系数）的预测器开始，递归地增大阶，使用低阶的解得到下一个高阶的解。于是，求解式（13.4.1）得到的一阶预测器的解为

$$a_1(1)=-\frac{\gamma_{xx}(1)}{\gamma_{xx}(0)} \tag{13.4.4}$$

得到的最小均方误差为

$$E_1^f=\gamma_{xx}(0)+a_1(1)\gamma_{xx}(-1)=\gamma_{xx}(0)\left[1-\left|a_1(1)\right|^2\right] \tag{13.4.5}$$

回顾可知 $a_1(1)=K_1$，它是格型滤波器的第一个反射系数。

下一步是求解二阶预测器的系数 $\{a_2(1),\ a_2(2)\}$，并用 $a_1(1)$ 来表示这个解。由式（13.4.1）得到的两个方程为

$$\begin{aligned} a_2(1)\gamma_{xx}(0)+a_2(2)\gamma_{xx}^*(1)&=-\gamma_{xx}(1) \\ a_2(1)\gamma_{xx}(1)+a_2(2)\gamma_{xx}(0)&=-\gamma_{xx}(2) \end{aligned} \tag{13.4.6}$$

使用式（13.4.4）中的解消去 $\gamma_{xx}(1)$，得到

$$a_2(2) = -\frac{\gamma_{xx}(2) + a_1(1)\gamma_{xx}(1)}{\gamma_{xx}(0)\left[1 - |a_1(1)|^2\right]} = -\frac{\gamma_{xx}(2) + a_1(1)\gamma_{xx}(1)}{E_1^f} \tag{13.4.7}$$

$$a_2(1) = a_1(1) + a_2(2)a_1^*(1)$$

于是，我们就得到了二阶预测器的系数。观察发现 $a_2(2) = K_2$，它是格型滤波器的第二个反射系数。

按照这种方式继续，我们可用 $m-1$ 阶预测器的系数来表示 m 阶预测器的系数。因此，我们可将系数矢量 $\boldsymbol{a}_m$ 写成两个矢量之和，即

$$\boldsymbol{a}_m = \begin{bmatrix} a_m(1) \\ a_m(2) \\ \vdots \\ a_m(m) \end{bmatrix} = \begin{bmatrix} \boldsymbol{a}_{m-1} \\ \cdots \\ 0 \end{bmatrix} + \begin{bmatrix} \boldsymbol{d}_{m-1} \\ \cdots \\ K_m \end{bmatrix} \tag{13.4.8}$$

式中，$\boldsymbol{a}_{m-1}$ 是 $m-1$ 阶预测器的预测器系数矢量，矢量 $\boldsymbol{d}_{m-1}$ 和标量 K_m 待求。下面将 $m \times m$ 维自相关矩阵 $\boldsymbol{\Gamma}_{xx}$ 分割为

$$\boldsymbol{\Gamma}_m = \begin{bmatrix} \boldsymbol{\Gamma}_{m-1} & \boldsymbol{\gamma}_{m-1}^{b*} \\ \boldsymbol{\gamma}_{m-1}^{bt} & \gamma_{xx}(0) \end{bmatrix} \tag{13.4.9}$$

式中，$\boldsymbol{\gamma}_{m-1}^{bt} = [\gamma_{xx}(m-1) \quad \gamma_{xx}(m-2) \quad \cdots \quad \gamma_{xx}(1)] = (\boldsymbol{\gamma}_{m-1}^b)^t$，星号（*）表示复共轭，$\boldsymbol{\gamma}_m^t$ 表示 $\boldsymbol{\gamma}_m$ 的转置。$\boldsymbol{\gamma}_{m-1}$ 的上标 b 表示元素以倒序出现的矢量 $\boldsymbol{\gamma}_{m-1}^t = [\gamma_{xx}(1) \quad \gamma_{xx}(2) \quad \cdots \quad \gamma_{xx}(m-1)]$。

方程 $\boldsymbol{\Gamma}_m \boldsymbol{a}_m = -\boldsymbol{\gamma}_m$ 的解可表示为

$$\begin{bmatrix} \boldsymbol{\Gamma}_{m-1} & \boldsymbol{\gamma}_{m-1}^{b*} \\ \boldsymbol{\gamma}_{m-1}^{bt} & \gamma_{xx}(0) \end{bmatrix} \left\{ \begin{bmatrix} \boldsymbol{a}_{m-1} \\ 0 \end{bmatrix} + \begin{bmatrix} \boldsymbol{d}_{m-1} \\ K_m \end{bmatrix} \right\} = -\begin{bmatrix} \boldsymbol{\gamma}_{m-1} \\ \gamma_{xx}(m) \end{bmatrix} \tag{13.4.10}$$

这是 Levinson-Durbin 算法中的关键一步。由式（13.4.10），我们得到两个方程：

$$\boldsymbol{\Gamma}_{m-1}\boldsymbol{a}_{m-1} + \boldsymbol{\Gamma}_{m-1}\boldsymbol{d}_{m-1} + K_m \boldsymbol{\gamma}_{m-1}^{b*} = -\boldsymbol{\gamma}_{m-1} \tag{13.4.11}$$

$$\boldsymbol{\gamma}_{m-1}^{bt}\boldsymbol{a}_{m-1} + \boldsymbol{\gamma}_{m-1}^{bt}\boldsymbol{d}_{m-1} + K_m \gamma_{xx}(0) = -\gamma_{xx}(m) \tag{13.4.12}$$

因为 $\boldsymbol{\Gamma}_{m-1}\boldsymbol{a}_{m-1} = -\boldsymbol{\gamma}_{m-1}$，所以由式（13.4.11）得到解

$$\boldsymbol{d}_{m-1} = -K_m \boldsymbol{\Gamma}_{m-1}^{-1}\boldsymbol{\gamma}_{m-1}^{b*} \tag{13.4.13}$$

但 $\boldsymbol{\gamma}_{m-1}^{b*}$ 是元素按倒序出现并取共轭的 $\boldsymbol{\gamma}_{m-1}$，所以式（13.4.13）的解是

$$\boldsymbol{d}_{m-1} = K_m \boldsymbol{a}_{m-1}^{b*} = K_m \begin{bmatrix} a_{m-1}^*(m-1) \\ a_{m-1}^*(m-2) \\ \vdots \\ a_{m-1}^*(1) \end{bmatrix} \tag{13.4.14}$$

现在，可用标量方程（13.4.12）来求解 K_m。使用式（13.4.14）消去式（13.4.12）中的 $\boldsymbol{d}_{m-1}$ 得

$$K_m \left[\gamma_{xx}(0) + \boldsymbol{\gamma}_{m-1}^{bt}\boldsymbol{a}_{m-1}^{b*} \right] + \boldsymbol{\gamma}_{m-1}^{bt}\boldsymbol{a}_{m-1} = -\gamma_{xx}(m)$$

因此有

$$K_m = -\frac{\gamma_{xx}(m) + \boldsymbol{\gamma}_{m-1}^{bt}\boldsymbol{a}_{m-1}}{\gamma_{xx}(0) + \boldsymbol{\gamma}_{m-1}^{bt}\boldsymbol{a}_{m-1}^{b*}} \tag{13.4.15}$$

因此，将式（13.4.14）和式（13.4.15）中的解代入式（13.4.8），得到 Levinson-Durbin 算法

中预测器系数的期望递归为

$$a_m(m) = K_m = -\frac{\gamma_{xx}(m) + \gamma_{m-1}^{bt}\boldsymbol{a}_{m-1}}{\gamma_{xx}(0) + \gamma_{m-1}^{bt}\boldsymbol{a}_{m-1}^{b^*}} = -\frac{\gamma_{xx}(m) + \gamma_{m-1}^{bt}\boldsymbol{a}_{m-1}}{E_{m-1}^f} \qquad (13.4.16)$$

$$a_m(k) = a_{m-1}(k) + K_m a_{m-1}^*(m-k) \\ = a_{m-1}(k) + a_m(m)a_{m-1}^*(m-k), \quad k = 1, 2, \cdots, m-1; \ m = 1, 2, \cdots, p \qquad (13.4.17)$$

观察发现式（13.4.17）中的递归关系，等于由多项式 $A_m(z)$ 和 $B_m(z)$ 得到的预测器系数公式（13.3.21）中的递归关系。此外，K_m 是格型预测器的第 m 级中的反射系数。该推导清楚地表明 Levinson-Durbin 算法产生了最优格型预测滤波器的反射系数和最优直接型 FIR 预测器的系数。

最后求最小均方误差的表达式。对于 m 阶预测器，有

$$E_m^f = \gamma_{xx}(0) + \sum_{k=1}^{m} a_m(k)\gamma_{xx}(-k)$$

$$= \gamma_{xx}(0) + \sum_{k=1}^{m} \left[a_{m-1}(k) + a_m(m)a_{m-1}^*(m-k) \right] \gamma_{xx}(-k) \qquad (13.4.18)$$

$$= E_{m-1}^f \left[1 - |a_m(m)|^2 \right] = E_{m-1}^f \left(1 - |K_m|^2 \right), \qquad m = 1, 2, \cdots, p$$

式中，$E_0^f = \gamma_{xx}(0)$。因此反射系数满足性质 $|K_m| \leqslant 1$，所以预测器序列的最小均方误差满足条件

$$E_0^f \geqslant E_1^f \geqslant E_2^f \geqslant \cdots \geqslant E_p^f \qquad (13.4.19)$$

于是，求解线性方程组 $\boldsymbol{\Gamma}_m\boldsymbol{a}_m = -\gamma_m$，$m = 0, 1, \cdots, p$ 的 Levinson-Durbin 算法的推导就结束了。观察发现线性方程组有一个特殊的性质，即等号右边的矢量也作为矢量出现在 $\boldsymbol{\Gamma}_m$ 中。在更一般的情况下，等号右边的矢量是某个其他的矢量，譬如 $\boldsymbol{c}_m$，线性方程组可以递归地求解，方法是引入第二个递归方程来求解这个更一般的线性方程组 $\boldsymbol{\Gamma}_m\boldsymbol{b}_m = \boldsymbol{c}_m$。结果是**广义 Levinson-Durbin 算法**（见习题 13.12）。

由式（13.4.17）给出的 Levinson-Durbin 递归从 m 级到 $m+1$ 级需要 $O(m)$ 次乘法和加法。因此，对于 p 级，求解预测滤波器系数或反射系数需要约 $1 + 2 + 3 + \cdots + p(p+1)/2$ 或 $O(p^2)$ 次运算，而不使用相关矩阵的托普利兹性质时，总运算次数为 $O(p^3)$。

在串行计算机或信号处理器上实现 Levinson-Durbin 算法时，所需的计算时间约为 $O(p^2)$ 个时间单位。另一方面，如果处理是用并行处理机中尽可能多的处理器执行的，以充分利用算法中的并行性，计算式（13.4.17）所需的乘法和加法就可以同时执行。因此，该计算的计算时间是 $O(p)$ 个时间单位。然而，根据式（13.4.16）计算反射系数需要更多的时间。当然，矢量 $\boldsymbol{a}_{m-1}$ 和 γ_{m-1}^b 的内积可以同时计算，方法是采用并行处理器。然而，这些内积的相加不能同时进行，而需要 $O(\lg p)$ 个时间单位。因此，使用 p 个并行处理器执行计算时，Levinson-Durbin 算法中的计算可在 $O(p \lg p)$ 个时间单位内完成。

13.5 线性预测误差滤波器的性质

下面介绍线性预测滤波器的一些重要性质，首先介绍正向预测误差滤波器是最小相位的。

正向预测误差滤波器的最小相位性质。前面说过，反射系数 $\{K_i\}$ 是相关系数，所以对所有 i 有 $|K_i| \leqslant 1$。我们可以使用该条件和关系 $E_m^f = (1 - |K_m|^2)E_{m-1}^f$ 来证明预测误差滤波器的零点要么全在单位圆内部，要么全在单位圆上。

首先，我们证明：如果 $E_p^f > 0$，那么对每个 i 都有零点 $|z_i| < 1$。证明采用归纳法。显然，当

$p = 1$ 时，预测误差滤波器的系统函数为

$$A_1(z) = 1 + K_1 z^{-1} \tag{13.5.1}$$

因此有 $z_1 = -K_1$ 和 $E_1^f = (1 - |K_1|^2) E_0^f > 0$。现在，假设对于 $p - 1$ 该假设成立。于是，若 z_i 是 $A_p(z)$ 的一个根，则由式（13.3.16）和式（13.3.18）有

$$A_p(z_i) = A_{p-1}(z_i) + K_p z_i^{-1} B_{p-1}(z_i) = A_{p-1}(z_i) + K_p z_i^{-p} A_{p-1}^*(1/z_i) = 0 \tag{13.5.2}$$

因此，

$$\frac{1}{K_p} = -\frac{z_i^{-p} A_{p-1}^*(1/z_i)}{A_{p-1}(z_i)} \equiv Q(z_i) \tag{13.5.3}$$

观察发现函数 $Q(z)$ 是全通的。一般来说，全通函数

$$P(z) = \prod_{k=1}^{N} \frac{z z_k^* + 1}{z + z_k}, \qquad |z_k| < 1 \tag{13.5.4}$$

具有如下性质：$|z| < 1$ 时 $|P(z)| > 1$，$|z| = 1$ 时 $|P(z)| = 1$，$|z| > 1$ 时 $|P(z)| < 1$。因为 $Q(z) = -P(z)/z$，可以证明若 $|Q(z)| > 1$，则 $|z_i| < 1$。这显然成立，因为 $Q(z_i) = 1/K_p$ 和 $E_p^f > 0$。

另一方面，假设 $E_{p-1}^f > 0$ 和 $E_p^f = 0$。这时，有 $|K_p| = 1$ 和 $|Q(z_i)| = 1$。因为最小均方误差为零，所以随机过程 $x(n)$ 是**可预测的**或确定的。具体地说，相位 $\{\theta_k\}$ 统计独立且在区间 $(0, 2\pi)$ 上均匀分布的纯正弦随机过程

$$x(n) = \sum_{k=1}^{M} \alpha_k e^{j(n\omega_k + \theta_k)} \tag{13.5.5}$$

的自相关为

$$\gamma_{xx}(m) = \sum_{k=1}^{M} \alpha_k^2 e^{jm\omega_k} \tag{13.5.6}$$

且功率密度谱为

$$\Gamma_{xx}(f) = \sum_{k=1}^{M} \alpha_k^2 \delta(f - f_k), \qquad f_k = \frac{\omega_k}{2\pi} \tag{13.5.7}$$

使用一个阶 $p \geq M$ 的预测器，就可预测该过程。

为了说明该陈述是有效的，考虑让该过程通过阶 $p \geq M$ 的一个预测误差滤波器。该滤波器的输出端的均方误差为

$$\mathcal{E}_p^f = \int_{-1/2}^{1/2} \Gamma_{xx}(f) |A_p(f)|^2 \, df = \int_{-1/2}^{1/2} \left[\sum_{k=1}^{M} \alpha_k^2 \delta(f - f_k) \right] |A_p(f)|^2 \, df = \sum_{k=1}^{M} \alpha_k^2 |A_p(f_k)|^2 \tag{13.5.8}$$

选择预测误差滤波器的 p 个零点中的 M 个，以便与频率 $\{f_k\}$ 一致，可强迫均方误差 $\mathcal{E}_p^f$ 为零。剩下的 $p - M$ 个零点可以任意选择在单位圆内部的任何位置。

最后，可以证明，如果一个随机过程由一个连续功率谱密度和一个离散谱混合构成，那么预测误差滤波器的全部根必定位于单位圆内部。

反向预测误差滤波器的最大相位性质。 p 阶反向预测误差滤波器的系统函数为

$$B_p(z) = z^{-p} A_p^*(z^{-1}) \tag{13.5.9}$$

因此，$B_p(z)$ 的根是系统函数为 $A_p(z)$ 的正向预测误差滤波器的根的倒数。于是，如果 $A_p(z)$ 是最小相位的，则 $B_p(z)$ 是最大相位的。然而，如果过程 $x(n)$ 是可预测的，那么 $B_p(z)$ 的全部根都位于单位圆上。

白化性质。假设随机过程 $x(n)$ 是让方差为 σ_w^2 的白噪声通过系统函数是

$$H(z) = \frac{1}{1 + \sum_{k=1}^{p} a_k z^{-k}} \tag{13.5.10}$$

的全极点滤波器产生的一个 AR(p) 平稳随机过程。于是，p 阶预测误差滤波器的系统函数就为

$$A_p(z) = 1 + \sum_{k=1}^{p} a_p(k) z^{-k} \tag{13.5.11}$$

式中，预测器系数 $a_p(k) = a_k$。预测误差滤波器的响应是白噪声序列 $\{w(n)\}$。在这种情况下，预测误差滤波器白化输入随机过程 $x(n)$ 称为白化滤波器，如 13.3.4 节所述。

更一般地，即使输入过程 $x(n)$ 不是自回归过程，预测误差滤波器也会试图消除输入过程的信号样本间的相关性。随着预测器阶数的增加，预测器的输出 $\hat{x}(n)$ 变得更接近 $x(n)$，因此差 $f(n) = \hat{x}(n) - x(n)$ 逼近一个白噪声序列。

反向预测误差的正交性。来自 FIR 格型滤波器的不同级的反向预测误差 $\{g_m(k)\}$ 是正交的。也就是说，

$$E\left[g_m(n)g_l^*(n)\right] = \begin{cases} 0, & 0 \leqslant l \leqslant m-1 \\ E_m^b, & l = m \end{cases} \tag{13.5.12}$$

将 $g_m(n)$ 和 $g_l^*(n)$ 代入式（13.5.12）并求期望，就可证明该性质。于是，

$$\begin{aligned} E\left[g_m(n)g_l^*(n)\right] &= \sum_{k=0}^{m}b_m(k)\sum_{j=0}^{l}b_l^*(j)E\left[x(n-k)x^*(n-j)\right] \\ &= \sum_{j=0}^{l}b_l^*(j)\sum_{k=0}^{m}b_m(k)\gamma_{xx}(j-k) \end{aligned} \tag{13.5.13}$$

但是，反向线性预测器的正规方程要求

$$\sum_{k=0}^{m}b_m(k)\gamma_{xx}(j-k) = \begin{cases} 0, & j = 1, 2, \cdots, m-1 \\ E_m^b, & j = m \end{cases} \tag{13.5.14}$$

因此，

$$E\left[g_m(n)g_l^*(n)\right] = \begin{cases} E_m^b = E_m^f, & m = l \\ 0, & 0 \leqslant l \leqslant m-1 \end{cases} \tag{13.5.15}$$

其他性质。FIR 格型滤波器中的正向和反向预测误差还有许多有趣的性质，下面给出的性质仅适用于实数据，它们的证明留给读者作为练习。

(a) $E\left[f_m(n)x(n-i)\right] = 0, \quad 1 \leqslant i \leqslant m$

(b) $E\left[g_m(n)x(n-i)\right] = 0, \quad 0 \leqslant i \leqslant m-1$

(c) $E\left[f_m(n)x(n)\right] = E\left[g_m(n)x(n-m)\right] = E_m$

(d) $E\left[f_i(n)f_j(n)\right] = E_{\max}(i,j)$

(e) $E\left[f_i(n)f_j(n-t)\right] = 0, \quad \begin{cases} 1 \leqslant t \leqslant i-j, & i > j \\ -1 \geqslant t \geqslant i-j, & i < j \end{cases}$

(f) $E\left[g_i(n)g_j(n-t)\right] = 0, \quad \begin{cases} 0 \leqslant t \leqslant i-j, & i > j \\ 0 \geqslant t \geqslant i-j+1, & i < j \end{cases}$

(g) $E\left[f_i(n+i)f_j(n+j)\right] = \begin{cases} E_i, & i = j \\ 0, & i \neq j \end{cases}$

(h) $E\left[g_i(n+i)g_j(n+j)\right] = E_{\max(i,j)}$

(i) $E\left[f_i(n)g_j(n)\right] = \begin{cases} K_j E_i, & i \geqslant j, & i,j \geqslant 0, & K_0 = 1 \\ 0, & i < j \end{cases}$

(j) $E\left[f_i(n)g_i(n-1)\right] = -K_{i+1}E_i$

(k) $E\left[g_i(n-1)x(n)\right] = E\left[f_i(n+1)x(n-1)\right] = -K_{i+1}E_i$

(l) $E\left[f_i(n)g_j(n-1)\right] = \begin{cases} 0, & i > j \\ -K_{j+1}E_i, & i \leqslant j \end{cases}$

13.6　AR 格型和 ARMA 格梯型滤波器

13.3 节给出了全零点 FIR 格型与线性预测的关系。当传递函数为

$$A_p(z) = 1 + \sum_{k=1}^{p} a_p(k)z^{-k} \tag{13.6.1}$$

的线性预测器被输入随机过程 $\{x(n)\}$ 激励时，随着 $p \to \infty$，产生逼近一个白噪声序列的输出。另一方面，如果输入过程是 $\mathrm{AR}(p)$，那么 $A_p(z)$ 的输出是白的。因为被白噪声序列激励时，$A_p(z)$ 产生一个 $\mathrm{MA}(p)$ 过程，所以全零点格型有时也称**滑动平均格型**。

下一节推导逆滤波器 $1/A_p(z)$ 的格型结构（称为**自回归格型**）和一个 ARMA 过程的格梯型结构。

13.6.1　AR 格型结构

考虑系统函数为

$$H(z) = \frac{1}{1 + \displaystyle\sum_{k=1}^{p} a_p(k)z^{-k}} \tag{13.6.2}$$

的一个全极点系统。该 IIR 系统的差分方程为

$$y(n) = -\sum_{k=1}^{p} a_p(k)y(n-k) + x(n) \tag{13.6.3}$$

互换输入和输出 [即互换式 (13.6.3) 中的 $x(n)$ 和 $y(n)$]，得到差分方程

$$x(n) = -\sum_{k=1}^{p} a_p(k)x(n-k) + y(n)$$

或者等效地得到差分方程

$$y(n) = x(n) + \sum_{k=1}^{p} a_p(k)x(n-k) \tag{13.6.4}$$

观察发现，式 (13.6.4) 是系统函数为 $A_p(z)$ 的 FIR 系统的差分方程。因此，互换输入和输出，可将全极点 IIR 系统转换成全零点系统。

基于上面的观察，互换输入和输出，可由一个 $\mathrm{MA}(p)$ 格型得到一个 $\mathrm{AR}(p)$ 格型的结构。因为 $\mathrm{MA}(p)$ 格型的输出为 $y(n) = f_p(n)$，输入为 $x(n) = f_0(n)$，所以可以设

$$x(n) = f_p(n), \quad y(n) = f_0(n) \tag{13.6.5}$$

这些定义表明 $\{f_m(n)\}$ 是降阶计算的。重排式 (13.3.4) 中关于 $\{f_m(n)\}$ 的递归方程，并用 $f_m(n)$ 来求解 $f_{m-1}(n)$，可以完成这一计算。于是，我们得到

$$f_{m-1}(n) = f_m(n) - K_m g_{m-1}(n-1), \quad m = p, p-1, \cdots, 1$$

$g_m(n)$的方程保持不变。这些变化的结果是方程组

$$x(n) = f_p(n)$$
$$f_{m-1}(n) = f_m(n) - K_m g_{m-1}(n-1)$$
$$g_m(n) = K_m^* f_{m-1}(n) + g_{m-1}(n-1)$$
$$y(n) = f_0(n) = g_0(n)$$

（13.6.6）

AR(p)格型的对应结构如图 13.6.1 所示。观察发现全极点格型结构有一条输入为 $g_0(n)$、输出为 $g_p(n)$的全零点路径，它与 MA(p)格型结构中的全零点路径相同。因为在两种格型结构中 $g_m(n)$的方程相同，所以这并不令人吃惊。

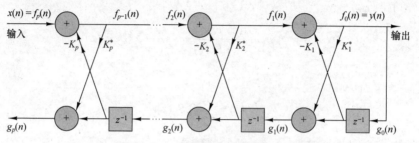

图 13.6.1　一个全极点系统的格型结构

观察还发现，AR(p)和 MA(p)格型结构是用相同的参数（即反射系数$\{K_i\}$）来描述的。因此，式（13.3.21）和式（13.3.23）中给出的在全零点系统 $A_p(z)$的直接型实现中的系统参数$\{a_p(k)\}$和 MA(p)格型结构的格型参数$\{K_i\}$之间转换的方程，也适用于全极点结构。

13.6.2　ARMA 过程与格梯型滤波器

全极点格型是实现包含极点和零点的 IIR 系统的格型结构的基本构件。为了构建合适的结构，我们考虑系统函数为

$$H(z) = \frac{\sum_{k=0}^{q} c_q(k) z^{-k}}{1 + \sum_{k=1}^{p} a_p(k) z^{-k}} = \frac{C_q(z)}{A_p(z)}$$

（13.6.7）

的一个 IIR 系统。不失一般性，假设 $p \geq q$。

将该系统视为一个全极点系统与后跟的一个全零点系统的级联，就可由得到的差分方程

$$v(n) = -\sum_{k=1}^{p} a_p(k) v(n-k) + x(n)$$
$$y(n) = \sum_{k=0}^{q} c_q(k) v(n-k)$$

（13.6.8）

来描述该系统。观察式（13.6.8）发现，输出 $y(n)$是全极点系统延迟输出的线性组合。

因为零点是在形成过去输出的线性组合时得到的，所以可以经由这一观察来构建一个零极点系统，方法是将全极点格型系统用作基本构件。显然，全极点格型中的 $g_m(n)$可以表示为当前输出和过去输出的线性组合。事实上，系统

$$H_b(z) \equiv \frac{G_m(z)}{Y(z)} = B_m(z)$$

（13.6.9）

是一个全零点系统。因此，$\{g_m(n)\}$的任意线性组合也是一个全零点滤波器。

下面对系数为 K_m, $1 \leqslant m \leqslant p$ 的全极点格型滤波器添加一个梯型部分，方法是将输出取为 $\{g_m(n)\}$ 的一个加权线性组合。结果是图 13.6.2 所示**格梯型**结构的零极点滤波器，其输出为

$$y(n) = \sum_{k=0}^{q} \beta_k g_k(n) \tag{13.6.10}$$

式中，$\{\beta_k\}$ 是确定系统零点的参数。对应于式（13.6.10）的系统函数为

$$H(z) = \frac{Y(z)}{X(z)} = \sum_{k=0}^{q} \beta_k \frac{G_k(z)}{X(z)} \tag{13.6.11}$$

因为 $X(z) = F_p(z)$ 和 $F_0 = G_0(z)$，所以式（13.6.11）可以写为

$$H(z) = \sum_{k=0}^{q} \beta_k \frac{G_k(z)}{G_0(z)} \frac{F_0(z)}{F_p(z)} = \frac{1}{A_p(z)} \sum_{k=0}^{q} \beta_k B_k(z) \tag{13.6.12}$$

因此，

$$C_q(z) = \sum_{k=0}^{q} \beta_k B_k(z) \tag{13.6.13}$$

如 9.3.5 节所示，这就是用来求加权系数 $\{\beta_k\}$ 的关系式。

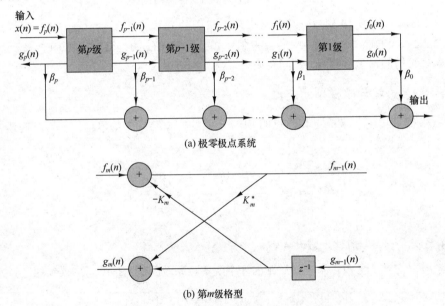

(a) 极零极点系统

(b) 第m级格型

图 13.6.2 一个零极点系统的格梯型结构

给定多项式 $C_q(z)$ 和 $A_p(z)$，其中 $p \geqslant q$，首先由系数 $\{a_p(k)\}$ 求出反射系数 $\{K_i\}$。由式（13.3.22）中的递减递归关系式，我们还得到多项式 $B_k(z)$, $k = 1, 2, \cdots, p$。于是，梯型参数可由式（13.6.13）得到，它可写为

$$C_m(z) = \sum_{k=0}^{m-1} \beta_k B_k(z) + \beta_m B_m(z) = C_{m-1}(z) + \beta_m B_m(z) \tag{13.6.14}$$

或者等效地写为

$$C_{m-1}(z) = C_m(z) - \beta_m B_m(z), \qquad m = p, p-1, \cdots, 1 \tag{13.6.15}$$

反向运行这个递归关系式，就可以生成全部低次多项式 $C_m(z)$, $m = p - 1, \cdots, 1$。因为 $b_m(m) = 1$，由式（13.6.15）可以求出参数 β_m，方法是设

$$\beta_m = c_m(m), \qquad m = p, p-1, \cdots, 1, 0$$

当格梯型滤波器结构被白噪声序列激励时，就会有一个 ARMA(p, q)过程，其功率谱密度为

$$\Gamma_{xx}(f) = \sigma_w^2 \frac{\left|C_q(f)\right|^2}{\left|A_p(f)\right|^2} \tag{13.6.16}$$

且自相关函数满足式（13.2.18），其中 σ_w^2 为输入白噪声序列的方差。

13.7　用于滤波和预测的维纳滤波器

在许多实际应用中，已知由期望信号 $\{s(n)\}$ 和噪声或干扰 $\{w(n)\}$ 组成的输入信号 $\{x(n)\}$，要求设计一个抑制干扰分量的滤波器。在这种情况下，目标是设计一个在滤除加性干扰的同时保留期望信号 $\{s(n)\}$ 的特征的系统。

本节讨论存在加性干扰时的信号估计问题。估计器被限定为冲激响应是 $\{h(n)\}$ 的一个线性滤波器，我们要使其输出逼近某个规定的期望信号序列 $\{d(n)\}$。图 13.7.1 说明了线性估计问题。

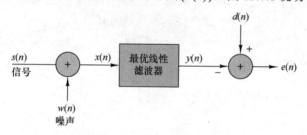

图 13.7.1　线性估计问题的模型

滤波器的输入序列是 $x(n) = s(n) + w(n)$，输出序列是 $y(n)$。期望信号与滤波器输出之差是误差序列 $e(n) = d(n) - y(n)$。

下面区分三种特殊情况：

1. 如果 $d(n) = s(n)$，线性估计问题就称为**滤波**。

2. 如果 $d(n) = s(n + D)$，其中 $D > 0$，线性估计问题就称为信号**预测**。注意，该问题不同于本章前面介绍的预测，对于预测有 $d(n) = x(n + D)$，$D \geq 0$。

3. 如果 $d(n) = s(n - D)$，其中 $D > 0$，线性估计问题就称为信号**平滑**。

下面主要讨论滤波和预测。

选择用于优化滤波器冲激响应 $\{h(n)\}$ 的准则是均方误差最小。该准则的优点是简单且便于数字处理。

基本的假设是序列 $\{s(n)\}$，$\{w(n)\}$ 和 $\{d(n)\}$ 都是零均值的和宽平稳的，且线性滤波器是 FIR 滤波器或 IIR 滤波器。如果滤波器是 IIR 滤波器，那么我们假设输入数据 $\{x(n)\}$ 在无限的过去都是存在的。首先介绍如何设计最优 FIR 滤波器。最小均方误差（MMSE）意义上的最优线性滤波器称为**维纳滤波器**。

13.7.1　FIR 维纳滤波器

假设滤波器的长度为 M，系数为 $\{h_k, 0 \leq k \leq M-1\}$。因此，其输出 $y(n)$ 取决于有限的数据记录 $x(n), x(n-1), \cdots, x(n-M+1)$：

$$y(n) = \sum_{k=0}^{M-1} h(k)x(n-k) \qquad (13.7.1)$$

期望的输出 $d(n)$ 和 $y(n)$ 之间的误差的均方值为

$$\varepsilon_M = E|e(n)|^2 = E\left|d(n) - \sum_{k=0}^{M-1} h(k)x(n-k)\right|^2 \qquad (13.7.2)$$

因为这是滤波器系数的二次函数，所以最小化 ε_M 得到线性方程组：

$$\sum_{k=0}^{M-1} h(k)\gamma_{xx}(l-k) = \gamma_{dx}(l), \qquad l = 0,1,\cdots,M-1 \qquad (13.7.3)$$

式中，$\gamma_{xx}(k)$ 是输入序列 $\{x(n)\}$ 的自相关，$\gamma_{dx}(k) = E[d(n)x^*(n-k)]$ 是期望序列 $\{d(n)\}$ 和输入序列 $\{x(n),$ $0 \leq n \leq M-1\}$ 的互相关。规定最优滤波器的线性方程组称为 **Wiener-Hopf 方程**。这些方程也称**正规方程**，详见本章前面关于线性单步预测的介绍。

一般来说，式（13.7.3）中的方程组可以写成如下的矩阵形式：

$$\boldsymbol{\Gamma}_M \boldsymbol{h}_M = \boldsymbol{\gamma}_d \qquad (13.7.4)$$

式中，$\boldsymbol{\Gamma}_M$ 是一个元素为 $\Gamma_{lk} = \gamma_{xx}(l-k)$ 的 $M \times M$ 维（厄米特）托普利兹矩阵，$\boldsymbol{\gamma}_d$ 是一个元素为 $\gamma_{dx}(l)$，$l = 0, 1, \cdots, M-1$ 的 $M \times 1$ 维互相关矢量。最优滤波器系数的解为

$$\boldsymbol{h}_{\text{opt}} = \boldsymbol{\Gamma}_M^{-1} \boldsymbol{\gamma}_d \qquad (13.7.5)$$

而由维纳滤波器实现的最小均方误差为

$$\text{MMSE}_M = \min_{\boldsymbol{h}_M} \varepsilon_M = \sigma_d^2 - \sum_{k=0}^{M-1} h_{\text{opt}}(k)\gamma_{dx}^*(k) \qquad (13.7.6)$$

或者等效地为

$$\text{MMSE}_M = \sigma_d^2 - \boldsymbol{\gamma}_d^{*\text{t}} \boldsymbol{\Gamma}_M^{-1} \boldsymbol{\gamma}_d \qquad (13.7.7)$$

式中，$\sigma_d^2 = E|d(n)|^2$。

下面考虑式（13.7.3）的一些特殊情形。如果执行的操作是滤波，则有 $d(n) = s(n)$。此外，如果 $s(n)$ 和 $w(n)$ 是不相关的随机序列（实际情况通常如此），那么

$$\begin{aligned} \gamma_{xx}(k) &= \gamma_{ss}(k) + \gamma_{ww}(k) \\ \gamma_{dx}(k) &= \gamma_{ss}(k) \end{aligned} \qquad (13.7.8)$$

且式（13.7.3）中的正规方程变为

$$\sum_{k=0}^{M-1} h(k)[\gamma_{ss}(l-k) + \gamma_{ww}(l-k)] = \gamma_{ss}(l), \qquad l = 0,1,\cdots,M-1 \qquad (13.7.9)$$

如果执行的操作是预测，则有 $d(n) = s(n+D)$，其中 $D > 0$。假设 $s(n)$ 和 $w(n)$ 是不相关的随机序列，则有

$$\gamma_{dx}(k) = \gamma_{ss}(l+D) \qquad (13.7.10)$$

因此，维纳预测滤波器的方程变为

$$\sum_{k=0}^{M-1} h(k)[\gamma_{ss}(l-k) + \gamma_{ww}(l-k)] = \gamma_{ss}(l+D), \qquad l = 0,1,\cdots,M-1 \qquad (13.7.11)$$

在所有这些情况下，被求逆的相关矩阵都是托普利兹矩阵。因此，我们可以使用（广义）Levinson-Durbin 算法求最优滤波器的系数。

【例 13.7.1】考虑信号 $x(n) = s(n) + w(n)$，其中 $s(n)$ 是满足差分方程

$$s(n) = 0.6s(n-1) + v(n)$$

的一个 AR(1)过程，$\{v(n)\}$ 是方差为 $\sigma_v^2 = 0.64$ 的一个白噪声序列，$\{w(n)\}$ 是方差为 $\sigma_w^2 = 1$ 的一个白噪声序列。设计一个长度为 $M = 2$ 的维纳滤波器来估计 $\{s(n)\}$。

解：因为 $\{s(n)\}$ 是由白噪声激励一个单极点滤波器得到的，所以 $s(n)$ 的功率谱密度为

$$\Gamma_{ss}(f) = \sigma_v^2 |H(f)|^2 = \frac{0.64}{|1 - 0.6e^{-j2\pi f}|^2} = \frac{0.64}{1.36 - 1.2\cos 2\pi f}$$

对应的自相关序列 $\{\gamma_{ss}(m)\}$ 为

$$\gamma_{ss}(m) = (0.6)^{|m|}$$

滤波器系数的方程为

$$2h(0) + 0.6h(1) = 1$$
$$0.6h(0) + 2h(1) = 0.6$$

这些方程的解为

$$h(0) = 0.451, \qquad h(1) = 0.165$$

对应的最小均方误差为

$$\text{MMSE}_2 = 1 - h(0)\gamma_{ss}(0) - h(1)\gamma_{ss}(1) = 1 - 0.451 - 0.165 \times 0.6 = 0.45$$

增大维纳滤波器的长度，可以进一步降低该误差（见习题 13.32）。

13.7.2 线性均方估计的正交性原理

式（13.7.3）给出的最优滤波器系数的正规方程，可以直接应用线性均方估计中的正交性原理得到。简单地说，如果选取滤波器系数 $\{h(k)\}$ 使误差和估计中的每个数据点都正交，那么式（13.7.2）中的均方误差 ε_M 最小：

$$E\left[e(n)x^*(n-l)\right] = 0, \qquad l = 0, 1, \cdots, M-1 \tag{13.7.12}$$

式中，

$$e(n) = d(n) - \sum_{k=0}^{M-1} h(k)x(n-k) \tag{13.7.13}$$

反之，如果滤波器的系数满足式（13.7.12），那么得到的均方误差最小。

从几何角度看，滤波器的输出即估计

$$\hat{d}(n) = \sum_{k=0}^{M-1} h(k)x(n-k) \tag{13.7.14}$$

是由数据 $\{x(k),\ 0 \leqslant k \leqslant M-1\}$ 张成的子空间中的矢量。误差 $e(n)$ 是从 $d(n)$ 到 $\hat{d}(n)$ 的一个矢量 [即 $d(n) = e(n) + \hat{d}(n)$]，如图 13.7.2 所示。正交性原理说，当 $e(n)$ 垂直于数据子空间时 [即 $e(n)$ 与每个数据点 $x(k),\ 0 \leqslant k \leqslant M-1$ 都正交时]，长度 $\varepsilon_M = E|e(n)|^2$ 最小。

观察发现，如果估计 $\hat{d}(n)$ 中的数据 $\{x(n)\}$ 是**线性无关的**，那么由式（13.7.3）中的正规方程得到的解是唯一的。在这种情况下，相关矩阵 $\boldsymbol{\Gamma}_M$ 是非奇异的。另一方面，如果数据是线性相关的，那么 $\boldsymbol{\Gamma}_M$ 的秩小于 M，因此解不唯一。这时，估计 $\hat{d}(n)$ 是等于 $\boldsymbol{\Gamma}_M$ 的秩的一组简化线性独立数据点的线性组合。

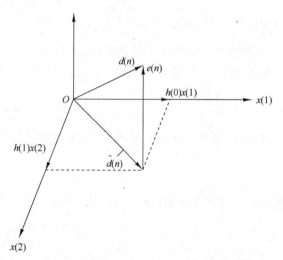

图 13.7.2　线性均方误差问题的几何解释

因为选择滤波器系数以满足正交性原理可最小化均方误差，所以残差的最小均方误差是

$$\text{MMSE}_M = E\left[e(n)d^*(n)\right] \tag{13.7.15}$$

它得出式（13.7.6）中给出的结果。

13.7.3　IIR 维纳滤波器

前一节将滤波器限制为 FIR 滤波器，并且得到了最优滤波器系数的一组 M 个线性方程。本节允许滤波器是无限的（即 IIR 滤波器），且数据序列也是无限的。因此，滤波器的输出为

$$y(n) = \sum_{k=0}^{\infty} h(n)x(n-k) \tag{13.7.16}$$

选取滤波器系数使期望输出 $d(n)$ 和 $y(n)$ 之间的均方误差最小，即

$$\varepsilon_\infty = E\left|e(n)\right|^2 = E\left|d(n) - \sum_{k=0}^{\infty} h(k)x(n-k)\right|^2 \tag{13.7.17}$$

应用正交性原理，得到 Wiener-Hopf 方程

$$\sum_{k=0}^{\infty} h(k)\gamma_{xx}(l-k) = \gamma_{dx}(l), \qquad l \geqslant 0 \tag{13.7.18}$$

应用式（13.7.15）给出的条件，得到残差的最小均方误差。于是，我们得到

$$\text{MMSE}_\infty = \min_h \varepsilon_\infty = \sigma_d^2 - \sum_{k=0}^{\infty} h_{\text{opt}}(k)\gamma_{dx}^*(k) \tag{13.7.19}$$

由式（13.7.18）给出的 Wiener-Hopf 方程无法通过 z 变换技术直接求解，因为该方程仅在 $l \geqslant 0$ 时成立。下面根据平稳随机过程 $\{x(n)\}$ 的新息表示来求解最优 IIR 维纳滤波器。

回顾可知，自相关为 $\gamma_{xx}(k)$、功率谱密度为 $\Gamma_{xx}(f)$ 的平稳随机过程 $\{x(n)\}$，可用等效的新息过程 $\{i(n)\}$ 表示，方法是让 $\{x(n)\}$ 通过系统函数为 $1/G(z)$ 的一个噪声白化滤波器，其中 $G(z)$ 是由 $\Gamma_{xx}(z)$ 的谱分解得到的最小相位部分：

$$\Gamma_{xx}(z) = \sigma_i^2 G(z)G(z^{-1}) \tag{13.7.20}$$

因此，$G(z)$ 在区域 $|z| > r_1$ 中是解析的，其中 $r_1 < 1$。

现在，最优维纳滤波器可视为白化滤波器 $1/G(z)$ 与第二个滤波器 $[$如 $Q(z)]$ 的级联，$Q(z)$ 的输出 $y(n)$ 等于最优维纳滤波器的输出。因为

$$y(n) = \sum_{k=0}^{\infty} q(k)i(n-k) \tag{13.7.21}$$

且 $e(n) = d(n) - y(n)$，所以应用正交性原理得到新 Wiener-Hopf 方程为

$$\sum_{k=0}^{\infty} q(k)\gamma_{ii}(l-k) = \gamma_{di}(l), \qquad l \geqslant 0 \tag{13.7.22}$$

但是，因为 $\{i(n)\}$ 是白的，可以证明除非 $l = k$，否则 $\gamma_{ii}(l-k) = 0$。于是，我们得到解为

$$q(l) = \frac{\gamma_{di}(l)}{\gamma_{ii}(0)} = \frac{\gamma_{di}(l)}{\sigma_i^2}, \qquad l \geqslant 0 \tag{13.7.23}$$

序列 $\{q(l)\}$ 的 z 变换为

$$Q(z) = \sum_{k=0}^{\infty} q(k)z^{-k} = \frac{1}{\sigma_i^2} \sum_{k=0}^{\infty} \gamma_{di}(k)z^{-k} \tag{13.7.24}$$

如果将双边互相关序列$\gamma_{di}(k)$的z变换记为$\Gamma_{di}(z)$，即

$$\Gamma_{di}(z) = \sum_{k=-\infty}^{\infty} \gamma_{di}(k)z^{-k} \tag{13.7.25}$$

且将$[\Gamma_{di}(z)]_+$定义为

$$\left[\Gamma_{di}(z)\right]_+ = \sum_{k=0}^{\infty} \gamma_{di}(k)z^{-k} \tag{13.7.26}$$

那么有

$$Q(z) = \frac{1}{\sigma_i^2}\left[\Gamma_{di}(z)\right]_+ \tag{13.7.27}$$

为了求出$[\Gamma_{di}(z)]_+$，我们将噪声白化滤波器的输出表示为

$$i(n) = \sum_{k=0}^{\infty} v(k)x(n-k) \tag{13.7.28}$$

式中，$\{v(k), k\geqslant 0\}$是噪声白化滤波器的冲激响应，

$$\frac{1}{G(z)} \equiv V(z) = \sum_{k=0}^{\infty} v(k)z^{-k} \tag{13.7.29}$$

于是有

$$\gamma_{di}(k) = E\left[d(n)i^*(n-k)\right] = \sum_{m=0}^{\infty} v(m)E\left[d(n)x^*(n-m-k)\right] = \sum_{m=0}^{\infty} v(m)\gamma_{dx}(k+m) \tag{13.7.30}$$

互相关$\gamma_{di}(k)$的z变换为

$$\begin{aligned}
\Gamma_{di}(z) &= \sum_{k=-\infty}^{\infty}\left[\sum_{m=0}^{\infty} v(m)\gamma_{dx}(k+m)\right]z^{-k} = \sum_{m=0}^{\infty} v(m)\sum_{k=-\infty}^{\infty}\gamma_{dx}(k+m)z^{-k} \\
&= \sum_{m=0}^{\infty} v(m)z^m \sum_{k=-\infty}^{\infty}\gamma_{dx}(k)z^{-k} = V(z^{-1})\Gamma_{dx}(z) = \frac{\Gamma_{dx}(z)}{G(z^{-1})}
\end{aligned} \tag{13.7.31}$$

因此，

$$Q(z) = \frac{1}{\sigma_i^2}\left[\frac{\Gamma_{dx}(z)}{G(z^{-1})}\right]_+ \tag{13.7.32}$$

最后，最优 IIR 维纳滤波器的系统函数为

$$H_{\text{opt}}(z) = \frac{Q(z)}{G(z)} = \frac{1}{\sigma_i^2 G(z)}\left[\frac{\Gamma_{dx}(z)}{G(z^{-1})}\right]_+ \tag{13.7.33}$$

总之，求解最优 IIR 维纳滤波器要求我们进行 $\Gamma_{xx}(z)$ 的谱分解，以得到最小相位分量 $G(z)$，然后求解 $\Gamma_{dx}(z)/G(z^{-1})$ 的因果部分。下例说明了该过程。

【例 13.7.2】求例 13.7.1 中信号的最优 IIR 维纳滤波器。

解： 对于该信号，有

$$\Gamma_{xx}(z) = \Gamma_{ss}(z) + 1 = \frac{1.8(1-\frac{1}{3}z^{-1})(1-\frac{1}{3}z)}{(1-0.6z^{-1})(1-0.6z)}$$

式中，$\sigma_i^2 = 1.8$，且

$$G(z) = \frac{1-\frac{1}{3}z^{-1}}{1-0.6z^{-1}}$$

互相关$\gamma_{dx}(m)$的z变换为

$$\Gamma_{dx}(z) = \Gamma_{ss}(z) = \frac{0.64}{(1 - 0.6z^{-1})(1 - 0.6z)}$$

因此，

$$\left[\frac{\Gamma_{dx}(z)}{G(z^{-1})} \right]_{+} = \left[\frac{0.64}{\left(1 - \frac{1}{3}z\right)(1 - 0.6z^{-1})} \right]_{+} = \left[\frac{0.8}{1 - 0.6z^{-1}} + \frac{0.266z}{1 - \frac{1}{3}z} \right]_{+} = \frac{0.8}{1 - 0.6z^{-1}}$$

最优 IIR 滤波器的系统函数为

$$H_{\text{opt}}(z) = \frac{1}{1.8} \left(\frac{1 - 0.6z^{-1}}{1 - \frac{1}{3}z^{-1}} \right) \left(\frac{0.8}{1 - 0.6z^{-1}} \right) = \frac{\frac{4}{9}}{1 - \frac{1}{3}z^{-1}}$$

冲激响应为

$$h_{\text{opt}}(n) = \frac{4}{9} \left(\frac{1}{3} \right)^{n}, \qquad n \geqslant 0$$

下面使用滤波器的频域特性来表示由式（13.7.19）给出的最小均方误差。首先，观察发现 $\sigma_d^2 \equiv E|d(n)|^2$ 是自相关序列 $\{\gamma_{dd}(k)\}$ 在 $k = 0$ 处的值。因为

$$\gamma_{dd}(k) = \frac{1}{2\pi \mathrm{j}} \oint_C \Gamma_{dd}(z) z^{k-1} \mathrm{d}z \tag{13.7.34}$$

所以有

$$\sigma_d^2 = \gamma_{dd}(0) = \frac{1}{2\pi \mathrm{j}} \oint_C \frac{\Gamma_{dd}(z)}{z} \mathrm{d}z \tag{13.7.35}$$

式中，围线积分是 $\Gamma_{dd}(z)$ 在收敛域内沿一条围绕原点的闭合路径的积分。

应用帕塞瓦尔定理，易将式（13.7.19）中的第二项变换到频域中。因为 $k < 0$ 时 $h_{\text{opt}}(k) = 0$，所以有

$$\sum_{k=-\infty}^{\infty} h_{\text{opt}}(k) \gamma_{dx}^*(k) = \frac{1}{2\pi \mathrm{j}} \oint_C H_{\text{opt}}(z) \Gamma_{dx}(z^{-1}) z^{-1} \mathrm{d}z \tag{13.7.36}$$

式中，C 是 $H_{\text{opt}}(z)$ 和 $\Gamma_{dx}(z^{-1})$ 的公共收敛区域中围绕原点的一条闭合曲线。

联立式（13.7.35）和式（13.7.36），得到 MMSE_{∞} 的期望表达式为

$$\mathrm{MMSE}_{\infty} = \frac{1}{2\pi \mathrm{j}} \oint_C \left[\Gamma_{dd}(z) - H_{\text{opt}}(z) \Gamma_{dx}(z^{-1}) \right] z^{-1} \mathrm{d}z \tag{13.7.37}$$

【例 13.7.3】 例 13.7.2 中推导的最优维纳滤波器的最小均方误差为

$$\mathrm{MMSE}_{\infty} = \frac{1}{2\pi \mathrm{j}} \oint_C \left[\frac{0.3555}{\left(z - \frac{1}{3}\right)(1 - 0.6z)} \right] \mathrm{d}z$$

在单位圆内部的 $z = 1/3$ 处有一个极点。计算极点处的留数，得到

$$\mathrm{MMSE}_{\infty} = 0.444$$

观察发现，这个 MMSE 只比例 13.7.1 中最优双抽头维纳滤波器的稍小。

13.7.4　非因果维纳滤波器

前一节将最优维纳滤波器限制为因果滤波器，即当 $n < 0$ 时 $h_{\text{opt}}(n) = 0$。本节放弃这个条件，允许滤波器在形成输出 $y(n)$ 时包含序列 $\{x(n)\}$ 的无限过去与无限未来，即

$$y(n) = \sum_{k=-\infty}^{\infty} h(k) x(n-k) \tag{13.7.38}$$

得到的滤波器是物理上不可实现的。该滤波器也可视为一个**平滑滤波器**，在该滤波器中，无限未

来信号值用于平滑期望信号 $d(n)$ 的估计 $\hat{d}(n) = y(n)$。

应用正交性原理，得到非因果滤波器的 Wiener-Hopf 方程为

$$\sum_{k=-\infty}^{\infty} h(k)\gamma_{xx}(l-k) = \gamma_{dx}(l), \qquad -\infty < l < \infty \tag{13.7.39}$$

得到的 MMSE_{nc} 为

$$\text{MMSE}_{\text{nc}} = \sigma_d^2 - \sum_{k=-\infty}^{\infty} h(k)\gamma_{dx}^*(k) \tag{13.7.40}$$

因为式（13.7.39）对 $-\infty < l < \infty$ 成立，所以可直接变换该式得到最优非因果维纳滤波器为

$$H_{\text{nc}}(z) = \frac{\Gamma_{dx}(z)}{\Gamma_{xx}(z)} \tag{13.7.41}$$

MMSE_{nc} 也可在 z 域中简写为

$$\text{MMSE}_{\text{nc}} = \frac{1}{2\pi \text{j}} \oint_C \left[\Gamma_{dd}(z) - H_{\text{nc}}(z)\Gamma_{dx}(z^{-1}) \right] z^{-1} \text{d}z \tag{13.7.42}$$

下例比较了最优非因果滤波器与上一节得到的最优因果滤波器。

【例 13.7.4】对于例 13.7.1 中信号特性，最优非因果维纳滤波器由式（13.7.41）给出，其中

$$\Gamma_{dx}(z) = \Gamma_{ss}(z) = \frac{0.64}{(1 - 0.6z^{-1})(1 - 0.6z)} \qquad \text{和} \qquad \Gamma_{xx}(z) = \Gamma_{ss}(z) + 1 = \frac{2(1 - 0.3z^{-1} - 0.3z)}{(1 - 0.6z^{-1})(1 - 0.6z)}$$

于是，有

$$H_{\text{nc}}(z) = \frac{0.3555}{(1 - \frac{1}{3}z^{-1})(1 - \frac{1}{3}z)}$$

显然，该滤波器是非因果滤波器。

由该滤波器得到的最小均方误差，可以通过计算式（13.7.42）求出。被积函数为

$$\frac{1}{z}\Gamma_{ss}(z)\left[1 - H_{\text{nc}}(z)\right] = \frac{0.3555}{(z - \frac{1}{3})(1 - \frac{1}{3}z)}$$

单位圆内的唯一极点为 $z = 1/3$。因此，留数为

$$\left. \frac{0.3555}{1 - \frac{1}{3}z} \right|_{z = \frac{1}{3}} = \frac{0.3555}{8/9} = 0.40$$

于是，使用最优非因果维纳滤波器得到的最小均方误差为

$$\text{MMSE}_{\text{nc}} = 0.40$$

注意，不出所料，它比因果滤波器的最小均方误差更低。

13.8　小结

本章主要为线性预测和滤波介绍了最优线性系统的设计。最优准则是指最小化规定期望滤波器输出和实际滤波器输出之间的均方误差。

在线性预测的推导中，我们说明了正向和反向预测误差的方程规定一个格型滤波器，而格型滤波器的参数［反射系数 $\{K_m\}$］与直接型 FIR 线性预测器和关联的预测误差滤波器的滤波器系数 $\{a_m(k)\}$ 相关。最优滤波器的系数 $\{K_m\}$ 和 $\{a_m(k)\}$ 很容易由正规方程的解得到。

我们介绍了如何用计算上高效的 Levinson-Durbin 算法来求解正规方程。这个算法适用于求解线性方程组的托普利兹系统，在单处理器上执行时的计算复杂度是 $O(p^2)$，而当完全并行处理

时，Levinson-Durbin 算法求解正规方程的时间复杂度是 $O(p \lg p)$。

除了由线性预测得到的全零点格型滤波器，我们还推导了 AR 格型（全极点）滤波器结构和 ARMA 格梯型（零极点）滤波器结构。最后介绍了维纳滤波器的设计。

线性估计理论的发展已有 40 多年。Kailath (1974)中给出了线性估计理论前 30 年的发展史。Wiener (1949)中关于统计平稳信号最优线性滤波的开创性工作非常重要。Kalman (1960)、Kalman and Bucy (1961)中将维纳滤波理论推广到了具有随机输入的动态系统。Meditch (1960)、Brown (1983)和 Chui and Chen (1987)等中讨论了卡尔曼滤波器。Kailath (1981)中介绍了维纳滤波器和卡尔曼滤波器。

目前，关于线性预测和格型滤波器的参考文献很多。Makhoul (1975, 1978)和 Friedlander (1982a, b)中综述了这些主题。Haykin (1991)、Markel and Gray (1976)和 Tretter (1976)中全面介绍了这些主题。Kay (1988)和 Marple (1987)中介绍了线性预测在谱分析中的应用，Robinson and Treitel (1980)中介绍了线性预测在地球物理学中的应用，Haykin (1991)中介绍了线性预测在自适应滤波中的应用。

Levinson (1947)中给出了递归求解正规方程的 Levinson-Durbin 算法，Durbin (1959)中修正了这一算法，Delsarte and Genin (1986)和 Krishna (1988)中提出了这个经典算法的多个变体（称为**分裂式 Levinson 算法**）。这些算法利用了托普利兹相关矩阵中的额外对称性，节省了约一半的乘法次数。

习　题

13.1 AR 过程$\{x(n)\}$的功率密度谱为

$$\Gamma_{xx}(\omega) = \frac{\sigma_w^2}{\left|A(\omega)\right|^2} = \frac{25}{\left|1 - e^{-j\omega} + \frac{1}{2}e^{-j2\omega}\right|^2}$$

式中，σ_w^2 是输入序列的方差。

(a) 求激励为白噪声时，产生该 AR 过程的差分方程。

(b) 求白化滤波器的系统函数。

13.2 一个 ARMA 过程的自相关为$\{\gamma_{xx}(m)\}$，后者的 z 变换为

$$\Gamma_{xx}(z) = 9\frac{(z-\frac{1}{3})(z-3)}{(z-\frac{1}{2})(z-2)}, \qquad \frac{1}{2} < |z| < 2$$

(a) 求由一个白噪声输入序列产生$\{x(n)\}$的滤波器 $H(z)$。$H(z)$是唯一吗？

(b) 求序列$\{x(n)\}$的一个稳定线性白化滤波器。

13.3 考虑由如下差分方程产生的 ARMA 过程：

$$x(n) = 1.6x(n-1) - 0.63x(n-2) + w(n) + 0.9w(n-1)$$

(a) 求白化滤波器的系统函数和零极点。

(b) 求$\{x(n)\}$的功率密度谱。

13.4 求系统函数为

$$H(z) = A_3(z) = 1 + \frac{13}{24}z^{-1} + \frac{5}{8}z^{-2} + \frac{1}{3}z^{-3}$$

的 FIR 滤波器的格型系数。

13.5 求由系统函数

$$H(z) = A_2(z) = 1 + 2z^{-1} + \frac{1}{3}z^{-2}$$

描述的 FIR 滤波器的格型滤波器的反射系数$\{K_m\}$。

13.6 (a) 对于反射系数为

$$K_1 = \tfrac{1}{2}, \quad K_2 = -\tfrac{1}{3}, \quad K_3 = 1$$

的 FIR 格型滤波器,求并画出零点。

(b) 当 $K_3 = -1$ 时,重做(a)问。

(c) 你应发现零点在单位圆上,该结果能被推广吗?如何推广?

13.7 求由格型系数 $K_1 = 0.6, K_2 = 0.3, K_3 = 0.5$ 和 $K_4 = 0.9$ 描述的 FIR 滤波器的冲激响应。

13.8 13.3.4 节指出,对于一个因果 AR(p)过程,噪声白化滤波器 $A_p(z)$是一个 p 阶正向线性预测误差滤波器。证明 p 阶反向线性预测误差滤波器是对应非因果 AR(p)过程的噪声白化滤波器。

13.9 利用正交性原理,求预测未来 m 个样本($m > 1$)的 p 阶正向预测器(m 步正向预测器)的正规方程和最小均方误差,并画出预测误差滤波器。

13.10 对于一个 m 步反向预测器,重做习题 13.9。

13.11 确定一个 Levinson-Durbin 递归算法,求解反向预测误差滤波器的系数。利用结果证明正向和反向预测器的系数可以递归地表示为

$$a_m = \begin{bmatrix} a_{m-1} \\ 0 \end{bmatrix} + K_m \begin{bmatrix} b_{m-1} \\ 1 \end{bmatrix}, \quad b_m = \begin{bmatrix} b_{m-1} \\ 0 \end{bmatrix} + K_m^* \begin{bmatrix} a_{m-1} \\ 1 \end{bmatrix}$$

13.12 13.4.1 节描述的 Levinson-Durbin 算法求解了线性方程

$$\Gamma_m a_m = -\gamma_m$$

式中右侧具有自相关序列的元素,但它们也是矩阵 Γ 的元素。考虑求解线性方程

$$\Gamma_m b_m = c_m$$

的更一般的问题,其中 c_m 是一个任意矢量(矢量 b_m 与反向预测器的系数无关)。证明 $\Gamma_m b_m = c_m$ 的解可由**广义 Levinson-Durbin** 算法递归地给出,即

$$b_m(m) = \frac{c(m) - \gamma_{m-1}^{bt} b_{m-1}}{E_{m-1}^f}, \quad b_m(k) = b_{m-1}(k) - b_m(m) a_{m-1}^*(m-k), \quad k = 1, 2, \cdots, m-1; \ m = 1, 2, \cdots, p$$

式中,$b_1(1) = c(1)/\gamma_{xx}(0) = c(1)/E_0^f$,$a_m(k)$由式(13.4.17)给出。于是,需要第二个递归来求解方程 $\Gamma_m b_m = c_m$。

13.13 对于 m 步正向与反向预测器,使用广义 Levinson-Durbin 算法递归地求解正规方程。

13.14 考虑由下式产生的 AR(3)过程:

$$x(n) = \frac{14}{24} x(n-1) + \frac{9}{24} x(n-2) - \frac{1}{24} x(n-3) + w(n)$$

式中,$w(n)$是方差为 σ_w^2 的一个平稳白噪声过程。

(a) 求最优 $p = 3$ 线性预测器的系数。

(b) 求自相关序列 $\gamma_{xx}(m)$, $0 \leqslant m \leqslant 5$。

(c) 求对应 $p = 3$ 线性预测器的反射系数。

13.15 一个 ARMA (1, 1)过程的自相关序列 $\gamma_{xx}(m)$的 z 变换为

$$\Gamma_{xx}(z) = \sigma_w^2 H(z) H(z^{-1}), \quad \Gamma_{xx}(z) = \frac{4\sigma_w^2}{9} \frac{5 - 2z - 2z^{-1}}{10 - 3z^{-1} - 3z}$$

(a) 求最小相位的系统函数 $H(z)$。

(b) 求混合相位稳定系统的系统函数 $H(z)$。

13.16 考虑有如下系数矢量的一个 FIR 滤波器:

$$\begin{bmatrix} 1 & -2r\cos\theta & r^2 \end{bmatrix}$$

(a) 求对应 FIR 格型滤波器的反射系数。

(b) 求 $r \to 1$ 时极限中的反射系数值。

13.17 一个 AR(3)过程由如下预测系数表征:

$$a_3(1) = -1.25, \quad a_3(2) = 1.25, \quad a_3(3) = -1$$

(a) 求反射系数。

(b) 求 $0 \leqslant m \leqslant 3$ 时的 $\gamma_{xx}(m)$。

(c) 求均方预测误差。

13.18 一个随机过程的自相关序列为

$$\gamma_{xx}(m) = \begin{cases} 1, & m = 0 \\ -0.5, & m = \pm 1 \\ 0.625, & m = \pm 2 \\ -0.6875, & m = \pm 3 \\ 0, & \text{其他} \end{cases}$$

求 $m = 1, 2, 3$ 时预测误差滤波器的系统函数 $A_m(z)$、反射系数 $\{K_m\}$ 和对应的均方预测误差。

13.19 AR 过程 $x(n)$ 的自相关序列为

$$\gamma_{xx}(m) = \left(\frac{1}{4}\right)^{|m|}$$

(a) 求 $x(n)$ 的差分方程。

(b) 你的答案唯一吗？如果不唯一，给出其他可能的解。

13.20 对于自相关为

$$\gamma_{xx}(m) = a^{|m|} \cos \frac{\pi m}{2}$$

的一个 AR 过程，重做习题 13.19，其中 $0 < a < 1$。

13.21 证明系统函数为

$$A_p(z) = 1 + \sum_{k=1}^{p} a_p(k) z^{-k}$$

的一个 FIR 滤波器以及反射系数 $|K_k| < 1$，$1 \leqslant k \leqslant p - 1$ 和 $|K_p| > 1$ 是最大相位的 $[A_p(z)$ 的全部根都在单位圆外部]。

13.22 证明 13.5 节中预测误差滤波器的其他性质(a)~(l)。

13.23 将 13.5 节中预测误差滤波器的其他性质(a)~(l)推广到复信号。

13.24 对于习题 13.19 中的 AR 过程 $x(n)$ 的自相关序列，求对应于 $m = 0, 1, 2, 3$ 的前三个反射系数。

13.25 对于功率密度谱为 $\Gamma_{xx}(f)$ 的平稳随机过程 $\{x(n)\}$，考虑一个无限长（$p = \infty$）的单步正向预测器。证明该预测误差滤波器的均方误差可以写为

$$E_{\infty}^f = 2\pi \exp\left\{ \int_{-1/2}^{1/2} \ln \Gamma_{xx}(f) \mathrm{d}f \right\}$$

13.26 对输入信号为 $x(n) = ax(n-1) + w(n)$ 的一阶 AR 过程，求无限长（$p = \infty$）m 步正向预测器的输出和均方误差。

13.27 求由格型系数 $K_1 = 0.6, K_2 = 0.3, K_3 = 0.5$ 和 $K_4 = 0.9$ 描述的全极点滤波器的系统函数。

13.28 一个系统的系统函数为

$$H(z) = \frac{1 - 0.8z^{-1} + 0.15z^{-2}}{1 + 0.1z^{-1} - 0.72z^{-2}}$$

求该系统的参数并画出格梯型结构。

13.29 考虑信号 $x(n) = s(n) + w(n)$，其中 $s(n)$ 是满足如下差分方程的 AR(1)过程：

$$s(n) = 0.8s(n-1) + v(n)$$

式中，$\{v(n)\}$ 是方差为 $\sigma_v^2 = 0.49$ 的一个白噪声序列，$\{w(n)\}$ 是方差为 $\sigma_w^2 = 1$ 的一个白噪声序列。过程 $\{v(n)\}$ 和 $\{w(n)\}$ 不相关。

(a) 求自相关序列 $\{\gamma_{ss}(m)\}$ 和 $\{\gamma_{xx}(m)\}$。

(b) 设计一个长度 $M = 2$ 的维纳滤波器来估计 $\{s(n)\}$。

(c) 求 $M = 2$ 时的最小均方误差。

13.30 对于习题 13.29 中给出的信号，求最优因果 IIR 维纳滤波器和对应的 MMSE_∞。

13.31 对于习题 13.29 中给出的信号，求非因果 IIR 维纳滤波器的系统函数和对应的 MMSE_{nc}。

13.32 对于例题 13.7.1 中的信号，求长度 $M = 3$ 的最优因果 FIR 维纳滤波器和对应的 MMSE_3。比较 MMSE_3 与 MMSE_2，并对差异进行评价。

13.33 一个 AR(2)过程由如下差分方程定义：

$$x(n) = x(n-1) - 0.6x(n-2) + w(n)$$

式中，$\{w(n)\}$ 是方差为 σ_w^2 的一个白噪声过程。用 Yule-Walker 方程求解自相关 $\gamma_{xx}(0)$, $\gamma_{xx}(1)$ 和 $\gamma_{xx}(2)$的值。

13.34 一个随机过程$\{x(n)\}$是形如

$$s(n) = -\sum_{k=1}^{p} a_p(k)s(n-k) + v(n)$$

的一个 AR(p)过程和一个方差为 σ_w^2 的白噪声过程$\{w(n)\}$之和。随机过程$\{v(n)\}$也是方差为 σ_v^2 的白过程。序列$\{v(n)\}$和$\{w(n)\}$不相关。证明过程$\{x(n) = s(n) + w(n)\}$是一个 ARMA (p, q)过程，并求对应系统函数的分子子多项式（滑动平均分量）的系数。

计算机习题

CP 13.1 一个宽平稳随机过程的自相关函数为

$$\gamma_{xx}(m) = 10 \left(\tfrac{1}{2}\right)^{|m|}$$

(a) 求式（13.2.5）给出的 $\Gamma_{xx}(z)$ 及其因子 σ_w^2, $H(z)$ 与 $H(z^{-1})$。

(b) 当 $|f| \leqslant 1/2$ 时，画出 $\gamma_{xx}(m)$ 和 $\Gamma_{xx}(f)$。

(c) 当输入序列 $w(n)$ 是方差为 σ_w^2 的零均值高斯白噪声序列的一个样本序列时，实现滤波器 $H(z)$，以生成 $0 \leqslant n \leqslant 10000$ 时的输出序列 $x(n)$。计算并画出 $|m| \leqslant 50$ 时的自相关估计：

$$\hat{\gamma}_{xx}(m) = \frac{1}{N-|m|} \sum_{n=0}^{N-|m|-1} x(n)x(n+m)$$

估计输出序列 $x(n)$ 的功率密度谱 $\hat{\Gamma}_{xx}(f)$，其中

$$\hat{\Gamma}_f = \sum_{m=-50}^{50} \hat{\gamma}_{xx}(m) e^{-j2\pi fm}$$

将这些图形与(b)问中的解析结果进行比较，并评论它们的异同。

CP 13.2 考虑由差分方程

$$x(n) = 1.6x(n-1) - 0.63x(n-2) + w(n) + 0.9w(n-1)$$

产生的一个 ARMA 过程 $x(n)$，其中 $w(n)$ 是方差为 1 的白噪声序列。

(a) 求系统函数 $H(z)$ 和噪声白化滤波器的系统函数，以及其极点与零点。噪声白化滤波器稳定吗？

(b) 求并画出 $|f| \leqslant 1/2$ 时的功率密度谱 $\Gamma_{xx}(f)$。

CP 13.3 一个 ARMA 过程的自相关函数为 $\gamma_{xx}(m)$，对应的 z 变换为

$$\Gamma_{xx}(z) = 9 \frac{(z-\tfrac{1}{3})(z-3)}{(z-\tfrac{1}{2})(z-2)}$$

(a) 求由白噪声样本序列 $w(n)$ 生成输出序列 $x(n)$ 的滤波器 $H(z)$。$H(z)$ 唯一吗？

(b) 当输入序列 $w(n)$ 是方差为 1、均值为 0 的高斯白噪声序列的一个样本序列时，实现该滤波器，产生 $0 \leqslant n \leqslant 10000$ 时的输出序列 $x(n)$。由输出序列 $x(n)$ 计算并画出 $|m| \leqslant 50$ 时的自相关估计 $\hat{\Gamma}(f)$ 和 $|f| \leqslant 1/2$ 时的功率谱密度估计 $\hat{\gamma}_{xx}(m)$。

(c) 对于(b)问中生成的序列，求一个稳定线性白化滤波器。当 $0 \leqslant n \leqslant 10000$ 时，让(b)问中生成的序列 $x(n)$ 通过一个噪声白化滤波器。计算 $|m| \leqslant 50$ 时的自相关估计 $\hat{\Gamma}_{yy}(f)$ 和 $|f| \leqslant 1/2$ 时的功率谱密度估计 $\hat{\gamma}_{yy}(m)$，其中 $y(n)$ 是噪声白化滤波器的输出。画出 $\hat{\gamma}_{yy}(m)$ 和 $\hat{\Gamma}_{yy}(f)$ 并评论结果。

CP 13.4 一个滑动平均过程由差分方程

$$x(n) = w(n) - 2w(n-1) + w(n-2)$$

描述，其中 $w(n)$ 是方差为 $\sigma_w^2 = 1$ 的一个白噪声序列。

(a) 求并画出自相关函数 $\gamma_{xx}(m)$ 和功率谱密度 $\Gamma_{xx}(f)$。

(b) $w(n)$ 是方差为 1、均值为 0 的高斯白噪声序列的一个样本序列，产生 $0 \leqslant n \leqslant 10000$ 时的输出序列 $x(n)$。计算并画出 $|m| \leqslant 50$ 时序列 $x(n)$ 的自相关估计 $\hat{\Gamma}_{xx}(f)$ 和 $|f| \leqslant 1/2$ 时对应的功率谱密度估计 $\hat{\gamma}_{xx}(m)$。将这些图形与(a)问中的图形进行比较，并评论它们的异同。

CP 13.5 一个自回归过程由差分方程

$$x(n) = x(n-1) - 0.6x(n-2) + w(n)$$

描述，其中 $w(n)$ 是一个均值为 0、方差为 σ_w^2 的白噪声序列。

(a) 使用 Yule-Walker 方程求解自相关函数 $\gamma_{xx}(m)$ 的值。

(b) 求自相关函数 $\gamma_{xx}(m)$ 的 z 变换并画出 $|f| \leqslant 1/2$ 时的功率谱 $\Gamma_{xx}(f)$。

(c) 生成 $0 \leqslant n \leqslant 10000$ 时的输出序列 $x(n)$，其中 $w(n)$ 是方差为 1、均值为 0 的高斯白噪声序列的一个样本序列。计算并画出 $|m| \leqslant 50$ 时序列 $x(n)$ 的自相关估计 $\hat{\Gamma}_{xx}(f)$ 和 $|f| \leqslant 1/2$ 时对应的功率谱密度估计 $\hat{\Gamma}_{xx}(f)$。将 $\hat{\Gamma}_{xx}(f)$ 与(a)问中画出的 $\Gamma_{xx}(f)$ 进行比较。

CP 13.6 一个 FIR 格型滤波器的反射系数为

$$K_1 = \tfrac{1}{2}, \ K_2 = -\tfrac{1}{3}, \ K_3 = 1$$

(a) 求 FIR 滤波器的系统函数 $H(z)$。

(b) 求 FIR 滤波器的零点并在 z 平面上粗略画出零点图。

(c) 当 $K_3 = -1$ 时，重做此题，并评价结果。

CP 13.7 一个随机过程的自相关序列为

$$\gamma_{xx}(m) = \begin{cases} 1, & m = 0 \\ -1/2, & m = \pm 1 \\ 0.625, & m = \pm 2 \\ -0.6875, & m = \pm 3 \\ 0, & \text{其他} \end{cases}$$

(a) 使用 Levenson-Durbin 算法求 $m = 1, 2, 3$ 时预测误差滤波器的系统函数 $A_m(z)$、反射系数和对应均值序列的预测误差

(b) 对一个自相关函数如下的 AR 过程，重做(a)问：

$$\gamma_{xx}(m) = a^{|m|} \cos\frac{\pi m}{2}, \qquad 0 < a < 1$$

CP 13.8 一个 ARMA 过程的自相关函数 $\gamma_{xx}(m)$ 的 z 变换 $\Gamma_{xx}(z)$ 为

$$\Gamma_{xx}(z) = \sigma_w^2 H(z)H(z^{-1}) = \left(\frac{4\sigma_w^2}{9}\right)\frac{5 - 2z - 2z^{-1}}{10 - 3z^{-1} - 3z}$$

(a) 求最小相位系统函数 $H(z)$。

(b) 求混合相位稳定系统的系统函数 $H(z)$。

CP 13.9 考虑信号 $x(n) = s(n) + w(n)$，其中 $s(n)$ 是满足差分方程 $s(n) = 0.6s(n-1) + v(n)$ 的 AR(1) 过程的样本序列，$v(n)$ 是方差为 $\sigma_v^2 = 0.64$ 的白噪声过程的样本序列，$w(n)$ 是方差为 $\sigma_w^2 = 1$ 的白噪声过程的样本序列。

(a) 设计一个长度为 $M = 2$ 的维纳滤波器，以估计期望信号 $s(n)$。

(b) 编写程序设计长度 $M = 3, 4, 5$ 的最优 FIR 维纳滤波器，并对这些情形计算对应的最小均方误差。当 M 从 $M = 2$ 增大到 $M = 5$ 时，最小均方误差如何变化？

CP 13.10

(a) 当 $v(n)$ 的方差为 $\sigma_v^2 = 0.64$、加性噪声 $w(n)$ 的方差为 $\sigma_w^2 = 0.1$ 时，重做 CP13.9。

(b) 生成 AR(1) 信号序列 $s(n)$ 和对应的接收序列

$$x(n) = s(n) + w(n), \qquad 0 \leqslant n \leqslant 1000$$

使用 $M = 2, 3, 4, 5$ 的维纳滤波器对序列 $x(n)$，$0 \leq n \leq 1000$ 滤波，画出输出序列 $y_2(n)$, $y_3(n)$, $y_4(n)$, $y_5(n)$ 和期望信号 $s(n)$。评论维纳滤波器估计期望信号 $s(n)$ 的有效性。

CP 13.11 考虑信号 $x(n) = s(n) + w(n)$，其中 $s(n)$ 是满足差分方程

$$s(n) = 0.8s(n-1) + v(n)$$

的一个 AR 过程的样本序列，$v(n)$ 是方差为 $\sigma_v^2 = 0.49$ 的高斯白噪声过程的样本序列，$w(n)$ 是方差为 $\sigma_w^2 = 0.2$ 的高斯白噪声过程的样本序列。两个噪声过程不相关。

(a) 求自相关序列 $\gamma_{ss}(m)$ 和 $\gamma_{xx}(m)$。

(b) 编写程序，设计长度 $M = 2, 3, 4, 5$ 的一个维纳滤波器并计算对应的最小均方误差。

(c) 生成 $0 \leq n \leq 1000$ 时的信号序列 $s(n)$ 和序列 $x(n) = s(n) + w(n)$。使用 $M = 2, 3, 4, 5$ 的维纳滤波器对序列 $x(n)$ 滤波，画出输出序列 $y_2(n)$, $y_3(n)$, $y_4(n)$, $y_5(n)$ 和期望信号 $s(n)$。评论维纳滤波器估计期望信号 $s(n)$ 的有效性。

CP 13.12 由观测 $s(n) = 0.8s(n-1) + v(n)$ 为信号 $x(n) = s(n) + w(n)$ 设计一个最优因果 IIR 维纳滤波器。序列 $v(n)$ 和 $w(n)$ 分别是方差为 $\sigma_v^2 = 0.49$ 和 $\sigma_w^2 = 0.1$ 的高斯白噪声过程的样本序列。噪声过程 $v(n)$ 和 $w(n)$ 不相关。

(a) 求最优因果 IIR 滤波器的系统函数并计算最小均方误差。

(b) 生成 $0 \leq n \leq 1000$ 时的信号序列 $s(n)$ 和接收序列 $x(n)$。

(c) 使用(a)问中的最优因果维纳滤波器对序列 $x(n)$ 滤波，画出输出序列 $y(n)$ 和期望序列 $s(n)$。评论维纳滤波器估计期望信号的有效性。

第 14 章 自适应滤波器

与第 13 章中介绍的（基于信号的二阶统计量的）滤波器设计技术相比，在许多数字信号处理应用（如信道均衡、回声消除、系统建模等）中是不能事先规定这些统计量的。于是，人们就在这些应用中使用了可调系数的滤波器——**自适应滤波器**。这种滤波器集成了允许滤波器系数适应信号统计量的算法。

过去 40 年来，自适应滤波器受到了研究人员的极大关注。因此，研究人员开发了许多用于自适应滤波的高效算法。本章介绍两种基本的算法：基于梯度优化求系数的最小均方（Least-Mean-Square，LMS）算法；包括 FIR 直接型实现和格型实现的递归最小二乘（RLS）算法。在介绍这些算法之前，下面给出自适应滤波器成功用于估计被噪声和其他干扰污染的信号的几个实例。

14.1 自适应滤波器的应用

自适应滤波器广泛用于通信系统、控制系统和其他各种系统中。在这些系统中，待滤波信号的统计特性要么是事先未知的，要么在某些情况下是缓慢时变的（非平稳信号）。许多文献中描述了自适应滤波器的应用，其中值得注意的应用包括：①自适应天线系统，其中的自适应滤波器用于波束控制，并在波束图中提供空值以消除干扰［Widrow, Mantey and Griffiths (1967)］；②数字通信接收机，其中自适应滤波器用于提供符号间干扰的均衡和信道辨识［Lucky (1965)、Proakis and Miller (1969)、Gersho (1969)、George, Bowen and Storey (1971)、Proakis (1970; 1975)、Magee and Proakis (1973)、Picinbono (1978)、Nichols, Giordano and Proakis (1977)］；③自适应噪声消除技术，其中自适应滤波器用于估计和消除期望信号中的噪声分量［Widrow et al. (1975)、Hsu and Giordano (1978)、Ketchum and Proakis (1982)］；④系统建模，其中自适应滤波器用作估计一个未知系统的特性的模型。

尽管人们为自适应滤波考虑了 IIR 滤波器和 FIR 滤波器，但 FIR 滤波器是最实用和使用最广泛的，原因如下：FIR 滤波器只有可调零点；因此，它不存在与具有可调极点和零点的自适应 IIR 滤波器相关联的稳定性问题。然而，我们不应认为自适应 FIR 滤波器总是稳定的。相反，滤波器的稳定性主要取决于调整其系数的算法，如 14.2 节和 14.3 节所述。

在各种可能的 FIR 滤波器结构中，直接型结构和格型结构可用于自适应滤波。图 14.1.1 显示了具有可调系数 $h(n)$ 的直接型 FIR 滤波器结构。另一方面，FIR 格型结构中的可调参数是反射系数 K_n。

使用自适应滤波器时，一个重要的考虑因素是用来优化可调滤波器参数的准则——不仅要能度量滤波器的性能，而且存在可实际实现的算法。

例如，在数字通信系统中，期望的性能指标是平均差错概率。因此，实现自适应均衡器的优化准则可以是选择均衡器系数，使平均差错概率最小。遗憾的是，该准则的性能指标（平均差错概率）是滤波器系数和信号统计量的非线性函数。因此，实现可以优化这种性能指标的自适应滤波器是复杂的和不现实的。

在某些情况下，作为滤波器参数的非线性函数的性能指标有很多相对极小（或极大），以致无法确定自适应滤波器是否已收敛到最优解或者某个相对极小（或极大）。因此，可以不必考虑某些期望的性能指标（如数字通信系统中的平均差错概率），因为它们实际上是无法实现的。

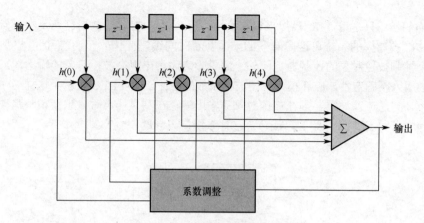

图 14.1.1 直接型 FIR 滤波器结构

在自适应滤波应用中，提供良好性能度量的两个准则是最小二乘准则和均方误差（Mean Square Error，MSE）准则。最小二乘（和均方误差）准则产生一个二次性能指标，它是滤波器系数的函数，因此具有单个极小。得到的用来调整滤波器系数的算法实现起来相对容易，如 14.2 节和 14.3 节所述。

接下来的几节介绍自适应滤波器的几个应用，这是在 14.2 节和 14.3 节中数学推导算法的动机。在这些例子中，使用直接型 FIR 结构是方便的。虽然本节中不推导用于自动调整滤波器系数的递归算法，但是将滤波器系数优化表述为最小二乘优化问题是有帮助的。该推导是接下来两节中介绍的算法的基础。

14.1.1 系统辨识或系统建模

在该问题的表述中，我们有一个要辨识的未知系统，称为**被控对象**。系统被建模为有 M 个可调系数的 FIR 滤波器。被控对象和模型均被输入序列 $x(n)$激励。如果 $y(n)$表示被控对象的输出，$\hat{y}(n)$ 表示模型的输出，即

$$\hat{y}(n) = \sum_{k=0}^{M-1} h(k)x(n-k) \tag{14.1.1}$$

那么我们可以形成误差序列

$$e(n) = y(n) - \hat{y}(n), \qquad n = 0,1,\cdots \tag{14.1.2}$$

并且选择系数 $h(k)$来最小化

$$\varepsilon_M = \sum_{n=0}^{N}\left[y(n) - \sum_{k=0}^{M-1} h(k)x(n-k) \right]^2 \tag{14.1.3}$$

式中，$N+1$ 是观测次数。

最小二乘准则得到的是求滤波器系数的线性方程组，即

$$\sum_{k=0}^{M-1} h(k)r_{xx}(l-k) = r_{yx}(l), \qquad l = 0,1,\cdots,M-1 \tag{14.1.4}$$

式中，$r_{xx}(l)$是序列 $x(n)$的自相关，$r_{yx}(l)$是系统输出和输入序列的互相关。

求解式（14.1.4），就可得到该模型的滤波器系数。因为滤波器参数可由系统输入端和输出端的测量数据直接得到，所以我们不需要被控对象的先验知识，并且称该 FIR 滤波器模型为自适应滤波器。

如果我们的目标只是用 FIR 模型来识别系统，那么式（14.1.4）的解就已足够。然而，在控制系统应用中，被建模的系统可能是时变的（即随着时间缓慢变化），且我们拥有模型的目的是用它设计一个控制被控对象的控制器。此外，测量噪声通常出现在被控对象的输出端，该噪声在测量过程中会引入不确定性，破坏模型中滤波器系数的估计。图 14.1.2 显示了这样的一个场景。在这种情况下，自适应滤波器必须在被控对象的输出端存在测量噪声时，识别和跟踪被控对象的时变特性。14.2 节和 14.3 节介绍的算法适合这种系统辨识问题。

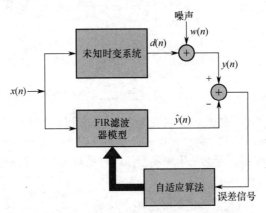

图 14.1.2　对系统辨识应用自适应滤波

14.1.2　自适应信道均衡

图 14.1.3 显示了一个数字通信系统的框图，其中的自适应均衡器用于补偿传输媒介（信道）导致的失真。信息码元的数字序列 $a(n)$ 被发射，发射机的输出为

$$s(t) = \sum_{k=0}^{\infty} a(k) p(t - kT_s) \tag{14.1.5}$$

式中，$p(t)$ 是发射机处的滤波器的冲激响应，T_s 是信息码元间的时间间隔；也就是说，$1/T_s$ 是码元率。为此，假设 $a(n)$ 是一个从集合 $\pm 1, \pm 3, \pm 5, \cdots, \pm(K-1)$ 中取值的多电平序列，其中 K 是码元值的数量。

脉冲 $p(t)$ 通常被设计得具有图 14.1.4 所示的特性。注意，$p(t)$ 在 $t = 0$ 处的幅度是 $p(0) = 1$，在 $t = nT_s$ 处的幅度是 $p(nT_s) = 0$, $n = \pm 1, \pm 2, \cdots$。因此，在时刻 $t = nT_s$ 处抽样时，每隔 T_s 秒传输的连续脉冲互不干扰。于是，有 $a(n) = s(nT_s)$。

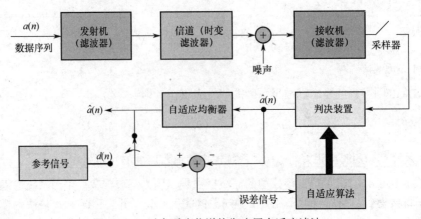

图 14.1.3　对自适应信道均衡应用自适应滤波

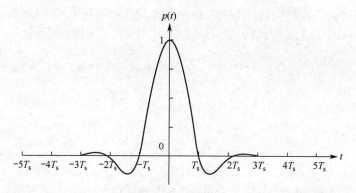

图 14.1.4 以 $1/T_s$ 个码元/秒的速率数字传输码元时的脉冲形状

能很好地建模为线性滤波器的信道通常会使脉冲失真,进而引发码间串扰。例如,在电话信道中,整个系统使用多个滤波器来分离不同频率范围内的信号,而这些滤波器会引发相位和幅度失真。图 14.1.5 显示了信道失真对脉冲 $p(t)$ 的影响。现在,每隔 T_s 秒得到的样本被来自几个相邻码元的干扰破坏。失真信号通常还被宽带加性噪声破坏。

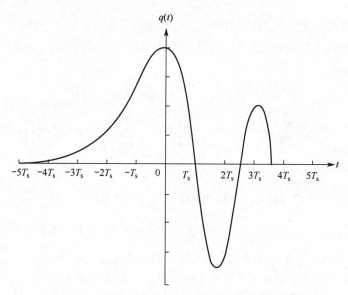

图 14.1.5 信号失真对图 14.1.4 中的信号脉冲的影响

在通信系统的接收端,信号首先通过一个滤波器,以消除被信号占用的频带外的噪声。我们可以假设该滤波器是一个线性相位 FIR 滤波器,该滤波器限制噪声的带宽,但会给信道毁坏信号带来可忽略的额外失真。

在这个滤波器的输出端,接收信号的样本反映码间串扰和加性噪声的存在。如果这时忽略信道中的时变,就可将接收机的采样输出表示为

$$x(nT_s) = \sum_{k=0}^{\infty} a(k)q(nT_s - kT_s) + w(nT_s)$$

$$= a(n)q(0) + \sum_{k=0, k \neq n}^{\infty} a(k)q(nT_s - kT_s) + w(nT_s)$$

(14.1.6)

式中,$w(t)$ 表示加性噪声,$q(t)$ 表示接收机滤波器输出端的失真脉冲。

为了简化讨论，假设我们已借助接收机中包含的自动增益控制（Automatic Gain Control，AGC）将样本 $q(0)$ 归一化为 1。于是，式（14.1.6）中的样本信号就可写为

$$x(n) = a(n) + \sum_{k=0, k \neq n}^{\infty} a(k)q(n-k) + w(n) \qquad (14.1.7)$$

式中，$x(n) \equiv x(nT_s)$，$q(n) \equiv q(nT_s)$，$w(n) \equiv w(nT_s)$。式（14.1.7）中的 $a(n)$ 是第 n 个采样时刻的期望码元。第二项

$$\sum_{k=0, k \neq n}^{\infty} a(k)q(n-k)$$

构成信道失真引发的码间串扰，$w(n)$ 表示系统中的加性噪声。

一般来说，采样值 $q(n)$ 中包含的信道失真效应在接收机端是未知的。此外，信道随时间缓慢变化会使得码间串扰的影响是时变的。自适应量化器的目的是补偿信道失真的信号，使得到的信号能够被可靠地检测到。假设均衡器是有 M 个可调系数 $h(n)$ 的 FIR 滤波器，其输出可以写为

$$\hat{a}(n) = \sum_{k=0}^{M-1} h(k)x(n+D-k) \qquad (14.1.8)$$

式中，D 是在处理通过滤波器的信号时的一个标称延迟，$\hat{a}(n)$ 是第 n 个信息码元的估计。首先，传输一个已知的数据序列 $d(n)$ 来训练均衡器。然后，比较均衡器的输出 $\hat{a}(n)$ 和 $d(n)$，生成用于优化滤波器系数的误差。

如果再次采用最小二乘误差准则，那么选择系数 $h(k)$ 来最小化

$$\varepsilon_M = \sum_{n=0}^{N} [d(n) - \hat{a}(n)]^2 = \sum_{n=0}^{N} \left[d(n) - \sum_{k=0}^{M-1} h(k)x(n+D-k) \right]^2 \qquad (14.1.9)$$

优化结果是下面的线性方程组：

$$\sum_{k=0}^{M-1} h(k)r_{xx}(l-k) = r_{dx}(l-D), \qquad l = 0, 1, 2, \cdots, M-1 \qquad (14.1.10)$$

式中，$r_{xx}(l)$ 是序列 $x(n)$ 的自相关，$r_{dx}(l)$ 是期望序列 $d(n)$ 和接收序列 $x(n)$ 的互相关。

虽然式（14.1.10）的解在实际中是递归得到的（详见接下来的两节），但是由这些方程可以得到初始调整均衡器的系数值。在多数信号持续不到 1 秒的短训练期后，发射机开始发送信息序列 $a(n)$。为了跟踪信道中的时间变化，均衡器在接收数据的同时，必须以某种自适应方式连续调整。如图 14.1.3 所示，如果认为判决设备输出端的判决是正确的，并且用判决代替参考信号 $d(n)$ 来产生误差信号，就可以实现连续调整。不常出现判决误差时（如 100 个码元中不到一个判决错误），这种方法是行之有效的。偶尔出现的判决错误只会导致均衡器系数的少量调整。14.2 节和 14.3 节将介绍递归调整均衡器系数的自适应算法。

14.1.3 宽带信号中窄带干扰的抑制

下面讨论在信号检测和数字通信等实际应用中出现的一个问题。假设我们有一个信号序列 $v(n)$，它由被加性窄带干扰序列 $x(n)$ 破坏的期望宽带信号序列 $w(n)$ 组成，且序列 $x(n)$ 和 $w(n)$ 是不相关的。对模拟信号 $v(t)$ 以宽带信号 $w(t)$ 的奈奎斯特率（或更快的采样率）采样，得到了这些序列。图 14.1.6 显示了 $w(n)$ 和 $x(n)$ 的谱特性。一般来说，干扰 $|X(f)|$ 在其所占的窄频带内远大于 $|W(f)|$。

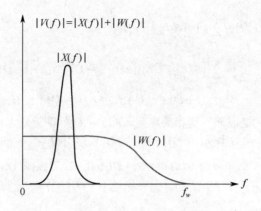

图 14.1.6　宽带信号 $W(f)$ 中的强窄带干扰 $W(f)$

　　在适合上述模型的数字通信和信号检测问题中，期望的信号序列 $w(n)$ 通常是**扩频信号**，而窄带干扰表示来自频带的另一个用户的信号，或者表示来自扰乱通信或检测系统的干扰发射机的恶意干扰。

　　从滤波角度看，我们的目的是用一个滤波器来抑制窄带干扰。事实上，这种滤波器在被 $|X(f)|$ 占据的频带中有一个切口，且在实际中，由 $|X(f)|$ 占据的频带是未知的。此外，如果干扰是非平稳的，其频带占用就可能随时间变化。因此，需要一个自适应滤波器。

　　从另一个角度看，干扰的窄带特性可让我们由序列 $v(n)$ 的过去样本来估计 $x(n)$，并从 $v(n)$ 中减去该估计。因为序列 $w(n)$ 的带宽比 $x(n)$ 的窄，加之高采样率，样本 $x(n)$ 是高度相关的。另一方面，因为样本是对 $w(n)$ 以奈奎斯特率采样得到的，所以样本 $w(n)$ 不是高度相关的。利用 $x(n)$ 和序列 $v(n)$ 的过去样本之间的高相关性，有可能得到 $x(n)$ 的一个估计，而这个估计可从 $v(n)$ 中减去。

　　图 14.1.7 显示了通用配置。信号 $v(n)$ 延迟了 D 个样本，其中 D 选择得充分大，以使分别包含在 $v(n)$ 和 $v(n-D)$ 中的宽带信号分量 $w(n)$ 和 $w(n-D)$ 是不相关的。通常选择 $D=1$ 或 2 就够了。延迟信号序列 $v(n-D)$ 通过一个 FIR 滤波器，该滤波器被最好地描述为基于 M 个样本 $v(n-D-k)$, $k=0,$ $1,\cdots,M-1$ 的 $x(n)$ 值的线性预测器。该线性预测器的输出是

$$\hat{x}(n) = \sum_{k=0}^{M-1} h(k)v(n-D-k) \tag{14.1.11}$$

从 $v(n)$ 中减去 $x(n)$ 的这个预测值，产生 $w(n)$ 的一个估计，如图 14.1.7 所示。显然，估计 $\hat{x}(n)$ 的质量决定窄带干扰抑制的效果。同样明显的是，得到 $x(n)$ 的良好估计要求延迟 D 尽可能小，而为了使 $w(n)$ 和 $w(n-D)$ 不相关，延迟 D 又必须尽可能大。

　　定义误差序列

$$e(n) = v(n) - \hat{x}(n) = v(n) - \sum_{k=0}^{M-1} h(k)v(n-D-k) \tag{14.1.12}$$

应用最小二乘准则来最优地选择预测系数，得到一组线性方程

$$\sum_{k=0}^{M-1} h(k)r_{vv}(l-k) = r_{vv}(l+D), \qquad l=0,1,\cdots,M-1 \tag{14.1.13}$$

式中，$r_{vv}(l)$ 是 $v(n)$ 的自相关序列。然而，注意到式（14.1.13）的等号右边可以写为

$$r_{vv}(l+D) = \sum_{n=0}^{N} v(n)v(n-l-D)$$

$$= \sum_{n=0}^{N} \big[w(n)+x(n)\big]\big[w(n-l-D)+x(n-l-D)\big] \qquad (14.1.14)$$

$$= r_{ww}(l+D) + r_{xx}(l+D) + r_{wx}(l+D) + r_{xw}(l+D)$$

式（14.1.14）中的相关是时间平均相关序列。$r_{ww}(l+D)$的期望值为

$$E\big[r_{ww}(l+D)\big] = 0, \qquad l = 0,1,\cdots,M-1 \qquad (14.1.15)$$

因为$w(n)$是宽带的，且D大到足以使$w(n)$和$w(n-D)$不相关。根据假设，还有

$$E\big[r_{xw}(l+D)\big] = E\big[r_{wx}(l+D)\big] = 0 \qquad (14.1.16)$$

最后有

$$E\big[r_{xx}(l+D)\big] = \gamma_{xx}(l+D) \qquad (14.1.17)$$

因此，$r_{vv}(l+D)$的期望值就是窄带信号 $x(n)$的统计自相关。此外，如果宽带信号相对于干扰很弱，式（14.1.13）中等号左边的自相关 $r_{vv}(l)$就约为 $r_{xx}(l)$。$w(n)$主要影响 $r_{vv}(l)$的对角线元素。因此，根据式（14.1.13）中的线性方程求得的滤波器系数值是干扰 $x(n)$的统计特性的函数。

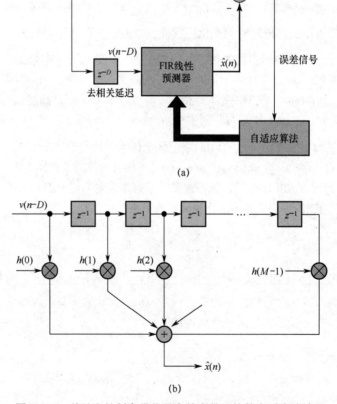

图 14.1.7　估计和抑制宽带信号中的窄带干扰的自适应滤波器

图 14.1.8 中的整个滤波器结构是一个自适应 FIR 预测误差滤波器，其系数为

$$h'(k) = \begin{cases} 1, & k = 0 \\ -h(k-D), & k = D, D+1, \cdots, D+M-1 \\ 0, & \text{其他} \end{cases} \qquad (14.1.18)$$

频率响应为

$$H(\omega) = \sum_{k=0}^{M-1} h'(k+D)\mathrm{e}^{-\mathrm{j}\omega k} \qquad (14.1.19)$$

整个滤波器充当抑制干扰的一个陷波器。例如，图 14.1.8 显示了有 $M = 15$ 个系数的自适应滤波器的频率响应的幅度，这个滤波器的作用是抑制占用期望扩频信号序列 20%频带的窄带干扰。数据是伪随机地生成的，方法是将由 100 个随机相位的等幅正弦信号组成的窄带干扰与一个伪噪声扩频信号相加。滤波器系数是在 $D = 1$ 时求解式（14.1.8）得到的，其中相关 $r_w(l)$是由数据得到的。观察发现，整个干扰抑制滤波器具有陷波器的特性。切口的深度取决于干扰相对于宽带信号的功率。干扰越强，切口越深。

14.2 节和 14.3 节介绍算法适合连续估计预测器系数，以跟踪非平稳窄带干扰信号。

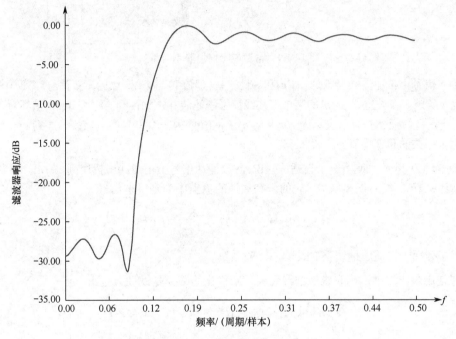

图 14.1.8   自适应陷波器的频率响应特性

14.1.4   自适应线谱增强器

在前一个例子中，自适应线性预测器用于估计窄带干扰，以便抑制来自输入序列 $v(n)$的干扰。自适应线谱增强器（Adaptive Line Enhancer，ALE）的配置与图 14.1.7 中干扰抑制滤波器的相同，但目的不同。

在自适应线谱增强器中，$x(n)$是期望信号，$w(n)$是掩蔽 $x(n)$的宽带噪声分量。期望信号 $x(n)$要么是一根谱线，要么是一个窄带信号。图 14.1.7(b)中线性预测器的工作方式与图 14.1.7(a)中的完全相同，并且提供窄带信号 $x(n)$的估计。显然，自适应线谱增强器（FIR 预测滤波器）是一个自调谐滤波器，其频率响应在正弦频率处有一个峰值，或者等效地在窄带信号 $x(n)$的频带内有一个峰值。具有窄带宽后，带外噪声 $w(n)$就被抑制，谱线幅度相对于 $w(n)$中的噪声功率就被增强。这解释了 FIR 预测器称为**自适应线谱增强器**的原因。这个预测器的系数由式（14.1.13）的解确定。

14.1.5 自适应噪声消除

回声消除、在宽带信号中抑制窄带干扰和自适应线谱增强器，与称为**自适应噪声消除**的另一种自适应滤波是有关系的。图 14.1.9 显示了自适应噪声消除器的一个模型。

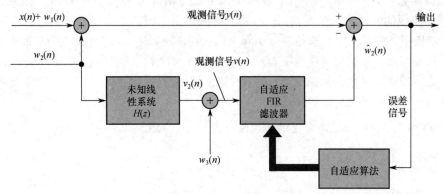

图 14.1.9 自适应噪声消除系统举例

主输入信号由被加性噪声序列 $w_1(n)$ 和加性干扰（噪声）$w_2(n)$ 破坏的期望信号序列 $x(n)$ 组成。加性干扰（噪声）在被生成 $v_2(n)$ 的某个未知线性系统滤波并被加性噪声序列 $w_3(n)$ 破坏后，仍是可观测的。于是，我们就有可以表示为 $v(n) = v_2(n) + w_3(n)$ 的另一个信号序列。假设序列 $w_1(n), w_2(n)$ 和 $w_3(n)$ 是互不相关的和零均值的。

如图 14.1.9 所示，使用一个自适应 FIR 滤波器从信号 $v(n)$ 估计干扰序列 $w_2(n)$，并从主信号中减去估计 $w_2(n)$。表示期望信号 $x(n)$ 的一个估计的输出序列是误差信号

$$e(n) = y(n) - \hat{w}_2(n) = y(n) - \sum_{k=0}^{M-1} h(k)v(n-k) \qquad (14.1.20)$$

这个误差序列用于自适应地调整 FIR 滤波器的系数。

如果使用最小二乘准则来求滤波器系数，则优化的结果是线性方程组

$$\sum_{k=0}^{M-1} h(k)r_{vv}(l-k) = r_{yv}(l), \qquad l = 0,1,\cdots,M-1 \qquad (14.1.21)$$

式中，$r_{vv}(l)$ 是序列 $v(n)$ 的样本（时间平均）自相关，$r_{yv}(l)$ 是序列 $y(n)$ 和 $v(n)$ 的样本互相关。显然，噪声消除问题类似于上面介绍的最后两个自适应滤波应用。

14.1.6 自适应阵列

前面几个例子中介绍了如何对单个数据序列执行自适应滤波，但自适应滤波已广泛用于来自天线、水听器和地震检波器阵列的多个数据序列，其中的传感器（天线、水听器和地震检波器）是按照某种空间配置排列的。例如，考虑图 14.1.10(a)中由五个要素组成的线性天线阵列。如果信号是线性求和的，就得到序列

$$x(n) = \sum_{k=1}^{5} x_k(n) \qquad (14.1.22)$$

由此得到图 14.1.10(a)所示的天线方向图。现在，假定干扰信号是从对应于天线阵列中的某个旁瓣的方向接收到的。在组合之前适当地加权序列 $x_k(n)$，有可能改变旁瓣图，使阵列在干扰方向置空，如图 14.1.10(b)所示。于是，有

$$x(n) = \sum_{k=1}^{5} h_x x_k(n) \tag{14.1.23}$$

式中，h_k 是权重。

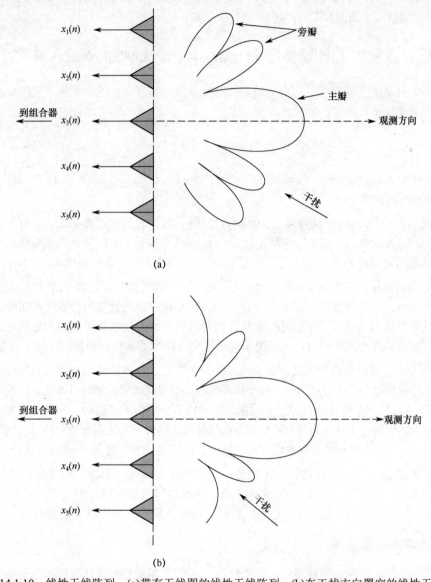

图 14.1.10　线性天线阵列：(a)带有天线图的线性天线阵列；(b)在干扰方向置空的线性天线阵列

在组合之前于传感器信号的输出中引入延迟，也可改变或调整天线主瓣的方向。因此，由 K 个传感器可以得到组合信号

$$x(n) = \sum_{k=1}^{K} h_x x_k(n - n_k) \tag{14.1.24}$$

式中，h_k 是权重，n_k 对应于信号 $x(n)$ 中的 n_k 个样本延迟。选择权重可用于在特定方向置零。

更一般地，我们可在组合之前简单地对每个序列滤波。这时，输出序列的一般形式是

$$y(n) = \sum_{k=1}^{K} y_k(n) = \sum_{k=1}^{K} \sum_{l=0}^{M-1} h_k(l) x_k(n - n_k - l) \tag{14.1.25}$$

式中，$h_k(l)$ 是处理第 k 个传感器输出的滤波器的冲激响应，n_k 是调整波束图的延迟。

14.2.2 节介绍的 LMS 算法常用于自适应地选择权重 h_k 或冲激响应 $h_k(l)$。14.3 节介绍的 RLS 算法也可用于多传感器（多通道）数据问题。

14.2 自适应直接型 FIR 滤波器——最小均方（LMS）算法

由前一节的几个例子观察到，所有的自适应滤波应用中都有一个通用框架。采用最小二乘准则，我们得到了滤波器系数的一组线性方程，即

$$\sum_{k=0}^{M-1} h(k) r_{xx}(l-k) = r_{dx}(l+D), \qquad l = 0, 1, 2, \cdots, M-1 \tag{14.2.1}$$

式中，$r_{xx}(l)$ 是序列 $x(n)$ 的自相关，$r_{dx}(l)$ 是序列 $d(n)$ 和 $x(n)$ 的互相关。延迟参数 D 在某些情况下为零，在其他情况下不为零。

观察发现，自相关 $r_{xx}(l)$ 与互相关 $r_{dx}(l)$ 是由数据得到的，因此表示真（统计）自相关和互相关序列的估计。因此，由式（14.2.1）得到的系数 $h(k)$ 是真系数的估计。估计的质量依赖于用来估计 $r_{xx}(l)$ 和 $r_{dx}(l)$ 的数据记录的长度。这是在自适应滤波器实现中必须考虑的问题之一。

第二个必须考虑的问题是，基本随机过程 $x(n)$ 通常是不平稳的。例如，在信道均衡中，信道的频率响应特性可能随时间变化。因此，统计自相关和互相关序列及它们的估计也随时间变化。这意味着自适应滤波器的系数必须随时间变化，以便将信号的时变统计特性纳入滤波器。这还意味着在估计自相关和互相关序列时，不能简单地增大信号样本数来任意地提高估计的质量。

采用几种方法，可以使自适应滤波器的系数随时间变化，以便跟踪信号的时变统计特性。最常用的方法是在收到每个新信号样本时，逐个样本递归地调整滤波器。第二种方法是逐块估计 $r_{xx}(l)$ 和 $r_{dx}(l)$，而不维持从一个数据块到另一个数据块时滤波器系数值的连续性。在这种方案中，块尺寸必须相对较小，包括一个时间间隔，它要短于数据的统计特性在其上明显变化的时间间隔。除了这种块处理方法，还可以设计其他块处理方法，以便在滤波器系数中包含一些块到块的连续性。

本书在介绍自适应滤波算法时，只考虑逐个样本更新滤波器系数的时间递归算法。例如，我们考虑两类算法：最小均方（LMS）算法，它基于梯度型搜索来跟踪时变信号特性；递归最小二乘（RLS）算法，它比 LMS 算法复杂，但对信号统计量的变化提供更快的收敛。

14.2.1 最小均方误差准则

本节介绍的 LMS 算法最容易得到，方法是将 FIR 滤波器系数的优化表述为基于最小均方误差的一个估计问题。假设有一个（可能是复的）数据序列 $x(n)$，它由自相关序列为

$$\gamma_{xx}(m) = E\left[x(n) x^*(n-m) \right] \tag{14.2.2}$$

的一个平稳随机过程中的样本组成。我们可由这些样本构成期望序列 $d(n)$ 的一个估计，方法是让观测数据 $x(n)$ 通过系数为 $h(n), 0 \leqslant n \leqslant M-1$ 的一个 FIR 滤波器。该滤波器的输出可以写为

$$\hat{d}(n) = \sum_{k=0}^{M-1} h(k) x(n-k) \tag{14.2.3}$$

式中，$\hat{d}(n)$ 是 $d(n)$ 的一个估计。估计误差定义为

$$e(n) = d(n) - \hat{d}(n) = d(n) - \sum_{k=0}^{M-1} h(k)x(n-k) \tag{14.2.4}$$

作为滤波器系数的函数的均方误差为

$$
\begin{aligned}
\varepsilon_M &= E\left[\left|e(n)\right|^2\right] \\
&= E\left[\left|d(n) - \sum_{k=0}^{M-1} h(k)x(n-k)\right|^2\right] \\
&= E\left\{\left|d(n)\right|^2 - 2\mathrm{Re}\left[\sum_{k=0}^{M-1} h^*(l)d(n)x^*(n-l)\right] + \sum_{k=0}^{M-1}\sum_{l=0}^{M-1} h^*(l)h(k)x^*(n-l)x(n-k)\right\} \\
&= \sigma_d^2 - 2\mathrm{Re}\left[\sum_{l=0}^{M-1} h^*(l)\gamma_{dx}(l)\right] + \sum_{l=0}^{M-1}\sum_{k=0}^{M-1} h^*(l)h(k)\gamma_{xx}(l-k)
\end{aligned} \tag{14.2.5}
$$

式中，根据定义有 $\sigma_d^2 = E\left[\left|d(n)\right|^2\right]$。

观察发现，均方误差是滤波器系数的一个二次函数。因此，关于系数最小化 ε_M 得到一组 M 个线性方程：

$$\sum_{k=0}^{M-1} h(k)\gamma_{xx}(l-k) = \gamma_{dx}(l), \qquad l = 0, 1, \cdots, M-1 \tag{14.2.6}$$

由式（14.2.6）［即 13.7.1 节推导的维纳-霍夫方程］得到系数的滤波器称为**维纳滤波器**。

比较式（14.2.6）和式（14.2.1）发现，它们的形式是类似的。式（14.2.1）中使用自相关和互相关的估计来求滤波器系数，而式（14.2.6）中使用的是统计自相关和互相关。因此，在最小均方误差意义上，式（14.2.6）得到的是最优（维纳）滤波器系数，而式（14.2.1）得到的是最优系数的估计。

式（14.2.6）可用矩阵表示为

$$\boldsymbol{\Gamma}_M \boldsymbol{h}_M = \boldsymbol{\gamma}_d \tag{14.2.7}$$

式中，$\boldsymbol{h}_M$ 是系数矢量，$\boldsymbol{\Gamma}_M$ 是元素为 $\Gamma_{lk} = \gamma_{xx}(l-k)$ 的一个 $M \times M$ 维厄米特托普利兹矩阵，$\boldsymbol{\gamma}_d$ 是元素为 $\gamma_{dx}(l)$, $l = 0, 1, \cdots, M-1$ 的一个 $M \times 1$ 维互相关矢量。$\boldsymbol{h}_M$ 的复共轭记为 $\boldsymbol{h}_M^*$，转置记为 $\boldsymbol{h}_M^{\mathrm{t}}$。最优滤波器系数的解是

$$\boldsymbol{h}_{\mathrm{opt}} = \boldsymbol{\Gamma}_M^{-1} \boldsymbol{\gamma}_d \tag{14.2.8}$$

由式（14.2.8）给出的最优系数得到的最小均方误差为

$$\varepsilon_{M\min} = \sigma_d^2 - \sum_{k=0}^{M-1} h_{\mathrm{opt}}(k)\gamma_{dx}^*(k) = \sigma_d^2 - \boldsymbol{\gamma}_d^{\mathrm{H}} \boldsymbol{\Gamma}_M^{-1} \boldsymbol{\gamma}_d \tag{14.2.9}$$

式中，上标 H 表示共轭转置。

回顾可知，式（14.2.6）中的线性方程组也可在均方估计中使用正交性原理得到（见 13.7.2 节）。根据正交性原理，在统计意义上，当误差 $e(n)$ 和估计 $\hat{d}(n)$ 正交时，均方估计误差最小，即

$$E\left[e(n)\hat{d}^*(n)\right] = 0 \tag{14.2.10}$$

但式（14.2.10）中的条件表明有

$$E\left[\sum_{k=0}^{M-1} h(k)e(n)x^*(n-k)\right] = \sum_{k=0}^{M-1} h(k)E\left[e(n)x^*(n-k)\right] = 0$$

或者等效地有

$$E\left[e(n)x^*(n-l)\right]=0, \qquad l=0,1,\cdots,M-1 \tag{14.2.11}$$

如果用式（14.2.4）中的 $e(n)$ 替换式（14.2.11）中的 $e(n)$ 并执行期望运算，就得到式（14.2.6）给出的方程。

因为 $\hat{d}(n)$ 和 $e(n)$ 正交，所以残留（最小）均方误差为

$$\varepsilon_{M\min}=E\left[e(n)d^*(n)\right]=E\left[|d(n)|^2\right]-\sum_{k=0}^{M-1}h_{\text{opt}}(k)\gamma_{dx}^*(k) \tag{14.2.12}$$

这是式（14.2.9）给出的结果。

使用 Levinson-Durbin 算法可以高效地求解式（14.2.8）给出的最优滤波器系数。然而，我们应考虑使用梯度法迭代地求解 h_{opt}。这一推导得到的是用于自适应滤波的 LMS 算法。

14.2.2　最小均方算法

我们可以使用许多数值方法来求解式（14.2.6）或式（14.2.7）给出的线性方程组，得到最优 FIR 滤波器系数。下面考虑设计用于查找多变量函数的极小的递归方法。这种方法的性能指标是由式（14.2.5）给出的均方误差，它是滤波器系数的二次函数。因此，该函数有唯一的极小，我们通过一次迭代搜索确定它。

假设自相关矩阵 $\boldsymbol{\Gamma}_M$ 和互相关矢量 $\boldsymbol{\gamma}_d$ 是已知的。因此，ε_M 是系数 $h(n)$, $0\le n\le M-1$ 的一个已知函数。递归计算滤波器系数并搜索 ε_M 的极小的算法是

$$\boldsymbol{h}_M(n+1)=\boldsymbol{h}_M(n)+\frac{1}{2}\Delta(n)\boldsymbol{S}(n), \qquad n=0,1,\cdots \tag{14.2.13}$$

式中，$\boldsymbol{h}_M(n)$ 是第 n 次迭代时的滤波器系数矢量，$\Delta(n)$ 是第 n 次迭代的步长，$\boldsymbol{S}(n)$ 是第 n 次迭代的方向矢量。初始矢量 $\boldsymbol{h}_M(0)$ 是任意选择的。讨论中排除要求计算 $\boldsymbol{\Gamma}_M^{-1}$ 的方法（如牛顿法），而只考虑使用梯度矢量的搜索方法。

递归地查找 ε_M 的极小的最简方法基于最陡下降搜索［见 Murray(1972)］。在最陡下降方法中，方向矢量 $\boldsymbol{S}(n)=-\boldsymbol{g}(n)$，其中 $\boldsymbol{g}(n)$ 是第 n 次迭代的梯度矢量，它定义为

$$\boldsymbol{g}(n)=\frac{\mathrm{d}\varepsilon_M(n)}{\mathrm{d}\boldsymbol{h}_M(n)}=2\left[\boldsymbol{\Gamma}_M\boldsymbol{h}_M(n)-\boldsymbol{\gamma}_d\right], \qquad n=0,1,2,\cdots \tag{14.2.14}$$

因此，我们在每次迭代中都计算梯度矢量，并在与梯度相反的方向上改变 $\boldsymbol{h}_M(n)$ 的值。于是，基于最陡下降方法的递归算法为

$$\boldsymbol{h}_M(n+1)=\boldsymbol{h}_M(n)-\frac{1}{2}\Delta(n)\boldsymbol{g}(n) \tag{14.2.15}$$

或者等效地为

$$\boldsymbol{h}_M(n+1)=\left[\boldsymbol{I}-\Delta(n)\boldsymbol{\Gamma}_M\right]\boldsymbol{h}_M(n)+\Delta(n)\boldsymbol{\gamma}_d \tag{14.2.16}$$

只要步长序列 $\Delta(n)$ 绝对可和，且 $n\to\infty$ 时 $\Delta(n)\to 0$，我们就可不加证明地说 $n\to\infty$ 时该算法将使 $\boldsymbol{h}_M(n)$ 收敛到 $\boldsymbol{h}_{\text{opt}}$。可以证明，当 $n\to\infty$ 时有 $\boldsymbol{g}(n)\to\boldsymbol{0}$。

收敛更快的其他算法有共轭梯度算法和 Fletcher-Powell 算法。在共轭梯度算法中，方向矢量为

$$\boldsymbol{S}(n)=\beta(n-1)\boldsymbol{S}(n-1)-\boldsymbol{g}(n) \tag{14.2.17}$$

式中，$\beta(n)$ 是梯度矢量的标量函数［见 Beckman (1960)］；在 Fletcher-Powell 算法中，方向矢量为

$$\boldsymbol{S}(n)=-\boldsymbol{H}(n)\boldsymbol{g}(n) \tag{14.2.18}$$

式中，$\boldsymbol{H}(n)$ 是迭代计算的一个 $M\times M$ 维正定矩阵，它收敛到 $\boldsymbol{\Gamma}_M$ 的逆［见 Fletcher and Powell (1963)］。

显然，这三个算法计算方向矢量的方式是不同的。

这三个算法适用于 $\pmb{\Gamma}_M$ 和 γ_d 已知的情形。然而，如前所述，在自适应滤波应用中，情况并非如此。当缺少 $\pmb{\Gamma}_M$ 和 γ_d 的信息时，可用方向矢量的估计值 $\hat{\pmb{S}}(n)$ 代替实际矢量 $\pmb{S}(n)$。对最陡下降算法，我们可以考虑该方法。

首先，我们注意到式（14.2.14）给出的梯度矢量也可用式（14.2.11）给出的正交条件表示。实际上，式（14.2.11）中的条件等效于表达式

$$E\left[e(n)X_M^*(n)\right] = \gamma_d - \pmb{\Gamma}_M \pmb{h}_M(n) \tag{14.2.19}$$

式中，$\pmb{X}_M(n)$ 是元素为 $x(n-l)$，$l = 0, 1, \cdots, M-1$ 的矢量。因此，梯度矢量是

$$\pmb{g}(n) = -2E\left[e(n)\pmb{X}_M^*(n)\right] \tag{14.2.20}$$

显然，当误差和估计 $\hat{d}(n)$ 中的数据正交时，梯度矢量 $\pmb{g}(n) = \pmb{0}$。

第 n 次迭代时，由式（14.2.20）可以得出梯度矢量的一个无偏估计，即

$$\hat{\pmb{g}}(n) = -2e(n)\pmb{X}_M^*(n) \tag{14.2.21}$$

式中，$e(n) = d(n) - \hat{d}(n)$，$\pmb{X}_M(n)$ 是第 n 次迭代时滤波器的 M 个信号样本集。于是，用 $\hat{\pmb{g}}(n)$ 代替 $\pmb{g}(n)$ 后，就有算法

$$\pmb{h}_M(n+1) = \pmb{h}_M(n) + \Delta(n)e(n)\pmb{X}_M^*(n) \tag{14.2.22}$$

这称为**随机梯度下降算法**。如式（14.2.22）给出的那样，它的步长是可变的。

在自适应滤波中，使用固定步长算法的原因有二。第一，无论是硬件还是软件，固定步长算法都易实现；第二，固定步长适用于跟踪时变信号统计量，而若 $n\to\infty$ 时 $\Delta(n)\to 0$，就不会出现对信号变化的自适应。因此，式（14.2.22）就被修正为算法

$$\pmb{h}_M(n+1) = \pmb{h}_M(n) + \Delta e(n)\pmb{X}_M^*(n) \tag{14.2.23}$$

式中，Δ 是固定步长。该算法由威德罗（Widrow）和霍夫（Hoff）最先提出，称为**最小均方**（Least Mean Squares，LMS）**算法**。显然，这是一种随机梯度算法。

LMS 算法相对容易实现，因此被广泛用于许多自适应滤波应用中。人们透彻地研究了 LMS 算法的性质和缺点。下一节首先简要介绍 LMS 算法的重要性质，包括收敛、稳定性以及使用梯度矢量估计得到的噪声；然后比较 LMS 算法和 RLS 算法。

14.2.3 相关的随机梯度算法

文献中提出了基本 LMS 算法的几个变体及它们在自适应滤波应用中的实现。例如，在调整滤波器系数之前取几次迭代的梯度矢量的平均，就得到一个变体。K 个梯度矢量的平均为

$$\overline{\pmb{g}}(nK) = -\frac{2}{K}\sum_{k=0}^{K-1}e(nK+k)\pmb{X}_M^*(nK+k) \tag{14.2.24}$$

每隔 K 次迭代就更新滤波器系数一次的递归方程为

$$\pmb{h}_M((n+1)K) = \pmb{h}_M(nK) - \frac{1}{2}\Delta\overline{\pmb{g}}(nK) \tag{14.2.25}$$

实际上，如 Gardner (1984)中证明的那样，式（14.2.24）中执行的平均运算降低了梯度矢量估计中的噪声。

另一种方法是用一个低通滤波器对梯度矢量执行滤波，并用该滤波器的输出作为梯度矢量的估计。例如，对梯度执行滤波的一个简单低通滤波器的输出是

$$\hat{S}(n) = \beta\hat{S}(n-1) - \hat{g}(n), \qquad S(0) = -\hat{g}(0) \tag{14.2.26}$$

式中，选择 $0 \leqslant \beta < 1$ 来确定低通滤波器的带宽。当 β 接近 1 时，滤波器的带宽较小，可以有效地平均许多梯度矢量；而当 β 较小时，低通滤波器的带宽较大，几乎不平均梯度矢量。用式（14.2.26）中滤波后的梯度矢量代替 $\hat{g}(n)$，得到滤波后的 LMS 算法为

$$\boldsymbol{h}_M(n+1) = \boldsymbol{h}_M(n) + \frac{1}{2}\Delta\hat{S}(n) \tag{14.2.27}$$

Proakis (1974)中分析了滤波-梯度 LMS 算法。

使用误差信号序列 $e(n)$ 和/或信号矢量 $\boldsymbol{X}_M(n)$ 的各个分量中的符号信息，可以得到式（14.2.23）中基本 LMS 算法的另外三个变体：

$$\boldsymbol{h}_M(n+1) = \boldsymbol{h}_M(n) + \Delta\mathrm{csgn}\big[e(n)\big]\boldsymbol{X}_M^*(n) \tag{14.2.28}$$

$$\boldsymbol{h}_M(n+1) = \boldsymbol{h}_M(n) + \Delta e(n)\mathrm{csgn}\big[\boldsymbol{X}_M^*(n)\big] \tag{14.2.29}$$

$$\boldsymbol{h}_M(n+1) = \boldsymbol{h}_M(n) + \Delta\mathrm{csgn}\big[e(n)\big]\mathrm{csgn}\big[\boldsymbol{X}_M^*(n)\big] \tag{14.2.30}$$

式中，csgn[x] 是复符号函数，定义为

$$\mathrm{csgn}[x] = \begin{cases} 1+\mathrm{j}, & \mathrm{Re}(x) > 0 \text{和} \mathrm{Im}(x) > 0 \\ 1-\mathrm{j}, & \mathrm{Re}(x) > 0 \text{和} \mathrm{Im}(x) < 0 \\ -1+\mathrm{j}, & \mathrm{Re}(x) < 0 \text{和} \mathrm{Im}(x) > 0 \\ -1-\mathrm{j}, & \mathrm{Re}(x) < 0 \text{和} \mathrm{Im}(x) < 0 \end{cases}$$

csgn[$\boldsymbol{X}$] 表示应用到矢量 $\boldsymbol{X}$ 中的每个元素上的复符号函数。因为式（14.2.30）中完全避免了乘法，且在式（14.2.28）和式（14.2.29）中选择 Δ 为 1/2 的幂也可完全避免乘法，所以 LMS 算法的这三个变体可称为降低复杂度的 LMS 算法。降低计算复杂度的代价是，滤波器系数收敛到最优值的速度更慢。

实际中常用的 LMS 算法称为**归一化最小均方**（Normalized LMS，NLMS）**算法**：

$$\boldsymbol{h}_M(n+1) = \boldsymbol{h}_M(n) + \frac{\Delta}{\big\|\boldsymbol{X}_M(n)\big\|^2}e(n)\boldsymbol{X}_M^*(n) \tag{14.2.31}$$

将步长除以数据矢量 $\boldsymbol{X}_M(n)$ 的范数后，归一化 LMS 算法就等效于使用了如下的可变步长：

$$\Delta(n) = \frac{\Delta}{\big\|\boldsymbol{X}_M(n)\big\|^2} \tag{14.2.32}$$

于是，每次迭代的步长就与接收到的数据矢量 $\boldsymbol{X}_M(n)$ 中的能量成反比。在自适应滤波器输入的动态范围较大的自适应滤波应用中（如在用于慢衰落通信信道的自适应均衡器的实现中），这一缩放是有利的。在这样的应用中，将式（14.2.32）的分母加上一个小正数，可以避免 $\boldsymbol{X}_M(n)$ 的范数很小时出现的数值不稳定。于是，归一化 LMS 算法的另一种形式就可使用可变步长

$$\Delta(n) = \frac{\Delta}{\delta + \big\|\boldsymbol{X}_M(n)\big\|^2} \tag{14.2.33}$$

式中，δ 是小正数。

14.2.4 最小均方算法的性质

本节介绍虑由式（14.2.23）给出的 LMS 算法的基本性质，重点介绍 LMS 算法的收敛性、稳定性，以及使用噪声梯度矢量代替实际梯度矢量产生的超量噪声。使用梯度矢量的噪声估计意味着滤波器系数将随机波动，因此应该对该算法的特性进行统计分析。

确定 $h_M(n)$ 的均值如何收敛到最优系数 h_{opt}，就可研究 LMS 算法的收敛性和稳定性。取式（14.2.23）的期望得

$$\begin{aligned}\bar{h}_M(n+1) &= \bar{h}_M(n) + \Delta E\left[e(n)X_M^*(n)\right]\\&= \bar{h}_M(n) + \Delta\left[\gamma_d - \Gamma_M\bar{h}_M(n)\right]\\&= (I - \Delta\Gamma_M)\bar{h}_M(n) + \Delta\gamma_d\end{aligned} \tag{14.2.34}$$

式中，$\bar{h}_M(n) = E\left[h_M(n)\right]$，$I$ 是单位矩阵。

式（14.2.34）中的递归关系可以表示成一个闭环控制系统，如图 14.2.1 所示。这个闭环系统的收敛速率和稳定性由我们选择的步长参数 Δ 控制。为了确定收敛性，可以解耦式（14.2.34）中的 M 个联立差分方程，方法是线性变换平均系数矢量 $\bar{h}_M(n)$。因为自相关矩阵 Γ_M 是可以表示如下的厄米特矩阵，所以能够得到合适的变换［见 Gantmacher (1960)］：

$$\Gamma_M = U\Lambda U^H \tag{14.2.35}$$

式中，U 是 Γ_M 的归一化模态矩阵，Λ 是对角元素 λ_k, $0 \leqslant k \leqslant M-1$ 等于 Γ_M 的特征值的对角矩阵。

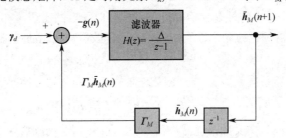

图 14.2.1　递归方程（14.2.34）的闭环控制系统表示

将式（14.2.35）代入式（14.2.34）得

$$\bar{h}_M^0(n+1) = (I - \Delta\Lambda)\bar{h}_M^0(n) + \Delta\gamma_d^0 \tag{14.2.36}$$

式中，变换（正交化）后的矢量是 $\bar{h}_M^0(n) = U^H\bar{h}_M(n)$ 和 $\gamma_d^0 = U^H\gamma_d$。现在，式（14.2.36）中的 M 个一阶差分方程就被解耦。它们的收敛性和稳定性由下面的齐次方程确定：

$$\bar{h}_M^0(n+1) = (I - \Delta\Lambda)\bar{h}_M^0(n) \tag{14.2.37}$$

仔细观察式（14.2.37）中的第 k 个方程的解，有

$$\bar{h}^0(k,n) = C(1 - \Delta\lambda_k)^n u(n), \qquad k = 0,1,2,\cdots,M-1 \tag{14.2.38}$$

式中，C 是一个任意常数，$u(n)$ 是单位阶跃序列。显然，如果有

$$\left|1 - \Delta\lambda_k\right| < 1$$

或者等效地有

$$0 < \Delta < \frac{2}{\lambda_k}, \qquad k = 0,1,\cdots,M-1 \tag{14.2.39}$$

那么 $\bar{h}^0(k,n)$ 以指数方式收敛到零。

对所有 $k = 0, 1, \cdots, M-1$，都要满足由式（14.2.39）给出的确保第 k 个归一化滤波器系数（闭环系统的第 k 个模态）的齐次差分方程收敛的条件。因此，确保 LMS 算法中系数矢量的均值收敛的 Δ 值的范围是

$$0 < \Delta < \frac{2}{\lambda_{\max}} \tag{14.2.40}$$

式中，$\lambda_{\max}$ 是 Γ_M 的最大特征值。

因为 $\boldsymbol{\Gamma}_M$ 是一个自相关矩阵，其特征值是非负的，所以 $\lambda_{\max}$ 的上界为

$$\lambda_{\max} < \sum_{k=0}^{M-1} \lambda_k = \text{trace } \boldsymbol{\Gamma}_M = M\gamma_{xx}(0) \tag{14.2.41}$$

式中，$\gamma_{xx}(0)$ 是输入信号功率，它容易由接收到的信号估出。因此，步长 Δ 的上界为 $2/M\gamma_{xx}(0)$。

观察式（14.2.38）发现，当 $|1-\Delta\lambda_k|$ 较小时，即当图 14.2.1 中的闭环系统的极点远离单位圆时，LMS 算法很快就会收敛。然而，当 $\boldsymbol{\Gamma}_M$ 的最大特征值和最小特征值之差较大时，不可能在达到该期望条件的同时满足式（14.2.39）中的上界。换言之，即使将 Δ 选择为 $1/\lambda_{\max}$，LMS 算法的收敛速率仍由对应最小特征值 $\lambda_{\min}$ 的模态的衰减确定。对于该模态，将 $\Delta = 1/\lambda_{\max}$ 代入式（14.2.38），有

$$h_M^0(k,n) = C\left(1 - \frac{\lambda_{\min}}{\lambda_{\max}}\right)^n u(n) \tag{14.2.42}$$

因此，比值 $\lambda_{\min}/\lambda_{\max}$ 最终决定收敛速率。如果 $\lambda_{\min}/\lambda_{\max}$ 很小（远小于 1），收敛速率就很慢；如果 $\lambda_{\min}/\lambda_{\max}$ 接近 1，收敛速率就很快。

LMS 算法的另一个重要特性是使用梯度矢量估计时导致的噪声。梯度矢量估计中的噪声会使得系数在其最优值附近随机波动，进而使得自适应滤波器输出端的最小均方误差增大。因此，总均方误差为 $\varepsilon_{M\min} + \varepsilon_\Delta$，其中 ε_Δ 称为**超量均方误差**。

对任意给定的滤波器系数 $\boldsymbol{h}_M(n)$，自适应滤波器输出端的总均方误差为

$$\varepsilon_t(n) = \varepsilon_{M\min} + (\boldsymbol{h}_M(n) - \boldsymbol{h}_{\text{opt}})^t \boldsymbol{\Gamma}_M (\boldsymbol{h}_M(n) - \boldsymbol{h}_{\text{opt}})^* \tag{14.2.43}$$

式中，$\boldsymbol{h}_{\text{opt}}$ 是由式（14.2.8）定义的最优滤波器系数。$\varepsilon_t(n)$ 和迭代次数 n 的关系曲线称为**学习曲线**。用式（14.2.35）替换 $\boldsymbol{\Gamma}_M$ 并执行前面用到的线性正交变换，得到

$$\varepsilon_t(n) = \varepsilon_{M\min} + \sum_{k=0}^{M-1} \lambda_k \left| h^0(k,n) - h_{\text{opt}}^0(k) \right|^2 \tag{14.2.44}$$

式中，$h^0(k,n) - h_{\text{opt}}^0(k)$ 是（正交坐标系统中）第 k 个滤波器系数的误差。超量均方误差定义为式（14.2.44）中第二项的期望值，即

$$\varepsilon_\Delta = \sum_{k=0}^{M-1} \lambda_k E\left[\left| h^0(k,n) - h_{\text{opt}}^0(k) \right|^2 \right] \tag{14.2.45}$$

为了推导超量均方误差 ε_Δ 的表达式，假设滤波器系数 $\boldsymbol{h}_M(n)$ 的均值已收敛到最优值 $\boldsymbol{h}_{\text{opt}}$。于是，式（14.2.23）给出的 LMS 算法中的 $\Delta e(n)\boldsymbol{X}_M^*(n)$ 就是一个均值为零的噪声矢量，其协方差为

$$\text{cov}\left[\Delta e(n)\boldsymbol{X}_M^*(n) \right] = \Delta^2 E\left[|e(n)|^2 \boldsymbol{X}_M(n)\boldsymbol{X}_M^{\text{H}}(n) \right] \tag{14.2.46}$$

我们大致假设 $|e(n)|^2$ 与信号矢量不相关。该假设并不严格，但它简化了推导且得到了有用的结果[关于该假设的讨论请参阅 Mazo (1979)、Jones, Cavin and Reed (1982) 和 Gardner (1984)]。于是，

$$\text{cov}\left[\Delta e(n)\boldsymbol{X}_M^*(n) \right] = \Delta^2 E\left[|e(n)|^2 \right] E\left[\boldsymbol{X}_M(n)\boldsymbol{X}_M^{\text{H}}(n) \right] = \Delta^2 \varepsilon_{M\min} \boldsymbol{\Gamma}_M \tag{14.2.47}$$

对于带有加性噪声的正交系数矢量 $\boldsymbol{h}_M^0(n)$，有

$$\boldsymbol{h}_M^0(n+1) = (\boldsymbol{I} - \Delta\boldsymbol{\Lambda})\boldsymbol{h}_M^0(n) + \Delta\boldsymbol{\gamma}_d^0 + \boldsymbol{w}^0(n) \tag{14.2.48}$$

式中，$\boldsymbol{w}^0(n)$ 是加性噪声矢量，它与噪声矢量 $\Delta e(n)\boldsymbol{X}_M^*(n)$ 的关系为

$$\boldsymbol{w}^0(n) = \boldsymbol{U}^{\text{H}}\left[\Delta e(n)\boldsymbol{X}_M^*(n) \right] = \Delta e(n)\boldsymbol{U}^{\text{H}}\boldsymbol{X}_M^*(n) \tag{14.2.49}$$

容易看出噪声矢量的协方差矩阵为

$$\text{cov}\left[\boldsymbol{w}^0(n)\right] = \Delta^2 \varepsilon_{M\min} \boldsymbol{U}^{\mathrm{H}} \boldsymbol{\Gamma}_M \boldsymbol{U} = \Delta^2 \varepsilon_{M\min} \boldsymbol{\Lambda} \tag{14.2.50}$$

因此，$\boldsymbol{w}^0(n)$ 的 M 个分量是不相关的，且每个分量的方差为 $\sigma_k^2 = \Delta^2 \varepsilon_{M\min} \lambda_k$, $k = 0, 1, \cdots, M-1$。

$\boldsymbol{w}^0(n)$ 的噪声分量不相关，因此可以分别考虑式（14.2.48）中的 M 个非耦合差分方程。每个一阶差分方程都表示冲激响应为 $(1-\Delta \lambda_k)^n$ 的一个滤波器。当用噪声序列 $w_k^0(n)$ 激励这样的一个滤波器时，滤波器输出端的噪声的方差为

$$E\left[\left|h^0(k,n) - h_{\text{opt}}^0(k)\right|^2\right] = \sum_{n=0}^{\infty}\sum_{m=0}^{\infty} (1-\Delta \lambda_k)^n (1-\Delta \lambda_k)^m E\left[w_k^0(n) w_k^{0*}(m)\right] \tag{14.2.51}$$

如果假设噪声序列 $w_k^0(n)$ 是白噪声序列，式（14.2.51）就简化为

$$E\left[\left|h^0(k,n) - h_{\text{opt}}^0(k)\right|^2\right] = \frac{\sigma_k^2}{1-(1-\Delta \lambda_k)^2} = \frac{\Delta^2 \varepsilon_{M\min} \lambda_k}{1-(1-\Delta \lambda_k)^2} \tag{14.2.52}$$

将式（14.2.52）中的结果代入式（14.2.45），得到超量均方误差的表达式为

$$\varepsilon_{\Delta} = \Delta^2 \varepsilon_{M\min} \sum_{k=0}^{M-1} \frac{\lambda_k^2}{1-(1-\Delta \lambda_k)^2} \tag{14.2.53}$$

如果对所有 k，选择的 Δ 满足 $\Delta \lambda_k \ll 1$，上式就可以简化为

$$\varepsilon_{\Delta} \approx \Delta^2 \varepsilon_{M\min} \sum_{k=0}^{M-1} \frac{\lambda_k^2}{2\Delta \lambda_k} \approx \frac{1}{2} \Delta \varepsilon_{M\min} \sum_{k=0}^{M-1} \lambda_k \approx \frac{\Delta M \varepsilon_{M\min} \gamma_{xx}(0)}{2} \tag{14.2.54}$$

式中，$\gamma_{xx}(0)$ 是输入信号的功率。

ε_{Δ} 的表达式表明超量均方误差与步长参数 Δ 成正比。因此，选择 Δ 时，必须在快速收敛和小超量均方误差之间折中。在实际工作中，我们希望 $\varepsilon_{\Delta} < \varepsilon_{M\min}$，所以有

$$\frac{\varepsilon_{\Delta}}{\varepsilon_{M\min}} \approx \frac{\Delta M \gamma_{xx}(0)}{2} < 1$$

或者等效地有

$$\Delta < \frac{2}{M \gamma_{xx}(0)} \tag{14.2.55}$$

但这刚好是前面得到的 $\lambda_{\max}$ 的上界。在稳态运算中，Δ 应满足式（14.2.55）中的上界，否则超量均方误差会导致自适应滤波器的性能退化。

前面对超量均方误差的分析，基于滤波器系数的均值已收敛到最优解 $\boldsymbol{h}_{\text{opt}}$ 这一假设。在这个假设下，步长 Δ 应该满足式（14.2.55）中的上界。另一方面，我们知道平均系数矢量收敛的要求是 $\Delta < 2/\lambda_{\max}$。尽管将 Δ 选择得接近上界 $2/\lambda_{\max}$ 最初可使确定（已知）的梯度算法收敛，但这么大的 Δ 值通常会使得随机梯度 LMS 算法不稳定。

人们研究了 LMS 算法的初始收敛性或瞬态行为，研究结果表明步长必须与自适应滤波器的长度成正比地减小，就如式（14.2.55）所示的那样。式（14.2.55）中的上界对于确保随机梯度 LMS 算法的初始收敛性是必要条件。事实上，我们通常选择 $\Delta < 1/M\gamma_{xx}(0)$。Sayed (2003)、Gitlin and Weinstein (1979) 和 Ungerboeck (1972) 中分析了 LMS 算法的瞬态行为和收敛性。

在 LMS 算法的数字实现中，步长的选择非常关键。当我们降低超量均方误差时，有可能将步长降低到总输出均方误差实际上增加的程度。估计的梯度分量 $e(n)x^*(n-l)$, $l = 0, 1, \cdots, M-1$ 与小步

长 Δ 相乘后，如果小于滤波器系数的定点表示中的最低有效位的一半，就会出现该条件。在这种情况下，自适应停止。因此，步长应大到足以使滤波器系数在 h_{opt} 附近。如果希望显著降低步长，就要增大滤波器系数的精度。滤波器系数的精度通常为 16 位，其中 12 个最高有效位用于数据滤波中的算术运算，4 个最低有效位则为自适应处理提供所需的精度。于是，缩放后估计的梯度分量 $\Delta e(n)x^*(n-l)$ 通常只影响最低有效位。事实上，增加的精度还允许平均噪声，因为在数据滤波算术运算中使用的较高有效位发生任何变化之前，需要最低有效位中的几个增量变化。关于 LMS 算法的数字实现中的舍入误差分析，请参阅 Gitlin and Weinstein (1979)、Gitlin, Meadors and Weinstein (1982)和 Caraiscos and Liu (1984)。

最后要指出的是，LMS 算法适合跟踪慢时变信号统计量。在这种情况下，最小均方误差和最优系数矢量是时变的。换言之，$\varepsilon_{M\,\min}$ 是时间的函数，而 M 维误差曲面随时间序号 n 移动。LMS 算法在 M 维空间中跟踪正在移动的最小 $\varepsilon_{M\,\min}$，但跟踪通常是滞后的，因为它使用了（估计的）梯度矢量。因此，LMS 算法导致了另一种误差——**滞后误差**，其均方值随着步长 Δ 的增大而减小。现在，总均方误差可以写为

$$\varepsilon_{\text{total}} = \varepsilon_{M\,\min} + \varepsilon_{\Delta} + \varepsilon_l \tag{14.2.56}$$

式中，ε_l 表示滞后导致的均方误差。

在任何给定的非平稳自适应滤波问题中，如果将 ε_{Δ} 和 ε_l 画成 Δ 的函数，那么我们希望这些误差表现得如图 14.2.2 所示。观察发现，ε_{Δ} 随着 Δ 增大而增大，ε_l 随着 Δ 增大而减小。总误差出现一个极小，它决定步长的最优选择。

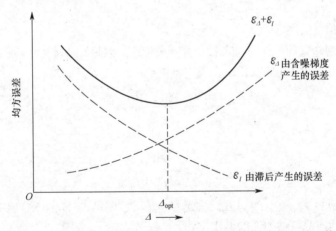

图 14.2.2 超量均方误差 ε_{Δ} 和滞后误差 ε_l，它们是步长 Δ 的函数

当信号的统计时间变化快速出现时，滞后误差支配自适应滤波器的性能。在这种情况下，即使使用了最大的 Δ 值，仍有 $\varepsilon_l \gg \varepsilon_{M\,\min} + \varepsilon_{\Delta}$。

【例 14.2.1】对通信信道自适应均衡的 LMS 算法的学习曲线如图 14.2.3 所示。FIR 均衡器以直接型实现，且长度为 $M = 11$。自相关矩阵 $\boldsymbol{\Gamma}_M$ 有 $\lambda_{\max}/\lambda_{\min} = 11$ 的特征值分布。

三条学习曲线是当步长分别为 $\Delta = 0.045, 0.09, 0.115$ 时，平均 200 次仿真运行的（估计）均方误差得到的。输入信号功率已归一化到 1。因此，式（14.2.55）中的上界为 0.18。选择 $\Delta = 0.09$（上界的一半），得到了一条快速衰减的学习曲线，如图 14.2.3 所示。如果将 Δ 除以 2 得到 0.045，那么收敛速率降低，但是超量均方误差也降低，所以在时变信号环境中该算法的性能更好。最后，观察发现选择 $\Delta = 0.115$ 会使算法的输出均方误差出现较大的波动。注意，$\Delta = 0.115$ 明显低于式（14.2.55）中的上界。

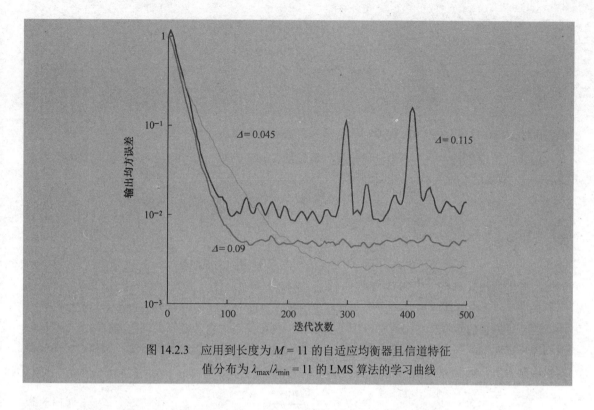

图 14.2.3 应用到长度为 $M = 11$ 的自适应均衡器且信道特征
值分布为 $\lambda_{\max}/\lambda_{\min} = 11$ 的 LMS 算法的学习曲线

14.3 自适应直接型滤波器——递归最小二乘（LMS）算法

LMS 算法的主要优点是其计算简单。然而，为计算简单付出的代价是收敛速率缓慢，尤其是自相关矩阵 $\boldsymbol{\Gamma}_M$ 的特征值有较大的分布即 $\lambda_{\max}/\lambda_{\min} \gg 1$ 时。换个角度看，LMS 算法只有一个控制收敛速率的可调参数（步长 Δ）。为了保证稳定，步长 Δ 应小于式（14.2.55）给出的上界，所以对应于小特征值的模态收敛得很慢。

为了使计算快速收敛，需要设计出包含有额外参数的复杂算法。例如，如果相关矩阵 $\boldsymbol{\Gamma}_M$ 有 M 个不等的特征值 $\lambda_0, \lambda_1, \cdots, \lambda_{M-1}$，就应使用含有 M 个参数（每个参数对应一个特征值）的算法。在推导快速收敛的自适应滤波算法时，我们采用的是最小二乘准则，而不是基于均方误差准则的统计方法。于是，我们就可直接处理数据序列 $x(n)$，并由数据得到相关的估计。

14.3.1 RLS 算法

为了简化记号，可将最小二乘算法表示成矩阵形式。因为算法时间上是递归的，所以还需要在滤波器系数矢量和误差矢量中引入时间序号。因此，我们将时间 n 处的滤波器系数矢量定义为

$$
\boldsymbol{h}_M(n) = \begin{bmatrix} h(0,n) \\ h(1,n) \\ h(2,n) \\ \vdots \\ h(M-1,n) \end{bmatrix} \tag{14.3.1}
$$

式中，下标 M 表示滤波器的长度。类似地，在时间 n 处滤波器的输入信号矢量记为

$$X_M(n) = \begin{bmatrix} x(n) \\ x(n-1) \\ x(n-2) \\ \vdots \\ x(n-M+1) \end{bmatrix} \tag{14.3.2}$$

我们假设 $n < 0$ 时有 $x(n) = 0$。这通常称为输入数据的**预加窗**。

RLS 问题现在表述如下。假设我们观测到矢量 $X_M(l)$, $l = 0, 1, \cdots, n$，希望确定滤波器系数矢量 $h_M(n)$，使幅度平方误差的加权和最小:

$$\varepsilon_M = \sum_{l=0}^{n} w^{n-l} \left| e_M(l,n) \right|^2 \tag{14.3.3}$$

式中，误差定义为期望序列 $d(l)$ 和估计 $\hat{d}(l,n)$ 之差，即

$$e_M(l,n) = d(l) - \hat{d}(l,n) = d(l) - h_M^t(n)X_M(l) \tag{14.3.4}$$

w 是范围 $0 < w < 1$ 内的一个加权因子。

因子 w 的作用是使最近的数据点的权重更重，进而允许滤波器系数适应数据的时变统计特性。这是对过去的数据使用指数加权因子实现的，也可使用在窗长范围内均匀加权的一个有限长滑动窗来实现。观察发现。指数加权因子在数学表示上和实际工作中都更方便。例如，一个指数加权的窗序列的有效记忆为

$$\bar{N} = \frac{\sum_{n=0}^{\infty} n w^n}{\sum_{n=0}^{\infty} w^n} = \frac{w}{1-w} \tag{14.3.5}$$

因此它应该近似等效于长度为 $\bar{N}$ 的一个滑动窗。

关于滤波器系数矢量 $h_M(n)$ 最小化 ε_M 得到线性方程组

$$R_M(n)h_M(n) = D_M(n) \tag{14.3.6}$$

式中，$R_M(n)$ 是定义如下的信号（估计）相关矩阵:

$$R_M(n) = \sum_{l=0}^{n} w^{n-l} X_M^*(l) X_M^t(l) \tag{14.3.7}$$

$D_M(n)$ 是（估计）互相关矢量

$$D_M(n) = \sum_{l=0}^{n} w^{n-l} X_M^*(l) d(l) \tag{14.3.8}$$

式（14.3.6）的解为

$$h_M(n) = R_M^{-1}(n) D_M(n) \tag{14.3.9}$$

显然，矩阵 $R_M(n)$ 类似于统计自相关矩阵 Γ_M，矢量 $D_M(n)$ 类似于前面定义的互相关矢量 γ_d。要强调的是，$R_M(n)$ 不是托普利兹矩阵，但 Γ_M 是托普利兹矩阵。还要提及的是，对于小 n 值，$R_M(n)$ 可能是病态的，因此其逆不可计算。在这种情况下，最初常将矩阵 δI_M 加到 $R_M(n)$ 上，其中 I_M 是单位矩阵，δ 是一个小的正常数。给过去的数据指数加权后，加上 δI_M 的影响将随时间消失。

现在，假设我们在时间 $n-1$ 处有式（14.3.9）的解，即有 $h_M(n-1)$，并且希望计算 $h_M(n)$。为每个新信号分量解 M 个线性方程是低效的和不实际的。相反，我们可以递归地计算矩阵和矢量。首先，$R_M(n)$ 可以递归地计算如下:

$$R_M(n) = w R_M(n-1) + X_M^*(n) X_M^t(n) \tag{14.3.10}$$

式（14.3.10）称为 $R_M(n)$ 的**时间更新方程**。

因为需要 $R_M(n)$ 的逆，所以我们使用矩阵求逆引理［见 Householder (1964)］，

$$R_M^{-1}(n) = \frac{1}{w}\left[R_M^{-1}(n-1) - \frac{R_M^{-1}(n-1)X_M^*(n)X_M^t(n)R_M^{-1}(n-1)}{w + X_M^t(n)R_M^{-1}(n-1)X_M^*(n)}\right] \qquad (14.3.11)$$

于是，我们就可以递归地计算 $R_M^{-1}(n)$。

为方便起见，定义 $P_M(n) = R_M^{-1}(n)$，并定义一个称为**卡尔曼增益矢量**的 M 维矢量 $K_M(n)$，

$$K_M(n) = \frac{1}{w + \mu_M(n)}P_M(n-1)X_M^*(n) \qquad (14.3.12)$$

式中，$\mu_M(n)$ 是定义如下的一个标量：

$$\mu_M(n) = X_M^t(n)P_M(n-1)X_M^*(n) \qquad (14.3.13)$$

利用这些定义，式（14.3.11）变为

$$P_M(n) = \frac{1}{2}\left[P_M(n-1) - K_M(n)X_M^t(n)P_M(n-1)\right] \qquad (14.3.14)$$

式（14.3.14）右乘 $X_M^*(n)$ 有

$$\begin{aligned}P_M(n)X_M^*(n) &= \frac{1}{w}\left[P_M(n-1)X_M^*(n) - K_M(n)X_M^t(n)P_M(n-1)X_M^*(n)\right]\\ &= \frac{1}{w}\left\{\left[w + \mu_M(n)\right]K_M(n) - K_M(n)\mu_M(n)\right\} = K_M(n)\end{aligned} \qquad (14.3.15)$$

因此，卡尔曼增益矢量也可定义为 $P_M(n)X_M^*(n)$。

下面使用矩阵求逆引理来推导递归计算滤波器系数的方程。因为

$$h_M(n) = P_M(n)D_M(n) \qquad (14.3.16)$$

和

$$D_M(n) = wD_M(n-1) + d(n)X_M^*(n) \qquad (14.3.17)$$

将式（14.3.14）和式（14.3.17）代入式（14.3.9）有

$$\begin{aligned}h_M(n) &= \frac{1}{w}\left[P_M(n-1) - K_M(n)X_M^t(n)P_M(n-1)\right]\left[wD_M(n-1) + d(n)X_M^*(n)\right]\\ &= P_M(n-1)D_M(n-1) + \frac{1}{w}d(n)P_M(n-1)X_M^*(n) -\\ &\quad K_M(n)X_M^t(n)P_M(n-1)D_M(n-1) -\\ &\quad \frac{1}{w}d(n)K_M(n)X_M^t(n)P_M(n-1)X_M^*(n)\\ &= h_M(n-1) + K_M(n)\left[d(n) - X_M^t(n)h_M(n-1)\right]\end{aligned} \qquad (14.3.18)$$

观察发现，$X_M^t(n)h_M(n-1)$ 是使用时间 $n-1$ 处的滤波器系数时自适应滤波器的输出。因为

$$X_M^t(n)h_M(n-1) = \hat{d}(n,n-1) \equiv \hat{d}(n) \qquad (14.3.19)$$

和

$$e_M(n,n-1) = d(n) - \hat{d}(n,n-1) \equiv e_M(n) \qquad (14.3.20)$$

可知 $h_M(n)$ 的时间更新方程为

$$h_M(n) = h_M(n-1) + K_M(n)e_M(n) \qquad (14.3.21)$$

或者等效地为

$$h_M(n) = h_M(n-1) + P_M(n)X_M^*(n)e_M(n) \qquad (14.3.22)$$

概括地说，假设我们有最优滤波器系数 $h_M(n-1)$、矩阵 $P_M(n-1)$ 和矢量 $X_M(n-1)$。得到新信号分量 $x(n)$ 后，从 $X_M(n-1)$ 中去掉 $x(n-M)$ 项并添加 $x(n)$ 项作为第一个元素，就形成了矢量 $X_M(n)$。于是，递归计算滤波器系数的步骤如下。

1．计算滤波器输出：

$$\hat{d}(n) = X_M^t(n)h_M(n-1) \tag{14.3.23}$$

2．计算误差：

$$e_M(n) = d(n) - \hat{d}(n) \tag{14.3.24}$$

3．计算卡尔曼增益矢量：

$$K_M(n) = \frac{P_M(n-1)X_M^*(n)}{w + X_M^t(n)P_M(n-1)X_M^*(n)} \tag{14.3.25}$$

4．更新相关矩阵的逆：

$$P_M(n) = \frac{1}{w}\Big[P_M(n-1) - K_M(n)X_M^t(n)P_M(n-1)\Big] \tag{14.3.26}$$

5．更新滤波器的系数矢量：

$$h_M(n) = h_M(n-1) + K_M(n)e_M(n) \tag{14.3.27}$$

由式（14.3.23）到式（14.3.27）规定的递归算法称为**直接型 RLS 算法**。令 $h_M(-1) = 0$ 和 $P_M(-1) = 1/\delta I_M$，可将其初始化，其中 δ 是一个小的正数。

由前述优化导致的残留均方误差为

$$\varepsilon_{M\min} = \sum_{l=0}^{n} w^{n-l}\big|d(l)\big|^2 - h_M^t(n)D_M^*(n) \tag{14.3.28}$$

观察式（14.3.27）发现，滤波器系数随时间变化的量等于误差 $e_M(n)$ 乘以卡尔曼增益矢量 $K_M(n)$。因为 $K_M(n)$ 是一个 M 维矢量，所以每个滤波器系数都由 $K_M(n)$ 中的一个元素控制，于是就实现了快速收敛。相比之下，使用 LMS 算法调整的滤波器系数的更新方程为

$$h_M(n) = h_M(n-1) + \Delta X^*(n)e_M(n) \tag{14.3.29}$$

它只有一个参数 Δ 来控制系数的调整速率。

14.3.2　LDU 分解和平方根算法

RLS 算法对有限精度算术算法实现中的舍入误差非常敏感。舍入误差的主要问题出现在更新 $P_M(n)$ 的时候。为了解决该问题，可以对相关矩阵 $R_M(n)$ 或其逆矩阵 $P_M(n)$ 执行分解。

具体地说，考虑 $P_M(n)$ 的 LDU［Lower-Triangular（下三角）/Diagonal（对角）/Upper-triangular（上三角）］分解。我们可以写出

$$P_M(n) = L_M(n)\bar{D}_M(n)L_M^H(n) \tag{14.3.30}$$

式中，$L_M(n)$ 是元素为 l_{ik} 的一个下三角矩阵，$\bar{D}_M(n)$ 是元素为 δ_k 的一个对角矩阵，$L_M^H(n)$ 是一个上三角矩阵。$L_M(n)$ 的对角元素设为 1（即 $l_{ii} = 1$）。现在，我们就可直接确定更新因子 $L_M(n)$ 和 $\bar{D}_M(n)$ 的公式，而不用计算 $P_M(n)$。

将 $P_M(n)$ 的分解形式代入式（14.3.26），就可得到期望的更新方程。于是，有

$$L_M(n)\bar{D}_M(n)L_M^H(n)$$

$$= \frac{1}{w}L_M(n-1)\left[\bar{D}_M(n-1) - \frac{1}{w+\mu_M(n)}V_M(n-1)V_M^H(n-1)\right]L_M^H(n-1) \qquad (14.3.31)$$

式中，根据定义有

$$V_M(n-1) = \bar{D}_M(n-1)L_M^H(n-1)X_M^*(n) \qquad (14.3.32)$$

在式（14.3.31）中，中括号内的项是一个厄米特矩阵，它可用 LDU 分解形式表示为

$$\hat{L}_M(n-1)\hat{D}_M(n-1)\hat{L}_M^H(n-1) = \bar{D}_M(n-1) - \frac{1}{w+\mu_M(n)}V_M(n-1)V_M^H(n-1) \qquad (14.3.33)$$

于是，将式（14.3.33）代入式（14.3.31）得

$$L_M(n)\bar{D}_M(n)\hat{L}_M^H(n) = \frac{1}{w}\left[L_M(n-1)\hat{L}_M(n-1)\hat{D}_M(n-1)\hat{L}_M^H(n-1)L_M^H(n-1)\right] \qquad (14.3.34)$$

因此，期望的更新关系为

$$L_M(n) = L_M(n-1)\hat{L}_M(n-1)$$

$$\bar{D}_M(n) = \frac{1}{w}\hat{D}_M(n-1) \qquad (14.3.35)$$

要求因子 $\hat{L}_M(n-1)$ 和 $\hat{D}_M(n-1)$，需要对式（14.3.33）分解右侧的矩阵。这个分解可由如下的线性方程组表示：

$$\sum_{k=1}^{j} l_{ik}d_k l_{jk}^* = p_{ij}, \qquad 1 \leqslant j \leqslant i-1, \qquad i \geqslant 2 \qquad (14.3.36)$$

式中，$\{d_k\}$ 是 $\hat{D}_M(n-1)$ 的元素，$\{l_{ik}\}$ 是 $\hat{L}_M(n-1)$ 的元素，$\{p_{ij}\}$ 是式（14.3.33）右侧的矩阵的元素。于是，$\{l_{ik}\}$ 和 $\{d_k\}$ 求解如下：

$$d_1 = p_{11}$$

$$l_{ij}d_j = p_{ij} - \sum_{k=1}^{j-1} l_{ik}d_k l_{jk}^*, \qquad 1 \leqslant j \leqslant i-1, \ 2 \leqslant i \leqslant M \qquad (14.3.37)$$

$$d_i = p_{ii} - \sum_{k=1}^{i-1}|l_{ik}|^2 d_k, \qquad 2 \leqslant i \leqslant M$$

由式（14.3.35）中的时间更新方程得到的算法，直接依赖于数据矢量 $X_M(n)$ 而非数据矢量的"平方"。于是避免了数据矢量的平方运算，明显降低了舍入误差的影响。

由 $R_M(n)$ 或 $P_M(n)$ 的 LDU 分解得到的 RLS 算法，称为**平方根 RLS 算法**。Bierman (1977)、Carlson and Culmone (1979) 和 Hsu (1982) 中讨论了这类算法。如前所述，表 14.1 中给出了基于 $P_M(n)$ 的 LDU 分解的平方根 RLS 算法，其计算复杂度与 M^2 成正比。

表 14.1 平方根 RLS 算法的 LDU 形式

for $j = 1, \cdots, 2, \cdots, M$ do

 $f_j = x_j^*(n)$

end loop j

for $j = 1, 2, \cdots, M-1$ do

 for $i = j+1, j+2, \cdots, M$ do

  $f_j = f_j + l_{ij}(n-1)f_i$

end loop j

$$\text{for } j = 1, 2, \cdots, M \text{ do}$$

$$\bar{d}_j(n) = d_j(n-1)/w$$

$$v_j = \bar{d}_j(n)f_j$$

$$\text{end loop } j$$

$$\alpha_M = 1 + v_M f_M^*$$

$$d_M(n) = \bar{d}_M(n)/\alpha_M$$

$$\bar{k}_M = v_M$$

$$\text{for } j = M-1, M-2, \cdots, 1 \text{ do}$$

$$\bar{k}_j = v_j$$

$$\alpha_j = \alpha_{j+1} + v_j f_j^*$$

$$\lambda_j = f_j/\alpha_{j+1}$$

$$d_j(n) = \bar{d}_j(n)\alpha_{j+1}/\alpha_1$$

$$\text{for } i = M, M-1, \cdots, j+1 \text{ do}$$

$$l_{ij}(n) = l_{ij}(n-1) + \bar{k}_i^* \lambda_j$$

$$\bar{k}_i = \bar{k}_i + v_j l_{ij}^*(n-1) \quad \text{down to } j = 2$$

$$\text{end loop } i$$

$$\text{end loop } j$$

$$\bar{\boldsymbol{K}}_M(n) = [\bar{k}_1, \bar{k}_2, \cdots, \bar{k}_M]^t$$

$$e_M(n) = d(n) - \bar{d}(n)$$

$$\boldsymbol{h}_M(n) = \boldsymbol{h}_M(n-1) + [e_M(n)/\alpha_1]\bar{\boldsymbol{K}}_M(n)$$

14.3.3　快速 RLS 算法

如前所述，RLS 直接型算法和平方根算法的计算复杂度都与 M^2 成正比，而 14.4 节介绍的 RLS 格型算法的计算复杂度则与 M 成正比。基本上，格型算法避免了计算卡尔曼增益矢量 $\boldsymbol{K}_M(n)$ 时的矩阵乘法运算。

对 RLS 格型使用 14.4 节推导的正向和反向预测方程，可以得到完全避免矩阵乘法的卡尔曼增益矢量的时间更新方程。得到的算法的计算复杂度与 M 成正比（乘法和除法），因此称为直接型 FIR 滤波器的**快速 RLS 算法**。

快速算法有多种形式，但它们的区别不大。表 14.2 和表 14.3 中给出了适用于复信号的两个快速算法。在这些快速算法中用到的变量将在 14.4 节中定义。版本 A 的计算复杂度为 $10M-4$ 次（复数）乘法和除法，版本 B 的复杂度为 $9M+1$ 次乘法和除法。也可以将计算复杂度降低到 $7M$ 次乘法和除法。例如，Carayannis, Manolakis and Kalouptsidis (1983)中介绍了一种称为 FAEST（Fast A Posteriori Error Sequential Technique）的快速 RLS 算法，其计算复杂度为 $7M$ 次乘法和除法，详见 14.4 节中的介绍。人们还提出了复杂度为 $7M$ 次乘法和除法的其他算法，但其中的许多算法因对舍入误差极其敏感而表现得不稳定［Falconer and Ljung (1978)、Carayannis, Manolakis and Kalouptsidis (1983; 1986)和 Cioffi and Kailath (1984)］。Slock and Kailath (1988; 1991)中介绍了在计算量增加不大的情况下如何稳定这些快速（$7M$）算法。14.4 节介绍了两个稳定的快速 RLS 算法。

表 14.2　快速 RLS 算法：版本 A

$$f_{M-1}(n) = x(n) + \boldsymbol{a}_{M-1}^{t}(n-1)\boldsymbol{X}_{M-1}(n-1)$$

$$g_{M-1}(n) = x(n-M+1) + \boldsymbol{b}_{M-1}^{t}(n-1)\boldsymbol{X}_{M-1}(n)$$

$$\boldsymbol{a}_{M-1}(n) = \boldsymbol{a}_{M-1}(n-1) - \boldsymbol{K}_{M-1}(n-1)f_{M-1}(n)$$

$$f_{M-1}(n,n) = x(n) + \boldsymbol{a}_{M-1}^{t}(n)\boldsymbol{X}_{M-1}(n-1)$$

$$E_{M-1}^{f}(n) = wE_{M-1}^{f}(n-1) + f_{M-1}(n)f_{M-1}^{*}(n,n)$$

$$\begin{bmatrix} \boldsymbol{C}_{M-1}(n) \\ c_{MM}(n) \end{bmatrix} \equiv \boldsymbol{K}_{M}(n) = \begin{bmatrix} 0 \\ \boldsymbol{K}_{M-1}(n-1) \end{bmatrix} + \frac{f_{M-1}^{*}(n,n)}{E_{M-1}^{f}(n)}\begin{bmatrix} 1 \\ \boldsymbol{a}_{M-1}(n) \end{bmatrix}$$

$$\boldsymbol{K}_{M-1}(n) = \frac{\boldsymbol{C}_{M-1}(n) - c_{MM}(n)\boldsymbol{b}_{M-1}(n-1)}{1 - c_{MM}(n)g_{M-1}(n)}$$

$$\boldsymbol{b}_{M-1}(n) = \boldsymbol{b}_{M-1}(n-1) - \boldsymbol{K}_{M-1}(n)g_{M-1}(n)$$

$$\hat{d}(n) = \boldsymbol{h}_{M}^{t}(n-1)\boldsymbol{X}_{M}(n)$$

$$e_{M}(n) = d(n) - \hat{d}(n)$$

$$\boldsymbol{h}_{M}(n) = \boldsymbol{h}_{M}(n-1) + \boldsymbol{K}_{M}(n)e_{M}(n)$$

初始化

$$\boldsymbol{a}_{M-1}(-1) = \boldsymbol{b}_{M-1}(-1) = \boldsymbol{0}$$

$$\boldsymbol{K}_{M-1}(-1) = \boldsymbol{0}$$

$$\boldsymbol{h}_{M-1}(-1) = \boldsymbol{0}$$

$$E_{M-1}^{f}(-1) = \epsilon, \quad \epsilon > 0$$

表 14.3　快速 RLS 算法：版本 B

$$f_{M-1}(n) = x(n) + \boldsymbol{a}_{M-1}^{t}(n-1)\boldsymbol{X}_{M-1}(n-1)$$

$$g_{M-1}(n) = x(n-M+1) + \boldsymbol{b}_{M-1}^{t}(n-1)\boldsymbol{X}_{M-1}(n)$$

$$\boldsymbol{a}_{M-1}(n) = \boldsymbol{a}_{M-1}(n-1) - \boldsymbol{K}_{M-1}(n-1)f_{M-1}(n)$$

$$f_{M-1}(n,n) = \alpha_{M-1}(n-1)f_{M-1}(n)$$

$$E_{M-1}^{f}(n) = wE_{M-1}^{f}(n-1) + \alpha_{M-1}(n-1)\left| f_{M-1}(n) \right|^{2}$$

$$\begin{bmatrix} \boldsymbol{C}_{M-1}(n) \\ c_{MM}(n) \end{bmatrix} \equiv \boldsymbol{K}_{M}(n) = \begin{bmatrix} 0 \\ \boldsymbol{K}_{M-1}(n-1) \end{bmatrix} + \frac{f_{M-1}^{*}(n,n)}{E_{M-1}^{f}(n)}\begin{bmatrix} 1 \\ \boldsymbol{a}_{M-1}(n) \end{bmatrix}$$

$$\boldsymbol{K}_{M-1}(n) = \frac{\boldsymbol{C}_{M-1}(n) - c_{MM}(n)\boldsymbol{b}_{M-1}(n-1)}{1 - c_{MM}(n)g_{M-1}(n)}$$

$$\boldsymbol{b}_{M-1}(n) = \boldsymbol{b}_{M-1}(n-1) - \boldsymbol{K}_{M-1}(n)g_{M-1}(n)$$

$$\alpha_{M-1}(n) = \alpha_{M-1}(n-1)\left[\frac{1 - \frac{f_{M-1}(n)f_{M-1}^{*}(n,n)}{E_{M-1}^{f}(n)}}{1 - c_{MM}(n)g_{M-1}(n)} \right]$$

$$\hat{d}(n) = \boldsymbol{h}_{M}^{t}(n-1)\boldsymbol{X}_{M}(n)$$

$$e_{M}(n) = d(n) - \hat{d}(n)$$

$$h_M(n) = h_M(n-1) + K_M(n)e_M(n)$$

初始化

$$a_{M-1}(-1) = b_{M-1}(-1) = \mathbf{0}$$

$$K_{M-1}(-1) = \mathbf{0}, \quad h_{M-1}(-1) = \mathbf{0}$$

$$E_{M-1}^{\mathrm{f}}(-1) = \epsilon > 0$$

14.3.4 直接型 RLS 算法的性质

与 LMS 算法相比，直接型 RLS 算法的主要优点是其收敛速率更快。图 14.3.1 显示了这个特性，即显示了实现长度为 $M = 11$ 的自适应 FIR 信道均衡器时，LMS 算法和直接型 RLS 算法的收敛速率。接收信号的统计自相关矩阵 $\mathbf{\Gamma}_M$ 的特征值之比为 $\lambda_{\max}/\lambda_{\min} = 11$。所有均衡器的系数最初都设为零，LMS 算法的步长选为 $\Delta = 0.02$，它在收敛速率和超量均方误差之间表现出了较好的折中。

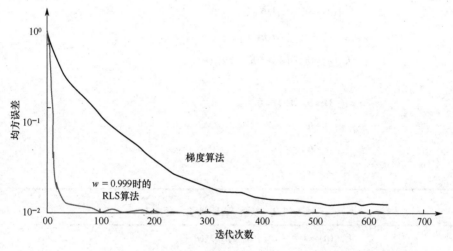

图 14.3.1   长度为 $M = 11$ 的自适应均衡器的 RLS 算法和 LMS 算法的学习曲线。信道的特征值分布为 $\lambda_{\max}/\lambda_{\min} = 11$。LMS 算法的步长为 $\Delta = 0.02$（摘自 *Digital Communication* by John G. Proakis, © 1983 by McGraw-Hill Book Company，获出版者允许重印）

RLS 算法明显能够更快地收敛。RLS 算法不到 70 次迭代（70 个信号样本）就可收敛，LMS 算法超过 600 次迭代还不能收敛。在信号统计量随时间快速变化的应用中，RLS 算法的这种快收敛速率尤为重要。例如，电离层高频（High-Frequency，HF）无线信道的时变特性会使得信号的频率衰落到信号强度小于或等于加性噪声的程度。在信号衰落过程中，LMS 算法和 RLS 算法都不能够跟踪信道特性。当信号在衰落中出现时，信道特性通常不同于衰落之前的特性。在这种情况下，LMS 算法缓慢地适应新信道的特性；另一方面，RLS 算法能够足够快地适应跟踪如此快速的变化（Hsu(1982)）。

尽管前一节介绍的用于 FIR 自适应滤波的 RLS 算法具有更快的收敛速率，但也有两个重要的缺点。第一个缺点是它们的计算复杂度高。平方根算法的复杂度与 M^2 成正比。虽然快速 RLS 算法的计算复杂度与 M 成正比，但比例因子是 LMS 算法的 4～5 倍。

第二个缺点是它们对递归计算累积的舍入误差非常敏感。在某些情况下，舍入误差甚至会使这些算法变得不稳定。

许多学者［相关文献包括 Ling and Proakis (1984a)、Ljung (1985)和 Cioffi (1987b)］研究了 RLS 算法的数值特性。为便于说明，表 14.4 中给出了不同字长下 RLS 平方根算法、表 14.2 中的快速 RLS 算法和 LMS 算法的稳态（时间平均）平方误差的仿真结果。仿真是用有 $M = 11$ 个系数的自适应均衡器执行的。信道的特征值之比是 $\lambda_{max}/\lambda_{min} = 11$。RLS 算法中使用的指数加权因子为 $w = 0.975$，LMS 算法的步长为 $\Delta = 0.025$。加性噪声的方差为 0.001。精度无限的输出均方误差是 2.1×10^{-3}。

表 14.4　FIR 自适应滤波算法的数值精度（最小二乘误差 $\times 10^{-3}$）

位数（包括符号位）	算　法		
	RLS 平方根	快速 RLS	LMS
16	2.17	2.17	2.30
13	2.33	2.21	2.30
11	6.14	3.34	19.0
10	17.6	a	77.2
9	75.3	a	311.0
8	a	a	1170.0

a 算法不收敛到最优系数。

需要指出的是，直接型 RLS 算法会变得不稳定，进而不能以 16 位定点算术运行。实验发现该算法需要 20～24 位精度才能良好地运行。另一方面，平方根算法能以 9 位定点算术运行，但在精度低于 11 位时，性能退化非常明显。在 500 次迭代的短时间内，快速 RLS 算法甚至能以低至 11 位的精度良好地工作。对于更大的迭代次数，舍入误差的积累会使得算法变得不稳定。在这种情况下，人们提出了几种方法来重启算法，以防系数溢出。感兴趣的读者请参阅 Eleftheriou and Falconer (1987)、Cioffi and Kailath (1984)和 Hsu (1982)，也可按照 Slock and Kailath (1988; 1991)中给出的方法来修正算法，使其更稳定。

观察表 14.4 中的结果还可发现，LMS 算法对舍入噪声相当鲁棒。不出所料，当滤波器系数的精度降低时，算法将恶化，采用 8 位或 9 位精度不会出现严重故障（不稳定），但当精度低于 12 位时，性能退化明显。

14.4　自适应格梯型滤波器

在第 9 章和第 13 章中，我们说过 FIR 滤波器还可实现为格型结构，在这种结构中，称为**反射系数**的格型参数与直接型 FIR 结构的滤波器系数是有关系的。我们还介绍了将 FIR 滤波器系数转换成反射系数以及将反射系统转换成 FIR 滤波器系数的方法。

本节推导滤波器结构为格型或格梯型的自适应滤波算法。基于最小二乘法的这些自适应格梯型滤波器算法拥有我们期望的一些性质，如计算的高效性和对舍入误差的鲁棒性。根据 RLS 格梯型算法的推导，我们将得到 14.3.3 节中介绍的快速 RLS 算法。

14.4.1　RLS 格梯型算法

在第 13 章中，我们给出了格型滤波器结构和一个线性预测器的关系，推导了关联预测器系数和格型的反射系数的方程，建立了线性预测器系数的 Levinson-Durbin 递归和格型滤波器的反射系数之间的关系。根据这些推导，我们希望使用线性预测来表述最小二乘估计问题，得到 RLS 格型滤波器。这是我们将采取的方法。

14.3.1 节介绍的直接型 FIR 结构的 RLS 算法仅在时间上是递归的。滤波器长度是固定的。滤波器长度的变化（增大或减少）将导致完全不同的一组新滤波器系数。

相比之下，格型滤波器是阶递归的。因此，很容易增加或减少滤波器所包含的节数，而不影响其余各节的反射系数。这个优点和其他优点（见本节和后续几节中的描述）使得格型滤波器对自适应滤波应用非常有吸引力。

首先，假设我们观测信号 $x(n-l)$, $l = 1, 2, \cdots, m$ 并考虑线性预测 $x(n)$。令 $f_m(l, n)$ 表示一个 m 阶预测器的正向预测误差，

$$f_m(l,n) = x(l) + a_m^t(n)X_m(l-1) \tag{14.4.1}$$

式中，矢量 $a_m(n)$ 由下面的正向预测系数组成：

$$a_m^t(n) = \begin{bmatrix} a_m(1,n) & a_m(2,n) & \cdots & a_m(m,n) \end{bmatrix} \tag{14.4.2}$$

数据矢量 $X_m(l-1)$ 为

$$X_m^t(l-1) = \begin{bmatrix} x(l-1) & x(l-2) & \cdots & x(l-m) \end{bmatrix} \tag{14.4.3}$$

选择预测器系数 $a_m(n)$，最小化时间平均加权平方误差

$$\varepsilon_m^f(n) = \sum_{l=0}^{n} w^{n-l} |f_m(l,n)|^2 \tag{14.4.4}$$

关于 $a_m(n)$ 最小化 $\varepsilon_m^f(n)$ 得到线性方程组

$$R_m(n-1)a_m(n) = -Q_m(n) \tag{14.4.5}$$

式中，$R_m(n)$ 由式（14.3.7）定义，而 $Q_m(n)$ 定义为

$$Q_m(n) = \sum_{l=0}^{n} w^{n-1}x(l)X_m^*(l-1) \tag{14.4.6}$$

式（14.4.5）的解为

$$a_m(n) = -R_m^{-1}(n-1)Q_m(n) \tag{14.4.7}$$

用式（14.4.7）规定的线性预测器得到的 $\varepsilon_m^f(n)$ 的最小值 $E_m^f(n)$ 为

$$E_m^f(n) = \sum_{l=0}^{n} w^{n-1}x^*(l)\Big[x(l) + a_m^t(n)X_m(l-1)\Big] = q(n) + a_m^t(n)Q_m^*(n) \tag{14.4.8}$$

式中，$q(n)$ 定义为

$$q(n) = \sum_{l=0}^{n} w^{n-l} |x(l)|^2 \tag{14.4.9}$$

式（14.4.5）中的线性方程组和式（14.4.8）中 $E_m^f(n)$ 的方程可以合并为一个矩阵方程：

$$\begin{bmatrix} q(n) & Q_m^H(n) \\ Q_m(n) & R_m(n-1) \end{bmatrix} \begin{bmatrix} 1 \\ a_m(n) \end{bmatrix} = \begin{bmatrix} E_m^f(n) \\ O_m \end{bmatrix} \tag{14.4.10}$$

式中，O_m 是 m 维零矢量。有趣的是，注意到

$$R_{m+1}(n) = \sum_{l=0}^{n} w^{n-l}X_{m+1}^*(l)X_{m+1}^t(l) = \sum_{l=0}^{n} w^{n-l} \begin{bmatrix} x^*(l) \\ X_m^*(l-1) \end{bmatrix} \begin{bmatrix} x(l)X_m^t(l-1) \end{bmatrix}$$

$$= \begin{bmatrix} q(n) & Q_m^H(n) \\ Q_m(n) & R_m(n-1) \end{bmatrix} \tag{14.4.11}$$

这是式（14.4.10）中的矩阵。

在类似于从式（14.4.1）到式（14.4.11）的并行推导中，我们最小化 m 阶反向预测器的反向

时间平均的加权平方误差：

$$\varepsilon_m^b(n) = \sum_{l=0}^n w^{n-l} \left| g_m(l,n) \right|^2 \tag{14.4.12}$$

式中，反向误差定义为

$$g_m(l,n) = x(l-m) + b_m^t(n) X_m(l) \tag{14.4.13}$$

$b_m^t(n) = [b_m(1,n)\, b_m(2,n) \cdots b_m(m,n)]$ 是反向预测器的系数矢量。最小化 $\varepsilon_m^b(n)$ 得到方程

$$R_m(n) b_m(n) = -V_m(n) \tag{14.4.14}$$

进而得到解

$$b_m(n) = -R_m^{-1}(n) V_m(n) \tag{14.4.15}$$

式中，

$$V_m(n) = \sum_{l=0}^n w^{n-l} x(l-m) X_m^*(l) \tag{14.4.16}$$

$\varepsilon_m^b(n)$ 的最小值 $E_m^b(n)$ 是

$$\begin{aligned} E_m^b(n) &= \sum_{l=0}^n w^{n-1} \left[x(l-m) + b_m^t(n) X_m(l) \right] x^*(l-m) \\ &= v(n) + b_m^t(n) V_m^*(n) \end{aligned} \tag{14.4.17}$$

式中，标量 $v(n)$ 定义为

$$v(n) = \sum_{l=0}^n w^{n-l} \left| x(l-m) \right|^2 \tag{14.4.18}$$

将式（14.4.14）和式（14.4.17）合并为一个方程，得到

$$\begin{bmatrix} R_m(n) & V_m(n) \\ V_m^H(n) & v(n) \end{bmatrix} \begin{bmatrix} b_m(n) \\ 1 \end{bmatrix} = \begin{bmatrix} O_m \\ E_m^b(n) \end{bmatrix} \tag{14.4.19}$$

我们还注意到（估计）自相关矩阵 $R_{m+1}(n)$ 可以写为

$$R_{m+1}(n) = \sum_{l=0}^n w^{n-1} \begin{bmatrix} X_m^*(l) \\ x^*(l-m) \end{bmatrix} \begin{bmatrix} X_m^t(l) x(l-m) \end{bmatrix} = \begin{bmatrix} R_m(n) & V_m(n) \\ V_m^H(n) & v(n) \end{bmatrix} \tag{14.4.20}$$

于是，我们就得到了 m 阶正向和反向最小二乘预测器的方程。

接下来推导这些预测器的阶更新方程，而这将引出格型滤波器结构。推导 $a_m(n)$ 和 $b_m(n)$ 的阶更新方程时，对于以下形式的矩阵，我们将使用两个矩阵求逆恒等式：

$$A = \begin{bmatrix} A_{11} & A_{12} \\ A_{21} & A_{22} \end{bmatrix} \tag{14.4.21}$$

式中，A, A_{11}, A_{22} 是方阵。A 的逆可以表示成两种不同的形式，即

$$A^{-1} = \begin{bmatrix} A_{11}^{-1} + A_{11}^{-1} A_{12} \tilde{A}_{22}^{-1} A_{21} A_{11}^{-1} & -A_{11}^{-1} A_{12} \tilde{A}_{22}^{-1} \\ -\tilde{A}_{22}^{-1} A_{21} A_{11}^{-1} & \tilde{A}_{22}^{-1} \end{bmatrix} \tag{14.4.22}$$

和

$$A^{-1} = \begin{bmatrix} \tilde{A}_{11}^{-1} & -\tilde{A}_{11}^{-1} A_{12} A_{22}^{-1} \\ -A_{22}^{-1} A_{21} \tilde{A}_{11}^{-1} & A_{22}^{-1} A_{21} \tilde{A}_{11}^{-1} A_{12} A_{22}^{-1} + A_{22}^{-1} \end{bmatrix} \tag{14.4.23}$$

式中，$\tilde{A}_{11}$ 和 $\tilde{A}_{12}$ 定义为

$$\tilde{A}_{11} = A_{11} - A_{12}A_{22}^{-1}A_{21}$$
$$\tilde{A}_{22} = A_{22} - A_{21}A_{11}^{-1}A_{12} \tag{14.4.24}$$

阶更新递归。下面用式（14.4.20）中的形式由式（14.4.22）得到 $R_{m+1}(n)$ 的逆。首先，有

$$\tilde{A}_{22} = v(n) - V_m^{\mathrm{H}}(n)R_m^{-1}(n)V_m(n) \tag{14.4.25}$$
$$= v(n) + b_m^{\mathrm{t}}(n)V_m^*(n) = E_m^{\mathrm{b}}(n)$$

和

$$A_{11}^{-1}A_{12} = R_m^{-1}(n)V_m(n) = -b_m(n) \tag{14.4.26}$$

因此有

$$R_{m+1}^{-1}(n) \equiv P_{m+1}(n) = \begin{bmatrix} P_m(n) + \dfrac{b_m(n)b_m^{\mathrm{H}}(n)}{E_m^{\mathrm{b}}(n)} & \dfrac{b_m(n)}{E_m^{\mathrm{b}}(n)} \\[2ex] \dfrac{b_m^{\mathrm{H}}(n)}{E_m^{\mathrm{b}}(n)} & \dfrac{1}{E_m^{\mathrm{b}}(n)} \end{bmatrix}$$

或者等效地有

$$P_{m+1}(n) = \begin{bmatrix} P_m(n) & 0 \\ 0 & 0 \end{bmatrix} + \frac{1}{E_m^{\mathrm{b}}(n)}\begin{bmatrix} b_m(n) \\ 1 \end{bmatrix}\begin{bmatrix} b_m^{\mathrm{H}}(n) & 1 \end{bmatrix} \tag{14.4.27}$$

用 $n-1$ 替换式（14.4.27）中的 n，并将结果右乘 $-Q_{m+1}(n)$，得到 $a_m(n)$ 的阶更新。于是有

$$a_{m+1}(n) = -P_{m+1}(n-1)Q_{m+1}(n)$$
$$= \begin{bmatrix} P_m(n-1) & 0 \\ 0 & 0 \end{bmatrix}\begin{bmatrix} -Q_m^{(n)} \\ \cdots \end{bmatrix} - \frac{1}{E_m^{\mathrm{b}}(n-1)}\begin{bmatrix} b_m(n-1) \\ 1 \end{bmatrix}\begin{bmatrix} b_m^{\mathrm{H}}(n-1) & 1 \end{bmatrix}Q_{m+1}(n) \tag{14.4.28}$$
$$= \begin{bmatrix} a_m(n) \\ 0 \end{bmatrix} - \frac{k_{m+1}(n)}{E_m^{\mathrm{b}}(n-1)}\begin{bmatrix} b_m(n-1) \\ 1 \end{bmatrix}$$

式中，标量 $k_{m+1}(n)$ 定义为

$$k_{m+1}(n) = \begin{bmatrix} b_m^{\mathrm{H}}(n-1) & 1 \end{bmatrix}Q_{m+1}(n) \tag{14.4.29}$$

观察发现，式（14.4.28）是用于预测器系数的 Levinson 型递归。

为了得到 $b_m(n)$ 的对应阶更新，我们对 $R_{m+1}(n)$ 的逆应用式（14.4.23）中的矩阵求逆公式和式（14.4.11）中的形式。这时，有

$$\tilde{A}_{11} = q(n) - Q_m^{\mathrm{H}}(n)R_m^{-1}(n-1)Q_m(n) \tag{14.4.30}$$
$$= q(n) + a_m^{\mathrm{t}}(n)Q_m^*(n) = E_m^{\mathrm{f}}(n)$$

和

$$A_{22}^{-1}A_{21} = R_m^{-1}(n-1)Q_m(n) = -a_m(n) \tag{14.4.31}$$

因此有

$$P_{m+1}(n) = \begin{bmatrix} \dfrac{1}{E_m^{\mathrm{f}}(n)} & \dfrac{a_m^{\mathrm{H}}(n)}{E_m^{\mathrm{f}}(n)} \\[2ex] \dfrac{a_m(n)}{E_m^{\mathrm{f}}(n)} & P_m(n-1) + \dfrac{a_m(n)a_m^{\mathrm{H}}(n)}{E_m^{\mathrm{f}}(n)} \end{bmatrix}$$

或者等效地有

$$P_{m+1}(n) = \begin{bmatrix} 0 & 0 \\ 0 & P_m(n-1) \end{bmatrix} + \frac{1}{E_m^f(n)} \begin{bmatrix} 1 \\ a_m(n) \end{bmatrix} \begin{bmatrix} 1 & a_m^H(n) \end{bmatrix} \tag{14.4.32}$$

现在,将式(14.4.32)右乘$-V_{m+1}(n)$,得到

$$b_{m+1}(n) = \begin{bmatrix} 0 & 0 \\ 0 & P_m(n-1) \end{bmatrix} \begin{bmatrix} \cdots \\ -V_m(n-1) \end{bmatrix} - \frac{1}{E_m^f(n)} \begin{bmatrix} 1 \\ a_m(n) \end{bmatrix} \begin{bmatrix} 1 & a_m^H(n) \end{bmatrix} V_{m+1}(n)$$

$$\tag{14.4.33}$$

$$= \begin{bmatrix} 0 \\ b_m(n-1) \end{bmatrix} - \frac{k_{m+1}^*(n)}{E_m^f(n)} \begin{bmatrix} 1 \\ a_m(n) \end{bmatrix}$$

式中,

$$\begin{bmatrix} 1 & a_m^H(n) \end{bmatrix} V_{m+1}(n) = \begin{bmatrix} b_m^t(n-1) & 1 \end{bmatrix} Q_{m+1}^*(n) = k_{m+1}^*(n) \tag{14.4.34}$$

式(14.4.34)及其与式(14.4.29)的关系的证明作为作业留给读者。于是,式(14.4.28)和式(14.4.33)就分别规定$a_m(n)$和$b_m(n)$的阶更新方程。

现在,我们就可得到$E_m^f(n)$和$E_m^b(n)$的阶更新方程,由式(14.4.8)给出的$E_m^f(n)$的定义有

$$E_{m+1}^f(n) = q(n) + a_{m+1}^t(n) Q_{m+1}^*(n) \tag{14.4.35}$$

将式(14.4.28)中的$a_{m+1}(n)$代入式(14.4.35)得

$$E_{m+1}^f(n) = q(n) + \begin{bmatrix} a_m'(n) & 0 \end{bmatrix} \begin{bmatrix} Q_m^*(n) \\ \cdots \end{bmatrix} - \frac{k_{m+1}(n)}{E_m^b(n-1)} \begin{bmatrix} b_m'(n-1) & 1 \end{bmatrix} Q_{m+1}^*(n)$$

$$\tag{14.4.36}$$

$$= E_m^f(n) - \frac{|k_{m+1}(n)|^2}{E_m^b(n-1)}$$

类似地,使用式(14.4.17)和式(14.4.33)得到$E_{m+1}^b(n)$的阶更新为

$$E_{m+1}^b(n) = E_m^b(n-1) - \frac{|k_{m+1}(n)|^2}{E_m^f(n)} \tag{14.4.37}$$

格型滤波器由分别涉及正向误差$f_m(n,n-1)$和反向误差$g_m(n,n-1)$的两个耦合方程规定。根据式(14.4.1)中正向误差的定义,有

$$f_{m+1}(n,n-1) = x(n) + a_{m+1}^t(n-1) X_{m+1}(n-1) \tag{14.4.38}$$

将式(14.4.28)中的$a_{m+1}^t(n-1)$代入式(14.4.38)得

$$f_{m+1}(n,n-1) = x(n) + \begin{bmatrix} a_m^t(n-1) & 0 \end{bmatrix} \begin{bmatrix} X_m(n-1) \\ \cdots \end{bmatrix} - \frac{k_{m+1}(n-1)}{E_m^b(n-2)} \begin{bmatrix} b_m^t(n-2) & 1 \end{bmatrix} X_{m+1}(n-1)$$

$$= f_m(n,n-1) - \frac{k_{m+1}(n-1)}{E_m^b(n-2)} \times \Big[x(n-m-1) + b_m^t(n-2) X_m(n-1) \Big] \tag{14.4.39}$$

$$= f_m(n,n-1) - \frac{k_{m+1}(n-1)}{E_m^b(n-2)} g_m(n-1,n-2)$$

为了简化记号,定义

$$f_m(n) = f_m(n,n-1)$$
$$g_m(n) = g_m(n,n-1) \tag{14.4.40}$$

于是,式(14.4.39)可以写为

$$f_{m+1}(n) = f_m(n) - \frac{k_{m+1}(n-1)}{E_m^b(n-2)} g_m(n-1) \tag{14.4.41}$$

类似地,根据式(14.4.13)给出的反向误差的定义,有

$$g_{m+1}(n, n-1) = x(n-m-1) + \boldsymbol{b}_{m+1}^{\mathrm{t}}(n-1)\boldsymbol{X}_{m+1}(n) \tag{14.4.42}$$

将式（14.4.33）中的 $\boldsymbol{b}_{m+1}(n-1)$ 代入并化简结果，得到

$$g_{m+1}(n, n-1) = g_m(n-1, n-2) - \frac{k_{m+1}^*(n-1)}{E_m^{\mathrm{f}}(n-1)} f_m(n, n-1) \tag{14.4.43}$$

或者等效地得到

$$g_{m+1}(n) = g_m(n-1) - \frac{k_{m+1}^*(n-1)}{E_m^{\mathrm{f}}(n-1)} f_m(n) \tag{14.4.44}$$

式（14.4.41）和式（14.4.44）中的两个递归方程规定图 14.4.1 中的格型滤波器，其中为了简化记号，我们将格型的反射系数定义为

$$\mathfrak{R}_m^{\mathrm{f}}(n) = \frac{-k_m(n)}{E_{m-1}^{\mathrm{b}}(n-1)}, \quad \mathfrak{R}_m^{\mathrm{b}}(n) = \frac{-k_m^*(n)}{E_{m-1}^{\mathrm{f}}(n)} \tag{14.4.45}$$

阶更新的初始条件为

$$f_0(n) = g_0(n) = x(n)$$

$$E_0^{\mathrm{f}}(n) = E_0^{\mathrm{b}}(n) = \sum_{l=0}^{n} w^{n-l}|x(l)|^2 = wE_0^{\mathrm{f}}(n-1) + |x(n)|^2 \tag{14.4.46}$$

观察发现，式（14.4.46）也是 $E_0^{\mathrm{f}}(n)$ 和 $E_0^{\mathrm{b}}(n)$ 的时间更新方程。

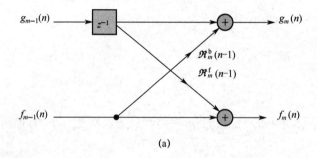

(a)

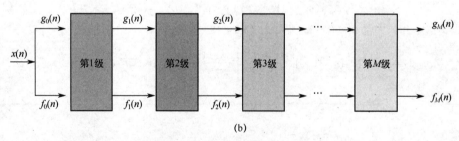

(b)

图 14.4.1　最小二乘格型滤波器

时间更新递归。我们的目标是求 $k_m(n)$ 的时间更新方程，如果格型滤波器是自适应滤波器，那么这是必要的。这一推导需要预测系数的时间更新方程。我们从如下形式开始：

$$k_{m+1}(n) = -\boldsymbol{V}_{m+1}^{\mathrm{H}}(n)\begin{bmatrix} 1 \\ \boldsymbol{a}_m(n) \end{bmatrix} \tag{14.4.47}$$

$\boldsymbol{V}_{m+1}(n)$ 的时间更新方程为

$$\boldsymbol{V}_{m+1}(n) = w\boldsymbol{V}_{m+1}(n-1) + x(n-m-1)\boldsymbol{X}_{m+1}^*(n) \tag{14.4.48}$$

预测系数的时间更新方程按如下方式确定。由式（14.4.6）、式（14.4.7）和式（14.3.14）有

$$a_m(n) = -P_m(n-1)Q_m(n)$$

$$= -\frac{1}{w}\Big[P_m(n-2) - K_m(n-1)X_m^t(n-1)P_m(n-2)\Big]\Big[wQ_m(n-1) + x(n)X_m^*(n-1)\Big] \quad (14.4.49)$$

$$= a_m(n-1) - K_m(n-1)\Big[x(n) + a_m^t(n-1)X_m(n-1)\Big]$$

式中，$K_m(n-1)$ 是第 $n-1$ 次迭代的卡尔曼增益矢量。然而，由式（14.4.38）有

$$x(n) + a_m^t(n-1)X_m(n-1) = f_m(n,n-1) \equiv f_m(n)$$

因此，$a_m(n)$ 的时间更新方程为

$$a_m(n) = a_m(n-1) - K_m(n-1)f_m(n) \quad (14.4.50)$$

类似地，使用式（14.4.15）、式（14.4.16）和式（14.3.14），得到反向预测器系数的时间更新方程为

$$b_m(n) = b_m(n-1) - K_m(n)g_m(n) \quad (14.4.51)$$

现在，由式（14.4.48）和式（14.4.50）得到 $k_{m+1}(n)$ 的时间更新方程为

$$k_{m+1}(n) = -\Big[wV_{m+1}^H(n-1) + x^*(n-m-1)X_{m+1}^t(n)\Big]\left(\begin{bmatrix} 1 \\ a_m(n-1) \end{bmatrix} - \begin{bmatrix} 0 \\ K_m(n-1)f_m(n) \end{bmatrix}\right)$$

$$= wk_{m+1}(n-1) - wV_{m+1}^H(n-1)\begin{bmatrix} 0 \\ K_m(n-1) \end{bmatrix}f_m(n) +$$

$$x^*(n-m-1)X_{m+1}^t(n)\begin{bmatrix} 1 \\ a_m(n-1) \end{bmatrix} - \quad (14.4.52)$$

$$x^*(n-m-1)X_{m+1}^t(n)\begin{bmatrix} 0 \\ K_m(n-1) \end{bmatrix}f_m(n)$$

但是

$$X_{m+1}^t(n)\begin{bmatrix} 1 \\ a_m(n-1) \end{bmatrix} = \Big[x(n)X_m^t(n-1)\Big]\begin{bmatrix} 1 \\ a_m(n-1) \end{bmatrix} = f_m(n) \quad (14.4.53)$$

和

$$V_{m+1}^H(n-1)\begin{bmatrix} 0 \\ K_m(n-1) \end{bmatrix} = V_m^H(n-2)K_m(n-1)$$

$$= \frac{V_m^H(n-2)P_m(n-2)X_m^*(n-1)}{w + \mu_m(n-1)}$$

$$= \frac{-b_m^H(n-2)X_m^*(n-1)}{w + \mu_m(n-1)} \quad (14.4.54)$$

$$= -\frac{g_m^*(n-1) - x^*(n-m-1)}{w + \mu_m(n-1)}$$

式中，$\mu_m(n)$ 的定义见式（14.3.13）。最后，有

$$X_{m+1}^t(n)\begin{bmatrix} 0 \\ K_m(n-1) \end{bmatrix} = \frac{X_m^t(n-1)P_m(n-2)X_m^*(n-1)}{w + \mu_m(n-1)} = \frac{\mu_m(n-1)}{w + \mu_m(n-1)} \quad (14.4.55)$$

将式（14.4.53）、式（14.4.54）和式（14.4.55）代入式（14.4.52），得到时间更新方程为

$$k_{m+1}(n) = wk_{m+1}(n-1) + \frac{w}{w + \mu_m(n-1)}f_m(n)g_m^*(n-1) \quad (14.4.56)$$

为方便起见，我们定义一个新变量

$$\alpha_m(n) = \frac{w}{w + \mu_m(n)} \tag{14.4.57}$$

显然，$\alpha_m(n)$是实的且值域为$0 < \alpha_m(n) < 1$。于是，时间更新方程（14.4.56）变为

$$k_{m+1}(n) = wk_{m+1}(n-1) + \alpha_m(n-1)f_m(n)g_m^*(n-1) \tag{14.4.58}$$

$\alpha_m(n)$的阶更新。对于每个m值和每个n值，尽管可以直接计算$\alpha_m(n)$，但使用阶更新方程更高效。确定阶更新方程的步骤如下。首先，由式（14.3.12）中给出的$\boldsymbol{K}_m(n)$容易看出

$$\alpha_m(n) = 1 - \boldsymbol{X}_m^t(n)\boldsymbol{K}_m(n) \tag{14.4.59}$$

要得到$\alpha_m(n)$的阶更新方程，就需要卡尔曼增益矢量$\boldsymbol{K}_m(n)$的阶更新方程。但是，$\boldsymbol{K}_{m+1}(n)$可以写为

$$\begin{aligned}
\boldsymbol{K}_{m+1}(n) &= \boldsymbol{P}_{m+1}(n)\boldsymbol{X}_{m+1}^*(n) \\
&= \left(\begin{bmatrix} \boldsymbol{P}_m(n) & 0 \\ 0 & 0 \end{bmatrix} + \frac{1}{E_m^b(n)} \begin{bmatrix} \boldsymbol{b}_m(n) \\ 1 \end{bmatrix} \begin{bmatrix} \boldsymbol{b}_m^H(n) & 1 \end{bmatrix} \right) \begin{bmatrix} \boldsymbol{X}_m^*(n) \\ x^*(n-m) \end{bmatrix} \\
&= \begin{bmatrix} \boldsymbol{K}_m(n) \\ 0 \end{bmatrix} + \frac{g_m^*(n,n)}{E_m^b(n)} \begin{bmatrix} \boldsymbol{b}_m(n) \\ 1 \end{bmatrix}
\end{aligned} \tag{14.4.60}$$

$g_m(n, n)$也可写为

$$\begin{aligned}
g_m(n,n) &= x(n-m) + \boldsymbol{b}_m^t(n)\boldsymbol{X}_m(n) \\
&= x(n-m) + \left[\boldsymbol{b}_m^t(n-1) - \boldsymbol{K}_m^t(n)g_m(n) \right] \boldsymbol{X}_m(n) \\
&= x(n-m) + \boldsymbol{b}_m^t(n-1)\boldsymbol{X}_m(n) - g_m(n)\boldsymbol{K}_m^t(n)\boldsymbol{X}_m(n) \\
&= g_m(n)\left[1 - \boldsymbol{K}_m^t(n)\boldsymbol{X}_m(n) \right] \\
&= \alpha_m(n)g_m(n)
\end{aligned} \tag{14.4.61}$$

因此，式（14.4.60）中$\boldsymbol{K}_m(n)$的阶更新方程也可写为

$$\boldsymbol{K}_{m+1}(n) = \begin{bmatrix} \boldsymbol{K}_m(n) \\ 0 \end{bmatrix} + \frac{\alpha_m(n)g_m^*(n)}{E_m^b(n)} \begin{bmatrix} \boldsymbol{b}_m(n) \\ 1 \end{bmatrix} \tag{14.4.62}$$

使用式（14.4.62）和式（14.4.59），得到$\alpha_m(n)$的阶更新方程为

$$\begin{aligned}
\alpha_{m+1}(n) &= 1 - \boldsymbol{X}_{m+1}^t(n)\boldsymbol{K}_{m+1}(n) = 1 - \begin{bmatrix} \boldsymbol{X}_m^t(n)x(n-m) \end{bmatrix} \left(\begin{bmatrix} \boldsymbol{K}_m(n) \\ 0 \end{bmatrix} + \frac{\alpha_m(n)g_m^*(n)}{E_m^b(n)} \begin{bmatrix} \boldsymbol{b}_m(n) \\ 1 \end{bmatrix} \right) \\
&= \alpha_m(n) - \frac{\alpha_m(n)g_m^*(n)}{E_m^b(n)} \begin{bmatrix} \boldsymbol{X}_m^t(n)x(n-m) \end{bmatrix} \begin{bmatrix} \boldsymbol{b}_m(n) \\ 1 \end{bmatrix} \\
&= \alpha_m(n) - \frac{\alpha_m(n)g_m^*(n)}{E_m^b(n)} g_m(n,n) \\
&= \alpha_m(n) - \frac{\alpha_m^2(n)|g_m(n)|^2}{E_m^b(n)}
\end{aligned} \tag{14.4.63}$$

于是，我们就得到了图 14.4.1 所示基本最小二乘格型的阶更新方程和时间更新方程。基本方程如下：用于正向误差和反向误差的式（14.4.41）和式（14.4.44），通常称为**残差**；用于对应最小二乘误差的式（14.4.36）和式（14.4.37）；$k_m(n)$的时间更新方程（14.4.58）；参数 $\alpha_m(n)$ 的阶更

新方程（14.4.63）。最初，有

$$E_m^f(-1) = E_m^b(-1) = E_m^b(-2) = \epsilon > 0$$

$$f_m(-1) = g_m(-1) = k_m(-1) = 0 \tag{14.4.64}$$

$$\alpha_m(-1) = 1, \quad \alpha_{-1}(n) = \alpha_{-1}(n-1) = 1$$

联合过程估计。 推导的最后一步是由格型得到期望信号 $d(n)$ 的最小二乘估计。假设自适应滤波器有 $m+1$ 个系数，最小化下面的平均加权均方误差可以求出这些系数：

$$\varepsilon_{m+1} = \sum_{l=0}^{n} w^{n-l} |e_{m+1}(l,n)|^2 \tag{14.4.65}$$

式中，

$$e_{m+1}(l,n) = d(l) - \boldsymbol{h}_{m+1}^t(n) \boldsymbol{X}_{m+1}(l) \tag{14.4.66}$$

使用残差 $g_m(n)$ 由该格型得到的线性估计为

$$\hat{d}(l,n) = \boldsymbol{h}_{m+1}^t(n) \boldsymbol{X}_{m+1}(l) \tag{14.4.67}$$

它称为**联合过程估计**。

根据 14.3.1 节的结果，我们就确定了最小化式（14.4.65）的自适应滤波器的系数，即

$$\boldsymbol{h}_{m+1}(n) = \boldsymbol{P}_{m+1}(n) \boldsymbol{D}_{m+1}(n) \tag{14.4.68}$$

我们还确定了 $\boldsymbol{h}_m(n)$ 满足式（14.3.27）中的时间更新方程。

下面求 $\boldsymbol{h}_m(n)$ 的阶更新方程。由式（14.4.68）和式（14.4.27）有

$$\boldsymbol{h}_{m+1}(n) = \begin{bmatrix} \boldsymbol{P}_m(n) & 0 \\ 0 & 0 \end{bmatrix} \begin{bmatrix} \boldsymbol{D}_m(n) \\ \cdots \end{bmatrix} + \frac{1}{E_m^b(n)} \begin{bmatrix} \boldsymbol{b}_m(n) \\ 1 \end{bmatrix} \begin{bmatrix} \boldsymbol{b}_m^H(n) & 1 \end{bmatrix} \boldsymbol{D}_{m+1}(n) \tag{14.4.69}$$

定义复标量 $\delta_m(n)$ 为

$$\delta_m(n) = \begin{bmatrix} \boldsymbol{b}_m^H(n) & 1 \end{bmatrix} \boldsymbol{D}_{m+1}(n) \tag{14.4.70}$$

于是，式（14.4.69）可以写为

$$\boldsymbol{h}_{m+1}(n) = \begin{bmatrix} \boldsymbol{h}_m(n) \\ 0 \end{bmatrix} + \frac{\delta_m(n)}{E_m^b(n)} \begin{bmatrix} \boldsymbol{b}_m(n) \\ 1 \end{bmatrix} \tag{14.4.71}$$

标量 $\delta_m(n)$ 满足分别由式（14.4.51）和式（14.3.17）给出的 $\boldsymbol{b}_m(n)$ 和 $\boldsymbol{D}_m(n)$ 的时间更新方程得到的时间更新方程。于是，有

$$\delta_m(n) = \begin{bmatrix} \boldsymbol{b}_m^H(n-1) - \boldsymbol{K}_m^H(n) g_m^*(n) & 1 \end{bmatrix} \begin{bmatrix} w\boldsymbol{D}_{m+1}(n-1) + d(n)\boldsymbol{X}_{m+1}^*(n) \end{bmatrix}$$

$$= w\delta_m(n-1) + \begin{bmatrix} \boldsymbol{b}_m^H(n-1) & 1 \end{bmatrix} \boldsymbol{X}_{m+1}^*(n) d(n) - \tag{14.4.72}$$

$$w g_m^*(n) \begin{bmatrix} \boldsymbol{K}_m^H(n) & 0 \end{bmatrix} \boldsymbol{D}_{m+1}(n-1) - g_m^*(n) d(n) \begin{bmatrix} \boldsymbol{K}_m^H(n) & 0 \end{bmatrix} \boldsymbol{X}_{m+1}^*(n)$$

但是

$$\begin{bmatrix} \boldsymbol{b}_m^H(n-1) & 1 \end{bmatrix} \boldsymbol{X}_{m+1}^*(n) = x^*(n-m) + \boldsymbol{b}_m^H(n-1)\boldsymbol{X}_m^*(n) = g_m^*(n) \tag{14.4.73}$$

此外，

$$\begin{bmatrix} \boldsymbol{K}_m^H(n) & 0 \end{bmatrix} \boldsymbol{D}_{m+1}(n-1) = \frac{1}{w + \mu_m(n)} \begin{bmatrix} \boldsymbol{X}_m^t(n)\boldsymbol{P}_m(n-1) & 0 \end{bmatrix} \begin{bmatrix} \boldsymbol{D}_m(n-1) \\ \cdots \end{bmatrix}$$

$$= \frac{1}{w + \mu_m(n)} \boldsymbol{X}_m^t(n)\boldsymbol{h}_m(n-1) \tag{14.4.74}$$

式（14.4.72）中的最后一项可以写为

$$\begin{bmatrix} \boldsymbol{K}_m^{\mathrm{H}}(n) & 0 \end{bmatrix} \begin{bmatrix} \boldsymbol{X}_m^*(n) \\ \cdots \end{bmatrix} = \frac{1}{w + \mu_m(n)} \boldsymbol{X}_m^{\mathrm{t}}(n) \boldsymbol{P}_m(n-1) \boldsymbol{X}_m^*(n) = \frac{\mu_m(n)}{w + \mu_m(n)} \qquad (14.4.75)$$

将式（14.4.73）至式（14.4.75）中的结果代入式（14.4.72），得到 $\delta_m(n)$ 的时间更新方程为

$$\delta_m(n) = w\delta_m(n-1) + \alpha_m(n) g_m^*(n) e_m(n) \qquad (14.4.76)$$

前面推导出了 $\alpha_m(n)$ 和 $g_m(n)$ 的阶更新方程。令 $e_0(n) = d(n)$，得到 $e_m(n)$ 的阶更新方程为

$$\begin{aligned} e_m(n) &= e_m(n, n-1) = d(n) - \boldsymbol{h}_m^{\mathrm{t}}(n-1) \boldsymbol{X}_m(n) \\ &= d(n) - \begin{bmatrix} \boldsymbol{h}_{m-1}^{\mathrm{t}}(n-1) & 0 \end{bmatrix} \begin{bmatrix} \boldsymbol{X}_{m-1}(n) \\ \cdots \end{bmatrix} - \frac{\delta_{m-1}(n-1)}{E_{m-1}^{\mathrm{b}}(n-1)} \begin{bmatrix} \boldsymbol{b}_{m-1}^{\mathrm{t}}(n-1) & 1 \end{bmatrix} \boldsymbol{X}_m(n) \qquad (14.4.77) \\ &= e_{m-1}(n) - \frac{\delta_{m-1}(n-1) g_{m-1}(n)}{E_{m-1}^{\mathrm{b}}(n-1)} \end{aligned}$$

最后，最小二乘格型的输出估计 $\hat{d}(n)$ 为

$$\hat{d}(n) = \boldsymbol{h}_{m+1}^{\mathrm{t}}(n-1) \boldsymbol{X}_{m+1}(n) \qquad (14.4.78)$$

但是 $\boldsymbol{h}_{m+1}^{\mathrm{t}}(n-1)$ 不是显式计算的。重复将式（14.4.71）中 $\boldsymbol{h}_{m+1}(n)$ 的阶更新方程代入式（14.4.78），得到期望的 $\hat{d}(n)$ 为

$$\hat{d}(n) = \sum_{k=0}^{M-1} \frac{\delta_k(n-1)}{E_k^{\mathrm{b}}(n-1)} g_k(n) \qquad (14.4.79)$$

换言之，输出估计 $\hat{d}(n)$ 是反向残差 $g_k(n)$ 的线性加权组合。

图 14.4.2 显示了自适应最小二乘格型/联合过程（梯型）估计器。这个格梯型结构数学上等效于 RLS 直接型 FIR 滤波器。表 14.5 中归纳了递归方程。这称为 RLS 格梯型算法的**先验形式**，以区别于称为**后验形式**的另一种算法形式。在后验形式中，使用系数矢量 $\boldsymbol{h}_M(n)$ 取代 $\boldsymbol{h}_M(n-1)$ 来计算估计 $d(n)$。在许多自适应滤波问题（如信道均衡和回波消除）中，因为不能在计算 $d(n)$ 之前计算 $\boldsymbol{h}_M(n)$，所以不能使用后验形式。

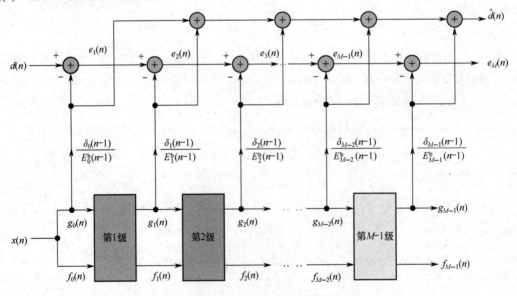

图 14.4.2　自适应 RLS 格梯型滤波器

下面介绍对表 14.5 中的“常规”RLS 格梯型算法做出的一些改进。

表 14.5　RLS 格梯型算法的先验形式

格型预测器：从 $n=1$ 开始，对 $m=0,1,\cdots,M-2$ 计算阶更新

$$k_{m+1}(n-1) = wk_{m+1}(n-2) + \alpha_m(n-2)f_m(n-1)g_m^*(n-2)$$

$$\mathcal{K}_{m+1}^{\mathrm{f}}(n-1) = -\frac{k_{m+1}(n-1)}{E_m^{\mathrm{b}}(n-2)}$$

$$\mathcal{K}_{m+1}^{\mathrm{b}}(n-1) = -\frac{k_{m+1}^*(n-1)}{E_m^{\mathrm{f}}(n-1)}$$

$$f_{m+1}(n) = f_m(n) + \mathcal{K}_{m+1}^{\mathrm{f}}(n-1)g_m(n-1)$$

$$g_{m+1}(n) = g_{m+1}(n-1) + \mathcal{K}_{m+1}^{\mathrm{b}}(n-1)f_m(n)$$

$$E_{m+1}^{\mathrm{f}}(n-1) = E_m^{\mathrm{f}}(n-1) - \frac{\left|k_{m+1}(n-1)\right|^2}{E_m^{\mathrm{b}}(n-2)}$$

$$E_{m+1}^{\mathrm{b}}(n-1) = E_m^{\mathrm{b}}(n-2) - \frac{\left|k_{m+1}(n-1)\right|^2}{E_m^{\mathrm{f}}(n-1)}$$

$$\alpha_{m+1}(n-1) = \alpha_m(n-1) - \frac{\alpha_m^2(n-1)\left|g_m(n-1)\right|^2}{E_m^{\mathrm{b}}(n-1)}$$

梯型滤波器：从 $n=1$ 开始，对 $m=0,1,\cdots,M-1$ 计算阶更新

$$\delta_m(n-1) = w\delta_m(n-2) + \alpha_m(n-1)g_m^*(n-1)e_m(n-1)$$

$$\xi_m(n-1) = -\frac{\delta_m(n-1)}{E_m^{\mathrm{b}}(n-1)}$$

$$e_{m+1}(n) = e_m(n) + \xi_m(n-1)g_m(n)$$

初始化

$$\alpha_0(n-1) = 1, \quad e_0(n) = d(n), \quad f_0(n) = g_0(n) = x(n)$$

$$E_0^{\mathrm{f}}(n) = E_0^{\mathrm{b}}(n) = wE_0^{\mathrm{f}}(n-1) + \left|x(n)\right|^2$$

$$\alpha_m(-1) = 1, \quad k_m(-1) = 0$$

$$E_m^{\mathrm{b}}(-1) = E_m^{\mathrm{f}}(0) = \epsilon > 0 \,; \delta_m(-1) = 0$$

改进的 RLS 格型算法。 表 14.5 中的 RLS 格型算法的递归不是唯一的，改进其中的某些方程不会影响算法的最优性。然而，当算法实现使用定点算术时，某些改进可得到数值上更鲁棒的算法。下面给出易由上面的推导建立的一些基本关系。

首先，我们已有先验误差残差和后验误差残差之间的关系。先验误差为

$$f_m(n,n-1) \equiv f_m(n) = x(n) + \boldsymbol{a}_m^{\mathrm{t}}(n-1)\boldsymbol{X}_m(n-1)$$
$$g_m(n,n-1) \equiv g_m(n) = x(n-m) + \boldsymbol{b}_m^{\mathrm{t}}(n-1)\boldsymbol{X}_m(n) \tag{14.4.80}$$

后验误差为

$$f_m(n,n) = x(n) + \boldsymbol{a}_m^{\mathrm{t}}(n)\boldsymbol{X}_m(n-1)$$
$$g_m(n,n) = x(n-m) + \boldsymbol{b}_m^{\mathrm{t}}(m)\boldsymbol{X}_m(n) \tag{14.4.81}$$

式（14.4.80）和式（14.4.81）之间的基本关系为

$$f_m(n,n) = \alpha_m(n-1)f_m(n)$$
$$g_m(n,n) = \alpha_m(n)g_m(n) \tag{14.4.82}$$

在式（14.4.81）中使用式（14.4.50）和式（14.4.51），很容易得到这些关系。

其次，我们可得到最小二乘正向误差和反向误差的时间更新方程。例如，由式（14.4.8）与式（14.4.50）得

$$E_m^f(n) = q(n) + \boldsymbol{a}_m^t(n)\boldsymbol{Q}_m^*(n)$$
$$= q(n) + \left[\boldsymbol{a}_m^t(n-1) - \boldsymbol{K}_m^t(n-1)f_m(n)\right]\left[w\boldsymbol{Q}_m^*(n-1) + x^*(n)\boldsymbol{X}_m(n-1)\right] \quad (14.4.83)$$
$$= wE_m^f(n-1) + \alpha_m(n-1)\left|f_m(n)\right|^2$$

类似地，由式（14.4.17）和式（14.4.51）得

$$E_m^b(n) = wE_m^b(n-1) + \alpha_m(n)\left|g_m(n)\right|^2 \quad (14.4.84)$$

我们通常使用式（14.4.83）和式（14.4.84）来代替表 14.5 中的第 6 个方程和第 7 个方程。

再次，我们得到卡尔曼增益矢量的时间更新方程，它并未显式地用在格型算法中，而用在快速 FIR 滤波算法中。为此，我们仍然使用由式（14.4.50）和式（14.4.51）给出的正向预测系数和反向预测系数的时间更新方程。于是，有

$$\boldsymbol{K}_m(n) = \boldsymbol{P}_m(n)\boldsymbol{X}_m^*(n)$$
$$= \begin{bmatrix} 0 & 0 \\ 0 & \boldsymbol{P}_{m-1}(n-1) \end{bmatrix}\begin{bmatrix} x^*(n) \\ \boldsymbol{X}_{m-1}^*(n-1) \end{bmatrix} + \frac{1}{E_{m-1}^f(n)}\begin{bmatrix} 1 \\ \boldsymbol{a}_{m-1}(n) \end{bmatrix}\begin{bmatrix} 1 & \boldsymbol{a}_{m-1}^H(n) \end{bmatrix}\begin{bmatrix} x^*(n) \\ \boldsymbol{X}_{m-1}^*(n-1) \end{bmatrix}$$
$$= \begin{bmatrix} 0 \\ \boldsymbol{K}_{m-1}(n-1) \end{bmatrix} + \frac{f_{m-1}^*(n,n)}{E_{m-1}^f(n)}\begin{bmatrix} 1 \\ \boldsymbol{a}_{m-1}(n) \end{bmatrix} \quad (14.4.85)$$
$$\equiv \begin{bmatrix} \boldsymbol{C}_{m-1}(n) \\ c_{mm}(n) \end{bmatrix}$$

式中，根据定义，$\boldsymbol{C}_{m-1}(n)$是由 $\boldsymbol{K}_m(n)$的前 $m-1$ 个元素组成的，$c_{mm}(n)$是它的最后一个元素。根据式（14.4.60），我们得到$\boldsymbol{K}_m(n)$的时间更新方程为

$$\boldsymbol{K}_m(n) = \begin{bmatrix} \boldsymbol{K}_{m-1}(n) \\ 0 \end{bmatrix} + \frac{g_{m-1}^*(n,n)}{E_{m-1}^b(n)}\begin{bmatrix} \boldsymbol{b}_{m-1}(n) \\ 1 \end{bmatrix} \quad (14.4.86)$$

令式（14.4.85）和式（14.4.86）相等，有

$$c_{mm}(n) = \frac{g_{m-1}^*(n,n)}{E_{m-1}^b(n)} \quad (14.4.87)$$

因此有

$$\boldsymbol{K}_{m-1}(n) + c_{mm}(n)\boldsymbol{b}_{m-1}(n) = \boldsymbol{C}_{m-1}(n) \quad (14.4.88)$$

将式（14.4.51）中的 $\boldsymbol{b}_{m-1}(n)$代入式（14.4.88），得到式（14.4.85）中的卡尔曼增益矢量的时间更新方程为

$$\boldsymbol{K}_{m-1}(n) = \frac{\boldsymbol{C}_{m-1}(n) - c_{mm}(n)\boldsymbol{b}_{m-1}(n-1)}{1 - c_{mm}(n)g_{m-1}(n)} \quad (14.4.89)$$

标量 $\alpha_m(n)$也有一个时间更新方程。由式（14.4.63）有

$$\alpha_m(n) = \alpha_{m-1}(n) - \frac{\alpha_{m-1}^2(n)\left|g_{m-1}(n)\right|^2}{E_{m-1}^b(n)} = \alpha_{m-1}(n)\left[1 - c_{mm}(n)g_{m-1}(n)\right] \quad (14.4.90)$$

用式（14.4.85）消去 $\alpha_m(n)$的表达式中的 $\boldsymbol{K}_{m-1}(n)$，得到第二个关系。于是，有

$$\alpha_m(n) = 1 - \boldsymbol{X}_m^t(n)\boldsymbol{K}_m(n) = \alpha_{m-1}(n-1)\left[1 - \frac{f_{m-1}^*(n,n)f_{m-1}(n)}{E_{m-1}^f(n)}\right] \quad (14.4.91)$$

令式（14.4.90）等于式（14.4.91），得到 $\alpha_m(n)$ 的时间更新方程为

$$\alpha_{m-1}(n) = \alpha_{m-1}(n-1)\left[\frac{1 - \frac{f_{m-1}^*(n,n)f_{m-1}(n)}{E_{m-1}^f(n)}}{1 - c_{mm}(n)g_{m-1}(n)}\right] \qquad (14.4.92)$$

最后，我们希望区分在格型滤波器中和在梯型部分中更新反射系数的两种不同方法：**常规（间接）方法**和**直接方法**。在常规（间接）方法中，

$$\mathcal{R}_{m+1}^f(n) = -\frac{k_{m+1}(n)}{E_m^b(n-1)} \qquad (14.4.93)$$

$$\mathcal{R}_{m+1}^b(n) = -\frac{k_{m+1}^*(n)}{E_m^f(n)} \qquad (14.4.94)$$

$$\xi_m(n) = -\frac{\delta_m(n)}{E_m^b(n)} \qquad (14.4.95)$$

式中，$k_{m+1}(n)$ 是按照式（14.4.58）时间更新的，$\delta_m(n)$ 是按照式（14.4.76）更新的，$E_m^f(n)$ 和 $E_m^b(n)$ 是按照式（14.4.83）和式（14.4.84）更新的。将式（14.4.58）中的 $k_{m+1}(n)$ 代入式（14.4.93），并且使用式（14.4.84）和表 14.5 中的第 8 个方程，得到

$$\begin{aligned}
\mathcal{R}_{m+1}^f(n) &= -\frac{k_{m+1}(n-1)}{E_m^b(n-2)}\left(\frac{wE_m^b(n-2)}{E_m^b(n-1)}\right) - \frac{\alpha_m(n-1)f_m(n)g_m^*(n-1)}{E_m^b(n-1)} \\
&= \mathcal{R}_{m+1}^f(n-1)\left(1 - \frac{\alpha_m(n-1)\left|g_m(n-1)\right|^2}{E_m^b(n-1)}\right) - \frac{\alpha_m(n-1)f_m(n)g_m^*(n-1)}{E_m^b(n-1)} \qquad (14.4.96) \\
&= \mathcal{R}_{m+1}^f(n-1) - \frac{\alpha_m(n-1)f_{m+1}(n)g_m^*(n-1)}{E_m^b(n-1)}
\end{aligned}$$

这是在格型中直接更新反射系数的公式。类似地，将式（14.4.58）代入式（14.4.94），并且使用式（14.4.83）和表 14.5 中的第 8 个方程，得到

$$\mathcal{R}_{m+1}^b(n) = \mathcal{R}_{m+1}^b(n-1) - \frac{\alpha_m(n-1)f_m^*(n)g_{m+1}(n)}{E_m^f(n)} \qquad (14.4.97)$$

最后，按照关系

$$\xi_m(n) = \xi_m(n-1) - \frac{\alpha_m(n)g_m^*(n)e_{m+1}(n)}{E_m^b(n)} \qquad (14.4.98)$$

也可直接更新梯型增益。表 14.6 中列出了使用式（14.4.96）至式（14.4.98）及以式（14.4.83）至式（14.4.84）的直接更新关系式的 RLS 格梯型算法。

表 14.6 中算法的一个重要特性是，反馈正向残差和反向残差的作用是时间更新格型级中的反射系数，而反馈 $e_{m+1}(n)$ 的作用是更新梯型增益 $\xi_m(n)$。因此，RLS 格梯型算法称为**误差反馈型**。对于后验 RLS 格梯型算法，可以得出类似的形式。关于 RLS 格梯型算法的误差反馈形式的细节，感兴趣的读者可以参阅 Ling, Manolakis and Proakis (1986)。

快速 RLS 算法。14.3.3 节给出的两个快速 RLS 算法是由本节介绍的关系式直接得到的。例如，在 $M-1$ 级固定格型尺寸及相关联的正向和反向预测器，可以得到两个算法的前七个递归方程。剩下的问题是求卡尔曼增益矢量的时间更新方程，而这已在式（14.4.85）至式（14.4.89）中求出。在表 14.3 给出的算法的版本 B 中，我们已使用标量 $\alpha_m(n)$ 将计算次数从 $10M$ 降至 $9M$。

表 14.2 给出的算法的版本 A 中避免使用了这个参数。因此这些算法直接更新卡尔曼增益矢量，所以称为**快速卡尔曼算法**［见 Falconer and Ljung (1978)和 Proakis (1989)］。

表 14.6 先验 RLS 格梯型算法的直接更新（误差反馈）形式

格型预测器： 从 $n=1$ 开始，对 $m=0,1,\cdots,M-2$ 计算阶更新

$$\mathcal{K}_{m+1}^{\mathrm{f}}(n-1) = \mathcal{K}_{m+1}^{\mathrm{f}}(n-2) - \frac{\alpha_m(n-2)f_{m+1}(n-1)g_m^*(n-2)}{E_m^{\mathrm{b}}(n-2)}$$

$$\mathcal{K}_{m+1}^{\mathrm{b}}(n-1) = \mathcal{K}_{m+1}^{\mathrm{b}}(n-2) - \frac{\alpha_m(n-2)f_m^*(n-1)g_{m+1}(n-1)}{E_m^{\mathrm{f}}(n-1)}$$

$$f_{m+1}(n) = f_m(n) + \mathcal{K}_{m+1}^{\mathrm{f}}(n-1)g_m(n-1)$$

$$g_{m+1}(n) = g_m(n-1) + \mathcal{K}_{m+1}^{\mathrm{b}}(n-1)f_m(n)$$

$$E_{m+1}^{\mathrm{f}}(n-1) = wE_{m+1}^{\mathrm{f}}(n-2) + \alpha_{m+1}(n-2)\left|f_{m+1}(n-1)\right|^2$$

$$\alpha_{m+1}(n-1) = \alpha_m(n-1) - \frac{\alpha_m^2(n-1)\left|g_m(n-1)\right|^2}{E_m^{\mathrm{b}}(n-1)}$$

$$E_{m+1}^{\mathrm{b}}(n-1) = wE_{m+1}^{\mathrm{b}}(n-2) + \alpha_{m+1}(n-1)\left|g_{m+1}(n-1)\right|^2$$

梯型滤波器： 从 $n=1$ 开始，对 $m=0,1,\cdots,M-1$ 计算阶更新

$$\xi_m(n-1) = \xi_m(n-2) - \frac{\alpha_m(n-1)g_m^*(n-1)e_{m+1}(n-1)}{E_m^{\mathrm{b}}(n-1)}$$

$$e_{m+1}(n) = e_m(n) + \xi_m(n-1)g_m(n)$$

初始化

$$\alpha_0(n-1) = 1, \quad e_0(n) = d(n), \quad f_0(n) = g_0(n) = x(n)$$

$$E_0^{\mathrm{f}}(n) = E_0^{\mathrm{b}}(n) = wE_0^{\mathrm{f}}(n-1) + \left|x(n)\right|^2$$

$$\alpha_m(-1) = 1, \quad \mathcal{K}_m^{\mathrm{f}}(-1) = \mathcal{K}_m^{\mathrm{b}}(-1) = 0$$

$$E_m^{\mathrm{b}}(-1) = E_m^{\mathrm{f}}(0) = \epsilon > 0$$

直接更新下面的替代（卡尔曼）增益矢量［见 Carayannis，Manolakis and Kalouptsidis (1983)］，可以将计算复杂度进一步降低到 $7M$：

$$\tilde{\boldsymbol{K}}_M(n) = \frac{1}{w}\boldsymbol{P}_M(n-1)\boldsymbol{X}_M^*(n) \tag{14.4.99}$$

人们提出了几个使用该增益矢量的快速算法，它们的计算复杂度在 $7M$ 和 $10M$ 之间。表 14.7 列出了计算复杂度为 $7M$ 的 FAEST（Fast A Posteriori Error Sequential Technique）算法［推导过程见 Carayannis, Manolakis and Kalouptsidis (1983; 1986)和习题 14.6］。

一般来说，计算复杂度为 $7M$ 的快速 RLS 算法和一些变体对舍入噪声非常敏感，并且存在不稳定问题［Falconer and Ljung (1978)、Carayannis, Manolakis and Kalouptsidis (1983; 1986)和 Cioffi and Kailath (1984)］。Slock and Kailath (1988; 1991)中指出了 $7M$ 算法中的不稳定问题，提出了使其稳定的改进算法，改进后的稳定算法的计算复杂度在 $8M$ 和 $9M$ 之间，与不稳定的 $7M$ 算法相比，它们的计算复杂度增加得较少。

为了理解稳定快速 RLS 算法，我们首先比较表 14.3 中给出的快速 RLS 算法和表 14.7 中给出的 FAEST 算法。如前所述，在这两个算法之间有两个主要的不同：首先，FAEST 算法使用替代（卡尔曼）增益矢量而非卡尔曼增益矢量；其次，快速 RLS 算法使用反向预测系数矢量 $\boldsymbol{b}_{m-1}(n-1)$通过 FIR 滤波来计算先验反向预测误差 $g_{M-1}(n)$，而 FAEST 算法使用标量运算来计算 $g_{M-1}(n)$，方法是注意到

替代增益矢量 $\tilde{c}_{MM}(n)$ 的最后一个元素等于 $-wE_{M-1}^b g_{M-1}(n)$。因为这两个算法代数上等效，如果在计算中使用无限精度，那么不同方法计算得到的反向预测误差应是相等的。实际上，采用有限精度算术时，使用不同方程计算的反向预测误差只是近似相等的，下文中将它们分别记为 $g_{M-1}^{(f)}(n)$ 和 $g_{M-1}^{(s)}(n)$，上标 (f) 和 (s) 表明它们分别使用滤波方法和标量运算来计算。

表 14.7　FAEST 算法

$$f_{M-1}(n) = x(n) + \boldsymbol{a}_{M-1}^t(n-1)\boldsymbol{X}_{M-1}(n-1)$$

$$\bar{f}_{M-1}(n,n) = \frac{f_{M-1}(n)}{\bar{\alpha}_{M-1}(n-1)}$$

$$\boldsymbol{a}_{M-1}(n) = \boldsymbol{a}_{M-1}(n-1) - \bar{\boldsymbol{K}}_{M-1}(n-1)\bar{f}_{M-1}(n,n)$$

$$E_{M-1}^f(n) = wE_{M-1}^f(n-1) + f_{M-1}(n)f_{M-1}^*(n,n)$$

$$\bar{\boldsymbol{K}}_M(n) \equiv \begin{bmatrix} \bar{\boldsymbol{C}}_{M-1}(n) \\ \bar{c}_{MM}(n) \end{bmatrix} = \begin{bmatrix} 0 \\ \bar{\boldsymbol{K}}_{M-1}(n-1) \end{bmatrix} + \frac{f_{M-1}^*(n)}{wE_{M-1}^f(n-1)} \begin{bmatrix} 1 \\ \boldsymbol{a}_{M-1}(n-1) \end{bmatrix}$$

$$g_{M-1}(n) = -wE_{M-1}^b(n-1)\bar{c}_{MM}^*(n)$$

$$\bar{\boldsymbol{K}}_{M-1}(n) = \bar{\boldsymbol{C}}_{M-1}(n) - \boldsymbol{b}_{M-1}(n-1)\bar{c}_{MM}(n)$$

$$\bar{\alpha}_M(n) = \bar{\alpha}_{M-1}(n-1) + \frac{|f_{M-1}(n)|^2}{wE_{M-1}^f(n-1)}$$

$$\bar{\alpha}_{M-1}(n) = \bar{\alpha}_M(n) + g_{M-1}(n)\bar{c}_{MM}(n)$$

$$\bar{g}_{M-1}(n,n) = \frac{g_{M-1}(n)}{\bar{\alpha}_{M-1}(n)}$$

$$E_{M-1}^b(n) = wE_{M-1}^b(n-1) + g_{M-1}(n)\bar{g}_{M-1}^*(n,n)$$

$$\boldsymbol{b}_{M-1}(n) = \boldsymbol{b}_{M-1}(n-1) + \bar{\boldsymbol{K}}_{M-1}(n)\bar{g}_{M-1}(n,n)$$

$$e_M(n) = d(n) - \boldsymbol{h}_M^t(n-1)\boldsymbol{X}_M(n)$$

$$\bar{e}_M(n,n) = \frac{e_M(n)}{\bar{\alpha}_M(n)}$$

$$\boldsymbol{h}_M(n) = \boldsymbol{h}_M(n-1) + \bar{\boldsymbol{K}}_M(n)\bar{e}_M(n,n)$$

初始化：将所有矢量置为零

$$E_{M-1}^f(-1) = E_{M-1}^b(-1) = \epsilon > 0$$

$$\bar{\alpha}_{M-1}(-1) = 1$$

各个算法中的其他量也可用不同的方法计算。例如，参数 $\alpha_{M-1}(n)$ 可由矢量 $\tilde{\boldsymbol{K}}_{M-1}(n)$ 和 $\boldsymbol{X}_{M-1}(n)$ 计算：

$$\alpha_{M-1}(n) = 1 + \tilde{\boldsymbol{K}}_{M-1}^t(n)\boldsymbol{X}_{M-1}(n) \tag{14.4.100}$$

或者由标量计算。我们将这些值分别记为 $\tilde{\alpha}_{M-1}^{(f)}(n)$ 和 $\tilde{\alpha}_{M-1}^{(s)}(n)$。最后，$\tilde{\boldsymbol{K}}_M(n)$ 的最后一个元素 $\tilde{c}_{MM}^{(f)}(n)$ 可由下式计算：

$$\tilde{c}_{MM}^{(f)}(n) = \frac{-g_{M-1}^{(f)}(n)}{wE_{M-1}^b(n-1)} \tag{14.4.101}$$

在三对量 $[g_{M-1}^{(f)}(n), g_{M-1}^{(s)}(n)]$、$[\alpha_{M-1}^{(f)}(n), \alpha_{M-1}^{(s)}(n)]$ 和 $[\tilde{c}_{MM}^{(f)}(n), \tilde{c}_{MM}^{(s)}(n)]$ 中，每对量中的两个量代数上等效。因此，这两个量或者它们的线性组合 [形式为 $k\beta^{(s)} + (1-k)\beta^{(f)}$，其中 β 表示三个参数中的任意一个] 代数上等效于原始量，并且可以用在算法中。Slock and Kailath (1988; 1991)声称，在快速 RLS 算法中使用适当的量或其线性组合，足以校正快速 RLS 算法固有的正反馈。表 14.8 中给出了由这些基本概念得到的稳定快速 RLS 算法。

观察表 14.8 发现，稳定快速 RLS 算法使用常数 k_i，$i = 1, 2, \cdots, 5$ 形成上述三对量的 5 个线性组合。Slock 和 Kailath 发现，由计算机搜索得到的 k_i 的最佳值是 $k_1 = 1.5$，$k_2 = 2.5$，$k_3 = 1$，$k_4 = 0$，$k_5 = 1$。当 $k_i = 0$ 或 1 时，我们只使用线性组合中的一个量。因此，三对量中的某些参数不需要计算。观察还发现，不使用 $\alpha_{M-1}^{(f)}(n)$ 对算法的稳定性影响不大。由此，我们得到了表 14.9 中给出的算法，其计算复杂度为 $8M$，且数值上是稳定的。

表 14.8 稳定快速 RLS 算法

$$f_{M-1}(n) = x(n) + \boldsymbol{a}_{M-1}^{t}(n-1)\boldsymbol{X}_{M-1}(n-1)$$

$$f_{M-1}(n,n) = \frac{f_{M-1}(n)}{\bar{\alpha}_{M-1}(n-1)}$$

$$\boldsymbol{a}_{M-1}(n) = \boldsymbol{a}_{M-1}(n-1) - \bar{\boldsymbol{K}}_{M-1}(n-1)f_{M-1}(n,n)$$

$$\bar{c}_{M1}(n) = \frac{f_{M-1}^{*}(n)}{wE_{M-1}^{f}(n-1)}$$

$$\begin{bmatrix} \bar{\boldsymbol{C}}_{M-1}(n) \\ \bar{c}_{MM}^{(s)}(n) \end{bmatrix} = \begin{bmatrix} 0 \\ \bar{\boldsymbol{K}}_{M-1}(n-1) \end{bmatrix} + \bar{c}_{M1}(n)\begin{bmatrix} 1 \\ \boldsymbol{a}_{M-1}(n-1) \end{bmatrix}$$

$$g_{M-1}^{(f)}(n) = x(n-M+1) + \boldsymbol{b}_{M-1}^{t}(n-1)\boldsymbol{X}_{M-1}(n)$$

$$\bar{c}_{MM}^{(f)}(n) = -\frac{g_{M-1}^{(f)*}(n)}{wE_{M-1}^{b}(n-1)}$$

$$\bar{c}_{MM}(n) = k_4\bar{c}_{MM}^{(f)}(n) + (1-k_4)\bar{c}_{MM}^{(s)}(n)$$

$$\bar{\boldsymbol{K}}_{M}(n) = \begin{bmatrix} \bar{\boldsymbol{C}}_{M-1}(n) \\ \bar{c}_{MM}(n) \end{bmatrix}$$

$$g_{M-1}^{(s)}(n) = -wE_{M-1}^{b}(n-1)\bar{c}_{MM}^{(s)*}(n)$$

$$g_{M-1}^{(i)}(n) = k_i g_{M-1}^{(f)}(n) + (1-k_i)g_{M-1}^{(s)}(n), \ i = 1,2,5$$

$$\bar{\boldsymbol{K}}_{M-1}(n) = \bar{\boldsymbol{C}}_{M-1}(n) - \boldsymbol{b}_{M-1}(n-1)\bar{c}_{MM}(n)$$

$$\bar{\alpha}_{M}(n) = \bar{\alpha}_{M-1}(n-1) + \bar{c}_{M1}(n)f_{M-1}(n)$$

$$\bar{\alpha}_{M-1}^{(s)}(n) = \bar{\alpha}_{M}(n) + g_{M-1}^{(s)}(n)\bar{c}_{MM}^{(s)}(n)$$

$$\bar{\alpha}_{M-1}^{(f)}(n) = 1 + \bar{\boldsymbol{K}}_{M-1}^{t}(n)\boldsymbol{X}_{M-1}(n)$$

$$\bar{\alpha}_{M-1}(n) = k_3\bar{\alpha}_{M-1}^{(f)}(n) + (1-k_3)\bar{\alpha}_{M-1}^{(s)}(n)$$

$$E_{M-1}^{f}(n) = wE_{M-1}^{f}(n-1) + f_{M-1}(n)f_{M-1}^{*}(n,n)$$

$$\text{或者}\left[\frac{1}{E_{M-1}^{f}(n)} = \frac{1}{w}\frac{1}{E_{M-1}^{f}(n-1)} - \frac{\left|\bar{c}_{M1}(n)\right|^2}{\bar{\alpha}_{M-1}^{(s)}(n)}\right]$$

$$g_{M-1}^{(i)}(n,n) = \frac{g_{M-1}^{(i)}(n)}{\overline{\alpha}_{M-1}(n)}, \ i = 1, 2$$

$$\boldsymbol{b}_{M-1}(n) = \boldsymbol{b}_{M-1}(n-1) + \overline{\boldsymbol{K}}_{M-1}(n)g_{M-1}^{(1)}(n,n)$$

$$E_{M-1}^{\mathrm{b}}(n) = wE_{M-1}^{\mathrm{b}}(n-1) + g_{M-1}^{(2)}(n)g_{M-1}^{(2)*}(n,n)$$

$$e_M(n) = d(n) - \boldsymbol{h}_M^{\mathrm{t}}(n-1)\boldsymbol{X}_M(n)$$

$$e_M(n,n) = \frac{e_M(n)}{\overline{\alpha}_M(n)}$$

$$\boldsymbol{h}_M(n) = \boldsymbol{h}_M(n-1) + \overline{\boldsymbol{K}}_M(n)e_M(n,n)$$

表 14.9　简化的稳定快速 RLS 算法

$$f_{M-1}(n) = x(n) + \boldsymbol{a}_{M-1}^{\mathrm{t}}(n-1)\boldsymbol{X}_{M-1}(n-1)$$

$$f_{M-1}(n,n) = \frac{f_{M-1}(n)}{\overline{\alpha}_{M-1}(n-1)}$$

$$\boldsymbol{a}_{M-1}(n) = \boldsymbol{a}_{M-1}(n-1) - \overline{\boldsymbol{K}}_{M-1}(n-1)f_{M-1}(n,n)$$

$$\overline{c}_{M1}(n) = \frac{f_{M-1}^*(n)}{wE_{M-1}^{\mathrm{f}}(n-1)}$$

$$\overline{\boldsymbol{K}}_M(n) \equiv \begin{bmatrix} \overline{\boldsymbol{C}}_{M-1}(n) \\ \overline{c}_{MM}(n) \end{bmatrix} = \begin{bmatrix} 0 \\ \overline{\boldsymbol{K}}_{M-1}(n-1) \end{bmatrix} + \frac{f_{M-1}^*(n)}{wE_{M-1}^{\mathrm{f}}(n-1)} \begin{bmatrix} 1 \\ \boldsymbol{a}_{M-1}(n-1) \end{bmatrix}$$

$$g_{M-1}^{(\mathrm{f})}(n) = x(n-M+1) + \boldsymbol{b}_{M-1}^{\mathrm{t}}(n-1)\boldsymbol{X}_{M-1}(n)$$

$$g_{M-1}^{(\mathrm{s})}(n) = -wE_{M-1}^{\mathrm{b}}(n-1)\overline{c}_{MM}^*(n)$$

$$g_{M-1}^{(i)}(n) = k_i g_{M-1}^{(\mathrm{f})}(n) + (1-k_i)g_{M-1}^{(\mathrm{s})}(n), \ i = 1, 2$$

$$\overline{\boldsymbol{K}}_{M-1}(n) = \overline{\boldsymbol{C}}_{M-1}(n) - \boldsymbol{b}_{M-1}(n-1)\overline{c}_{MM}(n)$$

$$\overline{\alpha}_M(n) = \overline{\alpha}_{M-1}(n-1) + \overline{c}_{M1}(n)f_{M-1}(n)$$

$$\overline{\alpha}_{M-1}(n) = \overline{\alpha}_M(n) + g_{M-1}^{(\mathrm{f})}(n)\overline{c}_{MM}(n)$$

$$E_{M-1}^{\mathrm{f}}(n) = wE_{M-1}^{\mathrm{f}}(n-1) + f_{M-1}(n)f_{M-1}^*(n,n)$$

$$g_{M-1}^{(i)}(n,n) = \frac{g_{M-1}^{(i)}(n)}{\overline{\alpha}_{M-1}(n)}, i = 1, 2$$

$$\boldsymbol{b}_{M-1}(n) = \boldsymbol{b}_{M-1}(n-1) + \overline{\boldsymbol{K}}_{M-1}(n)g_{M-1}^{(1)}(n,n)$$

$$E_{M-1}^{\mathrm{b}}(n) = wE_{M-1}^{\mathrm{b}}(n-1) + g_{M-1}^{(2)}(n)g_{M-1}^{(2)*}(n,n)$$

$$e_M(n) = d(n) - \boldsymbol{h}_M^{\mathrm{t}}(n-1)\boldsymbol{X}_M(n)$$

$$e_M(n,n) = \frac{e_M(n)}{\overline{\alpha}_M(n)}$$

$$\boldsymbol{h}_M(n) = \boldsymbol{h}_M(n-1) + \overline{\boldsymbol{K}}_M(n)e_M(n,n)$$

　　稳定快速 RLS 算法的性能很大程度上取决于正确的初始化。另一方面，在计算中使用 $g_{M-1}^{(\mathrm{f})}(n)$ 的算法并不严格地受正确初始化的影响（虽然最终它会发散）。因此，对前几百次迭代，

我们可以用 $g_{M-1}^{(f)}(n)$ 代替 $g_{M-1}^{(s)}(n)$（或它们的线性组合），然后切换为稳定快速 RLS 算法的形式。于是，我们得到对初始条件也不敏感的稳定快速 RLS 算法。

14.4.2 其他格型算法

将正向预测误差和反向预测误差分别除以 $\sqrt{E_m^f(n)}$ 和 $\sqrt{E_m^b(n)}$，然后分别乘以 $\sqrt{\alpha_m(n-1)}$ 和 $\sqrt{\alpha_m(n)}$，可以归一化这些误差，进而得到另一类 RLS 格型算法。得到的格型算法称为**平方根/角度和功率归一化 RLS 格型算法**。与其他形式的 RLS 格型算法相比，该算法更简洁，需要的平方根运算也更多，因此计算上很复杂。使用在 N 个时钟周期内计算一次平方根的 CORDIC 处理器，可以解决这个问题，其中 N 为计算机字长的位数。Proakis et al.(2002)中给出了平方根/归一化 RLS 格型算法和 CORDIC 算法。

牺牲收敛速率可以简化上节中介绍的 RLS 算法的计算复杂度。这样的一个算法称为**梯度格型算法**。在该算法中，格型滤波器每级的输入输出关系为

$$f_m(n) = f_{m-1}(n) - k_m(n)g_{m-1}(n-1)$$
$$g_m(n) = g_{m-1}(n-1) - k_m^*(n)f_{m-1}(n)$$

（14.4.102）

式中，$k_m(n)$ 是格型第 m 级中的反射系数，$f_m(n)$ 和 $g_m(n)$ 分别是正向残差和反向残差。

这种格型滤波器等同于 Levinson-Durbin 算法，只是这时允许 $k_m(n)$ 随时间变化，进而使格型滤波器适应信号统计量的时间变化。采用最小二乘法优化反射系数 $\{k_m(n)\}$，得到解为

$$k_m(n) = \frac{2\sum_{l=0}^{n} w^{n-l} f_{m-1}(l)g_{m-1}^*(l-1)}{\sum_{l=0}^{n} w^{n-l} \left[\left|f_{m-1}(l)\right|^2 + \left|g_{m-1}(l-1)\right|^2 \right]}, \qquad m = 1, 2, \cdots, M-1$$

（14.4.103）

这些系数也可按时间递归地更新。梯型系数是用 LMS 型算法按时间递归地计算的，其中的 LMS 型算法是应用均方误差准则得到的。Griffiths (1978)和 Proakis et al.(2002)中详细介绍了该算法。

14.4.3 格梯型算法的性质

前两节推导的格型算法具有许多期望的性质。本节介绍这些算法的性质，并将它们与 LMS 算法和 RLS 直接型 FIR 滤波算法的性质进行比较。

收敛速率。RLS 格梯型算法的收敛速率基本上与 RLS 直接型 FIR 滤波器结构的相同。这个特性并不令人吃惊，因为这两个滤波器结构在最小二乘意义上是最优的。虽然梯度格型算法保留有 RLS 格型的一些最优特性，但前者在最小二乘意义上不是最优的，所以收敛速率更慢。

为便于比较，图 14.4.3 和图 14.4.4 中显示了长度为 $M = 11$ 的自适应均衡器的学习曲线，对于特征值之比分别为 $\lambda_{\max}/\lambda_{\min} = 11$ 和 $\lambda_{\max}/\lambda_{\min} = 21$ 的信道自相关矩阵，该自适应均衡器被实现为格梯型滤波器、梯度格梯型滤波和 LMS 算法的一个直接型 FIR 滤波器。观察学习曲线发现，与最优 RLS 格型算法相比，梯度格型算法收敛所需的迭代次数约为最优 RLS 算法的两倍。此外，梯度格型算法的收敛速率明显要快于 LMS 算法。对于这两个格型结构，收敛速率不取决于相关矩阵的特征值分布。

计算需求。上节中介绍的 RLS 格型算法的计算复杂度与 M 成正比。相比之下，RLS 平方根算法的计算复杂度与 M^2 成正比。另一方面，由格型算法派生的直接型快速算法的计算复杂度与 M 成正比，与格梯型算法相比更高效。

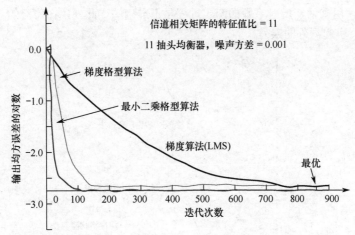

图 14.4.3 对长度为 $M = 11$ 的自适应均衡器应用 RLS 格型算法、梯度格型
算法和 LMS 算法的学习曲线（摘自 *Digital Communications* by
John G. Proakis. ©1989 by McGraw-Hill，获出版者允许重印）

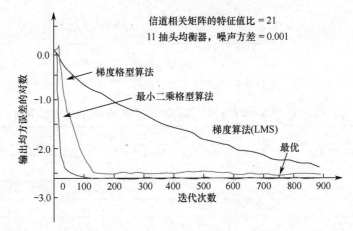

图 14.4.4 对长度为 $M = 11$ 的自适应均衡器应用 RLS 格型算法、梯度格型
算法和 LMS 算法的学习曲线（摘自 *Digital Communications* by
John G. Proakis. ©1989 by McGraw-Hill，获出版者允许重印）

图 14.4.5 中显示了各种自适应滤波算法的计算复杂度（复数乘法和除法次数）。显然，LMS 算法
需要的计算量最少。表 14.3 和表 14.9 中的快速 RLS 算法是所示 RLS 算法中最高效的，紧随其后
的是梯度格型算法，再后是 RLS 格型算法，最后是平方根算法。注意，对于小 M 值，快速收敛
算法之间的计算复杂度相差不大。

数值性质。除了提供快速的收敛，RLS 和梯度格型算法数值上也是鲁棒的。首先，这些格型
算法**数值上是稳定的**，这意味着如果在输入端引入一个有界误差信号，那么计算过程的输出估计
误差也是有界的。其次，与 LMS 和 RLS 直接型 FIR 算法相比，最优解的数值精度相对也较好。

为便于比较，表 14.10 中给出了稳态均方误差或（估计）最小均方误差，它们是用两个 RLS
格型算法和 14.2 节介绍的直接型 FIR 滤波器算法仿真得到的。表 14.10 中引人注目的结果是用
RLS 格梯型算法得到的优异性能，在该算法中，反射系数和梯型增益是按照式（14.4.96）至
式（14.4.98）直接更新的。这是 RLS 格型算法的误差反馈形式。显然，与包括 LMS 算法在内的
其他所有自适应算法相比，直接更新这些系数对舍入误差明显更鲁棒。同样明显的是，在常规

RLS 格型算法中，用来估计反射系数的两步过程是不准确的。此外，在每级的系数中产生的估计误差会逐级传递，引起额外的误差。

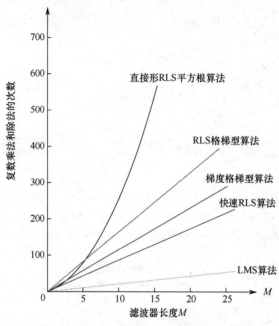

图 14.4.5　自适应滤波算法的计算复杂度

表 14.10　$\lambda_{max}/\lambda_{min} = 11$ 和 $w = 0.975$ 时，信道输出 MSE 的各项中的数值精度，MSE×10^{-3}

位数（包括符号）	算　法				
	RLS 平方根	快速 RLS	常规 RLS 格型	误差反馈 RLS 格型	LMS
16	2.17	2.17	2.16	2.16	2.30
13	2.33	2.21	3.09	2.22	2.30
11	6.14	3.34	25.2	3.09	19.0
9	75.3	a	365	31.6	311

a 算法不收敛。

　　改变权重因子 w 的影响如表 14.11 中的数值结果所示，表中给出了使用常规和误差反馈形式 RLS 格型算法得到的最小（估计）均方误差。观察发现，当精度较高时（13 位和 16 位），输出均方误差随着加权因子的增大而降低，表明增大观测区间可以改善性能。当精度位数下降时，观察发现为了维持较好的性能，权重因子也应减小。实际上，在低精度下，更长平均时间的影响导致了更大的舍入误差。当然，这些结果是用时不变信号统计量得到的。如果信号统计量是时变的，时变的速率也会影响 w 的选择。

表 14.11　加权因子 w 不同时，先验最小二乘格型算法输入 MSE 的各项中的数值精度，MSE×10^{-3}

位数（包括符号）	算　法					
	$w = 0.99$		$w = 0.975$		$w = 0.95$	
	常规	误差反馈	常规	误差反馈	常规	误差反馈
16	2.14	2.08	2.18	2.16	2.66	2.62
13	7.08	2.11	3.09	2.22	3.65	2.66
11	39.8	3.88	25.2	3.09	15.7	2.78
9	750	44.1	365	31.6	120	15.2

在梯度格型算法中，反射系数和梯型增益也是直接更新的。因此，梯度格型算法的数值精度与 RLS 格型的直接更新形式的相当。

Ling and Proakis (1984)、Ling, Manolakis and Proakis (1985; 1986)、Ljung and Ljung (1985)和 Gardner (1984)中给出了这些算法的定点实现的数值稳定性和数值精度的分析与仿真结果。

实现考虑。 如观察发现的那样，格型滤波器结构是非常模块化的，且可以流水计算。因为高度模块化，RLS 和梯度格型算法特别适合在超大规模集成电路（Very Large Scale Integration circuit，VLSI）上实现。实现的这个优点、期望的稳定性、卓越的数值精度和快速收敛速率，预计自适应滤波器在不久的将来会更多地以格梯型结构实现。

14.5 自适应滤波器算法的稳定性与鲁棒性

本章介绍的自适应滤波算法是在 20 世纪 60 年代到 90 年代发展起来的。如 14.1 节所述，应用到现代电信和控制系统中是人们开发最小均方和 RLS 自适应算法的主要动机。从那时起，不仅自适应滤波算法的应用数量显著增加，而且针对特定应用开发了许多变体。如今，人们感兴趣的是机器学习与人工智能的各种应用。此外，人们还大量研究了各种自适应算法及其实际应用。

Rupp (2015)中简述了自适应滤波器理论的 50 年发展史，并且包含了大量的参考文献，重点介绍了算法稳定性和鲁棒性等重要问题。Rupp (2015)中介绍了 14 种不同的自适应滤波器算法，并且评估了它们的稳定性和鲁棒性；文中证明了对于其中的一些算法，算法的 ℓ_2 稳定性更可取，尤其是在涉及系统安全的应用（如自动交通系统和智能电网）中。相比之下，电信和控制系统中使用自适应滤波的均方误差稳定性，在这些应用中肯定是足够的。如 Rupp 指出的那样，ℓ_2 稳定性导致均方误差稳定性，反之则不然。注意，我们在设计自适应滤波器算法及评估其性能、稳定性和鲁棒性的讨论中，使用了均方误差准则。

控制系统中广泛使用 ℓ_2 范数来表征系统性能、稳定性和鲁棒性。简单地说，如果带有有界 ℓ_2 范数的每个输入信号序列都产生一个有界输出序列，系统就是 ℓ_2 稳定的。Hassibi et al. (1993)中将 ℓ_2 稳定性引入到了自适应滤波理论中。Sayed and Rupp(1995, 1996, 1998)、Hassibi and Kailath (1994) 和 Rupp and Sayed (1996)中随后给出了一些新成果。

Rupp (2015)中详细介绍了各种自适应滤波算法的稳定性和鲁棒性问题，列出了过去 20 年发表的论文。显然，自适应滤波算法及其性能仍然是未来研发的重点。

14.6 小结

本章介绍了直接型 FIR 和格型滤波结构的自适应算法。直接型 FIR 滤波器算法是由简单 LMS 算法［见 Widrow and Hoff (1960)］和直接型时间 RLS 算法组成的，包括式（14.3.23）至式（14.3.27）给出的传统 RLS 算法，Bierman (1977)、Carlson and Culmone (1979)和 Hsu (1982)中介绍的平方根 RLS 形式，Falconer and Ljung (1978)中介绍的 RLS 快速卡尔曼算法，以及由 Carayannis, Manolakis and Kalouptsidis (1983)、Proakis (1989)和 Cioffi and Kailath (1984)中推导的其他形式的算法。

在这些算法中，LMS 算法是最简单的，广泛用于只需要慢收敛的许多应用中。在直接型 RLS 算法中，平方根算法已用于需要快速收敛的应用中。该算法的数值特性较好。从计算效率的角度看，稳定快速 RLS 算法非常具有吸引力。Hsu (1982)、Cioffi and Kailath (1984)、Lin (1984)、Eleftheriou and Falconer (1987)和 Slock and Kailath (1988; 1991)中给出了为了避免因舍入误差导致的不稳定的方法。

本章中推导的自适应格梯型滤波器算法是最优 RLS 格梯型算法（包括常规形式和误差反馈形式）。本章中只推导了格梯型算法的先验形式，它是最常用的形式。此外，如 Ling, Manolakis and Proakis (1986)中所述，RLS 格梯型算法（包括常规形式和误差反馈形式）还有一种后验形式。RLS 格梯型算法的误差反馈形式具有极好的数值性质，特别适用使用定点算术在超大规模集成电路上实现。

在直接型和格型 RLS 算法中，为了降低自适应过程中的有效记忆，我们对过去使用了指数加权。作为指数加权的一种替代，我们可以对过去采用有限长均匀加权。这种方法导致了 Cioffi and Kailath (1985)和 Manolakis, Ling and Proakis (1987)中介绍的一类有限记忆 RLS 直接型与格型结构。

除了本章介绍的各种算法，人们还研究了如何使用脉动阵列和其他并行结构高效实现这些算法，详见 Kung (1982)和 Kung, Whitehouse and Kailath (1985)。

习　题

14.1 假设被控对象的输出被加性噪声 $w(n)$ 干扰，使用最小二乘准则求图 14.1.2 中 FIR 滤波器模型的参数方程。

14.2 假设图 14.1.9 中的自适应噪声消除系统中的序列 $w_1(n)$, $w_2(n)$ 和 $w_3(n)$ 是互不相关的，求式（14.1.21）中包含的估计相关序列 $r_{yv}(k)$ 和 $r_{yv}(k)$ 的期望值。

14.3 证明式（14.4.34）中的结果。

14.4 推导由式（14.4.98）给出的梯型增益的直接更新方程。

14.5 推导由式（14.4.103）给出的梯度格型算法的反射系数方程。

14.6 使用替代卡尔曼增益矢量

$$\tilde{K}_M(n) = \frac{1}{w} P_M(n-1) X_M^*(n)$$

而非卡尔曼增益矢量 $K_M(n)$ 推导表 14.7 中的 FAEST 算法。

14.7 Gitlin, Meadors and Weinstein (1982)中提出的抽头泄漏 LMS 算法为

$$h_M(n+1) = w h_M(n) + \Delta e(n) X_M^*(n)$$

式中，$0 < w < 1$，Δ 是步长，$X_M(n)$ 是在时间 n 处的数据矢量，求 $h_M(n)$ 的均值的收敛条件。

14.8 最小化下面的代价函数可以得到习题 14.7 中的抽头泄漏 LMS 算法：

$$\varepsilon(n) = |e(n)|^2 + c\|h_M(n)\|^2$$

式中，c 是一个常数，$e(n)$ 是期望的滤波器输出与实际输出之间的误差。证明 $\varepsilon(n)$ 关于滤波器系数矢量 $h_M(n)$ 的最小化得到下面的抽头泄漏 LMS 算法：

$$h_M(n+1) = (1-\Delta c)h_M(n) + \Delta e(n) X_M^*(n)$$

14.9 对于式（14.2.31）给出的归一化 LMS 算法，求步长 Δ 的值域，确保算法在均方误差意义上稳定。

14.10 使用习题 14.6 中给出的替代卡尔曼增益矢量，修正表 14.2 和表 14.3 中的先验快速最小二乘算法，降低计算次数。

14.11 考虑随机过程

$$x(n) = gv(n) + w(n), \qquad n = 0, 1, \cdots, M-1$$

式中，$v(n)$ 是一个已知序列，g 是 $E[g] = 0$ 且 $E[g^2] = G$ 的一个随机变量。过程 $w(n)$ 是

$$\gamma_{ww}(m) = \sigma_w^2 \delta(m)$$

的白噪声序列，求使得均方误差

$$\varepsilon = e\left[(g-\hat{g})^2\right]$$

最小的 g 的线性估计器的系数，即

$$\hat{g} = \sum_{n=0}^{M-1} h(n)x(n)$$

14.12 回顾可知 FIR 滤波器可用系统函数为

$$H(z) = \frac{1-z^{-M}}{M} \sum_{k=0}^{M-1} \frac{H_k}{1-e^{j2\pi k/M}z^{-1}} = H_1(z)H_2(z)$$

的频率采样形式实现，其中 $H_1(z)$ 是梳状滤波器，$H_2(z)$ 是并联谐振器组。

(a) 假设该结构已实现为使用 LMS 算法调整滤波器（离散傅里叶变换）参数 H_k 的一个自适应滤波器，给出这些参数的时间更新方程，并画出自适应滤波器结构。

(b) 假设该结构被用作一个自适应信道均衡器，其中期望的信号为

$$d(n) = \sum_{k=0}^{M-1} A_k \cos\omega_k n, \qquad \omega_k = \frac{2\pi k}{M}$$

为期望的信号使用这种形式，对离散傅里叶变换系数 H_k 使用最小均方自适应算法相对于使用系数为 $h(n)$ 的直接型结构有什么优点？〔**提示**：参考 Proakis (1970)。〕

14.13 考虑性能指标

$$J = h^2 - 40h + 28$$

假设我们通过使用最陡下降算法

$$h(n+1) = h(n) - \frac{1}{2}\Delta g(n)$$

搜索 J 的最小值，其中 $g(n)$ 是梯度。

(a) 求为该调整过程提供过阻尼系统的 Δ 的值域。

(b) 对于该范围内的一个 Δ 值，画出 J 与 n 的函数关系图形。

14.14 考虑图 14.1.9 中的噪声消除自适应滤波器，假设加性噪声过程是白噪声的和互不相关的，并且有相同的方差 σ_w^2。假设该线性系统有一个已知的系统函数

$$H(z) = \frac{1}{1-\frac{1}{2}z^{-1}}$$

求最小化均方误差的三抽头噪声消除器的最优权重。

14.15 假定输入信号的自相关 $\gamma_{xx}(m)$ 是 $\gamma_{xx}(m) = a^{|m|}$，$0 < a < 1$，求图 P14.15 中性预测器的系数 a_1 和 a_2。

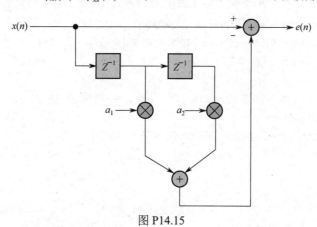

图 P14.15

14.16 求对应习题 14.15 中线性预测器的格型滤波器及其最优反射系数。

14.17 考虑图 P14.17 中的自适应 FIR 滤波器，系统 $C(z)$ 由如下系统函数描述：

$$C(z) = \frac{1}{1+0.9z^{-1}}$$

求最小化均方误差的自适应 FIR 滤波器 $B(z) = b_0 + b_1 z^{-1}$ 的最优系数。加性噪声是白噪声且方差为 $\sigma_w^2 = 0.1$。

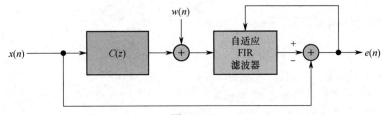

图 P14.17

14.18 在梯度格型算法中，正向和反向预测误差由式（14.4.102）给出。

(a) 证明关于反射系数 $\{k_m(n)\}$ 最小化最小二乘方误差

$$\mathcal{E}_m^{LS} = \sum_{l=0}^{n} w^{n-l}\left[\left|f_m(l)\right|^2 + \left|gm(l)\right|^2\right]$$

得到式（14.4.103）中的方程。

(b) 为了求式（14.4.103）给出的反射系数的递归计算方程，定义

$$u_m(n) = wu_m(n-1) + 2f_{m-1}(n)g_{m-1}^*(n-1)$$

$$v_m(n) = wv_m(n-1) + \left|f_{m-1}(n)\right|^2 + \left|g_{m-1}(n-1)\right|^2$$

使得 $k_m(n) = u_m(n)/v_m(n)$。证明 $k_m(n)$ 可以通过如下关系式递归地计算：

$$k_m(n) = k_m(n-1) + \frac{f_m(n)g_{m-1}^*(n-1) + g_m^*(n)f_{m-1}(n)}{wv_m(n-1)}$$

计算机习题

CP14.1 考虑图 14.1.2 中的系统辨识问题。假设这个未知系统有两个复共轭极点，且系统函数为

$$H(z) = \frac{1}{1 - 2\Re\{p\}z^{-1} + |p|^2 z^{-2}}$$

式中，p 是一个极点。加性噪声序列 $w(n)$ 是方差为 $\sigma_w^2 = 0.02$、均值为 0 的高斯白过程的一个样本序列。激励序列 $x(n)$ 也是方差为 $\sigma_w^2 = 1$、均值为 0 的高斯白过程的一个样本序列。序列 $w(n)$ 和 $x(n)$ 不相关。当 $0 \leqslant n \leqslant M-1$ 时，FIR 滤波器的冲激响应为 $h(n)$。

(a) 当 $p = 0.8 e^{j\pi/4}$ 和 $M = 15$ 时，生成 $0 \leqslant n \leqslant 1000$ 时的输出序列 $y(n)$ 和 $0 \leqslant n \leqslant 1000$ 时的期望序列 $d(n)$。

(b) 计算 $0 \leqslant m \leqslant M-1$ 时的自相关序列 $r_{xx}(m)$ 和互相关序列 $r_{yx}(m)$，并由式（14.1.4）中的最小二乘方程计算系数。

(c) 画出未知系统的冲激响应并将其与 FIR 滤波器模型的冲激响应进行比较。画出并比较未知系统和 FIR 滤波器模型的频率响应。

CP14.2 考虑图 CP14.2 所示的系统配置。信道滤波器系统的函数为

$$C(z) = 1 - 2\Re(z_0)z^{-1} + |z_0|^2 z^{-2}$$

均衡器的系统函数为

$$H(z) = \sum_{k=0}^{M-1} h(k)z^{-k}$$

$C(z)$ 的零点位于 $z_0 = 0.8 e^{j\pi/4}$ 和 $z_0^* = 0.8 e^{-j\pi/4}$ 处。输入序列 $a(n)$ 是 ± 1 的伪随机序列。加性噪声 $w(n)$ 是方差为 $\sigma_w^2 = 0.1$ 的高斯白过程的一个样本序列。

(a) 生成 $0 \leqslant n \leqslant 1000$ 时的序列 $a(n)$ 和 $x(n)$。

(b) 对于 $M = 7$ 和 $D = 10$，基于最小二乘方程计算均衡器的系数 $h(k)$，$0 \leqslant k \leqslant 6$；

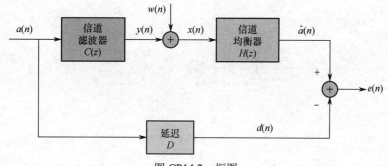

图 CP14.2　框图

$$\sum_{k=0}^{6} h(k)r_{xx}(l-k) = r_{dx}(l), \qquad 0 \leqslant l \leqslant 6$$

式中，当 $0 \leqslant n \leqslant 1000$ 时，有 $d(n) = a(n-D)$；当 $n < 0$ 时，有 $a(n) = 0$。

(c) 画出信道滤波器 $C(z)$、均衡器滤波器 $H(z)$ 和级联滤波器 $C(z)H(z)$ 的频率响应，并对结果进行评价。

CP14.3　考虑基于图 14.1.7 中的系统抑制窄带干扰。输入序列 $v(n) = x(n) + w(n)$，其中 $w(n)$ 是方差为 $\sigma_w^2 = 1$ 的高斯白噪声序列，窄带干扰信号为

$$x(n) = A\sum_{i=0}^{100}\cos(2\pi f_i n + \theta_i)$$

式中，当 $0 \leqslant i \leqslant 99$ 时，$f_i = 0.1i/100$，θ_i 是对每个 i 在区间$(0, 2\pi)$上均匀分布的序列，A 是缩放因子。注意，$x(n)$的带宽为 0.1 个周期/样本。线性预测器的估计为

$$\hat{x}(n) = \sum_{k=0}^{M-1} h(k)v(n-1-k)$$

误差序列 $e(n) = v(n) - \hat{v}(n)$ 产生序列 $w(n)$ 的一个估计。应用最小二乘准则得到式（14.1.13）中的预测器系数的线性方程。

(a) 令 $M = 15$，$A = 1$，生成序列 $v(n)$ 的 2000 个样本，求解式（14.1.13）得到预测系数 $h(k)$，$0 \leqslant k \leqslant 14$。

(b) 计算式（14.1.19）中预测误差滤波器的频率响应 $H(\omega)$，画出 $20\lg|H(\omega)|$。证明预测误差滤波器是抑制窄带干扰 $x(n)$ 的一个陷波器。

(c) 当 $A = 1/10$ 时，重做(a)问和(b)问。

CP14.4　考虑 CP14.3 中的系统，其中序列 $x(n)$定义为

$$x(n) = A\cos(2\pi f_0 n)$$

目标是在有宽带噪声序列 $w(n)$的情况下估计 $x(n)$。

(a) 设 $M = 15$，$A = 1$，$f_0 = 0.2$，生成序列 $v(n)$ 的 2000 个样本。求预测系数 $h(k)$，$0 \leqslant k \leqslant 14$。画出 $50 \leqslant n \leqslant 150$ 时的序列 $x(n)$、噪声信号序列 $v(n)$ 和估计的信号序列 $\hat{x}(n)$。评价估计的质量。

(b) 计算并画出 $20\log|H(\omega)|$，其中 $H(\omega)$ 是 FIR 预测滤波器的频率响应。评价 $H(\omega)$的特性。

(c) 当 $A = 1/10$ 和 $A = 10$ 时，重做(a)问和(b)问。

(d) 当

$$x(n) = \cos(2\pi f_1 n) + \cos(2\pi f_2 n + \theta)$$

时，式中 $f_1 = 0.1, f_2 = 0.3, \theta = \pi$，重做(a)问和(b)问。

CP14.5　考虑图 CP14.5 所示的系统。序列 $x(n)$是方差为 σ_x^2 的高斯白噪声过程的宽带信号样本序列。序列 $w_2(n)$ 和 $w_3(n)$ 是有相等方差 σ_w^2 的高斯白噪声过程的样本序列。序列 $x(n)$, $w_2(n)$ 和 $w_3(n)$互不相关。线性系统的系统函数为

$$H(z) = \frac{1}{1 - 0.5z^{-1}}$$

设计一个估计和抑制噪声分量 $w_2(n)$的线性预测滤波器。

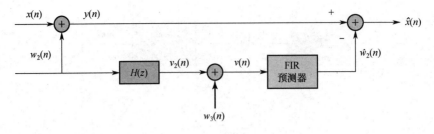

图 CP14.5

(a) 对于系统参数 $M = 10, \sigma_w^2 = 1, \sigma_x^2 = 2$，生成 $x(n), w_2(n), w_3(n)$ 和序列 $y(n), v_2(n), v(n)$ 的 2000 个样本。求最小二乘意义下的最优预测系数。

(b) 在同一幅图形上画出 $y(n), x(n), \hat{x}(n)$，评价噪声消除方案的质量。

(c) 当 $\sigma_x^2 = 5$ 与 $\sigma_x^2 = 0.5$ 时，重做(a)问和(b)问。

CP14.6 考虑由如下差分方程描述的自回归过程 $x(n)$：

$$x(n) = 1.26x(n-1) - 0.81x(n-2) + w(n)$$

式中，$w(n)$ 是方差为 $\sigma_w^2 = 0.1$ 的高斯白噪声过程的样本序列。使用图 CP14.6 中的系统估计极点位置。

(a) 生成序列 $x(n), 0 \leqslant n \leqslant 1000$，使用最小二乘准则求二阶预测器的系数。

(b) 求预测误差滤波器的零点，并将它们与生成 $x(n)$ 的系统的极点进行比较。

(c) 当 $\sigma_w^2 = 0.5$ 和 $\sigma_w^2 = 1$ 时，重做(a)问和(b)问，并评价得到的结果。

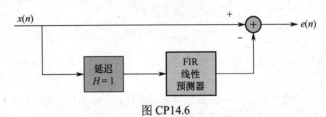

图 CP14.6

CP14.7 使用 LMS 算法估计 CP14.1 中的两极点系统的冲激响应。使用 CP14.1 中规定的相同系统参数。最初，设 $h(k) = 0, 0 \leqslant k \leqslant M - 1$。按照式（14.2.55）在 LMS 算法中选择步长 Δ，并在 $0 \leqslant n \leqslant 1000$ 时进行仿真。

(a) 仿真 1000 次后，画出并比较两极点滤波器和 FIR 滤波器模型的冲激响应，画出并比较未知系统和该模型的频率响应。

(b) 比较(a)问的结果和 CP14.1 中(c)问的结果。

CP14.8 考虑 CP14.2 中的系统配置。对于 $M = 7, D = 10$，生成输出序列 $\hat{a}(n)$，丢弃前 10 个输出样本以补偿系统中的初始瞬态。使用 LMS 算法调整 $0 \leqslant k \leqslant 6$ 均衡器滤波器的系数 $h(k)$。对 1000 个样本进行仿真。

(a) 画出信道滤波器 $C(z)$、均衡器滤波器 $H(z)$ 和级联滤波器 $C(z)H(z)$ 的频率响应，并对结果进行评价。

(b) 比较(a)问中的结果与 CP14.2 中(c)问的结果。

CP14.9 考虑 CP14.3 中抑制窄带干扰的系统配置。使用与 CP14.3 中相同的系统参数，运行 1000 次迭代仿真，使用 LMS 算法调整线性预测器的系数。

(a) 如在 CP14.3 的(b)问中那样，计算并画出预测误差滤波器的频率响应，验证该滤波器是一个抑制窄带干扰的陷波器。

(b) 比较用 LMS 算法得到的结果和使用 CP14.3 中最小二乘法得到的结果。

CP14.10 考虑图 P14.15 中的自适应预测器。

(a) 对于信号

$$x(n) = \sin(n\pi/4) + w(n)$$

求二次性能指标和最优参数，其中 $w(n)$ 是方差为 $\sigma_w^2 = 0.1$ 的白噪声。

(b) 生成 $x(n)$ 的 1000 个样本，使用 LMS 算法自适应地得到预测器系数。将实验结果与(a)问中的理论值进行比较。使用步长 $\Delta \le \frac{1}{10}\Delta_{max}$。

(c) 使用不同的噪声序列重做(b)问中的实验 $N = 10$ 次，计算预测器系数的平均值。说明这些结果如何与(a)问中的理论值比较。

CP14.11 一个自回归过程由下面的差分方程描述：

$$x(n) = 1.26x(n-1) - 0.81x(n-2) + w(n)$$

(a) 成 $x(n)$ 的 $N = 1000$ 个样本，其中 $w(n)$ 是方差为 $\sigma_w^2 = 0.1$ 的白噪声。使用 LMS 算法求二阶（$p = 2$）线性预测器的参数。从 $a_1(0) = a_2(0) = 0$ 开始，画出系数 $a_1(n)$ 和 $a_2(n)$ 与迭代次数的图形。

(b) 使用不同的噪声序列重做(a)问 10 次，并将 $a_1(n)$ 和 $a_2(n)$ 的 10 幅图叠加起来。

(c) 对(b)问中的数据，画出平均（超过 10 次实验）均方误差的学习曲线。

CP14.12 一个随机过程 $x(n)$ 为

$$x(n) = s(n) + w(n) = \sin(\omega_0 n + \phi) + w(n), \qquad \omega_0 = \pi/4, \phi = 0$$

式中，$w(n)$ 是方差为 $\sigma_w^2 = 0.1$ 的加性白噪声序列。

(a) 生成 $x(n)$ 的 $N = 1000$ 个样本，仿真长度 $L = 4$ 的一个自适应线谱增强器。使用 LMS 算法调整自适应线谱增强器。

(b) 画出自适应线谱增强器的输出。

(c) 计算序列 $x(n)$ 的自相关 $\gamma_{xx}(m)$。

(d) 求自适应线谱增强器系数的理论值，并与实验值进行比较。

(e) 计算并画出线性预测器（自适应线谱增强器）的频率响应。

(f) 计算并画出预测误差滤波器的频率响应。

(g) 计算并画出 $0 \le m < 10$ 时输出误差序列的自相关 $r_{ee}(m)$ 的实验值。

(h) 使用不同的噪声序列重做 10 次实验，并在同一幅图上叠加这些频率响应。

(i) 评价(a)问到(h)问中的结果。

第15章 功率谱估计

本章介绍表征为随机过程的信号的谱特性的估计。自然界中出现的许多现象都可用平均来最好地描述。例如，气温和气压的波动等天气现象可用随机过程最好地描述。电阻和电子设备中生成的热噪声电压是可很好地建模为随机过程的物理信号的其他例子。

由于这类信号中的随机波动，我们必须采用处理随机信号的平均特性的统计观点。例如，随机过程的自相关函数就是可用来在时域中描述随机信号的合适统计平均，而自相关函数的傅里叶变换（产生功率密度谱）则提供从时域到频域的变换。

功率谱估计方法已有相对较长的历史，详见 Robinson (1982)和 Marple (1987)。我们对该主题的讨论包括 Schuster (1898)中引入的基于周期图的经典非参数功率谱估计方法和 Yule (1927)中提出的基于模型的参数方法。Walker (1931)、Bartlett (1948)、Parzen (1957)、Blackman and Tukey (1958)、Burg (1967)和其他文献中随后开发和应用了这些参数方法。我们还将描述 Capon (1969)中介绍的方法以及基于数据相关矩阵的特征分析方法。

15.1 由有限长观测信号估计谱

本章考虑的基本问题是由有限时间区间上的观测信号来估计信号的功率密度谱。如我们将看到的那样，功率谱估计的质量主要受限于数据序列的有限长度。处理统计平稳信号时，数据序列越长，根据数据提取的估计就越好。另一方面，如果信号统计量不是平稳的，就不能选择任意长的数据序列来估计谱。这时，所选数据序列的长度取决于信号统计量的时变速度。最终，我们的目标是选择尽可能短的数据序列，但此时应该仍然能够分辨具有间隔紧密谱的数据序列中的不同信号分量的谱特性。

基于有限长数据序列的经典功率谱估计方法的一个问题是，估计的谱可能会失真。在计算确定性信号的谱及估计随机信号的功率谱时，都会出现这个问题。因为观测有限长数据序列对确定性信号的影响更容易，所以我们先讨论这种情况。此后，我们只考虑随机信号并估计其功率谱。

15.1.1 计算能量密度谱

下面从一个有限的数据序列来计算确定性信号的谱。序列 $x(n)$ 通常是以均匀采样率 F_s 对连续时间信号 $x_a(t)$ 采样得到的。我们的目标是从有限长序列 $x(n)$ 得到真实谱的一个估计。

回顾可知，如果 $x(t)$ 是一个有限能量信号，即

$$E = \int_{-\infty}^{\infty} |x_a(t)|^2 \, dt < \infty$$

那么其傅里叶变换存在，并且为

$$X_a(F) = \int_{-\infty}^{\infty} x_a(t) e^{-j2\pi Ft} \, dt$$

由帕塞瓦尔定理有

$$E = \int_{-\infty}^{\infty} |x_a(t)|^2 \, dt = \int_{-\infty}^{\infty} |X_a(F)|^2 \, dF \tag{15.1.1}$$

如第 4 章所述，$|X_a(F)|^2$ 是信号能量（信号能量是频率的函数）的分布，因此称为信号的**能量密度谱**，即

$$S_{xx}(F) = |X_a(F)|^2 \qquad (15.1.2)$$

于是，信号的总能量就是 $S_{xx}(F)$ 在整个 F 上的积分 [即 $S_{xx}(F)$ 下方的总面积]。

有趣的是，$S_{xx}(F)$ 可视为另一个函数 $R_{xx}(\tau)$ 的傅里叶变换，其中 $R_{xx}(\tau)$ 称为有限能量信号 $x_a(t)$ 的**自相关函数**，它定义为

$$R_{xx}(\tau) = \int_{-\infty}^{\infty} x_a^*(t) x_a(t+\tau)\mathrm{d}t \qquad (15.1.3)$$

实际上，容易证明

$$\int_{-\infty}^{\infty} R_{xx}(\tau)\mathrm{e}^{-\mathrm{j}2\pi F\tau}\mathrm{d}\tau = S_{xx}(F) = |X_a(F)|^2 \qquad (15.1.4)$$

于是 $R_{xx}(\tau)$ 和 $S_{xx}(F)$ 是一个傅里叶变换对。

现在假设从以 F_s 个样本/秒的采样率采样得到的样本计算信号 $x_a(t)$ 的能量密度谱。为了避免采样过程产生的频谱混叠，假设对信号执行了预滤波，以将其带宽限制为 B 赫兹。然后，选择采样率 F_s，使得 $F_s > 2B$。

采样后的 $x_a(t)$ 是序列 $x(n)$, $-\infty < n < \infty$，其傅里叶变换（电压谱）为

$$X(\omega) = \sum_{n=-\infty}^{\infty} x(n)\mathrm{e}^{-\mathrm{j}\omega n}$$

或者等效地为

$$X(f) = \sum_{n=-\infty}^{\infty} x(n)\mathrm{e}^{-\mathrm{j}2\pi fn} \qquad (15.1.5)$$

回顾可知，$X(f)$ 可用模拟信号 $x_a(t)$ 的电压谱表示为

$$X(F) = F_s \sum_{k=-\infty}^{\infty} X_a(F - kF_s) \qquad (15.1.6)$$

式中，$f = F/F_s$ 是归一化频率变量。

无混叠时，在基本频率范围 $|F| \leqslant F_s/2$ 内有

$$X(F) = F_s X_a(F), \quad |F| \leqslant F_s/2 \qquad (15.1.7)$$

因此，采样后的信号的电压谱就与模拟信号的电压谱相同。于是，采样后的信号的能量密度谱为

$$S_{xx}(F) = |X(F)|^2 = F_s^2 |X_a(F)|^2 \qquad (15.1.8)$$

观察发现，采样后的信号的自相关

$$r_{xx}(k) = \sum_{n=-\infty}^{\infty} x^*(n)x(n+k) \qquad (15.1.9)$$

的傅里叶变换（维纳-辛钦定理）为

$$S_{xx}(f) = \sum_{k=-\infty}^{\infty} r_{xx}(k)\mathrm{e}^{-\mathrm{j}2\pi kf} \qquad (15.1.10)$$

因此，能量密度谱可由序列 $\{x(n)\}$ 的自相关的傅里叶变换得到。

上面的关系式可让我们区分从样本 $x(n)$ 计算信号 $x_a(t)$ 的能量密度谱的两种不同方法。一种方法是**直接法**，它首先计算 $\{x(n)\}$ 的傅里叶变换，然后执行

$$S_{xx}(f) = |X(f)|^2 = \left| \sum_{n=-\infty}^{\infty} x(n)\mathrm{e}^{-\mathrm{j}2\pi fn} \right|^2 \qquad (15.1.11)$$

第二种方法是**间接法**，因为它需要两步。首先由 $x(n)$ 计算自相关 $r_{xx}(k)$，然后像在式（15.1.10）中那样计算自相关的傅里叶变换，得到能量密度谱。

然而，实际中只能使用有限长序列 $x(n), 0 \leqslant n \leqslant N-1$ 来计算信号的谱。事实上，将序列 $x(n)$ 的长度限制为 N 点等效于将 $x(n)$ 乘以一个矩形窗。于是，有

$$\tilde{x}(n) = x(n)w(n) = \begin{cases} x(n), & 0 \leqslant n \leqslant N-1 \\ 0, & \text{其他} \end{cases} \tag{15.1.12}$$

回顾使用窗函数来限制冲激响应长度的 FIR 滤波器设计可知，两个序列相乘等同于它们的电压谱的卷积。因此，对应式（15.1.12）的频域关系为

$$\tilde{X}(f) = X(f) * W(f) = \int_{-1/2}^{1/2} X(\alpha)W(f-\alpha)\mathrm{d}\alpha \tag{15.1.13}$$

回顾 10.2.1 节可知，只要谱 $W(f)$ 比 $X(f)$ 窄，窗函数 $W(f)$ 和 $X(f)$ 的卷积就能平滑谱 $X(f)$。但是，这个条件意味着窗函数 $w(n)$ 要长（即 N 要大）到足以使 $W(f)$ 比 $X(f)$ 窄。即使 $W(f)$ 比 $X(f)$ 窄，$X(f)$ 和 $W(f)$ 的旁瓣的卷积在真实信号谱 $X(f) = 0$ 的频带中也会导致 $\tilde{X}(f)$ 中的旁瓣能量。这种旁瓣能量称为**泄漏**。下例说明了泄漏问题。

【例 15.1.1】（电压）谱为

$$X(f) = \begin{cases} 1, & |f| \leqslant 0.1 \\ 0, & \text{其他} \end{cases}$$

的一个信号和长度为 $N = 61$ 的矩形窗卷积，求由式（15.1.13）给出的谱 $\tilde{X}(f)$。

解： 图 10.2.2 显示了长度为 $N = 61$ 的矩形窗的谱特性 $W(f)$。注意，窗函数主瓣的宽度为 $\Delta\omega = 4\pi/61$ 或 $\Delta f = 2/61$，比 $X(f)$ 的窄。

图 15.1.1 显示了 $X(f)$ 和 $W(f)$ 的卷积。观察发现能量已泄漏到频带 $0.1 < |f| \leqslant 0.5$ 中，其中 $X(f) = 0$。部分原因是 $W(f)$ 中的主瓣宽度使得 $X(f)$ 在范围 $|f| \leqslant 0.1$ 外被展宽或拖尾。然而，$\tilde{X}(f)$ 中的旁瓣能量是因为 $W(f)$ 存在旁瓣，而它与 $X(f)$ 卷积。当 $|f| > 0.1$ 时，$X(f)$ 的拖尾和范围 $0.1 \leqslant |f| \leqslant 0.5$ 内的旁瓣就构成了泄漏。

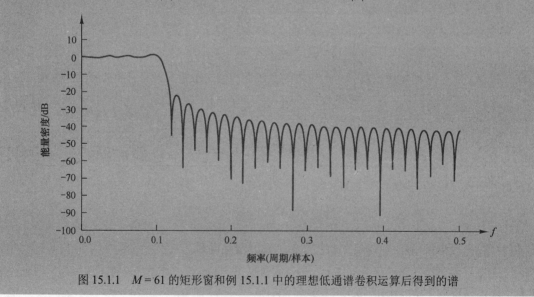

图 15.1.1 $M = 61$ 的矩形窗和例 15.1.1 中的理想低通谱卷积运算后得到的谱

如设计 FIR 滤波器的情形那样，选择旁瓣低的窗函数可以减少旁瓣泄漏。这表明这些窗函数具有平滑的时域截止而非矩形窗函数中的陡峭截止。虽然这样的窗函数可以降低旁瓣泄漏，但会增大平滑或展宽谱特性 $X(f)$。例如，在例 15.1.1 中使用长度 $N = 61$ 的布莱克曼窗得到了图 15.1.2 所示的谱特性 $\tilde{X}(f)$。旁瓣泄漏肯定减少了，但谱宽度却增加了约 50%。

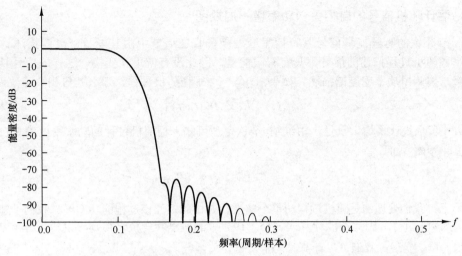

图 15.1.2　$M=61$ 的布莱克曼窗和例 15.1.1 中的理想低通谱卷积运算后得到的谱

　　当我们希望使用间隔紧密的频率分量来分辨信号时，因为加窗而展宽估计谱的总题尤其严重。例如，图 15.1.3 中谱特性为 $X(f)=X_1(f)+X_2(f)$ 的信号无法分辨为两个单独的信号，除非窗函数明显比频率间隔 Δf 窄。于是，使用平滑时域窗以降低频率分辨率的代价减少了泄漏。

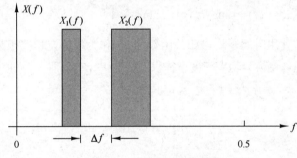

图 15.1.3　两个窄带信号谱

　　根据这一讨论，加窗序列 $\{\tilde{x}(n)\}$ 的能量密度谱显然是序列 $\{x(n)\}$ 的期望谱的一个近似。

由 $\{\tilde{x}(n)\}$ 得到的谱密度为

$$S_{\tilde{x}\tilde{x}}(f)=\left|\tilde{X}(f)\right|^2=\left|\sum_{n=0}^{N-1}\tilde{x}(n)\mathrm{e}^{-\mathrm{j}2\pi fn}\right|^2 \tag{15.1.14}$$

借助 DFT，可以在 N 个频率点处数值计算由式（15.1.14）给出的谱。于是，有

$$\tilde{X}(k)=\sum_{n=0}^{N-1}\tilde{x}(n)\mathrm{e}^{-\mathrm{j}2\pi kn/N} \tag{15.1.15}$$

进而有

$$\left|\tilde{X}(k)\right|^2=S_{\tilde{x}\tilde{x}}(f)\Big|_{f=k/N}=S_{\tilde{x}\tilde{x}}(k/N) \tag{15.1.16}$$

和

$$S_{\tilde{x}\tilde{x}}(k/N)=\left|\sum_{n=0}^{N-1}\tilde{x}(n)\mathrm{e}^{-\mathrm{j}2\pi kn/N}\right|^2 \tag{15.1.17}$$

这是真实谱 $S_{xx}(k/N)$ 的失真形式。

15.1.2　估计随机信号的自相关和功率谱：周期图

上一节介绍的有限能量信号具有傅里叶变换，且在谱域中由其能量密度谱描述。另一方面，由平稳随机过程描述的信号不具有有限能量，因此没有傅里叶变换。这样的信号具有有限平均功率，因此由**功率密度谱**描述。如果 $x(t)$ 是一个平稳随机过程，那么其自相关函数为

$$\gamma_{xx}(\tau) = E\left[x^*(t)x(t+\tau)\right] \tag{15.1.18}$$

式中，$E[\cdot]$ 表示统计平均。于是，由维纳-辛钦定理可知平稳随机过程的功率密度谱是自相关函数的傅里叶变换，即

$$\Gamma_{xx}(F) = \int_{-\infty}^{\infty} \gamma_{xx}(\tau)\mathrm{e}^{-\mathrm{j}2\pi F\tau}\mathrm{d}t \tag{15.1.19}$$

实际上，我们处理的是随机过程的单个实现，并由此估计该过程的功率谱。我们不知道真实的自相关函数 $\gamma_{xx}(\tau)$，因此不能计算式（15.1.19）中的傅里叶变换来得到 $\Gamma_{xx}(F)$。另一方面，由随机过程的单个实现，我们可以计算时间平均自相关函数

$$R_{xx}(\tau) = \frac{1}{2T_0}\int_{-T_0}^{T_0} x^*(t)x(t+\tau)\mathrm{d}t \tag{15.1.20}$$

式中，$2T_0$ 是观测区间。如果平稳随机过程在一阶矩和二阶矩（均值和自相关函数）中是**各态历经的**，那么

$$\gamma_{xx}(\tau) = \lim_{T_0\to\infty} R_{xx}(\tau) = \lim_{T_0\to\infty} \frac{1}{2T_0}\int_{-T_0}^{T_0} x^*(t)x(t+\tau)\mathrm{d}t \tag{15.1.21}$$

这个关系式表明，使用时间平均自相关函数 $R_{xx}(\tau)$ 作为统计自相关函数 $\gamma_{xx}(\tau)$ 的估计是正确的。此外，$R_{xx}(\tau)$ 的傅里叶变换为功率密度谱提供了估计 $P_{xx}(F)$，即

$$\begin{aligned}
P_{xx}(F) &= \int_{-T_0}^{T_0} R_{xx}(\tau)\mathrm{e}^{-\mathrm{j}2\pi F\tau}\mathrm{d}\tau \\
&= \frac{1}{2T_0}\int_{-T_0}^{T_0}\left[\int_{-T_0}^{T_0} x^*(t)x(t+\tau)\mathrm{d}t\right]\mathrm{e}^{-\mathrm{j}2\pi F\tau}\mathrm{d}\tau \\
&= \frac{1}{2T_0}\left|\int_{-T_0}^{T_0} x(t)\mathrm{e}^{-\mathrm{j}2\pi Ft}\mathrm{d}t\right|^2
\end{aligned} \tag{15.1.22}$$

实际的功率密度谱是 $T_0\to\infty$ 时 $P_{xx}(F)$ 的期望值，即

$$\Gamma_{xx}(F) = \lim_{T_0\to\infty} E\left[P_{xx}(F)\right] = \lim_{T_0\to\infty} E\left[\frac{1}{2T_0}\left|\int_{-T_0}^{T_0} x(t)\mathrm{e}^{-\mathrm{j}2\pi Ft}\mathrm{d}t\right|^2\right] \tag{15.1.23}$$

由式（15.1.20）和式（15.1.22）可知计算 $P_{xx}(F)$ 的两种方法，即式（15.1.22）给出的直接法和间接法，后者首先得到 $R_{xx}(\tau)$，然后计算傅里叶变换。

下面考虑由随机过程的单个实现的样本来估计功率密度谱。例如，我们假设 $x_a(t)$ 的采样率 $F_s > 2B$，其中 B 是随机过程的功率密度谱中包含的最高频率。于是，对 $x_a(t)$ 采样得到一个有限长序列 $x(n)$，$0 \leq n \leq N-1$。由这些样本，我们计算时间平均自相关序列

$$r'_{xx}(m) = \frac{1}{N-m}\sum_{n=0}^{N-m-1} x^*(n)x(n+m), \qquad m = 0,1,\cdots,N-1 \tag{15.1.24}$$

且对 m 的负值有 $r'_{xx}(m) = [r'_{xx}(-m)]^*$。然后，我们计算傅里叶变换

$$P'_{xx}(f) = \sum_{m=-N+1}^{N-1} r'_{xx}(m)\mathrm{e}^{-\mathrm{j}2\pi fm} \tag{15.1.25}$$

式（15.1.24）中的归一化因子 $N-m$ 得到一个均值如下的估计：

$$E\left[r'_{xx}(m) \right] = \frac{1}{N-m} \sum_{n=0}^{N-m-1} E\left[x^*(n)x(n+m) \right] = \gamma_{xx}(m) \qquad (15.1.26)$$

式中，$\gamma_{xx}(m)$ 是 $x(n)$ 的真实（统计）自相关序列。因此，$r'_{xx}(m)$ 是自相关函数 $\gamma_{xx}(m)$ 的一个无偏估计。估计 $\gamma_{xx}(m)$ 的方差近似为

$$\text{var}\left[r'_{xx}(m) \right] \approx \frac{N}{[N-m]^2} \sum_{n=-\infty}^{\infty} \left[\left| \gamma_{xx}(n) \right|^2 + \gamma_{xx}^*(n-m)\gamma_{xx}(n+m) \right] \qquad (15.1.27)$$

这是在 Jenkins and Watts(1968)中给出的结果。显然，只要

$$\sum_{n=-\infty}^{\infty} \left| \gamma_{xx}(n) \right|^2 < \infty$$

就有

$$\lim_{N \to \infty} \text{var}\left[r'_{xx}(m) \right] = 0 \qquad (15.1.28)$$

因为 $E\left[r'_{xx}(m) \right] = \gamma_{xx}(m)$，且当 $N \to \infty$ 时估计的方差收敛到零，所以称估计 $r'_{xx}(m)$ 是**一致估计**。

对于较大的滞后参数 m，由式（15.1.24）给出的估计 $r'_{xx}(m)$ 有较大的方差，尤其是当 m 接近 N 时。这是因为对于较大的滞后来说，进入估计的数据点更少。作为式（15.1.24）的替代，我们可以使用估计

$$r_{xx}(m) = \frac{1}{N} \sum_{n=0}^{N-m-1} x^*(n)x(n+m), \qquad 0 \leqslant m \leqslant N-1$$

$$r_{xx}(m) = \frac{1}{N} \sum_{n=|m|}^{N-1} x^*(n)x(n+m), \qquad m = -1,-2,\cdots,1-N \qquad (15.1.29)$$

它的偏差为 $|m|\,\gamma_{xx}(m)/N$，因为其均值是

$$E\left[r_{xx}(m) \right] = \frac{1}{N} \sum_{n=0}^{N-m-1} E\left[x^*(n)x(n+m) \right] = \frac{N-|m|}{N}\gamma_{xx}\left(m \right) = \left(1 - \frac{|m|}{N} \right)\gamma_{xx}\left(m \right) \qquad (15.1.30)$$

然而，给定下面的近似时，该估计的方差更小：

$$\text{var}\left[r_{xx}(m) \right] \approx \frac{1}{N} \sum_{n=-\infty}^{\infty} \left[\left| \gamma_{xx}(n) \right|^2 + \gamma_{xx}^*(n-m)\gamma_{xx}(n+m) \right] \qquad (15.1.31)$$

观察发现，$r_{xx}(m)$ 是**渐近无偏的**，即

$$\lim_{N \to \infty} E\left[r_{xx}(m) \right] = \gamma_{xx}(m) \qquad (15.1.32)$$

且当 $N \to \infty$ 时，其方差收敛到零。因此，估计 $r_{xx}(m)$ 也是 $\gamma_{xx}(m)$ 的**一致估计**。

讨论功率谱估计时，我们将使用由式（15.1.29）给出的估计 $r_{xx}(m)$。功率密度谱对应的估计为

$$P_{xx}(f) = \sum_{m=-(N-1)}^{N-1} r_{xx}(m)\mathrm{e}^{-\mathrm{j}2\pi fm} \qquad (15.1.33)$$

将式（15.1.29）中的 $r_{xx}(m)$ 代入式（15.1.33），也可将估计 $P_{xx}(f)$ 写为

$$P_{xx}(f) = \frac{1}{N} \left| \sum_{n=0}^{N-1} x(n)\mathrm{e}^{-\mathrm{j}2\pi fn} \right|^2 = \frac{1}{N} \left| X(f) \right|^2 \qquad (15.1.34)$$

式中，$X(f)$ 是样本序列 $x(n)$ 的傅里叶变换。功率密度谱估计的这种知名形式称为**周期图**，它最初在 Schuster(1898)中引入，目的是检测和度量数据中的"隐藏周期"。

由式（15.1.33）可知，周期图估计 $P_{xx}(f)$ 的平均值为

$$E[P_{xx}(f)] = E\left[\sum_{m=-(N-1)}^{N-1} r_{xx}(m)\mathrm{e}^{-j2\pi fm}\right] = \sum_{m=-(N-1)}^{N-1} E[r_{xx}(m)]\mathrm{e}^{-j2\pi fm}$$

(15.1.35)

$$E[P_{xx}(f)] = \sum_{m=-(N-1)}^{N-1} \left(1 - \frac{|m|}{N}\right)\gamma_{xx}(m)\mathrm{e}^{-j2\pi fm}$$

我们对式（15.1.35）的解释是，估计的谱的均值是如下加窗后的自相关函数的傅里叶变换：

$$\tilde{\gamma}_{xx}(m) = \left(1 - \frac{|m|}{N}\right)\gamma_{xx}(m)$$

(15.1.36)

其中的窗函数是（三角形）巴特利特窗。因此，估计的谱的均值为

$$E[P_{xx}(f)] = \sum_{m=-\infty}^{\infty} \tilde{\gamma}_{xx}(m)\mathrm{e}^{-j2\pi fm} = \int_{-1/2}^{1/2} \Gamma_{xx}(\alpha)W_{\mathrm{B}}(f-\alpha)\mathrm{d}\alpha$$

(15.1.37)

式中，$W_{\mathrm{B}}(f)$ 是巴特利特窗的谱特性。式（15.1.37）说明估计的谱的均值是真实功率密度谱 $\Gamma_{xx}(f)$ 和巴特利特窗的傅里叶变换 $W_{\mathrm{B}}(f)$ 的卷积。因此，估计的谱的均值是真实谱的平滑形式，并受到有限数据点导致的相同谱泄漏的影响。

观察发现估计的谱是渐近无偏的，即

$$\lim_{N\to\infty} E\left[\sum_{m=-(N-1)}^{N-1} r_{xx}(m)\mathrm{e}^{-j2\pi fm}\right] = \sum_{m=-\infty}^{\infty} \gamma_{xx}(m)\mathrm{e}^{-j2\pi fm} = \Gamma_{xx}(f)$$

然而，一般来说，当 $N\to\infty$ 时，估计 $P_{xx}(f)$ 的方差不会衰减到零。例如，当数据序列是一个高斯随机过程时，容易证明方差是（见习题 15.4）

$$\mathrm{var}[P_{xx}(f)] = \Gamma_{xx}^2(f)\left[1 + \left(\frac{\sin 2\pi fN}{N\sin 2\pi f}\right)^2\right]$$

(15.1.38)

当 $N\to\infty$ 时，它变成

$$\lim_{N\to\infty} \mathrm{var}[P_{xx}(f)] = \Gamma_{xx}^2(f)$$

(15.1.39)

因此，我们可以得出结论：**周期图不是真实功率密度谱的一致估计**（即它不收敛到真实的功率密度谱）。

总之，估计的自相关 $r_{xx}(m)$ 是真实自相关函数 $\gamma_{xx}(m)$ 的一致估计。然而，其傅里叶变换 $P_{xx}(f)$ 即周期图不是真实功率密度谱的一致估计。观察发现 $P_{xx}(f)$ 是 $\Gamma_{xx}(f)$ 的渐近无偏估计，但对有限长序列，$P_{xx}(f)$ 的均值包含了偏差，由式（15.1.37）可知该偏差明显是真实功率密度谱的失真。于是，估计的谱就受到平滑效应和巴特利特窗的泄漏的影响。平滑和泄漏最终限制了我们分辨间隔紧密的谱的能力。

刚刚介绍的泄漏和频率分辨问题，以及周期图不是功率谱的一致估计问题，是我们在后续几节中介绍功率谱估计方法的动机。15.2 节中描述的方法是经典的非参数方法，它对数据序列不做任何假设。经典方法的重点是对周期图或自相关直接执行一些平均或平滑运算得以到功率谱的一致估计。如后所述，这些运算的影响是在降低估计方差的同时，进一步降低频率分辨率。

15.3 节介绍的谱估计方法基于如何生成数据的一些模型。一般来说，过去几十年发展的基于模型的方法与经典方法相比，明显提供了更高的分辨率。

15.5 节和 15.6 节介绍其他方法。15.5 节使用滤波器组方法来估计功率谱，15.6 节介绍的方法基于数据相关矩阵的特征值/特征矢量分解。

15.1.3　在功率谱估计中使用 DFT

如式（15.1.14）和式（15.1.34）给出的那样，估计的能量密度谱 $S_{xx}(f)$ 和周期图 $P_{xx}(f)$ 可以分别使用 DFT 来计算，进而使用 FFT 高效地计算。如果有 N 个数据点，那么我们计算 N 点 DFT 作为最小值。例如，计算得到周期图在频率 $f_k = k/N$ 处的如下样本：

$$P_{xx}\left(\frac{k}{N}\right) = \frac{1}{N}\left|\sum_{n=0}^{N-1} x(n)\mathrm{e}^{-\mathrm{j}2\pi nk/N}\right|^2, \qquad k = 0,1,\cdots,N-1 \tag{15.1.40}$$

然而，在实际工作中，谱的稀疏采样并不能很好地表示连续谱估计 $P_{xx}(f)$，但很容易在额外的频率点处计算 $P_{xx}(f)$ 来补偿。等效地说，我们可以采用补零的办法来有效地增大序列长度，然后在更稠密的频率集上计算 $P_{xx}(f)$。于是，如果我们采用补零的办法将数据序列长度增大到 L 点并计算 L 点 FFT，就有

$$P_{xx}\left(\frac{k}{L}\right) = \frac{1}{N}\left|\sum_{n=0}^{N-1} x(n)\mathrm{e}^{-\mathrm{j}2\pi nk/L}\right|^2, \qquad k = 0,1,\cdots,L-1 \tag{15.1.41}$$

要强调的是，补零及计算 $L > N$ 点 DFT 不能提高谱估计中的频率分辨率，而只是在更多的频率处对谱执行内插的一种方法。谱估计 $P_{xx}(f)$ 中的频率分辨率依赖于长度为 N 的数据序列。

【例 15.1.2】有 $N = 16$ 个样本的序列是对由两个频率分量组成的模拟信号采样得到的。得到的离散时间序列为

$$x(n) = \sin 2\pi(0.135)n + \cos 2\pi(0.135 + \Delta f)n, \qquad n = 0,1,\cdots,15$$

式中，Δf 是频率间隔。对 $L = 8, 16, 32, 128$ 和 $\Delta f = 0.06, 0.01$，在频率 $f_k = k/L$ 处计算功率谱 $P(f) = \frac{1}{N}\left|X(f)\right|^2$，$k = 0, 1, \cdots, L-1$。

解： 通过补零，我们增大数据序列的长度来得到功率谱估计 $P_{xx}(k/L)$，图 15.1.4 显示了 $\Delta f = 0.06$ 时的结果。补零不改变分辨率，但会对谱 $P_{xx}(f)$ 进行内插。这时，频率间隔 Δf 大到足以分辨两个频率分量。

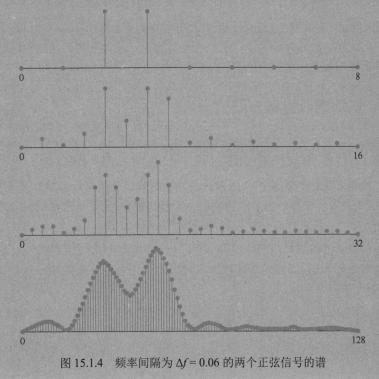

图 15.1.4　频率间隔为 $\Delta f = 0.06$ 的两个正弦信号的谱

图 15.1.5 显示了 $\Delta f = 0.01$ 时的结果。这时，两个频率分量不可分辨。补零的效果同样是提供更多的内插，以更好地表示估计的谱。注意，它不提高频率分辨率。

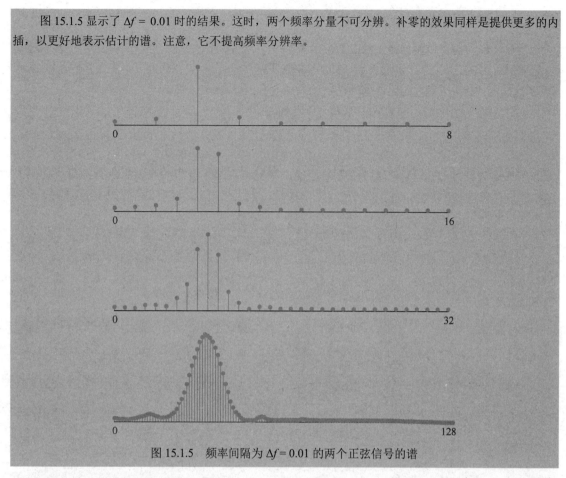

图 15.1.5　频率间隔为 $\Delta f = 0.01$ 的两个正弦信号的谱

当我们只需要周期图中的一些点时，第 8 章介绍的戈泽尔算法计算起来更高效。因为戈泽尔算法可视为计算 DFT 的线性内插方法，所以让信号通过一个并行可调谐滤波器组并取输出的平方，明显可以得到周期图估计（见习题 15.5）。

15.2　功率谱估计的非参数方法

本节介绍的功率谱估计方法是在 Bartlett (1948)、Blackman and Tukey (1958) 和 Welch (1967) 中提出的经典方法，这些方法未假设数据的生成方式，因此称为**非参数方法**。

因为估计完全基于有限长的数据，所以这些方法的频率分辨率最好等于长度为 N 的矩形窗的谱宽度，在−3dB 点频率分辨率约为 $1/N$。我们将更精确地规定具体方法的频率分辨率。为了降低谱估计的方差，本节介绍的所有估计技术都降低了频率分辨率。

首先介绍这些估计并推导它们的均值与方差。15.2.4 节将比较这三种方法。尽管这些谱估计被表示为连续频率变量 f 的函数，但在实践中，使用 FFT 算法可在离散频率处计算出这些估计。15.2.5 节将介绍基于 FFT 的计算需求。

15.2.1　巴特利特方法：对周期图平均

降低周期图中的方差的巴特利特方法包含三步。首先，将 N 点序列细分为 K 个长度都为 M 的非重叠数据段：

$$x_i(n) = x(n + iM), \quad i = 0,1,\cdots,K-1; \; n = 0,1,\cdots,M-1 \tag{15.2.1}$$

其次，对于每个数据段，计算周期图

$$P_{xx}^{(i)}(f) = \frac{1}{M}\left|\sum_{n=0}^{M-1} x_i(n)\mathrm{e}^{-\mathrm{j}2\pi fn}\right|^2, \quad i = 0,1,\cdots,K-1 \tag{15.2.2}$$

最后，取 K 个数据段的周期图的平均，得到巴特利特功率谱估计 [Bartlett (1948)]

$$P_{xx}^{\mathrm{B}}(f) = \frac{1}{K}\sum_{i=0}^{K-1} P_{xx}^{(i)}(f) \tag{15.2.3}$$

我们很容易就可得到该估计的统计性质。首先，均值为

$$E\left[P_{xx}^{\mathrm{B}}(f)\right] = \frac{1}{K}\sum_{i=0}^{K-1} E\left[P_{xx}^{(i)}(f)\right] = E\left[P_{xx}^{(i)}(f)\right] \tag{15.2.4}$$

由式（15.1.35）与式（15.1.37）得到单个周期图的期望值为

$$E\left[P_{xx}^{(i)}(f)\right] = \sum_{m=-(M-1)}^{M-1}\left(1 - \frac{|m|}{M}\right)\gamma_{xx}(m)\mathrm{e}^{-\mathrm{j}2\pi fm} = \frac{1}{M}\int_{-1/2}^{1/2}\Gamma_{xx}(\alpha)\left(\frac{\sin\pi(f-\alpha)M}{\sin\pi(f-\alpha)}\right)^2 \mathrm{d}\alpha \tag{15.2.5}$$

式中，

$$W_{\mathrm{B}}(f) = \frac{1}{M}\left(\frac{\sin\pi fM}{\sin\pi f}\right)^2 \tag{15.2.6}$$

是如下巴特利特窗的频率特性：

$$w_{\mathrm{B}}(n) = \begin{cases} 1 - \dfrac{|m|}{M}, & |m| \leqslant M-1 \\ 0, & \text{其他} \end{cases} \tag{15.2.7}$$

观察式（15.2.5）发现，真实谱现在与巴特利特窗的频率特性 $W_{\mathrm{B}}(f)$ 卷积。将数据长度从 N 点减少到 $M = N/K$ 点得到谱宽度增大 K 倍的一个窗函数。因此，频率分辨率降为之前的 $1/K$ 倍。

降低分辨率的结果是减小了方差。巴特利特估计的方差为

$$\mathrm{var}\left[P_{xx}^{\mathrm{B}}(f)\right] = \frac{1}{K^2}\sum_{i=0}^{K-1}\mathrm{var}\left[P_{xx}^{(i)}(f)\right] = \frac{1}{K}\mathrm{var}\left[P_{xx}^{(i)}(f)\right] \tag{15.2.8}$$

将式（15.1.38）代入式（15.2.8）得

$$\mathrm{var}\left[P_{xx}^{\mathrm{B}}(f)\right] = \frac{1}{K}\Gamma_{xx}^2(f)\left[1 + \left(\frac{\sin 2\pi fM}{M\sin 2\pi f}\right)^2\right] \tag{15.2.9}$$

因此，巴特利特功率谱估计的方差减小为此前的 $1/K$ 倍。

15.2.2 Welch 方法：平均改进的周期图

Welch (1967)中对巴特利特方法做了两个基本的改进。第一个改进是允许数据段重叠。因此，数据段可以写为

$$x_i(n) = x(n + iD), \quad n = 0,1,\cdots,M-1; i = 0,1,\cdots,L-1 \tag{15.2.10}$$

式中，iD 是第 i 个序列的起点。观察发现，$D = M$ 时数据段不重叠，且数据段的数量 L 等于巴特利特方法中的数量 K；$D = M/2$ 时，连续数据段之间重叠 50%，数据段的数量为 $L = 2K$。或者，我们可以形成 K 个数据段，每个数据段的长度都为 $2M$。

Welch 对巴特利特方法的第二个改进是在计算周期图之前对数据段加窗，得到"改进的"周期图

$$\tilde{P}_{xx}^{(i)}(f) = \frac{1}{MU}\left|\sum_{n=0}^{M-1} x_i(n)w(n)\mathrm{e}^{-\mathrm{j}2\pi fn}\right|^2, \qquad i = 0, 1, \cdots, L-1 \tag{15.2.11}$$

式中，U 是窗函数中功率的归一化因子，它被选为

$$U = \frac{1}{M}\sum_{n=0}^{M-1} w^2(n) \tag{15.2.12}$$

Welch 功率谱估计是这些改正的周期图的平均，即

$$P_{xx}^{\mathrm{W}}(f) = \frac{1}{L}\sum_{i=0}^{L-1}\tilde{P}_{xx}^{(i)}(f) \tag{15.2.13}$$

Welch 估计的均值为

$$E\left[P_{xx}^{\mathrm{W}}(f)\right] = \frac{1}{L}\sum_{i=0}^{L-1} E\left[\tilde{P}_{xx}^{(i)}(f)\right] = E\left[\tilde{P}_{xx}^{(i)}(f)\right] \tag{15.2.14}$$

但是，改进的周期图的期望值为

$$\begin{aligned} E\left[\tilde{P}_{xx}^{(i)}(f)\right] &= \frac{1}{MU}\sum_{n=0}^{M-1}\sum_{m=0}^{M-1} w(n)w(m)E\left[x_i(n)x_i^*(m)\right]\mathrm{e}^{-\mathrm{j}2\pi f(n-m)} \\ &= \frac{1}{MU}\sum_{n=0}^{M-1}\sum_{m=0}^{M-1} w(n)w(m)\gamma_{xx}(n-m)\mathrm{e}^{-\mathrm{j}2\pi f(n-m)} \end{aligned} \tag{15.2.15}$$

因为

$$\gamma_{xx}(n) = \int_{-1/2}^{1/2}\Gamma_{xx}(\alpha)\mathrm{e}^{\mathrm{j}2\pi\alpha n}\mathrm{d}\alpha \tag{15.2.16}$$

将式（15.2.16）中的 $\gamma_{xx}(n)$ 代入式（15.2.15）得

$$\begin{aligned} E\left[\tilde{P}_{xx}^{(i)}(f)\right] &= \frac{1}{MU}\int_{-1/2}^{1/2}\Gamma_{xx}(\alpha)\left[\sum_{n=0}^{M-1}\sum_{m=0}^{M-1} w(n)w(m)\mathrm{e}^{-\mathrm{j}2\pi(n-m)(f-\alpha)}\right]\mathrm{d}\alpha \\ &= \int_{-1/2}^{1/2}\Gamma_{xx}(\alpha)W(f-\alpha)\mathrm{d}\alpha \end{aligned} \tag{15.2.17}$$

式中，根据定义有

$$W(f) = \frac{1}{MU}\left|\sum_{n=0}^{M-1} w(n)\mathrm{e}^{-\mathrm{j}2\pi fn}\right|^2 \tag{15.2.18}$$

归一化因子 U 保证

$$\int_{-1/2}^{1/2} W(f)\mathrm{d}f = 1 \tag{15.2.19}$$

Welch 估计的方差为

$$\mathrm{var}\left[P_{xx}^{\mathrm{W}}(f)\right] = \frac{1}{L^2}\sum_{i=0}^{L-1}\sum_{j=0}^{L-1} E\left[\tilde{P}_{xx}^{(i)}(f)\tilde{P}_{xx}^{(j)}(f)\right] - \left\{E\left[P_{xx}^{\mathrm{W}}(f)\right]\right\}^2 \tag{15.2.20}$$

当连续数据段之间不重叠（$L = K$）时，Welch 证明

$$\mathrm{var}\left[P_{xx}^{\mathrm{W}}(f)\right] = \frac{1}{L}\mathrm{var}\left[\tilde{P}_{xx}^{(i)}(f)\right] \approx \frac{1}{L}\Gamma_{xx}^2(f) \tag{15.2.21}$$

当连续数据段之间重叠 50%（$L = 2K$）时，Welch 使用巴特利特（三角形）窗得到的 Welch 功率谱估计的方差为

$$\mathrm{var}\left[P_{xx}^{\mathrm{W}}(f)\right] \approx \frac{9}{8L}\Gamma_{xx}^2(f) \tag{15.2.22}$$

尽管在计算方差时只考虑了三角形窗，但也可使用其他窗函数。一般来说，它们会得到不同

的方差。此外，我们可将数据段的重叠百分比改为大于或小于 50%，以改善估计的相关特性。

15.2.3　Blackman-Tukey 方法：平滑周期图

Blackman and Tukey (1958)中提出和分析了一种方法，这种方法首先对样本自相关序列加窗，然后执行傅里叶变换来得到功率谱的估计。对估计的自相关序列 $r_{xx}(m)$ 加窗的原理是，对于较大的滞后，估计更不可靠，因为进入估计的数据点数 $N-m$ 更少。对于接近 N 的 m 值，这些估计的方差很高，因此在估计的功率谱的信息中应为这些估计赋更小的权重。于是，Blackman-Tukey 估计为

$$P_{xx}^{\mathrm{BT}}(f) = \sum_{m=-(M-1)}^{M-1} r_{xx}(m)w(m)\mathrm{e}^{-\mathrm{j}2\pi fm} \tag{15.2.23}$$

式中，窗函数 $w(n)$ 的长度为 $2M-1$，而当 $|m| \geqslant M$ 时窗函数为零。使用 $w(n)$ 的这个定义，式（15.2.23）中的求和上下限可以扩展到 $(-\infty, \infty)$。因此，式（15.2.23）的频域等效表达式是卷积积分

$$P_{xx}^{\mathrm{BT}}(f) = \int_{-1/2}^{1/2} P_{xx}(\alpha)W(f-\alpha)\mathrm{d}\alpha \tag{15.2.24}$$

式中，$P_{xx}(f)$ 是周期图。观察式（15.2.24）发现，对自相关加窗的效果是平滑了周期图估计，于是，减小估计中的方差是以降低分辨率为代价的。

窗序列 $w(n)$ 应关于 $m=0$ 偶对称，以确保功率谱估计是实的。此外，需要将窗谱选择为非负的，即

$$W(f) \geqslant 0, \qquad |f| \leqslant 1/2 \tag{15.2.25}$$

这个条件确保 $P_{xx}^{\mathrm{BT}}(f) \geqslant 0, |f| \leqslant 1/2$，而这是对任何功率谱估计的期望特性。但要指出的是，前面介绍的一些窗函数是不满足这个条件的。例如，尽管汉明窗和汉宁窗具有低旁瓣电平，但都不满足式（15.2.25）中的性质，因此，在频率范围的某些部分可能会导致负谱估计。

Blackman-Tukey 功率谱估计的期望值为

$$E\left[P_{xx}^{\mathrm{BT}}(f)\right] = \int_{-1/2}^{1/2} E[P_{xx}(\alpha)]W(f-\alpha)\mathrm{d}\alpha \tag{15.2.26}$$

式中，由式（15.1.37）有

$$E[P_{xx}(\alpha)] = \int_{-1/2}^{1/2} \Gamma_{xx}(\theta)W_{\mathrm{B}}(\alpha-\theta)\mathrm{d}\theta \tag{15.2.27}$$

且 $W_{\mathrm{B}}(f)$ 是巴特利特窗的傅里叶变换。将式（15.2.27）代入式（15.2.26）得到二重卷积积分

$$E\left[P_{xx}^{\mathrm{BT}}(f)\right] = \int_{-1/2}^{1/2} \int_{-1/2}^{1/2} \Gamma_{xx}(\theta)W_{\mathrm{B}}(\alpha-\theta)W(f-\alpha)\mathrm{d}\alpha\mathrm{d}\theta \tag{15.2.28}$$

在时域中，Blackman-Tukey 功率谱估计的期望值为

$$\begin{aligned}
E\left[P_{xx}^{\mathrm{BT}}(f)\right] &= \sum_{m=-(M-1)}^{M-1} E\left[r_{xx}(m)\right]w(m)\mathrm{e}^{-\mathrm{j}2\pi fm} \\
&= \sum_{m=-(M-1)}^{M-1} \gamma_{xx}(m)w_{\mathrm{B}}(m)w(m)\mathrm{e}^{-\mathrm{j}2\pi fm}
\end{aligned} \tag{15.2.29}$$

式中，巴特利特窗为

$$w_{\mathrm{B}}(m) = \begin{cases} 1 - \dfrac{|m|}{N}, & |m| < N \\ 0, & 其他 \end{cases} \tag{15.2.30}$$

显然，对于 $w(n)$，我们应该选择 $M \ll N$ 的窗口长度，也就是说，$w(n)$ 应该比 $w_{\mathrm{B}}(m)$ 窄，以便为

周期图提供额外的平滑。在该条件下，式（15.2.28）变为

$$E\left[P_{xx}^{\mathrm{BT}}(f)\right] \approx \int_{-1/2}^{1/2} \Gamma_{xx}(\theta) W(f-\theta) \mathrm{d}\theta \tag{15.2.31}$$

因为

$$\int_{-1/2}^{1/2} W_{\mathrm{B}}(\alpha-\theta) W(f-\alpha) \mathrm{d}\alpha = \int_{-1/2}^{1/2} W_{\mathrm{B}}(\alpha) W(f-\theta-\alpha) \mathrm{d}\alpha \approx W(f-\theta) \tag{15.2.32}$$

Blackman-Tukey 功率谱估计的方差为

$$\mathrm{var}\left[P_{xx}^{\mathrm{BT}}(f)\right] = E\left\{\left[P_{xx}^{\mathrm{BT}}(f)\right]^2\right\} - \left\{E\left[P_{xx}^{\mathrm{BT}}(f)\right]\right\}^2 \tag{15.2.33}$$

式中，均值可近似为式（15.2.31）中均值。式（15.2.33）中的二阶矩为

$$E\left\{\left[P_{xx}^{\mathrm{BT}}(f)\right]^2\right\} = \int_{-1/2}^{1/2}\int_{-1/2}^{1/2} E\left[P_{xx}(\alpha)P_{xx}(\theta)\right] W(f-\alpha) W(f-\theta) \mathrm{d}\alpha \mathrm{d}\theta \tag{15.2.34}$$

在随机过程是高斯过程的假设下（见习题 15.5），我们求得

$$E\left[P_{xx}(\alpha)P_{xx}(\theta)\right] = \Gamma_{xx}(\alpha)\Gamma_{xx}(\theta)\left\{1 + \left[\frac{\sin\pi(\theta+\alpha)N}{N\sin\pi(\theta+\alpha)}\right]^2 + \left[\frac{\sin\pi(\theta-\alpha)N}{N\sin\pi(\theta-\alpha)}\right]^2\right\} \tag{15.2.35}$$

将式（15.2.35）代入式（15.2.34）得

$$E\left\{\left[P_{xx}^{\mathrm{BT}}(f)\right]^2\right\} = \left[\int_{-1/2}^{1/2}\Gamma_{xx}(\theta)W(f-\theta)\mathrm{d}\theta\right]^2 + \int_{-1/2}^{1/2}\int_{-1/2}^{1/2}\Gamma_{xx}(\alpha)\Gamma_{xx}(\theta)W(f-\alpha)W(f-\theta)$$

$$\left\{\left[\frac{\sin\pi(\theta+\alpha)N}{N\sin\pi(\theta+\alpha)}\right]^2 + \left[\frac{\sin\pi(\theta-\alpha)N}{N\sin\pi(\theta-\alpha)}\right]^2\right\}\mathrm{d}\alpha\,\mathrm{d}\theta \tag{15.2.36}$$

式（15.2.36）中的第一项是 $P_{xx}^{\mathrm{BT}}(f)$ 的均值的平方，它可按照式（15.2.33）减去。式（15.2.36）中留下的第二项构成方差。当 $N \gg M$ 时，在 $\theta=-\alpha$ 和 $\theta=\alpha$ 附近，与 $W(f)$ 相比，函数 $\dfrac{\sin\pi(\theta+\alpha)N}{N\sin\pi(\theta+\alpha)}$ 和 $\dfrac{\sin\pi(\theta-\alpha)N}{N\sin\pi(\theta-\alpha)}$ 相对较窄。因此，

$$\int_{-1/2}^{1/2}\Gamma_{xx}(\theta)W(f-\theta)\left\{\left[\frac{\sin\pi(\theta+\alpha)N}{N\sin\pi(\theta+\alpha)}\right]^2 + \left[\frac{\sin\pi(\theta-\alpha)N}{N\sin\pi(\theta-\alpha)}\right]^2\right\}\mathrm{d}\theta$$

$$\approx \frac{\Gamma_{xx}(-\alpha)W(f+\alpha) + \Gamma_{xx}(\alpha)W(f-\alpha)}{N} \tag{15.2.37}$$

根据这一近似，$P_{xx}^{\mathrm{BT}}(f)$ 的方差变为

$$\mathrm{var}\left[P_{xx}^{\mathrm{BT}}(f)\right] \approx \frac{1}{N}\int_{-1/2}^{1/2}\Gamma_{xx}(\alpha)W(f-\alpha)\left[\Gamma_{xx}(-\alpha)W(f+\alpha) + \Gamma_{xx}(\alpha)W(f-\alpha)\right]\mathrm{d}\alpha$$

$$\approx \frac{1}{N}\int_{-1/2}^{1/2}\Gamma_{xx}^2(\alpha)W^2(f-\alpha)\mathrm{d}\alpha \tag{15.2.38}$$

式中的最后一步用到了如下近似：

$$\int_{-1/2}^{1/2}\Gamma_{xx}(\alpha)\Gamma_{xx}(-\alpha)W(f-\alpha)W(f+\alpha)\mathrm{d}\alpha \approx 0 \tag{15.2.39}$$

下面介绍式（15.2.38）的另一个近似。当 $W(f)$ 比真实功率谱 $\Gamma_{xx}(f)$ 窄时，式（15.2.38）进一步近似为

$$\mathrm{var}\left[P_{xx}^{\mathrm{BT}}(f)\right] \approx \Gamma_{xx}^2(f)\left[\frac{1}{N}\int_{-1/2}^{1/2}W^2(\theta)\mathrm{d}\theta\right] \approx \Gamma_{xx}^2(f)\left[\frac{1}{N}\sum_{m=-(M-1)}^{M-1}w^2(m)\right] \tag{15.2.40}$$

15.2.4 非参数功率谱估计器的性能

本节比较巴特利特、Welch 和 Blackman-Tukey 功率谱估计的质量。我们使用功率谱估计的方差与均值平方之比作为质量的量度，即

$$Q_A = \frac{\left\{ E\left[P_{xx}^A(f) \right] \right\}^2}{\text{var}\left[P_{xx}^A(f) \right]} \tag{15.2.41}$$

式中，对于三个功率谱估计有 $A = \text{B, W}$ 或 BT。这个量的倒数（称为**可变性**）也可用作性能度量。

作为参考，周期图的均值和方差分别为

$$E\left[P_{xx}(f) \right] = \int_{-1/2}^{1/2} \Gamma_{xx}(\theta) W_{\text{B}}(f - \theta) \text{d}\theta \tag{15.2.42}$$

$$\text{var}\left[P_{xx}(f) \right] = \Gamma_{xx}^2(f) \left[1 + \left(\frac{\sin 2\pi fN}{N \sin 2\pi f} \right)^2 \right] \tag{15.2.43}$$

式中，

$$W_{\text{B}}(f) = \frac{1}{N} \left(\frac{\sin \pi fN}{\sin \pi f} \right)^2 \tag{15.2.44}$$

对于大 N（即 $N \to \infty$），有

$$E\left[P_{xx}(f) \right] \to \Gamma_{xx}(f)$$

$$\int_{-1/2}^{1/2} W_{\text{B}}(\theta) \text{d}\theta = w_{\text{B}}(0) \Gamma_{xx}(f) = \Gamma_{xx}(f) \tag{15.2.45}$$

$$\text{var}\left[P_{xx}(f) \right] \to \Gamma_{xx}^2(f)$$

因此，如前所述，周期图是功率谱的渐近无偏估计，但不是一致估计，因为当 $N \to \infty$ 时，其方差并不趋于零。

周期图可由下面的质量因子渐近地描述：

$$Q_{\text{P}} = \frac{\Gamma_{xx}^2(f)}{\Gamma_{xx}^2(f)} = 1 \tag{15.2.46}$$

式中，Q_{P} 是固定的，并且独立于数据长度 N，这是该估计质量差的另一个迹象。

巴特利特功率谱估计。巴特利特功率谱估计的均值和方差为

$$E\left[P_{xx}^{\text{B}}(f) \right] = \int_{-1/2}^{1/2} \Gamma_{xx}(\theta) W_{\text{B}}(f - \theta) \text{d}\theta \tag{15.2.47}$$

$$\text{var}\left[P_{xx}^{\text{B}}(f) \right] = \frac{1}{K} \Gamma_{xx}^2(f) \left[1 + \left(\frac{\sin 2\pi fM}{M \sin 2\pi f} \right)^2 \right] \tag{15.2.48}$$

和

$$W_{\text{B}}(f) = \frac{1}{M} \left(\frac{\sin \pi fM}{\sin \pi f} \right)^2 \tag{15.2.49}$$

当 $N \to \infty$ 和 $M \to \infty$ 时，如果 $K = N/M$ 保持不变，就可求出

$$E\left[P_{xx}^{\text{B}}(f) \right] \to \Gamma_{xx}(f)$$

$$\int_{-1/2}^{1/2} W_{\text{B}}(f) \text{d}f = \Gamma_{xx}(f) w_{\text{B}}(0) = \Gamma_{xx}(f) \tag{15.2.50}$$

$$\text{var}\left[P_{xx}^{\text{B}}(f) \right] \to \frac{1}{K} \Gamma_{xx}^2(f)$$

观察发现巴特利特功率谱估计是渐近无偏的，且如果允许 K 随着 N 的增大而增大，那么估计也是一致的。因此，该估计可由如下的质量因子渐近地描述：

$$Q_{\mathrm{B}} = K = \frac{N}{M} \tag{15.2.51}$$

巴特利特估计的频率分辨率（由矩形窗主瓣的 3dB 宽度度量）为

$$\Delta f = \frac{0.9}{M} \tag{15.2.52}$$

因此，$M = 0.9/\Delta f$，且质量因子变成

$$Q_{\mathrm{B}} = \frac{N}{0.9/\Delta f} = 1.1 N \Delta f \tag{15.2.53}$$

Welch 功率谱估计。Welch 功率谱估计的均值和方差为

$$E\left[P_{xx}^{\mathrm{W}}(f) \right] = \int_{-1/2}^{1/2} \Gamma_{xx}(\theta) W(f - \theta) \mathrm{d}\theta \tag{15.2.54}$$

式中，

$$W(f) = \frac{1}{MU} \left| \sum_{n=0}^{M-1} w(n) \mathrm{e}^{-\mathrm{j}2\pi f n} \right|^2 \tag{15.2.55}$$

和

$$\mathrm{var}\left[P_{xx}^{\mathrm{W}}(f) \right] = \begin{cases} \dfrac{1}{L} \Gamma_{xx}^2(f), & \text{无重叠} \\ \dfrac{9}{8L} \Gamma_{xx}^2(f), & \text{50\%重叠和三角形窗} \end{cases} \tag{15.2.56}$$

当 $N \to \infty$ 和 $M \to \infty$ 时，均值收敛于

$$E\left[P_{xx}^{\mathrm{W}}(f) \right] \to \Gamma_{xx}(f) \tag{15.2.57}$$

且方差收敛到零，以便估计是一致的。

在由式（15.2.56）给出的两个条件下，质量因子为

$$Q_{\mathrm{W}} = \begin{cases} L = \dfrac{N}{M}, & \text{无重叠} \\ \dfrac{8L}{9} = \dfrac{16N}{9M}, & \text{50\%重叠和三角形窗} \end{cases} \tag{15.2.58}$$

另一方面，三角形窗在 3dB 点的谱宽度为

$$\Delta f = \frac{1.28}{M} \tag{15.2.59}$$

因此，用 Δf 和 N 表示的质量因子为

$$Q_{\mathrm{W}} = \begin{cases} 0.78 N \Delta f, & \text{无重叠} \\ 1.39 N \Delta f, & \text{50\%重叠和三角形窗} \end{cases} \tag{15.2.60}$$

Blackman-Tukey 功率谱估计。Blackman-Tukey 功率谱估计的均值和方差近似为

$$E\left[P_{xx}^{\mathrm{BT}}(f) \right] \approx \int_{-1/2}^{1/2} \Gamma_{xx}(\theta) W(f - \theta) \mathrm{d}\theta$$

$$\mathrm{var}\left[P_{xx}^{\mathrm{BT}}(f) \right] \approx \Gamma_{xx}^2(f) \left[\frac{1}{N} \sum_{m=-(M-1)}^{M-1} w^2(m) \right] \tag{15.2.61}$$

式中，$w(m)$ 是使估计的自相关序列逐渐变小的窗序列。对矩形窗和巴特利特（三角形）窗，有

$$\frac{1}{N}\sum_{n=-(M-1)}^{M-1}w^2(n) = \begin{cases} 2M/N, & \text{矩形窗} \\ 2M/3N, & \text{三角形窗} \end{cases} \tag{15.2.62}$$

观察式（15.2.61）发现，估计的均值显然是渐近无偏的。三角形窗的质量因子为

$$Q_{BT} = 1.5\frac{N}{M} \tag{15.2.63}$$

因为窗长为 $2M-1$，在 3dB 点处测得的频率分辨率为

$$\Delta f = \frac{1.28}{2M} = \frac{0.64}{M} \tag{15.2.64}$$

因此有

$$Q_{BT} = \frac{1.5}{0.64}N\Delta f = 2.34N\Delta f \tag{15.2.65}$$

表 15.1 中小结了这些结果。由这些结果可以明显看出 Welch 和 Blackman-Tukey 功率谱估计要优于巴特利特估计，但性能差异相对较小。要点是质量因子随着数据长度 N 的增大而增加。周期图估计不具有这一特性。此外，质量因子取决于数据长度 N 与频率分辨率 Δf 的乘积。对于期望的质量水平，增大数据长度 N 可以降低 Δf（频率分辨率增加），反之亦然。

表 15.1　功率谱估计的质量

估　计	质量因子
巴特利特	1.11 $N\Delta f$
Welch（50%重叠）	1.39 $N\Delta f$
Blackman-Turkey	2.34 $N\Delta f$

15.2.5　非参数功率谱估计的计算需求

非参数功率谱估计的另一个重要方面是其计算需求。为便于比较，我们假设估计基于固定数量 N 的数据和一个规定的分辨率 Δf。假设在所有计算中都使用基 2 FFT 算法。我们只统计计算功率谱估计所需的复数乘法次数。

巴特利特功率谱估计：

$$\text{FFT长度} = M = 0.9/\Delta f$$

$$\text{FFT次数} = \frac{N}{M} = 1.11N\Delta f$$

$$\text{计算次数} = \frac{N}{M}\left(\frac{M}{2}\text{lb}M\right) = \frac{N}{2}\text{lb}\frac{0.9}{\Delta f}$$

Welch 功率谱估计（50%重叠）：

$$\text{FFT长度} = M = 1.28/\Delta f$$

$$\text{FFT次数} = \frac{2N}{M} = 1.56N\Delta f$$

$$\text{计算次数} = \frac{2N}{M}\left(\frac{M}{2}\text{lb}M\right) = N\text{lb}\frac{1.28}{\Delta f}$$

除了 $2N/M$ 次 FFT，数据加窗还需要额外的乘法。每个数据记录需要 M 次乘法。因此，总计算次数为

$$\text{总计算次数} = 2N + N\text{lb}\frac{1.28}{\Delta f} = N\text{lb}\frac{5.12}{\Delta f}$$

Blackman-Tukey 功率谱估计。在 Blackman-Tukey 方法中，自相关 $r_{xx}(m)$ 可由 FFT 算法高效地计算。然而，如果数据点数很大，就不能计算 N 点 DFT。例如，我们可能有 $N = 10^5$ 个数据点，但只有执行 1024 点 DFT。因为自相关序列被加窗到 $2M-1$ 点，其中 $M \ll N$，将数据分割成 $K = N/2M$ 个记录，然后采用 FFT 算法计算 $2M$ 点 DFT 和 $2M$ 点 IDFT，就可计算期望的 $2M-1$ 点 $r_{xx}(m)$。Rader (1970) 中介绍了执行该计算的一种方法（见习题 15.7）。

根据该方法讨论 Blackman-Tukey 方法的计算复杂度，可以得到下面的计算需求：

$$\text{FFT长度} = 2M = 1.28/\Delta f$$

$$\text{FFT次数} = 2K + 1 = 2\left(\frac{N}{2M}\right) + 1 \approx \frac{N}{M}$$

$$\text{计算次数} = \frac{N}{M}(M \text{ lb} 2M) = N \text{ lb} \frac{1.28}{\Delta f}$$

因为加窗自相关序列 $r_{xx}(m)$ 额外需要的 M 次乘法较对较少，所以可以忽略它。最后，执行加窗后的自相关序列的傅里叶变换需要额外的计算。对谱估计内插补零后，FFT 算法就可以用于该计算。这些额外的计算会使计算次数少量增加。

由这些结果可以得出如下结论：与其他两种方法相比，Welch 方法需要稍强一些的计算能力，但三种方法的计算需求相差不大。

15.3 功率谱估计的参数方法

前一节介绍的非参数功率谱估计方法相对简单，且使用 FFT 算法时易于计算，但在很多应用中需要长数据记录来得到所需的频率分辨率，还受到有限长数据记录中固有的因加窗导致的谱泄漏的影响。谱泄漏通常会掩盖数据中的弱信号。

一种观点认为，如式（15.1.33）所示，非参数方法的基本局限性是假设自相关估计 $r_{xx}(m)$ 在 $m \geq N$ 时为零，这严重限制了频率分辨率和功率谱估计的质量。另一种观点认为，周期图估计中的假设为数据是周期的且周期为 N。这两种假设都是不现实的。

本节介绍不需要这类假设的功率谱估计方法。事实上，这些方法对滞后 $m \geq N$ 外推了自相关值。如果有如何生成数据的**先验**信息，就可以外推。这时，我们可用由观测数据估计的一些参数来构建生成信号的模型。由模型和估计的参数，就可计算模型隐含的功率密度谱。

事实上，建模方法不需要窗函数，也不需要做 $|m| \geq N$ 时自相关序列为零的假设。因此，**参数**（基于模型的）功率谱估计方法避免了泄漏问题，且与上一节介绍的基于 FFT 的非参数方法相比，提供了更好的频率分辨率。在时变或瞬态现象导致的短数据记录应用中，情况尤其如此。

本节介绍的参数化方法的原理如下。将数据序列 $x(n)$ 建模为由有理系统函数

$$H(z) = \frac{B(z)}{A(z)} = \frac{\sum_{k=0}^{q} b_k z^{-k}}{1 + \sum_{k=1}^{p} a_k z^{-k}} \tag{15.3.1}$$

描述的一个线性系统的输出。对应的差分方程为

$$x(n) = -\sum_{k=1}^{p} a_k x(n-k) + \sum_{k=0}^{q} b_k w(n-k) \tag{15.3.2}$$

式中，$w(n)$ 是系统的输入序列，观测数据 $x(n)$ 表示输出序列。

在功率谱估计中，输入序列是不可观测的。然而，如果观测数据被表征为平稳随机过程，那么输入序列也被假设为平稳随机过程。这时，数据的功率密度谱为

$$\Gamma_{xx}(f) = |H(f)|^2 \, \Gamma_{ww}(f)$$

式中，$\Gamma_{ww}(f)$ 是输入序列的功率密度谱，$H(f)$ 是模型的频率响应。

因为我们的目标是估计功率谱密度 $\Gamma_{xx}(f)$，所以可以方便地假设输入序列 $w(n)$ 是如下自相关的零均值白噪声序列：

$$\gamma_{ww}(m) = \sigma_w^2 \delta(m)$$

式中，σ_w^2 是方差（即 $\sigma_w^2 = E\left[|w(n)|^2\right]$）。于是，观测数据的功率密度谱为

$$\Gamma_{xx}(f) = \sigma_w^2 |H(f)|^2 = \sigma_w^2 \frac{|B(f)|^2}{|A(f)|^2} \tag{15.3.3}$$

13.2 节介绍了由式（15.3.3）给出的平稳随机过程的表示。

在基于模型的方法中，谱估计过程包括两步：第一步是根据给定数据序列 $x(n)$，$0 \leqslant n \leqslant N-1$ 估计模型的参数 $\{a_k\}$ 和 $\{b_k\}$，第二步是由这些估计按照式（15.3.3）计算功率谱估计。

回顾可知，由式（15.3.1）和式（15.3.2）中的零极点模型生成的随机过程 $x(n)$ 称为 (p, q) 阶**自回归滑动平均（ARMA）过程**，记为 ARMA(p, q)。如果 $q = 0$ 和 $b_0 = 1$，所得系统模型的系统函数就是 $H(z) = 1/A(z)$，且其输出 $x(n)$ 称为 p 阶**自回归（AR）过程**，记为 AR(p)。如果令 $A(z) = 1$，使得 $H(z) = B(z)$，就得到第三个模型，其输出 $x(n)$ 称为 q 阶**滑动平均（MA）过程**，记为 MA(q)。

在这三个线性模型中，AR 模型的应用最广泛，原因有二：首先，AR 模型适合表示窄峰谱。其次，AR 模型可以得到 AR 参数非常简单的线性方程。MA 模型需要更多的系数来表示窄谱，因此很少单独用作谱估计模型。组合极点和零点后，从模型参数的数量角度看，ARMA 模型为随机过程的谱提供了更高效的表示。

Wold（1938）中提出的分解定理认为，任何 ARMA 过程或 MA 过程都可被无限阶的 AR 模型唯一地表示，且任何 ARMA 过程或 AR 过程都可被无限阶的 MA 模型唯一地表示。鉴于这个定理，模型选择问题就简化为选择需要最少参数且参数易于计算的模型问题。实际工作中通常选择 AR 模型，而很少使用 ARMA 模型。

在介绍用于估计 AR(p), MA(q) 和 ARMA(p, q) 模型中的参数的方法前，需要明确模型参数和自相关序列 $\gamma_{xx}(m)$ 之间的关系，以及 AR 模型参数和过程 $x(n)$ 的线性预测器中的系数之间的关系。

15.3.1 自相关和模型参数之间的关系

13.2.2 节给出了自相关 $\{\gamma_{xx}(m)\}$ 和模型参数 $\{a_k\}$ 与 $\{b_k\}$ 之间的关系。对于 ARMA(p, q) 过程，由式（13.2.18）给出的关系为

$$\gamma_{xx}(m) = \begin{cases} -\displaystyle\sum_{k=1}^{p} a_k \gamma_{xx}(m-k), & m > q \\[2mm] -\displaystyle\sum_{k=1}^{p} a_k \gamma_{xx}(m-k) + \sigma_w^2 \sum_{k=0}^{q-m} h(k) b_{k+m}, & 0 \leqslant m \leqslant q \\[2mm] \gamma_{xx}^*(-m), & m < 0 \end{cases} \tag{15.3.4}$$

式（15.3.4）中的关系式是 $m > q$ 时求模型参数 $\{a_k\}$ 的公式。于是，线性方程组

$$\begin{bmatrix} \gamma_{xx}(q) & \gamma_{xx}(q-1) & \cdots & \gamma_{xx}(q-p+1) \\ \gamma_{xx}(q+1) & \gamma_{xx}(q) & \cdots & \gamma_{xx}(q+p+2) \\ \vdots & \vdots & \ddots & \vdots \\ \gamma_{xx}(q+p-1) & \gamma_{xx}(q+p-2) & \cdots & \gamma_{xx}(q) \end{bmatrix} \begin{bmatrix} a_1 \\ a_2 \\ \vdots \\ a_p \end{bmatrix} = - \begin{bmatrix} \gamma_{xx}(q+1) \\ \gamma_{xx}(q+2) \\ \vdots \\ \gamma_{xx}(q+p) \end{bmatrix} \qquad (15.3.5)$$

就可用于求解模型参数$\{a_k\}$，方法是在 $m \geq q$ 时用自相关序列的估计代替$\gamma_{xx}(m)$。15.3.8 节将讨论该问题。

对式（15.3.5）中关系的另一种解释是，$m > q$ 时的自相关值可由极点参数$\{a_k\}$和 $0 \leq m \leq p$ 时的$\gamma_{xx}(m)$值唯一地求出。因此，线性系统模型就自动地扩展了 $m > q$ 时的自相关序列$\gamma_{xx}(m)$的值。

如果是由式（15.3.5）得到极点参数$\{a_k\}$的，那么结果对求滑动平均参数$\{b_k\}$不会有帮助，因为方程

$$\sigma_w^2 \sum_{k=0}^{q-m} h(k) b_{k+m} = \gamma_{xx}(m) + \sum_{k=1}^{p} a_k \gamma_{xx}(m-k), \qquad 0 \leq m \leq q$$

依赖于冲激响应 $h(n)$。尽管采用已知的 $A(z)$长除 $B(z)$时，我们可用参数$\{b_k\}$来表示冲激响应，但这种方法得到的是 MA 参数的非线性方程组。

如果对观测数据采用一个 AR(p)模型，在式（15.3.4）中令 $q = 0$ 就可得到 AR 参数和自相关序列之间的关系。于是，我们得到

$$\gamma_{xx}(m) = \begin{cases} -\sum_{k=1}^{p} a_k \gamma_{xx}(m-k), & m > 0 \\ -\sum_{k=1}^{p} a_k \gamma_{xx}(m-k) + \sigma_w^2, & m = 0 \\ \gamma_{xx}^*(-m), & m < 0 \end{cases} \qquad (15.3.6)$$

这时，可由 Yule-Walker 方程或正规方程

$$\begin{bmatrix} \gamma_{xx}(0) & \gamma_{xx}(-1) & \cdots & \gamma_{xx}(-p+1) \\ \gamma_{xx}(1) & \gamma_{xx}(0) & \cdots & \gamma_{xx}(-p+2) \\ \cdots & \cdots & \ddots & \vdots \\ \gamma_{xx}(p-1) & \gamma_{xx}(p-2) & \cdots & \gamma_{xx}(0) \end{bmatrix} \begin{bmatrix} a_1 \\ a_2 \\ \vdots \\ a_p \end{bmatrix} = - \begin{bmatrix} \gamma_{xx}(1) \\ \gamma_{xx}(2) \\ \vdots \\ \gamma_{xx}(p) \end{bmatrix} \qquad (15.3.7)$$

的解得到 AR 参数$\{a_k\}$，并由如下方程得到方差σ_w^2：

$$\sigma_w^2 = \gamma_{xx}(0) + \sum_{k=1}^{p} a_k \gamma_{xx}(-k) \qquad (15.3.8)$$

式（15.3.7）和式（15.3.8）通常合并为下面的矩阵方程：

$$\begin{bmatrix} \gamma_{xx}(0) & \gamma_{xx}(-1) & \cdots & \gamma_{xx}(-p) \\ \gamma_{xx}(1) & \gamma_{xx}(0) & \cdots & \gamma_{xx}(-p+1) \\ \vdots & \vdots & \ddots & \vdots \\ \gamma_{xx}(p) & \gamma_{xx}(p-1) & \cdots & \gamma_{xx}(0) \end{bmatrix} \begin{bmatrix} 1 \\ a_1 \\ \vdots \\ a_p \end{bmatrix} = \begin{bmatrix} \sigma_w^2 \\ 0 \\ \vdots \\ 0 \end{bmatrix} \qquad (15.3.9)$$

因为式（15.3.7）或式（15.3.9）中的相关矩阵是托普利兹矩阵，所以使用 Levinson-Durbin 算法可以高效地求逆。

于是，AR(p)模型中的所有系统参数容易由 $0 \leq m \leq p$ 时的自相关序列$\gamma_{xx}(m)$的知识求出。此外，求出$\{a_k\}$后，就可用式（15.3.6）扩展 $m > p$ 时的自相关序列。

最后要指出的是，在 MA(q)模型中，对于观测数据，自相关序列$\gamma_{xx}(m)$和 MA 参数$\{b_k\}$的关系就是在 13.2 节中给出的方程

$$\gamma_{xx}(m) = \begin{cases} \sigma_w^2 \displaystyle\sum_{k=0}^{q} b_k b_{k+m}, & 0 \leqslant m \leqslant q \\ 0, & m > q \\ \gamma_{xx}^*(-m), & m < 0 \end{cases} \tag{15.3.10}$$

建立这一背景后，就可介绍用于 AR(p), MA(q)和 ARMA(p,q)模型的功率谱估计方法。

15.3.2　AR 模型参数的 Yule-Walker 方法

在 Yule-Walker 方法中，我们仅由数据来估计自相关，并用式（15.3.7）中的估计求解 AR 模型参数。该方法使用自相关估计的有偏形式

$$r_{xx}(m) = \frac{1}{N} \sum_{n=0}^{N-m-1} x^*(n)x(n+m), \qquad m \geqslant 0 \tag{15.3.11}$$

来保证自相关矩阵是半正定的。结果是一个稳定的 AR 模型。尽管稳定性在功率谱估计中不是关键问题，但稳定的 AR 模型可以最好地表示数据。

在第 13 章介绍的 Levinson-Durbin 算法中，用 $r_{xx}(m)$代替$\gamma_{xx}(m)$得到了 AR 参数。对应的功率谱估计为

$$P_{xx}^{\mathrm{YW}}(f) = \frac{\hat{\sigma}_{wp}^2}{\left| 1 + \sum_{k=1}^{p} \hat{a}_p(k)\mathrm{e}^{-\mathrm{j}2\pi fk} \right|^2} \tag{15.3.12}$$

式中，$\hat{a}_p(k)$ 是由 Levinson-Durbin 递归得到的 AR 参数的估计，而

$$\hat{\sigma}_{wp}^2 = \hat{E}_p^{\mathrm{f}} = r_{xx}(0)\prod_{k=1}^{p}\left[1 - \left| \hat{a}_k(k) \right|^2 \right] \tag{15.3.13}$$

是 p 阶预测器估计的最小均方值。15.3.9 节说明了该估计器的频率分辨能力。

采用 AR 模型估计正弦信号的功率谱时，Lacoss (1971)中证明 AR 谱估计中的谱峰与正弦信号功率的平方成正比。另一方面，功率密度谱中峰下方的面积线性正比于正弦信号的功率。这个特性对所有基于 AR 模型的估计方法都成立。

15.3.3　AR 模型参数的 Burg 方法

Burg (1968)中设计用来估计 AR 参数的方法可视为阶递归最小二乘格型方法，它基于 AR 参数满足 Levinson-Durbin 递归的约束下，最小化线性预测器中的正向误差和反向误差。

为了推导估计器，假设我们在已有数据 $x(n)$, $n = 0, 1, \cdots, N-1$ 的情况下，考虑 m 阶正向和反向线性预测估计：

$$\hat{x}(n) = -\sum_{k=1}^{m} a_m(k)x(n-k)$$

$$\hat{x}(n-m) = -\sum_{k=1}^{m} a_m^*(k)x(n+k-m) \tag{15.3.14}$$

对应的正向误差 $f_m(n)$和反向误差 $g_m(n)$定义为 $f_m(n) = x(n) - \hat{x}(n)$ 和 $g_m(n) = x(n-m) - \hat{x}(n-m)$，其中 $a_m(k)$, $0 \leqslant k \leqslant m-1$, $m = 1, 2, \cdots, p$ 是预测系数。最小二乘误差为

$$\varepsilon_m = \sum_{n=1}^{N-1}\left[\left|f_m(n)\right|^2 + \left|g_m(n)\right|^2\right] \tag{15.3.15}$$

当满足下面的 Levinson-Durbin 递归约束时，选择合适的预测系数可以最小化该误差：

$$a_m(k) = a_{m-1}(k) + K_m a_{m-1}^*(m-k), \quad 1 \leqslant k \leqslant m-1; \; 1 \leqslant m \leqslant p \tag{15.3.16}$$

式中，$K_m = a_m(m)$ 是预测器的格型滤波器实现中的第 m 个反射系数。将式（15.3.16）代入 $f_m(n)$ 和 $g_m(n)$ 的表达式，得到由式（13.3.4）给出的一对正向预测误差和反向预测误差的阶递归方程。

现在，将式（13.3.4）代入式（15.3.16），并且关于复反射系数 K_m 最小化 ε_m，得到

$$\hat{K}_m = \frac{-\displaystyle\sum_{n=m}^{N-1} f_{m-1}(n)g_{m-1}^*(n-1)}{\dfrac{1}{2}\displaystyle\sum_{n=m}^{N-1}\left[\left|f_{m-1}(n)\right|^2 + \left|g_{m-1}(n-1)\right|^2\right]}, \qquad m = 1, 2, \cdots, p \tag{15.3.17}$$

式（15.3.17）的分子是正向误差和反向误差之间的互相关的估计。在式（15.3.17）的分母中使用归一化因子后，明显有 $\left|K_m\right| < 1$，于是由数据得到的全极点模型是稳定的。注意式（15.3.17）和式（12.3.28）的相似性。

观察发现，式（15.3.17）中的分母项分别是正向误差 E_{m-1}^{f} 和反向误差 E_{m-1}^{b} 的最小二乘估计。因此，式（15.3.17）可以写为

$$\hat{K}_m = \frac{-\displaystyle\sum_{n=m}^{N-1} f_{m-1}(n)g_{m-1}^*(n-1)}{\dfrac{1}{2}\left[\hat{E}_{m-1}^{\mathrm{f}} + \hat{E}_{m-1}^{\mathrm{b}}\right]}, \qquad m = 1, 2, \cdots, p \tag{15.3.18}$$

式中，$\hat{E}_{m-1}^{\mathrm{f}} + \hat{E}_{m-1}^{\mathrm{b}}$ 是总平方误差 E_m 的一个估计。根据下面的关系，可以验证式（15.3.18）中的分母项按阶递归方式计算：

$$\hat{E}_m = \left(1 - \left|\hat{K}_m\right|^2\right)\hat{E}_{m-1} - \left|f_{m-1}(m-1)\right|^2 - \left|g_{m-1}(m-2)\right|^2 \tag{15.3.19}$$

式中，$\hat{E}_m \equiv \hat{E}_m^{\mathrm{f}} + \hat{E}_m^{\mathrm{b}}$ 是总最小均方误差，详见 Andersen (1978)。

总之，Burg 算法计算由式（15.3.18）和式（15.3.19）规定的等效格型结构中的反射系数，而 Levinson-Durbin 算法计算 AR 模型参数。根据 AR 参数的估计，可以形成功率谱估计

$$P_{xx}^{\mathrm{BU}}(f) = \frac{\hat{E}_p}{\left|1 + \displaystyle\sum_{k=1}^{p} \hat{a}_p(k)\mathrm{e}^{-\mathrm{j}2\pi fk}\right|^2} \tag{15.3.20}$$

估计 AR 模型参数的 Burg 方法的主要优点如下：①可以得到高频率分辨率；②可以产生稳定的 AR 模型；③计算上高效。

然而，Burg 方法也有几个缺点。第一个缺点是，在高信噪比的情况下谱线会分裂［见 Fougere et al. (1976)］。谱线分裂表明 $x(n)$ 的谱可能只有一个峰，而 Burg 方法可能得到两个或更多间隔紧密的峰。第二个缺点是，对于高阶模型，该方法会引入伪峰。第三个缺点是，对于噪声中的正弦信号，Burg 方法对正弦信号的初始相位敏感，尤其是在短数据记录中。这种敏感性表现为与真实频率的偏移，导致相位相关的频率偏移。关于这些局限性的细节，请参阅 Chen and Stegen (1974)、Ulrych and Clayton (1976)、Fougere et al. (1976)、Kay and Marple (1979)、Swingler (1979a, 1980)、Herring (1980) 和 Thorvaldsen (1981)。

为了克服 Burg 方法的一些局限性，即谱线分裂、伪峰和频率偏移等，人们对其做了许多改进，包括对正向误差和反向误差的平方引入一个加权（窗）序列。也就是说，对下面的加权平方误差执行最小二乘优化：

$$\mathcal{E}_m^{\text{WB}} = \sum_{n=m}^{N-1} w_m(n) \left[\left| f_m(n) \right|^2 + \left| g_m(n) \right|^2 \right] \tag{15.3.21}$$

最小化后的上式得到反射系数估计

$$\hat{K}_m = \frac{-\sum_{n=m}^{N-1} w_{m-1}(n) f_{m-1}(n) g_{m-1}^*(n-1)}{\frac{1}{2} \sum_{n=m}^{N-1} w_{m-1}(n) \left[\left| f_{m-1}(n) \right|^2 + \left| g_{m-1}(n-1) \right|^2 \right]} \tag{15.3.22}$$

其他窗函数包括 Swingler (1979b) 中使用的汉明窗、Kaveh and Lippert (1983) 中使用的二次或抛物线窗、Nikias and Scott (1982) 中使用的能量加权方法，以及 Helme and Nikias (1985) 中使用的数据自适应能量加权方法。

业已证明，这些加窗方法和能量加权方法对降低谱线分裂与伪峰是有效的，对减少频率偏移也是有效的。

用于功率谱估计的 Burg 方法常与**最大熵谱估计**相关联，最大熵谱估计是 Burg(1967, 1975) 中用作参数谱估计 AR 建模基础的准则。Burg 考虑的问题是如何最好地由已知的自相关函数值 $\gamma_{xx}(m)$，$0 \leq m \leq p$ 外推 $m > p$ 时的值，使整个自相关序列是半正定的。因为有无数种外推，在带有给定自相关值 $\gamma_{xx}(m)$，$0 \leq m \leq p$ 的所有谱中，如果过程的谱 $\Gamma_{xx}(f)$ 最平坦，Burg 就假设外推是在最大化不确定性（熵）或随机性的基础上做出的。例如，每个样本的熵与下面的积分成正比 [见 Burg (1975)]：

$$\int_{-1/2}^{1/2} \ln \Gamma_{xx}(f) df \tag{15.3.23}$$

Burg 发现，满足 $p+1$ 个约束

$$\int_{-1/2}^{1/2} \Gamma_{xx}(f) e^{j2\pi fm} df = \gamma_{xx}(m), \qquad 0 \leq m \leq p \tag{15.3.24}$$

的这个积分的最大值是自相关序列为 $\gamma_{xx}(m)$，$0 \leq m \leq p$ 的 AR(p) 过程，其中自相关序列与 AR 参数的关系如式（15.3.6）所示。这个解为在功率谱估计中使用 AR 模型提供了额外的理由。

鉴于 Burg 在最大熵谱估计方面的基本工作，Burg 功率谱估计过程常称**最大熵方法**（Maximum Entropy Method，MEM）。但要强调的是，仅当准确的自相关 $\gamma_{xx}(m)$ 已知时，最大熵谱才与 AR 模型谱相等。对于 $0 \leq m \leq p$，如果只有 $\gamma_{xx}(m)$ 的一个估计可用，Yule-Walker 和 Burg 的 AR 模型估计就不是最大熵谱估计。根据自相关序列的估计的最大熵谱的一般方程得到的是一组非线性方程。Newman (1981) 和 Schott and McClellan (1984) 中给出了相关序列中带有测量误差的最大熵谱的解。

15.3.4　AR 模型参数的无约束最小二乘方法

如上节所述，求 AR 模型参数的 Burg 方法基本上是预测器系数满足 Levinson 递归的最小二乘格型算法。这个约束的结果是，增大 AR 模型的阶在每级中只需要一个参数优化。与该方法相比，我们可用无约束最小二乘算法来求 AR 参数。

具体地说，我们首先形成如式（15.3.14）和式（15.3.15）所示的正向和反向线性预测估计，以及对应的正向和反向误差。然后，最小化两种误差的平方和，即

$$\mathcal{E}_p = \sum_{n=p}^{N-1} \left[\left| f_p(n) \right|^2 + \left| g_p(n) \right|^2 \right]$$

$$= \sum_{n=p}^{N-1} \left[\left| x(n) + \sum_{k=1}^{p} a_p(k)x(n-k) \right|^2 + \left| x(n-p) + \sum_{k=1}^{p} a_p^*(k)x(n+k-p) \right|^2 \right] \quad (15.3.25)$$

这个性能指标与 Burg 方法中的相同。然而，在式（15.3.25）中我们未为 AR 参数强加 Levinson-Durbin 递归。ε_p 关于预测系数的无约束最小化得到线性方程组

$$\sum_{k=1}^{p} a_p(k)r_{xx}(l,k) = -r_{xx}(l,0), \qquad l = 1,2,\cdots,p \quad (15.3.26)$$

式中，根据定义，自相关 $r_{xx}(l,k)$ 为

$$r_{xx}(l,k) = \sum_{n=p}^{N-1} \left[x(n-k)x^*(n-l) + x(n-p+l)x^*(n-p+k) \right] \quad (15.3.27)$$

得到的残留最小二乘误差为

$$\varepsilon_p^{\mathrm{LS}} = r_{xx}(0,0) + \sum_{k=1}^{p} \hat{a}_p(k)r_{xx}(0,k) \quad (15.3.28)$$

因此，无约束最小二乘功率谱估计为

$$P_{xx}^{\mathrm{LS}}(f) = \frac{\varepsilon_p^{\mathrm{LS}}}{\left| 1 + \sum_{k=1}^{p} \hat{a}_p(k)e^{-j2\pi fk} \right|^2} \quad (15.3.29)$$

式（15.3.27）中的相关矩阵［其元素是 $r_{xx}(l,k)$］不是托普利兹矩阵，因此不能应用 Levinson-Durbin 算法。然而，相关矩阵的结构足以设计出计算复杂度正比于 p^2 的高效算法。Marple (1980)中设计了具有格型结构的这样一个算法，它采用了 Levinson-Durbin 型阶递归和额外的时间递归。

这种形式的无约束最小二乘方法也称**未加窗数据**最小二乘方法，是在 Burg (1967)、Nuttall (1976)和 Ulrych and Clayton (1976)中针对谱估计提出的。从无约束最小二乘法对谱线分裂、频率偏移和伪峰等问题的敏感性不同的意义上说，其性能特性要比 Burg 方法好。鉴于 Marple 的算法计算高效（与 Levinson-Durbin 算法的效率相当），无约束最小二乘法非常有吸引力。使用这种方法不能保证估计的 AR 参数能够产生稳定的 AR 模型，但在谱估计方面这不是问题。

15.3.5 AR 模型参数的序贯估计方法

上一节针对 AR 模型介绍的三种功率谱估计方法可以分类为块处理方法。这些方法首先由块数据 $x(n)$, $n = 0, 1, \cdots, N-1$ 得到 AR 参数的估计。接下来基于 N 个数据点的块，使用 AR 参数得到功率谱估计。

当数据连续可用时，我们仍可将数据分成多个 N 点的块，并且逐块执行谱估计。在实际工作中，我们常对实时和非实时应用这样做。然而，在这种应用中，当每个新数据点变得可用时，就存在基于 AR 模型参数的序贯（时间）估计的替代方法。对过去的数据样本引入权重函数，就可在接收到新数据时弱化旧数据样本的影响。

使用基于递归最小二乘的序贯格型方法，可以最优地估计正向和反向线性预测器的格型实现中的预测和反射系数。预测系数的递归方程与 AR 模型参数直接相关。除了这些方程的阶递归性质，我们还可得到格型中反射系数的时间递归方程，以及正向和反向预测系数的时间递归方程。

序贯递归最小二乘算法等效于上节中介绍的无约束最小二乘块处理方法。因此，由序贯递归最小二乘法得到的功率谱估计保留了 15.3.4 节介绍的块处理方法的期望特性。因为 AR 参数在序贯

估计算法中可以连续估计，所以可以根据需要从每个样本一次到每 N 个样本一次获得功率谱估计。对过去的数据样本正确加权后，序贯估计方法特别适合估计和跟踪由非平稳信号统计量得到的时变功率谱。

序贯估计方法的计算复杂度与 AR 过程的阶 p 成正比。因此，序贯估计方法计算上是高效的，与块处理方法相比有一些优势。

关于序贯估计方法的文献有很多，与谱估计问题尤其相关的文献有 Griffiths (1975)、Friedlander (1982a, b)和 Kalouptsidis and Theodoridis (1987)。

15.3.6 选择 AR 模型的阶

使用 AR 模型时，一个最重要的方面是阶 p 的选择。一般来说，选择阶太低的模型将得到非常平滑的谱。另一方面，如果 p 选得太高，谱中就可能引入伪低电平峰。前面说过，AR 模型性能的指标之一是残差的均方值，对上面介绍的每个估计器来说，这个指标是不同的。这种残差随着 AR 模型的阶的增加而下降。我们可以监控残差的下降率并在下降率变得很低时终止该过程。然而，这种方法明显是不精确的和病态的，应该研究其他的方法。

对于这类问题，研究人员做了大量工作，许多文献中也给出了实验结果［如 Gersch and Sharpe (1973)、Ulrych and Bishop (1975)、Tong (1975, 1977)、Jones (1976)、Nuttall (1976)、Berryman (1978)、Kaveh and Bruzzone (1979)和 Kashyap (1980)］。

Akaike (1969, 1974)中给出了两个用来选择模型的阶的著名准则。第一个准则称为**最终预测误差**（Final Prediction Error，FPE）**准则**，它用选择的阶来最小化性能指标

$$\mathrm{FPE}(p) = \hat{\sigma}_{wp}^2 \left(\frac{N+p+1}{N-p-1} \right) \tag{15.3.30}$$

式中，$\hat{\sigma}_{wp}^2$ 是线性预测误差的估计的方差。这个性能指标基于最小化单步预测器的均方误差。

Akaike (1974)中提出的第二个准则称为 **Akaike 信息准则**（Akaike Information Criterion，AIC），它选择阶来最小化

$$\mathrm{AIC}(p) = \ln \hat{\sigma}_{wp}^2 + 2p/N \tag{15.3.31}$$

注意，当 AR 模型的阶增加时，$\hat{\sigma}_{wp}^2$ 项减小，$\ln \hat{\sigma}_{wp}^2$ 也减小，但 $2p/N$ 随着 p 的增加而增加。因此，对某个 p 将得到最小值。

Rissanen (1983)中提出的另一个信息准则选择**最小化描述长度**（Minimizes the Description Length，MDL）的阶，其中 MDL 定义为

$$\mathrm{MDL}(p) = N \ln \hat{\sigma}_{wp}^2 + p \ln N \tag{15.3.32}$$

Parzen(1974)中提出的第四个准则称为**准则自回归传输**（Criterion Autoregressive Transfer，CAT）**函数**，它定义为

$$\mathrm{CAT}(p) = \left(\frac{1}{N} \sum_{k=1}^{p} \frac{1}{\bar{\sigma}_{wk}^2} \right) - \frac{1}{\hat{\sigma}_{wp}^2} \tag{15.3.33}$$

式中，

$$\bar{\sigma}_{wk}^2 = \frac{N}{N-k} \hat{\sigma}_{wk}^2 \tag{15.3.34}$$

选择阶 p 来最小化 $\mathrm{CAT}(p)$。

应用该准则时，应从数据中删除均值。因为 $\hat{\sigma}_{wk}^2$ 依赖于所得谱估计的类型，所以模型阶也是该准则的函数。

刚刚引用的文献中给出的实验结果表明，模型阶选择准则不产生确定结果。例如，Ulrych and Bishop (1975)、Jones (1976)和 Berryman(1978)中发现 FPE(p) 准则会低估模型阶。Kashyap (1980)中证明，当 $N\to\infty$ 时，AIC 准则统计上是不一致的，而由 Rissanen 提出的 MDL 信息准则统计上是一致的。其他实验结果表明，当数据长度较小时，为了得到较好的结果，AR 模型的阶应在范围 $N/3\sim N/2$ 内选择。显然，当缺少得到数据的物理过程的先验信息时，就应该尝试使用不同的模型阶和不同的准则，并且考虑不同的结果。

15.3.7 功率谱估计的 MA 模型

15.3.1 节说过，MA(q)模型中的参数和统计自相关 $\gamma_{xx}(m)$ 的关系由式（15.3.10）给出。然而，

$$B(z)B(z^{-1}) = D(z) = \sum_{m=-q}^{q} d_m z^{-m} \tag{15.3.35}$$

式中，系数 $\{d_m\}$ 与 MA 参数的关系为

$$d_m = \sum_{k=0}^{q-|m|} b_k b_{k+m}, \qquad |m| \leqslant q \tag{15.3.36}$$

于是，显然有

$$\gamma_{xx}(m) = \begin{cases} \sigma_w^2 d_m, & |m| \leqslant q \\ 0, & |m| > q \end{cases} \tag{15.3.37}$$

且 MA(q)过程的功率谱为

$$\Gamma_{xx}^{\text{MA}}(f) = \sum_{m=-q}^{q} \gamma_{xx}(m)\mathrm{e}^{-\mathrm{j}2\pi fm} \tag{15.3.38}$$

由这些表达式明显可以看出，我们不必求解 MA 参数 $\{b_k\}$ 来估计功率谱。估计 $|m| \leqslant q$ 的自相关 $\gamma_{xx}(m)$ 就足够了。由这类估计，我们可以计算估计的滑动平均功率谱：

$$P_{xx}^{\text{MA}}(f) = \sum_{m=-q}^{q} r_{xx}(m)\mathrm{e}^{-\mathrm{j}2\pi fm} \tag{15.3.39}$$

它等于 15.1 节中介绍的经典（非参数）功率谱估计。

基于 MA 过程的高阶 AR 近似求 $\{b_k\}$ 还有一种方法。这种方法首先将 MA(q)过程建模为一个 AR(p)模型，其中 $p \gg q$。然后，有 $B(z) = 1/A(z)$，或者等价地有 $B(z)A(z) = 1$。于是，参数 $\{b_k\}$ 和 $\{a_k\}$ 的关系就是下面的卷积和：

$$\hat{a}_n + \sum_{k=1}^{q} b_k \hat{a}_{n-k} = \begin{cases} 1, & n = 0 \\ 0, & n \neq 0 \end{cases} \tag{15.3.40}$$

式中，$\{\hat{a}_n\}$ 是将数据拟合到一个 AR(p)模型时得到的参数。

尽管很容易由这组方程求出 $\{b_k\}$，但用最小二乘误差准则能够得到更好的拟合。也就是说，我们形成平方误差

$$\varepsilon = \sum_{n=0}^{p} \left[\hat{a}_n + \sum_{k=1}^{q} b_k \hat{a}_{n-k} \right]^2 - 1, \qquad \hat{a}_0 = 1, \quad \hat{a}_k = 0, \quad k < 0 \tag{15.3.41}$$

选择 MA(q)参数 $\{b_k\}$，可以最小化上式，结果为

$$\hat{\boldsymbol{b}} = -\boldsymbol{R}_{aa}^{-1}\boldsymbol{r}_{aa} \tag{15.3.42}$$

式中，$\boldsymbol{R}_{aa}$ 和 $\boldsymbol{r}_{aa}$ 的元素分别为

$$R_{aa}\left(|i-j|\right) = \sum_{n=0}^{p-|i-j|} \hat{a}_n \hat{a}_{n+|i-j|}, \quad i,j=1,2,\cdots,q$$

$$r_{aa}(i) = \sum_{n=0}^{p-i} \hat{a}_n \hat{a}_{n+i}, \quad i=1,2,\cdots,q \tag{15.3.43}$$

Durbin (1959)中提出了这种用来确定 MA(q)模型的参数的最小二乘法。Kay (1988)中证明在观测过程是高斯过程的假设下，这种估计方法近似于最大似然法。

MA 模型的阶 q 可用几种方法根据经验确定。例如，MA 模型和 AR 模型的 AIC 的形式相同，都为

$$\mathrm{AIC}(q) = \ln \sigma_{wq}^2 + \frac{2q}{N} \tag{15.3.44}$$

式中，σ_{wq}^2 是白噪声方差的估计。Chow (1972b)中提出了另一种方法，它使用逆 MA(q)滤波器对数据滤波，并对白噪声测试滤波后的输出。

15.3.8 功率谱估计的 ARMA 模型

上节介绍的 Burg 算法、Burg 算法的变体及最小二乘法，基于 AR 模型提供了可靠的高分辨率谱估计。一种 ARMA 模型可用更少的模型参数来改善 AR 谱估计。

当信号被噪声破坏时，ARMA 模型特别适用。例如，假设数据 $x(n)$ 由一个 AR 系统生成，系统的输出被加性白噪声破坏。所得信号的自相关的 z 变换可以表示为

$$\Gamma_{xx}(z) = \frac{\sigma_w^2}{A(z)A(z^{-1})} + \sigma_n^2 = \frac{\sigma_w^2 + \sigma_n^2 A(z)A(z^{-1})}{A(z)A(z^{-1})} \tag{15.3.45}$$

式中，σ_n^2 是加性噪声的方差。因此，过程 $x(n)$ 是 ARMA(p, p)的，其中 p 是自相关过程的阶。这个关系为研究功率谱估计的 ARMA 模型提供了一些动机。

如 15.3.1 节所述，ARMA 模型的参数与自相关的关系由式（15.3.4）给出。对于滞后 $|m| > q$，这个方程仅包含 AR 参数 $\{a_k\}$。用估计代替 $\gamma_{xx}(m)$，我们就可求解式（15.3.5）中的 p 个方程得到 $\hat{a}_k$。然而，对于高阶模型，这种方法可能会得到 AR 参数的较差估计，因为对大滞后来说自相关的估计较差。因此，不推荐这种方法。

一种更可靠的方法是对 $m > q$ 构建一个过定的线性方程组，并对这个过定的方程组使用最小二乘方法，详见 Cadzow (1979)。具体地说，首先假设直到滞后 M，自相关序列都可被准确地估计，其中 $M > p + q$。然后，写出线性方程组

$$\begin{bmatrix} \gamma_{xx}(q) & \gamma_{xx}(q-1) & \cdots & \gamma_{xx}(q-p+1) \\ \gamma_{xx}(q+1) & \gamma_{xx}(q) & \cdots & \gamma_{xx}(q-p+2) \\ \vdots & \vdots & \ddots & \vdots \\ \gamma_{xx}(M-1) & \gamma_{xx}(M-2) & \cdots & \gamma_{xx}(M-p) \end{bmatrix} \begin{bmatrix} a_1 \\ a_2 \\ \vdots \\ a_p \end{bmatrix} = - \begin{bmatrix} \gamma_{xx}(q+1) \\ \gamma_{xx}(q+2) \\ \vdots \\ \gamma_{xx}(M) \end{bmatrix} \tag{15.3.46}$$

或者等效地写出

$$\boldsymbol{R}_{xx}\boldsymbol{a} = -\boldsymbol{r}_{xx} \tag{15.3.47}$$

因为 $\boldsymbol{R}_{xx}$ 是($M-q$)×p 维的，且 $M-q > p$，所以可以使用最小二乘准则来求参数矢量 $\boldsymbol{a}$。这个最小化的结果是

$$\hat{\boldsymbol{a}} = -(\boldsymbol{R}_{xx}^{\mathrm{t}}\boldsymbol{R}_{xx})^{-1}\boldsymbol{R}_{xx}^{\mathrm{t}}\boldsymbol{r}_{xx} \tag{15.3.48}$$

这个过程称为**最小二乘改进 Yule-Walker 方法**。也可对自相关序列应用一个加权因子，以削弱大滞后的低可靠估计。

如上所述估计出模型的 AR 部分的参数后，就得到系统

$$\hat{A}(z) = 1 + \sum_{k=1}^{p} \hat{a}_k z^{-k} \tag{15.3.49}$$

序列 $x(n)$ 现在可以由 FIR 滤波器 $\hat{A}(z)$ 滤波，得到序列

$$v(n) = x(n) + \sum_{k=1}^{p} \hat{a}_k x(n-k), \qquad n = 0, 1, \cdots, N-1 \tag{15.3.50}$$

ARMA(p, q) 模型与 $\hat{A}(z)$ 的级联近似等于由模型 $B(z)$ 生成的 MA(q) 过程。因此，我们可以应用上节给出的 MA 估计来得到 MA 谱。具体地说，对于 $p \leq n \leq N-1$，滤波后的序列 $v(n)$ 用于形成估计的相关序列 $r_{vv}(m)$，进而得到 MA 谱

$$P_{vv}^{\text{MA}}(f) = \sum_{m=-q}^{q} r_{vv}(m) e^{-j2\pi fm} \tag{15.3.51}$$

首先，观察发现，我们不需要参数 $\{b_k\}$ 来求功率谱。其次，观察发现 $r_{vv}(m)$ 是由式（15.3.10）给出的 MA 模型的自相关的一个估计。在形成估计 $r_{vv}(m)$ 的过程中，可以通过加权（如使用巴特利特窗）来降低大滞后的相关估计。此外，数据可被一个反向滤波器滤波而生成另一个序列，譬如 $v^b(n)$，于是如 Kay (1980) 中指出的那样，$v(n)$ 和 $v^b(n)$ 可用于形成自相关 $r_{vv}(m)$ 的估计。最后，估计的 ARMA 功率谱为

$$\hat{P}_{xx}^{\text{ARMA}}(f) = \frac{P_{vv}^{\text{MA}}(f)}{\left| 1 + \sum_{k=1}^{p} \hat{a}_k e^{-j2\pi fk} \right|^2} \tag{15.3.52}$$

Chow (1972a, b) 和 Bruzzone and Kaveh (1980) 中研究了 ARMA(p, q) 模型的阶的选择问题。为此，可以使用 AIC 指标

$$\text{AIC}(p, q) = \ln \hat{\sigma}_{wpq}^2 + \frac{2(p+q)}{N} \tag{15.3.53}$$

的最小值，其中 $\hat{\sigma}_{wpq}^2$ 是输入误差的方差的估计。对特定 ARMA(p, q) 模型充分性的另一项测试是通过模型过滤数据，并且测试输出数据的白度。这要求由估计的自相关来计算 MA 模型的参数，即使用谱分解由 $D(z) = B(z)B(z^{-1})$ 求出 $B(z)$。

关于 ARMA 功率谱估计的其他读物，请参阅 Graupe et al. (1975)、Cadzow (1981, 1982)、Kay (1980) 和 Friedlander (1982b)。

15.3.9 一些实验结果

本节给出关于（使用人工生成的数据得到的）AR 和 ARMA 功率谱估计的性能的一些实验结果，目的是基于它们的分辨率、偏移及出现加性噪声时的鲁棒性来比较谱估计方法。

数据由一个或两个正弦信号和加性高斯噪声组成。两个正弦信号的间隔为 Δf。显然，基本的过程是 ARMA(4, 4)。所示的结果为这些数据采用了一个 AR(p) 模型。对于高信噪比 (SNR)，我们希望 AR(4) 是充分的。然而，对于低信噪比，则需要一个阶更高的 AR 模型来近似 ARMA(4, 4) 过程。下面给出的结果与这一声明是一致的。信噪比定义为 $10 \lg A^2 / 2\sigma^2$，其中 σ^2 是加性噪声的方差，A 是正弦信号的幅度。

图 15.3.1 说明了基于 AR(4)模型的 $N = 20$ 个数据点的结果，其中 SNR = 20dB 和 $\Delta f = 0.13$。观察发现 Yule-Walker 方法给出了带有小尖峰的、相当平滑（宽）的谱估计。如果 Δf 降至 $\Delta f = 0.07$，如图 15.3.2 所示，Yule-Walker 方法就不能再分辨峰。在 Burg 方法的结果中明显存在一些偏移。当然，增加数据点数，Yule-Walker 方法最终能够分辨峰。然而，对于短数据记录来说，Burg 方法和最小二乘方法明显更优。

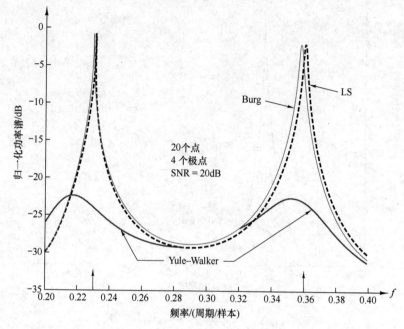

图 15.3.1　多个 AR 谱估计方法的比较（1）

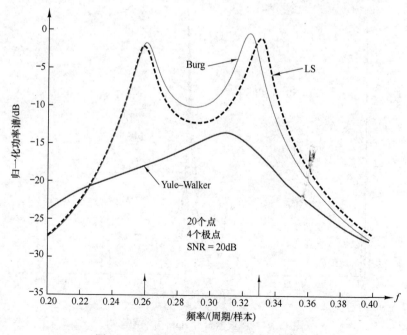

图 15.3.2　多个 AR 谱估计方法的比较（2）

对于最小二乘方法，图 15.3.3 中显示了加性噪声对估计的影响。滤波器阶对 Burg 方法和最小二乘方法的影响分别如图 15.3.4 和图 15.3.5 所示。当阶增大到 $p = 12$ 时，两种方法均出现了伪峰。

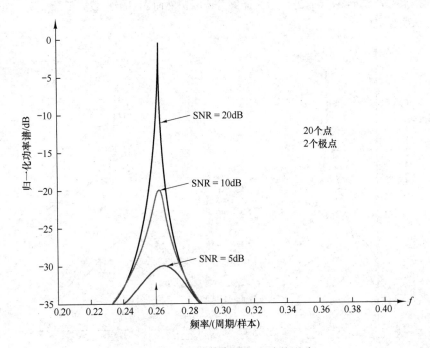

图 15.3.3　加性噪声对 LS 方法的影响

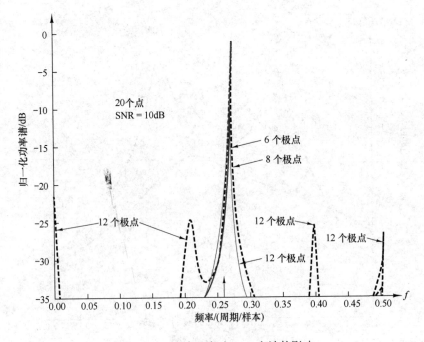

图 15.3.4　滤波器阶对 Burg 方法的影响

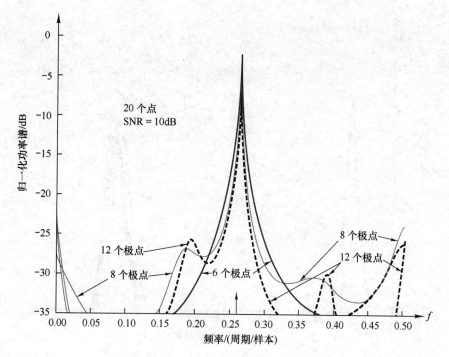

图 15.3.5　滤波器阶对 LS 方法的影响

对 Burg 方法和最小二乘方法，图 15.3.6 和图 15.3.7 分别说明了初始相位对估计的影响。显然，与 Burg 方法相比，最小二乘方法对初始相位的敏感度较低。

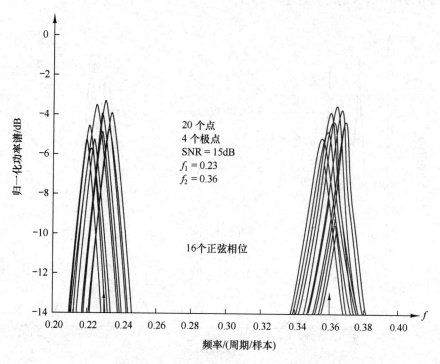

图 15.3.6　初始相位对 Burg 方法的影响

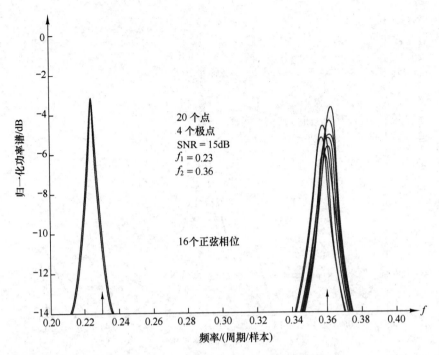

图 15.3.7 初始相位对 LS 方法的影响

对于 Burg 方法，图 15.3.8 显示了 $p = 12$ 时谱线分裂的一个例子。对于 AR(8)模型，不会出现这种情况。在同样的条件下，最小二乘方法并未出现谱线分裂。另一方面，对于 Burg 方法，谱线分裂随着数据点数 N 的增多而逐渐消失。

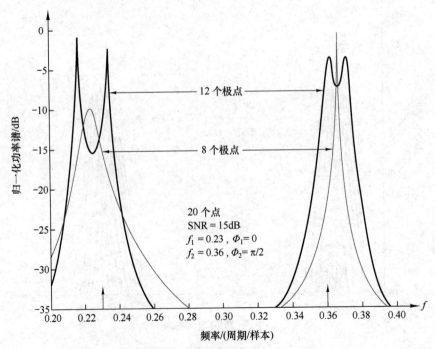

图 15.3.8 Burg 方法中的谱线分裂

图 15.3.9 和图 15.3.10 说明了 $\Delta f = 0.07$ 和 $N = 20$ 个点时，低信噪比（3dB）下 Burg 方法和最小二乘方法的分辨性质。因为加性噪声过程是 ARMA 的，所以需要高阶 AR 模型在低信噪比下提供较好的近似。因此，频率分辨率随着阶的增加而改善。

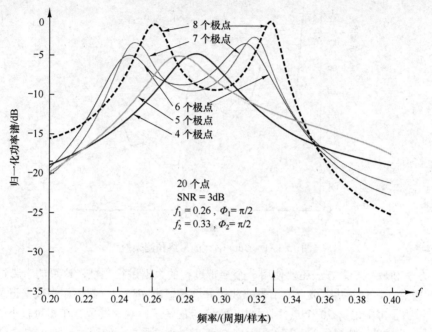

图 15.3.9　$N = 20$ 个点时，Burg 方法的频率分辨率

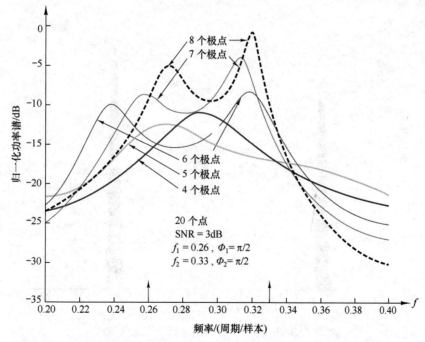

图 15.3.10　$N = 20$ 个点时，LS 方法的频率分辨率

　　图 15.3.11 显示了 SNR = 3dB 时 Burg 方法的 FPE。对于这个信噪比，根据 FPE 准则，最优值是 $p = 12$。

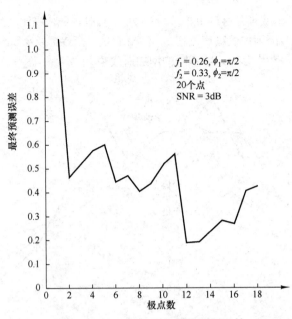

图 15.3.11　Burg 估计的最终预测误差

　　Burg 方法和最小二乘方法还要使用一个窄带过程的数据进行测试，这里的窄带过程是通过激励一个四极点（两对复共轭极点）窄带滤波器并选择输出序列的一部分作为数据记录得到的。图 15.3.12 说明了每条记录 20 个点并且叠加 20 个点的情况。观察发现存在相对较小的变化。相比之下，Burg 方法的变化更大——其变化近似 2 倍于最小二乘方法的变化。图 15.3.1 到图 15.3.12 中的结果摘自 Poole (1981)。

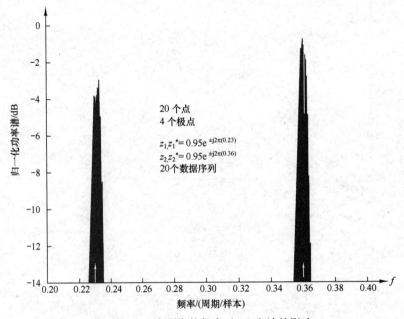

图 15.3.12　序列中的起点对 LS 方法的影响

　　最后，图 15.3.13 显示了摘自 Kay(1980)的 ARMA(10, 10)谱估计，它是对噪声中的两个正弦信号使用 15.3.8 节介绍的最小二乘 ARMA 方法得到的，说明了使用 ARMA 模型得到的功率谱估计的质量。

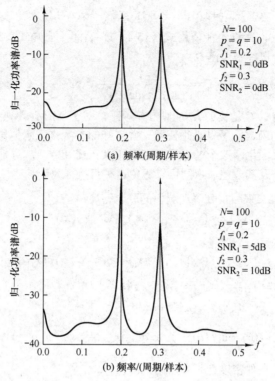

图 15.3.13　Kay (1980)中的 ARMA (10, 10)功率谱估计。承蒙 IEEE 许可重印

15.4　ARMA 模型参数估计

　　最初开发 ARMA 模型时，由于计算能力的限制，需要一些特殊办法来估计特定模型的参数。现在，最大似然方法为任意阶的 ARMA(p, q) 模型提供了统一且实用的参数估计方法。

　　设 $x_1, x_2, \cdots, x_N$ 是随机变量 $X_1, X_2, \cdots, X_N$ 的观测数据，其概率密度函数 $p(x_1, x_2, \cdots, x_N; \theta)$ 取决于未知参数 θ。数据的**似然**是数据的联合密度 $p(x_1, x_2, \cdots, x_N; \theta)$，其中后者是 θ 的函数。我们通常将似然记为 $L(\theta)$。关于 θ 最大化 $L(\theta)$ 的函数 $\hat{\theta} = g(x_1, x_2, \cdots, x_N)$ 是 θ 的最大似然估计器，且对给定的数据集其实际值是该数据的最大似然估计。粗略地说，最大似然估计可视为对实际得到的数据赋最高概率的 θ 值，这是使用它的直观原因。还要注意的是，最大化 $L(\theta)$ 的值会使得 $L(\theta)$ 的自然对数最大化，且后者的最大化在实际工作中通常更容易完成。

　　如果随机变量 $X_1, X_2, \cdots, X_N$ 是无关的，且有相同的分布 $p(x_i; \theta)$，似然函数就可由下式求出：

$$L(\theta) = \prod_{i=1}^{N} p(x_i; \theta) \tag{15.4.1}$$

假设我们希望估计如下高斯 ARMA 模型的参数：

$$x(n) = -\sum_{k=1}^{p} a_k x(n-k) + \sum_{k=0}^{q} b_k w(n-k), \quad w(n) \sim \text{WGN}(0, \sigma_w^2) \tag{15.4.2}$$

式中，$b_0 = 1$，$w(n)$ 是一个均值为零、方差为 σ_w^2 的高斯白噪声过程。该模型由如下参数规定：

$$\theta = (a_1, \cdots, a_p, b_1, \cdots, b_q, \sigma_w^2)^{\text{T}} \tag{15.4.3}$$

我们还假设有 N 个观测值 $x(0), x(1), \cdots, x(N-1)$，它们是由式（15.4.2）生成的。为了简化记号，我们将可用的数据记为

$$x_1 = x(0), x_2 = x(1), \cdots, x_N = x(N-1) \tag{15.4.4}$$

因为这些观测值是相关的，所以不能使用式（15.4.1）。然而，已知式（15.4.2）是均值为零的高斯过程，观测数据的联合概率密度函数为

$$p(x_1, \cdots, x_N; \boldsymbol{C}) = \frac{1}{(2\pi)^{N/2} (\det \boldsymbol{C})^{1/2}} \exp\left(-\frac{1}{2} \boldsymbol{x}^{\mathrm{T}} \boldsymbol{C}^{-1} \boldsymbol{x}\right) \tag{15.4.5}$$

式中，$\boldsymbol{x} = (x_1, x_2, \cdots, x_N)^{\mathrm{T}}$，$\boldsymbol{C}$ 是 $\boldsymbol{x}$ 的 $N \times N$ 协方差矩阵。对于 ARMA 模型，因为协方差矩阵 $\boldsymbol{C}$ 是参数［即式（15.4.3）］的函数，所以必须使用这些未知的参数来表示似然函数。得到的似然函数可以用非线性优化技术最大化。这个过程需要直接计算 $\det \boldsymbol{C}$ 和 $\boldsymbol{C}^{-1}$，对于大 N 值这是不实际的，将这些量用单步预测误差及其方差表示则可以避免这种直接计算。

第一步是利用如下事实来因式分解观测值的联合密度：

$$\begin{aligned} p(x_1, \cdots, x_N) &= p(x_N | x_{N-1}, \cdots, x_1) p(x_{N-1}, \cdots, x_1) \\ &= \cdots \\ &= p(x_N | x_{N-1}, \cdots, x_1) \cdots p(x_3 | x_2, x_1) p(x_2 | x_1) p(x_1) \end{aligned} \tag{15.4.6}$$

式中，$p(x_n | x_{n-1}, \cdots, x_1)$ 是已知 $X_{n-1} = x_{n-1}, \cdots, X_1 = x_1$ 时 X_n 的条件密度。

因为 $L(\theta) = p(x_1, \cdots, x_N)$，所以对数似然函数为

$$\ell(\theta) = \ln L(\theta) = \sum_{n=2}^{N} \ln p(x_n | x_{n-1}, \cdots, x_1) + \ln p(x_1) \tag{15.4.7}$$

对于高斯时间序列，每个条件密度都是高斯的，即

$$p(x_n | x_{n-1}, \cdots, x_1) = \frac{1}{\sqrt{2\pi\sigma_n^2}} \exp\left[-\frac{(x_n - \mu_n)^2}{2\sigma_n^2}\right], \quad n \geqslant 2 \tag{15.4.8}$$

式中，μ_n 和 σ_n^2 分别是均值和方差：

$$\mu_n = E(x_n | x_{n-1}, \cdots, x_1) \tag{15.4.9}$$

$$\sigma_n^2 = \mathrm{var}(x_n | x_{n-1}, \cdots, x_1) \tag{15.4.10}$$

因此，对数似然函数就为

$$\ell(\theta) = -\frac{N-1}{2} \ln(2\pi) - \sum_{n=2}^{N} \left[\frac{1}{2} \ln \sigma_n^2 + \frac{(x_n - \mu_n)^2}{2\sigma_n^2}\right] - \frac{1}{2}\left(\ln 2\pi\sigma_x^2 + \frac{x_1^2}{\sigma_x^2}\right) \tag{15.4.11}$$

如果在重复的实现中固定 x_1，则 $p(x_1)$ 不进入似然函数，并且可以舍弃式（15.4.7）中的最后一项和式（15.4.11）中的最后一项。这个结果称为**条件似然函数**。

给定最高达 x_{n-1}（包括 x_{n-1}）的观测值后，最优最小一步超前预测器就是条件期望式（15.4.9），原因是，观察发现，对基于 $x_{n-1}, \cdots, x_1$ 的任意预测器 $\hat{x}_n$，预测误差可分为两部分：

$$x_n - \hat{x}_n = (x_n - \mu_n) + (\mu_m - \hat{x}_n) \tag{15.4.12}$$

取上式的平方并取条件 $x_{n-1}, \cdots, x_1$ 的期望后，叉积项消失，只留下

$$E\left[(x_n - \hat{x}_n)^2\right] = \sigma_n^2 + (\hat{x} - \mu_n)^2 \tag{15.4.13}$$

因此，x_n 的最小均方误差估计由条件均值 $\hat{x}_n = \mu_n$ 给出，且是唯一的。最小均方误差由式（15.4.10）中的条件方差 σ_n^2 给出。式（15.4.11）中的对数似然函数现在可以写为

$$\ell(\theta) = -\frac{N}{2} \ln 2\pi - \frac{1}{2} \sum_{n=2}^{N} \ln \sigma_n^2 - \frac{1}{2}\left(\ln \sigma_w^2 - \frac{x_1^2}{\sigma_x^2}\right) - \frac{1}{2\sigma_n^2} S(\theta) \tag{15.4.14}$$

式中，$S(\theta)$ 是一步超前最优预测误差的平方和，即

$$S(\theta) = \sum_{n=2}^{N} (x_n - \mu_n)^2 = \sum_{n=2}^{N} e_n^2 \tag{15.4.15}$$

观察发现，$S(\theta)$ 取决于通过 μ_n 的未知参数。为便于理解，下面考虑一个特例。

【例 15.4.1】AR(1)模型的对数似然函数。 考虑 $|a| < 1$ 的一个 AR(1)高斯过程（最小相位）：

$$x_n = a x_{n-1} + w_n, \qquad w_n \sim \text{WGN}(0, \sigma_w^2) \tag{15.4.16}$$

第一步是用 a 和 σ_n^2 表示 μ_n 和 σ_n^2。由式（15.4.16）可得

$$\mu_n = E(x_n | x_{n-1}, \cdots, x_1) = a x_{n-1}, \quad n \geqslant 2 \tag{15.4.17}$$

因此，一步超前预测误差及其方差为

$$e_n = x_n - \mu_n = x_n - a x_{n-1} = w_n \tag{15.4.18}$$

$$\sigma_n^2 = \text{var}(e_n) = \text{var}(w_n) = \sigma_w^2, \quad n \geqslant 2 \tag{15.4.19}$$

下一步是用 a 和 σ_x^2 表示 σ_w^2。因为 $|a| < 1$，AR(1)滤波器是稳定的，其冲激响应为 $h(n) = a^n u(n)$。此外，已知 w_n 是白噪声，所以有

$$\sigma_x^2 = \sigma_w^2 \sum_{n=0}^{\infty} h^2[n] = \sigma_w^2 \sum_{n=0}^{\infty} (a^2)^n = \frac{\sigma_w^2}{1 - a^2} \tag{15.4.20}$$

将式（15.4.18）至式（15.4.20）代入式（15.4.14），得到对数似然函数为

$$\ell(a, \sigma_w^2) = -\frac{N}{2} \ln 2\pi - \frac{N}{2} \ln \sigma_w^2 + \frac{1}{2} \ln(1 - a^2) - \frac{1 - a^2}{2\sigma_w^2} x_1^2 - \frac{1}{2\sigma_w^2} S(a) \tag{15.4.21}$$

式中，$S(a)$ 是平方误差之和：

$$S(a) = \sum_{n=2}^{N} (x_n - a x_{n-1})^2 = \sum_{n=2}^{N} e_n^2 \tag{15.4.22}$$

如果条件在 x_1 上，则条件对数似然函数为

$$\ell(a, \sigma_w^2 | x_1) = -\frac{N-1}{2} \ln 2\pi \sigma_w^2 - \frac{1}{2\sigma_w^2} S(a) \tag{15.4.23}$$

$\ln(1 - a^2)$ 项在稳定区域中保持精确的 MLE；对条件 MLE 来说则没有这样的约束。最大化条件对数似然函数等效于最小化 $S(a)$，因此是一个线性最小二乘问题。相比之下，最大化式（15.4.21）需要非线性优化技术。

对于一般的 AR(p) 模型，最大似然估计类似于这个 AR(1)示例。对于一般的 ARMA 模型，将似然写成参数的显式函数很困难。相反，任何 ARMA 模型的精确似然函数都可按如下方式得到：将其投影为状态空间形式，并使用卡尔曼滤波器计算似然函数的预测误差分解形式（Gardner et al., 1980）。这种方法的优点是可以在缺少观测值的情况下工作。Ripley (2002)中介绍了这种方法的一个良好测试和软件实现；许多软件包中也集成了该方法。

【例 15.4.2】仿真数据的参数估计。 为了说明 ARMA 模型对观测数据的拟合，我们使用来自如下模型的数据：

$$x(n) = a x(n-1) + w(n) + b w(n-1), \qquad w(n) \sim \text{WGN}(0, \sigma_w^2) \tag{15.4.24}$$

式中，$a = 0.6$，$b = 0.5$，$\sigma_w^2 = 0.25$。

假设我们有未知 ARMA 过程的 $N = 200$ 个观测值，并且希望估计未知参数。第一步是选择模型的阶，即数字 p 和 q。图 15.4.1 显示了该过程的观测数据、归一化自相关序列 $\rho(m) = \gamma(m)/\gamma(0)$、反射系数 K_m 和功率谱 $\Gamma(\omega) = \sigma_w^2 |H(\omega)|^2$。在统计学和时间序列学科中，反射系数称为**偏相关系数**，详见 Box et al. (2016)。

对于 MA(q)过程，当 $m > q$ 时 $\gamma(m) = 0$ 且 K_m 指数衰减。相比之下，对于 AR(p)过程，当 $m > p$ 时 $K_m = 0$ 且 $\gamma(m)$ 指数衰减。对于 ARMA(p, q)过程，两个序列都没有尖锐的截止。这表明我们可以计算估计 $\hat\rho(m)$，然后使用 Levinson-Durbin 算法计算 $\hat K_m$。结果如图 15.4.2(a)和(b)所示。比较这些图形和 ARMA(1,1)过程的理论图形，发现拟合 ARMA(1, 1)是合理的选择。最大似然方法给出如下估计：

$$\hat{a} = 0.6019, \qquad \hat{b} = 0.4698, \qquad \hat{\sigma}_w^2 = 0.2231$$

使用这些值，我们可以使用逆模型 $1/H(z)$ 来估计残差 $e(n)$，因为 $H(z)$ 是最小相位的。如果模型能够较好地拟合数据，残差就应该是白高斯过程的一个实现。图 15.4.2(c)和(d)中显示了残差的自相关序列和反射系数序列，表明与比建模的数据相比，残差更不相关。在实际工作中，为了选择模型的阶，我们会对不同的阶重复这个过程，并且比较结果。我们还会考察最大似然、AIC 准则和贝叶斯信息准则。

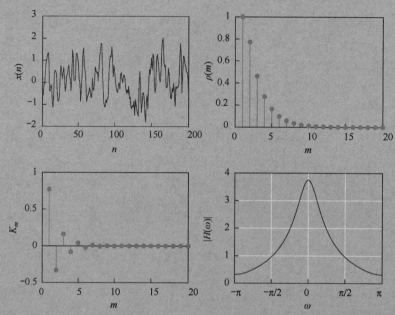

图 15.4.1　由式（15.4.24）定义的 ARMA (1, 1)过程的样本实现、归一化自相关、反射系数和功率谱

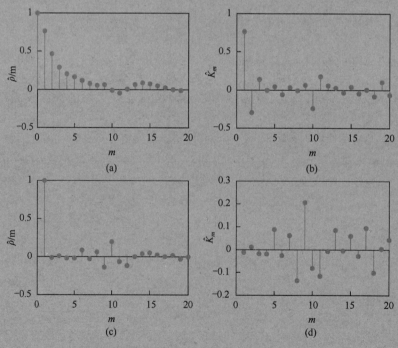

图 15.4.2　使用估计的 ARMA(1, 1)模型时，建模数据的归一化自相关和反射系数，以及拟合后的残差

本例的目的是大致了解使用仿真的 ARMA 过程将 ARMA 模型拟合到数据的复杂性。对于来自真实应用的数据，情况更复杂。关于 ARMA 模型及其实际应用的细节，请参阅 Box et al. (2016)、Shumway and Stoffer (2016)和 Manolakis et al. (2019)。

15.5 功率谱估计的滤波器组方法

本节介绍如何使用调谐到期望频率的并联 FIR 滤波器组过滤信号序列$\{x(n)\}$，修正滤波器的输出，进而估计$\{x(n)\}$的功率谱。于是，特定频率处的功率谱估计就可以按照图 15.5.1 所示系统中的说明得到。

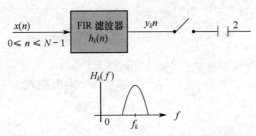

图 15.5.1   在f_k附近的某个频率处测量的信号功率

首先证明使用滤波器组可以计算常规周期图，其中 FIR 滤波器充当作用到信号序列$\{x(n)\}$上的矩形窗。然后介绍使用数据特性设计滤波器的一种方法，并且根据这种方法推出一种数据自适应的高分辨率谱估计方法。

15.5.1 周期图的滤波器组实现

在给定频率$f_k = k/N$处由周期图得到的功率谱估计是

$$P_{xx}(f_k) = \frac{1}{N}\left|\sum_{n=0}^{N-1} x(n)\mathrm{e}^{-\mathrm{j}2\pi f_k n}\right|^2 = \frac{1}{N}\left|\sum_{n=0}^{N-1} x(n)\mathrm{e}^{\mathrm{j}2\pi f_k(N-n)}\right|^2 \qquad (15.5.1)$$

式中，$\{x(n),\ 0 \leqslant n \leqslant N-1\}$是信号序列。类似于戈泽尔算法（见 8.3.1 节）的推导，我们可以定义一个线性滤波器，其冲激响应为

$$h_k(n) = \begin{cases} \dfrac{1}{\sqrt{N}}\mathrm{e}^{\mathrm{j}2\pi f_k n}, & n \geqslant 0 \\ 0, & n < 0 \end{cases} \qquad (15.5.2)$$

然后，将$h_k(n)$代入式（15.5.1），得到f_k处的功率谱估计为

$$P_{xx}(f) = \left|\sum_{n=0}^{N-1} x(n)h_k(N-n)\right|^2 = \left|\sum_{n=0}^{N-1} x(n)h_k(l-n)\right|^2_{l=N} \qquad (15.5.3)$$

于是，让信号序列$\{x(n),\ 0 \leqslant n \leqslant N-1\}$通过冲激响应为$h_k(n)$的线性 FIR 滤波器，在$l = N$处求滤波器输出，并计算滤波器输出的平方幅度，就得到$f = f_k = k/N$处的功率谱估计。

滤波器的系统函数是

$$H_k(z) = \sum_{n=0}^{\infty} h_k(n)z^{-n} = \frac{1/\sqrt{N}}{1 - \mathrm{e}^{\mathrm{j}2\pi f_k}z^{-1}} \qquad (15.5.4)$$

该滤波器是一个单极点滤波器，极点位于单位圆上且对应于频率f_k。

上面的推导表明，使用冲激响应为$\{h_k(n),\ 0 \leqslant n \leqslant N-1\}$的并联滤波器组对$\{x(n),\ 0 \leqslant n \leqslant N-1\}$线

性滤波，可以计算周期图，如图 15.5.2 所示。每个这样的滤波器的 3dB 带宽都近似为 $1/N$ 个周期/间隔。

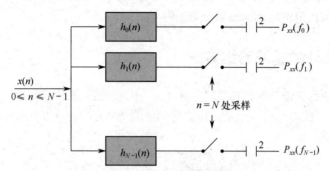

图 15.5.2　周期图估计器的滤波器组实现

产生周期图的另一个等效滤波器组实现如图 15.5.3 所示。在该滤波器组中，信号序列 $\{x(n),\ 0\leqslant n\leqslant N-1\}$ 乘以指数因子 $\{e^{-j2\pi kn/N},\ 0\leqslant k\leqslant N-1\}$，且每个乘积都通过具有如下冲激响应的一个矩形低通滤波器：

$$h_0(n) = \begin{cases} 1/\sqrt{N}, & 0\leqslant n\leqslant N-1 \\ 0, & \text{其他} \end{cases} \tag{15.5.5}$$

取其在 $l = N-1$ 处的复输出的幅度的平方，得到对应频率 $f = f_k$ 处的谱估计。我们可以将该估计称为**未加窗周期图**。

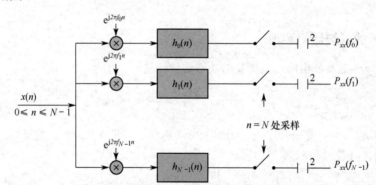

图 15.5.3　周期图估计器的另一种滤波器组实现

我们可用另一个时间窗 $h_0(n)$（如在相同时间范围 $0\leqslant n\leqslant N-1$ 上张成的巴特利特窗、汉明窗或凯泽窗）来代替图 15.5.3 中的矩形窗，生成**加窗周期图**，即

$$P_{xx}(f) = \frac{1}{N}\left|\sum_{n=1}^{N-1} x(n)e^{j2\pi fn}h_0(N-n)\right|^2 \tag{15.5.6}$$

对该信号序列应用一个窗函数类似于 Welch 方法，但后者中的窗函数会被应用到数据序列的所有段上，并取所有段的加窗周期图的平均。因此，由 Welch 方法得到的谱估计的可变性明显小于由式（15.5.6）中的加窗周期图得到的谱估计的可变性。另一方面，由加窗周期图得到的分辨率高于由 Welch 方法得到的分辨率。如我们在讨论非参数方法时观察到的那样，频率分辨率和谱估计的方差之间存在折中。首先将信号序列分割为几个更小的序列，然后计算每个子序列的加窗（改进）周期图，最后取各个加窗周期图的平均，就可以在降低频率分辨率的代价下减小估计的方差。

周期图的滤波器组解释有助于我们考虑其他可能导致高分辨率谱估计的滤波器特性。观察发现，图 15.5.2 和图 15.5.3 所示滤波器组实现中使用的滤波器未以任何方式优化。于是，我们说选择滤波器时未考虑数据的特性（即所用滤波器独立于数据）。下一节介绍 Capon (1969)中提出的谱估计器的滤波器组实现，其中的滤波器是根据数据的统计特性设计的（即滤波器的冲激响应对数据的特性是自适应的）。

15.5.2 最小方差谱估计

Capon (1969)中提出的谱估计器旨在用于大型地震阵列中的频率波数估计，Lacoss (1971)中使用它估计了单个时间序列的谱，表明它能提供信号中的谱分量的最小方差无偏估计。这个估计器也称**最大似然谱估计器**，因为信号被加性噪声破坏后，滤波器设计方法可以得到最小方差无偏谱估计。

根据 Lacoss 的推导，我们考虑设计一个 FIR 滤波器，滤波器的系数 $h(k)$, $0 \leqslant k \leqslant p$ 待定。然后，如果观测数据 $x(n)$, $0 \leqslant n \leqslant N-1$ 通过了该滤波器，则响应为

$$y(n) = \sum_{k=0}^{p} h(k)x(n-k) \equiv \boldsymbol{X}^{\mathrm{t}}(n)\boldsymbol{h} \tag{15.5.7}$$

式中，$\boldsymbol{X}^{\mathrm{t}}(n) = [x(n)x(n-1)\cdots x(n-p)]$ 是数据矢量，$\boldsymbol{h}$ 是滤波器系数矢量。如果 $E[x(n)] = 0$，则输出序列的方差为

$$\sigma_y^2 = E\left[\left|y(n)\right|^2\right] = E\left[\boldsymbol{h}^{\mathrm{H}}\boldsymbol{X}^*(n)\boldsymbol{X}^{\mathrm{t}}(n)\boldsymbol{h}\right] = \boldsymbol{h}^{\mathrm{H}}\boldsymbol{\Gamma}_{xx}\boldsymbol{h} \tag{15.5.8}$$

式中，$\boldsymbol{\Gamma}_{xx}$ 是序列 $x(n)$ 的自相关矩阵，它的元素为 $\gamma_{xx}(m)$。

选择滤波器系数，使 FIR 滤波器在频率 f_l 处的频率响应归一化到 1，即

$$\sum_{k=0}^{p} h(k)\mathrm{e}^{-\mathrm{j}2\pi k f_l} = 1$$

这个约束也可用矩阵形式写为

$$\boldsymbol{E}^{\mathrm{H}}(f_l)\boldsymbol{h} = 1 \tag{15.5.9}$$

式中，

$$\boldsymbol{E}^{\mathrm{t}}(f_l) = \begin{bmatrix} 1 & \mathrm{e}^{\mathrm{j}2\pi f_l} & \cdots & \mathrm{e}^{\mathrm{j}2\pi p f_l} \end{bmatrix}$$

按照约束式（15.5.9）最小化方差 σ_y^2，得到一个 FIR 滤波器，它无失真地通过频率分量 f_l，同时严重衰减远离 f_l 的分量。这个最小化的结果是系数矢量

$$\hat{\boldsymbol{h}}_{\mathrm{opt}} = \boldsymbol{\Gamma}_{xx}^{-1}\boldsymbol{E}(f_l)\big/\boldsymbol{E}^{\mathrm{H}}(f_l)\boldsymbol{\Gamma}_{xx}^{-1}\boldsymbol{E}(f_l) \tag{15.5.10}$$

将 $\hat{\boldsymbol{h}}$ 代入式（15.5.8），得到最小方差

$$\sigma_{\min}^2 = \frac{1}{\boldsymbol{E}^{\mathrm{H}}(f_l)\boldsymbol{\Gamma}_{xx}^{-1}\boldsymbol{E}(f_l)} \tag{15.5.11}$$

式（15.5.11）是频率 f_l 处最小方差的功率谱估计。在区间 $0 \leqslant f_l \leqslant 0.5$ 内改变 f_l，可得功率谱估计。于是，最小方差方法基本上是谱估计器的一个滤波器组实现，它与周期图的滤波器组实现的基本区别是，Capon 方法中的滤波器系数已被优化。注意，尽管 $\boldsymbol{E}(f)$ 随着选择的频率变化，但 $\boldsymbol{\Gamma}_{xx}^{-1}$ 只计算一次。如 Lacoss (1971)中说明的那样，二次型 $\boldsymbol{E}^{\mathrm{H}}(f)\boldsymbol{\Gamma}_{xx}^{-1}\boldsymbol{E}(f)$ 的计算可由单个 DFT 完成。

用自相关矩阵的估计 $\boldsymbol{R}_{xx}$ 代替 $\boldsymbol{\Gamma}_{xx}$，得到 Capon 的最小方差功率谱估计

$$P_{xx}^{MV}(f) = \frac{1}{E^{H}(f)R_{xx}^{-1}E(f)} \qquad (15.5.12)$$

Lacoss (1971)中证明该功率谱估计器产生的谱峰估计正比于该频率处的功率。相比之下，15.3 节介绍的自回归方法得到的谱峰估计正比于该频率处的功率的平方。

Lacoss (1971)和其他文献中比较了该方法和 Burg 方法的性能。例如，摘自 Lacoss (1971)的图 15.5.4 对包含频率 0.15 和 0.30 处的两个窄带峰的信号，比较了巴特利特估计、最小方差估计和 Burg 估计。该图说明，在产生谱估计方面，最小方差谱估计比巴特利特估计好，但比 Burg 估计差。该图中还显示了信号的真实功率谱。一般来说，式（15.5.12）中的最小方差估计在频率分辨率方面优于非参数谱估计，但它不提供由 Burg 的 AR 方法和无约束最小二乘方法得到的高频率分辨率。此外，Burg (1972)中表明，对一个已知的相关序列，最小方差谱和 AR 模型的关系为

$$\frac{1}{\Gamma_{xx}^{MV}(f)} = \frac{1}{p}\sum_{k=0}^{p}\frac{1}{\Gamma_{xx}^{AR}(f,k)} \qquad (15.5.13)$$

式中，$\Gamma_{xx}^{AR}(f,k)$ 是用一个 AR(k)模型得到的自回归功率谱。于是，最小方差估计的倒数就等于使用 AR(k), $1 \le k \le p$ 模型得到的所有谱的倒数的平均值。一般来说，低阶 AR 模型提供的分辨率不高，式（15.5.13）中的平均运算降低了谱估计中的频率分辨率。因此可以得出结论：阶为 p 的 AR 功率谱估计优于阶为 $p+1$ 的最小方差估计。

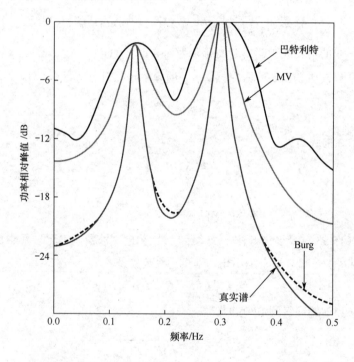

图 15.5.4　对包含频率 0.15 和 0.30 处的两个窄带峰的信号，巴特利特谱估计、最小方差（MV）谱估计和 Burg 谱估计的比较（摘自 R. I. Lacoss, Data Adaptive Spectral Analysis Methods, *Geophysics*, Vol. 36, pp. 661-675, August 1971。经允许重印）

式（15.5.13）给出的关系是 Capon 最小方差估计和 Burg 自回归估计之间的频域关系。我们还可建立这两个估计之间的时域关系，详见 Musicus (1985)。这些关系导致了计算最小方差估计的一种高效算法。

关于 Capon 方法及其与其他估计器的比较，请读者参阅 Capon and Goodman (1971)、Marzetta (1983)、Marzetta and Lang (1983, 1984)、Capon (1983)和 McDonough (1983)。

15.6　谱估计的特征分析算法

15.3.8 节说过，被加性（白）噪声破坏的一个 AR(p)过程等效于一个 ARMA(p, p)过程。本节考虑信号分量是被加性白噪声破坏的正弦信号的特殊情形。算法基于被噪声破坏信号的相关矩阵的特征分解。

回顾第 5 章中关于生成正弦信号的讨论可知，一个真实正弦信号可由如下的差分方程生成：

$$x(n) = -a_1 x(n-1) - a_2 x(n-2) \tag{15.6.1}$$

式中，$a_1 = 2\cos2\pi f_k$，$a_2 = 1$，且最初有 $x(-1) = -1$ 和 $x(-2) = 0$。该系统有一对复共轭极点（位于 $f = f_k$ 处和 $f = -f_k$ 处），因此在 $n \geq 0$ 时生成正弦信号 $x(n) = \cos2\pi f_k n$。

一般来说，由 p 个正弦分量组成的信号满足差分方程

$$x(n) = -\sum_{m=1}^{2p} a_m x(n-m) \tag{15.6.2}$$

且对应于有如下系统函数的系统：

$$H(z) = \frac{1}{1 + \sum\limits_{m=1}^{2p} a_m z^{-m}} \tag{15.6.3}$$

多项式

$$A(z) = 1 + \sum_{m=1}^{2p} a_m z^{-m} \tag{15.6.4}$$

在单位圆上有 $2p$ 个根，它们对应于正弦信号的频率。

下面假设正弦信号被白噪声 $w(n)$破坏，且 $E\left[|w(n)|^2\right] = \sigma_w^2$。于是，有

$$y(n) = x(n) + w(n) \tag{15.6.5}$$

将 $x(n) = y(n) - w(n)$代入式（15.6.2），得到

$$y(n) - w(n) = -\sum_{m=1}^{2p} [y(n-m) - w(n-m)] a_m$$

或者等效地得到

$$\sum_{m=0}^{2p} a_m y(n-m) = \sum_{m=0}^{2p} a_m w(n-m) \tag{15.6.6}$$

式中，根据定义，$a_0 = 1$。

观察发现，式（15.6.6）是一个 ARMA($2p$, $2p$)过程的差分方程，该过程中的 AR 和 MA 参数相同。这种对称性是白噪声中正弦信号的特性。式（15.6.6）中的差分方程可用矩阵表示为

$$\boldsymbol{Y}^{\mathrm{t}} \boldsymbol{a} = \boldsymbol{W}^{\mathrm{t}} \boldsymbol{a} \tag{15.6.7}$$

式中，$\boldsymbol{Y}^{\mathrm{t}} = [y(n) \quad y(n-1) \quad \cdots \quad y(n-2p)]$是($2p + 1$)维观测数据矢量，$\boldsymbol{W}^{\mathrm{t}} = [w(n) \; w(n-1) \; \cdots \; w(n-2p)]$是噪声矢量，$\boldsymbol{a} = [1 \quad a_1 \; \cdots \; a_{2p}]$是系数矢量。

式（15.6.7）左乘 $\boldsymbol{Y}$ 并取期望值，得到

$$E(YY^{\mathrm{t}})a = E(YW^{\mathrm{t}})a = E\Big[(X+W)W^{\mathrm{t}}\Big]a, \qquad \Gamma_{yy}a = \sigma_w^2 a \qquad (15.6.8)$$

式中假设序列 $w(n)$ 是零均值的和白色的，且 X 是确定性信号。

式（15.6.8）中的方程采用的是特征方程形式，即

$$(\Gamma_{yy} - \sigma_w^2 I)a = 0 \qquad (15.6.9)$$

式中，σ_w^2 是自相关矩阵 Γ_{yy} 的特征值。于是，参数矢量 a 就是与特征值 σ_w^2 相关联的一个特征矢量。式（15.6.9）中的特征矢量是 Pisarenko 谐波分解方法的基础。

15.6.1 Pisarenko 谐波分解方法

对于加性白噪声中的 p 个随机相位正弦信号，自相关值为

$$\gamma_{yy}(0) = \sigma_w^2 + \sum_{i=1}^{p} P_i$$

$$\gamma_{yy}(k) = \sum_{i=1}^{p} P_i \cos 2\pi f_i k, \qquad k \neq 0 \qquad (15.6.10)$$

式中，$P_i = A_i^2/2$ 是第 i 个正弦信号的平均功率，A_i 是对应的幅度。因此，可以写出

$$\begin{bmatrix} \cos 2\pi f_1 & \cos 2\pi f_2 & \cdots & \cos 2\pi f_p \\ \cos 4\pi f_1 & \cos 4\pi f_2 & \cdots & \cos 4\pi f_p \\ \vdots & \vdots & \ddots & \vdots \\ \cos 2\pi p f_1 & \cos 2\pi p f_2 & \cdots & \cos 2\pi p f_p \end{bmatrix} \begin{bmatrix} P_1 \\ P_2 \\ \vdots \\ P_p \end{bmatrix} = \begin{bmatrix} \gamma_{yy}(1) \\ \gamma_{yy}(2) \\ \vdots \\ \gamma_{yy}(p) \end{bmatrix} \qquad (15.6.11)$$

如果已知频率 f_i, $1 \leqslant i \leqslant p$，就可用该式求正弦信号的功率。我们使用估计 $r_{xx}(m)$ 代替 $\gamma_{xx}(m)$。功率已知后，噪声方差就可由式（15.6.10）得到：

$$\sigma_w^2 = r_{yy}(0) - \sum_{i=1}^{p} P_i \qquad (15.6.12)$$

剩下的问题是求 p 个频率 f_i, $1 \leqslant i \leqslant p$，而这需要知道对应于特征值 σ_w^2 的特征矢量 a。Pisarenko (1973)中发现［也可参阅 Papoulis (1984)和 Grenander and Szegö (1958)］，对于由加性白噪声中的 p 个正弦信号组成的 ARMA 过程，当自相关矩阵的维数等于或大于$(2p+1)(2p+1)$时，方差 σ_w^2 就对应于 Γ_{yy} 的最小特征值。期望的 ARMA 系数矢量对应于与最小特征值相关联的特征矢量。因此，频率 f_i, $1 \leqslant i \leqslant p$ 可由式（15.6.4）中的多项式的根得到，其中的系数是对应于最小特征值 σ_w^2 的特征矢量 a 的元素。

总之，Pisarenko 谐波分解方法的步骤如下。首先由数据估计 Γ_{yy}（形成自相关矩阵 R_{yy}），然后求最小特征值和对应的最小特征矢量。最小特征矢量产生 ARMA$(2p, 2p)$模型的参数。由式（15.6.4）可以计算构成频率 $\{f_i\}$ 的根。使用这些频率并用 $r_{yy}(m)$ 替换 $\gamma_{yy}(m)$，就可求解式（15.6.11），得到信号功率 $\{P_i\}$。

如下例中所示，Pisarenko 方法使用一个噪声子空间特征矢量来估计正弦信号的频率。

【例 15.6.1】一个过程由一个正弦信号和加性白噪声组成，已知自相关值为 $\gamma_{yy}(0)=3$, $\gamma_{yy}(1)=1$, $\gamma_{yy}(2)=0$，求频率、功率和加性噪声的方差。

解：相关矩阵为

$$\Gamma_{yy} = \begin{bmatrix} 3 & 1 & 0 \\ 1 & 3 & 1 \\ 0 & 1 & 3 \end{bmatrix}$$

最小特征值是如下特征多项式的最小根：

$$g(\lambda) = \begin{vmatrix} 3-\lambda & 1 & 0 \\ 1 & 3-\lambda & 1 \\ 0 & 1 & 3-\lambda \end{vmatrix} = (3-\lambda)(\lambda^2 - 6\lambda + 7) = 0$$

因此，特征值为 $\lambda_1 = 3, \lambda_2 = 3 + \sqrt{2}, \lambda_3 = 3 - \sqrt{2}$。

噪声的方差为

$$\sigma_w^2 = \lambda_{\min} = 3 - \sqrt{2}$$

对应的特征值是满足式（15.6.9）的矢量，即

$$\begin{bmatrix} \sqrt{2} & 1 & 0 \\ 1 & \sqrt{2} & 1 \\ 0 & 1 & \sqrt{2} \end{bmatrix} \begin{bmatrix} 1 \\ a_1 \\ a_2 \end{bmatrix} = \begin{bmatrix} 0 \\ 0 \\ 0 \end{bmatrix}$$

解为 $a_1 = -\sqrt{2}$ 和 $a_2 = 1$。

下一步是用值 a_1 和 a_2 求式（15.6.4）中的多项式的根。我们有

$$z^2 - \sqrt{2}z + 1 = 0$$

得到 $z_1, z_2 = \dfrac{1}{\sqrt{2}} \pm j\dfrac{1}{\sqrt{2}}$。注意到 $|z_1| = |z_2| = 1$，所以这些根都在单位圆上。对应的频率由下式得到：

$$z_i = e^{j2\pi f_i} = \frac{1}{\sqrt{2}} + j\frac{1}{\sqrt{2}}$$

求得 $f_1 = 1/8$。最后，正弦信号的功率为

$$P_1 \cos 2\pi f_1 = \gamma_{yy}(1) = 1 \quad \Rightarrow \quad P_1 = \sqrt{2}$$

其幅度为 $A = \sqrt{2P_1} = \sqrt{2\sqrt{2}}$。作为对计算的验证，我们有

$$\sigma_w^2 = \gamma_{yy}(0) - P_1 = 3 - \sqrt{2}$$

它与 $\lambda_{\min}$ 是一致的。

15.6.2　白噪声中正弦信号的自相关矩阵的特征分解

前面的讨论假设正弦信号由 p 个实正弦信号组成。为方便起见，下面假设信号由形如

$$x(n) = \sum_{i=1}^{p} A_i e^{j(2\pi f_i n + \phi_i)} \tag{15.6.13}$$

的 p 个复正弦信号组成，其中幅度 $\{A_i\}$ 和频率 $\{f_i\}$ 是未知的，相位 $\{\phi_i\}$ 是在 $(0, 2\pi)$ 上均匀分布的统计独立随机变量。于是，随机过程 $x(n)$ 就是自相关函数如下的一个广义平稳过程：

$$\gamma_{xx}(m) = \sum_{i=1}^{p} P_i e^{j2\pi f_i m} \tag{15.6.14}$$

式中，对于复正弦信号来说，$P_i = A_i^2$ 是第 i 个正弦信号的功率。

因为观测到的序列是 $y(n) = x(m) + w(n)$，其中 $w(n)$ 是谱密度为 σ_w^2 的白噪声序列，所以 $y(n)$ 的自相关函数为

$$\gamma_{yy}(m) = \gamma_{xx}(m) + \sigma_w^2 \delta(m), \qquad m = 0, \pm 1, \cdots, \pm(M-1) \tag{15.6.15}$$

因此，$y(n)$ 的 $M \times M$ 维自相关矩阵可以写为

$$\boldsymbol{\Gamma}_{yy} = \boldsymbol{\Gamma}_{xx} + \sigma_w^2 \boldsymbol{I} \tag{15.6.16}$$

式中，$\boldsymbol{\Gamma}_{xx}$ 是信号 $x(n)$ 的自相关矩阵，$\sigma_w^2 \boldsymbol{I}$ 是噪声的自相关矩阵。观察发现，选择 $M > p$ 时，

$M \times M$ 维 $\boldsymbol{\Gamma}_{xx}$ 不是满秩的，因为其秩为 p。然而，$\boldsymbol{\Gamma}_{yy}$ 是满秩的，因为 $\sigma_w^2 \boldsymbol{I}$ 的秩为 M。

事实上，信号矩阵 $\boldsymbol{\Gamma}_{xx}$ 可以写为

$$\boldsymbol{\Gamma}_{xx} = \sum_{i=1}^{p} P_i \boldsymbol{s}_i \boldsymbol{s}_i^{\mathrm{H}} \qquad (15.6.17)$$

式中，上标 H 表示共轭转置，$\boldsymbol{s}_i$ 是定义如下的一个 M 维信号矢量：

$$\boldsymbol{s}_i = \left[1, \mathrm{e}^{\mathrm{j}2\pi f_i}, \mathrm{e}^{\mathrm{j}4\pi f_i}, \cdots, \mathrm{e}^{\mathrm{j}2\pi(M-1)f_i}\right] \qquad (15.6.18)$$

因为每个矢量（外积）$\boldsymbol{s}_i \boldsymbol{s}_i^{\mathrm{H}}$ 都是秩为 1 的矩阵，且有 p 个矢量积，所以矩阵 $\boldsymbol{\Gamma}_{xx}$ 的秩为 p。观察发现，如果正弦信号是实的，那么相关矩阵 $\boldsymbol{\Gamma}_{xx}$ 的秩为 $2p$。

现在执行矩阵 $\boldsymbol{\Gamma}_{yy}$ 的特征分解。设特征值降序排列为 $\lambda_1 \geqslant \lambda_2 \geqslant \lambda_3 \geqslant \cdots \geqslant \lambda_M$，对应的特征矢量记为 $\{\boldsymbol{v}_i, i = 1, \cdots, M\}$。假设特征矢量被归一化，使得 $\boldsymbol{v}_i^{\mathrm{H}} \cdot \boldsymbol{v}_j = \delta_{ij}$。不存在噪声时，特征值 $\lambda_i, i = 1, 2, \cdots, p$ 非零，而 $\lambda_{p+1} = \lambda_{p+2} = \cdots = \lambda_M = 0$。此外，可以证明信号相关矩阵可以写为

$$\boldsymbol{\Gamma}_{xx} = \sum_{i=1}^{p} \lambda_i \boldsymbol{v}_i \boldsymbol{v}_i^{\mathrm{H}} \qquad (15.6.19)$$

于是，特征矢量 $\boldsymbol{v}_i, i = 1, 2, \cdots, p$ 如信号矢量 $\boldsymbol{s}_i, i = 1, 2, \cdots, p$ 那样张成信号子空间。信号子空间的 p 个特征矢量称为**主特征矢量**，对应的特征值称为**主特征值**。

不存在噪声时，式（15.6.16）中的噪声自相关矩阵可以写为

$$\sigma_w^2 \boldsymbol{I} = \sigma_w^2 \sum_{i=1}^{M} \boldsymbol{v}_i \boldsymbol{v}_i^{\mathrm{H}} \qquad (15.6.20)$$

将式（15.6.19）和式（15.6.20）代入式（15.6.16），得到

$$\boldsymbol{\Gamma}_{yy} = \sum_{i=1}^{p} \lambda_i \boldsymbol{v}_i \boldsymbol{v}_i^{\mathrm{H}} + \sum_{i=1}^{M} \sigma_w^2 \boldsymbol{v}_i \boldsymbol{v}_i^{\mathrm{H}} = \sum_{i=1}^{p} (\lambda_i + \sigma_w^2) \boldsymbol{v}_i \boldsymbol{v}_i^{\mathrm{H}} + \sum_{i=p+1}^{M} \sigma_w^2 \boldsymbol{v}_i \boldsymbol{v}_i^{\mathrm{H}} \qquad (15.6.21)$$

这个特征分解将特征矢量分成两个集合。集合 $\{\boldsymbol{v}_i, i = 1, 2, \cdots, p\}$ 是主特征矢量，横跨信号子空间；集合 $\{\boldsymbol{v}_i, i = p + 1, \cdots, M\}$ 与主特征矢量正交，属于噪声子空间。因为信号矢量 $\{\boldsymbol{s}_i, i = 1, 2, \cdots, p\}$ 在信号子空间中，可以证明 $\{\boldsymbol{s}_i\}$ 就是主特征矢量的线性组合，且与噪声子空间中的矢量正交。

在本文中，我们看到 Pisarenko 方法是用信号矢量和噪声子空间内的矢量之间的正交性来估计频率的。对于复正弦信号，如果选择 $M = p + 1$（对于实正弦信号，选择 $M = 2p + 1$），那么噪声子空间中只有一个特征矢量（对应于最小特征值），且它一定与信号矢量正交。于是，有

$$\boldsymbol{s}_i^{\mathrm{H}} \boldsymbol{v}_{p+1} = \sum_{k=0}^{p} v_{p+1}(k+1) \mathrm{e}^{-\mathrm{j}2\pi f_i k} = 0, \quad i = 1, 2, \cdots, p \qquad (15.6.22)$$

但是，式（15.6.22）表明，求解如下多项式的零点，可以确定频率 $\{f_i\}$：

$$V(z) = \sum_{k=0}^{p} v_{p+1}(k+1) z^{-k} \qquad (15.6.23)$$

所有零点都在单位圆上。这些根的角度是 $2\pi f_i, i = 1, 2, \cdots, p$。

正弦信号的数量未知时，尤其是在信号电平不比噪声电平高很多的情况下，求 p 被证明是困难的。理论上，如果 $M > p + 1$，就存在一个 $M - p$ 重最小特征值。然而，在实际中，$\boldsymbol{R}_{yy}$ 的 $M - p$ 个小特征值可能是不同的。计算所有特征值，将 $M - p$ 个小（噪声）特征值分成一组，然后取它们的

平均得到 σ_w^2 的一个估计，就有可能求出 p。于是，在式（15.6.9）中使用平均值和 $\boldsymbol{R}_{yy}$，就可求出对应的特征矢量。

15.6.3 多信号分类算法

多信号分类（MUltiple SIgnal Classification，MUSIC）方法也是一个噪声子空间频率估计器。为了推导这种方法，首先考虑加权后的谱估计

$$P(f) = \sum_{k=p+1}^{M} w_k \left| \boldsymbol{s}^{\mathrm{H}}(f)\boldsymbol{v}_k \right|^2 \tag{15.6.24}$$

式中，$\{\boldsymbol{v}_k, k=p+1,\cdots,M\}$ 是噪声子空间中的特征矢量，$\{w_k\}$ 是正权重集合，$\boldsymbol{s}(f)$ 是复正弦矢量

$$\boldsymbol{s}(f) = \left[1, \mathrm{e}^{\mathrm{j}2\pi f}, \mathrm{e}^{\mathrm{j}4\pi f}, \cdots, \mathrm{e}^{\mathrm{j}2\pi(M-1)f} \right] \tag{15.6.25}$$

观察发现在 $f=f_i$ 处 $\boldsymbol{s}(f_i) \equiv \boldsymbol{s}_i$，于是在信号的 p 个正弦频率分量处都有

$$P(f_i) = 0, \qquad i = 1,2,\cdots,p \tag{15.6.26}$$

因此，$P(f)$ 的倒数是频率的峰值函数，且是估计正弦分量频率的一种方法。于是，有

$$\frac{1}{P(f)} = \frac{1}{\displaystyle\sum_{k=p+1}^{M} w_k \left| \boldsymbol{s}^{\mathrm{H}}(f)\boldsymbol{v}_k \right|^2} \tag{15.6.27}$$

理论上 $1/P(f)$ 在 $f=f_i$ 处是无限大的，实际中估计误差在所有频率处都得到 $1/P(f)$ 的有限值。

Schmidt (1981, 1986)中提出的正弦频率估计器是式（15.6.27）的一种特殊情况，其中对所有 k，权重 $w_k = 1$。因此，

$$P_{\mathrm{MUSIC}}(f) = \frac{1}{\displaystyle\sum_{k=p+1}^{M} \left| \boldsymbol{s}^{\mathrm{H}}(f)\boldsymbol{v}_k \right|^2} \tag{15.6.28}$$

正弦频率的估计是 $P_{\mathrm{MUSIC}}(f)$ 的峰值。估计出正弦频率后，求解式（15.6.11）就可得到每个正弦信号的功率。

【例 15.6.2】 白噪声中由复指数组成的信号的自相关矩阵为

$$\boldsymbol{\Gamma}_{yy} = \begin{bmatrix} 3 & -2\mathrm{j} & -2 \\ 2\mathrm{j} & 3 & -2\mathrm{j} \\ -2 & 2\mathrm{j} & 3 \end{bmatrix}$$

使用 MUSIC 方法求复指数的频率和功率，以及加性噪声的方差。

解： 求多项式

$$g(\lambda) = \begin{vmatrix} 3-\lambda & -2\mathrm{j} & -2 \\ 2\mathrm{j} & 3-\lambda & -2\mathrm{j} \\ -2 & 2\mathrm{j} & 3-\lambda \end{vmatrix} = \lambda^3 - 9\lambda^2 + 15\lambda - 7 = 0$$

的根，得到特征值 $\lambda_1 = 7$，$\lambda_2 = 1$ 和 $\lambda_3 = 1$。因此，我们得出结论：有一个对应于特征值 $\lambda = 7$ 的复指数。对应于信号和噪声子空间的特征矢量分别为

$$\boldsymbol{v}_1 = \begin{bmatrix} 1/\sqrt{3} \\ \mathrm{j}/\sqrt{3} \\ -1/3 \end{bmatrix}, \qquad \boldsymbol{v}_2 = \begin{bmatrix} 0 \\ \mathrm{j}/\sqrt{2} \\ 1/\sqrt{2} \end{bmatrix}, \qquad \boldsymbol{v}_3 = \begin{bmatrix} 2\mathrm{j}/\sqrt{6} \\ 1/\sqrt{6} \\ \mathrm{j}/\sqrt{6} \end{bmatrix}$$

$$\sum_{k=2}^{3}\left|s^{\text{H}}(f)v_k\right|^2 = 2 + \frac{5}{3}\cos\left(2\pi f + \frac{\pi}{2}\right) + \frac{2}{3}\cos 4\pi f + \frac{1}{3}\cos\left(2\pi f - \frac{\pi}{2}\right)$$

比较 Pisarenko 方法和多信号分类算法，我们发现前者选择 $M = p + 1$，并将信号矢量投影到单个噪声特征矢量上。因此，Pisarenko 方法假设精确地知道信号中的正弦分量数。相比之下，多信号分类方法选择 $M > p + 1$，并在执行特征分析后将特征值分成两组，即对应于信号子空间的 p 个特征值和对应于噪声子空间的 $M - p$ 个特征值。于是，信号矢量被投影到噪声子空间中的 $M - p$ 个特征矢量上，所以不需要精确地知道 p。15.6.5 节介绍的阶选择方法可用于得到 p 的一个估计，以及用于选择满足 $M > p + 1$ 的 M。

15.6.4　ESPRIT 算法

ESPRIT（Estimating of Signal Parameter via Rotational Invariance Techniques，利用旋转不变性技术估计信号参数）是使用特征分解方法估计正弦之和的频率的另一种方法。根据 Roy et al. (1986)中给出的如下推导，发现 ESPRIT 采用了信号子空间的基本旋转不变性，其中信号子空间是由两个时间移位的数据矢量张成的。

再次考虑加性白噪声中的 p 个复正弦信号的估计。接收到的序列由如下矢量给出：

$$y(n) = \left[y(n), y(n+1), \cdots, y(n+M-1)\right]^{\text{t}} = x(n) + w(n) \tag{15.6.29}$$

式中，$x(n)$ 是信号矢量，$w(n)$ 是噪声矢量。为了利用正弦信号的确定性特征，定义时移矢量 $z(n) = y(n+1)$。于是，有

$$z(n) = \left[z(n), z(n+1), \cdots, z(n+M-1)\right]^{\text{t}} = \left[y(n+1), y(n+2), \cdots, y(n+M)\right]^{\text{t}} \tag{15.6.30}$$

根据这些定义，我们可将矢量 $y(n)$ 和 $z(n)$ 写为

$$y(n) = Sa + w(n)$$
$$z(n) = S\boldsymbol{\Phi}a + w(n) \tag{15.6.31}$$

式中，$a = [a_1, a_2, \cdots, a_p]^{\text{t}}$，$a_i = A_i e^{j\phi_i}$，$\boldsymbol{\Phi}$ 是一个对角 $p\times p$ 维矩阵，它由每个复正弦信号的相邻时间样本之间的相对相位组成：

$$\boldsymbol{\Phi} = \text{diag}\left[e^{j2\pi f_1}, e^{j2\pi f_2}, \cdots, e^{j2\pi f_p}\right] \tag{15.6.32}$$

观察发现，矩阵 $\boldsymbol{\Phi}$ 关联了时移矢量 $y(n)$ 和 $z(n)$，称为一个**旋转算子**。观察还发现，$\boldsymbol{\Phi}$ 是酉阵。矩阵 S 是由如下列矢量规定的 $M\times p$ 维范德蒙矩阵：

$$s_i = \left[1, e^{j2\pi f_i}, e^{j4\pi f_i}, \cdots, e^{j2\pi(M-1)f_i}\right], \qquad i = 1, 2, \cdots, p \tag{15.6.33}$$

现在，数据矢量 $y(n)$ 的自协方差矩阵为

$$\boldsymbol{\Gamma}_{yy} = E\left[y(n)y^{\text{H}}(n)\right] = SPS^{\text{H}} + \sigma_w^2 I \tag{15.6.34}$$

式中，P 是一个 $p\times p$ 维对角矩阵，它由复正弦信号的功率组成：

$$P = \text{diag}\left[\left|a_1\right|^2, \left|a_2\right|^2, \cdots, \left|a_p\right|^2\right] = \text{diag}\left[P_1, P_2, \cdots, P_p\right] \tag{15.6.35}$$

观察发现，P 是一个对角矩阵，因为不同频率的复正弦信号在无限区间上是正交的。但要强调的是，ESPRIT 算法不需要 P 是对角矩阵。因此，该算法适用于协方差矩阵由有限数据记录估计的情形。

信号矢量 $y(n)$ 和 $z(n)$ 的互协方差矩阵为

$$\boldsymbol{\Gamma}_{yz} = E\left[\boldsymbol{y}(n)\boldsymbol{z}^{\mathrm{H}}(n)\right] = \boldsymbol{SP\Phi}^{\mathrm{H}}\boldsymbol{S}^{\mathrm{H}} + \boldsymbol{\Gamma}_w \tag{15.6.36}$$

式中，

$$\boldsymbol{\Gamma}_w = E\left[\boldsymbol{w}(n)\boldsymbol{w}^{\mathrm{H}}(n+1)\right] = \sigma_w^2 \begin{bmatrix} 0 & 0 & 0 & \cdots & 0 & 0 \\ 1 & 0 & 0 & \cdots & 0 & 0 \\ 0 & 1 & 0 & \cdots & 0 & 0 \\ \vdots & \vdots & \vdots & \ddots & \vdots & \vdots \\ 0 & 0 & 0 & \cdots & 1 & 0 \end{bmatrix} \equiv \sigma_w^2 \boldsymbol{Q} \tag{15.6.37}$$

自协方差矩阵 $\boldsymbol{\Gamma}_{yy}$ 和互协方差矩阵 $\boldsymbol{\Gamma}_{yz}$ 分别为

$$\boldsymbol{\Gamma}_{yy} = \begin{bmatrix} \gamma_{yy}(0) & \gamma_{yy}(1) & \cdots & \gamma_{yy}(M-1) \\ \gamma_{yy}^*(1) & \gamma_{yy}(0) & \cdots & \gamma_{yy}(M-2) \\ \vdots & \vdots & \ddots & \vdots \\ \gamma_{yy}^*(M-1) & \gamma_{yy}(M-2) & \cdots & \gamma_{yy}(0) \end{bmatrix} \tag{15.6.38}$$

$$\boldsymbol{\Gamma}_{yz} = \begin{bmatrix} \gamma_{yy}(1) & \gamma_{yy}(2) & \cdots & \gamma_{yy}(M) \\ \gamma_{yy}(0) & \gamma_{yy}(1) & \cdots & \gamma_{yy}(M-1) \\ \vdots & \vdots & \ddots & \vdots \\ \gamma_{yy}^*(M-2) & \gamma_{yy}^*(M-3) & \cdots & \gamma_{yy}(1) \end{bmatrix} \tag{15.6.39}$$

式中，$\gamma_{yy}(m) = E[y^*(n)y(n+m)]$。注意，$\boldsymbol{\Gamma}_{yy}$ 和 $\boldsymbol{\Gamma}_{yz}$ 都是托普利兹矩阵。

根据这个公式，问题是由自相关序列 $\{\gamma_{yy}(m)\}$ 求频率 $\{f_i\}$ 和它们的功率 $\{P_i\}$。

根据基本模型，矩阵 $\boldsymbol{SPS}^{\mathrm{H}}$ 的秩明显是 p。因此，式（15.6.34）中的 $\boldsymbol{\Gamma}_{yy}$ 有 $M-p$ 个相同的特征值等于 σ_w^2。因此，

$$\boldsymbol{\Gamma}_{yy} - \sigma_w^2 \boldsymbol{I} = \boldsymbol{SPS}^{\mathrm{H}} \equiv \boldsymbol{C}_{yy} \tag{15.6.40}$$

由式（15.6.36）也有

$$\boldsymbol{\Gamma}_{yz} - \sigma_w^2 \boldsymbol{\Gamma}_w = \boldsymbol{SP\Phi}^{\mathrm{H}}\boldsymbol{S}^{\mathrm{H}} \equiv \boldsymbol{C}_{yz} \tag{15.6.41}$$

现在，考虑矩阵 $\boldsymbol{C}_{yy} - \lambda\boldsymbol{C}_{yz}$，它可写为

$$\boldsymbol{C}_{yy} - \lambda\boldsymbol{C}_{yz} = \boldsymbol{SP}(\boldsymbol{I} - \lambda\boldsymbol{\Phi}^{\mathrm{H}})\boldsymbol{S}^{\mathrm{H}} \tag{15.6.42}$$

显然，$\boldsymbol{SPS}^{\mathrm{H}}$ 的列空间等于 $\boldsymbol{SP\Phi}^{\mathrm{H}}\boldsymbol{S}^{\mathrm{H}}$ 的列空间。因此，$\boldsymbol{C}_{yy} - \lambda\boldsymbol{C}_{yz}$ 的秩等于 p。然而，我们发现如果 $\lambda = \exp(\mathrm{j}2\pi f_i)$，$(\boldsymbol{I} - \lambda\boldsymbol{\Phi}^{\mathrm{H}})$ 的第 i 行就为零，因此 $[\boldsymbol{I} - \boldsymbol{\Phi}^{\mathrm{H}}\exp(\mathrm{j}2\pi f_i)]$ 的秩是 $p-1$。但是，$\lambda_i = \exp(\mathrm{j}2\pi f_i)$，$i = 1, 2, \cdots, p$ 是矩阵对 $(\boldsymbol{C}_{yy}, \boldsymbol{C}_{yz})$ 的广义特征值。于是，位于单位圆上的 p 个广义特征值 $\{\lambda_i\}$ 对应于旋转算子 $\boldsymbol{\Phi}$ 的元素。矩阵对 $\{\boldsymbol{C}_{yy}, \boldsymbol{C}_{yz}\}$ 剩下的 $M-p$ 个广义特征值是零，它们对应于这些矩阵的公共零空间［即 $M-p$ 个特征值位于复平面的原点］。

根据这些数学关系，我们就可表述估计频率 $\{f_i\}$ 的一个算法（ESPRIT）。过程如下：

1. 由数据计算自相关值 $r_{yy}(m)$，$m = 1, 2, \cdots, M$，形成对应于 $\boldsymbol{\Gamma}_{yy}$ 和 $\boldsymbol{\Gamma}_{yz}$ 的估计的矩阵 $\boldsymbol{R}_{yy}$ 和 $\boldsymbol{R}_{yz}$。

2. 计算 $\boldsymbol{R}_{yy}$ 的特征值。对于 $M > p$，最小特征值是 σ_w^2 的一个估计。

3. 计算 $\hat{\boldsymbol{C}}_{yy} = \boldsymbol{R}_{yy} - \sigma_w^2 \boldsymbol{I}$ 和 $\hat{\boldsymbol{C}}_{yz} = \boldsymbol{R}_{yz} - \sigma_w^2 \boldsymbol{Q}$，其中 $\boldsymbol{Q}$ 由式（15.6.37）定义。

4. 计算矩阵对 $\{\hat{\boldsymbol{C}}_{yy}, \hat{\boldsymbol{C}}_{yz}\}$ 的广义特征值。这些矩阵的 p 个位于（或靠近）单位圆上的广义特征值

确定 $\boldsymbol{\Phi}$ 的（估计）元素，进而确定正弦频率。剩下的 $M-p$ 个特征值位于（或靠近）原点。

求正弦分量中的功率的一种方法是，用 $r_{yy}(m)$ 替代 $\gamma_{yy}(m)$ 来求解式（15.6.11）中的方程。

另一种方法是计算对应于广义特征值 $\{\lambda_i\}$ 的广义特征矢量 $\{\boldsymbol{v}_i\}$。我们有

$$(\boldsymbol{C}_{yy} - \lambda_i \boldsymbol{C}_{yz})\boldsymbol{v}_i = \boldsymbol{SP}(\boldsymbol{I} - \lambda_i \boldsymbol{\Phi}^{\mathrm{H}})\boldsymbol{S}^{\mathrm{H}}\boldsymbol{v}_i = 0 \qquad (15.6.43)$$

因为 $(\boldsymbol{C}_{yy} - \lambda_i \cdot \boldsymbol{C}_{yz})$ 的列空间等于由式（15.6.33）中的矢量 $\{\boldsymbol{s}_j, j \neq i\}$ 张成的列空间，可以证明广义特征矢量 $\boldsymbol{v}_i$ 正交于 $\boldsymbol{s}_j, j \neq i$。因为 $\boldsymbol{P}$ 是对角矩阵，由式（15.6.43）可知信号功率为

$$P_i = \frac{\boldsymbol{v}_i^{\mathrm{H}} \boldsymbol{C}_{yy} \boldsymbol{v}_i}{\left| \boldsymbol{v}_i^{\mathrm{H}} \boldsymbol{s}_i \right|^2}, \qquad i = 1, 2, \cdots, p \qquad (15.6.44)$$

15.6.5　阶选择准则

本节介绍的估计正弦信号的频率和功率的特征分析方法，还提供关于正弦分量数的信息。如果有 p 个正弦信号，那么与信号子空间相关联的特征值为 $\{\lambda_i + \sigma_w^2, i = 1, 2, \cdots, p\}$，剩下的 $M-p$ 个特征值都等于 σ_w^2。根据这个特征分解，可以设计一个测试来比较特征值和一个规定的阈值。另一种方法也使用观测信号的估计自相关矩阵的特征矢量分解，且基于矩阵摄动分析，详见 Fuchs (1988)。

Wax and Kailath (1985)中提出了将 AIC 准则扩展和改进到特征分解的另一种方法。如果样本自相关矩阵的特征值已排序且满足 $\lambda_1 \geqslant \lambda_2 \geqslant \cdots \geqslant \lambda_M$，其中 $M > p$，那么选择如下 MDL(p)的最小值，就可估计信号子空间中的正弦信号数：

$$\mathrm{MDL}(p) = -\lg\left[\frac{G(p)}{A(p)}\right]^N + E(p) \qquad (15.6.45)$$

式中，

$$G(p) = \prod_{i=p+1}^{M} \lambda_i, \qquad p = 0, 1, \cdots, M-1$$

$$A(p) = \left[\frac{1}{M-p}\sum_{i=p+1}^{M} \lambda_i\right]^{M-p} \qquad (15.6.46)$$

$$E(p) = \frac{1}{2}p(2M-p)\lg N$$

N 是用于估计 M 个自相关滞后的样本数。

Wax and Kailath (1985)中给出了这个阶选择准则的质量的一些结果。MDL 准则保证一致。

15.6.6　实验结果

本节使用一个例子说明基于特征分析的谱估计算法的分辨率特征，并比较这些算法和基于模型的方法与非参数方法的性能。信号序列为

$$x(n) = \sum_{i=1}^{4} A_i \mathrm{e}^{\mathrm{j}(2\pi f_i n + \phi_i)} + w(n)$$

式中，$A_i = 1, i = 1, 2, 3, 4$，$\{\phi_i\}$ 是在 $(0, 2\pi)$ 上均匀分布的统计独立随机变量，$\{w(n)\}$ 是方差为 σ_w^2、均值为零的白噪声序列，频率为 $f_1 = -0.222, f_2 = -0.166, f_3 = 0.10, f_4 = 0.122$。序列 $\{x(n), 0 \leqslant n \leqslant 1023\}$ 用于估计频率分量数，以及 $\sigma_w^2 = 0.1, 0.5, 1.0$ 和 $M = 12$（估计出的自相关的长度）时对应的频率值。

图 15.6.1、图 15.6.2、图 15.6.3 和图 15.6.4 分别显示了使用 Blackman-Tukey 方法、Capon 的最小方差方法、自回归 Yule-Walker 方法和多信号分类方法估计的信号功率谱。ESPRIT 算法的结果如表 15.2 所示。由这些结果明显可以看出：①Blackman-Tukey 方法提供的分辨率不足以由数据估计出正弦信号；②Capon 的最小方差方法只能分辨频率 f_1 和 f_2，而不能分辨频率 f_3 和 f_4；③自回归方法能够分辨 $\sigma_w^2 = 0.1$ 和 $\sigma_w^2 = 0.5$ 时的所有频率；④多信号分类和 ESPRIT 算法不仅能够恢复全部 4 个正弦信号，而且对不同 σ_w^2 值的性能本质上不可区分。深入观察发现，最小方差方法和自回归方法的分辨率特性是噪声方差的函数。这些结果清楚地显示了基于特征分析的算法分辨加性噪声中的正弦信号的能力。

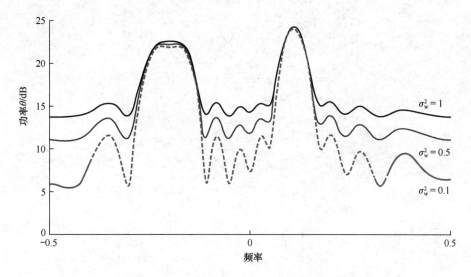

图 15.6.1　来自 Blackman-Tukey 方法的功率谱估计

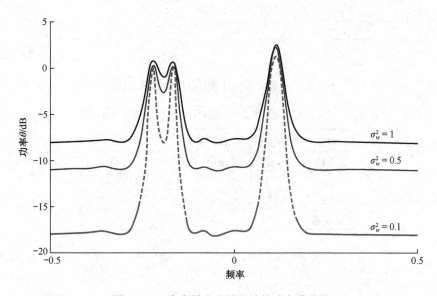

图 15.6.2　来自最小方差方法的功率谱估计

总之，本节介绍的高分辨率、基于特征分析的谱估计方法（MUSIC 和 ESPRIT）不仅适用于估计正弦信号，而且适用于估计窄带信号。

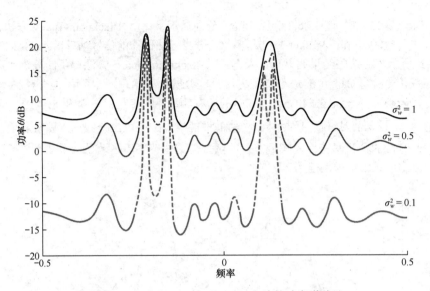

图 15.6.3　来自 Yule-Walker AR 方法的功率谱估计

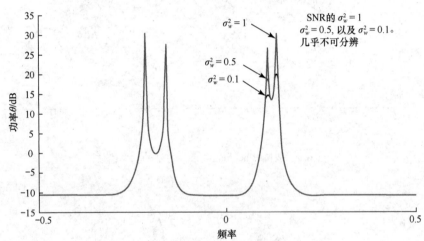

图 15.6.4　来自多信号分类方法的功率谱估计

表 15.2　ESPRIT 算法

σ_w^2	$\hat{f}_1$	$\hat{f}_2$	$\hat{f}_3$	$\hat{f}_3$
0.1	−0.2227	−0.1668	−0.1224	−0.10071
0.5	−0.2219	−0.167	−0.121	0.0988
1.0	−0.222	−0.167	0.1199	0.1013
真实值	−0.222	−0.166	0.122	0.100

15.7　小结

功率谱估计是数字信号处理中最重要的研究和应用领域之一。本章介绍了过去一个世纪以来发展的重要功率谱估计技术和算法——从基于周期图的非参数方法或经典方法，到基于 AR、MA 和 ARMA 线性模型的现代参数方法。讨论仅限于基于统计数据的二阶矩（自相关）的单时间序列谱估计方法。

本章介绍的参数和非参数方法已推广到多信道和多维谱估计中。McClellan (1982)中讨论了多维谱估计问题，Johnson (1982)中讨论了多信道谱估计问题。使用包括双谱和三谱的高阶累积量，人们还开发了其他的谱估计方法。Nikias and Raghuveer (1987)中简介了这些主题。

由前面的讨论可知，功率谱估计领域吸引了很多研究人员，并且研究人员发表了数千篇论文。大量论文介绍的是新算法和新技术以及对现有技术的改进，其他论文介绍的是各种功率谱方法的能力和局限性。本文中透彻地分析了经典非参数方法的统计特性和局限性。许多研究人员研究了参数方法，但参数方法的性能很难分析，所以这方面的论文较少。研究参数方法的性能的论文主要有 Kromer (1969)、Lacoss (1971)、Berk (1974)、Baggeroer (1976)、Sakai (1979)、Swingler (1980)、Lang and McClellan (1980)和 Tufts and Kumaresan (1982)。

除了本章中给出的关于各种谱估计方法及其性能的文献，还包括一些教程性论文和综述性论文。例如，我们引用了 Kay and Marple (1981)（包含约 280 篇参考文献）、Brillinger (1974)以及 1982 年 9 月 *IEEE Proceedings* 的谱估计特刊。介绍功率谱估计和分析主题的其他文献有 Gardner (1987)、Kay (1988)、Marple (1987)、Childers (1978)和 Kesler (1986)。

实现各种功率谱估计方法的计算机程序和软件包有很多。IEEE Press 在 1979 年出版的图书 *Programs for Digital Signal Processing* 中给出了一个软件包，当然还有其他商用软件包。

习　　题

15.1 **(a)** 展开式（15.1.23），取期望值，并取 $T_0 \to \infty$时的极限，证明该式的右边收敛于 $\Gamma_{xx}(F)$。

　　　　(b) 证明

$$\sum_{m=-N}^{N} r_{xx}(m) e^{-j2\pi fm} = \frac{1}{N}\left|\sum_{n=0}^{N-1} x(n) e^{-j2\pi fn}\right|^2$$

15.2 对于零均值联合高斯随机变量 X_1, X_2, X_3, X_4，有［见 Papoulis (1984)］

$$E(X_1 X_2 X_3 X_4) = E(X_1 X_2)E(X_3 X_4) + E(X_1 X_3)E(X_2 X_4) + E(X_1 X_4)E(X_2 X_3)$$

使用该结果推导由式（15.1.27）给出的 $r'_{xx}(m)$ 的均方值，方差为

$$\text{var}\left[r'_{xx}(m)\right] = E\left[\left|r'_{xx}(m)\right|^2\right] - \left|E\left[r'_{xx}(m)\right]\right|^2$$

15.3 使用高斯随机变量的第四个联合矩表达式，证明

　　　(a) $E\left[P_{xx}(f_1)P_{xx}(f_2)\right] = \sigma_x^4 \left\{ 1 + \left[\dfrac{\sin \pi(f_1+f_2)N}{N\sin \pi(f_1+f_2)}\right]^2 + \left[\dfrac{\sin \pi(f_1-f_2)N}{N\sin \pi(f_1-f_2)}\right]^2 \right\}$

　　　(b) $\text{cov}\left[P_{xx}(f_1)P_{xx}(f_2)\right] = \sigma_x^4 \left\{ \left[\dfrac{\sin \pi(f_1+f_2)N}{N\sin \pi(f_1+f_2)}\right]^2 + \left[\dfrac{\sin \pi(f_1-f_2)N}{N\sin \pi(f_1-f_2)}\right]^2 \right\}$

　　　(c) 当序列 $x(n)$ 是方差为 σ_x^2 的零均值高斯白噪声时，$\text{var}\left[P_{xx}(f)\right] = \sigma_x^4 \left\{ 1 + \left(\dfrac{\sin 2\pi fN}{N\sin 2\pi f}\right)^2 \right\}$。

15.4 将习题 15.3 中的结果推广到功率密度谱为 $\Gamma_{xx}(f)$ 的零均值高斯噪声过程。然后，推导出式（15.1.38）给出的周期图 $P_{xx}(f)$的方差。（**提示：**假设有色高斯噪声过程是由高斯白噪声激励的一个线性系统的输出。然后，使用 13.1 节中给出的合适关系式。）

15.5 证明：让序列通过一组 N 个 IIR 滤波器，其中每个滤波器的冲激响应为

$$h_k(n) = e^{-j2\pi nk/N} u(n)$$

然后，计算滤波器输出在 $n = N$ 处的幅度平方值，可以计算出由式（15.1.41）给出的频率 $f_k = k/L$, $k = 0, 1, \cdots, L-1$ 处的周期图值。注意，在频率 f_k 处，每个滤波器在单位圆上都有一个极点。

15.6 证明由式（15.2.12）给出的归一化因子可确保满足式（15.2.19）。

15.7 考虑使用 DFT（由 FFT 算法计算）来计算复序列 $x(n)$ 的自相关，即

$$r_{xx}(m) = \frac{1}{N}\sum_{n=0}^{N-m-1} x^*(n)x(n+m), \qquad m \geq 0$$

假设 FFT 的尺寸 M 比数据长度 N 小很多。例如，假设 $N = KM$。

(a) 使用 $4K$ 个 M 点 DFT 和 1 个 M 点 IDFT，确定对 $x(n)$ 分段及在区间 $-(M/2) + 1 \leq m \leq (M/2) - 1$ 上计算 $r_{xx}(m)$ 的步骤。

(b) 考虑三个长度均为 M 的序列 $x_1(n)$，$x_2(n)$ 和 $x_3(n)$。设序列 $x_1(n)$ 和 $x_2(n)$ 在区间 $0 \leq n \leq (M/2) - 1$ 上有任意值，但在区间 $(M/2) \leq n \leq M - 1$ 上为零。序列 $x_3(n)$ 定义为

$$x_3(n) = \begin{cases} x_1(n), & 0 \leq \dfrac{M}{2} - 1 \\ x_2(n - \dfrac{M}{2}), & \dfrac{M}{2} \leq n \leq M - 1 \end{cases}$$

确定 M 点 DFT $X_1(k)$，$X_2(k)$ 和 $X_3(k)$ 之间的简单关系。

(c) 使用(b)问中的结果，说明(a)问中 DFT 的计算次数是如何从 $4K$ 减少到 $2K$ 的。

15.8 巴特利特方法被用于估计信号 $x(n)$ 的功率谱。我们知道功率谱由 3dB 带宽为 0.01 个周期/样本的单个峰组成，但我们不知道峰的位置。

(a) 假设 N 较大，求 $M = N/K$ 的值，使得谱窗口比峰窄。

(b) 解释为什么将 M 增大到超过(a)问中的值是不利的。

15.9 假设我们有一个随机过程的样本序列的 $N = 1000$ 个样本。

(a) 对质量因子 $Q = 10$，求巴特利特、Welch（50%重叠）和 Blackman-Tukey 方法的频率分辨率。

(b) 求巴特利特、Welch（50%重叠）和 Blackman-Tukey 方法的记录长度 M。

15.10 取过去指数加权的周期图平均，由序列 $x(n)$ 连续估计功率谱。于是，当 $P_{xx}^{(0)}(f) = 0$ 时，有

$$P_{xx}^{(m)}(f) = wP_{xx}^{(m-1)}(f) + \frac{1-w}{M}\left|\sum_{n=0}^{M-1} x_m(n)e^{-j2\pi fn}\right|^2$$

式中假设连续的周期图是不相关的，w 是（指数）加权因子。

(a) 求高斯随机过程 $P_{xx}^{(0)}(f)$ 的均值和方差。

(b) 无重叠时，在平均操作中使用由 Welch 定义的改进周期图，重做(a)问中的分析。

15.11 巴特利特方法中的周期图可以表示为

$$P_{xx}^{(i)}(f) = \sum_{m=-(M-1)}^{M-1}\left(1 - \frac{|m|}{M}\right)r_{xx}^{(i)}(m)e^{-j2\pi fm}$$

式中，$r_{xx}^{(i)}(m)$ 是由第 i 个数据块得到的估计自相关序列。证明 $P_{xx}^{(i)}(f)$ 可以写为

$$P_{xx}^{(i)}(f) = \boldsymbol{E}^{\mathrm{H}}(f)\boldsymbol{R}_{xx}^{(i)}\boldsymbol{E}(f)$$

式中，

$$\boldsymbol{E}(f) = \begin{bmatrix} 1 & e^{j2\pi f} & e^{j4\pi f} & \cdots & e^{j2\pi(M-1)f} \end{bmatrix}^{\mathrm{t}}$$

因此有

$$P_{xx}^{(\mathrm{B})}(f) = \frac{1}{K}\sum_{k=1}^{K}\boldsymbol{E}^{\mathrm{H}}(f)\boldsymbol{R}_{xx}^{(k)}\boldsymbol{E}(f)$$

15.12 推导式（15.3.19）中的回归阶更新方程。

15.13 求序列 $x(n)$ 的均值和自相关，其中 $x(n)$ 是由差分方程

$$x(n) = \frac{1}{2}x(n-1) + w(n) - w(n-1)$$

描述的 ARMA(1, 1)过程的输出，$w(n)$ 是方差为 σ_w^2 的白噪声过程。

15.14 求由差分方程 $x(n) = w(n) - 2w(n-1) + w(n-2)$ 描述的 MA(2)过程产生的序列 $x(n)$ 的均值和自相关，其中 $w(n)$ 是方差为 σ_w^2 的白噪声过程。

15.15 一个 MA(2)过程的自相关序列为

$$\gamma_{xx}(m) = \begin{cases} 6\sigma_w^2, & m = 0 \\ -4\sigma_w^2, & m = \pm 1 \\ -2\sigma_w^2, & k = \pm 2 \\ 0, & 其他 \end{cases}$$

(a) 求有上述自相关的 MA(2)过程的系数。

(b) 解是唯一的吗？如果不是，给出所有的解。

15.16 一个 MA(2)过程的自相关序列为

$$\gamma_{xx}(m) = \begin{cases} \sigma_w^2, & m = 0 \\ -\dfrac{35}{62}\sigma_w^2, & m = \pm 1 \\ \dfrac{6}{62}\sigma_w^2, & m = \pm 2 \end{cases}$$

(a) 求 MA(2)过程的最小相位系统的系数。

(b) 求 MA(2)过程的最大相位系统的系数。

(c) 求 MA(2)过程的混合相位系统的系数

15.17 考虑由差分方程

$$y(n) = 0.8y(n-1) + x(n) + x(n-1)$$

描述的线性系统，其中，$x(n)$是均值为零、自相关函数为

$$\gamma_{xx}(m) = \left(\frac{1}{2}\right)^{|m|}$$

的宽平稳随机过程。

(a) 求输出 $y(n)$的功率密度谱。

(b) 求输出的自相关 $\gamma_{yy}(m)$。

(c) 求输出的方差 σ_y^2。

15.18 由式（15.3.6）和式（15.3.9）可知，一个 AR(p)平稳随机过程满足方程

$$\gamma_{xx}(m) + \sum_{k=1}^{p} a_p(k)\gamma_{xx}(m-k) = \begin{cases} \sigma_w^2, & m = 0, \\ 0, & 1 \leqslant m \leqslant p \end{cases}$$

式中，$a_p(k)$是阶为 p 的线性预测器的预测系数，σ_w^2 是最小均方预测误差。如果式（15.3.9）中的 $(p+1) \times (p+1)$ 维自相关矩阵 $\boldsymbol{\Gamma}_{xx}$ 是正定的，证明：

(a) 当 $1 \leqslant m \leqslant p$ 时，反射系数 $|K_m| < 1$。

(b) 多项式

$$A_p(z) = 1 + \sum_{k=1}^{p} a_p(k)z^{-k}$$

的所有根都在单位圆内（即它是最小相位的）。

15.19 一个 AR(2)过程由差分方程

$$x(n) = 0.81x(n-2) + w(n)$$

描述，其中 $w(n)$是方差为 σ_w^2 的一个白噪声过程。

(a) 求对数据 $x(n)$提供最小均方误差拟合的 MA(2)、MA(4)和 MA(8)模型的参数。

(b) 画出真实谱和 MA(q), $q = 2, 4, 8$ 的谱并比较结果。评价 MA(q)模型是如何逼近 AR(2)过程的。

15.20 一个 MA(2)过程由如下差分方程描述：

$$x(n) = w(n) + 0.81w(n-2)$$

式中，$w(n)$是方差为 σ_w^2 的一个白噪声过程。

(a) 求对数据 $x(n)$提供最小均方误差拟合的 AR(2)、AR(4)和 AR(8)模型的参数。

(b) 画出真实谱和 AR(p), $p = 2, 4, 8$ 的谱并比较结果。评价 AR(p)模型是如何逼近 MA(2)过程的。

15.21 **(a)** 求由下列差分方程生成的随机过程的功率谱。

     1． $x(n) = -0.81x(n-2) + w(n) - w(n-1)$

     2． $x(n) = w(n) - w(n-2)$

     3． $x(n) = -0.81x(n-2) + w(n)$

     其中，$w(n)$是方差为 σ_w^2 的一个白噪声过程。

(b) 画出(a)问中给出的过程的谱。

(c) 对于过程 2 和 3，求自相关 $\gamma_{xx}(m)$。

15.22 巴特利特方法被用于由 $N = 2400$ 个样本的序列 $x(n)$估计信号的功率谱。

(a) 对产生频率分辨率 $\Delta f = 0.01$ 的巴特利特方法，求每个数据段的最小长度 M。

(b) 对于 $\Delta f = 0.02$，重做(a)问。

(c) 对于(a)问和(b)问，求质量因子 Q_B。

15.23 随机过程 $x(n)$由下面的功率谱密度描述：

$$\Gamma_{xx}(f) = \sigma_w^2 \frac{\left| e^{j2\pi f} - 0.9 \right|^2}{\left| e^{j2\pi f} - j0.9 \right|^2 \left| e^{j2\pi f} + j0.9 \right|^2}$$

式中，σ_w^2 是一个常量（缩放因子）。

(a) 如果将 $\Gamma_{xx}(f)$ 视为由白噪声驱动的线性零极点系统 $H(z)$的输出的功率谱，求 $H(z)$。

(b) 求被 $x(n)$激励时产生白噪声输出的稳定系统（噪声白化滤波器）的系统函数。

15.24 随机序列 $x(n)$的 N 点 DFT 为

$$X(k) = \sum_{n=0}^{N-1} x(n)e^{-j2\pi nk/N}$$

假设 $E[x(n)] = 0$ 和 $E[x(n)x(n+m)] = \sigma_x^2\delta(m)$ ［即 $x(n)$是一个白噪声过程］。

(a) 求 $X(k)$的方差。

(b) 求 $X(k)$的自相关。

15.25 一个 ARMA(p, q)过程表示一个 MA(q)过程和一个 AR(p)模型的级联。MA(q)模型的输入输出方程为

$$v(n) = \sum_{k=0}^{q} b_k w(n-k)$$

式中，$w(n)$是一个白噪声过程。AR(p)模型的输入输出方程为

$$x(n) + \sum_{k=1}^{p} a_k x(n-k) = v(n)$$

(a) 计算 $v(n)$的自相关，证明

$$\gamma_{vv}(m) = \sigma_w^2 \sum_{k=0}^{q-m} b_k^* b_{k+m}$$

(b) 证明

$$\gamma_{vv}(m) = \sum_{k=0}^{p} a_k \gamma_{vx}(m+k), \qquad a_0 = 1$$

     式中，$\gamma_{vx}(m) = E\left[v(n+m)x^*(n) \right]$。

15.26 求如下随机序列的自相关 $\gamma_{xx}(m)$:

$$x(n) = A\cos(\omega_1 n + \phi)$$

式中，幅度 A 和频率 ω_1 是（已知）常数，ϕ 是在区间 $(0, 2\pi)$ 上均匀分布的一个随机相位。

15.27 假设习题 15.19 中的 AR(2)过程被方差为 σ_v^2 的加性白噪声 $v(n)$破坏。于是，有

$$y(n) = x(n) + v(n)$$

(a) 求 $y(n)$的差分方程，说明 $y(n)$是一个 ARMA (2, 2)过程，并求该 ARMA 过程的系数。

(b) 将(a)问中的结果推广到一个 AR(p)过程

$$x(n) = -\sum_{k=1}^{p} a_k(xn-k) + w(n)$$

和

$$y(n) = x(n) + v(n)$$

15.28 **(a)** 求如下随机序列的自相关：

$$x(n) = \sum_{k=1}^{K} A_k \cos(\omega_k n + \phi_k) + w(n)$$

式中，$\{A_k\}$ 是常数幅度，$\{\omega_k\}$ 是常数频率，$\{\phi_k\}$ 是相互统计独立且均匀分布的随机相位。噪声序列 $w(n)$ 是方差为 σ_w^2 的白噪声。

(b) 求 $x(n)$ 的功率密度谱。

15.29 Pisarenko 考虑的谐波分解问题可以表示为如下方程的解：

$$\boldsymbol{a}^{\mathrm{H}} \boldsymbol{\Gamma}_{yy} \boldsymbol{a} = \sigma_w^2 \boldsymbol{a}^{\mathrm{H}} \boldsymbol{a}$$

最小化受限于约束 $\boldsymbol{a}^{\mathrm{H}} \boldsymbol{a} = 1$ 的二次型 $\boldsymbol{a}^{\mathrm{H}} \boldsymbol{\Gamma}_{yy} \boldsymbol{a}$ 可以得到 $\boldsymbol{a}$ 的解。借助于一个拉格朗日乘子可将该约束纳入性能指标。因此，性能指标变为

$$\mathcal{E} = \boldsymbol{a}^{\mathrm{H}} \boldsymbol{\Gamma}_{yy} \boldsymbol{a} + \lambda(1 - \boldsymbol{a}^{\mathrm{H}} \boldsymbol{a})$$

关于 $\boldsymbol{a}$ 最小化 $\mathcal{E}$，证明该式等效于式（15.6.9）给出的 Pisarenko 特征值问题，其中拉格朗日乘子充当特征值。证明 $\mathcal{E}$ 的最小值是最小特征值 σ_w^2。

15.30 由噪声中具有随机相位的正弦信号组成的一个序列的自相关为

$$\gamma_{xx}(m) = P\cos 2\pi f_1 m + \sigma_w^2 \delta(m)$$

式中，f_1 是正弦信号的频率，P 是其功率，σ_w^2 是噪声的方差。假设用一个 AR(2)模型拟合数据。

(a) 求作为 σ_w^2 和 f_1 的函数的 AR(2)模型的最优系数。

(b) 求对应于 AR(2)模型参数的反射系数 K_1 和 K_2。

(c) 当 $\sigma_w^2 \to 0$ 时，求 AR(2)参数的极限值和(K_1, K_2)。

15.31 在约束 $\boldsymbol{E}^{\mathrm{H}}(f)\boldsymbol{h} = 1$ 下最小化方差 $\sigma_y^2 = \boldsymbol{h}^{\mathrm{H}} \boldsymbol{\Gamma}_{xx} \boldsymbol{h}$，可求出 15.4 节介绍的最小方差功率谱估计，其中，$\boldsymbol{E}(f)$ 定义为矢量

$$\boldsymbol{E}^{\mathrm{t}}(f) = \begin{bmatrix} 1 & \mathrm{e}^{\mathrm{j}2\pi f} & \mathrm{e}^{\mathrm{j}4\pi f} & \cdots & \mathrm{e}^{\mathrm{j}2\pi pf} \end{bmatrix}$$

为了求使 σ_y^2 最小的最优滤波器，定义函数

$$\mathcal{E}(\boldsymbol{h}) = \boldsymbol{h}^{\mathrm{H}} \boldsymbol{\Gamma}_{xx} \boldsymbol{h} + \mu(1 - \boldsymbol{E}^{\mathrm{H}}(f)\boldsymbol{h}) + \mu^*(1 - \boldsymbol{h}^{\mathrm{H}} \boldsymbol{E}(f))$$

式中，μ 是拉格朗日乘子。

(a) 对 $\mathcal{E}(\boldsymbol{h})$ 求微分并将导数设为零，证明

$$\boldsymbol{h}_{\mathrm{opt}} = \mu^* \boldsymbol{\Gamma}_{xx}^{-1} \boldsymbol{E}(f)$$

(b) 使用约束求解 μ^*，证明

$$\boldsymbol{h}_{\mathrm{opt}} = \frac{\boldsymbol{\Gamma}_{xx}^{-1} \boldsymbol{E}(f)}{\boldsymbol{E}^{\mathrm{H}}(f) \boldsymbol{\Gamma}_{xx}^{-1} \boldsymbol{E}(f)}$$

15.32 周期图谱估计表示为

$$P_{xx}(f) = \frac{1}{N} \left| X(f) \right|^2$$

式中，

$$X(f) = \sum_{n=0}^{N-1} x(n)\mathrm{e}^{-\mathrm{j}2\pi fn} = \boldsymbol{E}^{\mathrm{H}}(f)\boldsymbol{X}(n)$$

$\boldsymbol{X}(f)$ 是数据矢量，$\boldsymbol{E}(f)$ 定义为

$$E^t(f) = \begin{bmatrix} 1 & e^{j2\pi f} & e^{j4\pi f} & \cdots & e^{j2\pi f(N-1)} \end{bmatrix}$$

证明

$$E[P_{xx}(f)] = \frac{1}{N} E^H(f) \Gamma_{xx} E(f)$$

式中，Γ_{xx} 是数据矢量 $X(n)$ 的自相关矩阵。

15.33 求白噪声中单个实正弦信号的频率和功率。信号和噪声相关函数为

$$\gamma_{yy}(m) = \begin{cases} 3, & m = 0 \\ 0, & m = 1 \\ -2, & m = 2 \\ 0, & m > 2 \end{cases}$$

15.34 信号 $y(n)$ 由白噪声中的复指数组成，其自相关矩阵为

$$\Gamma_{yy} = \begin{bmatrix} 2 & -j & -1 \\ j & 2 & -j \\ -1 & j & 2 \end{bmatrix}$$

使用多信号分类算法求指数的频率和功率电平。

15.35 证明 $P_{\text{MUSIC}}(f)$ 可以写为

$$P_{\text{MUSIC}}(f) = \frac{1}{s^H(f)\left(\sum_{k=p+1}^{M} v_k v_k^H\right)s(f)}$$

15.36 **求根 MUSIC 算法**。定义噪声子空间多项式为

$$V_k(z) = \sum_{n=0}^{M-1} v_k(n+1)z^{-n}, \qquad k = p+1, \cdots, M$$

式中，$v_k(n)$ 是噪声子空间矢量 v_k 的元素。

(a) 证明 $P_{\text{MUSIC}}(f)$ 可以表示为

$$P_{\text{MUSIC}}(f) = \frac{1}{\sum_{k=p+1}^{M} V_k(f)V_k^*(f)} = \frac{1}{\sum_{k=p+1}^{M} V_k(z)V_k^*(1/z^*)\big|_{z=e^{j2\pi f}}}$$

(b) 对于白噪声中的 p 个复正弦信号，多项式

$$Q(z) = \sum_{k=p+1}^{M} V_k(z)V_k^*(1/z^*)$$

在 $z = e^{j2\pi f_i}$，$i = 1, 2, \cdots, p$ 处的值为零。因此，该多项式在 z 平面的单位圆上有 p 个根，每个根都是一个双根。对多项式 $Q(z)$ 执行因式分解求频率的方法称为**求根 MUSIC 方法**。对于习题 15.34 中给出的相关矩阵，采用求根 MUSIC 方法求指数的频率。由该方法得到的额外的根是假根，可以丢弃。

15.37 本题使用互相关检测噪声中的信号，并且估计信号中的时间延迟。信号 $x(n)$ 由被平稳零值均值白噪声序列破坏的脉冲正弦信号组成，即

$$x(n) = y(n-n_0) + w(n), \qquad 0 \leqslant n \leqslant N-1$$

式中，$w(n)$ 是方差为 σ_w^2 的噪声，且信号为

$$y(n) = \begin{cases} A\cos\omega_0 n, & 0 \leqslant n \leqslant M-1 \\ 0, & \text{其他} \end{cases}$$

频率 ω_0 已知，延迟 n_0 是未知的正整数，可由 $x(n)$ 和 $y(n)$ 的互相关求出。设 $N > M + n_0$。令

$$r_{xy}(m) = \sum_{n=0}^{N-1} y(n-m)x(n)$$

表示 $x(n)$ 和 $y(n)$ 之间的互相关序列。不存在噪声时，该函数在延迟 $m = n_0$ 处出现一个峰值。于是，n_0 是在无误差的情况下求出的。噪声会在求未知延迟时导致误差。

(a) 当 $m = n_0$ 时，求 $E[r_{xy}(n_0)]$ 和方差 $\text{var}[r_{xy}(n_0)]$。在两个计算中都假设双频率项平均到零，即 $M \gg 2\pi/\omega_0$。

(b) 求定义如下的信噪比：

$$\text{SNR} = \frac{\left\{ E\left[r_{xy}(n_0) \right] \right\}^2}{\text{var}\left[r_{xy}(n_0) \right]}$$

(c) 脉冲周期 M 对信噪比有何影响？

计算机习题

CP15.1 使用均匀随机数生成器生成方差 $\sigma_w^2 = 1/12$ 的零均值白噪声序列 $w(n)$ 的 100 个样本。

(a) 计算 $0 \leqslant m \leqslant 15$ 时 $w(n)$ 的自相关。

(b) 计算周期图估计 $P_{xx}(f)$ 并画出其图形。

(c) 生成 $w(n)$ 的 10 个不同实现，计算对应的样本自相关序列 $r_k(m)$, $1 \leqslant k \leqslant 10$, $0 \leqslant m \leqslant 15$。

(d) 计算并画出(c)问中的平均自相关序列

$$r_{\text{av}}(m) = \frac{1}{10} \sum_{k=1}^{10} r_k(m)$$

及对应于 $r_{\text{av}}(m)$ 的周期图。

(e) 评论(a)问到(d)问中的结果。

CP15.2 让方差为 1 的零均值高斯白噪声通过系统函数为

$$H(z) = \frac{1}{(1 + az^{-1} + 0.99z^{-2})(1 - az^{-1} + 0.98z^{-2})}$$

的滤波器，生成一个随机信号。

(a) 对于小 a 值（$0 < a < 0.1$），画出理论功率谱 $\Gamma_{xx}(f)$ 的图形。注意两个谱峰的值及 $\omega = \pi/2$ 时的 $P_{xx}(\omega)$ 值。

(b) 令 $a = 0.1$，使用巴特利特方法，求分辨 $\Gamma_{xx}(f)$ 的谱峰所需的节长 M。

(c) 考虑平滑周期图的 Blackman-Tukey 方法。要使用相关估计的多少滞后，才能得到与(b)问中相当的分辨率？如果估计的方差与一个四节巴特利特估计的方差相当，要使用多少个数据点？

(d) 对于 $a = 0.05$，使用 Yule-Walker 方法将 AR(4)模型拟合到 100 个数据样本并画出功率谱。舍弃最前面的 200 个数据样本以避免瞬态效应。

(e) 使用 Burg 方法重做(d)问。

(f) 对于 50 个样本重做(d)问和(e)问，评价结果的异同。

附录 A　随机数生成器

在本书给出的某些例子中需要生成随机数，以便仿真噪声对信号的影响，说明相关方法是如何检测淹没在噪声中的信号的。对于周期信号，相关技术还可让我们估计信号的周期。在实际工作中，随机数生成器常用于仿真类噪声信号和其他随机现象的影响。电子设备和系统中出现的这类噪声，会限制我们执行长距离通信和检测微弱信号的能力。在计算机上生成这类噪声，就可以仿真通信系统、雷达探测系统和类似系统，进而评估出现噪声时这些系统的性能。

大多数计算机软件库都包含一个均匀随机数生成器。这样的随机数生成器等概率地生成一个在 0 和 1 之间的数。我们将随机数生成器的输出称为一个**随机变量**。如果 A 表示这样的一个随机变量，其范围就是 $0 \leqslant A \leqslant 1$。

数字计算机的数值输出是有限精度的，因此不可能在区间 $0 \leqslant A \leqslant 1$ 内表示连续的数字。然而，我们可以假设计算机是以定点或浮点格式的许多位来表示每个输出的。因此，对于实用目的，区间 $0 \leqslant A \leqslant 1$ 内输出的数量是足够的，因此我们只需假设该区间内的任何值都是生成器的一个输出。

图 A.1(a)显示了随机变量 A 的均匀概率密度函数，记为 $p(A)$。观察发现，A 的平均值或均值（记为 m_A）为 $m_A = 1/2$。概率密度函数的积分［表示 $p(A)$ 下方的面积］称为随机变量 A 的概率分布函数，定义为

$$F(A) = \int_{-\infty}^{A} p(x)\,\mathrm{d}x \tag{A.1}$$

对于任意一个随机变量，该面积必定总是 1，这是由分布函数得到的最大值。因此，

$$F(1) = \int_{-\infty}^{1} p(x)\,\mathrm{d}x = 1 \tag{A.2}$$

且当 $0 \leqslant A \leqslant 1$ 时，$F(A)$ 的取值区间是 $0 \leqslant F(A) \leqslant 1$。

如果要在区间 $(b,\ b + 1)$ 内产生均匀分布的噪声，只需将随机数生成器的输出 A 平移量 b。于是，新随机变量 B 就可定义为

$$B = A + b \tag{A.3}$$

它的均值现在为 $m_B = b + 1/2$。例如，如果 $b = -1/2$，随机变量 B 就在区间 $(-1/2,\ 1/2)$ 内均匀分布，如图 A.2(a)所示。其概率分布函数 $F(B)$ 如图 A.2(b)所示。

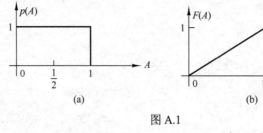

(a)　　　　　　　　　　　(b)

图 A.1

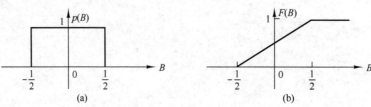

(a)　　　　　　　　　　　(b)

图 A.2

我们可以使用在区间(0, 1)内均匀分布的一个随机变量来生成具有其他概率分布函数的随机变量。例如，假设我们要生成概率分布函数为 $F(C)$ 的一个随机变量 C，如图 A.3 所示。因为 $F(C)$ 的取值范围是(0, 1)，所以首先生成在区间(0, 1)内均匀分布的一个随机变量 A。如果令

$$F(C) = A \tag{A.4}$$

那么

$$C = F^{-1}(A) \tag{A.5}$$

于是，求解式（A.4）得到 C，且式（A.5）的解是使得 $F(C) = A$ 的 C 值。采用这种方法，我们就得到了概率分布函数为 $F(C)$ 的一个新随机变量 C。图 A.3 中显示了从 A 到 C 的这个逆映射。

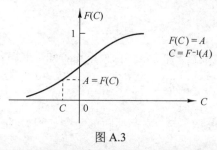

图 A.3

【例 A.1】生成一个随机变量 C，它具有如图 A.4(a)所示的线性概率密度函数，即

$$p(C) = \begin{cases} C/2, & 0 \leq C \leq 2 \\ 0, & \text{其他} \end{cases}$$

解： 该随机变量的概率密度函数为

$$F(C) = \begin{cases} 0, & C < 0 \\ \frac{1}{4}C^2, & 0 \leq C \leq 2 \\ 1, & C > 2 \end{cases}$$

如图 A.4(b)所示。我们生成一个均匀分布的随机变量 A，并令 $F(C) = A$。因此，

$$F(C) = \frac{1}{4}C^2 = A$$

求解 C 得

$$C = 2\sqrt{A}$$

于是，我们就生成了概率函数为 $F(C)$ 的一个随机变量 C，如图 A.4(b)所示。

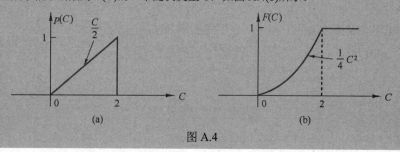

图 A.4

在例 A.1 中，逆映射 $C = F^{-1}(A)$ 很简单，但在某些情况下却很复杂。例如，当我们生成具有正态分布函数的随机数时，逆映射就很复杂。

物理系统中出现的噪声常用正态或高斯概率分布描述，如图 A.5 所示。概率密度函数为

$$p(C) = \frac{1}{\sqrt{2\pi}\sigma} e^{-C^2/2\sigma^2}, \quad -\infty < C < \infty \tag{A.6}$$

式中，σ^2 是 C 的方差，它是概率密度函数 $p(C)$ 的分布的度量。概率分布函数 $F(C)$ 是区间 $(-\infty, C)$ 内 $p(C)$ 下方的面积。因此，有

$$F(C) = \int_{-\infty}^{C} p(x)\,\mathrm{d}x \tag{A.7}$$

遗憾的是，式（A.7）中的积分并不能用简单的函数表示，因此很难实现逆映射。

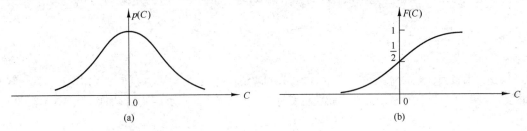

图 A.5

为了规避该问题，人们找到了一种方法。由概率论可知，概率分布函数为

$$F(R) = \begin{cases} 0, & R < 0 \\ 1 - \mathrm{e}^{-R^2/2\sigma^2}, & R \geqslant 0 \end{cases} \tag{A.8}$$

的一个（瑞利分布的）随机变量 R，与一对高斯随机变量 C 和 D 的关系是

$$C = R\cos\Theta \tag{A.9}$$
$$D = R\sin\Theta \tag{A.10}$$

式中，Θ 是一个在区间$(0, 2\pi)$内均匀分布的变量。参数 σ^2 是 C 和 D 的方差。因为式（A.8）很容易求逆，所以有

$$F(R) = 1 - \mathrm{e}^{-R^2/2\sigma^2} = A$$

进而有

$$R = \sqrt{2\sigma^2 \ln\left[1/(1-A)\right]} \tag{A.11}$$

式中，A 是在区间$(0, 1)$内均匀分布的随机变量。现在，如果生成第二个均匀分布的随机变量 B，并定义

$$\Theta = 2\pi B \tag{A.12}$$

由式（A.9）和式（A.10）就能得到两个统计独立的高斯分布随机变量 C 和 D。

实际工作中常用上面介绍的方法生成高斯分布随机变量。如图 A.5 所示，这些随机变量的均值为零，方差为 σ^2。如果需要均值不是零的高斯随机变量，C 和 D 就可通过加上均值来平移。

图 A.6 给出了实现该方法的子程序，它生成高斯分布的随机变量。

```
C    SUBROUTINE GAUSS CONVERTS A UNIFORM RANDOM
C    SEQUENCE XIN IN [0,1] TO A GAUSSIAN RANDOM
C    SEQUENCE WITH G(0,SIGMA**2)
C    PARAMETERS  :
C    XIN         :UNIFORM IN [0,1] RANDOM NUMBER
C    B           :UNIFORM IN [0,1] RANDOM NUMBER
C    SIGMA       :STANDARD DEVIATION OF THE GAUSSIAN
C    YOUT        :OUTPUT FROM THE GENERATOR
C
     SUBROUTINE GAUSS 9XIN,B,SIGMA,YOUT)
     PI=4.0*ATAN (1.0)
     B=2.0*PI*B
     R=SQRT (2.0*(SIGMA**2)*ALOG(1.0/(1.0-XIN)))
     YOUT=R*COS(B)
     RETURN
     END
C    NOTE: TO USE THE ABOVE SUBROUTINE FOR A
C          GAUSSIAN RANDOM NUMBER GENERATOR
C          YOU MUST PROVIDE AS INPUT TWO UNIFORM RANDOM NUMBERS
C          XIN AND B
C          XIN AND B MUST BE STATISTICALLY INDEPENDENT
C
```

图 A.6　生成高斯随机变量的子程序

附录 B 设计线性相位 FIR 滤波器的过渡系数表

10.2.3 节介绍了一种设计线性相位 FIR 滤波器的方法：在一组等间隔频率 $\omega_k = 2\pi(k+\alpha)$ 处规定 $H_r(\omega)$，其中 $\alpha = 0$ 或 $\alpha = 1/2$，当 M 为奇数时，$k = 0, 1, \cdots, (M-1)/2$，当 M 为偶数时，$k = 0, 1, \cdots,$ $(M/2)-1$，M 是滤波器的长度。在滤波器的通带内选择 $H_r(\omega_k) = 1$，而在滤波器的阻带内选择 $H_r(\omega_k) = 0$。对于过渡带内的频率，使过渡带内的最大旁瓣最小，进而使 $H_r(\omega_k)$ 的值最优。这称为**极小极大优化准则**。

Rabiner et al. (1970)中优化了过渡带内的 $H_r(\omega)$ 值，并且给出了过渡值表。本章精选了用于低通 FIR 滤波器的几个表。

这里共给出三个表。表 B.1 中列出了 $\alpha = 0$ 时的过渡系数，以及 M 为奇数和偶数时过渡带中的一个系数。表 B.2 中列出了 $\alpha = 0$ 时的过渡系数，以及 M 为奇数和偶数时过渡带中的两个系数。表 B.3 中列出了 $\alpha = 1/2$ 时的过渡系数，以及 M 为偶数时过渡带中的一个系数。表 B.3 中还列出了 $\alpha = 1/2$ 时的过渡系数，以及 M 为偶数时过渡带中的两个系数。这些表中还包括最大旁瓣电平和带宽 BW。

为了使用这些表，我们从一组指标开始，包括：①滤波器的带宽，它定义为$(2\pi/M)$ $(BW+\alpha)$，其中 BW 是 $H(\omega_k) = 1$ 时的连续频率；②过渡带的宽度，它约为过渡系数数量的 $2\pi/M$ 倍；③阻带内的最大允许旁瓣。从这些表中可以选择满足这些指标的滤波器长度。

表 B.1 $\alpha = 0$ 时的过渡系数

	M 为奇数			M 为偶数	
BW	极小极大	T_1	BW	极小极大	T_1
	$M = 15$			$M = 16$	
1	−42.30932283	0.43378296	1	−39.75363827	0.42631836
2	−41.26299286	0.41793823	2	−37.61346340	0.40397949
3	−41.25333786	0.41047636	3	−36.57721567	0.39454346
4	−41.94907713	0.40405884	4	−35.87249756	0.38916626
5	−44.37124538	0.39268189	5	−35.31695461	0.38840332
6	−56.01416588	0.35766525	6	−35.51951933	0.40155639
	$M = 33$			$M = 32$	
1	−43.03163004	0.42994995	1	−42.24728918	0.42856445
2	−42.42527962	0.41042481	2	−41.29370594	0.40773926
3	−42.40898275	0.40141601	3	−41.03810358	0.39662476
4	−42.45948601	0.39641724	4	−40.93496323	0.38925171
6	−42.52403450	0.39161377	5	−40.85183477	0.37897949
8	−42.44085121	0.39039917	8	−40.75032616	0.36990356
10	−42.11079407	0.39192505	10	−40.54562140	0.35928955
12	−41.92705250	0.39420166	12	−39.93450451	0.34487915
14	−44.69430351	0.38552246	14	−38.91993237	0.34407349
15	−56.18293285	0.35360718			

	M 为奇数			M 为偶数	
BW	极小极大	T_1	BW	极小极大	T_1
	$M = 65$			$M = 64$	
1	−43.16935968	0.42919312	1	−42.96059322	0.42882080
2	−42.61945581	0.40903320	2	−42.30815172	0.40830689
3	−42.70906305	0.39920654	3	−42.32423735	0.39807129
4	−42.86997318	0.39335937	4	−42.43565893	0.39177246
5	−43.01999664	0.38950806	5	−42.55461407	0.38742065
6	−43.14578819	0.38679809	6	−42.66526604	0.38416748
10	−43.44808340	0.38129272	10	−43.01104736	0.37609863
14	−43.54684496	0.37946167	14	−43.28309965	0.37089233
18	−43.48173618	0.37955322	18	−43.56508827	0.36605225
22	−43.19538212	0.38162842	22	−43.96245098	0.35977783
26	−42.44725609	0.38746948	26	−44.60516977	0.34813232
30	−44.76228619	0.38417358	30	−43.81448936	0.29973144
31	−59.21673775	0.35282745			
	$M = 125$			$M = 128$	
1	−43.20501566	0.42899170	1	−43.15302420	0.42889404
2	−42.66971111	0.40867310	2	−42.59092569	0.40847778
3	−42.77438974	0.39868774	3	−42.67634487	0.39838257
4	−42.95051050	0.39268189	4	−42.84038544	0.39226685
6	−43.25854683	0.38579101	5	−42.99805641	0.38812256
8	−43.47917461	0.38195801	7	−43.25537014	0.38281250
10	−43.63750410	0.37954102	10	−43.52547789	0.3782638
18	−43.95589399	0.37518311	18	−43.93180990	0.37251587
26	−44.05913115	0.37384033	26	−44.18097305	0.36941528
34	−44.05672455	0.37371826	34	−44.40153408	0.36686401
42	−43.94708776	0.37470093	42	−44.67161417	0.36394653
50	−43.58473492	0.37797851	50	−45.17186594	0.35902100
58	−42.14925432	0.39086304	58	−46.92415667	0.34273681
59	−42.60623264	0.39063110	62	−49.46298973	0.28751221
60	−44.78062010	0.38383713			
61	−56.22547865	0.35263062			

来源：Rabiner et al. (1970); © 1970 IEEE；获允许重印。

表 B.2　$\alpha = 0$ 时的过渡系数

	M 为奇数				M 为偶数		
BW	极小极大	T_1	T_2	BW	极小极大	T_1	T_2
	$M = 15$				$M = 16$		
1	−70.60540585	0.09500122	0.58995418	1	−65.27693653	0.10703125	0.60559357
2	−69.26168156	0.10319824	0.59357118	2	−62.85937929	0.12384644	0.62201631
3	−69.91973495	0.10083618	0.58594327	3	−62.96594906	0.12827148	0.62855407
4	−75.51172256	0.08407953	0.55715312	4	−66.03942485	0.12130127	0.61952704
5	−103.45078300	0.05180206	0.49917424	5	−71.73997498	0.11066284	0.60979204

	M 为奇数				M 为偶数		
BW	极小极大	T_1	T_2	BW	极小极大	T_1	T_2
	$M = 33$				$M = 32$		
1	−70.60967541	0.09497070	0.58985167	1	−67.37020397	0.09610596	0.59045212
2	−68.16726971	0.10585937	0.59743846	2	−63.93104696	0.11263428	0.60560235
3	−67.13149548	0.10937500	0.59911696	3	−62.49787903	0.11931763	0.61192546
5	−66.53917217	0.10965576	0.59674101	5	−61.28204536	0.12541504	0.61824023
7	−67.23387909	0.10902100	0.59417456	7	−60.82049131	0.12907715	0.62307031
9	−67.85412312	0.10502930	0.58771575	9	−59.74928167	0.12068481	0.60685586
11	−69.08597469	0.10219727	0.58216391	11	−62.48683357	0.13004150	0.62821502
13	−75.86953640	0.08137207	0.54712777	13	−70.64571857	0.11017914	0.60670943
14	−104.04059029	0.05029373	0.49149549				
	$M = 65$				$M = 64$		
1	−70.66014957	0.09472656	0.58945943	1	−70.26372528	0.09376831	0.58789222
2	−68.89622307	0.10404663	0.59476127	2	−67.20729542	0.10411987	0.59421778
3	−67.90234470	0.10720215	0.59577449	3	−65.80684280	0.10850220	0.59666158
4	−67.24003792	0.10726929	0.59415763	4	−64.95227051	0.11038818	0.59730067
5	−66.86065960	0.10689087	0.59253047	5	−64.42742348	0.11113281	0.59698496
9	−66.27561188	0.10548706	0.58845983	9	−63.41714096	0.10936890	0.59088884
13	−65.96417046	0.10466309	0.58660485	13	−62.72142410	0.10828857	0.58738641
17	−66.16404629	0.10649414	0.58862042	17	−62.37051868	0.11031494	0.58968142
21	−66.76456833	0.10701904	0.58894575	21	−62.04848146	0.11254273	0.59249461
25	−68.13407993	0.10327148	0.58320831	25	−61.88074064	0.11994629	0.60564501
29	−75.98313046	0.08069458	0.54500379	29	−70.05681992	0.10717773	0.59842159
30	−104.92083740	0.04978485	0.48965181				
	$M = 125$				$M = 128$		
1	−70.68010235	0.09464722	0.58933268	1	−70.58992958	0.09445190	0.58900996
2	−68.94157696	0.10390015	0.59450024	2	−68.62421608	0.10349731	0.59379058
3	−68.19352627	0.10682373	0.59508549	3	−67.66701698	0.10701294	0.59506081
5	−67.34261131	0.10668945	0.59187505	4	−66.95196629	0.10685425	0.59298926
7	−67.09767151	0.10587158	0.59821869	6	−66.32718945	0.10596924	0.58953845
9	−67.05801296	0.10523682	0.58738706	9	−66.01315498	0.10471191	0.58593906
17	−67.17504501	0.10372925	0.58358265	17	−65.89422417	0.10288086	0.58097354
25	−67.22918987	0.10316772	0.58224835	25	−65.92644215	0.10182495	0.57812308
33	−67.11609936	0.10303955	0.58198956	33	−65.95577812	0.10096436	0.57576437
41	−66.71271324	0.10313721	0.58245499	41	−65.97698021	0.10094604	0.57451694
49	−66.62364197	0.10561523	0.58629534	49	−65.67919827	0.09865112	0.56927420
57	−69.28378487	0.10061646	0.57812192	57	−64.61514568	0.09845581	0.56604486
58	−70.35782337	0.09663696	0.57121235	61	−71.76589394	0.10496826	0.59452277
59	−75.94707718	0.08054886	0.54451285				
60	−104.09012318	0.04991760	0.48963264				

来源：Rabiner et al. (1970); © 1970 IEEE；获允许重印。

BW	极小极大	T_1	BW	极小极大	T_1	T_2
	$M = 16$			$M = 16$		
1	−51.60668707	0.26674805	1	−77.26126766	0.05309448	0.41784180
2	−47.48000240	0.32149048	2	−73.81026745	0.07175293	0.49369211
3	−45.19746828	0.34810181	3	−73.02352142	0.07862549	0.51966134
4	−44.32862616	0.36308594	4	−77.95156193	0.07042847	0.51158076
5	−45.68347692	0.36661987	5	−105.23953247	0.04587402	0.46967784
6	−56.63700199	0.34327393				
	$M = 32$			$M = 32$		
1	−52.64991188	0.26073609	1	−80.49464130	0.04725342	0.40357383
2	−49.39390278	0.30878296	2	−73.92513466	0.07094727	0.49129255
3	−47.72596645	0.32984619	3	−72.40863037	0.08012695	0.52153983
4	−46.68811989	0.34217529	5	−70.95047379	0.08935547	0.54805908
6	−45.33436489	0.35704956	7	−70.22383976	0.09403687	0.56031410
8	−44.30730963	0.36750488	9	−69.94402790	0.09628906	0.56637987
10	−43.11168003	0.37810669	11	−70.82423878	0.09323731	0.56226952
12	−42.97900438	0.38465576	13	−104.85642624	0.04882812	0.48479068
14	−56.32780266	0.35030518				
	$M = 64$			$M = 64$		
1	−52.90375662	0.25923462	1	−80.80974960	0.04658203	0.40168723
2	−49.74046421	0.30603638	2	−75.11772251	0.06759644	0.48390015
3	−48.38088989	0.32510986	3	−72.66662025	0.07886963	0.51850058
4	−47.47863007	0.33595581	4	−71.85610867	0.08393555	0.53379876
5	−46.88655186	0.34287720	5	−71.34401417	0.08721924	0.54311474
6	−46.46230555	0.34774170	9	−70.32861614	0.09371948	0.56020256
10	−45.46141434	0.35859375	13	−69.34809303	0.09761963	0.56903714
14	−44.85988188	0.36470337	17	−68.06440258	0.10051880	0.57543691
18	−44.34302616	0.36983643	21	−67.99149132	0.10289307	0.58007699
22	−43.69835377	0.37586059	25	−69.32065105	0.10068359	0.57729656
26	−42.45641375	0.38624268	29	−105.72862339	0.04923706	0.48767025
30	−56.25024033	0.35200195				
	$M = 128$			$M = 128$		
1	−52.96778202	0.25885620	1	−80.89347839	0.04639893	0.40117195
2	−49.82771969	0.30534668	2	−77.22580583	0.06295776	0.47399521
3	−48.51341629	0.32404785	3	−73.43786240	0.07648926	0.51361278
4	−47.67455149	0.33443604	4	−71.93675232	0.08345947	0.53266251
5	−47.11462021	0.34100952	6	−71.10850430	0.08880615	0.54769675
7	−46.43420267	0.34880371	9	−70.53600121	0.09255371	0.55752959
10	−45.88529110	0.35493774	17	−69.95890045	0.09628906	0.56676912
18	−45.21660566	0.36182251	25	−69.29977322	0.09834595	0.57137301
26	−44.87959814	0.36521607	33	−68.75139713	0.10077515	0.57594641
34	−44.61497784	0.36784058	41	−67.89687920	0.10183716	0.57863142
42	−44.32706451	0.37066040	49	−66.76120186	0.10264282	0.58123560
50	−43.87646437	0.37500000	57	−69.21525860	0.10157471	0.57946395
58	−42.30969715	0.38807373	61	−104.57432938	0.04970703	0.48900685
62	−56.23294735	0.35241699				

参考文献和参考书目

AKAIKE, H. 1969. "Power Spectrum Estimation Through Autoregression Model Fitting," *Ann. Inst. Stat. Math.*, Vol. 21, pp. 407–149.

AKAIKE, H. 1974. "A New Look at the Statistical Model Identification," *IEEE Trans. Automatic Control*, Vol. AC-19, pp. 716–723, December.

ANDERSEN, N. O. 1978. "Comments on the Performance of Maximum Entropy Algorithm," *Proc. IEEE*, Vol. 66, pp. 1581–1582, November.

ANTONIOU, A. 1979. *Digital Filters: Analysis and Design*, McGraw-Hill, New York.

AUER, E. 1987. "A Digital Filter Structure Free of Limit Cycles," *Proc. 1987 ICASSP*, pp. 21.11.1–21.11.4, Dallas, TX, April.

AVENHAUS, E., and SCHUESSLER, H. W. 1970. "On the Approximation Problem in the Design of Digital Filters with Limited Wordlength," *Arch. Elek. Ubertragung*, Vol. 24, pp. 571–572.

BAGGEROER, A. B. 1976. "Confidence Intervals for Regression (MEM) Spectral Estimates," *IEEE Trans. Information Theory*, Vol. IT-22, pp. 534–545, September.

BANDLER, J. W., and BARDAKJIAN, B. J. 1973. "Least *p*th Optimization of Recursive Digital Filters," *IEEE Trans. Audio and Electroacoustics*, Vol. AU-21, pp. 460–470, October.

BARNES, C. W., and FAM, A. T. 1977. "Minimum Norm Recursive Digital Filters That Are Free of Overflow Limit Cycles," *IEEE Trans. Circuits and Systems*, Vol. CAS-24, pp. 569–574, October.

BARTLETT, M. S. 1948. "Smoothing Periodograms from Time Series with Continuous Spectra," *Nature* (London), Vol. 161, pp. 686–687, May.

BARTLETT, M. S. 1961. *Stochastic Processes*, Cambridge University Press, Cambridge, UK.

BECKMAN, F. S. 1960 The Solution of Linear Equations by the Conjugate Gradient Method" in *Mathematical Methods for Digital Computers*, A. Ralston and H.S. Wilf, eds., Wiley, New York.

BERGLAND, G. D. 1969. "A Guided Tour of the Fast Fourier Transform," *IEEE Spectrum*, Vol. 6, pp. 41–52, July.

BERK, K. N. 1974. "Consistent Autoregressive Spectral Estimates," *Ann. Stat.*, Vol. 2, pp. 489–502.

BERNHARDT, P. A., ANTONIADIS, D. A., and DA ROSA, A. V. 1976. "Lunar Perturbations in Columnar Electron Content and Their Interpretation in Terms of Dynamo Electrostatic Fields," *J. Geophys. Res.*, Vol. 81, pp. 5957–5963, December.

BERRYMAN, J. G. 1978. "Choice of Operator Length for Maximum Entropy Spectral Analysis," *Geophysics*, Vol. 43, pp. 1384–1391, December.

BIERMAN, G. J. 1977. *Factorization Methods for Discrete Sequential Estimation*, Academic, New York.

BLACKMAN, R. B., and TUKEY, J. W. 1958. *The Measurement of Power Spectra*, Dover, New York.

BLAHUT, R. E. 1985. *Fast Algorithms for Digital Signal Processing*, Addison-Wesley, Reading, MA.

BLUESTEIN, L. I. 1970. "A Linear Filtering Approach to the Computation of the Discrete Fourier Transform," *IEEE Trans. Audio and Electroacoustics*, Vol. AU-18, pp. 451–455, December.

BOLT, B. A. 1988. *Earthquakes*, W. H. Freeman and Co., New York.

BOMAR, B. W. 1985. "New Second-Order State-Space Structures for Realizing Low Roundoff Noise Digital Filters," *IEEE Trans. Acoustics, Speech, and Signal Processing*, Vol. ASSP-33, pp. 106–110, February.

BOX, G., JENKINS, G., REINSEL, G. and LJUNG, G. 2016. *Time Series Analysis: Forcasting and Control*, Wiley, New York.

BRACEWELL, R. N. 1978. *The Fourier Transform and Its Applications*, 2d ed., McGraw-Hill, New York.

BRIGHAM, E. O. 1988. *The Fast Fourier Transform and Its Applications*, Prentice Hall, Upper Saddle River, NJ.

BRIGHAM, E. O., and MORROW, R. E. 1967. "The Fast Fourier Transform," *IEEE Spectrum*, Vol. 4, pp. 63–70, December.

BRILLINGER, D. R. 1974. "Fourier Analysis of Stationary Processes," *Proc. IEEE*, Vol. 62, pp. 1628–1643, December.

BROWN, J. L., JR., 1980. "First-Order Sampling of Bandpass Signals—A New Approach," *IEEE Trans. Information Theory*, Vol. IT-26, pp. 613–615, September.

BROWN, R. C. 1983. *Introduction to Random Signal Analysis and Kalman Filtering*, Wiley, New York.

BRUBAKER, T. A., and GOWDY, J. N. 1972. "Limit Cycles in Digital Filters," *IEEE Trans. Automatic Control*, Vol. AC-17, pp. 675–677, October.

BRUZZONE, S. P., and KAVEH, M. 1980. "On Some Suboptimum ARMA Spectral Estimators," *IEEE Trans. Acoustics, Speech, and Signal Processing*, Vol. ASSP-28, pp. 753–755, December.

BURG, J. P. 1967. "Maximum Entropy Spectral Analysis," *Proc. 37th Meeting of the Society of Exploration Geophysicists*, Oklahoma City, OK, October. Reprinted in *Modern Spectrum Analysis*, D. G. Childers, ed., IEEE Press, New York.

BURG, J. P. 1968. "A New Analysis Technique for Time Series Data," NATO Advanced Study Institute on Signal Processing with Emphasis on Underwater Acoustics, August 12–23. Reprinted in *Modern Spectrum Analysis*, D. G. Childers, ed., IEEE Press, New York.

BURG, J. P. 1972. "The Relationship Between Maximum Entropy and Maximum Likelihood Spectra," *Geophysics*, Vol. 37, pp. 375–376, April.

BURG, J. P. 1975. "Maximum Entropy Spectral Analysis," Ph.D. dissertation, Department of Geophysics, Stanford University, Stanford, CA, May.

BURRUS, C. S., and PARKS, T. W. 1970. "Time–Domain Design of Recursive Digital Filters," *IEEE Trans. Audio and Electroacoustics*, Vol. 18, pp. 137–141, June.

BURRUS, C. S. and PARKS, T. W. 1985. *DFT/FFT and Convolution Algorithms*, Wiley, New York.

BURRUS, S., GOPINATH, R. and GUO, H. 1998. *Introduction to Wavelets and Wavelet Transforms: A Primer*, Prentice Hall, Upper Saddle River, NJ.

BUTTERWECK, H. J., VAN MEER, A. C. P., and VERKROOST, G. 1984. "New Second-Order Digital Filter Sections Without Limit Cycles," *IEEE Trans. Circuits and Systems*, Vol. CAS-31, pp. 141–146, February.

CADZOW, J. A. 1979. "ARMA Spectral Estimation: An Efficient Closed-Form Procedure," *Proc. RADC Spectrum Estimation Workshop*, pp. 81–97, Rome, NY, October.

CADZOW, J. A. 1981. "Autoregressive–Moving Average Spectral Estimation: A Model Equation Error Procedure," *IEEE Trans. Geoscience Remote Sensing*, Vol. GE-19, pp. 24–28, January.

CADZOW, J. A. 1982. "Spectral Estimation: An Overdetermined Rational Model Equation Approach," *Proc. IEEE*, Vol. 70, pp. 907–938, September.

CANDY, J. C. 1986. "Decimation for Sigma Delta Modulation," *IEEE Trans. Communications*, Vol. COM-34, pp. 72–76, January.

CANDY, J. C., WOOLEY, B. A., and BENJAMIN, D. J. 1981. "A Voiceband Codec with Digital Filtering," *IEEE Trans. Communications*, Vol. COM-29, pp. 815–830, June.

CAPON, J. 1969. "High-Resolution Frequency–Wavenumber Spectrum Analysis," *Proc. IEEE*, Vol. 57, pp. 1408–1418, August.

CAPON, J. 1983. "Maximum-Likelihood Spectral Estimation," in *Nonlinear Methods of Spectral Analysis*, 2d ed., S. Haykin, ed., Springer-Verlag, New York.

CAPON, J., and GOODMAN, N. R. 1971. "Probability Distribution for Estimators of the Frequency-Wavenumber Spectrum," *Proc. IEEE*, Vol. 58, pp. 1785–1786, October.

CARAISCOS, C., and LIU, B. 1984. "A Roundoff Error Analysis of the LMS Adaptive Algorithm," *IEEE Trans. Acoustics, Speech, and Signal Processing*, Vol. ASSP-32, pp. 34–41, January.

CARAYANNIS, G., MANOLAKIS, D. G., and KALOUPTSIDIS, N. 1983. "A Fast Sequential Algorithm for Least-Squares Filtering and Prediction," *IEEE Trans. Acoustics, Speech, and Signal Processing*, Vol. ASSP-31, pp. 1394–1402, December.

CARAYANNIS, G., MANOLAKIS, D. G., and KALOUPTSIDIS, N. 1986. "A Unified View of Parametric Processing Algorithms for Prewindowed Signals," *Signal Processing*, Vol. 10, pp. 335–368, June.

CARLSON, N. A., and CULMONE, A. F. 1979. "Efficient Algorithms for On-Board Array Processing," *Record 1979 International Conference on Communications*, pp. 58.1.1–58.1.5, Boston, June 10–14.

CHAN, D. S. K., and RABINER, L. R. 1973a. "Theory of Roundoff Noise in Cascade Realizations of Finite Impulse Response Digital Filters," *Bell Syst. Tech. J.*, Vol. 52, pp. 329–345, March.

CHAN, D. S. K., and RABINER, L. R. 1973b. "An Algorithm for Minimizing Roundoff Noise in Cascade Realizations of Finite Impulse Response Digital Filters," *Bell Sys. Tech. J.*, Vol. 52, pp. 347–385, March.

CHAN, D. S. K., and RABINER, L. R. 1973c. "Analysis of Quantization Errors in the Direct Form for Finite Impulse Response Digital Filters," *IEEE Trans. Audio and Electroacoustics*, Vol. AU-21, pp. 354–366, August.

CHANG, T. 1981. "Suppression of Limit Cycles in Digital Filters Designed with One Magnitude-Truncation Quantizer," *IEEE Trans. Circuits and Systems*, Vol. CAS-28, pp. 107–111, February.

CHEN, C. T. 1970. *Introduction to Linear System Theory*, Holt, Rinehart and Winston, New York.

CHEN, W. Y., and STEGEN, G. R. 1974. "Experiments with Maximum Entropy Power Spectra of Sinusoids," *J. Geophys. Res.*, Vol. 79, pp. 3019–3022, July.

CHILDERS, D. G., ed. 1978. *Modern Spectrum Analysis*, IEEE Press, New York.

CHOW, J. C. 1972a. "On the Estimation of the Order of a Moving-Average Process," *IEEE Trans. Automatic Control*, Vol. AC-17, pp. 386–387, June.

CHOW, J. C. 1972b. "On Estimating the Orders of an Autoregressive-Moving Average Process with Uncertain Observations," *IEEE Trans. Automatic Control*, Vol. AC-17, pp. 707–709, October.

CHOW, Y., and CASSIGNOL, E. 1962. *Linear Signal Flow Graphs and Applications*, Wiley, New York.

CHUI, C. K., and CHEN, G. 1987. *Kalman Filtering*, Springer-Verlag, New York.

CIOFFI, J. M. 1987, "Limited Precision Effects in Adaptive Filtering," *IEEE Trans. Circuits and Systems*, Vol. CAS-34, pp. 821–833, July.

CIOFFI, J. M., and KAILATH, T. 1984. "Fast Recursive-Least-Squares Transversal Filters for Adaptive Filtering," *IEEE Trans. Acoustics, Speech, and Signal Processing*, Vol. ASSP-32, pp. 304–337, April.

CIOFFI, J. M., and KAILATH, T. 1985. "Windowed Fast Transversal Filters Adaptive Algorithms with Normalization," *IEEE Trans. Acoustics, Speech, and Signal Processing*, Vol. ASSP-33, pp. 607–625, June.

CLAASEN, T. A. C. M., MECKLENBRAUKER, W. F. G., and PEEK, J. B. H. 1973. "Second-Order Digital Filter with Only One Magnitude-Truncation Quantizer and Having Practically No Limit Cycles," *Electron. Lett.*, Vol. 9, November.

CLARKE, R. J. 1985. *Transform Coding of Images*. Academic Press, London, UK.

COCHRAN, W. T., COOLEY, J. W., FAVIN, D. L., HELMS, H. D., KAENEL, R. A., LANG, W. W., MALING, G. C., NELSON, D. E., RADER, C. E., and WELCH, P. D. 1967. "What Is the Fast Fourier Transform," *IEEE Trans. Audio and Electroacoustics*, Vol. AU-15, pp. 45–55, June.

CONSTANTINIDES, A. G. 1967. "Frequency Transformations for Digital Filters," *Electron. Lett.*, Vol. 3, pp. 487–489, November.

CONSTANTINIDES, A. G. 1968. "Frequency Transformations for Digital Filters," *Electron. Lett.*, Vol. 4, pp. 115–116, April.

CONSTANTINIDES, A. G. 1970. "Spectral Transformations for Digital Filters," *Proc. IEEE*, Vol. 117, pp. 1585–1590, August.

COOLEY, J. W., and TUKEY, J. W. 1965. "An Algorithm for the Machine Computation of Complex Fourier Series," *Math. Comp.*, Vol. 19, pp. 297–301, April.

COOLEY, J. W., LEWIS, P., and WELCH, P. D. 1967. "Historical Notes on the Fast Fourier Transform," *IEEE Trans. Audio and Electroacoustics*, Vol. AU-15, pp. 76–79, June.

COOLEY, J. W., LEWIS, P., and WELCH, P. D. 1969. "The Fast Fourier Transform and Its Applications," *IEEE Trans. Education*, Vol. E-12, pp. 27–34, March.

COULSON, A. 1995. "A Generalization of Nonuniform Bandpass Sampling." *IEEE Trans. on Signal Processing*, Vol. 43(3), pp. 694–704, March.

COULSON, A., VAUGHAM, R., and POULETTI, M, 1994. "Frequency Shifting Using Bandpass Sampling." *IEEE Trans. on Signal Processing*, Vol 42(6), pp. 1556–1559, June.

CROCHIERE, R. E. 1977. "On the Design of Sub-Band Coders for Low Bit Rate Speech Communication," *Bell Syst. Tech. J.*, Vol. 56, pp. 747–711, May–June.

CROCHIERE, R. E. 1981. "Sub-Band Coding," *Bell Syst. Tech. J.*, Vol. 60, pp. 1633–1654, September.

CROCHIERE, R. E., and RABINER, L. R. 1975. "Optimum FIR Digital Filter Implementations for Decimation, Interpolation, and Narrowband Filtering," *IEEE Trans. Acoustics, Speech and Signal Processing*, Vol. ASSP-23, pp. 444–456, October.

CROCHIERE, R. E., and RABINER, L. R. 1976. "Further Considerations in the Design of Decimators and Interpolators," *IEEE Trans. Acoustics, Speech, and Signal Processing*, Vol. ASSP-24, pp. 296–311, August.

CROCHIERE, R. E., and RABINER, L. R. 1981. "Interpolation and Decimation of Digital Signals—A Tutorial Review," *Proc. IEEE*, Vol. 69, pp. 300–331, March.

CROCHIERE, R. E., and RABINER, L. R. 1983. *Multirate Digital Signal Processing*, Prentice Hall, Upper Saddle River, NJ.

DANIELS, R. W. 1974. *Approximation Methods for the Design of Passive, Active and Digital Filters*, McGraw-Hill, New York.

DAUBECHIES, I. 1998. "Orthogonal Bases of Compactly Supported Wavelets", *Comm. Pure Appl. Math.*, Vol. 41, pp. 909–996, October.

DAUBECHIES, I. 1992. "Ten Lectures on Wavelets," *SIAM*, Philadelphia, PA.

DAVENPORT, W. B., JR. 1970. *Probability and Random Processes: An Introduction for Applied Scientists and Engineers*, McGraw-Hill, New York.

DAVIS, H. F. 1963. *Fourier Series and Orthogonal Functions*, Allyn and Bacon, Boston.

DECZKY, A. G. 1972. "Synthesis of Recursive Digital Filters Using the Minimum p-Error Criterion," *IEEE Trans. Audio and Electroacoustics*, Vol. AU-20, pp. 257–263, October.

DELLER, J. R. Jr., HANSEN, J. H. L., and PROAKIS, J. G. 2000. *Discrete-Time Processing of Speech Signals*, Wiley, New York.

DELSARTE, P., and GENIN, Y. 1986. "The Split Levinson Algorithm," *IEEE Trans. Acoustics, Speech, and Signal Processing*, Vol. ASSP-34, pp. 470–478, June.

DERUSSO, P. M., ROY, R. J., and CLOSE, C. M. 1965. *State Variables for Engineers*, Wiley, New York.

DONOHO, D. 1993 "Unconditional Bases Are Optimal Bases for Data Compression and Statistical Estimation," *Applied Computational Harmonic Analysis*, Vol. 1, pp. 100–115, December.

DUHAMEL, P. 1986. "Implementation of Split-Radix FFT Algorithms for Complex, Real, and Real-Symmetric Data," *IEEE Trans. Acoustics, Speech, and Signal Processing*, Vol. ASSP-34, pp. 285–295, April.

DUHAMEL, P., and HOLLMANN, H. 1984. "Split-Radix FFT Algorithm," *Electron. Lett.*, Vol. 20, pp. 14–16, January.

DURBIN, J. 1959. "Efficient Estimation of Parameters in Moving-Average Models," *Biometrika*, Vol. 46, pp. 306–316.

DWIGHT, H. B. 1957. *Tables of Integrals and Other Mathematical Data*, 3d ed., Macmillan, New York.

DYM, H., and MCKEAN, H. P. 1972. *Fourier Series and Integrals*, Academic, New York.

EBERT, P. M., MAZO, J. E., and TAYLOR, M. G. 1969. "Overflow Oscillations in Digital Filters," *Bell Syst. Tech. J.*, Vol. 48, pp. 2999–3020, November.

ELEFTHERIOU, E., and FALCONER, D. D. 1987. "Adaptive Equalization Techniques for HF Channels," *IEEE J. Selected Areas in Communications*, Vol. SAC-5, pp. 238–247, February.

ELUP, L., GARDNER, F. M., and HARRIS F. A., 1993 "Interpolation in digital Modems, Part II: Fundamentals and performance." *IEEE trans. on Communications*, Vol, 41(6), pp. 998–1008, June.

FALCONER, D. D., and LJUNG, L. 1978. "Application of Fast Kalman Estimation to Adaptive Equalization," *IEEE Trans. Communications*, Vol. COM-26, pp. 1439–1446, October.

FAM, A. T., and BARNES, C. W. 1979. "Non-minimal Realizations of Fixed-Point Digital Filters That Are Free of All Finite Wordlength Limit Cycles," *IEEE Trans. Acoustics, Speech, and Signal Processing*, Vol. ASSP-27, pp. 149–153, April.

FARROW, C. W. 1998. " A Continiously Variable Digital Delay Element." *Proc. IEEE Intern. Symposium on Circuits and Systems*, pp. 2641–2645.

FETTWEIS, A. 1971. "Some Principles of Designing Digital Filters Imitating Classical Filter Structures," *IEEE Trans. Circuit Theory*, Vol. CT-18, pp. 314–316, March.

FLETCHER, R., and POWELL, M. J. D. 1963. "A Rapidly Convergent Descent Method for Minimization," *Comput. J.*, Vol. 6, pp. 163–168.

FOUGERE, P. F., ZAWALICK, E. J., and RADOSKI, H. R. 1976. "Spontaneous Line Splitting in Maximum Entropy Power Spectrum Analysis," *Phys. Earth Planet. Inter.*, Vol. 12, 201–207, August.

FRERKING, M. E. 1994. *Digital Signal Processing in Communication Systems*, Kluwer Academic Publishers, Boston.

FRIEDLANDER, B. 1982a. "Lattice Filters for Adaptive Processing," *Proc. IEEE*, Vol. 70, pp. 829–867, August.

FRIEDLANDER, B. 1982b. "Lattice Methods for Spectral Estimation," *Proc. IEEE*, Vol. 70, pp. 990–1017, September.

FUCHS, J. J. 1988. "Estimating the Number of Sinusoids in Additive White Noise," *IEEE Trans. Acoustics, Speech, and Signal Processing*, Vol. ASSP-36, pp. 1846–1853, December.

GANTMACHER, F. R. 1960. *The Theory of Matrices*, Vol. I., Chelsea, New York.

GAO, X. NGUYEN, T. Q. and STRANG, G. 2001. "On Factorization of M-Channel Paraunitary Filterbanks," *IEEE Trans. Signal Proc.*, Vol. 49, pp. 1433–1446, July.

GARDNER, F. M. 1993. "Interpolation in Digital Modems, Part I: Fundamentals." *IEEE Trans. on Communications*, Vol. 41(3), pp. 502–508, March.

GARDNER, W. A. 1984. "Learning Characteristics of Stochastic-Gradient-Descent Algorithms: A General Study, Analysis and Critique," *Signal Processing*, Vol. 6, pp. 113–133, April.

GARDNER, W. A. 1987. *Statistical Spectral Analysis: A Nonprobabilistic Theory*, Prentice Hall, Upper Saddle River, NJ.

GARLAN, C., and ESTEBAN, D. 1980. "16 Kbps Real-Time QMF Sub-Band Coding Implementation," *Proc. 1980 International Conference on Acoustics, Speech, and Signal Processing*, pp. 332–335, April.

GEORGE, D. A., BOWEN, R. R., and STOREY, J. R. 1971. "An Adaptive Decision-Feedback Equalizer," *IEEE Trans. Communication Technology*, Vol. COM-19, pp. 281–293, June.

GERSCH, W., and SHARPE, D. R. 1973. "Estimation of Power Spectra with Finite-Order Autoregressive Models," *IEEE Trans. Automatic Control*, Vol. AC-18, pp. 367–369, August.

GERSHO, A. 1969. "Adaptive Equalization of Highly Dispersive Channels for Data Transmission," *Bell Syst. Tech. J.*, Vol. 48, pp. 55–70, January.

GIBBS, A. J. 1969. "An Introduction to Digital Filters," *Aust. Telecommun. Res.*, Vol. 3, pp. 3–14, November.

GIBBS, A. J. 1970. "The Design of Digital Filters," *Aust. Telecommun. Res.*, Vol. 4, pp. 29–34, May.

GITLIN, R. D., and WEINSTEIN, S. B. 1979. "On the Required Tap-Weight Precision for Digitally Implemented Mean-Squared Equalizers," *Bell Syst. Tech. J.*, Vol. 58, pp. 301–321, February.

GITLIN, R. D., MEADORS, H. C., and WEINSTEIN, S. B. 1982. "The Tap-Leakage Algorithm: An Algorithm for the Stable Operation of a Digitally Implemented Fractionally Spaced, Adaptive Equalizer," *Bell Syst. Tech. J.*, Vol. 61, pp. 1817–1839, October.

GOERTZEL, G. 1968. "An Algorithm for the Evaluation of Finite Trigonometric Series," *Am. Math.*

Monthly, Vol. 65, pp. 34–35, January.

GOLD, B., and JORDAN, K. L., JR. 1986. "A Note on Digital Filter Synthesis," *Proc. IEEE*, Vol. 56, pp. 1717–1718, October.

GOLD, B., and JORDAN, K. L., JR. 1969. "A Direct Search Procedure for Designing Finite Duration Impulse Response Filters," *IEEE Trans. Audio and Electroacoustics*, Vol. AU-17, pp. 33–36, March.

GOLD, B., and RADER, C. M. 1966. "Effects of Quantization Noise in Digital Filters." *Proc. AFIPS 1966 Spring Joint Computer Conference*, Vol. 28, pp. 213–219.

GOLD, B., and RADER, C. M. 1969. *Digital Processing of Signals*, McGraw-Hill, New York.

GOLDEN, R. M., and KAISER, J. F. 1964. "Design of Wideband Sampled Data Filters," *Bell Syst. Tech. J.*, Vol. 43, pp. 1533–1546, July.

GOOD, I. J. 1971. "The Relationship Between Two Fast Fourier Transforms," *IEEE Trans. Computers*, Vol. C-20, pp. 310–317.

GORSKI-POPIEL, J., ed. 1975. *Frequency Synthesis: Techniques and Applications*, IEEE Press, New York.

GOYAL, V. 2001. "Theoretical Foundations of Transform Coding." *IEEE Signal Processing Magazine*, pp 9-21, September.

GRACE, O. D., and PITT, S. P. 1969. "Sampling and Interpolation of Bandlimited Signals by Quadrature Methods." *J. Acoust. Soc. Amer.*, Vol. 48(6), pp. 1311–1318, November.

GRAUPE, D., KRAUSE, D. J., and MOORE, J. B. 1975. "Identification of Autoregressive–Moving Average Parameters of Time Series," *IEEE Trans. Automatic Control*, Vol. AC-20, pp. 104–107, February.

GRAY, A. H., and MARKEL, J. D. 1973. "Digital Lattice and Ladder Filter Synthesis," *IEEE Trans. Acoustics, Speech, and Signal Processing*, Vol. ASSP-21, pp. 491–500, December.

GRAY, A. H., and MARKEL, J. D. 1976. "A Computer Program for Designing Digital Elliptic Filters," *IEEE Trans. Acoustics, Speech, and Signal Processing*, Vol. ASSP-24, pp. 529–538, December.

GRAY, R. M. 1990. *Source Coding Theory*, Kluwer, Boston, MA.

GRIFFITHS, L. J. 1975. "Rapid Measurements of Digital Instantaneous Frequency," *IEEE Trans. Acoustics, Speech, and Signal Processing*, Vol. ASSP-23, pp. 207–222, April.

GRIFFITHS, L. J. 1978. "An Adaptive Lattice Structure for Noise Cancelling Applications," Proc. ICASSP-78, pp. 87–90. Tulsa, OK, April.

GUILLEMIN, E. A. 1957. *Synthesis of Passive Networks*, Wiley, New York.

GUPTA, S. C. 1966. *Transform and State Variable Methods in Linear Systems*, Wiley, New York.

HAMMING, R. W. 1962. *Numerical Methods for Scientists and Engineers*, McGraw-Hill, New York.

HARRIS, F. 1997. *Performance and Design of Farrow Filter Used for Arbitrary Resampling*. 31st Conference on Signals, Systems, and Computers, Pacific Grove, CA, pp. 595–599.

HASSANIEH, H., INDYK, P., KATABI, D. and PRICE, E. 2012 "Nearly Optimal Sparse Fourier Transform," Proc. 4th Annual ACM Symposium on Theory of Computation, pp. 563–578, May.

HASSIBI, B., SAYED, A. and KAILATH, T. 1993. "LMS is H Optimal," Proc. Conf. on Decision and Control, Vol. 1, pp. 74–79, San Antonio, TX.

HAYKIN, S. 1991. *Adaptive Filter Theory*, 2d ed., Prentice Hall, Upper Saddle River, NJ.

HELME, B., and NIKIAS, C. S. 1985. "Improved Spectrum Performance via a Data-Adaptive Weighted Burg Technique," *IEEE Trans. Acoustics, Speech, and Signal Processing*, Vol. ASSP-33, pp. 903–910, August.

HELMS, H. D. 1967. "Fast Fourier Transforms Method of Computing Difference Equations and Simulating Filters," *IEEE Trans. Audio and Electroacoustics*, Vol. AU-15, pp. 85–90, June.

HELMS, H. D. 1968. "Nonrecursive Digital Filters: Design Methods for Achieving Specifications on Frequency Response," *IEEE Trans. Audio and Electroacoustics*, Vol. AU-16, pp. 336–342, September.

HELSTROM, C. W. 1990. *Probability and Stochastic Processes for Engineers*, 2d ed., Macmillan, New York.

HERRING, R. W. 1980. "The Cause of Line Splitting in Burg Maximum-Entropy Spectral Analysis," *IEEE Trans. Acoustics, Speech, and Signal Processing*, Vol. ASSP-28, pp. 692–701, December.

HERMANN, O. 1970. "Design of Nonrecursive Digital Filters with Linear Phase," *Electron. Lett.*, Vol. 6, pp. 328–329, November.

HERMANN, O., and SCHÜESSLER, H. W. 1970a. "Design of Nonrecursive Digital Filters with Minimum Phase," *Electron. Lett.*, Vol. 6, pp. 329–330, November.

HERRMANN, O., and SCHÜESSLER, H. W. 1970b. "On the Accuracy Problem in the Design of Nonrecursive Digital Filters," *Arch. Elek. Ubertragung*, Vol. 24, pp. 525–526.

HERRMANN, O., RABINER, L. R., and CHAN, D. S. K. 1973. "Practical Design Rules for Optimum Finite Impulse Response Lowpass Digital Filters," *Bell Syst. Tech. J.*, Vol. 52, pp. 769–799, July–August.

HILDEBRAND, F. B. 1952. *Methods of Applied Mathematics*, Prentice Hall, Upper Saddle River, NJ.

HOFSTETTER, E., OPPENHEIM, A. V., and SIEGEL, J. 1971. "A New Technique for the Design of Nonrecursive Digital Filters," *Proc. 5th Annual Princeton Conference on Information Sciences and Systems*, pp. 64–72.

HOGENAUER, E.B. 1981. "An Economical Class of Digital Filters for Decimation and Interpolation" *IEEE*

Trans. on ASSP, Vol. 29(2), pp. 155–162, April.

HOUSEHOLDER, A. S. 1964. *The Theory of Matrices in Numerical Analysis*, Blaisdell, Waltham, MA.

HSU, F. M. 1982. "Square-Root Kalman Filtering for High-Speed Data Received Over Fading Dispersive HF Channels," *IEEE Trans. Information Theory*, Vol. IT-28, pp. 753–763, September.

HSU, F. M., and GIORDANO, A. A. 1978. "Digital Whitening Techniques for Improving Spread Spectrum Communications Performance in the Presence of Narrowband Jamming and Interference," *IEEE Trans. Communications*, Vol. COM-26, pp. 209–216, February.

HWANG, S. Y. 1977. "Minimum Uncorrelated Unit Noise in State Space Digital Filtering," *IEEE Trans. Acoustics, Speech, and Signal Processing*, Vol. ASSP-25, pp. 273–281, August.

INCINBONO, B.1978. "Adaptive Signal Processing for Detection and Communication," in *Communication Systems and Random Process Theory*, J.K. Skwirzynski, ed., Sijthoff en Noordhoff, Alphen aan den Rijn, The Netherlands.

JAYANT, N. S., and NOLL, P. 1984. *Digital Coding of Waveforms*, Prentice Hall, Upper Saddle River, NJ.

JACKSON, L. B. 1969. "An Analysis of Limit Cycles Due to Multiplication Rounding in Recursive Digital (Sub) Filters," *Proc. 7th Annual Allerton Conference on Circuit and System Theory*, pp. 69–78.

JACKSON, L. B. 1970a. "On the Interaction of Roundoff Noise and Dynamic Range in Digital Filters," *Bell Syst. Tech. J.*, Vol. 49, pp. 159–184, February.

JACKSON, L. B. 1970b. "Roundoff Noise Analysis for Fixed-Point Digital Filters Realized in Cascade or Parallel Form," *IEEE Trans. Audio and Electroacoustics*, Vol. AU-18, pp. 107–122, June.

JACKSON, L. B. 1976. "Roundoff Noise Bounds Derived from Coefficients Sensitivities in Digital Filters," *IEEE Trans. Circuits and Systems*, Vol. CAS-23, pp. 481–485, August.

JACKSON, L. B. 1979. "Limit Cycles on State-Space Structures for Digital Filters," *IEEE Trans. Circuits and Systems*, Vol. CAS-26, pp. 67–68, January.

JACKSON, L. B., LINDGREN, A. G., and KIM, Y. 1979. "Optimal Synthesis of Second-Order State-Space Structures for Digital Filters," *IEEE Trans. Circuits and Systems*, Vol. CAS-26, pp. 149–153, March.

JACKSON, M., and MATTHEWSON, P. 1986. "Digital Processing of Bandpass Signals." *GEC Journal of Research*, Vol. 4(1), pp. 32–41.

JAHNKE, E., and EMDE, F. 1945. *Tables of Functions*, 4th ed., Dover, New York.

JAIN, V. K., and CROCHIERE, R. E. 1984. "Quadrature Mirror Filter Design in the Time Domain," *IEEE Trans. Acoustics, Speech, and Signal Processing*, Vol. ASSP-32, pp. 353–361, April.

JANG, Y., and YANG, S. 2001. *Recursive Cascaded Integrator-Comb Decimation Filters with Integer Multiple factors*, 44th IEEE Midwest Symposium on Circuits and Systems, Daytona, OH, August.

JENKINS, G. M., and WATTS, D. G. 1968. *Spectral Analysis and Its Applications*, Holden-Day, San Francisco.

JOHNSON, D. H. 1982. "The Application of Spectral Estimation Methods to Bearing Estimation Problems," *Proc. IEEE*, Vol. 70, pp. 1018–1028, September.

JOHNSTON, J. D. 1980. "A Filter Family Designed for Use in Quadrature Mirror Filter Banks," *IEEE International Conference on Acoustics, Speech, and Signal Processing*, pp. 291–294, April.

JONES, R. H. 1976. "Autoregression Order Selection," *Geophysics*, Vol. 41, pp. 771–773, August.

JONES, S. K., CAVIN, R. K., and REED, W. M. 1982. "Analysis of Error-Gradient Adaptive Linear Equalizers for a Class of Stationary-Dependent Processes," *IEEE Trans. Information Theory*, Vol. IT-28, pp. 318–329, March.

JURY, E. I. 1964. *Theory and Applications of the z-Transform Method*, Wiley, New York.

KAILATH, T. 1974. "A View of Three Decades of Linear Filter Theory," *IEEE Trans. Information Theory*, Vol. IT-20, pp. 146–181, March.

KAILATH, T. 1981. *Lectures on Wiener and Kalman Filtering*, 2d printing, Springer-Verlag, New York.

KAILATH, T. 1985. "Linear Estimation for Stationary and Near-Stationary Processes," in *Modern Signal Processing*, T. Kailath, ed., Hemisphere Publishing Corp., Washington, DC.

KAILATH, T., VIEIRA, A. C. G, and MORF, M. 1978. "Inverses of Toeplitz Operators, Innovations, and Orthogonal Polynomials," *SIAM Rev.*, Vol. 20, pp. 1006–1019.

KAISER, J. F. 1963. "Design Methods for Sampled Data Filters," *Proc. First Allerton Conference on Circuit System Theory*, pp. 221–236, November.

KAISER, J. F. 1966. "Digital Filters," in *System Analysis by Digital Computer*, F. F. Kuo and J. F. Kaiser, eds., Wiley, New York.

KALOUPTSIDIS, N., and THEODORIDIS, S. 1987. "Fast Adaptive Least-Squares Algorithms for Power Spectral Estimation," *IEEE Trans. Acoustics, Speech, and Signal Processing*, Vol. ASSP-35, pp. 661–670, May.

KALMAN, R. E. 1960. "A New Approach to Linear Filtering and Prediction Problems," *Trans. ASME, J. Basic Eng.*, Vol. 82D, pp. 35–45, March.

KALMAN, R. E., and BUCY, R. S. 1961. "New Results in Linear Filtering Theory," *Trans. ASME, J. Basic Eng.*, Vol. 83, pp. 95–108.

KASHYAP, R. L. 1980. "Inconsistency of the AIC Rule for Estimating the Order of Autoregressive Models," *IEEE Trans. Automatic Control*, Vol. AC-25, pp. 996–998, October.

KAVEH, J., and BRUZZONE, S. P. 1979. "Order Determination for Autoregressive Spectral Estimation," *Record of the 1979 RADC Spectral Estimation Workshop*, pp. 139–145, Griffin Air Force Base, Rome, NY.

KAVEH, M., and LIPPERT, G. A. 1983. "An Optimum Tapered Burg Algorithm for Linear Prediction and Spectral Analysis," *IEEE Trans. Acoustics, Speech, and Signal Processing*, Vol. ASSP-31, pp. 438–444, April.

KAY, S. M. 1980. "A New ARMA Spectral Estimator," *IEEE Trans. Acoustics, Speech, and Signal Processing*, Vol. ASSP-28, pp. 585–588, October.

KAY, S. M. 1988. *Modern Spectral Estimation*, Prentice Hall, Upper Saddle River, NJ.

KAY, S. M., and MARPLE, S. L., JR. 1979. "Sources of and Remedies for Spectral Line Splitting in Autoregressive Spectrum Analysis," *Proc. 1979 ICASSP*, pp. 151–154.

KAY, S. M., and MARPLE, S. L., JR. 1981. "Spectrum Analysis: A Modern Perspective," *Proc. IEEE*, Vol. 69, pp. 1380–1419, November.

KESLER, S. B., ed. 1986. *Modern Spectrum Analysis II*, IEEE Press, New York.

KETCHUM, J. W., and PROAKIS, J. G. 1982. "Adaptive Algorithms for Estimating and Suppressing Narrow-Band Interference in PN Spread-Spectrum Systems," *IEEE Trans. Communications*, Vol. COM-30, pp. 913–923, May.

KNOWLES, J. B., and OLCAYTO, E. M. 1968. "Coefficient Accuracy and Digital Filter Response," *IEEE Trans. Circuit Theory*, Vol. CT-15, pp. 31–41, March.

KOHLENBURG, A. 1953. "Exact Interpolation of Bandlimited Functions." *Journal of Applied Physics*, Vol. 24(12), pp. 1432–1436, May.

KRISHNA, H. 1988. "New Split Levinson, Schür, and Lattice Algorithms for Digital Signal Processing," *Proc. 1988 International Conference on Acoustics, Speech, and Signal Processing*, pp. 1640–1642, New York, April.

KROMER, R. E. 1969. "Asymptotic Properties of the Autoregressive Spectral Estimator," Ph.D. dissertation, Department of Statistics, Stanford University, Stanford, CA.

KUNG, H. T. 1982. "Why Systolic Architectures?" *IEEE Computer*, Vol. 15, pp. 37–46.

KUNG, S. Y., WHITEHOUSE, H. J., and KAILATH, T., eds. 1985. *VLSI and Modern Signal Processing*, Prentice Hall, Upper Saddle River, NJ.

LAAKSO, T., VALIMAKI, V., KARJALAINEN, M., and LAINE, U. 1996. "Splitting the Unit Delay." *IEEE Signal Processing Magazine*, No. 1, pp. 30–54, January.

LACOSS, R. T. 1971. "Data Adaptive Spectral Analysis Methods," *Geophysics*, Vol. 36, pp. 661–675, August.

LANG, S. W., and McCLELLAN, J. H. 1980. "Frequency Estimation with Maximum Entropy Spectral Estimators," *IEEE Trans. Acoustics, Speech, and Signal Processing*, Vol. ASSP-28, pp. 716–724, December.

LEVINSON, N. 1947. "The Wiener RMS Error Criterion in Filter Design and Prediction," *J. Math. Phys.*, Vol. 25, pp. 261–278.

LEVY, H., and LESSMAN, F. 1961. *Finite Difference Equations*, Macmillan, New York.

LIN, D. W. 1984. "On Digital Implementation of the Fast Kalman Algorithm," *IEEE Trans. Acoustics, Speech, and Signal Processing*, Vol. ASSP-32, pp. 998–1005, October.

LINDEN, D. A. 1959. " A Discussion of Sampling Theorems." *Proc. of the IRE*, Vol. 47(11), pp. 1219–1226, November.

LING, F., and PROAKIS, J. G. (1984a). "Numerical Accuracy and Stability: Two Problems of Adaptive Estimation Algorithms Caused by Round-Off Error," *Proc. ICASSP-84*, pp. 30.3.1–30.3.4, San Diego, CA, March.

LING, F., and PROAKIS, J. G. (1984b). "Nonstationary Learning Characteristics of Least-Squares Adaptive Estimation Algorithms," *Proc. ICASSP-84*, pp. 3.7.1–3.7.4, San Diego, CA, March.

LING, F., MANOLAKIS, D., and PROAKIS, J. G. 1985, "New Forms of LS Lattice Algorithms and Analysis of Their Round-Off Error Characteristics," *Proc. ICASSP-85*, pp. 1739–1742, Tampa, FL, April.

LING, F., MANOLAKIS, D., and PROAKIS, J. G. 1986. "Numerically Robust Least-Squares Lattice-Ladder Algorithms with Direct Updating of the Reflection Coefficients," *IEEE Trans. Acoustics, Speech, and Signal Processing*, Vol. ASSP-34, pp. 837–845, August.

LIU, B. 1971. "Effect of Finite Word Length on the Accuracy of Digital Filters—A Review," *IEEE Trans. Circuit Theory*, Vol. CT-18, pp. 670–677, November.

LJUNG, S., and LJUNG, L. 1985. "Error Propagation Properties of Recursive Least-Squares Adaptation Algorithms," *Automatica*, Vol. 21, pp. 157–167.

LUCKY, R. W. 1965. "Automatic Equalization for Digital Communications," *Bell Syst. Tech. J.*, Vol. 44, pp. 547–588, April.

MAGEE, F. R. and PROAKIS, J. G. 1973. "Adaptive Maximum-Likelihood Sequence Estimation for Digital Signaling in the Presence of Intersymbol Interference," *IEEE Trans. Information Theory*, Vol. IT-19, pp. 120–124, January.

MAKHOUL, J. 1975. "Linear Prediction: A Tutorial Review," *Proc. IEEE*, Vol. 63, pp. 561–580, April.

MAKHOUL, J. 1978. "A Class of All-Zero Lattice Digital Filters: Properties and Applications," *IEEE Trans. Acoustics, Speech, and Signal Processing*, Vol. ASSP-26, pp. 304–314, August.

MAKHOUL, J. 1980. "A Fast Cosine Transform In One and Two Dimentions." *IEEE Trans. on ASSP*, Vol. 28(1), pp. 27–34, February.

MALLAT, S., 2009. *A Wavelet Tour of Signal Processing*, Academic Press, Burlington, MA.

MARKEL, J. D., and GRAY, A. H., JR. 1976. *Linear Prediction of Speech*, Springer-Verlag, New York.

MANOLAKIS, D., BOSOWSKI, N. and INGLE, V. 2019. "Count Time Series Analysis," *IEEE Signal* Processing *Magazine*, May.

MANOLAKIS, D., LING, F., and PROAKIS, J. G. 1987. "Efficient Time-Recursive Least-Squares Algorithms for Finite-Memory Adaptive Filtering," *IEEE Trans. Circuits and Systems*, Vol. CAS-34, pp. 400–408, April.

MARPLE, S. L., JR. 1980. "A New Autoregressive Spectrum Analysis Algorithm," *IEEE Trans. Acoustics, Speech, and Signal Processing*, Vol. ASSP-28, pp. 441–454, August.

MARPLE, S. L., JR. 1987. *Digital Spectral Analysis with Applications*, Prentice Hall, Upper Saddle River, NJ.

MARTUCCI, S. A. 1994. "Symmetric Convolution and the Discrete Sine and Cosine Transforms." *IEEE Trans. on Signal Processing*, Vol. 42(5), pp. 1038–1051, May.

MARZETTA, T. L. 1983. "A New Interpretation for Capon's Maximum Likelihood Method of Frequency–Wavenumber Spectral Estimation," *IEEE Trans. Acoustics, Speech, and Signal Processing*, Vol. ASSP-31, pp. 445–449, April.

MARZETTA, T. L., and LANG, S. W. 1983. "New Interpretations for the MLM and DASE Spectral Estimators," *Proc. 1983 ICASSP*, pp. 844–846, Boston, April.

MARZETTA, T. L., and LANG, S. W. 1984. "Power Spectral Density Bounds," *IEEE Trans. Information Theory*, Vol. IT-30, pp. 117–122, January.

MASON, S. J., and ZIMMERMAN, H. J. 1960. *Electronic Circuits, Signals and Systems*, Wiley, New York.

MAZO, J. E. 1979. "On the Independence Theory of Equalizer Convergence," *Bell Syst. Tech. J.*, Vol. 58, pp. 963–993, May.

McCLELLAN, J. H. 1982. "Multidimensional Spectral Estimation," *Proc. IEEE*, Vol. 70, pp. 1029–1039, September.

McDONOUGH, R. N. 1983. "Application of the Maximum-Likelihood Method and the Maximum Entropy Method to Array Processing," in *Nonlinear Methods of Spectral Analysis*, 2d ed., S. Haykin, ed., Springer-Verlag, New York.

McGILLEM, C. D., and COOPER, G. R. 1984. *Continuous and Discrete Signal and System Analysis*, 2d ed., Holt Rinehart and Winston, New York.

MEDITCH, J. E. 1969. *Stochastic Optimal Linear Estimation and Control*, McGraw-Hill, New York.

MEYER, R., and BURRUS, S. 1975. "A Unified Analysis of Multirate and Periodically Time-Varying Digital Filters." *IEEE Trans. on Circuits and Systems*, Vol. 22(3), pp. 162–168, March.

MILLS, W. L., MULLIS, C. T., and ROBERTS, R. A. 1981. "Low Roundoff Noise and Normal Realizations of Fixed-Point IIR Digital Filters," *IEEE Trans. Acoustics, Speech, and Signal Processing*, Vol. ASSP-29, pp. 893–903, August.

MOORER, J. A. 1977. "Signal Aspects of Computer Music; A Survey," *Proc. IEEE*, Vol. 65, pp. 1108–1137, August.

MORF, M., VIEIRA, A., and LEE, D. T. 1977. "Ladder Forms for Identification and Speech Processing," *Proc. 1977 IEEE Conference Decision and Control*, pp. 1074–1078, New Orleans, LA, December.

MULLIS, C. T., and ROBERTS, R. A. 1976a. "Synthesis of Minimum Roundoff Noise Fixed-Point Digital Filters," *IEEE Trans. Circuits and Systems*, Vol. CAS-23, pp. 551–561, September.

MULLIS, C. T., and ROBERTS, R. A. 1976b. "Roundoff Noise in Digital Filters: Frequency Transformations and Invariants," *IEEE Trans. Acoustics, Speech and Signal Processing*, Vol. ASSP-24, pp. 538–549, December.

MURRAY, W., ed. 1972. *Numerical Methods for Unconstrained Minimization*, Acedemic, New York.

MUSICUS, B. 1985. "Fast MLM Power Spectrum Estimation from Uniformly Spaced Correlations," *IEEE Trans. Acoustics, Speech, and Signal Proc.*, Vol. ASSP-33, pp. 1333–1335, October.

NAJMI, A. H., 2012. *Wavelets: A Concise Guide*, Johns Hopkins University Press, Baltimore, MD.

NEWMAN, W. I. 1981. "Extension to the Maximum Entropy Method III," *Proc. 1st ASSP Workshop on Spectral Estimation*, pp. 1.7.1–1.7.6, Hamilton, ON, August.

NICHOLS, H. E., GIORDANO, A. A., and PROAKIS, J. G. 1977. "MLD and MSE Algorithms for Adaptive Detection of Digital Signals in the Presence of Interchannel Interference," *IEEE Trans. Information Theory*, Vol. IT-23, pp. 563–575, September.

NIKIAS, C. L., and RAGHUVEER, M. R. 1987. "Bispectrum Estimation: A Digital Signal Processing Framework," *Proc. IEEE*, Vol. 75, pp. 869–891, July.

NIKIAS, C. L., and SCOTT, P. D. 1982. "Energy-Weighted Linear Predictive Spectral Estimation: A New Method Combining Robustness and High Resolution," *IEEE Trans. Acoustics, Speech, and Signal Processing*, Vol. ASSP-30, pp. 287–292, April.

NUTTALL, A. H. 1976. "Spectral Analysis of a Univariate Process with Bad Data Points, via Maximum Entropy and Linear Predictive Techniques," *NUSC Technical Report TR-5303*, New London, CT, March.

NYQUIST, H. 1928. "Certain Topics in Telegraph Transmission Theory," *Trans. AIEE*, Vol. 47, pp. 617–644, April.

OPPENHEIM, A. V. 1978. *Applications of Digital Signal Processing*, Prentice Hall, Upper Saddle River, NJ.

OPPENHEIM, A. V., and SCHAFER, R. W. 1989. *Discrete-Time Signal Processing*, Prentice Hall, Upper Saddle River, NJ.

OPPENHEIM, A. V., and WEINSTEIN, C. W. 1972. "Effects of Finite Register Length in Digital Filters and the Fast Fourier Transform," *Proc. IEEE*, Vol. 60, pp. 957–976. August.

OPPENHEIM, A. V., and WILLSKY, A. S. 1983. *Signals and Systems*, Prentice Hall, Upper Saddle River, NJ.

PAPOULIS, A. 1962 *The Fourier Integral and Its Applications*, McGraw-Hall, New York.

PAPOULIS, A. 1984. *Probability, Random Variables, and Stochastic Processes*, 2d ed., McGraw-Hill, New York.

PARKER, S. R., and HESS, S. F. 1971. "Limit-Cycle Oscillations in Digital Filters," *IEEE Trans. Circuit Theory*, Vol. CT-18, pp. 687–696, November.

PARKS, T. W., and McCLELLAN, J. H. 1972a. "Chebyshev-Approximation for Nonrecursive Digital Filters with Linear Phase," *IEEE Trans. Circuit Theory*, Vol. CT-19, pp. 189–194, March.

PARKS, T. W., and McCLELLAN, J. H. 1972b. "A Program for the Design of Linear Phase Finite Impulse Response Digital Filters," *IEEE Trans. Audio and Electroacoustics*, Vol. AU-20, pp. 195–199, August.

PARZEN, E. 1957. "On Consistent Estimates of the Spectrum of a Stationary Time Series," *Am. Math. Stat.*, Vol. 28, pp. 329–348.

PARZEN, E. 1974. "Some Recent Advances in Time Series Modeling," *IEEE Trans. Automatic Control*, Vol. AC-19, pp. 723–730, December.

PEACOCK, K. L, and TREITEL, S. 1969. "Predictive Deconvolution—Theory and Practice," *Geophysics*, Vol. 34, pp. 155–169.

PEEBLES, P. Z., JR. 1987. *Probability, Random Variables, and Random Signal Principles*, 2d ed., McGraw-Hill, New York.

PICINBONO, B. 1978. "Adaptive Signal Processing for Detection and Communication," in *Communication Systems and Random Process Theory*, J. K. Skwirzynski, ed., Sijthoff en Noordhoff, Alphen aan den Rijn, The Netherlands.

PISARENKO, V. F. 1973. "The Retrieval of Harmonics from a Convariance Function," *Geophys. J. R. Astron. Soc.*, Vol. 33, pp. 347–366.

POOLE, M. A. 1981. *Autoregressive Methods of Spectral Analysis*, E.E. degree thesis, Department of Electrical and Computer Engineering, Northeastern University, Boston, May.

PRICE, R. 1990. "Mirror FFT and Phase FFT Algorithms," unpublished work, Raytheon Research Division, May.

PROAKIS, J. G. 1970. "Adaptive Digital Filters for Equalization of Telephone Channels," *IEEE Trans. Audio and Electroacoustics*, Vol. AU-18, pp. 195–200, June.

PROAKIS, J. G. 1974, "Channel Identification for High Speed Digital Communications," *IEEE Trans. Automatic Control*, Vol. AC-19, pp. 916–922, December.

PROAKIS, J. G. 1975. "Advances in Equalization for Intersymbol Interference," in *Advances in Communication Systems*, Vol. 4, A. J. Viterbi, ed., Academic, New York.

PROAKIS, J. G. 1989. *Digital Communications*, 2nd ed., McGraw-Hill, New York.

PROAKIS, J. G., and MILLER, J. H. 1969. "Adaptive Receiver for Digital Signaling through Channels with Intersymbol Interference," *IEEE Trans. Information Theory*, Vol. IT-15, pp. 484–497, July.

PROAKIS, J. G., RADER, C. M., LING, F., NIKIAS, C. L., MOONEN, M. and PROUDLER, I. K. 2002. *Algorithms for Statistical Signal Processing*, Prentice-Hall, Upper Saddle River, NJ.

PROAKIS, J. G. 2001. *Digital Communications*, 4th ed., McGraw-Hill, New York.

QI, R., COAKLEY, F., and EVANS, B. 1996. "Practical Consideration for Bandpass Sampling." *Electronics Letters*, Vol. 32(20), pp. 1861–1862, September.

RABINER, L. R., and SCHAEFER, R. W. 1974a. "On the Behavior of Minimax Relative Error FIR Digital Differentiators," *Bell Syst. Tech. J.*, Vol. 53, pp. 333–362, February.

RABINER, L. R., and SCHAFER, R. W. 1974b. "On the Behavior of Minimax FIR Digital Hilbert Transformers," *Bell Syst. Tech. J.*, Vol. 53, pp. 363–394, February.

RABINER, L. R., and SCHAFER, R. W. 1978. *Digital Processing of Speech Signals*, Prentice Hall, Upper Saddle River, NJ.

RABINER, L. R., SCHAFER, R. W., and RADER, C. M. 1969. "The Chirp z-Transform Algorithm and Its Applications," *Bell Syst. Tech. J.*, Vol. 48, pp. 1249–1292, May–June.

RABINER, L. R., GOLD, B., and McGONEGAL, C. A. 1970. "An Approach to the Approximation Problem for Nonrecursive Digital Filters," *IEEE Trans. Audio and Electroacoustics*, Vol. AU-18, pp. 83–106, June.

RABINER, L. R., McCLELLAN, J. H., and PARKS, T. W. 1975. "FIR Digital Filter Design Techniques Using Weighted Chebyshev Approximation," *Proc. IEEE*, Vol. 63, pp. 595–610, April.

RADER, C. M. 1970. "An Improved Algorithm for High-Speed Auto-correlation with Applications to Spectral Estimation," *IEEE Trans. Audio and Electroacoustics*, Vol. AU-18, pp. 439–441, December.

RADER, C. M., and BRENNER, N. M. 1976. "A New Principle for Fast Fourier Transformation," *IEEE Trans. Acoustics, Speech and Signal Processing*, Vol. ASSP-24, pp. 264–266, June.

RADER, C. M., and GOLD, B. 1967a. "Digital Filter Design Techniques in the Frequency Domain," *Proc. IEEE*, Vol. 55, pp. 149–171, February.

RADER, C. M., and GOLD, B. 1967b. "Effects of Parameter Quantization on the Poles of a Digital Filter," *Proc. IEEE*, Vol. 55, pp. 688–689, May.

RAMSTAD, T. A. 1984. "Digital Methods for Conversion Between Arbitrary Sampling Frequencies," *IEEE Trans. Acoustics, Speech, and Signal Processing*, Vol. ASSP-32, pp. 577–591, June.

RAO, K., and HUANG, J. 1996. *Techniques and Standards for Image, Video, and Audio Coding*, Prentice Hall, Upper Saddle River, NJ.

RAO, K. R., and YIP, P 1990. *Discrete Cosine Transform*, Academic Press, Boston.

REMEZ, E. YA. 1957. *General Computational Methods of Chebyshev Approximation*, Atomic Energy Translation 4491, Kiev, USSR.

RICE, D., and WU, K. 1982. "Quatature Sampling with High Dynamic Range."*IEEE Trans. Aerospace and Electronic Systems*, Vol. 18(4), pp. 736–739, November.

RISSANEN, J. 1983. "A Universal Prior for the Integers and Estimation by Minimum Description Length," *Ann. Stat.*, Vol. 11, pp. 417–431.

ROBERTS, R. A., and MULLIS, C. T. 1987. *Digital Signal Processing*, Addison-Wesley, Reading, MA.

ROBINSON, E. A. 1962. *Random Wavelets and Cybernetic Systems*, Charles Griffin, London.

ROBINSON, E. A. 1982. "A Historical Perspective of Spectrum Estimation," *Proc. IEEE*, Vol. 70, pp. 885–907, September.

ROBINSON, E. A., and TREITEL, S. 1978. "Digital Signal Processing in Geophysics," in *Applications of Digital Signal Processing*, A. V. Oppenheim, ed., Prentice Hall, Upper Saddle River, NJ.

ROBINSON, E. A., and TREITEL, S. 1980. *Geophysical Signal Analysis*, Prentice Hall, Upper Saddle River, NJ.

ROY, R., PAULRAJ, A., and KAILATH, T. 1986. "ESPRIT: A Subspace Rotation Approach to Estimation of Parameters of Cisoids in Noise," *IEEE Trans. Acoustics, Speech, and Signal Processing*, Vol. ASSP-34, pp. 1340–1342, October.

RUPP, M. 2015. "Adaptive Filters: Stable but Divergent," *EURASIP Journal on Advances in Signal Proc.*, Vol. 1, No. 104.

RUPP, M. and SAYED, A. 1996. "A Time-Domain Feedback Analysis of Filtered-Error Adaptive Gradient Algorithms", *IEEE Trans. Signal Proc.*, Vol. 44, pp. 1428–1439, June.

SAFRANEK, R. J., MACKAY, K. JAYANT, N. W., and KIM, T. 1988. "Image Coding Based on Selective Quantization of the Reconstruction Noise in the Dominant Sub-Band," *Proc. 1988 IEEE International Conference on Acoustics, Speech, and Signal Processing*, pp. 765–768, April.

SAKAI, H. 1979. "Statistical Properties of AR Spectral Analysis," *IEEE Trans. Acoustics, Speech, and Signal Processing*, Vol. ASSP-27, pp. 402–409, August.

SANDBERG, I. W., and KAISER, J. F. 1972. "A Bound on Limit Cycles in Fixed-Point Implementations of Digital Filters," *IEEE Trans. Audio and Electroacoustics*, Vol. AU-20, pp. 110–112, June.

SATORIUS, E. H., and ALEXANDER J. T. 1978. "High Resolution Spectral Analysis of Sinusoids in Correlated Noise," *Proc. 1978 ICASSP*, pp. 349–351, Tulsa, OK, April 10–12.

SAYED, A. H. 2003. *Adaptive Filters*, Wiley, New York.

SAYED, A. and RUPP, M. 1995. "A Time-Domain Feedback Analysis of Adaptive Gradient Algorithms via the small-gain theorem," Proc. SPIE Conf. Adv. Signal Proc., Vol. 2563, pp. 458–469, San Diego, CA.

SAYED, A. and RUPP, M. 1996 "Error-Energy Bounds for Adaptive Gradient Algorithms," *IEEE Trans. Signal Proc.*, Vol. 44, pp. 1982–1989, August.

SAYED, A. and RUPP, M. 1998 "Robustness Issues in Adaptive Filtering," in *CRC Press*, Boca Raton, FL.

SCHAFER, R. W., and RABINER, L. R. 1973. "A Digital Signal Processing Approach to Interpolation," *Proc. IEEE*, Vol. 61, pp. 692–702, June.

SCHEUERMANN, H., and GOCKLER, H. 1981. "A Comprehensive Survey of Digital Transmultiplexing Methods," *Proc. IEEE*, Vol. 69, pp. 1419–1450.

SCHMIDT, R. D. 1981. "A Signal Subspace Approach to Multiple Emitter Location and Spectral Estimation," Ph.D. dissertation, Department of Electrical Engineering, Stanford University, Stanford, CA, November.

SCHMIDT, R. D. 1986. "Multiple Emitter Location and Signal Parameter Estimation," *IEEE Trans.*

Antennas and Propagation, Vol. AP 34, pp. 276–280, March.

SCHOTT, J. P., and McCLELLAN, J. H. 1984. "Maximum Entropy Power Spectrum Estimation with Uncertainty in Correlation Measurements," *IEEE Trans. Acoustics, Speech, and Signal Processing*, Vol. ASSP-32, pp. 410–418, April.

SCHUR, I. 1917. "On Power Series Which Are Bounded in the Interior of the Unit Circle," *J. Reine Angew. Math.*, Vol. 147, pp. 205–232, Berlin.

SCHUSTER, SIR ARTHUR. 1898. "On the Investigation of Hidden Periodicities with Application to a Supposed Twenty-Six-Day Period of Meteorological Phenomena," *Terr. Mag.*, Vol. 3, pp. 13–41, March.

SEDLMEYER, A., and FETTWEIS, A. 1973. "Digital Filters with True Ladder Configuration," *Int. J. Circuit Theory Appl.*, Vol. 1, pp. 5–10, March.

SHANKS, J. L. 1967. "Recursion Filters for Digital Processing," *Geophysics*, Vol. 32, pp. 33–51, February.

SHANNON, C. E. 1949. "Communication in the Presence of Noise," *Proc. IRE*, pp. 10–21, January.

SHEINGOLD, D. H., ed. 1986. *Analog-Digital Conversion Handbook*, Prentice Hall, Upper Saddle River, NJ.

SHUMWAY, R. H. and STOFFER, D. S. 2016. *Time Series Analysis and its Applications with R Examples*, Springer, Cham, Switzerland.

SIEBERT, W. M. 1986. *Circuits, Signals and Systems*, McGraw-Hill, New York.

SINGLETON, R. C. 1967. "A Method for Computing the Fast Fourier Transform with Auxiliary Memory and Limit High Speed Storage," *IEEE Trans. Audio and Electroacoustics*, Vol. AU-15, pp. 91–98, June.

SINGLETON, R. C. 1969. "An Algorithm for Computing the Mixed Radix Fast Fourier Transform," *IEEE Trans. Audio and Electroacoustics*, Vol. AU-17, pp. 93–103, June.

SLOCK, D. T. M., and KAILATH, T 1988. "Numerically Stable Fast Recursive Least Squares Transversal Filters," *Proc. 1988 Int. Conf. Acoustics, Speech, and Signal Processing*, pp. 1364–1368, New York, April.

SLOCK, D. T. M., and KAILATH, T 1991. "Numerically Stable Fast Transversal Filters for Recursive Least Squares Adaptive Filtering," *IEEE Trans. Signal Processing*, Vol. 39, pp. 92–114, January.

SMITH, M. J. T., and BARWELL, T. P. 1984. "A Procedure for Designing Exact Reconstruction Filter Banks for Tree Structured Subband Coders," *Proc. 1984 IEEE International Conference on Acoustics, Speech, and Signal Processing*, pp. 27.1.1–27.1.4, San Diego, March.

SMITH, M. J. T., and EDDINS, S. L. 1988. "Subband Coding of Images with Octave Band Tree Structures," *Proc. 1987 IEEE International Conference on Acoustics, Speech, and Signal Processing*, pp. 1382–1385, Dallas, April.

SOMAN, A. K., VAIDYANATHAN, P. P. and NGUYEN, T. Q. 1993, "Linear Phase Paraunitary Filter Banks: Theory, Factorizations and Designs," *IEEE Trans. Signal Proc.*, Vol. 41, pp. 3480–3496, December.

STARK, H, and WOODS, J. W. 1994. *Probability, Random Processes, and Estimation Theory for Engineers*, 2nd Ed., Prentice Hall, Upper Saddle River, NJ.

STEIGLITZ, K. 1965. "The Equivalence of Digital and Analog Signal Processing," *Inf. Control*, Vol. 8, pp. 455–467, October.

STEIGLITZ, K. 1970. "Computer-Aided Design of Recursive Digital Filters," *IEEE Trans. Audio and Electroacoustics*, Vol. AU-18, pp. 123–129, June.

STOCKHAM, T. G. 1966. "High Speed Convolution and Correlation," *1966 Spring Joint Computer Conference, AFIPS Proc.*, Vol. 28, pp. 229–233.

STORER, J. E. 1957. *Passive Network Synthesis*, McGraw-Hill, New York.

STRANG, G. 1999. "The Discrete Cosine Transform." *SIAM Review*, Vol. 41(1), pp. 135–137.

SWARZTRAUBER, P. 1986. "Symmetric FFT's," *Mathematics of Computation*, Vol. 47, pp. 323–346, July.

SWINGLER, D. N. 1979a. "A Comparison Between Burg's Maximum Entropy Method and a Nonrecursive Technique for the Spectral Analysis of Deterministic Signals," *J. Geophys. Res.*, Vol. 84, pp. 679–685, February.

SWINGLER, D. N. 1979b. "A Modified Burg Algorithm for Maximum Entropy Spectral Analysis," *Proc. IEEE*, Vol. 67, pp. 1368–1369, September.

SWINGLER, D. N. 1980. "Frequency Errors in MEM Processing," *IEEE Trans. Acoustics, Speech, and Signal Processing*, Vol. ASSP-28, pp. 257–259, April.

THORVALDSEN, T. 1981. "A Comparison of the Least-Squares Method and the Burg Method for Autoregressive Spectral Analysis," *IEEE Trans. Antennas and Propagation*, Vol. AP-29, pp. 675–679, July.

TONG, H. 1975. "Autoregressive Model Fitting with Noisy Data by Akaike's Information Criterion," *IEEE Trans. Information Theory*, Vol. IT-21, pp. 476–480, July.

TONG, H. 1977. "More on Autoregressive Model Fitting with Noise Data by Akaike's Information Criterion," *IEEE Trans. Information Theory*, Vol. IT-23, pp. 409–410, May.

TRETTER, S. A. 1976. *Introduction to Discrete-Time Signal Processing*, Wiley, New York.

TUFTS, D. W., and KUMARESAN, R. 1982. "Estimation of Frequencies of Multiple Sinusoids: Making Linear Prediction Perform Like Maximum Likelihood," *Proc. IEEE*, Vol. 70, pp. 975–989, September.

ULRYCH, T. J., and BISHOP, T. N. 1975. "Maximum Entropy Spectral Analysis and Autoregressive Decomposition," *Rev. Geophys. Space Phys.*, Vol. 13, pp. 183–200, February.

ULRYCH, T. J., and CLAYTON, R. W. 1976. "Time Series Modeling and Maximum Entropy," *Phys. Earth Planet. Inter.*, Vol. 12, pp. 188–200, August.

UNGERBOECK, G. 1972. "Theory on the Speed of Convergence in Adaptive Equalizers for Digital Communication," *IBM J. Res. Devel.*, Vol. 16, pp. 546–555, November.

VAIDYANATHAN, P. P. 1987. "Theory and Design of M-Channel Maximally Decimated Quadrature Mirror Filters with Arbitrary M Having Perfect Reconstruction Property," *IEEE Trans Acoustics, Speech and Signal Proc.*, Vol. 35, pp. 476–492, April.

VAIDYANATHAN, P. P. 1990. "Multirate Digital Filters, Filter Banks, Polyphase Networks, and Applications: A Tutorial," *Proc. IEEE*, Vol. 78, pp. 56–93, January.

VAIDYANATHAN, P. P. 1993. *Multirate Systems and Filter Banks*, Prentice Hall, Upper Saddle River, NJ.

VAIDYANATHAN, P. P. and DJOKOVIC, I. 2008. "Wavelet Transforms," in *The Circuits and Filters* Handbook, W. K. Chen, Editor, Taylor and Francis Group, LLC., Second Edition, Abingdon, UK.

VALIMAKI, V., PARKER, J., SAVIOLA, L., SMITH, J. and ABEL, J. 2012. "Fifty Years of Artificial Reverberation," *IEEE Trans. Audio, Speech, and Signal Processing*, Vol. 20, pp. 1421–1448, July.

VAUGHAN, R., SCOTT, N., and WHITE, D. 1991. "The Theory of Bandpass Sampling." *IEEE Trans. on signal Processing*, Vol. 39(9), pp. 1973–1984.

VETTERLI, J. 1984. "Multi-dimensional Sub-Band Coding: Some Theory and Algorithms," *Signal Processing*, Vol. 6, pp. 97–112, April.

VETTERLI, J. 1987. "A Theory of Multirate Filter Banks," *IEEE Trans. Acoustics, Speech, and Signal Processing*, Vol. ASSP-35, pp. 356–372, March.

VETTERLI, M. and KOVACEVIC, J. 1995. *Wavelets and Subband Coding*, Prentice Hall, Upper Saddle River, NJ.

VIEIRA, A. C. G. 1977. "Matrix Orthogonal Polynomials with Applications to Autoregressive Modeling and Ladder Forms," Ph.D. dissertation, Department of Electrical Engineering, Stanford University, Stanford, CA, December.

WALKER, G. 1931. "On Periodicity in Series of Related Terms," *Proc. R. Soc.*, Ser. A, Vol. 313, pp. 518–532.

WANG, Z. 1984. "Fast Algorithms for the Discrete W Transform for the Discrete foruier Transform." *IEEE Trans. on ASSP*, Vol. 32(4), pp. 803–816, August.

WATERS, W,, and JARRETT, B. 1982. "Bandpass Signal Sampling and Coherent Dection." *IEEE Trans. on Aerospace and Electronic Systems*, Vol. 18(4), pp. 731–736, November.

WAX, M., and KAILATH, T. 1985. "Detection of Signals by Information Theoretic Criteria," *IEEE Trans. Acoustics, Speech, and Signal Processing*, Vol. ASSP-32, pp. 387–392, April.

WEINBERG, L. 1962. *Network Analysis and Synthesis*, McGraw-Hill, New York.

WELCH, P. D. 1967. "The Use of Fast Fourier Transform for the Estimation of Power Spectra: A Method Based on Time Averaging over Short Modified Periodograms," *IEEE Trans. Audio and Electroacoustics*, Vol. AU-15, pp. 70–73, June.

WIDROW, B., and HOFF, M. E., Jr. 1960. "Adaptive Switching Circuits," *IRE WESCON Conv. Rec.*, pt. 4, pp. 96–104.

WIDROW, B., MANTEY, P., and GRIFFITHS, L. J. 1967. "Adaptive Antenna Systems," *Proc. IEEE*, Vol. 55, pp. 2143–2159, December.

WIDROW, B. et al. 1975. "Adaptive Noise Cancelling Principles and Applications," *Proc. IEEE*, Vol. 63, pp. 1692–1716, December.

WIDROW, B., MANTEY, P., and GRIFFITHS, L. J. 1967. "Adaptive Antenna Syatems." *Proc. IEEE*, Vol. 55, pp. 2143–2159, December.

WIENER, N. 1949. *Extrapolation, Interpolation and Smoothing of Stationary Time Series with Engineering Applications*, Wiley, New York.

WIENER, N., and PALEY, R. E. A. C. 1934. *Fourier Transforms in the Complex Domain*, American Mathematical Society, Providence, RI.

WINOGRAD, S. 1976. "On Computing the Discrete Fourier Transform," *Proc. Natl. Acad. Sci.*, Vol. 73, pp. 105–106.

WINOGRAD, S. 1978. "On Computing the Discrete Fourier Transform," *Math. Comp.*, Vol. 32, pp. 177–199.

WOLD, H. 1938. *A Study in the Analysis of Stationary Time Series*, reprinted by Almqvist & Wiksell, Stockholm, 1954.

WOOD, L. C., and TREITEL, S. 1975. "Seismic Signal Processing," *Proc. IEEE*, Vol. 63, pp. 649–661, April.

WOODS, J. W., and O'NEIL, S. D. 1986. "Subband Coding of Images," *IEEE Trans. Acoustics, Speech, and Signal Processing*, Vol. ASSP-34, pp. 1278–1288, October.

YULE, G. U. 1927. "On a Method of Investigating Periodicities in Disturbed Series with Special References to Wolfer's Sunspot Numbers," *Philos. Trans. R. Soc. London*, Ser. A, Vol. 226, pp. 267–298, July.

ZADEH, L. A., and DESOER, C. A. 1963. *Linear System Theory: The State-Space Approach*, McGraw-Hill, New York.

ZVEREV, A. I. 1967. *Handbook of Filter Synthesis*, Wiley, New York.

索 引